Klocke / Brecher

Zahnrad- und Getriebetechnik

Fritz Klocke
Christian Brecher

Zahnrad- und Getriebetechnik

Auslegung – Herstellung – Untersuchung – Simulation

2., überarbeitete Auflage

Über die Autoren:
Prof. Dr.-Ing. Dr.-Ing. E.h. Dr. h.c. Dr. h.c. Fritz Klocke war von 1995 bis 2018 Leiter des Fraunhofer-Instituts für Produktionstechnologie (IPT) sowie Direktoriumsmitglied des Werkzeugmaschinenlabors WZL der RWTH Aachen, an dem er auch den Lehrstuhl für Technologie der Fertigungsverfahren innehatte.

Prof. Dr.-Ing. Christian Brecher ist seit 2004 Inhaber des Lehrstuhls für Werkzeugmaschinen und Direktoriumsmitglied des Werkzeugmaschinenlabors WZL der RWTH Aachen. Seit 2018 ist er Leiter des Fraunhofer-Instituts für Produktionstechnologie (IPT).

Print-ISBN: 978-3-446-46975-4
E-Book-ISBN: 978-3-446-46976-1

Bibliografische Information der Deutschen Nationalbibliothek:
Die Deutsche Nationalbibliothek verzeichnet diese Publikation in der Deutschen Nationalbibliografie; detaillierte bibliografische Daten sind im Internet unter *http://dnb.d-nb.de* abrufbar.

www.hanser-fachbuch.de
Lektorat: Dr. Philippa Söldenwagner-Koch
Herstellung: Melanie Zinsler
Coverkonzept: Marc Müller-Bremer, *www.rebranding.de*, München
Covergestaltung: Max Kostopoulos
Titelmotiv: © Fritz Klocke und Christian Brecher
Satz: Eberl & Koesel Studio, Kempten
Druck und Bindung: CPI Books GmbH, Leck
Printed in Germany

Inhalt

Der Verlag und die Autoren haben sich mit der Problematik einer gendergerechten Sprache intensiv beschäftigt. Um eine optimale Lesbarkeit und Verständlichkeit sicherzustellen, wird in diesem Werk auf Gendersternchen und sonstige Varianten verzichtet; diese Entscheidung basiert auf der Empfehlung des Rates für deutsche Rechtschreibung. Grundsätzlich respektieren der Verlag und die Autoren alle Menschen unabhängig von ihrem Geschlecht, ihrer Sexualität, ihrer Hautfarbe, ihrer Herkunft und ihrer nationalen Zugehörigkeit.

Vorwort

„Moderne Forschung verlangt die uneingeschränkte Bereitschaft zur Teamarbeit."

(Prof. Dr.-Ing. Dr.-Ing. h. c. mult. Herwart Opitz)

Sehr geehrte Leserin, sehr geehrter Leser,

aufgrund der komplexen Bauteilgeometrie und der hohen Anforderungen an die Genauigkeit stellt das Zahnrad eine besondere Herausforderung im Bereich des Maschinenbaus dar. Darüber hinaus steht das Einsatzverhalten eines Zahnrads in unmittelbarer Abhängigkeit von den umgebenden Getriebekomponenten. Damit verbindet kaum ein Maschinenelement so viele technische Grundlagendisziplinen wie das Zahnrad. Exemplarisch genannt seien: Geometrie, Mechanik, Tribologie, Werkstoffe und deren Behandlung, Akustik, Maschinendynamik und Fertigungstechnik. Die notwendige Kopplung fertigungstechnischer und konstruktiver Fragestellungen verlangt daher eine „uneingeschränkte Bereitschaft zur Teamarbeit", da die genannten Stellhebel sich einerseits gegenseitig beeinflussen und andererseits einen großen Lösungsraum zur Gestaltung anbieten. Die erforderliche Form der Teamarbeit wird am Werkzeugmaschinenlabor WZL der RWTH Aachen durch die Zusammenarbeit der Lehrstühle für Technologie der Fertigungsverfahren sowie Werkzeugmaschinen in der Abteilung Getriebetechnik realisiert.

Erste Forschungsarbeiten im Bereich der Getriebetechnik wurden am WZL bereits unter Leitung des Institutsgründers Prof. Dr.-Ing. E. h. Adolf Wallichs in den 1930er-Jahren durchgeführt. Das Forschungsgebiet „Zahnrad- und Getriebetechnik" wurde durch Prof. Dr.-Ing. Dr.-Ing. h. c. mult. Herwart Opitz mit der Gründung des WZL-Getriebekreises institutionalisiert. Durch den Bedarf der Industrie an der Erforschung fertigungstechnischer Fragestellungen im Bereich der Getriebetechnik entstand 1956 die erste und eine der größten Industrievereinigungen in diesem Fachgebiet in Deutschland, welche bis heute Bestand hat. In der Nachfolge von Herwart Opitz wurden die Arbeiten zur Zahnrad- und Getriebetechnik über viele Jahrzehnte gemeinsam von Prof. Dr.-Ing. Dr. h. c. mult. Wilfried König (Lehrstuhl für Technologie der Fertigungsverfahren) und Prof. Dr.-Ing. Dr.-Ing. E. h. Dr.-Ing. E. h. Manfred Weck (Lehrstuhl für Werkzeugmaschinen) maßgeblich geprägt. In der Forschungsgruppe Getriebetechnik werden seitdem in engem Austausch die Themenfelder Getriebeberechnung und Fertigungssimulation, Technologie der Zahnradfertigung sowie Getriebeuntersuchung behandelt.

Noch immer sind Fragen der Zahnrad- und Getriebetechnik hochrelevant. Durch den ganzheitlichen Analyseansatz in der WZL-Getriebeabteilung wird es möglich, die Auslegung, Fertigung und das Funktionsverhalten von Zahnradgetrieben integrativ zu erklären, zu optimieren sowie unter Funktions- und Wirtschaftlichkeitsgesichtspunkten zu bewerten. Mehr als 170 Dissertationen und viele Fachpublikationen sind aus diesen Forschungsarbeiten hervorgegangen. Aufbauend auf den Ergebnissen dieser Arbeiten sind wesentliche Teile dieses Fachbuches entstanden. Das vorliegende Fachbuch verfolgt die Zielsetzung, in die Grundlagen der einzelnen Themenfelder einzuleiten und darauf aufbauend aktuelle Entwicklungstrends und Forschungsergebnisse darzustellen. Damit richtet sich dieses Buch sowohl an Studierende zur vorlesungsbegleitenden Lektüre als auch an Techniker und Ingenieure in der Praxis als berufsbegleitendes Nachschlagewerk.

Wir möchten an dieser Stelle allen herzlich danken, die unsere Forschungen gefördert und unterstützt haben. Dazu zählen im Besonderen die Forschungsvereinigungen und Förderträger in Deutschland. Insbesondere genannt seien die AiF, die DFG, die Europäische Union, das BMWK und BMBF, die FVA, die FVV und der VDW, denen die kontinuierliche Erforschung von Fragestellungen im Bereich der Zahnrad- und Getriebetechnik am WZL zu verdanken ist. Ebenso gilt unser Dank den Mitgliedsfirmen des WZL-Getriebekreises. Deren jahrzehntelanges Vertrauen in die Arbeiten der Forschungsgruppe hat die Erforschung vieler praxisrelevanter Fragestellungen erlaubt und zu einem intensiven Erfahrungsaustausch mit der industriellen Praxis geführt. Aus diesem Kreis stammen auch viele der Abbildungen im Buch, wofür wir uns ebenfalls herzlich bedanken.

Das Buch steht in Ergänzung zu den am WZL erarbeiteten mehrbändigen Kompendien „Werkzeugmaschinen“ und „Fertigungsverfahren“, in denen die Themen der Zahnradfertigung, der Verzahnmaschinen und der Anwendung von Zahnradgetrieben in Werkzeugmaschinen in gekürzter Form enthalten sind. Mit dem vorliegenden Buch soll ergänzend zur bestehenden Fachliteratur ein Beitrag zur integrativen Analyse und Bewertung von Fertigungs- und Konstruktionsmethoden bezüglich der Zahnrad- und Getriebetechnik geleistet werden.

Die zweite Auflage umfasst aktualisierte Inhalte zu den Herausforderungen in der Auslegung für die Elektromobilität von Getrieben, zur Digitalisierung und dem digitalen Zwilling sowie zu den Forschungsergebnissen seit der ersten Auflage dieses Buches. Ebenso wurden Fehler behoben und Formulierungen verbessert.

Bei der Erstellung dieses Buches haben uns die wissenschaftlichen Mitarbeiterinnen und Mitarbeiter der Abteilung Getriebetechnik unter Leitung unseres Oberingenieurs Herrn Dr.-Ing. Jens Brimmers maßgeblich unterstützt. Ohne den besonderen Einsatz unserer Mitarbeiterinnen und Mitarbeiter wäre die Erstellung des Buches nicht möglich gewesen. Insbesondere danken wir Frau Melina Kamratowski M. Sc., Frau Patricia de Oliveira Löhrer M. Sc., Frau Dr.-Ing. Mareike Solf sowie den Herren Charalampos Alexopoulos M. Sc., Christian Eggert M. Sc., Dr.-Ing. René Greschert, Gerrit Hellenbrand M. Sc., Steffen Hendricks M. Sc., Christopher Janßen M. Sc., Lukas Klee M. Eng., Johannes Lövenich M. Sc., Alexander Mann M. Sc., Dr.-Ing. Dieter Mevißen, Christian Namhoff M. Sc., Simon Nohl M. Sc., Johannes Rolzhäuser M. Sc., Laurenz Roth M. Sc., Maximilian Schrank M. Sc., Sebastian Sklenak M.Eng., Christian Westphal M.Sc., Marius Willecke M. Sc., Moritz Zalfen M. Sc. und Hanwen Zhang M. Sc. Unser Dank gilt aber auch den ehemaligen Mitarbeitern der Abteilung Getriebetechnik, die mit ihrer Forschungsarbeit wesentlich zu den Inhalten des Fachbuches beigetragen haben. Ebenso danken wir dem Carl Hanser Verlag für das Verlegen und den Druck dieses Fachbuches.

Aachen, Oktober 2023

Prof. Dr.-Ing. Christian Brecher

Prof. Dr.-Ing. Dr.-Ing. E. h. Dr. h. c. Dr. h. c. Fritz Klocke

1 Einführung

Dieses Buch gibt einen Überblick über das Verhalten von Zahnrädern in Getrieben. Zahnräder sind Maschinenelemente, deren Einsatzverhalten hinsichtlich Tragfähigkeit, Akustik und Wirkungsgrad unmittelbar mit den fertigungsseitig eingestellten Produkteigenschaften, wie Toleranzen, Oberflächen- und Randzonenintegrität, zusammenhängt. Daher stellt die integrative Betrachtung produktions- und konstruktionstechnischer Fragestellungen eine wichtige Grundlage für das Verständnis der Funktion des Zahnrads und seiner Eigenschaften in der gesamtheitlichen Analyse im Getriebeumfeld dar (Bild 1.1). Die zusammenführende simulative sowie experimentelle Untersuchung sowohl des Einsatzverhaltens als auch der Zahnradfertigung erlaubt einen Analysegrad, der mit einer isolierten Betrachtung von Einzelaspekten nicht möglich ist. So bewirkt beispielsweise die Berücksichtigung fertigungsbedingter Aspekte, wie funktionaler Verzahnungstoleranzen, bereits in der Auslegungsphase eine Verkürzung von Entwicklungszeiten und Reduktion von Entwicklungskosten. Ein Schwerpunkt dieses Buches liegt daher auf einer Verbindung der Leistungsfähigkeit der Fertigungstechnik mit den Anforderungen der Konstruktionstechnik.

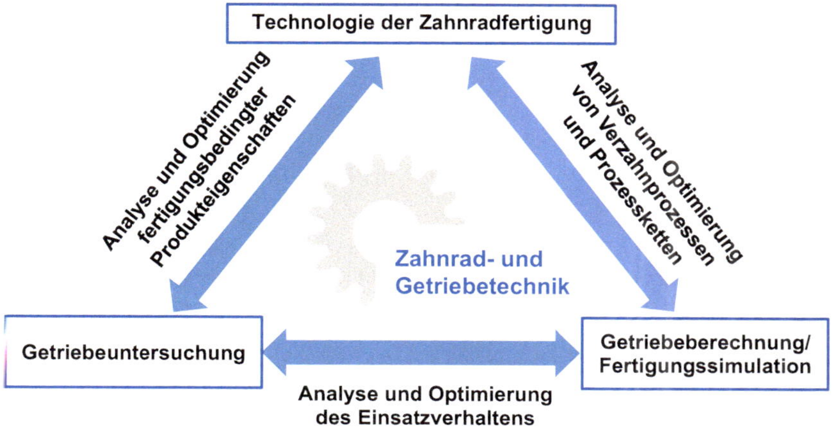

Bild 1.1 Gesamtheitlicher Analyseansatz in der Zahnrad- und Getriebetechnik

Die Struktur und der Aufbau des vorliegenden Buchs orientieren sich an den Anforderungen der Praxis und berücksichtigen den Lebenszyklus eines Zahnradgetriebes. Zu Beginn werden die Zahnrad- und Getriebetechnik geschichtlich eingeordnet und der Betrachtungsrahmen des Buches abgegrenzt. Dann erfolgt im Anschluss an die Einführung in die Grundlagen von Zahnradgetrieben die sukzessive Vorstellung von Methoden zum Getriebedesign, zur Zahnradfertigung sowie zum Einsatzverhalten von Getrieben. Abschließend werden Simulationsmethoden zur Unterstützung in der Auslegung und Analyse von Zahnradgetrieben sowie Zahnradfertigungsprozessen vorgestellt. Ebenso werden Aspekte der Nachhaltigkeit im Lebenszyklus eines Zahnrads thematisiert. In allen Teilen werden sowohl fertigungstechnische als auch konstruktive Fragestellungen adressiert. In den einzelnen Kapiteln werden Grundlagen sowie aktuelle Forschungsergebnisse und Entwicklungstendenzen angesprochen. Damit soll das Buch sowohl den Konstrukteur bei der Auslegung von Verzahnungen als auch den Fertigungstechniker bei der Prozessauswahl und -auslegung unterstützen und Möglichkeiten zur Optimierung aufzeigen, die über den aktuellen Stand der Technik hinausgehen.

■ 1.1 Geschichte des Zahnrads

Das Zahnrad ist eines der ältesten Maschinenelemente der Welt und findet in heutigen Anwendungen noch immer eine dominante Verbreitung. Die nachfolgende Darstellung umfasst einen begrenzten Auszug. Umfangreichere Ausarbeitungen zur Geschichte des Zahnrads sind bei Kutzbach, Matschoss und Seherr-Thoss dokumentiert [KUTZ25, MATS40, SEHE65].

Die älteste Zahnradapparatur der Geschichte unter Nutzung mehrerer Zahnradstufen stammt aus der Antike und wird „Mechanismus von Antikythera“ genannt. Schätzungen zufolge stammt diese Apparatur aus der Zeit um 100 v. Chr. Dieser Mechanismus, der häufig auch als „Computer von Antikythera“ bezeichnet wird, ähnelt einem Uhrwerk. Er wurde aus Bronze hergestellt und war Wissenschaftlern zufolge vermutlich von einem Holzgehäuse umgeben. Die Übersetzung erfolgte über ein Differenzialgetriebe. Der Mechanismus wurde zur Berechnung der Bewegung von Himmelskörpern eingesetzt und stellt das erste dokumentierte Getriebe der Geschichte dar.

Die „Maschine nach Sakie“, die durch ein Kamel angetrieben und zur Bewässerung der Felder eingesetzt wurde, ist ebenfalls ein bedeutendes Beispiel in der Geschichte des Zahnradgetriebes (Bild 1.2). Der Hauptbestandteil des Antriebsstranges war ein einfaches Kronenradgetriebe mit Holzzahnrädern. Seit dem 9. Jahrhundert erfolgte in Europa vermehrt der Einsatz von Zahnrädern in Wassermühlen, ab dem 12. Jahrhundert auch in Windmühlen. Diese und ähnliche Konzepte wurden über die Jahrhunderte weiter genutzt, jedoch nie entscheidend weiterentwickelt. Erst durch Leonardo da Vinci und die für den technischen Fortschritt offene Epoche der Renaissance begann im Bereich der Antriebstechnik und der Getriebe eine Weiterentwicklung bereits bestehender technischer Errungenschaften. Der Ingenieur und Mechaniker da Vinci entwickelte mit der Zielsetzung, das Leben für die Menschen einfacher zu gestalten, die ersten Konzepte für angetriebene Fahrzeuge und Fluggeräte; hierzu nutzte er vermehrt die Dreh- und Leistungsübertragung durch erste einfache

Getriebe. In seinen Manuskripten finden sich um 1500 viele Zahnräder in verschiedenen Anwendungen.

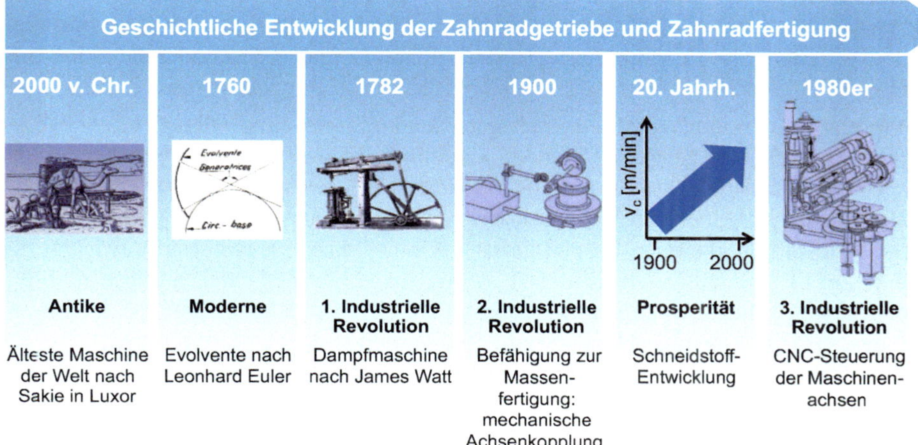

Bild 1.2 Übersicht über die Geschichte des Zahnradgetriebes [NAUN07, NN16a, NN16b, NN76, WECK05]

1556 gab Georgius Agricola in seiner Schrift „De re metallica libri XII" erstmals den Einsatz von Zahnrädern aus Eisen an. Anfangs wurde bei der Verzahnungsherstellung wenig auf die geeignete Form der Zähne geachtet. Nach Angaben von Christiaan Huygens und Gottfried Wilhelm Leibniz empfahl der dänische Astronom Ole Rømer um 1674 die Epizykloide als Zahnform. Die Idee entstammt vermutlich seinen Erfahrungen beim Bau seiner Planetarien, z. B. des Jovilabiums, das an der Académie des sciences zu sehen ist. Schriftliche Belege gibt es für diese Erfindung nicht mehr.

Eine erste gründliche mathematische Untersuchung der Zahnräder beschrieb Philippe de La Hire um 1694 in seinem Werk „Traité des épicycloïdes". Die darin beschriebene epizykloidische Zahnform sicherte eine gleichförmige Bewegung der Zahnräder bei gleichmäßiger Gleitreibung. Diese Zahnräder wurden in Uhrwerke eingebaut. 1759 entwickelte John Smeaton eine eigene Zahnform, gefolgt von Leonhard Euler, der 1760 die Kreisevolvente als Profilform für Zahnflanken vorschlug. Es vergingen noch weitere 100 Jahre, bis diese Verzahnungsart fertigungstechnisch herstellbar und dann einsetzbar wurde. Heute gilt Leonhard Euler als „Vater" der Evolvente und die Evolvente als maßgebliche Zahnprofilform [LINK10].

Die Entwicklung der Dampfmaschine im 18. Jahrhundert und der Beginn der Industriellen Revolution führten zu einem steigenden Bedarf an Zahnrädern, da die zu übertragende Leistung kontinuierlich stieg und Zahnräder aus Metall anstatt aus Holz gefertigt werden mussten. 1820 erfand Joseph Woollams die Schrägverzahnung und Pfeilverzahnung (Doppelschrägverzahnung). 1829 stellte Clavet eine Zahnhobelmaschine her, da der Werkzeugmaschinenbau ab dem 19. Jahrhundert eine steigende Genauigkeit der Verzahnungen erforderte. Die erste brauchbare Maschine zum Fräsen geradverzahnter Stirnräder baute 1887

G. Grant. 1897 entwickelte H. Pfauter daraus eine universale Maschine, mit der sich auch Schnecken- und Schraubräder fertigen ließen. Die Spindel- und Werkstückachsen waren in dem Patent über ein Differenzial kinematisch gekoppelt. Von diesem Zeitpunkt an konnte die evolventische Verzahnung effizient hergestellt und damit für praktische Anwendungen nutzbar gemacht werden. Im Zuge der zweiten Industriellen Revolution wurden mit dieser Entwicklung in der Verzahnungstechnik die Möglichkeiten zur Massenproduktion von Zahnrädern eröffnet.

Die Produktivität in der Verzahnungsfertigung konnte durch Innovationen in der Werkzeugtechnik umfassend gesteigert werden. Durch die Entwicklung neuer Schneidstoffe waren sprunghafte Anstiege in den erreichbaren Zeitspanungsvolumen möglich, die in einer deutlichen Reduktion der Produktionskosten resultierten. Exemplarisch wird diese Entwicklung für die Bearbeitung mit definierter Schneide skizziert, ähnliche Entwicklungssprünge hat es ebenfalls in der Bearbeitung mit undefinierter Schneide gegeben. 1900 wurde von Taylor und White erstmals der Schnellarbeitsstahl (HSS) eingeführt, der gegenüber dem zuvor genutzten Kohlenstoffstahl eine Verdopplung der Schnittgeschwindigkeit erlaubte. Die Weiterentwicklung der HSS-Werkzeuge führte dazu, dass nun die Leistungsfähigkeit bestehender Werkzeugmaschinenkonzepte erreicht wurde und in der Folge auch die Werkzeugmaschinenkonzepte überarbeitet und dem neuen Leistungsvermögen der Werkzeuge angepasst wurden.

1923 wurde die von Schröter und Baumhauer durchgeführte Entwicklung, Wolframkarbid und Kobalt durch Sintern zu einem soliden Körper zusammenzufügen, patentiert. 1925 wurden die Patente von Krupp übernommen. Das Sinterhartmetall war entstanden und konnte aufgrund seiner hohen Härte bei gleichzeitig guter Zähigkeit hervorragend als Schneidstoff eingesetzt werden. Jetzt war eine nochmalige Vervielfachung der erzielbaren Schnittgeschwindigkeiten, bezogen auf die Verwendung von HSS-Werkzeugen, möglich. Weitere Leistungssteigerungen bei den Schneidstoffen sind durch die Einführung beschichteter Hartmetalle (1968) sowie die Einführung von Ultrafeinkorn- bzw. nanokristallinen Hartmetallen (1993) gekennzeichnet. Durch die Kombination von Feinkorn-, Ultrafeinkorn- und nanokristallinen Gefügen mit angepassten Beschichtungen finden seit den 90er-Jahren anwendungsbezogene Optimierungen in der spanenden Herstellung von Verzahnungen statt. Polykristallines Bornitrid und keramische Schneidstoffe runden das Schneidstoffportfolio ab. Grundsätzlich kann man aber sagen, dass Schnellarbeitsstahl und Hartmetall auch heute noch die am häufigsten eingesetzten Werkzeugbaustoffe in der Verzahnungsfertigung mit definierter Schneide sind.

Eine weitere wesentliche Weiterentwicklung für die Verzahnungstechnik stellte die Erfindung der integrierten Schaltkreise (Mikrochip) dar, deren Serienproduktion in den 1960er-Jahren insbesondere im US-amerikanischen Raum begann. Für die Verzahnmaschinen war es mit dem Aufkommen der Digitalisierung möglich, Achsen elektrisch und nicht mehr mechanisch zu koppeln. Seit den 1980er-Jahren wurden Verzahnmaschinen umfassend mit elektronisch gesteuerten Achsen ausgerüstet.

Die Digitalisierung der Werkzeugmaschine hat in nahezu allen Verzahnprozessen erhebliche Verbesserungen bewirkt. Da die Bauteilqualität zuvor insbesondere von der Übertragungsqualität des Getriebezugs abhängig war, konnte mit der elektronischen Wälzkopplung einerseits die Verzahnungsqualität angehoben werden. Andererseits konnten effizient neue Freiheitsgrade in der Achskinematik umgesetzt werden. Es wurde zum Beispiel möglich, topologische Modifikationen auf der Zahnflanke herzustellen.

Die Digitalisierung der Produktion ist noch nicht abgeschlossen. Im Rahmen der Arbeiten zu „Industrie 4.0" steht die Vernetzung von Wertschöpfungsketten und ganzen Produktionseinheiten im Mittelpunkt. Der Aufbau digitaler Zwillinge und digitaler Schatten, das Maschinelle Lernen und die Kommunikation zwischen Maschinen, Produkten und dem Menschen stehen im Fokus der Entwicklungen. In der Zahnrad- und Getriebetechnik sind insbesondere virtuelle Produkt- und Prozessbeschreibungen, sensorgestützte Prozess- und Produktüberwachungsstrategien sowie selbstlernende Prozess- und Betriebsstrategien Gegenstand aktueller Forschungsaktivitäten. Eine Vielzahl der genannten Ansätze wurde im DFG-Exzellenzcluster „Integrative Produktionstechnik für Hochlohnländer" und wird im DFG-Exzellenzcluster „Internet of Production" adressiert [BREC15; BREC23]. Weiterhin stellt die Nachhaltigkeit in der Getriebetechnik eine wichtige Herausforderung für die Zukunft dar. Grundsätzlich werden auch in der Getriebetechnik Nachhaltigkeitsfragen von der Ökonomie, der Ökologie und dem Einfluss auf soziale Strukturen bestimmt. Deshalb sind aktuelle Zielgrößen in der Getriebeauslegung und Fertigung aus diesem Umfeld zum Beispiel, Getriebe mit höherer Leistungsdichte und geringerem ökologischen Fußabdruck bei gleichbleibender Qualität und geringeren Kosten zu konzipieren und zu betreiben. Dies ist eine multikriterielle Optimierungsaufgabe, die mit Modellen unterstützt werden und im Einzelfall unterschiedliche Lösungen hervorbringen kann. Auf einige Ansätze wird beispielhaft im Rahmen der folgenden Kapitel auch eingegangen.

Die evolventische Verzahnung ist die heute am häufigsten genutzte Form einer Zahnradflanke. Durch ihre spezielle Eigenschaft macht sie das Zahnradgetriebe zu den bedeutendsten mechanischen Baugruppen für die Leistungs- und Bewegungsübertragung. Neue Entwicklungen und Verbesserungen der Getriebe erfordern aber auch ständige Optimierungen und Anpassungen der Fertigungsprozesse. Wesentliche Weiterentwicklungen in der Zahnradgestaltung wurden insbesondere durch die Optimierung der evolventischen Zahngeometrie sowie der Werkstoff- und Wärmebehandlungen erzielt. Durch diese Maßnahmen konnte die Festigkeit der Verzahnungen deutlich gesteigert werden. Dies hat auch Einfluss auf die Auslegung ganzer Wertschöpfungsketten und die Auswahl der Fertigungsverfahren.

1.2 Einteilung der Getriebetechnik

Die grundsätzliche Aufgabe von Getrieben ist, die auf der Eingangsseite eingebrachte (aufgeprägte) Leistung in geeignete Abtriebsdrehzahlen und Drehmomente zu transformieren. Hierauf wird in Kapitel 3 im Detail eingegangen. Außerdem können Änderungen in der Bewegungsrichtung realisiert werden. Eine gängige Einteilung der Getriebearten kann anhand der Art der Bewegungsübertragung erfolgen. Grundsätzlich wird zwischen einer ungleichförmigen und einer gleichförmigen Übersetzung unterschieden (Bild 1.3).

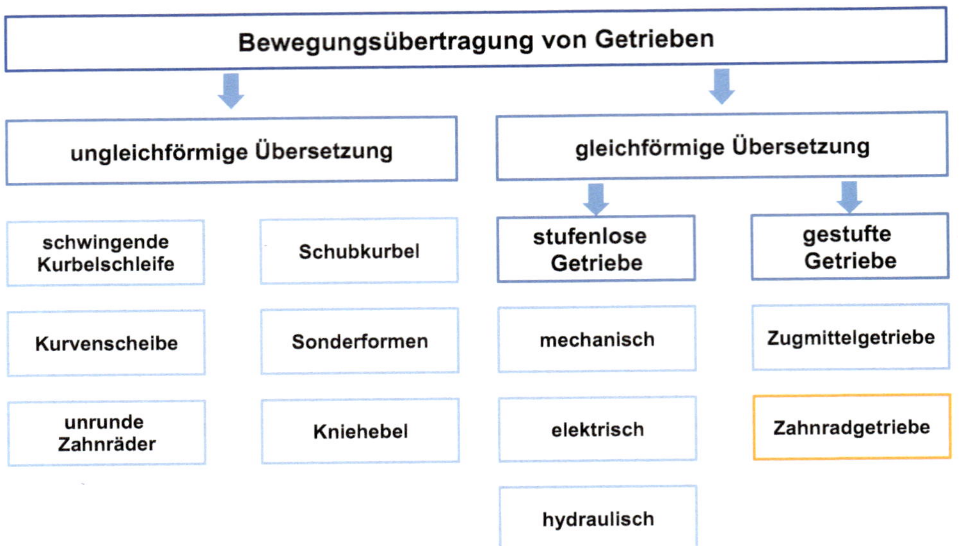

Bild 1.3 Einteilung der Getriebe nach Form der Bewegungsübertragung

Getriebe mit ungleichförmiger Übersetzung werden zur Übertragung unstetiger Bewegungen genutzt. Zwei häufig genutzte Getriebebauarten aus diesem Bereich sind die Schubkurbel und der Kniehebel. Das Schubkurbelgetriebe formt eine rotatorische Bewegung in eine translatorische Bewegung um und ist einer der wichtigsten Bestandteile des Kolbenmotors. Der Kniehebel wird zumeist in mechanischen Pressen eingesetzt und kommt bei verschiedenen Fertigungsverfahren wie dem Spritzguss oder dem Tiefziehen zum Einsatz.

Getriebe mit gleichförmiger Übersetzung lassen sich weiter in gestufte und stufenlose Getriebe unterteilen. Das bedeutet, dass die Getriebe zwischen der höchsten und der niedrigsten Abtriebsdrehzahl entweder unendlich viele einstellbare Übersetzungen (stufenlos) aufweisen oder über eine endliche Anzahl an Schaltstufen (gestuft) verfügen. Hinsichtlich der stufenlosen Getriebe wird nach dem physikalischen Wirkprinzip zwischen mechanischer, elektrischer oder hydraulischer Bewegungsübertragung differenziert. Die bekannteste Getriebebauart aus diesem Bereich ist ein mechanisches Umschlingungsgetriebe mit Schubgliederband (Panzerkette). Das Kettengetriebe, auch Continuously Variable Transmission (CVT) genannt, wird in einigen Pkw als stufenloses Automatikgetriebe eingesetzt.

Zu den gestuften Getrieben zählen die Zugmittelgetriebe und die Zahnradgetriebe. Zu den Zugmittelgetrieben gehören unter anderem die Riemen- und Kettentriebe. Ein bekanntes Beispiel für ein schaltbares Zugmittelgetriebe ist die Fahrradkettenschaltung. Das Zahnradgetriebe ist das bedeutendste gestufte Getriebe und ist im Maschinenbau von zentraler Bedeutung. Es kommt dort zum Einsatz, wo Drehzahlen und Drehmomente auf kleinem Raum gewandelt und übertragen werden müssen. Im vorliegenden Buch steht diese Getriebeart im Fokus.

1.3 Gestufte Zahnradgetriebe

Zahnradgetriebe erfüllen als Konstruktionselemente unterschiedliche Funktionen und existieren daher in vielen verschiedenen Bauformen. Eine einfache Bauform ist das in Bild 1.4 dargestellte zweistufige Stirnradgetriebe, wie es in vielen Getrieben von Windenergieanlagen hinter der Planetengetriebestufe eingesetzt wird. Eine Zahnradstufe entspricht einem zusammenwirkenden, im Eingriff befindlichen Zahnradpaar im Leistungsfluss des Getriebes.

- **Zahnradgetriebe** dienen zur formschlüssigen Leistungsübertragung.
- Zwei oder mehr miteinander im Eingriff befindliche **Zahnräder** sowie Wellen, Lager, Dichtungen, Gehäuse und der Schmierstoff bilden ein Getriebe.
- Hauptanforderung ist die **gleichmäßige Übersetzung** von Drehbewegungen.
- **Legende**
  - P Leistung [W]
  - T Drehmoment [Nm]
  - ω Winkelgeschwindigkeit [s^{-1}]
  - n Drehzahl [min^{-1}]
  - i Übersetzung [-]
  - $i = T_{ab}/T_{an} = n_{an}/n_{ab}$

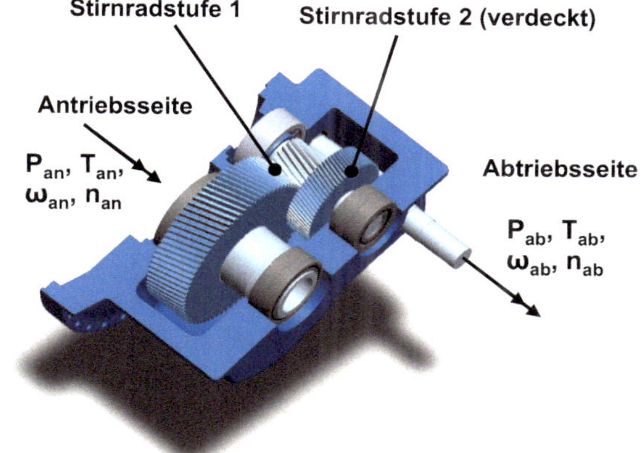

Bild 1.4 Aufbau eines gestuften Zahnradgetriebes

Die mechanische Leistung wird am Antrieb auf das Getriebe aufgeprägt. Auf der Abtriebsseite ist die Arbeitsmaschine angeordnet. Das Getriebe übersetzt anhand der Zähnezahlen der Zahnradstufen die Antriebsdrehzahl und das Antriebsdrehmoment. Die Übersetzung einer Getriebestufe i ergibt sich aus den Zähnezahlen des treibenden Zahnrads (z_1) und denen des getriebenen Zahnrads (z_2).

$$i = \frac{z_2}{z_1} \tag{1.1}$$

Die Gesamtübersetzung wird aus dem Produkt der Einzelübersetzungen gekoppelter Zahnradstufen berechnet.

Trotz veränderlicher Drehzahl- und Drehmomentgrößen bleibt für ein ideales Getriebe die Systemleistung konstant, d. h., Antriebs- und Abtriebsleistung sind identisch. Aufgrund von Reibungsvorgängen treten in einem realen Getriebe Verluste auf. Daher ist die Abtriebsleistung um die Verlustleistung gemindert, woraus sich aus dem Verhältnis zwischen der Abtriebs- und der Antriebsleistung (P_{ab} und P_{an}) der mechanische Wirkungsgrad η des Getriebes ergibt:

$$\eta = \frac{P_{ab}}{P_{an}} \tag{1.2}$$

Die mechanischen Verluste werden in Wärmeenergie gewandelt, die vom Getriebe an die Umgebung abgeführt werden muss. Bei einigen Getriebeformen reicht die Konvektion über die Gehäuseoberfläche nicht aus, sodass eine zusätzliche Kühlung über einen Wärmetauscher erforderlich wird.

Bereits das einfache in Bild 1.4 dargestellte Beispiel zeigt, dass die Differenz der Drehmomente von An- und Abtrieb an der Getriebeaufhängung abgestützt werden muss, was in der Getriebeauslegung zu berücksichtigen ist. Bei räumlichen Getrieben wie Kegelrad- oder Schneckengetrieben ist nicht allein der Betrag, sondern auch die Orientierung der abzustützenden Kräfte verschieden. Daraus ergeben sich unterschiedliche Anforderungen an die Lagerung und Gehäusegestaltung.

Die Bauformen von Getrieben unterscheiden sich abhängig vom Bauraum und von der Funktion, die das Getriebe erfüllen muss. Einige Getriebe werden zur Synchronisation von Wellen verwendet. Beispiele hierfür sind Steuertriebe im Verbrennungsmotor oder die mechanische Synchronisation von Druckwalzen in Druckmaschinen. Weitere Getriebe werden zur Überbrückung von Achsabständen verwendet. In diesem Fall werden Verzahnungen als Alternative zu Riemen- oder Kettentrieben verwendet. Die Vorteile der Verzahnung sind die schlupffreie Drehübertragung, der höhere Wirkungsgrad und der geringe Wartungsaufwand im Betrieb.

Eine weitere Funktion, die Zahnradgetriebe erfüllen, ist die Wandlung der Drehbewegung. Bei räumlichen Getrieben wird die Drehrichtung um einen Winkel gewandelt, sodass der An- und der Abtrieb des Antriebsstrangs nicht parallel angeordnet werden müssen. Beispiele für die Verwendung sind Fahrzeuge mit längs eingebautem Verbrennungsmotor oder Schiffsantriebe mit Strahlruder. Planeten- und Differenzialgetriebe werden zur Leistungsverzweigung verwendet.

Zahnradgetriebe allgemein werden nach ihrer Bau- und Funktionsweise unterschieden in:

- Festgetriebe (unveränderliches Übersetzungsverhältnis)
- Schaltgetriebe (Übersetzungsverhältnis kann durch eine Veränderung des Zusammenwirkens der einzelnen Zahnräder verändert werden)
- Verteilergetriebe (gleichzeitiger Antrieb mehrerer Wellen)
- Summiergetriebe (Antrieb einer Welle mit mehreren Antriebswellen)
- Standgetriebe (alle Radachsen sind lagenunveränderlich drehbar gelagert)
- Umlauf- oder Planetengetriebe (Baugruppe aus Sonnenrad, Planetenrad, umlaufendem Steg, Hohlrad, Gehäuse)

Verwendete Formelzeichen

Kleinbuchstaben

Formelzeichen	Benennung	Einheit
i	Übersetzung	
n_{ab}	Drehzahl Abtrieb	min^{-1}
n_{an}	Drehzahl Antrieb	min^{-1}

Formelzeichen	Benennung	Einheit
z_1	Zähnezahl treibendes Rad	
z_2	Zähnezahl getriebenes Rad	

Großbuchstaben

Formelzeichen	Benennung	Einheit
P_{ab}	Abtriebsleistung	W
P_{an}	Antriebsleistung	W
T_{ab}	Drehmoment Abtrieb	Nm
T_{an}	Drehmoment Antrieb	Nm

Griechische Buchstaben

Formelzeichen	Benennung	Einheit
η	Wirkungsgrad	
ω	Winkelgeschwindigkeit	s^{-1}

Literatur

[BREC15] *Brecher, C.:* Advanced Production Technology. Springer Verlag, Berlin 2015

[BREC23] *Brecher, C.:* Internet of Production (IoP). *https://www.iop.rwth-aachen.de*. 2023

[KUTZ25] *Kutzbach, K.:* Grundlagen und neuere Fortschritte der Zahnraderzeugung. VDI Verlag, Berlin 1925

[LINK10] *Linke, H.:* Stirnradverzahnungen. 2. Auflage. Carl Hanser Verlag, München 2010

[MATS40] *Matschoss, G.:* Geschichte des Zahnrades. VDI Verlag, Berlin 1940

[NAUN07] *Naunheimer, H./Bertsche, B./Lechner, G.:* Fahrzeuggetriebe. 2. Auflage. Springer Verlag, Berlin 2007

[NN76] *Hermann Pfauter Werkzeugmaschinenfabrik:* Pfauter – Wälzfräsen. Teil 1. 2. Auflage. Springer, Augsburg 1976

[NN16a] Mecánica. Engranajes (Quelle: *http://html.rincondelvago.com/mecanica_engranajes.html*, Stand 19. 05. 2016)

[NN16b] Die Dampfmaschine von James Watt, 1788 (Quelle: *http://www.deutsches-museum.de/information/jugend-im-museum/erfinderpfad/antriebe/dampfmaschine*, Stand: 19. 05. 2016)

[SEHE65] *Seherr-Thoss, H.-Chr.:* Die Entwicklung der Zahnrad-Technik, Zahnformen und Tragfähigkeitsberechnung. Springer Verlag, Berlin 1965

[WECK05] *Weck, M./Brecher, C.:* Werkzeugmaschinen. Maschinenarten und Anwendungsbereiche. 6. Auflage. Springer Verlag, Berlin 2005

2 Grundlagen der Verzahnung

Verzahnungen in Getrieben erfordern eine zielorientierte, d. h. wirtschaftlich und technisch aufeinander abgestimmte Wahl der Verzahnungsgeometrie. Dem Anspruch an ein optimales Einsatzverhalten der Verzahnungsgeometrie steht die Notwendigkeit einer kosteneffizienten Fertigung gegenüber. Hinsichtlich der Zahnprofilgeometrie und Achsanordnung sind Besonderheiten und Konventionen zu beachten, deren Kenntnis erforderlich ist, um Zahnradgetriebe erfolgreich konstruieren und fertigen zu können. Die nachfolgende Einführung in die Grundlagen der Verzahnungsgeometrie soll die Bewertung der Eignung unterschiedlicher Zahnradgeometrien zur Erfüllung der zum Teil konträren Anforderungen an das Maschinenelement Zahnrad erlauben.

Zahnradgetriebe erfüllen die Funktion der Drehzahl- und Drehmomentwandlung bzw. des Leistungstransfers. Die Grundlage einer gleichförmigen Drehübertragung stellt das allgemeine Verzahnungsgesetz dar, welches in Abschnitt 2.1 vorgestellt wird. Aus dem Verzahnungsgesetz ergeben sich distinkte Anforderungen an die Auslegung und Herstellung von Verzahnungen. Je nach Lage der beiden Radachsen zueinander ergeben sich verschiedene Zahnradgetriebegrundformen, die in Bild 2.1 exemplarisch anhand von ausgewählten und verbreitet eingesetzten Zahnradgeometrietypen dargestellt sind. Gemäß der Bau- und Funktionsweise ist eine Unterscheidung von Getrieben nach folgenden Grundformen möglich:

- Zahnradgetriebe mit parallelen Achsen
- Zahnradgetriebe mit sich schneidenden Achsen
- Zahnradgetriebe mit sich kreuzenden Achsen

Bei den Stirnradgetrieben ist die Geometrie des Grundkörpers der Verzahnungen zylindrisch oder konisch. Zylindrische Verzahnungen werden in achsparallelen Anwendungen eingesetzt. Zylinderräder weisen die größte Produktionsmenge in der Antriebstechnik auf [DSTAT14] und werden in verschiedensten Anwendungen und Baugrößen eingesetzt, wie z. B. in Miniaturstellgetrieben, Automobilschaltgetrieben, Industrie- und Windkraftgetrieben oder Schiffsgetrieben.

Nachfolgend werden die Grundlagen der Zahnradgeometrie zunächst für zylindrische Stirnradverzahnungen beschrieben. Dazu wird in Abschnitt 2.2 auf grundlegende Zahnprofilformen und geometrische Definitionen und Konventionen eingegangen.

Bild 2.1 Grundformen von Zahnradgetrieben

Für Getriebebauformen mit sich schneidenden und kreuzenden Achsen werden insbesondere bei großen Achskreuzwinkeln Kegelradgetriebe eingesetzt. Kegelradgetriebe, deren Achsen sich aufgrund eines Achsversatzes nicht schneiden bzw. kreuzen, werden als Hypoidgetriebe bezeichnet. Die Kegelradverzahnung weist Besonderheiten gegenüber einer Stirnradgeometrie auf, die in Auslegung und Fertigung zu berücksichtigen sind und in Abschnitt 2.3 erläutert werden. Weitere Beispiele für Getriebebauformen bei sich schneidenden oder kreuzenden Achsen, die allerdings nachfolgend nicht näher betrachtet werden, sind z. B. Schraubradgetriebe, Schneckengetriebe oder Kronenradgetriebe.

Konische Stirnradverzahnungen, auch als Beveloidverzahnungen bezeichnet, werden in Getrieben mit unterschiedlichen Achskonfigurationen eingesetzt und finden zunehmend Beachtung. Bei Getrieben mit parallelen Achsen zeichnen sie sich durch ein einstellbares Verdrehflankenspiel aus, sodass Beveloidverzahnungen in Präzisionsgetrieben wie beispielsweise bei Robotern Anwendungen finden. Weiterhin werden Beveloidverzahnungen in Anwendungen mit kleinen Achskreuzwinkeln, z. B. im Automobil- und Schiffsgetriebebau, eingesetzt. In Abschnitt 2.4 wird auf die geometrischen Besonderheiten von Beveloidverzahnungen eingegangen.

■ 2.1 Das Verzahnungsgesetz

Das Verzahnungsgesetz definiert die Anforderungen an die Zahngeometrie für ein konstantes Übersetzungsverhältnis der Antriebsleistung. Zur Erfüllung des Verzahnungsgesetzes müssen zwei Bedingungen vorliegen. Zum einen müssen die Zahnflanken stets einen Kontakt in nur einem gemeinsamen Berührpunkt entlang einer Berührlinie, der sogenannten Eingriffslinie, aufweisen. Zum anderen dürfen sich die Zahnflanken zu keinem Zeitpunkt durchdringen oder voneinander abheben. Die Bedingungen werden dann erfüllt, wenn die Eingriffsnormale der Zahnflanken in jedem Berührpunkt einen ortsfesten Wälzpunkt C schneidet. Der Wälzpunkt C definiert die idealen Wälzkreise mit den Wälzkreisdurchmessern d_{wi} und entspricht bei Stirnrädern in der Regel dem Schnittpunkt der Verbindungslinie der Achsmittelpunkte der Zahnräder mit der Berührnormalen (siehe Bild 2.2).

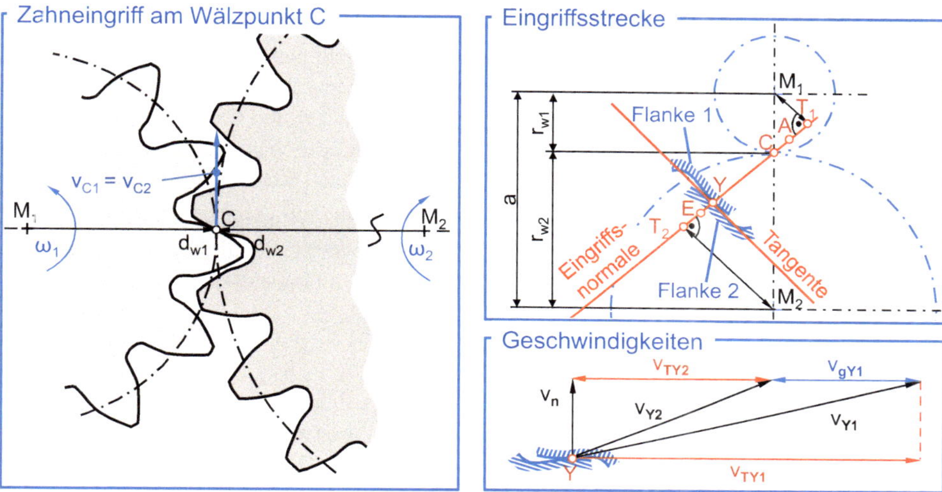

Bild 2.2 Zahneingriff und Geschwindigkeiten

Der aktive, sich im Kontakt befindliche Abschnitt der Eingriffslinie $\overline{AE}$, im vorliegenden Fall als Eingriffsnormale eingezeichnet, wird als Eingriffsstrecke bezeichnet. Der initiale Kontakt erfolgt zwischen dem größten aktiven Durchmesser des getriebenen Rads und dem kleinsten aktiven Durchmesser des treibenden Rads am Beginn des Eingriffs (Punkt A). Im weiteren Verlauf des Eingriffs verschiebt sich der Berührpunkt Y in Zahnhöhenrichtung des treibenden Rads in Richtung der gemeinsamen Normalen auf der Eingriffsstrecke bis zum Wälzpunkt C und anschließend bis zum Ende des Eingriffs (Punkt E). Wird das Verzahnungsgesetz von einer Zahnradgeometrie erfüllt, liegt eine kontinuierliche, hinsichtlich Drehmoment- und Drehzahlverhältnis gleichförmige, stoßfreie Drehübertragung von einer Antriebswelle (M_1) auf die Abtriebswelle (M_2) vor.

Da im Stirnschnitt, also einem Schnitt senkrecht zur Achse der Verzahnung, der Kontakt zwischen beiden Flanken stets in einem Punkt stattfindet, kann bei Vorgabe einer Flanke aus dem Verzahnungsgesetz die entsprechende konjugierte Gegenflanke bestimmt werden. Weiterhin lassen sich die Geschwindigkeitsverhältnisse an den Zahnflanken im Eingriff ableiten. Bild 2.2 zeigt die Geschwindigkeitsverhältnisse im Eingriff. Die Normalgeschwindigkeit v_{ni} ist für jede Eingriffssituation in Betrag und Orientierung für Rad und Ritzel identisch, sodass keine Abhebung oder Durchdringung der Zahnflanken vorliegt. Am Wälzpunkt C tritt der Sonderfall auf, dass die Normalgeschwindigkeit v_n identisch mit der Umfangsgeschwindigkeit v_{Ci} ist. Damit verbunden ist die Tatsache, dass am Wälzpunkt C keine Gleitgeschwindigkeit der Zahnflanken vorliegt, sodass in diesem Punkt die Zahnflanken theoretisch aufeinander abrollen. Die Gleitgeschwindigkeit $v_{g,C}$ ist null. Die für jeden Berührpunkt Y während des Eingriffs auftretende Umfangsgeschwindigkeit v_{Yi} ist vom Durchmesser d_{Yi} an den Berührpunkten sowie der Winkelgeschwindigkeit ω_i des betrachteten Rads abhängig. Damit ändern sich die Umfangsgeschwindigkeiten v_1 und v_2 der Zahnflanken im Eingriffspunkt in ihrer Richtung und in ihrem Betrag. Es gilt:

$$v_{Yi} = \frac{d_{Yi}}{2} \cdot \omega_i \tag{2.1}$$

Bild 2.2 zeigt im rechten Bildbereich die kinematischen Verhältnisse während des Zahneingriffes. Mit zunehmendem Abstand vom Wälzpunkt C erhöht sich die Gleitgeschwindigkeit. Aufgrund der Orientierung und des Betrags der Tangentialgeschwindigkeitsvektoren ist die Gleitgeschwindigkeit v_{gY1} am treibenden Rad zwischen Punkt A und C negativ und zwischen Punkt C und E positiv. Beim getriebenen Rad sind die Verhältnisse genau umgekehrt. Auf die Bestimmung der kinematischen Kontaktgrößen wird in Kapitel 5 detailliert eingegangen.

Das Übersetzungsverhältnis i beschreibt das Verhältnis der Winkelgeschwindigkeiten zwischen dem treibenden und dem getriebenen Rad. Unter Berücksichtigung von Formel 2.1 ergibt sich ein Zusammenhang in Abhängigkeit von der Umfangsgeschwindigkeit und dem Berührpunktdurchmesser:

$$i = \frac{\omega_1}{\omega_2} = \frac{v_{Y1}}{d_{Y1}} \cdot \frac{d_{Y2}}{v_{Y2}} \tag{2.2}$$

Aus der Anwendung von Formel 2.2 folgt Formel 2.3, da die Umfangsgeschwindigkeiten v_{C1} und v_{C2} identisch sind.

$$i = \frac{\omega_1}{\omega_2} = \frac{d_{Y2}}{d_{Y1}} = \frac{d_{w2}}{d_{w1}} \tag{2.3}$$

Der Zusammenhang in Formel 2.3 ist für alle Berührpunkte Y entlang der Eingriffslinie gültig. Die allgemeine Anwendung geht aus den Dreiecken der Geschwindigkeitsvektoren hervor. Somit kann das Übersetzungsverhältnis einer Zahnradgetriebestufe bei Erfüllung des Verzahnungsgesetzes aus den Durchmesserverhältnissen bestimmt werden. Die charakteristischen Durchmesser für die hier beispielhaft vorgestellte evolventische Verzahnung werden in Abschnitt 2.2.4.4 vorgestellt.

2.2 Stirnradverzahnungen

2.2.1 Arten der Stirnradverzahnungen

Aus dem Verzahnungsgesetz lassen sich verschiedene Zahnflankengeometrien ableiten, die sich auf bekannte geometrische Funktionen zurückführen lassen. In der Praxis werden aus fertigungs- und messtechnischen Gründen nur solche Flankenprofile eingesetzt, die mathematisch einfach zu beschreibende Eingriffslinien (Gerade, Kreis) besitzen. Zu diesen Profilen zählen z. B. Zykloiden-, Triebstock-, Kreisbogen-, Wildhaber-Novikov- und insbesondere Evolventenverzahnungen, deren geometrische Eigenschaften und Einsatzfelder nachfolgend beschrieben werden.

2.2.1.1 Zykloidenverzahnungen

Zykloiden sind Kurven, die von einem Punkt eines Rollkreises beschrieben werden, der auf einer Wälzgeraden oder auf bzw. in einem Wälzkreis abrollt. Rollt ein Kreis auf einer Geraden ab, entsteht eine Orthozykloide. Eine Epizykloide entsteht durch Abrollen eines Rollkreises auf dem Wälzkreis. Die Hypozykloide ist durch das Abrollen eines Rollkreises im Innern des Wälzkreises definiert. Das Zahnprofil einer Zykloidenverzahnung wird am Kopf durch eine Epizykloide und am Fuß durch eine Hypozykloide beschrieben (Bild 2.3). Der Übergang am Wälzkreis erfolgt stetig. Die Eingriffslinie $\overline{AE}$ entspricht den Kreissektoren der zugehörigen Rollkreise eines Flankenabschnittes und ist somit ausgehend vom Wälzpunkt kreisbogenförmig ausgeführt [DIN76].

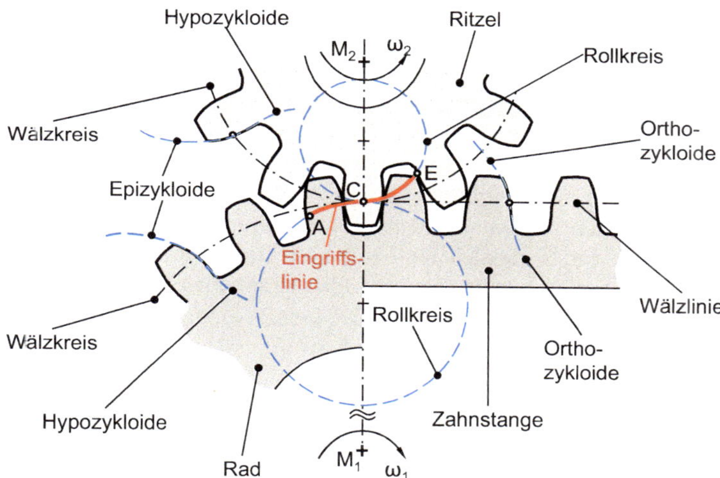

Bild 2.3 Zykloidenverzahnung [DIN76]

Ein Vorteil der Zykloidenverzahnung ist die geringe Unterschnittgefahr bei Verwendung kleiner Zähnezahlen. Durch die Realisierbarkeit kleiner Zähnezahlen ist diese Verzahnungsart besonders geeignet für große Übersetzungsverhältnisse. Zudem ist die Flächenpressung an den Zahnflanken relativ gering, was sich positiv auf die Tragfähigkeit auswirkt und darin begründet ist, dass stets ein konvex gekrümmter mit einem konkaven Flankenabschnitt kämmt. Somit ergeben sich günstige Kontaktbedingungen.

Ein Nachteil der Zykloidenverzahnung ist die Empfindlichkeit gegenüber Achsabstandsänderungen, da die Zahnflanke am Übergang von Epi- und Hypozykloide einen Wendepunkt aufweist. Zudem ist bei einer Abweichung vom festgelegten Achsabstand nicht mehr gegeben, dass das Verzahnungsgesetz erfüllt ist, woraus eine periodische Schwankung der Winkelgeschwindigkeiten und somit ein nicht konstantes Übersetzungsverhältnis resultiert. Damit verbunden ist eine dynamische Anregung der Verzahnung, welche sich in der Folge negativ auf die Tragfähigkeit der Verzahnung auswirken kann. Ein weiterer Nachteil ist die kostenintensive Herstellung. Der Grund hierfür sind die benötigten Werkzeuge, die auf die jeweilige Verzahnung angepasst werden müssen und in der Regel ein nicht geradflankiges Profil aufweisen. Bereits geringe Ungenauigkeiten in der Fertigung bewirken Störungen im

Zahneingriff, was zu einem erhöhten Verschleiß der Verzahnung führt. Weiterhin nachteilig ist die veränderliche Kraftrichtung entlang des Eingriffs. Zykloidenverzahnungen finden in Armbanduhren und speziellen Fluidfördermaschinen wie Kapselpumpen oder Gebläsen Anwendung.

2.2.1.2 Triebstockverzahnungen

Eine weitere Zahnprofilart ist die Triebstockverzahnung (Bild 2.4), die einen Sonderfall der Evolvente annähert. Sie entsteht, wenn das gewählte Maß des Rollkreisdurchmessers eines Rads dem Wälzkreisdurchmesser entspricht. Das Rad hat ein punktförmiges Fußprofil, welches bei der praktischen Ausführung durch einen Bolzen ersetzt wird. Der Bolzen befindet sich mit dem durch eine Epizykloide gebildeten Kopfprofil des Ritzels im Eingriff. Die Triebstockverzahnung wird bevorzugt bei großen Übersetzungsverhältnissen angewendet. Sie ist vergleichsweise kostengünstig in der Herstellung, da das Triebstock-Rad durch Zylinder beschrieben wird und sich für das Triebstock-Ritzel ausreichende Teilungsqualitäten durch die Verwendung von Bohrschablonen ermöglichen lassen. Außerdem werden Zahnflanken von Triebstock-Ritzeln häufig durch Evolventen angenähert, die durch abwälzende Herstellungsverfahren herstellbar sind. Die aus der geometrischen Abweichung resultierende Anregungsneigung führt dazu, dass dieses Zahnprofil nur für kleine Umfangsgeschwindigkeiten geeignet ist. Weiterhin weist die Zahnprofilform einen erhöhten Verschleiß am Wälzkreis auf, sodass es zu einer ungleichmäßigen Bewegungsübertragung kommen kann. Der erhöhte Verschleiß resultiert aus der Punktberührung im Stirnschnitt zwischen Ritzelflanke und Zylinder. Einsatzbeispiele für die Triebstockverzahnung sind u.a. ältere Mühlenräder, Torpedowagen, Uhren, Zahnstangen, Rollenketten und Drehkränze. Heute ist die Triebstockverzahnung in der industriellen Praxis weitestgehend von der Evolventen- und Zykloidenverzahnung verdrängt worden.

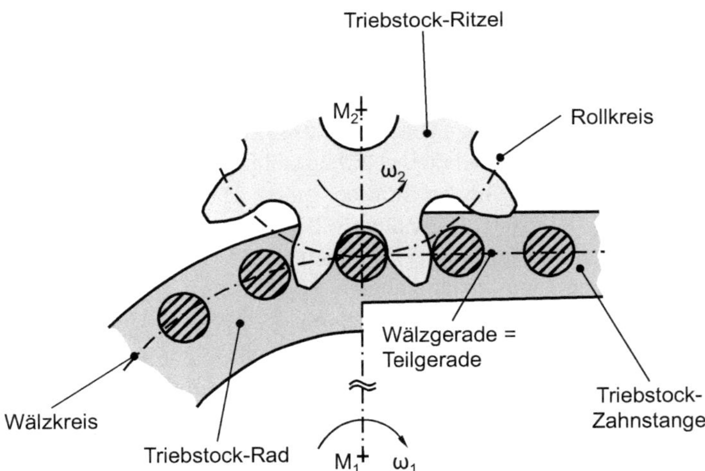

Bild 2.4 Triebstockverzahnung [DIN76]

2.2.1.3 Kreisbogenverzahnungen

Ein weiteres Zahnprofil ist das Kreisbogenprofil. Die Kreisbogenverzahnung weist hohe, schlanke Zähne mit einem großen Verdrehflankenspiel j_t auf. Die Zahnform entspricht Kreisen mit einem definierten Radius r und einem Mittelpunkt M_k. Das momentane Übersetzungsverhältnis der Verzahnung ändert sich kontinuierlich, da sich der Wälzpunkt fortlaufend von C′ nach C″ verschiebt. Somit erfüllt das Zahnprofil das Verzahnungsgesetz nicht (Bild 2.5). Mit der Wälzpunktverschiebung existiert für jeden Berührpunkt beider Flanken ein neuer Wälzkreis. Folglich variieren die Durchmesser der einzelnen Wälzkreise kontinuierlich zwischen d'_{w1} und d''_{w1} bzw. d'_{w2} und d''_{w2}. Die fehlende Winkeltreue kann durch eine Erhöhung der Profilüberdeckung in Grenzen kompensiert werden. Das Verdrehflankenspiel und die Realisierbarkeit großer Übersetzungsverhältnisse führen zu einer guten Eignung für den Einsatz einer Kreisbogenverzahnung in feinmechanischen Geräten wie beispielsweise Uhren. Die Herstellung ist durch Abwälzverfahren möglich.

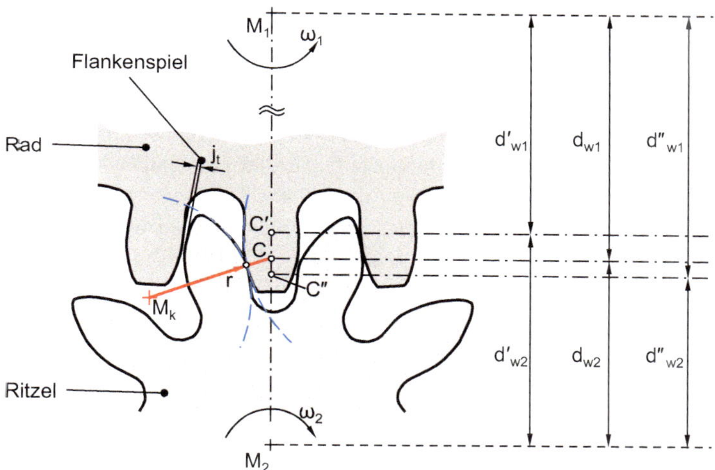

Bild 2.5 Kreisbogenverzahnung [DIN80]

2.2.1.4 Wildhaber-Novikov-Verzahnungen

Eine Sonderform des Kreisbogenprofils stellt die Wildhaber-Novikov-Verzahnung dar, bei der eine konvex gekrümmte Zahnflanke mit einer konkaven Gegenflanke kämmt. Sie wurde in der ehemaligen UdSSR im industriellen Maßstab eingesetzt, besitzt aktuell allerdings keine Bedeutung mehr. Bei dieser Verzahnungsart kann das Kreisbogenprofil entweder im Normalschnitt (nach Wildhaber) oder im Stirnschnitt (nach Novikov) vorliegen. Die Profilform lässt sich mit gängigen Herstellungsverfahren, wie zum Beispiel dem Wälzfräsen, fertigen. Dennoch sind die Herstellkosten hoch, da für das konvexe Rad und das konkave Ritzel unterschiedliche Werkzeugprofile verwendet werden müssen. Bild 2.6 zeigt den Eingriff eines Wildhaber-Novikov-Radpaares.

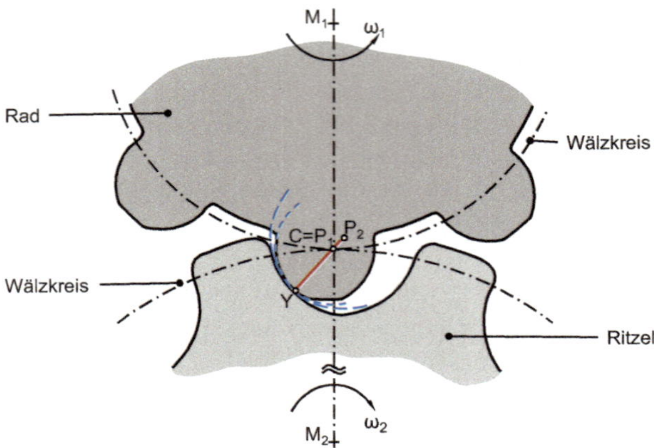

Bild 2.6 Wildhaber-Novikov-Verzahnung

Der konvex-konkave Zahnkontakt führt zu einer guten Schmiegung der Zahnflanken, woraus eine erhöhte Grübchentragfähigkeit auf der Zahnflanke resultiert. Ohne Belastung der Zahnflanken liegt ein Punktkontakt im Stirnschnitt vor, der bei Belastung der Zahnflanken zu einer Kontaktzone anwächst. Die Eingriffslinie verläuft parallel zur Radachse und besteht im Idealfall aus einem Eingriffspunkt C, in dem die beiden Kreisbogenmittelpunkte von Rad und Ritzel zusammenfallen. Bild 2.6 zeigt den allgemeinen Fall, bei dem die Kreismittelpunkte von Rad P_1 und Ritzel P_2 nicht zusammenfallen.

Nachteilig wirkt sich die hohe Empfindlichkeit gegenüber Achsabstandsänderungen aus, die zu Eingriffsstörungen und Beanspruchungsüberhöhungen führt. Deswegen werden an die Herstellung des Zahnprofils hohe Genauigkeitsanforderungen gestellt, da bereits kleine Formabweichungen zu einem fehlerhaften Kontakt zwischen Rad und Ritzel führen. Aus diesem Grund wird der Einsatz dieser Verzahnungsart nicht mehr weiterverfolgt.

2.2.1.5 Evolventenverzahnungen

Die am weitesten verbreitete Verzahnungsart stellt die Evolventenverzahnung dar. Bei diesem Profil weist die Verzahnung im Stirnschnitt den Abschnitt einer Kreisevolvente auf. Sie entsteht durch das Abrollen einer Geraden auf einem definierten Kreis, dem sogenannten Grundkreis d_b. Bei der Evolvente ist das Zahnprofil eines außenverzahnten Stirnrads konvex und das Zahnprofil eines innenverzahnten Stirnrads konkav. Die Evolventenverzahnung ist die am häufigsten eingesetzte Verzahnungsart, da sie einen guten Kompromiss zwischen Einsatzverhalten und Herstellbarkeit aufgrund der linearen Eingriffslinie bietet. Die lineare Eingriffslinie erlaubt Werkzeuge, die ein gerades Profil und eine konstante Kraftrichtung aufweisen. Zudem zeichnen sich Evolventenverzahnungen durch eine hohe Robustheit bezüglich Fertigungs- und Montageabweichungen sowie Verlagerungen im Betrieb aus.

Bei der Evolventenverzahnung ist das Verzahnungsgesetz zu jedem Zeitpunkt erfüllt, da die Normalen jedes Berührpunktes der beiden Zahnflanken durch den Wälzpunkt C verlaufen. Es liegen alle Berührpunkte auf einer Geraden, die als Eingriffslinie (Bild 2.2) bezeichnet wird. Aus Bild 2.7 ist ersichtlich, dass die Normalen eines jeden Punktes auf der Evolvente eine Tangente an den Grundkreis des jeweiligen Rads bilden. Somit muss auch die Eingriffslinie für evolventische Profile tangential zum Grundkreis verlaufen. Da die Eingriffslinie eine Gerade darstellt und die Form der Evolventen unabhängig von der Größe der definierten Grundkreise ist, sind Evolventenverzahnungen unempfindlich hinsichtlich Achsabstandsänderungen. Zudem zeichnen sich Verzahnungen mit Evolventenprofil durch einen Lauf mit wenig Spiel aus. Das Zahnspiel ist von der Auslegung der Verzahnungsgeometrie und der Herstellqualität abhängig. Je nach geometrischer Auslegung der Verzahnung kann Unterschnitt (siehe Abschnitt 2.2.4.5) auftreten, der sich nachteilig auf die Zahnfußtragfähigkeit auswirkt. Die Zahnflankentragfähigkeit ist bei Außenverzahnungspaarungen (konvex-konvex) relativ hoch. Zahnfuß- und Zahnflankentragfähigkeit können durch Profilverschiebungen und Zahnflankenmodifikationen (Zahnflankenkorrekturen) optimiert werden (siehe Abschnitt 3.3).

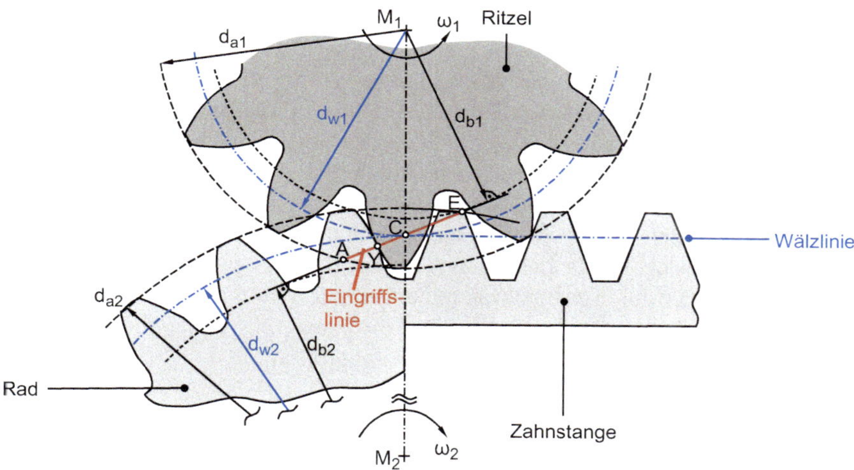

Bild 2.7 Eingriffslinie einer Evolventenverzahnung

2.2.2 Schrägverzahnungen

Die Orientierung der Zahnflanken in axialer Richtung der Verzahnung kann theoretisch einer beliebigen Kurve folgen. Aus fertigungstechnischen Gründen, aber auch aus Gründen der Parametrisierung werden in der Regel geradflankige oder einfach- sowie doppelschrägverzahnte Flankenformen eingesetzt. Gerad- und Schrägverzahnungen unterscheiden sich durch den Schrägungswinkel β sowie die hiervon abhängigen Größen. Bei Schrägverzahnungen sind die Zähne auf dem Grundkreiszylinder schraubenförmig gewunden.

Die Flankensteigung einer Verzahnung (links/rechts) wird nach einer Konvention definiert. Sie hängt davon ab, in welche Richtung der Zahn von unten nach oben gekippt ist, wenn das Zahnrad auf eine der Stirnseiten gelegt wird. Die Blickrichtung wird stets von der Verzahnung in Richtung Radachse gelegt. Gemäß der vereinbarten Vorzeichenkonvention ist der Schrägungswinkel positiv bei rechtssteigenden sowie negativ bei linkssteigenden Flankenlinien. Für eine außen-innen-verzahnte Radpaarung gilt: Bei einer rechtssteigenden Verzahnung ist der Schrägungswinkel der Außenverzahnungen positiv und derjenige der Innenverzahnung negativ. Bei linkssteigenden Verzahnungen erfolgt die Vorzeichenvergabe umgekehrt. Aufgrund dieser Vorzeichenregeln gilt für Stirnradpaarungen (Außen- und Innenverzahnungen) stets, dass die Summe der Schrägungswinkel einer Paarung gleich null ist.

$$\beta_1 + \beta_2 = 0° \tag{2.4}$$

Bei einer Zahnradpaarung schrägverzahnter Stirnräder erfolgt gegenüber der Geradverzahnung der Ein- und Austritt der Zähne nicht gleichzeitig auf der gesamten Zahnbreite, sondern entlang der Berührlinie und in der Regel über mehrere Zahnpaare verteilt. Durch die höhere Anzahl der sich in Eingriff befindenden Zahnpaare verbessern sich in der Regel die Laufruhe und die Tragfähigkeit von Stirnrädern [SALJ87].

Bei einer Verzahnung wird zwischen dem Axial-, Normal- und Stirnschnitt unterschieden. Die Ebene des Stirnschnitts steht senkrecht zur Radachse, die des Normalschnitts senkrecht zu den Flankenlinien (Bild 2.8). Der Axialschnitt stellt einen Schnitt durch die Verzahnung mit einer Ebene, die die Radachse vollständig enthält, dar. Alle geometrischen Größen und Faktoren tragen einen Index, um erkenntlich zu machen, in welchem Schnitt sie betrachtet werden. Im Stirnschnitt haben die Größen den Index „t“ (englisch: transverse), im Normalschnitt den Index „n“ und im Axialschnitt den Index „x“. Verzahnungsgrößen, welche im Stirnschnitt vorliegen, lassen sich trigonometrisch über den Schrägungswinkel β in den Normalschnitt umrechnen. Die Definitionen gelten für alle vorgestellten Arten der Stirnradverzahnungen. Für die Evolventenverzahnungen gilt weiterhin, dass die Zahnflanken im Stirnschnitt einer Schrägverzahnung ein Evolventenprofil besitzen. Im Normalschnitt liegt nur bei der Geradverzahnung ein Evolventenprofil vor.

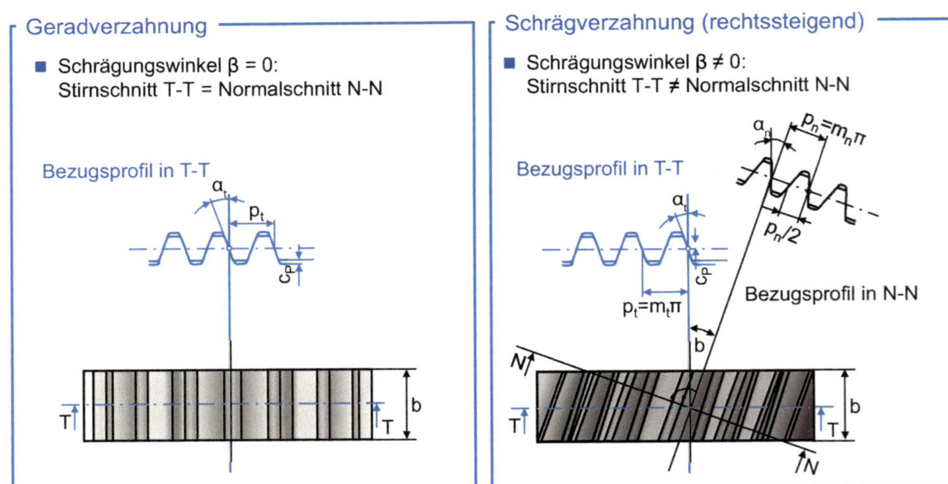

Bild 2.8 Schnittebenen durch eine Stirnradverzahnung

2.2.3 Erzeugungsprinzip von Evolventenverzahnungen

Nachfolgend wird das Erzeugungsprinzip von Evolventenprofilen erläutert, das insbesondere für die Fertigung mit wälzenden Verfahren von Bedeutung ist. Hierbei werden Werkzeuge eingesetzt, welche das Bezugsprofil der Verzahnung abbilden. Demgegenüber weist das bei profilierenden Fertigungsverfahren verwendete Werkzeugprofil bereits die evolventische Lückengeometrie auf, die auf das Werkstück übertragen wird. Es werden die theoretische und praktische Erzeugung des Evolventenprofils vorgestellt, auf die Erzeugung der Zahnflanke in axialer Richtung wird eingegangen und die standardisierte Beschreibung zur Definition und Erzeugung von evolventischen Verzahnungen durch das Bezugsprofil wird erläutert.

2.2.3.1 Die Evolventenfunktion

Die Evolvente entsteht durch das Abrollen einer Geraden auf dem Grundkreis [DIN87, ISO14]. Bild 2.9 zeigt die Strecke $\overline{TY}$ sowie den Grundkreis mit dem Radius r_b. Die Strecke $\overline{TY}$ tangiert für jeden beliebigen Wälzwinkel ξ_y den Grundkreis. Somit stellt die Richtung der Strecke $\overline{TY}$ die Richtung der Normalen auf der Evolvente dar. Die Form der Evolvente wird einzig durch den Grundkreisradius r_b bestimmt. Innerhalb des Grundkreises ist die Evolvente nicht definiert. Aufgrund des schlupffreien Abrollens ist die Strecke $\overline{TY}$ gleich der Bogenlänge $\overline{TU}$. Die Strecke $\overline{TY}$ entspricht dem Krümmungsradius ρ_y an einem Punkt Y der Evolvente. Die Strecken berechnen sich trigonometrisch sowie im Kreisbogen bei Angabe der Winkel im Bogenmaß.

$$\overline{TY} = r_b \cdot \tan \alpha_y \tag{2.5}$$

$$\overline{TU} = \overline{UV} + \overline{VT} = r_b \cdot \left(\alpha_y + \text{inv}\alpha_y\right) \tag{2.6}$$

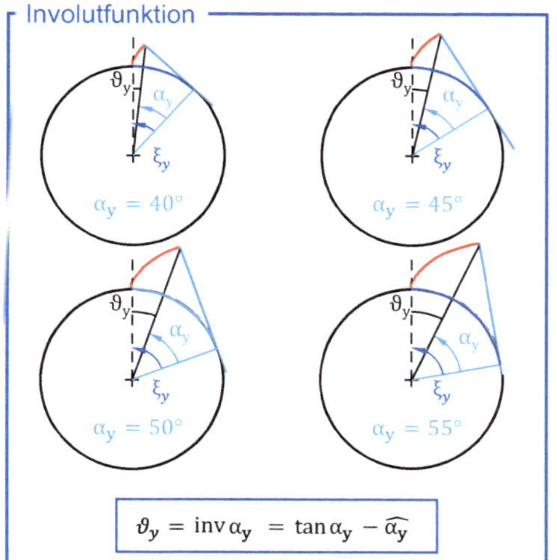

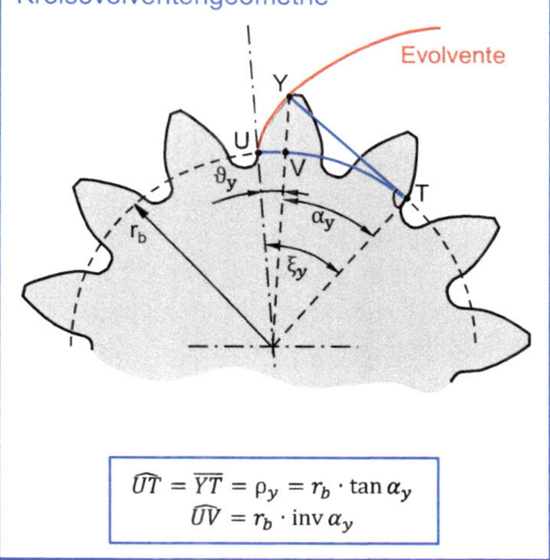

Bild 2.9 Definition und Darstellung der Kreisevolvente

Zur Beschreibung des Bogenabschnitts ϑ_y wird die Evolventenfunktion inv α_y, auch Involutfunktion genannt, eingeführt.

$$\text{inv}\,\alpha_y = \tan\alpha_y - \widehat{\alpha_y} = \xi_y - \widehat{\alpha_y} \tag{2.7}$$

Neben der Beschreibung der Geometrie einer Evolvente wird die Involutfunktion zur Berechnung zahlreicher Verzahnungsgrößen, wie der Zahnkopfdicke und der Bogenlänge der Zahnlücke, verwendet. Die Evolventenfunktion ist nicht geschlossen lösbar, sondern kann nur numerisch gelöst werden. Unter Vorgabe des Involutwertes inv α_y kann daher der Winkel α_y nur iterativ bestimmt werden. Um die Anwendung in der Praxis zu erleichtern, kann bei gegebenem Winkel α_y der zugehörige Funktionswert inv α_y aus Involuttabellen (Auszug in Tabelle 2.1) ermittelt bzw. interpoliert werden.

Tabelle 2.1 Involuttabelle α_y = 17° bis α_y = 23°

α	17	18	19	20	21	22	23
,0	0,009025	0,010760	0,012715	0,014904	0,017345	0,020054	0,023049
,1	0,009189	0,010946	0,012923	0,015137	0,017603	0,020340	0,023365
,2	0,009355	0,011133	0,013134	0,015372	0,017865	0,020629	0,023684
,3	0,009523	0,011323	0,013346	0,015609	0,018129	0,020921	0,024006
,4	0,009694	0,011515	0,013562	0,015849	0,018395	0,021217	0,024332
,5	0,009866	0,011709	0,013779	0,016092	0,018665	0,021514	0,024660
,6	0,010041	0,011906	0,013999	0,016337	0,018937	0,021815	0,024992
,7	0,010217	0,012105	0,014222	0,016585	0,019212	0,022119	0,025326
,8	0,010396	0,012306	0,014447	0,016836	0,019490	0,022426	0,025664
,9	0,010577	0,012509	0,014674	0,017089	0,019770	0,022736	0,026005

2.2.3.2 Das theoretische Herstellprinzip des Evolventenprofils

Das theoretische Herstellprinzip eines Evolventenprofils basiert auf dem Abrollen einer Geraden auf dem Grundkreis der Verzahnung. Häufig wird dieser Zusammenhang anhand des Abwickelns eines straff gespannten Fadens von einer Scheibe mit dem Grundkreisdurchmesser veranschaulicht (Bild 2.10 links). Zusätzlich ist ein geradflankiges Werkzeugprofil (Bezugsprofil) dargestellt, welches die Evolvente tangiert. Bei Vorgabe eines Wälzvorschubes entspricht die Normale des Bezugsprofiles, welches die Evolvente tangiert, stets dem straff gespannten Faden während des Abwickelns. Damit tangiert die Normale des Bezugsprofils den Grundkreis der Verzahnung. Die einzelnen Positionen der Werkzeugschneide in Abhängigkeit der abgewickelten Faden- bzw. Bogenlänge werden Wälzstellungen genannt. Dieses Prinzip wird als theoretisches Erzeugungsprinzip bezeichnet, da es in dieser Form in keiner Werkzeugmaschine umgesetzt wird. Dort wird hingegen das Bezugsprofil in Abhängigkeit von der rotatorischen Werkstückbewegung translatorisch verschoben (siehe Abschnitt 2.2.3.4). Die Gesamtheit der Einhüllenden aller Wälzstellungen entlang des Wälzvorschubs führt zur evolventischen Zahnflankengeometrie (Bild 2.10 rechts).

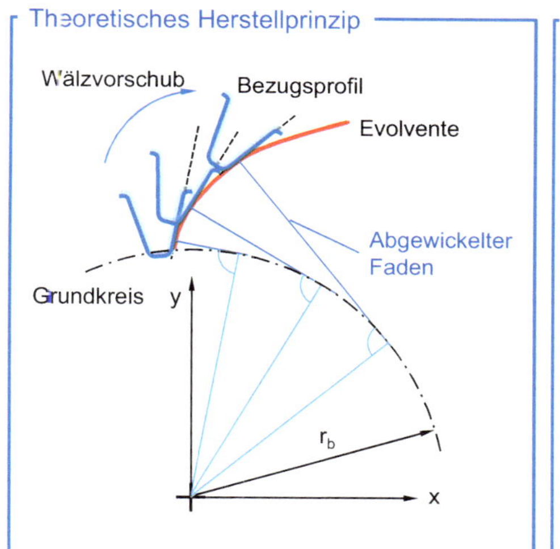

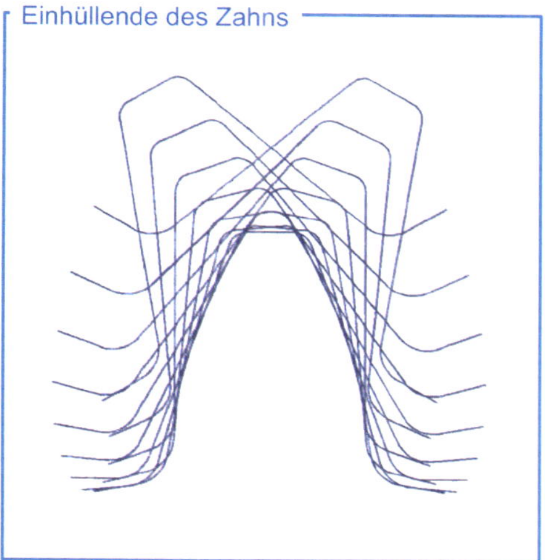

Bild 2.10 Theoretisches Erzeugungsprinzip der Evolventenverzahnung

2.2.3.3 Das Bezugsprofil

Die Evolventengeometrie ist abhängig vom Grundkreisdurchmesser d_b. Es ergibt sich bei einem kleinen Grundkreis eine stärker gekrümmte Evolvente und bei einem großen Grundkreis eine schwächer gekrümmte Evolvente. Wird der Grundkreis unendlich groß (Zahnstange), so ergibt sich im Extremfall ein trapezförmiges Profil mit geraden Flanken, das als Zahnstangenprofil bezeichnet wird. Das die Zahnstange beschreibende trapezförmige Profil eignet sich zur Angabe bzw. Festlegung der geometrischen Grundgrößen der Evolventenverzahnung. Dieses Profil wird daher Bezugsprofil genannt. Das Bezugsprofil ist in DIN 867 [DIN86] für Evolventenverzahnungen an Stirnrädern für den allgemeinen Maschinenbau und Schwermaschinenbau für einen Modulbereich von 1 bis 70 mm standardisiert (Bild 2.11 und Tabelle 2.2). Eine wichtige Grundgröße, die standardisiert ist, stellt der Modul dar. Der Modul *m* eines Zahnrads wird in Millimetern angegeben (siehe Formel 2.8 bis Formel 2.10 in Abschnitt 2.2.4.1). Der Modul ist keine Messgröße, sondern eine Bezugsgröße zur Beschreibung der Größe der Zähne eines Zahnrads. Die Profilbezugslinie ist definiert als diejenige Gerade des Bezugsprofils, auf der der Betrag der Zahndicke identisch zur Lückenweite des Zahns ist ($s_p = e_p$).

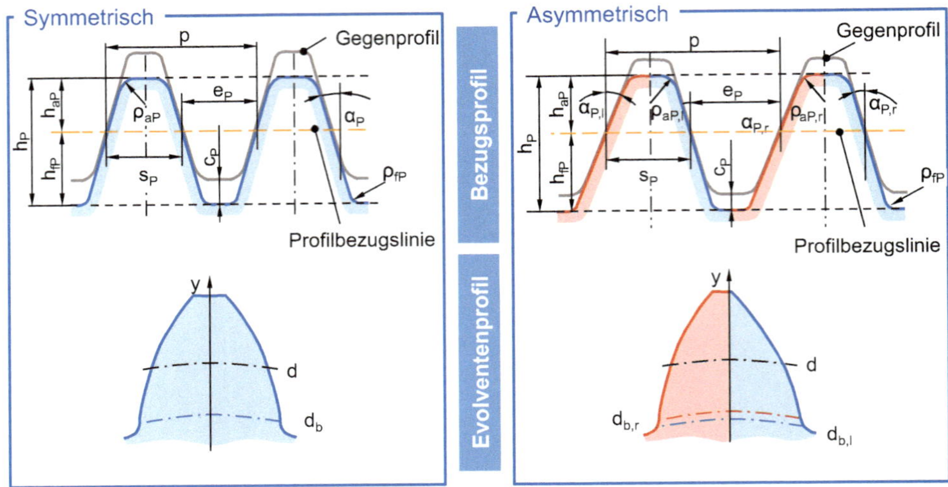

Bild 2.11 Bezugsprofile für Stirnradverzahnungen [DIN86]

Tabelle 2.2 Bezeichnungen zu Bild 2.11 gemäß [DIN86]

Formelzeichen	Beschreibung	Vorschlagswert nach [DIN86]
p	Teilung	$p = m \times \pi$
s_P	Zahndicke	$s_P = p \div 2$
e_P	Lückenweite	$e_P = p \div 2$
h_P	Höhe des Bezugsprofils	$e_P = p \div 2$
h_{aP}	Kopfhöhe	$h_{aP} = m$
h_{fP}	Zahnfußhöhe	$h_{fP} = m + c_P$
ρ_{fP}	Fußrundungsradius	
ρ_{aP}	Kopfrundungsradius	
c_P	Kopfspiel	$c_P = 0{,}1\ldots0{,}4 \times m$
α_P	Bezugsprofilwinkel	

Weiterhin wird das Bezugsprofil durch die Vorgabe des Werkzeugprofilwinkels α_P beschrieben, der dem Winkel zwischen der Normalen zur Profilbezugslinie und der Flanke des Bezugsprofils entspricht. Die Wahl des Profilwinkels kann getrennt für die Links- und Rechtsflanke des Werkzeugprofils erfolgen. Aus dem Abwälzen mit einem asymmetrischen Bezugsprofil resultieren ebenfalls asymmetrische Zahnlückengeometrien. Die entsprechenden Verzahnungen werden asymmetrische Verzahnungen genannt. Auf der rechten Seite von Bild 2.11 ist ein asymmetrisches Bezugsprofil und darunter das entsprechende Zahnprofil dargestellt. Asymmetrische Verzahnungen können bei geeigneter Wahl des Werkzeugprofilwinkels unter anderem Vorteile hinsichtlich der Flankenpressung und Zahnfußtragfähigkeit (vgl. Abschnitt 2.2.4.3) im Vergleich zu symmetrischen Verzahnungen bieten (siehe auch Abschnitt 3.2.2) [BREC13].

Es ist möglich, mit einem einzigen Bezugsprofil verschiedene Stirnräder mit Evolventenprofil herzustellen, die den gleichen Modul sowie Eingriffswinkel aufweisen, unabhängig von ihrem Schrägungswinkel oder ihrer Zähnezahl. Daraus resultiert ein wirtschaftlicher Vorteil für die evolventische Zahnprofilform, da Ritzel und Rad einer Verzahnung mit demselben Werkzeug gefertigt werden können. Das Bezugsprofil ist derart definiert, dass es für beide Räder einer Paarung symmetrisch zur Mittellinie des Zahns festgelegt ist. Zur geometrischen Beschreibung des Bezugsprofils sind grundsätzlich die Größen Profilwinkel α_P, Teilung p bzw. Modul m, Zahnhöhe h_P, Zahnkopfhöhe h_{aP} sowie Angaben zu einer möglichen Verschiebung der Profilbezugslinie notwendig. Darüber hinaus wird insbesondere die Gestalt des Zahnfußes durch den Kopfrundungsradius ρ_{aP} des Werkzeugs festgelegt. Für einige Größen sind Richtwerte in der Normung vorgesehen, die Tabelle 2.2 entnommen werden können. Die Herstellung einer Evolventenverzahnung erfolgt häufig mit standardisierten Werkzeugen.

Das Bezugsprofil wälzt oder schneidet je nach Herstellverfahren in einem zwangsweise geführten Bewegungsvorgang mit dem zu fertigenden Zahnrad. Durch eine Rücknahme um das Kopfspiel c_P beim Werkzeug wird verhindert, dass bei der Fertigung des Zahnrads Bereiche des Zahnkopfes angeschnitten werden. Für das Bezugsprofil ist das Kopfspiel in DIN 867 genormt [DIN86]. Der übliche Wertebereich des Kopfspiels ist Tabelle 2.2 zu entnehmen.

Aus dem Bezugsprofil wird das Werkzeugprofil abgeleitet. Je nach Flankenform des eingesetzten Verzahnungswerkzeuges findet sich das Bezugsprofil in unterschiedlichen Schnitten wieder. Ein Beispiel stellen schneckenförmige Werkzeuge wie z. B. Wälzfräser dar. Bei der Erzeugung dieser Werkzeuge wird der Werkzeug-Stirnschnitt mit einem Bezugsprofil durch Abwälzen erzeugt. Ein weiteres Beispiel stellen ZN-Schnecken dar, bei denen sich das Bezugsprofil im Normalschnitt abbildet. Die jeweiligen Werkzeugformen werden bei der Umsetzung des praktischen Herstellprinzips der Evolvente in Werkzeugmaschinen verwendet.

2.2.3.4 Das praktische Herstellprinzip des Evolventenprofils

Das theoretische Herstellprinzip der Evolventen lässt sich in einer Werkzeugmaschine nicht realisieren. Daher wird eine Transformation des Werkzeug-Wälzschubs in zwei miteinander gekoppelte Bewegungen vorgenommen. Das Werkzeugbezugsprofil bewegt sich translatorisch in tangentialer Richtung zum Grundkreis mit dem Wälzvorschub. Gleichzeitig rotiert das Zahnrad mit einer wälzgekoppelten Rotationsgeschwindigkeit (Bild 2.12 links). Die Kombination aus Translation und Rotation bildet das theoretische Herstellprinzip ab und lässt sich mit unterschiedlichen Verfahrenskinematiken realisieren. Anhand des Beispiels Wälzfräsen (Bild 2.12 rechts) wird verdeutlicht, dass durch die gleichzeitige, abwälzende Bewegung von Werkstück und Schnecke die Form der Evolvente kontinuierlich im Hüllschnittverfahren erzeugt wird [SULZ73].

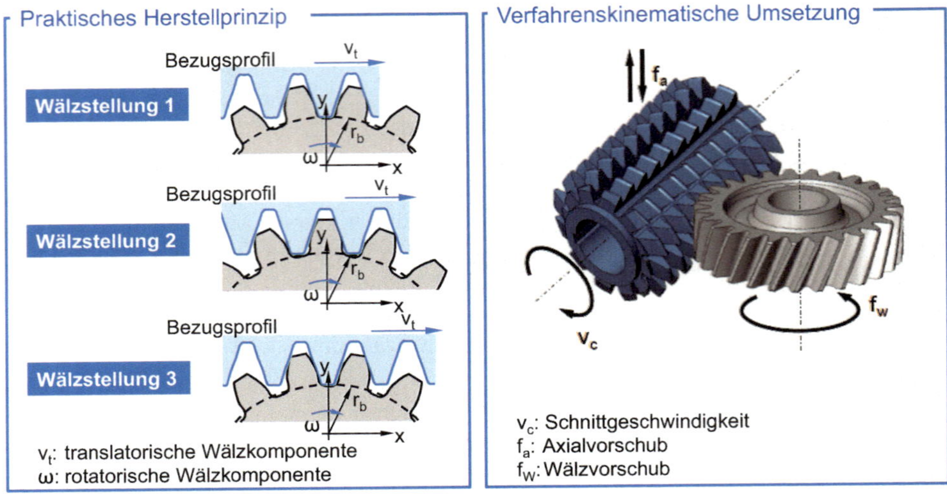

Bild 2.12 Praktisches Erzeugungsprinzip der Evolventenverzahnung

Den wesentlichen Vorteil bei der Bewegungsaufteilung in eine Rotation und eine Translation stellt die einfache Aufteilung auf übliche Achskinematiken einer Werkzeugmaschine in der Fertigung der Evolventenverzahnung dar. Zur Realisierung der rotatorischen Bewegungskomponente kann das Zahnrad auf dem Maschinentisch aufgespannt werden, sodass es um seine Achse rotieren kann. Die translatorische Werkzeugbewegung lässt sich entweder durch zahnstangenförmige (Hobel) oder durch schneckenförmige Werkzeuge (Wälzfräser, Wälzschleifschnecken) realisieren, die in ihrem Normalschnitt das Zahnstangenbezugsprofil aufweisen. Das geradflankige Bezugsprofil verschafft Vorteile hinsichtlich der Fertigung und Qualitätskontrolle der Werkzeuge. Durch die Verwendung eines schneckenförmigen Werkzeuges kann die translatorische Bewegung durch eine Rotation erreicht werden. Damit wird eine kontinuierliche translatorische Verschiebung des Werkzeugprofils erreicht, was Produktivitätsvorteile bewirkt (vgl. Abschnitt 4.2.3 bzw. Abschnitt 4.4.2).

2.2.3.5 Räumliche Erzeugung des Flankenprofils

Die räumliche Evolventenfläche einer Zahnflanke entsteht durch die Abwicklung der Tangentialebene auf dem Grundkreiszylindermantel. Im linken Teil von Bild 2.13 ist exemplarisch die Evolventenfläche einer Geradverzahnung dargestellt. In axialer Richtung wird die Zahnflanke durch die Zahnbreite b begrenzt. Die Zahnbreite b ist der Abstand der beiden Stirnflächen auf der Bezugsfläche, auf die als eine gedachte Fläche die Bestimmungsgrößen der Verzahnung bezogen werden. Für die Geradverzahnung lässt sich die Evolventenfläche zweidimensional parametrieren, da die Evolventenkrümmung konstant über der Zahnbreite in axialer Richtung ist.

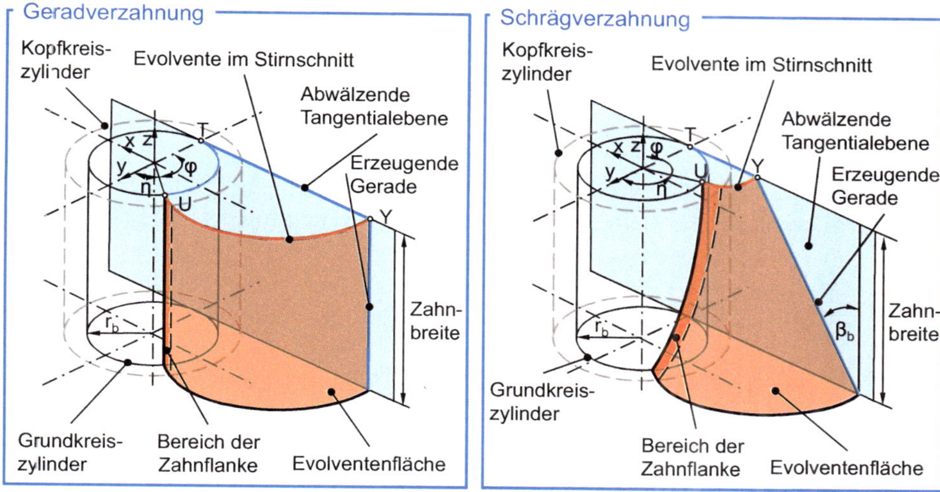

Bild 2.13 Evolventenfläche einer Stirnradverzahnung

Die Evolventenfläche einer Schrägverzahnung entsteht analog zur Vorgehensweise bei Geradverzahnungen. Aufgrund des Schrägungswinkels wird die Evolvente an unterschiedlichen Orten in axialer Richtung gebildet, was eine dreidimensionale Betrachtung erfordert. Dazu wird bei der Erzeugung der Flankenfläche in axialer Richtung zusätzlich der Schrägungswinkel am Grundkreis β_b berücksichtigt. Der Grundkreisschrägungswinkel bewirkt eine Verdrehung der Evolvente auf dem Grundzylinder [DIN87, ISO14] (siehe Bild 2.13 rechts).

Die räumliche Erzeugung der Zahnradflanke lässt sich in der Werkzeugmaschine durch den Axialvorschub erreichen. Über der Zahnbreite wird kontinuierlich die Evolvente erzeugt. Zur Erzeugung einer Schrägverzahnung wird das Werkzeug entsprechend um seine Achse verkippt, bis die Normalschnitte von Werkzeug und Werkstück übereinanderliegen (siehe Kapitel 4).

2.2.4 Geometrische Größen der Evolventenverzahnung

2.2.4.1 Modul und Teilung

Eine grundlegende geometrische Größe zur Beschreibung von Verzahnungen ist der Modul m. Der Modul stellt keine Messgröße, sondern eine Bezugsgröße dar. Grundsätzlich wird der Modul aus dem Quotienten von Normalteilung p_n und der Kreiszahl π gebildet und in der Praxis häufig aus dem Teilkreisdurchmesser d, Schrägungswinkel β und der Zähnezahl z ermittelt. Üblicherweise wird der Modul im Normalschnitt der Verzahnung angegeben.

$$m_n = \frac{d \cdot \cos \beta}{z} = \frac{p_n}{\pi} \tag{2.8}$$

Der Modul m_0 des Bezugsprofils entspricht dem Modul im Normalschnitt (Normalmodul) m_n der Stirnradverzahnung. Der Stirnmodul m_t ergibt sich im Stirnschnitt der Verzahnung und kann nach folgender Formel berechnet werden.

$$m_t = \frac{m_n}{\cos\beta} = \frac{d}{z} \tag{2.9}$$

Für ein schrägverzahntes Stirnrad wird der Modul im Achsschnitt (Axialmodul) m_x nach Formel 2.10 berechnet. Für Geradverzahnungen ist der Axialmodul nicht definiert [DIN87, ISO14].

$$m_x = \frac{m_n}{\sin|\beta|} \tag{2.10}$$

Aus der Anforderung an eine gleiche Zahnlückenteilung ergibt sich, dass die Zahnräder einer Paarung den gleichen Modul besitzen müssen, um miteinander kämmen zu können. Hierzu sind in der DIN 780 [DIN77] Modulreihen aufgeführt, die für Stirnrad- und Zylinderschneckengetriebe aller Art verwendet werden. Als Modulreihen existieren Vorzugsreihen (Reihe 1) und Nebenreihen (Reihe 2) sowie Werte für Sonderzwecke. Durch diese Rangordnung soll eine Beschränkung der Anzahl der für die Herstellung von Stirnrädern erforderlichen Werkzeuge und Prüfmittel erreicht werden. Die Verwendung von Werten der Modulreihen ist nicht bindend. So kann es je nach Anwendung (z. B. größere Lose in der Serienfertigung) sinnvoll und wirtschaftlich sein, von den Werten der Modulreihen abzuweichen. Bei konstanten Bauraumbedingungen führt eine Vergrößerung des Moduls zu einer geringeren Zähnezahl und einer größeren Zahndicke.

Die Teilung p („pitch", englisch für Teilung) ist definiert als der Abstand von zwei aufeinanderfolgenden gleichen Flanken. Ohne weitere Angabe entspricht die Teilung p dem Abstand von zwei Rechts- oder zwei Linksflanken auf dem Teilkreis. In Bild 2.14 sind die Zusammenhänge im Stirnschnitt dargestellt.

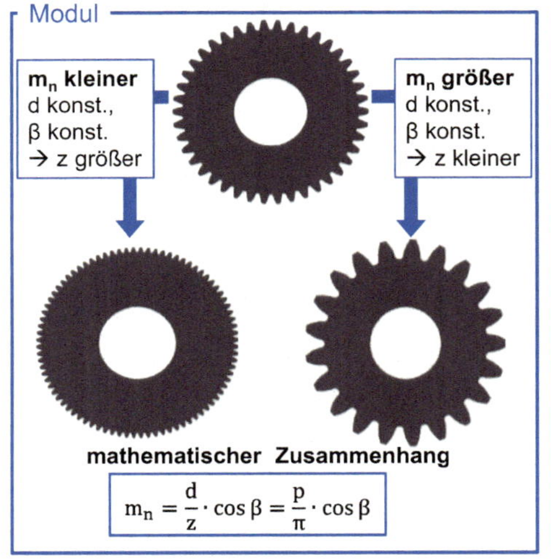

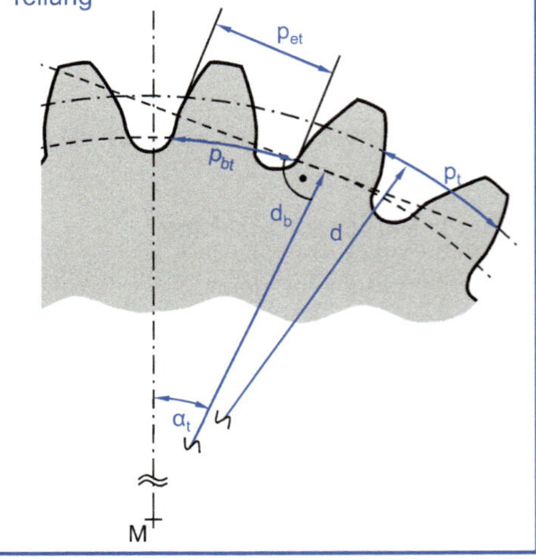

Bild 2.14 Moduleinfluss und Teilungsgrößen am Zahnrad

Damit ein Zahnradpaar abwälzen kann, müssen die Teilungen der beiden Räder identisch sein: $p_{1t} = p_{2t} = p_t$. Insbesondere für die Vorgabe von Toleranzen ist dieser Zusammenhang wichtig. Bei Teilungsabweichungen, zum Beispiel durch Teilungsfehler bei diskontinuierlichen Fertigungsverfahren, können die Zahnräder unruhig laufen oder sogar verklemmen. Mit Formel 2.11 wird die Stirnteilung p_t am Teilkreis berechnet.

$$p_t = \pi \cdot \frac{d}{z} = \pi \cdot \frac{m_n}{\cos \beta} \tag{2.11}$$

Neben dem Teilkreisdurchmesser lässt sich die Teilung auf beliebigen anderen Durchmessern durch Vorgabe des jeweiligen Bezugsdurchmessers d_y angeben. Es ergeben sich für jeden Bezugsdurchmesser jeweils unterschiedliche Teilungswerte. Die Grundkreisteilung im Stirnschnitt p_{bt} ist der Abstand zweier benachbarter Zähne auf dem Grundkreis und entspricht der Stirneingriffsteilung p_{et} entlang der Eingriffsstrecke.

$$p_{bt} = p_{et} = \frac{d_b \cdot \pi}{z} = p_t \cdot \cos \alpha_t \tag{2.12}$$

Über den Schrägungswinkel lässt sich die Stirnteilung in die Normalteilung umrechnen. Dieser Zusammenhang gilt für jegliche Teilungskennwerte. Die Normalteilung entspricht der Länge des Schraubenlinienbogens zwischen zwei aufeinanderfolgenden gleichen Flanken auf dem Teilkreiszylinder im Normalschnitt.

$$p_n = p_t \cdot \cos \beta = m_n \cdot \pi \tag{2.13}$$

Die Grundzylinder-Normalteilung p_{bn} ist der Abstand zwischen zwei parallelen Tangenten, die zwei aufeinanderfolgende Flanken berühren. Er entspricht der Normaleingriffsteilung p_{en}.

$$p_{bn} = p_{en} = p_n \cdot \cos \alpha_n \tag{2.14}$$

2.2.4.2 Zähnezahl und Übersetzungsverhältnis

Die Zähnezahlen einer Zahnradpaarung werden gewählt, um ein bestimmtes Übersetzungsverhältnis zu realisieren. Zur Beschreibung des Verhältnisses der Zähnezahlen von Großrad und Kleinrad wird das Zähnezahlverhältnis u definiert:

$$u = \frac{z_{\text{Großrad}}}{z_{\text{Kleinrad}}} \tag{2.15}$$

Aus dem Verzahnungsgesetz wurde in Abschnitt 2.1 abgeleitet, dass die Zähnezahlen zweier Zahnräder im gleichen Verhältnis wie die Durchmesser an einem Berührpunkt stehen. Daraus folgt das Übersetzungsverhältnis i:

$$i = -\frac{z_2}{z_1} = \frac{d_2}{d_1} = \frac{n_1}{n_2} \tag{2.16}$$

Der Index 1 entspricht dem treibenden Rad und Index 2 dem getriebenen Rad. Ein betragsmäßiges Übersetzungsverhältnis von $|i| > 1$ beschreibt eine Übersetzung ins Langsame (Untersetzung), ein betragsmäßiges Übersetzungsverhältnis von $|i| < 1$ eine Übersetzung ins Schnelle. Das Gesamtübersetzungsverhältnis bei mehrstufigen Getriebezügen berechnet sich aus dem Produkt der Einzelübersetzungsverhältnisse.

Definitionsgemäß ist bei Außenradverzahnungen die Zähnezahl positiv, bei Innenradverzahnungen negativ. Damit können Drehrichtungen, Kraftrichtungen und Leistungsflüsse in Zahnradgetrieben vorzeichenrichtig betrachtet werden. Dies entspricht der Vorstellung, dass beim Übergang von einem Außenrad auf ein Hohlrad der Raddurchmesser vergrößert wird, bis zunächst bei $d = +\infty$ der Grenzfall der Zahnstange mit $z = \infty$ erreicht wird. Wird die Zahnstange weiter gekrümmt, ändert sich der Raddurchmesser im Übergang auf $-\infty$ und nimmt eine endliche negative Größe an. Bei einem Hohlrad ergeben sich somit bei den Berechnungen für alle von der Zähnezahl abhängigen Größen negative Werte. Bei einem Innenradpaar sind außerdem das Zähnezahlverhältnis u und der Achsabstand negativ [DIN87, ISO14].

Neben dem Übersetzungsverhältnis zweier Zahnräder im Eingriff kann das Übersetzungsverhältnis ebenfalls für die Fertigung eines Zahnrads mit einem Werkzeug definiert werden, um die Drehzahlverhältnisse in der Fertigung vorzugeben. Wird ein schneckenförmiges Werkzeug verwendet, so gilt Formel 2.17, in der z_0 die Gangzahl des eingesetzten Werkzeuges und z die Zähnezahl des zu erzeugenden Zahnrads beschreibt.

$$i = \frac{z}{z_0} = \frac{n_0}{n} \tag{2.17}$$

2.2.4.3 Eingriffswinkel und Überdeckungsgrad

Aus dem praktischen Erzeugungsprinzip der Evolventenverzahnung folgt, dass der Profilwinkel (α_P) des Werkzeugbezugsprofils die Steigung und damit die Form der Evolvente maßgeblich beeinflusst (Formel 2.7). Wird der Profilwinkel des Werkzeuges vergrößert, so nimmt der Grundkreisdurchmesser ab und die Zahndicke nimmt zu. Im Unterschied zur Profilverschiebung verändert eine Modifikation des Profilwinkels vollständig die Evolventenform der Zahnflanke.

Für den allgemeinen Fall ist der Eingriffswinkel als spitzer Winkel zwischen der Evolvententangente am Teilkreis und dem Radiusmittelpunktstrahl durch diesen Punkt festgelegt. Die Ermittlung des Winkels kann in unterschiedlichen Schnittebenen erfolgen. Der Eingriffswinkel im Stirnschnitt α_{ty} kann an einem beliebigen Zylinder mit dem Durchmesser d_y aus dem Eingriffswinkel α_{yn} im Normalschnitt bestimmt werden.

$$\tan \alpha_{yt} = \frac{\tan \alpha_{yn}}{\cos \beta_y} \tag{2.18}$$

Durch die Abwälzkinematik entspricht der Profilwinkel α_{n0} des Werkzeugbezugsprofils in der Regel dem Eingriffswinkel im Normalschnitt der Verzahnung α_n. Unter bestimmten Umständen kann es jedoch sinnvoll sein, dass der Profilwinkel von Werkzeug und Zahnrad nicht identisch ist. Ein Grund hierfür können zum Beispiel unzureichende Standzeiten der eingesetzten Werkzeuge oder Qualitäten der gefertigten Bauteile sein. In diesem Fall wird eine Wälzkreisverlegung vorgenommen. Die Modifizierung von Modul und Eingriffswinkel zwischen Werkzeug und Werkstück ist möglich, sofern Formel 2.19 erfüllt ist. Damit verbunden ist eine konstante Teilung von Werkzeug und Verzahnung (siehe Formel 2.13).

$$m_{n0} \cdot \cos \alpha_{n0} = m_n \cdot \cos \alpha_n \tag{2.19}$$

Der Normaleingriffswinkel entspricht für eine Verzahnung ohne Profilverschiebung dem Winkel, den die Eingriffsstrecke $\overline{AE}$ mit der horizontalen Tangente am Grundkreis bildet

(Bild 2.15). Ist die Verzahnung zur Anpassung des Achsabstands mit einer Profilverschiebung x (siehe Abschnitt 2.2.4.5) ausgelegt, so wird eine Veränderung der Länge der Eingriffsstrecke sowie deren Neigung bewirkt. Der Eingriffswinkel α_t wird in den Betriebseingriffswinkel α_{wt} überführt. Dadurch ändert sich die Form der Evolventen nicht, es wird jedoch ein anderer Abschnitt der Evolvente genutzt. Der Betriebseingriffswinkel wird nach folgender Formel berechnet:

$$\text{inv}\ \alpha_{wt} = \text{inv}\ \alpha_t + 2 \cdot \frac{x_1 + x_2}{z_1 + z_2} \cdot \tan \alpha_n \tag{2.20}$$

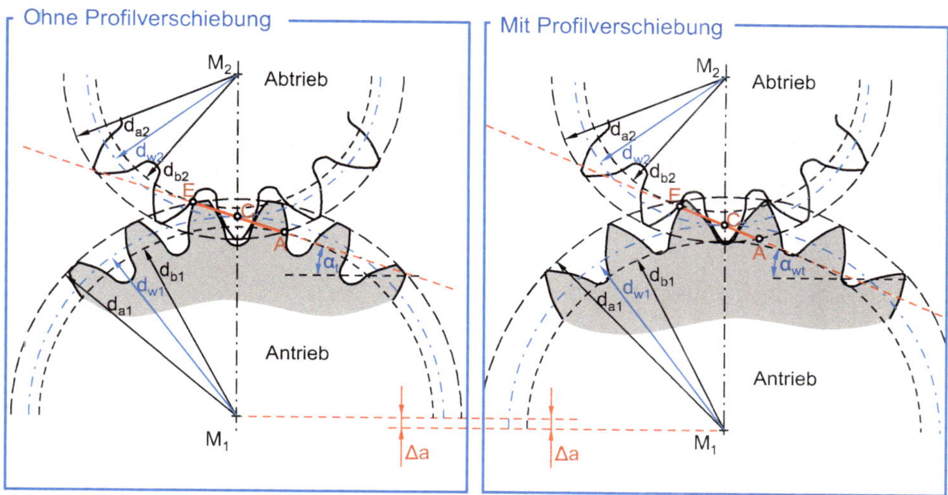

Bild 2.15 Definition der Eingriffsstrecke auf der Eingriffslinie

Wenn die Summe der Profilverschiebung gleich null ist, so ist aus Formel 2.20 ersichtlich, dass $\alpha_{wt} = \alpha_t$ ist. Für diesen Fall entspricht der Wälzkreisdurchmesser dem Teilkreisdurchmesser.

Der Eingriffswinkel ist nach DIN 867 [DIN86] mit $\alpha_n = 20°$ genormt. Je nach Auslegungsziel (Geräuschverhalten, Tragfähigkeit) kann der Eingriffswinkel angepasst werden. Bei einer Erhöhung des Eingriffswinkels wird durch die steigenden Krümmungsradien und Zahnfußdickensehnen bei gleicher Belastung die Beanspruchung gesenkt. Eine Verringerung des Eingriffswinkels kann durch die Zunahme der Anzahl sich im Eingriff befindender Zahnpaare eine Geräuschreduktion bewirken.

Um eine gleichförmige Bewegungsübertragung zu gewährleisten, muss das nachfolgende Zahnpaar eines Zahnrads im Eingriff sein, bevor das vorhergehende Zahnpaar nicht mehr im Eingriff ist. Diese Bedingung wird realisiert, indem die Länge der Eingriffsstrecke $\overline{AE}$ größer als die Eingriffsteilung im Stirnschnitt p_{et} gewählt wird (Bild 2.16 links). Mit dieser Bedingung verbunden ist die Definition der Profilüberdeckung ε_α der Verzahnung, die für den Stirnschnitt die durchschnittliche Anzahl sich gleichzeitig im Eingriff befindender Zähne wiedergibt. Definitionsgemäß ist der Wert der Profilüberdeckung positiv und für Geradverzahnungen größer eins (Bild 2.16 links).

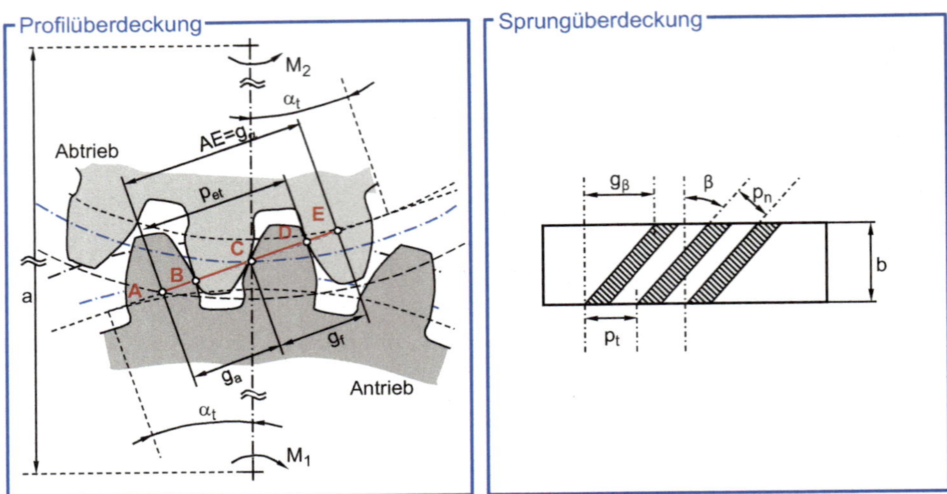

Bild 2.16 Bestimmungsgrößen der Überdeckung (Quelle: DIN 3960)

$$\varepsilon_{\alpha} = \frac{\overline{\mathrm{AE}}}{p_{\mathrm{et}}} > 1 \tag{2.21}$$

Aus Bild 2.15 ist ersichtlich, dass eine Verlängerung der Eingriffsstrecke $\overline{\mathrm{AE}}$ möglich ist, indem entweder der Kopfkreisdurchmesser d_a erhöht oder der Eingriffswinkel α_t bzw. α_{wt} verringert wird. Eine Verlängerung der Eingriffsstrecke hat zur Folge, dass sich die Profilüberdeckung vergrößert, da die Stirneingriffsteilung unverändert bleibt.

Bei asymmetrischen Verzahnungen kann der Vorteil zweier unterschiedlicher Eingriffswinkel ausgenutzt werden, um einerseits eine beanspruchungsoptimierte Zahndicke und Flankenform auf der Hauptlastseite zu gewährleisten und gleichzeitig eine ausreichende Profilüberdeckung zu realisieren. Durch ein asymmetrisches Profil wird eine größere mögliche Zahnhöhe erreicht, da die Zahnkopfdicke durch die Senkung des Eingriffswinkels auf der unbelasteten Flanke des Zahnrads bei größeren Zahnhöhen vergrößert und damit ein Spitzzahn (Gefahr des durchgehärteten Zahnkopfes) vermieden wird [BREC13].

Bei einer Schrägverzahnung befinden sich aufgrund des Schrägungswinkels zusätzliche Zähne im Eingriff, wodurch die zu übertragende Last auf weitere Zahnpaare verteilt wird. Eine Kenngröße zur Beschreibung der durch den Schrägungswinkeleinfluss sich in Eingriff befindenden Zahnpaare ist die Sprungüberdeckung ε_{β}. Zusammen mit der Profilüberdeckung ε_{α} ergibt sich die Gesamtüberdeckung ε_{γ}. Für Geradverzahnungen gilt: $\varepsilon_{\beta} = 0$. Somit ist die Gesamtüberdeckung für Schrägverzahnungen größer als bei Geradverzahnungen.

$$\varepsilon_{\gamma} = \varepsilon_{\alpha} + \varepsilon_{\beta} \tag{2.22}$$

Die geometrischen Zusammenhänge zur Berechnung der Profil- und Sprungüberdeckung sind in Bild 2.16 dargestellt. Die Profilüberdeckung kann aus dem Verhältnis der Länge der Eingriffsstrecke $\overline{\mathrm{AE}}$ und der Stirneingriffsteilung p_{et} berechnet werden. Die Länge der Eintritts-Eingriffsstrecke g_a und der Austritts-Eingriffsstrecke g_f ist abhängig von den jeweiligen Kopf-Nutzkreisdurchmessern.

$$\varepsilon_\alpha = \frac{\overline{AE}}{p_{et}} = \frac{g_\alpha}{p_{et}} = \frac{g_f + g_a}{p_{et}} \tag{2.23}$$

$$g_a = \overline{CE} = \frac{1}{2} \cdot \left(\pm\sqrt{d_{a1}^2 - d_{b1}^2} - d_{b1} \cdot \tan \alpha_{wt} \right) \tag{2.24}$$

$$g_f = \overline{AC} = \frac{1}{2} \cdot \left(\pm\sqrt{d_{a2}^2 - d_{b2}^2} - d_{b2} \cdot \tan \alpha_{wt} \right) \tag{2.25}$$

Die Sprungüberdeckung ist definiert als das Verhältnis der Zahnbreite b zur Axialteilung p_x und gibt die durchschnittlich im Eingriff befindliche Anzahl der Flankenpaare in Axialrichtung an. Schrägverzahnungen sind durch den größeren Überdeckungsgrad gut für Anwendungen mit einer hohen Anforderung an die Laufruhe geeignet.

$$\varepsilon_\beta = \frac{b}{p_x} = \frac{g_\beta}{p_t} = \frac{b \cdot \sin|\beta|}{m_n \cdot \pi} = \frac{b \cdot \sin|\beta|}{p_n} = \frac{b \cdot \tan \beta_b}{p_{et}} \tag{2.26}$$

2.2.4.4 Durchmesser

Die Zusammenhänge zwischen den Grundgrößen der Verzahnung und den verschiedenen Durchmessern werden anhand der Darstellung in Bild 2.17 beschrieben. Der Teilkreisdurchmesser d ist der Durchmesser, bei dem die Tangente an der Evolvente mit der Verbindungslinie zum Mittelpunkt um den aus dem Bezugsprofil abgeleiteten Profilwinkel α_n geneigt ist. Er entspricht dem Durchmesser des Zahnrads, an dem der Zahnlückenbogen und die Zahndickensehne denselben Betrag aufweisen. Der Teilkreisdurchmesser ist eine reine Bezugsgröße und nicht messtechnisch erfassbar.

$$d = z \cdot \frac{m_n}{\cos \beta} = z \cdot \frac{p_n}{\pi \cdot \cos \beta} \tag{2.27}$$

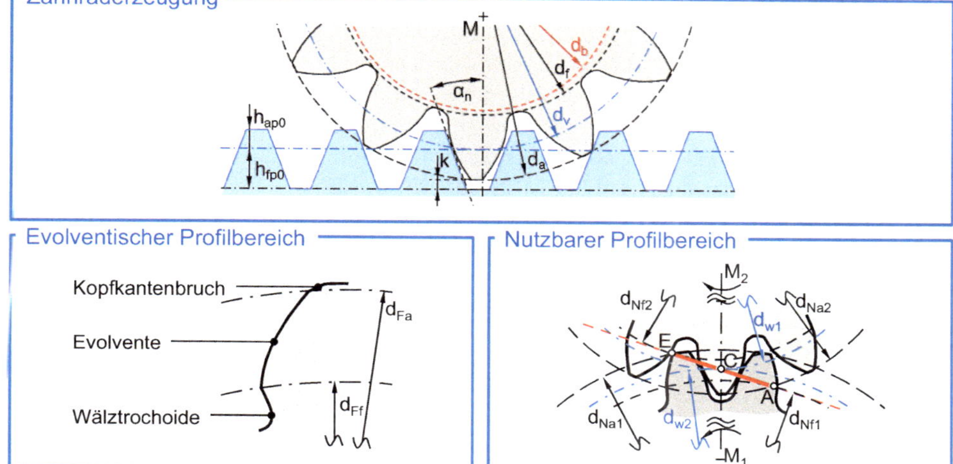

Bild 2.17 Durchmesser der Verzahnung

Der Grundkreisdurchmesser d_b ist für die Erzeugung der Evolvente und somit für die Form des Zahns maßgebend, da am Grundkreisdurchmesser die Evolvente beginnt.

$$d_b = d \cdot \cos\alpha_t = \frac{z \cdot m_n \cdot \cos\alpha_t}{\cos\beta} \tag{2.28}$$

Sowohl der Grundkreis d_b als auch der Teilkreisdurchmesser d sind von der Profilverschiebung x unabhängig. Asymmetrische Verzahnungen besitzen durch die Abhängigkeit des Grundkreises vom Eingriffswinkel α_t im Gegensatz zu symmetrischen Verzahnungen zwei unterschiedliche Grundkreise $d_{b,r}$ und $d_{b,l}$ für die rechte und linke Flanke des asymmetrischen Zahns (siehe Bild 2.11).

Bei nicht profilverschobenen Verzahnungen (V_{null}-Verzahnung) mit $x = 0$ entspricht der Teilkreisdurchmesser d beim Abwälzen mit dem Bezugsprofil dem V-Kreisdurchmesser d_v (Bild 2.18). Der analoge Zusammenhang gilt für den Erzeugungs-V-Kreisdurchmesser d_{ve}. Der V-Kreisdurchmesser wälzt mit der Profilbezugslinie des Verzahnungs-Bezugsprofils ab.

$$d_v = d + 2 \cdot x \cdot m_n \tag{2.29}$$

$$d_{ve} = d + 2 \cdot x_e \cdot m_n \tag{2.30}$$

Vom V-Kreisdurchmesser unterschieden werden die Wälzkreisdurchmesser d_{wi}, die sich aus der Radpaarung als Schnittpunkt der Eingriffsstrecke mit der Verbindung der Radachsen ergeben. Als Wälzzylinder werden bei einem Stirnradpaar diejenigen Zylinder (Kreise) um die Radachse bezeichnet, die gleiche Umfangsgeschwindigkeiten haben. Beide Kreise berühren sich in der Wälzachse. Im Stirnschnitt betrachtet berühren sich beide Kreise im Wälzpunkt C (Bild 2.17).

$$d_{w1} = \frac{2 \cdot z_1}{z_1 + z_2} \cdot a = \frac{2 \cdot a}{u+1} = d_1 \cdot \frac{\cos\alpha_t}{\cos\alpha_{wt}} = \frac{d_{b1}}{\cos\alpha_{wt}} \tag{2.31}$$

$$d_{w2} = \frac{2 \cdot z_2}{z_1 + z_2} \cdot a = \frac{2 \cdot a \cdot u}{u+1} = d_2 \cdot \frac{\cos\alpha_t}{\cos\alpha_{wt}} = \frac{d_{b2}}{\cos\alpha_{wt}} \tag{2.32}$$

Das Zahnprofil wird in radialer Richtung vom Kopfkreis d_a (Formel 2.33) und Fußkreis d_f (Formel 2.34) begrenzt. Bei Außenverzahnungen liegt der Punkt des Zahnprofils mit dem geringsten Durchmesser auf dem Fußkreis, der Punkt des größten Durchmessers am Kopfkreis. Für Innenverzahnungen gilt der umgekehrte Fall. Kopf- und Fußkreisdurchmesser sind von der Profilverschiebung abhängig und können direkt mit Messmitteln geprüft werden. Für ein Standardbezugsprofil nach DIN 867 [DIN86] können die Durchmesser d_a und d_f nach folgenden Formeln berechnet werden:

$$d_a = d + 2 \cdot h_a = d + 2 \cdot m_n \cdot \left(x + \frac{h_{ap}}{m_n} + k \right) \tag{2.33}$$

$$d_f = d - 2 \cdot h_f = d - 2 \cdot m_n \cdot \left(-x + \frac{h_{fp}}{m_n} + \frac{c}{m_n} \right) \tag{2.34}$$

Mit k wird der Kopfhöhenänderungsfaktor bezeichnet. Der Kopfspielfaktor $c^* = c/m_n$ sollte einen Mindestwert nicht unterschreiten. Gängige Grenzen liegen im Bereich von $c^* = 0{,}1 \ldots 0{,}4$.

Der Abschnitt der Evolventenflanke, welcher vom Werkzeug bei der Fertigung erzeugt wird, ist von den Formkreisen begrenzt. Dieser Bereich umfasst den maximal nutzbaren Bereich der Zahnflanken. In der Regel ist der Kopfformkreis d_{Fa} mit dem Kopfkreisdurchmesser d_a identisch. Die Berechnung des Kopfformkreises d_{Fa} wird nach Formel 2.35 durchgeführt und berücksichtigt den Radialbetrag des Kopfkantenbruches oder der Kopfkantenrundung h_k.

$$d_{Fa} = d_a - 2 \cdot h_k \tag{2.35}$$

Der Fuß-Formkreisdurchmesser begrenzt die nutzbare Zahnflanke am Zahnfuß, bevor die aus dem Bezugsprofil resultierende Fußrundung (Wälztrochoide) beginnt. Damit ist der Fußformkreis durch das jeweilige Verzahnverfahren definiert. Die Berechnung des Fuß-Formkreisdurchmessers ist abhängig vom eingesetzten Fertigungsverfahren [DIN87, ISO14].

Der Anfangs- und Endpunkt der Eingriffsstrecke wird von den Nutzkreisen begrenzt. Zwischen den Nutzkreisen liegt der beim Abwälzvorgang von Rad und Ritzel aktive Bereich der Zahnflanke vor. Die Fußnutzkreise können nach Formel 2.36 und Formel 2.37 berechnet werden. Liegt am Gegenradfuß kein Fußfreischnitt bzw. Unterschnitt vor, so fällt der Kopfnutzkreis d_{Na} mit dem Kopfformkreis d_{Fa} zusammen (Bild 2.17). Liegt ein Unterschnitt am Gegenrad vor, so wird die Eingriffslinie verkürzt und der Kopfnutz- sowie Kopfformkreis unterscheiden sich. Der Durchmesser kann für diesen Fall trigonometrisch über die geometrischen Beziehungen an der Eingriffsstrecke ermittelt werden. Eine Abschätzung des d_{Na} ist in diesem Fall bei Kenntnis der Kopfrundung ρ_{ap} gemäß Formel 2.38 möglich.

$$d_{Nf1} = \sqrt{\left(2 \cdot a \cdot \sin \alpha_{wt} - \frac{z_2}{|z_2|} \cdot \sqrt{d_{Na2}^2 - d_{b2}^2}\right)^2 + d_{b1}^2} \tag{2.36}$$

$$d_{Nf2} = \frac{z_2}{|z_2|} \sqrt{\left(2 \cdot a \cdot \sin \alpha_{wt} - \sqrt{d_{Na1}^2 - d_{b1}^2}\right)^2 + d_{b2}^2} \tag{2.37}$$

$$d_{Na} \approx d_a - \rho_{ap} \cdot (1 - \sin \alpha_{an}) \tag{2.38}$$

2.2.4.5 Profilverschiebung und Achsabstand

Die Profilverschiebung beschreibt den Abstand der Profilbezugslinie vom Teilkreiszylinder und ist ein häufig angewendetes Mittel zur Einhaltung vorgegebener Achsabstände. Während des Auslegungsprozesses eines Zahnradgetriebes wird meist der Achsabstand durch das Gehäuse vorgegeben. Unter Berücksichtigung einer zwingend ganzzahligen Zähnezahl wird die Profilverschiebung dazu verwendet, den gegebenen Achsabstand einzuhalten. Das Abwälzen der Profilbezugslinie erfolgt für ein profilverschobenes Zahnrad nun nicht mehr auf dem Teilkreisdurchmesser d, sondern auf dem nun davon abweichenden V-Kreisdurchmesser d_v (Formel 2.29) bzw. mit Bezug zur Zahnradfertigung auf dem Erzeugungs-V-Kreisdurchmesser d_{ve} (Formel 2.30, Bild 2.18).

Durch die Profilverschiebung wird die Evolvente nicht verändert. Es ändert sich lediglich der Abschnitt der Evolvente, welcher das Flankenprofil beschreibt. Dadurch bewirkt die Profilverschiebung neben der Realisierung gewünschter Achsabstände ebenfalls eine Veränderung der Zahnform und der Eingriffsverhältnisse (Tragfähigkeit, Geräuschanregung) und kann gezielt zur Verbesserung des Einsatzverhaltens eingesetzt werden. Eine Steigerung der Tragfähigkeit wird dadurch erreicht, dass insbesondere die Zahnform und die Zahndicke durch die Profilverschiebung beeinflusst werden können. Generell machen sich die Profilverschiebungen bei kleinen Zähnezahlen in ihrer Auswirkung auf die Zahnform stärker bemerkbar als bei großen Zähnezahlen.

Die Profilverschiebungssumme ergibt sich aus der Differenz zwischen idealem, sich aus den Teilkreisradien ergebenden Null-Achsabstand und dem konstruktiv vorgegebenen Achsabstand der beiden Zahnräder und kann beliebig auf die beiden Wälzpartner verteilt werden. Die Aufteilung ist je nach Auslegungsziel zu definieren. Empfehlungen für die Wahl der Profilverschiebungssumme und der Profilverschiebungen der einzelnen Zahnräder sind in DIN 3992 [DIN64] zu finden.

In der Regel wird die Profilverschiebung durch den Profilverschiebungsfaktor angegeben. Die Profilverschiebung ist das Produkt aus Profilverschiebungsfaktor x und Modul m_n. Zahnräder mit einer Profilverschiebung werden auch als V-Räder bezeichnet, Zahnräder ohne Profilverschiebung werden als Null-Räder bezeichnet. Eine positive Profilverschiebung liegt dann vor, wenn die Profilbezugslinie des Werkzeugs in Richtung des Kopfkreises verschoben ist. Diese Räder werden als V_{plus}-Räder bezeichnet. Wird die Profilbezugslinie in Richtung des Fußkreises verschoben, liegt eine negative Profilverschiebung vor und es handelt sich um ein V_{minus}-Rad (siehe Bild 2.19 und Tabelle 2.3).

Tabelle 2.3 Fälle der Profilverschiebung

Null-Verzahnung	$x_1 = x_2 = 0$
V-Verzahnung	$(x_1 + x_2) \neq 0$
V-Null-Verzahnung	$x_1 + x_2 = 0$ und $x_1 = -x_2$
V_{minus}-Verzahnung	$x_1 + x_2 < 0$
V_{plus}-Verzahnung	$x_1 + x_2 > 0$

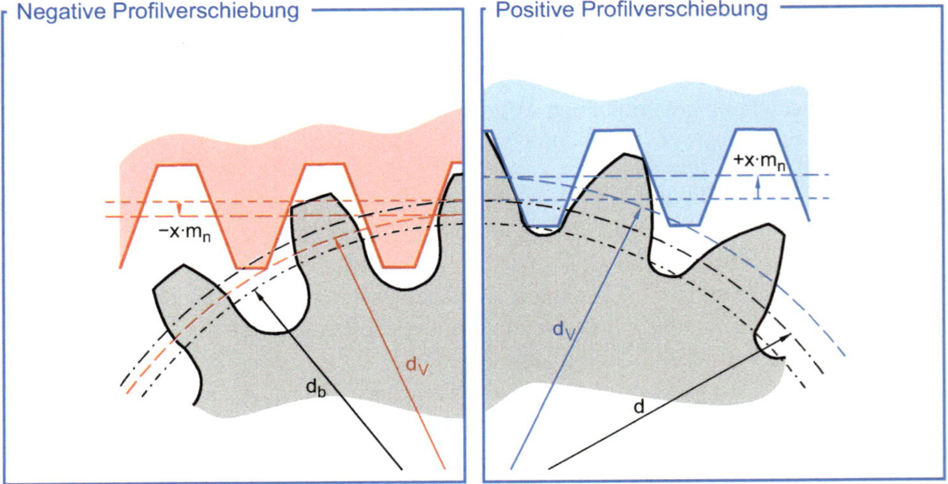

Bild 2.18 Erzeugung der Profilverschiebung

In Bild 2.19 ist der Einfluss der Profilverschiebung auf die Zahnform dargestellt. Eine Zunahme der Profilverschiebung bewirkt, dass das Erzeugungsprofil in radialer Richtung nach außen verschoben wird. Damit nimmt der V-Kreisdurchmesser zu. Diese Verschiebung bewirkt eine Zunahme der Stirnzahndicke sowie eine Abnahme der Lückenweite. Außerdem wird der Krümmungsradius der Zahnflanke erhöht. Allerdings kann durch eine zu hohe Profilverschiebung die Zahnkopfdicke zu klein werden, sodass sich ein Spitzzahn ergibt. Dies ist zu vermeiden, da es während des Einsatzhärtens der Zahnräder zu einem Durchhärten der Zahnspitze kommen kann. Somit steigt die Gefahr, dass ein Teil des spröden Zahnkopfes im Betrieb abplatzt. Um dies zu verhindern, ist eine Mindestzahnkopfdicke durch eine Begrenzung der Profilverschiebung, des Kopfkreisdurchmessers sowie der Mindestzähnezahl einzuhalten. Nach [DIN87, ISO14] wird empfohlen, einen Wert von $s_{an} = 0{,}2 \cdot m_n$ nicht zu unterschreiten (siehe Abschnitt 2.2.4.6 und Formel 2.51).

Je nach Auslegung kommt es bei einer zu hoch gewählten negativen Profilverschiebung zu einer Unterschneidung im Zahnfußbereich (Bild 2.19). Unterschnitt bedeutet, dass Teile der aktiven Evolvente durch das Abwälzen mit dem Bezugsprofil entfernt werden, da der Werkzeugzahnkopf die Evolvente im Fußbereich des Zahnrads schneidet. In diesen Bereichen ist im Betrieb kein Eingriff mehr möglich, da die Flankenform nicht mehr einer Evolvente entspricht. Dadurch wird die Eingriffsstrecke verkürzt, der Überdeckungsgrad verkleinert und das Widerstandsmoment im Zahnfuß durch eine Querschnittsverringerung geschwächt.

Eine Möglichkeit, den Unterschnitt zu vermeiden, stellt die Berücksichtigung einer Grenzzähnezahl in Kombination mit einer Mindestprofilverschiebung dar. Die Grenzzähnezahl z_g wird berechnet, indem für ein gegebenes Werkzeugprofil ohne Profilverschiebung der äußerste Eingriffspunkt auf der Eingriffslinie berechnet wird. Der Punkt liegt am Werkzeug auf der Höhe h_{Na0}. Hieraus lässt sich die minimale Zähnezahl ableiten, die mit diesem Werkzeugprofil erzeugt werden kann (siehe Formel 2.39). Die Zähnezahl lässt sich weiter eingrenzen und die Mindestprofilverschiebung x_{min} berechnen, ab der kein Unterschnitt auftritt [ROTH89]. Das Unterschreiten von z_g führt bei einem nicht profilverschobenen Zahnrad zu Unterschnitt.

$$z_g = \frac{2 \cdot \cos\beta \cdot \left(h_{Na0} - x \cdot m_n\right)}{m_n \cdot \sin^2\alpha_n} \tag{2.39}$$

$$x_{min} = 1 - \frac{z}{z_g} \tag{2.40}$$

Die Radpaarungen werden analog zu den Bezeichnungen der einzelnen Räder in V-, V_{null}- sowie Null-Verzahnungen unterteilt. Diese Bezeichnungen decken alle Kombinationen von Verzahnungen mit oder ohne Profilverschiebung ab. Bei einer Null-Verzahnung sind beide Zahnräder ohne Profilverschiebung ausgeführt und es gilt $x_1 = x_2 = 0$. Eine V-Verzahnung liegt vor, wenn beide Zahnräder eine beliebige Profilverschiebung ungleich null ($x_1 + x_2 \neq 0$) aufweisen. Wenn beide Zahnräder jeweils die vom Betrag her gleiche Profilverschiebung aufweisen, sich allerdings im Vorzeichen unterscheiden, handelt es sich um eine V_{null}-Verzahnung ($x_1 + x_2 = 0$).

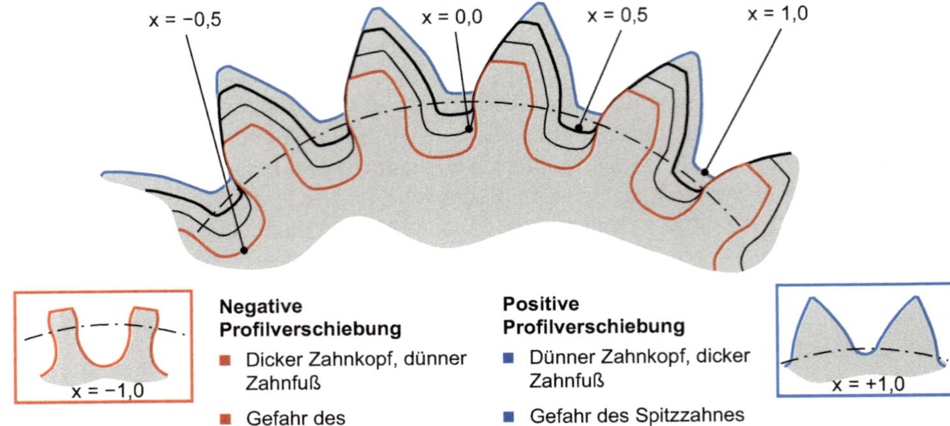

Bild 2.19 Einfluss der Profilverschiebung auf die Zahnform

Wie in Abschnitt 2.2.4.3 angedeutet, bewirkt eine Profilverschiebung im Zahneingriff eine Überführung vom Eingriffswinkel in den Betriebseingriffswinkel, wodurch sich die Steigung der Eingriffslinie verändert. Weiterhin wird der Achsabstand verändert. Da der Grundkreis der Verzahnung von den Veränderungen unbeeinflusst ist, ändert sich die Form der Evolventen nicht, es wird lediglich ein anderer Abschnitt der Evolvente benutzt. Aufgrund der Äquidistanz der Evolvente zu sich selbst bleibt das Verzahnungsgesetz trotzdem erfüllt.

Sind Zähnezahlen, Schrägungswinkel, Profilverschiebungsfaktoren, Eingriffswinkel sowie der Modul gegeben, kann der Achsabstand unter Verwendung von Formel 2.9, Formel 2.18 und Formel 2.20 berechnet werden (Formel 2.41).

$$a = a_{\mathrm{d}} \cdot \frac{\cos \alpha_{\mathrm{t}}}{\cos \alpha_{\mathrm{wt}}} = \frac{m_{\mathrm{n}} \cdot (z_1 + z_2)}{2 \cdot \cos \beta} \cdot \frac{\cos \alpha_{\mathrm{t}}}{\cos \alpha_{\mathrm{wt}}} \tag{2.41}$$

Der ideale Achsabstand wird auf Grundlage der vorliegenden, ganzzahligen Zähnezahl als Null-Achsabstand a_{d} bezeichnet. Er ergibt sich aus der Summe der Teilkreisradien der außenverzahnten Nullräder (siehe Formel 2.42). Bei nicht profilverschobenen Zahnrädern gilt $a = a_{\mathrm{d}}$.

$$a_{\mathrm{d}} = \frac{d_1 + d_2}{2} = m_{\mathrm{t}} \cdot \frac{z_1 + z_2}{2} = \frac{m_{\mathrm{n}} \cdot (z_1 + z_2)}{2 \cdot \cos \beta} \tag{2.42}$$

Wird ein vom Null-Achsabstand abweichender konstruktiver Achsabstand a vorgegeben, ist ein Achsabstandsausgleich in Höhe der sich aus der Differenz der Achsabstände ergebenden Profilverschiebungssumme erforderlich. Für diesen Fall unterscheiden sich der Betriebseingriffswinkel und Stirneingriffswinkel: $\alpha_{\mathrm{wt}} \neq \alpha_{\mathrm{t}}$ (Bild 2.20).

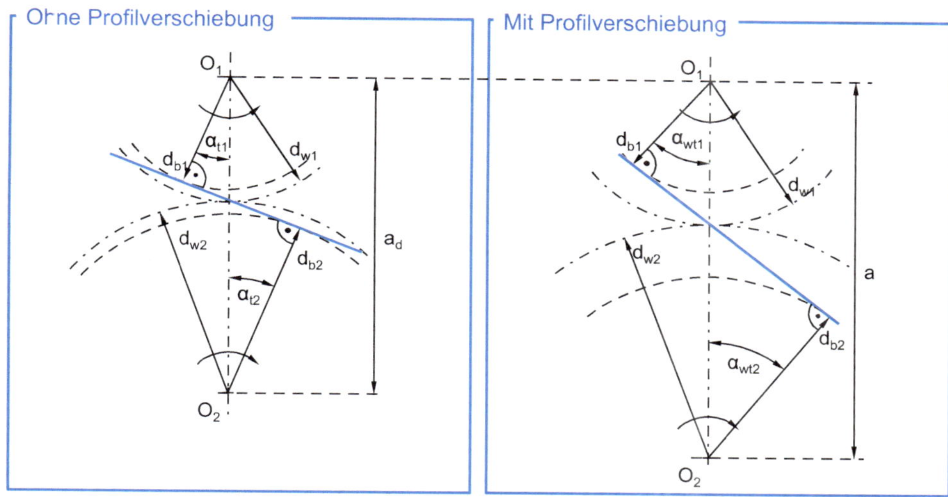

Bild 2.20 Definition des Achsabstandes

Eine Reduktion des Achsabstandes wird mit einer V_{minus}-Verzahnung realisiert. Hierbei wälzen V-Räder oder ein V_{minus}-Rad mit einem Null-Rad miteinander ab ($x_1 + x_2 < 0$). Die Kopf- und Fußkreisdurchmesser werden verringert, wodurch die Gefahr eines Unterschnitts besteht. Bei einer V_{plus}-Verzahnung wird der Achsabstand aufgrund steigender Kopf- und Fußkreisdurchmesser vergrößert. Eine V_{plus}-Verzahnung liegt vor, wenn V-Räder oder ein V_{plus}-Rad mit einem Null-Rad gepaart werden, wobei sich ein Achsabstand einstellt, der größer ist als der Null-Achsabstand ($x_1 + x_2 > 0$).

Wird ein höherer Abschnitt der Evolvente in Richtung Zahnkopf genutzt, verändern sich der Eingriffswinkel und somit auch die Eingriffslinie und -strecke. Eine Profilverschiebung bewirkt eine Veränderung des Eingriffswinkels α_t zum Betriebseingriffswinkel α_{wt} (siehe Abschnitt 2.2.4.3). Aufgrund des steigenden Eingriffswinkels ist die Eingriffslinie stärker geneigt und wird kürzer. Daher muss insbesondere darauf geachtet werden, dass die Profilüberdeckung ε_α nicht zu klein wird, um ein unterbrechungsfreies Abwälzen der Verzahnung zu gewährleisten (siehe Abschnitt 2.2.4.3).

Ähnlich wie bei einem Stirnradpaar lässt sich der Achsabstand bei der Erzeugung zwischen Werkzeug und Verzahnung über die Erzeugungsprofilverschiebung x_e einstellen. Bild 2.21 zeigt ein zahnstangenförmiges Werkzeug im Eingriff mit der zu erzeugenden Verzahnung. Um eine Verzahnung zu erzeugen, ist bei wälzenden Herstellungsverfahren neben dem Werkzeugprofil und der Kopplung der Vorschübe der Achsabstand von Bedeutung. Der Achsabstand zwischen einem schneckenförmigen Erzeugungswerkzeug (Wälzfräser, Wälzschleifschnecke) lässt sich nach folgender Formel berechnen:

$$a_0 = \frac{(d_0 + d)}{2} + x_e \tag{2.43}$$

In Formel 2.43 stellt d_0 den Mittenkreis- bzw. Bezugsdurchmesser am Werkzeug dar. Dieser Durchmesser entspricht dem um die Kopfhöhe h_{aP0} verminderten Außendurchmesser d_{a0} des Werkzeugs.

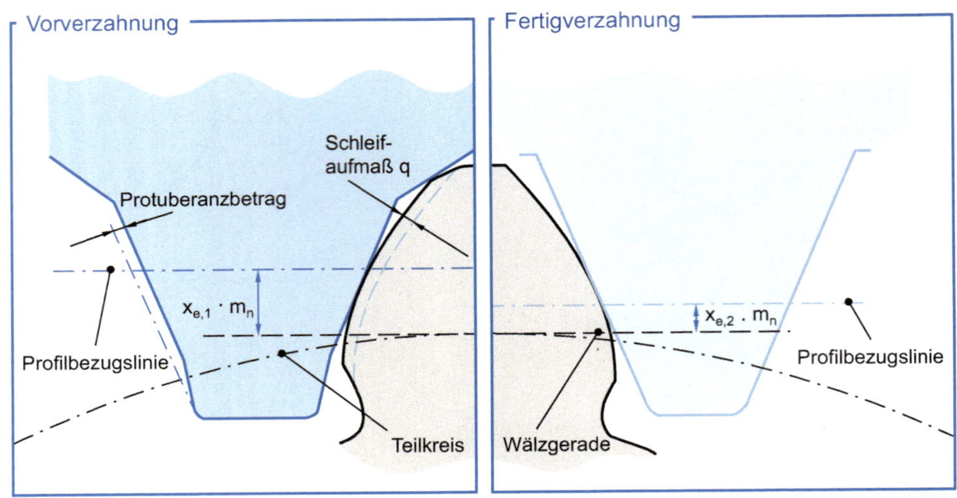

Bild 2.21 Erzeugungsprofilverschiebung bei der Herstellung von Verzahnungen

Allgemein ist der Erzeugungsprofilverschiebungsfaktor x_e definiert als der um den Einfluss des Zahndickenabmaßes A_s sowie ein eventuell vorhandenes Schleifaufmaß q korrigierte Profilverschiebungsfaktor x. Das Zahndickenabmaß A_s ist vorzeichenbehaftet und in der Regel negativ. Bild 2.21 ist zu entnehmen, dass die Erzeugungswälzgerade und Profilbezugslinie des Werkzeugprofils den Abstand $x_e \cdot m_n$ besitzen. Die Wälzgerade tangiert den Erzeugungswälzkreis, der dem Teilkreisdurchmesser d der Verzahnung entspricht. Für die Hartfeinbearbeitung ist gegenüber der protuberanzbehafteten Vorverzahnung eine Veränderung der Erzeugungsprofilverschiebung sowie Kürzung des Bezugsprofils erforderlich, um das Schleifaufmaß zu zerspanen, ohne ebenfalls den Zahnfuß zu bearbeiten.

$$x_e = x + \frac{A_s}{2 \cdot m_n \cdot \cos \alpha_{n0}} + \frac{q}{\sin \alpha_{n0}} \tag{2.44}$$

2.2.4.6 Lückenweiten, Zahndicken und Zahnweiten

Die Lückenweite e entspricht der Bogenlänge auf dem Teilkreis zweier benachbarter Zahnflanken, welche eine Zahnlücke beschreiben. Bei Verwendung des Nenn-Profilverschiebungsfaktors x ergeben sich Nennwerte für die Lückenweite. Wird der Erzeugungsprofilverschiebungsfaktor x_E verwendet, ergeben sich die Erzeugungswerte der Lückenweite. Dies gilt ebenso für die folgenden Formeln. Analog entspricht die Bogenlänge auf dem Teilkreis, welche innerhalb eines Zahnes liegt, der Zahndicke s_t (siehe Bild 2.22):

$$e_t = m_n \cdot \left(\frac{\pi}{2} - 2 \cdot x \cdot \tan \alpha_t \right) \tag{2.45}$$

$$s_t = m_n \cdot \left(\frac{\pi}{2} + 2 \cdot x \cdot \tan \alpha_t \right) \tag{2.46}$$

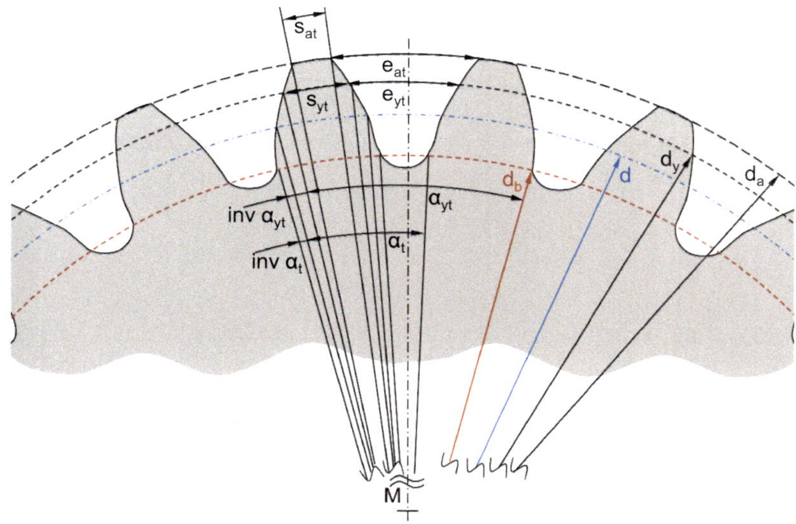

Bild 2.22 Lückenweiten und Zahndicken am Zahnrad

Mithilfe der Involutfunktion lassen sich die entsprechenden Größen für jeden beliebigen Durchmesser d_y eines Zahnrads berechnen (siehe Formel 2.47 und Formel 2.48). Die Zahndicke s_{yt} auf einem beliebigen Zylinder mit dem Durchmesser d_y entspricht der Bogenlänge zwischen der Rechts- und der Linksflanke eines Zahnes. Die Lückenweite e_{yt} auf dem beliebigen Zylinder mit dem Durchmesser d_y entspricht der Bogenlänge der Zahnlücke zwischen zwei Zähnen:

$$s_{yt} = d_y \cdot \left(\frac{s_t}{d} + \text{inv } \alpha_t - \text{inv } \alpha_{yt} \right) = d_y \cdot \left(\frac{\pi + 4 \cdot x \cdot \tan \alpha_n}{2 \cdot z} + \text{inv } \alpha_t - \text{inv } \alpha_{yt} \right) \tag{2.47}$$

$$e_{yt} = d_y \cdot \left(\frac{e_t}{d} - \text{inv } \alpha_t + \text{inv } \alpha_{yt} \right) = d_y \cdot \left(\frac{\pi - 4 \cdot x \cdot \tan \alpha_n}{2 \cdot z} - \text{inv } \alpha_t + \text{inv } \alpha_{yt} \right) \tag{2.48}$$

Damit ergeben sich für die Zahnkopflückenweite e_{at} und für die Zahndicke s_{at} am Kopfkreisdurchmesser d_a mit dem Profilwinkel am Zahnkopf α_{at} folgende Zusammenhänge:

$$e_{at} = d_a \cdot \left(\frac{\pi - 4 \cdot x \cdot \tan \alpha_n}{2 \cdot z} - \text{inv } \alpha_t + \text{inv } \alpha_{at} \right) \tag{2.49}$$

$$s_{at} = d_a \cdot \left(\frac{\pi + 4 \cdot x \cdot \tan \alpha_n}{2 \cdot z} + \text{inv } \alpha_t - \text{inv } \alpha_{at} \right) \geq s_{at,min} \tag{2.50}$$

Es ist zu beachten, dass die Stirnzahndicke am Zahnkopf s_{at} die minimale Stirnzahndicke am Zahnkopf $s_{at,min}$ nicht unterschreiten darf, um einen Spitzzahn zu vermeiden. Wie in Abschnitt 2.2.2 beschrieben, können die vorgestellten Größen aus dem Stirnschnitt in den Normalschnitt umgewandelt werden. So gilt für die Zahndicke im Normalschnitt am Zahnkopf s_{an} Formel 2.51. Die Zahndicke s_t und die Lückenweite e_t ergeben summiert die Teilkreisteilung p_t (siehe Bild 2.22).

$$s_{an} = s_{at} \cdot \cos \beta \tag{2.51}$$

Die Zahnweite W_k (Formel 2.52) ist ein Prüfmaß in der Zahnradfertigung und beschreibt den gemessenen Abstand zweier paralleler Ebenen, bei einem Außenrad über k Zähne, bei einem Hohlrad über k Zahnlücken, die je eine Rechts- und eine Linksflanke im evolventischen Teil der Zahnflanke berühren [DIN87, ISO14]. Der Messkreisdurchmesser d_{mk} kann nach Formel 2.53 berechnet werden, wobei k die Anzahl der gemessenen Zahnlücken darstellt.

$$W_k = m_n \cdot \cos\alpha_n \cdot \left[\left(k - \frac{z}{2\cdot|z|}\right)\cdot\pi + z\cdot \text{inv}\alpha_t\right] + 2\cdot x\cdot m_n \cdot \sin\alpha_n \tag{2.52}$$

$$d_{mk} = \sqrt{\left(W_k \cdot \cos\beta_b\right)^2 + d_b^2} \cdot \frac{|z|}{z} \tag{2.53}$$

Die Zahnweite ist nicht auf die Radachse bezogen und daher unabhängig von einer Außermittigkeit der Verzahnungsbohrung. In Bild 2.23 ist zu erkennen, dass sich die Zahnweite mit einer Zahndicke im Grundkreis und mehreren Eingriffsteilungen beschreiben lässt. Mithilfe der Zahnweite kann beispielsweise in der Fertigung die eingestellte Erzeugungsprofilverschiebung x_e nach dem Wälzfräsen kontrolliert und ggf. korrigiert werden. Für asymmetrische Verzahnungen ist die Zahnweite nicht bestimmbar, da keine gemeinsame Tangente für die zwei unterschiedlichen Grundkreise der linken und rechten Zahnflanken existiert [BREC13].

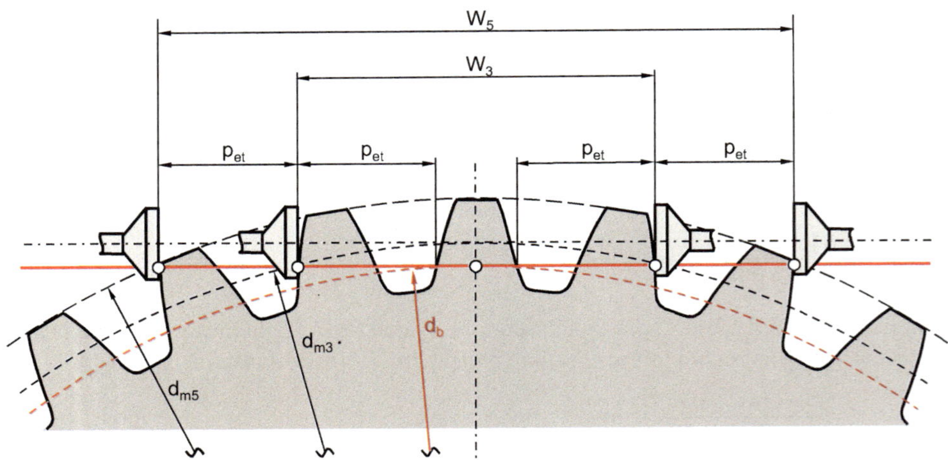

Bild 2.23 Ermittlung der Zahnweite [ROLO03]

Alternativ zur Zahnweite kann das diametrale Zweikugelmaß oder das Zweirollenmaß zur Überprüfung der Zahndicke im Fertigungsprozess herangezogen werden. Nach diesem Prüfprinzip werden zwei Kugeln bzw. Rollen mit dem Durchmesser D_m in zwei Zahnlücken angelegt, die den größtmöglichen Abstand voneinander haben. Beide Kugeln müssen sich in einer Ebene befinden, sodass bei Außenverzahnungen der maximale äußere Abstand der Kugeln gemessen werden kann. Bei einer Innenverzahnung wird das kleinste innere Maß der Kugeln gemessen (Bild 2.24).

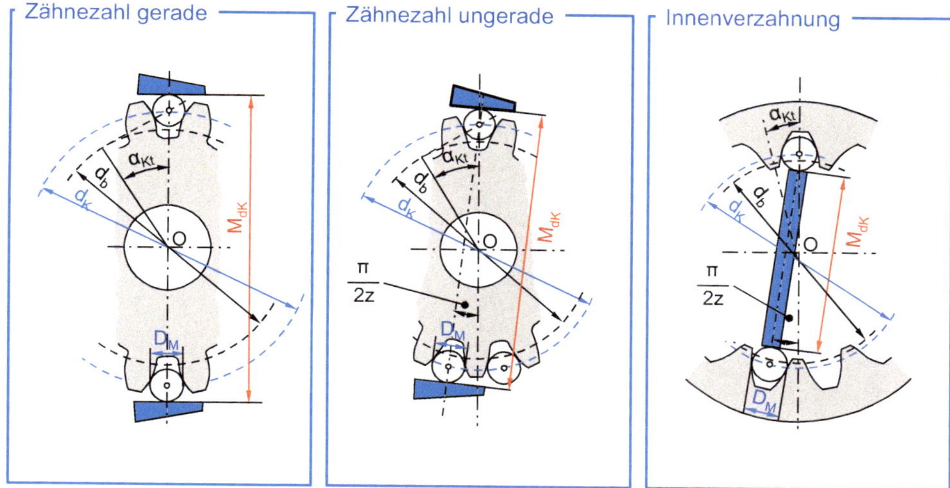

Bild 2.24 Ermittlung des diametralen Zweikugelmaßes

Für symmetrische Verzahnungen kann das diametrale Zweikugelmaß M_{dK} nach den nachfolgenden Formeln berechnet werden. Es wird zwischen einer Berechnung für Zahnräder mit geradzahliger (Formel 2.54) und ungeradzahliger Zähnezahl (Formel 2.55) unterschieden.

$$M_{dK} = d_K + D_M \left(\text{gerade Zähnezahl}\right) \tag{2.54}$$

$$M_{dK} = d_K \cdot \cos\frac{\pi}{2 \cdot z} + D_M \left(\text{ungerade Zähnezahl}\right) \tag{2.55}$$

Der Durchmesser des Kreises d_k, auf dem die Messkugelmittelpunkte liegen, wird nach Formel 2.56 berechnet. Zur Berechnung des Durchmessers d_k wird der Profilwinkel α_{Kt} im Stirnschnitt am Kreis durch den Kugelmittelpunkt benötigt.

$$d_K = \frac{d_b}{\cos \alpha_{Kt}} \tag{2.56}$$

$$\text{inv}\,\alpha_{Kt} = \frac{D_M}{z \cdot m_n \cdot \cos \alpha_n} - \frac{\pi - 4 \cdot x_e \cdot \tan \alpha_n}{2 \cdot z} + \text{inv}\,\alpha_t \tag{2.57}$$

Für asymmetrische Verzahnungen ist die Bestimmung des diametralen Zweikugelmaßes aufwendiger [BREC13]. Dazu muss zunächst die Zahndicke (Formel 2.58) für den asymmetrischen Zahn berechnet werden.

$$s_n = m_n \cdot \left[\frac{\pi}{2} + x \cdot \left(\tan \alpha_{n1} + \tan \alpha_{n2}\right)\right] \tag{2.58}$$

Die Beziehung nach Formel 2.59 bildet die Grundlage für die allgemeine Berechnung des diametralen Zweikugelmaßes. Sie beschreibt das Verhältnis zwischen den Kreuzungshalbwinkeln der beiden Evolventen v_d und v_c, den Eingriffswinkeln α_d und α_c und den Grundkreisdurchmessern d_{bd} und d_{bc} der belasteten (engl. drive - Index d) bzw. der unbelasteten (engl. coast - Index c) Flanke des Zahns (siehe Bild 2.25).

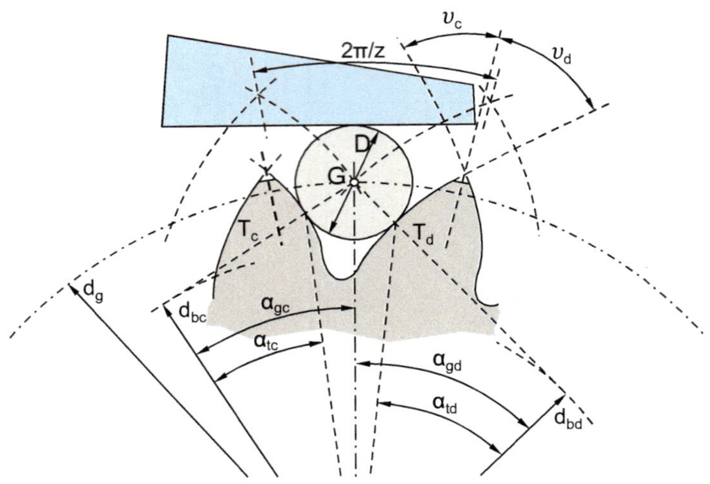

Bild 2.25 Diametrales Zweikugelmaß für asymmetrische Verzahnungen

$$\frac{\cos \nu_d}{\cos \nu_c} = \frac{\cos \alpha_d}{\cos \alpha_c} = \frac{d_{bd}}{d_{bc}} = \frac{d \cdot \cos \alpha_d}{d \cdot \cos \alpha_c} \tag{2.59}$$

Für die Summen der Involute der Winkel ν_d und ν_c gilt die Beziehung aus Formel 2.60.

$$\text{inv } \nu_d + \text{inv } \nu_c = \text{inv } \alpha_d + \text{inv } \alpha_c + \frac{2 \cdot s}{d} \tag{2.60}$$

Die Mittelpunkte der Kugeln liegen auf einem Kreis mit dem Durchmesser d_g, Formel 2.61. Die Winkel α_{gc} und α_{gd} werden zwischen den Berührpunkten der Kugel und den Verbindungslinien des Mittelpunkts des Zahnrads zum Berührpunkt zwischen den tangentialen Verbindungen der Berührpunkte der Kugeln mit dem jeweiligen Grundkreis aufgespannt. Diese Beziehung kann auch aus Bild 2.25 entnommen werden.

$$d_g = \frac{d_{bd}}{\cos \alpha_{gd}} = \frac{d_{bc}}{\cos \alpha_{gc}} \tag{2.61}$$

Für die Summen der Involutfunktionen der Winkel α_{gc} und α_{gd} gilt die Beziehung aus Formel 2.62.

$$\text{inv}\alpha_{gd} + \text{inv}\alpha_{gc} = \text{inv } \nu_d + \text{inv}_c + \frac{D}{d_{bd}} + \frac{D}{d_{bc}} - \frac{2 \cdot \pi}{n} \tag{2.62}$$

Das allgemeine diametrale Zweikugelmaß für Zahnräder mit gerader Zähnezahl beschreibt schließlich Formel 2.63, das für Zahnräder mit ungeraden Zähnezahlen Formel 2.64.

$$M = d_g + D \tag{2.63}$$

$$M = d_g \cdot \cos \frac{\pi}{2 \cdot z} + D \tag{2.64}$$

Die vorgestellten Beziehungen zwischen x_e, M_{dk} und W_k gelten ebenfalls für die Erzeugung einer Verzahnung. Damit können aus dem Erzeugungsprofilverschiebungsfaktor x_e das erzeugte diametrale Zweikugelmaß nach Formel 2.57 sowie die erzeugte Zahnweite nach Formel 2.52 errechnet werden. Zudem kann nach Formel 2.43 der Erzeugungsachsabstand zwischen Werkzeug und Verzahnung berechnet werden, um ein gefordertes Zweikugelmaß oder eine Zahnweite zu berechnen.

2.2.5 Kontaktbedingungen zylindrischer Stirnräder

Der Eingriff zweier Zahnräder kann im Eingriffsfeld beschrieben werden. Als Eingriffsfeld wird die Fläche bezeichnet, die von der Zahnbreite und dem Wälzweg bzw. Wälzwinkel zwischen den Kopf-Nutzkreisdurchmessern der beiden Zahnräder begrenzt wird. Der Wälzweg entspricht der Länge der Eingriffsstrecke g_α, welche aus den Eintritts- (g_a) bzw. Austritts-Eingriffsstrecken (g_f) berechnet werden kann (siehe Formel 2.24 und Formel 2.25). Somit kann das Eingriffsfeld als räumliche Ausdehnung der Eingriffslinie angesehen werden. Für zylindrische Stirnradverzahnungen ist das Eingriffsfeld grundsätzlich rechteckig.

Im Eingriffsfeld kann der Verlauf der Berührlinien mehrerer Zähne über einer Teilung nachvollzogen werden. Ein beliebiger Kontaktpunkt Y verläuft während des Eingriffs zwischen den Punkten A und E. Bei einer räumlichen Betrachtung erweitert sich der Kontaktpunkt zur Kontaktlinie, welche in Bild 2.26 durch die gestrichelten Linien dargestellt ist. Im linken Bildbereich sind die Kontaktlinien im Eingriffsfeld abgebildet, im rechten Bildbereich die gleichen Kontaktlinien auf der Zahnflanke. Für Geradverzahnungen verlaufen die Kontaktlinien parallel zur Radachse. Im Falle einer Schrägverzahnung (unterer Bildbereich) verlaufen die Kontaktlinien unter dem Schrägungswinkel am Grundkreisdurchmesser β_b geneigt.

$$\beta_b = \arcsin\left(\sin(\beta) \cdot \cos(\alpha_n)\right) \tag{2.65}$$

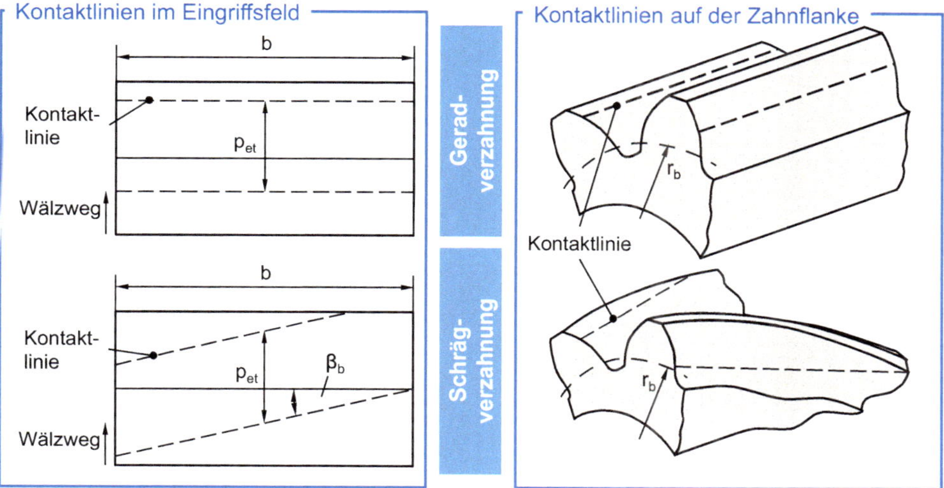

Bild 2.26 Kontaktlinien für Stirnradverzahnungen im Eingriffsfeld und auf der Zahnflanke

Aus den Kontaktlinien bzw. den Eintritts- und Austritts-Eingriffsstrecken kann, wie in Abschnitt 2.2.4.3 vorgestellt, die Überdeckung berechnet werden. Außerdem stellt die Kenntnis der Kontaktlinien im Eingriffsfeld eine wichtige Größe zur örtlichen Berechnung des Zahnkontakts dar. Indem der Zahnkontakt in das Eingriffsfeld überführt wird, kann der Rechenaufwand für Zahnkontaktanalysen erheblich reduziert werden (siehe Kapitel 6, [CAO02]).

2.3 Kegelradgetriebe

In der Antriebstechnik werden Kegelradgetriebe zur Übertragung der mechanischen Leistung von sich schneidenden oder kreuzenden Wellen eingesetzt. Nach ISO 23509 [ISO16] wird der Begriff „Kegelrad" als Oberbegriff für alle Getriebe sowohl mit als auch ohne Achsversatz verwendet. Demnach stellen achsversetzte Kegelradgetriebe, die sogenannten Hypoidgetriebe, eine Sonderform der Kegelradgetriebe dar. Im Allgemeinen zeichnen sich Kegelräder durch einen Grundkörper in Form eines Kegelstumpfes aus. Im Unterschied zu Stirnradverzahnungen ändern sich der Bezugsdurchmesser und der Modul der Zahnflanke entlang der Zahnbreite. In Flankenrichtung wird am Kegelrad die Seite des Zahns mit dem kleineren Durchmesser als Zehe und mit dem größeren Durchmesser als Ferse bezeichnet. Die Bezeichnungen Zahnkopf und Zahnfuß sowie Ritzel und Rad werden analog zu Stirnradverzahnungen verwendet.

Zur grundlegenden Klassifizierung von Kegelrädern existieren vier Kategorien, die in Bild 2.27 dargestellt sind [KLIN08, BRUM12, ISO16]. Die Geometrie eines Kegelrads ist für die marktgängigen Erzeugungsprinzipien unmittelbar mit dem Herstellverfahren verbunden. Bei den abgebildeten Herstellverfahren handelt es sich um diejenigen, die am häufigsten Anwendungen finden. Auf diese Verfahren wird in Abschnitt 4.8 eingegangen. Für Spezialfälle und besondere Anwendungen existieren weitere Verfahren.

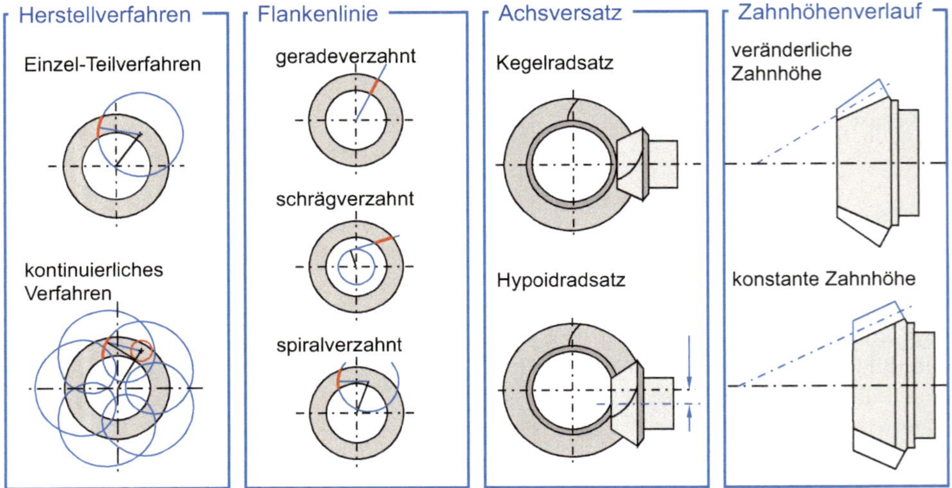

Bild 2.27 Klassifizierung von Kegelrädern

Im Einzelteilverfahren, aufgrund seiner Teilungsbewegung auch als diskontinuierliches Verfahren oder Face Milling bezeichnet, wird die Zahnlücke einzeln gefertigt. Die Werkzeugschneide beschreibt durch die Messerkopfrotation eine kreisförmige Bahn. Ist eine Zahnlücke gefertigt, erfolgt eine Rückhubbewegung und Werkstückdrehung, um die nächste Lücke zu fertigen. Dabei muss dies nicht konsekutiv erfolgen, sondern es können auch nacheinander gegenüberliegende Lücken gefertigt werden, um die lokale Wärmeeinbringung in das Bauteil im Fertigungsprozess zu minimieren.

Beim kontinuierlichen Verfahren, für das auch die Bezeichnung Face Hobbing verwendet wird, beschreibt die Bahn der Werkzeugschneide infolge Werkstück- und Werkzeugdrehbewegung und aufgrund ihrer Anordnung und der Messerkopfrotation eine Epizykloide. Dabei werden alle Lücken gleichzeitig gefertigt, sodass das Verfahren kontinuierlich und ohne Unterbrechungen durch eine Rückhubbewegung abläuft [KLIN08, STAD14].

Teilt man Kegelräder anhand ihrer Flankenlinie ein, werden gerad-, schräg- und spiralverzahnte Zahnlängskurven unterschieden. Aufgrund der Werkzeugkonstruktion und der Erzeugungskinematik erzeugen die verbreiteten Verfahren Face Milling und Face Hobbing gekrümmte Flankenlinien, die kreisbogenförmig oder epizykloidisch sind und unter dem Begriff spiralförmig zusammengefasst werden. Weist die Flankenlängslinie keine Krümmung auf und ist radial zum Verzahnungsmittelpunkt angeordnet, handelt es sich um ein geradverzahntes Kegelrad. Diese können durch Schmieden, Räumen oder Sonderfräsverfahren gefertigt werden und kommen oft in Fahrzeugantrieben in Achsdifferenzialen zum Einsatz. Liegt die Flankenlinie tangential an einem Kreis, der konzentrisch zum Verzahnungsmittelpunkt angeordnet ist, handelt es sich um ein schrägverzahntes Kegelrad [KLIN08, STAD14].

Weist eine Kegelradpaarung keinen Achsversatz auf, so schneiden sich die Achsen von Rad und Ritzel. Diese Art der Paarung wird allgemein als Kegelradsatz bezeichnet. Liegen die Achsen windschief zueinander und schneiden sich nicht, handelt es sich um einen Hypoidradsatz. In Abschnitt 2.3.3.5 werden die Besonderheiten von Hypoidradgetrieben vorgestellt [KLIN08, STAD14, ISO16].

Der Zahnhöhenverlauf wird maßgeblich durch das Herstellverfahren bestimmt. Bei einer konstanten Zahnhöhe gleicht der Fußkegelwinkel dem Kopfkegelwinkel. Daraus ergibt sich zwangsläufig eine veränderliche Zahnlückenweite. Unterscheiden sich Kopf- und Fußkegelwinkel, resultiert eine veränderliche Zahnhöhe bei gleichbleibender Zahnlückenweite. Eine Übersicht über mögliche Zahnhöhenverläufe bei Kegelrädern bietet Abschnitt 2.3.3.3 [KLIN08, STAD14, ISO16].

2.3.1 Zahnprofile und Erzeugungsprinzip

Zur mathematischen Beschreibung einer Kegelradflanke kann das in Abschnitt 2.2.3 erläuterte Erzeugungsprinzip von evolventischen Stirnrädern auf Kegelräder übertragen werden. Bild 2.28 veranschaulicht diesen Transfer. Ein Ritzel wird durch das Abwälzen mit einem definierten Bezugsprofil erzeugt. Ein Rad, das durch dasselbe Bezugsprofil hergestellt wird, kann wiederum gleichförmig sowohl mit dem Bezugsprofil als auch dem Ritzel abwälzen. Analog dazu stellt für Kegelradverzahnungen das Erzeugungsplanrad das Äquivalent zum Stirnradbezugsprofil dar. Wälzt ein Ritzel auf dem Rad ab, besitzen beide ein gemeinsames, virtuelles Erzeugungsplanrad. Je nach Verzahnungsart kann dieses Planrad gerade, gekrümmte oder kegelförmige Zähne aufweisen. Die Zähnezahl des Planrads kann eine nicht ganzzahlige Größe annehmen, da es sich um ein theoretisches Konstrukt handelt, das von der Zähnezahl des Tellerrads bzw. Ritzels und dem Teilkegelwinkel abhängig ist [KLIN08, LITV97, LITV04].

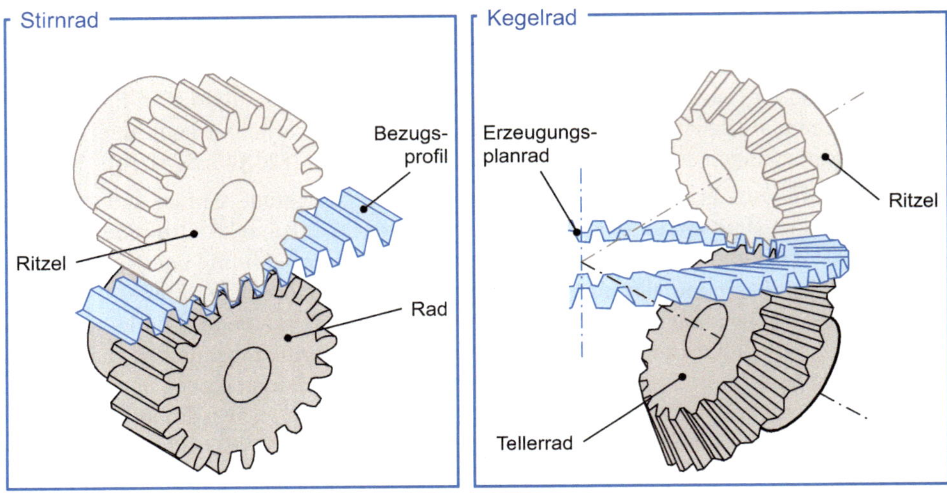

Bild 2.28 Erzeugungsprinzip von Kegelradverzahnungen

Die beiden verbreitetsten Formen der Erzeugungsplanradgeometrie werden in Bild 2.29 miteinander verglichen. Das Erzeugungsplanrad zur Generierung von Kugelevolventen weist eine Krümmungsänderung auf Höhe des Teilkegels auf. Mathematisch entspricht das Erzeugungsprinzip dem Abwälzen einer Ebene am Grundkegel der Kegelradverzahnung. Demzufolge entstehen Evolventen, die aufgrund des dreidimensionalen Bewegungsablaufes nicht in einer Ebene liegen, sondern sich auf Kugelschalen befinden. Dieser Zusammenhang gibt den Kugelevolventenverzahnungen ihren Namen. Die Kugelevolvente verlangt in der Zerspanung eine punktweise Herstellung und erweist sich aus diesem Grund als technisch anspruchsvoll und unproduktiv. Darum werden kugelevolventische Profile hauptsächlich durch Sintern oder Umformen hergestellt [BREC10, KLIN08].

Das Planrad der Oktoidenverzahnung, die in produktiven, zerspanenden Fertigungsverfahren auf Spezialmaschinen realisiert wird, weist in Profilrichtung keine Krümmung auf. Das geradflankige Trapezprofil besitzt analog zum aus der Stirnradverzahnung bekannten Bezugsprofil fertigungs- und messtechnisch Vorteile. Wälzen Kegelritzel und Tellerrad miteinander ab, ergibt sich aufgrund der Geometrie des Erzeugungsplanrads eine charakteristische, achtförmige Trajektorie des Kontaktpunktes, von der die Bezeichnung Oktoide abgeleitet ist. Die Eingriffslinie weicht in der Projektion geringfügig von einer Geraden ab, ist aber trotzdem kinematisch exakt [KLIN08, STAD14].

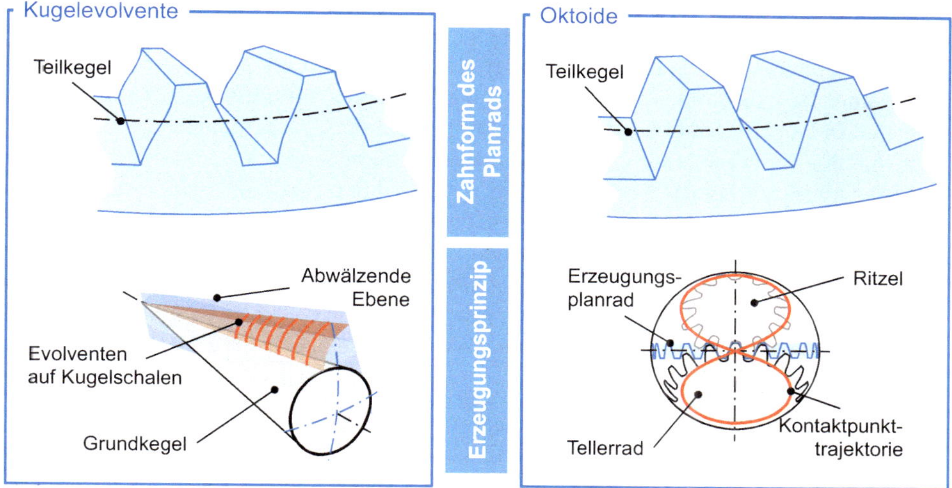

Bild 2.29 Vergleich der Kugelevolventen- mit der Oktoidenverzahnung

Aufgrund der einfacheren Realisierbarkeit in der zerspanenden Herstellung stellen Oktoidenverzahnungen den Großteil der in der Serienfertigung produzierten Kegelräder dar. Bild 2.30 zeigt, wie das allgemeine Erzeugungsprinzip durch ein Planrad für die Herstellung von spiralverzahnten Kegelrädern umgesetzt wird. Alle Schneiden des Werkzeugs bilden einen Zahn des Erzeugungsplanrads ab. In der Regel kommen dabei mehrteilige Werkzeugsysteme zum Einsatz, die aus einem Messerkopf und mehreren Stabmessern aus Hartmetall bestehen. Dieses Werkzeug muss relativ zum zu fertigenden Kegelrad positioniert sein, sodass es die Abwälzbewegung des Erzeugungsplanrads mit dem Kegelrad exakt nachbildet. Dafür ist eine komplexe Maschinenkinematik notwendig, die zur Realisierung der Abwälzbewegung zwischen Werkzeug und Werkstück über drei translatorische und drei rotatorische Freiheitsgrade verfügt [KLIN08, STAD14].

Je nach Umsetzung des Erzeugungsprinzips kann für spiralverzahnte Kegelräder zwischen einem diskontinuierlichen und einem kontinuierlichen Herstellverfahren unterschieden werden. Im Allgemeinen zerspant eines der Stabmesser die konvexe Flanke und wird als Innenschneider bezeichnet, wohingegen der Außenschneider das Material der konkaven Flanke zerspant. Im diskontinuierlichen Verfahren (Face Milling) sind die Schneiden auf einem Kreisbogen in Messergruppen angeordnet. Alle Messergruppen erzeugen dabei die Zahnlücke. Anschließend erfolgt eine Rückhubbewegung, das Werkstück wird um eine Zahnteilung weitergedreht und die nächste Lücke wird gefertigt. Dadurch entstehen Verzahnungen, die eine konstante Lückenweite aufweisen. In Profilrichtung verfügen die im Einzelteilverfahren hergestellten Verzahnungen jedoch über eine veränderliche Zahnhöhe [KLIN08, STAD14, ISO16].

Neben dem Face Milling wird der kontinuierliche Prozess Face Hobbing eingesetzt, der auf der rechten Seite von Bild 2.30 dargestellt ist. Für dieses Verfahren sind die Messer nicht auf einer gemeinsamen Kreisbahn angebracht, sondern werden zu Messergruppen in verschiedenen Gängen zusammengefasst. Weiterhin liegt eine Wälzkopplung zwischen Werkzeug und Werkstück vor, sodass nicht nur der Messerkopf rotiert, sondern in einem festen

Übersetzungsverhältnis auch das Werkstück. Durch diese Relativbewegung zerspant eine Messergruppe eine Zahnlücke, während die folgende Messergruppe Material in der nächsten Lücke abnimmt. Die Schnitttiefe wird graduell erhöht, bis alle Lücken vollständig zerspant sind. Das Kegelrad wird folglich in einem Schnitt ohne Indexieren kontinuierlich gefertigt. Die resultierende Geometrie der gefertigten Zahnflanken unterscheidet sich beim Face Hobbing vom Face Milling. Aufgrund der Anordnung der Messer im Messerkopf weist die Zahnlängsform keinen Kreisbogen auf, sondern nimmt die Form einer verlängerten Epizykloide an, da bei der Messerkopfdrehung die Abrollbewegung des Rollkreises auf dem Grundkreis überlagert wird. Der Krümmungsradius der Epizykloide ist nicht konstant. Die Bewegung des Messerkopfs erzeugt eine konstante Zahnhöhe, die Zahnlücken weisen jedoch den gleichen konischen Längsverlauf wie die Zahndicke auf. Die Lückenweite ist an der Ferse größer als an der Zehe und demnach veränderlich [KLIN08, STAD14, ISO16].

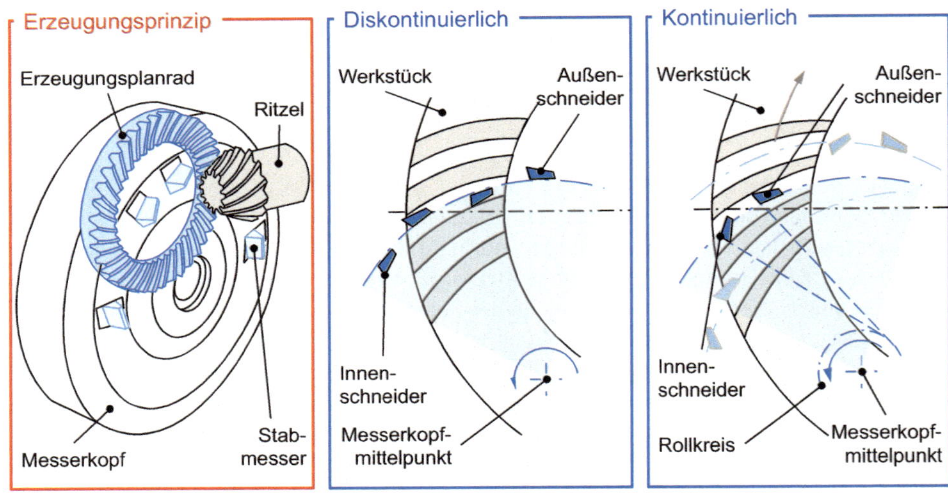

Bild 2.30 Erzeugungsprinzip von spiralverzahnten Kegelrädern

Aufgrund der langen Wälzstrecke und der hohen Zähnezahlen handelt es sich bei der wälzenden Herstellung von Tellerrädern um einen zeitaufwendigen Prozess. Um Fertigungszeit und damit Kosten einzusparen, werden Tellerräder, die mehr Zähne als das Ritzel aufweisen, ab einem Übersetzungsverhältnis von 2,5 getaucht. Dabei bildet das Werkzeugprofil die Zahnlücke genau ab, ohne dass ein überlagertes Wälzen stattfindet. Das Tellerrad wird somit zum Erzeugungsplanrad und weist in Profilrichtung keine Krümmung des Zahns auf. Der Vorteil des Tauchens besteht darin, dass die Bewegungen im Prozess einfacher und damit schneller umsetzbar sind. Um ein gleichmäßiges Abwälzen des Radpaares sicherzustellen, muss mindestens eine Verzahnung der Kegelradpaarung wälzend gefertigt werden. In der Regel wird darum auf dem Ritzel der Paarung wegen der geringeren Zähnezahl eine zusätzliche Krümmung aufgebracht [KLIN08, STAD14].

Die Prozessvarianten Tauchen und Wälzen können für die zuvor beschriebenen Herstellverfahren des diskontinuierlichen und kontinuierlichen Kegelradfräsens angewendet werden. Bild 2.31 gibt eine Übersicht über die möglichen Kombinationsmöglichkeiten. Es ergeben sich unterschiedliche, charakteristische Spuren einer Werkzeugschneide im Werkstückkoordinatensystem, deren Bearbeitungsspur jeweils dargestellt ist. Die Vorverzahnsowie Hartfeinbearbeitungsverfahren zur Kegelradherstellung werden in Abschnitt 4.8.2 bzw. Abschnitt 4.8.4 genauer erläutert [KLIN08, STAD14].

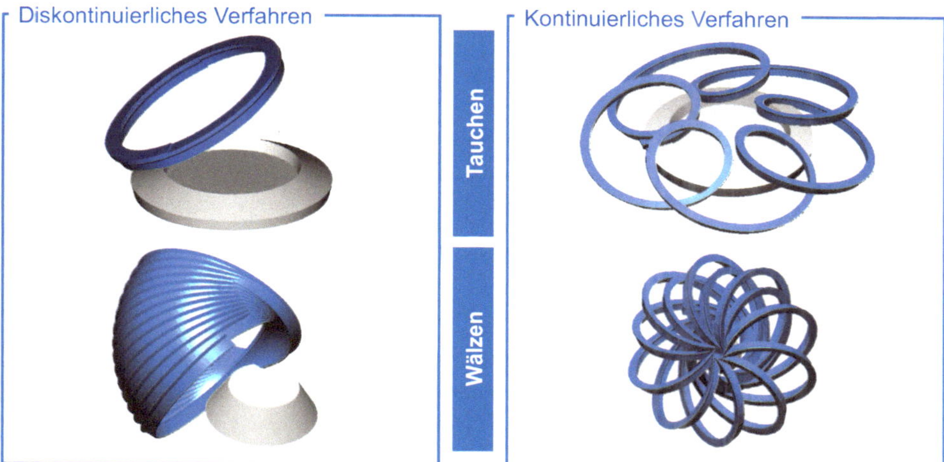

Bild 2.31 Übersicht über die Erzeugung von spiralverzahnten Kegelrädern

2.3.2 Flankenlinie

Der Verlauf der Flankenlinie bei Kegelradverzahnungen ist unmittelbar vom Herstellverfahren abhängig. Bild 2.32 gibt eine Übersicht über die üblichen Formen der Flankenlängslinien. Es sind weitere Spezialformen möglich, auf die aufgrund ihrer seltenen Anwendung sowie der Herausforderungen bei der Herstellung nicht weiter eingegangen werden soll.

Weist die Flankenlinie keine Krümmung auf und schneidet in ihrer Verlängerung den Mittelpunkt der Verzahnung, handelt es sich um eine Geradverzahnung. Sie findet häufig Einsatz in Achsdifferenzialen im Automobilbereich, Maschinen der Agrartechnik und Baumaschinen. Geradverzahnungen können durch pulvermetallurgische Verfahren, Schmieden, Räumen oder eine Zerspanung mit Spezialmesserköpfen hergestellt werden. Ist die Flankenlinie um einen Winkel geneigt und liegt somit tangential an einem konzentrischen Kreis an, handelt es sich um ein schrägverzahntes Kegelrad. Mittlerweile werden schrägverzahnte Kegelräder nur noch selten in Spezialanwendungen eingesetzt [KLIN08, STAD14, ISO16].

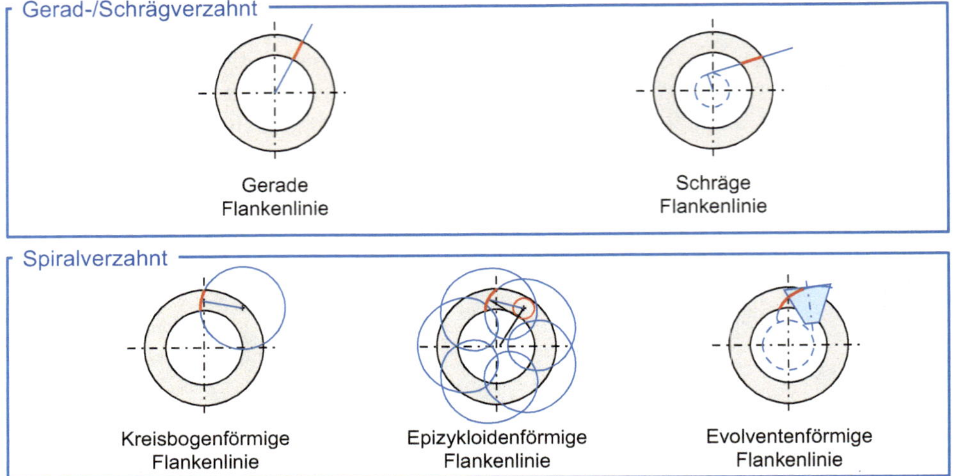

Bild 2.32 Flankenlängslinien von Kegelradverzahnungen

Für spiralverzahnte Kegelräder besteht neben den bereits beschriebenen kreisbogenförmigen und epizykloidenförmigen Flankenlinien auch die Möglichkeit, evolventenförmige Flankenlängslinien zu erzeugen. Diese können durch ein Spezialverfahren hergestellt werden, wofür ein konischer Wälzfräser zum Einsatz kommt. Auf diese Weise werden Kegelräder mit konstanter Zahnhöhe und einer Evolvente als Flankenlinie in einem kontinuierlichen Herstellverfahren erzeugt. Obwohl diese Verzahnungsgeometrie gutmütig auf Verlagerungen reagiert, findet das Verfahren aufgrund der Werkzeugkosten und geringeren Produktivität seltener Anwendung [KLIN08, STAD14].

2.3.3 Geometrische Größen

Ein Großteil der in Abschnitt 2.2.4 vorgestellten Verzahnungsgrößen ist ebenfalls für Kegelradgetriebe gültig. Nachfolgend werden die darüber hinausgehenden, wesentlichen Beschreibungsgrößen für Kegelradgetriebe vorgestellt. Eine ausführlichere Beschreibung der Kegelradgeometrie ist in [KLIN08, STAD14, ISO16] zu finden.

Das Kegelrad mit der geringeren Zähnezahl wird als Kegelritzel, das Kegelrad mit der größeren Zähnezahl wird als Tellerrad bezeichnet. Aus beiden Zähnezahlen können analog zu den Gleichungen für Stirnräder das Übersetzungsverhältnis i und das Zähnezahlverhältnis u bestimmt werden. Die für die Beschreibung der Kegelradgeometrie erforderlichen Kenngrößen sind in ISO 23509 [ISO16] definiert. In Bild 2.33 sind die wichtigsten geometrischen Größen am Kegelrad am Beispiel eines Kegelritzels dargestellt. Die Lage des Tellerrads zum Ritzel wird durch das Einbaumaß in Bezug zu einer Anlagefläche der Verzahnung angegeben.

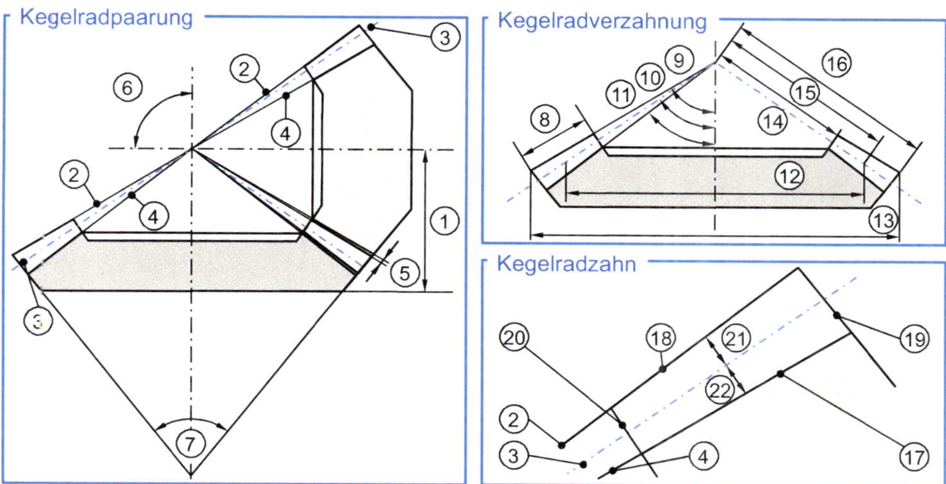

Bild 2.33 Geometrische Größen am Kegelrad nach [ISO16]

Tabelle 2.4 Bezeichnungen zu Bild 2.33

Nr.	Bezeichnung	Nr.	Bezeichnung
1	Einbaumaß	12	mittlerer Teilkegeldurchmesser d_{m1}, d_{m2}
2	Kopfkegel	13	äußerer Durchmesser d_a
3	Teilkegel	14	innere Teilkegellänge R_i
4	Fußkegel	15	mittlere Teilkegellänge R_m
5	Kopfspiel c	16	äußere Teilkegellänge R_a
6	Achskreuzwinkel Σ	17	Zahnfuß
7	Rückenkegelwinkel	18	Zahnkopf
8	Zahnbreite b	19	Ferse
9	Kopfkegelwinkel δ_{a1}, δ_{a2}	20	Zehe
10	Teilkegelwinkel δ_1, δ_2	21	mittlere Zahnkopfhöhe h_{am}
11	Fußkegelwinkel δ_{f1}, δ_{f2}	22	mittlere Zahnfußhöhe h_{fm}

Der Achskreuzwinkel Σ beträgt für die meisten Anwendungen 90°, kann aber auch davon abweichen. Bild 2.34 zeigt verschiedene Winkelbereiche für den Achskreuzwinkel sowie das sich daraus ergebende gemeinsame Erzeugungsplanrad der Kegelradpaarung. Die Sonderfälle Σ = 0° bzw. Σ = 180° werden nicht betrachtet, da es sich dabei um mathematische Grenzfälle handelt, die über keine technische Anwendung verfügen. Bei gleichem Durchmesser der Kegelräder ändert sich der Durchmesser des Planrads in Abhängigkeit vom Achskreuzwinkel. Mit kleinerem Achskreuzwinkel wird der Radius des Planrads größer. Da das Planrad bei der Fertigung durch das Werkzeug abgebildet wird, ist zur Fertigung von Kegelradverzahnungen mit sehr kleinem Achskreuzwinkel ein entsprechend großer Arbeitsraum notwendig. Aus diesem Grund sind zur Realisierung kleiner Achskreuzwinkel Beveloidverzahnungen von Vorteil, die in Abschnitt 2.3 beschrieben sind [KLIN08].

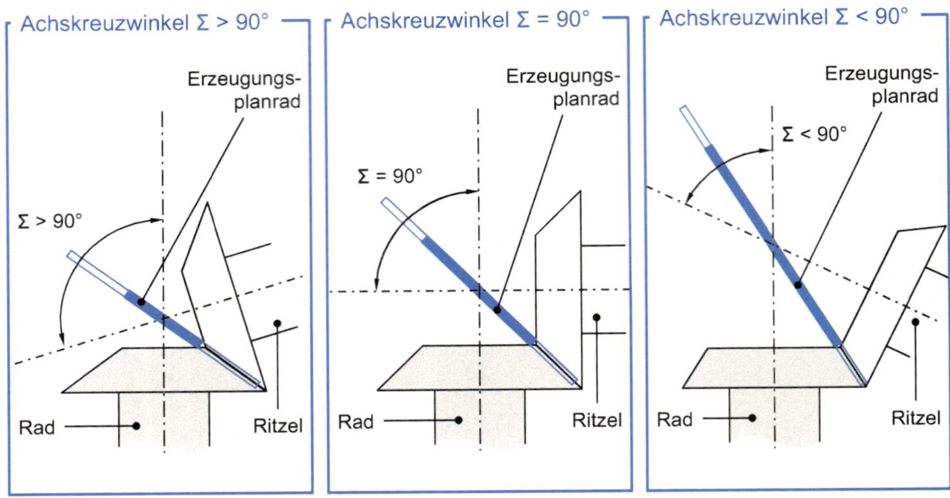

Bild 2.34 Achskreuzwinkel

2.3.3.1 Mittlerer Modul und Spiralwinkel

Für den Modul des Erzeugungsplanrads für Kegelradverzahnung gilt grundsätzlich der gleiche Zusammenhang zwischen Modul und Teilung, der für Stirnräder in Abschnitt 2.2.4.1 beschrieben wird. Allerdings ändert sich der Modul infolge der veränderlichen Teilung entlang der Flankenrichtung des Planrads, sodass am äußeren Durchmesser große Moduln und am inneren Durchmesser kleine Moduln vorliegen. Um über einen vergleichbaren, eindeutigen Wert zur Bestimmung weiterer geometrischer Größen zu verfügen, wird der Modul in der Mitte des Erzeugungsplanrads im Normalschnitt definiert und als mittlerer Normalmodul m_{mn} bezeichnet. Da diese Konvention sehr weit verbreitet ist, hat sich im Allgemeinen für den mittleren Normalmodul m_{mn} die Schreibweise m_n als Synonym durchgesetzt. Als Näherung kann diese Kenngröße anhand Formel 2.66 mithilfe der Tellerrad-Zähnezahl z_2, des Tellerrad-Teilkegelwinkels δ_2, der mittleren Tellerrad-Teilkegellänge R_{m2} und des mittleren Tellerrad-Schrägungswinkels β_{m2} bestimmt werden [KLIN08].

$$m_{nm} = \frac{2 \cdot R_{m2} \cdot \sin(\delta_2) \cdot \cos(\beta_{m2})}{z_2} \tag{2.66}$$

Um die Flankenlängsform spiralverzahnter Kegelräder beschreiben zu können, werden die Kenngrößen Spiralrichtung und Spiralwinkel β im Normalschnitt definiert. Die Darstellung beider Größen erfolgt in Bild 2.35. Die Spiralrichtung wird ermittelt, indem die Verzahnung von der Teilkegelspitze aus betrachtet wird. Verläuft die Flankenlinie des oberen, mittigen Zahns nach rechts, bezeichnet man sie als Rechtsspirale. Entsprechend werden Flankenlinien, die nach links verlaufen, Linksspiralen genannt. Analog zum Schrägungswinkel bei Stirnradverzahnungen gilt, dass ein linksspiraliges Kegelrad immer nur mit einem rechtsspiraligen Kegelrad gepaart werden kann [KLIN08].

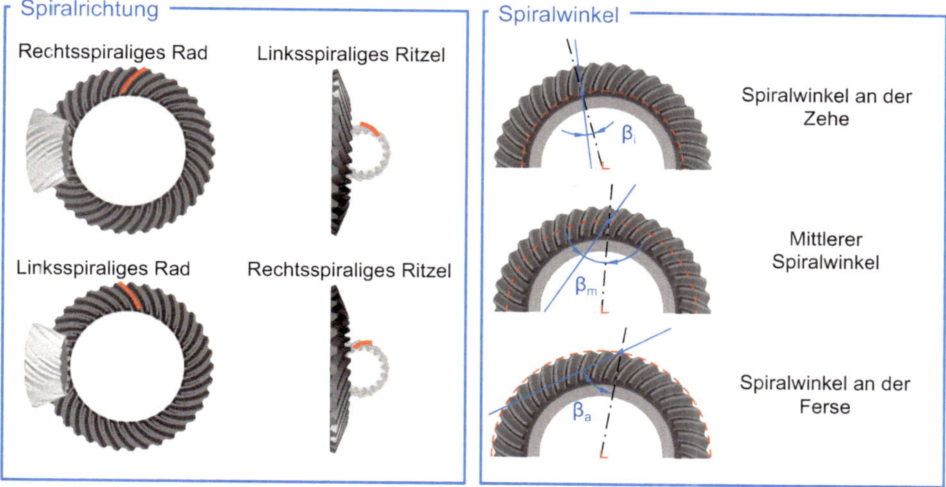

Bild 2.35 Definition von Spiralrichtung und Spiralwinkel

Der Spiralwinkel wird ermittelt, indem eine Tangente an die Zahnflankenlinie angelegt und der Winkel zwischen der Tangente und der Verbindungslinie zum Kegelradmittelpunkt gemessen wird. Je nach Messort kann man zwischen dem Spiralwinkel an der Zehe β_i, dem Spiralwinkel an der Ferse β_a oder dem mittleren Spiralwinkel β_m unterscheiden. Am verbreitetsten ist die Angabe des mittleren Spiralwinkels β_m. Es ist zu beachten, dass das Vorliegen eines mittleren Spiralwinkels von $\beta_m = 0°$ nicht bedeutet, dass keine Krümmung der Zahnflanke vorliegt. Vielmehr handelt es sich dabei um eine Spezialgeometrie, für die die Krümmung auf der Flanke so aufgebracht wird, dass die Tangente mit der Verbindungslinie zum Kegelradmittelpunkt zusammenfällt [KLIN08, STAD14, ISO16].

2.3.3.2 Eingriffswinkel und Profilüberdeckung

Im Allgemeinen gilt für Kegelräder, dass der Nenneingriffswinkel α_d des Werkzeugs dem Eingriffswinkel zwischen Erzeugungsplanrad und Werkrad entspricht. Die Eingriffswinkel müssen auf Schub- und Zugzahnflanke nicht gleich sein. Für Kegelräder, insbesondere für Hypoidverzahnungen, werden in der Regel asymmetrische Profile gewählt. Für Herstellverfahren mit Stabmessern kann der Eingriffswinkel frei gewählt werden, sodass typische Werte im Bereich $\alpha_n = 16°$ bis $24°$ liegen. Abhängig vom Verzahnverfahren und von der Werkzeuggeometrie wird ein Grenzeingriffswinkel α_{lim} definiert, der dem kleinsten verzahnungstheoretisch realisierbaren Eingriffswinkel entspricht [KLIN08, STAD14].

Wie bei Stirnrädern hat der Eingriffswinkel einen direkten Einfluss auf die Profilüberdeckung ε_α, die sich aus der Profilform ergibt. Um die Profilüberdeckung zu ermitteln, wird sich der Ersatz-Stirnradverzahnung bedient, die mithilfe der Tredgold'schen Näherung bestimmt wird. Anhand der Ersatz-Stirnradverzahnung kann die Profilüberdeckung wie in Abschnitt 2.2.4.3 beschrieben berechnet werden [KLIN08, NIEM04, TRED23].

Sind die Zahnflanken zueinander konjugiert, kann die Gesamtüberdeckung ε_γ analog zu Stirnradverzahnungen durch Addition der beiden Teilüberdeckungen ermittelt werden. Da

Kegelradflanken in den meisten Fällen mit Modifikationen versehen werden, fällt die Gesamtüberdeckung in der Regel kleiner aus als berechnet. Auf Basis eines ellipsenförmigen Eingriffsfelds ergibt sich für die Gesamtüberdeckung ε_γ der Zusammenhang entsprechend Formel 2.67 [KLIN08].

$$\varepsilon_\gamma = \sqrt{\varepsilon_\alpha^2 + \varepsilon_\beta^2} \tag{2.67}$$

Die Formeln für Ersatz-Stirnradverzahnungen dienen als Grundlage der genormten Tragfähigkeitsberechnung und stellen eine gute Näherung der tatsächlichen Eingriffsbedingungen dar. Um die effektive Gesamtüberdeckung zu ermitteln, die sich durch Flankenmodifikationen und Abplattung der Kontaktfläche unter Last ergibt, ist eine numerische Zahnkontaktanalyse nötig, siehe Kapitel 6 [KLIN08].

2.3.3.3 Zahnhöhenverlauf, Zahndicke und Zahnweite

Die Abhängigkeit der Verzahnungsgeometrie von dem Herstellverfahren führt über die vorgestellten Kegelradverzahnungskenngrößen hinaus zu Randbedingungen bezüglich der Kegelgeometrie der Grundkörper. Die Herstellkinematik beeinflusst neben dem Verlauf der Flankenlinie auch den Verlauf der Zahnhöhe. Je nach Herstellverfahren weisen die Zähne eines Kegelrads eine über der Zahnbreite konstante oder veränderliche Zahnhöhe auf. Weiterhin können in der Teilebene einer Kegelradstufe veränderliche Zahndicken von der Zehe zur Ferse vorliegen. Bild 2.36 gibt eine Übersicht über den Verlauf der Zahnhöhe und die resultierenden Kegelgeometrien.

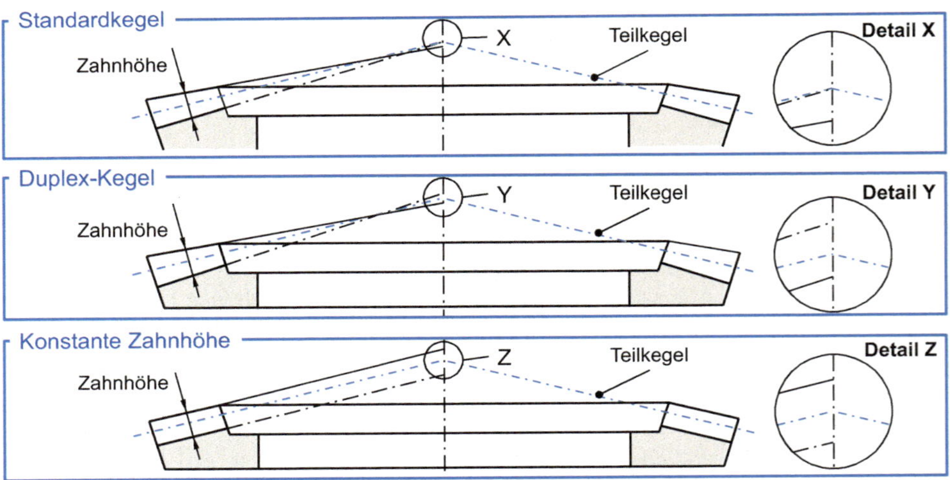

Bild 2.36 Verlauf der Zahnhöhe eines Kegelrads

Beim Standardkegel verläuft die Zahnfußhöhe proportional zur Teilkegellänge. Das heißt, die Zahnfußhöhe nimmt im gleichen Maß wie die Teilkegellänge ab. Die Kegelspitzen von Teilkegel und Fußkegel fallen zusammen. Die Kegelspitze des Kopfkegels ist um den Betrag des Kopfspiels c verschoben, welches entsprechend Formel 2.68 mithilfe des mittleren Normalmoduls m_{mn}, des Zahnkopfhöhenfaktors k_{hap} und des Zahnfußhöhenfaktors k_{hfp} berechnet werden kann. Der Großteil von geradverzahnten Kegelrädern weist einen Standardkegel auf [KLIN08, ISO16].

$$c = m_{\text{nm}} \cdot \left(k_{\text{hfp}} - k_{\text{hap}}\right) \tag{2.68}$$

Ein Duplex-Kegel ergibt sich bei Kegelradverzahnungen mit kreisförmigen Zahnlängslinien, wie sie durch das diskontinuierliche Verfahren erzeugt werden. Aufgrund der konstanten Lückenweite im Normalschnitt des Zahnfußes muss der Fußkegel im Vergleich zum Standardkegel zusätzlich geneigt werden. Das Zahnfußspiel der Verzahnung wird beim Duplex-Kegel durch eine Anpassung des Kopfkegelwinkels des Gegenrads erreicht.

Bei Kegelrädern mit konstanter Zahnhöhe ohne Winkelkorrektur weisen Kopf- und Fußkegel den gleichen Winkel auf wie der Teilkegel. Dies tritt bei Kegelradverzahnungen auf, die im kontinuierlichen Verfahren gefertigt werden. Bedingt durch die proportionale Aufteilung zwischen Zahndicke und Lückenweite entlang des Teilkegels nimmt die Zahndicke von der Ferse zur Zehe ab. Dadurch können die Zahnköpfe an der Zehe sehr dünn werden. Unterschreitet die Zahndicke einen zulässigen Wert, wird eine sogenannte Kopfkürzung durchgeführt, um ein Durchhärten oder Abbrechen des Zahnkopfes zu verhindern [KLIN08, ISO16].

Um in Abhängigkeit vom Zahnhöhenverlauf den Betrag des Kopfkegelwinkels δ_{a} und Fußkegelwinkels δ_{f} zu ermitteln, ist zunächst die Berechnung des Ritzelteilkegelwinkels δ_1 nach Formel 2.69 nötig [ISO16].

$$\delta_1 = \arctan\left(\frac{\sin(\Sigma)}{\cos(\Sigma) + u}\right) \tag{2.69}$$

Anhand des Achskreuzwinkels Σ kann anschließend der Teilkegelwinkel des Tellerrads δ_2 nach Formel 2.70 bestimmt werden [ISO16].

$$\delta_2 = \Sigma - \delta_1 \tag{2.70}$$

Zur Bestimmung des Kopfkegelwinkels von Rad und Ritzel gelten Formel 2.71 und Formel 2.72 [ISO16].

$$\delta_{\text{a1}} = \delta_1 + \theta_{\text{a1}} \tag{2.71}$$

$$\delta_{\text{a2}} = \delta_2 + \theta_{\text{a2}} \tag{2.72}$$

Analog kann für Rad und Ritzel der Fußkegelwinkel entsprechend der Formel 2.73 und Formel 2.74 bestimmt werden [ISO16].

$$\delta_{\text{f1}} = \delta_1 - \theta_{\text{f1}} \tag{2.73}$$

$$\delta_{\text{f2}} = \delta_2 - \theta_{\text{f2}} \tag{2.74}$$

Der Kopf- und Fußwinkel hängen vom Zahnhöhenverlauf ab. Eine Übersicht über die Berechnung der Winkel in Abhängigkeit vom Zahnhöhenverlauf zeigt Tabelle 2.5 [ISO16]. Die Definition der einzelnen geometrischen Größen kann Bild 2.33 entnommen werden.

Tabelle 2.5 Übersicht über geometrische Zusammenhänge in Abhängigkeit vom Zahnhöhenverlauf [ISO16]

Größe	Standardkegel	Duplex-Kegel	Konstante Zahnhöhe
Summe der Zahnfußwinkel $\Sigma\vartheta_f$	$\sum\theta_f = \arctan\left(\frac{h_{fm1}}{R_{m2}}\right) + \arctan\left(\frac{h_{fm2}}{R_{m2}}\right)$	$\sum\theta_f = \left(\frac{90 \cdot m_{et}}{R_{e2} \cdot \tan(\alpha_n) \cdot \cos(\beta_m)}\right) \cdot \left(1 - \frac{R_{m2} \cdot \sin(\beta_{m2})}{r_{c0}}\right)$	$\Sigma\theta_f = 0$
Kopfwinkel des Tellerrads ϑ_{a2}	$\theta_{a2} = \arctan\left(\frac{h_{fm1}}{R_{m2}}\right)$	$\theta_{a2} = \Sigma\theta_f \cdot \frac{h_{am2}}{h_{mw}}$	$\theta_{a2} = 0$
Fußwinkel des Tellerrads ϑ_{f2}	$\theta_{f2} = \Sigma\theta_f - \theta_{a2}$	$\theta_{f2} = \Sigma\theta_f - \theta_{a2}$	$\theta_{f2} = 0$

2.3.3.4 Profilverschiebung

Wie bei Stirnradverzahnungen beeinflusst die Profilverschiebung bei Kegelrädern die Überdeckungs- und Beanspruchungsverhältnisse im Eingriff. Die Grenzen in der Wahl des Profilverschiebungsfaktors liegen analog zu Stirnrädern in der Vermeidung von Unterschnitt sowie von spitzen Zähnen. Die Profilverschiebung wird am Kegelrad auf den mittleren Normalmodul m_{nm} bezogen [KLIN08, KRUM67, STAD14].

Kegelradverzahnungen werden grundsätzlich immer als V_{null}-Verzahnungen ausgelegt. Im Fall einer V_{plus}- oder V_{minus}-Verschiebung würde für die Paarung ein neuer Wirkteilkegel entstehen, woraus bei unveränderter mittlerer Kegeldistanz eine Achskreuzwinkelveränderung resultieren würde. Dementsprechend sind nur V_{null}-Verschiebungen für Kegelräder physikalisch und technisch sinnvoll. Dadurch hat bei Kegelrädern die Profilverschiebung keinen Einfluss auf die Lage des Teilkegelwinkels. Entsprechend Formel 2.75 bedeutet dies, dass die Beträge der Ritzel- und der Tellerradprofilverschiebung gleich sind. Der Effekt auf die Zahnform ist prinzipiell vergleichbar mit dem bei Stirnrädern, siehe Abschnitt 2.2.4.3 [KLIN08, KRUM67, STAD14, ISO16].

$$x_{hm} = x_{hm1} = -x_{hm2} \tag{2.75}$$

Die Zahngeometrie und damit auch das Unterschnittverhalten sind stark vom gewählten Herstellungsverfahren abhängig, sodass sich ein Unterschnitt bei Kegelrädern nicht immer vermeiden lässt. Besonders im Fall doppelt gewälzter Verzahnungen, bei denen die Profilkrümmung durch eine Vor- und Rückwälzbewegung erzeugt wird, tritt häufig Unterschnitt auf. Details zur Auslegung von Verzahnungen und Vermeidung von Unterschnitt können [KLIN08] entnommen werden.

Ob an einem Punkt x in axialer Richtung des Ritzels Unterschnitt vorliegt, kann anhand der inneren Teilkegellänge R_i und der äußeren Teilkegellänge R_e gemäß Formel 2.76 beurteilt werden [KLIN08].

$$R_{i1} \leq R_{x1} \leq R_{e1} \tag{2.76}$$

Um das Verdrehflankenspiel zu beeinflussen, die Zahnfußtragfähigkeit von Rad und Ritzel auszugleichen oder um die Veränderung der Zahnlückenweite durch eine Veränderung der Zahndicke zu beeinflussen, kann für Kegelräder eine Profilseitenverschiebung x_{smn} vorgenommen werden. In gewissen Grenzen kann diese frei gewählt werden und stellt einen Eingabewert der Auslegung dar. Die Gesamtprofilseitenverschiebung, die auch das Verdrehflankenspiel j_{mn} im Normalschnitt berücksichtigt, kann nach Formel 2.77 berechnet werden [KLIN08, STAD14, ISO16].

$$x_{sm} = x_{smn} - j_{mn} \cdot \frac{1}{4 \cdot m_{nm} \cdot \cos(\alpha_n)} \tag{2.77}$$

2.3.3.5 Besonderheiten der Hypoidverzahnung

Als Hypoidverzahnungen werden Kegelradverzahnungen bezeichnet, die einen Achsversatz aufweisen. Der Achsversatz stellt einen konstruktiven Freiheitsgrad in Form einer Achsverlagerung dar. Bevorzugt wird ein Achsversatz im Automobilbau genutzt, um den Schwerpunkt des Fahrzeugs zu beeinflussen sowie den Bauraum für Getriebe und Abtriebswelle optimal zu nutzen, durch einen Tragfähigkeitszugewinn kleiner zu bauen und insbesondere, um die Laufruhe durch eine Steigerung der Überdeckung zu verbessern. Mit zunehmendem Achsversatz kommt es zu erhöhten Gleitanteilen zwischen den Zahnflanken, weshalb im Bereich kleiner Achsversätze ein Optimum des Wirkungsgrades vorliegt. Demgegenüber können die auftretenden Gleitgeschwindigkeiten günstige Dämpfungs- und Schmiereigenschaften im Eingriff bewirken [KLIN08, LITV04, STAD14].

Während nicht achsversetzte Kegelräder entlang ihres Teilkegels aufeinander abwälzen, führt der Achsversatz zu einer Schraubenbewegung zwischen Tellerrad und Ritzel. Aus diesem Grund werden Hypoidgetriebe auch als Kegelschraubgetriebe bezeichnet. Die Fläche, auf der beide Kegelräder abrollen, bildet anstelle des Teilkegels einen Rotationskörper in Form eines Hyperboloids. Da es sich bei den Drehlingen aus Kostengründen weiterhin um Kegelstümpfe handelt, findet die theoretische Abwälzbewegung nur an einem Punkt im Eingriff zwischen den Hypoidrädern statt. Achsversetzte Kegelräder können ebenfalls mit den bereits vorgestellten diskontinuierlichen und kontinuierlichen Verfahren hergestellt werden [LITV97, LITV04, STAD14, ISO16].

Das Vorzeichen des Achsversatzes eines Hypoidgetriebes ist abhängig von der Spiralrichtung des Tellerrads. Der Achsversatz wird als positiv definiert, wenn die Ritzelachse in Spiralrichtung des Tellerrads verschoben wird. Dadurch ist der mittlere Spiralwinkel des Ritzels größer als der des Tellerrads. Im Vergleich zu einem nicht achsversetzten Ritzel wird der Durchmesser größer. Analog gilt für den negativen Achsversatz, dass die Ritzelachse entgegen der Spiralrichtung des Tellerrads verschoben wird. Der mittlere Spiralwinkel des Ritzels wird kleiner und auch der Durchmesser nimmt verglichen mit einem nicht achsversetzten Kegelrad ab. Bild 2.37 fasst diese Definition zusammen [KLIN08].

Weiterhin hat der Achsversatz eine Auswirkung auf die Zahnform. Mit steigendem Achsversatz steigt die Ritzelzahndicke an. Der Spiralwinkel wird ebenfalls größer und die Gesamtüberdeckung steigt. Umgekehrt führt ein negativer Achsversatz zu dünneren Ritzelzähnen, einem kleineren Spiralwinkel und einer geringeren Gesamtüberdeckung. Die rechte Seite von Bild 2.37 veranschaulicht diese Einflüsse am Beispiel des Ritzelzahns [KLIN08].

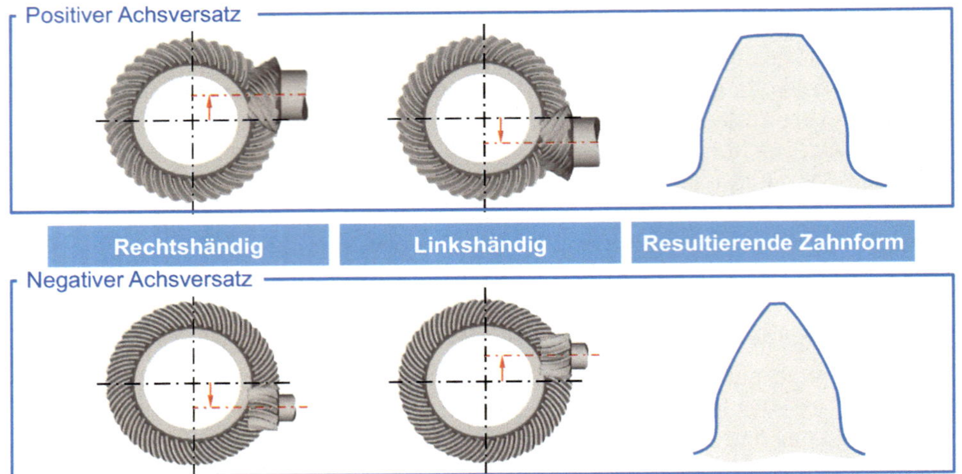

Bild 2.37 Definition und Einfluss des Achsversatzes auf die Ritzelzahnform

Der Achsversatz beeinflusst die lokalen Gleitgeschwindigkeiten, die zwischen den im Eingriff befindlichen Zahnrädern auftreten. Bei Kegelrädern ohne Achsversatz tritt auf Höhe des Teilkegels ausschließlich Rollen ohne Gleiten auf. Bild 2.38 zeigt, wie mit steigendem Achsversatz die Gleitgeschwindigkeit in Zahnlängsrichtung steigt. Daraus resultiert ein Einfluss auf die Fresstragfähigkeit, da aufgrund des Längsgleitanteils der Schmierfilm abreißen kann. Aus diesem Grund werden für Hypoidgetriebe spezielle Schmierstoffe mit hoher oder höchster Fresstragfähigkeit gewählt [KLIN08, STAD14].

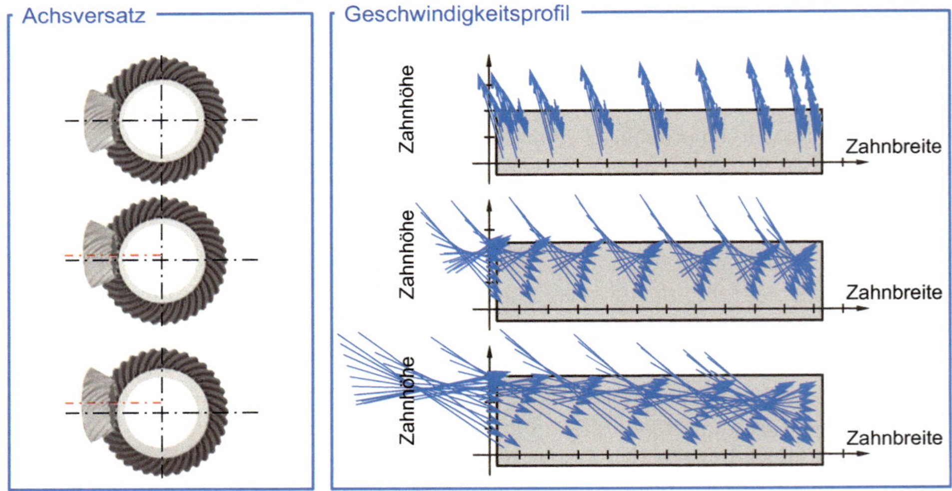

Bild 2.38 Einfluss des Achsversatzes auf die Gleitgeschwindigkeit

2.3.4 Kontaktbedingungen von Kegelradverzahnungen

Die Kontaktbedingungen von Kegelradverzahnungen lassen sich auf das Abwälzen zweier Grundkegelstümpfe zurückführen, wie in Bild 2.39 dargestellt ist. Die entstehende Eingriffsfläche stellt einen ebenen Kreisring dar und tangiert beide Grundkegel in einer Linie. Die Durchdringungslinie zwischen Eingriffsfläche und der tatsächlichen Zahnflanke des Kegelrads bildet die Berührlinie. Die Berührlinie liegt normal zur Eingriffsfläche [WECK92, KRUM67].

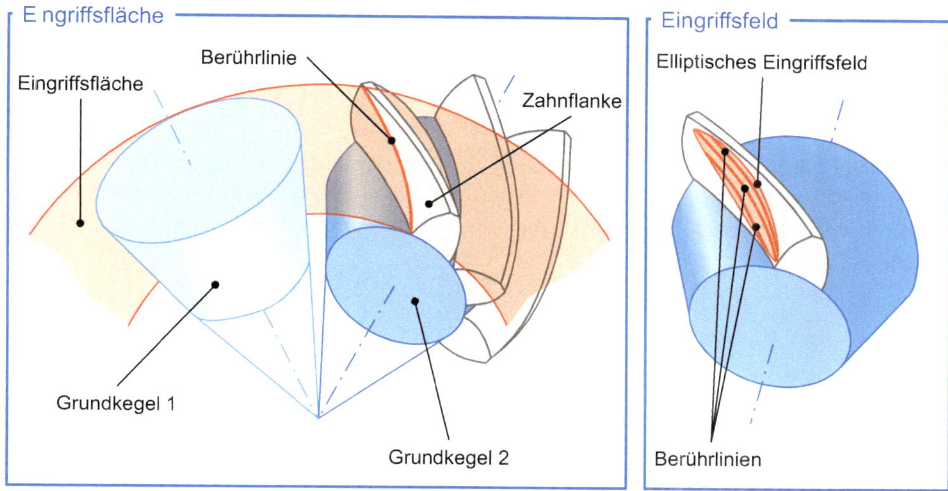

Bild 2.39 Kontaktbedingungen von Kegelradverzahnungen [KRUM67]

Eine Berührlinie resultiert aus einer einzelnen Wälzstellung. Wälzen Rad und Ritzel weiter aufeinander ab, verschiebt sich die Berührlinie auf der Zahnflanke. Für verschiedene Wälzstellungen sind die jeweiligen Berührlinien demnach unterschiedlich lang. Betrachtet man alle Berührlinien auf einer Flanke, so bilden sie eine elliptische Fläche. Diese Fläche stellt das Eingriffsfeld dar und hängt in ihrer Form und Lage von der Höhe und der Länge des Tragbildes ab. Demzufolge handelt es sich um das theoretische Tragbild [KRUM67].

2.4 Beveloidverzahnungen

Beveloidverzahnungen werden eingesetzt, wenn kleine Achskreuzwinkel bis zu 15° gefordert sind. Kegelräder eignen sich nicht für diesen Fall, da bei Kegelrädern die Grenzen der Herstellbarkeit erreicht werden. Der Grund hierfür sind die großen Teilkegellängen, die sich bei kleinen Konuswinkeln ergeben. Daraus resultieren sehr große Abmessungen der notwendigen Werkzeugsysteme und Werkzeugmaschinen. Die Entscheidung, welche Verzahnungsart für einen Anwendungsfall besser geeignet ist, ist vom Anwendungsfall und von den verfügbaren Fertigungseinrichtungen abhängig (vgl. Bild 2.34).

Die Geometrie der Zahnlücken von Beveloidverzahnungen wird vom Bezugsprofil für Zylinderräder abgeleitet, vgl. Abschnitt 2.2.3.3. Bei Zylinderrädern wird das Bezugsprofil der Zahnstange translatorisch verschoben, während das Zahnrad die Wälzbewegung ausführt (siehe Bild 2.12). Beveloidverzahnungen besitzen, wie zylindrische Stirnräder, einen zylindrischen Grund- und Teilkreismantel sowie über der Zahnbreite unveränderliche Werte für Teilung und Modul (vgl. Bild 2.40 Mitte). Eine Beveloidverzahnung wird erzeugt, indem die Achse des zu erzeugenden Zahnrads gegenüber der Zahnstange um den Konuswinkel ϑ gekippt und somit ein Zahnrad mit einer über der Zahnbreite linear veränderten Profilverschiebung erzeugt wird (vgl. Bild 2.41). Werden zwei Beveloidverzahnungen eingesetzt, deren Konuswinkel identisch sind und deren Konusspitzen entgegengesetzt ausgerichtet werden, ergeben sich parallele Achsen. Der Kopfkreismantel von Beveloidverzahnungen lässt sich sowohl konisch als auch zylindrisch ausführen.

Kegelräder werden ebenfalls mit kreuzenden bzw. windschiefen und schneidenden Achsen ausgeführt. Bei Kegelrädern sind Grund- und Teilkreismantel gegenüber der Beveloidverzahnung kegelförmig, sodass sich die Teilung und der Modul entlang der Zahnbreite verändern.

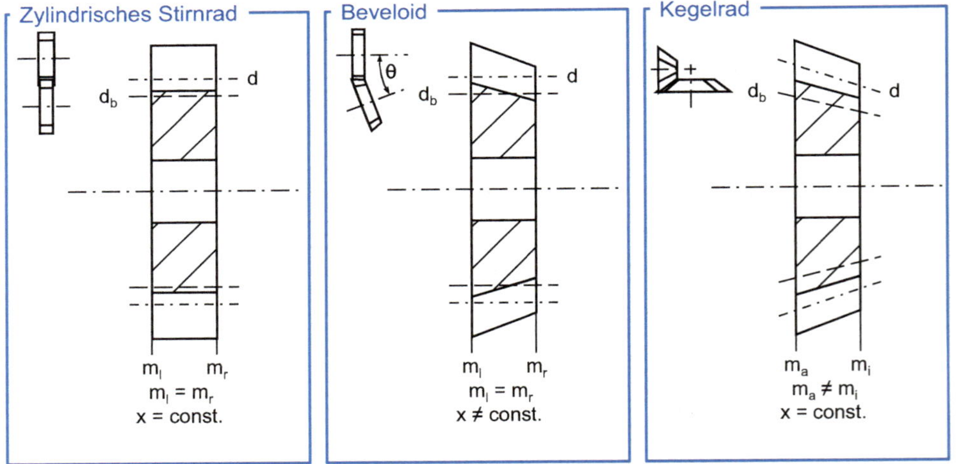

Bild 2.40 Geometrische Einordnung von Beveloidverzahnungen [HENS15]

In der industriellen Praxis finden Beveloidverzahnungen zum Beispiel in Robotergetrieben, Allradantrieben in der Fahrzeugindustrie und in Schiffsgetrieben Anwendung. In Robotergetrieben werden Beveloidverzahnungen mit parallelen Achsen eingesetzt, da sich das benötigte Zahnspiel durch die axiale Positionierung von Ritzel und Rad entsprechend dem Anwendungsfall gut einstellen lässt. Beveloidverzahnungen mit sich schneidenden und windschiefen Achsen sowie kleinen Achskreuzwinkeln werden in Fahrzeug- und Schiffsgetrieben verwendet, um das Antriebsmoment vorbei an Antriebsmaschine und gegebenenfalls einem Schaltgetriebe auf die Vorderachse im Fahrzeug bzw. an die Schiffsschraube unterhalb der Wasserlinie zu übertragen. Ein Vorteil von Beveloidverzahnungen in diesen Anwendungsfällen ist vor allem im geringen Bauraumbedarf gegenüber kommerziellen Verteilergetrieben festzustellen [RÖTH12, WINK02].

2.4.1 Erzeugungsprinzip von Beveloidverzahnungen

Beveloidverzahnungen entstehen, analog zu zylindrischen Stirnrädern, durch das Abwälzen mit einem definiert gekippten, zahnstangenförmigen Werkzeug nach DIN 867, wie in Bild 2.41 dargestellt. Das Verkippungsmaß des Bezugsprofils im Stirnschnitt der Verzahnung wird durch den Schrägungswinkel des erzeugenden Bezugsprofils β_P und den Konuswinkel ϑ bestimmt (siehe Bild 2.41 oben rechts). Weiterhin sind die Stirn- und Normalschnittebenen einer Stirnrad- und einer Beveloidverzahnung zu sehen. Die Stirnschnittebene verläuft senkrecht zur Radachse. Die Tangentialebene auf dem Teilzylinder ist die Bewegungsebene für das Abwälzen des Bezugsprofils. Bei zylindrischen Stirnradverzahnungen (siehe Bild 2.41 oben links) schneidet die Tangentialebene die Stirnschnittebene in einer Linie. Diese Linie wird als Profilbezugslinie bezeichnet. Auf der Profilbezugslinie sind die Zahnlückenweite und die Zahndicke am Teilkreis identisch und die Profilverschiebung besitzt entsprechend den Wert null, vgl. Abschnitt 2.2.3.3. Für die Ermittlung der Profilbezugslinie für Beveloidverzahnungen wird die Schnittgerade zwischen dem Bezugsprofil und der Profilbezugsebene der Beveloidverzahnung gesucht. Die Profilbezugsebene der Beveloidverzahnung entspricht der um den Konuswinkel ϑ gekippten Tangentialebene am Teilkreis der Beveloidverzahnung (siehe Bild 2.41 unten mittig). Die ermittelte Profilbezugslinie liegt im Stirnschnitt der Beveloidverzahnung. Diese Ebene wird als Zahnbezugsebene definiert. Wird die Zahnbezugsebene in einem anderen Querschnitt der Beveloidverzahnung definiert, ist die Profilverschiebung ungleich null. Die Zahnbezugsebene ist in jedem Fall ein Stirnschnitt der Beveloidverzahnung [RÖTH12].

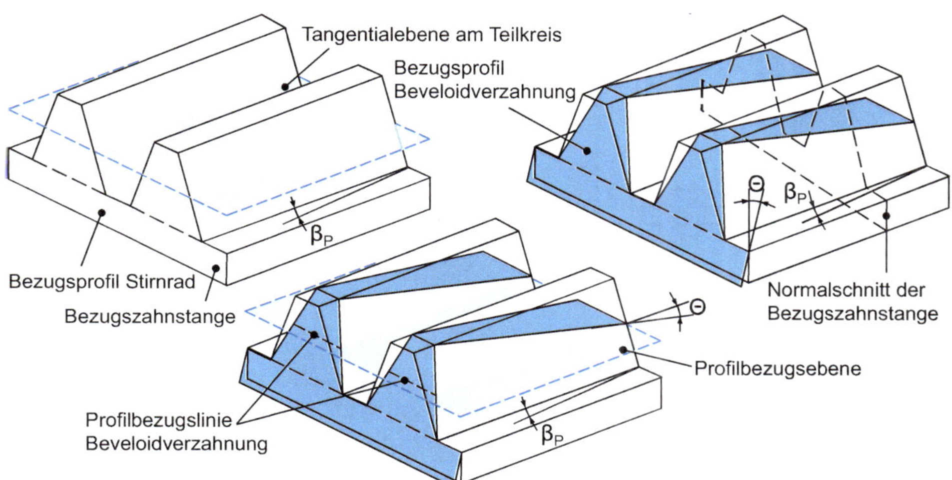

Bild 2.41 Geometrische Definition von Beveloidverzahnungen [ROTH98]

Die Herstellung von Beveloidverzahnungen ist im Gegensatz zu Stirnrädern durch wälzende Verfahren, wie das Wälzfräsen und das Wälzschleifen, aber nicht durch profilierende Verfahren möglich. Durch die Konizität der Beveloidverzahnung verändert sich das Zahnprofil entlang der Zahnbreite. Die axial veränderliche Lückengeometrie kann über eine Anpassung der Fertigungskinematik im Wälzvorgang, nicht aber mit einem profilabbildenden Werkzeug erzeugt werden [ROTH98].

In Bild 2.42 ist eine Übersicht über die unterschiedlichen Werkzeug- und Werkstückkonfigurationen, die zur Fertigung von Beveloidverzahnungen verwendet werden können, dargestellt. Der Konuswinkel kann zum einen mittels Verkippung einer Achse (Werkzeugachse oder Werkstückachse) um den Betrag des Konuswinkels, dargestellt in der oberen Zeile der Abbildung, und zum anderen durch radialen Vorschub x an einer Komponente (untere Zeile der Abbildung) erzeugt werden. Bei Realisierung des Konuswinkels durch einen radialen Vorschub x des Werkzeugs ist auf die Kopplung zwischen radialem und axialem Vorschub (x und z) zu achten. Bei diskontinuierlichen Verfahren entspricht das Verhältnis aus Axial- und Radialvorschub dem Konuswinkel. Bei kontinuierlichen Verfahren, wie dem Wälzfräsen und dem kontinuierlichen Wälzschleifen mit einem schneckenförmigen Werkzeug, müssen die Werte des Steigungswinkels, des Konuswinkels, des Schrägungswinkels und der Zustellung bei der Berechnung der Maschinenkinematik angepasst werden. Ein geeignetes Verfahren wird hierzu von Zierau [ZIER89] beschrieben [MITO83, ROTH98].

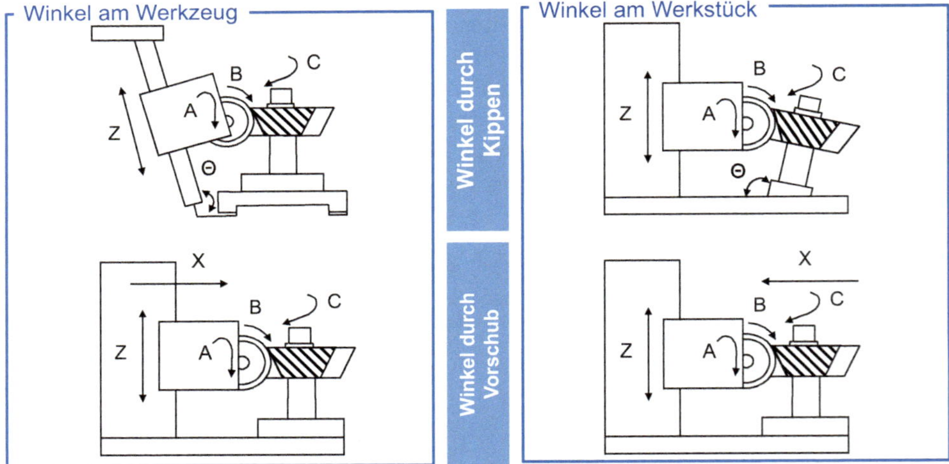

Bild 2.42 Fertigungskonfigurationen für Beveloidverzahnungen [RÖTH12]

In der Industrie hat sich das Verfahren mit axialem und radialem Vorschub des Werkzeugs als gängige Praxis etabliert (Bild 2.42, unten links). Dies ist zum einen auf den Vorteil der Verwendung von bestehenden Maschinen aus der Stirnradfertigung und zum anderen auf konstruktive Vorteile gegenüber der Kippmethode zurückzuführen [RÖTH12].

2.4.2 Geometrische Größen von Beveloids

2.4.2.1 Konuswinkel

Beveloidverzahnungen werden mit den gleichen Verzahnungsdaten beschrieben wie zylindrische Stirnräder. Um schneidende und windschiefe Achsen zu realisieren, werden Beveloidverzahnungen konisch ausgeführt. Die Konizität wird durch eine linear veränderliche Profilverschiebung in axialer Richtung realisiert, die durch den Konuswinkel ϑ beschrieben wird. Es wird zwischen dem Fußkonuswinkel ϑ_f und dem Kopfkonuswinkel ϑ_a unterschieden [ROTH98]. Der Fußkonuswinkel wird nach Formel 2.78 aus der Differenz der Profilverschiebungen an Ferse (x_{Ferse}) und Zehe (x_{Zehe}) der Beveloidverzahnung und der Zahnbreite b berechnet [TSAI97].

$$\tan \theta_f = \frac{\left(x_{Ferse} - x_{Zehe}\right) \cdot m_n}{b} \tag{2.78}$$

Der Kopfkegel der Beveloidverzahnung wird durch den Kopfkonuswinkel ϑ_a definiert. Dieser kann vom Fußkonuswinkel ϑ_f abweichen, beispielsweise um zu vermeiden, dass die Zahnkopfdicke zu gering wird [RÖTH12]. Bei der Herstellung wird der Kopfkonuswinkel ϑ_a bei der Fertigung des unverzahnten Werkstückrohlings realisiert. Mathematisch ergibt sich der Kopfkonuswinkel ϑ_a nach Formel 2.79 aus der Differenz der Kopfkreisdurchmesser an Ferse ($d_{a,Ferse}$) und Zehe ($d_{a,Zehe}$) [HENS15].

$$\tan \theta_a = \frac{\left(d_{a,Ferse} - d_{a,Zehe}\right)}{2 \cdot b} \tag{2.79}$$

Die über der Zahnbreite veränderliche Profilverschiebung hat zur Folge, dass sich die Zahnform entlang der Zahnbreite ändert. Dies wird besonders an den Stirnseiten sichtbar. Auf einer Stirnseite ergibt sich eine hohe Profilverschiebung, die analog zu der Bezeichnung bei Kegelrädern als Ferse bezeichnet wird. Die gegenüberliegende Stirnseite wird entsprechend als Zehe bezeichnet [OHMA07, STAD93, TSAI97]. Bild 2.43 zeigt die Profilformen von Zehe und Ferse. Die Zehe ist durch eine geringe Zahndicke und einen hohen Fußrundungsradius charakterisiert. Im Gegensatz dazu hat die Ferse eine große Zahndicke und einen geringen Fußrundungsradius [HENS15]. Aufgrund der unterschiedlichen Profilverschiebungsfaktoren an Ferse und Zehe ist eine genaue Betrachtung der Profilverschiebungsfaktoren im Bereich der Unterschnitt- und Spitzgrenze notwendig. Hierbei ist auf das aufgrund der Konizität vorliegende, asymmetrische Zahnprofil der Beveloidverzahnungen zu achten. Hierdurch liegen unterschiedliche Grenzwerte der Profilverschiebungsfaktoren für die linke und rechte Flanke vor [ROTH98].

Die Vorzeichen für den Konuswinkel werden in der Literatur auf verschiedene Weisen definiert. Tsai, Roth und Zierau definieren den Konuswinkel unabhängig von der Orientierung stets positiv [ROTH98, TSAI97, ZIER89]. Röthlingshöfer, Brauer und Winkler wählen einen positiven Wert für den Konuswinkel, wenn die Ferse in positiver Achsrichtung z liegt [BRAU02, RÖTH12, WINK02]. Die Zuordnung der Zahnflanken basiert auf der Definition eines Zahnes, welcher in Richtung der positiven Achsrichtung z betrachtet wird (Bild 2.43). Im Weiteren werden für die rechte und linke Flankenseite die Indizes R und L verwendet. Mitome definiert das Vorzeichen des Konuswinkels im Gegensatz so, dass der Konuswinkel positiv ist, wenn die Zehe in Richtung der positiven Achsrichtung z liegt [MITO83].

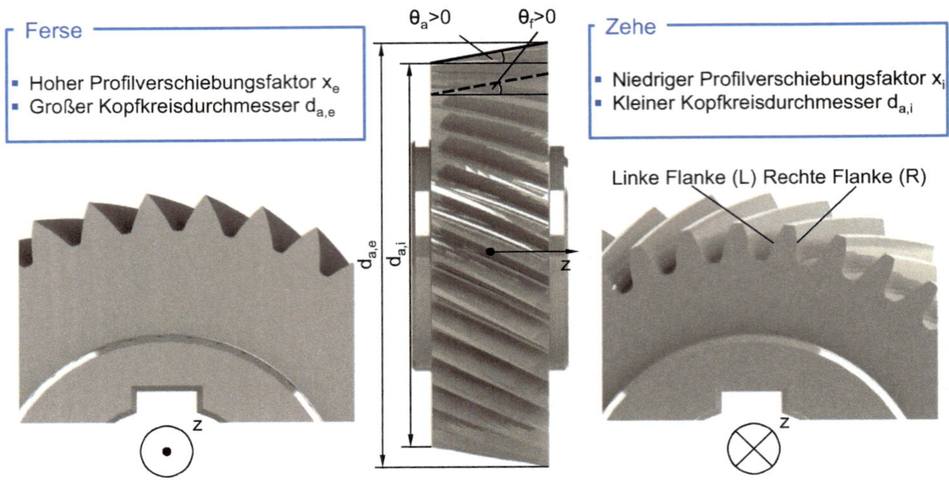

Bild 2.43 Unterschiede der Profilform an Zehe und Ferse [HENS15]

2.4.2.2 Eingriffs-, Schrägungswinkel und Überdeckungsgrad

Der Schrägungswinkel β von Beveloidverzahnungen wird, ebenso wie bei zylindrischen Stirnrädern, in der Profilbezugsebene der Bezugszahnstange definiert. Er lässt sich an der Verzahnung am Teilkreiszylinder bestimmen. Die Konizität der Beveloidverzahnung sorgt dafür, dass sich auf der linken und der rechten Flankenseite am Teilkreis unterschiedliche Schrägungswinkel ergeben, die vom Schrägungswinkel in der Profilbezugsebene abweichen. Der Teilkreisdurchmesser ist nicht von der Flankenseite abhängig. Nach Formel 2.27 wird er analog zu Stirnrädern berechnet. Mathematisch wird der Schrägungswinkel auf der rechten Flankenseite β_R durch Formel 2.80 beschrieben. Für die linke Flankenseite gilt analog Formel 2.81 [MITO83].

$$\tan \beta_R = \tan\beta \cdot \cos \theta_f + \frac{\tan \alpha_n \cdot \sin\theta_f}{\cos \beta} \tag{2.80}$$

$$\tan \beta_L = \tan\beta \cdot \cos \theta_f - \frac{\tan \alpha_n \cdot \sin\theta_f}{\cos \beta} \tag{2.81}$$

Aufgrund des asymmetrischen Zahnprofils im Stirnschnitt unterscheiden sich die Stirneingriffswinkel $\alpha_{t,R/L}$ beider Flankenseiten. Für die rechte Flanke wird der Stirneingriffswinkel nach Formel 2.82 berechnet. Für die linke Flankenseite gilt Formel 2.83 [MITO83, ZIER89].

$$\tan \alpha_{t,R} = \frac{\tan \alpha_n \cdot \cos\theta_f}{\cos \beta} - \sin\theta_f \cdot \tan\beta \tag{2.82}$$

$$\tan \alpha_{t,L} = \frac{\tan \alpha_n \cdot \cos\theta_f}{\cos \beta} + \sin\theta_f \cdot \tan\beta \tag{2.83}$$

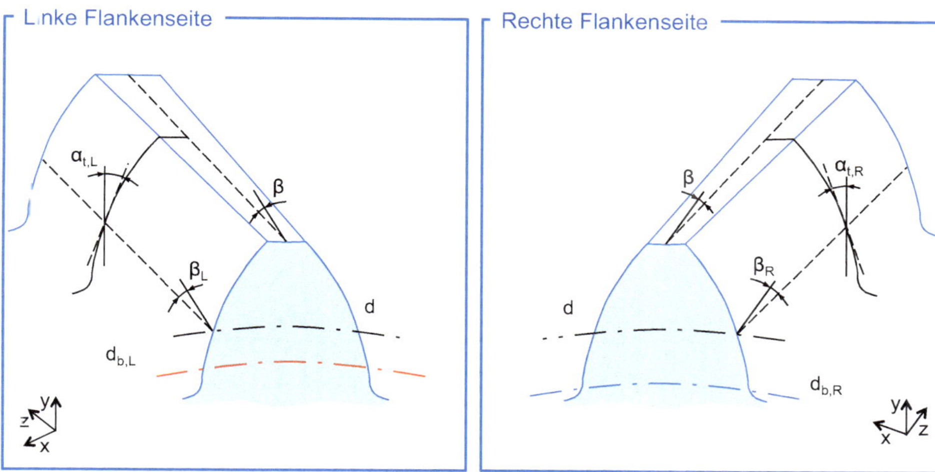

Bild 2.44 Eingriffs- und Schrägungswinkel für Beveloidverzahnungen

Ebenfalls weisen die Grundschrägungswinkel unterschiedliche Beträge für beide Flankenseiten auf. Die Grundschrägungswinkel für beide Flankenseiten werden durch Formel 2.84 berechnet [ZIER89].

$$\tan \beta_{\mathrm{bR,L}} = \tan \beta_{\mathrm{R,L}} \cdot \cos \alpha_{\mathrm{tR,L}} \tag{2.84}$$

Für den Grundkreisdurchmesser unterscheiden sich wiederum die Werte auf der linken und der rechten Flankenseite. Die Grundkreisdurchmesser berechnen sich nach Formel 2.85 aus dem Teilkreisdurchmesser und dem Stirneingriffswinkel der entsprechenden Flankenseite.

$$d_{\mathrm{bR,L}} = d \cdot \cos \alpha_{\mathrm{tR,L}} \tag{2.85}$$

Die Eingriffsverhältnisse von Beveloidverzahnungen mit parallelen Achsen unterscheiden sich von zylindrischen Stirnrädern [ROTH98, ZIER89]. In Bild 2.45 ist dies anhand der Eingriffsfelder beider Verzahnungsarten dargestellt. Auf der linken Seite ist das rechteckige Eingriffsfeld eines schrägverzahnten zylindrischen Stirnrads dargestellt (siehe Abschnitt 2.2.5). Das Eingriffsfeld wird durch die gemeinsame Zahnbreite b beider Zahnräder sowie die Eintritts- (g_{a}) und die Austritts-Eingriffsstrecke (g_{f}) aufgespannt (siehe Formel 2.24 und Formel 2.25). In dem Eingriffsfeld verlaufen die um den Grundschrägungswinkel β_{b} geneigten Berührlinien. Die Stirneingriffsteilung p_{et} beschreibt den Abstand der Eingriffslinien in Eingriffsrichtung. Aus diesen Zusammenhängen lässt sich die Sprungüberdeckung des Stirnrads ε_{β} nach Formel 2.26 berechnen.

Die weiteren in Bild 2.45 dargestellten Eingriffsfelder entsprechen den Eingriffsfeldern einer schrägverzahnten Beveloidverzahnung mit parallelen Achsen. Es ist zu beachten, dass es sich auf der rechten und der linken Flankenseite um unterschiedliche Eingriffsfelder handelt. In Breitenrichtung sind die Eingriffsfelder durch die gemeinsame Zahnbreite b begrenzt. Die Grundschrägungswinkel und die Stirneingriffsteilungen sind jedoch auf beiden Flankenseiten unterschiedlich. Des Weiteren ergeben sich auf den Stirnseiten unterschiedlich lange Eintritts- und Austritts-Eingriffsstrecken. Dadurch entsteht ein parallelogrammförmiges Eingriffsfeld. Eine exakte Beschreibung des Eingriffsfeldes wäre gegeben, wenn die Begrenzungen am Eintritt und am Austritt hyperbelförmig ausgeführt sind [HAUP81]. Allerdings ergeben sich bei konischen Stirnrädern Hyperbeln, die in der Regel sehr geringe Krümmungen aufweisen und somit durch Geraden ersetzt werden können. Wie bei zylindrischen Stirnrädern liegen die Berührlinien diagonal im Eingriffsfeld [HENS15, ZIER89].

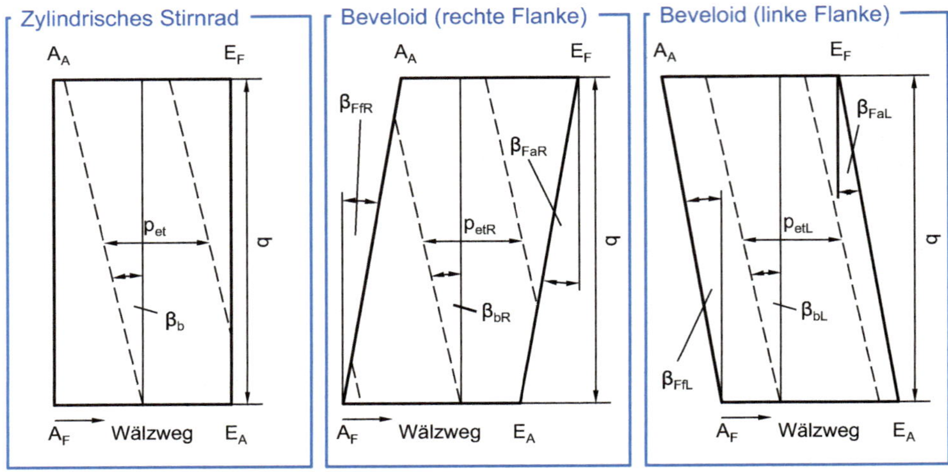

Bild 2.45 Eingriffsfelder von zylindrischen Stirnrädern und Beveloidverzahnungen mit parallelen Achsen [HENS15, ROTH98]

Die Sprungüberdeckung von Beveloidverzahnungen mit parallelen Achsen wird aus zwei Anteilen berechnet. Der erste Anteil wird durch den Sprungwinkel der Flankenlinien $\varphi_{\beta R,L}$ gebildet. Der Sprungwinkel der Flankenlinien $\varphi_{\beta R,L}$ beschreibt den Winkel, den die Axialebenen in den Endpunkten der Flankenlinie einschließen. Die Kenngröße ist analog zur Sprungüberdeckung ε_{β}von zylindrischen Stirnrädern und wird nach Formel 2.86 berechnet. Es ist zu beachten, dass für die linke (L) und die rechte (R) Flankenseite die entsprechenden Schrägungswinkel eingesetzt werden, sodass der Sprungwinkel der Flankenlinie für beide Seiten getrennt zu berechnen ist. Der weitere Anteil wird durch den gemittelten Sprungwinkel des Eingriffsfeldes $\varphi_{FMR,L}$ gebildet. Das Eingriffsfeld ist auf der Eintrittsseite und auf der Austrittsseite um die Schrägungswinkel $\beta_{FfR,L}$ bzw. $\beta_{FaR,L}$ geneigt (vgl. Bild 2.45). Die sich daraus ergebenden Feldeintrittssprungwinkel $\varphi_{FfR,L}$ und Feldaustrittssprungwinkel $\varphi_{FaR,L}$ werden nach Formel 2.87 bzw. Formel 2.88 berechnet. Der gemittelte Sprungwinkel des Eingriffsfelds $\varphi_{FMR,L}$ wird aus dem Mittelwert des Feldeintrittssprungwinkels $\varphi_{FfR,L}$ und des Feldaustrittssprungwinkels $\varphi_{FaR,L}$ berechnet [HENS15, ROTH98, ZIER89].

$$\varphi_{\beta R,L} = \frac{2 \cdot b \cdot \tan \beta_{bR,L}}{d_{bR,L}} \tag{2.86}$$

$$\varphi_{FfR,L} = \frac{2 \cdot b \cdot \tan \beta_{FfR,L}}{d_{bR,L}} \tag{2.87}$$

$$\varphi_{FaR,L} = \frac{2 \cdot b \cdot \tan \beta_{FaR,L}}{d_{bR,L}} \tag{2.88}$$

Die Sprungüberdeckung wird bei Beveloidverzahnungen mit parallelen Achsen durch Formel 2.89 berechnet. In die Formeln gehen die Differenz zwischen dem Sprungwinkel der Flankenlinien $\varphi_{\beta R,L}$ und dem gemittelten Sprungwinkel des Eingriffsfelds $\varphi_{FMR,L}$ sowie der Teilungswinkel τ ein. Der Teilungswinkel τ berechnet sich nach Formel 2.90 [ROTH98, ZIER89]. In Abhängigkeit der Orientierung des Grundschrägungswinkels der Eingriffslinie und der Schrägungswinkel des Eingriffsfeldes ergibt sich so eine gesteigerte oder verringerte Überdeckung. Dies wird durch einen Vergleich der Eingriffsfelder aus Bild 2.45 deutlich. Der Vergleich des Eingriffsfelds des Stirnrads mit dem Eingriffsfeld der rechten Flankenseite der Beveloidverzahnung zeigt, dass für diesen Fall durch den Schrägungswinkel des Eingriffsfeldes der Eingriff bei der Beveloidverzahnung auf der Eintrittsseite β_{FfR} früher beginnt und auf der Austrittsseite β_{FaR} durch den Schrägungswinkel des Eingriffsfeldes der Zahneingriff später endet. Die Überdeckung ist somit gegenüber dem zylindrischen Stirnrad gestiegen. Auf der linken Flankenseite der Beveloidverzahnung dreht sich dieser Effekt um. Somit entsteht im Vergleich zum Zylinderrad eine insgesamt betrachtet geringere Überdeckung [HENS15].

$$\varepsilon_{\beta,Bev} = \frac{\varphi_{\beta R,L} - \varphi_{FMR,L}}{\tau} \tag{2.89}$$

$$\tau = \frac{2 \cdot \pi}{z} \tag{2.90}$$

Bei Beveloidverzahnungen mit sich schneidenden oder windschiefen Achsen existieren Formeln zur Berechnung der Überdeckung (z. B. [ROTH98]), die nur für ideal evolventische Beveloidverzahnungen ohne Flankenmodifikationen bzw. Fertigungsabweichungen gültig sind. Für Beveloidverzahnungen mit großen Flankenmodifikationen ergeben sich Abweichungen von diesen Werten. Zudem erhöht sich unter Belastung die Überdeckung, da durch die elastische Deformation der Zähne weitere Zahnpaare in Eingriff kommen. Aus diesem Grund wird bei der Auslegung von Beveloidverzahnungen in der Regel auf Zahnkontaktanalysen zurückgegriffen, die beispielsweise auf FE-Modellen basieren. Hierauf wird in Kapitel 6 genauer eingegangen.

2.4.3 Kontaktbedingungen von Beveloidverzahnungen

Beveloidverzahnungen besitzen evolventische Zahnflanken. In Abschnitt 2.2.5 wurde bereits erwähnt, dass der Kontaktbereich in einer Eingriffsebene stattfindet, die den Grundkreiszylinder der Verzahnung tangiert. Im Falle von schneidenden oder windschiefen Achsen sind die Eingriffsebenen der beiden miteinander abwälzenden Zahnflanken, wie in Bild 2.46 dargestellt, nicht deckungsgleich, sondern sie schneiden sich in einer Geraden. Ein Kontakt zwischen beiden Zahnflanken ist nur entlang dieser Geraden, der gemeinsamen Eingriffslinie, möglich.

Für beide Eingriffsebenen lassen sich potenzielle Berührlinien definieren. Die Eingriffssituation lässt sich demnach dadurch beschreiben, dass sich eine potenzielle Berührlinie im

Eingriffsfeld des einen Zahnrads mit einer potenziellen Berührlinie im Eingriffsfeld des anderen Zahnrads in der gemeinsamen Eingriffslinie schneidet. Das Resultat ist, dass zwischen beiden miteinander abwälzenden Zahnflanken ein Punktkontakt im Punkt C vorliegt.

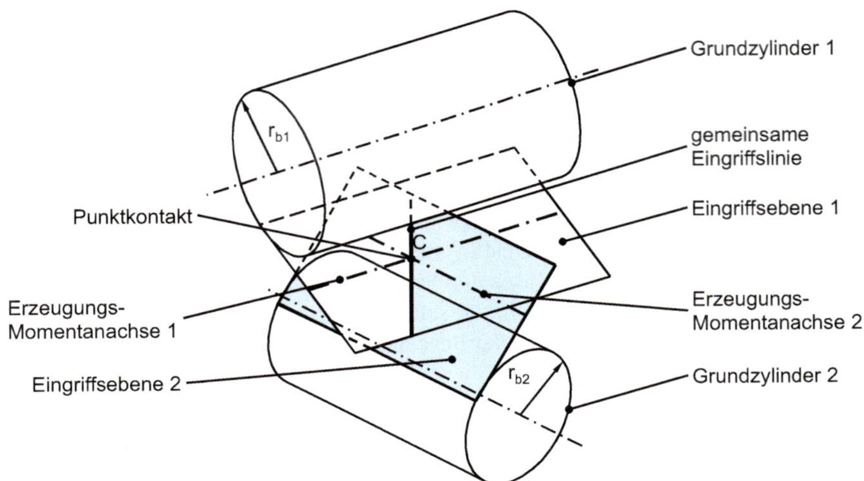

Bild 2.46 Kontaktbedingungen von Beveloidverzahnungen mit windschiefen Achsen [ROTH98]

Durch den Punktkontakt ergeben sich für ideal evolventische Beveloidverzahnungen schmale Tragbilder. In der praktischen Anwendung ist dies zu vermeiden, da anderenfalls ein großer Teil der Zahnflanke nicht an der Lastübertragung beteiligt wird und somit das volle Potenzial der Verzahnung ungenutzt bleibt. Daher werden die Zahnflanken modifiziert, um das Tragbild zu vergrößern und eine verbesserte Lastverteilung zu erzielen. Üblicherweise werden hohlballige Korrekturen in Breitenrichtung aufgebracht, sodass die Flanke an den Stirnseiten der Verzahnung gegenüber der Zahnmitte vorsteht. Der mittlere Stirnschnitt entspricht definitionsgemäß dem unmodifizierten Zahnprofil. Das Ergebnis ist, dass sich das Tragbild vergrößert und sich somit eine verbesserte Lastverteilung ergibt. Es bleiben jedoch auch bei sehr großen Hohlballigkeiten Bereiche der Zahnflanke ungenutzt, die nicht an der Lastverteilung beteiligt sind. Um diese Bereiche der Zahnflanke auszunutzen, sind weitere Korrekturen der Zahnflanke notwendig, die sich jedoch zum derzeitigen Stand der Technik mit den gängigen Herstellverfahren nicht wirtschaftlich herstellen lassen.

Verwendete Formelzeichen

Indizes

Formel-zeichen	Benennung
0	Bezugsprofil
1	Antrieb, (Kegelrad-)Ritzel
2	Abtrieb, (Teller-)Rad
a	Größe auf den Kopfkreis bezogen
b	Größe auf den Grundkreis bezogen
c	Wälzpunkt
c	Schubflanke (coast)
c	Zugflanke (drive)
e	Erzeugung
f	Größe auf den Fußkreis bezogen
F	Größe auf den Formkreis bezogen
g	Gleit/Grenz
	innen
l	linke Flanke
m	mittel
min	mindest
n	Größe im Normalschnitt
N	Größe auf den Nutzkreis bezogen
r	rechte Flanke
t	Größe im Stirnschnitt
v	Größe auf den V-Kreis bezogen
w	Größe auf den Wälzkreis bezogen
x	Größe im Axialschnitt
y	beliebiger Punkt auf der Zahnflanke

Kleinbuchstaben

Formel-zeichen	Benennung	Einheit
a	Achsabstand	mm
a_0	Achsabstand im Erzeugungsgetriebe (Werkzeug)	mm
a_d	Null-Achsabstand	mm
b	Zahnradbreite	mm
c	Kopfspiel	mm
	Stoffkonzentration	g/mm^3

Formel-zeichen	Benennung	Einheit
c_P	Kopfspiel zwischen Bezugsprofil und Gegenprofil	mm
d	Teilkreisdurchmesser	mm
d_0	Mittenkreisdurchmesser Werkzeug	mm
d_a	Kopfkreisdurchmesser	mm
$d_{a,Ferse}$	Kopfkreisdurchmesser an Ferse	mm
$d_{a,Zehe}$	Kopfkreisdurchmesser an Zehe	mm
d_{a0}	Kopfkreisdurchmesser Werkzeug	mm
d_b	Grundkreisdurchmesser	mm
d_{bc}	Grundkreisdurchmesser der Zugflanke	mm
d_{bd}	Grundkreisdurchmesser der Schubflanke	mm
d_f	Fußkreisdurchmesser	mm
d_{Fa}	Kopf-Formkreisdurchmesser	mm
d_{Ff}	Fuß-Formkreisdurchmesser	mm
d_K	Durchmesser des Kugelmittelpunktkreises	mm
d_m	mittlerer Teilkegeldurchmesser	mm
d_{mk}	Messkreisdurchmesser	mm
d_{Na}	Kopf-Nutzkreisdurchmesser	mm
d_v	V-Kreisdurchmesser	mm
d_{ve}	Erzeugungs-V-Kreisdurchmesser	mm
d_w	Wälzkreisdurchmesser	mm
d_Y	Y-Kreis-Durchmesser	mm
e	Lückenweite am Teilkreisdurchmesser	mm
e_{at}	Lückenweite am Kopfkreisdurchmesser im Stirnschnitt	mm
e_P	Lückenweite des Stirnrad-Bezugsprofils	mm
e_t	Lückenweite im Stirnschnitt	mm
e_{yt}	Lückenweite am Y-Kreis-Durchmesser im Stirnschnitt	mm
f_a	Axialvorschub	mm
f_r	Radialvorschub	mm
f_w	Wälzvorschub	mm
$f_{H\alpha}$	Profillinienwinkelabweichung	mm
$f_{H\beta}$	Flankenlinienwinkelabweichung	mm
c_α	Profilballigkeit	mm
c_β	Breitenballigkeit	mm
g_a	Länge der Austritts-Eingriffsstrecke	mm
g_f	Länge der Eintritts-Eingriffsstrecke	mm
g_α	Länge der Gesamteingriffsstrecke	mm
g_β	Sprung	mm

Formel-zeichen	Benennung	Einheit
h_a	Zahnkopfhöhe	mm
h_{am}	mittlere Zahnkopfhöhe	mm
h_{aP0}	Zahnkopfhöhe des Stirnrad-Bezugsprofils	mm
h_{FfP0}	Fuß-Formhöhe des Stirnrad-Bezugsprofils	mm
h_{FaP0}	Kopf-Formhöhe des Stirnrad-Bezugsprofils	mm
h_{prP0}	Protuberanzprofilhöhe des Stirnrad-Bezugsprofils	mm
h_f	Zahnfußhöhe	mm
h_{fm}	mittlere Zahnfußhöhe	mm
h_{fP0}	Zahnfußhöhe des Stirnrad-Bezugsprofils	mm
h_k	Radialbetrag des Kopfkantenbruches oder der Kopfkantenrundung	mm
h_{mw}	mittlere Eingriffstiefe	mm
h_{Na}	Zahnkopf-Nutzhöhe	mm
h_{P0}	Zahnhöhe des Stirnrad-Bezugsprofils	mm
i	Übersetzungsverhältnis	
inv	Evolventenfunktion	
j_{mn}	Verdrehflankenspiel im mittleren Normalschnitt	mm
j_t	Verdrehflankenspiel im Stirnschnitt	mm
k	Anzahl Zähne zur Zahnweitenmessung	
k_{hap}	Zahnkopfhöhenfaktor	
k_{hfp}	Zahnfußhöhenfaktor	
m	Modul	mm
m_{et}	äußeres Stirnmodul	mm
m_{mn}	mittlerer Normalmodul	mm
m_n	Normalmodul	mm
m_{n0}	Modul des Stirnrad-Bezugsprofils	mm
m_t	Stirnmodul	mm
m_x	Axialmodul	mm
n	Normalschnitt	
n_i	Spannutenzahl	
n_0	Drehzahl des Werkzeuges	min^{-1}
p	Teilung am Teilkreisdurchmesser	mm
p_{bn}	Teilung am Grundkreisdurchmesser im Normalschnitt	mm
pr_{P0}	Protuberanzbetrag	mm
p_{bt}	Teilung am Grundkreisdurchmesser im Stirnschnitt	mm
p_{en}	Normaleingriffsteilung	mm
p_{et}	Stirneingriffsteilung	mm
p_n	Normalteilung	mm

Formel-zeichen	Benennung	Einheit
p_t	Stirnteilung	mm
p_x	Axialteilung	mm
q	Bearbeitungszugabe auf den Stirnradzahnflanken (Schleifaufmaß)	mm
r	Teilkreisradius	mm
r_b	Grundkreisradius	mm
r_{c0}	Werkzeugradius	mm
s_{an}	Zahndicke am Kopfkreisdurchmesser im Normalschnitt	mm
s_{at}	Zahndicke am Kopfkreisdurchmesser im Stirnschnitt	mm
s_{P0}	Zahndicke des Stirnrad-Bezugsprofils	mm
s_t	Zahndicke am Teilkreisdurchmesser im Stirnschnitt	mm
s_{yt}	Zahndicke am Y-Kreis-Durchmesser im Stirnschnitt	mm
t	Zeit Tiefe	s mm
u	Zähnezahlverhältnis	
v	Umfangsgeschwindigkeit	m/s
v_0	Werkzeugumfangsgeschwindigkeit	m/s
v_2	Werkstückumfangsgeschwindigkeit	m/s
v_c	Schnittgeschwindigkeit	m/s
v_g	Gleitgeschwindigkeit	m/s
v_n	Normalgeschwindigkeit	m/s
v_t	translatorische Wälzkomponente	m/s
v_Y	Umfangsgeschwindigkeit Y-Kreis-Durchmesser	m/s
x	Profilverschiebung Randabstand	mm mm
x_c	Kohlenstoffgehalt	%
x_e	Erzeugungsprofilverschiebung	mm
x_{Ferse}	Profilverschiebung an Ferse	mm
x_{hm}	Profilverschiebungsfaktor	
x_{min}	Mindestprofilverschiebung	mm
x_{sm}	Profilseitenverschiebungsfaktor	
x_{smn}	theoretischer Profilseitenverschiebungsfaktor	
x_{Zehe}	Profilverschiebung an Zehe	mm
z	Zähnezahl	
z_0	Zähnezahl des Werkzeugs	
z_g	Grenzzähnezahl	

Großbuchstaben

Formel-zeichen	Benennung
$\overline{AE}$	Eingriffsstrecke
A	Beginn des Eingriffs
A_s	Zahndickenabmaß am Teilkreisdurchmesser
C	Wälzpunkt
D	äußerer Einzeleingriffspunkt
D_m	Messkugel bzw. Messrollendurchmesser
E	Ende des Eingriffs
M_1	Drehmoment der Antriebswelle
M_2	Drehmoment der Abtriebswelle
M_{dK}	diametrales Zweikugelmaß
R_a	äußere Teilkegellänge
R_e	äußere Teilkegellänge
R_i	innere Teilkegellänge
R_m	mittlere Teilkegellänge
V_{minus}	Summe der Profilverschiebung von Rad und Ritzel ist negativ
V_{null}	nicht profilverschobene Verzahnung
V_{plus}	Die Summe der Profilverschiebung von Rad und Ritzel ist positiv.
V-Rad	Stirnrad mit Profilverschiebung
W_k	Zahnweite über *k* Messzähne oder Messlücken
Y	beliebiger Punkt auf einer Zahnflanke oder Evolvente

Griechische Buchstaben

Formel-zeichen	Benennung	Einheit
α	Eingriffswinkel	°
α_{at}	Profilwinkel am Zahnkopf im Stirnschnitt	°
α_{at}	Profilwinkel am Kopfkreisdurchmesser im Stirnschnitt	°
α_c	Eingriffswinkel auf der Schubflanke	°
α_d	Nenneingriffswinkel, Eingriffswinkel der Zugflanke	°
α_{KP0}	Kantenbruchwinkel des Stirnrad-Bezugsprofils	°
α_{Kt}	Profilwinkel im Stirnschnitt am Kugelmittelpunkt-Kreis	°
α_{lim}	Grenzeingriffswinkel	°
α_n	Normaleingriffswinkel	°
α_{n0}	Normaleingriffswinkel des Werkzeugbezugsprofils	°
α_{P0}	Profilwinkel des Stirnrad-Bezugsprofils	°

Formel-zeichen	Benennung	Einheit
α_{prP0}	Protuberanzprofilwinkel des Stirnrad-Bezugsprofils	°
α_t	Stirneingriffswinkel	°
α_{wt}	Betriebseingriffswinkel	°
α_y	Profilwinkel am Y-Kreis-Durchmesser	°
α_{yn}	Eingriffswinkel am Y-Kreis-Durchmesser im Normalschnitt	°
α_{yt}	Eingriffswinkel am Y-Kreis-Durchmesser im Stirnschnitt	°
β	Schrägungswinkel	°
β_a	Spiralwinkel an der Ferse	°
β_b	Grundschrägungswinkel	°
$\beta_{FaR,L}$	Schrägungswinkel im Eingriffsfeld auf der Austrittsseite	°
$\beta_{FfR,L}$	Schrägungswinkel im Eingriffsfeld auf der Eintrittsseite	°
β_i	Spiralwinkel an der Zehe	°
β_m	mittlerer Spiralwinkel	°
β_P	Schrägungswinkel des erzeugenden Bezugsprofils	°
β_R	Schrägungswinkel auf der rechten Flankenseite	°
γ_0	Werkzeugsteigungswinkel	°
δ	Teilkegelwinkel	°
δ_a	Kopfkegelwinkel	°
δ_f	Fußkegelwinkel	°
$\Delta f_{H}a$	Änderung der Profillinienwinkelabweichung	mm
$\Delta f_{H}b$	Änderung der Flankenlinienwinkelabweichung	mm
ε	Werkzeugaxialteilung	mm
ε_α	Profilüberdeckung	
ε_β	Sprungüberdeckung	
ε_γ	Gesamtüberdeckung	
η	Schwenkwinkel	°
ϑ	Konuswinkel	°
ϑ_a	Kopfkonuswinkel	°
ϑ_f	Fußkonuswinkel	°
μ	Reibwert	
ν_c	Kreuzhalbwinkel der Evolvente auf der Zugflanke	°
ν_d	Kreuzhalbwinkel der Evolvente auf der Schubflanke	°
ξ_Y	Wälzwinkel der Evolvente an beliebigen Punkt Y der Evolvente	°
π	Kreiszahl	
ρ	Krümmungsradius	mm
ρ_{aP0}	Kopfrundungsradius am Bezugsprofil	mm
ρ_s	Schneidkantenradius	mm
ρ_{fp}	Fußrundungsradius am Bezugsprofil	mm

Formelzeichen	Benennung	Einheit
ρ_y	Krümmungsradius an beliebigem Punkt Y der Evolvente	mm
ρ_{fp}	Achskreuzwinkel	°
ρ_y	Feldaustrittssprungwinkel	°
ρ_{fp}	Feldeintrittssprungwinkel	°
υ_y	Bogenabschnitt am Y-Kreis-Durchmesser	mm
$\varphi_{FMR,L}$	Sprungwinkel des Eingriffsfeldes	°
$\varphi_{\beta R,L}$	Sprungwinkel der Flankenlinien	°
ω	Winkelgeschwindigkeit, rotatorische Wälzkomponente	rad/s

Literatur

[BRAU02] *Brauer, J.:* Analytical geometry of straight conical involute gears. In: Mechanism and Machine Theory. Vol. 37, No. 1, 2002, S. 127–141

[BREC10] *Brecher, C./Gorgels, C./Ingeli, J.:* Optimierung der Einbauposition geschmiedeter Kegelräder. Innovationen rund ums Kegelrad. Aachen 2010

[BREC13] *Brecher, C./Brumm, M./Ingeli, J.:* Simulation and Experimental Analysis of the Excitation Behavior of Asymmetric Involute Gears. In: International Conference on Gears 2013 – Europe invites the world. VDI-Berichte 2199.2 (ISBN 978-3-18-092199-0). VDI-Verlag, Düsseldorf 2013. S. 1355 – 1366

[BRUM12] *Brumm, M.:* Einflankenwälzprüfung von Hypoidgetrieben. Dissertation. RWTH Aachen 2012

[CAO02] *Cao, J.:* Anforderungs- und fertigungsgerechte Auslegung von Stirnradverzahnungen durch Zahnkontaktanalyse mit Hilfe der FEM. Dissertation. RWTH Aachen 2002

[DIN64] *DIN 3992* Profilverschiebung bei Stirnrädern mit Außenverzahnung. Hrsg.: Deutsches Institut für Normung. Beuth Verlag, Berlin 1964

[DIN76] *DIN 868* Allgemeine Begriffe und Bestimmungsgrößen für Zahnräder, Zahnradpaare und Zahnradgetriebe. Hrsg.: Deutsches Institut für Normung. Beuth Verlag, Berlin 1976

[DIN77] *DIN 780 Teil 1* Modulreihe für Zahnräder; Moduln für Stirnräder. Hrsg.: Deutsches Institut für Normung. Beuth Verlag, Berlin 1977

[DIN80] *DIN 58425 Teil 1* Kreisbogenverzahnungen für die Feinwerktechnik. Hrsg.: Deutsches Institut für Normung. Beuth Verlag, Berlin 1980

[DIN86] *DIN 867* Bezugsprofile für Evolventenverzahnungen an Stirnrädern (Zylinderrädern) für den allgemeinen Maschinenbau und den Schwermaschinenbau. Hrsg.: Deutsches Institut für Normung. Beuth Verlag, Berlin 1986

[DIN87] *DIN 3960* Begriffe und Bestimmungsgrößen für Stirnräder (Zylinderräder) und Stirnradpaare (Zylinderradpaare) mit Evolventenverzahnung. Hrsg.: Deutsches Institut für Normung. Beuth Verlag, Berlin 1987

[DSTAT14] Produzierendes Gewerbe – Produktion des Verarbeitenden Gewerbes sowie des Bergbaus und der Gewinnung von Steinen und Erden. Statistisches Bundesamt, Wiesbaden 2014

[HAUP81] *Haupt, U.:* Keilschrägverzahnung für Getriebe mit einstellbarem Verdrehflankenspiel. Dissertation. TU Braunschweig 1981

[HENS15] *Henser, J.:* Berechnung der Zahnfußtragfähigkeit von Beveloidverzahnungen. Dissertation. RWTH Aachen 2015

[ISO14] *ISO 21771* Zylinderräder und Zylinderradpaare mit Evolventenverzahnung – Begriffe und Geometrie. Beuth Verlag, Berlin 2014

[ISO16] *ISO 23509* Bevel and hypoid gear geometry. Hrsg.: Deutsches Institut für Normung. Beuth Verlag, Berlin 2016

[KLIN08] *Klingelnberg, J.:* Kegelräder. Springer, Berlin 2008

[KRUM67] *Krumme, W.:* Klingelnberg-Spiralkegelräder. Berechnung, Herstellung und Einbau. Springer, Berlin/Heidelberg/NewYork 1967

[LITV04] *Litvin, F.L.:* Gear Geometry and Applied Theory. Cambridge University Press, Cambridge (UK) 2004

[LITV97] *Litvin, F.L.:* Development of Gear Technology and Theory of Gearing. National Technical Information Service, Springfield (Virginia/USA) 1997

[MITO83] *Mitome, K.:* Conical Involute Gear. Part I: Design and Production System. In: Bulletin of JSME. 26. Jg. 1983, Nr. 212, Paper 212 - 17, S. 299 - 305

[NIEM04] *Niemann, G./Winter, H.:* Maschinenelemente. Band 3: Schraubrad-, Kegelrad-, Schnecken-, Ketten-, Riemen-, Reibradgetriebe, Kupplungen, Bremsen, Freiläufe. 2. Auflage. Springer Verlag, Berlin/Heidelberg 2004

[OHMA07] *Ohmachi, T./Uchino, A./Komatsubara, H./Saito, M./Saiki, K./Mitome, K.:* Profile Shifted Conical Involute Gear with Deep Tooth Depth. In: Proceedings of the ASME International Design Engineering Technical Conferences & Computers and Information in Engineering Conference, IDETC/CIE, Las Vegas (Nevada/USA) 2007. ASME, New York 2007

[ROLO03] *Wittel, H./Muhs, D./Jannasch, D./Voßiek, J.:* Roloff/Matek Maschinenelemente. Normung, Berechnung, Gestaltung. Viehweg+Teubner, Wiesbaden 2009

[ROTH89] *Roth, K.:* Zahnradtechnik. Band II: Stirnradverzahnungen – Profilverschiebungen, Toleranzen, Festigkeit. Springer, Berlin 1989

[ROTH98] *Roth, K.:* Zahnradtechnik. Evolventen-Sonderverzahnungen zur Getriebeverbesserung. Springer, Berlin 1998

[RÖTH12] *Röthlingshöfer, T.:* Auslegungsmethodik zur Optimierung des Einsatzverhaltens von Beveloidverzahnungen. Dissertation. RWTH Aachen 2012

[SALJ87] *Salje, H.:* Optimierung des Laufverhaltens evolventischer Zylinderrad-Leistungsgetriebe. Einfluss der Verzahnungsgeometrie auf Geräuschemission und Tragfähigkeit. Dissertation. RWTH Aachen 1987

[STAD14] *Stadtfeld, H.J.:* Gleason – Bevel Gear Technology. The Gleason Works, Rochester (New York/USA) 2014

[STAD93] *Stadtfeld, H.J.:* Handbook of Bevel and Hypoid Gears. Rochester Institute of Engineering, New York (USA) 1993

[SULZ73] *Sulzer, G.:* Leistungssteigerung bei der Zylinderradherstellung durch genaue Erfassung der Zerspankinematik. Dissertation. RWTH Aachen 1973

[TRED23] *Tredgold, T.:* Of the Application of the Principles of the Configuration of the Teeth of Wheels. In: Practical Essays on Mill Work and Other Machinery, 1823, S. 89 - 106

[TSAI97] *Tsai, S.-J.:* Vereinheitlichtes System evolventischer Zahnräder: Auslegung von zylindrischen, konischen, Kronen- und Torusrädern. Dissertation. TU Braunschweig 1997

[WECK92] *Weck, M.:* Moderne Leistungsgetriebe. Verzahnungsauslegung und Betriebsverhalten. Springer, Berlin 1992

[WINK02] *Winkler, T.:* Untersuchung zur Belastbarkeit hohlkorrigierter Beveloidgetriebe für Schiffsgetriebe mittlerer Leistung. Dissertation. Stuttgart 2002

[ZIER89] *Zierau, S.:* Die geometrische Auslegung konischer Zahnräder und Paarungen mit parallelen Achsen. Dissertation. TU Braunschweig 1989

3 Getriebeentwicklung

Das Ziel der Getriebeentwicklung ist es, Anforderungen an die Leistungsübertragung unter Nutzung eines kleinstmöglichen Bauraums und Gewichts sicher zu erfüllen. Zur Ermittlung optimaler Getriebeauslegungen ist eine mehrschrittige und häufig iterative Lösungsfindung erforderlich. In Bild 3.1 ist der typische Ablauf einer Getriebeauslegung dargestellt. Mit jedem Schritt wird der Detailgrad vertieft, sodass unterschiedliche Methoden und Berechnungsprogramme zum Einsatzverhalten des Getriebes (siehe Abschnitt 6.3) und zur Fertigungssimulation der Verzahnungen (siehe Abschnitt 6.2) zum Einsatz kommen.

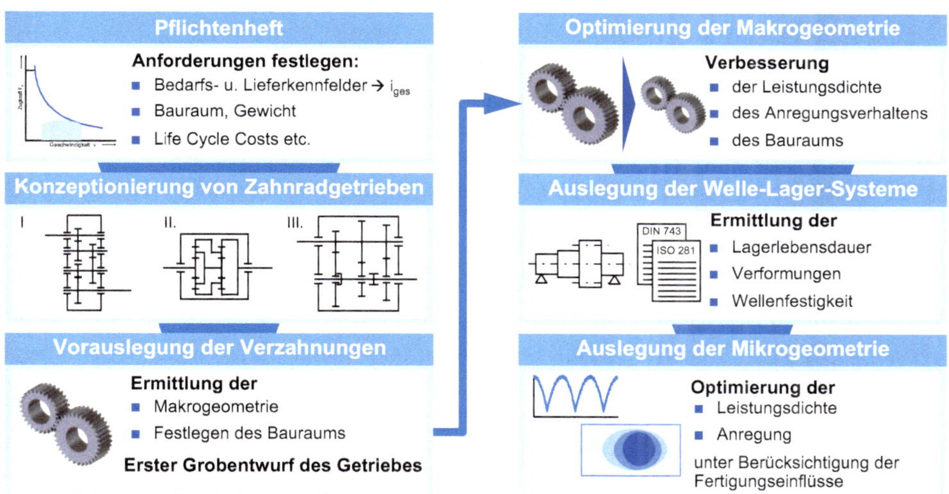

Bild 3.1 Vorgehensweise bei der Auslegung von Zahnradgetrieben

Ausgehend vom Bedarf an Merkmalen eines Getriebes wird zunächst das Pflichtenheft respektive die Anforderungsliste erstellt. Anschließend folgt die Konzeptionierung, beispielsweise die Festlegung auf ein Stirn- oder Planetengetriebe, in der das Getriebeschema bestimmt wird. Durch das Getriebeschema sind die Anzahl an Stufen, die Stufenanwahl (schaltbar oder nicht schaltbar) und der Zahnradtyp der einzelnen Stufen definiert. An die Konzeptphase knüpft sich die Vorauslegung der eigentlichen Verzahnung an. In Abhängigkeit vom Zahnradtyp werden verschiedene, häufig normbasierte oder erfahrungsbasierte Methoden eingesetzt, um die makrogeometrischen Größen (Achsabstand, Zähnezahlen,

Modul, Breite, Schrägungswinkel, Normaleingriffswinkel und Profilverschiebung) der Verzahnung zu bestimmen. Zum Abschluss der Vorauslegung liegt dem Konstrukteur ein Ausgangsentwurf des Getriebes vor.

Die Auslegung der Verzahnungen wird in den weiteren Schritten bezogen auf das dem ersten Entwurf zugrunde liegende Belastungsprofil verfeinert. Optimierungspotenziale der Verzahnungsgeometrie zur Reduzierung des Anregungsverhaltens und gegebenenfalls zur Reduktion des Bauraums sowie zur Erhöhung der Tragfähigkeit und des Wirkungsgrads können durch eine Variantenrechnung sowie gezielte Anpassung einzelner Verzahnungsparameter durchgeführt werden. Ausgehend von dem zuvor aus Abschätzungsformeln realisierten Ausgangsvorschlag wird dementsprechend eine einsatzoptimale Verzahnungsmakrogeometrie ermittelt.

Im Anschluss an diesen Schritt erfolgt die Auslegung und Analyse des Welle-Lager-Systems sowie des Gehäuses und weiterer für ein funktionstüchtiges Getriebe notwendiger Maschinenelemente. Die Kenntnis der aus der Deformation des Welle-Lager-Systems resultierenden Verformungen stellt für die abschließende Optimierung der Zahnflankenkorrekturen (Mikrogeometrie) der Verzahnung ein wichtiges Kriterium dar. Durch die Nachgiebigkeit des Welle-Lager-Systems ergeben sich Abweichungen in den Eingriffsflächen der Verzahnungen, die anhand von geometrischen Modifikationen der Zahnflanke im Mikrometerbereich kompensiert werden müssen. Auf die Auslegung des Welle-Lager-Systems wird nachfolgend nicht näher eingegangen, sondern es wird auf die Verzahnung fokussiert.

Mit der Auslegung der Mikrogeometrie können die Potenziale der Verzahnungsgeometrie in einem nachgiebigen Umfeld sowie unter Berücksichtigung von Fertigungs- und Montagetoleranzen genutzt und die Tragfähigkeit, das Anregungsverhalten sowie der Wirkungsgrad der Verzahnung optimiert werden. Bei der Auslegung der Mikrogeometrie sind abhängig von der Bearbeitungskinematik fertigungsbedingte Abweichungen zu berücksichtigen (siehe Abschnitt 4.1), die das Einsatzverhalten in Abhängigkeit von ihrer Ausprägung sowohl verbessern als auch verschlechtern können.

Der folgende Abschnitt wird sich am in Bild 3.1 dargestellten Ablauf orientieren, der Fokus liegt auf der Auslegung einer Zahnradstufe. Dabei wird zunächst auf die Vorauslegung von Zahnradgetrieben eingegangen. Dort werden Hilfestellungen zur Formulierung einer Anforderungsliste und zur Generierung von Getriebekonzepten beschrieben. Ferner wird anhand von Stirnradverzahnungen eine Vorgehensweise zur beanspruchungsgerechten Vordimensionierung erläutert. In den anknüpfenden Kapiteln wird die rechnergestützte Optimierung der Makro- und Mikrogeometrie beschrieben. Die Besonderheiten bei der Auslegung von Kegelrad- und Beveloidverzahnungen werden im letzten Abschnitt behandelt.

■ 3.1 Vorauslegung von Zahnradgetrieben

Am Anfang jedes Entwicklungsprozesses steht die Formulierung einer Anforderungsliste, die möglichst umfassend die geforderten Aspekte entlang des Produktlebenszyklus abdecken soll (vgl. Bild 3.2). Der Produktlebenszyklus beginnt mit einer neuen Produktidee, in dem konkreten Fall für ein Getriebe. Die Umsetzungsentscheidung erfolgt im Auftrag eines Kunden oder aufgrund von strategischen Entscheidungen bezüglich des Absatzmarkts. Der eigentliche Lebenszyklus beginnt mit der Konstruktion und Entwicklung des Getriebes. Nach Abschluss der Konstruktion erfolgen die Fertigung und Montage des Getriebes. Es gilt zu beachten, dass bei Klein- und Großserien auch eine Prototypenfertigung und umfangreiche Test- und Validierungsphasen Bestandteil der Entwicklungsphase sind, was in Bild 3.2 nicht explizit dargestellt ist. Darüber hinaus ist zu beachten, dass im Falle einer Auftragsfertigung in kleinen Stückzahlen (z. B. Schiffsgetriebe, Großgetriebe) die Konstruktion und Fertigung eines Getriebes im Ausgangsentwurf bereits einen hohen Reifegrad mit erhöhten Sicherheitsfaktoren aufweisen müssen, da infolge der Prototypenkosten Iterationen im Test mit hohen Aufwänden belegt sind.

Nach der Fertigung und Montage des Getriebes erfolgt die Betriebsphase. Während des Betriebs sind Wartungs- und möglicherweise Instandhaltungsarbeiten notwendig, um den betriebssicheren Zustand des Getriebes zu wahren. Daran anknüpfend kann eine Aufrüstphase erfolgen, in der Innovationen oder Änderungen aufgrund von neuen Betriebsvorschriften oder Gesetzen in das Getriebe eingebracht werden. Gegebenenfalls ist der Austausch einzelner Komponenten oder Baugruppen zur Erhöhung der Leistungsdichte notwendig. Mit den Maßnahmen zur Aufrüstung sind neue Konstruktions-, Fertigungs- und eine erneute Betriebsphase verbunden.

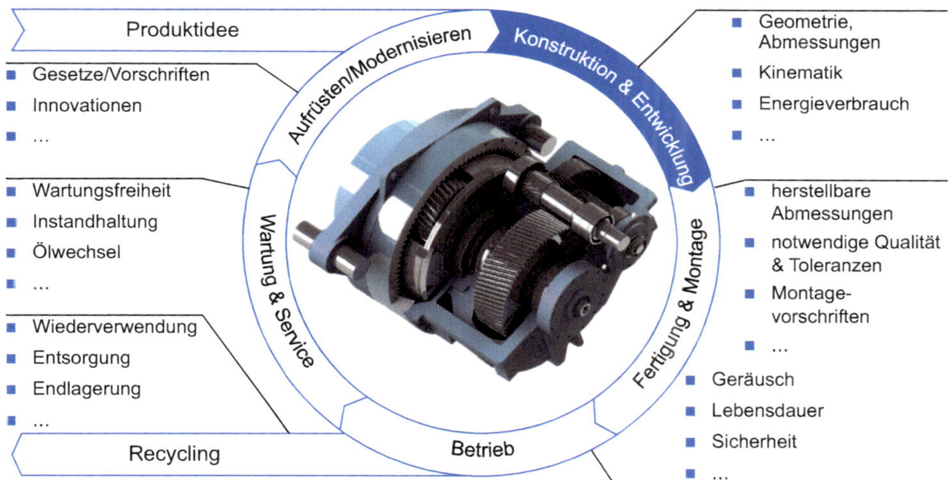

Bild 3.2 Produktlebenszyklus eines Getriebes

Zu einem bestimmten Zeitpunkt ist der weitere Betrieb des Getriebes nicht mehr rentabel und ein erneutes Aufrüsten unter wirtschaftlichen Aspekten nicht mehr sinnvoll. In dieser Phase erfolgt die Außerbetriebnahme in Form einer Entsorgung sowie eines Recyclings der Komponenten.

In Bild 3.3 ist eine Merkmalliste mit einem Schwerpunkt bezüglich des Maschinenelements Zahnrad aufgeführt, mit der sich Anforderungen ableiten und formulieren lassen. Neben der hier vorgestellten Merkmalliste sind auch die Merkmallisten der allgemeinen Konstruktionslehre zur Aufstellung von Anforderungen nach Pahl/Beitz [PAHL07] zu beachten. Die Aufstellung eines entsprechenden Anforderungskatalogs kann für weitere Maschinenelemente in vergleichbarer Form erfolgen. Es werden drei Bereiche mit Bezug zum analysierten

Maschinenelement unterschieden: die Konstruktion, das Maschinenelement (Zahnrad) selbst und die Einsatzbedingungen.

Bild 3.3 Merkmalliste zur Erstellung einer Anforderungsliste

In der Konstruktion werden alle Aufgaben und Maßnahmen definiert und zusammengefasst, die sich auf die Auslegung des Gesamtsystems Getriebe auswirken. Dies umfasst die Art und Anzahl der An- und Abtriebsmaschinen sowie die Lage der An- und Abtriebswellen. Ferner ist eine frühzeitige Definition der Grenzen für das Gewicht oder den Bauraum notwendig. Die Berücksichtigung von Zusatzaggregaten zur Ölversorgung, Kühlung etc. beeinflusst gegebenenfalls die Getriebekonstruktion und muss deshalb bei der Auslegung des Getriebes ebenfalls berücksichtigt werden.

Bezüglich des Maschinenelements Zahnrad ist beispielsweise festzulegen, ob besondere Verzahnungsarten und Werkstoffe zu verwenden oder zu vermeiden sind. Besonders für den Nachweis der Tragfähigkeit ist es entscheidend, ob spezielle Richtlinien herangezogen werden müssen, womit eine Vorgabe der Sicherheiten verbunden ist. Die Verfügbarkeit von Maschinen, Werkzeugen und die zur Verfügung stehenden Fertigungsverfahren sind bereits in der Vorauslegung zu berücksichtigen und in der Anforderungsliste zu dokumentieren.

Der Aspekt der Einsatzbedingungen behandelt die äußeren Einflüsse auf das Getriebe und die Verzahnungen. Darin enthalten sind neben den Einschränkungen von Transport- (Gewicht, Bauteildimensionen etc.) und Montagebedingungen (Verfügbarkeit von Krananlagen, Werkzeugen etc.) auch die Umwelteinflüsse durch den Aufstellort respektive den Einbauort. Ebenso gilt es zu klären, ob besondere Aspekte an die Sicherheit gestellt werden, weil beispielsweise durch ein unerwartetes Versagen des Getriebes Menschen gefährdet werden können und somit spezielle Sicherheitseinrichtungen ergänzt werden müssen.

3.1.1 Konzeptionierung von Zahnradgetrieben

In der Konzeptphase werden mindestens ein, sinnvollerweise mehrere Getriebekonzepte oder Getriebeschemata erarbeitet. Bei der Ausarbeitung mehrerer Konzepte hilft eine abschließende Bewertung aller Lösungsvorschläge zum Beispiel mit einer Nutzwertanalyse [ZANG70], auf deren Basis die Auswahl eines Konzepts durchgeführt wird.

Eine wichtige Eingangsgröße für die Konzeptionierung ist die erforderliche Gesamtübersetzung, die abhängig von den Kenndaten und der Art der Antriebsmaschine sowie dem Lastprofil der Arbeitsmaschine ist. Sowohl die Arbeits- als auch die Antriebsmaschine können durch Leistungskennfelder charakterisiert sein. Immer wenn das Lieferkennfeld (Kennfeld der Antriebsmaschine) und das Bedarfskennfeld (Kennfeld der Arbeitsmaschine) sich nicht vollständig in Deckung bringen lassen, ist ein Getriebe notwendig. Im linken Teil von Bild 3.4 sind beispielsweise das Lieferkennfeld eines Pkw-Verbrennungsmotors und das Bedarfskennfeld eines Pkw dargestellt. Weitere typische Kennfelder für Asynchron-, Synchron- und Gleichstrommotoren sowie Hydraulikmotoren können aus dem Werk von Weck/Brecher [WECK06] entnommen werden. Dort ist auch beispielhaft ein Bedarfskennfeld für Werkzeugmaschinen abgebildet.

Die Übersetzung eines Getriebes ist so zu wählen, dass möglichst das Lieferkennfeld in das Bedarfskennfeld übersetzt wird. Ist dies mit einer einzigen Übersetzung nicht zu realisieren, ist ein Schaltgetriebe zu wählen, mit dem mehrere Übersetzungen erreicht werden können und das Bedarfskennfeld bestmöglich angenähert wird. Die Bestrebung ist es, eine möglichst niedrige Gangzahl zu erreichen, mit der das Liefer- und Bedarfskennfeld eine ausreichende Übereinstimmung aufweisen.

Der rechte Teil in Bild 3.4 zeigt typische Vertreter von Getriebetypen mit den üblicherweise erreichbaren Übersetzungen von Einzelstufen. Durch die Kopplung mehrerer Stufen lassen sich höhere Übersetzungen erreichen. Evolventische Stirnradgetriebe können üblicherweise bis zu einer Übersetzung von $i = 6$ eingesetzt werden. Bei einem einstufigen Stirnradgetriebe ist zu beachten, dass ein Versatz von Antrieb und Abtrieb gemäß dem Achsabstand sowie eine Drehrichtungsumkehr vorliegen. Die Vorteile von Planetengetrieben liegen in der höheren Leistungsdichte und in der Möglichkeit, An- und Abtriebsmaschinen koaxial anzuordnen. Ferner lassen sich auch Leistungen summieren respektive differenzieren. In der einstufigen Ausführung von Planetengetrieben sind Übersetzungen bis $i = 14$ wirtschaftlich umsetzbar. Mehrstufige Bauformen erlauben höhere Übersetzungen.

Haben die Antriebs- und Arbeitsmaschine eine winkelige Lage zueinander, werden beispielsweise Kegelradgetriebe eingesetzt, mit denen Übersetzungen meist bis $i = 5$ umsetzbar sind. Neben der winkeligen Achslage ist auch ein Achsversatz (Hypoidgetriebe) möglich, der sich in veränderten Überdeckungen und Gleitbedingungen äußert. Sind besonders hohe Übersetzungen erforderlich, eignen sich Schneckengetriebe, mit denen Übersetzungen bis zu $i = 70$ realisiert werden können. Schneckengetriebe werden aufgrund ihres Kontaktverhaltens vorwiegend bei langsamen Drehzahlen eingesetzt und können bei Leistungsfluss aus Richtung der Abtriebsseite selbsthemmend gestaltet werden. Je nach Anforderung, z. B. als Haltefunktion in Azimutantrieben (beispielsweise bei Kranen, Parabolantennen, Windkraftanlagen), kann eine solche Eigenschaft gewünscht sein. Nicht im Bild aufgeführt sind Beveloidverzahnungen, die sich für Achskreuzwinkel bis 15° und windschiefe und gekreuzte Achsen eignen. Der Übersetzungsbereich ist analog zu den Übersetzungen der konventionellen Stirnradgetriebe.

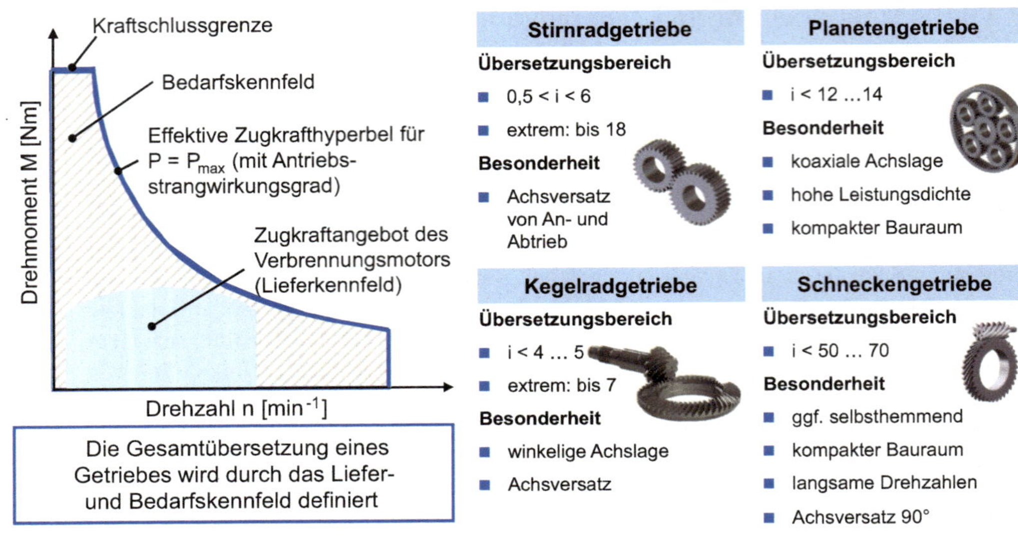

Bild 3.4 Gesamtübersetzung und wichtige Zahnradgetriebetypen

Durch die Lage der An- und Abtriebsmaschinen sowie durch die Betrachtung des Leistungsflusses werden die Getriebetypen definiert. Ist die Gesamtübersetzung größer als die typischerweise mögliche Übersetzung einstufiger Getriebetypen, sind mehrstufige Getriebe zu nutzen. Sind unterschiedliche Gesamtübersetzungen zu realisieren, ist ein schaltbares Getriebe zu verwenden. Bei der Konzeptionierung und bei der detaillierten Ausarbeitung ist zu beachten, wie die Schaltung realisiert wird und ob ein Schaltvorgang im Stillstand oder im Betrieb (Lastschaltgetriebe) stattfinden muss. Die konstruktive Umsetzung von Schaltungen und Synchronisierungen zeigt Naunheimer [NAUN07].

Gangabstufung bei Schaltgetrieben

Zunächst wird in Bild 3.5 auf die Auswahl der Gangabstufung bei Schaltgetrieben eingegangen. Das Ziel ist es, das Bedarfskennfeld möglichst gut anzunähern. Die Anzahl der Gänge richtet sich zum einen nach dem Lieferkennfeld und nach der Anforderung, das Bedarfskennfeld möglichst gut abzubilden. Soll eine Antriebsmaschine möglichst im besten Wirkungsgrad betrieben werden und nicht den vollen Drehzahlbereich ausschöpfen, ist eine möglichst hohe Gangzahl notwendig. Mit einer erhöhten Gangzahl verbunden ist aber auch die Erhöhung von Schaltvorgängen mit steigender Abtriebsdrehzahl. Demgegenüber wirkt sich eine zu geringe Gangzahl negativ aus, da der Abstand der einzelnen Übersetzungen zweier benachbarter Gänge suboptimal werden kann.

Bezogen auf das Beispiel eines Pkw-Verbrennungsmotors bewirkt eine sehr hohe Gangzahl relativ geringe Schwankungen um eine optimale Motordrehzahl. Dies führt zu einer optimalen Motorauslegung, nämlich bezogen auf einen wirkungsgradmaximalen Betriebspunkt. Allerdings sind viele Schaltvorgänge erforderlich. Bei einer zu geringen Ganganzahl resultiert beim Hochschalten des Getriebes, dass die Eingangsdrehzahl weit abfällt und in einem Bereich liegt, bei dem der Motor nur ein geringes Drehmoment bereitstellt. Daraus resultieren eine verringerte Beschleunigung und eine beeinträchtigte Performance. Zielorientiert ist die Identifikation typischer Fahrzustände. Durch eine damit verbundene betriebspunktorientierte Auslegung der Ganganzahl und -übersetzungen kann ein optimierter Kraftstoffverbrauch mit einem guten Fahrerlebnis kombiniert werden.

Die Charakterisierung der Übersetzungsabstände der Gänge erfolgt mit dem Stufensprung φ_i, der das Verhältnis der Übersetzung i zweier benachbarter Gänge beschreibt. Berechnet wird der Stufensprung mit der Formel 3.1. Die Getriebeabstufung sollte so groß gewählt werden, dass bei Erreichen des maximalen Motordrehmoments der nächste Gang eingelegt werden kann, ohne dass die zulässige Motordrehzahl überschritten wird.

$$\varphi_i = \frac{i_{n-1}}{i_n} \tag{3.1}$$

Für die Berechnung der Gangabstufung haben sich zwei Methoden bewährt (vgl. Bild 3.5). Im Bereich der Industrie- und Werkzeugmaschinengetriebe sowie in Nutzfahrzeuggetrieben wird häufig eine geometrische Reihe als Grundlage zur Definition des Stufensprungs genutzt [WECK06, NAUN07]. Im Bereich der Automobilgetriebe wird eine progressive Abstufung bevorzugt [NAUN07]. Bei der geometrischen Gangabstufung weist der Stufensprung zwischen den einzelnen Gängen theoretisch denselben Wert auf. Die Berechnung des geometrischen Stufensprungs φ_{Geo} erfolgt nach der Formel 3.2. Die Kenngröße $i_{\max}$ beschreibt die Übersetzung des höchsten Gangs und $i_{\min}$ die Übersetzung des niedrigsten Gangs. Die Gesamtanzahl an Gängen wird durch den Kennwert z definiert.

$$\varphi_{\text{Geo}} = \sqrt[z-1]{\frac{i_{\max}}{i_{\min}}} \tag{3.2}$$

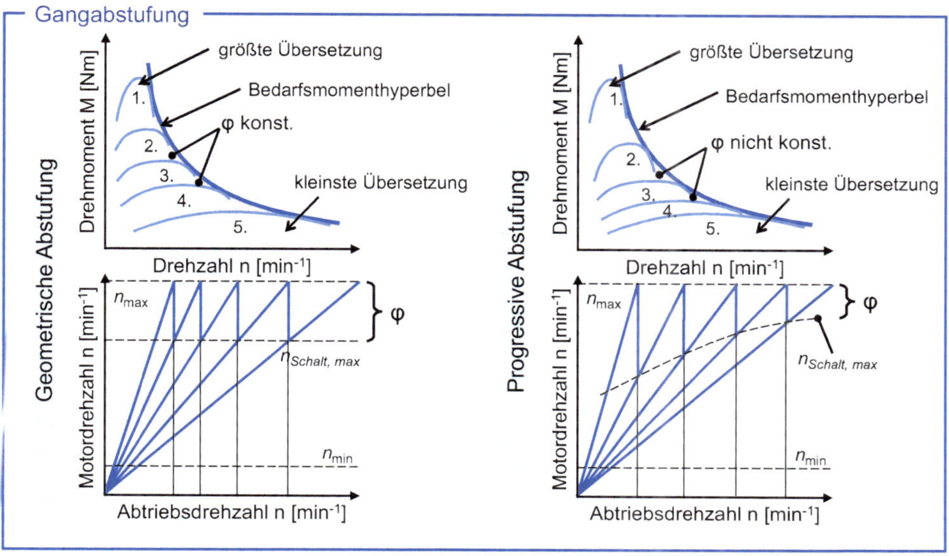

Bild 3.5 Beschreibung der Gangabstufung [WECK06, NAUN07]

Mit der Formel 3.3 folgt die Übersetzung der einzelnen Gänge n = 1 bis z.

$$i_n = i_{\max} \cdot \varphi_{\mathrm{Geo}}^{(z-n)} \tag{3.3}$$

In der Praxis ergeben sich kleine Abweichungen des Stufensprungs vom theoretischen Stufensprung, da die Zähnezahl nur ganzzahlige Werte annehmen kann. Die Annäherung an die effektive Bedarfsmomenthyperbel ist in allen Gängen gleich gut. Das hat zur Folge, dass sich die Differenz der Höchstdrehzahlen zwischen den einzelnen Gängen mit steigendem Gang vergrößert. Bei der geometrischen Stufung sind die Schaltdrehzahlen des Antriebs in allen Gangstufen gleich.

Eine progressive Gangabstufung bedeutet, dass sich mit einem höheren Gang der Stufensprung verringert. Bei der progressiven Gangabstufung sind die Differenzen zwischen den Antriebsdrehzahlen der Gänge annähernd konstant. Im Bedarfskennfelddiagramm werden in den oberen Gängen die Lücken zwischen der effektiven Bedarfsmomenthyperbel und dem Drehmomentangebot verkleinert. Für Pkw-Getriebe bedeutet dies einen höheren Schaltkomfort und ein besseres Beschleunigungsverhalten. Im unteren Antriebsdrehzahlbereich respektive im unteren Geschwindigkeitsbereich können höhere Differenzen im Drehmomentangebot zugelassen werden, da hier ein Überschuss an Leistung vorliegt. Bei gegebener Spreizung $i_{\max}/i_{\min}$, also dem Verhältnis aus größter und kleinster Übersetzung des Getriebes, und gewähltem Progressionsfaktor φ_{PF} kann der Grundstufensprung φ_{Pro} berechnet werden:

$$\varphi_{\mathrm{Pro}} = \sqrt[z-1]{\frac{1}{\varphi_{\mathrm{PF}}^{0{,}5\cdot(z-1)(z-2)}} \cdot \frac{i_{\max}}{i_{\min}}} \tag{3.4}$$

Übliche Werte für den Grundstufensprung φ_{Pro} liegen zwischen φ_{Pro} = 1,1 und φ_1 = 1,7, der Progressionsfaktor φ_{PF} liegt normalerweise zwischen φ_{PF} = 1,0 und φ_{PF} = 1,2 [NAUN07]. Die Übersetzungen in den Gängen n = 1 bis n = z berechnen sich nach folgendem Zusammenhang:

$$i_n = i_{\max} \cdot \varphi_{\mathrm{Pro}}^{(z-n)} \cdot \varphi_{\mathrm{PF}}^{0{,}5\cdot(z-n)(z-n-1)} \tag{3.5}$$

Stufenanzahl bei Konstantübersetzungen

Im Anschluss an die Definition der Anzahl an Gängen und deren jeweiliger Gesamtübersetzung muss die Gesamtübersetzung auf die einzelnen Getriebestufen aufgeteilt werden, sofern die sich ergebende Gesamtübersetzung nicht mit einer einzigen Getriebestufe realisiert werden kann. In Bild 3.4 sind Anhaltswerte der realisierbaren Übersetzungen eines einstufigen Getriebes in Abhängigkeit vom Getriebetyp aufgeführt.

Im Folgenden werden Vorschläge für die Aufteilung der Gesamtübersetzung für bis zu dreistufige Stirnradgetriebe diskutiert. Je nach Anforderungsliste lassen sich unterschiedliche Auslegungsziele verfolgen: eine Minimierung der Getriebemasse [GÄRT74, RÖMH89, SENF88], der Achsabstandssumme [STUR85, TUFF74], des Radsatzvolumens [KANA87, MÖSE82, NIEM03, SPER78] sowie des Massenträgheitsmoments [SCHU79]. In Bild 3.6 sind für eine minimale Getriebemasse und ein minimales Radsatzvolumen die Einzelübersetzungen aufgetragen. Die Streuung der jeweiligen Werteangaben ist auf unterschiedliche Vereinfachungen und Randbedingungen bei der jeweiligen Modellbildung zurückzuführen, sodass die angegebenen Werte als eine Orientierungshilfe zu verstehen sind. Für eine optimale Aufteilung und ausgewogene Auslegung empfiehlt sich eine Variation der Einzelübersetzungen, anhand derer eine Kosten-, Bauraum- und Massenbewertung erfolgen kann.

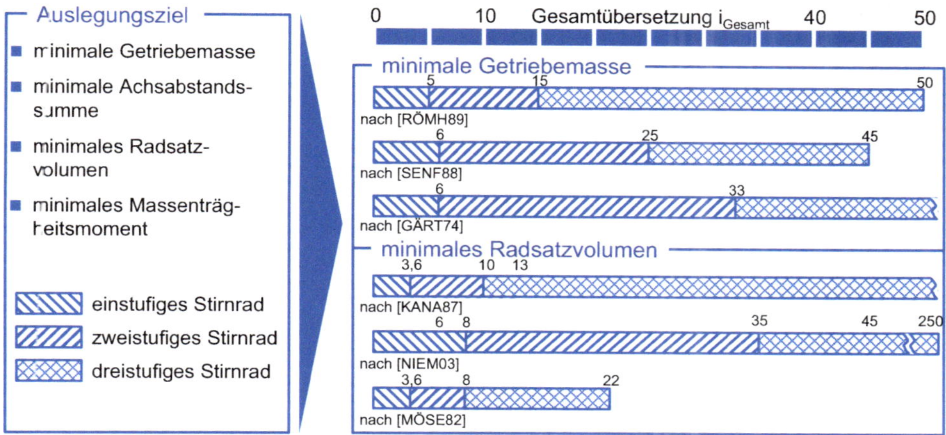

Bild 3.6 Vorgehensweise zur Aufteilung der Gesamtübersetzung [TENB96]

Zur Bewertung unterschiedlicher Konzepte im Rahmen einer Getriebevorauslegung ist für eine gegebene Abtriebsleistung eine Variantenbetrachtung durchgeführt worden (vgl. Bild 3.7). Dazu wurden mit vereinfachten Bestimmungsansätzen die Kenngrößen Kosten für eine Serienfertigung, Gewicht und Gehäusevolumen für unterschiedliche, nicht schaltbare Getriebekonzepte über der Gesamtübersetzung ermittelt. In die Analyse sind ein- sowie zweistufige Stirnradstufen, einstufige Planetengetriebe, kombinierte Stirnrad- und Planetenstufen und zweistufige Planetengetriebe eingeflossen. Als Restriktionen für die maximale Gesamtübersetzung sind Mindestdurchmesser für die Antriebswellen und Maximaldrehzahlen für die Wälzlager berücksichtigt worden.

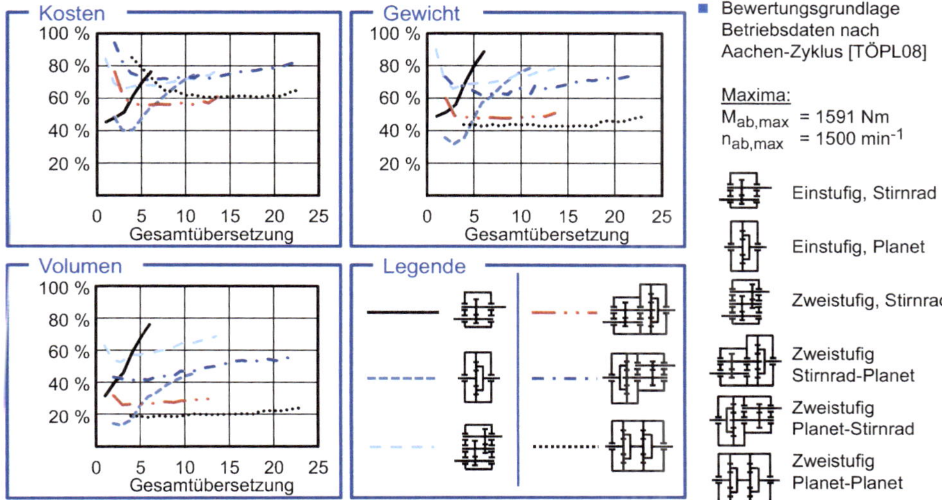

Bild 3.7 Gegenüberstellung von Kosten, Volumen, Gewicht für verschiedene Getriebekonzepte

Für die analysierten Getriebekonzepte konnte eine maximale Übersetzung von ca. $i = 23$ bei geringen Bauraumanforderungen mit einem zweistufigen Planetengetriebe ermöglicht werden (vgl. Bild 3.7). Das einstufige Stirnradgetriebe ist hingegen lediglich bis zu einer Gesamtübersetzung von etwa vier zielführend. Die geringsten Baugrößen wurden mit Konzepten erreicht, die eine Planetenstufe auf der Abtriebsseite aufwiesen. Für das einstufige Stirnradgetriebe wird hingegen ein starker Anstieg des erforderlichen Volumens mit zunehmender Übersetzung festgestellt, der bereits bei Nutzung eines einstufigen Planetengetriebes deutlich abgeschwächt ist. Zu berücksichtigen ist jedoch, dass bei Planetengetrieben gegenüber einfachen Stirnradgetrieben der An- und Abtrieb koaxial liegen.

Beim Vergleich von Gewicht und Volumen in Bild 3.7 wird deutlich, dass sich beide Größen als Funktion von i ähnlich verhalten. Die Bewertungskurven rücken etwas näher zusammen, zeigen jedoch die gleiche Abstufung und vergleichbare Steigung in Abhängigkeit von der Gesamtübersetzung, wie es schon beim Volumen beobachtet werden kann.

Der überschlägige Kostenvergleich in Bild 3.7 zeigt eine zu dem Volumen und dem Gewicht nur leicht abweichende Einordnung der einzelnen Bauformen in Abhängigkeit von der Gesamtübersetzung. Es fällt auf, dass die einstufigen Getriebe nicht zuletzt wegen der geringen Komponentenzahl günstiger als die zweistufigen ausfallen. Zu berücksichtigen gilt, dass im Vergleich mit einem zweistufigen Getriebe das Rad einen großen Durchmesser und somit auch eine große Trägheit aufweist. Im Bereich von Industriegetrieben mit Großverzahnungen kann die Radgröße auch zu Problemen beim Einsatzhärten führen. Es besteht die Gefahr, dass die Einhärtetiefe am Fuß geringer ist als auf der Flanke und keine ausreichende Tragfähigkeit erzielt wird.

Eine Limitierung liegt in der möglichen Gesamtübersetzung. Im Bereich kleinerer Übersetzungen ist das einstufige Stirnradgetriebe zu bevorzugen. Im mittleren Übersetzungsbereich zwischen $i = 4 \ldots 8$ weist das einstufige Planetengetriebe die größten Kostenvorteile auf. Im Bereich zwischen $i = 8 \ldots 15$ ist die zweistufige Kombination eines Stirnrad- und eines Planetengetriebes kostenoptimal. Für darüber hinausgehende Übersetzungen ist die Lösung mit einem zweistufigen Planetengetriebe technisch und wirtschaftlich empfehlenswert. Anhand der beschriebenen Einordnungen lässt sich folgern, dass die scheinbar kostengünstigste Variante vornehmlich diejenige ist, die auf der drehmomentstarken Getriebeseite eine Planetenstufe verwendet. In der industriellen Praxis wird für Windkraftgetriebe die Realisierung hoher Übersetzung bei hohen Eingangsdrehmomenten ebenfalls mit Planetengetrieben am Getriebeeingang erzielt.

Aufbauend auf der Analyse der Stufenanzahl und -übersetzung liegen gegebenenfalls mehrere technisch und wirtschaftlich sinnvolle Lösungskonzepte vor. Aus der gesamten Lösungsmenge wird auf Grundlage objektiver Kriterien ein Konzept ausgewählt und ausdetailliert. Zur Bewertung und Auswahl eines favorisierten Konzepts eignen sich beispielsweise die Methoden der Nutzwertanalyse in der Systemtechnik [ZANG70] oder der technisch wirtschaftlichen Bewertung nach VDI 2225 [VDI97] und Pahl/Beitz [PAHL07].

Anforderungen an Fahrzeuggetriebe aus elektrifizierten Antriebskonzepten

Aufgrund des wachsenden Anteils von elektrischen Antrieben für Fahrzeuge werden zunehmend konventionelle Getriebekonzepte, die zur Abbildung des Lieferkennfeldes auf das Bedarfskennfeld über schaltbare Getriebestufen verfügen, durch Getriebekonzepte anderweitiger Bauformen ersetzt [NAUN07]. In Abhängigkeit vom realisierten Elektrifizierungsgrad übernehmen dabei die verbauten Elektromotoren vollständig oder unterstützend (hybrid) den Antrieb des Fahrzeugs, vgl. Bild 3.8 oben links [NAUN07]. Wahlweise treiben die Elektromotoren die Räder direkt oder über ein Getriebe an. Neben Asynchronmotoren kommen zunehmend auch permanent- und fremderregte Synchronmotoren zum Einsatz [DOPP20].

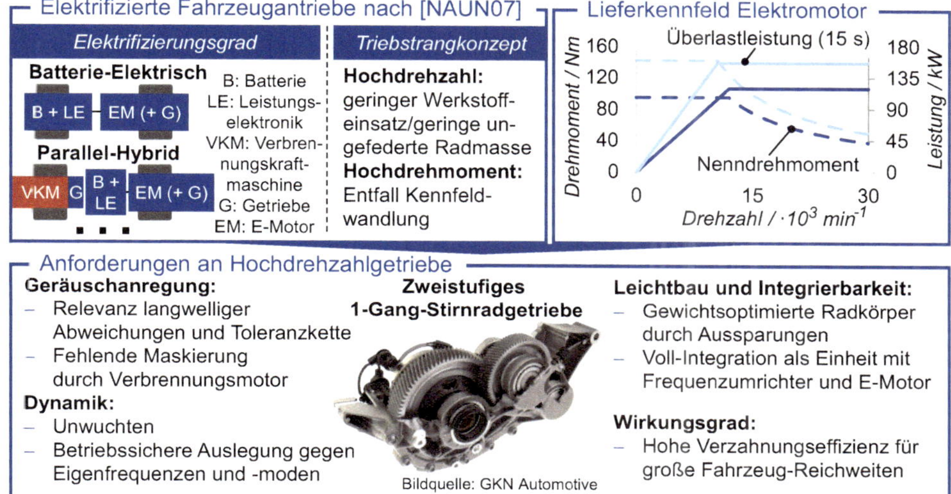

Bild 3.8 Anforderungen an Hochdrehzahlgetriebe aufgrund geänderter Einsatzbedingungen

Der konzeptionelle Unterschied zwischen Elektromotor und Verbrennungsmotor (Entfall der sich periodisch translatorisch bewegenden Hubkolben) lässt eine höhere Maximaldrehzahl des Elektromotors zu. Für eine gleichbleibende Leistung verringert sich bei erhöhter Drehzahl folglich das erforderliche Antriebsdrehmoment. Aufgrund der Verringerung der Belastungen durch Kräfte und Drehmomente folgen weniger massive Bauteile und die Gesamtmasse des Antriebsstrangs kann reduziert werden, sodass sich ein Leichtbau- sowie Kosteneinsparpotenzial ergibt [KNÖD10]. Dieses Triebstrangkonzept wird als Hochdrehzahlbauweise bezeichnet und erfordert ein Getriebe zur Kennfeldwandlung mit entsprechend hoher Gesamtübersetzung, sodass verbreitet schrägverzahnte zweistufige Stirnradgetriebe eingesetzt werden. In Bild 3.8 oben rechts ist das Lieferkennfeld eines permanenterregten Synchronmotors abgebildet. Aufgrund der dargestellten breiten Leistungsverfügbarkeit über dem Drehzahlbereich entfällt in der Praxis oftmals der Bedarf nach schaltbaren Gangstufen [DOPP20]. Aus den gegenüber konventionellen Antriebskonzepten abgeänderten Betriebsbedingungen eines Hochdrehzahlgetriebes für elektrifizierte Fahrzeuge ergeben sich bei der Auslegung neue Anforderungen und Schwerpunkte, die neben dem Gesamtsystem ebenso die Verzahnung betreffen, vgl. Bild 3.8 unten. Bezüglich der Geräuschanregungen kann bei Wegfall der Verbrennungskraftmaschine der tonale Luftschall des Getriebes, ausgelöst durch die Verzahnungsanregungen, als störend hervortreten und ist daher in der Auslegungsphase als Qualitätsmerkmal insbesondere zu fokussieren [ENGL15].

Aufgrund der erhöhten Antriebsdrehzahlen verlagern sich die Drehordnungen der schnelldrehenden Antriebswelle sowie ihre Höherharmonischen in einen für das menschliche Gehör wahrnehmbaren Bereich, sodass auf eine Reduzierung von Rundlauf-, Taumel- und periodischen Teilungsabweichungen an der Verzahnung im Zuge geringer Verzahnungsanregungen zu achten ist. Dies umfasst als Ursache für Abweichungen im Zahnkontakt unter anderem die Systemtoleranzkette des Gesamtgetriebes, dessen Komponentenabweichungen die Eingriffsbedingungen beeinflussen und sich aufgrund geringerer Lagerabstände stärker auswirken. Die erhöhten Betriebsdrehzahlen bedingen ferner eine Reduzierung von Unwuchtmassen, wie sie beispielsweise aufgrund von nicht rotationssymmetrischen Welle-Nabe-Verbindungen auftreten können. Außerdem sollten kritische System-Eigenfrequenzen nicht etwa durch Drehfrequenzen im Betrieb angeregt werden, um übermäßige Beanspruchung zu vermeiden [GASC21].

Durch die hohe Übersetzungsausnutzung der einzelnen Stirnradstufen weisen die Radkörper der Großräder zumeist aufgrund von geringer Werkstoffbeanspruchung eine Überdimensionierung auf, sodass eine Gewichtsoptimierung durch Aussparungen im Radkörper durchgeführt werden kann. Die damit einhergehende lokale Reduzierung der Steifigkeit muss jedoch, ebenso wie eine unter Last verformungsbedingte Verwindung des Leichtbau-Gehäuses, bei der Auslegung berücksichtigt werden. Daneben ist die vollständige Integration des Getriebes in die Antriebseinheit, bestehend aus Elektromotor und Leistungselektronik, sicherzustellen, um den Forderungen nach Bauraumeinsparung gerecht zu werden.

3.1.2 Auslegungsziele von Zahnradgetrieben

Die notwendige und zu erfüllende Grundvoraussetzung für die erfolgreiche Dimensionierung von Verzahnungen ist, dass eine vorgegebene Mindestbetriebsdauer erfüllt wird. Neben der Tragfähigkeit als notwendiges zu erfüllendes Kriterium der Zahnradauslegung hebt sich eine anwendungsorientierte Auslegung bezüglich ihrer Anregung oder ihres Wirkungsgrads aus der Gesamtmenge der grundsätzlich geeigneten Geometrien ab (siehe Bild 3.9). Die Akustik und Effizienz einer Zahnradstufe stellen daher essenzielle Qualitätskriterien der Auslegung dar. Durch eine geeignete Wahl von Verzahnungsparametern, die im folgenden Abschnitt näher erläutert werden, kann eine gezielte Beeinflussung der genannten Aspekte realisiert werden. Wird im Rahmen der Vordimensionierung eine geeignete Variante ermittelt, können durch eine weitere Makrogeometrievariation (vgl. Abschnitt 3.2) die Beanspruchung, Anregung sowie der Wirkungsgrad weiter verbessert werden. Das Spannungsfeld dieser zum Teil konkurrierenden Kenngrößen wird durch den Aspekt der Herstellbarkeit der Verzahnungsgeometrie sogar noch erweitert. So können beispielsweise modifizierte Zahnfußgeometrien zwar beanspruchungsgerecht sein, allerdings zu unproduktiven Herstellungsprozessen führen, da beispielsweise eine wälzende Erzeugung nicht möglich oder mit geringen Werkzeugstandzeiten verbunden ist. Die Variation einzelner Kenngrößen kann hinsichtlich der Einzelzielgrößen sowohl verstärkende als auch schwächende Effekte bewirken.

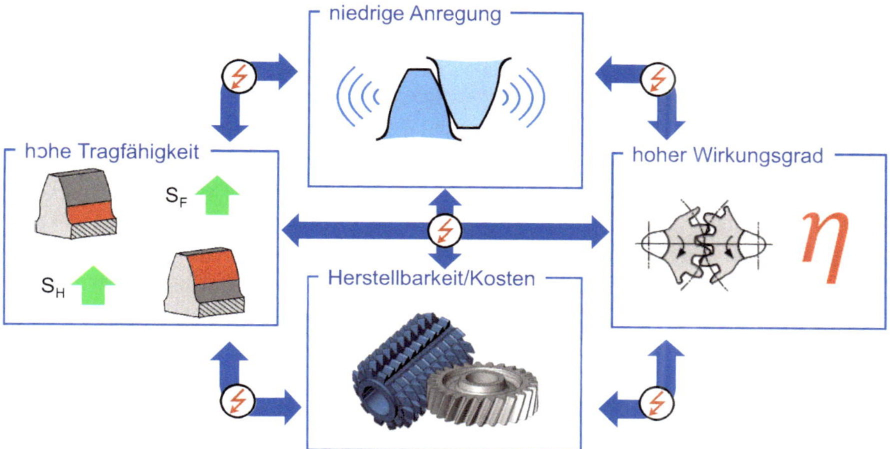

Bild 3.9 Quadrilemma der Auslegungsziele

Neben den genannten, zum Teil gegensätzlichen Auslegungszielen müssen auch Fragen zur Nachhaltigkeit, Ressourceneffizienz und zu im Kreislauf geführten Wertstoffströmen als zusätzliche Ziele in der Auslegung berücksichtigt werden. Im Allgemeinen stehen ein hoher Wirkungsgrad in der Anwendung und auch ein geringer Energie- und Materialeinsatz in der Fertigung im Vordergrund. Während der Wirkungsgrad maßgeblich durch die funktionalen Oberflächen der Zahnflanke und die Geometrie beeinflusst wird, kann der Energie- und Materialeinsatz durch das gewählte Fertigungsverfahren und die Geometrieauslegung optimiert werden.

Die Steigerung der Leistungsdichte kann durch eine Verringerung der Masse, Volumenoptimierung und durch das Werkstoffsystem realisiert werden. Bei gegebener Tragfähigkeit kann Leichtbau durch Aussparungen oder eine geringere Werkstoffdichte im Radkörper erzielt werden. Zusätzlich bieten Impedanzelemente, wie Geometrie-, Werkstoff- und Querschnittsänderungen, das Potenzial, den Körperschalltransfer durch den Radkörper zu beeinflussen und zu optimieren. Optimierungsansätze sind die Verwendung von Werkstoffverbunden für die Radkörper, Radkörperimpedanzelemente und topologie- oder formoptimierte Radkörpergeometrien, vgl. Bild 3.10. Die steigende Anzahl an zu fertigenden Nebenformelementen steht dem Auslegungsziel geringer Fertigungskosten gegenüber. In der spanenden Fertigung führen zusätzliche Prozessschritte im Allgemeinen zu längeren Fertigungszeiten und damit zu höheren Fertigungskosten. Diese zusätzlichen Aufwände können durch endkonturnahe Fertigungsverfahren wie Feingießen, Schmieden oder durch pulvermetallurgische Fertigung gegebenenfalls kompensiert werden. Im Vergleich zur konventionellen Fertigung ergeben sich bei Anwendung einer pulvermetallurgischen Prozesskette Energie- und Materialeinsparpotenziale. Grundsätzlich bietet die Pulvermetallurgie Möglichkeiten, auch dynamisch hochbelastete Bauteile herzustellen. Ein wichtiger Punkt bei der Qualifizierung der Prozesskette ist aber, die verfahrenstechnisch auftretenden Restporositäten und ihren Einfluss auf das Funktionsverhalten zu kennen und beschreiben zu können. Durch angepasste Prozessketten sind auch porenfreie Bauteile herstellbar. Die Wirkung der Verdichtungs- und auch Nachverdichtungsverfahren ist aber geometrieabhängig. Um die Potenziale der Pulvermetallurgie auch bei Getriebe-Zahnrädern nutzen zu können, reicht es aus, die Oberflächenrandzone zu verdichten. Hier hat sich das Dichtwalzen von Zahnrädern mit Zahnradwerkzeugen etabliert [GRAE15]. Deshalb soll im Folgenden ein Beispiel für die pulvermetallurgische Fertigung von Zahnrädern erläutert werden. In Bild 3.10 sind das Energie- und Materialeinsparpotenzial der pulvermetallurgischen Prozesskette für ein Zahnrad mit m_n = 2 mm im Vergleich zur spanenden Fertigung zusammengefasst [FREC15]. Die pulvermetallurgische Prozesskette führt zu einer Materialeinsparung von 52,2 %, die Energiekosten in der Fertigung sind etwa 5,4 % geringer. In diesem Beispiel können die Fertigungskosten bei pulvermetallurgischer Fertigung gegenüber der konventionellen Prozesskette um etwa 21,7 % gesenkt werden. Hier wird deutlich, dass Werkstoffauswahl und Fertigungsverfahren die Beanspruchbarkeit des Zahnrads beeinflussen können. Neben wirtschaftlichen Kriterien müssen diese Zusammenhänge bei der Auslegung auch berücksichtig werden.

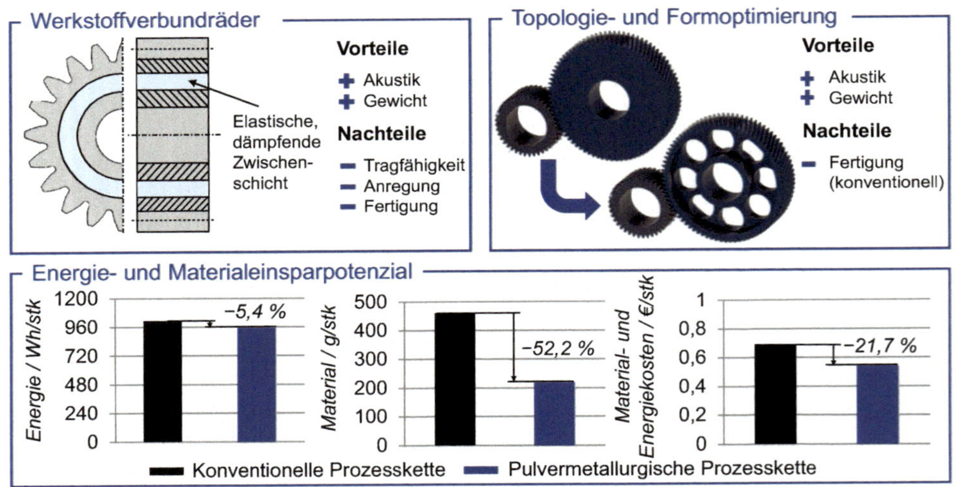

Bild 3.10 Mögliche Einsparpotenziale zum Material- und Energieeinsatz bei Verzahnungen

3.1.3 Vordimensionierung von Stirnradstufen

Für die Vordimensionierung wird eine beanspruchungsgerechte Auslegung durchgeführt, die beispielsweise auf den etablierten Tragfähigkeitsnachweisen nach ISO 6336 [ISO19] gegen Zahnflankenschädigung und Zahnfußbruch basiert. Für sicherheitskritische Verzahnungen oder bei Anwendungen, für die ein Zertifizierungsnachweis (Abnahmen nach Germanischer Lloyd, Det Norske Veritas etc.) verlangt wird, ist der Tragfähigkeitsnachweis nach ISO 6336 auch für die finale Auslegung einer Zahnradstufe in der Regel obligatorisch. Das Normrechenkonzept und die Bedeutung der Einzelfaktoren werden bei Linke [LINK10] und Niemann/Winter [NIEM03] beschrieben.

Die zentralen Eingangsgrößen für die Vorauslegung sind das Antriebsdrehmoment M_{An} sowie die Antriebsdrehzahl n_{An} und die Übersetzung i, die im Rahmen der Konzeptionierung des Getriebes für jede Stufe ermittelt wird. Bei bekannten Lastkollektiven kann ein äquivalentes Drehmoment $M_{An,Eq.}$ errechnet werden. Die Vordimensionierung einer Zahnradstufe erfolgt nach einem in Bild 3.11 dargestellten Schema. Zunächst wird unterschieden, ob der Achsabstand a gegeben oder ob mit der Berechnung des Achsabstands zu beginnen ist. Der Achsabstand ist üblicherweise bekannt, wenn ein Bauraum strikt vorgegeben oder die Konzeptionierung nach minimaler Achsabstandssumme vorgenommen wird. Ist der Achsabstand ein offener Parameter der Auslegung, verändert sich die Reihenfolge der zu ermittelnden Kenngrößen.

Die Grundlage des schematischen Vorgehens ist die beanspruchungsgerechte Berechnung des erforderlichen Volumens nach der Tragfähigkeitsberechnung für die Grübchentragfähigkeit nach ISO 6336. Der Grund hierfür ist einerseits die lineare Abhängigkeit der Zahnfußtragfähigkeit (Biegebalken) und die degressiv steigende Abhängigkeit der Grübchentragfähigkeit (Wurzelbezug nach Hertz'scher Theorie) von der Zahnbreite andererseits. Ebenso bewirkt eine Achsabstandsänderung bei gleichen Verzahnungskräften und gleichem Modul eine höhere Beeinflussung des Krümmungsradius der Evolvente als des Biegehebelarms (siehe Abschnitt 5.1.3.2). Daher ist die Grübchentragfähigkeit für die Ermittlung des erforderlichen Zahnradvolumens dominierend. Die nachfolgend vorgestellte Vorgehensweise ist Bestandteil der wissensbasierten Getriebeauslegung nach Tenberge [TENB96], die in der Forschungsvereinigung Antriebstechnik e. V. (FVA) entwickelt wurde (siehe Bild 3.11).

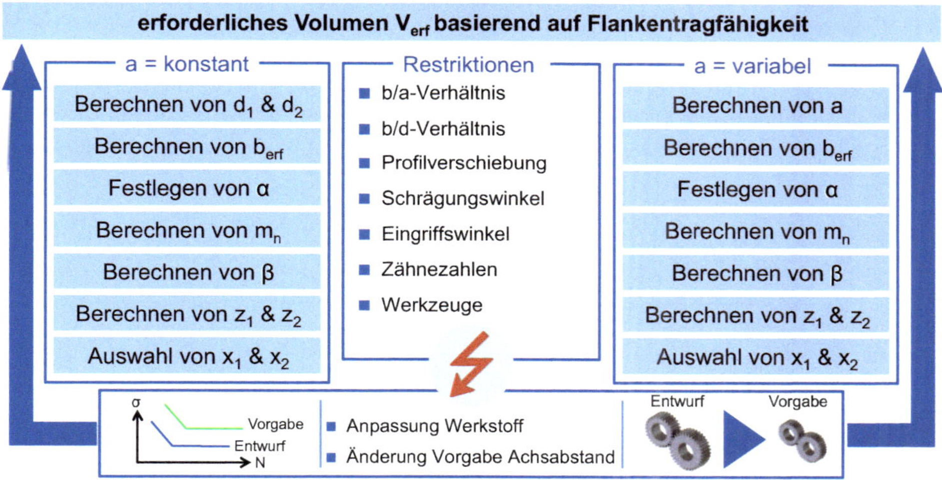

Bild 3.11 Berechnung der makrogeometrischen Verzahnungsgrößen [TENB96]

Die Vorgehensweise gemäß Bild 3.11 zur Berechnung der überschlägigen Verzahnungsparameter unterliegt verschiedenen Restriktionen. Die Restriktionen sind zum einen durch die Anforderungsliste und zum anderen durch physikalische und erfahrungsbasierte Grenzen vorgegeben. Werden die Restriktionen verletzt oder erfüllt die Vorauslegung nicht die geforderten Kriterien bezüglich Bauraum oder Lebensdauer, sind die Startwerte anzupassen und die Auslegungsschritte erneut zu durchlaufen. Die Anpassung des Werkstoffs sowie die Anpassung des Achsabstands stellen wichtige Stellgrößen bei der Suche nach der optimalen Lösung dar.

Berechnung des Achsabstands und der Verzahnungsbreite

Formel 3.6 stellt die Berechnung der Sicherheit gegen Grübchenschäden nach ISO 6336 dar und bildet die Ausgangssituation für die Berechnung des minimal erforderlichen Achsabstands. Die Formel berücksichtigt die Werkstofffestigkeit $\sigma_{H,lim}$ und Betriebsbedingungen (Z-Faktoren für σ_{HG}), Korrekturfaktoren zur Ermittlung der Flankenpressung bei statischer Belastung (Z-Faktoren für σ_H) sowie Kraftüberhöhungsfaktoren (K-Faktoren), mit denen die Getriebeanwendung K_A, geometrische Abweichungen $K_{H\alpha}$, $K_{H\beta}$ und dynamische Einflüsse K_V berücksichtigt werden. Ferner werden geometrische Größen wie die Breite b und der Teilkreisdurchmesser d_1 zur Berechnung der Sicherheit einbezogen. Weitere Eingangsgrößen sind die Übersetzung in Form des Zähnezahlverhältnisses u und die Zahnnormalkraft F_t.

$$S_H = \frac{\sigma_{HG}}{\sigma_H} = \frac{\sigma_{H,lim} \cdot Z_{NT} \cdot Z_L \cdot Z_R \cdot Z_V \cdot Z_W \cdot Z_X}{\sqrt{\frac{F_I \cdot (u+1)}{d_1 \cdot b \cdot u}} \cdot \sqrt{K_A \cdot K_V \cdot K_{H\alpha} \cdot K_{H\beta}} \cdot Z_{B/D} \cdot Z_H \cdot Z_E \cdot Z_\varepsilon \cdot Z_\beta} \tag{3.6}$$

Mit Formel 3.7 basierend auf dem zu suchenden Achsabstand a und dem Zähnezahlverhältnis u kann der unbekannte Teilkreisdurchmesser d_1 in Formel 3.6 ersetzt werden.

$$d_1 = \frac{2 \cdot a}{u+1} \tag{3.7}$$

Aus Formel 3.8 für die Tangentialkraft F_t kann das aus der Vordimensionierung bekannte Drehmoment einbezogen werden. Durch Einsetzen in Formel 3.6 und Umstellen lässt sich der gesuchte Mindestachsabstand a berechnen und mit der Bauraumvorgabe abgleichen (vgl. Formel 3.9).

$$F_1 = \frac{2 \cdot M_1}{d_1} \tag{3.8}$$

$$a = \sqrt[3]{\frac{S_H^2 \cdot \left(Z_{B/D} \cdot Z_H \cdot Z_E \cdot Z_\varepsilon \cdot Z_\beta\right)^2 K_A \cdot K_V \cdot K_{H\beta,} \cdot K_{H\alpha} \cdot M_1 \cdot (u+1)^4}{\left(\sigma_{H,lim} \cdot Z_{NT} \cdot Z_L \cdot Z_R \cdot Z_V \cdot Z_W \cdot Z_X\right)^2 2 \cdot u}} \tag{3.9}$$

Zum Zeitpunkt der Auslegung stehen für die Einflussfaktoren (Z-Faktoren und K-Faktoren) noch keine ausreichenden Informationen für deren Berechnung zur Verfügung. Daher muss auf erfahrungsbasierte Werte zurückgegriffen werden. Die erforderlichen Korrekturfaktoren für die Beanspruchung sowie die Beanspruchbarkeit und weitere erforderliche Größen sind in Tabelle 3.1 zusammengestellt. Die Angaben nach Linke sind für die Vordimensionierung von Industriegetrieben geeignet [LINK10]. Die Werte nach Naunheimer resultieren aus Erfahrungswerten im Bereich der Fahrzeuggetriebe für Pkw und Nkw [NAUN07]. In der ISO 6336 [ISO19] werden Empfehlungswerte für den Anwendungsfaktor K_A für verschiedene Anwendungsbereiche angegeben.

Tabelle 3.1 Startwerte zur überschlagsmäßigen Berechnung des Achsabstands *a*

Bezeichnung	Formelzeichen	Nach Linke [LINK10]	Nach Naunheimer [NAUN07]
Verhältnis Breite/ Durchmesser	b/d_1	0,6 - 1,2	0,65
Anwendungsfaktor	K_A	ISO 6336 Teil 1 [ISO19]	Pkw: 0,65 Nkw: 0,85
Dynamikfaktor	K_V	1,2	1
Stirnfaktor	$K_{H\alpha}$	1,2	1
Breitenfaktor	$K_{H\beta}$	1,5	1
Sicherheit gegen Grübchen	S_H	1,2	1,2
Zonenfaktor	Z_H	für $\beta = 0$ gilt: 2,5 für $\beta \neq 0$ gilt: Berechnung nach ISO 6336 [ISO19]	2,25 mit [$\alpha \approx 20°$; $\beta \approx 15°$ und $(x_1 + x_2)/(z_1 + z_2) \approx 0{,}015$]
Elastizitätsfaktor	Z_E	$190\sqrt{\mathrm{N/mm^2}}$	$189{,}8\sqrt{\mathrm{N/mm^2}}$
Überdeckungsfaktor	Z_ε	für $\beta = 0$ gilt: 1 für $\beta \neq 0$ gilt: 0,85	0,95
Schrägenfaktor	Z_β	1	0,95
Lebensdauerfaktor	Z_{NT}	1	1
Schmierstofffaktor	Z_L	1	1
Rauheitsfaktor	Z_R	1	1
Geschwindigkeitsfaktor	Z_V	1	1
Werkstoffpaarungsfaktor	Z_W	1	1
Größenfaktor	Z_X	1	1
Einzeleingriffsfaktoren	Z_B, Z_D	1	1
Grübchendauerfestigkeit	$\sigma_{H.lim}$	1400 - 1500 N/mm²	16MnCr5: 1800 N/mm²

Auf Grundlage des Achsabstands und des Zähnezahlverhältnisses wird im nächsten Schritt der resultierende Teilkreisdurchmesser des Gegenrads bestimmt (vgl. Formel 3.7 und Formel 3.10).

$$d_2 = \frac{2 \cdot a}{1 + \frac{1}{u}} \tag{3.10}$$

Auf Grundlage des berechneten Achsabstands sowie über die Vorgabe des Verhältnisses von Breite zu Durchmesser liegt eine Vorauslegung für die minimal erforderliche Breite der Verzahnung vor. Anschließend ist beispielsweise mit dem Normtragfähigkeitsnachweis nach ISO 6336 [ISO19] zu prüfen, ob eine ausreichende Sicherheit für die sich aus dem

Breite-Durchmesser-Verhältnis ergebende Zahnradgeometrie vorliegt. Anhaltswerte für das Breite-Durchmesser-Verhältnis bei Gerad- und Schrägverzahnungen liefert Niemann/Winter [NIEM03] (vgl. Tabelle 3.2).

Tabelle 3.2 Werte für das b/d_1-Verhältnis [NIEM03]

Bezeichnung	b/d_1
Gerad- und Schrägverzahnungen; beidseitige, symmetrische Lagerung	
normalisiert (HB ≤ 180)	≤ 1,6
vergütet (HB ≥ 200)	≤ 1,4
einsatzgehärtet	≤ 1,1
oberflächengehärtet	≤ 1,1
nitriert	≤ 0,8
Spezialfälle	
Doppelschrägverzahnung	≤ dem 1,8-Fachen der oberen Werte
beidseitige, unsymmetrische Lagerung	80 % der oberen Werte
gleich große Ritzel und Räder (Kammwalzen und *i* = 1)	120 % der oberen Werte
fliegende Lagerung	50 % der oberen Werte

Diese Anhaltswerte gelten für ortsfeste Getriebe auf einem steifen Fundament. Für leichte Bauformen sind die Werte in der Tabelle auf 60 % zu reduzieren. Primär sind große Werte des Breite-Durchmesser-Verhältnisses anzustreben, da dies zu kompakten und kostengünstigen Getrieben führt.

Ist der Achsabstand kein variabler Parameter, sondern bereits durch die Anforderungsliste oder durch das Konzept vorgegeben, ist ausgehend vom Tragfähigkeitsnachweis gegen Grübchenbildung hinsichtlich der Breite der Verzahnung über die Formel 3.11 aufzulösen. Die Faktoren sind auch für diesen Fall der Tabelle 3.1 zu entnehmen.

$$b=\left(Z_{\mathrm{B/D}}\cdot Z_{\mathrm{H}}\cdot Z_{\mathrm{E}}\cdot Z_{\varepsilon}\cdot Z_{\beta}\right)^{2}\cdot\frac{2\cdot M_{1}\cdot(u+1)\cdot S_{\mathrm{H}}^{2}\cdot K_{\mathrm{A}}\cdot K_{\mathrm{V}}\cdot K_{\mathrm{H}\alpha}\cdot K_{\mathrm{H}\beta}}{d_{1}^{2}\cdot u\cdot\sigma_{\mathrm{H,lim}}^{2}\cdot\left(Z_{\mathrm{NT}}\cdot Z_{\mathrm{L}}\cdot Z_{\mathrm{R}}\cdot Z_{\mathrm{V}}\cdot Z_{\mathrm{W}}\cdot Z_{\mathrm{X}}\right)^{2}} \tag{3.11}$$

Mit zunehmender Verzahnungsbreite steigt grundsätzlich die Eingriffssteifigkeit der Verzahnung, sodass eine Verringerung der inneren dynamischen Anregung erzielt werden kann. Demgegenüber wird die Verzahnung empfindlicher gegenüber Verlagerungen beispielsweise infolge von Wellenbiegung, sodass Überbeanspruchungen durch ein Kantentragen bei einer relativen Verkippung im Eingriff wahrscheinlicher werden. Dem ist durch Zahnflankenkorrekturen entgegenzuwirken (siehe Abschnitt 3.3).

Bestimmung der Zahnprofilgeometrie

Aufbauend auf der Festlegung des Volumens der Zahnradstufe sowie einem Abgleich mit dem zur Verfügung stehenden Bauraum wird im nächsten Schritt der Normalmodul m_n der Verzahnung bestimmt. Durch die Wahl des Moduls wird maßgeblich der Zahnfußquerschnitt eines Einzelzahnes beeinflusst. Deshalb ist die Zahnfußtragfähigkeit das entscheidende Kriterium in der Auswahl des Moduls. Analog zur Festlegung von Achsabstand und

Zahnbreite erfolgt die Berechnung des Mindestmoduls ebenfalls nach den in der ISO 6336 [ISO19] geschilderten Zusammenhängen (vgl. Formel 3.12). Ausgehend von dem werkstoffspezifischen Kennwert der ertragbaren Zahnfußspannung werden zur Berechnung der Zahnfußsicherheit Korrekturfaktoren für die Zahnfußspannung (*Y*-Faktoren) sowie Korrekturfaktoren für die Zahnkraft (*K*-Faktoren) berücksichtigt.

Ähnlich der zuvor beschriebenen Vorgehensweise mit Bezug zur Grübchentragfähigkeit können im Stadium der Vorauslegung noch keine genauen Informationen zu den Korrekturfaktoren gemacht werden. Es bietet sich ebenfalls an, auf erfahrungsbasierte Werte zurückzugreifen. Für Industriegetriebe sind Vorschläge wiederum bei Linke [LINK10] zu finden.

$$S_F = \frac{\sigma_{FG}}{\sigma_F} = \frac{\sigma_{F,\lim} \cdot Y_{ST} \cdot Y_{NT} \cdot Y_X \cdot Y_{\delta,rel,T}}{\frac{F_t}{m_n \cdot b} \cdot K_A \cdot K_V \cdot K_{F\alpha} \cdot K_{F\beta} \cdot Y_F \cdot Y_S \cdot Y_\varepsilon \cdot Y_\beta} \quad (3.12)$$

Tabelle 3.3 Startwerte zur überschlagsmäßigen Berechnung des Moduls *m*

Bezeichnung	Formelzeichen	Nach Linke [LINK10]
Anwendungsfaktor	K_A	ISO 6336 Teil 1 [ISO19]
Dynamikfaktor	K_V	1,2
Stirnfaktor	$K_{F\alpha}$	1,2
Breitenfaktor	$K_{F\beta}$	1,5
Sicherheit gegen Zahnfußbruch	S_F	1,3
Formfaktor Spannungskorrekturfaktor Überdeckungsfaktor	Y_F Y_S Y_ε	Grundlage [DIN86] mit Protuberanz: h_f*=1,4; ρ_{a0}* = 0,4: 2,9 ohne Protuberanz: h_f*=1,25; ρ_{a0}* = 0,25: 3,1
relativer Oberflächenfaktor	$Y_{R,rel,T}$	1
Lebensdauerfaktor	Y_{NT}	dauerfest: 1
Spannungskorrekturfaktor	Y_{ST}	1
Größenfaktor	Y_X	1
Schrägungswinkelfaktor	Y_β	1
relative Stützziffer	$Y_{\delta,rel,T}$	1
Zahnfußdauerfestigkeit	$\sigma_{F.lim}$	gehärteter Einsatzstahl: 800 N/mm²

Unter Berücksichtigung von Formel 3.7 und dem Vorgabewert für das b/d_1-Verhältnis lässt sich der erforderliche Minimalmodul mit der Formel 3.13 ermitteln.

$$m_{nmin} > \frac{2 \cdot M_1 \cdot S_F \cdot K_A \cdot K_V \cdot K_{F\alpha} \cdot K_{F\beta} \cdot Y_F \cdot Y_S \cdot Y_\varepsilon \cdot Y_\beta}{d_1 \cdot b_1 \cdot \sigma_{Flim} \cdot Y_{ST} \cdot Y_{NT} \cdot Y_X \cdot Y_{\delta,rel,T}} \quad (3.13)$$

In der Norm DIN 780 [DIN77] existieren standardisierte Reihen für die Werte des Normalmoduls. Vor allem für die Einzelteilfertigung und Kleinserie ist eine Auswahl eines vorgegebenen Standardbezugsprofils wirtschaftlich sinnvoll, da entsprechende Werkzeuge marktgängig sind und keine Spezialanfertigung von Werkzeugen erforderlich ist. Damit ist eine kostengünstigere Fertigung möglich. Im Fall einer Serienproduktion ist die Anschaffung von angepassten Spezialfertigungswerkzeugen gerechtfertigt, da die Werkzeugkosten einen geringeren Anteil der Herstellungskosten ausmachen und eine einsatzoptimale Geometrieauslegung in der Serienproduktion erforderlich ist.

Im nächsten Schritt ist die Festlegung des Normaleingriffswinkels α_n erforderlich (vgl. Bild 3.12). Der Normaleingriffswinkel kann unabhängig von den weiteren Verzahnungsgrößen gewählt werden und hat üblicherweise nach DIN 780 [DIN77] einen Wert von $\alpha_n = 20°$ für ein Standardwerkzeug. Eine Variation des Normaleingriffswinkels zu höheren Werten führt zu größeren Krümmungsradien und Zahnfußdickensehnen, sodass bei gleicher Überdeckung die Tragfähigkeit der Verzahnung erhöht wird. Demgegenüber resultiert aus der eingriffswinkelbedingten steileren Anstellung der Eingriffslinie eine verkürzte Eingriffsstrecke bei nicht z. B. durch den Kopfkreisdurchmesser angepasster Überdeckung. Damit verbunden sein können geringere Gleitgeschwindigkeiten und ein verbesserter Wirkungsgrad.

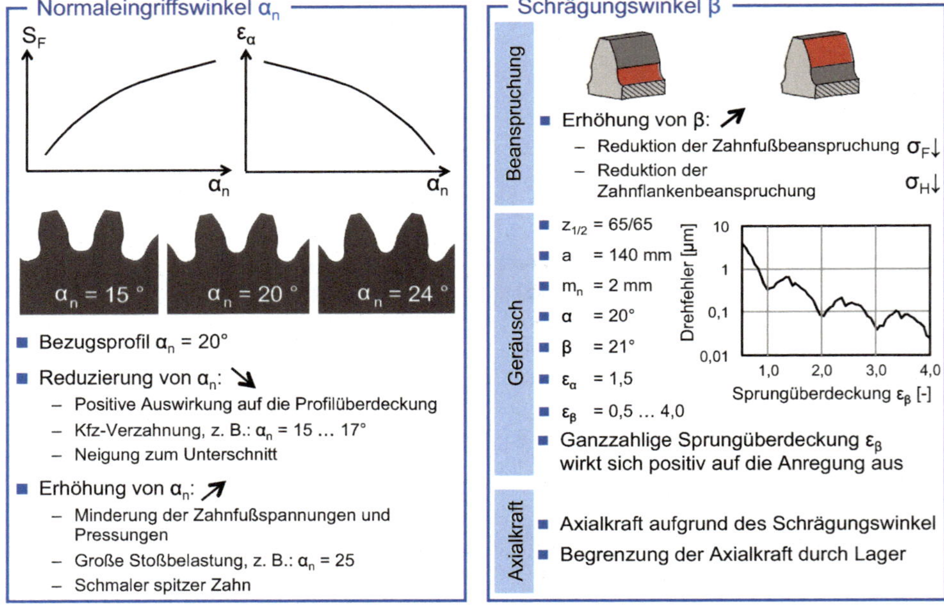

Bild 3.12 Einfluss von Normaleingriffswinkel und Schrägungswinkel [TENB96]

Eine Veränderung des Normaleingriffswinkels zu kleineren Werten führt hingegen zu größeren Überdeckungen und daher einem verbesserten Dynamik- und Geräuschverhalten. Somit ist die Festlegung des Normaleingriffswinkels häufig mit einem Kompromiss zwischen Leistungsdichte und akustischem Verhalten einer Zahnradstufe verbunden. Verzahnungen mit dem Fokus einer möglichst großen Tragfähigkeit werden daher mit Eingriffswinkeln im Bereich von 20° und größer ausgeführt, während geräuscharme Verzahnungen üblicherweise kleine Eingriffswinkel zwischen 15° und 18° aufweisen. Erklärt werden kann dies mit der Profilüberdeckung (siehe Darstellung linke Hälfte in Bild 3.12). Durch die Reduktion des Eingriffswinkels verlängert sich die Eingriffsstrecke und die Profilüberdeckung steigt (vgl. Abschnitt 3.2).

Es gilt weiter zu berücksichtigen, dass große Eingriffswinkel zu schmalen spitzen Zähnen führen können. Daher ist bei der endgültigen Festlegung der Zahnhöhe respektive des Kopfkreisdurchmessers zu berücksichtigen, dass die Mindestzahnkopfdicke ($s_{an} = 0{,}2 \cdot m_n$) sowie das Mindestkopfspiel ($c = 0{,}25 \cdot m_n$) der Verzahnung nicht unterschritten werden [DIN87]. Bei Unterschreitung der Mindestzahnkopfdicke besteht die Gefahr des Durchhärtens und Abplatzens des Zahnkopfes bei Belastung. Zu kleine Eingriffswinkel führen zu einem Unterschnitt im Zahnfuß, was einen Zahnfußbruch begünstigt.

Festlegung des Schrägungswinkels und der Zähnezahlen

Als nächster Schritt ist die abgestimmte Auslegung des Schrägungswinkels β und der Zähnezahlen z des kleineren Rads durchzuführen. Der Schrägungswinkel wirkt sich zunächst positiv auf die Beanspruchung der Verzahnung aus. Durch die Schrägung erhöht sich die effektive Berührlinienlänge, was zu einer erhöhten Lastaufteilung führt. Akustisch wirkt sich ein höherer Schrägungswinkel aus demselben Grund zunächst ebenfalls positiv aus, da er zu einer Steigerung der Sprungüberdeckung führt (siehe Darstellung rechte Hälfte in Bild 3.12). Das Diagramm zeigt die Anregung in Form des Drehfehlers in Abhängigkeit der Sprungüberdeckung als Ergebnis einer Studie mit der FE-basierten Zahnkontaktanalyse FE-Stirnradkette (siehe Abschnitt 6.3.1). Durch eine diskrete Erhöhung der Zahnbreite ist die Sprungüberdeckung bis $\varepsilon_\beta = 4$ gesteigert worden. Die Untersuchungen von Lachenmaier [LACH83], Möllers [MÖLL82] und Müller [MÜLL91] zeigen, dass bei einer ganzzahligen Sprungüberdeckung die Anregung minimal wird. Zurückzuführen ist dies darauf, dass die Summe aller Berührlinien im Eingriff stets konstant ist. Aus praktischen Gesichtspunkten werden häufig Sprungüberdeckungen etwas oberhalb eines ganzzahligen Wertes verwendet, damit der effektive Wert bei Applikation einer Breitenkorrektur einen ganzzahligen Wert annimmt.

Zu berücksichtigen ist, dass mit einem steigenden Schrägungswinkel die Axialkräfte steigen, deren Höhe durch die Tragfähigkeit der Lagerungen begrenzt ist. Weiterhin gilt es zu beachten, dass ein Schrägungswinkel von $\beta = 30°$ nur bei vorliegenden Erfahrungen überschritten werden sollte. Zum einen stößt die normbasierte Tragfähigkeitsberechnung für diesen Grenzwert an ihre Gültigkeitsgrenze, zum anderen steigt die Gefahr von Stirnkantenbrüchen. Eine Abhilfemaßnahme kann die Verwendung von Doppelschrägverzahnungen sein.

Für die Auswahl der Zähnezahl existiert eine Untergrenze (Grenzzähnezahl), ab der ein Unterschnitt vorliegt (vgl. Abschnitt 2.2.4.5). Die Einflussgrößen für die sogenannte Grenzzähnezahl z_g des kleineren Rads sind der Stirneingriffswinkel α_t und der Schrägungswinkel β. Die praktische Grenzzähnezahl muss keinen ganzzahligen Wert aufweisen und wird mit der Formel 3.14 berechnet.

$$z_{g,\text{prakt.}} = \frac{5}{6} \cdot \frac{2 \cdot \cos\beta}{\sin^2 \alpha_t} \tag{3.14}$$

Im nächsten Schritt erfolgt unter Berücksichtigung der Grenzzähnezahl sowie des Mindestmoduls die Auswahl von geeigneten Zähnezahlen für beide Räder. Definitionsgemäß ist es nur möglich, ganzzahlige Zähnezahlen vorzugeben. Daher kann eine Zahnradstufe häufig die geforderte Übersetzung nur annähern. Es ist daher erforderlich, die unter Beachtung der bereits feststehenden geometrischen Daten möglichen Zähnezahlen danach zu beurteilen, wie gut sie die Übersetzungsvorgabe erfüllen und ob Grenzwerte für die Mindestzähnezahl oder den Mindestmodul unterschritten werden.

Für einen gegebenen Durchmesser eines Rads können die Zähnezahl und der Normalmodul nicht unabhängig voneinander gewählt werden (Formel 2.27). Mit einer geringeren Zähnezahl resultiert ein höherer Modul, wodurch infolge der größeren Zahnfußdickensehne die Zahnfußtragfähigkeit verbessert ist. Infolge der verringerten Profilüberdeckung bei gleichem Kopfkreisdurchmesser wird das Anregungsverhalten allerdings verschlechtert. Demgegenüber führt eine höhere Zähnezahl bis zur Ausschöpfung der Mindestmodulgrenze zu gegenläufigen Tendenzen. Aus dem gesamten Lösungsraum muss das Optimum somit anwendungsspezifisch ermittelt werden. Darüber hinaus ist es sinnvoll, eine Teilerfremdheit zwischen beiden Zähnezahlen der Räder anzustreben und keine ganzzahligen Übersetzungen zu wählen. Damit wird gewährleistet, dass erst nach sehr vielen Umdrehungen der Zahnräder die gleichen Zahnpaare wieder in Eingriff kommen. Auf diese Weise verteilen sich auftretende Fehler einzelner Zähne statistisch besser und es kommt weniger zu periodischen Störsignalen.

Auswahl und Aufteilung der Profilverschiebung

Wurden die Zahnprofilgeometrie und die Zähnezahlen für beide Räder ausgewählt, ergibt sich die Profilverschiebungssumme als modulbezogene Differenz zwischen dem Achsabstand und dem Nullachsabstand (siehe Abschnitt 2.2.4.5). Durch die festgelegten Größen Achsabstand, Modul, Zähnezahlen, Eingriffswinkel und Schrägungswinkel ist die Summe der Profilverschiebungen definiert. Mit der Formel 3.15 kann die Profilverschiebungssumme berechnet werden. Die Aufteilung der Profilverschiebungssumme kann grundsätzlich unabhängig auf Ritzel und Rad erfolgen.

$$\Sigma x = x_1 + x_2 = \frac{\mathrm{inv}\,\alpha_{\mathrm{wt}} - \mathrm{inv}\,\alpha_{\mathrm{t}}}{2 \cdot \tan\alpha_{\mathrm{n}}}\left(z_1 + z_2\right) \tag{3.15}$$

Für eine ausgewogene Aufteilung der Profilverschiebung auf die beiden Räder liefert die DIN 3992 [DIN64] Diagramme als Hilfestellung. Die Aufteilung der Profilverschiebungssumme hat einen Einfluss auf das Einsatzverhalten der Verzahnung. Durch die Aufteilung lassen sich Unterschnitte vermeiden sowie die Verzahnungssteifigkeitsverläufe beeinflussen. Ebenfalls kann das spezifische Gleiten der Zahnflanken angepasst und die Tragfähigkeit der Verzahnung hinsichtlich Fressen, Grübchenbildung und Zahnfußbruch optimiert werden.

Für Zähnezahlen größer zehn ist in Bild 3.13 exemplarisch ein Diagramm für Verzahnungen mit der Übersetzung ins Langsame abgebildet. Die Grenzbereiche für eine Unterschnitt- sowie Spitzzahngefahr sind farbig gekennzeichnet. Analog existieren nach DIN 3992 ebenfalls Auswahldiagramme für eine Übersetzung ins Schnelle [DIN64], die hier nicht abgebildet sind. In einem ersten Schritt sind die Einzelwerte z_{n1}, z_{n2}, die Summe der Profilverschiebung Σx und der Ersatzzähnezahl bei Schrägverzahnungen Σz_{n} (siehe Formel 3.16) zu bestimmen. Die Ersatzzähnezahl berücksichtigt über die tatsächliche Zähnezahl hinaus den Einfluss des Schrägungswinkels. Um die Profilverschiebung aufzuteilen, sind im Diagramm auf der x-Achse die Zähnezahlen z_{n1} und z_{n2} sowie die Hälfte der Summe der beiden Zähnezahlen einzutragen. Auf der y-Achse wird die Hälfte der Summe der Profilverschiebung aufgetragen. Der Schnittpunkt (Punkt P in Bild 3.13) der halbierten Zähnezahl sowie der halbierten Profilverschiebungssumme dient als Ausgangspunkt für eine neue Paarungslinie. Diese ist nun mit einer Steigung entsprechend der Schar der Paarungslinien (L1 bis L17) einzuzeichnen. Für die Ersatzzähnezahlen von Ritzel und Rad lässt sich eine ausgewogene Aufteilung der Profilverschiebung anhand der neu gebildeten Geraden wählen.

$$z_{n1/2} = \frac{z_{1/2}}{\cos^2\beta_b \cdot \cos\beta} = \frac{z_{1/2}}{\cos^2\left(a\sin\left(\sin\beta \cdot \cos\alpha_n\right)\right) \cdot \cos\beta} \tag{3.16}$$

Das Diagramm stellt dar, dass im Bereich positiver Profilverschiebungsfaktoren günstige Effekte für die Tragfähigkeit und bei negativen Profilverschiebungsfaktoren eine günstige Beeinflussung des Überdeckungsgrads und damit ein verbessertes Anregungsverhalten resultieren. Die Effekte ergeben sich daraus, dass einerseits unterschiedliche Bereiche der Evolvente als Zahnprofil genutzt werden und somit unterschiedliche Krümmungsradien und Zahnfußdickensehnen resultieren. Dies ist im Detail in Abschnitt 2.2.4.5 beschrieben. Weiterhin verändern sich somit die Überdeckungs- und Gleitverhältnisse in Abhängigkeit der Profilverschiebungssumme. Je nach Auslegungsfall kann es daher günstig sein, eine Veränderung der Zähnezahl vorzunehmen, indem ein Zahn mehr oder weniger auf eines der beiden Räder gegeben wird. Damit wird die Übersetzung nur geringfügig geändert, allerdings die Profilverschiebungssumme direkt beeinflusst. Somit kann eine Auslegung in gewissen Grenzen hinsichtlich einer geräuschoptimalen oder tragfähigkeitsoptimalen Geometrie verändert werden.

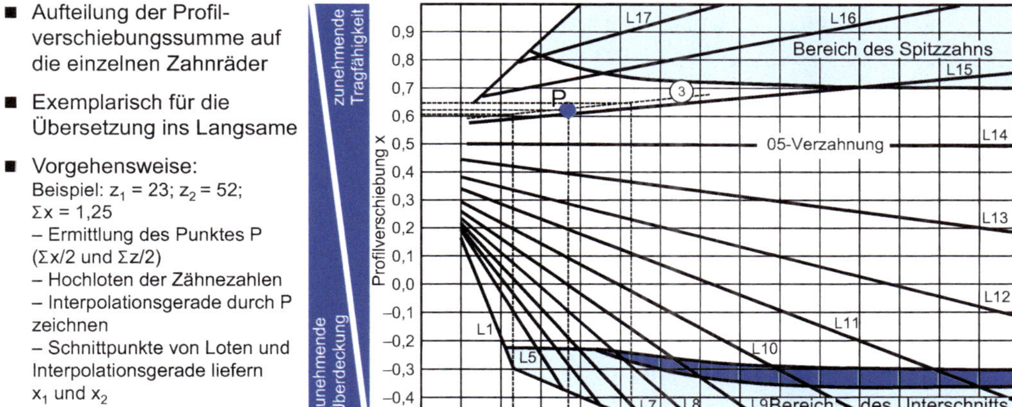

Bild 3.13 Empfehlungen für die Profilverschiebung nach DIN 3992 [DIN64]

Nach Festlegung der makrogeometrischen Verzahnungsdaten können anschließend die verbleibenden Parameter ermittelt werden. Dazu zählen neben den Grundkreisen die Kopf- und Fußkreisdurchmesser, die sich aus den Daten der Fertigungswerkzeuge sowie konstruktiven Vorgaben der Eingriffsstrecke oder Mindestkopfspiele und Mindestzahnkopfdicken ergeben. Die Wahl der Fertigungswerkzeuge ist entweder durch eine Anforderungsliste gegeben oder kann frei gewählt werden. Bei Kleinserien oder Einzelfertigung sollte möglichst auf standardisierte Werkzeuge mit dem Bezugsprofil nach DIN 867 [DIN86] zurückgegriffen werden.

Nach endgültiger Festlegung der geometrischen Größen sowie Klärung und Festlegung der Betriebsbedingungen sind abschließend die zuvor abgeschätzten Einflussfaktoren für den Tragfähigkeitsnachweis nach ISO 6336 [ISO19] exakt zu bestimmen. Üblicherweise ist die geschilderte Vorgehensweise ein Iterationsprozess, bis eine geeignete Verzahnungsgeometrie für weitere Optimierungsmaßnahmen ermittelt ist.

3.1.4 Vordimensionierung von Planetenstufen

Eigenschaften von Planetengetrieben

Planetengetriebe bestehen aus je einem Sonnen- und Hohlrad, die auch als Zentralräder bezeichnet werden. Hinzu kommen Planetenräder, die in einem Steg (Planetenträger) gelagert und auf einer Kreisbahn zwischen dem Sonnen- und Hohlrad angeordnet sind. Das Getriebe ist grundsätzlich bereits mit einem einzigen Planeten kinematisch lauffähig und bei Lagerung aller Getriebeglieder statisch bestimmt. Mit dem Einbau weiterer Planetenräder wird das System statisch überbestimmt, woraus bei Fertigungs- oder Montageabweichungen eine ungleichmäßige Lastaufteilung resultieren kann. Für den Einbau von drei Planetenrädern wird das System wieder statisch bestimmt, wenn eines der Getriebeglieder (Sonne, Hohlrad, Planetenträger) ungelagert eingesetzt wird. Ebenfalls ist ein Planetengetriebe mit fünf Planeten statisch bestimmt, wenn zwei Getriebeglieder ungelagert ausgeführt werden. In statisch überbestimmten Systemen ist eines der Getriebeglieder nachgiebig auszuführen, damit Lastungleichmäßigkeiten durch eine elastische Verformung ausgeglichen werden können. Dazu wird häufig das Hohlrad mit einer nachgiebigen Bandage oder die Sonne reitend, d. h. auf den Planetenrädern gelagert, ausgeführt.

Es werden grundsätzlich zwei konstruktive Ausführungen unterschieden. Bewegen sich die im Planetenträger aufgehängten Planeten in einer Orbitalbewegung um die Sonne, wird das Planetengetriebe als Umlaufrädergetriebe bezeichnet. Wird der Steg mit dem Gehäuse verbunden, so wird das Planetengetriebe von einem Umlaufrädergetriebe zu einem Standgetriebe (siehe Bild 3.14). Durch die Koppelung von einzelnen Elementen oder ganzen Planetengetrieben ergeben sich weitere Bauformen wie der beispielsweise im rechten Teil von Bild 3.14 dargestellte Ravigneaux-Planetenradsatz [RAVI43]. Der Ravigneaux-Planetenradsatz setzt sich aus zwei Sonnenrädern, den zugehörigen Planetenrädern sowie einem Hohlrad und einem Steg zusammen. Das erste Sonnenrad kämmt mit dem ersten Planetenradsatz, der wiederum im Eingriff mit dem Hohlrad ist. Der zweite Planetenradsatz kämmt mit dem ersten Planetenradsatz und dem zweiten Sonnenrad. Der Ravigneaux-Planetenradsatz wird häufig in Kombination mit weiteren Planetengetrieben in Pkw-Automatikgetrieben eingesetzt.

Es sind unterschiedliche Übersetzungskonfigurationen und Orientierungen von Ein- und Ausgangsrotation abhängig davon realisierbar, wie die Getriebeelemente des Planetengetriebes gekoppelt werden (vgl. Bild 3.15). Je nach der Anzahl rotatorischer Freiheitsgrade sind ein Zweiwellenbetrieb (ein Element rotiert nicht) und ein Dreiwellenbetrieb (alle Elemente rotieren) möglich. Somit können mit Planetengetrieben Leistungen summiert oder differenziert werden.

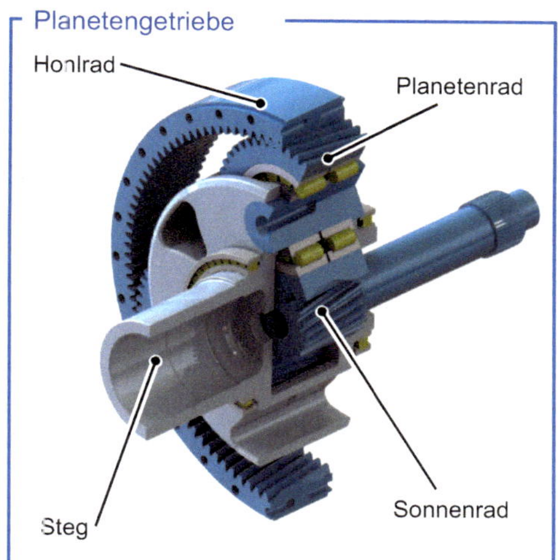

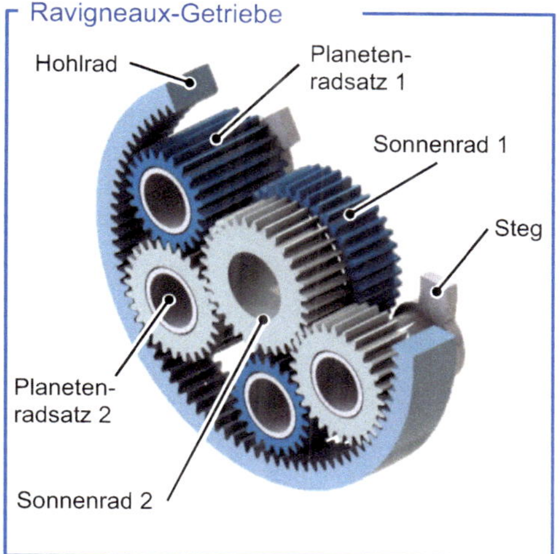

Bild 3.14 Typische Vertreter von Umlaufrädergetrieben

Die wesentlichen Vorteile von Planetengetrieben liegen in der hohen realisierbaren Übersetzung bei geringerem Bauraum. Durch die Leistungsverzweigung aufgrund des Leistungsflusses über die einzelnen Planetenräder erreichen die Planetengetriebe eine hohe Leistungsdichte. Im Vergleich mit einem Stirnradgetriebe kann eine Ausführung als Planetengetriebe im Industriegetriebebereich eine Reduktion auf 40 % des Ausgangsvolumens und 50 % des Ausgangsgewichts bewirken. Die Lage der An- und Abtriebswellen ist koaxial, sodass Antriebsstränge ohne Achsversatz ausgeführt sind.

Den Vorteilen stehen auch Nachteile gegenüber. Im Falle eines Schadens an Verzahnungen oder Lagern besteht die Gefahr, dass ausgebrochene Teile wiederholt in die weiteren Zahneingriffe gelangen können und durchgewälzt werden. Weiterhin liegt im Regelfall eine ungleichförmige Lastaufteilung auf die einzelnen Zahneingriffe vor, sodass erhöhte Anforderungen an die Fertigung der Komponenten gestellt werden. Hinzu kommt, dass aufgrund der kompakten Bauweise nur geringe Ölmengen im Getriebe realisierbar sind und die Zuführung aufwendig sein kann. Als zusätzliche dominante Verlustquelle bei drehendem Planetenträger treten die Planschverluste in den Vordergrund. Daraus folgt die Notwendigkeit der besonderen Analyse des Wärmehaushalts im Planetengetriebe.

Zur Beschreibung der Drehzahlverhältnisse von Umlaufrädergetrieben wird die Grundgleichung nach Willis [WILL41] benutzt (siehe Formel 3.17):

$$n_{\text{Sonne}} - i_{12} n_{\text{Hohlrad}} - \left(1 - i_{12}\right) n_{\text{Steg}} = 0 \tag{3.17}$$

Die Grundgleichung nach Willis beschreibt die Zusammenhänge der Drehzahlen der Koppelwellen, also von Sonnenrad, Hohlrad und Steg unter der Hinzunahme der Standübersetzung i_{12}, die nach Formel 3.18 berechnet wird:

$$i_{12} = \frac{n_{\text{Sonne}}}{n_{\text{Hohlrad}}} = -\frac{\left|z_{\text{Hohlrad}}\right|}{z_{\text{Sonne}}} \tag{3.18}$$

Damit ein Planetengetriebe eindeutig ist, sind stets zwei Drehzahlen vorzugeben. Ist eine Drehzahl null, handelt es sich dabei um ein Planetengetriebe im Zweiwellenbetrieb. Je nachdem, welches Getriebeelement festgehalten wird, ergeben sich aus der Grundgleichung und der Standübersetzung unterschiedliche Übersetzungen. Eine Übersicht der Übersetzungen und der Übersetzungsbereiche für das einfache Planetengetriebe bietet die Tabelle in Bild 3.15. Eine grafische Beschreibungsmöglichkeit liefert der sogenannte Kutzbach-Plan, dessen Anwendung bei Linke [LINK10] ausführlich beschrieben ist.

Eine weitere wichtige Formel zur Beschreibung von Planetengetrieben ist die Drehmomentgrundgleichung, wonach die Summe aller Drehmomente an den Koppelwellen null betragen muss.

$$M_{\text{Sonne}} + M_{\text{Hohlrad}} + M_{\text{Steg}} = 0 \tag{3.19}$$

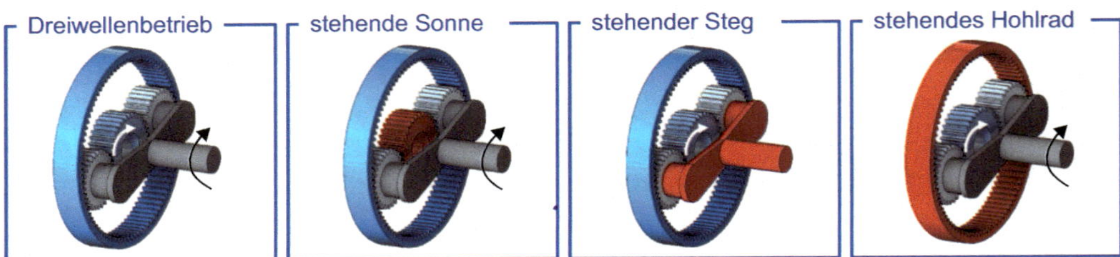

Betriebsart			Übersetzung	
Antrieb	Abtrieb	Fest	$i = n_{an} / n_{ab}$	Bereich
Sonnenrad	Hohlrad	Steg	i_{12}	~ –11 < i < –1
Sonnenrad	Steg	Hohlrad	$1 - i_{12}$	2 < i < ~ 12
Hohlrad	Sonnenrad	Steg	$1 / i_{12}$	–1 < i < 0
Hohlrad	Steg	Sonnenrad	$1 - 1 / i_{12}$	1 < i < 2
Steg	Sonnenrad	Hohlrad	$1 / (1 - i_{12})$	0 < i < 0,5
Steg	Hohlrad	Sonnenrad	$1 / (1 - 1 / i_{12})$	0,5 < i < 1

Bild 3.15 Betriebsarten und Übersetzungen von Planetengetrieben

Mit Formel 3.17 und Formel 3.19 lassen sich für Planetengetriebe die Wälz- und Kupplungsleistungen sowie unter Nutzung geeigneter Reibansätze nach Löpenhaus [LÖPE15] oder Wimmer [WIMM06] (vgl. Abschnitt 5.6.3) die daraus resultierenden, lastabhängigen Verlustleistungen der Eingriffe berechnen. Im Bereich der Umlaufrädergetriebe wird zwischen der Kupplungs- und Wälzleistung unterschieden. Es gibt Elemente (Wellen) bei der Leistungsübertragung, die nicht verlustbehaftet sind, und es gibt Elemente (Verzahnungen), die die Leistung nur mit einem Verlust übertragen können. Die Leistungen, die verlustfrei übertragen werden, werden als Kupplungsleistung bezeichnet, und die verlustbehafteten Leistungen werden als Wälzleistung bezeichnet. Verdeutlicht wird dies durch zwei beispielhafte Verschaltungen eines Planetengetriebes. Wird das Planetengetriebe als Standrädergetriebe betrachtet, wird die gesamte Leistung im Getriebe durch die Abwälzbewegung der Zahnräder übertragen. Damit kann die Wälzleistung als die Leistungsübertragung über die Zahneingriffe verstanden werden. Wird ein Planetengetriebe so verschaltet, dass keine Wälzbewegung stattfindet und die Übersetzung $i = 1$ wird, dann wird die Leistung verlustfrei übertragen, was als Kupplungsleistung zu verstehen ist [MÜLL98].

Vordimensionierung

Für Planetengetriebe kann prinzipiell eine analoge Vorgehensweise zur Vorauslegung gewählt werden, wie dies bei den Stirnradstufen der Fall ist. Allerdings sind zusätzliche Randbedingungen zu beachten. Die wesentliche Bestimmungsgröße des Planetengetriebes bildet die Standübersetzung. Je größer die Standübersetzung i_{12} gewählt wird, desto kleiner ist die Sonne im Verhältnis zum Hohlrad und desto größer wird die mögliche Gesamtübersetzung der Planetenstufe.

Im Sinne einer möglichst geringen Belastung der Einzelkomponenten und damit einer kompakten Bauweise ist es häufig ein Ziel, viele Planeten in einer Planetenstufe einsetzen zu können, sodass die tragfähigkeitsbestimmenden Einzelzahnkräfte sinken. Mit steigender Standübersetzung führen die relativen Größenverhältnisse dazu, dass die Anzahl einsetzbarer Planeten sinkt. Der erste Schritt der Auslegung einer Planetenstufe ist daher die Ermittlung und Festlegung der maximalen Planetenzahl q nach Pickard [PICK78] zur Erfüllung der vorgegebenen Standübersetzung i_{12} (siehe Formel 3.20).

$$q = \frac{\pi}{\arcsin\left(1 - \frac{2}{i_{12} + 1}\right)} \qquad (3.20)$$

Durch Abrunden lässt sich aus dem Formelzusammenhang die ganzzahlige Höchstanzahl der einbaubaren Planeten ermitteln. Daraus wird ebenfalls das Moment bestimmt, welches von jedem Planeten zwischen Sonne und Hohlrad übertragen wird. Je größer die Anzahl der Planeten gewählt werden kann, umso geringer ist die Einzellast auf jedem Planeten und umso kompakter kann das Getriebe ausgeführt werden. Demgegenüber steigt die statische Überbestimmung des Systems, womit die Anforderungen an die Fertigungsgenauigkeit zur Reduzierung von Fremdkräften steigen. Da die Sonne aufgrund des ständigen Kontaktes mit allen Planeten und der kleineren Zähnezahl gegenüber dem Hohlrad die meisten Überrollungen erfährt, bildet der Eingriff Sonne-Planet die Grundlage für die Dimensionierung der Planetenstufe. Zunächst wird wie bei der Stirnradstufe der minimal erforderliche Achsabstand zwischen Sonne und Planet ermittelt, der bei einer Planetenstufe zugleich dem effektiven Stegradius entspricht. Die Berechnung erfolgt analog zu Formel 3.6, Formel 3.7 und Formel 3.8, wobei jedoch mit dem Lastverteilungsfaktor K_γ, der aufgrund der statischen Überbestimmtheit einer ungleichmäßigen Lastaufteilung auf die einzelnen Planeten Rechnung trägt, ein zusätzlicher K-Faktor zu verwenden ist (Formel 3.21).

$$K_\gamma = 1 + 0{,}25 \cdot \sqrt{q - 3} \qquad (3.21)$$

Nachdem der Mindestachsabstand bekannt ist, muss geprüft werden, ob keine Durchdringung oder Berührung der Planetenräder vorliegt. Eine Beurteilung erfolgt durch die Berechnung des Mindestachsabstands der Planetenachsen (siehe Formel 3.22):

$$a_{\text{min,Planet}} = d_{\text{a,Planet}} + S^{*}_{\text{Planet,min}} \cdot m_{\text{n}} \qquad (3.22)$$

Der Mindestachsabstand der Planetenräder sollte größer sein als der Kopfkreisdurchmesser der Planetenräder.

Auf Grundlage der Vorgabe eines Mindestachsabstands lässt sich analog zu Formel 3.12 ebenfalls der erforderliche Normalmodul m_n zur Erfüllung des Kriteriums zur Zahnfußtragfähigkeit ermitteln. Der Normalmodul m_n ist in Planetengetrieben jedoch auch nach oben begrenzt. Dies wird im Wesentlichen durch einen maximal zulässigen Außendurchmesser des Hohlrads $d_{\text{Hohlrad,max}}$ bestimmt (siehe Formel 3.23).

$$m_n \leq \frac{d_{\text{Hohlrad,max}} \cdot \left(\sin\left(\frac{180^\circ}{q}\right) + \sin\left(\frac{180^\circ}{q}\right) \cdot i_{12} - i_{12} + 1\right)}{2\left(\sin\left(\frac{180^\circ}{q}\right) \cdot \left(1 + i_{12}\right) \cdot \left(s_r^* + h_{\text{fP0}}^*\right)\right)} \cdots$$

$$\frac{}{\cdots + 2\left(i_{12} \cdot \left(S_{\text{Planet,min}}^* - S_r^* - h_{\text{fP0}}^* + 2 \cdot h_{\text{aP0}}^*\right) + S_r^* + h_{\text{fP0}}^*\right)} \tag{3.23}$$

Bei der Berechnung des maximal möglichen Normalmoduls gehen die Anzahl der Planetenräder q, die Standübersetzung i_{12}, der Radkranzdickenfaktor des Hohlrads s_r^*, der Planetenabstandsfaktor $s_{\text{Planet,min}}^*$ und die Kopf- und Fußhöhenfaktoren des Werkzeugs mit ein. Die Wahl des Radkranzdickenfaktors s_r^* beeinflusst die Nachgiebigkeit des Hohlrads und wirkt sich entsprechend auf die Lastverteilung im Planetengetriebe aus. Ebenfalls beeinflusst die Wahl der Radkranzstärke die Spannungen im Hohlrad [LINK10]. In der VDI 2737 [VDI05] werden in Abhängigkeit der Zähnezahlen Empfehlungen für weiche und steife Ausführungen von Hohlrädern gegeben. Bei der überschlägigen Auslegung kann für die Kopf- und Fußhöhenfaktoren des Werkzeugs das Standardbezugsprofil nach DIN 867 [DIN86] herangezogen werden. Der maximal realisierbare Modul wird mit steigender Anzahl an Planetenrädern kleiner, da auch die Planetenräder kleiner werden. Mit steigender Übersetzung wächst der Teilkreisdurchmesser der Planeten. Damit die Kopfkreisdurchmesser bei gleichem Bezugsprofil nicht auch größer werden, muss der Normalmodul kleiner werden. Die Kopf- und Fußhöhenfaktoren beeinflussen die Zahnhöhe. Größere Fußhöhen des Werkzeugs vergrößern den Kopfkreisdurchmesser des Planeten, was durch Verringerung des Moduls ausgeglichen werden kann. Eine Vergrößerung des Kopfhöhenfaktors des Hohlradwerkzeugs reduziert den Teilkreisdurchmesser des Hohlrads. Hierdurch wird der Bauraum für die Planeten und mit ihm der realisierbare Normalmodul geringer. Größere Werte der Zahnkranzdicke s_R und des Planetenabstands reduzieren den Raum, der für die Planeten zur Verfügung steht. Dies hat kleinere Planeten zur Folge, die durch kleinere Module realisiert werden.

In Analogie zu den Stirnradstufen werden dann unter Berücksichtigung der Grenzzähnezahl und Axialkräfte der Schrägungswinkel sowie die Zahnbreite bestimmt. Die Auswirkungen der Axialkräfte in einem Planetengetriebe sind für die Umgebungskonstruktion besonders zu berücksichtigen (siehe Bild 3.16).

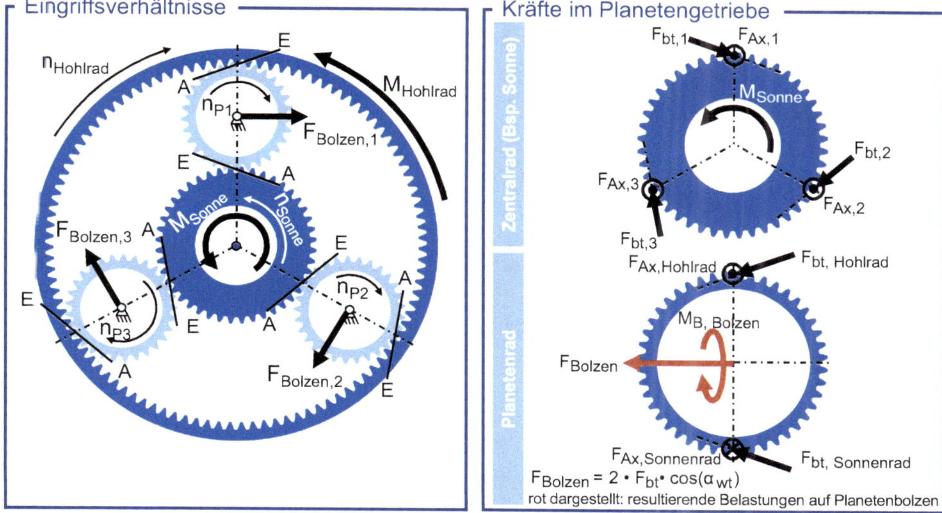

Bild 3.16 Eingriffs- und Kräfteverhältnisse im Planetengetriebe

An Sonnen- und Hohlrad summieren sich die Axialkräfte zu einer Gesamtaxialkraft. Die radialen und tangentialen Kräfte aus den Zahneingriffen heben sich idealerweise auf. Aufgrund von fertigungs- und betriebsbedingten Abweichungen sowie Eigengewichten kommt es zu ungleichmäßigen Lasten und resultierenden Kräften in radialer Richtung.

Am Planetenrad heben sich die Axialkräfte zunächst auf, sodass auf den Steg keine Axialkraft wirkt. Jedoch führen die Axialkräfte des Planetenrads zu einem Biegemoment am Planetenradbolzen. Die Radialkräfte am Planetenrad heben sich auf und die Tangentialkräfte summieren sich zu einer Gesamttangentialkraft. Die Kräfteverhältnisse am Steg können zu einem „S-Schlag" des Bolzens führen und zu einer Verkippung des Planetenrads, was für die spätere Optimierung zu berücksichtigen ist.

Im folgenden Schritt erfolgt die Ermittlung der Zähnezahlen der Sonne, der Planeten und des Hohlrads. Neben einer möglichst guten Näherung der geforderten Standübersetzung und der Berücksichtigung der Mindestzähnezahl, die sich aus der Grenzzähnezahl ergibt, sind weitere Randbedingungen bei der Wahl der Zähnezahlen zu beachten. Die erste Bedingung bei Planetengetrieben ist es, dass die Summe der Zähnezahlen von Sonne und Hohlrad ganzzahlig durch die Anzahl der Planeten q teilbar ist (vgl. Formel 3.24).

$$g = \frac{|z_{\text{Sonne}}| + |z_{\text{Hohlrad}}|}{q} \tag{3.24}$$

Der Zusammenhang wird als Montagebedingungen bezeichnet, da dessen Erfüllung sicherstellt, dass die Planeten gleichmäßig über dem Umfang zwischen Sonne und Hohlrad montiert werden können [LOOM09]. Formel 3.24 wird erfüllt, wenn im ersten Fall jede Zähnezahl für sich durch die Planetenanzahl q ganzzahlig teilbar ist, oder im zweiten Fall, wenn zwar nicht beide Zähnezahlen einzeln, aber deren Summe ganzzahlig durch die Anzahl der Planetenräder teilbar ist. Für den ersten Fall erfolgt der Eingriff aller Planeten gleichzeitig und die Anregungseffekte überlagern sich [MÜLL98]. Der zweite Fall führt zu einem anregungsarmen und ausgeglichenen Lauf und damit zu einer niedrigen Geräuschanregung. Infolgedessen kommt es zu einer geringeren Geräuschanregung, da die Eingriffe phasenverschoben sind.

Die zweite Bedingung betrifft im Wesentlichen die sich aus den Zähnezahlen von Hohlrad und Sonne ergebende Zähnezahl der Planeten z_{Planet}:

$$z_{\text{Planet}} = \frac{\left|z_{\text{Hohlrad}}\right| - \left|z_{\text{Sonnenrad}}\right| + C}{2} \tag{3.25}$$

Aufgrund der Ganzzahligkeit der Zähnezahl wird die Konstante C genutzt, um die Zähnezahl in geringem Maße nach oben oder unten auf die nächste ganze Zahl anpassen zu können. Von der Erfüllung der Formel und der dazugehörigen Konstanten hängen die Profilverschiebungssumme und deren Aufteilung in der Planetenstufe ab. Wird die Zähnezahl nach unten korrigiert, so ist eine positive Profilverschiebung erforderlich, die tragfähigkeitssteigernd wirkt und abhängig von den sich einstellenden Gleitverhältnissen zu einem besseren Wirkungsgrad beitragen kann. Wird die Zähnezahl des Planeten erhöht, so wird mit der damit erforderlichen negativen Profilverschiebung allgemein das Geräusch- und Anregungsverhalten verbessert. Wie auch für die Stirnradstufe wird häufig eine ausgeglichene Auslegung (Nullprofilverschiebung) angestrebt.

Ausgehend von den zu Beginn definierten, geometrischen Parametern der Planetenstufe erfolgt die Auswahl geeigneter Zähnezahlen auf Basis einer minimalen Abweichung von der geforderten Übersetzung und der Einhaltung der Grenzzähnezahlen sowie der vorangehend erläuterten Bedingungen für die Wahl der Zähnezahlen. Sind die Zähnezahlen der Sonne, des Planeten und des Hohlrads unter diesen Randbedingungen festgelegt, ergeben sich daraus die noch unbekannten übrigen geometrischen Parameter der Planetenstufe. Neben dem tatsächlichen Achsabstand sind das vor allem die Grund-, Fuß- und Kopfkreisdurchmesser. Auf dieser Basis werden wie bei der Stirnradstufe die abhängigen Faktoren der Tragfähigkeitsberechnung bestimmt. Abschließend wird geprüft, ob die ausgelegte Verzahnung den Tragfähigkeitsanforderungen genügt.

■ 3.2 Optimierung der Makrogeometrie

Die Vordimensionierung eines Getriebes erfolgt auf Basis einer beanspruchungsgerechten Gestaltung anhand einer Anforderungsliste. Das Ergebnis ist ein Parametersatz, der die Grobgeometrie anhand makrogeometrischer Kenngrößen einer Verzahnung vollständig beschreibt und sich grundsätzlich mit der Anforderungsliste vereinbaren lässt. Aufgrund von Vorgaben aus Normen sowie anderen Einflussgrößen, wie z. B. dem verfügbaren Bauraum oder der geforderten Getriebeübersetzung, sind viele Geometrieparameter bereits festgelegt. Für eine beispielhafte Auslegung sind feste Parameter in Bild 3.17 auf der linken Seite aufgeführt. Welche Parameter dieser Gruppe zuzuordnen sind, hängt von der jeweiligen Anforderungsliste ab und ist hier exemplarisch angegeben.

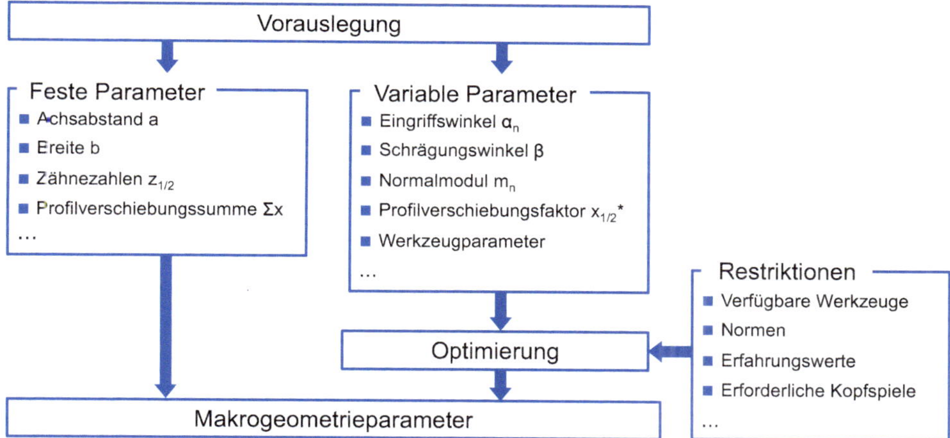

Bild 3.17 Vorgehen bei der Optimierung der Makrogeometrie

Dennoch entspricht in den meisten Fällen der Ausgangsentwurf nicht dem wirtschaftlich-technischen Optimum. Demnach kann durch die Variation nicht festgelegter Parameter gegenüber dem Erstvorschlag eine verbesserte Erfüllung von Anforderungen an das Getriebe hinsichtlich der Leistungsdichte, der Getriebeakustik oder der Herstellungskosten erzielt werden. Technische Gesichtspunkte sowie ungenutzte Optimierungspotenziale können es in diesem Zusammenhang erfordern, dass einige Parameter der Vordimensionierung angepasst werden. Das Ziel einer solchen Optimierung ist es, eine Kombination der variablen geometrischen Größen abzuleiten, die im Zusammenspiel mit den vorher festgelegten Größen neben der grundsätzlich zu erfüllenden Anforderung der Tragfähigkeit auch den Anforderungen hinsichtlich des Anregungsverhaltens und den Kriterien des Wirkungsgrads genügt.

Um diese Anforderungen zu quantifizieren, ist es notwendig, Kennwerte zu definieren, anhand derer die Qualität einer Getriebevariante bewertet werden kann. Für das Anregungsverhalten sind bezüglich der Makrogeometrie insbesondere die Überdeckungsverhältnisse maßgeblich [LACH83, MÖLL82]. Damit beeinflussen alle geometrischen Kenngrößen, die die Überdeckung verändern, die Getriebeakustik. Zur Beeinflussung der Tragfähigkeit der Zahnflanke und des Zahnfußes ist der Einfluss einzelner geometrischer Kenngrößen auf die Beanspruchungsverhältnisse zugrunde zu legen (siehe Abschnitt 5.1). Mögliche Bewertungskenngrößen sind die Sicherheiten gegen Zahnfuß- (S_F) und Grübchenschäden (S_H) des Normtragfähigkeitsnachweises nach ISO 6336 oder die mithilfe einer Zahnkontaktanalyse (Kapitel 6) bestimmbaren maximalen Zahnfußspannungen und Hertz'schen Pressungen. Für den Wirkungsgrad sind alle Einflüsse auf die Verlustleistung von Bedeutung, die anhand der Verteilung von Normalkräften, des Reibwerts sowie der Gleitgeschwindigkeit auf der Zahnflanke beschrieben werden [IMDA98].

3.2.1 Akustische Optimierung durch Hochverzahnungen

Je nach Einsatzgebiet stehen bei der Getriebeauslegung unterschiedliche Bestrebungen im Fokus. Als Kennwerte für die Getriebeakustik gelten die Profil- und die Sprungüberdeckung. Durch die Verwendung von Hochverzahnungen mit verringerten Eingriffswinkeln und höheren Bezugsprofilen lässt sich das Potenzial hoher Profilüberdeckungskennwerte ausschöpfen [LACH83]. Schlanke und somit biegeweichere Zähne wirken sich einerseits positiv auf einen möglichen Eingriffsstoß und die daraus resultierende Anregung im Zahneingriff aus.

Weiterhin bewirkt eine erhöhte Profilüberdeckung eine vorteilhafte Steifigkeitsmodulation und eine verbesserte Lastaufteilung auf die einzelnen Zahnpaare. Die Berechnung der Profilüberdeckung wird mit Formel 2.23 durchgeführt. Hochverzahnungen weisen einen negativen Einfluss auf den Wirkungsgrad auf. Die Senkung des Wirkungsgrades beruht auf den Gleitgeschwindigkeitsmaxima im Bereich des Kopf- sowie Fußnutzkreises. Bei ungünstigen tribologischen Kontaktbedingungen kann damit eine gesteigerte Fressneigung verbunden sein. Bei der Auslegung sind weiterhin technische Grenzen für den Eingriffswinkel zu beachten. So muss eine Mindestzahnkopfdicke für eine Vermeidung der Durchhärtung des Zahnkopfes bei der Wärmebehandlung eingehalten werden. Weiterhin ist ein minimales Kopfspiel obligatorisch (siehe auch Abschnitt 3.1).

Lachenmaier beschreibt eine Methode zur Optimierung von Hochverzahnungen [LACH83]. Mit der Methode wird eine vorgegebene Profilüberdeckung bei Minimierung der Gleitwerte und Berücksichtigung der geometrischen Grenzen (Kopfspiel und Zahnkopfdicke) realisiert. Das Ziel ist es, die Vorgaben hinsichtlich des Anregungsverhaltens und der Tragfähigkeit in einem möglichst guten Kompromiss zu erfüllen. Ferner wird mit der Methode geprüft, ob die optimierte Verzahnung den Anforderungen bezüglich der Fertigbarkeit genügt.

Grundsätzlich wird bei der Hochverzahnungsoptimierung eine Vergrößerung der Eingriffsstrecke g_a und folglich der Profilüberdeckung angestrebt. In der Regel wird dieses Ziel durch eine Senkung des Eingriffswinkels α_n und Anpassung der Kopfkreisdurchmesser realisiert. Als Folge daraus kann das den Wirkungsgrad und die Fresstragfähigkeit kennzeichnende spezifische Gleiten z auf den Zahnflanken hohe Werte annehmen. Daher wird eine gleichmäßige Aufteilung der Eingriffsstrecke auf die Kopf- und die Fußeingriffsstrecke angestrebt. Dazu werden die Kopfhöhen h_{a1} und h_{a2} der Zahnräder angepasst. Dadurch lassen sich für eine gegebene Eingriffsstreckenlänge minimale Werte für das spezifische Gleiten einstellen. Zusätzlich hat eine Anpassung der Zahnhöhen einen Einfluss auf die Zahnkopfdicken. Um die Kopfdicke oberhalb des geforderten Mindestwertes zu halten, wird abschließend die Profilverschiebung x_2 so aufgeteilt, dass die Zahnkopfdicke s_{an} mindestens einen zulässigen Wert annimmt. Das Vorgehen ist in Bild 3.18 dargestellt.

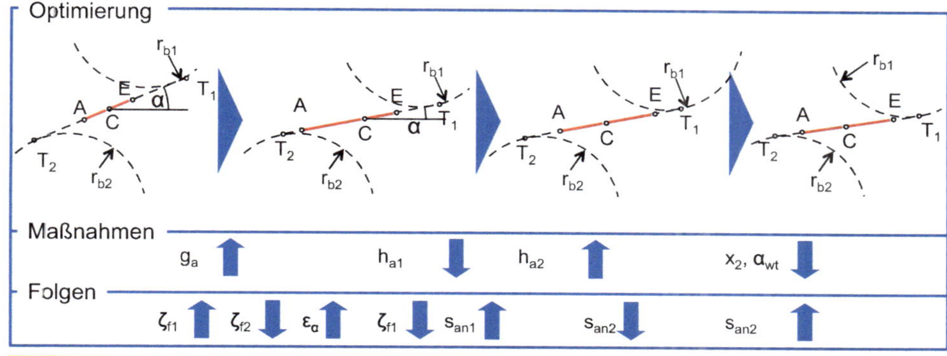

Bild 3.18 Vorgehen bei der Hochverzahnungsoptimierung

Lachenmaier zeigt eine Methode zur Entwicklung einer Hochverzahnung aus einer vorausgelegten Zahnradgeometrie unter Einhaltung der oben genannten Restriktionen [LACH83]. Dazu müssen fünf der acht in Bild 3.19 angegebenen Grundbestimmungsgrößen im Vorhinein festgelegt sein. Diese Größen sind die Zähnezahlen $z_{1/2}$, die Profilverschiebungssumme Σx, der Normaleingriffswinkel α_n sowie der Schrägungswinkel β. Da die Methode größenunabhängig konzipiert ist, ist der Modul keine Eingangsgröße für das Rechenverfahren. Vielmehr werden errechnete Kenngrößen modulbezogen angegeben.

Die Aufteilung der Profilverschiebungssumme sowie die Bestimmung der Kopfhöhenfaktoren der Räder werden mithilfe von drei weiteren Randbedingungen realisiert. Die erste Randbedingung ist die Vorgabe einer Profilüberdeckung ε_α, anhand derer die auf den Modul m_n bezogene Eingriffsstrecke s_α^* bestimmt wird. Die zweite Randbedingung ist die Vorgabe des maximalen spezifischen Gleitens $\zeta_{f1/2}$ eines Rads der Paarung und die Angabe einer Bedingung, ob die für den Wirkungsgrad und die Fressneigung maßgeblichen Gleitfaktoren $K_{g1/2}$ an Beginn und Ende der Eingriffsstrecke identisch zu bestimmen sind. Die Gleitfaktoren können mittels Formel 3.26 berechnet werden:

$$K_{g1} = K_{g2} = \frac{\varepsilon_\alpha \cdot p_{et}}{d_{w1}} \left(1 + \frac{1}{u}\right) = \varepsilon_\alpha \cdot \cos(\alpha_{wt}) \cdot \frac{\pi}{z_1} \cdot \left(1 + \frac{1}{u}\right) \tag{3.26}$$

Die dritte Randbedingung beinhaltet die Vorgabe der Mindestzahnkopfdicke $s_{an1/2}$ eines Rads und die Kriterien, ob die Zahnkopfdicken beider Räder oder die Kopfhöhen identisch sein sollen.

Mit den vorgestellten Eingangsgrößen und den drei Randbedingungen werden drei Auslegungsstufen nacheinander durchlaufen und gegebenenfalls iteriert. In den einzelnen Auslegungsstufen werden die bezogene Eingriffsstrecke, die Aufteilung der Eingriffsstrecke in Kopf- und Fußeingriffsstrecke g_a und g_f sowie die Kopfhöhenfaktoren h_{aP}^* und die Aufteilung der Profilverschiebungssumme bestimmt. Am Ende jedes Auslegungsschritts stehen Beurteilungsgrößen zur Verfügung, die die Güte der Verzahnungsoptimierung bewerten. Auf Basis der Kennwerte müssen gegebenenfalls Vorgabe und Startwerte angepasst und der Auslegungsschritt erneut durchlaufen werden oder es kann in den nächsten Auslegungsschritt gewechselt werden. Bild 3.19 zeigt die Vorgehensweise nach Lachenmaier [LACH83].

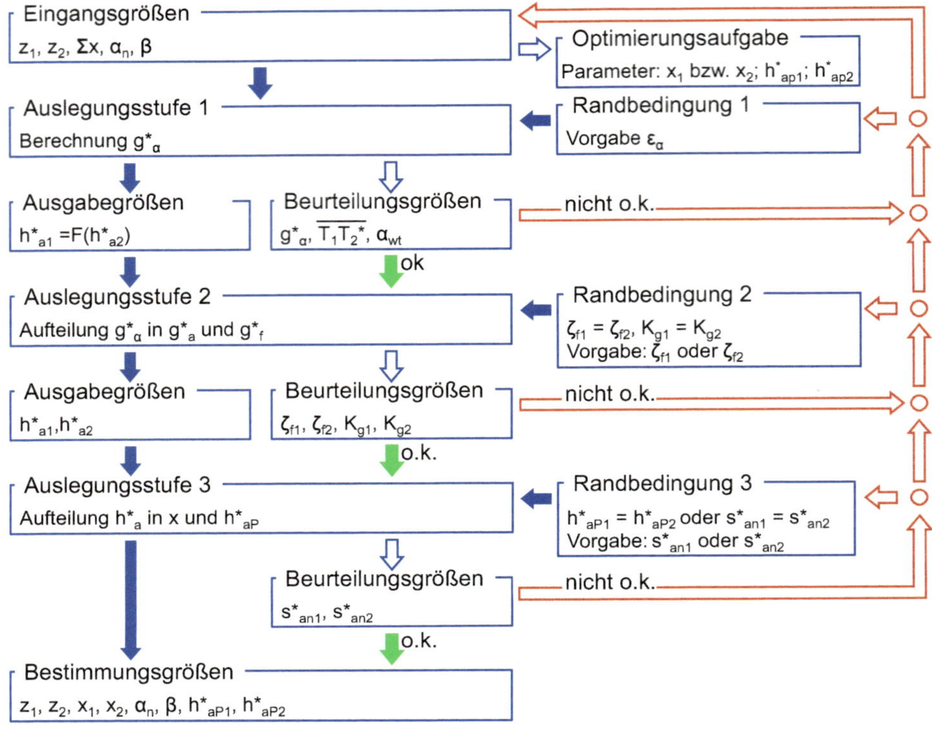

Bild 3.19 Auslegung der bauteilgrößenunabhängigen evolventischen Hochverzahnungsgeometrie nach Lachenmaier [LACH83]

Berechnung der bezogenen Eingriffsstrecke – Auslegungsstufe 1

In der ersten Auslegungsstufe werden die Kopfhöhenfaktoren h^*_{a1} und h^*_{a2} festgelegt. Zu diesem Zweck wird zunächst die bezogene Eingriffsstreckenlänge g^*_α in Abhängigkeit der vorgegebenen Profilüberdeckung ε_α nach Formel 3.27 bestimmt.

$$g^*_\alpha = \varepsilon_\alpha \cdot \frac{\pi}{\cos(\beta)} \cdot \cos\left(\arctan\left(\frac{\tan(\alpha_n)}{\cos(\beta)}\right)\right) \tag{3.27}$$

Es ist zu prüfen, ob der errechnete Wert für g^*_α die Bedingung erfüllt, dass die bezogene Eingriffsstrecke kleiner als die Länge der Strecke zwischen den Berührpunkten (T_1 und T_2) der Eingriffsstrecke mit den Grundkreisen der beiden Räder ist. Die Bedingung kann anhand von Formel 3.28 geprüft werden.

$$\overline{T_1T_2}^* = g^*_{\alpha max} = \frac{(z_1 + z_2) \cdot \cos(\alpha_t)}{2 \cdot \cos(\beta)} \cdot \tan(\alpha_{wt}) \geq g^*_\alpha \tag{3.28}$$

Der maximale Wert für die Profilüberdeckung, der sich für die maximal mögliche bezogene Eingriffsstreckenlänge nach Formel 3.26 theoretisch ergibt, ist dabei aufgrund von Spitzenbildung und unendlichem spezifischen Gleiten nicht realisierbar.

$$\varepsilon_{\alpha\max} = \frac{z_1 + z_2}{2 \cdot \pi} \cdot \tan(\alpha_{wt}) \geq \varepsilon_\alpha \tag{3.29}$$

Aufteilung in die einzelnen Eingriffsstrecken – Auslegungsstufe 2

Der zweite Auslegungsschritt befasst sich mit der Aufteilung der ermittelten bezogenen Eingriffsstreckenlänge in die Kopfeingriffsstrecke g_a^* und die Fußeingriffsstrecke g_f^*. Da die Lage des Wälzpunktes durch die Vorgabe der Profilverschiebungssumme festliegt, bewirkt eine solche Änderung lediglich eine Verschiebung der Eingriffsstrecke auf der Eingriffslinie. Um Eingriffsstörungen zu vermeiden, muss die Eingriffsstrecke immer zwischen den Punkten T_1 und T_2 liegen. Dies ist genau dann erfüllt, wenn die Bedingungen Formel 3.30 und Formel 3.31 erfüllt sind.

$$g_f^* \leq \frac{z_1 \cdot \cos(\alpha_t)}{2 \cdot \cos(\beta)} \cdot \tan(\alpha_{wt}) \tag{3.30}$$

$$g_a^* \leq \frac{z_2 \cdot \cos(\alpha_t)}{2 \cdot \cos(\beta)} \cdot \tan(\alpha_{wt}) \tag{3.31}$$

Zur Aufteilung der Fuß- und Kopfeingriffsstrecke lassen sich unterschiedliche Kriterien verwenden. Eine Aufteilung nach gleichem, maximal spezifischen Gleiten im Fußflankenbereich von Rad und Ritzel bewirkt ausgewogene Werte zwischen Akustik und Tragfähigkeit. Durch Einsetzen dieser Annahme lässt sich ein Zusammenhang zwischen der Fuß- und der Kopfeingriffsstrecke ableiten, der nur vom bezogenen Krümmungsradius am Wälzkreis (Berechnung siehe Abschnitt 2.2.3.1) abhängt (siehe Formel 3.32).

$$\frac{g_a^* - g_f^*}{g_a^* \cdot g_f^*} = \frac{u-1}{\rho_{c2}^*} \tag{3.32}$$

Wird die Bedingung gesetzt, dass die Summe aus Kopf- und Fußeingriffsstrecke der bezogenen Eingriffsstrecke entspricht, ergibt sich Formel 3.33 für die bezogene Kopfeingriffsstrecke.

$$g_a^* = \left(\frac{g_\alpha^*}{2} - \frac{\rho_{c2}^*}{u-1}\right) + \sqrt{\left(\frac{g_\alpha^*}{2} - \frac{\rho_{c2}^*}{u-1}\right)^2 + \frac{g_\alpha^* \cdot \rho_{c2}^*}{u-1}} \tag{3.33}$$

Neben der Bedingung des gleichen spezifischen Gleitens kann es auch erforderlich sein, dass Maximalwerte für das spezifische Gleiten festzulegen sind. Aus den Definitionen des spezifischen Gleitens lassen sich Formel 3.34 und Formel 3.35 ableiten. Daraus lässt sich bei vorgegebenen Werten für das spezifische Gleiten die Eingriffsstreckenaufteilung berechnen und mit dem Auslegungsergebnis nach Formel 3.33 abgleichen.

$$g_f^* = \frac{\rho_{c2}^* \cdot \zeta_{f1}}{u \cdot (\zeta_{f1} - 1) - 1} \tag{3.34}$$

$$g_a^* = -\frac{\rho_{c2}^* \cdot \zeta_{f2}}{\zeta_{f2} - 1 - u} \tag{3.35}$$

Erfüllen die bestimmten Werte die Bedingungen aus Formel 3.30 und Formel 3.31, sind für den vorgegebenen Wert des spezifischen Gleitens Eingriffsstörungen, die aus dem Überschreiten der Punkte T_1 und T_2 durch die Eingriffsstrecke resultieren, ausgeschlossen. Aus den nach Formel 3.34 und Formel 3.35 berechneten Werten lassen sich anschließend die Kopfhöhenfaktoren berechnen (siehe Formel 3.36 und Formel 3.37).

$$h_{a1}^{*} = x_1 + h_{aP1}^{*} = \ldots$$
$$\ldots \frac{1}{2} \cdot \sqrt{\left(2 \cdot g_a^{*} + z_1 \cdot \frac{\cos(\alpha_t)}{\cos(\beta)} \cdot \tan(\alpha_{wt})\right)^2 + \left(z_1 \cdot \frac{\cos(\alpha_t)}{\cos(\beta)}\right)^2} - \ldots \tag{3.36}$$
$$\ldots \frac{z_1}{2 \cdot \cos(\beta)}$$

$$h_{a2}^{*} = x_2 + h_{aP2}^{*} = \ldots$$
$$\ldots \frac{1}{2} \cdot \sqrt{\left(2 \cdot g_f^{*} + z_2 \cdot \frac{\cos(\alpha_t)}{\cos(\beta)} \cdot \tan(\alpha_{wt})\right)^2 + \left(z_2 \cdot \frac{\cos(\alpha_t)}{\cos(\beta)}\right)^2} - \ldots \tag{3.37}$$
$$\ldots \frac{z_2}{2 \cdot \cos(\beta)}$$

Wird eine ausgewogene Auslegung zwischen Akustik und Zahnverlustleistung angestrebt, wie z. B. bei schnelllaufenden Anwendungen, empfiehlt es sich, statt der Bedingung des gleichen spezifischen Gleitens die Forderung nach gleichen Gleitfaktoren K_g an den Endpunkten der Eingriffsstrecke zu erfüllen. Dies gilt genau dann, wenn Kopf- und Fußeingriffsstreckenlänge gleich sind ($g_a = g_f$). Bei einer solchen Auslegung muss anschließend das Auftreten von Eingriffsstörungen nach Formel 3.30 und Formel 3.31 geprüft werden.

Berechnung der Einzelprofilverschiebungen und der Bezugsprofilkopfhöhen – Auslegungsstufe 3

In der dritten Auslegungsstufe werden die Aufteilung der Profilverschiebung und die Bezugsprofilkopfhöhen bestimmt. Dazu können im Vorgehen nach Lachenmaier [LACH83] drei verschiedene Vorgaben gemacht werden.

Die Forderung nach gleichen Bezugsprofilhöhenfaktoren ist dabei fertigungsgesteuert. Es können bei dieser Auslegung für Rad und Ritzel die gleichen Fräs- und Schleifwerkzeuge verwendet werden. Daraus ergibt sich auch das gleiche Kopfspiel für Rad und Ritzel. Die Bezugsprofilhöhenfaktoren können nach Formel 3.38 bestimmt werden.

$$h_{aP1}^{*} = h_{aP2}^{*} = \frac{1}{2} \cdot \left(h_{a1}^{*} + h_{a2}^{*} - \sum x\right) \tag{3.38}$$

Daraus lassen sich mithilfe von Formel 3.39 die Profilverschiebungen bestimmen.

$$x_1 = h_{a1}^{*} - h_{aP1}^{*}$$
$$x_2 = h_{a2}^{\text{å}} - h_{aP2}^{*} \tag{3.39}$$

Wenn die Spitzgrenze nicht überschritten wird, ist damit die bauteilgrößenunabhängige Flankengeometrie des Radpaars vollständig bestimmt. Die Normalzahnkopfdicke kann als Bewertungsgröße nach Formel 3.40 bestimmt werden.

$$
\begin{aligned}
s_{\mathrm{an}}^{*} &= s_{\mathrm{at}}^{*} \cdot \cos\left(\arctan\left(\tan(\beta) + 2\cdot\sin(\beta)\cdot\frac{h_{\mathrm{aP}}^{*}+x}{z}\right)\right)\\
s_{\mathrm{at}}^{*} &= \left(\frac{z}{\cos(\beta)} + 2\cdot\left(h_{\mathrm{aP}}^{*}+x\right)\right)\cdot\ldots\\
&\ldots\left(\frac{\pi + 4\cdot x\cdot\tan(\alpha_{\mathrm{n}})}{2\cdot z} + \mathrm{inv}(\alpha_{\mathrm{t}}) - \ldots\right.\\
&\left.\ldots\mathrm{inv}\left(\arccos\left(\frac{z\cdot\cos(\alpha_{\mathrm{t}})}{z+2\cdot\left(h_{\mathrm{aP}}^{*}+x\right)\cdot\cos(\beta)}\right)\right)\right)
\end{aligned}
\tag{3.40}
$$

Wird für gleiche Bezugsprofilkopfhöhenfaktoren die Mindestzahnkopfdicke unterschritten, ist es zweckmäßig, bei gleichen Gleitwerten eine Zahnkopfdicke vorzugeben. Dadurch lassen sich die Profilverschiebungen nach Formel 3.41 berechnen.

$$
\begin{aligned}
x &= \frac{1}{\tan(\alpha_{\mathrm{n}})}\cdot\left(\left(\frac{s_{\mathrm{at}}^{*}}{d_{\mathrm{a}}^{*}} + \mathrm{inv}\left(\arctan\left(\frac{z\cdot\cos(\alpha_1)}{d_{\mathrm{a1}}^{*}\cdot\cos(\beta)}\right)\right) - \mathrm{inv}(\alpha_{\mathrm{t}})\right)\cdot\frac{z}{2} - \frac{\pi}{4}\right)\\
s_{\mathrm{at}}^{*} &= \frac{s_{\mathrm{an}}^{*}}{\cos\left(\arctan\left(\tan(\beta) + 2\cdot\sin(\beta)\cdot\frac{h_{\mathrm{a}}^{*}}{z}\right)\right)}\\
d_{\mathrm{a}}^{*} &= \frac{z}{\cos(\beta)} + 2\cdot h_{\mathrm{a}}^{*}
\end{aligned}
\tag{3.41}
$$

Die dritte mögliche Vorgabe bei der Auslegung der Profilverschiebungen ist die Forderung nach gleichen Zahnkopfdicken. Dies kann nötig werden, da die beiden vorgenannten Vorgaben jeweils eine Beeinflussung der Zahnkopfdicken bewirken. Da die Profilverschiebungssumme gleich bleibt, bewirkt eine Veränderung der Profilverschiebung an einem Rad eine Veränderung der Zahnkopfdicke des anderen Rads. Aus der Bedingung gleicher Zahnkopfdicken lassen sich die Profilverschiebungen direkt berechnen für Rad 1 (siehe Formel 3.42):

$$
x_1 = \frac{\pi + K_2 - K_3\cdot(\pi + K_1)}{4\cdot\tan(\alpha_{\mathrm{n}})\cdot(K_3+1)} + \frac{\sum x}{K_3+1}
\tag{3.42}
$$

Die in Formel 3.42 verwendeten Konstanten können nach Formel 3.43, Formel 3.44 und Formel 3.45 bestimmt werden.

$$
K_1 = 2\cdot z_1\cdot\left(\mathrm{inv}(\alpha_{\mathrm{t}}) - \mathrm{inv}\left(\arccos\left(\frac{\cos(\alpha_{\mathrm{t}})}{1+\frac{2\cdot\cos(\beta)\cdot h_{\mathrm{a1}}^{*}}{z_1}}\right)\right)\right)
\tag{3.43}
$$

$$K_2 = 2 \cdot z_2 \cdot \left(\operatorname{inv}(\alpha_t) - \operatorname{inv}\left(\arccos\left(\frac{\cos(\alpha_t)}{1 + \frac{2 \cdot \cos(\beta) \cdot h_{a2}^*}{z_2}} \right) \right) \right) \tag{3.44}$$

$$K_3 = \frac{\left(1 + \frac{2 \cdot \cos(\beta) \cdot h_{a1}^*}{z_1}\right) \cdot \cos\left(\arctan\left(\tan(\beta) + \frac{2 \cdot \sin(\beta) \cdot h_{a1}^*}{z_1} \right) \right)}{\left(1 + \frac{2 \cdot \cos(\beta) \cdot h_{a2}^*}{z_2}\right) \cdot \cos\left(\arctan\left(\tan(\beta) + \frac{2 \cdot \sin(\beta) \cdot h_{a2}^*}{z_2} \right) \right)} \tag{3.45}$$

Die Profilverschiebung x_2 folgt aus der Profilverschiebungssumme Σx. Die Vorgabe gleicher Zahnkopfdicken bietet besonders bei kleinmoduligen, wärmebehandelten Verzahnungen Vorteile, da hier bei zu kleinen Zahnkopfdicken die Gefahr einer Durchhärtung besteht, was zu Abplatzungen führen kann. Aus akustischer Sicht wirkt sich eine Mindestzahnkopfdicke auf den minimalen Wert der Zahnpaarsteifigkeit aus.

3.2.2 Tragfähigkeitsorientierte Auslegung asymmetrischer Verzahnungen

Für Getriebe, die eine Vorzugslastdrehrichtung aufweisen, lassen sich die Grenzen der konventionellen Zahnradauslegung erweitern, indem die Zug- und Druckflanke (belastete und unbelastete Flanke) mit unterschiedlichen Eingriffswinkeln ausgelegt werden. Die Vorgehensweise ist beim Kegelrad etabliert und gewinnt für das Stirnrad an Bedeutung. Der Optimierung wird dadurch ein zusätzlicher Freiheitsgrad gegeben. Beispiele für Anwendungen mit einer Vorzugsdrehrichtung sind Getriebe für Windkraftanlagen oder Hebezeuge.

Es ist möglich, durch den Einsatz von asymmetrischen Verzahnungen die sich im symmetrischen Fall widersprechenden Bestrebungen nach einem großen Zahnfußquerschnitt (hoher Eingriffswinkel) und einer ausreichenden Kopfdicke (niedriger Eingriffswinkel) zu vereinen. Große Eingriffswinkel wirken sich positiv auf die Tragfähigkeit einer Verzahnung aus: Ein größerer Zahnfußquerschnitt mindert die Zahnfußspannung, während die größeren Krümmungsradien auf der Flanke die Flankenpressung heruntersetzen. Niedrige Eingriffswinkel und große Zahnhöhen verbessern allerdings das Anregungsverhalten einer Verzahnung durch eine Steigerung der Profilüberdeckung, sodass verringerte Steifigkeitsschwankungen resultieren. Die Möglichkeit zur Kombination dieser Vorteile bietet ein großes Potenzial für eine Optimierung der Makrogeometrie einer Verzahnung.

Die Auslegung von asymmetrischen Verzahnungen lehnt sich in der Vorgehensweise an die Strategie zur Hochverzahnungsauslegung nach Lachenmaier [LACH83] an. Die Werte, die aus der Vorauslegung resultieren, entsprechen den Werten, wie sie auch in die Optimierungsmethode für Hochverzahnungen eingehen. Für die Auslegung wird in der Auslegungsstrategie nach Brecher [BREC13] zunächst ausschließlich die Zugflanke (Lastflanke) der Verzahnung betrachtet. Dabei wird im ersten Schritt der Eingriffswinkel α_{Zug} der Zugflanke erhöht, sodass die geforderte Flankentragfähigkeit erreicht wird. Daraus ergeben sich eine Abnahme der Profilüberdeckung ε_α sowie der Zahnkopfdicke s_{an}. Im zweiten

Schritt wird die Zahnhöhe h_a gesteigert, um auf diese Weise die Profilüberdeckung ε_α auf den ursprünglichen Wert zu heben. Durch diese Maßnahme sinken allerdings die Zahnkopfdicke und die Steifigkeit c der Verzahnung. In einem letzten Schritt wird die Druckflanke so angepasst, dass alle Restriktionen bezüglich minimalen Kopfspiels und minimaler Zahnkopfdicke s_{an} eingehalten werden. Dazu wird der Eingriffswinkel α_{Druck} der Druckflanke (unbelastete Zahnflanke) so weit reduziert, bis die erforderliche Zahnkopfdicke erreicht wird. Eine untere Grenze aus Sicht der Tragfähigkeit stellt die minimale Länge der Zahnfußdickensehne s dar. Das beschriebene Vorgehen zeigt Bild 3.20.

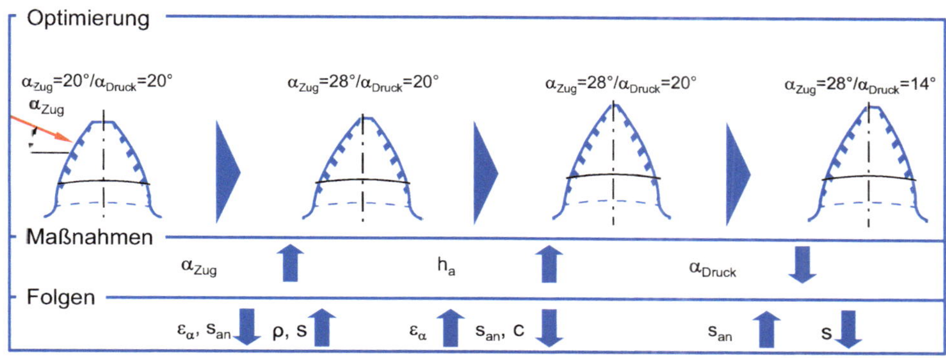

Bild 3.20 Vorgehen bei der Optimierung asymmetrischer Verzahnungen [BREC13]

Der Ablauf der Auslegung asymmetrischer Verzahnungen ist in Bild 3.21 im Detail abgebildet. Als Eingangsgrößen werden die Zähnezahlen z_1 und z_2 sowie der Normalmodul m_n als auch der Achsabstand a benötigt. Die erste Randbedingung ist der Eingriffswinkel α_{Zug} der Zugflanke. Als geometrische Optimierungsgrößen stehen primär der Eingriffswinkel α_{Druck} der Druckflanke, aber auch die Zahnkopfdickenfaktoren s_{an} zur Verfügung.

Im ersten Auslegungsschritt werden zunächst der Stirneingriffswinkel α_{wt} sowie die Summe der Profilverschiebungen berechnet (vgl. Kapitel 2). Daraus abgeleitet wird die erzielbare Profilüberdeckung gemäß der Formel 2.23. Die Profilüberdeckung wird als Beurteilungsgröße herangezogen. Es ist zu prüfen, ob die ursprüngliche respektive die Zielüberdeckung erreicht werden kann. Die realisierbare Profilüberdeckung ist durch die theoretisch mögliche Profilüberdeckung eingegrenzt. Diese wird durch die Strecke $\overline{T_1T_2}$ durch die Grundkreise begrenzt.

Die zweite Auslegungsstufe ist analog zur Auslegungsstufe zwei nach Lachenmaier [LACH83] (vgl. Abschnitt 3.2.1). Anhand des spezifischen Gleitens wird die Eingriffsstrecke in Kopf- und Fußeingriffsstrecke aufgeteilt. Als Ergebnis aus der zweiten Auslegungsstufe ergeben sich die Kopfhöhenfaktoren für Rad und Ritzel.

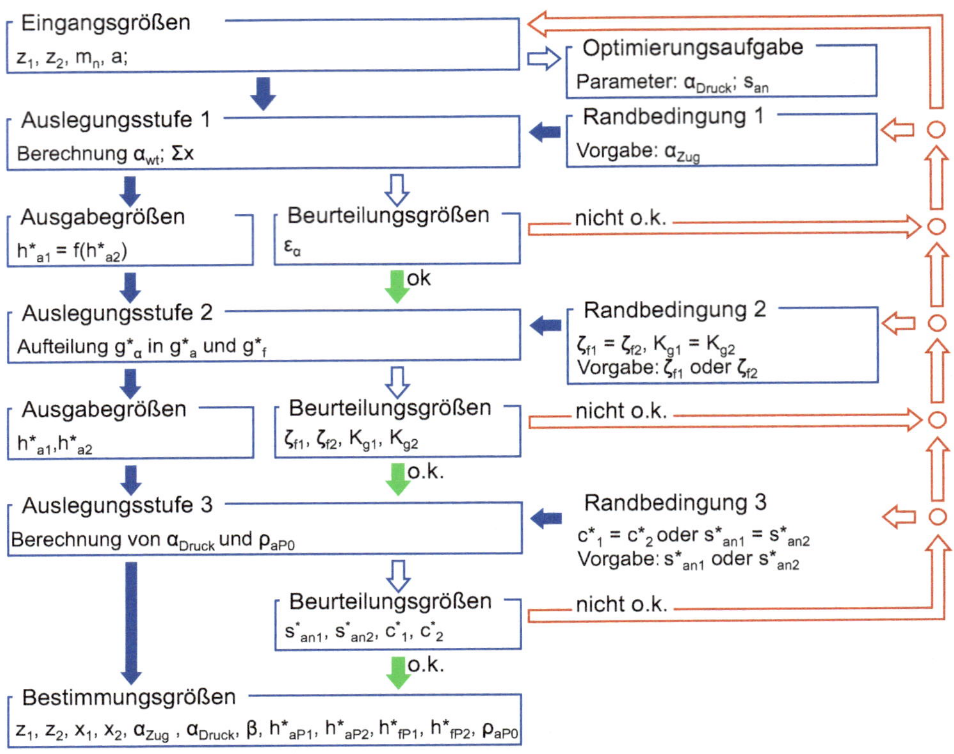

Bild 3.21 Auslegung von asymmetrischen Verzahnungen

In der dritten Auslegungsstufe wird dann der Vorteil der unterschiedlichen Eingriffswinkel für die Zug- und Druckseite einer asymmetrischen Verzahnung genutzt. Dazu wird das Zahnprofil durch die Definition der unbelasteten Druckflanke ergänzt. Der Zahnkopfhöhenfaktor ist dabei durch die Zugflanke bestimmt. Aufgrund der Asymmetrie muss die Zahnkopfdicke über die jeweiligen Anteile der Zug- und der Druckflanke bestimmt werden (siehe Formel 3.46, Formel 3.47 und Formel 3.48).

$$s^*_{\mathrm{at\_Z/D}} = d^*_{\mathrm{a}} \cdot \left(\frac{\pi}{4} + x^*_{\mathrm{e1}} \cdot \tan\left(\alpha_{\mathrm{n\_Z/D}}\right) \right) \cdot \frac{2}{z_1} + \mathrm{inv}\left(\alpha_{\mathrm{t\_Z/D}}\right) - \ldots \tag{3.46}$$

$$\ldots \mathrm{inv}\left(\frac{a \cdot \cos\left(z_1 \cdot \cos\left(\alpha_{\mathrm{t\_Z/D}}\right)\right)}{d^*_{\mathrm{a}} \cdot \cos(\beta)} \right)$$

$$S^*_{\mathrm{at}} = \frac{S^*_{\mathrm{at\_Z}} + S^*_{\mathrm{at\_D}}}{2} \tag{3.47}$$

$$s^*_{a1} = s^*_{at} \cdot \cos\left(a \cdot \tan\left(\tan(\beta) + 2 \cdot \sin(\beta) \cdot \frac{x^*_{e1} + h^*_{aP1}}{z_1}\right)\right) \tag{3.48}$$

Der minimale Zahnkopfdickenfaktor, der nach DIN 3960 [DIN87] bei 0,2 · m_n liegt, ist über die Wahl des Eingriffswinkels der Druckflanke sichergestellt. Die Zugflanke muss dazu nicht, wie es bei der konventionellen Auslegung der Fall wäre, angepasst werden.

Abschließend wird das Werkzeugbezugsprofil ausgelegt. Für ein zahnstangenförmiges Werkzeug ist ein Kopfabrundungsradius zu bestimmen. Darüber wird auch das Kopfspiel festgelegt (siehe Formel 3.49). Ein minimaler Kopfspielfaktor ist einzuhalten, um zu verhindern, dass sich Zahnkopf und Zahnfuß des Gegenrads berühren (siehe Abschnitt 3.1).

$$\rho^*_{aP0\_Z} = \frac{c^*_{1/2}}{1 - \sin(\alpha_{P0\_Z})} \tag{3.49}$$

$$h^*_{aP0\_1/2} = h^*_{aP1/2} + c^*_{1/2} \tag{3.50}$$

Eine steigende Zahnhöhe begrenzt den Kopfrundungsradius, da sich am Werkzeug eine Spitze ausbildet, die den maximalen Radius herabsetzt. Dieser Zusammenhang ist in Formel 3.51 verdeutlicht.

$$\rho^*_{aP0\_Z\_max} = \left(\frac{\cos(\alpha_{P0_Z}) \cdot (\alpha_{P0_D})}{\sin(\alpha_{P0_Z} + \alpha_{P0_D})} \cdot \frac{\pi}{2} - h^*_{\frac{aP0_1}{2}}\right) \cdot \ldots \tag{3.51}$$

$$\ldots \frac{\sin(\alpha_{P0\_Z})}{1 - \sin(\alpha_{P0\_Z})} \geq \rho_{aP0\_Z}$$

Das Ziel der Verwendung von asymmetrischen Verzahnungen ist es, die Leistungsdichte im Getriebe zu steigern. Bild 3.22 zeigt die erzielbare Änderung der Leistungsdichte am Beispiel eines großmoduligen Radpaars eines Windkraftgetriebes. Ausgehend von einer symmetrischen Vergleichsverzahnung werden die Eingriffswinkel der Zug- und der Druckseite variiert. Die Summe der Eingriffswinkel wird dabei konstant gehalten. Das hat den Grund, dass die Eingriffssteifigkeit bei gleichen Eingriffswinkelsummen ein ähnliches Niveau erreicht [BREC11].

Daraufhin erfolgt mithilfe des Tragfähigkeitsnachweises nach ISO 6336 [ISO19] die Bestimmung der minimal erforderlichen Ritzelbreite. Die aufgrund des Schrägungswinkels bei abnehmender Ritzelbreite reduzierte Sprungüberdeckung ist in den Berechnungsergebnissen berücksichtigt. Bei gleicher Antriebslast lässt sich durch die Verwendung verschiedener Eingriffswinkel für Zug- und Druckseite eine Reduktion des Gewichts um $\Sigma\Delta m$ = 46 kg, d. h. 11,8 %, erreichen (siehe Bild 3.22).

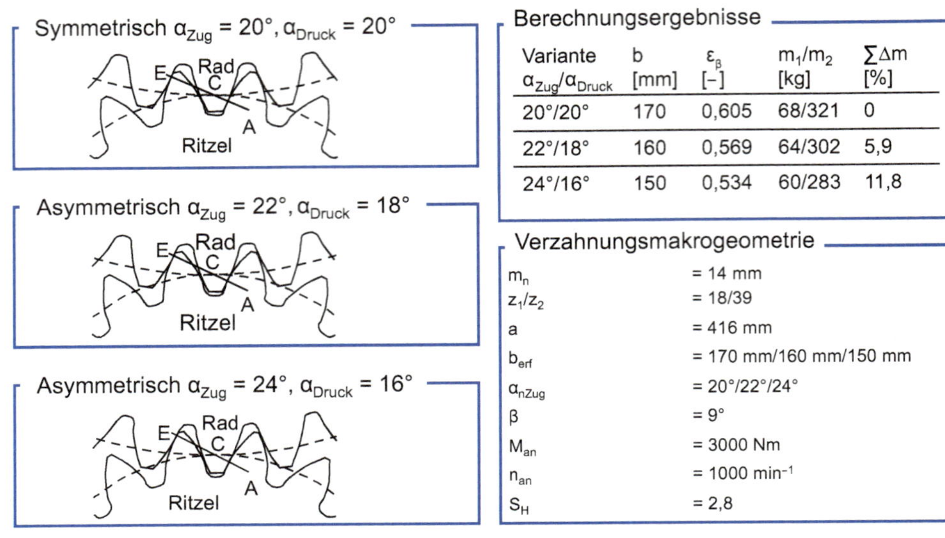

Variante $\alpha_{Zug}/\alpha_{Druck}$	b [mm]	ε_β [-]	m_1/m_2 [kg]	$\sum\Delta m$ [%]
20°/20°	170	0,605	68/321	0
22°/18°	160	0,569	64/302	5,9
24°/16°	150	0,534	60/283	11,8

m_n	= 14 mm
z_1/z_2	= 18/39
a	= 416 mm
b_{erf}	= 170 mm/160 mm/150 mm
α_{nZug}	= 20°/22°/24°
β	= 9°
M_{an}	= 3000 Nm
n_{an}	= 1000 min^{-1}
S_H	= 2,8

Bild 3.22 Steigerung der Leistungsdichte einer Beispielverzahnung bei gleicher Summe der Eingriffswinkel [BREC11]

3.2.3 Auslegung wirkungsgradoptimierter Low-Loss-Verzahnungen

Das Optimierungsergebnis hängt bei der Verzahnungsauslegung von dem festgelegten Ziel ab. Grund dafür sind die gegenläufigen Effekte, die Parametervariationen auf die Bewertungskriterien von Getrieben haben. Neben einer verbesserten Tragfähigkeit oder Getriebeakustik kann auch der Wirkungsgrad im Fokus einer Optimierung stehen. In diesem Abschnitt soll das Vorgehen bei der Auslegung hocheffizienter, sogenannter Low-Loss-Verzahnungen erläutert werden.

Im Gegensatz zu den bereits beschriebenen Hochverzahnungen, die sich durch hohe Profilüberdeckungen positiv auf das Anregungsverhalten von Verzahnungen auswirken und infolge hohen spezifischen Gleitens einen niedrigen Wirkungsgrad haben, resultiert aus einer kleinen Profil- und einer großen Sprungüberdeckung ein positiver Einfluss auf den Wirkungsgrad von Radpaaren. Wimmer stellt eine Liste von Empfehlungen für die Auslegung von wirkungsgradoptimierten Verzahnungen zusammen, die im Folgenden vorgestellt wird [WIMM06]. Höhn wendet die Methode zur Auslegung von Planetengetrieben mit wirkungsgradoptimierten Verzahnungen an [HÖHN13].

Im Wesentlichen zielt das Vorgehen auf die Realisierung möglichst kurzer Eingriffsstreckenlängen mit dementsprechend geringen Gleitgeschwindigkeitsmaxima ab. Im Gegensatz zu akustischen Gesichtspunkten wirkt sich eine geringe Profilüberdeckung positiv auf die lastabhängigen Zahnverluste aus. Der Einfluss einer sinkenden Profilüberdeckung auf die Grübchentragfähigkeit dagegen ist degressiv. Daher bewirkt ein sinkender Wert für die Profilüberdeckung ein steigendes Wirkungsgrad-Tragfähigkeits-Verhältnis. Auch ein abnehmender Schrägungswinkel und damit eine abnehmende Sprungüberdeckung wirken sich positiv auf den Wirkungsgrad aus. Ein minimaler Schrägungswinkel ist für wirkungsgradoptimierte Verzahnungen jedoch notwendig, damit die Gesamtüberdeckung $\varepsilon_\gamma \geq 1$ wird. Sowohl die sinkende Grübchentragfähigkeit als auch das Bestreben nach einem geringen Schrägungswinkel kann über eine Steigerung der Verzahnungsbreite ausgeglichen werden. Die größere Breite wirkt sich allerdings negativ auf die Leistungsdichte aus.

Der Modul einer Verzahnung sollte aus Effizienzgründen möglichst klein und die Zähnezahlen z sollten entsprechend hoch gewählt werden. Das Übersetzungsverhältnis von mehrstufigen Getrieben wird bei einer Optimierung gleichmäßig auf die Stufen verteilt. Ein steigender Eingriffswinkel wirkt sich positiv auf die Verlustleistung im Zahnkontakt aus und ist daher zu bevorzugen. Das Optimum des Betriebseingriffswinkels liegt, je nach Anwendungsfall, im Bereich von $\alpha_{wt} = 30\ldots37°$. Die resultierende Erhöhung der Radialkräfte aufgrund sinkender Grundkreisdurchmesser bewirkt zwar höhere Verluste in den Lagern, diese sind allerdings in der Regel von deutlich kleinerer Größenordnung als die Verzahnungsverluste. Die Eintritts- und Austrittseingriffsstrecken der Verzahnung sollten gleich groß sein. Außerdem wirkt sich eine Oberfläche mit geringer Rauheit auf den Flanken positiv auf die Reibungsverhältnisse und somit auf den Wirkungsgrad aus.

Aus diesen Einflüssen kann eine Vorgehensweise für die wirkungsgradoptimierte Verzahnung abgeleitet werden. Dafür wird zunächst der maximal zulässige Bauraum durch Achsabstand und Verzahnungsbreite ausgenutzt. Betriebseingriffs- und Schrägungswinkel werden zunächst mit üblichen und anwendungsabhängigen Werten angenommen. Anschließend werden die Kopfkreise so weit reduziert, bis entweder eine Profilüberdeckung von $\varepsilon_\alpha = 1{,}05\ldots1{,}1$ für akustisch relevante und $\varepsilon_\alpha < 1$ für akustisch nicht relevante Schrägverzahnungen oder eine Mindestsicherheit der Flankentragfähigkeit erreicht wird. Die Zähnezahl wird im nächsten Schritt so lange erhöht bzw. der Modul verkleinert, bis eine minimale Zahnfußsicherheit vorliegt. Abschließend wird der Schrägungswinkel angepasst. Dabei ist darauf zu achten, dass der Stirnschnitt der Verzahnung unverändert bleibt. Dazu werden auch Normalmodul und Normaleingriffswinkel angepasst. Aus diesem Grund handelt es sich bei dem beschriebenen Verfahren um eine iterative Vorgehensweise. Das Vorgehen ist in Bild 3.23 dargestellt.

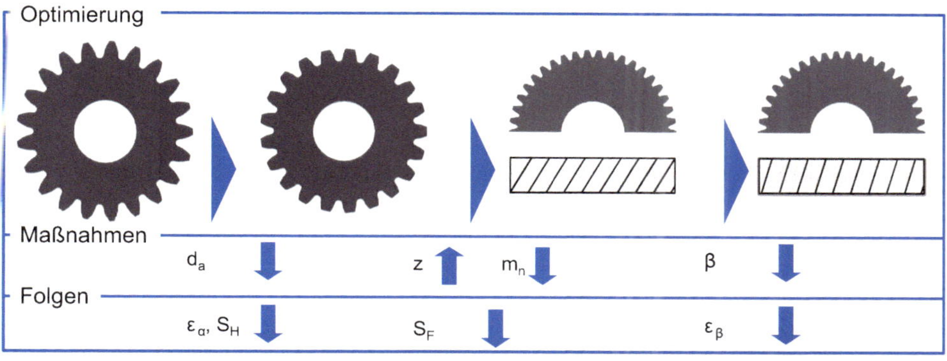

Bild 3.23 Vorgehen bei der wirkungsgradorientierten Optimierung

Beispielhaft ist das Ergebnis einer wirkungsgradorientierten Optimierung in Bild 3.24 dargestellt. Die Sicherheiten gegen Schäden der Zahnflanke und des Zahnfußes bleiben dabei annähernd unverändert, ebenso der akustikrelevante Kennwert des Zahnkraftpegels. Die Fresstragfähigkeit ist deutlich erhöht. Die lastbedingte Verlustleistung der Verzahnung ist um annähernd 80 % reduziert. Diesen Vorteilen steht jedoch die verdoppelte Verzahnungsbreite gegenüber. Bei einer Verdoppelung der Verzahnungsbreite sind die Aspekte des optimalen Breitenlasttragens sowie des Getriebegewichts von wesentlicher Bedeutung. Um sicherzustellen, dass es nicht zu einem Kantentragen der Verzahnung kommt, sind exakte Berechnungen der Verzahnungskorrekturen notwendig.

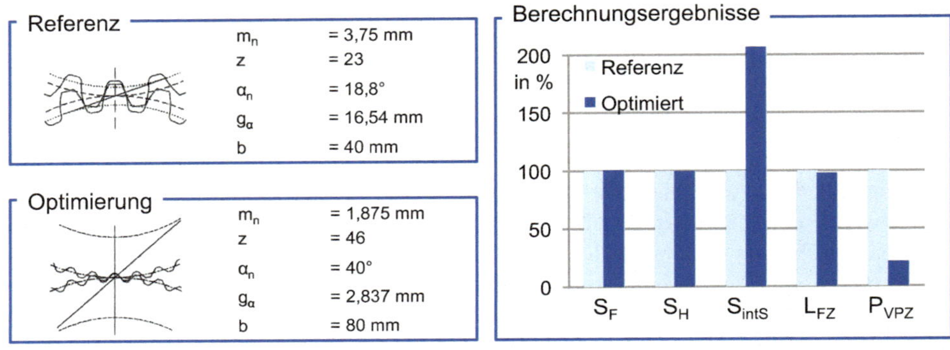

Bild 3.24 Ergebnis einer Wirkungsgradoptimierung [WIMM06]

3.2.4 Rechnergestützte Makrogeometrieoptimierung

Bisher wurden drei Methoden zur Optimierung der Makrogeometrie von Verzahnungen aufgezeigt, die Verzahnungen hinsichtlich der Tragfähigkeit, der Akustik oder des Wirkungsgrads verbessern. Allen Methoden ist gemein, dass sie mit indirekten Kennwerten zur Charakterisierung des Einsatzverhaltens arbeiten, wie z. B. mit Überdeckungen oder normbasierten Sicherheitsfaktoren. Eine Steigerung der Ergebnisgüte ist zu erwarten, wenn anstelle dessen direkte Bewertungsgrößen optimiert werden, wie z. B. die Zahnfußspannung, Hertz'sche Pressung oder der Drehwegfehler.

Durch den Einsatz von rechnergestützten Simulationsmethoden lassen sich die drei Methoden verknüpfen und eine Verzahnung unter Berücksichtigung der Wechselwirkungen unterschiedlicher Auslegungsziele (Tragfähigkeit, Akustik und Wirkungsgrad) optimieren. Durch die hohe zur Verfügung stehende Rechnerleistung lassen sich makrogeometrische Verzahnungsvarianten vollfaktoriell analysieren. Dies ermöglicht Parameterstudien bezüglich anwendungsfallspezifischer Kenngrößen wie z. B. Spannungen, Drehfehler, Wirkungsgrad. Das Vorgehen bei einer solchen Makrogeometrieoptimierung ist in Bild 3.25 dargestellt.

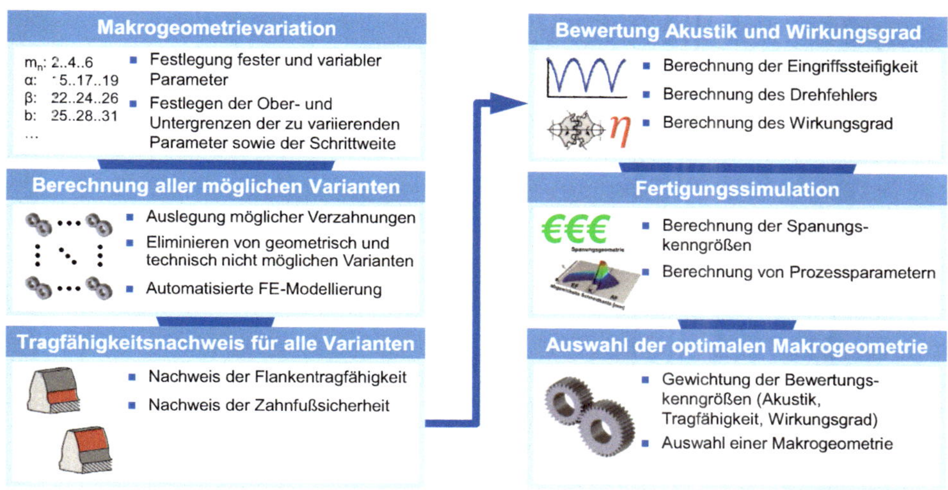

Bild 3.25 Vorgehen bei der rechnergestützten Makrogeometrieoptimierung

Zunächst werden alle relevanten Verzahnungsparameter, die variiert werden sollen, mit Minimal- und Maximalgrenzwert und der Variationsschrittweite definiert. Die Grenzen können dabei auf geometrischen und technisch-wirtschaftlichen Restriktionen basieren. Aufgrund der zuvor beschriebenen Methoden werden Verzahnungen automatisiert ausgelegt. Ergeben sich Varianten, die wegen geometrischer Vorgaben nicht herstellbar sind oder dem Verzahnungsgesetz genügen, werden diese aus dem Variationsraum genommen und nicht weiter berücksichtigt. Für jede mögliche Variante werden Modelle für die FE-basierte Zahnkontaktanalyse (siehe Abschnitt 3.3) automatisiert generiert. Mit den Ergebnissen der FE-basierten Zahnkontaktanalyse können entsprechend die Varianten bezüglich der Tragfähigkeit, der akustischen Anregung und des Wirkungsgrads bewertet werden. Ferner besteht die Option, jede Variante in einer Fertigungssimulation anhand von Prozesskennwerten zu beurteilen. Dies ist insbesondere für die Serienproduktion von Verzahnungen von Bedeutung.

Auf Basis der rechnergestützten Makrogeometrieoptimierung kann in kurzer Zeit eine hohe Anzahl an Verzahnungsvarianten berechnet und hinsichtlich ihres Einsatzverhaltens beurteilt werden. Ferner besteht die Möglichkeit, durch zuvor definierte Zielgrößen, d. h. bestimmte Vorgaben für die Sicherheiten in der Tragfähigkeit, Grenzen für den Wirkungsgrad oder den Drehfehler bei akustischen Bewertungen, Varianten direkt aus dem möglichen Lösungsraum zu eliminieren.

Bild 3.26 zeigt beispielhaft die fünfdimensionale grafische Auswertung einer rechnergestützten Makrogeometrieoptimierung für eine asymmetrische Verzahnung. Die variierten Parameter sind der Zug- und der Druckeingriffswinkel sowie die Profil- und die Sprungüberdeckung. Als Bewertungsgröße ist der Drehfehler als akustische Kenngröße dargestellt. Jede einzelne Grafik stellt farblich den Drehfehler in Abhängigkeit von der Sprung- und Profilüberdeckung dar. Auf der globalen x-Achse ist der Eingriffswinkel der Zugflanke und auf der globalen y-Achse ist der Eingriffswinkel der Druckflanke abgebildet.

Der Einfluss des Druckeingriffswinkels ist gering. Außerdem ist eine Tendenz zu erkennen, dass für geringe Gesamtüberdeckungen die höchsten Werte des Drehfehlers vorliegen. Für eine Sprungüberdeckung von ε_β = 2 und hohe Werte der Profilüberdeckung von ε_α = 2,1 wird ein Minimum erreicht. Demnach lässt sich aus einer solchen Analyse die dem Optimum zugeordnete Verzahnungsmakrogeometrie unmittelbar ableiten.

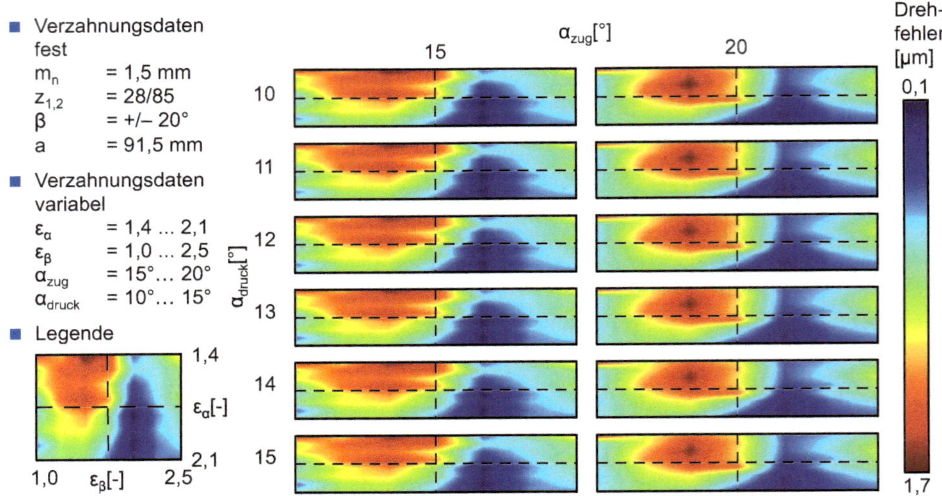

Bild 3.26 Drehfehler in Abhängigkeit von der Makrogeometrie

3.3 Auslegung der Verzahnungsmikrogeometrie

Die geometrische Gestaltung der Verzahnung erfolgt in zwei Stufen: in der Grobgestaltung (Makrogeometrie bzw. Hauptgeometrie) und der Feingestaltung (Mikrogeometrie, Modifikation bzw. Korrektur) (siehe Bild 3.27). Die Mikrogeometrie eines Zahnrads wird nach Abschluss der Makrogeometrieauslegung festgelegt und umfasst sämtliche Abweichungen der Zahnflankengeometrie von der Nenn-Evolvente im Submillimeterbereich. Zum einen handelt es sich um durch den Konstrukteur ausgelegte Zahnflankensollmodifikationen und zum anderen um unbeabsichtigte, aus dem Fertigungsprozess resultierende systematische und unsystematische Zahnflankenabweichungen.

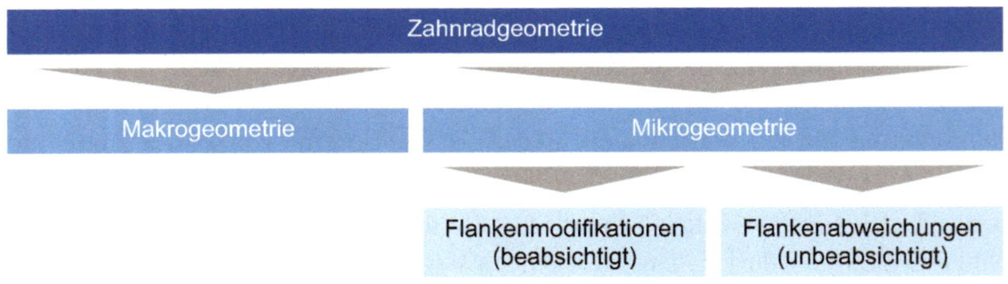

Bild 3.27 Einordnung der Mikrogeometrie als Teil der Zahnradgeometrie

Der Erfüllungsgrad der Auslegungsziele, Tragfähigkeit, Akustik, Wirkungsgrad und Herstellungskosten, wird durch die Wahl und Kombination der Makro- und insbesondere der Mikrogeometrie der Verzahnungen im Getriebe bestimmt [WECK92]. Die gebräuchlichen Arten von Zahnflankenmodifikationen und maßgeblichen Ursachen für Zahnflanken- bzw. Eingriffsabweichungen sind in Bild 3.28 dargestellt.

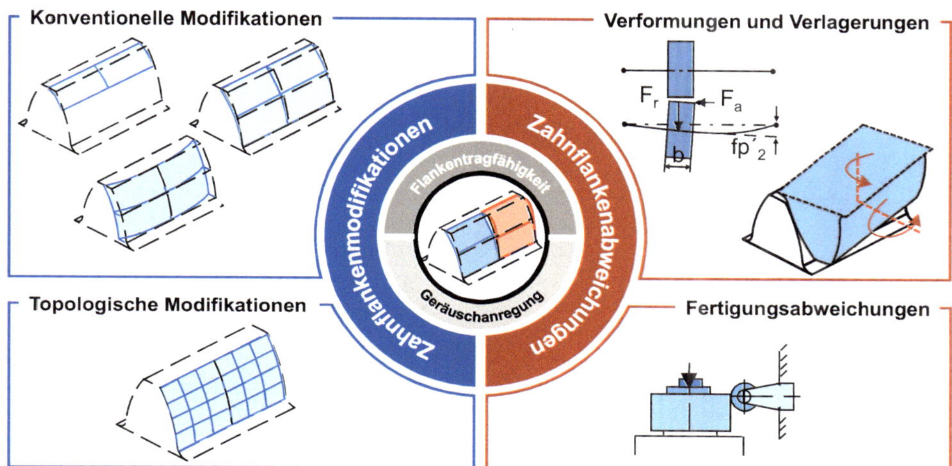

Bild 3.28 Zahnflankenmodifikationen und -abweichungen

Zahnflankenmodifikationen werden genutzt, um das Einsatzverhalten von Verzahnungen zu verbessern. Zum einen wird nach konventionellen Modifikationen unterschieden, die sich abschnittsweise anhand von linearen und quadratischen Polynomen in Zahnhöhen- und Zahnbreitenrichtung beschreiben lassen. Die Herkunft dieser sogenannten Standardkorrekturen ist in den üblichen Achsbewegungen in der Zahnradherstellung mit unmodifiziertem Werkzeugprofil zugeordnet (siehe Kapitel 4). Demgegenüber stehen topologische Modifikationen, die örtlich in Matrixform auf der Zahnflanke und gelöst von einer funktionalen Beschreibung definiert sein können. Deren Realisierung bedarf unter Umständen spezieller Achsbewegungen und variabler Werkzeugprofilgestaltungen. Die vom Ausleger festgelegten Modifikationen bilden den Gegenpol zu Zahnflankenabweichungen aus dem Fertigungs- und Montageprozess sowie lastbedingten Verformungen des Welle-Lager-Systems im Betrieb. Sie haben das Ziel, Abweichungen im Eingriff bestmöglich auszugleichen.

Durch Fertigungs-, Montage- und lastbedingte Abweichungen der Zahnflanke bzw. deren Position im Raum entstehen Abweichungen im Verzahnungseingriff. Aus den Abweichungen können eine verminderte Tragfähigkeit und eine erhöhte Geräuschanregung resultieren, sodass eine Kompensation der Abweichungen erstrebenswert ist. Um die lastbedingten und geometrischen Abweichungen auszugleichen, werden Modifikationen auf die Zahnflanke aufgebracht. Dazu ist zum einen eine Analyse der Toleranzfelder der Fertigung erforderlich, um die geometrischen Abweichungen des Fertigungsprozesses zu kennen. Hinzu kommen fertigungsbedingte Abweichungen bei der konventionellen Bearbeitung, wie z.B. aus der Werkzeugbahnkurve und dem Werkzeugprofil resultierende Verschränkungen (siehe Abschnitt 4.5.3). Andererseits ist die Kenntnis des elastischen Verformungsverhaltens des Welle-Lager-Systems notwendig, sodass ein ungünstiges Kontaktverhalten durch Achsneigung, Achsschränkung und Torsion durch eine geeignete Zahnflankenmodifikation kompensiert wird [WITT94]. Das sich aus den genannten Zusammenhängen ergebende Vorgehen für die Entscheidung zum Aufbringen von Zahnflankenmodifikationen ist in Bild 3.29 dargestellt.

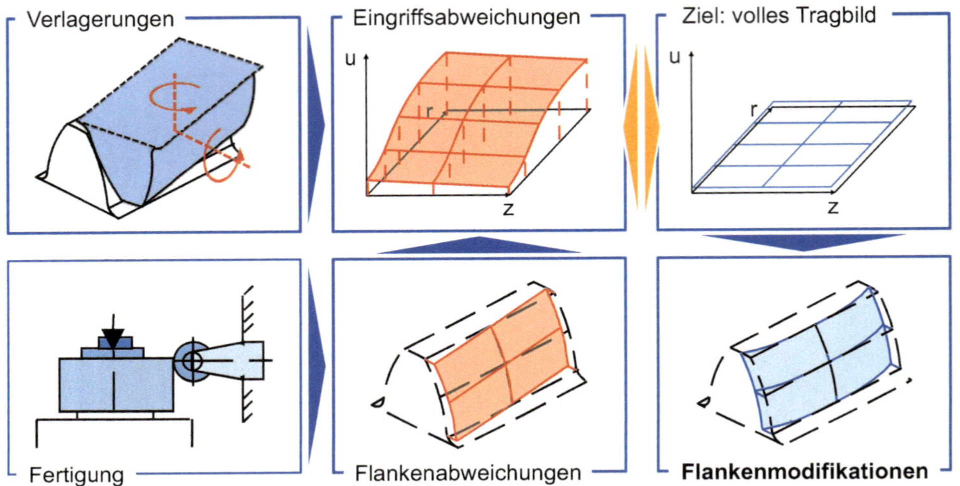

Bild 3.29 Vorgehen zur Auslegung von Zahnflankenmodifikationen

3.3.1 Arten von Korrekturen

Die gängigen Flankenmodifikationen und -abweichungen werden gemäß DIN 3962 bzw. ISO 21771 [DIN78, ISO14] nach ihrem Verlauf auf der Flanke eingeteilt. Profillinienabweichungen sind Änderungen des Evolventenprofils entlang der Zahnhöhe. Flankenlinienabweichungen sind Änderungen der Flankengeometrie entlang der Zahnbreite (Bild 3.30).

Profilkorrekturen bzw. Höhenkorrekturen dienen der Erhöhung der Tragfähigkeit und der Verringerung der Geräuschanregung der Verzahnung durch die Vermeidung von Eingriffsstörungen wie etwa dem Eingriffsstoß. Profilwinkelkorrekturen können aufgebracht werden, um etwaige Fertigungsabweichungen am Gegenrad oder Achsabstandsänderungen für einen Betriebspunkt auszugleichen. Profilwinkelkorrekturen werden ebenfalls eingesetzt, um das Tragbild des Zahnkontakts in Richtung Kopf oder Fuß zu verschieben. So kann beispielsweise die Verschiebung des Tragbildes in Richtung des Zahnfußes eine Steigerung der Zahnfußtragfähigkeit ermöglichen.

Kopfrücknahmen dienen der Vermeidung von Eingriffsstößen (Zahnkraft-Impulsen) und den damit verbundenen Beanspruchungsüberhöhungen beim Eintritt und Austritt des Zahnpaares in den bzw. aus dem Kontakt. Zudem vermeiden Rücknahmen die Stoßanregung des dynamischen Systems des Zahneingriffs. Fußrücknahmen am Gegenrad haben die gleiche Wirkung wie Kopfrücknahmen. Die Auslegung von Kopf- und Fußrücknahmen wird in Abschnitt 3.3.5 vertieft.

Profilballigkeiten (Höhenballigkeit) dienen ähnlich den Kopf- und Fußrücknahmen zur Vermeidung von Eingriffsstörungen. Der Unterschied zwischen der Profilballigkeit und Kopf- bzw. Fußrücknahme besteht im kontinuierlichen Verlauf der Balligkeit über die gesamte Höhe der Flanke, während sich Rücknahmen über einen definierten Bereich, der in der Regel kleiner als der gesamte Flankenbereich ausgeprägt ist, erstrecken. Somit ergibt sich einerseits für eine Profilballigkeit eine durchgängige Abweichung von der Evolvente. Die Kontinuität der Abweichungsform kann jedoch vorteilhaft im Vergleich zu Rücknahmen sein, für die im Bereich des Kopfrücknahmeübergangs eine stärkere Änderung der Normalkraftwirkungsrichtung gegenüber der ursprünglichen Eingriffsebene vorliegt, da die Verkippung der Evolvente im Kopfrücknahmebereich eine Grundkreisänderung bewirkt.

Flankenlinien- bzw. Breitenkorrekturen dienen in erster Linie der Verbesserung der Tragfähigkeit von Verzahnungen. Sie sollen eine lokale Belastungsüberhöhung verhindern und das Tragbild zentrieren sowie ein mögliches Kantentragen vermeiden. Die am weitesten verbreitete Flankenlinienkorrektur ist die Breitenballigkeit. Die parabel- oder auch kreisförmige Breitenkorrektur sorgt für eine Robustheit der Verzahnung gegenüber Achsverlagerungen durch eine Zentrierung des Tragbilds und eine Vermeidung von Kantentragen. Beim Ausgleich lastbedingter Eingriffsabweichungen infolge einer Wellendurchbiegung mittels Breitenballigkeiten ist zu beachten, dass die Drehmomentbeanspruchung im Zahneingriff erheblich schwanken kann, woraus unterschiedliche Verkippungen resultieren. Daher muss der breitenkorrigierte Eingriff für jeden möglichen Betriebspunkt gegen Kantentragen geprüft werden.

Flankenlinienwinkelkorrekturen werden eingesetzt, um lastunabhängige Achsverkippungen aus dem Fertigungs- oder Montageprozess auszugleichen. Für den Ausgleich lastbedingter Eingriffsabweichungen sind sie dann geeignet, wenn eine Anwendung zu einem Großteil bei einem festgelegten Nennmoment betrieben wird und eine lastbedingte Winkelabweichung durch Achsneigung und -schränkung für diesen Betriebspunkt auszugleichen ist. Der Wert der durch lastbedingte Achsneigung in den Eingriff eingebrachten Flankenlinienwinkelabweichungen ist Formel 3.52 zu entnehmen. Analog dazu lassen sich effektive Flankenlinienwinkelabweichungen im Eingriff in Folge von Achsschränkung durch die Formel 3.53 bestimmen.

$$f_{H\beta}(\delta) = b / L_g \cdot F_{\Sigma\delta} \cdot \sin(\alpha_{wt}) \qquad (3.52)$$

$$f_{H\beta}(\beta) = b / L_g \cdot F_{\Sigma\beta} \cdot \cos(\alpha_{wt}) \qquad (3.53)$$

Häufig liegen unterschiedliche Lastmomente vor, die oft eine lineare Abhängigkeit der Eingriffsverkippung über dem Lastmoment bewirken. Für diesen Fall ist eine kombinierte Nutzung der Flankenlinienwinkelabweichung und Breitenballigkeit zielführend.

Endrücknahmen wirken ähnlich wie Breitenballigkeiten und dienen gezielt der Vermeidung eines Kantentragens. Insbesondere bei großen Korrekturbeträgen an Ritzel und Rad ist es vorteilhaft, einen der beiden Partner mit einer Breitenballigkeit und den anderen mit Endrücknahmen zu gestalten, um den Traganteil im Zentralbereich der Verzahnung zu vergrößern.

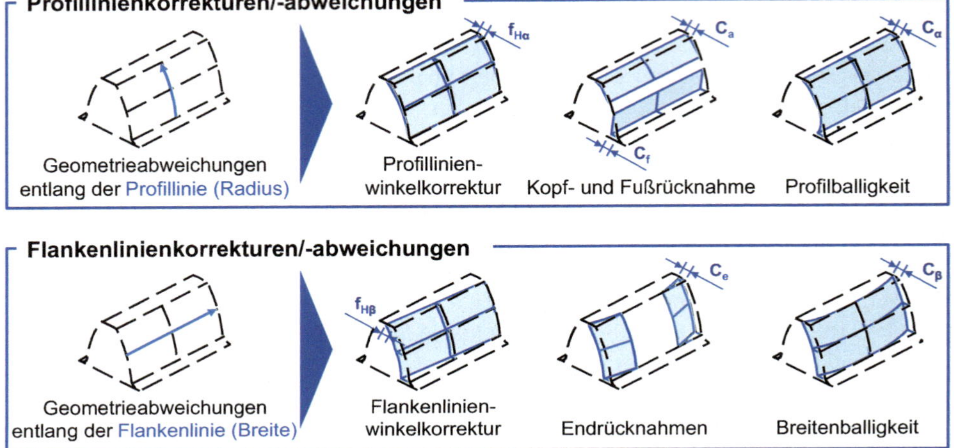

Bild 3.30 Einteilung von zweidimensionalen Flankenkorrekturen und -abweichungen

Über die oben beschriebenen zweidimensionalen Korrekturen hinaus existieren Modifikationen und Abweichungen auf der Zahnflanke, die sich nicht frei mit einer konventionellen profilierenden oder wälzenden Zahnradfertigungskinematik realisieren lassen und als dreidimensionale Modifikationen bezeichnet werden. Beispiele für diese Modifikationsform sind Eckrücknahmen sowie Verwindungen der Zahnflanke, die als Verschränkungen bezeichnet werden. Weiterhin können freie Flankenmodifikationen vorgegeben werden, die über ein frei wählbares Gitter auf der Zahnflanke definiert werden, zwischen deren Stützpunkten interpoliert wird. Eine Zusammenstellung dieser Korrekturen zeigt Bild 3.31.

Eckrücknahmen sind dreidimensionale Flankenkorrekturen für Schrägverzahnungen, die in Eingriffsrichtung wirken. Die dreieckförmige Grundgeometrie dieser Korrektur wird dabei durch die Berandungslinien am Kopf bzw. Fuß, dem seitlichen Verzahnungsrand und einer Verbindungslinie, die um den Grundschrägungswinkel geneigt ist, beschrieben. Eckrücknahmen dienen ähnlich der Kopfrücknahme zur Vermeidung von Eingriffsstößen und der gleichmäßigen Lastaufbringung während des Einlaufens der Flanke in den Kontakt. Die Modifikationsform ist insbesondere für den Einsatz bei Schrägverzahnungen geeignet, da sie gegenüber einer Kopfrücknahme eine größere Berührlinienlänge im Zentralbereich der Verzahnung nach erfolgtem Zahneintritt erlaubt.

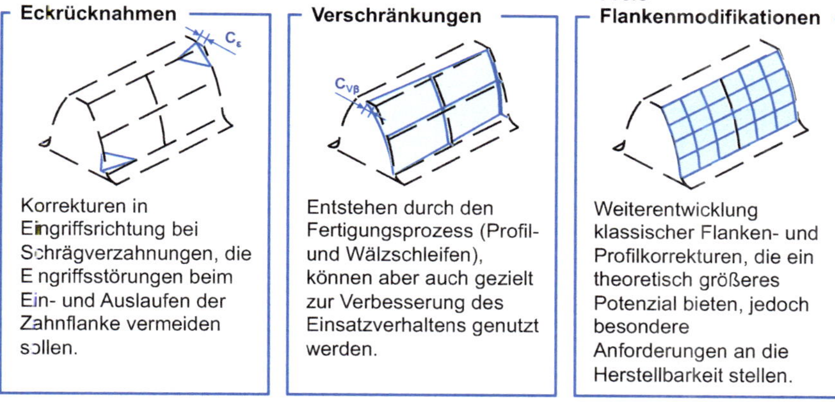

Bild 3.31 Dreidimensionale Flankenkorrekturen und -abweichungen

Verschränkungen sind Verwindungen der Flanke, bei denen zwei diagonal gegenüberliegende Eckpunkte der Zahnflanke gegenüber der Solltopografie vor- oder zurückstehen. Verschränkungen, bei denen die Ecken zurückstehen, können sich positiv oder auch negativ auf das Eingriffsverhalten der Verzahnung auswirken und bedürfen einer Berücksichtigung in der Verzahnungsauslegung. Die Geometrie ist grundsätzlich mit Eckrücknahmen vergleichbar. Verschränkungen können das Produkt des unkompensierten Herstellprozesses bei der Hartfeinbearbeitung mit undefinierter Schneide sein (Profil- und Wälzschleifen, Abschnitt 4.5.3) und werden dann natürliche Verschränkungen genannt. Natürliche Verschränkungen lassen sich bei konventioneller Fertigungskinematik und Werkzeugprofilgeometrie nicht unabhängig von weiteren Geometriegrößen des Zahnrads sowie des gewählten Herstellverfahrens festlegen. Gezielt einstellbar sind Verschränkungen durch eine angepasste Maschinensteuerung sowie Werkzeuggestaltung.

Topologische Flankenkorrekturen beruhen auf der punktweisen Modifikation der Flankengeometrie über ein frei wählbares Gitter, das die Zahnflanke in einzelne Quadranten unterteilt. Die Ansteuerung jedes einzelnen Gitterpunktes ermöglicht die Steigerung der Freiheitsgrade der Modifikation. Während bei den sogenannten Standardkorrekturen lediglich ein bis drei Parameter zur vollständigen Definition der Korrektur genutzt werden, sind bei der topologischen Flankenkorrektur theoretisch keine Grenzen in der Anzahl der Freiheitsgrade gesetzt. Praktisch begrenzende Faktoren für die Anzahl der Freiheitsgrade im Einsatz solcher Modifikationen sind die Maschinenkinematik, das Werkzeugprofil und die Wirtschaftlichkeit der Herstellung. Durch die Erweiterung des Parameterraums der Korrektur über eine erhöhte Anzahl an Freiheitsgraden können Lösungen gefunden werden, die mit Standardmodifikationen nicht zu erreichen sind. Das Potenzial von topologischen Modifikationen im Vergleich zu Standardmodifikationen wird von Brimmers beschrieben [BRIM21]. Das Einsatzverhalten einer Beveloidverzahnung ohne Modifikationen wird mit dem resultierenden Einsatzverhalten infolge optimierter Standardmodifikationen und einer optimierten topologischen Modifikation verglichen. Es wird nachgewiesen, dass eine optimierte topologische Modifikation über einen breiteren Betriebsbereich der Verzahnung eine Verbesserung des Einsatzverhaltens erreicht, welche mit Standardmodifikationen nicht möglich ist.

3.3.2 Topografieseparation durch Polynome

Um komplexe Zahnflankentopografien durch eine beschränkte Anzahl von Parametern beschreiben zu können, existiert ein Separationsansatz nach Hellmann [HELL15] und Schmitt [SCHM08]. Der Ansatz nach Schmitt ermöglicht, die Oberfläche von Zahnflanken in Polynomanteile zu zerlegen. Eine Flanken- oder Profilwinkelabweichung entspricht z. B. einem linearen Polynomterm, eine Balligkeit einem quadratischen Polynomterm usw. (siehe Bild 3.32). Hellmann erweitert diesen Ansatz um die Berücksichtigung von Verschränkungen [HELL15]. Diese weisen anders als reine Breiten- oder Profilballigkeiten zwei quadratische Abhängigkeiten im Polynomterm auf (Bild 3.32 rechts). Der Vorteil einer solchen abstrahierten Betrachtung der Zahnflankentopografie ist eine schnelle rechnergestützte Datenverarbeitung von Modifikationen beispielsweise bei der Variantenrechnung (siehe Abschnitt 3.3.3.3).

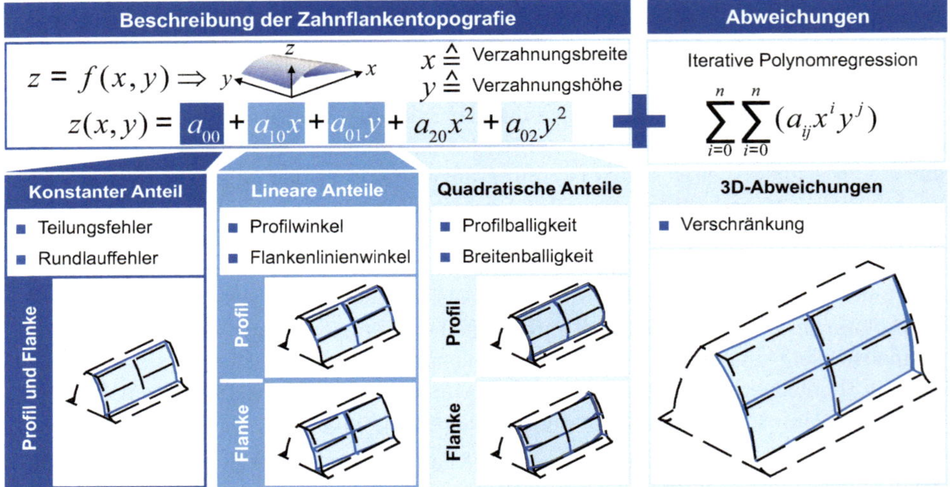

Bild 3.32 Separationsansatz nach Schmitt [SCHM08] und Hellmann [HELL15]

Der Separationsansatz nach Hellmann kann ebenfalls verwendet werden, um Fertigungsabweichungen zu klassifizieren [HELL15]. Dabei wird aus der topografisch vermessenen Zahnflanke zunächst die Abweichungsfläche zur Sollgeometrie extrahiert, indem die als Flächenpolynom dargestellten Sollmodifikationen von der gemessenen Fläche rechnerisch subtrahiert werden. Das Ergebnis ist eine Fläche, die nur noch die fertigungsbedingten Abweichungen beinhaltet. Diese kann anschließend erneut durch den Separationsansatz in Terme mit linearen und quadratischen Anteilen zerlegt werden (siehe Bild 3.33). Das Ergebnis sind Verschränkungsanteile sowie Abweichungen des Profil- und Flankenwinkels und der Balligkeit. Die Abweichungen werden durch ihre Art der Abhängigkeit von Profil- und Breitenkoordinate eingeteilt (siehe Bild 3.33 unten). Im Umkehrschluss kann der Separationsansatz gezielt im Anschluss an die Modifikationsauslegung genutzt werden, damit eine Rückführung der Solltopografie auf die Anforderungen an die Maschinensteuerung und die Abrichtstrategie erfolgen kann.

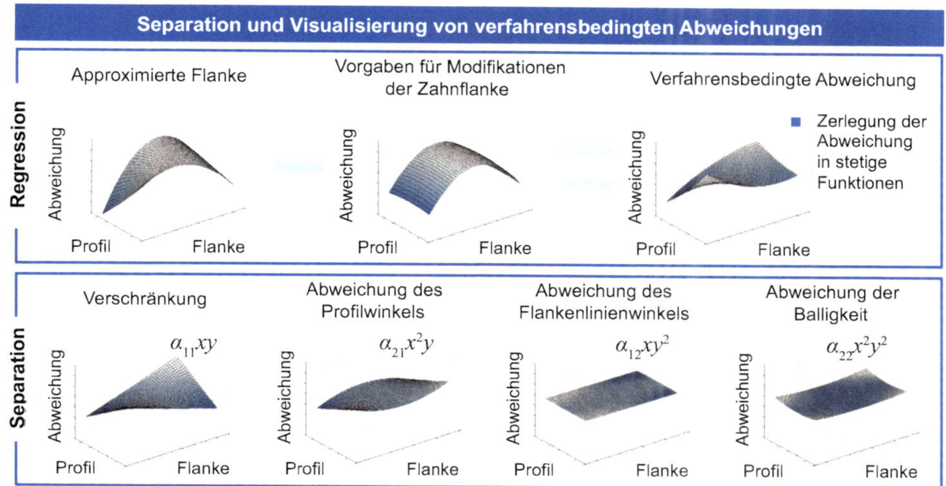

Bild 3.33 Klassifikation von verfahrensbedingten Zahnflankenabweichungen durch den Separationsansatz nach Hellmann [HELL15]

3.3.3 Auslegung funktionaler Modifikationen

Die Festlegung der Mikrogeometrie stellt im Auslegungsprozess von Verzahnungen in der Regel den letzten und qualitätsbestimmenden Arbeitsschritt dar. Zur zielorientierten Geometrieauslegung ist eine möglichst genaue Kenntnis über die fertigungs-, last- und montagebedingten Abweichungen im Verzahnungseingriff notwendig.

Bezüglich der Ermittlung der optimalen Zahnflankenmodifikation besteht einerseits die Möglichkeit, in einem iterativen Verfahren über Messungen des Tragbildes im Betrieb des Getriebes zum Ergebnis zu kommen. Da diese Vorgehensweise kostenintensiv ist, wird sie häufig höchstens in der letzten Iterationsphase der Auslegung angewendet. Zuvor kommen höherwertige Berechnungsmethoden zur Abbildung des Gesamtgetriebes zum Einsatz, die auf Basis empirisch-analytischer oder FE-basierter Modelle die Verlagerungen und die daraus resultierenden Abweichungen im Verzahnungseingriff berechnen. Die Berechnung mit höherwertigen Ansätzen hat den Vorteil, dass in einem noch relativ frühen Konstruktionsstadium kein Prototypengetriebe gefertigt werden muss, um erste Flankenkorrekturen mit guter Qualität zu bestimmen.

3.3.3.1 Variantenrechnung

Zur rechnerbasierten Auslegung von Flankenmodifikationen werden Zahnkontaktanalysen verwendet (siehe Kapitel 6). Die Vorgehensweise zur Auslegung von Zahnflankenmodifikationen kann unabhängig vom Verzahnungstyp durchgeführt werden. Der Ablauf einer solchen Auslegungskette ist Bild 3.34 zu entnehmen [CAO02].

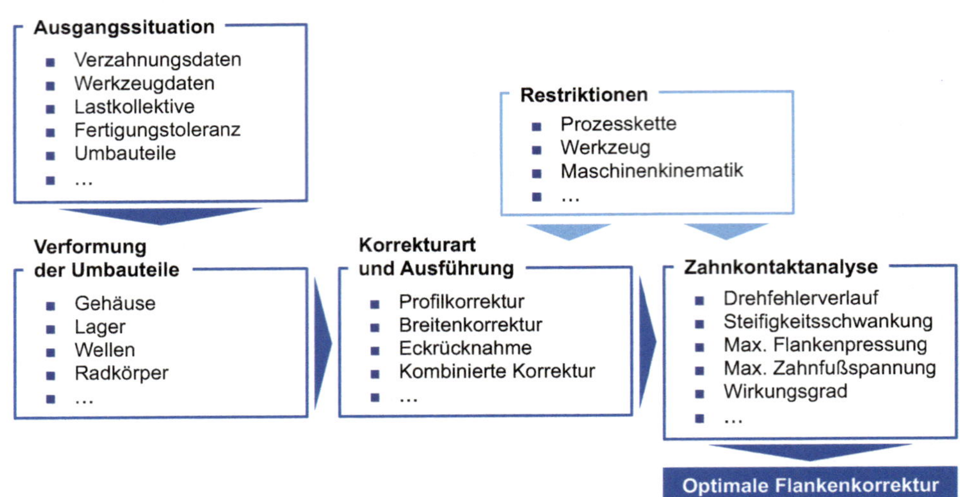

Bild 3.34 Auslegungsprozess für Flankenkorrekturen nach Cao [CAO02]

Zur Auslegung werden Zielgrößen zum Einsatzverhalten des Getriebes wie die örtlich maximalen Hertz'schen Flankenpressungen und Zahnfußspannungen (Tragfähigkeit), die Summendrehfehlerschwankung (Akustik) sowie der Wirkungsgrad herangezogen. Derzeitiger Stand der Technik ist die Durchführung einer Variantenrechnung, bei der vollfaktoriell Kombinationen aus einem vorgegebenen Umfang und Wertebereich an Zahnflankenmodifikationen auf die Zahnflanke aufgebracht werden und deren Effekt auf das Einsatzverhalten simulativ analysiert wird. Vollfaktoriell bedeutet, dass jede mögliche Kombination aus den verschiedenen Flankenmodifikationen sowie deren Abstufungen (Wert) betrachtet werden. Den Modifikationen werden zusätzlich Abweichungen durch das elastische Umfeld sowie fertigungsbedingte Abweichungen und Restriktionen überlagert. Die Ergebnisse der Variantenrechnung werden funktionsorientiert, also in Bezug auf das Einsatzverhalten (Pressungen, Zahnfußspannungen, Drehfehler, ...), ausgewertet.

Als geeignete Darstellungsmethode für die Visualisierung mehrdimensionaler Variationsberechnungen hat sich das sogenannte Briefmarkendiagramm bewährt. Bild 3.35 zeigt die Briefmarkendarstellung beispielhaft für die Kenngröße der maximalen Zahnfußspannung des Großrads eines Beveloidradsatzes. Auf den globalen Achsen (Schrittweite der Einzelfelder) sind die Auslegungskenngrößen Profilballigkeit C_α und Breitenballigkeit C_β dargestellt. Auf den lokalen Achsen jedes Einzelfelds sind die Abweichungskenngrößen Profillinienwinkelabweichung $f_{H\alpha}$ und Flankenlinienwinkelabweichung $f_{H\beta}$ aus dem Herstellungsprozess sowie der Montage dargestellt. In den Einzelfeldern können zusätzlich die Toleranzfelder für die Fertigungs- und Montageabweichungen angegeben werden. Der sich für jede Kombination der vier genannten Kenngrößen ergebende Einfluss auf die Zahnfußspannung wird farbig entsprechend der rechtsseitig dargestellten Legende angegeben. Das links im Bild dargestellte blaue Balkendiagramm zeigt, dass durch die Verwendung von Flankenkorrekturen die berechnete Zahnfußspannung dieser Beveloidverzahnung um 19,7 % gesenkt werden konnte.

Durch eine solche Briefmarkendarstellung kann der Anwender Bereiche identifizieren, in denen die Zielgröße in Abhängigkeit des gewählten Toleranzfeldes gutmütig, d. h. mit geringen Schwankungen, reagiert. Dies ermöglicht die Auswahl einer stabilen Nennauslegung. Durch Verschiebungen des Toleranzfeldes innerhalb einer Briefmarke lässt sich eine Sollauslegung weiter verbessern. Praktisch kann dies durch Aufbringen kleiner Flanken- und Profillinienwinkelabweichungen - also die Veränderung der lokalen Koordinaten - geschehen. Es ist jedoch zu beachten, dass häufig ein Konsens aus guter Nennauslegung und stabilem Verhalten der Nennauslegung bei Toleranzfeldbetrachtung getroffen werden muss. Dieses Dilemma allein durch die visuelle Beurteilung von Briefmarkendarstellungen zufriedenstellend zu lösen, ist bei wachsender Variantenanzahl zunehmend schwieriger. Daher wird bei sehr großen Variantenrechnungen mit mehreren Zielgrößen auf das Verfahren der toleranzfeldbasierten, statistischen Variantenauswertung mittels Algorithmen zurückgegriffen. Dieses Verfahren wird in Abschnitt 3.3.3.3 vorgestellt.

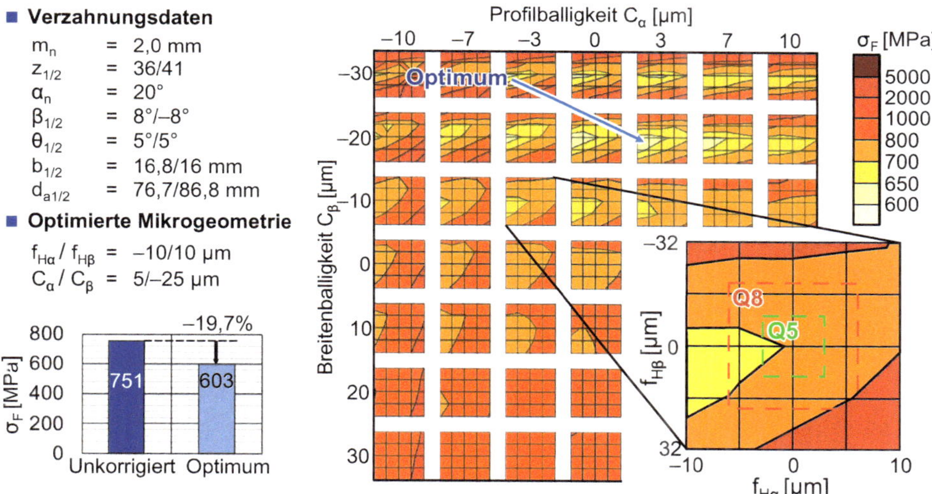

Bild 3.35 Briefmarkendarstellung als visuelles Auslegungswerkzeug für Flankenkorrekturen [BREC15a]

3.3.3.2 Berücksichtigung verfahrensbedingter Verschränkungen in der Mikrogeometrieauslegung

Die Auslegung von optimierten Sollgeometrien in Hinblick auf das Einsatzverhalten der Verzahnung ist durch die in Abschnitt 3.3.3.1 beschriebene Methode möglich. Um fertigungsbedingte Flankenabweichungen, wie beispielsweise Verschränkungen durch das konventionelle diskontinuierliche Profil- oder kontinuierliche Wälzschleifen, bei der Auslegung zu berücksichtigen, kann die Zahnkontaktanalyse mit einer Fertigungssimulation kombiniert werden. Da dies jedoch einen hohen zusätzlichen Rechenaufwand darstellt, ist es für eine große Variantenrechnung effektiver, eine Verschränkungsvorhersage über ein Polynom, das mit der Sollgeometrie überlagert wird, durchzuführen.

Das Verschränkungspolynom gibt für eine vorgegebene Breitenballigkeit einen daraus resultierenden Verschränkungsbetrag aus, der abhängig vom gewählten Fertigungsverfahren ausgeprägt ist. Die Methode wurde von Hellmann zusammen mit dem in Abschnitt 3.3.2 beschriebenen Separationsansatz entwickelt [HELL15]. Eine solche Überlagerung von Sollauslegung und Verschränkung ermöglicht eine fertigungsnahe Optimierung der Mikrogeometrie von Verzahnungen für eine konventionelle Zahnradfertigung. Die Verschränkungswerte stehen in einer Abhängigkeit von Kenngrößen, wie z. B. der Breitenballigkeit. Mit einer Fertigungssimulation lassen sich die Polynomanteile in einer Zahnkontaktanalyse berücksichtigen.

Mit der Methode können mögliche positive oder negative Effekte auf das Einsatzverhalten von Verzahnungen durch die Vorhersage natürlicher Verschränkungen aus dem Fertigungsprozess bereits im Auslegungsprozess identifiziert werden. Auf dieser Basis kann eine Entscheidung für einen konventionellen oder topologischen Fertigungsprozess getroffen werden.

3.3.3.3 Toleranzfeldbasierte Mikrogeometrieoptimierung

Eine Weiterentwicklung der Auslegungsmethode durch die Analyse von Briefmarkenfeldern stellt die toleranzfeldbasierte Mikrogeometrieoptimierung dar. Die Vorgehensweise beruht auf dem zuvor genannten Prinzip der vollfaktoriellen Variantenrechnung mithilfe der FE-basierten Zahnkontaktanalyse. Die Auswertung der Variationsergebnisse wird jedoch nicht grafisch und subjektiv vom Konstrukteur vorgenommen, sondern automatisiert durch einen statistischen Auswertungsalgorithmus. Der Algorithmus benotet jede Einzelvariante im zuvor ausgewählten Kriterium, beispielsweise Drehfehlerschwankung oder Flankenpressung. Auch eine kombinierte Bewertung mehrerer Zielgrößen ist möglich. Eine Gewichtungsmatrix ermöglicht die lastabhängige Gewichtung der Zielgrößen und Einzeldrehmomente. Das Ergebnis der Auswertung ist eine toleranzfeldabhängige Bewertung jeder Mikrogeometrie-Variante, der sogenannten Nennauslegungen, mit den Kriterien Qualität (Summe der gewichteten Einzelnoten für jede Zielgröße) und Stabilität (Standardabweichung der Zielgrößen von der Nennauslegung bei Berücksichtigung des Toleranzfeldes) [ANIO11]. Die Vorgehensweise nach Brecher [BREC15b, BREC15c] und Hellmann [HELL15] ist in Bild 3.36 mit sieben Arbeitsschritten dargestellt.

Der erste Arbeitsschritt zur toleranzfeldbasierten, statistischen Korrekturauslegung umfasst die Ermittlung der Umfeldsteifigkeiten der Verzahnung. Dazu gehören Lagersteifigkeiten sowie Wellenverformungen für die gegebenen Belastungen. Diese werden z. B. für die FE-basierte Zahnkontaktanalyse [BONG90, CAO02, HEMM07, NEUP83] über den reduzierten, analytischen Ansatz von Falk [FALK56] ermittelt. Die Berücksichtigung von Gehäusesteifigkeiten kann über reduzierte Steifigkeitsmatrizen an den Lagerstellen erfolgen. Eine weitere Möglichkeit zur Abbildung der Umfeldsteifigkeiten besteht in der Abbildung des Antriebsstrangs über ein Voll-FE-Modell.

Nachdem die Umfeldsteifigkeiten ermittelt sind, wird die FE-basierte Zahnkontaktanalyse im zweiten Arbeitsschritt durchgeführt. Notwendige Eingaben sind die Verzahnungsgeometrie sowie die zuvor ermittelten Umfeldsteifigkeiten und die der Auslegung zugrunde liegenden Belastungen. Die Wirkungsweise der FE-basierten Zahnkontaktanalyse wird in Abschnitt 6.3 erläutert.

Um lastbedingte Flankenlinienwinkelabweichungen in der Variantenrechnung effektiv, d. h. mit geringem Berechnungsaufwand, berücksichtigen zu können, ist die Ableitung eines Polynoms der Flankenlinienwinkelabweichung in Abhängigkeit vom anliegenden Drehmoment in Arbeitsschritt drei zu generieren. Das Polynom kann aus zwei Stützstellen (Drehmomenten) erzeugt werden, da sich beim Einsatz der Methode zeigte, dass nichtlineare Lagersteifigkeiten keinen signifikanten Einfluss auf die Gesamtsystemsteifigkeit haben. Diese Vereinfachung gilt jedoch nicht mehr, wenn zusätzlich Gehäusesteifigkeiten bei der Auslegung berücksichtigt werden sollen.

Der Kern der Optimierungsaufgabe beginnt im vierten Arbeitsschritt. Mit der Variantenrechnung als von der Zahnkontaktanalyse separierter Rechenkern werden unter der Vorgabe der Zahnflankenmodifikationsparameter in festgelegten Grenzen und entsprechender Schrittweite die für die Auslegung relevanten Zielgrößen errechnet, wie z. B. Flankenpressungen. Es werden gleichzeitig alle angegebenen Betriebsdrehmomente variiert.

Im Anschluss an die Variantenrechnung liegt eine Vielzahl von Einzelergebnissen vor, aus denen die beste Variante zu identifizieren ist. Dies kann visuell über die Methode der Briefmarkendarstellung erfolgen (vgl. Bild 3.35), stellt sich jedoch bei einer zunehmenden Anzahl an Varianten als nicht mehr praktikabel dar. Aus diesem Grund wird die automatisierte, statistische Auswertung herangezogen. Hierzu ist eine Festlegung der Toleranzfelder beispielsweise nach DIN 3962 [DIN78] im fünften Arbeitsschritt erforderlich.

Der am Anfang des Abschnitts beschriebene Auswertungsalgorithmus findet im sechsten Arbeitsschritt für die gegebenen Toleranzfelder diejenige Nennauslegung, die sowohl gute Zielwerte (beispielsweise geringe Pressungen) wie auch geringe Zielwertstreuung in Abhängigkeit der Fertigungstoleranzen liefert. Aus einer Liste der nach den objektiven Kriterien bewerteten besten Varianten kann schließlich im siebten Arbeitsschritt die geeignete Auswahl für die Korrekturen getroffen werden. Dieser letzte Schritt kann ebenfalls automatisiert erfolgen, jedoch ist die finale Auswahl der Korrektur durch den Ingenieur zu treffen, um eine letzte Plausibilitätsprüfung der vermeintlich besten Nennauslegung durchzuführen.

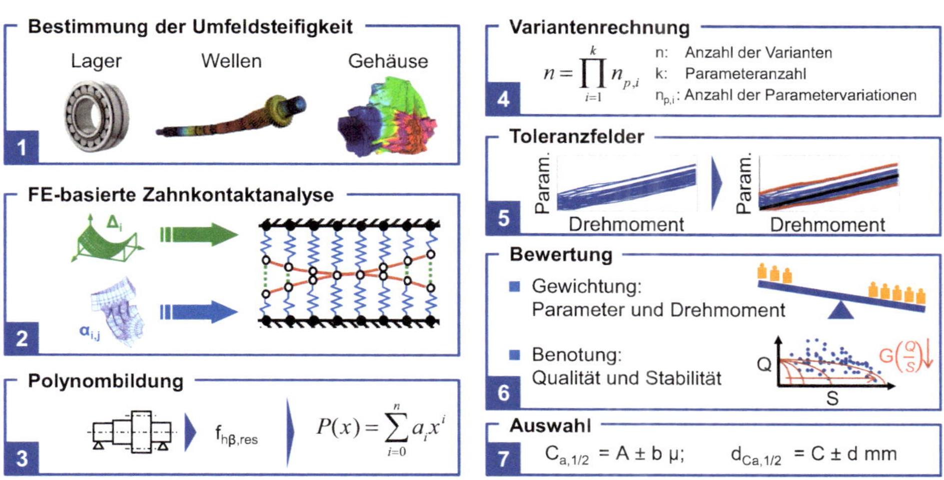

Bild 3.36 Toleranzfeldbasierte Auslegung von Flankenkorrekturen [BREC15c]

Dem Arbeitsschritt zur Gewichtung der betrachteten Drehmomente und Auslegungskriterien bei einer toleranzfeldbasierten Mikrogeometrieauslegung (Arbeitsschritt 6) kommt eine besondere Bedeutung zu, da dieser den größten Einfluss auf die erzielte Auslegungsgüte hat. Bild 3.37 zeigt beispielhaft anhand der Vorgehensweise für die Auslegung einer Planetengetriebestufe für ein Windkraftgetriebe, wie eine Gewichtung der Drehmomente und Auslegungskriterien für eine hoch beanspruchte und dennoch anregungsarme Verzahnung aussehen kann [BREC16]. Das Nennauslegungsmoment, das statistisch den am häufigsten auftretenden Lastfall darstellt, wird folgerichtig mit der höchsten Gewichtung versehen. Alle anderen Drehmomente werden analog in Abhängigkeit ihrer Aufkommenswahrscheinlichkeit gewichtet. Somit entsteht eine Verteilung ähnlich der Gauß'schen Normalverteilung für die Gewichtung der Drehmomente.

Für jedes betrachtete Drehmoment wird anschließend eine Gewichtung der Bewertungskriterien (im Beispiel: Drehfehler und Pressung) durchgeführt. Für niedrige Lasten wird in der Regel der Drehfehler stärker gewichtet als für hohe Lasten. Für hohe Lasten werden dementsprechend tragfähigkeits- und wirkungsgradspezifische Auslegungskriterien fokussiert.

Wenn geeignete Gewichtungen gefunden und alle Nennauslegungen der Variantenrechnung dementsprechend bewertet worden sind, kann jeder Nennauslegung ein Wert für die Stabilität und die Qualität der Auslegung zugeordnet werden. Diese können dann in einem Polardiagramm aufgetragen und gefiltert werden (Bild 3.37 oben rechts). Gute Auslegungen besitzen eine hohe Resilienz gegenüber Fertigungsstreuungen (geringe Standardabweichung der Nennauslegung bei Flankenabweichungen) und geringe Schulnoten für die Auslegungskriterien. Werden die Schulnoten sowie die Standardabweichung für jede Variante in das Polardiagramm überführt und diese auf den Wert eins normiert, dann befinden sich die besten Auslegungen möglichst weit am Ursprung des Diagramms.

Das durch eine toleranzfeldbasierte Korrekturauslegung erzielte Einsatzverhalten der Verzahnung bei variabler Last unterliegt durch die Betrachtung der möglichen Fertigungsstreuungen ebenfalls einer Schwankung. Durch die Ergebnisverläufe für Best Case, Worst Case und Nenn-Verzahnung können alle Szenarien beim Einsatz der Verzahnung abgebildet werden (Bild 3.37 unten rechts). Das Ergebnis der Optimierung ist eine Getriebestufe, die im Teillastbereich einen niedrigen Drehfehler und im Nenn- und Überlastbereich geringe Flankenpressungen (nicht abgebildet) aufweist.

Eine weitere Möglichkeit der Optimierung der Mikrogeometrie innerhalb des simulierten Variantenraumes wird von Brimmers vorgestellt [BRIM21]. Die Berechnungsergebnisse werden für den Aufbau eines Meta- bzw. Ersatzmodells verwendet. Das Metamodell beschreibt einen Zusammenhang zwischen den Eingangsgrößen, in diesem Fall der Topografie, und den Ausgangsgrößen, in diesem Fall dem Einsatzverhalten. Das Metamodell liefert bei einer ausreichenden Modellqualität nach dem Trainieren mit den Simulationsdaten auch für vorher nicht berechnete Versuchspunkte die Ausgangsgrößen in hinreichender Genauigkeit. Für die Optimierung sind keine zusätzlichen, zeitaufwendigen Simulationen notwendig, wodurch mit einem Optimierungsalgorithmus nach den Bewertungskriterien Stabilität und Qualität die optimale Mikrogeometrie im Variationsbereich gefunden werden kann.

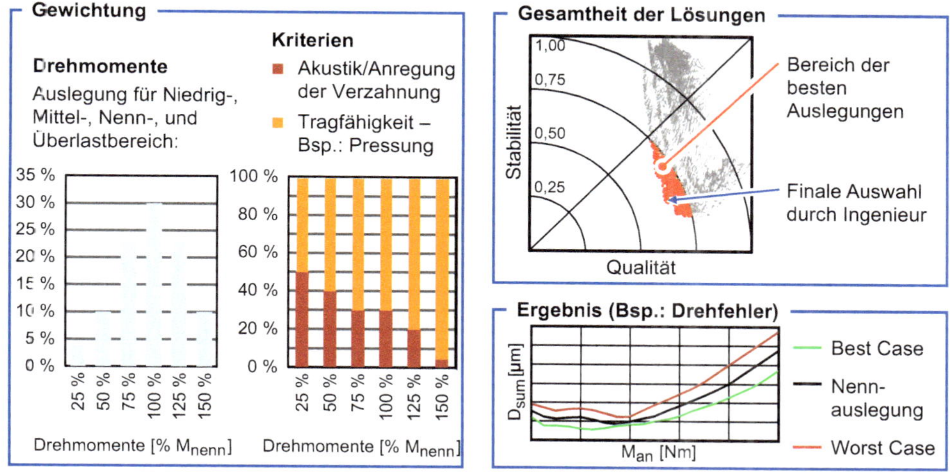

Bild 3.37 Gewichtung der Drehmomente und Auslegungskriterien sowie mögliche Lösungen und Optimierungsergebnisse für eine Windkraftgetriebestufe [BREC16]

3.3.3.4 Anwendungsbeispiel für toleranzfeldbasierte Mikrogeometrieauslegung

Der folgende Abschnitt zeigt durch ein praktisches Beispiel, wie Zahnflankenkorrekturen praxisnah ausgelegt werden können. Es wird dargestellt, wie die Entscheidung für die rechnergestützte Mikrogeometrievariation motiviert ist und welche Modifikationen für den beschriebenen Anwendungsfall als sinnvoll erachtet werden.

Die sechste Zahnradstufe in einem Pkw-Getriebe soll durch eine gezielte Optimierung der Zahnflankenmodifikationen zu einem geringeren Anregungsverhalten und erhöhter Zahnflankentragfähigkeit hin optimiert werden. Eine überschlägige Rechnung mithilfe eines zweidimensionalen Balkenmodells der Getriebewellen zeigt starke Wellenverformungen der Ritzelwelle, die ein Verkippen des Ritzels zur Folge haben. Tragbilduntersuchungen am Getriebe zeigen außerdem, dass sich der Zahnkontakt bei steigendem Antriebsmoment weiter in Richtung einer der Stirnseiten der Verzahnung verlagert. Dieses Phänomen beschleunigt die Schädigungswirkung durch Pressungsüberhöhung auf der Flanke signifikant (vgl. Kapitel 5).

Es wird entschieden, eine systematische Analyse der Getriebestufe mithilfe der FE-basierten Zahnkontaktanalyse durchzuführen, um optimierte Flankenkorrekturen auszulegen und den vorzeitigen Ausfall durch Grübchenbildung zu vermeiden. Dazu wird das Verfahren nach Bild 3.36 gewählt. Ein Modell der Getriebestufe inklusive Lager, Wellen und Radkörper wird in der FE-basierten Zahnkontaktanalyse aufgebaut. Es folgt eine Variationsrechnung für die Breitenballigkeit C_β des Ritzels und die daraus resultierende fertigungsbedingte Verschränkung C_v bei zwei verschiedenen Hartfeinbearbeitungsverfahren. Durch die Verformung des Welle-Lager-Systems und des Radkörpers entstehen Profil- und Flankenlinienwinkelabweichungen $f_{H\alpha}$ und $f_{H\beta}$, die bei der Auswertung der Variationsrechnung durch einen statistischen Bewertungsalgorithmus berücksichtigt werden. Darüber hinaus wird das fertigungsspezifische Toleranzfeld über Flanken- und Profillinienwinkelabweichungen berücksichtigt. Eine vollfaktorielle Variationsrechnung der vier Größen $f_{H\alpha}$, $f_{H\beta}$, C_β und $C_v = f(C_\beta)$ wird über die FE-basierte Zahnkontaktanalyse für sechs Drehmomentstufen durchgeführt. Ergebnis dieser

Variation ist eine Tabelle mit den Zielgrößen Hertz'sche Pressung p_H und Drehfehler in Abhängigkeit der Parameter $f_{H\alpha}$, $f_{H\beta}$ und C_β für jede Parameterkombination und jede Drehmomentstufe. Diese Tabellen können in Praxisanwendungen mehrere Millionen Einträge aufweisen. Eine rein visuelle Auswertung über Briefmarkendiagramme ist kaum noch möglich.

Zuletzt wird die automatisierte statistische Auswertung des Variantenraumes durchgeführt. Dazu wird ein Benotungssystem für die Zielgrößen, in diesem Fall die Hertz'sche Pressung und den Drehfehler, definiert. Es belegt geringe Pressungen mit niedrigen Schulnoten und hohe Pressungen mit hohen Schulnoten. Analog werden geringe Drehfehlerschwankungen mit niedrigen Schulnoten und hohe Drehfehlerschwankungen mit hohen Schulnoten bewertet. Zudem wird eine Gewichtung der Momentstufen durchgeführt. Momente werden nach ihrer Auftretenshäufigkeit gewichtet. Dem Nennmoment wird die höchste Gewichtung zugeteilt. Jede Variante wird in den Kriterien Qualität und Stabilität bewertet. Als Kennzahl für die Qualität wird ein gewichtetes Mittel aus den Benotungen der Zielgrößen herangezogen. Das Maß für die Stabilität jeder Variante ist die Standardabweichung der Nennauslegung vom definierten Toleranzfeld.

Das Ergebnis der statistischen, toleranzfeldbasierten Auswertung der Mikrogeometrievariation ist eine Auslegung, die sowohl geringe Pressungen und Drehfehlerschwankungen bei allen betrachteten geforderten Momentstufen liefert als auch robust gegenüber Profil- und Flankenlinienabweichungen durch Fertigungsfehler ausgelegt ist (Bild 3.38). Im Bild sind der Drehfehler als Kenngröße für das Anregungsverhalten sowie die Hertz'sche Flankenpressung für einen Drehmomenthochlauf einer wälzgeschliffenen Schrägverzahnung aus dem Automotive-Bereich dargestellt. Die fertigungsbedingte Schwankung der Flankenkorrekturen spiegelt sich in einem Streuband der betrachteten Größen um die Nennauslegung wider. Ebenso sind die betriebsbedingten Verlagerungen im Zahnkontakt als lastabhängige Flankenwinkelabweichung $f_{H\beta} = f(M_{an})$ unterhalb der Diagramme dargestellt.

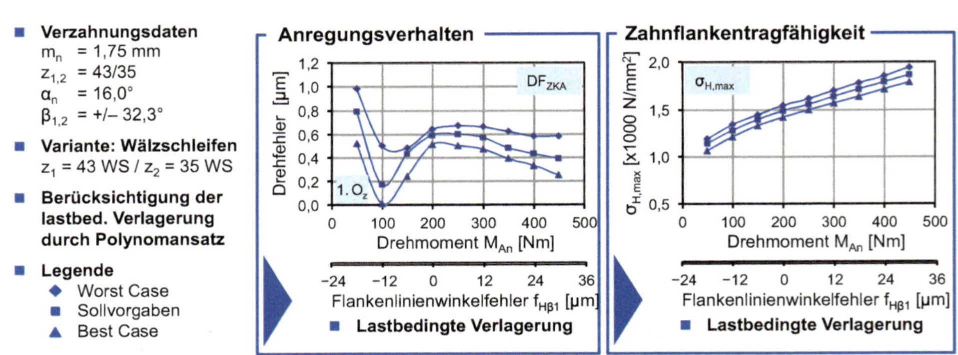

Bild 3.38 Vorgehen bei der Korrekturauslegung für ein Anwendungsbeispiel [HELL15]

3.3.4 Inverse Ermittlung optimaler Sollkorrekturen

Eine Methode zur Bestimmung optimaler Flankenkorrekturen, die nicht auf der Berechnung einer großen Anzahl von Varianten beruht, stellt die direkte Ableitung von Flankentopografien aus der Vorgabe eines konstanten Drehfehlers unter Last dar. Die Grundlage für eine solche Berechnung ist die Annahme, dass durch eine gezielte Änderung des Kontaktabstands in jedem Berührpunkt beim Abwälzen von zwei Verzahnungen die Parameteranregung, die sich durch schwankende Steifigkeiten über dem Wälzweg äußert, ausgeglichen werden kann. Die hier vorgestellte Methode beruht auf den Arbeiten von Saljé [SALJ87].

Zur Bestimmung der optimalen Änderungen der Kontaktabstände von der Nenn-Evolvente durch punktförmige Flankenkorrekturen muss Formel 3.54 für den Korrekturvektor s gelöst werden. Auf der linken Seite des linearen Gleichungssystems befinden sich die Matrix α, welche die Einflusszahlen des Federmodells beinhaltet, und der Vektor F, der die äußeren Kräfte aus dem Zahneingriff beschreibt. Das Federmodell als Grundlage der Zahnkontaktanalyse wird in Abschnitt 6.3 genauer erläutert. Auf der rechten Seite des Gleichungssystems befinden sich das Produkt aus dem Radius des Berührpunkts bezogen auf die Radmitte und dem maximalen Wert der über eine Teilung ermittelten Differenz der Drehwegabweichung.

$$[\alpha]\cdot\{F\}+\{s\}=r_{\mathrm{b}}\cdot\Delta\hat{\varphi}_{\mathrm{Max}} \tag{3.54}$$

Bei der Betrachtung von j Berührpunkten im Federmodell und Auflösung der Gleichung nach der gesuchten Korrektur des Kontaktabstandes s_j kann die oben genannte Gleichung auf eine skalare Beschreibung zurückgeführt werden (Formel 3.55).

$$s_j = r_{\mathrm{b}}\cdot\Delta\hat{\varphi}_{\max} - \sum_{i=1}^{n}\alpha_{ij}\cdot F_j \tag{3.55}$$

Um ein möglichst geringes Anregungsverhalten des Zahneingriffs zu erzielen, muss der Term $r_{\mathrm{b}}\cdot\varphi_{\max}$ als konstant angenommen werden, da in diesem Fall eine Drehfehlerschwankung von 0 vorliegen muss. Durch weitere Annahmen der Verteilung von Berührpunktkräften entlang der Berührlinie werden nicht sinnvolle Lösungen der Formel 3.55 eliminiert, sodass eine sinnvolle Zahnflankentopografie aus dem Gleichungssystem über den Vektor S erzeugt werden kann. Ein Beispiel für eine solche aus dem Federmodell erzeugte, optimale Zahnflankentopografie ist in Bild 3.39 dargestellt. Anhand der zu erkennenden Welligkeit wird ersichtlich, wie die steifigkeitsbedingte Einfederung durch die Wahl der Mikrogeometrie kompensiert wird.

- **Verzahnungsdaten**
  a = 200 mm
  m_n = 7 mm
  $z_{1,2}$ = 27/28
  α_n = 20,0°
  $\beta_{1,2}$ = +/– 16,0°
  b = 79,8 mm
  $x_{1,2}$ = –0.006/–0.030

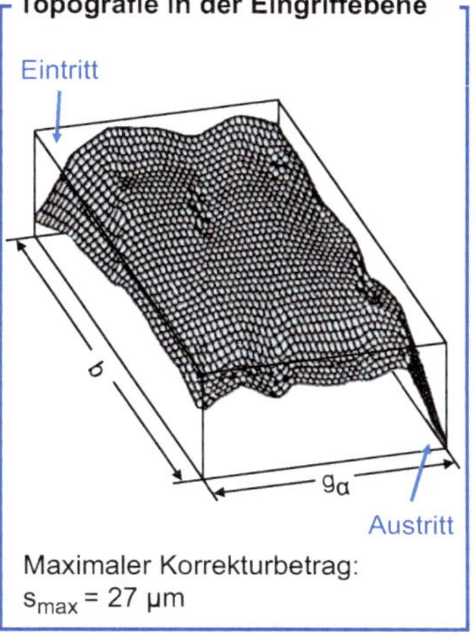

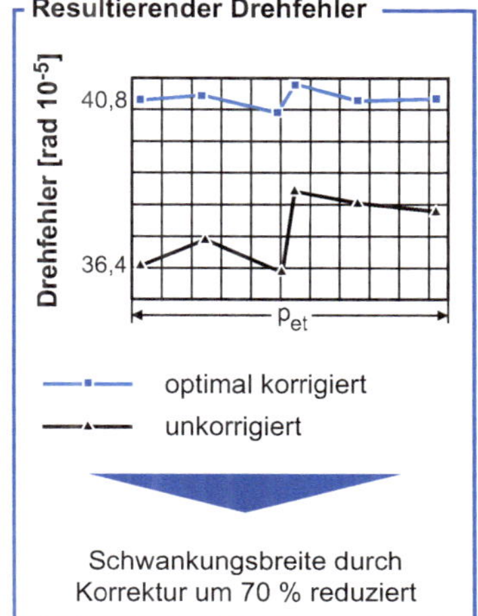

Bild 3.39 Ergebnisse der Korrekturbestimmung durch inverses Lösen des Federmodells [SALJ87]

Die von Saljé [SALJ87] entwickelte Methode wird von Schäfer [SCHÄ08] aufgegriffen, in ein erweitertes Linienkontaktmodell der FE-basierten Zahnkontaktanalyse integriert und in dessen rechnerischer Wirksamkeit bestätigt. Validiert wird die Methode anhand einer Beispielverzahnung, die er mit der Methode des invertierten Federmodells optimiert. Die Ergebnisse der prüfstandsseitigen Drehfehlermessung der optimierten sowie einer unkorrigierten Referenzvariante für einen Drehmomenthochlauf von 25 bis 200 Nm sind Bild 3.40 zu entnehmen. Es ist zu erkennen, dass der Summendrehfehler der optimierten Variante im mittleren bis hohen Drehmomentbereich reduziert werden kann. Das Minimum des Summendrehfehlers befindet sich im Bereich des Auslegungsmomentes von M_{an} = 160 Nm. Damit wird bestätigt, dass die Flankentopografie, die durch das Lösen des invertierten Federmodells bestimmt worden ist, die lastbedingten Verformungen der Zähne aufgrund der Zahnlasten ausgleichen kann.

- **Verzahnungsdaten**
  a = 112,5 mm
  m_n = 2,0 mm
  $z_{1,2}$ = 35/70
  α_n = 20,0°
  $\beta_{1,2}$ = +/– 20,0°
  b = 10,0 mm
  d_{a1} = 79,232 mm
  d_{a2} = 153,741 mm

- **Prüfstandsdaten**
  WZL-Stirnradmesszelle

  $n_{an,max}$ = 3000 1/min
  $M_{an,max}$ = 400 Nm
  a = 70 … 140 mm

  Messung von Wälzabweichungen sowie Körperschall möglich

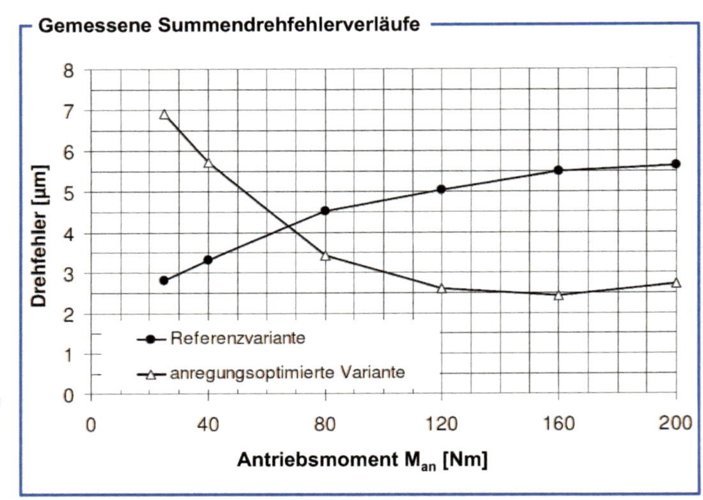

Bild 3.40 Summendrehfehlermessung einer Beispielverzahnung mit invers ausgelegten Korrekturen für einen Drehmomenthochlauf [SCHÄ08]

3.3.5 FE-basierte Auslegung von Kopfrücknahmen

Eine anforderungsgerechte Auslegung von Kopfrücknahmen ist mit der Durchdringungsrechnung auf Basis der FE-basierten Zahnkontaktanalyse möglich [BREC15b]. Die Eingangsgrößen für das Berechnungsmodell sind neben Werkstoffkenndaten zur Elastizität insbesondere die Makro- und Mikrogeometrie der Verzahnung, welche maßgeblich das Steifigkeits- und Kontaktverhalten beeinflussen. Die Ausgabegröße der Durchdringungsrechnung ist eine dreidimensionale Beschreibung der Durchdringung. Da die Kopfrücknahme eine zweidimensionale Korrektur (Profillinie) darstellt, werden geeignete Kennwerte des 3D-Kennfelds der Durchdringung benötigt, um eine entsprechende Kopfrücknahme auszulegen.

Das Konzept und die Vorgehensweise der FE-basierten Durchdringungsrechnung sind in Bild 3.41 dargestellt. Das Modell kann in drei Schritte unterteilt werden, in welchen unterschiedliche Einflüsse auf die Durchdringung berücksichtigt werden:

1. Berechnung der Starrkörperverschiebung
2. Berücksichtigung der Geometrieabweichung im Kontakt
3. Berücksichtigung der Geometrieabweichung am Folgezahn

In einem ersten Schritt wird die Starrkörperverschiebung des FE-Modells für die Wälzstellung berechnet, bei welcher das nachfolgende Zahnpaar in den Kontakt kommt. Diese Wälzstellung wird auch in bestehenden Arbeiten als kritisch für die Verformung der Zahnräder angesehen [TOPP66, BAET69, HASL91]. Die berechnete Starrköperverschiebung wird in eine relative Verdrehung der Zahnräder zueinander umgerechnet und die daraus resultierende theoretische Durchdringung am Folgezahn berechnet.

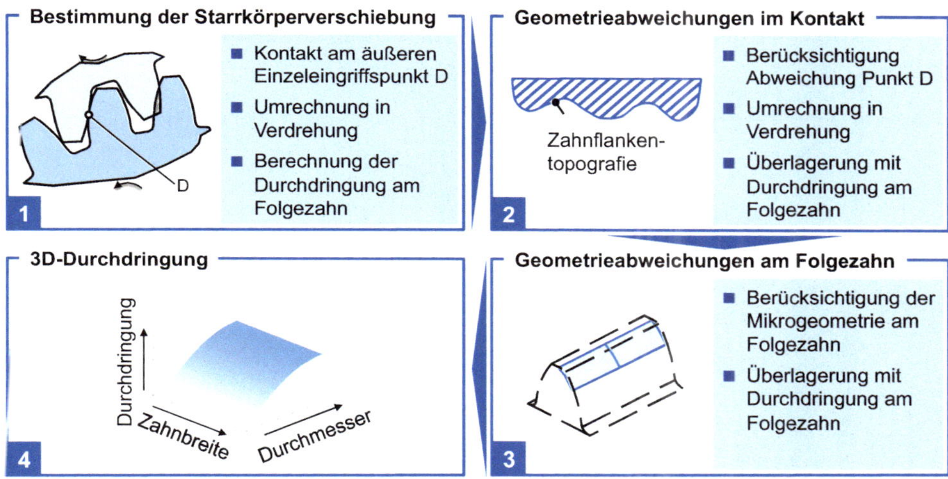

Bild 3.41 Konzept und Vorgehensweise der FE-basierten Durchdringungsrechnung [BREC15b]

In einem zweiten Schritt erfolgt die Überlagerung weiterer Einflüsse auf die Durchdringung, wie zum Beispiel die Geometrieabweichung im Kontaktpunkt. Die durch Modifikationen oder Abweichungen veränderten Zahnflankentopografien verursachen ebenfalls eine Verdrehung der Zahnräder, die der vorhandenen Verdrehung überlagert und somit bei der Berechnung der theoretischen Durchdringung berücksichtigt wird. Die durch Modifikationen oder Abweichungen veränderte Geometrie am Folgezahn wird nicht in eine Verdrehung umgerechnet, sondern im dritten Schritt direkt hinsichtlich der Durchdringung untersucht. Auf diese Weise wird unter Berücksichtigung der lokalen Steifigkeitsverhältnisse und der modifikations- und abweichungsbehafteten Zahnflankentopografien im vierten Schritt ein dreidimensionales Kennfeld der Durchdringung berechnet.

Eine Kopfrücknahme wird meist anhand ihres Betrages und ihrer Länge definiert. Die Beschreibung erfolgt somit zweidimensional. Eine Herausforderung bei der FE-basierten Auslegung von Kopfrücknahmen ist die Ableitung von geeigneten Kennwerten aus dem dreidimensionalen Kennfeld der Durchdringung zur zweidimensionalen Beschreibung der geeigneten Kopfrücknahme. Diese Problematik ist in Bild 3.42 detailliert abgebildet. Im linken oberen Teil des Bildes ist ein übliches Kennfeld der Durchdringung für eine unkorrigierte Verzahnung dargestellt. Aufgrund der evolventischen Form der sich durchdringenden Körper ergibt sich ein gekrümmter Verlauf in Profillinienrichtung. Bei einer unkorrigierten Geradverzahnung ist die Durchdringung unabhängig von der Zahnbreite. Es kann eine beliebige Profillinie gewählt werden, um die Problemstellung auf zwei Dimensionen zu reduzieren. In Bild 3.42 ist die mittlere Profillinie als kritische Profillinie ausgewählt (unten links).

Im rechten oberen Teil von Bild 3.42 ist ein Kennfeld der Durchdringung für dieselbe Verzahnung abgebildet, welche sowohl mit einem Flankenwinkelfehler als auch mit einer Breitenballigkeit versehen ist. Eine vergleichbare Charakteristik wäre ebenfalls für Schrägverzahnungen zu erwarten. Es ist zu erkennen, dass der Betrag der Durchdringung aufgrund der Modifikationen zum Teil größer als bei der unkorrigierten Verzahnung und abhängig von der Zahnbreite ist. Aus diesem Grund ist die Profillinie zu wählen, welche den maximalen Betrag und den minimalen Durchmesser der Durchdringung aufweist (unten rechts).

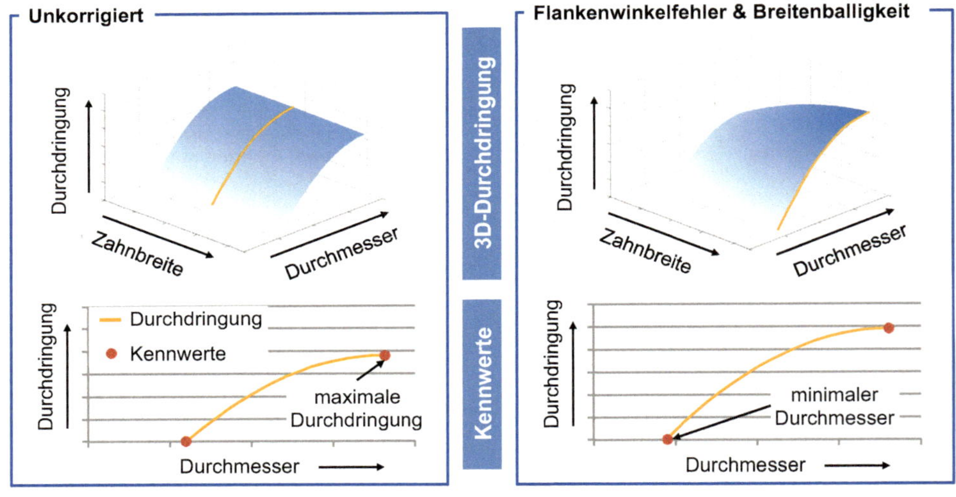

Bild 3.42 Kennwerte und Auslegung von Kopfrücknahmen [BREC15b]

Die ausgewählte Profillinie wird anschließend durch den maximalen Betrag und den minimalen Durchmesser der Durchdringung beschrieben. Die Kennwerte können als minimaler Wert für den Betrag und maximaler Wert für den Startdurchmesser der Kopfrücknahme in die Auslegung einfließen, um einen vor- und nachzeitigen Zahneingriff zu verhindern oder abzuschwächen. Um in einem weiteren Schritt Toleranzfelder aller Parameter zu berücksichtigen und um ein möglichst gutes Anregungsverhalten der Verzahnung zu erzielen, ist eine umfassende Variantenrechnung nach der bereits vorgestellten Methodik nötig.

Die vorgestellte FE-basierte Durchdringungsrechnung wurde an einer geradverzahnten Prüfverzahnung mithilfe von Tragbildaufnahmen validiert. Das Ergebnis der Untersuchung ist in Bild 3.43 dargestellt. Die Prüfverzahnung liegt mit zwei unterschiedlichen Kopfrücknahmen vor, welche sich in der Auslegung des Betrags unterscheiden. Zum einen liegt eine Vergleichskopfrücknahme mit C_a = 30 µm vor. Demgegenüber wurde mit der FE-basierten Methode eine Kopfrücknahme von C_a = 75 µm für ein Drehmoment von M_{an} = 2500 Nm ausgelegt. Beide Kopfrücknahmen sind bezüglich ihrer Länge kurz gemäß der Definition nach Niemann/Winter [NIEM03] ausgeführt.

Das Ergebnis der FE-basierten Durchdringungsrechnung ist im oberen Teil von Bild 3.43 dargestellt. Bei der Kopfrücknahme mit C_a = 30 mm wird ab einem Drehmoment von $M_{\varepsilon n}$ = 1000 Nm eine Durchdringung berechnet. Mit steigendem Drehmoment nimmt die Durchdringung linear zu. Ein vergleichbares Verhalten wird für die Verzahnung mit einer Kopfrücknahme von C_a = 75 mm berechnet. Hier liegt jedoch erst ab einem Drehmoment von M_{an} = 2500 Nm eine Durchdringung vor.

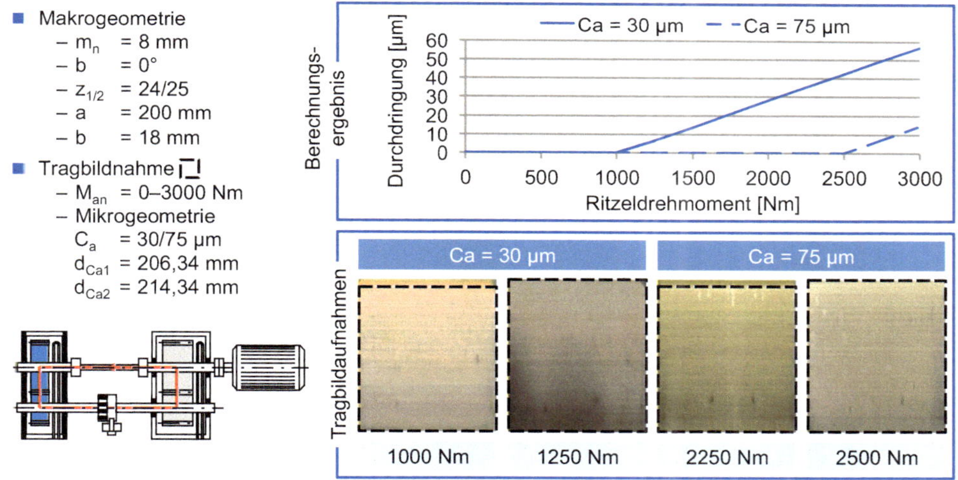

Bild 3.43 Validierung der FE-basierten Durchdringungsrechnung [BREC15b]

Im unteren Teil des Bildes sind im Verspannungsprüfstand aufgenommene Tragbilder der beiden Verzahnungen abgebildet. Es ist jeweils ein Drehmoment unterhalb und ein Drehmoment oberhalb der theoretischen Durchdringungsgrenze appliziert und die Verzahnung ist durchgewälzt worden. Für beide Kopfrücknahmevarianten ist für das untere Drehmoment noch Tuschierpaste im oberen Zahnflankenbereich zu erkennen, sodass noch kein vorzeitiger Eingriff vorliegt. Demgegenüber ist für das jeweils höhere Drehmoment ein vollständiger Kontakt über der gesamten Zahnhöhe zu erkennen, woraus ein vorzeitiger Zahneingriff geschlossen werden kann. Mit der FE-basierten Durchdringungsrechnung können somit geeignete Kopfrücknahmen ausgelegt werden.

3.4 Auslegung von Beveloidverzahnungen

In der Regel werden Beveloidverzahnungen (vgl. Abschnitt 2.4) bei Achskreuzwinkeln bis zu $\Sigma = 15°$ eingesetzt, wobei bei hohen Achskreuzwinkeln darauf zu achten ist, dass ein großes Tragbild nur mit hohem konstruktiven und fertigungstechnischen Aufwand erreicht werden kann. Weiterhin ist zu berücksichtigen, dass die Spitz- und die Unterschnittgrenze der eingesetzten Beveloids nicht durch die hohen Konuswinkel überschritten werden dürfen. Bei geringen Zahnradbelastungen können Beveloidverzahnungen auch bei größeren Achskreuzwinkeln eingesetzt werden, da in diesem Fall ein kleineres Tragbild und die damit verbundenen Lastüberhöhungen akzeptiert werden können. Zudem lassen sich gering belastete Verzahnungen schmaler ausführen, wodurch die Gefahr gesenkt wird, dass die Unterschnitt- oder die Spitzzahngrenze überschritten wird.

Im Vergleich zur Auslegung von Stirnrädern ist die Auslegung von Beveloids nicht allein unter Verwendung von analytischen Formeln möglich. Insbesondere die Realisierung einer optimalen Tragbildlage und -größe lässt sich unter Verwendung von analytischen Formeln nicht ausreichend vorhersagen. Im Folgenden wird daher eine Vorgehensweise für die Auslegung von Beveloidverzahnungen beschrieben, die aus einer Kombination von analytischen Formeln und numerischen Simulationen besteht.

Für die Auslegung einer Beveloidverzahnung ist neben der Makrogeometrie auch die Anordnung, die Position, der beiden Beveloidräder zueinander von großer Bedeutung. Der grafische Zusammenhang der Größen, die zum Beschreiben der Anordnung benötigt werden, ist Bild 3.44 zu entnehmen. Es wird der allgemeine Fall einer Beveloidradpaarung mit nichtparallelen Achsen dargestellt [ROTH98, WAGN93].

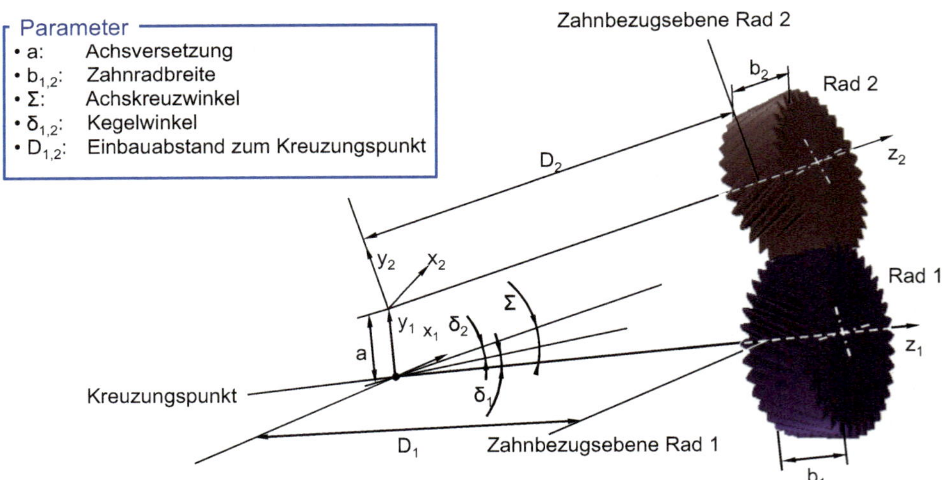

Bild 3.44 Anordnung Beveloidradpaarung [RÖTH12]

Radanordnung von Beveloidverzahnungen

Die folgenden formelmäßigen Zusammenhänge sind den Auslegungshinweisen für Beveloidverzahnungen nach Roth entnommen [ROTH98]. Sie sind ebenfalls Bestandteil der von Röthlingshöfer entwickelten Methode zur Auslegung von Beveloids [RÖTH12]. Formel 3.56 zeigt die Berechnung des Achskreuzwinkels Σ.

$$\cos(\Sigma) = q \cdot \cos(\theta_1) \cdot \cos(\theta_2) \cdot \cos(\beta_1 + \beta_2) - \sin(\theta_1) \cdot \sin(\theta_2) \tag{3.56}$$

Der Achskreuzwinkel Σ ist von den beiden Konuswinkeln $\vartheta_{1/2}$ und Schrägungswinkeln der Bezugsprofile $\beta_{P1/2}$ der Räder 1 und 2 sowie dem Parameter q abhängig. Der Parameter q berücksichtigt die Lage der beiden Kegelspitzen der kämmenden Zahnräder zueinander. Zeigen die beiden Kegelspitzen in die gleiche Richtung, ist q gleich eins; zeigen die Spitzen in entgegengesetzte Richtung, nimmt q den Wert minus eins an. Die Achsversetzung a wird durch Formel 3.57 bestimmt. Für Beveloidräder mit schneidenden Achsen ist die Achsversetzung gleich null. Im Weiteren wird der Fußkonuswinkel ϑ_f der Beveloidverzahnung mit dem Konuswinkel ϑ bezeichnet, da er gegenüber dem Kopfkonuswinkel stets der Herstellkinematik zugeordnet werden kann.

$$a = q \cdot \frac{\left(\frac{d_1}{2} \cdot \cos(\theta_2) + \frac{d_2}{2} \cdot \cos(\theta_1)\right) \cdot \sin(\beta_1 + \beta_2)}{\sin(\Sigma)} \tag{3.57}$$

Der Einbauabstand D eines Beveloids ist definiert als der Abstand vom Kreuzungspunkt der beiden Achsen zum mittleren Stirnschnitt des Zahnrads. Formel 3.58 und Formel 3.59 sind maßgeblich für die Bestimmung der Einbauabstände D_1 und D_2 für Rad 1 und Rad 2.

$$D_1 = \frac{\frac{d_1}{2} \cdot \cos(\Sigma) + q \cdot \frac{d_2}{2} \cdot \cos(\beta_1 + \beta_2) - \cdots}{q \cdot \sin(\theta_1) \cdot \cos(\theta_2) \cdot \cos(\beta_1 + \beta_2) + \cos(\theta_1) \cdot \sin(\theta_2)} \\ \cdots q \cdot \frac{a \cdot \sin(\beta_1 + \beta_2) \cdot \cos(\theta_2)}{\tan(\Sigma)} \tag{3.58}$$

$$D_2 = \frac{\frac{d_2}{2} \cdot \cos(\Sigma) + q \cdot \frac{d_1}{2} \cdot \cos(\beta_1 + \beta_2) - \cdots}{q \cdot \sin(\theta_2) \cdot \cos(\theta_1) \cdot \cos(\beta_1 + \beta_2) + \cos(\theta_2) \cdot \sin(\theta_1)} \\ \cdots q \cdot \frac{a \cdot \sin(\beta_1 + \beta_2) \cdot \cos(\theta_1)}{\tan(\Sigma)} \tag{3.59}$$

Formel 3.56, Formel 3.57, Formel 3.58 und Formel 3.59 zeigen, dass für die Bestimmung der Einbaulage einer Beveloidverzahnung neun Unbekannte m_n, Σ, θ_1, θ_2, β_{P1}, β_{P2}, a, D_1 und D_2 ermittelt werden müssen. Das Gleichungssystem kann daher nur iterativ bzw. unter Vorgabe von fünf Parametern numerisch gelöst werden.

Neben den Formeln zur Auslegung der Radanordnung von Beveloids existieren Optimierungsmethoden für das Einsatzverhalten von Beveloids. Im Folgenden wird eine Methode zur Auslegung von Beveloids beschrieben und zusammengefasst, die im Besonderen auf fertigungsbedingte Einflüsse bezüglich des Einsatzverhaltens Rücksicht nimmt. Das Vorgehen ist in Bild 3.45 zusammengefasst dargestellt und wird im Folgenden erläutert. Das Ziel der Methodik ist eine mikrogeometrische Auslegung einer Beveloidverzahnung, die ein mittiges Tragbild aufweist, welches sich lastfrei über 70 % der Zahnbreite erstreckt sowie eine minimale Drehwinkelabweichung am Beveloid besitzt [RÖTH12].

Vorauslegung von Beveloidverzahnungen

Für die Vorauslegung der Beveloidverzahnung werden Formel 3.56, Formel 3.57, Formel 3.58 und Formel 3.59 verwendet. Mittels der Normberechnung nach ISO 6336 [ISO19] kann anhand einer aus dem mittleren Stirnschnitt der Beveloids abgeleiteten zylindrischen Ersatzstirnradverzahnung eine grobe Abschätzung der Tragfähigkeit vorgenommen werden. Die Verwendung einer Ersatzstirnradverzahnung ist notwendig, da für Beveloids mit schneidenden Achsen derzeit kein genormter Tragfähigkeitsnachweis existiert. Da sich große Abweichungen zwischen Beveloids mit schneidenden und windschiefen Achsen im Vergleich zu Stirnrädern ergeben, sind hohe Sicherheiten anzusetzen. Das Ergebnis der Vorauslegung ist eine erste Verzahnungsgeometrie, die im nächsten Schritt weiter optimiert wird [RÖTH12].

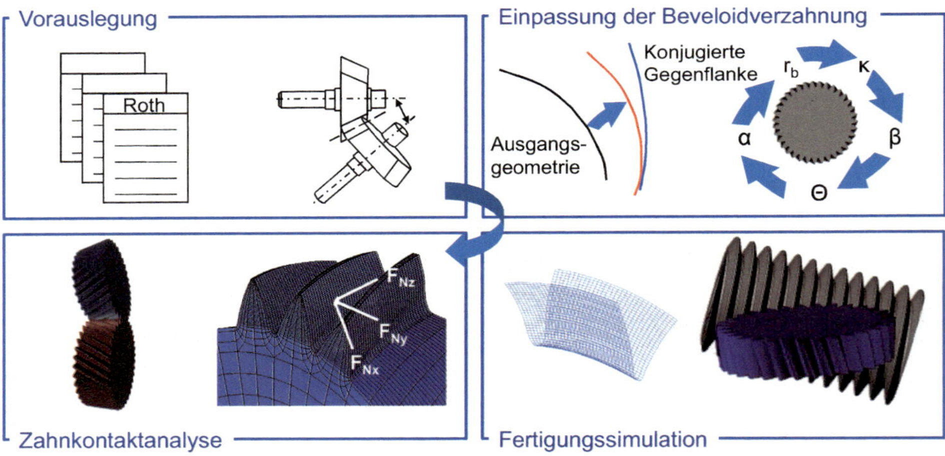

Bild 3.45 Beveloidauslegungsmethode nach Röthlingshöfer [RÖTH12]

Für die Geometrieoptimierung von Beveloidverzahnungen wird die Zahnflanke eines der beiden Beveloids in eine konjugierte Flanke eingepasst. Eine Vorgehensweise für Beveloids mit nichtparallelen Achsen beschreibt Wagner [WAGN93]. Dazu wird durch ein iteratives Verfahren eine Beveloidverzahnung in eine zuvor ermittelte konjugierte Gegenflanke eingepasst. Die Einpassung wird für die Flanke in Vorzugslastrichtung durchgeführt. Die konjugierte Gegenflanke wird im ersten Schritt durch Abwälzen mit einer bekannten idealevolventischen Beveloidverzahnung und durch Lösen der Bedingung nach Litvin [LITV04] ermittelt (siehe Formel 3.60). Die Normale eines Werkzeugpunktes muss dazu senkrecht auf dem Geschwindigkeitsvektor v stehen und somit das Skalarprodukt aus Normalen- und Geschwindigkeitsvektor gleich null sein.

$$\vec{N} \cdot \vec{v} = 0 \tag{3.60}$$

Die konjugierte Gegenflanke besitzt einen hyperbolischen Grundkörper und muss im nächsten Schritt durch ein evolventisches Beveloid mit einem konischen Grundkörper iterativ angenähert werden. Der Iterationsprozess ist beendet, sobald die Abstände des eingepassten konischen Grundkörpers und des hyperbolischen Grundkörpers minimal sind.

Iterativer Einpassprozess von evolventischem Beveloid in konjugierte Gegenflanke

Das Einpassen wird durch einen Prozess realisiert, bei dem zunächst in mehreren diskreten Stirnschnitten der Einpasswinkel κ bestimmt wird. Der Einpasswinkel bestimmt in jedem der diskreten Stirnschnitte den Abstand zwischen dem Stirnprofil des ideal-evolventischen Beveloids und der konjugierten Gegenflanke. Nach Auswertung der Einpasswinkel κ_i in jedem Stirnschnitt wird ein neuer Schrägungswinkel für die betrachtete Zahnflanke $\beta_{L,R}$ ausgewählt. Um diesen Schrägungswinkel zu ermitteln, wird der Konuswinkel θ angepasst, wodurch sich ein neuer Eingriffswinkel $\alpha_{tL,R}$ und ein neuer Grundkreisdurchmesser $d_{bL,R}$ ergeben. Mit diesen Parametern wird eine neue evolventische Verzahnungsgeometrie ausgelegt und der Prozess beginnt von Neuem. Der Iterationsprozess wird so lange durchgeführt, bis die Veränderung des Konuswinkels $\Delta\theta$ den Wert 10^{-5} unterschreitet. Im Folgenden wird dieser Prozess im Detail beschrieben [RÖTH12].

Die Einpassung der Beveloidverzahnung beginnt mit dem Einlesen der konjugierten Flanke. Unter Annahme eines Startwertes für den Grundkreisdurchmesser $d_{bL,R}$ wird für die einzupassende Verzahnung die ideale Evolvente im betrachteten Stirnschnitt bestimmt. Ein guter Startwert ist der Grundkreisradius der Ersatzstirnradverzahnung des mittleren Stirnschnitts. Die ideale Evolvente wird dann um den Betrag des Einpasswinkels κ gedreht, bis die Evolvente mit der konjugierten Verzahnung in Kontakt kommt. Dieser Vorgang ist für mehrere diskrete Stirnschnitte zu wiederholen. Für jeden Stirnschnitt ergibt sich ein unterschiedlicher Einpasswinkel κ_i. Mithilfe von Formel 3.61 kann die Steigung m zwischen zwei Punkten auf der Zahnflanke bestimmt werden [WAGN93].

$$m = \frac{\kappa_1 - \kappa_n}{z_1 - z_n} \tag{3.61}$$

κ_i beschreibt den Einpasswinkel für den i-ten Stirnschnitt $(1 \ldots n)$, z_i die Laufkoordinate entlang der Verzahnungsbreite. Mit der in Formel 3.61 bestimmten Steigung m und dem Teilkreisdurchmesser d lässt sich im nächsten Schritt der Schrägungswinkel $\beta_{L,R}$ bestimmen (vgl. Formel 3.62) [RÖTH12, WAGN93].

$$\beta_{L,R} = \arctan\left(m \cdot \frac{d}{2}\right) \tag{3.62}$$

Anhand Formel 2.80, Formel 2.81, Formel 2.82, Formel 2.83, Formel 2.84 und Formel 2.85 lassen sich auf Basis des Schrägungswinkels $\beta_{L,R}$ und unter Annahme eines geeigneten Startwertes für den Stirneingriffswinkel α_t der Konuswinkel θ, der Stirneingriffswinkel $\alpha_{tL,R}$ und der Grundkreisradius $d_{bL,R}$ bestimmen. Der berechnete Grundkreisradius $d_{bL,R}$ bildet den Startwert für den nächsten Schritt des Iterationsprozesses. Nach Beendigung dieses Prozesses ist die optimierte Beveloidmakrogeometrie ermittelt [RÖTH12, WAGN93].

Fertigungssimulation und Zahnkontaktanalyse

Diese Geometrie wird im nächsten Schritt mittels einer Fertigungssimulation als dreidimensionale Punktewolke abgebildet. Der Einfluss des Fertigungsprozesses auf die resultierende Verzahnungsgeometrie (verfahrensbedingte geometrische Abweichungen) wird durch die Fertigungssimulation erfasst. Auf Basis der Fertigungssimulation kann das Einsatzverhalten der eingepassten Beveloidverzahnung per Zahnkontaktanalyse ermittelt werden. Die Fertigungssimulation wird im ersten Schritt ohne Berücksichtigung von Verzahnungskorrekturen durchgeführt. Im nächsten Schritt wird mittels einer Zahnkontaktanalyse per Variantenrechnung eine optimale Mikrogeometrie ermittelt, sodass die Verzahnung ein gutes Einsatzverhalten aufweist. Bei Beveloidverzahnungen ergeben sich in der Regel hohe Beträge für Mikrogeometriekorrekturen, insbesondere für die Breitenhohlballigkeiten. Daraus folgt, dass bei der Fertigung mit hohen fertigungsbedingten Geometrieabweichungen zu rechnen ist. Um den Einfluss der Fertigungsabweichungen auf das Einsatzverhalten zu überprüfen, ist abschließend per Kombination von Fertigungssimulation und Zahnkontaktanalyse der Einfluss des Fertigungsprozesses auf die Mikrogeometrie und das Einsatzverhalten der Beveloidverzahnung zu prüfen. Auf Basis des Ergebnisses wird in einem nachfolgenden Schritt die Mikrogeometrie gegebenenfalls weiter optimiert [RÖTH12].

Neben den Mikrogeometrien aus Standardmodifikationen zeigt Brimmers, dass eine gezielt ausgelegte topologische Modifikation für eine Beveloidverzahnung zu einer Optimierung des Einsatzverhaltens führt [BRIM21]. Die Fertigbarkeit der topologischen Modifikation im Wälzschleifverfahren wird dabei mittels Fertigungssimulation sichergestellt. Das Einsatzverhalten kann mit topologischen Modifikationen im Vergleich zu Standardmodifikationen verbessert werden.

Anwendungsbeispiel aus dem Automobilbereich

In Bild 3.46 ist die Optimierung des lastfreien Tragbildes anhand der Auslegungsmethode nach Röthlingshöfer beispielhaft für eine Beveloidverzahnung gezeigt [RÖTH12]. Bei Rad 1 handelt es sich um ein schrägverzahntes Stirnrad und bei Rad 2 um ein schrägverzahntes Beveloid. Die Verzahnung ist mit schneidenden Achsen ($a = 0$) und einem Achskreuzwinkel von $\Sigma = 7{,}2$ ausgeführt. Mithilfe vonFormel 3.56, Formel 3.57, Formel 3.58 und Formel 3.59 wird unter Vorgabe des Einbauabstands von Rad 1 $D_1 = 730$ mm sowie mit den oben genannten Verzahnungsparametern das Gleichungssystem numerisch gelöst. Als Ergebnis der Vorauslegung ergeben sich der Einbauabstand von Rad 2 $D_2 = 730{,}35$ mm, die Schrägungswinkel $\beta_1 = 25°$ bzw. $\beta_2 = -25°$ und der Konuswinkel von Rad 2 $\theta_2 = -7{,}2$.

Das lastfreie Tragbild der Beveloidverzahnung ist in der oberen Zeile von Bild 3.46 zu erkennen. Es zeigt sich, dass das Tragbild zur Zehe hin verschoben ist und sich nicht mittig auf der Zahnflanke befindet. Da jedoch ein mittiges Tragbild in der Regel ein verbessertes Einsatzverhalten ermöglicht, wird im zweiten Schritt die bestehende Makrogeometrie der Beveloidverzahnung angepasst. Anhand der zuvor beschriebenen Methode nach Wagner [WAGN93] wird die Einpassung durchgeführt, woraus sich eine Änderung des Konuswinkels zu $\theta_2 = -7{,}5°$ ergibt. Das lastfreie Tragbild verschiebt sich in Richtung der Ferse und liegt anschließend mittig auf der Flanke (siehe Bild 3.46 Mitte). Im abschließenden Schritt der Auslegungsmethode wird die Mikrogeometrie der Beveloidverzahnung optimiert. Durch Aufbringen einer Hohlballigkeit in Zahnbreitenrichtung sowie einer geringen Profilballigkeit und Korrektur des Profilwinkels wird das Tragverhalten der Verzahnung weiter verbessert. Das lastfreie Tragbild ist gegenüber der unmodifizierten Verzahnungsvariante deutlich vergrößert (vgl. Bild 3.46 unten). Ein Vergleich der lastfreien Tragbilder zeigt, dass durch die Anwendung der Auslegungsmethode nach Röthlingshöfer ein verbessertes Tragverhalten erzielt werden kann [RÖTH12].

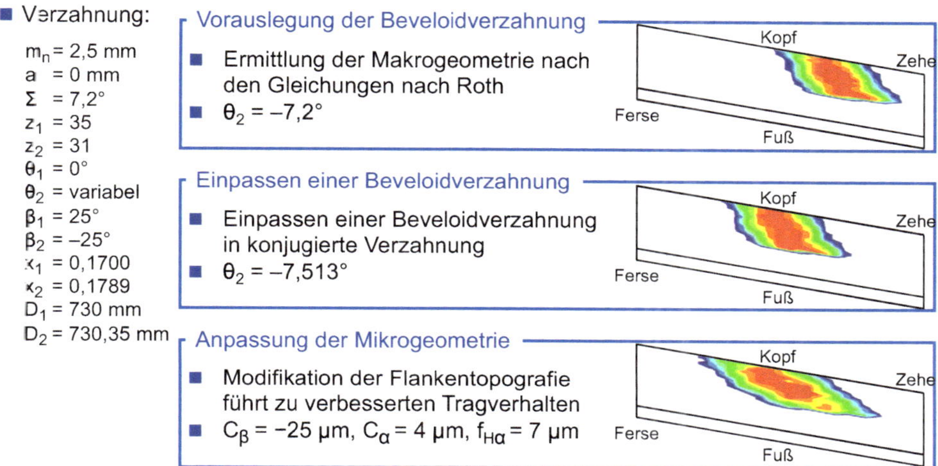

Bild 3.46 Optimierung des lastfreien Tragbildes einer Beveloidverzahnung mithilfe der Auslegungsmethode nach Röthlingshöfer [RÖTH12]

3.5 Auslegung von Kegelradverzahnungen

Kegelradgetriebe müssen hohen Anforderungen an die Leistungsdichte, Lebensdauer, Energieeffizienz und das Geräuschverhalten genügen. Gleichzeitig sind aus Wettbewerbsgründen die Herstellkosten zu minimieren. Die Herausforderungen bei der Auslegung von Kegelradverzahnungen sind im Vergleich zu Stirnradverzahnungen größer [MÜLL06, SEIB07]. Die Gründe liegen zum einen in dem Zahnprofil, das bei Stirnrädern eine Evolvente und bei gewälzten Kegelrädern eine Oktoide ist [KLIN08, STAD14], zum anderen sind die lastbedingten Verlagerungen bei Kegelradverzahnungen aufgrund der räumlichen Beanspruchung vom Betrag größer als bei Stirnradverzahnungen [SEIB07].

Die Flankenlängslinie von Kegelradverzahnungen wird nach Kapitel 2 im Wesentlichen in gerade Flankenlängslinien und gekrümmte Flankenlängslinien unterteilt. Die Anwendung von Geradverzahnungen findet üblicherweise bei der Übertragung niedriger Momente und bei reduzierten Anforderungen an das Laufverhalten Anwendung. Differenzialkegelräder zur Gewährleistung der Drehzahldifferenz in Vorder- und Hinterachsen sind ein typisches Beispiel für geradverzahnte Kegelräder.

Kegelräder mit gekrümmten Flankenlängslinien ohne Achsversatz (a = 0) mit beliebigen Achswinkeln werden als Spiralkegelrad bezeichnet. Der Achswinkel beträgt zumeist Σ = 90°, insbesondere in der automobilen Anwendung. Kegelräder mit Achsversatz ($a \neq 0$) werden als Hypoidräder bezeichnet und werden mit Achswinkeln ausgeführt, die in der

Regel gegenüber Beveloidanwendungen deutlich höher liegen. Im Folgenden wird die Auslegung von Spiral- und Hypoidverzahnungen behandelt.

Die iterative Vorgehensweise zur Auslegung von Kegelradverzahnungen wird unterteilt in die Bestimmung einer tragfähigen Makrogeometrie und die Gestaltung der anforderungsgerechten Mikrogeometrie (vgl. Bild 3.47). Zunächst werden vom Konstrukteur geometrische Abmaße und Verzahnungsparameter basierend auf den Grundforderungen eines Pflichtenhefts abgeleitet. Hierbei stehen dem Konstrukteur Formeln aus der Literatur, firmeninterne Richtlinien oder Erfahrungswissen aus vergleichbaren Kegelradgetrieben zur Verfügung [KLIN08, STAD14, NIEM03]. Das Ergebnis sind die Verzahnungsparameter der ersten Vorauslegung der Makrogeometrie. Anschließend folgt die Nachrechnung der Normtragfähigkeit der Makrogeometrie und die Vorauslegung wird hinsichtlich der Tragfähigkeit geprüft. Ist diese nicht gegeben, werden Verzahnungsparameter iterativ angepasst, bis eine tragfähige Verzahnung ermittelt ist.

Im nächsten Schritt erfolgt die Gestaltung der Mikrogeometrie unter Berücksichtigung der Maschinenkinematik und Werkzeuggeometrie mittels Zahnkontaktanalyseprogrammen. Im Gegensatz zu Stirnradverzahnungen wird nicht die Abweichung vom Bezugsprofil beschrieben, sondern es werden die minimalen Kontaktabstände zwischen Rad- und Ritzelflanke während des Abwälzens für die Beschreibung verwendet. Dieser Abstand wird im Allgemeinen auch als Ease-Off bezeichnet. Empfehlungen für die Gestaltung des initialen, lastfreien Ease-Off basieren wiederum auf Literaturquellen und auf Erfahrungswissen des Konstrukteurs [KLIN08, STAD14]. In der Zahnkontaktanalyse unter Last wird anschließend das Einsatzverhalten bei unterschiedlichen Belastungen und unter Berücksichtigung des Verlagerungsverhaltens bewertet. Kriterien sind Flächenpressungen und Spannungen, der Summendrehfehler unter Last und die Gleitgeschwindigkeiten der aktuellen Mikrogeometrie. Am Ende des iterativen Optimierungsprozesses wird ein anforderungsgerechter Ease-Off bestimmt, der den Restriktionen hinsichtlich Fertigbarkeit und Einsatzverhalten genügt.

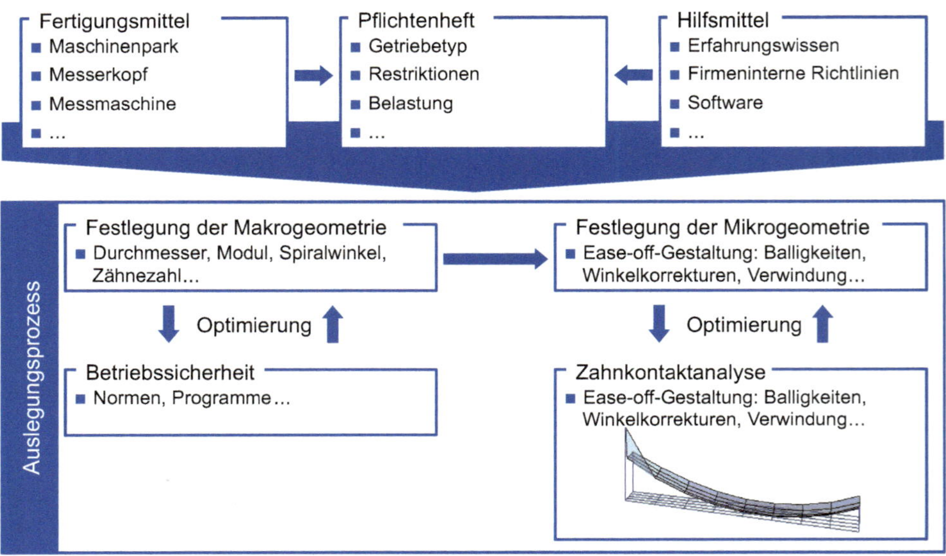

Bild 3.47 Auslegung von Kegelradverzahnungen [BAXM07]

Der vorangehend beschriebene Auslegungsprozess berücksichtigt nicht explizit die fertigungs- und montagebedingten Toleranzeinflüsse auf das Einsatzverhalten. Aus diesem Grund wurde eine umfassende Auslegungsmethode entwickelt, die die zahlreichen Einflussgrößen auf den Drehfehler berücksichtigt und die iterativen experimentellen Untersuchungen minimiert. Diese befähigt den Ingenieur während des Auslegungsprozesses unter Berechnung und Bewertung einer Vielzahl an Varianten die geeignetste Verzahnungsgeometrie für den vorliegenden Anwendungsfall zu wählen [GERA19].

Die entwickelte Methodik ist mehrstufig. Dabei bildet der Festigkeitsnachweis der Zahnkontaktanalyse die Basis. Nach der Festlegung der Makrogeometrie wird die Mikrogeometrie unter Toleranzeinfluss bei ausgewählten Lastniveaus bewertet. Für die Bewertung wird eine Gewichtung unterschiedlicher Ergebnisgrößen des Einsatzverhaltens herangezogen. Durch ein vollfaktorielles Abtasten des Lösungsraums wird dann die beste Variante ermittelt. Die Methodik schließt mit einer Untersuchung eines virtuellen Produktionsloses mittels der Monte-Carlo-Methode ab. Dabei werden Varianten mit Abweichungen, die der Häufigkeitsverteilung der realen Produktion folgen, in einer Zahnkontaktanalyse unter Last berechnet. Die Validierung der Methode erfolgte mithilfe einer neuartigen Kegelradmesszelle, die zur gezielten Messung des quasistatischen Drehfehlers und der dynamischen Differenzdrehbeschleunigung verwendet wird [GERA19].

3.5.1 Bestimmung der Tragfähigkeit

Die Auslegung von Kegelradverzahnungen basiert in der Regel auf Erfahrungswerten und firmeninternen Richtlinien, da für die in der ISO 23509 [ISO16] und AGMA 2005-D3 [AGMA03] beschriebenen Berechnungsmethoden von Kegelrädern initiale Daten erforderlich sind. Deswegen ist es üblich, neue Kegelradverzahnungen von bestehenden Radsätzen abzuleiten. Die Hauptanforderungen für eine Kegelradverzahnungsauslegung sind die Übersetzung i, das zu übertragende Drehmoment, der Bauraum sowie der Achswinkel Σ und der Achsversatz a [KLIN08].

Das wichtigste Ziel bei der Kegelradentwicklung ist eine ausreichende Betriebssicherheit. Auslegungskriterien von Kegelradgetrieben sind wie bei Stirnrädern Sicherheiten gegenüber Grübchenbildung und Zahnfußbruch sowie die Sicherheit gegenüber Fressen [KLIN08]. Es gibt weitere Berechnungsverfahren bezüglich Verschleiß [NIEM04] und Flankenbruch [ANNA03], die allerdings bisher nicht Bestandteil internationaler Normung sind. Der Tragfähigkeitsnachweis für Kegelradstufen folgt der in der ISO 10300 [ISO14b] geschilderten Vorgehensweise. Neben der Norm existieren weitere Berechnungsvorschriften verschiedener Zertifizierungsgesellschaften sowie lokale Berechnungsansätze [WIRT08, KLEI12, HOMB13].

Den normbasierten Tragfähigkeitsberechnungsverfahren ist der Ansatz gemein, die geometrischen Zusammenhänge einer Kegelradverzahnung auf eine Ersatzstirnradverzahnung umzurechnen [ISO14b]. Durch die Umrechnung auf eine Ersatzverzahnung ist es möglich, die für Stirnradverzahnungen gültigen und statistisch abgesicherten Festigkeitswerte [ISO19] auf die an der Ersatzstirnradverzahnung auftretenden Beanspruchungen zu beziehen und Sicherheiten gegen Zahnfußbruch und Grübchenbildung zu bestimmen. Die Vorgehensweise zur Ermittlung der Ersatzstirnradverzahnung ist in Bild 3.48 dargestellt. Die

Beschreibung der Ersatzstirnradverzahnung leitet sich aus der Annäherung nach Tredgold ab [TRED23]. Für die Berechnung der Fresstragfähigkeit nach ISO/TR 13989 [ISO00] wird im Berechnungspunkt eine Ersatzschraubradverzahnung gebildet, die vergleichbare Gleitgeschwindigkeiten aufweist.

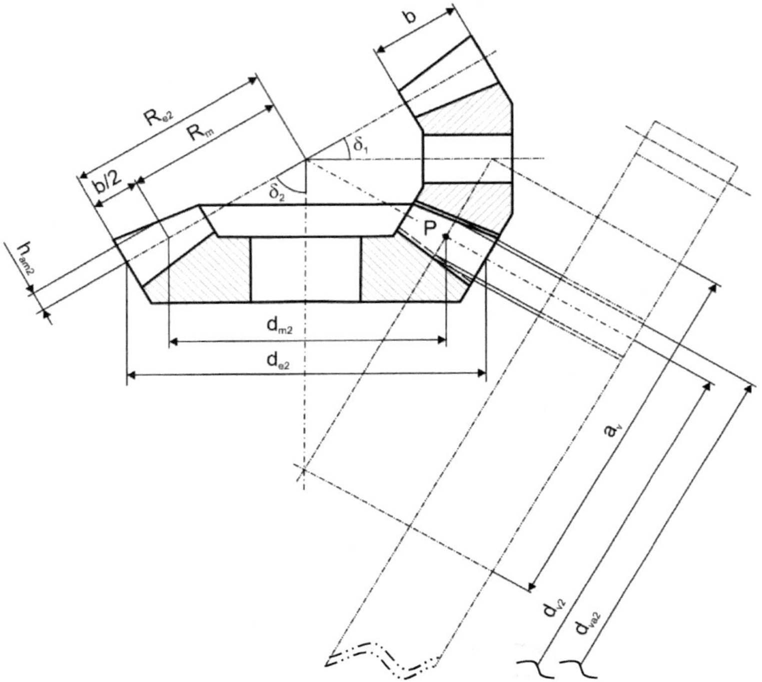

Bild 3.48 Ersatzstirnradverzahnung nach ISO 10300 [ISO14b]

Die Normvorgehensweise ist nur für nicht achsversetzte Kegelradverzahnungen gültig. Aus diesem Grund wurde von Wirth [WIRT08] ein normfähiges Rechenverfahren für Hypoidverzahnungen entwickelt. Die Ersatzstirnradverzahnung wird ebenfalls basierend auf den Geometriegrößen im Auslegungspunkt gebildet. Allerdings wird bei diesem Verfahren berücksichtigt, dass sich die Ritzelzahnbreite und der -schrägungswinkel mit dem Achsversatz ändern. Die Ersatzverzahnung weist somit gegenüber derjenigen nach ISO 10300 [ISO14b] einen anderen Schrägungswinkel, eine abweichende Zahnbreite und einen veränderten Ersatzkrümmungsradius auf. Mit sinkendem Achsversatz nähert sich die Ersatzverzahnung nach Wirth [WIRT08] stetig der nach der ISO 10300 an. Die Vorgehensweise wurde bei Klein [KLEI12] für das Fressen und bei Hombauer [HOMB13] für die Graufleckenbildung erweitert. Mit dem Berechnungsverfahren von Annast [ANNA03] kann das Flankenbruchrisiko einer Verzahnung abgeschätzt werden.

Die Optimierung des Laufverhaltens von Kegelradsätzen basiert auf den von Stirnrädern bekannten Maßnahmen [SEIB07, WECK92]. Hierzu zählen die Steigerung der Überdeckung, der Ausgleich der Zahnfußspannungen von Rad und Ritzel, die Vermeidung von Unterschnitt und die Balance von Tragfähigkeit und Überdeckung. Weitere Empfehlungen für die Auslegung von Kegelradgetrieben basieren unter anderem auf der Arbeit von Schweicher, der den Einfluss einzelner Verzahnungsgrößen auf die Tragfähigkeit sowie das Laufverhalten beschreibt [SCHW94]. In Bild 3.49 sind die Einflüsse der Verzahnungsparameter auf das Laufverhalten nach Stadtfeld [STAD14] und Klingelnberg [KLIN08] aufgezeigt.

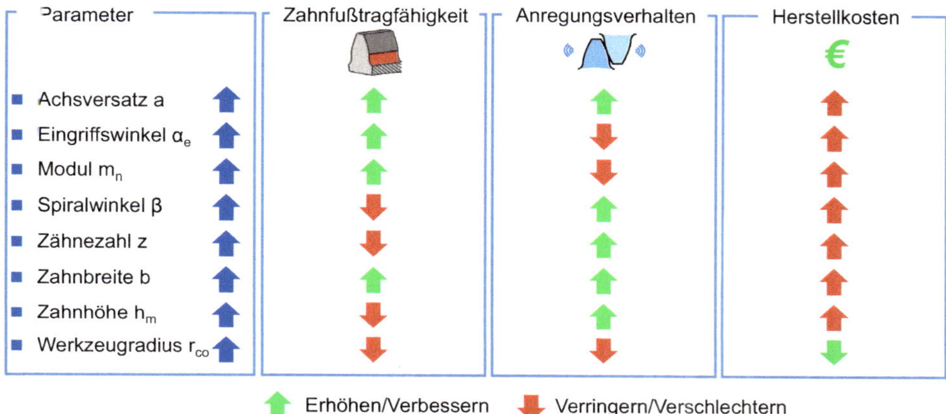

Bild 3.49 Einfluss von Geometrieparametern auf das Laufverhalten und die Herstellkosten von Kegelradverzahnungen [KLIN08, STAD14]

3.5.2 Auslegung der Mikrogeometrie

In weiteren Veröffentlichungen werden neben der Empfehlung zur Gestaltung der Makrogeometrie auch Hinweise für die Gestaltung der Mikrogeometrie gegeben [STAD14, KLIN08]. Heutzutage erfolgt die Auslegung von Kegelradverzahnungen mithilfe von Zahnkontaktanalysesoftware in Verbindung mit einer Fertigungssimulation [OZDY06]. Als Hilfsmittel bei der Auslegung von Kegelradverzahnungen stehen dem Konstrukteur diverse Zahnkontaktanalyseprogramme zur Verfügung [GLEA07, KLIN06, SCHL12, HEMM07]. Die Softwareprogramme KIMoS [KLIN06] und CAGE [GAIS04, GLEA07] der Systemanbieter Klingelnberg und Gleason ermöglichen eine Verzahnungsauslegung basierend auf der Vorgabe von Verzahnungsgrundparametern. Die Verzahnungsentwicklung basiert in diesen Programmen auf der Fertigungssimulation mit einer neutralen, universellen Kegelradverzahnmaschine [OZDY06]. Flankenkorrekturen höherer Ordnung, wie beispielsweise eine veränderliche Balligkeit über der Zahnbreite, werden durch kinematische Zusatzbewegungen der Verzahnmaschinen erzeugt [STAD14, SEIB07, KLIN06]. Durch die Verknüpfung der Verzahnungsauslegung und der Herstellsimulation ist gewährleistet, dass Verzahnungskorrekturen auch im späteren Herstellprozess erzeugt werden können.

Durch Abbildung des Welle-Lager-Systems können lastbedingte Verlagerungen des Radsatzes berechnet werden. Die Relativänderungen der Radsatzposition führen zu einer Veränderung der Kontaktzone, deren Auswirkungen in der Zahnkontaktanalyse unter Last berechnet werden. Dadurch ist das Einsatzverhalten unter realistischen Bedingungen berechenbar [BREC14, KLIN06]. Bei Coleman [COLE75] und Brumm [BRUM12] werden Möglichkeiten zur taktilen und berührungslosen Messung der lastbedingten Verlagerung von Kegelradgetrieben vorgestellt.

Die Mikrogeometrie stellt einen Kompromiss hinsichtlich einer optimalen Tragfähigkeit und eines optimalen Geräuschverhaltens dar. Zur Vermeidung von Pressungsüberhöhungen an den Zahnflankenrändern ist unter Berücksichtigung der lastbedingten Verlagerung ein mittiges Tragbild anzustreben. Für ein minimales Anregungsverhalten werden geringe Kontaktabstände entlang des Berührpfades gefordert. Diesen gegensätzlichen Anforderungen hinsichtlich Tragfähigkeit und Geräuschverhalten überlagert sind die Forderungen nach einer robusten Mikrogeometrie, die ebenfalls unter Berücksichtigung der fertigungs- und montagebedingten Toleranzen ein akzeptables Einsatzverhalten aufweist [BREC14, BAXM07, STAD14, KLIN08].

Durch Variantenrechnungen wird eine Berücksichtigung der Toleranzfelder der Flankentopografie sowie der Montagetoleranz in der Gestaltung des Ease-off gewährleistet [BAXM07, BREC14]. Baxmann entwickelt eine Methode, um die Auswirkungen von Toleranzfeldern im Auslegungsprozess qualitativ und funktionell zu ermitteln [BAXM07]. Die Herausforderung gegenüber Stirnradverzahnungen wird in der großen Anzahl von Einflussparametern der Mikrogeometrie und der Notwendigkeit der Berücksichtigung der Montagetoleranzfelder gesehen. Die Optimierung der Methode besteht in der Reduktion der Varianten mittels künstlicher neuronaler Netze. Hierdurch gelingt eine Verringerung des Rechenaufwands um 50 %. Nachteilig zeigt sich der hohe Modellierungsaufwand zum Aufbau eines künstlichen neuronalen Netzes [BAXM07, BREC14].

Bei Brecher [BREC14] wird eine Methode zur toleranzfeldbasierten Kegelradauslegung vorgestellt, deren Vorgehensweise mit der in Abschnitt 3.3.3.3 vorgestellten Methode vergleichbar ist. Ziel der Methode ist es, eine toleranzfeldbasierte Auslegung von Kegelrädern unter Berücksichtigung einer Zielgrößengewichtung für einzelne Drehmomente zu ermöglichen. Im ersten Schritt werden die Auslegungsziele formuliert und in Abhängigkeit des anliegenden Drehmoments gewichtet. Anschließend wird durch eine Variation der Mikrogeometrie des Ritzels eine Vielzahl von Sollauslegungsvarianten erzeugt. Für diese Varianten wird in der Zahnkontaktanalyse unter Last für die ausgewählten Drehmomente das Einsatzverhalten bestimmt. Die Ergebnisse werden entsprechend den Faktoren der Zielgrößengewichtung bewertet. Ziel ist es, Varianten zu identifizieren, die eine Robustheit gegenüber Änderungen der Mikrogeometrie aufweisen. Für die potenziell robusten Sollauslegungsvarianten wird eine vollfaktorielle Berechnung des Toleranzfeldeinflusses vorgenommen. Dadurch wird dem Konstrukteur die Möglichkeit gegeben, die Sollauslegungsvarianten unter Toleranzfeldeinfluss zu bewerten und die beste Variante nach den Auslegungskriterien zu ermitteln [BREC14].

Geradts [GERA19] erweiterte diese Methode um einen Optimierungsansatz. Dabei wird anstatt einer Drehfehlerreduktion eine gezielte Manipulation der spektralen Drehfehlerzusammensetzung durchgeführt. Eine gezielte Abweichung der Mikrogeometrie von Zahn zu Zahn führt dabei zu einer Reduktion der Amplituden der Zahneingriffsordnungen im Drehfehlerspektrum bei gleichzeitiger Anhebung des Grundrauschens. Durch eine gezielt ausgelegte Mischtopografie kann der Berührpfad von Zahn zu Zahn variiert und damit der geräuschkritischen Anregung von Höherharmonischen bei geschliffenen Kegelradverzahnungen entgegengewirkt werden. Diese Optimierungsmaßnahme kann zu einer Reduktion der tonalen Geräuschanregung führen, was durch Prüfstandsuntersuchungen nachgewiesen wurde [GERA19].

Verwendete Formelzeichen

Indizes

Formelzeichen	Benennung
0	Bezugsprofil
1	Antrieb, (Kegelrad-)Ritzel
2	Abtrieb, (Teller-)Rad
a	Größe auf den Kopfkreis bezogen
aɔ	Abtrieb
an	Antrieb
b	Größe auf den Grundkreis bezogen
c	Wälzpunkt
D	Druckseite
e	Erzeugung
erf	erforderlich
f	Größe auf den Fußkreis bezogen
F	Größe auf den Formkreis bezogen
g	Gleit/Grenz
geo	geometrisch
H	bezogen auf die Zahnflanke
i	innen
L	linke Flanke
m	mittel
max	maximal
min	minimal
n	Größe im Normalschnitt
N	Größe auf den Nutzkreis bezogen
res	resultierend
R	rechte Flanke
t	Größe im Stirnschnitt
v	Größe auf den V-Kreis bezogen
w	Größe auf den Wälzkreis bezogen
x	Größe im Axialschnitt
Z	Zugseite
*	auf Modul bezogene Größen

Kleinbuchstaben

Formelzeichen	Benennung	Einheit
a	Achsabstand	mm
a	Achsversatz	mm
$a_{min,Planet}$	Mindestachsabstand der Planetenachsen	mm
a_v	Achsabstand der virtuellen Ersatzstirnräder	mm
b	Zahnbreite	mm
b_{erf}	erforderliche Zahnbreite	mm
c	Kopfspiel	mm
c	Steifigkeit	N/mm^2
c^*	Kopfspielfaktor	
d_e	äußerer Teilkreisdurchmesser	mm
d_m	mittlerer Teilkreisdurchmesser	mm
d_{va}	Kopfkreisdurchmesser der Ersatzstirnradverzahnung	mm
d_v	Teilkreisdurchmesser der Ersatzstirnradverzahnung	mm
d_w	Wälzkreisdurchmesser	mm
d_a^*	modulbezogener Kopfkreisdurchmesser	mm
$f_{H\alpha}$	Profillinienwinkelabweichung	µm
$f_{H\beta}$	Flankenlinienwinkelabweichung	µm
$f_{H\beta,res}$	resultierende Flankenlinienwinkelabweichung	µm
f_p'	Teilungs-Einzelabweichung	µm
g_a	Kopfeingriffsstrecke	mm
g_f	Fußeingriffsstrecke	mm
g_α	Eingriffsstrecke	mm
g_a^*	Kopfeingriffsstreckenfaktor	
g_f^*	Fußeingriffsstreckenfaktor	
g_α^*	modulbezogene Eingriffsstrecke	
h_a	Kopfhöhe	mm
h_{am}	Zahnkopfhöhe in Mitte Zahnbreite	mm
h_{aP}	Kopfhöhe des Stirnrad-Bezugprofils	mm
h_{fP}	Fußhöhe des Stirnrad-Bezugprofils	mm
h_m	Zahnhöhe	mm
h_a^*	Kopfhöhenfaktor	
I	Übersetzung	
i_{ges}	Gesamtübersetzung	
i_{max}	Übersetzung des höchstens Gangs	

Formelzeichen	Benennung	Einheit
i_{min}	Übersetzung des niedrigsten Gangs	
i_{12}	Standübersetzung	
inv	Evolventenfunktion	
K	Parameteranzahl	
M	Modul	mm
M	Masse	kg
m_n	Normalmodul	mm
N	Drehzahl	min^{-1}
N	Nummerierung Gänge	
$n_{ab,max}$	maximale Abtriebsdrehzahl	min^{-1}
n_{an}	Antriebsdrehzahl	min^{-1}
n_{Planet}	Drehzahl der Planeten	min^{-1}
$n_{Schalt,max}$	maximale Schaltdrehzahl	min^{-1}
n_{Sonne}	Drehzahl der Sonne	min^{-1}
p_{et}	Eingriffsteilung im Stirnschnitt	mm
p_H	Hertz'sche Pressung	N/mm^2
q	Planetenanzahl	
q	Parameter zur Orientierung der Kegelspitzen	
r_b	Grundkreisradius	mm
r_{CO}	Werkzeugradius	mm
s	Korrekturbetrag	mm
s	Zahnfußdickensehne	mm
s_{an}	Zahndicke am Kopfkreisdurchmesser im Normalschnitt	mm
s_{at}	Zahndicke am Kopfkreisdurchmesser im Stirnschnitt	mm
s_{max}	maximaler Korrekturbetrag	mm
s_R	Zahnkranzdicke	mm
s^*_{an}	Zahndickenfaktor am Kopfkreisdurchmesser im Normalschnitt	
s^*_{at}	Zahndickenfaktor am Kopfkreisdurchmesser im Stirnschnitt	
$s^*_{Planet,min}$	minimaler Planetenabstandsfaktor	
s^*_R	Radkranzdickenfaktor	mm
u	Zähnezahlverhältnis	
v	Geschwindigkeit	m/s
x	Profilverschiebung	mm
x^*	Profilverschiebungsfaktor	
x^*_e	Erzeugungsprofilverschiebungsfaktor	

Formel-zeichen	Benennung	Einheit
z	Zähnezahl	
z	Anzahl Gänge	
z_g	Grenzzähnezahl	
$z_{g,Prakt.}$	praktische Grenzzähnezahl	
$z_{Hohlrad}$	Zähnezahl des Hohlrads	
z_n	Ersatzzähnezahl	
z_{Planet}	Zähnezahl des Planeten	

Großbuchstaben

Formel-zeichen	Benennung	Einheit
C	Anpassungskonstante, um auf nächste ganzzahlige Zahl zu kommen (Zähnezahl)	
C_a	Kopfrücknahme	µm
C_e	Endrücknahme	µm
C_f	Fußrücknahme	µm
$C_{V\beta}$	Verschränkung	µm
C_α	Profilballigkeit	µm
C_β	Breitenballigkeit	µm
C_ε	Eckrücknahme	µm
D	Einbauabstand	mm
DF	Drehfehler	µrad
F	Kraft	N
F_{ax}	Axialkraft	N
F_{Bolzen}	Bolzenkraft	N
F_j	Berührpunktvektor	
F_t	Tangentialkraft	N
$F_{\Sigma\beta}$	Achsschränkung	µm
K_A	Anwendungsfaktor	
K_g	Gleitfaktor	
$K_{H\alpha}$	Stirnfaktor	
$K_{H\beta}$	Breitenfaktor	
K_V	Dynamikfaktor	
K_γ	Planetenradlastverteilungsfaktor	
L_g	Lagerabstand	mm
L_{VZ}	Zahnkraftpegel	dB

Formelzeichen	Benennung	Einheit
$M_{ab,max}$	maximales Abtriebsdrehmoment	Nm
M_{an}	Antriebsdrehmoment	Nm
$M_{an,eq}$	äquivalentes Antriebsdrehmoment	Nm
$M_{b,Bolzen}$	Biegemoment des Bolzens	Nm
$M_{Hohlrad}$	Moment am Hohlrad	Nm
M_{Nenn}	Nenndrehmoment	Nm
M_{Sonne}	Moment an der Sonne	Nm
M_{Steg}	Moment am Steg	Nm
N	Anzahl Lastspiele	
P_{VPZ}	lastabhängige Verzahnungsverlustleistung	W
Q	Qualität	
R_e	äußere Teilkegellänge	mm
R_m	mittlere Teilkegellänge	mm
S	Stabilität	
S_F	Sicherheit gegen Zahnfußbruch	
S_H	Sicherheit gegen Zahnflankenschäden	
S_{intS}	rechnerische Fresssicherheit für die Integraltemperatur	
V_{erf}	erforderliches Volumen	m^3
Y_F	Formfaktor	
Y_{NT}	Lebensdauerfaktor	
Y_S	Spannungskorrekturfaktor für Kraftangriff im äußeren Einzeleingriffspunkt	
Y_{ST}	Spannungskorrekturfaktor für Abmessungen der Standard-Referenz-Prüfräder	
Y_X	Größenfaktor	
Y_β	Schrägenfaktor	
$Y_{\delta,rel,T}$	relative Stützziffer	
Y_ε	Überdeckungsfaktor Zahnfußbeanspruchung	
$Z_{B/D}$	Einzeleingriffsfaktoren	
Z_E	Elastizitätsfaktor	$\sqrt{N/mm^2}$
Z_H	Zonenfaktor	
Z_L	Schmierstofffaktor	
Z_{NT}	Lebensdauerfaktor	
Z_R	Rauheitsfaktor	
Z_V	Geschwindigkeitsfaktor	
Z_W	Werkstoffpaarungsfaktor	
Z_X	Größenfaktor Flankenpressung	

Formelzeichen	Benennung	Einheit
Z_ε	Überdeckungsfaktor	
Z_β	Schrägenfaktor	

Griechische Buchstaben

Formelzeichen	Benennung	Einheit
α	Eingriffswinkel	°
α	Verschiebungseinflusszahlen	
α_{Druck}	Druckeingriffswinkel	°
α_e	effektiver Normaleingriffswinkel	°
α_n	Normaleingriffswinkel	°
α_t	Stirneingriffswinkel	°
$\alpha_{t,max}$	maximaler Stirneingriffswinkel	°
α_{wt}	Betriebseingriffswinkel	°
α_{Zug}	Zugeingriffswinkel	°
β	Schrägungswinkel	°
β	Spiralwinkel	°
β_b	Grundschrägungswinkel	°
δ	Kegelwinkel	°
$\Delta\varphi_{max}$	Drehfehler	rad
ε_α	Profilüberdeckung	
$\varepsilon_{\alpha,max}$	maximale Profilüberdeckung	
ε_β	Sprungüberdeckung	
ε_γ	Gesamtüberdeckung	
ζ_f	spezifisches Gleiten	
η	Wirkungsgrad	
θ	Konuswinkel	°
κ	Einpasswinkel	°
ρ_{aP0}	Kopfabrundungsradius	°
ρ^*_{aP0}	Kopfabrundungsfaktor	
ρ^*_c	bezogener Krümmungsradius im Wälzpunkt	°
σ_F	Zahnfußspannung	N/mm^2
$\sigma_{F,lim}$	Zahnfußdauerfestigkeit	N/mm^2
σ_{FG}	Zahnfußgrenzfestigkeit	N/mm^2
$\sigma_{H,lim}$	Zahnflankendauerfestigkeit	N/mm^2
$\sigma_{H,max}$	maximale auftretende Flankenpressung	N/mm^2

Formelzeichen	Benennung	Einheit
σ_{HG}	Zahnflankengrenzfestigkeit	N/mm²
Σ	Achskreuzwinkel	°
φ	Verdrehwinkel	°
φ_{Geo}	geometrischer Stufensprung	
φ_i	Stufensprung	
φ_{PF}	Progressionsfaktor	
φ_{Pro}	Grundstufensprung	

Literatur

[AGMA03] *ANSI/AGMA2005-D3* Design Manual for Bevel Gears. Norm. 2003

[ANIO11] *Aniol, J./Dlugosch, A.:* Optimization of Tooth Flank Geometry by Measurements and Calculations. In: International Conference on Gears 2011 in München. VDI Verlag, Düsseldorf 2011

[ANNA03] *Annast, R.:* Kegelrad-Flankenbruch. Dissertation. Technische Universität München 2003

[BAET69] *Baethge, J.:* Drehwegfehler, Zahnfederhärte und Geräusch bei Stirnrädern. Einfluss von Zahnform und Zahnfehler bei Belastung nach Theorie und Versuch. Dissertation. TU München 1969

[BAXM07] *Baxmann, M.-G.:* Entwicklung einer Methode zur funktionsorientierten Auslegung und Tolerierung von Kegelradverzahnungen. Dissertation. RWTH Aachen 2007

[BONG90] *Bong, B.:* Erweiterte Verfahren zur Berechnung von Stirnradgetrieben auf der Basis numerischer Simulationen. Dissertation. RWTH Aachen 1990

[BREC11] *Brecher, C./Gorgels, C./Ingeli, J.:* Gewichtsreduzierung von Windkraftgetrieben durch asymmetrische Verzahnungen. In: 9. Gemeinsames Kolloquium Konstruktionstechnik. Shaker Verlag, Aachen 2011

[BREC13] *Brecher, C./Brumm, M./Ingeli, J.:* Simulation and Experimental Analysis of the Excitation Behavior of Asymmetric Involute Gears. In: International Conference on Gears 2013 in München. VDI Verlag, Düsseldorf 2013

[BREC14] *Brecher, C./Löpenhaus, C./Knecht, P.:* Improvement of the Excitation Behavior of Bevel Gears considering Tolerance Fields caused by Manufacturing and Assembly Processes. In: 1st International Gear Conference in Lyon/Frankreich. Chandos Publishing, Cambridge/UK, 2014. S. 158 – 168

[BREC15a] *Brecher, C./Löpenhaus, C./Brimmers, J.:* Verbesserung der Zahnfußtragfähigkeit von Beveloids durch Optimierung der Mikrogeometriemodifikationen. In: Dresdener Maschinenelemente Kolloquium DMK 2015. Verlag TUDpress, Dresden 2015

[BREC15b] *Brecher, C./Löpenhaus, C./Konowalczyk, P.:* FE-based Design Method for Pressure Optimized Profile Corrections. In: International Conference on Gears 2015 in München. VDI Verlag, Düsseldorf 2015

[BREC15c] *Brecher, C./Löpenhaus, C./Piel, D.:* Auslegung und Untersuchung eines Forschungsgetriebes für Windkraftanlagen mit einer dynamischen FE-basierten Zahnkontaktanalyse. In: Dresdener Maschinenelemente Kolloquium DMK 2015. Verlag TUDpress, Dresden 2015

[BREC16] *Brecher, C./Löpenhaus, C./Piel, D./Schroers, M.:* Reduktion der Anregung in WEA-Getrieben durch eine toleranzfeldbasierte Mikrogeometrieauslegung. In: Schwingungen von Windenergieanlagen 2016. VDI Verlag, Düsseldorf 2016

[BRIM21] *Brimmers, J.:* Funktionsorientierte Auslegung topologischer Zahnflankenmodifikationen für Beveloidverzahnungen. Dissertation. RWTH Aachen 2021

[BRUM12] *Brumm, M.:* Einflankenwälzprüfung von Hypoidgetrieben. Dissertation. RWTH Aachen 2012

[CAO02] *Cao, J.:* Anforderungs- und fertigungsgerechte Auslegung von Stirnradverzahnungen durch Zahnkontaktanalyse mithilfe der FEM. Dissertation. RWTH Aachen 2002

[COLE75] *Coleman, W.:* Analysis of Mounting Deflections on Bevel and Hypoid Gears. SAE Technical Paper 750152, 1975, doi:10.4271/750152

[DIN64] *DIN 3992* Profilverschiebung bei Stirnrädern mit Außenverzahnung. März 1964

[DIN77] *DIN 780 Teil 1* Modulreihe für Zahnräder; Module für Stirnräder. Mai 1977

[DIN78] *DIN 3962 Teil 1* Toleranzen für Stirnradverzahnungen. August 1978

[DIN86] *DIN 867* Bezugsprofile für Evolventenverzahnungen an Stirnrädern (Zylinderrädern) für den allgemeinen Maschinenbau und den Schwermaschinenbau. Februar 1986

[DIN87] *DIN 3960* Begriffe und Bestimmungsgrößen für Stirnräder (Zylinderräder) und Stirnradpaare (Zylinderradpaare) mit Evolventenverzahnung. März 1987

[DOPP20] *Doppelbauer, M.:* Grundlagen der Elektromobilität – Technik, Praxis, Energie und Umwelt. 1. Auflage. Springer Vieweg, Wiesbaden 2020

[ENGL15] *Engler, O./Hofmann, M./Mikus, R./ Hirrle, T.:* Mercedes-Benz SLS AMG Coupé Electric Drive NVH development and sound design of an electric sports car. In: Tagungsband zum 15. Internationalen Stuttgarter Symposium. Springer Vieweg, Wiesbaden 2015

[FALK56] *Falk, S.:* Berechnung des beliebig gestützten Durchlaufträgers nach dem Reduktionsverfahren. In: Ingenieur-Archiv 24, 1956

[FREC15] *Frech, T.; Klocke, F.; Gräser, E.:* Potenzial of PM process chains with profile modified densifying tools International Conference on Gears 2015. München, 5.-6. Oktober 2015. Düsseldorf: VDI Verlag, 2015, S. 1357 – 1366

[GÄRT74] *Gärtner, P./Herwig, D.:* Verfahren zur Auslegung von Zahnradgetrieben mit minimaler Masse. In: Maschinenbautechnik 23, Heft 4, 1974, S. 164 – 167

[GAIS04] *Gaiser, U.:* UMC – neueste Erfahrungen und Erkenntnisse aus der Praxis. In: Tagungsband zum Seminar Innovationen rund ums Kegelrad. Aachen, 2. – 3. März 2004

[GASC21] *Gasch, R./Knothe, K./Liebich, R.:* Strukturdynamik – Diskrete Systeme und Kontinua. 3. Auflage. Springer Vieweg, Berlin 2021

[GERA19] *Geradts, P.:* NVH Optimization of Ground Bevel Gears. Dissertation. RWTH Aachen 2019

[GLEA07] *N. N.:* GEMS Gleason Expert Manufacturing System. Firmenschrift. Gleason, Rochester/USA 2007

[GRAE15] *Gräser, E.:* Materialfluss beim Dichtwalzen. Dissertation. RWTH Aachen 2015

[HASL91] *Haslinger, K.:* Untersuchungen zur Grübchentragfähigkeit profilkorrigierter Zahnräder. Dissertation. TU München 1991

[HELL15] *Hellmann, M.:* Berücksichtigung von Fertigungsabweichungen bei der Auslegung von Zahnflankenmodifikationen für Stirnradverzahnungen. Dissertation. RWTH Aachen 2015

[HEMM07] *Hemmelmann, J. E.:* Simulation des lastfreien und belasteten Zahneingriffs zur Analyse der Drehübertragung von Zahnradgetrieben. Dissertation. RWTH Aachen 2007

[HÖHN13] *Höhn, B.-R./Stahl, K./Gwinner, P.:* Low-loss Wolfrom transmission for wind turbines. In: International Conference on Gears 2013 in München. VDI Verlag, Düsseldorf 2013

[HOMB13] *Hombauer, M.:* Grauflecken an Kegelrad- und Hypoidverzahnungen und deren Einfluss auf die Grübchentragfähigkeit. Dissertation. Technische Universität München 2013

[IMDA98] *Imdahl, M.:* Hochgenaue Wirkungsgradbestimmung an Getrieben unter praxisnahen Betriebsbedingungen. Dissertation. RWTH Aachen 1998

[ISO00] *ISO/TR 13989-1* Berechnung der Fresstragfähigkeit von Stirnrädern, Kugelrädern und Hypoidrädern – Teil 1: Blitztemperaturmethode. Beuth Verlag, Berlin 2000

[ISO14a] *ISO 21771* Zylinderräder und Zylinderradpaare mit Evolventenverzahnung – Begriffe und Geometrie. Beuth Verlag, Berlin 2014

[ISO14b] *ISO 10300* Calculation of load capacity of bevel gears. Beuth Verlag, Berlin 2014

[ISO16] *ISO 23509* Bevel and hypoid gear geometry. Hrsg.: Deutsches Institut für Normung. Beuth Verlag, Berlin 2016

[ISO19] *ISO 6336* Calculation of Load Capacity of Spur and Helical Gears. Beuth Verlag, Berlin 2019

[KANA87] *Kanarachos, I./Moulantzikos, A./Zalimidis, P.:* Auslegung volumenminimaler Stirnradgetriebe. In: Konstruktion 39, Heft 11, 1987, S. 431 – 438

[KLEI12] *Klein, M.:* Zur Fresstragfähigkeit von Kegelrad- und Hypoidgetrieben. Dissertation. Technische Universität München 2012

[KLIN06] *N. N.:* Klingelnberg Schulungsunterlagen: KIMoS – Grundlagen T2. Firmenschrift. Zürich 2006

[KLIN08] *Klingelnberg, J.:* Kegelräder. Springer, Berlin 2008

[KNÖD10] *Knödel, U./Strube, A./Blessing, U./Klostermann, S.:* Auslegung und Implementierung bedarfsgerechter elektrischer Antriebe. In: Automobiltechnische Zeitschrift 112, Heft 6, 2010, S. 462 – 466

[LACH83] *Lachenmaier, S.:* Auslegung von evolventischen Sonderverzahnungen für schwingungs- und geräuscharmen Lauf von Getrieben. Dissertation. RWTH Aachen 1983

[LINK10] *Linke, H.:* Stirnradverzahnungen. Berechnung, Werkstoffe, Fertigung. 2. Auflage. Hanser, München 2010

[LITV04] *Litvin, F.-L.:* Gear Geometry and Applied Theory. Cambridge University Press, Cambridge/UK 2004

[LOOM09] *Loomann, J.:* Zahnradgetriebe – Grundlagen, Konstruktionen, Anwendungen in Fahrzeugen. 3. Auflage. Springer, Berlin 2009

[LÖPE15] *Löpenhaus, C.:* Untersuchung und Berechnung der Wälzfestigkeit im Scheiben- und Zahnflankenkontakt. Dissertation. RWTH Aachen 2015

[MÖLL82] *Möllers, W.:* Parametererregte Schwingungen in einstufigen Zylinderradgetrieben. Einfluss von Verzahnungsabweichungen und Verzahnungssteifigkeitsspektren. Dissertation. RWTH Aachen 1982

[MÖSE82] *Möser, H.:* Übersetzungsaufteilung bei mehrstufigen Getrieben. In: Maschinenbautechnik 37, Heft 4, 1982, S. 171 – 173

[MÜLL91] *Müller, R.:* Schwingungs- und Geräuschanregung bei Stirnradgetrieben. Dissertation. Technische Universität München 1991

[MÜLL98] *Müller, H.-W.:* Die Umlaufgetriebe – Auslegung und vielseitige Anwendungen. 2. Auflage. Springer, Berlin 1998

[MÜLL06] *Müller, H./Kirsch, R./Romalis, M:* Modified Crowning. Firmenschrift. In: SIGMAReport, Nr. 15, 2006, Hückeswagen, S. 27 – 35

[NAUN07] *Naunheimer, H./Bertsche, B./Lechner, G.:* Fahrzeuggetriebe. Grundlagen, Auswahl, Auslegung und Konstruktion. 2. Auflage. Springer, Berlin 2007

[NEUP83] *Neupert, B.:* Berechnung der Zahnkräfte, Pressungen und Spannungen von Stirn- und Kegelradgetrieben. Dissertation. RWTH Aachen 1983

[NIEM03] *Niemann, G./Winter, H.:* Maschinenelemente. Band 2. 2. Auflage. Springer, Berlin 2003

[NIEM04] *Niemann, G./Winter, H.:* Maschinenelemente. Band 3: Schraubrad-, Kegelrad-, Schnecken-, Ketten-, Riemen-, Reibradgetriebe, Kupplungen, Bremsen, Freiläufe. 2. Auflage. Springer Verlag, Berlin/Heidelberg 2004

[OZDY06] *Ozdyk, K.:* Spiralkegelräder wirtschaftlich fertigen – Vom Rohteil bis Entsorgung die Prozesskette im Griff. In: Werkstatt und Betrieb, 139. Jg., 2006, Heft 3, S. 44 ff.

[PAHL07] *Pahl, G./Beitz, W./Feldhusen, J./Grote, K.-H.:* Konstruktionslehre. Grundlagen. 7. Auflage. Springer, Berlin 2007

[PICK78] *Pickard, J.:* Planetengetriebe. Auslegung, Konstruktion, Fertigung, Anwendung, Betriebserfahrungen. Band 30. Lexika-Verlag, Grafenau 1978

[RAVI43] *Ravigneaux, P.:* 1re addition au brevet d'invention No 823.757, No 53.264. demandée le 15 octobre, Paris 1943

[RÖMH89] *Römhild, I.:* Getriebeoptimierung auf der Basis neuer Berechnungsunterlagen. Referat zur Tagung „Zahnradgetriebe Dresden 1989" (6. bis 8. November 1989). S. 361 – 366

[RÖTH12] *Röthlingshöfer, T.:* Auslegungsmethodik zur Optimierung des Einsatzverhaltens von Beveloidverzahnungen. Dissertation. RWTH Aachen 2012

[ROTH98] *Roth, K.:* Zahnradtechnik, Evolventen-Sonderverzahnungen zur Getriebeverbesserung. Springer, Berlin 1998

[SALJ87] *Saljé, H.:* Optimierung des Laufverhaltens evolventischer Zylinderrad-Leistungsgetriebe. Einfluss der Verzahnungsgeometrie auf Geräuschemission und Tragfähigkeit. Dissertation. RWTH Aachen 1987

[SCHÄ08] *Schäfer, J.:* Erweiterung des Linienkontaktmodells für die Finite-Elemente-basierte Zahnkontaktanalyse. Dissertation. RWTH Aachen 2008

[SCHM08] *Schmitt, R./Brecher, C./Niggemann, C./Röthlingshöfer, T.:* Entwicklung einer funktionsorientierten Bewertung modifizierter Zahnflankengeometrien. Abschlussbericht zum DFG-Forschungsvorhaben Nr. Pf 109/64. WZL der RWTH Aachen 2008

[SCHL12] *Schlecht, B. et al.:* Benutzeranleitung zum FVA-Programm BECAL 4.1.0. In: FVA Forschungsvorhaben Nr. 223 X, Heft 1037, TU Dresden 2012

[SCHU79] *Schulze, G.:* Zur Optimierung von Stirnradgetrieben für Schrittmotoren. In: Feingeräte-Technik 28, Heft 7, 1979, S. 294 – 296

[SCHW94] *Schweicher, W.-M.:* Rechnerische Analyse und Optimierung des Beanspruchungsverhaltens bogenverzahnter Kegelräder. Dissertation. RWTH Aachen 1994

[SEIB07] *Seibicke, F.:* Modified Crowning. In: Tagungsband zum GETPRO Kongress. Würzburg, 14. – 15. März 2007

[SENF88] *Senf, M.:* Stufung und Aufteilung des Übersetzungsverhältnisses bei Stirnradgetrieben unter Berücksichtigung der Breitenlastverteilung. In: Maschinenbautechnik 37, Heft 4, 1988, S. 167 – 170

[SPER78] *Sperling, M.:* Entwurf von Stirnradgetrieben. In: Maschinenbautechnik 27, Heft 1, 1978, S. 27 – 29

[STAD14] *Stadtfeld, H.-J.:* Gleason – Bevel Gear Technology. The Gleason Works. Rochester, New York/USA 2014

[STUR85] *Sturmrath, R.:* Aufteilung der Übersetzung in Getriebemotoren optimieren nach Lagrange. In: Maschinenmarkt 91, Heft 91, 1985

[TENB96] *Tenberge, H.-J.:* Anwendung mathematisch und wissensbasierter Verfahren zur Stirnradauslegung. Dissertation. RWTH Aachen 1996

[TÖPL08] *Töpler, F./Anthony, P./Langhammer, S./Kube, R./Köhle, S.:* Hybridbetriebsstrategien mit elektronischem Horizont: ein Gemeinschaftsprojekt der Daimler AG, der Volkswagen AG und dem ika. In: Fahrzeug- und Motorentechnik: 17. Aachener Kolloquium, Aachen, 6. – 8. Oktober, 2008

[TOPP66] *Toppe, A.:* Untersuchungen über die Geräuschanregung bei Stirnrädern unter besonderer Berücksichtigung der Fertigungsgenauigkeit. Dissertation. RWTH Aachen 1966

[TRED23] *Tredgold, T.:* Of the Application of the Principles of the Configuration of the Teeth of Wheels. In: Practical Essays on Mill Work and Other Machinery, 1823, S. 89 – 106

[TUFF74] *Tuffentsammer, K./Wolf, W.:* Stirnradgetriebe mit kleinster Summe der Achsabstände durch günstige Aufteilung der Gesamtübersetzung. In: Industrie-Anzeiger 96, Heft Nr. 35, 1974, S. 802 – 803

[VDI97] *Richtlinie VDI 2225* Konstruktionsmethodik. Technisch-wirtschaftliches Konstruieren. 1997

[VDI05] *Richtlinie VDI 2737* Berechnung der Zahnfußtragfähigkeit von Innenverzahnungen mit Zahnkranzeinfluss. 2005

[WAGN93] *Wagner, M.:* Beitrag zur geometrischen Auslegung von Stirnradpaaren mit kleinen Achsenkreuzungswinkeln. Dissertation. Universität Stuttgart 1993

[WECK92] *Weck, M.:* Moderne Leistungsgetriebe. Verzahnungsauslegung und Betriebsverhalten. Springer-Verlag, Berlin 1992

[WECK06] *Weck, M./Brecher, C.:* Werkzeugmaschinen. Konstruktion und Berechnung. 8. Auflage. Springer, Berlin 2006

[WITT94] *Wittke, W.:* Beanspruchungsgerechte und geräuschoptimierte Stirnradgetriebe. Dissertation. RWTH Aachen 1994

[WILL41] *Willis, R.:* Principles of Mechanism. John W. Parker, London 1841

[WIMM06] *Wimmer, A.-J.:* Lastverluste von Stirnradverzahnungen. Konstruktive Einflüsse, Wirkungsgradmaximierung, Tribologie. Dissertation. München 2006

[WIRT08] *Wirth, C.:* Zur Tragfähigkeit von Kegelrad- und Hypoidgetrieben. Dissertation. Technische Universität, München 2008

[ZANG70] *Zangenmeister, C.:* Nutzwertanalyse in der Systemtechnik. Wittemannsche Buchhandlung, München 1970

4 Herstellverfahren

Die Anforderungen, die an ein Zahnrad gestellt werden, variieren je nach Anwendungsfall. Zahnräder werden in unterschiedlichen Baugrößen und Stückzahlen gefertigt, weshalb unterschiedliche Fertigungsverfahren zum Einsatz kommen, die sich hinsichtlich der erzielbaren Fertigungsqualität oder der Produktivität unterscheiden. Beispielsweise werden in der Automobilindustrie Zahnräder in großer Serie mit hohen Anforderungen an die Qualität und Produktivität hergestellt. Die sich hieraus ergebenden Anforderungen an die Maschinen, Messtechnik und Fertigungstechnologien sind auch in anderen Branchen zur Herstellung von Industriegetrieben maßgebend.

Zahnräder werden in großen Stückzahlen (z.B. Automobilbau), in mittleren Serien (z.B. Windkraftindustrie) und als Einzelteilfertigung (z.B. Schiffbau, Schwerindustrie) hergestellt. Die Bauteilkosten variieren von wenigen Cent bis zu einem Stückpreis von mehreren 10 000 €. Die Bauteilabmessungen variieren ebenfalls von wenigen Millimetern bis hin zu mehreren Metern. Bei der Herstellung von Großzahnrädern stellen neben der Fertigungsgenauigkeit die verfügbaren Verzahnungsmaschinen sowie die Bauteilhandhabung maßgebliche Herausforderungen dar.

Aufgrund der hohen Anzahl von Anforderungen an den Herstellprozess von Verzahnungen haben sich einige Herstellverfahren in besonderer Weise etabliert, die ständig weiterentwickelt werden. In der Vergangenheit verbreitete Verfahren, wie das Verzahnungshobeln oder das Teilwälzschleifen, sind heute weitgehend substituiert worden.

Nach DIN 8580 [DIN03c] werden Fertigungsverfahren in die sechs in Bild 4.1 aufgeführten Hauptgruppen unterteilt. Zur Herstellung von Zahnrädern und Antriebswellen werden Fertigungsprozesse aus allen sechs Hauptgruppen angewendet. Für die Produktion der Verzahnungen werden hauptsächlich Fertigungstechnologien eingesetzt, die den vier Hauptgruppen *Urformen*, *Umformen*, *Trennen* und *Stoffeigenschaft ändern* zugeordnet werden können.

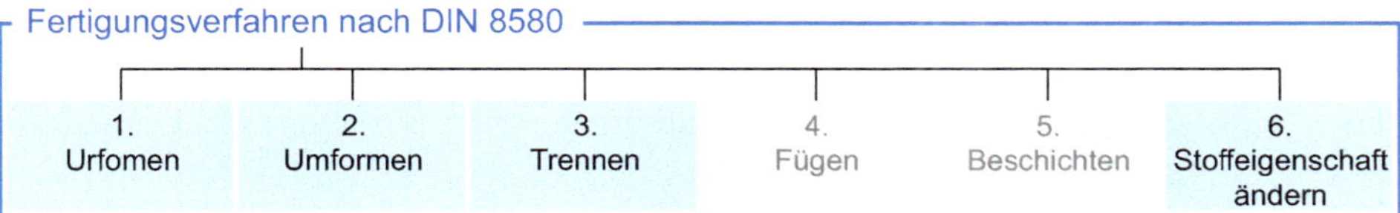

Bild 4.1 Hauptgruppen der Fertigungsverfahren nach DIN 8580 [DIN03c]

Bei Anwendung von urformenden Verfahren wird das gesamte Werkstück in einer Form abgebildet. In jedem Arbeitszyklus erfolgt eine Befüllung der Form mit einem formlosen Rohmaterial (z. B. Schmelze, Pulver). Zahnräder kleiner Abmessungen aus Kunststoff werden bevorzugt durch Spritzgießen hergestellt. Bei diesen Prozessen wird das Zahnrad in einem Schritt konturnah gefertigt. Das Spritzgießen gehört zur Hauptgruppe Urformen. In der Regel ist das Bauteil nach Entfernung des Gießgrats und der Angüsse einsatzbereit. Anwendungen solcher Verzahnungen sind beispielsweise leichte Verstellantriebe im Automobil oder Antriebe in Elektrogeräten. Auch die wesentlichen Fertigungsschritte in einer pulvermetallurgischen Prozesskette zur Herstellung von Verzahnungen gehören zur Hauptgruppe Urformen. Hierauf wird im Folgenden detaillierter eingegangen.

Beim Umformen durch Präzisionsschmieden und Kaltfließpressen, auch beim reversierenden Kaltfließpressen, erfolgt die Formgebung der Verzahnung ebenfalls in einem abbildenden Werkzeug. Beim partiellen Umformen durch Walzen entwickelt sich die Verzahnungsgeometrie schrittweise. Passverzahnungen oder Steckverzahnungen für Getriebewellen werden häufig durch Verzahnungswalzen hergestellt. Vorteile dieses Verfahrens sind eine hohe Produktivität und die guten Tragfähigkeitseigenschaften der Verzahnungen. Die erzielbare Fertigungsqualität wird von der Erzeugungskinematik, dem Arbeiten mit Flach- oder Rundwerkzeugen, der Steifigkeit des Gesamtsystems (insbesondere bei der Bearbeitung von Hohlwellen) sowie den Härteverzügen beeinflusst. Die Herstellung von Verzahnungen mit guten Laufeigenschaften durch Verzahnungswalzen wird in Einzelfällen in der Praxis realisiert, ist aber auch noch Gegenstand von Forschungsarbeiten. Insbesondere bei der Herstellung von Getriebewellen kann das Walzen von integrierten Laufverzahnungen in der Gesamtheit, wenn die Anforderungen an die Funktionalität erfüllt werden, eine gute Lösung für die Prozesskette sein. Auf ein Sonderverfahren zur Herstellung von konturnahen Verzahnungsgeometrien durch Schmieden bzw. Kaltfließpressen, das unter der Verfahrensbezeichnung „Divided Flow" bekannt ist, sei ebenfalls hingewiesen [KOND02, KOND07].

Bei der Herstellung von Leistungsverzahnungen nehmen die trennenden Fertigungsverfahren eine dominierende Rolle ein. In der Weichbearbeitung zählt das Wälzfräsen zu den produktivsten Verzahnungsprozessen. Weitere Verfahren, die in diesem Abschnitt vorgestellt werden, sind unter anderem das Formfräsen, Wälzschälen, Wälzstoßen und das Räumen. Weiterhin zählen auch die Hartfeinbearbeitungsverfahren mit geometrisch unbestimmten Schneiden, beispielsweise das Profil- oder Wälzschleifen, zu den trennenden Verfahren. Verfahrensbedingt gibt es bei den unterschiedlichen Prozessen Vor- und Nachteile in der Anwendbarkeit, der Produktivität und der erzielbaren Bauteilqualität. Diese werden in den folgenden Abschnitten analysiert.

Hochbelastete Zahnräder werden nach der Endbearbeitung wärmebehandelt. Durch die Wärmebehandlung werden die Werkstoffeigenschaften des Bauteils geändert. Die Verfahren zählen nach DIN 8580 zur Hauptgruppe 6. Aus der Gruppe der Stahlwerkstoffe werden Einsatz-, Nitrier- oder Vergütungsstähle zur Herstellung von Getriebekomponenten bevorzugt verwendet. Die Wärmebehandlung (Einsatzhärten, Nitrieren, Vergüten, Induktionshärten, Flammhärten) verändert neben der Bauteilfestigkeit auch die Geometrie des Werkstücks durch Härteverzüge. Wenn nach der Weichfeinbearbeitung die Härteverzüge außerhalb der zulässigen Maß- oder Formtoleranzen liegen, müssen die Funktionsflächen im harten Zustand endbearbeitet werden.

Eine Klassifizierung von Verzahnungsverfahren, geordnet nach Merkmalen der Zahnprofilerzeugung, zeigt Bild 4.2. Das theoretische Erzeugungsprinzip zum Herstellen der Evolvente wird in Abschnitt 2.2.3 behandelt, die praktische Umsetzung durch Wälzfräsen wird prinzipiell in Abschnitt 2.2.3.4 erläutert. Bei den Wälzverfahren arbeiten das Werkzeug und das Werkstück wie ein Schneckengetriebe zusammen. Wälzverfahren zeichnen sich durch eine hohe Produktivität und hohe Fertigungsgenauigkeit aus.

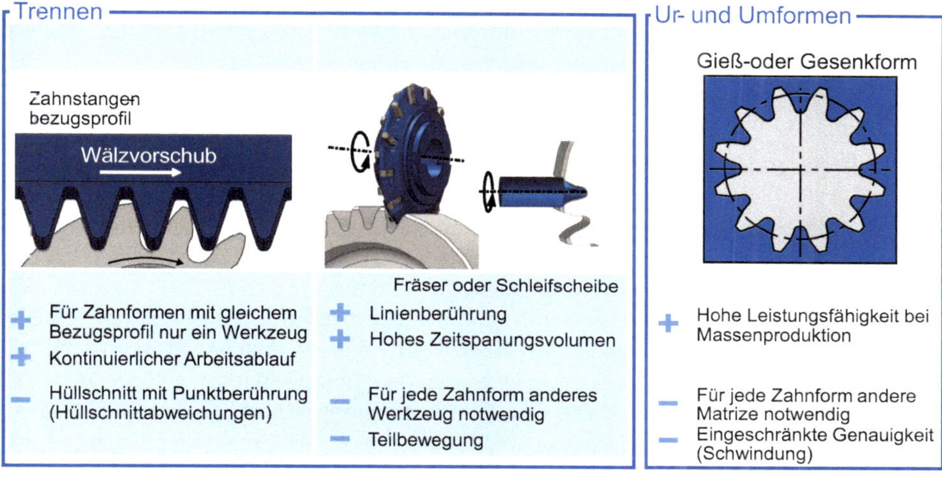

Bild 4.2 Herstellprinzipien für evolventische Stirnräder

Bei den Wälzverfahren wälzt ein geradflankiges Werkzeug, das dem Bezugsprofil der Verzahnung entspricht, am Werkstück ab. Die Steigung des Wälzfräsers entspricht der Teilung des Zahnrads. Bei den Profilverfahren wird mit Werkzeugen gearbeitet, welche die Zahnlückengeometrie direkt abbilden. In den meisten Profilverfahren werden die Zahnlücken einzeln gefertigt. Nach der Fertigung einer Zahnlücke wird das Werkstück um die Teilung weitergedreht. Diese Bewegung wird als Teilbewegung bezeichnet. Ein Sonderfall ist das kontinuierliche Profilschleifen mit globoidähnlicher Schleifschnecke [SCHR08].

Die einzelnen Verfahren haben Vor- und Nachteile hinsichtlich der erzielbaren Genauigkeit, der Produktivität und der Werkzeug- bzw. der Fertigungskosten. Nachfolgend werden die unterschiedlichen Verfahren detailliert vorgestellt und die jeweiligen verfahrensbedingten Vor- und Nachteile erläutert. Bei der Auswahl geeigneter Fertigungsverfahren steht zunächst die gesicherte Erfüllung der Funktion des Zahnrads im Vordergrund, zur Endauswahl funktional gleichwertiger Prozesse ist es notwendig, die gesamte Prozesskette zu analysieren und nach betrieblichen Kriterien zu bewerten.

4.1 Prozessketten und Wärmebehandlung

Das Anforderungsprofil an die Funktionalität eines Zahnrads bestimmt die Materialauswahl und die zur Verfügung stehenden Prozessketten. Abschnitt 4.1 gibt einen Überblick über übliche Zahnradwerkstoffe und mögliche Prozessketten zur Fertigung von Zahnrädern. Hochbelastete Zahnräder werden wärmebehandelt, um ihre Tragfähigkeit zu steigern. Je nach Materialauswahl stehen verschiedene Wärmebehandlungsverfahren zur Verfügung, die nicht nur für die Einstellung des gewünschten Gefüges wichtig sind, sondern auch auf die Auslegung der gesamten Prozesskette einen Einfluss haben.

4.1.1 Prozessketten der Zahnradfertigung

Zur Zahnradherstellung werden in Abhängigkeit vom Anforderungsprofil unterschiedliche Prozessketten eingesetzt. Bei der Wahl der verschiedenen Fertigungsverfahren ist zu berücksichtigen, dass sich die einzelnen Verfahren entlang der Prozesskette wechselseitig beeinflussen. Die gegenseitige Beeinflussung der unterschiedlichen Fertigungstechnologien sowie die jeweils prozessabhängig erreichbaren Eigenschaften des Zahnrads sind bei der Auslegung zu berücksichtigen. Die erreichte Verzahnungsqualität wird am Ende der gesamten Prozesskette bewertet. Die einzelnen Bearbeitungsschritte beeinflussen sich gegenseitig, Einzelfehler überlagern sich und pflanzen sich fort. So können z. B. durch die Werkstückaufnahme und die gewählte Spanntechnik Rundlauf-, Exzentrizitäts- und Taumelfehler der Verzahnung signifikant beeinflusst werden. Hierauf kann in diesem Buch nur in Einzelfällen eingegangen werden. Weiterhin wirkt sich die Wahl der Fertigungsverfahren auf die resultierenden Randzoneneigenschaften aus. Grundsätzlich ist zu sagen, dass durch jedes Fertigungsverfahren in der Oberflächenrandzone des Werkstücks örtlich und zeitlich variierende Beanspruchungen ausgelöst werden, die zu Modifikationen der Oberflächenrandzone führen [BRINK12]. Jeder Fertigungsprozess hinterlässt am und im Werkstück eine charakteristische Prozesssignatur, einen prozesstypischen Abdruck der Eigenschaften, sowohl in der Makro- und Mikrogeometrie als auch in der Oberflächenrandzone des gefertigten Bauteils. Es ist ein Ziel von Technologiemodellen, Kausalzusammenhänge zwischen Zustandsgrößen in der Erzeugungszone während der Bearbeitung und den daraus resultierenden Bauteilmodifikationen zu formulieren. Die Gesamtheit dieser Modellformulierungen wird als Prozesssignatur bezeichnet. Wenn unterschiedliche Fertigungsprozesse zu gleichen Prozesssignaturen führen, darf man annehmen, dass diese Fertigungsverfahren technologisch gleichwertig und deshalb gegeneinander austauschbar sind. Der Modellansatz zum Formulieren von Prozesssignaturen ist in der Forschung eingeführt [BRINK12, KARP22]. Auf die Zusammenhänge zwischen Fertigungsverfahren und Funktionalität des Zahnrads wird im Folgenden näher eingegangen.

Bild 4.3 zeigt eine Auswahl von Prozessketten zur Zahnradfertigung. Ausgangsprodukt sind entweder Stangenmaterial, geschmiedete Halbzeuge oder Metallpulver. Für Leistungsverzahnungen hat sich in den meisten Fällen die Prozesskette aus Vorbearbeitung, Vorverzahnen, Wärmebehandlung und Hartfeinbearbeitung etabliert. In Abhängigkeit von der Herstellung des Rohmaterials wird das Werkstück zunächst gegebenenfalls spannungsarm- oder normalgeglüht. Vor dem Verzahnen wird der Rohling vorgedreht, um die Bohrungs-

und Anlageflächen zu erzeugen. Ebenfalls werden im Drehprozess der Kopfkreis und der Radkörper des Zahnrads bearbeitet. Der gedrehte Rohling wird anschließend im weichen Zustand verzahnt. Durch eine anschließende Wärmebehandlung werden Festigkeit und Härte der Verzahnung gesteigert, um eine ausreichende Tragfähigkeit und Verschleißfestigkeit des Werkstoffs einzustellen. Aufgrund des Härteverzugs ist häufig eine abschließende Hartfeinbearbeitung notwendig, um die geforderte geometrische Genauigkeit und die angestrebte Oberflächengüte des Zahnrads zu erreichen. Bei großen Serien wird die Wärmebehandlung im Allgemeinen im Batch-Verfahren durchgeführt. Dann muss der Materialfluss verzweigt werden, die Durchlaufzeiten und Materialbestände erhöhen sich. In Sonderfällen kann die Wärmebehandlung, z. B. beim Induktionshärten von Vergütungsstählen, in die spanende Prozesskette integriert werden. Auch hierzu sind Lösungen in der Praxis realisiert. In Abhängigkeit von den Anforderungen an die Funktionalität wird bei der Auslegung von Prozessketten immer auch geprüft, ob nach einer Weichfeinbearbeitung und einer anschließenden Wärmebehandlung die Zahnräder ohne eine Hartfeinbearbeitung eingesetzt werden können. Dies ist möglich, wenn die systematischen Anteile des Härteverzugs bekannt sind und in den Aufmaßen der Weichfeinbearbeitung berücksichtigt wurden und die verbleibenden Streuungen innerhalb der Geometrietoleranz liegen. Auch diese Prozessketten findet man in Anwendungen in der Praxis.

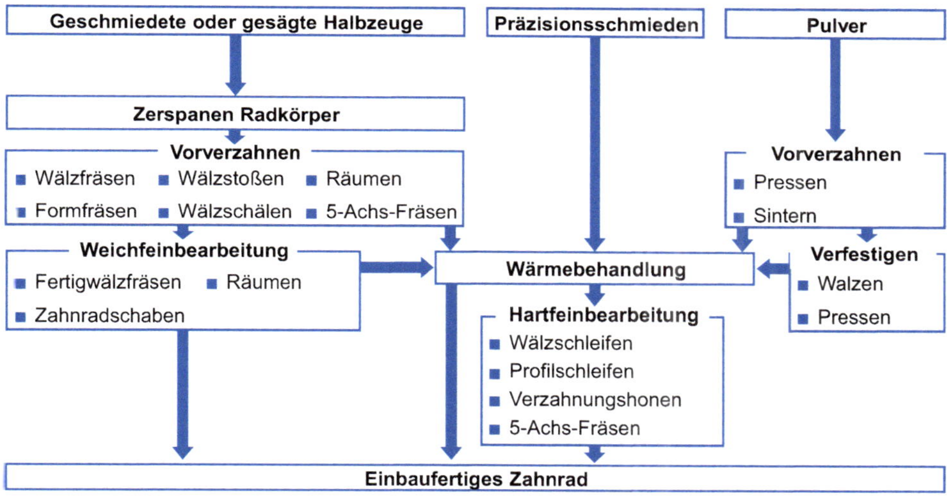

Bild 4.3 Prozessketten der Zahnradfertigung

In der Großserie werden auch pulvermetallurgische (PM-)Fertigungsketten zur Herstellung von Verzahnungen eingesetzt. In dieser Prozesskette können sowohl Haupt- als auch Nebenformelemente in einem formgebenden Schritt hergestellt werden. Dies kann ein wichtiges Differenzierungsmerkmal gegenüber anderen Prozessketten sein, das zu einer kostenoptimalen PM-Fertigung führt. Die Randbedingungen werden über die Bauteilgeometrie, die Stückzahlen und sonstige betriebliche Gegebenheiten vorgegeben. PM-Prozessketten bieten gegenüber konventionellen Prozessketten auch das grundsätzliche Potenzial, Energie und Material einzusparen. Verfahrensbedingt haben gesinterte Bauteile aber eine Restporosität. Für dynamisch hochbelastete Bauteile müssen deshalb geeignete Nachverdichtungen durchgeführt werden. Das Dichtwalzen mit Zahnradwerkzeugen ist eine Technologie, in der Randzone porenfreie Oberflächenschichten zu erzeugen. Ein Beispiel für die möglichen Einsparpotenziale durch PM-Fertigung ist in Abschnitt 3.1.2, Bild 3.10, gezeigt. In aktuellen Forschungsvorhaben werden die Einflüsse der Dichteverläufe in der Oberflächenrandzone und der Einhärtetiefen auf die Flankentragfähigkeit und Zahnfußfestigkeit an PM-gefertigten Zahnrädern untersucht.

4.1.2 Übliche Zahnradwerkstoffe

Die Werkstoffauswahl nimmt maßgeblich Einfluss auf die Festlegung einer geeigneten Prozesskette zur Zahnradfertigung. Ein Überblick über gebräuchliche Zahnradwerkstoffe ist in Bild 4.4 dargestellt. Die Stahlsorte wird häufig auch in Abhängigkeit von der Bauteilgröße festgelegt, weil die Härtbarkeit neben dem Gehalt an Kohlenstoff auch von den zusätzlichen Legierungselementen und der Bauteilgröße abhängig ist. Die vorwiegend eingesetzten Werkstoffe für Verzahnungen sind Vergütungs- und Einsatzstähle. Für hoch belastete Verzahnungen werden bevorzugt Einsatzstähle verwendet, die aufgekohlt und dann in der Oberflächenrandzone martensitisch gehärtet und angelassen werden. Einige Richtwerte und Anwendungen sind in Bild 4.4 gezeigt. Hohlräder für Planetengetriebe werden auch aus Vergütungsstahl gefertigt. Durch Flamm- und Induktionshärten können direkt martensitische Randschichten erzeugt werden. Beim Nitrieren wird eine harte Randschicht nicht durch Martensit, sondern durch direkt gebildete Nitride erzeugt. Zum Nitrieren geeignete Vergütungsstähle enthalten Legierungselemente, die Sondernitride bilden (z.B. Chrom, Aluminium, Molybdän, Vanadium) (siehe Bild 4.4). Eine Sondergruppe sind ausferritische (ADI = Austempered Ductile Ion) Werkstoffe, die in Großverzahnungen für Schwergetriebe Anwendung finden. Die Härteverfahren werden in Abschnitt 4.1.3.3 behandelt.

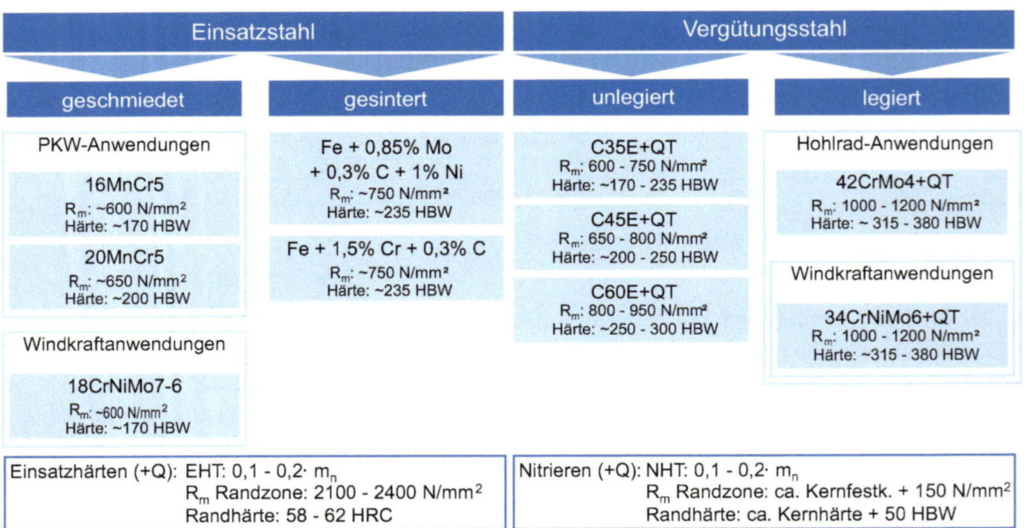

Bild 4.4 Übliche Zahnradwerkstoffe

4.1.3 Wärmebehandlung von Zahnrädern

Nach DIN EN 10052 ist eine Wärmebehandlung „eine Folge von Wärmebehandlungsschritten, in deren Verlauf ein Werkstück ganz oder teilweise Zeit-Temperatur-Folgen unterworfen wird, um eine Änderung seiner Eigenschaften und/oder seines Gefüges herbeizuführen“ [DIN94]. Gegebenenfalls kann auch die chemische Zusammensetzung des Werkstoffs verändert werden [DIN94].

Im Wesentlichen werden in der Zahnradfertigung Wärmebehandlungen durchgeführt, um

- eine gleichmäßige Verteilung der Gefügephasen im gesamten oder in Teilbereichen des Querschnitts zu erzeugen,
- durch Umformen erzeugte Kaltverfestigungen aufzuheben,
- für die Zerspanung geeignete Gefüge einzustellen,
- Seigerungen und Anisotropie im Gefüge sowie Eigenspannungen abzubauen oder
- Randschichten chemisch zu verändern, um harte Randschichten erzeugen zu können.

Die grundsätzlichen Schritte bei der Wärmebehandlung von Zahnrädern sind das Erwärmen der Werkstücke, Halten bei einer bestimmten Temperatur und gesteuertes Abkühlen. Das Ziel ist, für die jeweilige Anwendung geeignete Gebrauchsgefüge einzustellen. Für die Herstellung von Zahnrädern sind Festigkeitssteigerungen zur Erhöhung der Tragfähigkeit und angepasste Härteverläufe entlang der Zahnflanken zur Steigerung der Verschleißbeständigkeit wichtig. Außerdem bestimmt die Gefügezusammensetzung die Zerspanbarkeit der Werkstoffe. Zerspankräfte, Spanbildung und Werkzeugverschleiß sowie die Oberflächengüte stehen ebenfalls mit den zu bearbeitenden Gefügephasen in Zusammenhang. Die Lage der wichtigsten Wärmebehandlungsverfahren im Eisen-Kohlenstoff-Diagramm, mit einem besonderen Fokus für die Anwendung bei spanenden und umformenden Fertigungsverfahren, ist in [KLOC18b] bildlich zusammengefasst

4.1.3.1 Gefügebestandteile von Stahlwerkstoffen

Die wichtigsten Gefügebestandteile der Stahlwerkstoffe für die Zahnradherstellung sind Ferrit, Perlit, Zementit, Austenit, Bainit und Martensit. Die Phasen des Gefüges und deren prozentuale Anteile sind wesentlich vom Kohlenstoffgehalt, von weiteren Legierungselementen und durchgeführten Wärmebehandlungen abhängig. Die für die Zerspanung relevanten mechanischen Eigenschaften der Gefügebestandteile können aus [KLOC18b] entnommen werden.

Bild 4.5 zeigt den für Zahnräder aus Stahlwerkstoffen relevanten Bereich des Eisen-Kohlenstoff-Diagramms im Bereich von 0 - 2,0 % Kohlenstoffgehalt sowie ein Zeit-Temperatur-Umwandlungs-(ZTU-)Diagramm für kontinuierliches Abkühlen eines Einsatzstahls 16MnCr5 [SAAR10]. Das Eisen-Kohlenstoff-Diagramm zeigt die in Eisen-Kohlenstoff-Legierungen auftretenden Phasen im Gleichgewichtszustand. Bei langsamen Aufheiz- und Abkühlgeschwindigkeiten können sich die Gleichgewichtszustände einstellen und die Phasen sowie die Phasenanteile können aus dem Eisen-Kohlenstoff-Diagramm entnommen werden. Ferrit, α-Mischkristall, ist ein kubisch-raumzentrierter Mischkristall mit einer geringen Kohlenstofflöslichkeit von maximal $x_c = 0{,}02\,\%$ bei $T = 723$ °C. Ferrit ist ein relativ weicher Gefügebestandteil mit hoher Verformungsfähigkeit. Bei der Zerspanung können Schwierigkeiten auftreten (Adhäsionsneigung, Verschleiß, schlechte Oberflächengüten). Zementit ist eine andere Bezeichnung für Eisenkarbid Fe3C. Zementit ist eine harte und spröde Gefügephase, die mit geometrisch bestimmter Schneide nur sehr schwierig zu bearbeiten ist. In dem für Zahnradwerkstoffe relevanten Kohlenstoffbereich tritt Zementit als freie Gefügephase oder als Bestandteil im Perlit oder im Bainit auf. Perlit ist ein eutektoides Phasengemisch aus Ferrit und Zementit. Die Härte von Perlit liegt zwischen der von Ferrit und der von Zementit. Austenit ist ein Mischkristall aus Eisen und Kohlenstoff, mit kubisch flächenzentrierter Gitterstruktur. Die mechanischen Eigenschaften sind eine hohe Duktilität aufgrund der hohen Anzahl von unabhängigen Gleitrichtungen im kfz-Gitter.

Linien, die Umwandlungstemperaturen beschreiben, werden mit A_1, A_2 und A_3 bezeichnet. Beim Erwärmen wird im Index ein zusätzliches c geführt, für das Abkühlen wird ein r verwendet. Als A_{c1}-Temperatur wird die Temperatur bezeichnet, ab der beim Erwärmen Austenit gebildet wird. Bei Überschreiten der A_{c3}-Temperatur ist das Ausgangsgefüge in Austenit umgewandelt. Bei der A_{c2}-Temperatur (Curie-Temperatur) ändern sich die magnetischen Eigenschaften des Stahlwerkstoffs.

Die Umwandlung von Austenit in andere Gefügebestandteile hängt neben den Legierungselementen von den Abkühlbedingungen ab. In speziellen ZTU-Schaubildern können die entstehenden Phasen abgelesen werden. Bild 4.5, rechts, zeigt beispielhaft ein ZTU-Diagramm für das kontinuierliche Abkühlen eines Einsatzstahls. Wird die kritische Abkühlgeschwindigkeit erreicht und überschritten, beginnt beim Erreichen der Martensitstarttemperatur (Ms) die Bildung von Martensit. Bei Erreichen der Martensitfinishtemperatur (Mf) ist die Martensitbildung abgeschlossen. Steigende Kohlenstoffgehalte und höhere Anteile an Legierungselementen verschieben die Martensitstart- und Martensitfinishtemperaturen zu niedrigeren Werten [Bar00]. Im Gefüge gehärteter Einsatzstähle liegt nach dem Abkühlen auf Raumtemperatur neben Martensit auch Restaustenit vor. Bei Abkühlungsraten, die unterhalb der kritischen Abkühlgeschwindigkeit liegen, laufen die Umwandlungen in der Zwischenstufe (Bainit) oder der Perlitstufe ab. Hierauf wird in den folgenden Abschnitten detaillierter eingegangen. Weitergehende Ausführungen zur Wärmebehandlung von Zahnrädern finden sich in [GIES10], und für detaillierte Informationen zu den Umwandlungsmechanismen sei auf die einschlägige Fachliteratur verwiesen [BARG00, SCHU04]. Der Einfluss von unterschiedlichen Gefügebestandteilen auf die Zerspanung von Zahnradwerkstoffen wird eingehend in [KLOC18b] beschrieben.

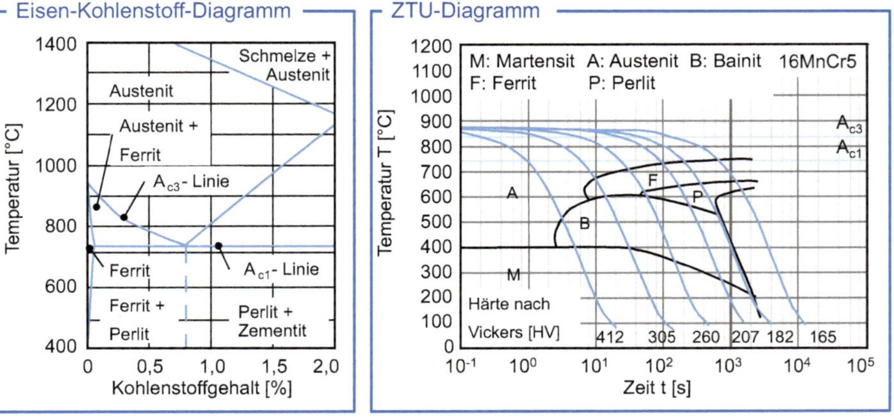

Bild 4.5 Eisen-Kohlenstoff- und ZTU-Diagramm für kontinuierliches Abkühlen von Einsatzstahl [SAAR10]

4.1.3.2 Glühverfahren

Allgemeines

Durch Glühverfahren werden die Eigenschaften eines Werkstoffs gezielt verändert, ohne diesen zu härten. Glühverfahren werden vor allem eingesetzt, um Halbzeuge für die Zahnradherstellung, Stangenmaterial und geschmiedete Rohlinge, mit einem für die folgenden Bearbeitungsschritte geeigneten Gebrauchsgefüge zu versehen oder auch um Eigenspannungen zu verringern und Texturen sowie daraus resultierende Anisotropie in den mechanischen Eigenschaften aufzulösen. Beim Glühen werden die Erwärmung und Abkühlung gesteuert durchgeführt. Das Werkstück wird über den gesamten Materialquerschnitt erwärmt und an vorgegebenen Haltepunkten wird die Temperatur konstant gehalten. Die Glühverfahren unterscheiden sich nach der Temperatur, den Haltepunkten und der Haltedauer, den Abkühlbedingungen sowie den ablaufenden Phasenänderungen.

Diffusionsglühen

Durch Diffusionsglühen soll eine homogene Verteilung von Legierungselementen erreicht werden. Der Ausgleich von Konzentrationsunterschieden durch Diffusion erfolgt bei Temperaturen im Bereich von T = 1000 bis 1300 °C. Lösliche Verunreinigungen, die auf den Korngrenzen sitzen, können ins Korninnere diffundieren, nichtlösliche Karbide und Oxide werden in globulare Partikel überführt [Bar00]. Aufgrund der hohen Temperaturen entsteht ein grobkörniges Gefüge. Gegebenenfalls ist ein Normalglühen anzuschließen.

Grobkornglühen

Ein grobkörniges Gefüge im Stahl kann vorteilhaft sein, z. B., wenn die Zerspanbarkeit von untereutektoiden Stählen verbessert werden soll. In solchen Fällen wird grobkorngeglüht. Dazu wird der Stahlwerkstoff auf T = 950 bis 1100 °C erhitzt und gehalten. Die Abkühlung bis zur A_{r1}-Linie erfolgt langsam, dann kann die Abkühlgeschwindigkeit erhöht werden [Bar00]. Die Zerspanungseigenschaften sind gut.

Normalglühen

Durch Normalglühen, auch Normalisieren, wird ein homogenes, feinkörniges Gefügebild erzielt und die Festigkeit wird erhöht. Je nach Kohlenstoffgehalt und Legierungszusammensetzung wird der Werkstoff auf ΔT = 30 - 50 °C über die Austenitisierungstemperatur erhitzt. Durch schnelles Erhitzen werden die Zementitlamellen nicht vollständig aufgelöst und dienen als Keime für feinkörnige Austenitkristallite. Bei mehrmaligem Durchlaufen der Umwandlungsgrenzen wird die Keimzahl erhöht und infolge der schnellen Temperaturübergänge die Korngröße gesenkt. Es findet eine Homogenisierung des Gefüges statt. Normalisierte Gefüge sind gut zu zerspanen.

Weichglühen

Weichglühen ist nach DIN EN 10052 die Wärmebehandlung eines Werkstoffs zur Verringerung der Härte und der Festigkeit. Dadurch wird eine Verbesserung der Bearbeitbarkeit von schwer zerspanbaren oder schwer kalt umformbaren Werkstoffen angestrebt. Bei untereutektoiden Stählen wird der Werkstoff auf eine Temperatur oberhalb von A_{c1} erhitzt, bei übereutektoiden Stählen findet gegebenenfalls auch ein Pendeln um diese Linie statt. Es wird angestrebt, ein gleichmäßiges und feinkörniges Gefüge zu erhalten.

Spannungsarmglühen

Eigenspannungen sind innere Spannungen, die ohne äußere Einwirkungen existieren und unterhalb der Streckgrenze des Werkstoffs liegen. Sie entstehen z. B. durch Volumenkontraktionen beim Gießen, bei der Kaltumformung, dem Zerspanen oder bei ungleichmäßiger Abkühlung. Wenn Eigenspannungen z. B. in der Zerspanung freigesetzt werden, können sie zu Maß- und Formungenauigkeiten führen. Zur Vermeidung werden die Bauteile spannungsarm geglüht. Dieses Glühverfahren wird in einem Temperaturbereich von T = 550 bis 650 °C durchgeführt. Die Bauteile werden langsam abgekühlt.

Rekristallisationsglühen

Beim Kaltumformen von Stahlwerkstoffen findet eine Kaltverfestigung statt, weil die Bewegung von Versetzungen zunehmend behindert wird und neue Versetzungen erzeugt werden. Beim Erreichen von Grenzwerten, die vom Werkstoff, dem Werkzeug oder auch von der Maschine vorgegeben sein können, muss das Gefüge durch Rekristallisationsglühen entfestigt werden. Die Rekristallisationstemperatur ist vom Werkstoff (Schmelztemperatur) und vom Umformgrad abhängig. Es finden keine Phasenübergänge statt, die Rekristallisationstemperatur liegt für Stahlwerkstoffe zwischen T = 500 bis 700 °C. Die sich einstellende Korngröße ist vom Umformgrad (Anzahl innerer Keime) und von der Dauer des Glühprozesses abhängig. Bei hohen Umformgraden kann die Ausgangskorngröße der neugebildeten Körner geringer als die Ausgangskorngröße vor dem Umformen sein [Shu04].

4.1.3.3 Härten, Anlassen und Vergüten

Einsatz- und Vergütungsstähle

Zahnräder unterliegen hohen Belastungen. Um die Verschleißfestigkeit und Tragfähigkeit zu erhöhen, werden Zahnräder gehärtet und angelassen. Beim Anlassen werden vier Temperaturbereiche unterschieden, wobei der höchste Temperaturbereich häufig auch als Vergüten bezeichnet wird.

Das Härten ist eine Wärmebehandlung, die aus Austenitisieren und Abschrecken besteht. Die Härte des Grundwerkstoffs wird durch Umwandlung des Austenits in Martensit oder Bainit gesteigert [DIN94]. Zur Austenitisierung werden die Zahnräder auf Temperaturen oberhalb von A_{c3} erhitzt (vgl. Bild 4.5), gehalten und dann abgeschreckt. Bei Überschreiten der kritischen Abkühlgeschwindigkeit und Erreichen der Martensit-Starttemperatur entsteht Martensit als Gefügebestandteil. Dieser Vorgang erfolgt praktisch diffusionslos, der Kohlenstoff bleibt zwangsgelöst im Gitter und führt zu einer tetragonal verzerrten Gitterstruktur. Diese Gefüge besitzen wenig Gleitsysteme, sie sind hart und spröde und für Anwendungen von Zahnrädern nicht geeignet. Bei Abkühlgeschwindigkeiten unterhalb der kritischen Abkühlgeschwindigkeit laufen die Umwandlungsvorgänge in der Bainit- oder Perlitstufe ab (vgl. Bild 4.5).

Bei Stahlwerkstoffen mit Kohlenstoffgehalten von $x_c < 0{,}2\,\%$ wird die zur Martensitbildung notwendige kritische Abkühlgeschwindigkeit praktisch nicht erreicht [Bar00]. Bei der Wahl von Einsatzstählen mit einem Kohlenstoffgehalt von $x_c < 0{,}2\,\%$ wird die Randzone deshalb bis zu einem Kohlenstoffgehalt von etwa $x_c = 0{,}8\,\%$ aufgekohlt und dann gehärtet. Einsatzstähle werden für Zahnräder gewählt, wenn eine hohe Randhärte und eine hohe Duktilität im Kernbereich des Bauteils erwünscht ist. In der Randschicht gehärtete Bauteile zeichnen sich immer durch einen ausgeprägten Härtegradienten aus. Der Härteabfall von der Oberfläche bis zum Rand der Härteschicht und weiter in das Kerngefüge ist ein wichtiges Qualitätsmerkmal. Ebenso ist die Einhärtetiefe (*CHD* = Case Hardening Depth) ein wichtiges Funktionsmerkmal. Sind mittlere Festigkeitseigenschaften ausreichend, kommen Vergütungsstähle zum Einsatz. Vergütungsstähle haben einen Kohlenstoffgehalt von 0,2 % < x_c < 0,6 %. Nach DIN EN 10083-1 sind Vergütungsstähle Maschinenbaustähle, die sich durch ihre chemische Zusammensetzung zum Härten eignen und die durch das Vergüten gleichzeitig eine gute Zähigkeit und Zugfestigkeit erhalten [DIN06]. Mögliche Legierungselemente sind Chrom, Mangan, Molybdän und Nickel, da sie die kritische Abkühlgeschwindigkeit reduzieren. Dadurch wird eine gute Durchvergütbarkeit erreicht. Das Vergüten wird vor allem angewendet, um die Zähigkeit und damit die Sicherheit gegen Sprödbruch zu verbessern.

Anlassen und Vergüten sind dem Härten nachgelagerte Wärmebehandlungen, bei denen auf unterschiedlichen Temperaturniveaus die Diffusion des im Martensit zwangsgelösten Kohlenstoffs initiiert wird. Es werden Karbide im Gefüge ausgeschieden und Änderungen in der Gitterstruktur hervorgerufen. Die Härte sinkt, die Zähigkeit wird gesteigert, und es werden auch innere Spannungen abgebaut. Das Anlassen findet in vier verschiedenen Stufen im Temperaturbereich von T_{Anl} =180 bis 600 °C statt, beim Anlassen im Bereich T_{Anl} = 450 bis 600 °C spricht man auch vom Vergüten. Martensit hat ein größeres spezifisches Volumen als Austenit. Dadurch werden Umwandlungsspannungen hervorgerufen, die zu inneren Spannungen führen und auch Härteverzüge bewirken (Abschnitt 4.1.3.3.3). Martensit ist eine sehr harte und spröde Gefügephase. Um z. B. die notwendige Biegefestigkeit der Zähne zu erreichen, wird die Duktilität der Verzahnung durch Anlassen erhöht. Beim Anlassen wird das Zahnrad nach dem Härten wieder erhitzt. Sowohl die Temperatur als auch die Haltedauer beeinflussen die Diffusion des Kohlenstoffs und damit den Zerfall und den Umbau des Martensits. Im Ergebnis werden im Bauteil die gewünschten und für die Anwendung notwendigen mechanischen Eigenschaften gezielt eingestellt. Bei der Auswahl der Anlasstemperatur empfiehlt es sich, eine Temperatur zu wählen, die höher als die maximal zu erwartende Betriebstemperatur ist. Dadurch wird sichergestellt, dass sich die Bauteileigenschaften im Betrieb nicht ändern.

Aufgrund des hohen Anteils an Ferrit treten bei der Weichbearbeitung von Einsatzstählen geringe Zerspankräfte und geringerer Werkzeugverschleiß auf. Die Adhäsionsneigung ist aber größer, die Spanbildung ist ungünstig. Die Verwendung von beschichteten Hartmetallwerkzeugen kann eine zielführende Lösung sein. Die Zerspanbarkeit von Vergütungsstählen hängt sehr stark von den Ferrit- und Perlitanteilen im Gefüge und der Homogenität des Gefüges ab. Eine umfangreiche Analyse zum Zerspanen von Einsatz- und Vergütungsstählen findet in [KLOC18b] statt.

Randschichthärten

Durch Randschichthärten werden Oberflächenrandzonen mit vorgegebenen Härte- und Zähigkeitseigenschaften erzeugt. Das Kerngefüge des Bauteils bleibt unbeeinflusst, es stellen sich von der Oberfläche ausgehend Eigenschaftsgradienten ein. Grundsätzlich können zwei Verfahrensgruppen unterschieden werden. Wenn die chemische Zusammensetzung der Oberflächenrandzone nicht verändert wird, können bei ausreichendem Kohlenstoffgehalt ausschließlich mit einer gesteuerten Wärmeführung Oberflächenrandzonen gehärtet werden. Die Randzone des Werkstücks wird durch eine begrenzte Wärmeeinbringung auf

Härtetemperatur erwärmt und dann abgeschreckt (thermische Verfahren). Eine weitere Möglichkeit zum Erzeugen von harten Oberflächenrandschichten besteht darin, zunächst die chemische Zusammensetzung des Werkstoffs durch Eindiffundieren von Fremdatomen zu modifizieren, um dann die gewünschten Hartstoffphasen zu erzeugen. Bei der Wahl von Einsatzstählen ist Martensit der Härteträger im Gefüge, die notwendige Wärmebehandlung ist mehrstufig. Zunächst muss in der Randzone ein ausreichend hoher Kohlenstoffgehalt erzeugt werden. Dies geschieht durch Einsetzen des Werkstücks in eine kohlenstoffhaltige Umgebung. Durch Diffusion wird die notwendige Kohlenstoffkonzentration erzeugt. Dann wird das Härten und Anlassen mit geeigneten Temperatur-Zeitprofilen durchgeführt. Beim Nitrieren kann die gesamte Wärmebehandlung in einem Prozessschritt realisiert werden. Das Härten beruht hier nicht auf der Bildung von Martensit. Härteträger nach dem Nitrieren sind Nitride. Der Stickstoff diffundiert in die Oberfläche und es bilden sich in Abhängigkeit von der Legierungszusammensetzung Nitride (z. B. Eisennitride und Sondernitride). Das Nitrieren findet unterhalb der A_{c1}-Temperatur statt. Einige in der Zahnradherstellung häufig anzutreffende Verfahren werden in den folgenden Abschnitten kurz beschrieben. Für weitergehende Fragen zur Wärmebehandlung von Zahnrädern sei auf die reichhaltige Fachliteratur verwiesen.

4.1.3.3.1 Thermische Verfahren zum Randschichthärten

Beispiele zum thermischen Randzonenhärten sind das Induktionshärten und das Flammhärten. Nach DIN EN 10083-1 sind Stähle für das Flamm- und Induktionshärten „dadurch gekennzeichnet, dass sie sich, üblicherweise im vergüteten Zustand, durch örtliches Erhitzen und Abschrecken in der Randzone härten lassen, ohne dass die Festigkeits- und Zähigkeitseigenschaften des Kerns wesentlich beeinflusst werden" [DIN06]. Aus der Gruppe üblicher Zahnradwerkstoffe können Vergütungsstähle sowie aufgekohlte Einsatzstähle durch thermische Härteverfahren in der Oberfläche behandelt werden. Das Grundprinzip besteht darin, das Gefüge in der Oberflächenrandzone durch Zufuhr von Wärmeenergie zu erhitzen, zu austenitisieren und dann abzuschrecken. In Abhängigkeit von den Austenitisierungs- und Abkühlbedingungen laufen dann die in den vorhergehenden Abschnitten beschriebenen Umwandlungsvorgänge ab.

Beim Flammhärten wird die Wärmeenergie über Gasbrenner der Oberfläche zugeführt. Innerhalb des Werkstücks wird die Wärme über Wärmeleitung verteilt. Beim Induktionshärten wird die Oberfläche von einer Spule umschlossen, die mit einem hochfrequenten Wechselstrom betrieben wird. Unterhalb der Oberfläche des Bauteils werden Wirbelströme induziert, die durch Widerstandserwärmung die Oberflächenschicht aufheizen. Die Eindringtiefe der Wirbelströme ist insbesondere über die Frequenz des Wechselstroms steuerbar (Skin-Effekt). Das Verfahren ist gut automatisierbar, die benötigte Wärmemenge kann recht zielgenau auf das zu erwärmende Werkstückvolumen abgestimmt werden. In Abhängigkeit von den Stückzahlen und der Geometrie werden Härtemaschinen zum induktiven Härten als eigenständige Anlagen oder auch zur Integration in Prozessketten zur Zahnradherstellung angewendet.

4.1.3.3.2 Thermochemische Verfahren zum Randschichthärten

Allgemeines

Kennzeichen der thermochemischen Verfahren zur Oberflächenhärtung ist, dass zunächst eine Änderung der Materialzusammensetzung initiiert wird. Durch Diffusion werden geeignete Fremdatome in der gewünschten Konzentration in die Oberflächenrandzone eingebracht. Die Konzentration und das Konzentrationsgefälle der eindiffundierten Fremdatome korreliert mit dem Härteverlauf in der Oberflächenrandzone.

Die Diffusion wird durch die Fick'schen Gesetze beschrieben (vgl. Bild 4.6) [ATKI22]. Das erste Fick'sche Gesetz zeigt, dass die Menge an Atomen, die in einer Zeiteinheit durch einen gegebenen Querschnitt senkrecht zur Diffusionsrichtung diffundieren (Diffusionsfluss J), vom Diffusionskoeffizienten D und dem Gradienten der Stoffkonzentration c über dem Weg x abhängt. Der Diffusionskoeffizient D ist vom Werkstoff und von der Temperatur abhängig (vgl. Bild 4.6). Mit steigender Temperatur steigt der Diffusionskoeffizient an und erhöht damit den Diffusionsfluss. Ebenso führt ein starkes Konzentrationsgefälle zu einem hohen Diffusionsfluss. Die Entwicklung der Stoffkonzentration über der Zeit $\partial c/\partial t$ an einer Stelle x hängt vom Diffusionsfluss über dem Weg x ab. Mithilfe dieser Gesetze wird die Abhängigkeit der Stoffkonzentration von der Diffusionsdauer, der Stoffkonzentration im Zahnrad, den zur Diffusion vorgesehenen Fremdatomen, dem Werkstoff und der Temperatur beschrieben.

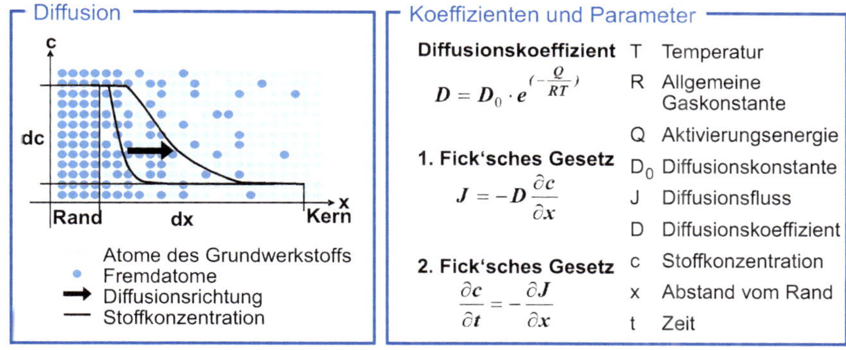

Bild 4.6 Diffusionsgesetze

Einsatzhärten

Gängige Einsatzstähle für Anwendungen in der Zahnradtechnik sind der 16MnCr5 mit einem Kohlenstoffanteil von etwa x_c = 0,16% und 18CrNiMo7-6 mit einem Kohlenstoffanteil von etwa x_c = 0,18%. Um eine martensitische Härtung durchführen zu können, wird der Kohlenstoffgehalt durch Aufkohlen auf etwa x_c = 0,8% erhöht. Beim Einsatzhärten können drei grundsätzliche Prozessschritte unterschieden werden. Das Verfahren unterteilt sich in Austenitisieren, Aufkohlen, Abschrecken und Anlassen. Zunächst werden die Zahnräder austenitisiert. Zum Aufkohlen wird das Zahnrad in einer kohlenstoffhaltigen Umgebung auf Härtetemperatur erwärmt. Zur Diffusion muss der Kohlenstoff in atomarer Form vorliegen. Zur Abschätzung der Diffusionsvorgänge können die in Bild 4.6 genannten Diffusionsgesetze herangezogen werden.

Die Aufkohlung der Zahnräder erfolgt vorwiegend in einer Gasatmosphäre, andere Möglichkeiten sind Aufkohlen im Pulver oder im Salzbad. Unter Gasaufkohlen versteht man ein Aufkohlen in einem Gasgemisch aus Trägergas und Kohlenstoff abgebenden Gasen wie Methan oder Propan. Das Verhältnis dieser Gase zueinander bestimmt den Kohlenstoffpegel (*C*-Pegel) der Aufkohlungsatmosphäre.

Im Unterschied zum atmosphärischen Gasaufkohlen wird beim Niederdruckaufkohlen bei einem Prozessdruck von $p < 20$ mbar gearbeitet. Beim Niederdruckaufkohlen finden sauerstofffreie Kohlenwasserstoffe (z. B. Acetylen, Methan, Propan) Verwendung, sodass das Zahnrad auf der Oberfläche keine Randoxidation erfährt. Beim Niederdruckaufkohlen kann das Kohlenstoffangebot deutlich höher gewählt werden als bei der Gasaufkohlung, was eine Reduzierung der Aufkohlungsdauer bewirkt [DANN04, HEUE10, LÖSE09].

Sobald der gewünschte Kohlenstoffgehalt im Bauteil erreicht ist, wird das Zahnrad abgeschreckt und anschließend angelassen. Wenn das Abschrecken direkt nach dem Aufkohlen durchgeführt wird, spricht man vom Einfachhärten (Bild 4.7). Zahnräder werden bei Bedarf auch doppelt gehärtet. Bei der Doppelhärtung wird der Zyklus zweimal durchlaufen. Doppelt gehärtete Zahnräder weisen aufgrund der Kornfeinung und Umwandlung von Restaustenit eine höhere Festigkeit auf. Außerdem lässt sich durch den zweifachen Härtevorgang eine präzisere Anpassung der Kern- und Randhärte erzielen. Demgegenüber sind die Prozesskosten erhöht.

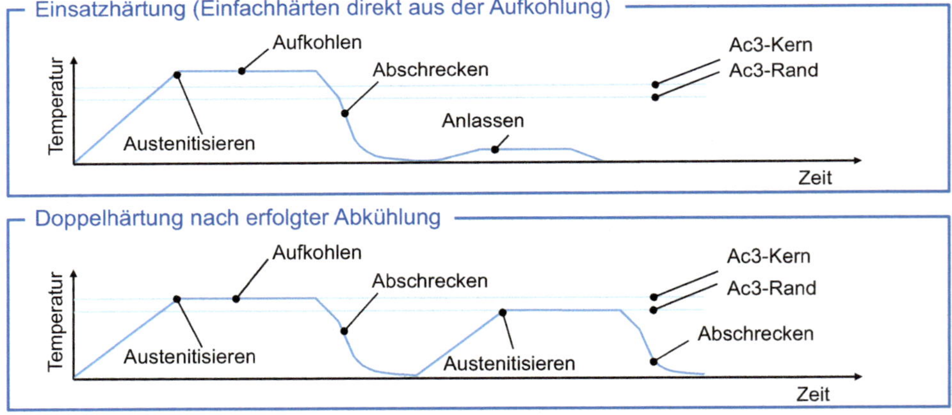

Bild 4.7 Exemplarischer Temperaturverlauf beim Einfachhärten

Abgeschreckt werden kann in Luft, Gas, Öl, Wasser oder in einer Salzschmelze. Die Gasaufkohlung wird üblicherweise mit dem Ölabschrecken kombiniert. Die Abschreckwirkung von Öl liegt qualitativ zwischen der von Wasser und Luft. Eine Alternative ist das Abschrecken mit Gas unter hohem Druck (Hochdruckgasabschrecken), das häufig mit dem Aufkohlen im Niederdruck (Niederdruckaufkohlen) kombiniert wird. Ein weiterer Vorteil des Hochdruckgasabschreckens ist, die Bauteilverzüge zu minimieren [HEUE10].

Die Einhärtetiefe ist nach EN ISO 2639 der Abstand vom Rand, bei dem eine Härte nach Vickers von 550HV1 vorliegt [DIN03b]. Für hochfeste Werkstoffe mit einer höheren Härte (z. B. Karbidbildner) werden höhere Grenzwerte (653HV1) erreicht. Durch Legierungselemente, z. B. Chrom, Mangan, Molybdän und Nickel, kann die Härtbarkeit durch Reduzierung der kritischen Abkühlgeschwindigkeit verbessert werden. Die Tiefe der harten Randschicht *CHD* (Case Hardening Depth) kann z. B. über die Aufkohlzeit oder den Kohlenstoffgehalt der Ofenatmosphäre gesteuert werden. Für Zahnräder ist eine übliche $CHD = 0{,}1 - 0{,}2 \cdot m_n$. Nach [WECK76] kann die optimale Einsatzhärtetiefe mit Formel 4.1 berechnet werden (ρ_{Ers} nach Formel 5.2).

$$CHD_{opt} = \frac{\rho_{Ers} + 10}{25} \pm 0{,}15 \text{ mm} \tag{4.1}$$

Bei der Beurteilung eines Stahls wird häufig der Begriff der Härtbarkeit herangezogen. Diese ist nach DIN EN 10052 die Fähigkeit eines Stahlwerkstoffs, Austenit in Martensit und/oder Bainit umzuwandeln [DIN94]. Die Härtbarkeit lässt sich anhand des Härteverlaufs einer Probe aus dem Jominy-Testverfahren beschreiben [BARG00]. Der Härtetiefenverlauf wird durch ein Härteprüfverfahren (z. B. Härteprüfung nach Vickers) ermittelt und im Allgemeinen durch die Angabe von Härtewerten beschrieben. Die größte am Rand erzielbare Härte und das eingestellte Gefüge werden vor allem durch den Kohlenstoffgehalt bestimmt und sind daher am Rand und im Kern unterschiedlich (vgl. Bild 4.8). Der Härtetiefenverlauf hängt wesentlich vom Gehalt an Karbidbildnern oder Legierungselementen mit hoher Kohlenstoffaffinität, von der Abkühlgeschwindigkeit im Werkstück und damit von der Werkstückgeometrie, von der Wärmeleitfähigkeit des Werkstoffs und von dem Wärmeübergangskoeffizienten an der Bauteiloberfläche während der Abschreckung ab. Der Wärmeübergangskoeffizient ist wiederum abhängig vom Abschreckmedium und den -parametern sowie von der Werkstückgeometrie.

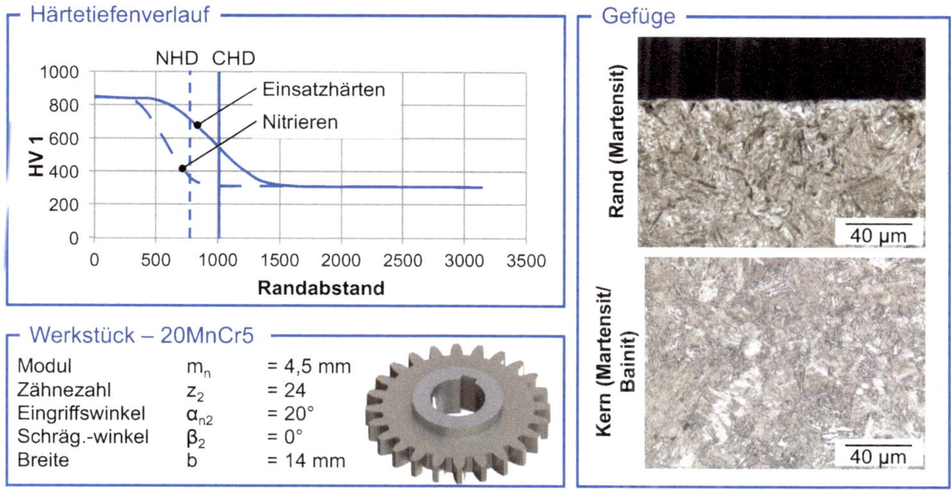

Bild 4.8 Gefüge und Härtetiefenverlauf

Nitrieren

Beim Nitrieren wird die Bauteilrandzone bei Temperaturen unterhalb von A_{c1} mit Stickstoff angereichert. Die Erhöhung des Stickstoffgehalts in der Randzone erfolgt beim Gasnitrieren z. B. über Ammoniakgas (NH_3) oder beim Salzbadnitrieren durch Zyanbäder. Die erreichbaren Oberflächenhärten sind höher als beim Einsatzhärten, die Einhärtetiefen sind geringer. Nach der Wärmebehandlung müssen die Werkstoffe nicht abgeschreckt werden. Deshalb sind die Härteverzüge geringer. Aufgrund der hohen Oberflächenhärte ist die Verschleißfestigkeit höher als bei Einsatzstählen, bei hohen Flächenpressungen muss aber beachtet werden, dass die Einhärtetiefen geringer sein können (Lage des Spannungsmaximums bei Hertz'scher Pressung beachten). Eisennitride sind spröde. Deshalb sind Nitrierstähle mit Legierungselementen legiert, die weniger spröde und feinverteilte Sonderkarbide bilden (z. B. Aluminium, Chrom, Molybdän, Vanadium, Titan). Die Gefügezusammensetzung hängt neben der chemischen Zusammensetzung der Randschicht von der Nitriertemperatur und der Nitrierzeit ab. Für praktische Anwendungen in der Zahnradtechnik können beispielsweise 31CrMoV9, 34CrNiMo6 und 42CrMo4 genannt werden.

Carbonitrieren und Nitrocarburieren

Beim Carbonitrieren erfolgt die Anreicherung der Randzone in einer kohlenstoff- und stickstoffhaltigen Gasatmosphäre im Austenitgebiet bei etwa 800 bis 950 °C [Schu04]. Das Verfahren ist eine Kombination aus martensitischem Härten und Nitrieren. Der sich bildende Martensit enthält neben den gelösten Kohlenstoffatomen auch Stickstoffatome. Durch die gleichzeitige Anreicherung von Kohlenstoff und Stickstoff wird die Härtbarkeit gesteigert und eine höhere Anlassbeständigkeit nach dem Härten erreicht [DIN89]. Geeignete Werkstoffe für das Carbonitrieren von Verzahnungen sind beispielsweise 18CrNiMo7-6 und 14NiCrMo13-4.

Das Nitrocarburieren findet im gleichen Temperaturbereich wie das Nitrieren statt. Es werden ebenfalls gleichzeitig Stickstoff und Kohlenstoff in der Randzone angereichert. Die Wärmebehandlung findet aber unterhalb der A_{c1}-Temperatur statt. Deshalb wird beim Abkühlen kein Martensit gebildet. Das Verfahren wird angewendet, um auch bei niedrig legierten Stählen eine ausreichende Oberflächenhärte zu erreichen. Geeignete Zahnradwerkstoffe für das Nitrocarburieren sind beispielsweise 42CrMo4 und 16MnCr5 [GIES10].

4.1.3.3.3 Härteverzug

Ein Verzug ist nach EN 10052 „jede Maß- und Formänderung eines Werkstücks gegenüber dem Ausgangszustand infolge einer Wärmebehandlung" [DIN94]. Durch das Härten hervorgerufene Maß- und Formänderungen am Werkstück werden als Härteverzug bezeichnet. Die Qualität nach dem Härten setzt sich aus der Qualität nach der Vorbearbeitung und dem Härteverzug zusammen. Aufgrund des Härteverzugs wird nach der Wärmebehandlung häufig eine Hartfeinbearbeitung der Verzahnung notwendig.

Bei minimalen Härteverzügen besteht das Potenzial, dass durch eine Feinbearbeitung im weichen Zustand, wie z. B. das Schaben, oder durch Fertigwälzfräsen eine Hartfeinbearbeitung der Verzahnung entfallen kann. Der Härteverzug setzt sich aus einem systematischen Anteil und einer Streuung zusammen. Wenn der systematische Anteil bekannt ist, können entsprechende Korrekturen im Aufmaß für die Weichfeinbearbeitung berücksichtigt werden.

Die Gründe für Härteverzüge sind vielfältig. Beim Abschrecken treten die größten Temperaturgradienten auf. Dies führt zu Wärmespannungen, die durch Phasenänderungen und damit verbundene Änderungen des spezifischen Volumens überlagert werden. Außerdem sind inhomogene Massenverteilungen als Gründe für Temperaturdifferenzen und den Aufbau von inneren Spannungen zu nennen, die zu Maß- und Formänderungen führen können. Beim Sintern sind Dichteänderungen und Volumenschrumpfung häufig für Verzüge verantwortlich. Längendehnungen bzw. Längenschrumpfungen sind neben der Temperaturdifferenz und dem Werkstoff auch von der Ausgangslänge abhängig. Insbesondere bei Großzahnrädern kann es vorkommen, dass das zum Ausgleich des Härteverzugs gewählte Aufmaß nicht ausreicht, alle Funktionsflächen vollständig fertig zu bearbeiten. Es können Zahnflankenbereiche oder auch ganze Zähne unbearbeitet bleiben. Würde die Bearbeitung trotzdem fortgesetzt, bestände die Gefahr, dass die Dicke der Randschichthärtezone (*CHD*) in Teilbereichen unzulässig reduziert wird. Dieses Problem kann auch bei zu großen Aufmaßen auftreten.

Der Härteverzug lässt sich auf verschiedene Einflüsse zurückführen, die miteinander interagieren. Bild 4.9 zeigt verschiedene Verzugsmechanismen, die durch die Prozessführung beim Einsatzhärten entstehen.

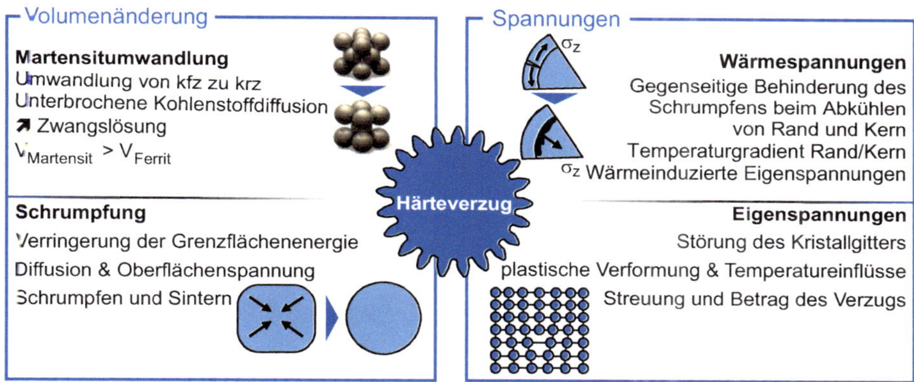

Bild 4.9 Ursachen des Härteverzugs [BEIS13, GIES10, WEIS07]

Bei der Umwandlung von Austenit in Martensit tritt eine Volumenvergrößerung auf (Abschnitt 4.1.3.3). Diese Volumenänderung des Werkstoffs ist eine der Ursachen des Härteverzugs (Bild 4.9 oben links). Außerdem treten beim Abkühlen temperaturbedingte Volumenkontraktionen auf. Insbesondere aufgrund ungleichmäßiger Massenverteilungen können sich Schrumpfungen gegenseitig behindern (Bild 4.9 oben rechts).

Beim Sintern von Metallpulvern ist die treibende Reaktionskraft die Verringerung der Grenzflächenenergie. Die Volumenschrumpfung ist erheblich. PM-Zahnräder besitzen nach dem Sintern noch eine Restporosität (siehe Bild 4.9 unten links). Gitterfehler, z. B. Versetzungen beim plastischen Umformen, führen ebenfalls zu inneren Spannungen (siehe Bild 4.9 unten rechts). Teilweise existieren bereits vor dem Einsatzhärten Eigenspannungen im Material, die durch die Fertigung eingebracht wurden. Durch die hohe Temperatur während des Aufkohlens können Eigenspannungen durch plastisches Fließen abgebaut werden (siehe Bild 4.9 unten rechts).

Die Anteile des Verzugs am Beispiel des Profil-Winkelfehlers $f_{H\alpha}$ für ein schmelzmetallurgisch hergestelltes und ein gesintertes Zahnrad zeigt Bild 4.10. Der Verzug wird maßgeblich durch die Volumenvergrößerung bestimmt, die beim Umklappen des Austenitgitters in das Martensitgitter auftritt. Wärmespannungen, Eigenspannungen und Verzug durch Schrumpfen haben einen geringeren Einfluss auf den Verzug (Bild 4.10). Aufgrund der Sinterschrumpfung weisen PM-Zahnräder einen größeren Verzug als konventionell hergestellte Zahnräder auf.

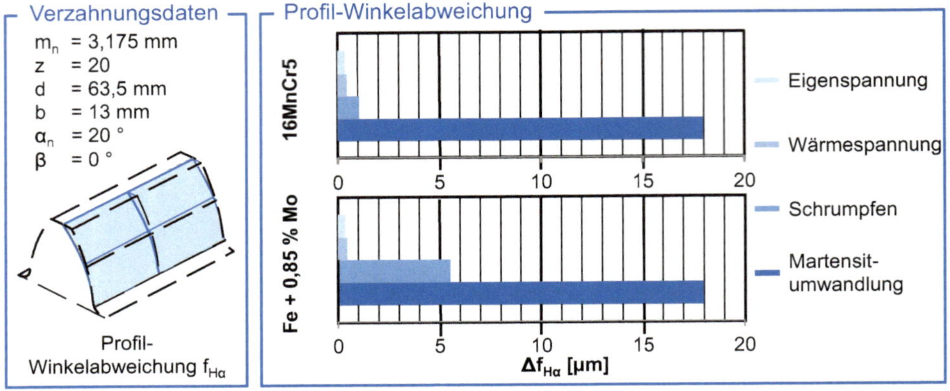

Bild 4.10 Verzugsanteile für Stahl- und Sinterzahnräder

Neben den Einflüssen aus dem Werkstoff wird der Verzug auch durch die Prozessführung beeinflusst. Bild 4.11 zeigt Unterschiede des Flankenlinien-Winkelfehlers $f_{H\beta}$ bei atmosphärisch gas- und niederdruckaufgekohlten Zahnrädern. Der unterschiedliche Härteverzug zwischen Gasaufkohlung und Niederdruckaufkohlung resultiert vor allem aus der Abschreckung. Gasaufgekohlte Zahnräder werden üblicherweise im Ölbad abgeschreckt, während nach der Niederdruckaufkohlung eine Hochdruckgasabschreckung erfolgt, die eine gezieltere Temperaturführung ermöglicht. Die Abkühlung erfolgt gleichmäßiger über die gesamte Bauteilgeometrie, sodass insbesondere Härteverzüge durch Wärmespannungen reduziert werden können, die Streuung der Verzüge ist in der Tendenz ebenfalls geringer. Ein Einfluss der Aufkohlungstemperatur auf den Härteverzug lässt sich für beide Verfahren nicht erkennen.

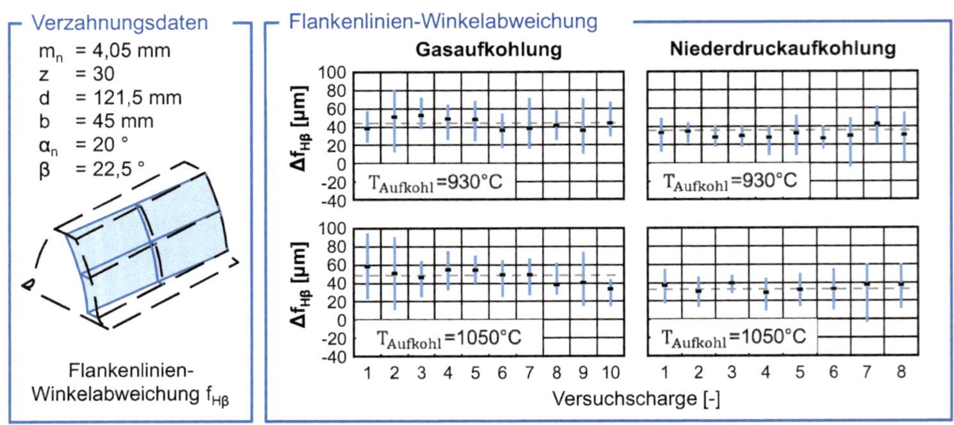

Bild 4.11 Einfluss der Wärmebehandlung auf den Härteverzug

Der Verzug eines Zahnrads durch Wärmebehandlung lässt sich über verschiedene Parameter beeinflussen (siehe Bild 4.12). Neben dem Einfluss aus der Wärmebehandlung, wie z. B. der Temperaturführung und der Abkühlrate, kann der Verzug bereits in der Fertigung beeinflusst und somit auch optimiert werden.

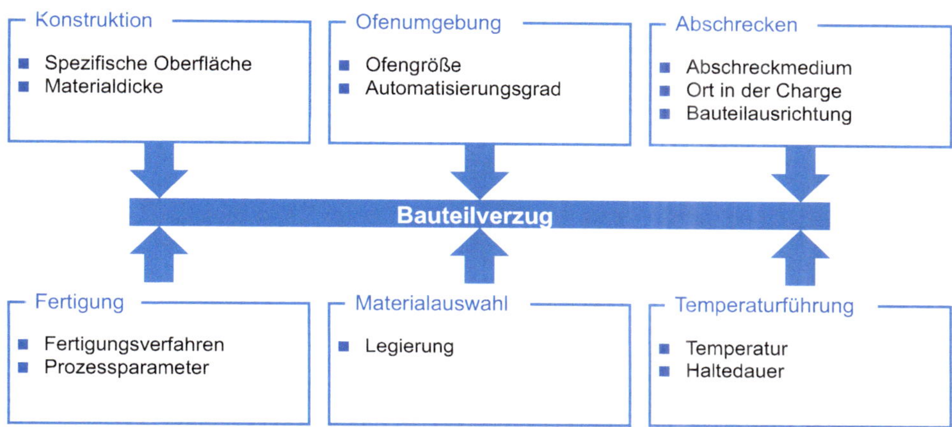

Bild 4.12 Einflussmöglichkeiten auf den Härteverzug [GIES10, WEIS07]

4.2 Vorverzahnen

Als Vorverzahnen wird die Erzeugung der Zahnlückengeometrie im Rohling bezeichnet. Hierfür kommen verzahnungsspezifische Verfahren wie beispielsweise das Wälzfräsen, Formfräsen, Wälzschälen, Wälzstoßen, Räumen und Hobeln zum Einsatz.

4.2.1 Anforderungen an das Vorverzahnen

Durch das Vorverzahnen wird die Zahnlücke in das Werkstück eingebracht. Die Auswahl geeigneter Verfahren erfolgt auf Basis der Wirtschaftlichkeit unter Berücksichtigung der geforderten Bauteilqualität. Des Weiteren ist die Geometrie der Bauteile für die Verfahrensauswahl von Bedeutung. So können z. B. Störkonturen (beispielsweise Absätze in Getriebewellen) dazu führen, dass bestimmte Fertigungsverfahren aufgrund der erforderlichen Überlaufwege nicht geeignet sind.

Die geometrische Gestaltung der vorbearbeiteten Zahnlücke bestimmt die Wirtschaftlichkeit der nachfolgenden Bearbeitungsschritte und beeinflusst die Qualität des fertigen Bauteils. Üblicherweise wird bei der Vorbearbeitung ein Bearbeitungsaufmaß q auf der Flanke vorgesehen, das in der Feinbearbeitung zerspant wird (siehe Bild 4.13). Aus funktionalen Gründen muss für die Wärmebehandlung das Aufmaß so gewählt werden, dass nach der Hartfeinbearbeitung die für die Tragfähigkeit geforderte Härtetiefe erhalten bleibt und Härteverzüge vollständig beseitigt werden. Für die Wirtschaftlichkeit der Wärmebehandlung und der Feinbearbeitung ist ein geringes, ausreichendes Aufmaß bei der Vorbearbeitung vorzusehen. Wird der Zahnfuß der Verzahnung nach dem Vorverzahnen nicht weiter spanend bearbeitet, werden die Kontur sowie die Oberfläche des Zahnfußes bereits beim Vorverzahnen festgelegt. Um eine Kerbe im Zahnfußbereich bei der Fertigbearbeitung zu vermeiden, wird das Zahnprofil mit einem Hinterschnitt (Protuberanz) im Zahnfuß ausgelegt (siehe Bild 4.13). Die Restprotuberanz verbleibt nach erfolgter Feinbearbeitung im Zahnprofil. In der Vorbearbeitung entstehen Abweichungen aus der Erzeugungskinematik, der Werkzeuggestaltung, infolge von Maschinenverlagerungen sowie aus Spannfehlern. Darüber hinaus bewirken Härteverzüge aus der Wärmebehandlung Geometrieänderungen. Eine genaue Fertigung in der Vorverzahnung kann zu Kosteneinsparungen in der Feinbearbeitung führen.

Das notwendige Aufmaß für die Feinbearbeitung kann überschlägig nach Formel 4.2 berechnet werden [NN15a].

$$q = 0{,}09 + 0{,}0125 \cdot m_{\mathrm{n}} \tag{4.2}$$

Wird der Zahnfuß in der Feinbearbeitung ebenfalls bearbeitet, werden abweichende Aufmaßverteilungen gegenüber der in Bild 4.13 dargestellten Geometrie gewählt. Ist das Aufmaß auf den Bereich der Zahnflanke beschränkt oder nicht äquidistant bezüglich der Feinbearbeitung gewählt, wird der Fußformkreis in der Fertigbearbeitung verändert.

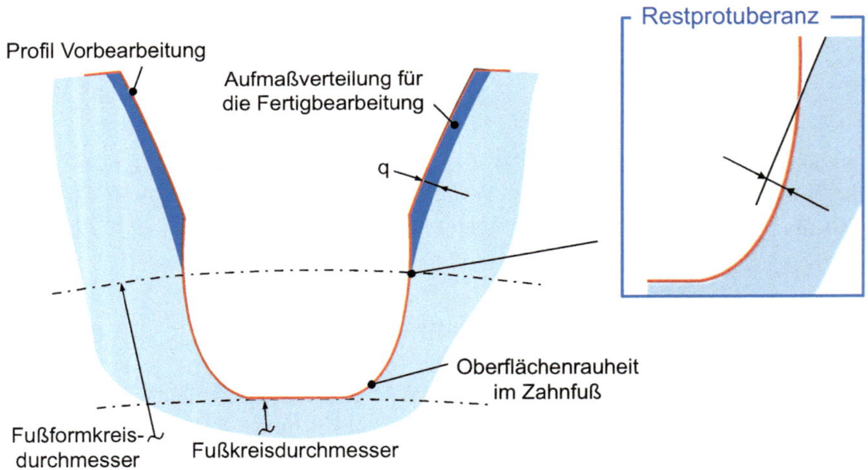

Bild 4.13 Zahnlückengeometrie und Aufmaßverteilung bei der Zahnradfertigung

Für das Vorverzahnen können genormte Werkzeugbezugsprofile eingesetzt werden. In Bild 4.14 sind drei Möglichkeiten der Werkzeuggestaltung und die Bezugsgrößen am Werkzeugbezugsprofil nach DIN 3960 [DIN87] dargestellt. Die Referenzlinie des Werkzeugbezugsprofils ist die Werkzeug-Profilbezugslinie *P*, an der die Zahndicke des Werkzeugs einer halben Teilung entspricht. Das linke Bezugsprofil entspricht einem Fertigbearbeitungsprofil. Neben der Werkzeugbezugslinie ist das Fertigbearbeitungsprofil durch die Zahnkopf-

und Zahnfußhöhe, h_{aP0} und h_{fP0}, durch den Profilwinkel α_{P0} sowie die Radien an Kopfkante ρ_{aP0} und Zahnfuß ρ_{fP0} des Bezugsprofils definiert. Die beim Vorverzahnen und bei der Fertigbearbeitung erzeugten Profile sind unterhalb der Bezugsprofile dargestellt. Aus dem Abstand dieser Profile zueinander resultiert die Aufmaßverteilung. Beim Vorverzahnen mit dem Fertigbearbeitungsprofil ergibt sich aufgrund der radialen Zustellung des Werkzeugs am Zahnkopf ein größeres Aufmaß als an den Zahnflanken. Bei einem Eingriffswinkel von $\alpha = 20°$ unterscheiden sich diese Aufmaße um einen Faktor von $\sin(20°)^{-1} \approx 3$.

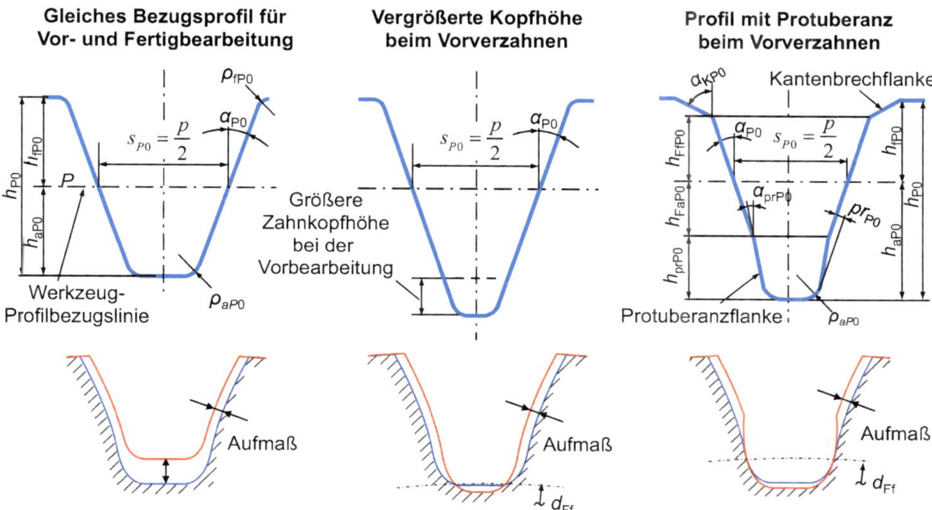

Bild 4.14 Bezugsprofile zum Vorverzahnen [DIN87]

Die Feinbearbeitung der Zahnfußbereiche ist nicht für jede Fußrundungsgeometrie ohne Weiteres möglich und führt aufgrund des höheren Aufmaßes zu einem erhöhten Verschleiß im Kopfbereich des Werkzeugs. Außerdem wird die Einsatzhärtetiefe im Bereich des Zahnfußes stärker verringert als im Bereich der Zahnflanke (Bild 4.14 links), was die Zahnfußtragfähigkeit beeinträchtigt. Durch Anpassungen des Werkzeugprofils kann der Zahnfußbereich bereits während des Vorverzahnens fertig bearbeitet werden, während die Zahnflanken mit einem definierten Aufmaß gefertigt werden. Hierzu kommen entweder Werkzeuge mit einer vergrößerten Kopfhöhe (Bild 4.14 Mitte) oder Protuberanzwerkzeuge (Bild 4.14 rechts) zum Einsatz. Zwei Bezugsprofile mit erhöhter Kopfhöhe zur Vorbearbeitung sind nach DIN 3972 [DIN52] genormt (Bezugsprofile III und IV). Geradflankige Werkzeuge mit erhöhter Kopfhöhe bewirken ein Aufmaß nur auf der Flanke für die Fertigbearbeitung, jedoch entstehen beim Einsatz dieser Profile in der Feinbearbeitung Kerben im Zahnfuß, die Ausgangspunkt von Zahnfußbrüchen sein können.

Durch den Einsatz von Protuberanzwerkzeugen wird das Auftreten von Bearbeitungskerben vermieden. Protuberanzwerkzeuge verfügen im Kopfbereich über einen reduzierten Eingriffswinkel. Hieraus ergibt sich die Protuberanz in der vorverzahnten Zahnlücke. Im Eingriff des Werkzeugs mit dem Werkstück wird ein Freischnitt (Hinterschnitt, Unterschnitt) im Zahnfuß der Verzahnung erzeugt. Der maximale Abstand der Protuberanz von der Flankenlinie des ursprünglichen Bezusprofils wird als Protuberanzbetrag (pr_{P0}) bezeichnet. Werkzeugprofile zum Vorverzahnen können neben einer Protuberanz über einen Kantenbrecher verfügen. Der Kantenbruch entspricht einer Fase am Übergang der Flanke zum Zahnkopf der gefertigten Verzahnung. Dadurch kann eine zu starke Aufkohlung der Kanten reduziert werden.

Die Auswahl des Bezugsprofils bestimmt den Fußformkreis der Verzahnung. Durch die Auswahl des Werkzeugprofils für das Vorverzahnen wird festgelegt, ab welchem Mindestdurchmesser eine Feinbearbeitung der Zahnflanken durchgeführt wird. Wird z. B. eine zu große Protuberanz gewählt, kann bei einem zu geringen Schleifaufmaß der Mindestbearbeitungsdurchmesser, der dem Fußformkreis entspricht, oberhalb des sich aus dem Eingriff des Radsatzes ergebenden Fußnutzkreisdurchmessers liegen. In diesem Fall würden die Verzahnungen teilweise außerhalb des feinbearbeiteten Bereichs abwälzen.

4.2.2 Schneidstoffe und Beschichtungen

Im Folgenden werden einige Grundlagen zu den Verschleißarten und Verschleißformen sowie zu Schneidstoffen und Beschichtungen vorgestellt und kurz erläutert. Es können hier nur ausgewählte Fragestellungen angerissen werden, wie sie für die Analyse und Interpretation von technologischen Ergebnissen der spanenden Herstellung von Verzahnungen notwendig sind. Umfänglich werden Fragen zum Verschleiß, zu Schneidstoffen und deren Herstellung sowie zu den Beschichtungen in [KLOC18b] behandelt.

Beim Zerspanen mit Werkzeugen mit definierter Schneide treten an der Schneidekante sowohl thermische, mechanische als auch chemische Beanspruchungen auf. Das sich örtlich entlang der Schneidkante einstellende Beanspruchungskollektiv führt zu Werkzeugverschleiß, der sich durch fortschreitenden Materialverlust an der Schneide äußert. Die beim Zerspanen auftretenden Verschleißarten und Verschleißformen sowie die zugehörigen Messgrößen sind umfassend in [KLOC18b] beschrieben. Hier sollen der Kolkverschleiß auf der Spanfläche und der Freiflächenverschleiß an den Freiflächen sowie die zugehörigen Verschleißmessgrößen Kolktiefe *KT* und Verschleißmarkenbreite *VB* genannt werden. Die Kolktiefe *KT* gibt die Tiefe des gebildeten Kolkes auf der Spanfläche an. Ein ausgeprägter Kolk und die Lage der Kolkmitte (Kolkmittenabstand) können die Werkzeugschneide so schwächen, dass Ausbrüche auftreten. Bei Schnellarbeitsstählen kann der Kolkverschleiß dominierend sein. Die Verschleißmarkenbreite *VB* wird benutzt, um den Freiflächenverschleiß zu charakterisieren und auch zu quantifizieren. Die Verschleißmarkenbreite erfasst den Abstand von der Schneidkante bis zur nicht mehr verschlissenen Freiflächenfläche. Sie ist nicht konstant, sondern vom Messort abhängig und kann durch Kerben an den Rändern besonders ausgeprägt sein. Beim Wälzfräsen ist der Schnitt unterbrochen. Durch hohe Druckschwellbelastungen können horizontal zur Schneidkante Querrisse im Schneidstoff auftreten, thermische Wechselbelastungen führen zu Kammrissen (Bild 4.15).

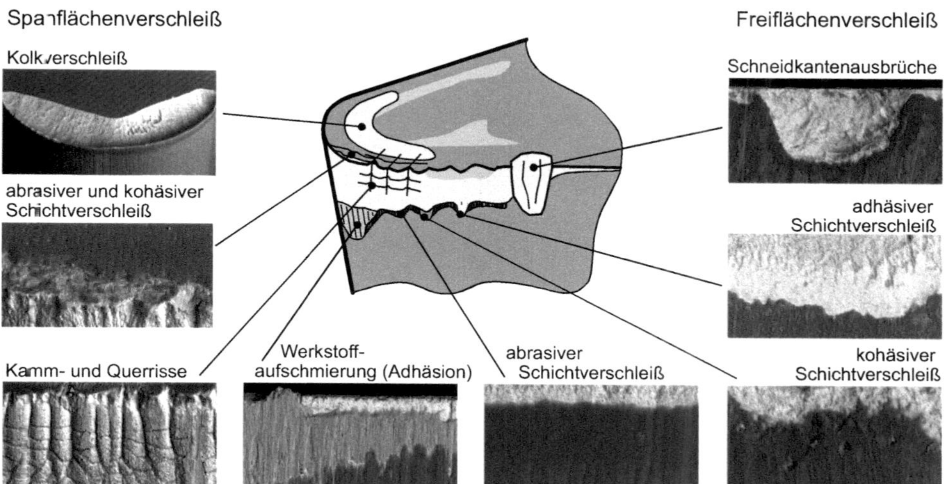

Bild 4.15 Verschleißarten an beschichteten Werkzeugen zum Wälzfräsen [WINK05b]

Der Zerspanprozess bildet ein tribologisches System aus dem Werkzeug als Grundkörper, dem Werkstoff als Gegenkörper und der Luft/dem Kühlschmierstoff als Zwischenmedium. In einem tribologischen System sind die Hauptursachen des Verschleißes Adhäsion, Abrasion, tribochemische Reaktion und Oberflächenzerrüttung [ZUMG92]. Hier werden einige Besonderheiten besprochen, die in der Verzahnungsfertigung auftreten. Die Verschleißart Abrasion tritt auf, wenn eine Durchdringung zwischen Grund- und Gegenkörper stattfindet und aufgrund der Relativbewegung zwischen den Körpern Mikropflügen (Ritzen) und Mikrospanungsvorgänge auftreten (siehe Bild 4.15). Bei der Adhäsion bilden sich Haftverbindungen zwischen dem Schneidstoff und dem abfließenden Span, die beim Abscheren auch Material vom Werkzeug abnehmen. Adhäsionsverschleiß ist von den Werkstoffeigenschaften und den Kontaktbedingungen zwischen Werkzeug und Werkstück abhängig. Kühlschmierstoffe und Beschichtungen der Werkzeugschneiden wirken bei der Zerspanung von weichen Eisenwerkstoffen (Einsatzstähle, hoher Ferritanteil) der Adhäsion entgegen. Erscheinungsformen für Adhäsionsverschleiß an der Freifläche zeigt Bild 4.15. Tribochemische Reaktionen sind chemische Reaktionen des Schneidstoffs mit der Umgebungsluft, dem Kühlschmierstoff oder dem Werkstoff. Es bilden sich Reaktionsprodukte, die mit dem Span abgeführt oder als neue Zwischenschichten auf dem Werkzeug haften. Im letztgenannten Fall könnten sogar verschleißmindernde Effekte auftreten, wenn z. B. durch die Schichten metallische Kontakte zwischen Span und Werkzeug vermieden werden oder wenn die Reibungszahl reduziert wird. Die Reaktionspartner zum Bilden von Zwischenschichten werden durch Legierungselemente im Stahl oder Schneidstoff oder durch Zusätze im Kühlschmiersoff zur Verfügung gestellt. Auch die Diffusion von Legierungselementen des Schneidstoffs in den Werkstoff und umgekehrt gehört zu dieser Gruppe. Die Tribooxidation beschreibt den Verschleißvorgang, bei dem Oxidschichten am Werkzeug gebildet werden. Er wird häufig auch als Verzunderung bezeichnet. Diese Verschleißart kann z. B. bei der Zerspanung mit WC-haltigen Hartmetallen wichtig sein [KLOC18b]. Oberflächenzerrüttung tritt infolge tribologischer Wechselbelastungen auf. Es ist ein sich mit fortschreitender Zerspanung entwickelnder Verschleißvorgang, bei dem Gefügeänderungen initiiert sowie Mikrorisse gebildet werden und

Rissausbreitungen schließlich zum Materialversagen führen [HABI80]. Sichtbare Verschleißarten an Verzahnungswerkzeugen für Zerrüttungsvorgänge sind Ausbrüche an der Schneidkante und in Vorstufen auch Kamm- und Querrisse (siehe Bild 4.15).

Neben den Spanbildungsbedingungen werden die dominierenden Verschleißarten und Verschleißformen durch die Wahl des Werkzeugsubstrats und durch aufgebrachte Beschichtungen bestimmt. Grundsätzliche Anforderungen an Schneidstoffe zur spanenden Bearbeitung sind:

- Härte und Druckfestigkeit
- Biegefestigkeit und Zähigkeit
- Kantenfestigkeit
- innere Bindefestigkeit
- Warmfestigkeit
- Oxidationsbeständigkeit
- geringe Diffusions- und Adhäsionsneigung
- Abriebfestigkeit
- reproduzierbares Verschleißverhalten

Die Forderung nach einem idealen Schneidstoff, der alle genannten Eigenschaften in positiver Weise vereint, kann nicht erfüllt werden. Eine hohe Härte des Schneidstoffs zur Steigerung der Verschleißfestigkeit gegen Abrasion geht im Allgemeinen mit einer geringeren Zähigkeit einher. Bei nicht ausreichender Zähigkeit besteht die Gefahr, dass mechanische Schlagbelastungen und thermische Wechsellasten, wie sie z. B. in unterbrochenen Schnitten auftreten, Temperaturrisse, Querrisse und Schneidkantenausbrüche provozieren. Das Design und die Wahl geeigneter Schneidstoffsysteme ist ein Optimierungsprozess, der durch Modellierungen unterstützt werden kann. Die Eigenschaften der gängigen Schneidstoffe sind qualitativ in Bild 4.16 dargestellt.

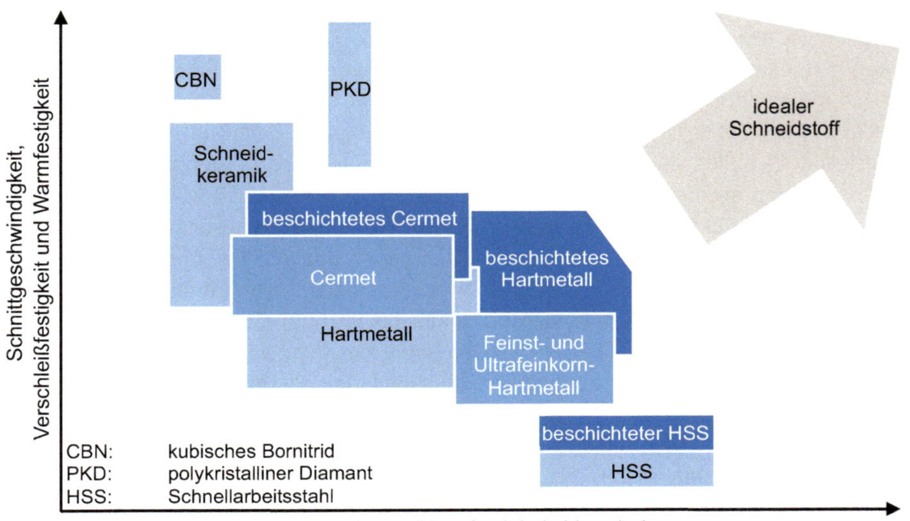

Bild 4.16 Potenziale unterschiedlicher Schneidstoffe [KLOC18b]

Die zur Zerspanung mit geometrisch bestimmter Schneide eingesetzten Schneidstoffe können in Werkzeugstähle, Hartmetalle, Schneidkeramiken und hochharte Schneidstoffe eingeteilt werden. Zu den Werkzeugstählen für spanende Bearbeitungen gehören die Kalt- und Schnellarbeitsstähle. Während Kaltarbeitsstähle aufgrund ihrer geringen Warmhärte nur noch selten eingesetzt werden, sind Schnellarbeitsstähle (HS oder häufig auch HSS genannt) beim Vorverzahnen stark verbreitet. Schnellarbeitsstähle sind hochlegierte Werkzeugstähle, die neben einem Kohlenstoffgehalt von mindestens 0,8 % C mit Wolfram, Molybdän, Vanadium, Chrom und Kobalt legiert sind. Das Gefüge von Schnellarbeitsstählen besteht aus einer martensitischen Matrix mit eingelagerten Karbiden. Über die Legierungselemente und die Wärmebehandlungen können Zähigkeit und Härte in weiten Bereichen eingestellt werden. Nach ihrem W- und Mo-Gehalt werden Schnellarbeitsstähle in vier Legierungs- und Leistungsgruppen eingeteilt [KLOC18b]. Beim Anlassen verliert der Martensit an Festigkeit (Primärhärte). Im Bereich von 560 °C werden Sonderkarbide ausgeschieden, die den Primärhärteabfall mehr als ausgleichen können und ein Sekundärhärtemaximum erzeugen [Bar00; KLOC18b], das über der Primärhärte liegt. HSS-Werkzeuge können sowohl schmelzmetallurgisch als auch pulvermetallurgisch (PM) hergestellt werden. Die Vorteile der pulvermetallurgischen Herstellung gegenüber der schmelzmetallurgischen Herstellungskette sind ein etwas höherer realisierbarer Legierungsanteil und ein homogeneres Gefüge ohne Seigerungen und mit fein verteilten Karbiden. Dies führt zur Steigerung der Zähigkeit bei hoher Verschleißfestigkeit. Die Verschleißfestigkeit der Oberfläche kann durch Nitrieren (thermochemische Behandlung, Abschnitt 4.1.3) und durch PVD-Beschichtungen erhöht werden. Die Schleifbarkeit von Schnellarbeitsstählen ist generell gut, was für die Herstellung und das Nachschleifen von Verzahnungswerkzeugen eine wichtige Gebrauchseigenschaft darstellt. Als Schleifstoffe werden kubisches Bornitrid oder auch konventionelle Schleifmittel, wie Aluminiumoxid, eingesetzt. Die Schleifbarkeit ist von der Art und Verteilung der Karbide abhängig. Für Verzahnungswerkzeuge werden überwiegend PM-Schnellarbeitsstähle verwendet.

Hartmetalle sind Schneidstoffe aus harten Karbiden und Nitriden, die in einer Matrix aus Kobalt oder Nickel gebunden sind. Die Hartstoffe sind Träger der Verschleißfestigkeit und der Härte. Die Herstellung von Hartmetallschneidstoffen erfolgt pulvermetallurgisch. Hartmetalle haben im Vergleich zu Schnellarbeitsstahl HSS eine größere Härte und eine höhere Temperaturfestigkeit. Die Zähigkeit des Hartmetalls ist geringer als diejenige von Schnellarbeitsstahl (siehe Bild 4.16). Daher sind Hartmetallwerkzeuge empfindlicher gegen Stoßbelastungen. Die Beständigkeit des Schneidstoffs gegenüber Temperaturschwankungen im Prozess ist ebenfalls geringer als bei Schnellarbeitsstahl. Die Eigenschaften von Hartmetallen können über die Rezeptur in weiten Bereichen verändert werden. Tendenziell wird die Verschleißfestigkeit von WC-Hartmetallen mit fallendem Bindemittelanteil und kleiner Korngröße sowie einem höheren Anteil an Karbiden gesteigert. Eine Übersicht über die qualitativen Wirkungen von Kobaltgehalten in der Bindematrix und der Karbidkorngröße auf die Biegefestigkeit zeigt Bild 4.17.

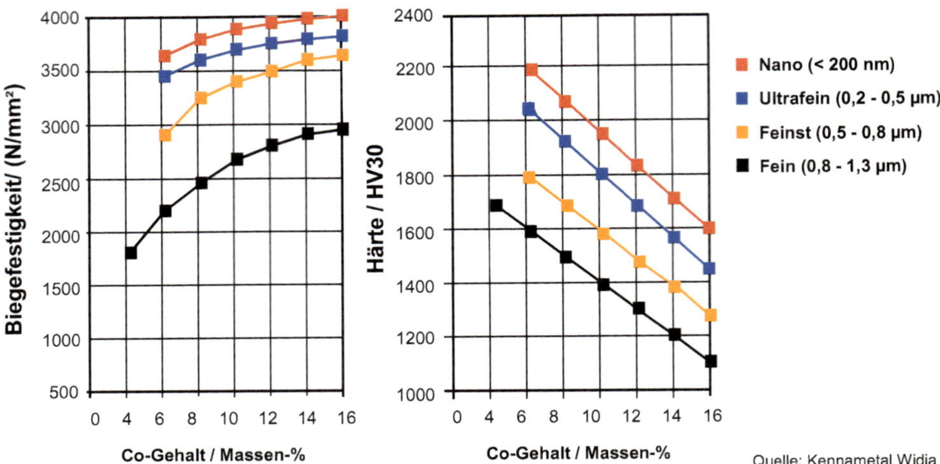

Bild 4.17 Abhängigkeit der Biegefestigkeit und der Härte von WC-Hartmetallen bei verschiedenen Co-Gehalten und Korngrößen (Quelle: Kennametal Widia)

Hartmetallwerkzeuge haben aufgrund ihres Aufbaus eine hohe Warmverschleißfestigkeit. Sie können deshalb bei hohen Schnittgeschwindigkeiten eingesetzt werden. Beim Wälzfräsen treten unterbrochene Schnitte auf, deshalb müssen die Schneidkanten eine ausreichende Kantenfestigkeit und Zähigkeit aufweisen. Deshalb werden zum Wälzfräsen bevorzugt Hartmetalle mit einer Kobaltmatrix und Wolframkarbid als überwiegendem Hartstoffträger eingesetzt. Diese Hartmetalle gehören zur Anwendungsgruppe K (in der Praxis unterscheidet man die Anwendungsgruppen P, M und K). Die vollständige Nomenklatur für die Bezeichnung von Hartmetallen mit Wolframkarbid (HW) und Titankarbonitrid (HT, Cermet) und weiterer Hartstoffe für Werkzeuge sind in [KLOC18b] erläutert. WC-Hartmetalle besitzen zwar generell eine hohe Warmverschleißfestigkeit, dennoch können auch durch Diffusion Verschleißmechanismen initiiert werden. Bei gegenseitiger Löslichkeit von Legierungselementen des Schneidstoffs und des Werkstücks kann Eisen (Fe) aus dem Werkstück (Weichbearbeitung von Einsatzstählen) in die Kobaltbindephase diffundieren oder Kobalt diffundiert von der Hartmetallbindephase in das Werkstück (Eisen und Kobalt bilden lückenlose Mischkristalle). Wolframkarbid kann sich unter Bildung von Misch- und Doppelkarbiden auflösen. Wenn bei hohen Schnittgeschwindigkeiten mit Hartmetallwerkzeugen der Anwendungsgruppe K30 oder K40 (häufig benutzte Spezifikationen) gearbeitet wird, müssen diese Zusammenhänge beim Bewerten der Verschleißbilder berücksichtigt werden. WC-Co-Hartmetalle bestehen vorwiegend aus Wolframmonokarbid und Kobalt als Bindephase (K-Anwendungsgruppe). Bei hohen Zerspantemperaturen und im nichtunterbrochenen Schnitt (z. B. bei der Schlichtbearbeitung mit hohen Schnittgeschwindigkeiten) kann es vorteilhaft sein, Hartmetallrezepturen auf der Basis von WC-(Ti,Ta,Nb)C-Co auszulegen. Diese Hartmetalle haben verbesserte Hochtemperatureigenschaften und zeigen eine geringere Diffusionsneigung bei der Bearbeitung von Eisenwerkstoffen (P-Anwendungsgruppe). Diese Schneidstoffe besitzen aber eine geringere Kantenfestigkeit und Zähigkeit. Winkel setzte Hartmetallspezifikationen aus den Anwendungsgruppen P und K ein und stellte zusammenfassend fest, dass für das Wälzfräsen Hartmetalle der Anwendungsgruppen P aufgrund des unterbrochenen Schnittes nicht empfohlen werden können. Feinstkorn-

Hartmetalle der Gruppen K20, K30 und K40 führten zu den besten Standergebnissen [WINK05b]. Diese Aussage hat sich zwar in der Praxis vielfach bestätigt, bezieht sich aber grundsätzlich nur auf die Versuchsbedingungen, unter denen diese Ergebnisse gefunden wurden.

Die Leistungsfähigkeit der eingesetzten Schneidstoffe wird durch den Einsatz von Hartstoffschichten gesteigert (siehe Bild 4.16). Die Beschichtungen werden in der Zerspanung primär zum Schutz des Schneidstoffs vor Abrasion, Adhäsion, Diffusion, Oxidation und zur thermischen Isolation des Substrats eingesetzt. Der genauen Abstimmung von Schneidstoff, Beschichtungssystem und Bearbeitungsaufgabe kommt eine besondere Bedeutung zu [RECB02]. Wichtig für ein zuverlässiges Verhalten beschichteter Werkzeuge ist, dass der Übergangsbereich zwischen Schneidstoff und Hartstoffschicht nicht das schwächste Element in dem Verbundsystem darstellt [KLEI03]. Eine Hartstoffschicht kann die Eigenschaften des Werkzeuges nur verbessern, wenn eine ausreichend gute Haftung zwischen Werkzeug und Beschichtung gewährleistet ist.

Zur Beschichtung von Zerspanwerkzeugen können verschiedene Verfahren eingesetzt werden. Die gängigen Verfahren können in PVD-Verfahren (engl. Physical Vapour Deposition, physikalische Abscheidung aus der Dampfphase) und CVD-Verfahren (engl. Chemical Vapour Deposition, chemische Abscheidung aus der Dampfphase) unterschieden werden [BACH04, KALS05]. Beim CVD-Beschichten findet die Bildung der Hartstoffphase durch eine chemische Reaktion in der Gasphase statt. Hochtemperatur-CVD-Verfahren arbeiten im Temperaturbereich von 900 bis 1100 °C, Mitteltemperatur-CVD im Bereich von 700 bis 900 °C und plasmaaktiviertes CVD im Bereich von 450 bis 700 °C. Es kann eine breite Palette chemisch unterschiedlicher Phasenzusammensetzungen abgeschieden werden. In den thermisch aktivierten Hoch- und Mitteltemperaturverfahren werden Hartstoffphasen erzeugt, die nahe am thermodynamischen Gleichgewicht liegen. Durch Niedertemperatur-CVD-Verfahren lassen sich auch metastabile Phasen synthetisieren. Zum Stand der Technik gehört auch die Herstellung von Schichtsystemen mit Superlattice-Strukturen, die aus mehreren Nanolagen aufgebaut sind. CVD-Verfahren werden bevorzugt zur Beschichtung von Hartmetallen eingesetzt. Die Schichthaftung ist gut und es können relativ dicke Schichten abgeschieden werden. Die Schichten haben in der Tendenz Zugeigenspannungen, die bei niedrigen Synthesetemperaturen (Mitteltemperaturverfahren) geringer als bei Anwendung der Hochtemperaturtechnologie sind [BACH04, BOBZ03, KLOC18b].

PVD-Verfahren arbeiten im Temperaturbereich von 160 bis 600 °C. Mit diesen Verfahren können auch Schnellarbeitsstähle beschichtet werden, da die Prozesstemperaturen unterhalb der Anlassbeständigkeit liegen. Die abgeschiedenen Schichtdicken sind in der Tendenz geringer und besitzen Druckeigenspannungen. Außer thermodynamisch stabilen Phasen können auch metastabile Phasen erzeugt werden [BACH04, BOBZ03, KLOC18b]. Um gute Schichthaftungen zu gewährleisten, muss der Vorbereitung der Grenzfläche zwischen Substrat und Schicht besondere Beachtung geschenkt werden. Hierauf wird im Folgenden eingegangen. Aufgrund der Geometrie von Wälzfräsern sowie der Prozessführung können auch Abschattungen auftreten, dadurch kann die Schichtdicke zwischen Spanfläche, Freifläche und Zahnkopf schwanken [VOSS08].

Beispielhaft zeigt Winkel beim Wälzfräsen mit (Ti,Al)N-beschichteten WC-Feinstkorn-Hartmetallwerkzeugen (K30 und K40), dass die Schichtdicke etwa 4 bis 4,5 µm betragen sollte [WINK05b]. Um lokales Abplatzen von Hartstoffschichten zu verringern, muss die Auslegung der Schneidengeometrie den Beanspruchungen angepasst werden. Dies gilt insbesondere, wenn hohe Kopfspanungsdicken auftreten, die in der Folge zu hohen mechanischen und thermischen Beanspruchungen an den Zahnköpfen der Wälzfräser führen. Mit einem geeigneten Verrunden der Schneidkante kann dem Verschleiß an den Schneidkanten entgegengewirkt werden. Es sind verschiedene Verrundungstechnologien und Verrundungsgeometrien möglich [DENK03a, DENK03b, SHAF00]. Winkel zeigt, dass mit einer Radiusform und einem Schneidkantenradius von ρ_s = 10 bis 15 µm beträchtliche Standzeiterhöhungen erreicht werden können [WINK05b].

Eine Übersicht über die Eigenschaften gängiger, in der Verzahnungsherstellung eingesetzter Hartstoffschichten ist in Tabelle 4.1 aufgeführt. Die Werte entstammen den Angaben der Beschichtungshersteller.

Tabelle 4.1 Hartstoffschichten zum Wälzfräsen

Hartstoffschichten	TiN	Ti(C,N)	(Ti,Al)N	(Al,Cr)N
Mikrohärte [$HV_{0,05}$]	2300 - 2700	2800 - 3000	3300 - 3600	3200
Reibwert μ	0,4	0,4	0,3 - 0,4	0,35
Eigenspannung σ [N/mm²]	-2500	-4000	-1400	-3000
Wärmeleitfähigkeit λ [W/mK]	70	100	50	k. A.
Oxidationsbeständigkeit [°C]	450 - 600	350 - 400	750 - 900	1100

Sari hat Standzeitversuche beim Wälzfräsen (Schlichtbearbeitung) mit Schlagzähnen und bei der Bearbeitung von Einsatzstahl 16MnCr5 mit unterschiedlichen Schneidstoffen durchgeführt (Bild 4.69) [SARI16]. Die Werkzeuge bestanden aus einem Zahn (Schlagzahnversuche, siehe Abschnitt 4.2.3.2.5), es wurden durch die Kinematik der Maschine aber alle Wälzstellungen realisiert und damit wurde ein vollständiger Wälzfräsprozess abgebildet. Im Vordergrund der Forschungen standen Fragen, welche Verschleißarten bei hohen Schnittgeschwindigkeiten das Standverhalten dominieren. Hohe Schnittgeschwindigkeiten führen zu einer höheren Produktivität, weil die Schnittgeschwindigkeit und die Werkstückdrehung aufgrund des Erzeugungsprinzips fest miteinander gekoppelt sind. Diese beiden Einstellgrößen können nicht unabhängig voneinander eingestellt werden, wie das bei nichtwälzenden Prozessen möglich ist. Deshalb werden die Schneiden sowohl mechanisch wie auch thermisch höher belastet. Sari [SARI16] untersuchte zur relativen Vergleichbarkeit der Leistungsfähigkeit des Wälzfräsens praktisch eingeführte Schneidstoffe und zusätzlich auch nicht gebräuchliche Schneidstoffe, wie polykristallines Bornitrid (PCBN) und Cermets. Als Hartmetall wurde die Feinstkorn-Spezifikation WC-K30 (91 % WC, 9 % Co), der PM-Schnellarbeitsstahl S390 (1,6 % C, 10,8 % W, 8 % Co, 5 % V und 4,75 % Cr) und das Cermet KT 325 (63 % TiC/N, 15 % WC) gewählt. Alle Schneidstoffe waren mit einer im CVD-Verfahren aufgebrachten (Al, Cr)N-Hartstoffschicht beschichtet, außer PCBN. Das polykristalline Werkzeug wurde unbeschichtet verwendet. Die gewonnenen Ergebnisse lassen eine gute Einordnung und einen relativen Vergleich der genannten Schneidstoffe zu (Bild 4.69). PCBN-Werkzeuge versagten durch sporadische Schneidkantenausbrüche. Die Standzeitkurven für Cermet-Schneidstoffe liegen unterhalb derjenigen für Hartmetallwerkzeuge, und die beschichteten PM-Schnellarbeitsstähle zeigten ein Leistungsverhalten, das aufgrund der geringeren Warmhärte zwar unterhalb dem der Hartmetallwerkzeuge liegt, die aber dennoch in der Praxis in Abhängigkeit von den zu fertigenden Stückzahlen häufig angewendet werden.

Aufgrund der geometrischen Komplexität sowie der hohen Anforderungen an die Genauigkeit und die Bauweise haben Verzahnwerkzeuge vergleichsweise hohe Anschaffungskosten. Um einen wirtschaftlichen Werkzeugeinsatz zu realisieren, werden Verzahnwerkzeuge mit definierter Schneide daher meist nach Erreichen des festgelegten Verschleißkriteriums aufbereitet. Die Verzahnwerkzeuge werden dazu geometrisch so gestaltet, dass ein Nachschleifen unter Beibehaltung des Werkzeugprofils möglich ist. Ein typischer Aufbereitungszyklus für Verzahnwerkzeuge ist in Bild 4.18 dargestellt.

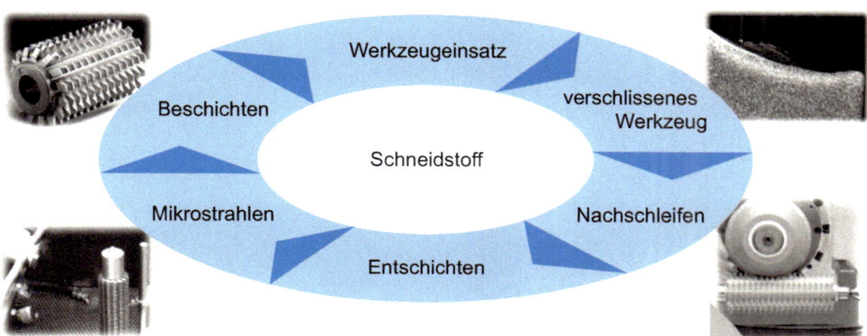

Bild 4.18 Aufbereitung von Verzahnwerkzeugen

Das nach dem Einsatz verschlissene Werkzeug wird im ersten Schritt auf der Spanfläche nachgeschliffen. In Abhängigkeit von der Hinterschliffgeometrie der Zähne ändern sich die Schneidenwinkel nicht signifikant. Das Nachschleifen auf der Spanfläche erfolgt häufig beim Anwender der Werkzeuge. Die Entschichtung (Entfernen der am Werkzeug vorhandenen Restschichten, englisch: decoating, stripping), gegegebenenfalls eine Strahlbehandlung und die Neubeschichtung werden beim Beschichtungshersteller durchgeführt. Die Ergebnisse in praktischen Anwendungen zeigten zunächst, dass nach dem Wiederbeschichten die Standzeiten der Werkzeuge schwankten und die ursprüngliche Leistungsfähigkeit selten wieder erreicht wurde. In systematischen Experimenten wurden die Ursachen für dieses Verhalten untersucht und es wurden geeignete Gegenmaßnahmen erarbeitet [BOUZ81, KLEI03]. Beim Entschichten muss sichergestellt sein, dass eine Veränderung der Oberflächenrandzone des Werkzeugs vermieden wird. Hierzu gehören Veränderungen im Gefüge und des Eigenspannungszustands in der Oberflächenrandzone. Bei HSS-Werkzeugen muss beachtet werden, dass die Temperaturen während der Beschichtung nicht zu einer thermischen Veränderung des Gefüges und der Oberflächenhärte führen. An Hartmetallwerkzeugen konnte festgestellt werden, dass ein Auswaschen von Kobalt (Co-Leaching) und damit eine Herabsetzung der Einbindung der Karbide nicht auftritt. Es wurde aber deutlich, dass insbesondere beim mehrmaligen Beschichten die in der Oberflächenrandzone im Neuzustand vorhandenen Druckeigenspannungen sukzessive abgebaut wurden. Dies führte in der Anwendung zu kohäsivem Schichtversagen in der Übergangszone. Als Gegenmaßnahme wird deshalb ein Mikrostrahlen der Oberfläche nach dem Beschichten durchgeführt [BOUZ81, KLEI03]. Dadurch ist es möglich, eine geeignete Mikrotopografie und Druckeigenspannungen in der Oberflächenrandzone zu erzeugen, deren Höhe reproduzierbar auf das Ausgangsniveau im Neuzustand eingestellt werden kann. Die Strahlparameter müssen auf den zu strahlenden Schneidstoff und das Spannungsniveau angepasst werden [BOUZ81, KLEI03].

Bild 4.19 zeigt die Ausbildung eines Kolkes an PM-HSS-Werkzeugen [KLOC14c]. Die sich ausprägende Schwächung der Schneidkante ist gut sichtbar. In der Kolkmitte treten die höchsten Temperaturen auf. Im Gegensatz zu Hartmetallwerkzeugen sind Schnellarbeitsstähle besonders gefährdet, durch Materialabnahme einen Kolk zu bilden. Bild 4.19 zeigt ebenfalls, dass auch unterhalb der Kolkoberfläche bis zu einer Tiefe von $t \approx 30$ µm eine thermische Veränderung des Gefüges stattgefunden hat. Mikrohärtemessungen in diesem Bereich bestätigen die Gefügeänderungen. Beim Nachschleifen der Spanfläche muss sichergestellt werden, dass nicht nur die messbare Kolktiefe, sondern auch die darunterliegende und thermisch veränderte Randzone vollständig entfernt werden [KLOC14c]. Außerdem muss durch die Prozessführung beim Schleifen sichergestellt sein, dass keine neuen Gefügeschäden erzeugt werden.

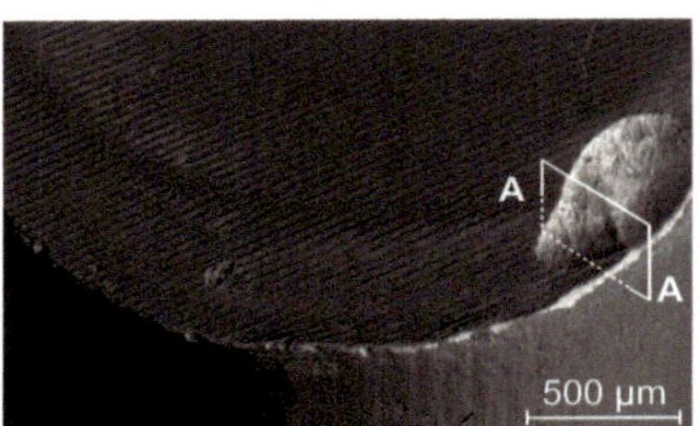

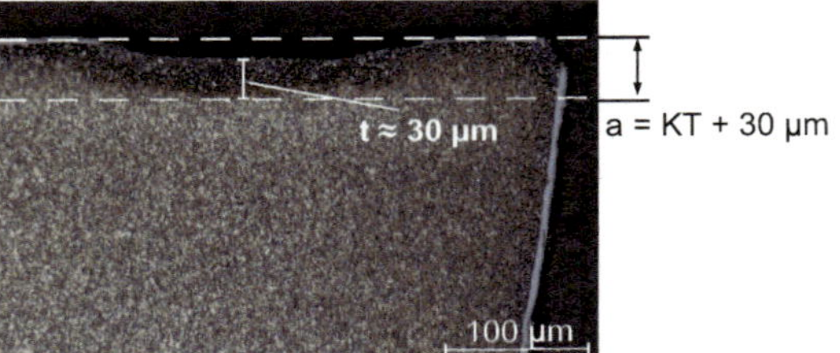

- Thermische Schädigung des Gefüges unterhalb des Kolkverschleißes erkennbar
- Tiefe der thermischen Schädigung von ca. 30 µm
- Härteabfall durch thermische Einwirkungen im Bearbeitungsprozess von 100 HV

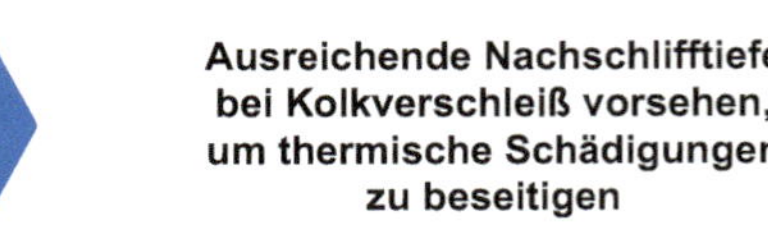

Bild 4.19 Gefügeschädigung unterhalb des Kolkverschleißes [KLOC14c]

Die Analyse mehrerer Aufbereitungszyklen, die mit optimierten und konstanten Bearbeitungsbedingungen durchgeführt wurden, zeigt, dass das Verschleißverhalten und die erreichbaren Standzeiten bei HSS-Werkzeugen auch nach einer Vielzahl von Wiederaufbereitungszyklen reproduzierbar eingestellt werden können. Anders als bei Hartmetallwerkzeugen, die eine höhere Warmhärte besitzen, ist die dominierende Verschleißart bei der Verwendung von HSS-Werkzeugen häufig der sich ausbildende Kolk auf der Spanfläche. In der Kolkmitte liegen die höchsten Zerspantemperaturen vor, hervorgerufen durch das Produkt aus Spanablaufgeschwindigkeit und der durch den Spandruck erzeugten Normalspannung auf der Spanfläche des Werkzeugs. Die erzeugte Wärmeenergie dissipiert zum großen Teil ins Werkzeug, setzt die Festigkeit herab und begünstigt abrasiven Verschleiß. Die Untersuchungsergebnisse belegen, dass der Zuwachs an Freiflächenverschleiß *VB* sowie der Kolktiefe *KT* bei der Verwendung eines Neuwerkzeugs und eines elfmalig aufbereiteten Werkzeugs nahezu gleiches Verhalten aufweist (Bild 4.20). Es kann festgestellt werden, dass mit nachgeschliffenen HSS-Werkzeugen im Vergleich zum Neuzustand die gleiche Leistungsfähigkeit erreicht wird, wenn alle Prozessschritte während der Wiederaufbereitung reproduzierbar und unter konstanten Prozessbedingungen durchgeführt werden [KLOC14c].

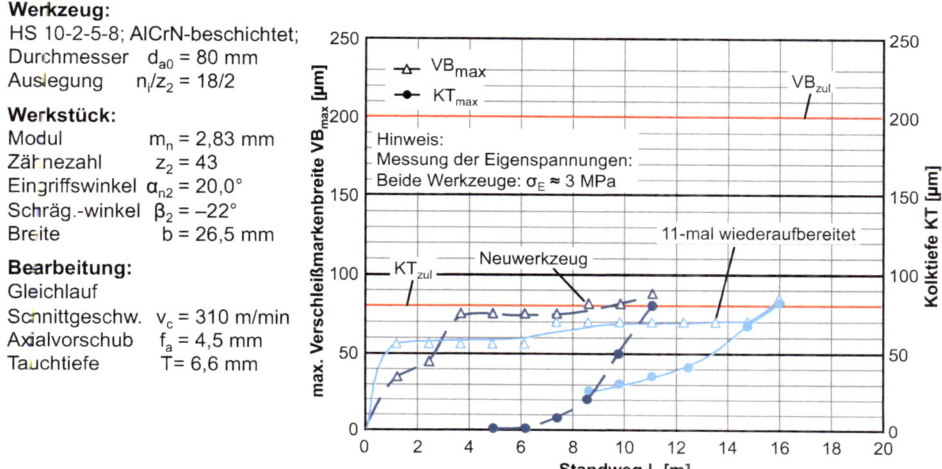

Bild 4.20 Werkzeugverschleißverlauf in Abhängigkeit von der Wiederaufbereitung [KLOC14c]

4.2.3 Wälzverfahren

In wälzenden Fertigungsverfahren wird das Zahnprofil durch ein Abwälzen des Werkzeugs am Werkstück erzeugt (vgl. Abschnitt 2.1.2). Zur wälzenden Herstellung evolventischer Verzahnungen werden bevorzugt geradflankige Bezugsprofile eingesetzt, da sie effizient herstellbar und messbar sind. Das Abwälzen des Bezugsprofils am Werkstück führt zur Erzeugung der evolventischen Zahnflanke. Die Abwälzkinematik der relevantesten Verfahren zum Vorverzahnen ist in Bild 4.21 dargestellt und wird nachfolgend erläutert.

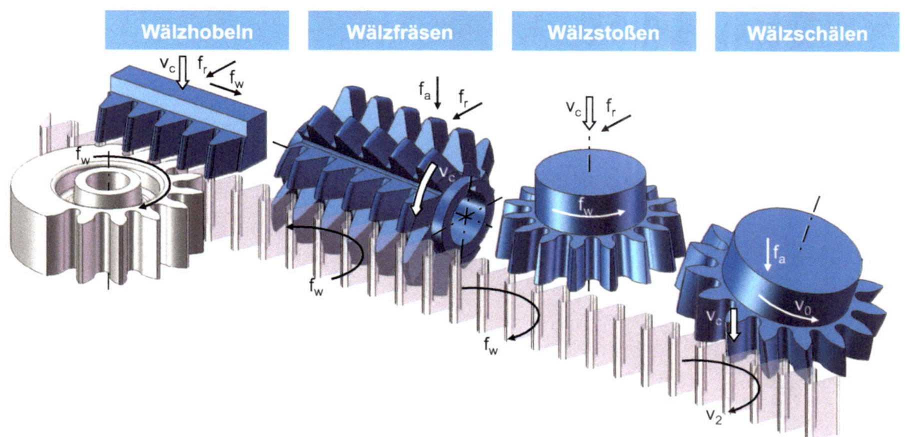

Bild 4.21 Wälzverfahren (das kinematisch erzeugte Bezugsprofil wälzt mit dem Werkstück ab)

4.2.3.1 Wälzhobeln

Das Wälzhobeln ist ein Verfahren zur Fertigung außenverzahnter Stirnräder. Nach DIN 8589 handelt es sich um einen Stoßprozess, weil die Schnittbewegung vom Werkzeug ausgeführt wird. Die Schneiden des Hobelkamms haben die Form des Werkzeugbezugsprofils (vgl. Bild 4.14). Der Freiwinkel am Werkzeug wird so ausgeführt, dass verschlissene Werkzeuge durch ein Nachschleifen der Spanflächen aufbereitet werden können. Die Schneidkante wird durch das Nachschleifen nach hinten versetzt. Der Versatz muss durch die Hobelmaschine nachgeführt werden.

Die Schnittgeschwindigkeit im Wälzhobelprozess wird durch eine geradlinige Bewegung parallel zur Zahnradmittelachse erzeugt (Bild 4.22). Die Spanabnahme geschieht im Arbeitshub, der auch die notwendigen Überläufe beinhaltet. Nach dem Arbeitshub wird das Werkzeug radial vom Werkstück abgehoben und in seine Ausgangslage zurückgeführt. Zur Fertigung einer evolventischen Verzahnung wird neben der Hubbewegung eine Wälzbewegung durchgeführt. Der Drehung des Werkstücks wird eine lineare Bewegung des Werkzeugs überlagert, indem abhängig vom eingesetzten Maschinenkonzept das Werkstück oder das Werkzeug verschoben wird [NN85]. Die sich aus Rotation und Translation ergebende Wälzbewegung wird durch eine Kopplung der Achsen synchronisiert. Da der Hobelkamm in der Regel über weniger Zähne als das Werkstück verfügt, muss das Hobelwerkzeug nach dem Durchwälzen in seine Ausgangslage zurückgeführt werden. Diese Bewegung wird als Teilen oder auch als Reversieren bezeichnet.

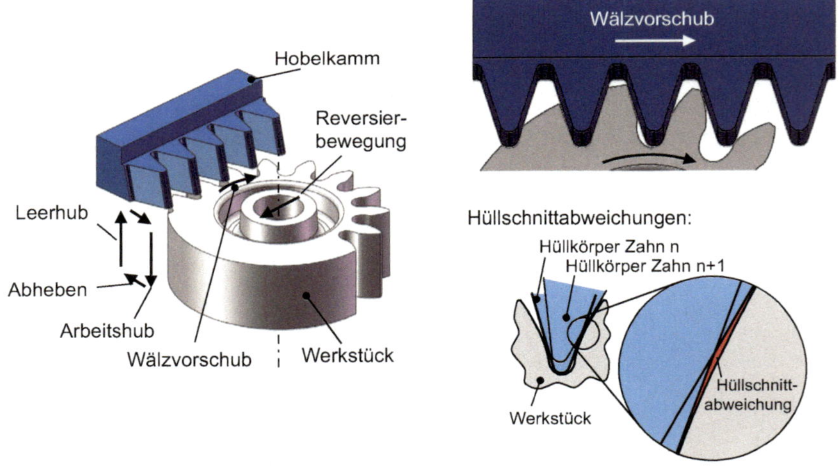

Bild 4.22 Herstellung evolventischer Verzahnungen durch Wälzhobeln

Im Wälzhobelprozess wird das evolventische Zahnflankenprofil durch Hüllschnitte angenähert. Die hieraus entstehenden Abweichungen von der idealen Zahnflanke werden als Hüllschnittabweichungen bezeichnet. Die Größe dieser Abweichungen wird durch den Wälzvorschub bestimmt. Während der Prozess durch einen steigenden Wälzvorschub an Produktivität gewinnt, steigt gleichzeitig der Betrag der Hüllschnittabweichungen.

Das Werkzeug für das Wälzhobeln ist im Vergleich zu den Werkzeugen anderer Wälzverfahren einfacher herzustellen. Dennoch wird das Wälzhobeln heute aufgrund seiner geringen Produktivität im Vergleich zu den Verfahren Wälzfräsen und Wälzstoßen nur noch in Sonderfällen angewendet. Hierzu zählen das Herstellen von großen Zahnrädern in der Einzel- und Kleinserienfertigung.

4.2.3.2 Wälzfräsen

Das Wälzfräsen ist aufgrund seiner hohen Produktivität das dominierende Verfahren für die Vorverzahnung von Stirnrädern. Es bietet neben der Herstellung zylindrischer Stirnräder die Möglichkeit zur Fertigung von Beveloidverzahnungen und Schneckenrädern.

4.2.3.2.1 Prozesskinematik

Die Kinematik des Verfahrens kann durch das Abwälzen einer Schnecke an einem Schneckenrad beschrieben werden (vgl. Bild 4.23). Die Schnecke entspricht dem Werkzeug und das Schneckenrad dem Werkstück. Die Rotation von Werkzeug und Werkstück wird entsprechend dem Verhältnis der Zähnezahl des Werkstücks und der Anzahl der Schneckengänge auf dem Werkzeug synchronisiert. Hieraus ergibt sich ein festes Verhältnis der Schnittgeschwindigkeit v_c zur Werkstückdrehzahl n_2. Die abwälzende Bewegung wird im Prozess mit einer Vorschubbewegung überlagert:

$$v_c = n_0 \cdot \pi \cdot d_{a0} \tag{4.3}$$

und

$$n_0 = n_2 \cdot \frac{z_2}{z_0} \tag{4.4}$$

Bei der Betrachtung des Werkzeugeingriffs werden die Parallelen des Wälzfräsens zum Wälzhobeln sichtbar. Die Schneiden des Wälzfräsers sind wie beim Hobelkamm entsprechend dem Werkzeugbezugsprofil gestaltet (siehe Abschnitt 2.2.3.3). Die für die Erzeugung der Evolvente erforderliche Wälzbewegung wird beim Wälzfräsen aus der Kopplung der Werkzeuggeometrie sowie der Rotation von Werkzeug und Werkstück realisiert.

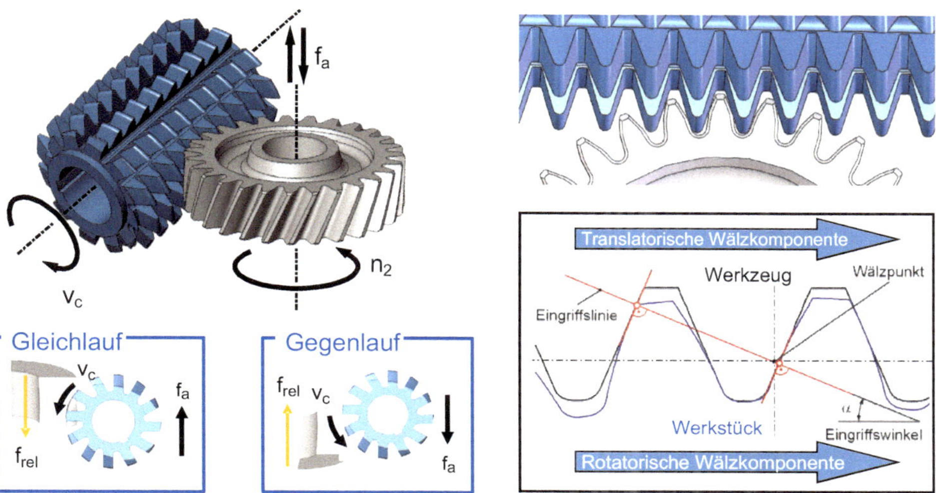

Bild 4.23 Herstellung evolventischer Zahnflanken durch Axialwälzfräsen

Das dominierende Wälzfräsverfahren ist das Axialwälzfräsen. In diesem Verfahren wird die Vorschubbewegung parallel zur Werkzeugmittelachse ausgeführt. Im Prozess ist das Werkzeug um den Schwenkwinkel η gegen das Werkstück geneigt (Bild 4.24). Der Schwenkwinkel η ergibt sich aus dem Schrägungswinkel des Werkstücks β_2 und dem Steigungswinkel des Werkzeugs γ_0 (siehe Formel 4.5). Beide Winkel sind in Abhängigkeit von der jeweiligen Steigungsrichtung von Werkzeug und Werkstück vorzeichenbehaftet. Rechtssteigende Werkzeuge bzw. Werkstücke erhalten ein positives und linkssteigende ein negatives Vorzeichen.

$$\eta = \beta_2 - \gamma_0 \tag{4.5}$$

Zur Profilierung der vollen Zahnbreite b wird der Rotationsbewegung des Werkzeugs eine zusätzliche Translationsbewegung parallel zur Werkstückachse überlagert, dies ist die axiale Vorschubbewegung. Der axiale Vorschubweg wird auf die Werkstückumdrehung bezogen und ist als Axialvorschub f_a definiert. Bei gleichsinniger Orientierung der Schnittrichtung und des relativen Vorschubs des Werkstücks f_{rel} gegenüber einem ortsfest gedachten Werkzeug wird von Gleichlauffräsen gesprochen (dies gilt für den Schneidenaustritt). Der Axialvorschub f_a ist in diesem Fall beim Schneidenaustritt entgegen der Schnittrichtung gerichtet. Sind die Richtung des relativen Vorschubs und die Schnittrichtung entgegengesetzt orientiert, d. h. Axialvorschub und Schnittrichtung sind gleich orientiert (beim Schneideneintritt), wird von Gegenlauffräsen gesprochen. Die Bezeichnungen stammen vom Arbeiten mit Walzenfräsern auf Universalfräsmaschinen und wurden später auch für das Wälzfräsen übernommen [NN76]. Die Spanungsdicke wächst beim Gegenlauffräsen von null bis zu einem Maximalwert und fällt im Austrittsbereich der Schneide schnell wieder auf null ab. Beim Gegenlauffräsen sind die Spanungsbedingungen zu Beginn des Schnittvorgangs ungünstig. Es findet Gleiten, Quetschen und Reiben statt, solange die minimale Spanungsdicke nicht erreicht ist. Hierdurch können erhöhter Werkzeugverschleiß und Marken auf der Oberfläche des Werkstücks hervorgerufen werden. Die minimale Spanungsdicke ist im Wesentlichen vom Schneidkantenradius abhängig. Beim Gleichlauffräsen steigt die Spanungsdicke sehr schnell auf den Maximalwert an und fällt dann langsam zum Ende der Spanbildung auf null ab. Die Zerspanbedingungen sind günstiger, aber es können Eingriffsstöße auftreten [NN76]. Die Problematik der Eingriffsstöße wird auch vom Erstkontakt zwischen der Spanfläche und dem abzunehmenden Span bestimmt. Diese Frage ist bei der Verwendung von Wendeschneidplattenfräsern wichtig. Durch eine optimierte Lagezuordnung der Wendeschneidplatten im Werkzeugträger kann der Erstkontakt gezielt eingestellt werden.

Im Axialwälzfräsprozess setzt sich der Arbeitsweg des Werkzeugs aus dem Einlaufweg E, der Zahnradbreite b und dem Überlaufweg U zusammen (Bild 4.24 rechts). Weiterhin werden vier Prozessphasen der Spanbildung unterschieden. Der Bereich der ersten Spanabnahme bis zum Erreichen der Profilausbildungszone wird als Anschnitt (I) bezeichnet. In diesem Bereich bildet das Werkzeug zunehmend größere Späne, bis die letzten Zähne innerhalb des Fräserarbeitsbereichs in Eingriff kommen. Da das Profil der Verzahnung noch nicht ausgebildet wird, kann in diesem Bereich mit höheren Vorschüben gearbeitet werden, um die Bearbeitungszeit zu verkürzen. Neben einer axialen Vorschubstrategie kann ebenfalls eine radial oder radial-axiale Vorschubstrategie verwendet werden, um Kollisionen mit Störkonturen zu vermeiden. Wird ein radialer Anschnitt gewählt, können die Prozessparameter wie Schnittgeschwindigkeit v_c und Vorschub f_a für die Anschnittphase angepasst werden, sodass keine erhöhte Belastung am Werkzeug hervorgerufen wird. Um die maximalen Spanungsdicken beim radialen Anschnitt zum axialen Anschnitt gleich zu halten, können verringerte Vorschübe um mehr als 50 % notwendig sein [NN76]. Zur Auslegung des Vorschubbetrags f_{an} im Anschnitt unter Berücksichtigung der Spanungsdicke $h_{cu,max,an}$ und des Anschnittwinkels ϕ_{an} wurde von Troß eine Regressionsgleichung nach Formel 4.6 hergeleitet [TROSS21]. Der Anschnittwinkel ϕ_{an} liegt im Bereich zwischen $\phi_{an} = 0°$ bei axialem und $\phi_{an} = 90°$ bei radialem Anschnitt.

$$h_{cu,max,an} = 2{,}81 \cdot m_n \cdot z_2^{-0{,}57} \cdot \left(\frac{n_i}{z_0}\right)^{-0{,}95} \cdot \left(\frac{f_{an}}{m_n}\right)^{0{,}5} \cdot \left(2{,}82 - e^{-0{,}03 \cdot \phi_{an}}\right) \quad (4.6)$$

Nach Beendigung der Anschnittphase wird das Werkstück profiliert. Die restliche Bearbeitung muss mit einem axialen Vorschub durchgeführt werden. Der Bereich von der erstmaligen Profilausbildung bis zu dem Punkt, an dem alle Wälzstellungen im Eingriff sind, wird als Vorprofilierungszone (II) bezeichnet. In diesem Bereich kommen die profilierenden Wälzstellungen schrittweise mit dem Werkstück in Kontakt. Bei ausreichend hoher Zahnradbreite ($b > E$) kommt es vor, dass der komplette Fräserarbeitsbereich an der Spanbildung beteiligt ist. In diesem Fall werden bei jeder Werkzeugumdrehung Späne mit identischen Spanungsgeometrien erzeugt. Der Wälzfräser befindet sich dann im sogenannten Vollschnittbereich (III). Sobald der Eingriffsbereich des Werkzeugs die Werkstückoberkante erreicht, nimmt die Größe der erzeugten Späne kontinuierlich ab. Diese Prozessphase wird als Auslauf (IV) bezeichnet.

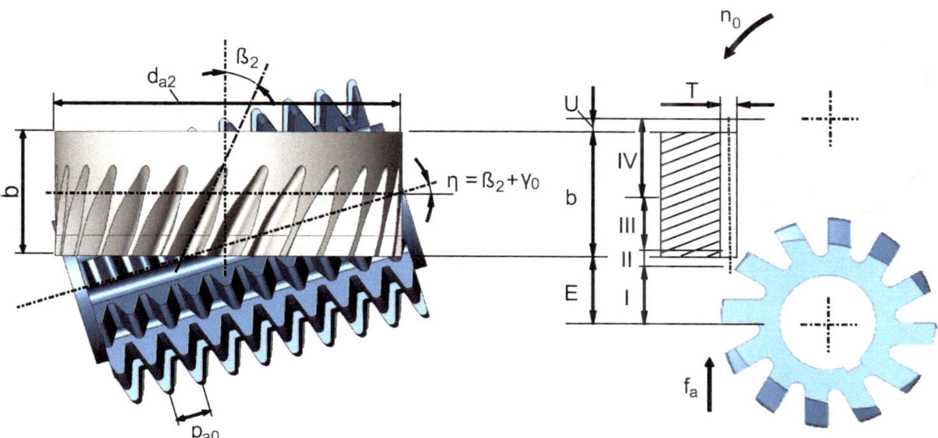

Bild 4.24 Bezeichnungen an der Paarung Wälzfräser – Werkstück

Die resultierende Hauptzeit t_h beim Wälzfräsen kann mithilfe der Prozess- und Geometriedaten nach Formel 4.7 berechnet werden [NN76].

$$t_h = \frac{z_2 \cdot d_{a0} \cdot \pi \cdot (E + b + U) \cdot 60}{z_0 \cdot f_a \cdot v_c \cdot 1000} \quad (4.7)$$

mit

$$E \approx \tan\eta \cdot \sqrt{T \cdot \left(\frac{d_{a0}}{\sin^2\eta} + d_{a2} - T\right)} \quad \text{für } \eta \neq 0 \tag{4.8}$$

und

$$U = h_{P0} \cdot \cot\alpha_n \cdot \sin\eta \tag{4.9}$$

4.2.3.2.2 Achsen und Aufbau einer Wälzfräsmaschine

Bild 4.25 zeigt die Gesamtansicht einer 6-Achsen-CNC-Walzfräsmaschine mit von der Werkzeugachse entkoppeltem Direktantrieb des Werkstücktisches. Die Realisierung der Wälzkopplung mit einem mechanisch gekoppelten Differenzialgetriebe hat in aktuellen Bauformen keine Bedeutung mehr. Eingezeichnet sind alle zum Wälzfräsen erforderlichen Maschinenachsen. Die Tauchtiefe des Fräsers wird durch die Radialvorschubachse X_1 vorgegeben, die Schrägstellung des Werkzeuges erfolgt über die Fräserschwenkachse A_1. Die Tangentialvorschubachse V_1 ermöglicht die Shift-Bewegung, d. h. die Verschiebung der Frässpindel auf dem Frässchlitten. Die eigentliche Wälzbewegung erfolgt durch Kopplung der Achsen von Fräserdrehung B_1, Tischdrehung C_1 und Axialvorschub Z_1. Die rechts in Bild 4.25 dargestellte Walzfräsmaschine ist für eine Nass- und Trockenbearbeitung geeignet. Die vertikale, ortsfeste Anordnung des Maschinentisches ist Voraussetzung für den geringen Platzbedarf der Maschinen. Der Antrieb der Tischdrehung C_1 kann über zwei verschiedene Bauformen realisiert werden. Zum einen kann ein geteiltes, zweistufiges Stirnradgetriebe mit einer spielfreien Vorspannung durch axiales Verschieben einer Zwischenwelle verwendet werden. Zum anderen werden Werkstücktische mit Direktantrieb eingesetzt. Für beide Bauformen kann zusätzlich ein Gegenhalter (Z_2-Achse) zur Abstützung von Wellen vorgesehen werden, welcher gleichzeitig den automatisierten Werkstückwechsel ermöglicht, indem um den Ständer des Gegenhalters ein Werkstückwechsler rotiert [WECK05, NN85, NN76, NN14].

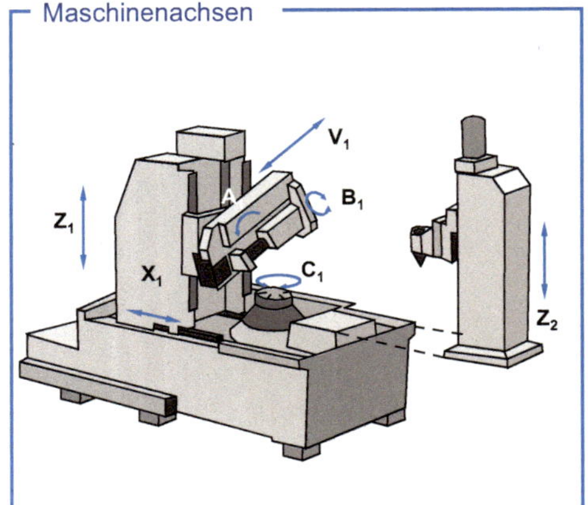

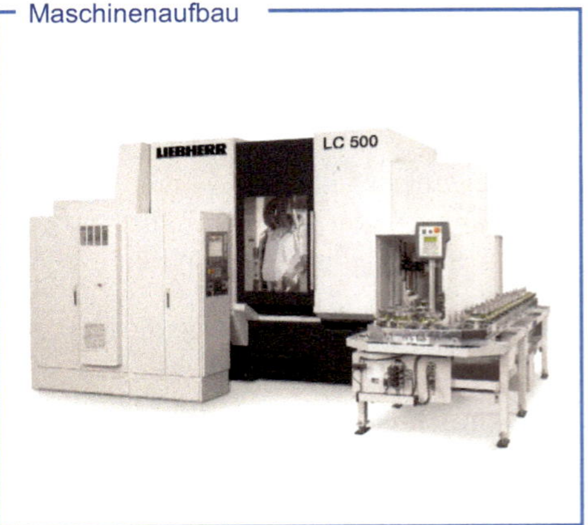

Bild 4.25 Aufbau einer Wälzfräsmaschine (exemplarisch nach Liebherr)

In Bild 4.25 ist rechts eine Wälzfräsmaschine dargestellt, die die Fertigung von Verzahnungen sowohl mit Schnellarbeitsstahl und Öl als Kühlschmiermittel als auch mit hochharten Schneidstoffen im Trockenschnitt ermöglicht. Der Fräskopf (B_1-Achse) und die Werkstückspindel (C_1-Achse) sind mit direktgetriebenen Antrieben versehen. Durch die vertikale Werkstückspindelanordnung fallen die Späne ungehindert auf den Späneförderer. Kurze Werkstücke können fliegend, das heißt ohne Gegenhalter, aufgenommen werden. Lange Werkstücke werden zwischen Spitzen unter Zuhilfenahme der Z_2-Achse fixiert [NN14].

4.2.3.2.3 Werkzeuggeometrie und -gestaltung

Der Wälzfräser entspricht einer Schnecke, die durch Spannuten (Stollen) in einzelne Schneiden aufgeteilt ist (Bild 4.26). Die Anzahl der Schneckengänge wird als Gangzahl oder Werkzeugzähnezahl z_0 bezeichnet. Aus dem Modul des Werkzeugs m_{n0}, der Gangzahl z_0, dem Fräser-Außendurchmesser d_{a0} und der Kopfhöhe des Bezugsprofils h_{P0} ergibt sich der Steigungswinkel des Werkzeugs γ_0 (siehe Formel 4.10).

$$\gamma_0 = \arcsin\left(\frac{m_{n0} \cdot z_0}{d_{a0} - 2 \cdot h_{P0}}\right) \quad (4.10)$$

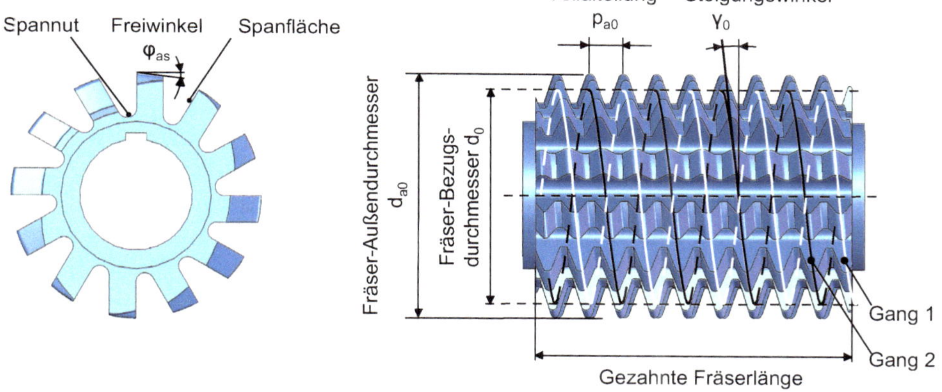

Bild 4.26 Geometrische Größen am Wälzfräser

Der Steigungswinkel ist zur Erzeugung der translatorischen Wälzkomponente erforderlich. Die Spannuten verlaufen entweder in Längsrichtung des Fräsers oder, bei Werkzeugen mit großen Steigungswinkeln, spiralförmig entlang des Fräsers. Die Anzahl der Spannuten wird als Stollenzahl oder Spannutenzahl n_i bezeichnet. Der Freiwinkel φ_{as} wird durch Hinterschleifen erzeugt. Es wird eine radiale Zustellung eines profilierten Werkzeugs einer Drehung des Wälzfräsers überlagert. Daraus resultiert eine Spiralform der Freiflächen. Dadurch bleibt das Bezugsprofil des Werkzeugs bei einem spanflächenseitigen Abschliff praktisch konstant. Lediglich der Werkzeugaußendurchmesser verändert sich. Das Nachschleifen verschlissener Werkzeuge ist deshalb einfach durchzuführen.

Wälzfräser werden in verschiedenen Bauformen hergestellt. Diese können als Block-, Räumzahn- und Wendeschneidplattenwälzfräser ausgeführt werden (Bild 4.27). Die Blockwälzfräser werden vollständig aus dem eingesetzten Schneidstoff hergestellt. Die häufig aus Schnellarbeitsstahl oder Hartmetall gefertigten Blockzahnwälzfräser werden bevorzugt im kleinen und mittleren Modulbereich eingesetzt, da in dieser Baugröße diese Art der Fertigung am wirtschaftlichsten ist.

Bild 4.27 Bauarten von Wälzfräsern [NN15a]

Der Zahnkopfbereich des Werkzeugs wird im Wälzfräsprozess stärker belastet als der Flankenbereich, woraus ein lokaler erhöhter Verschleiß in diesem Bereich resultiert. Um das Potenzial des Schneidstoffs über dem ganzen Werkzeugprofil gleichmäßiger ausnutzen zu können, wurden Räumzahnwälzfräser entwickelt. Räumzahnwälzfräser verfügen neben den Profilschneiden über zusätzliche Kopfschneiden. Da die Spannuten der Kopfschneiden flacher ausgeführt werden, sind in dieser Bauform größere Stollenzahlen möglich als bei einem konventionellen Blockwälzfräser. Dadurch kann bei einer vergleichbaren Werkzeugbelastung deutlich produktiver zerspant werden. Räumzahnwälzfräser sind bei großen zerspanten Volumina wirtschaftlich und werden meist für Verzahnungen ab einem Modul von etwa m_n = 6 mm eingesetzt und aus Schnellarbeitsstahl hergestellt.

Wendeschneidplattenwälzfräser bestehen aus einem Stahlgrundkörper und aufgeschraubten Hartmetall-Wendeschneidplatten. Diese Bauform ermöglicht den wirtschaftlichen Einsatz von Hartmetall auch bei großen Werkzeugdurchmessern, ohne den Schneidenträger aus Hartmetall ausführen zu müssen. Das Lückenprofil wird auf mehrere Schneidplatten aufgeteilt. Die Aufbereitung verschlissener Werkzeuge erfolgt bei diesen Werkzeugen über einen Wechsel der Schneidplatten, was in der Regel direkt beim Anwender der Werkzeuge erfolgen kann. Für die Erzielung einer guten Vorverzahnqualität ist eine auf den Anwendungsfall abgestimmte Montagestrategie der Schneidplatten von Bedeutung.

Insbesondere für das Vorverzahnen von Großverzahnungen ist das Wälzfräsen mit einem Wendeschneidplattenwälzfräser eine wirtschaftliche Alternative. Standzeitbegrenzend ist aufgrund der erhöhten Belastung in der Regel die Kopfplatte. Eine geeignete Schnittaufteilung sowie ein für den Spanfluss optimierter Spanraum sind entscheidend für den erfolgreichen Einsatz dieses Werkzeugkonzepts [KLOC15d]. Weber untersuchte die auftretenden geometrisch-kinematischen Bedingungen in Fräsprozessen für Großverzahnungen und deren Abhängigkeit von Werkzeug- und Prozessauslegung sowie vom Werkzeugverschleiß [WEBE17]. Daraus zieht Weber Rückschlüsse auf die Wirtschaftlichkeit vom Fräsprozess für Großverzahnungen auf Basis geometrisch-kinematischer Prozessgrößen. Die theoretische Analyse der Spanungsbedingungen erfolgte mithilfe der geometrischen Durchdringungsrechnung und die experimentelle Validierung wurde im Analogieversuch durchgeführt [WEBE17].

Die Genauigkeit der Geometrie von Wälzfräsern wird nach DIN 3968 in verschiedene Güteklassen unterteilt. Diese Güteklassen sind AA, A, B, C und D, wobei AA die geringsten und D die größten Toleranzen zulässt. Die Toleranzen beziehen sich auf nahezu alle messbaren geometrischen Größen an einem Wälzfräser. In Abhängigkeit von der gewählten Güteklasse und dem Modul sind vorgegebene Toleranzen einzuhalten [DIN60]. Verschiedene Werkzeughersteller bieten Wälzfräser an, die mit der Güteklasse AAA versehen sind [NN15a]. Die Klasse AAA weist einen nochmals verkleinerten Toleranzbereich auf. Die nochmals verringerten Toleranzbereiche sind bislang in keiner Norm hinterlegt.

Neben der Makrogeometrie hat auch die Mikrogeometrie der Wälzfräserschneide einen Einfluss auf das Einsatzverhalten der Werkzeuge. Die Mikrogeometrie der Schneide wird üblicherweise durch die Kenngrößen des Schneidkantenradius r_β sowie des K-Faktors K beschrieben [DENK11]. Kühn untersuchte die Auswirkungen dieser Kenngrößen auf das Verschleißverhalten von Wälzfräsern [KÜHN20]. Der K-Faktor hat nach Kühn nur einen geringen Einfluss auf die Standlänge der Werkzeuge. Ein asymmetrische Schneidkantenverrundung $K \neq 1$ führte zu einer geringeren Standlänge im Vergleich zu einer symmetrischen Schneidkante. Während K-Faktoren $K > 1$ im Laufe der Einsatzzeit gegen $K = 1$ strebten, blieben die Werkzeuge mit K-Faktoren $K < 1$ auch zum Standzeitende bei K-Faktoren $K < 1$. Für die Schneidkantenverrundungen wurden Werte zwischen $r_\beta = 10\text{–}20\ \mu m$ je nach Werkstoff/Schneidstoff-Kombination empfohlen [KÜHN20]. Generell gilt hier, dass Hartmetall-Werkzeuge mit einer etwas geringeren Schneidkantenverrundung gegenüber HSS-Werkzeugen auszulegen sind [WINK05b].

4.2.3.2.4 Spangeometrie und Bauteilabweichungen

Durch die abwälzende Kinematik entstehen im Wälzfräsprozess abhängig von der Axialposition der Schneide auf dem Fräser verschiedene Spanformen. Für einen Beispielprozess sind die charakteristischen Spanformen sowie die aktiven Schneidenbereiche in Bild 4.28 dargestellt. Der Bereich des Fräsers, in dem Späne gebildet werden, wird als Arbeitsbereich l_{A0} bezeichnet, der in einen Profilierungsbereich l_{P0} und einen Vorschneidbereich l_{AZ} unterteilt wird. Während im Profilierungsbereich die eigentliche Form der Zahnflanke im abschließenden Schnitt erzeugt wird, wird im Vorschneidbereich der Großteil des Lückenvolumens zerspant [WINK05b]. Die Späne werden häufig an mehreren Werkzeugflanken gleichzeitig gebildet. In diesem Fall sind große Verformungen der Späne festzustellen, die auf Spanablaufbehinderungen im Bereich der Schneidenecken zurückgeführt werden [BOUZ81].

Die Auslegung des Wälzfräsprozesses unterliegt verschiedenen Restriktionen. Beispielsweise muss gewährleistet sein, dass das eingesetzte Werkzeug die notwendige Standzeit erzielt. Die Standzeit hängt von den auf den Wälzfräser wirkenden Belastungen ab. Um eine Abschätzung der in dem Prozess auftretenden Belastungen geben zu können, wurden von [HOFF70] Näherungsformeln für die Berechnung der maximalen Spanungsdicke (Formel 4.11) sowie der Schnittbogenlänge (Formel 4.12) entwickelt. Auf Grundlage der Kenntnis zu der auf die Fräserschneide einwirkenden erwarteten Belastung aus Spanungsdicke und -länge muss ein geeignetes Schneidstoff-Schicht-System gewählt werden, wie in Abschnitt 4.2.2 erläutert.

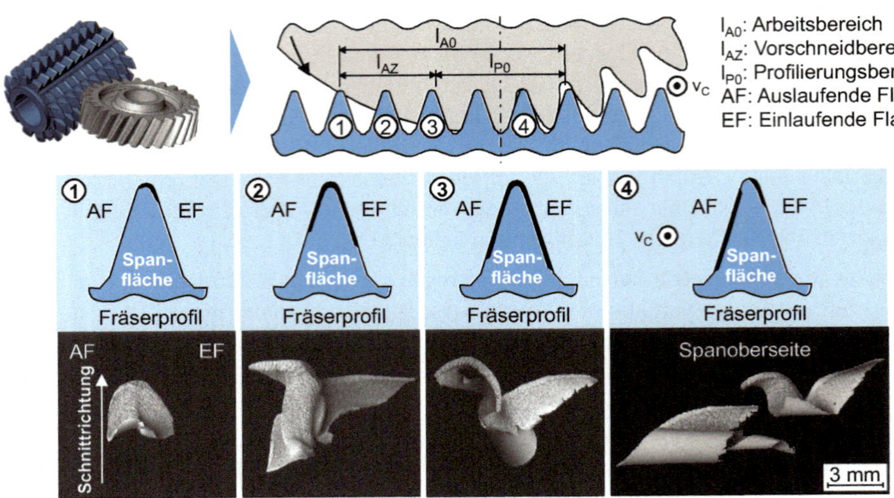

Bild 4.28 Charakteristische Spanformen beim Wälzfräsen [WINK05b]

Maximale Spanungsdicke:

$$h_{\text{cu,max}} = 4{,}9 \cdot m_{\text{n}} \cdot z_2^{\left(9{,}25 \cdot 10^{-3} \cdot \beta_2 \cdot \frac{\pi}{180^\circ} - 0{,}542\right)} \cdot e^{\left(-0{,}015 \cdot \beta_2 \cdot \frac{\pi}{180^\circ}\right)} \cdot e^{\left(-0{,}015 \cdot x_{\text{p}}\right)} \cdot \left(\frac{d_{\text{a0}}}{2 \cdot m_{\text{n}}}\right)^{\left(-8{,}25 \cdot 10^{-3} \cdot \beta_2 \cdot \frac{\pi}{180^\circ} - 0{,}225\right)}$$

$$\cdot \left(\frac{n_{\text{i}}}{z_0}\right)^{-0{,}877} \cdot \left(\frac{f_{\text{a}}}{m_{\text{n}}}\right)^{0{,}511} \cdot \left(\frac{T}{m_{\text{n}}}\right)^{0{,}319} \tag{4.11}$$

Maximale Schnittbogenlänge:

$$l_{\text{cu,max}} = 3{,}081 \cdot m_{\text{n}} \cdot e^{\left(-0{,}032 \cdot \beta_2 \cdot \frac{\pi}{180^\circ}\right)} \cdot \left(\frac{d_{\text{a0}}}{2 \cdot m_{\text{n}}}\right)^{0{,}336} \cdot n_{\text{i0}}^{-0{,}036} \cdot \left(\frac{f_{\text{a}}}{m_{\text{n}}}\right)^{\left(-4{,}25 \cdot 10^{-4} \cdot \left(\beta_2 \cdot \frac{\pi}{180^\circ}\right)^2 + 0{,}026 \cdot \beta_2 \cdot \frac{\pi}{180^\circ} + 0{,}04\right)}$$

$$\cdot \left(\frac{T}{m_{\text{n}}}\right)^{0{,}262} \tag{4.12}$$

Neben den geometrischen Größen lassen sich die Spanbildung und -geometrie durch die Prozessparameter beeinflussen. Die Haupteinstellgrößen sind die Schnittgeschwindigkeit und der Axialvorschub. Zur Festlegung der beiden Größen muss das eingesetzte Schneidstoff-Werkstoff-System bekannt sein. Zur Bearbeitung üblicher Einsatzstähle kommen PM-HSS sowie Hartmetall-Werkzeuge zum Einsatz, bei denen die Wahl der Prozessparameter unterschiedlich erfolgt. Der Schnittgeschwindigkeitsbereich, bei dem im industriellen Umfeld Werkzeuge aus PM-HSS eingesetzt werden, liegt bei v_c = 120 - 300 m/min [HIPK12]. Die maximalen Spanungsdicken bei diesem Schneidstoff-Werkstoff-System können bis zu $h_{cu,max}$= 250 µm betragen, was über den Axialvorschub eingestellt werden kann [HOFF70]. Bei dem Einsatz von Hartmetallwerkzeugen zum Wälzfräsen von Verzahnungen aus Einsatzstählen liegt mit v_c = 250 - 400 m/min der übliche Schnittgeschwindigkeitsbereich höher. Aufgrund der höheren Sprödigkeit des Schneidstoffes sollten maximale Spanungsdicken um $h_{cu,max}$ = 150 µm nicht überschritten werden. Bei der Zerspanung von höherfesten Stählen müssen die Prozessparameter entsprechend der zu erwarteten Belastung verringert werden, um einen frühzeitigen Werkzeugausfall zu vermeiden.

Außerdem müssen die geforderten makro- und mikrogeometrischen Vorgaben sichergestellt werden. Bedingt durch die Werkzeuggeometrie und die Erzeugungskinematik weichen die erzeugten Oberflächen von der idealen Form ab (vgl. Abschnitt 2.1.3). Eine Unterteilung wird nach Vorschubmarkierungstiefe δ_x und Hüllschnittabweichungstiefe δ_y vorgenommen (siehe Bild 4.29). Vorschubmarkierungen entstehen aufgrund der Vorschubbewegung des Werkzeuges in Axialrichtung des Werkstücks. Der Axialvorschub f_a entspricht dem Weg, den der Wälzfräser während einer Umdrehung des Werkstücks in axialer Richtung des Bauteils zurücklegt. Diese Vorschubmarkierungstiefe δ_x tritt in Zahnflankenrichtung auf und kann nach Formel 4.13 berechnet werden.

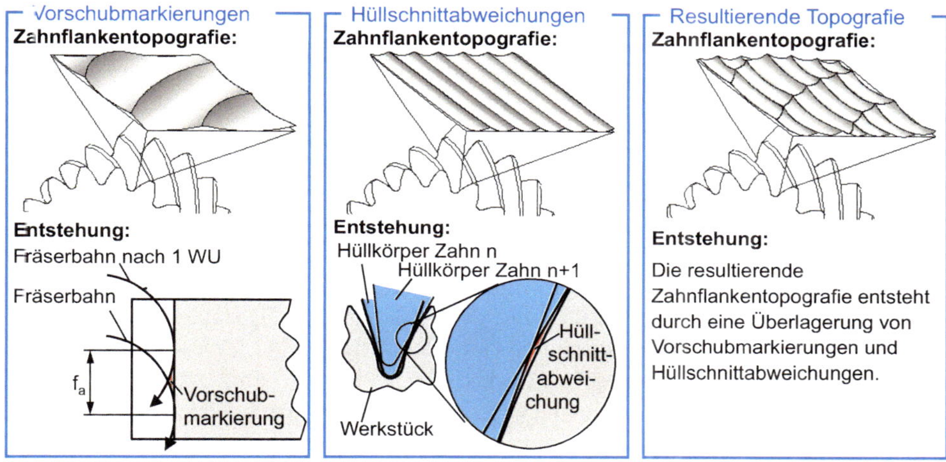

Bild 4.29 Hüllschnittabweichungen und Vorschubmarkierungen beim Wälzfräsen

$$\delta_x = \left(\frac{f_a}{\cos\beta}\right)^2 \cdot \frac{\sin\alpha_n}{4 \cdot d_{a0}} \tag{4.13}$$

Hüllschnittabweichungen resultieren aus der charakteristischen Prozessführung, dem Abwälzen der Zahnflanke mit einem durch Spannuten unterbrochenen Werkzeug. Die Evolvente wird durch einzelne Hüllschnitte angenähert. Die Tiefe der Hüllschnittabweichungen δ_y kann nach Formel 4.14 näherungsweise ermittelt werden

$$\delta_y = \frac{\pi^2 \cdot m_n \cdot z_0^2 \cdot \sin\alpha_n}{4 \cdot n_i^2 \cdot z_2} \tag{4.14}$$

Neben den prozessbedingten, geometrischen Abweichungen treten beim Wälzfräsen Oberflächendefekte auf, die nicht aus der Verfahrenskinematik eines idealen Prozesses erklärt werden können. Nicht immer sind Oberflächendefekte messtechnisch quantifizierbar, auch wenn optisch Veränderungen wahrgenommen werden können (Bild 4.30). Umfangreiche Untersuchungen zum Auftreten der Oberflächendefekte beim Wälzfräsen wurden von Stuckenberg [STUC14] durchgeführt.

Optische Erscheinung von Oberflächendefekten

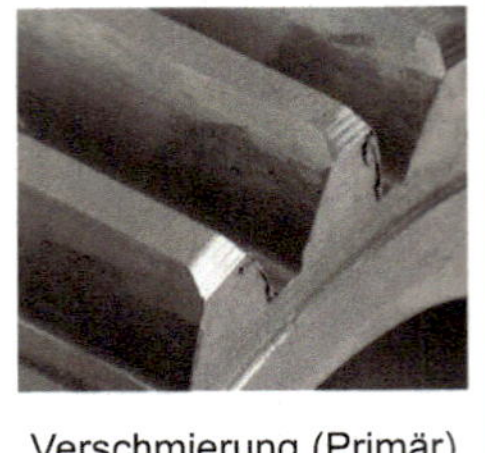

Verschmierung (Primär)

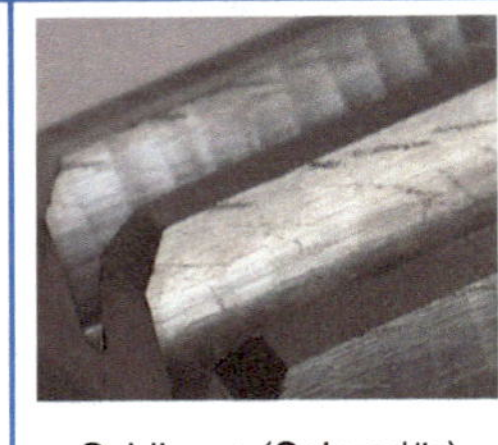

Schlieren (Sekundär)

Spanaufschweißung (Tertiär)

Bild 4.30 Oberflächendefekte auf Zahnflanken [STUC14]

Die Defektarten werden in Primär-, Sekundär- und Tertiärdefekte unterteilt. Die Analysen wurden in der industriellen Praxis durchgeführt, und sie wurden nach Anwendererfahrungen und dem optischen Erscheinen als Verschmierungen, Schlieren und Spanaufschweißungen qualitativ klassifiziert (Bild 4.30). Dabei beschreibt das Auftreten von Primärdefekten die Schädigung der Zahnflanke, welche unmittelbar aus der Zerspanung resultiert. Zur Verringerung dieser Defektart sind nach [STUC14] die Verringerung des Spanvolumens sowie der Einsatz von Kühlschmierstoffen mögliche Maßnahmen. Der Begriff Sekundärdefekte umfasst Bereiche auf der schon fertig bearbeiteten Flanke, die durch das Auftreffen des in der Bildung befindlichen Spans geschädigt werden. Ein möglicher Ansatz zur Verringerung von Sekundärdefekten ist die Anpassung der Prozessauslegung hinsichtlich der Bildung möglichst symmetrischer Spanungsgeometrien, um das Spanablaufverhalten positiv beeinflussen zu können. Als dritte Defektart, die Tertiärdefekte, werden Späne bezeichnet, welche schon vollständig abgetrennt wurden, wieder in den Kontaktbereich zwischen Werkzeug und Werkstück gelangen und auf einem Bereich der Bauteilflanke aufgeschweißt werden. Hierauf wird im Folgenden näher eingegangen. Zusammenfassend kann man sagen, dass Primär- und Sekundäreffekte durch die Spanungsgeometrie, die Wärmeflüsse und den von der Spanfläche des Werkzeugs und der Werkstückoberfläche eingeschlossenen Winkel beeinflusst werden [STUC14].

Primär- und Sekundäreffekte treten während der Zerspanung relativ regelmäßig über die gesamte Fertigungszeit auf, Spanaufschweißungen (Tertiärdefekte) treten eher sporadisch auf. Sie sind messtechnisch schwer oder nicht zu detektieren. Andererseits können Spanaufschweißungen in Folgeprozessen erhebliche Probleme auslösen. Sie führen zu sprunghaften Änderungen der Aufmaßverteilungen auf der Flanke, die in der Wärmebehandlung und der anschließenden Hartfeinbearbeitung nicht nur Überlastungen am Werkzeug, sondern auch Einfluss auf die Härtetiefenverläufe am fertigen Bauteil haben können [KLOC11A, KRÖM19]. Da aufgeschweißte Späne bevorzugt an den gleichen Orten der Zahnflanken auftreten, entwickelt Krömer zur Analyse dieses Phänomens ein analytisch-numerisches Spanbildungsmodell (siehe Abschnitt 6.2.4.1). Mit diesen Modellen und in Kombination mit experimentellen Versuchen identifiziert Krömer [KRÖM19] die vorherrschenden Mechanismen und Arten für Spanaufschweißungen. Über die Spanbildung können die Effekte an der ein- und auslaufenden Flanke gut erklärt werden. Aufschweißungen im Zahnfuß korrelieren mit erhöhtem Werkzeugverschleiß und Zerspantemperaturen und im Kopfbereich spielt die Schnittfolge eine wichtige Rolle [KRÖM19]. Es ist nicht auszuschließen, dass bei hohen Zerspantemperaturen auch durch Diffusion von Kohlenstoff die Anhaftung von Spänen begünstigt wird.

Wenn ein freier Spänefall im Maschinenraum gewährleistet ist, sind aus diesem Bereich keine negativen Einflüsse zu erwarten [KRÖM19].

Da die Spanungsgeometrien von der Wälzstellung abhängig sind, werden auch die Schneiden unterschiedlich belastet. Um den Schneidenverschleiß gleichmäßiger auf die gesamte Werkzeugbreite zu verteilen, wird der Fräser nach jedem gefertigten Bauteil entlang seiner Mittelachse verschoben. Dieses Verfahren wird als Shiften bezeichnet. Der mögliche Shiftbereich ergibt sich aus der gezahnten Fräserlänge und den Arbeitsbereichen des Fräsers (Bild 4.31).

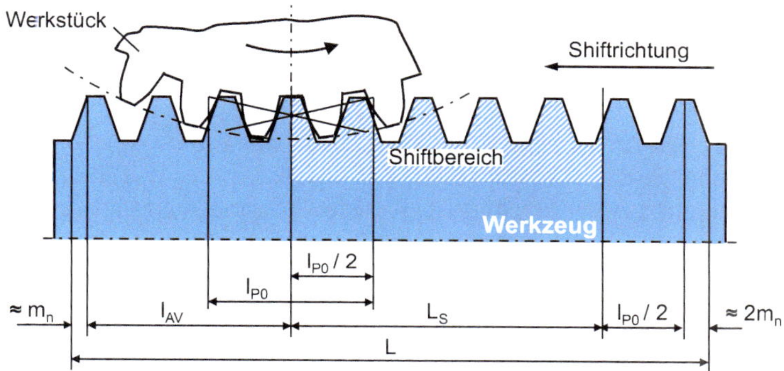

Bild 4.31 Shiftbereich am Wälzfräser [ABLE03, NN15a, NN76]

Für den Shiftvorgang werden verschiedene Strategien eingesetzt (Bild 4.32). Beim konventionellen Shiften wird das Werkzeug nach jedem gefertigten Werkstück um einen definierten Betrag versetzt. Der Versatz wird so gewählt, dass das Werkzeug nach einem Durchgang das Standzeitende erreicht und entsprechend Bild 4.32 *n* Werkstücke bearbeitet hat. Eine weitere Möglichkeit ist das Multizyklus-Shiften, wonach die Shiftsprünge größer gewählt werden. Hat das Werkzeug das Ende des Shiftbereichs nach *n* Bauteilen erreicht, erfolgt ein weiterer Shiftdurchgang, beginnend mit dem Bauteil *n* + 1, mit einem versetzten Ausgangspunkt. Die erzeugte Werkstückanzahl bis zum Standzeitende des Werkzeugs gibt die Auslegung der Shiftstrategie vor. Ein Vorteil dieser Shiftvariante ist eine gleichmäßigere Erwärmung des Werkzeugs, wodurch das Risiko einer thermischen Überlastung reduziert wird.

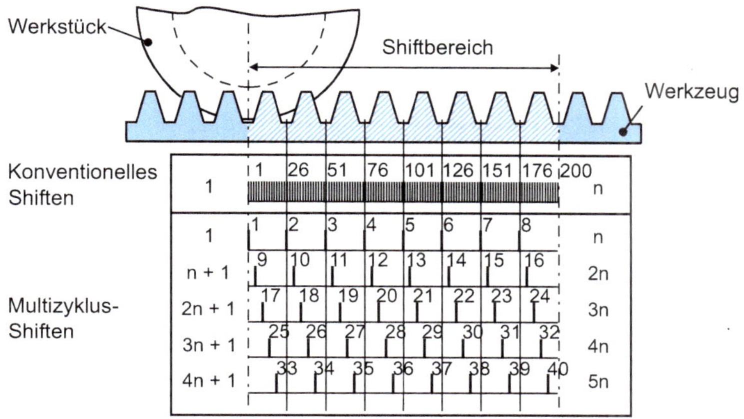

Bild 4.32 Shiftstrategien beim Wälzfräsen

4.2.3.2.5 Prozessanalyse im Modellversuch

Ein maßgebliches Kriterium für die Prozessproduktivität ist die Standzeit eines Werkzeugs. Wälzfräser besitzen eine relativ hohe Anzahl von Schneiden. Deshalb sind auch die Standzeiten relativ hoch. Für Untersuchungen zum Standzeitverhalten im realen Wälzfräsprozess ist deshalb eine hohe Anzahl von Werkstücken und Werkzeugen notwendig. Aus diesem Grund wurden Modellversuche entwickelt, die eine Abbildung der Spanungsgeometrien aus dem Wälzfräsprozess an einem einzelnen Fräserzahn ermöglichten [HOFF70, SULZ73]. Diese Analogieversuche werden auch Schlagzahnversuche genannt (Bild 4.33). Die Wälzkopplung zwischen Werkzeug und Werkstück wird entsprechend dem abzubildenden Wälzfräsprozess eingestellt. Der Fräser wird in eine Ausgangsposition gebracht, die entsprechend dem Anfang des Arbeitsbereichs des Wälzfräsers an seiner einlaufenden Seite festgelegt wird. Nach der Zustellung auf den Achsabstand im Wälzfräsprozess (1) wird der Schlagzahn tangential über den Arbeitsbereich l_{A0} des Wälzfräsers geshiftet (2). In jeder Lücke bildet der Schlagzahn jeweils alle Wälzstellungen des Werkzeugs ab. Nach dem Durchlaufen des Arbeitsbereichs wird das Werkzeug wieder in seine Ausgangslage gebracht (3). Im Folgenden wird das Werkzeug um den Betrag des Axialvorschubs f_a entlang der Werkstückmittelachse versetzt (4). Dieser Prozess wiederholt sich, bis das Zahnrad vollständig profiliert ist.

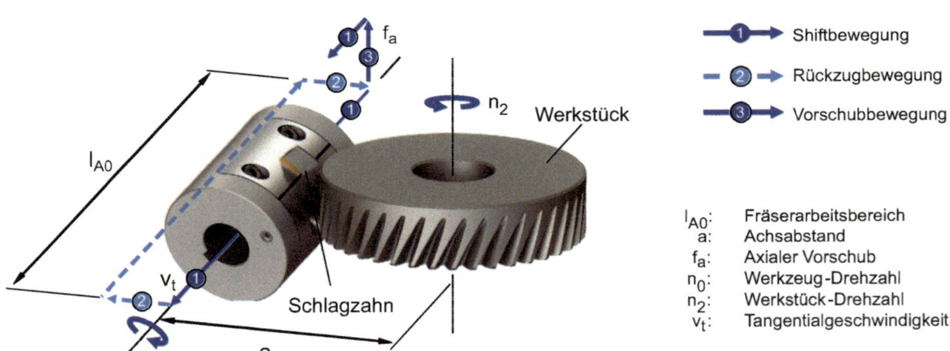

Bild 4.33 Der Schlagzahnversuch

Um eine möglichst einheitliche Grundlage der Versuchsergebnisse beim Wälzfräsen zu gewährleisten, wurde der Standard-Schlagzahnversuch definiert. Bei diesem Prozess wird der Schlagzahnversuch bei einer festgelegten Geometrie von Werkstück und Werkzeug durchgeführt. Bild 4.34 zeigt die Daten der vorgesehenen Paarung aus Werkstück und Werkzeug. Standardmäßig wird ein schrägverzahntes Stirnrad mit einem Normalmodul von m_n = 2,557 mm, abgeleitet aus dem Nutzfahrzeugbereich, hergestellt. Die Zähnezahl beträgt z_2 = 39 Zähne. Weiterhin sieht die Auslegung vor, dass das Schlagzahnwerkzeug einen Wälzfräser mit einem Außendurchmesser von d_{a0} = 80 mm abbildet. Bei Verwendung von Werkzeugen aus PM-HSS wird das Werkzeug zweigängig (z_0 = 2) mit einer Spannutenzahl von n_i = 17 ausgeführt. Bei Werkzeugen aus Hartmetall wird ein eingängiges Werkzeug (z_0 = 1) mit n_i = 16 Spannuten verwendet. Mithilfe dieses Versuches können unterschiedliche Prozessauslegungen sowie Werkstoff-Schneidstoff-Kombinationen untersucht und mit umfangreichen vorhandenen Ergebnissen verglichen werden. Sofern spezielle Auslegungen eine Abwandlung der Geometrie von Werkzeug oder Werkstück verlangen, kann dies unter genauer Angabe der Bedingungen erfolgen.

Werkstück:
Modul m_n = 2,557 mm
Zähnezahl z_2 = 39
Eingriffswinkel α_{n2} = 17,5°
Schräg.-winkel β_2 = 23°
Breite b = 30 mm
Durchmesser d_{a2} = 116,2 mm

Werkzeug:
Schlagzahnwerkzeug
Bezugsprofil h_{P0} = 4,31 mm
ρ_{P0} = 0,85 mm
Durchmesser d_{a0} = 80 mm
Auslegung n_i/z_0 = 17/2 (PM-HSS)
n_i/z_0 = 16/1 (Hartmetall)

Bild 4.34 Werkstück-Werkzeug-Kombination des Standard-Schlagzahnversuchs

Eine Reihe von Untersuchungen belegt die Überführbarkeit der im Schlagzahnprozess ermittelten Effekte auf den Wälzfräsprozess, sodass diese Form des Analogieprozesses in der Forschung zum Wälzfräsen etabliert ist [STUC14, WINK05b]. Bild 4.35 zeigt den Vergleich erzielter Standlängen des Schlagzahnversuchs und des realen Wälzfräsversuchs bei Einsatz eines vollständigen Werkzeuges. Während der Untersuchungen wurden das Hartmetallsubstrat sowie die maximale Spanungsdicke variiert, um eine breite Vergleichsbasis zur Verifizierung des Schlagzahnversuchs zum Wälzfräsen zu erhalten. Die Ergebnisse zeigen stets eine erhöhte Standlänge bei den Versuchen, welche im Schlagzahnprozess durchgeführt wurden. Gründe für die Abweichungen sind zum Beispiel im verbesserten Spanabfluss, im Mehrfacheingriff und im Temperaturverhalten zu finden. Jedoch lassen sich gleiche Trends in Abhängigkeit von der gewählten Prozessauslegung bei beiden Verfahren ermitteln. Auf Grundlage einer Vielzahl vergleichender Untersuchungen wurde ermittelt, dass der Wälzfräsprozess nahezu 40 % der beim Schlagzahnfräsen erzielten Standlängen erreicht [WINK05b].

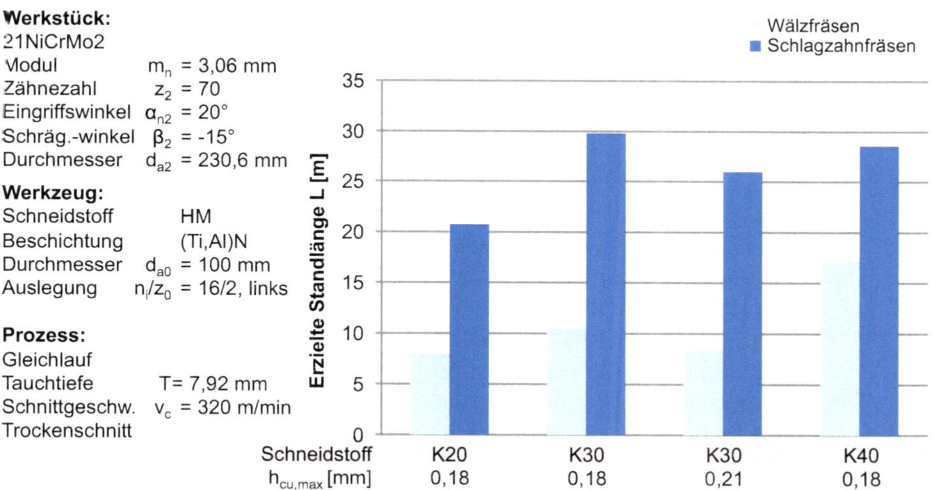

Bild 4.35 Übertragung des Schlagzahnfräsens auf das Wälzfräsen [WINK05b]

4.2.3.3 Wälzstoßen

Das Wälzstoßen ist ein Herstellungsverfahren für außen- und innenverzahnte Stirnräder sowie Beveloidverzahnungen. Es wird durch seine platzsparende Prozesskinematik vornehmlich zur Fertigung von Verzahnungen mit Störkonturen (Absätze, Kupplungsverzahnungen usw.) im Werkzeugauslauf eingesetzt, beispielsweise für Pkw-Getriebewellen. Das Wälzstoßwerkzeug, das als Schneidrad bezeichnet wird, entspricht einem Stirnrad mit dem Werkzeugbezugsprofil. Eine der Stirnseiten der Verzahnung bildet die Spanfläche. Ähnlich wie beim Wälzhobeln (Abschnitt 4.2.3.1) führt das Werkzeug im Prozess eine lineare Schnittbewegung längs der Werkzeugmittelachse aus und wird anschließend zurückgeführt (vgl. Bild 4.36). Die Kombination aus Stoßhub und Rückhub wird als Doppelhub (DH) bezeichnet. Zur Vermeidung einer Kollision von Werkzeug und Werkstück wird der Achsabstand zwischen Werkzeug und Werkstück vor dem Rückhub vergrößert, was als Abhebung bezeichnet wird. Der Oszillation des Werkzeugs wird ein Abwälzen von Werkstück und Werkzeug überlagert. Die Rotationsachsen von Werkzeug und Werkstück werden dazu mechanisch oder elektronisch gekoppelt. Der am Teilkreis zurückgelegte Weg während eines Doppelhubs wird als Wälzvorschub bezeichnet.

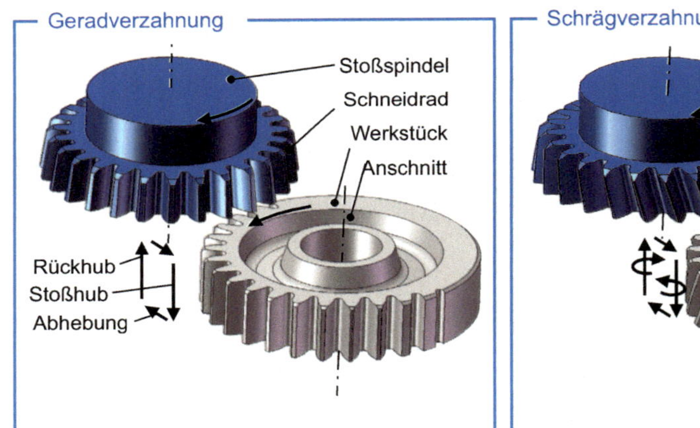

Bild 4.36 Prinzip des Wälzstoßens

Zur Fertigung von Schrägverzahnungen rotiert das Werkzeug während des Stoßhubs um seine Mittelachse. Diese Bewegung wird durch eine mechanische Schraubenführung oder die NC-Steuerung der Maschine umgesetzt. Die mechanische Schraubenführung lässt eine größere Geschwindigkeit der Hubbewegungen zu als die NC-Steuerung. Jedoch erfordert beim Einsatz starrer Führungen der Wechsel des Schrägungswinkels der Verzahnung auch einen Wechsel der Schraubenführung. Eine NC-gesteuerte Schraubenführung führt bei der Fertigung von kleinen Losgrößen zu wirtschaftlichen Vorteilen, weil der Rüstaufwand geringer ist. Neben der Anpassung der Maschinenkinematik muss zur Fertigung einer Schrägverzahnung ebenfalls ein schrägverzahntes Stoßwerkzeug eingesetzt werden, um die Kollision zwischen Werkstück und Werkzeug zu verhindern. Dabei weist das Stoßrad gegenüber dem Werkstück den betragsmäßig gleichen Schrägungswinkel, jedoch mit umgekehrtem Vorzeichen, auf. Zur Fertigung von konischen Verzahnungen (Beveloids) werden Werkzeug- und Werkstückachse zueinander geschränkt.

Die beschriebenen Bewegungen werden mithilfe der Maschinenachsen einer Wälzstoßmaschine umgesetzt, wie sie beispielhaft in Bild 4.37 dargestellt ist. Das Werkzeug und das Werkstück verfügen jeweils über eine eigene Drehachse (Achse C_1 und C_2). Über Direktantriebe kann die Synchronität der Wälzkopplung gewährleistet werden, was einen entscheidenden Einfluss auf die resultierende Verzahnungsqualität hat. Das Einstellen der Tauchtiefe geschieht über den Radialvorschub der X-Achse. Die Tauchtiefe wird je nach Verfahrensmodifikation vor oder während der Abwälzbewegung eingestellt. Die Achse Z_1 dient der Verstellung der Hublage, die zur Bearbeitung unterschiedlicher Zahnbreiten notwendig ist. Die eigentliche Hubbewegung des Schneidrads wird mit der Achse Z_2 realisiert. Die Aufteilung in Hublage und Hubbewegung der Z-Achse dient speziell den Anwendungen mit höheren Flexibilitätsanforderungen. Die Ständerseitverstellung Y dient dazu, einen gezielten Abhebewinkel zu realisieren. Auf diese Weise wird eine Kollision beim Rückhub vermieden und so die Bearbeitung von Sonderprofilen ermöglicht. Die Schrägstellung des Werkzeugs kann über die Rotationsachse A erfolgen. Parallel zur C_2-Achse verfügen einige Maschinentypen über einen Gegenhalter für das Werkstück, der in Bild 4.37 nicht dargestellt ist [WECK05].

Maschinenachsen

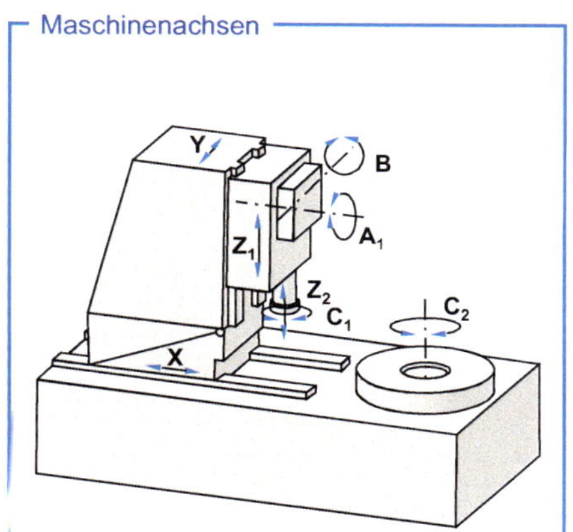

Maschinenaufbau

Bild 4.37 Aufbau einer Wälzstoßmaschine (exemplarisch nach Liebherr)

Beim Wälzstoßen sind nur geringe Überlaufwege notwendig. Der notwendige Auslauf D beim Wälzstoßen lässt sich nach Formel 4.15 berechnen [KRAE92].

$$\begin{aligned} D &= A + B + C \\ A &= 0{,}007 \cdot b \\ B &\approx 0{,}6 \cdot m_{\mathrm{n}} \cdot \pi \cdot \sin\beta_2 \\ C &\approx 0{,}08 \cdot b + 0{,}5 \end{aligned} \qquad (4.15)$$

Um die benötigte Tauchtiefe und somit die geforderte Zahnweite zu erreichen, sind beim Wälzstoßen verschiedene Zustellstrategien möglich. Eine Übersicht über die gängigsten Strategien ist in Bild 4.38 dargestellt. Bei dem Tauchen mit Wälzen wird die Zustellbewegung der Wälzbewegung so lange überlagert, bis das Werkzeug die volle Tauchtiefe erreicht hat. Der Wälzwinkel für den Tauchvorgang liegt üblicherweise unter 180°. Zur Reduzierung der Schneidenbelastung aufgrund der steigenden Spanungsdicken wird der Wälzvorschub während des Tauchvorgangs reduziert. Findet die Tauchbewegung ohne eine Wälzbewegung statt, so liegt das Verfahren Tauchen ohne Wälzen vor. In dieser Variante wird die vorangehende Kopfschneide des Werkzeuges stark belastet. Positiv wirkt sich das Verfahren auf die Teilungsqualität des Bauteils aus, da es keinen Übergang zwischen Eintauch- und Auslaufstrecke gibt. Darüber hinaus finden ebenfalls die Strategien der Spiralzustellung mit konstantem oder auch degressivem Tauchvorschub Anwendung. Dabei wird der Tauchvorschub so gewählt, dass das Bauteil mehrere Umdrehungen vollzieht, bis die vollständige Tauchtiefe erreicht wird. Wird der Tauchvorschub währenddessen nicht konstant gehalten, wird er während des gesamten Vorgangs degressiv verringert (CCP-Verfahren). Das CCP-Verfahren wirkt sich positiv auf die Werkzeugstandzeit aus, da eine Bildung günstiger Spanungsquerschnitte während der gesamten Bearbeitung resultiert. Im Anschluss findet ein vollständiges Auswälzen über 360° statt [DOER98, FELT07].

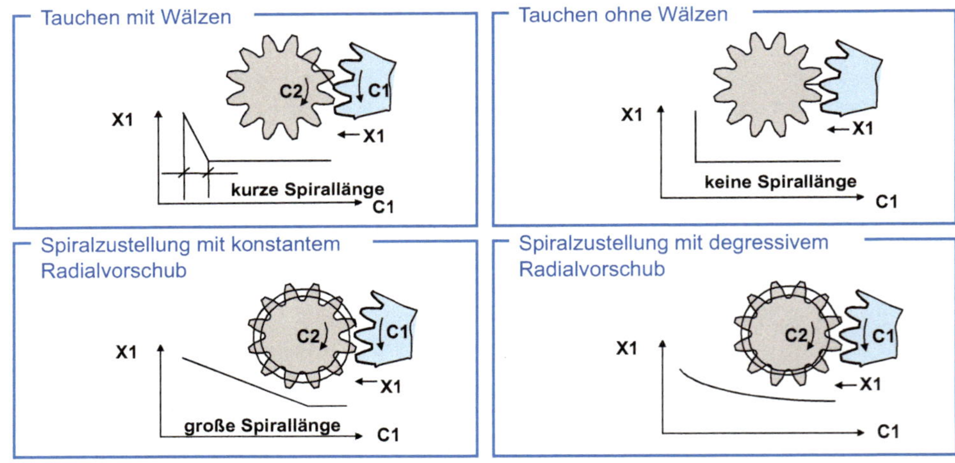

Bild 4.38 Anschnittstrategien beim Wälzstoßen [FELT07]

Die hauptsächlichen Einstellparameter in der Wälzstoßbearbeitung sind die Schnittgeschwindigkeit, oder Hubzahl, und der Wälzvorschub. Grundsätzlich werden die Prozessparameter so gewählt, dass die gewünschten Spanungsdicken und -querschnitte realisiert werden. Zur genauen Ermittlung der Prozessparameter in Abhängigkeit von den zu erzielenden Spanungsdicken sind, aufgrund der komplexen Durchdringungsverhältnisse beim Wälzstoßen, rechnerbasierte Simulationsprogramme notwendig [BOUZ76, DOER98, PEIF91]. Heute werden in Abhängigkeit von der gewählten Tauchstrategie Wälzvorschübe bis zu f_w = 10 mm/DH realisiert. Übliche Wälzvorschübe liegen im Bereich bis zu f_w = 2,5 mm/DH, wodurch Spanungsdicken bis zu $h_{cu,max}$ = 0,6 mm resultieren können. Die Wahl der Anzahl an Doppelhüben pro Minute beziehungsweise der Schnittgeschwindigkeit muss auf die vorliegende Werkstoff-Schneidstoff-Kombination angepasst sein. Bei Einsatz von Werkzeugen aus HSS liegt der typische Schnittgeschwindigkeitsbereich für die Bearbeitung von 42CrMo4 bei etwa v_c = 20 bis 35 m/min und zur Bearbeitung von 16MnCr5 bei v_c = 20 bis 70 m/min. Durch den Einsatz von Wälzstoßwerkzeugen aus Hartmetall kann die Schnittgeschwindigkeit weiter gesteigert werden, sofern die Maschinenkinematik höhere Schnittgeschwindigkeiten nicht begrenzt [DOER98].

Die Stoßwerkzeuge werden je nach Einsatzfall in verschiedenen Bauformen hergestellt. Hauptsächlich wird ein mit einer Hartstoffschicht versehener Schnellarbeitsstahl eingesetzt. Es werden Scheiben-, Glocken-, Schaft- und Hohlschneidräder unterschieden (Bild 4.39). Die Auswahl des Werkzeugkonzepts ist von der Werkstückgeometrie abhängig. Scheiben- und Glockenschneidräder werden für die Fertigung von Außenverzahnungen und großen Innenverzahnungen eingesetzt. Durch die Glockenbauweise wird das Überstehen der Befestigungsmutter des Schneidrads vermieden und so die Kollisionsgefahr reduziert. Schneidräder für Innenverzahnungen mit kleinen Durchmessern werden häufig als Schaftschneidräder ausgeführt. Mit dieser Bauform können kleine Werkzeugdurchmesser realisiert werden. Für innen liegende Außenverzahnungen werden sowohl Schaftschneidräder als auch innenverzahnte Hohlschneidräder eingesetzt [NN77]. Die Ausführung des Werkzeugs erfolgt in allen Fällen konisch, wodurch der für die Zerspanbedingungen benötigte Freiwinkel gebildet wird. Die Wiederaufbereitung erfolgt durch Nachschleifen auf der Spanfläche.

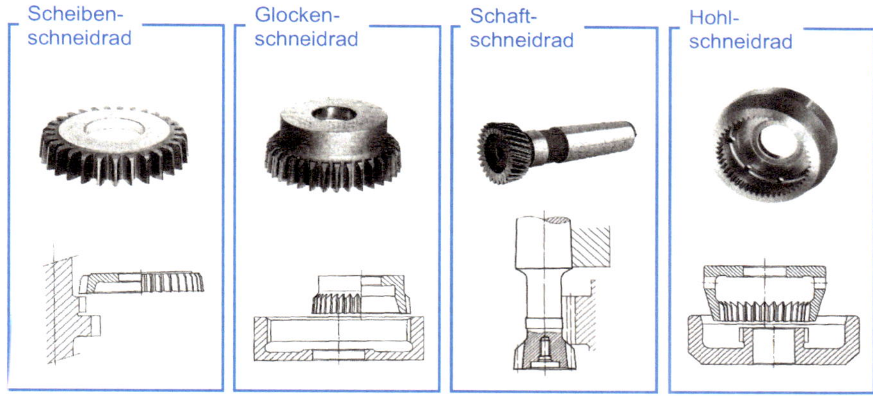

Bild 4.39 Werkzeuge zum Wälzstoßen [FELT07, NN77]

Zur Einsparung von Wiederaufbereitungsprozessen werden alternativ zu den vorgestellten Werkzeugkonzepten Wafer-Werkzeuge (scheibenförmig) zum einmaligen Gebrauch eingesetzt. Die Werkzeuge bestehen aus einer profilierten, dünnen Scheibe aus hartstoffbeschichtetem Schnellarbeitsstahl, die in einer verzahnten Aufnahme eingespannt wird. Die Wafer können nach der Bearbeitung ähnlich wie Wendeschneidplatten beim Anwender ausgetauscht werden.

Für die Untersuchung des Verschleißverhaltens wurden auch für das Wälzfräsen Modellversuche entwickelt, ähnlich wie der Schlagzahnversuch für das Wälzfräsen. In diesen Analogieversuchen wurden entweder ein einzelner Zahn eines Stoßwerkzeugs oder Segmente mit mehreren Schneiden verwendet [THAE63].

4.2.3.4 Wälzschälen

Das Wälzschälen ist wie das Wälzfräsen und das Wälzstoßen ein abwälzendes Verfahren mit geometrisch definierter Schneide. Die Kinematik des Prozesses entspricht der eines Schraubradgetriebes. Das Werkzeug, das als Schälrad bezeichnet wird, ähnelt einem Stoßrad, das im Gegensatz zum Stoßen eine kontinuierliche Schnittbewegung sowie eine Rotationsbewegung mit hoher Drehzahl ausführt. Die Stirnseite der Schneidradverzahnung bildet die Spanfläche. Im Prozess ist die Werkzeugachse gegenüber der Werkstückachse um einen Achskreuzwinkel Σ gekippt (siehe Bild 4.40). Der Achskreuzwinkel Σ errechnet sich aus der Summe der Werkzeug- und Werkstückschrägungswinkel (siehe Formel 4.16) [HUEH02].

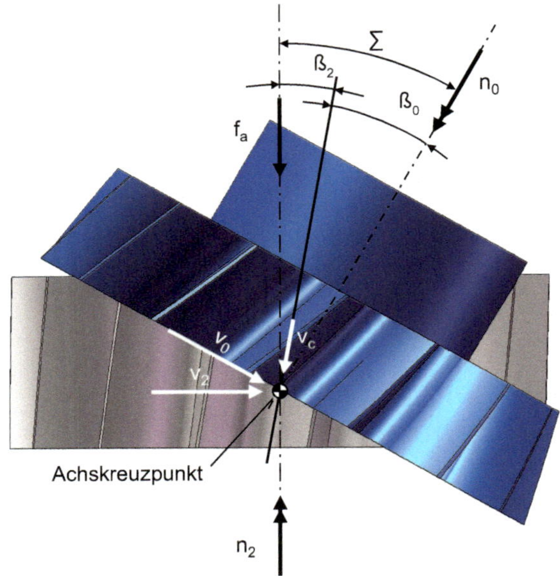

Bild 4.40
Prinzip des Wälzschälens

$$\Sigma = \beta_0 + \beta_2 \tag{4.16}$$

Durch das Abwälzen des Werkzeugs am Werkrad und den Achskreuzwinkel kommt es zu einer Relativbewegung entlang der Werkstückflanke. Die Relativgeschwindigkeitskomponente ist die für die Zerspanung benötigte Schnittgeschwindigkeit (siehe Formel 4.17) [JANS80]

$$v_c = v_0 \cdot \frac{\sin \Sigma}{\cos \beta_2} \tag{4.17}$$

mit

$$v_0 = d_{a0} \cdot \pi \cdot n_0 \tag{4.18}$$

Zur Fertigung von Stirnradverzahnungen wird die Wälzbewegung mit einer axialen Vorschubbewegung des Werkzeugs entlang der Werkstückachse überlagert. Die in heutigen Werkzeugmaschinen realisierbaren Spindeldrehzahlen erlauben eine hohe Produktivität des Verfahrens bei einem geringen zur Verfügung stehenden Werkzeugauslauf.

Die notwendigen kinematischen Bewegungen werden mithilfe der Maschinenachsen einer Wälzschälmaschine umgesetzt, wie sie in Bild 4.41 dargestellt ist. Das Werkzeug und das Werkstück verfügen jeweils über eine eigene Drehachse. Es handelt sich um die Achsen C_1 und C_2, die über Direktantriebe miteinander gekoppelt werden. Der Axialvorschub wird über die Z_2-Achse realisiert. Die Z_1-Achse dient der festen Einstellung der initialen Werkzeughöhe. Über eine Kombination aus X- und Y-Achse werden verschiedene Vorschubstrategien realisiert. Der Achskreuzwinkel wird über die A-Achse eingestellt. Wird anstatt eines kegeligen Werkzeuges ein zylindrisches verwendet, so kann über ein Schwenken des Werkzeuges um die B-Achse der Kopffreiwinkel eingestellt werden. Zusätzlich wird die B-Achse beim Schälen von Innenverzahnungen verwendet, um Interferenzen der Werkzeugrückseite mit den gegenüber der Zerspanstelle liegenden Zähnen zu vermeiden. Dies ist insbesondere dann wichtig, wenn der Durchmesser des Schälrades sehr groß ist [WECK05].

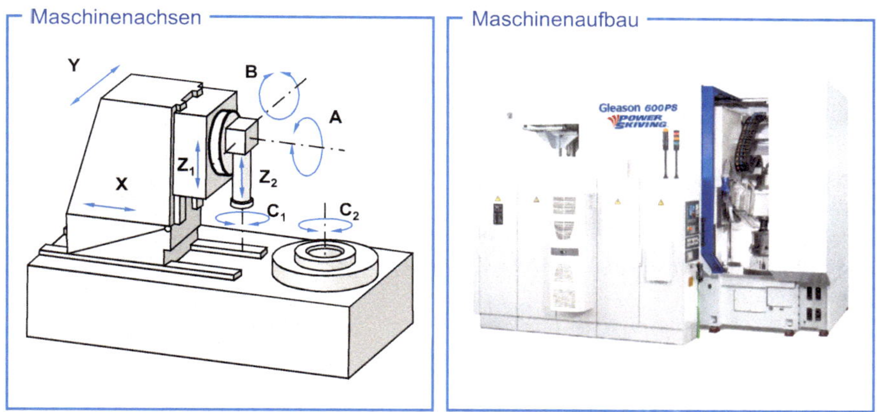

Bild 4.41 Aufbau einer Wälzschälmaschine (exemplarisch nach Gleason-Pfauter)

Wälzschälwerkzeuge sind entweder konisch oder zylindrisch ausgeführt (Bild 4.42). Konische Werkzeuge verfügen bereits aufgrund ihrer Geometrie über einen Freiwinkel. Daher kann der Achskreuzpunkt in die Ebene der Spanfläche gelegt werden. Das Nachschleifen führt jedoch durch die konische Bauform zu einer Änderung des Werkzeugprofils und somit zu Fehlern in der gefertigten Verzahnung. Zur Vermeidung dieser Profiländerung können zylindrische Werkzeuge eingesetzt werden. Der Freiwinkel muss bei dieser Bauart durch die Kinematik erzeugt werden. Hierzu wird die Spanfläche entlang der Werkzeugmittelachse um einen Spanflächenversatz *e* versetzt, woraus eine Verkippung der Freiflächen gegenüber der Verzahnung resultiert. Da die Position des Werkzeugs in der Maschine in die Auslegung der Werkzeuge mit einfließt, ist die Prozessauslegung für diese Werkzeuge erschwert. Demgegenüber ist ein spanflächenseitiger Nachschliff nicht mit einer Profiländerung des gefertigten Zahnrades verbunden.

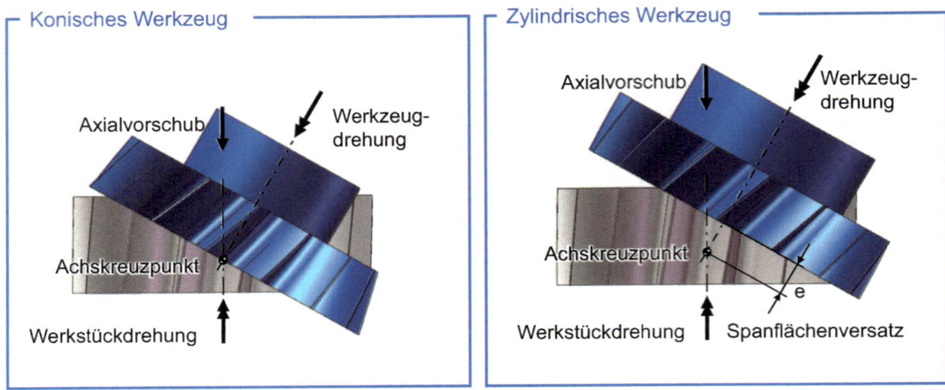

Bild 4.42 Verfahrensvarianten des Wälzschälens

Verschiedene Bauformen von Wälzschälwerkzeugen sind in Bild 4.43 dargestellt. Die klassische Bauform sind Schälräder aus Vollmaterial. Diese einteiligen Werkzeuge werden durch eine spanende Bearbeitung gefertigt. Das hier dargestellte Werkzeug wurde mit Spanflächen im Treppenschliff versehen. Durch diese Bauform können die Spanwinkel der linken und rechten Flanke des Werkzeugprofils angeglichen und so günstigere Zerspanbedingungen erreicht werden als bei konventionell, mit planer Spanfläche, hergestellten Werkzeugen. Der Aufwand für das spanflächenseitige Nachschleifen verschlissener Werkzeuge ist jedoch höher.

Bild 4.43 Werkzeuge für das Wälzschälen (Bildquellen: PWS (links, Mitte), The Gleason Works (rechts))

Neben einteiligen Werkzeugen werden auch mehrteilige Schälwerkzeuge eingesetzt. Dazu werden an einem Werkzeuggrundkörper separate Schneiden angebracht. Aktuelle Konzepte basieren derzeit auf Wendeschneidplatten, analog zum Wendeschneidplatten-Wälzfräser, oder Stabmesserkonzepten, wie sie für die Kegelradfertigung verwendet werden. Bei einer mehrteiligen Bauweise bestehen nur die Schneiden des Werkzeugs aus dem Schneidstoff. So können die Schneidstoffkosten reduziert werden. Wendeschneidplatten werden in der Regel nach ihrem vollständigen Verschleiß entsorgt. Beim Einsatz von Stabmessern besteht die Möglichkeit, nachzuschleifen. Weiterhin ist durch die Flexibilität beim Schleifen der Stabmesser die Anzahl der gestalterischen Freiheitsgrade an den Stabmessern höher als bei den klassischen Wälzschälwerkzeugen [MUEL11].

Während der Zerspanung beim Wälzschälen stehen die Einstellgrößen in Wechselwirkungen miteinander und können das Bearbeitungsergebnis deutlich beeinflussen. Eine Parameterstudie zum Wälzschälen hat unter anderem gezeigt, dass die Variation des Achskreuzwinkels Σ starke Einflüsse auf die Spanbildung hat. Die Ergebnisse aus Simulationsrechnungen zeigen, dass durch einen veränderlichen Achskreuzwinkel Σ die Spanungsdicke h_{cu} sowie der Spanwinkel γ beim Wälzschälen deutlich beeinflusst werden. Die jeweiligen Zusammenhänge sind in Bild 4.44 dargestellt.

Werkstück:
Innenverzahnung
Modul m_n = 1 mm
Eingriffswinkel α_{n2} = 20°

Werkzeug:
Hartmetall beschichtet

Prozessvariation:
Achskreuzwinkel
Σ = –10° bis –30°

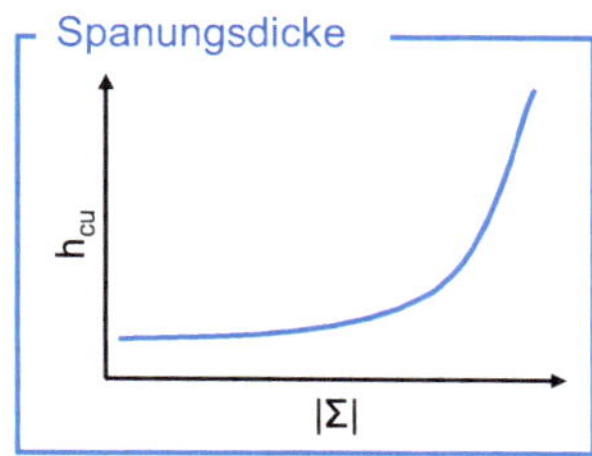

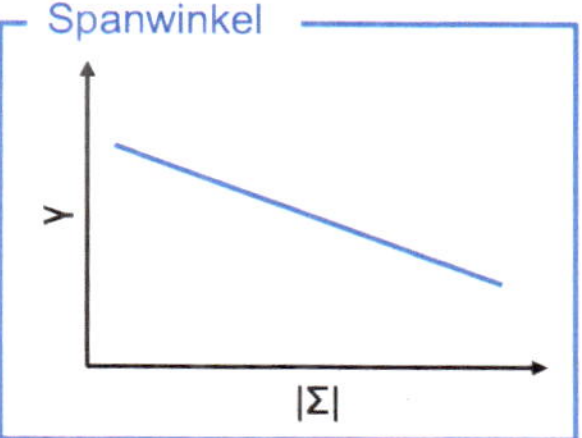

Bild 4.44 Einfluss des Achskreuzwinkels auf die Spanbildung beim Wälzschälen

4.2.4 Formschneidverfahren

Die in Formschneidverfahren eingesetzten Werkzeuge weisen das Profil der zu fertigenden Zahnlücke auf. Im Gegensatz zu den wälzenden und auf das Bezugsprofil referenzierten Verfahren muss daher für jede Verzahnungsgeometrie ein individuelles Werkzeug ausgelegt werden. Die Formschneidverfahren bieten darüber hinaus die Möglichkeit, nicht abwälzbare Sonderprofile zu fertigen.

4.2.4.1 Formfräsen

Zum Formfräsen von Verzahnungen werden sowohl Scheibenfräser als auch Fingerfräser eingesetzt (siehe Bild 4.45). Während die Drehachse des Werkzeugs beim Scheibenfräser tangential zur Werkstückmantelfläche liegt, ist die Drehachse der Fingerfräser radial zum Werkstück positioniert. In beiden Verfahren führt das Werkzeug eine Vorschubbewegung in Flankenrichtung der Verzahnung aus. Bei Geradverzahnungen kann die Vorschubbewegung durch eine Linearachse der Maschine realisiert werden. Für die Fertigung von Schrägverzahnungen wird zusätzlich eine Kopplung von Vorschubbewegung und Werkstückdrehung benötigt. Aufgrund der Drehachse der Fingerfräser ergeben sich entlang des Werkzeugprofils große Unterschiede in den Schnittgeschwindigkeiten. Zusätzlich sind auf den kleinen Durchmessern der Werkzeuge nur wenige Schneiden realisierbar, woraus lange Bearbeitungszeiten und ein ungleichmäßiger Werkzeugverschleiß resultieren. Daher werden die Fingerfräser meist dann eingesetzt, wenn eine andere Bearbeitung ausgeschlossen ist. Mögliche Anwendungen sind Pfeilverzahnungen und großmodulige Verzahnungen, bei denen der nötige Durchmesser eines Scheibenfräsers sehr groß, die Losgröße klein und somit das Scheibenfräsen unwirtschaftlich wird [NN76].

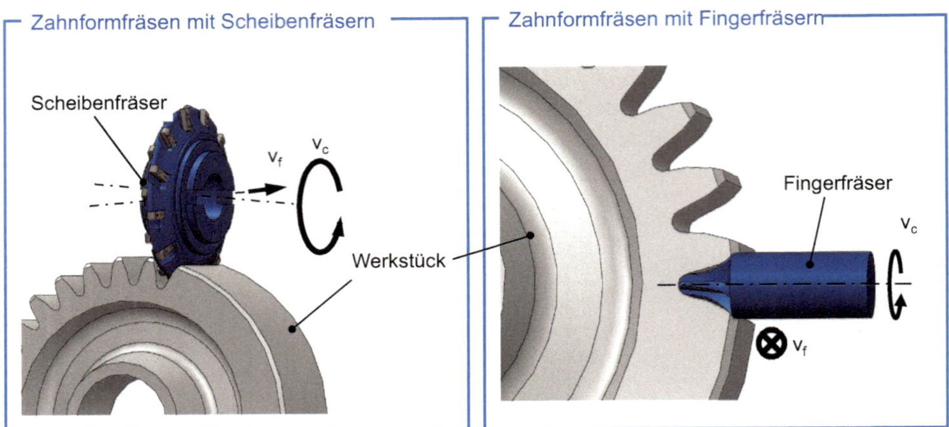

Bild 4.45 Prinzip des Formfräsens

Grundsätzlich werden für das Formfräsen mit Scheibenfräsern Maschinen verwendet, deren Achsanordnung der des Wälzfräsens ähnelt, sodass Form- und Wälzfräsoperationen für Verzahnungen häufig auf derselben Maschine realisiert werden. Somit können die Bezeichnungen und die Darstellung der Maschinenachsen aus Bild 4.25 entnommen werden. Die Kinematik für das diskontinuierliche Profilfräsen unterscheidet sich vom kontinuierlichen Wälzfräsen dadurch, dass die A_1-Achse zur Realisierung des Schrägungswinkels geklemmt wird. Wird ein schrägverzahntes Zahnrad gefräst, so rotiert die C_1-Achse mit dem auf dem Maschinentisch aufgespannten Zahnrad. Die Rotation wird an den axialen Vorschub des Fräsers in Richtung der Achsen C_1 und V_1 gekoppelt, sodass der definierte Schrägungswinkel β gefräst wird. Die radiale Zustellung in Richtung der X_1-Achse ist in der Regel konstant. Das Profilfräsen kann man unter bestimmten Bedingungen auch auf konventionellen Fräszentren realisieren [WECK05].

Mit Scheibenfräsern können in erster Linie großmodulige Innenverzahnungen wirtschaftlich vorbearbeitet werden. Für die Fertigung von Außenverzahnungen konkurriert das Verfahren mit dem Wälzfräsen. Besonders bei Großverzahnungen mit kleinen Zähnezahlen bietet das Formfräsen Vorteile. Ein Verfahrensvergleich der Bearbeitung eines Werkstücks mit dem Modul m_n = 20 mm und mit einer Zähnezahl von z = 14 ist in Bild 4.46 dargestellt. Dazu wurden die Verfahren Profilfräsen und Wälzfräsen jeweils bei Einsatz von Hartmetall-Wendeschneidplatten hinsichtlich der Bearbeitungszeit analysiert. Gegenüber dem Wälzfräsen erreicht das Profilfräsen eine geringere Bearbeitungszeit. Bei der Auswahl der zugrunde liegenden Prozessparameter wurde die maximale auftretende Spanungsdicke in den Prozessen vergleichbar gehalten.

Bild 4.46 Verfahrensvergleich zwischen Zahnformfräsen und Wälzfräsen (Quellen: LMT Fette, Liebherr-Verzahntechnik)

Zur Verkürzung der Hauptzeiten beim Formfräsen können mehrere Scheibenfräser nebeneinander eingesetzt werden. Scheibenfräser werden sowohl als Vollmaterialwerkzeuge als auch als Wendeschneidplattenwerkzeuge ausgeführt. Für große Verzahnungen werden hauptsächlich Wendeschneidplattenfräser eingesetzt. Die hohen Standwege bei diesen Werkzeugen werden jedoch erst bei großen Losen voll ausgenutzt. Das Profil wird auf verschiedene Wendeschneidplatten aufgeteilt. Das Profil wird entweder auf eine Platte je Flanke oder auf mehrere Platten verteilt. Mögliche Schnittaufteilungen stellt Bild 4.47 dar.

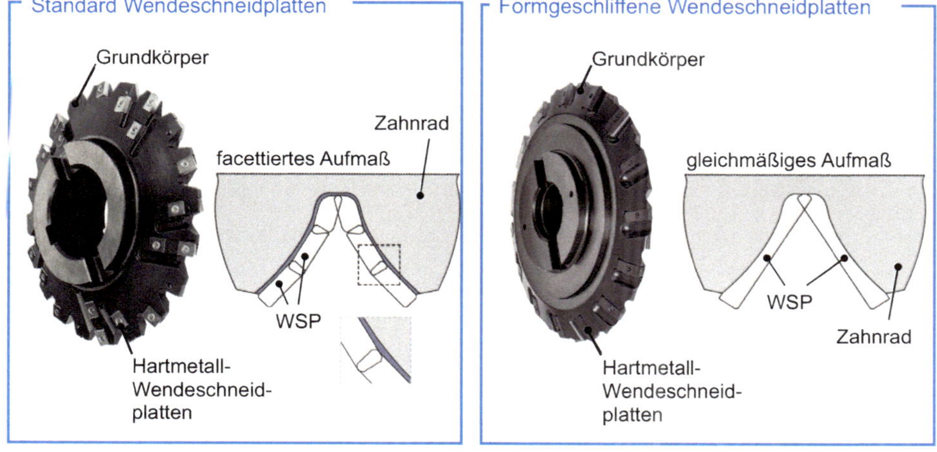

Bild 4.47 Scheibenfräser zum Zahnformfräsen (Bildquelle: LMT Fette)

Je nach geforderter Qualität der Lücke können die Werkzeuge entweder mit geraden Platten, die eine Evolventenform annähern, oder mit evolventisch geformten Platten ausgestattet werden. Neben einer reinen Bearbeitung durch Formfräsen sind eine Vorbearbeitung mit einem Zahnformfräser (Vorfräsen) und eine Schlichtbearbeitung mit einem Wälzfräser möglich. Diese Verfahrenskombination kann auf einer Wälzfräsmaschine in einer Aufspannung des Werkstücks durchgeführt werden und ist besonders bei Verzahnungen mit kleinen Zähnezahlen und großen Modulen wirtschaftlich. Die Prozesskette zum Vorverzahnen entscheidet sich anhand der Losgröße, der geforderten Bauteilqualität sowie Produktivität.

Wissenschaftliche Untersuchungen zum Profilfräsen großmoduliger Verzahnungen hinsichtlich der erzielbaren Werkzeugstandzeiten und Zerspanbedingungen wurden durchgeführt. Bild 4.48 zeigt die Versuchsergebnisse der Untersuchungen zur Fertigung von Werkstücken mit einem Modul von m_n = 16 mm durch den Einsatz eines Profilfräsers mit Hartmetall-Wendeschneidplatten. Bei den Untersuchungen wurden die maximale Spanungsdicke $h_{cu,max}$ und die Schnittgeschwindigkeit v_c variiert. Aufgezeigt sind die erzielten Standlängen in Metern sowie die Aufteilung auf die unterschiedlichen Verschleißphänomene (siehe Abschnitt 4.2.2).

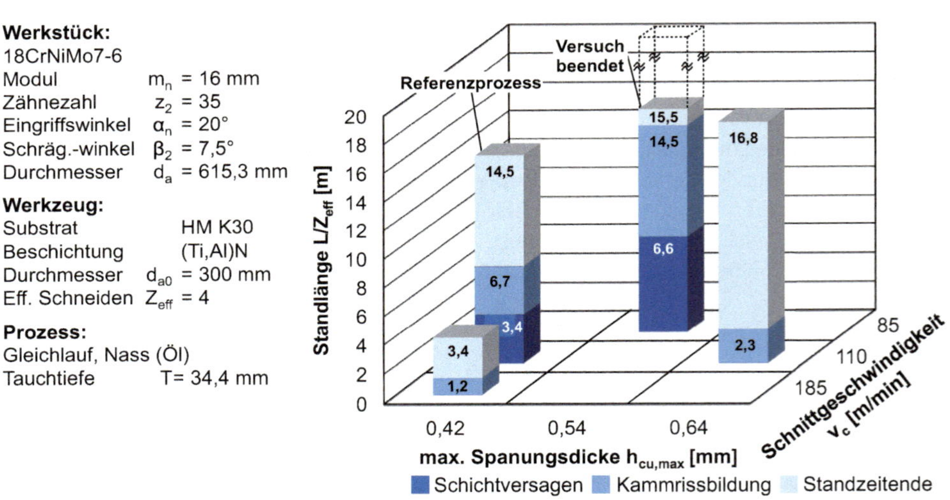

Bild 4.48 Standzeitübersicht für das Profilfräsen mit Wendeschneidplatten [KLOC15d, WEBE17]

Die Untersuchungen zeigen, dass die Wahl der Schnittgeschwindigkeit einen stärkeren Einfluss auf die resultierende Werkzeugstandzeit hat als die Spanungsdicke. So konnte bei einer Schnittgeschwindigkeit von v_c = 85 m/min das Standzeitkriterium einer Verschleißmarkenbreite von VB = 300 µm nach einem Standweg von L = 15,5 m nicht erreicht werden. Bei einer Erhöhung der Schnittgeschwindigkeit auf v_c = 185 m/min erreichte das Werkzeug hingegen nur eine Standlänge von L = 3,4 m. Das Fazit der Untersuchungen liegt in der Erkenntnis, dass die Produktivität des Prozesses nicht durch eine Erhöhung der Schnittgeschwindigkeit, sondern durch die Steigerung der maximalen Spanungsdicke verbessert werden kann [WEBE17].

4.2.4.2 Räumen

Das Räumen ist ein spanendes Fertigungsverfahren mit einem stangenförmigen mehrzahnigen Werkzeug, dessen Schneidzähne hintereinander liegen und jeweils um eine Spanungsdicke gestaffelt sind (siehe Bild 4.49). Die Zahnstaffelung senkrecht zur Schnittgeschwindigkeitsrichtung ersetzt die Vorschubbewegung. Die Schnittbewegung ist bei der Fertigung von Geradverzahnungen translatorisch. Für Schrägverzahnungen ist eine schraubenförmige Bewegung notwendig. Die Räumverfahren werden in die Gruppen Planräumen, Rundräumen, Schraubräumen, Profilräumen und Formräumen unterteilt. Des Weiteren wird zwischen Außen- und Innenräumen unterschieden [DIN03d]. Im Innenräumprozess wird das Werkzeug durch das Bauteil gezogen oder gestoßen. Im Außenräumprozess wird das Werkzeug an der Werkstückaußenfläche entlanggeführt. Die Schnittbewegung kann auch vom Werkstück ausgeführt werden.

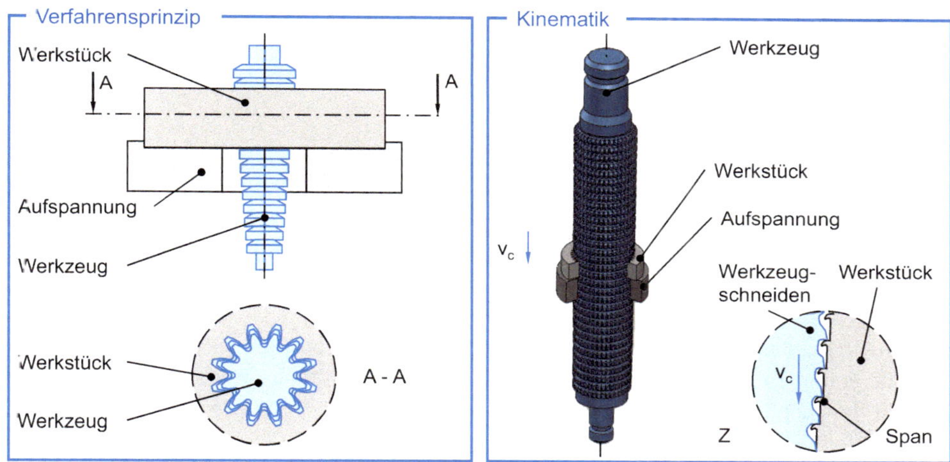

Bild 4.49 Räumen von Verzahnungen [KLOC18b]

Je nach Vorschubrichtung der Räumnadel können Räummaschinen in Vertikal- und Horizontalräummaschinen eingeteilt werden. Bild 4.50 zeigt den Aufbau einer Drallräummaschine in vertikaler Bauweise für das Räumen von Gerad- und Schrägverzahnungen. Der Vorschubachsenantrieb, über den die Räumnadel in Richtung der Z-Achse bewegt wird, ist oberhalb des Maschinengestells angeordnet. Durch die Doppelständerbauweise können die hohen Prozesskräfte, welche beim Räumen entstehen, aufgenommen werden. Über eine Rotation der C-Achse kann ein definierter Schrägungswinkel am Zahnrad realisiert werden [WECK05].

Bild 4.50 Aufbau einer Räummaschine nach Forst

In Bild 4.51 ist ein Räumwerkzeug schematisch dargestellt. Das Werkzeug teilt sich in der Regel in einen Schrupp-, Schlicht- und Kalibrierteil auf. Die Zähne im Schruppteil sind im gezeigten Beispiel um einen Vorschub von f_z = 0,1 bis 0,25 mm radial vergrößert. Auf diesen Bereich folgt ein Schlichtteil mit einem Vorschub je Zahn von f_z = 0,0015 bis 0,04 mm. Im Kalibrierteil sind die Zähne nicht mehr zueinander versetzt und haben die Form des fertigen Werkstücks. Der Kalibrierteil ermöglicht das Nachschleifen des Werkzeugs. Beim Nachschleifen des Werkzeugs werden Zähne des Kalibrierteils als Schlichtteil ausgeführt und die ersten Zähne des Schruppteils haben keinen Anteil mehr an der Bearbeitung. Die Anzahl der möglichen Nachschliffe richtet sich demnach nach der Anzahl an Zähnen im Kalibrierteil. Die Geometrie der einzelnen Schneiden wird auf den Bearbeitungsfall abgestimmt. Die Spanflächen sind um einen Spanwinkel γ geneigt. Die Freifläche der Schneide fällt über die Fasenbreite $b_{f\alpha}$ in einem Freiwinkel α_f gegenüber der Schnittrichtung ab. Im Kalibrierteil liegen diese Flächen parallel zur Werkzeugachse.

Das Profilräumen ist ein hochproduktives Verfahren zur Fertigung von Verzahnungen. Aufgrund der hohen Werkzeugkosten wird dieses Verfahren erst für die Fertigung von Verzahnungen in der Großserie wirtschaftlich. Das Verfahren kann zur Bearbeitung weicher und gehärteter Bauteile eingesetzt werden. Für die Bearbeitung ungehärteter Werkstoffe werden Schnellarbeitsstähle eingesetzt. Die Bearbeitung von gehärteten Bauteilen oder Guss wird meist mit Vollmaterial-Hartmetallwerkzeugen durchgeführt.

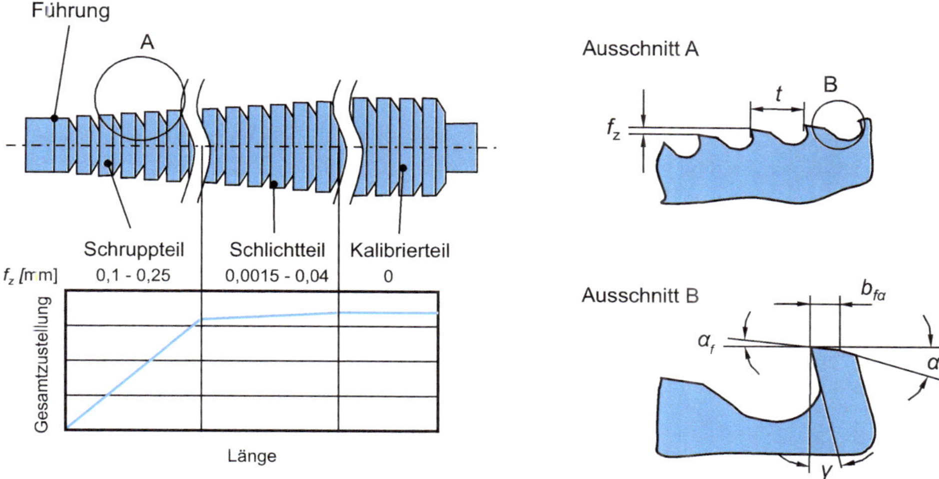

Bild 4.51 Das Räumwerkzeug [KLOC18b]

Die Anordnung der aufeinanderfolgenden Schneiden wird als Staffelung bezeichnet (vgl. Bild 4.52). Eine Staffelung senkrecht zur Räumfläche wird als Tiefenstaffelung bezeichnet, die in der Form einer radialen Werkzeugzustellung entspricht. Zum Erreichen der geforderten Genauigkeit der Werkstückflanken ist eine reine Tiefenstaffelung der Schneiden in vielen Fällen nicht ausreichend. Daher werden für die Verzahnungsfertigung häufig Werkzeuge eingesetzt, deren Schneiden im hinteren Teil eine Seitenstaffelung aufweisen. Die Seitenstaffelung ist gegenüber der Tiefenstaffelung gedreht. Räumnadeln können in verschiedenen Bauformen ausgeführt sein. Die Spankammern können entweder ringförmig oder spiralförmig am Werkzeug angeordnet sein. Durch spiralförmig angeordnete Spankammern können die Schwankungen in der Schnittkraft, durch den Ein- und Austritt der Schneiden verursacht, reduziert werden. Mit einem spiralförmigen Werkzeug sind jedoch erhöhte Anschaffungs- und Aufbereitungskosten verbunden.

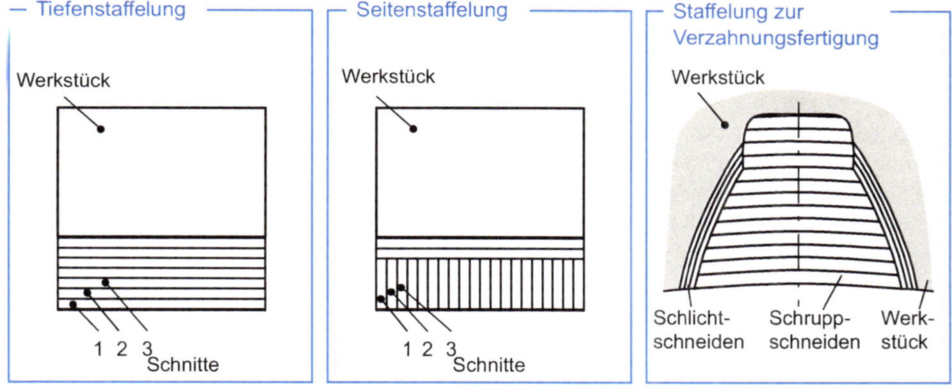

Bild 4.52 Staffelungen im Räumprozess [DIN73]

4.2.5 Verfahrensvergleich

Mit den beschriebenen Vorverzahnverfahren kann eine große Vielfalt von Zahnrädern gefertigt werden. Neben der Wirtschaftlichkeit der Prozesse im jeweiligen Anwendungsfall sind zur Auswahl geeigneter Prozesse Einschränkungen zu beachten. Eine grobe Zuordnung der Einsatzbereiche der Verfahren ist in Bild 4.53 gegeben. Für außenverzahnte Teile wird aufgrund der hohen Produktivität und Flexibilität meist das Wälzfräsen eingesetzt. Bei der Fertigung von Großverzahnungen konkurriert das Wälzfräsen mit dem Profilfräsen. Das Profilfräsen wird ebenso zur Fertigung von Innenverzahnungen im großen Modulbereich eingesetzt. Aufgrund der Größe der eingesetzten Fräswerkzeuge, die in das Werkstück geführt werden, ist das Profilfräsen erst ab einem ausreichenden Werkstückinnendurchmesser einsetzbar. Sowohl das Wälzfräsen als auch das Profilfräsen werden auf Wälzfräsmaschinen durchgeführt.

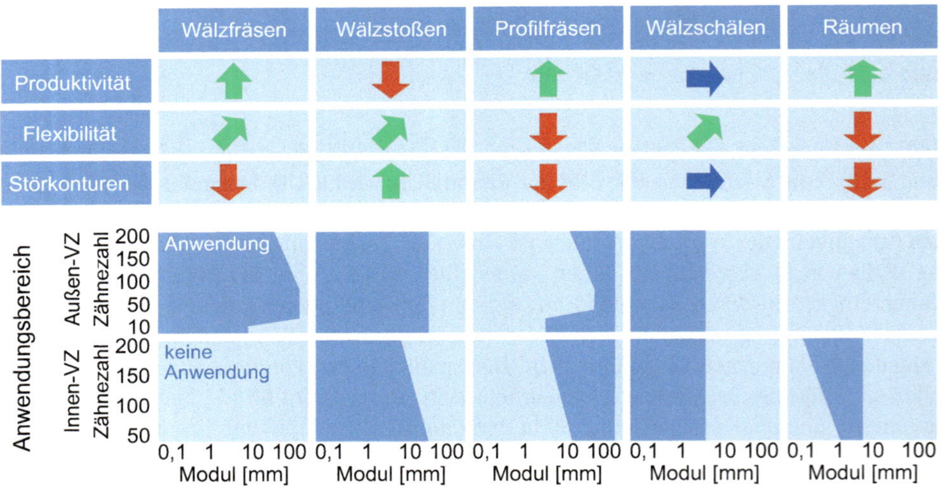

Bild 4.53 Vergleich der spanenden Verzahnverfahren

Aufgrund der großen Ein- und Auslaufwege sind Störkonturen an den Bauteilen für die Bearbeitung im Wälzfräs- oder Profilfräsprozess kritisch. Für Verzahnungen, die aus geometrischen Gründen nicht mit diesen Verfahren bearbeitet werden können, kommt meist das Wälzstoßen zum Einsatz. Dieses Verfahren kann sowohl für Innen- als auch für Außenverzahnungen genutzt werden, ist jedoch meist unproduktiver als die Fräsverfahren. Ein weiterer Prozess für die Bearbeitung von Werkstücken mit nah an der Verzahnung liegenden Störkonturen ist das Wälzschälen. Die Relevanz des Wälzschälprozesses in der industriellen Anwendung nimmt durch seine möglichen Produktivitätsvorteile aktuell zu.

Das Räumen von Verzahnungen ist das produktivste Verfahren zur Herstellung von Innenverzahnungen. Aufgrund der hohen Werkzeugkosten und der geringen Flexibilität ist es jedoch erst bei großen Stückzahlen wirtschaftlich einsetzbar. Weiterhin kann das Verzahnungsräumen nicht für Werkstücke mit Störkonturen genutzt werden, da das Räumwerkzeug durch das gesamte Werkstück gezogen wird.

4.2.6 Entgraten und Anfasen

Im Nachgang an die Weichbearbeitung von Verzahnungen können die Prozesse Entgraten und Anfasen anschließen. Das Entgraten dient dazu, den in der Weichbearbeitung gebildeten Grat an der Bauteilkante zu entfernen. Der Prozessschritt ist notwendig, um den Unfallschutz bei der manuellen Handhabung der Werkstücke zu gewährleisten sowie nachfolgende Prozessschritte durch vorstehende Grate nicht negativ zu beeinflussen. Hervorstehende Grate können in den nachfolgenden Hartfeinbearbeitungsprozessen die Werkzeuge stark beschädigen sowie die Funktion der Spannsysteme stören. Des Weiteren dürfen lösende Partikel der Grate im späteren Betrieb des Zahnrades nicht in den Zahnkontakt geraten, da dadurch eine Schädigung der Zahnflanke auftreten kann. Das einfache Entgraten kann hauptzeitparallel in der Maschine erfolgen. Bild 4.54 zeigt ein Beispiel des Einsatzes eines Entgratstahls in einer Wälzfräsmaschine. Im rechten Teil des Bildes sind die Stirnseiten zweier Verzahnungen dargestellt, bei denen das Prozessergebnis dem Ausgangszustand gegenübergestellt ist.

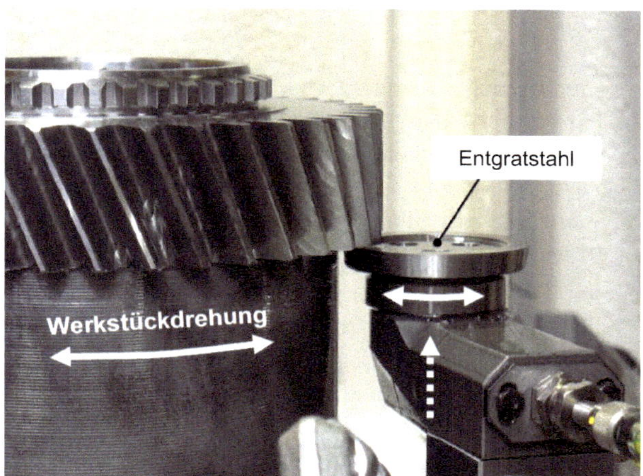

Bild 4.54 Einsatz eines Entgratstahls [WINK08]

Das Anfasen wird eingesetzt, um eine definierte Abschlusskante zwischen Zahnform und Stirnfläche zu bilden. Die Vorteile einer Phase am Bauteil bestehen zum einen in der Vermeidung einer Versprödung in der nachfolgenden Wärmebehandlung, da eine Überkohlung an den spitzen Kanten während der Wärmebehandlung vermieden wird. Zum anderen werden Transport und Montagevorgänge des Bauteils begünstigt. In Abhängigkeit von dem gewählten Verfahren ist die Fasenform unterschiedlich ausgeprägt. In Bild 4.55 sind beispielhaft drei mögliche Fasenformen dargestellt.

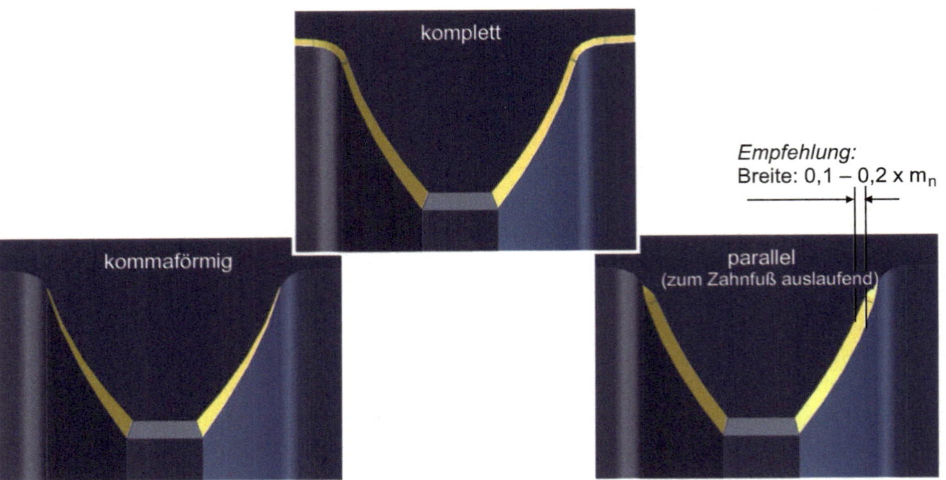

Bild 4.55 Fasenformen [WINK08] (Bildquelle: Liebherr-Verzahntechnik)

Im linken Teil des Bildes ist eine kommaförmige Fase dargestellt. Die Fasenbreite nimmt vom Zahnkopf zum Zahnfuß ab. Im Bereich der Fußausrundung liegt keine Fase mehr vor. Im rechten Teil des Bildes ist eine parallele Fasenform ausgebildet. Auch hier ist keine Fase im Bereich der Fußrundung, sondern lediglich im Flankenbereich sichtbar. In Abhängigkeit von dem gewählten Anfasverfahren kann auch eine über die vollständige Kontur komplett ausgebildete Fasenform, wie in der Mitte des Bildes dargestellt, gewählt werden.

Gängige Verfahren zum Anfasen werden im Allgemeinen zur Kombination von Entgraten und Anfasen eingesetzt. Bild 4.56 zeigt eine Übersicht über gängige Verfahren nach der üblichen Werkstückgröße und der Produktivität des Prozesses, die in der Industrie eingesetzt werden. Die Verfahren können dabei in eigenständigen Maschinen erfolgen oder direkt in die betreffende Verzahnmaschine integriert werden. Bei integrierten Lösungen kann das Entgraten und Anfasen die Taktzeit der Bauteilfertigung verlängern oder hauptzeitparallel erfolgen.

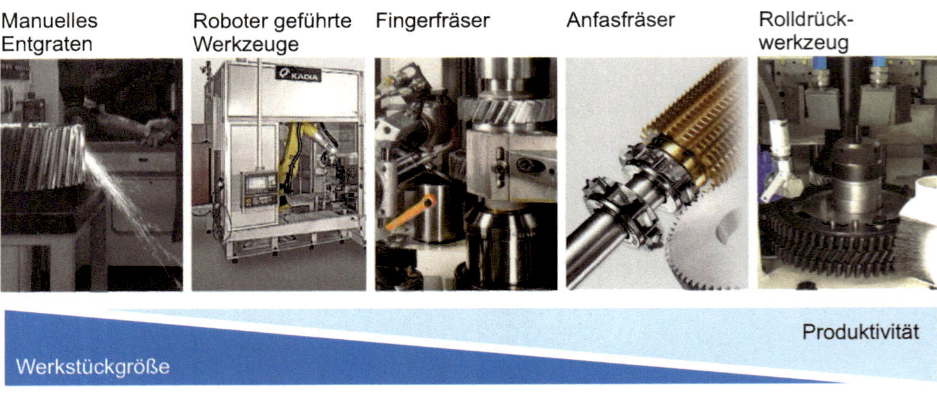

Bild 4.56 Verfahren zum Entgraten und Anfasen nach Kadia, Liebherr-Verzahntechnik und LMT Fette

Das manuelle Entgraten ist heute noch für Einzelteile und Großverzahnungen kleiner Losgrößen relevant. Mithilfe eines handgeführten Schleifgerätes wird der Grat entfernt. Bei Einsatz eines robotergeführten Entgratwerkzeugs folgt der Werkzeughalter der Zahnkontur. Dadurch können in Abhängigkeit von den programmierten Verfahrwegen des Roboters beliebige Fasengeometrien realisiert werden. Ein vereinfachtes System bietet der Einsatz von pendelnd gelagerten Fingerfräsern. Die Fingerfräser liegen in Abhängigkeit von dem eingestellten Anpressdruck auf der Bauteilkante des rotierenden Werkstücks an. Der Anfasfräser bearbeitet das Werkstück unmittelbar nach dem Wälzfräsen. Die zum Anfasen benötigten Schneiden befinden sich auf dem Dorn des Wälzfräsers, sodass lediglich eine Shiftbewegung notwendig ist, um das Anfaswerkzeug in Bearbeitungsposition zu bringen. Das Verfahren bietet eine hohe Fasenqualität und eine gute Reproduzierbarkeit, jedoch kann das Verfahren nicht hauptzeitparallel durchgeführt werden. In der Großserienfertigung, insbesondere im Bereich der Automobilverzahnungen, findet das Rolldrückentgraten aufgrund der kurzen Prozesszeit häufig Anwendung. Beim Rolldrückentgraten findet durch das Drückwerkzeug eine Kaltverformung des Grates und der Werkstückkante statt, bis eine Fase ausgebildet wird. Das Werkzeug entspricht dabei aneinandergereihten Zahnrädern, die mit dem zu bearbeitenden Bauteil in Eingriff gebracht werden. Aufgrund der geringen Flexibilität eignet sich das Verfahren nicht für kleinere Losgrößen [WINK08, WINK14].

■ 4.3 Weichfeinbearbeitung mit definierter Schneide

Die Feinbearbeitung von Verzahnungen ist sowohl im gehärteten als auch im weichen Zustand der Werkstücke möglich. Im Vergleich zur Bearbeitung im harten Zustand kann die Weichfeinbearbeitung von Verzahnungen zu einer deutlichen Kostensenkung beitragen (Bild 4.57). Des Weiteren entfallen Aufmaße für spätere Bearbeitungsschritte. Somit bleiben wärmebehandelte Randzonen in ihrer vollen Tiefe erhalten und die notwendigen Einhärtetiefen sind geringer als bei Fertigungsketten mit einer Hartfeinbearbeitung. Auf die Weichfeinbearbeitung folgende Fertigungsprozesse können die Qualität der Verzahnung negativ beeinflussen. Besonders sind hier die in der Wärmebehandlung auftretenden Geometrieänderungen (Härteverzug) zu nennen, die gegenüber einer Hartfeinbearbeitung bei weichfeinbearbeiteten Bauteilen als Geometrieabweichung am fertigen Bauteil verbleiben (siehe Abschnitt 4.1.3.3.3).

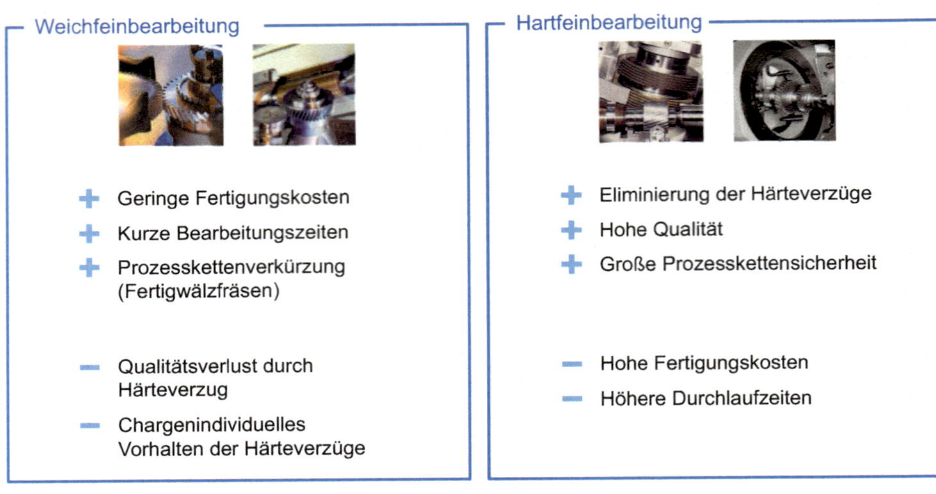

Bild 4.57 Vergleich von Weich- und Hartfeinbearbeitung (Bildquelle: Gleason, Fässler, Kapp)

4.3.1 Anforderungen an die Weichfeinbearbeitung

Da die Weichfeinbearbeitung in der Prozesskette das letzte Verfahren darstellt, in dem die Geometrie der Zahnflanken gezielt eingestellt wird, wird in diesem Prozessschritt maßgeblich die Qualität des fertigen Bauteils bestimmt. Die sich anschließende Wärmebehandlung verursacht Härteverzüge, die unmittelbar die Verzahnungsqualität beeinflussen. Die Härteverzüge können in einen systematischen und einen nicht systematischen Anteil aufgeteilt werden. Während der nicht systematische Teil nicht vorherbestimmt werden kann, tritt der systematische Teil reproduzierbar auf. Daher kann der systematische Anteil durch eine Anpassung der Zahnradgeometrie in der Feinbearbeitung kompensiert werden. Dazu werden Abweichungen in Zahnhöhenrichtungen durch einen gezielten Schliff des Werkzeugprofils und Abweichungen in Zahnbreitenrichtungen durch Achsbewegungen der Maschine vorgehalten.

Zur Auslegung einer Prozesskette mit Weichfeinbearbeitungsverfahren sind mehrere Iterationsschritte notwendig. Wird die gewünschte Qualität vor oder nach der Wärmebehandlung nicht erzielt, ist eine Korrektur des Weichfeinbearbeitungsprozesses notwendig. Nach erfolgreicher Prozessauslegung für den Bereich der aktiven Zahnflanken finden gegebenenfalls Nacharbeiten an weiteren Funktionsbereichen des Zahnrads statt. Im Anschluss ist die Prozesskette aufeinander abgestimmt und das Bauteil bereit zum Einsatz.

In der Weichfeinbearbeitung von Verzahnungen hat sich vor allem das Zahnradschaben durchgesetzt. Durch die Weiterentwicklungen zum Fertigwälzfräsen hat sich allerdings ein alternatives, konkurrenzfähiges Verfahren etabliert, mit dem Verzahnungen in einer Qualität vergleichbar zu geschabten Verzahnungen hergestellt werden können, und das die Bearbeitung in einer Aufspannung erlaubt [WINK05b].

In Bild 4.58 sind die Eigenschaften der beiden genannten Verfahren sowie die prozessspezifischen Vor- und Nachteile zusammengefasst. Das Fertigwälzfräsen ist durch die prozesstypischen Vorschub- und Hüllschnittabweichungen auf der Zahnflanke charakterisiert.

Beim Zahnradschaben bildet sich eine in Zahnhöhe und Zahnbreite orientierte Oberflächenstruktur aus, die in Abhängigkeit von der veränderlichen Höhengleitgeschwindigkeit orientierte Bearbeitungsspuren bildet. Das Fertigwälzfräsen bietet den Vorteil, dass die Prozesskette verkürzt werden kann, da keine zusätzliche Feinbearbeitungsmaschine erforderlich ist. Die Vor- und die Fertigbearbeitung erfolgt auf einer Maschine in derselben Aufspannung. Weiterhin bietet der Prozess die Möglichkeit zum Wegfall von Kühlschmierstoffen, sodass die Umsetzung einer vollständig trockenen Prozesskette erlaubt wird. Gegenüber dem Zahnradschaben unterliegt das Fertigwälzfräsen der Anforderung, einen ausreichenden Werkzeugauslauf am Bauteil vorsehen zu müssen. Die Prozesskinematik des Weichschabens erlaubt hingegen auch die Bearbeitung von Verzahnungen, die nur geringe Auslaufwege aufweisen.

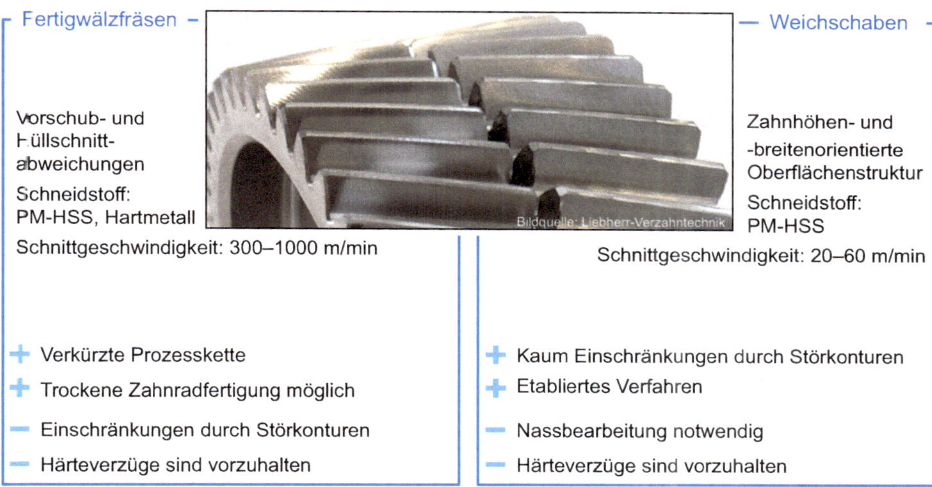

Bild 4.58 Verfahren zur Weichfeinbearbeitung von Zahnrädern (Bildquelle: Liebherr-Verzahntechnik)

4.3.2 Zahnradschaben

Das Zahnradschaben ist ein etabliertes Weichfeinbearbeitungsverfahren für Verzahnungen. Die Kinematik dieses Verfahrens entspricht der eines Schraubwälzgetriebes, ähnlich dem Wälzschälen. Das Werkzeug ist ein Zahnrad, dessen Zahnflanken durch Spannuten unterbrochen sind, sodass an den Kanten der Nuten Schneiden resultieren.

Der Schrägungswinkel des Werkzeugs unterscheidet sich von dem des Werkstücks. Die Werkzeug- und die Werkstückachsen sind daher gekreuzt und bilden den Achskreuzwinkel Σ. Dieser weist in der Regel Werte zwischen $\Sigma = 10°$ und $15°$ auf, in Ausnahmefällen werden Achskreuzwinkel von $\Sigma = 3°$ bis $20°$ realisiert [BECK00]. Durch den Achskreuzwinkel ergibt sich eine schnitterzeugende Relativgeschwindigkeit der Schabstege, die Schnittgeschwindigkeit v_c in Richtung der Werkstückflanke (siehe Formel 4.20). Die Kinematik des Schabprozesses ist in Bild 4.59 dargestellt:

$$\Sigma = \beta_0 + \beta_2 \tag{4.19}$$

$$v_c \cdot \cos\beta_2 = v_{u0} \cdot \sin\Sigma \tag{4.20}$$

oder

$$v_c \cdot \cos\beta_0 = v_{u2} \cdot \sin\Sigma \tag{4.21}$$

Daraus folgt:

$$v_c = v_{u0} \cdot \frac{\sin\Sigma}{\cos\beta_2} = v_{u2} \cdot \frac{\sin\Sigma}{\cos\beta_0} \tag{4.22}$$

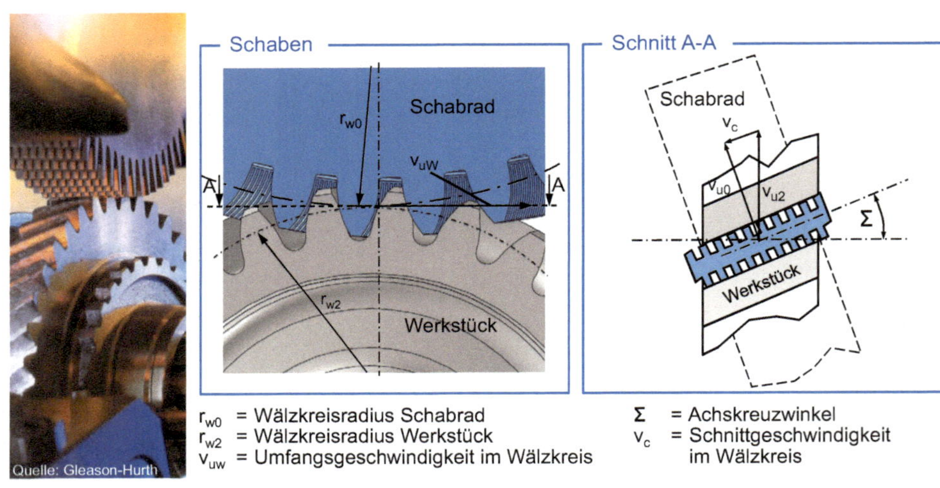

Bild 4.59 Prinzip des Zahnradschabens [SCHR07] (Bildquelle: Gleason-Hurth)

Neben der Schnittgeschwindigkeit v_c in Flankenrichtung des Werkstücks ergibt sich durch das Abwälzen eine Relativgeschwindigkeit in Profilrichtung des Werkstücks (Bild 4.60). Der Relativgeschwindigkeitsanteil variiert über dem Zahnprofil, weist am Zahnkopf und am Zahnfuß die höchsten Werte auf und nimmt zum Schraubwälzkreis hin ab. Am Wälzkreis kehrt sich die Richtung der Relativbewegung um und ist daher an dieser Stelle gleich null. Im Gegensatz zum Verzahnungshonen (vgl. Abschnitt 4.4.2.3.5) trägt der Gleitgeschwindigkeitsanteil in Zahnhöhenrichtung beim Schaben nicht zur Spanbildung bei, da er parallel zur Schneide orientiert ist. Im Schabprozess bewegen sich die Schneiden bogenförmig entlang der Zahnflanke. Da Schabräder über keinen konstruktiven Freiwinkel verfügen, entsteht beim Eintauchen des Werkzeugs ein negativer Wirkfreiwinkel α_R.

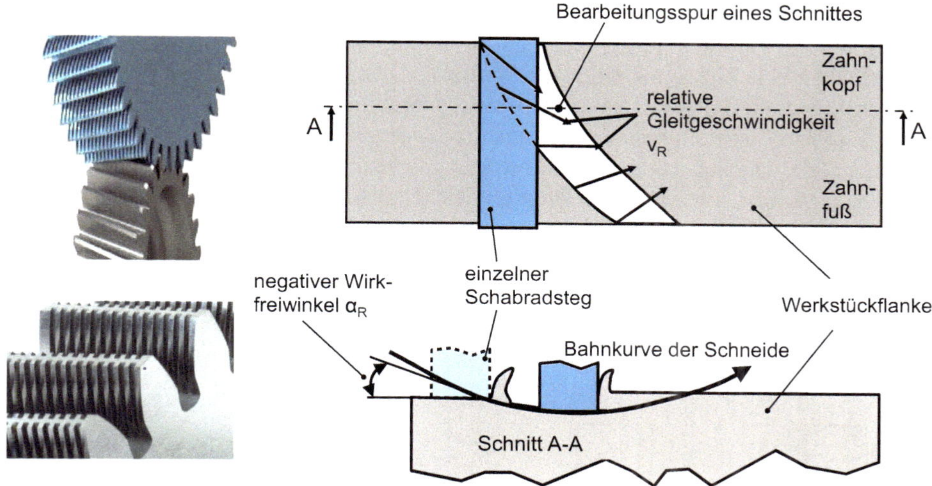

Bild 4.60 Bahnkurve der Schneiden beim Schaben [SCHR07]

Der Aufbau einer Zahnradschabmaschine ist in Bild 4.61 beispielhaft dargestellt. Bis auf die Werkstückrotation sind alle Bewegungen auf die Werkzeugachse bezogen. Die Achse A dient der Einstellung des Achskreuzwinkels. Über die Werkzeugrotation C_1 und die Werkstückdrehung C_2 wird die Relativgeschwindigkeit zwischen Werkzeug und Werkstück am Wälzkreis eingestellt. Über die X-, Y- und Z-Achsen wird je nach Verfahrensvariante die Vorschubrichtung eingestellt [NN15c, NN15b, WECK05].

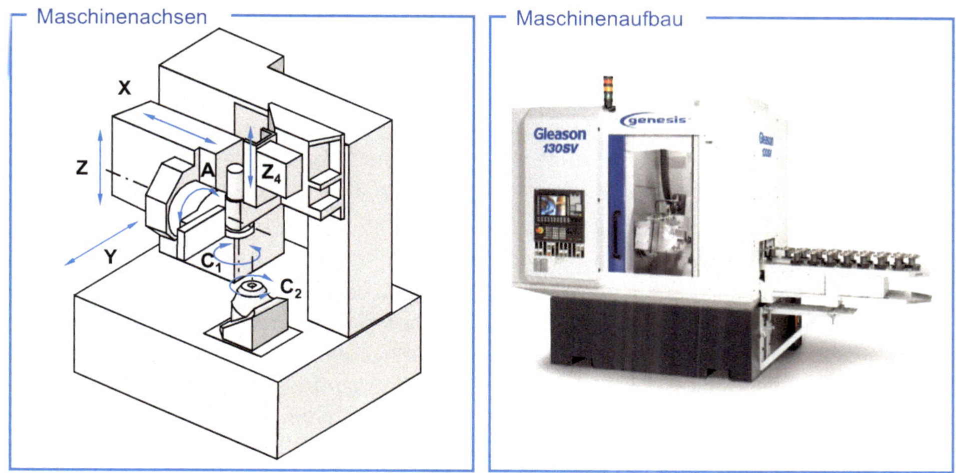

Bild 4.61 Aufbau einer Zahnradschabmaschine (exemplarisch nach Gleason)

Das Zahnradschaben kann in verschiedenen Verfahrensvarianten durchgeführt werden (Bild 4.62). Das Parallelschaben ist der älteste Schabprozess. Das Werkzeug führt beim Parallelschaben eine Bewegung längs der Werkstückachse aus. Durch diese Bewegung wird der Achskreuzpunkt über die gesamte Werkstückbreite verschoben, bis das gesamte Werkstück bearbeitet ist. Der Achskreuzpunkt liegt auf das Schabrad bezogen immer an der gleichen Stelle. Die Belastung wird daher nicht zu gleichen Anteilen auf die Schneiden des Werkzeugs verteilt, wodurch es zu einer ungleichmäßigen Verschleißentwicklung kommt.

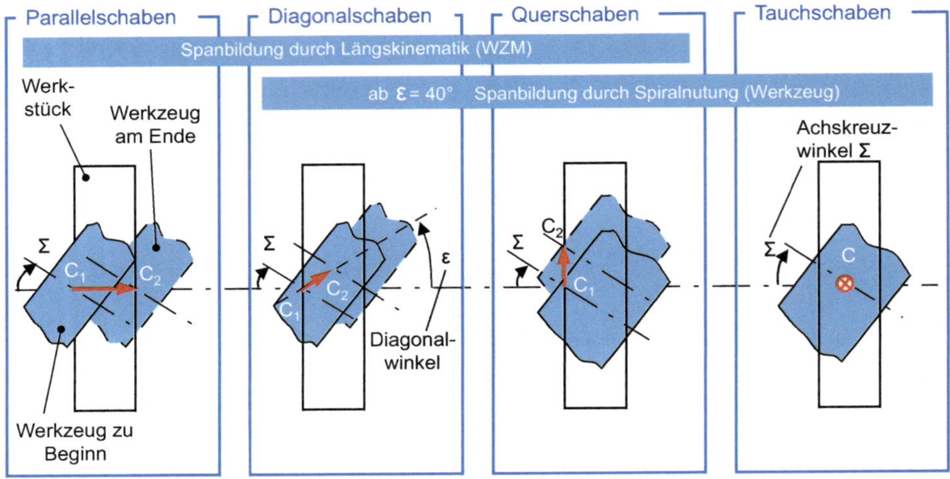

Bild 4.62 Verfahrensvarianten zum Schaben [SCHR07]

Im Diagonalschabprozess wird das Werkzeug unter einem Diagonalwinkel ε zum Werkstück geführt. Der benötigte Vorschubweg verkürzt sich mit steigenden Diagonalwinkeln, woraus eine Verkürzung der Bearbeitungszeit resultiert. In dieser Verfahrensvariante verschiebt sich der Achskreuzpunkt über dem Werkzeug, sodass eine gleichmäßigere Belastung der einzelnen Schneiden resultiert. Beim Diagonalschaben ist die maximale Breite des bearbeiteten Werkstücks vom Achskreuzwinkel, der Schabradbreite und dem Diagonalwinkel abhängig.

Ab einem Diagonalwinkel von etwa $\varepsilon = 40°$ reicht die Verlagerung des Achskreuzpunktes nicht mehr aus, um alle Punkte der Werkstückflanke zu bearbeiten. Bei einem gerade genuteten Werkzeug wird dann kein Span gebildet, sodass unbearbeitete Bereiche resultieren. Daher werden bei größeren Achskreuzwinkeln spiralgenutete Werkzeuge eingesetzt. Bei diesen Werkzeugen sind die Schneiden auf den Schabradzähnen von Zahn zu Zahn versetzt. Üblicherweise beträgt dieser Versatz bezogen auf eine Werkstückumdrehung ca. $p_{Nut} = 0{,}2$ mm. Wird der Diagonalwinkel auf $\varepsilon = 90°$ erhöht, wird das Verfahren als Querschaben oder Underpass-Schaben bezeichnet.

Das produktivste Schabverfahren ist das Tauchschaben. Bei diesem Verfahren wird das Schabrad radial dem Werkstück zugestellt. Es wird keine zusätzliche Vorschubbewegung ausgeführt. Durch einen sogenannten Hohlschliff der Schabradflanke wird in diesem Verfahren ein Linienkontakt hergestellt. Das Werkzeug bearbeitet somit die gesamte Werkstückbreite gleichzeitig. Da sowohl für das Querschaben als auch für das Tauchschaben eine werkstückspezifische Schabradauslegung erforderlich ist, werden diese Verfahren hauptsächlich in der Großserienfertigung eingesetzt. In kleineren Serien wird meist das Diagonalschaben verwendet.

In Bild 4.63 ist die Oberfläche einer im Tauchverfahren geschabten Verzahnung dargestellt. Durch eine Überlagerung der variablen Gleitgeschwindigkeit in Profilrichtung und der nahezu konstanten Geschwindigkeit in Flankenrichtung der Verzahnung entsteht die für geschabte Verzahnungen charakteristische Oberflächenstruktur.

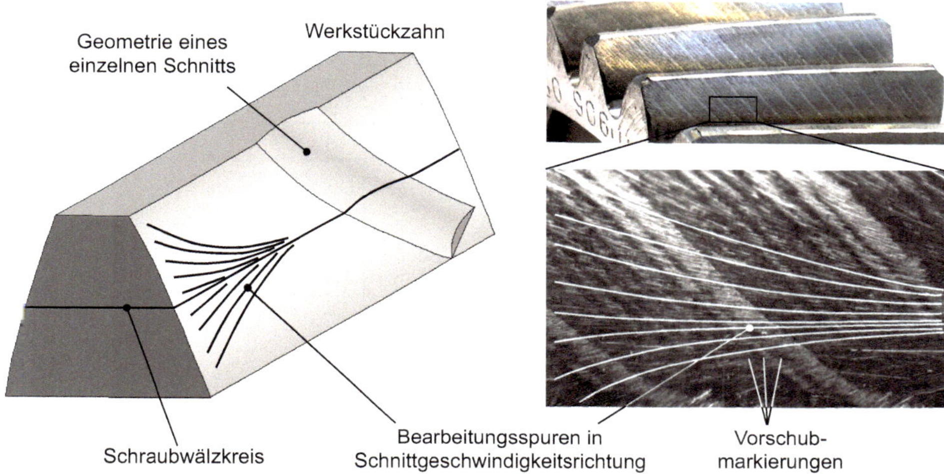

Bild 4.63 Schnittgeometrie und Oberflächenstruktur beim Schaben [SCHR07]

Umfangreiche wissenschaftliche Untersuchungen zum Weichschaben wurden von Schröder durchgeführt [SCHR07]. Die Untersuchungen zeigen einen maßgeblichen Einfluss des Werkzeugverschleißes beim Weichschaben auf die erzielten Verzahnungsqualitäten. Beispielhaft sind in Bild 4.64 die Werte der Profil-Winkelabweichung $f_{H\alpha}$ der linken und rechten Flanke über der Werkzeugstandzeit dargestellt. Als Standzeitkriterium wurde eine maximale Profil-Winkelabweichung von $f_{H\alpha}$ = 6 µm zugelassen. Das Ergebnis zeigt eine stetig steigende Profil-Winkelabweichung in Abhängigkeit von der Werkzeugstandzeit. Die Werte der Profil-Winkelabweichung steigen nahezu linear über der Werkzeugstandzeit an und die Streuung der Abweichung von der Sollgeometrie nimmt zu.

Besonders das Verständnis zur Entstehung sowie die Reduzierung des Werkzeugverschleißes beim Weichschaben ermöglichen heute großes Verbesserungspotenzial beim Weichschaben, um hohe Standzeiten bei ausreichender Werkstückqualität zu erreichen. Die Kontrolle und Vorhersage des Werkzeugverschleißes ist eine Grundvoraussetzung, den Prozess im Hinblick auf Produktivität und Wirtschaftlichkeit zu gestalten.

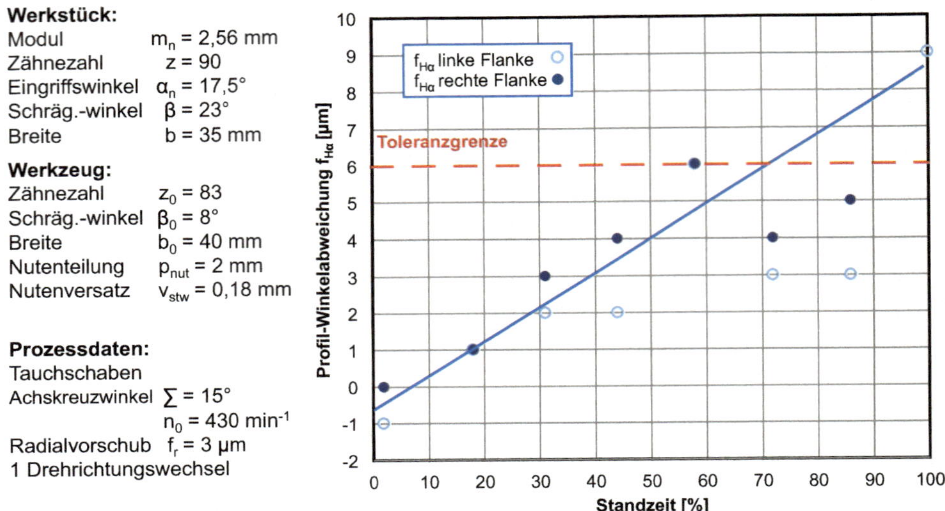

Bild 4.64 Profil-Winkelabweichung beim Weichschaben in Abhängigkeit von der Werkzeugstandzeit [SCHR07]

4.3.3 Fertigwälzfräsen

Das Wälzfräsen (vgl. Abschnitt 4.2.3.2) wird neben der Vorbearbeitung der Zahnlücke auch für die Feinbearbeitung eingesetzt. Es wird zwischen der Feinbearbeitung von Werkstücken im weichen Zustand, dem Fertigwälzfräsen, und der Bearbeitung gehärteter Bauteile, dem Schälwälzfräsen (vgl. Abschnitt 4.4.1.1), unterschieden. Durch die Entwicklungen von Werkzeugen und Werkzeugmaschinen ist es heute möglich, im Fertigwälzfräsprozess Werkstückqualitäten vergleichbar zum Schaben zu erzeugen [WINK05a]. Das Wälzfräsen als Weichfeinbearbeitungsprozess bietet verfahrensbedingte Vorteile. Das Fertigwälzfräsen kann auf einer bereits für das Vorverzahnen verwendeten Wälzfräsmaschine durchgeführt werden. Durch eine Bearbeitung direkt im Anschluss an die Vorbearbeitung oder eine Integration weiterer Verfahren, wie Anfasen und Entgraten, ist es möglich, die Verzahnung in einer Aufspannung fertig zu bearbeiten. Des Weiteren kann das Fertigwälzfräsen trocken durchgeführt werden und ermöglicht so eine kühlschmierstofffreie Verzahnungsfertigung.

Durch die Prozess- und Werkzeugauslegung können verfahrenstypische Abweichungen beeinflusst werden (siehe Bild 4.65). Den Vorschubmarkierungen wird mit einem geringen Axialvorschub begegnet. Um trotz eines geringen Vorschubs eine akzeptable Produktivität zu erzielen, wird die Schnittgeschwindigkeit entsprechend erhöht. Eine Reduzierung des Axialvorschubs und eine Steigerung des Werkzeugdurchmessers führen zu einer Reduzierung der Vorschubmarkierungstiefe. Hohe Stollenzahlen und geringe Gangzahlen führen zu einer Annäherung des evolventischen Zahnprofils durch eine große Zahl von Hüllschnitten und somit zu geringen Hüllschnittabweichungen.

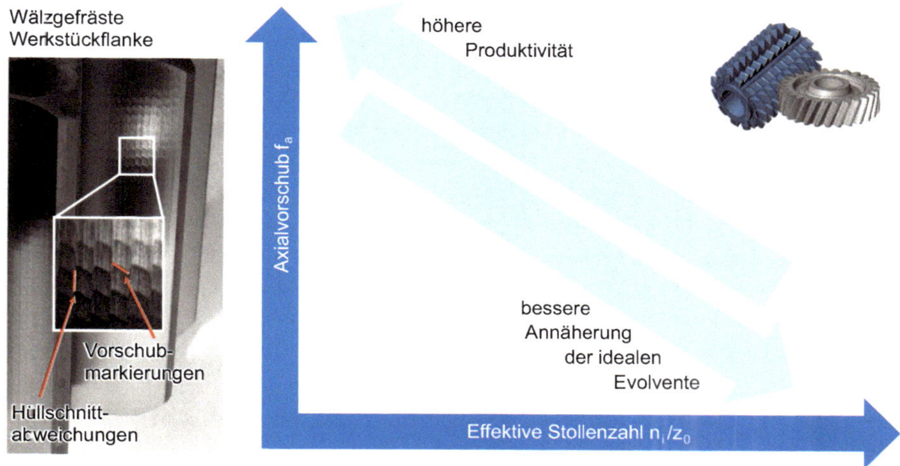

Bild 4.65 Fertigbearbeitung durch Wälzfräsen [SCHA12]

Die Fertigbearbeitung von Stirnradverzahnungen im Wälzfräsprozess kann sowohl in einem als auch in mehreren Überläufen über das Werkstück durchgeführt werden (siehe Bild 4.66). Die Bearbeitung in einem Schnitt wird in der Regel für Verzahnungen mit niedrigen Anforderungen an die Verzahnungsqualität wie Steckverzahnungen durchgeführt. Für Laufverzahnungen wird in der Regel eine Mehrschnittstrategie verwendet. Um die Qualität der Verzahnung über der Werkzeugstandzeit sicherzustellen, kann das Werkzeug in einen Schrupp- und Schlichtbereich unterteilt werden. Im Schruppbereich wird das Werkstück so weit bearbeitet, dass nur noch ein geringes Aufmaß zu zerspanen ist. Das Aufmaß wird dann mit dem Schlichtbereich zerspant. Da der Schlichtbereich vergleichsweise wenig belastet wird, kommt es hier zu einem geringeren Werkzeugverschleiß, wodurch verschleißbedingten Abweichungen der Makro- und Mikrogeometrie entgegengewirkt wird.

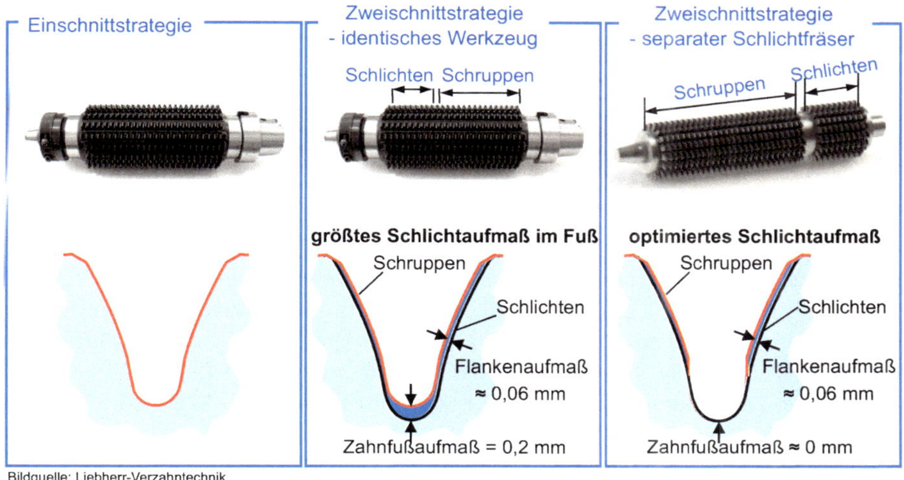

Bild 4.66 Bearbeitungsstrategien zum Fertigwälzfräsen (Quelle: Liebherr-Verzahntechnik)

Ein konventionelles Wälzfräswerkzeug verfügt über der gesamten Länge über ein gleichbleibendes Profil. Wird mit einem solchen Werkzeug vor- und fertigbearbeitet, ergibt sich z. B. die in der Mitte von Bild 4.66 dargestellte Aufmaßverteilung für den Schlichtschnitt. Da sich die radiale Zustellung im Fußbereich der Verzahnung deutlich stärker auf das Aufmaß auswirkt als an der Flanke, kommt es bei einer solchen Bearbeitung zu einer erhöhten Belastung am Schneidenkopf des Fräsers. Durch eine reine Flankenbearbeitung im Schlichtschnitt kann diese Belastungsüberhöhung vermieden und die Werkzeugstandzeit gesteigert werden. Zur Umsetzung dieser Strategie ohne Umrüstvorgänge zwischen den Bearbeitungsschritten ist ein Kombinationswälzfräser mit unterschiedlichen Profilen einsetzbar. So kann im Schruppschnitt mit einem Protuberanzwerkzeug gearbeitet werden, wie es für die Vorbearbeitung zu anderen Feinbearbeitungsverfahren üblich ist. Die Flanken werden anschließend im zweiten Schnitt mit dem separaten Schlichtbereich bearbeitet.

Für die Untersuchungen des Schlichtschnitts wurde ein modifizierter Schlagzahnversuch entwickelt, der von dem ursprünglichen Schlagzahnversuch, wie in Abschnitt 4.2 vorgestellt, abgeleitet wurde [SCHA12]. Die Besonderheit ist die Kombination aus einem vorprofilierenden Wälzfräser und dem Schlagzahn auf einer Werkzeugwelle (siehe Bild 4.67). Diese Ausführung bietet die Möglichkeit, durch den Schruppwälzfräser ein vorverzahntes Bauteil zu erzeugen. Nach der Vorbearbeitung setzt mit dem Schlagzahn die eigentliche Zerspanuntersuchung des Schlichtschnittes ein.

Werkstück:
Modul $m_n = 2{,}56$ mm
Zähnezahl $z = 39$
Eingriffswinkel $\alpha_n = 17{,}5°$
Schräg.-winkel $\beta = 23°$
Breite $b = 30$ mm

Vorbearbeitung:
Frästiefe $h = 8{,}1$ mm
Protuberanz $pr_{p0} = 60$ µm

Fertigwälzfräser:
Durchmesser $d_{a0} = 80$ mm
Auslegung $n_i/z_0 = 16/2$

Fertigbearbeitung:
Gegenlauf
Zustellung $h_2 = 0{,}2$ mm
Axialvorschub $f_a = 1$ mm
Trockenbearbeitung

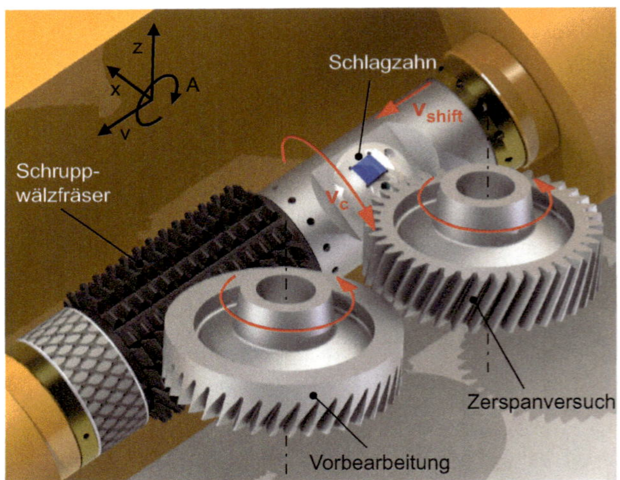

Bild 4.67 Schlagzahnversuch zur Untersuchung des Fertigwälzfräsens

Mit diesem Schlagzahn-Konzept wurden umfangreiche Untersuchungen zur Leistungssteigerung des Fertigwälzfräsens mit Hartmetall durchgeführt. Mit einer gezielten Anpassung des Werkzeugprofils im Schruppbereich ist eine Standzeitsteigerung im Schlichtbereich erzielbar. Dies wird ermöglicht durch eine angepasste Aufmaßverteilung, die zu einer gleichmäßigeren Schneidenbelastung im Schlichtschnitt führt (siehe Bild 4.68). Der Vergleich des Verschleißbilds der Zahnflanken zwischen der Zerspanung des äquidistanten und optimierten Schlichtaufmaßes zeigt für beide eingesetzten Werkzeuge eine dem lokal zerspanten Volumen entsprechende Verschleißverteilung. An Profilmessschrieben wird deutlich, dass in beiden Fällen die Flankenlinien bis zum Standzeitende vergleichbar hohe Genauigkeiten zeigen; in den Profillinien sind aber bei der Bearbeitung mit äquidistantem Aufmaß deutliche Abweichungen vorhanden [SCHA12].

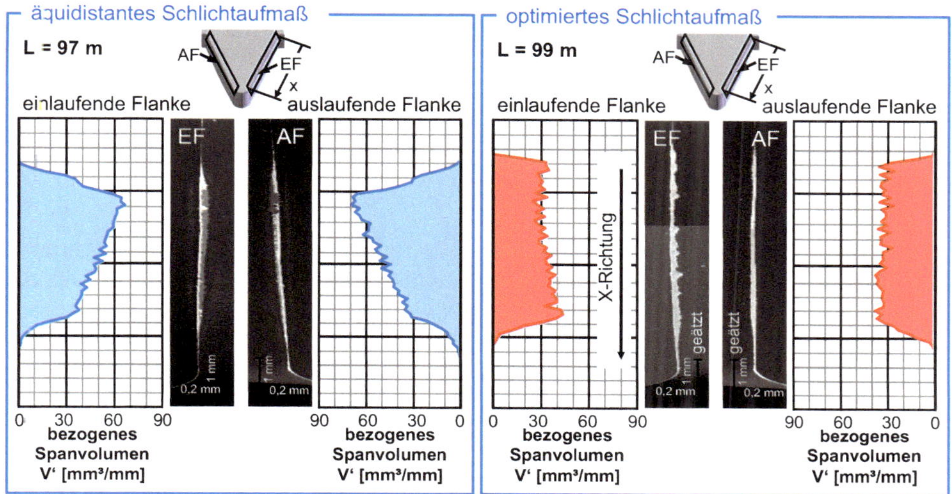

Bild 4.68 Bearbeitung mit optimiertem Schlichtaufmaß [SCHA12]

Neben den Schneidstoffen PM-HSS und Hartmetall wurden auch Cermet und PcBN eingesetzt. Der Vergleich der Leistungsfähigkeiten der untersuchten Schneidstoffe ist in Bild 4.69 dargestellt. Die erzielten Standlängen L der jeweiligen Werkzeuge sind über der Schnittgeschwindigkeit v_c aufgetragen. In den Zerspanversuchen mit Kombinationswerkzeug findet keine Zahnfußbearbeitung im Schlichtschnitt statt.

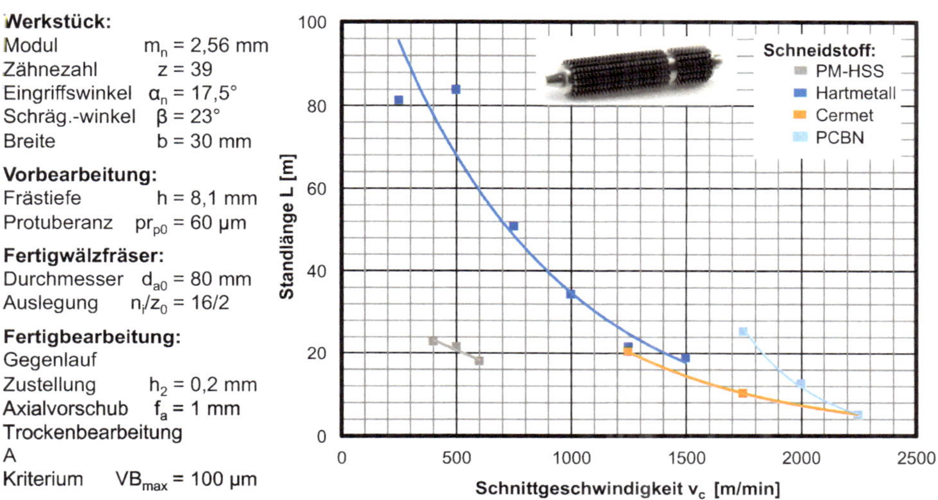

Bild 4.69 Leistungsfähigkeit unterschiedlicher Schneidstoffe beim Fertigwälzfräsen [SARI16]

Die Untersuchungen zeigen, dass Hartmetall eine deutlich höhere Leistungsfähigkeit aufweist als PM-HSS. Eine weitere Anhebung der Schnittgeschwindigkeit über v_c = 1500 m/min bei Einsatz von Cermet oder PcBN ergab keine Leistungssteigerung. Während die Werkzeuge aus Cermet etwas geringere Standlängen als die Hartmetallwerkzeuge erreichen, fallen die PcBN-Schneiden aufgrund plötzlicher Ausbrüche aus, wodurch die Prozesssicherheit nicht gewährleistet werden kann [SARI16].

4.4 Hartfeinbearbeitung

Die Anforderungen an die zu übertragende Leistung und an das Geräuschverhalten hoch beanspruchter Getriebe erfordern häufig eine Feinbearbeitung der Zahnflanken nach der Wärmebehandlung. Durch die Feinbearbeitung werden fertigungsbedingte Maß- und Formabweichungen in Form von Flankenlinien-, Profillinien-, Rundlauf- und Teilungsabweichungen aus der Vorbearbeitung und der Wärmebehandlung ausgeglichen. Weiterhin können Modifikationen in Profil- und Flankenlinienrichtung aufgebracht werden. Durch die Hartfeinbearbeitung wird ebenfalls die geforderte Oberflächengüte erzielt.

Die bei der Hartfeinbearbeitung von Verzahnungen eingesetzten Verfahren können gemäß DIN 8589-0 nach dem verwendeten Werkzeugsystem in Verfahren mit geometrisch bestimmter und unbestimmter Schneide unterschieden werden [DIN03e]. Zur Gruppe der Verfahren mit geometrisch bestimmter Schneide gehören die bereits in Abschnitt 4.2 beschriebenen Verfahren. In Abschnitt 4.4.1 werden die besonderen Merkmale dieser Verfahren für den Einsatz als Hartfeinbearbeitungsverfahren vorgestellt. Die Gruppe der Hartfeinbearbeitungsverfahren mit geometrisch unbestimmter Schneide, welche in der industriellen Anwendung überwiegend eingesetzt werden, wird in Abschnitt 4.4.1 beschrieben.

4.4.1 Hartfeinbearbeitung mit geometrisch bestimmter Schneide

Nach der DIN 8589-0 wird beim Spanen mit geometrisch bestimmten Schneiden ein Werkzeug verwendet, dessen Geometrie der Schneidkeile und Lage der Schneiden mit der Verzahnungsgeometrie abgestimmt ist [DIN03e]. Generell sind alle in Abschnitt 4.2 beschriebenen Verfahren grundsätzlich auch zur Hartbearbeitung einsetzbar. Besondere Relevanz haben die Verfahren Schälwälzfräsen, Schälwälzstoßen und Hartschälen.

4.4.1.1 Schälwälzfräsen

Das Schälwälzfräsen ist ein kontinuierliches Verfahren mit geometrisch bestimmter Schneide zur Hartfeinbearbeitung von Verzahnungen. Die Prozesskinematik ist mit der des Wälzfräsens identisch (vgl. Abschnitt 4.2.3.2).

Beim Schälwälzfräsen werden Vollhartmetall-Werkzeuge, Wälzfräser mit aufgelöteten Hartmetallschneiden oder mit Wendeschneidplatten verwendet. Die Werkzeuge werden mit einem negativen Spanwinkel und damit mit einer geneigten Spanfläche ausgelegt (siehe Bild 4.70). Die Spanflächenneigung wird über den Flankenneigungswinkel λ_P definiert. Dieser liegt üblicherweise zwischen λ_P = -30° und λ_P = -20°. Damit wird durch die Flanken des Werkzeugprofils ein negativer, ziehender bzw. schälender Schnitt bewirkt. Der Schneideneingriff verläuft vom Zahnfuß zum Zahnkopf des Werkzeugs. Durch diesen Verlauf wird eine schlagartige Belastung der gesamten Schneide bei der Schnittinitiierung verhindert und die dynamische Anregung des Prozesses reduziert. Je betragsmäßig größer der Flankenneigungswinkel ausgeführt wird, umso geringer fällt die dynamische Anregung im Prozess aus. Jedoch nimmt der auf einem Stollen nutzbare Nachschliffbetrag bei betragsmäßig steigenden Flankenneigungswinkeln ab.

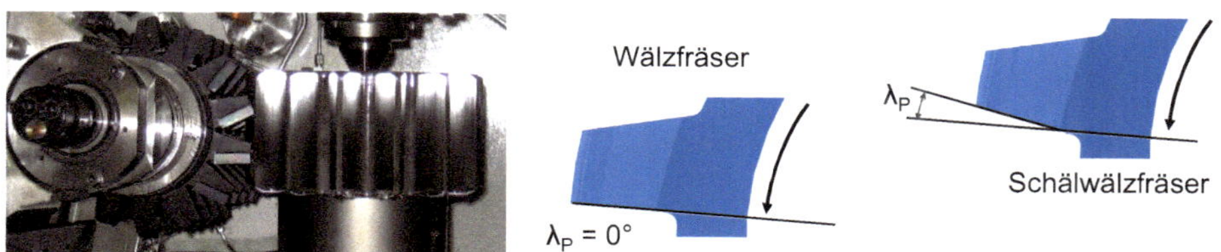

Bild 4.70 Spanflächen-Neigungswinkel beim Wälz- und Schälwälzfräsen

Am Zahnkopf des Werkzeugs werden die betragsmäßig größten negativen Spanwinkel erreicht. Bei gleichem Bezugsprofil in Vor- und Feinbearbeitung resultieren in diesem Bereich größere Spanungsdicken als an den Zahnflanken. Aus diesem Grund wird der Zahnfuß beim Schälwälzfräsen nicht bearbeitet.

Aufgrund der hohen Härte der einsatzgehärteten Werkstoffe erfahren die Schneiden beim Schälwälzfräsen höhere lokale Belastungen als bei der Vorbearbeitung. Um einer Überlastung der Schneidkanten entgegenzuwirken, werden die Prozesse daher mit Spanungsdicken von $h_{cu} \leq 50$ µm ausgelegt. Die Qualität bei der Fertigbearbeitung durch das Schälwälzfräsen wird wesentlich durch die für das Wälzfräsen charakteristischen Vorschubmarkierungen und Hüllschnittabweichungen bestimmt.

Die Grenzen der Prozessauslegung beim Schälwälzfräsen bilden einerseits geometrische Abweichungen der Verzahnungen aufgrund der hohen Zerspankräfte und der Formverlust der Werkzeuge durch Verschleiß. Andererseits kann es bei diesen Prozessen zu Schädigungen des oberflächennahen Gefüges kommen. Die thermischen Gefügebeeinflussungen treten in Form von Anlasszonen und weißen Schichten auf (vgl. Abschnitt 4.7.3). Die als weiße Schichten bekannten Neuhärtungszonen treten durch die hohe Erwärmung der Randschicht über die Austenitisierungstemperatur während der Bearbeitung und der darauffolgenden schnellen Abkühlung auf. Beim Schälwälzfräsen erreichen weiße Schichten eine Tiefe von wenigen Mikrometern. Die thermische Gefügebeeinflussung wird maßgeblich vom Verschleißzustand der eingesetzten Schneiden beeinflusst [KAIS92].

Einflüsse unterschiedlicher Auslegungen von Prozessen, Werkzeugen und unterschiedlicher Schneidstoffe und Beschichtungen auf die Werkstückqualität sowie den Werkzeugverschleiß wurden in verschiedenen Arbeiten untersucht. So wurde durch umfangreiche Untersuchungen ermittelt, dass bei Spanungsdicken oberhalb von h_{cu} = 30 bis 40 µm die Zerspankraftkomponenten stark ansteigen und aufgrund der damit steigenden Werkstückabdrängung eine akzeptable Bauteilqualität nicht gewährleistet werden kann. Weiterhin zeigten die Ergebnisse der Zerspanuntersuchungen, dass die auftretende Randzonenschädigung mit steigendem Werkzeugverschleiß stetig zunimmt, wodurch eine Kenntnis des in der Praxis vorliegenden Verschleißzustandes während der Bearbeitung notwendig ist [JOPP77, KAIS92, KLOC03, ROOS83, VUEL99].

4.4.1.2 Schälwälzstoßen

Die Prozesskinematik beim Schälwälzstoßen ist mit der des Wälzstoßens (siehe Abschnitt 4.2) identisch, sodass die gehärteten Zahnräder auf einer Wälzstoßmaschine fertig bearbeitet werden können. Analog zum Schälwälzfräsen werden auch beim Schälwälzstoßen Schneidwerkzeuge mit einer negativen Spanflächenneigung ausgelegt. Als Schneidstoff kommen beschichtete Feinstkornhartmetalle zum Einsatz. Das potenzielle Anwendungsgebiet des Schälwälzstoßens liegt in der Hartfeinbearbeitung von Innenverzahnungen und Verzahnungen nah an Störkonturen, die mit anderen Verfahren nicht oder nur unwirtschaftlich bearbeitet werden können.

Ähnlich wie beim Schälwälzfräsen wird die Prozessauslegung beim Schälwälzstoßen durch die geometrische Verzahnungsqualität und thermische Randzonenbeeinflussung der bearbeiteten Werkstückoberflächen begrenzt. In Untersuchungen zur Werkzeug- und Prozessauslegung wurde gezeigt, dass die im Hartfeinbearbeitungsprozess Schälwälzfräsen (siehe Abschnitt 4.4.1.1) vorliegenden Erkenntnisse hinsichtlich Schnittgeschwindigkeit und Spanungsdicke nicht auf den Prozess des Schälwälzstoßens übertragen werden können. Aufgrund des impulsförmigen Anschnitts neigen die Werkzeuge zu Ausbrüchen entlang der Schneidkante. Zur Stabilisierung des Prozesses kann die Senkung der Schnittgeschwindigkeit unter v_c = 60 m/min beitragen [PEIF91, VUEL99].

4.4.1.3 Hartwälzschälen

Das Hartwälzschälen ist ein kontinuierliches Verfahren für die Fertigung von Stirnrädern mit einer Zugfestigkeit ab ca. 1400 MPa. Nach dem aktuellen Stand der Technik kann eine Verzahnungsqualität von ca. IT5 erreicht werden. Es basiert auf dem Prinzip des Wälzschälens (vgl. Abschnitt 4.2.3.4) und arbeitet im Gegensatz zu den kinematisch verwandten Verfahren Innenwälzschleifen (vgl. Abschnitt 4.4.2.3.6) und Verzahnungshonen (vgl. Abschnitt 4.4.2.3.5) mit definierter Schneide. Dabei können auch Zylinderräder mit Störkonturen sowie Innenverzahnungen bearbeitet werden. Das Hartwälzschälen bietet die Möglichkeit der Weich- und Hartbearbeitung auf derselben Maschine, sofern diese für Hartwälzschälen ausgewiesen ist [BAUS15].

Das Werkzeug kann entweder konisch oder zylindrisch ausgeführt werden (vgl. Bild 4.42). Für das Hartwälzschälen werden in der Regel Vollhartmetall-Werkzeuge mit einer Hartstoffbeschichtung verwendet. Die Werkzeuge können nach Erreichen der Standmenge nachbearbeitet und erneut eingesetzt werden. Zur Steigerung der Wirtschaftlichkeit kann das Werkzeug am Standzeitende durch eine integrierte Planschleifoperation in der Wälzschälmaschine nachgeschliffen werden [BAUS15].

Beim Hartwälzschälen werden in der Regel nur die Flanken der Verzahnung bearbeitet. Die dafür nötige Protuberanz wird bei der Vorverzahnung erzeugt. Voraussetzung für die Bearbeitung ist eine Einmittvorrichtung in der Werkzeugmaschine. Die Einmittvorrichtung dient dazu, die Lage einer Zahnradlücke zu der Lage einer Werkzeugschneide zu bestimmen und gegebenenfalls im Maschinenkoordinaten- oder Werkzeugkoordinatensystem zu transformieren. Die anschließende Bearbeitung findet ein- oder zweiflankig in einem oder mehreren Schnitten und unter Nutzung von Kühlschmierstoff statt.

Nach der Wärmebehandlung weisen die Verzahnungen thermisch bedingte Verzüge auf. Insbesondere für den Bereich der Zahnradflanken stellt dieser Materialverzug eine Aufmaßschwankung dar. Eine Aufmaßschwankung in Flankenrichtung kann dazu führen, dass die nötige Mindestspanungsdicke nicht erreicht wird. Dies kann zu einem erhöhten Verschleiß des Werkzeugs und zu Oberflächenschäden an den Zahnradflanken führen. Daher sind die Wahl der Prozessparameter und die Kenntnis deren Einflusses auf die Eingriffsbedingungen von Bedeutung. Wichtige Prozessparameter sind der Achskreuzwinkel Σ, der axiale Vorschub f_a, die Schnitttiefe in Flankenrichtung a_p und die Schnittgeschwindigkeit v_c. Zur Gestaltung oder Optimierung des Prozesses sind neben den Spanungskennwerten auch die Wirk-Spanwinkel von Bedeutung. In Bild 4.71 ist der Einfluss von Werkzeug- und Prozessparametern auf den Wirkspanwinkel γ_{ne}, die maximale Spanungslänge $l_{cu,max}$ und die maximale Spanungsdicke $h_{cu,max}$ dargestellt.

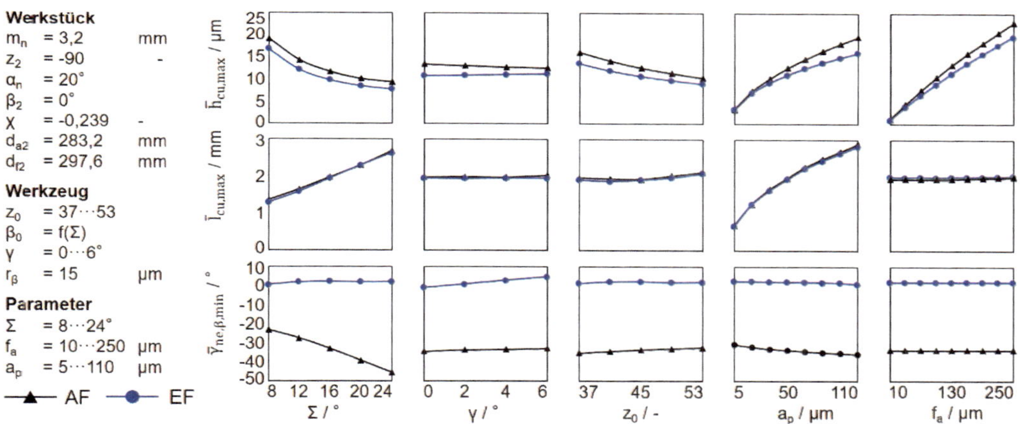

Bild 4.71 Einfluss von Werkzeug- und Prozessparametern auf die Eingriffsbedingungen [GEOR22]

Der Achskreuzwinkel weist einen degressiven Einfluss auf die maximale Spanungsdicke und einen nahezu proportionalen Einfluss auf die maximale Spanungslänge auf. Der minimale Wirk-Spanwinkel auf der auslaufenden Flanke fällt deutlich mit zunehmendem Achskreuzwinkel und er steigt leicht auf der einlaufenden Flanke. Der konstruktive Spanwinkel weist einen geringen Einfluss sowohl auf die betrachteten Spanungskennwerte als auch auf die Wirk-Spanwinkel an der ein- und der auslaufenden Flanke auf. Die Anzahl der Schneiden am Werkzeug beeinflusst die maximale Spanungsdicke leicht fallend und die maximale Spanungslänge leicht steigend. Die effektiven Wirk-Spanwinkel werden von der Schneidenanzahl proportional beeinflusst. Die Schnitttiefe beeinflusst sowohl die maximale Spanungsdicke als auch die maximale Spanungslänge degressiv. Die effektiven Wirk-Spanwinkel werden nur schwach beeinflusst, wobei ein größerer Einfluss auf die auslaufenden als auf die einlaufenden Flanken ermittelt wurde. Der axiale Vorschub beeinflusst die maximale Spanungsdicke signifikant. Die maximale Spanungslänge und die effektiven Wirk-

Spanwinkel werden kaum von einer Änderung des axialen Vorschubs beeinflusst. Insgesamt ist festzustellen, dass der Einfluss der Variationsparameter nicht linear ist und dass der Achskreuzwinkel Σ, die Schnitttiefe a_p und der axiale Vorschub f_a den größten Einfluss auf die betrachteten Kennwerte haben.

4.4.2 Hartfeinbearbeitung mit geometrisch unbestimmten Schneiden

Nach DIN 8589-0 wird beim Zerspanen mit geometrisch unbestimmten Schneiden ein Schleifwerkzeug verwendet, dessen Schneidenanzahl, Geometrie der Schneidkeile und Lage der Schneiden zum Werkstück unbestimmt sind [DIN03e]. Es wird zwischen abrichtbaren und nicht abrichtbaren Schleifwerkzeugen unterschieden. Bei der Verwendung von abrichtbaren Schleifwerkzeugen wird zusätzlich ein Abrichtwerkzeug benötigt (Bild 4.72). Das Schleifwerkzeug zerspant das Werkstück, um die geforderten Verzahnungsqualitäten, Verzahnungsmodifikationen und Oberflächengüten zu erzeugen. Das Abrichtwerkzeug profiliert und schärft das Schleifwerkzeug und bereitet verschlissene Schleifwerkzeuge auf. Zunächst erfolgt eine Beschreibung des Abricht- und Schleifwerkzeugsystems, dessen Charakteristik für alle Hartfeinbearbeitungsverfahren mit geometrisch unbestimmten Schneiden gleich ist. Anschließend werden die relevantesten Verfahren mit geometrisch unbestimmten Schneiden zur Zahnradhartfeinbearbeitung vorgestellt.

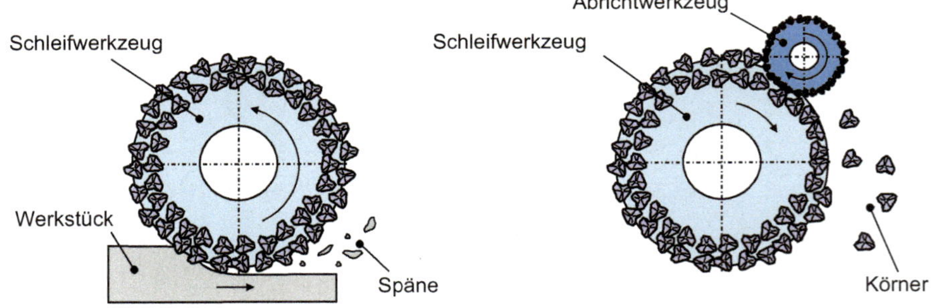

Schleifprozess:
Das Schleifwerkzeug bearbeitet das Werkstück.

Abrichtprozess:
Das Abrichtwerkzeug bearbeitet das Schleifwerkzeug.

Bild 4.72 Einteilung der Werkzeuge in Abricht- und Schleifwerkzeuge

4.4.2.1 Der Abrichtprozess

Schleifwerkzeuge müssen nach der ersten Aufnahme auf die Schleifspindel oder auch nach dem Schleifen abgerichtet werden. Durch das Abrichten wird die makrogeometrische Rundlaufgenauigkeit, die Profilgenauigkeit und die Schleifscheibentopografie eingestellt. Während des Schleifens verliert die Schleifscheibe ihre Profilgenauigkeit und auch die Schneidfähigkeit. Wenn Verschleißflächenbildung an den Körnern die überwiegende Verschleißform ist, dann steigen die Reibungsanteile in der Energieumsetzung, und es besteht die Gefahr, dass die Oberflächenrandzone thermisch geschädigt wird (z. B. Schleifbrand, siehe Abschnitt 4.7.3). Um die Makro- und Mikrogeometrie der Schleifscheibe in einen anforderungsgerechten Zustand zu versetzen, muss regelmäßig eine Einsatzvorbereitung der Schleifscheibe durchgeführt werden. Durch das Abrichten kann das Einsatzverhalten des Schleifwerkzeugs auch gezielt beeinflusst und eingestellt werden [KLOC18a]. Im Folgenden wird auf die Einsatzvorbereitung im Allgemeinen eingegangen. Anschließend erfolgt die Darlegung der Leistungssteigerung durch die Abrichtparameter, bevor die Leistungsfähigkeit verschiedener Herstellungsverfahren von Abrichtwerkzeugen aufgezeigt wird. Abschließend erfolgt eine Einteilung der Abrichtwerkzeuge für die verschiedenen Zahnflankenschleifverfahren.

Die Einsatzvorbereitung von Schleifwerkzeugen, auch als Konditionieren bezeichnet, umfasst grundsätzlich die Reinigung und das Abrichten des Schleifwerkzeugs (Bild 4.73). Durch Reinigen der Schleifscheibe werden Zusetzungen durch Span-, Korn- und Bindungsreste aus den Porenräumen der Schleifscheibe entfernt. Das Abrichten wird in das Profilieren und das Schärfen unterteilt. Während des Profilierens werden Geometriefehler der Schleifscheibe beseitigt und das gewünschte Profil erzeugt. Das Schärfen stellt die erforderliche Schneidfähigkeit (Wirkrauheit) des Schleifwerkzeugs her, indem die Bindung zurückgesetzt wird und neue scharfe Körner freigelegt werden. Profilieren und Schärfen werden in der Regel zusammen in einem Abrichtprozess durchgeführt. Weitere Informationen zum Abrichtprozess können [KLOC18a] entnommen werden.

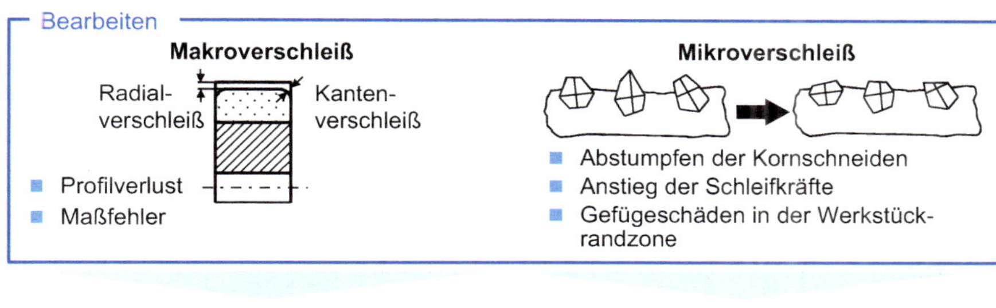

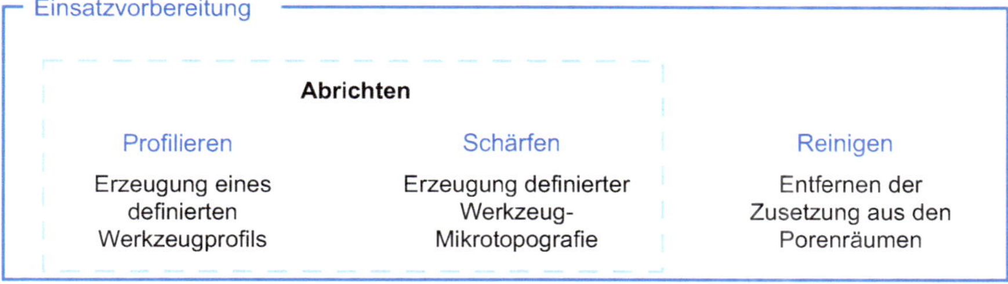

Bild 4.73 Einsatzvorbereitung von Schleifscheiben

Das Ergebnis der Einsatzvorbereitung des Schleifwerkzeugs kann maßgeblich durch die gewählten Abrichtparameter und durch den Aufbau der Abrichtwerkzeuge beeinflusst werden [BRIN95, ELEM03, KLOC87, KLOC18a, LIER02, ODON76]. Eine geeignete Wahl der Abrichtparameter kann die Oberflächentopografie der Schleifscheibe verändern und die Standzeit des Schleifwerkzeugs bis zum nächsten Abrichtzyklus verlängern. Durch den Abrichtprozess werden die Schneidkörner in einen definierten Ausgangszustand versetzt.

Dieser Ausgangszustand wird durch die Wirkrautiefe des Schneidenraums beschrieben. Das Abrichtwerkzeug kann bei der Herstellung durch die Auswahl des Schneidkornmaterials, der Korngröße und der Belegungsart auf die geforderten Zielgrößen Oberflächengüte und Verzahnungsqualität abgestimmt werden. Für das Zahnflankenprofilschleifen konnte gezeigt werden, dass die Standzeit der Schleifscheibe und die Oberflächengüte des Werkstücks auch durch die Wahl des Eckenradius einer Formrolle (Abrichtwerkzeug) beeinflusst werden kann. Bei gleichbleibendem Überdeckungsverhältnis U_d führt ein größerer Eckenradius zu einer feineren Wirkrauheit der Schleifscheibe. Das Überdeckungsverhältnis U_d beschreibt die Anzahl der Überläufe einer Formrolle (Abrichtwerkzeug) über einen Punkt des Schleifwerkzeugs beim Abrichten. Der Eckenradius ist bei einer Formrolle der diamantbesetzte Radius am Übergang zwischen der Flanke und dem Außendurchmesser des Abrichtwerkzeugs. Die feinere Oberflächenbeschaffenheit des Schleifwerkzeugs kann die Oberflächenrauheit verringern, aber auch mit einer geringeren Anzahl an schleifbrandfrei geschliffenen Lücken einhergehen (Verringerung der Standzeit) [KLOC12a]. In Bild 4.74 ist die Steigerung der Leistungsfähigkeit eines Profilschleifprozesses durch eine aufeinander abgestimmte Wahl von Schleifwerkzeug und Abrichttechnologie dargestellt. Durch eine optimierte Abrichttechnologie konnte die Anzahl an schleifbrandfrei geschliffenen Lücken mehr als verdoppelt werden. Dazu wurde sowohl die Belegungsdichte des Abrichtwerkzeugs als auch die Abrichtzustellung im Abrichtprozess angepasst.

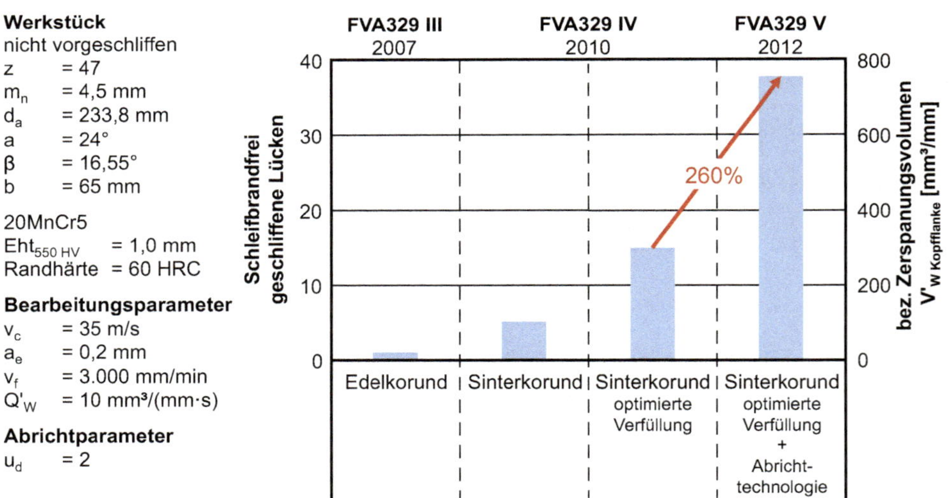

Bild 4.74 Steigerung der Wirtschaftlichkeit und Prozesssicherheit beim Zahnflankenprofilschleifen durch eine optimierte Schleifwerkzeug- und Abrichttechnologie [KLOC12a]

Als Schneidkornwerkstoff für Abrichtwerkzeuge werden entweder Naturdiamanten oder synthetische Diamanten verwendet. Diamant ist mit einer Mohs-Härte von 10 der härteste bekannte Werkstoff. Die Diamantkorngrößen werden nach dem FEPA-Standard für hochharte Schneidkornwerkstoffe durch Angabe des mittleren Korndurchmessers gekennzeichnet.

Diamant-Abrichtwerkzeuge für Verzahnungswerkzeuge können mehrlagig mit Sinterbronze- oder infiltrierten Sinterbindungen (z. B. Wolfram-Messinglot-Verbunde) sowie einlagig mit galvanischen Bindungen hergestellt werden. Grundsätzlich können das Positivverfahren (Direktverfahren) und das Negativverfahren (Umkehrverfahren) unterschieden werden [MINK99, YEGE89, KLOC18a]. In Bild 4.75 sind beide Herstelltechnologien am Beispiel eines Zweiflankenabrichters ohne Kopfformrolle dargestellt.

Galvanisch positiv belegte Abrichtwerkzeuge bestehen aus einem metallischen Grundkörper, auf den eine einlagige Diamantschicht aufgebracht wurde. Die Diamanten werden durch Streuen oder im Kornpaket mit dem Grundkörper in Kontakt gebracht. Nach dem Anbinden (Anwachsen) der ersten Diamantschicht (die Nickelschichtdicke beträgt etwa 10% des mittleren Korndurchmessers) werden überschüssige Diamanten entfernt und es wird die Einbindeschichtdicke erzeugt. Die Diamanten sind auf der Oberfläche des Grundkörperprofils statistisch verteilt. Die Korndichte ist mittelhoch. Die Dicke der abgeschiedenen Nickelschicht beträgt im Endzustand etwa 80% des mittleren Korndurchmessers. Da die Körner am Grundkörper anliegen, bildet sich die Korngrößenverteilung nach außen ab. Besonders große Körner ragen weiter aus der Bindung heraus. Beim Rotieren des Abrichtwerkzeugs bildet sich durch die Überdeckung der einzelnen Bewegungsbahnen der Diamanten eine einhüllende Geometrie, die von der Streuung der Korngröße, den mittleren Kornabständen, der geometrischen Genauigkeit des Grundkörpers und den Rundlaufeigenschaften des Werkzeugs abhängig ist. Die geometrische Genauigkeit des Abrichtwerkzeugs kann durch Nachbearbeiten des Diamantbelags gesteigert werden. Nach Erreichen der Lebensdauer können einschichtig belegte Abrichtwerkzeuge wiederbelegt werden. Ein Sonderfall galvanisch positiv belegter Abrichtwerkzeuge sind Abrichträder (Bild 4.77). Als Grundkörper dient ein im Teilwälzverfahren hochgenau geschliffenes Zahnrad, dessen Kontur äquidistant um die Schichtdicke zurückgesetzt wurde. Zahnkorrekturen können im Grundkörper vorgehalten werden. Nach dem Beschichten wird die Außenkontur geschliffen, im Allgemeinen ebenfalls im Teilwälzverfahren, um ein hochgenaues Diamantzahnrad zu erhalten, das zum Abrichten von Honwerkzeugen oder Globoidschnecken verwendet werden kann. Verfahrensbedingt sind die Belegungsdichten am Zahnkopf am geringsten, hier tritt aber beim Abrichten die größte Belastung auf. Die verwendeten Korngrößen liegen im Bereich von D126 bis D181.

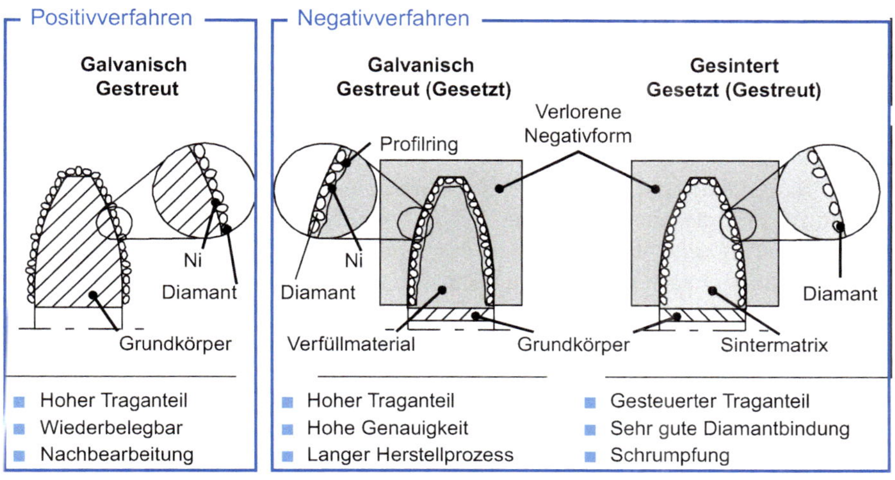

Bild 4.75 Verfahren zur Herstellung von Abrichtwerkzeugen [LIER02]

Beim Negativverfahren wird zunächst eine hochpräzise Form erstellt, die später zerstört wird (verlorene Form). Dieser verlorene Formring trägt als Innenprofil das Negativprofil des Abrichtwerkzeugs. Häufig wird Stahl oder Aluminium als Werkstoff gewählt. Beim Negativverfahren werden die Diamanten als Kornpaket an das Innenprofil des Formrings angelegt. Über die Verfahrensführung ist es möglich, dass das Kornpaket die größtmögliche Packungsdichte besitzt, die Kornspitzen oder auch Flächen liegen am metallischen Formring an. Im Vergleich zum Positivverfahren sind die Korngrößenschwankungen jetzt in das Innere des Belags gerichtet. Nach dem Anwachsen der Diamanten wird der Galvanisierprozess unterbrochen, die überschüssigen Diamanten werden entnommen, und dann wird die Einnickelschichtdicke erzeugt. Im Negativverfahren ist es üblich, die Diamanten als Kornpaket an der Kontur des Formrings zu platzieren. Beim Negativverfahren ist es auch möglich, die Diamanten in einem bestimmten Muster im Formring zu setzen. Dies ist nur für die Verwendung grober Körnungen und ausreichender Zugänglich im Profil möglich, das Setzen der Diamanten geschieht im Allgemeinen von Hand. Diese Technologie hat für Abrichtwerkzeuge zum Verzahnen aber kaum Bedeutung, sie findet für große Abrichtrollen mit Korngrößen größer als D427 Anwendung. In Sonderfällen können Teilbereiche des Innenprofils mit Diamanten besetzt werden, wenn z. B. hochbelastete Konturkanten verstärkt werden sollen. Dann kann auch die Diamantart angepasst werden. Nach dem Entfernen der Negativform liegen das Bindungsniveau und die Diamanten auf gleicher Höhe. Das Abrichtwerkzeug besitzt keinen Kornüberstand und ist so nicht einsetzbar. Nach dem Entfernen des Formrings muss die Bindung deshalb zurückgesetzt werden, um den gewünschten Kornüberstand zu realisieren. Dies erfolgt durch chemische oder mechanische Verfahren. Beim Negativverfahren bestimmt der kleinste abzubildende konkave Innenradius die maximale Korngröße, die verwendet werden kann. Das Negativmodell bestimmt maßgeblich die Profil- und Maßgenauigkeit des Abrichtwerkzeugs. Da die Diamanten in der dichtest möglichen Packung an der Oberfläche vorliegen, bedeutet dies gleichzeitig, dass die mittleren Kornabstände minimal sind. Wenn im Vergleich zu positiv belegten Werkzeugen die gleichen mittleren Kornabstände im Negativverfahren realisiert werden sollen, können gröbere Diamantkörnungen verwendet werden. Dadurch wird die Standzeit des Abrichtwerkzeugs erhöht. Es ist auch möglich, Diamantzahnräder (Abrichträder) im Umkehrverfahren (Negativverfahren) herzustellen. Dann können gröbere Körnungen verwendet werden und am Zahnkopf liegt ebenfalls eine hohe Packungsdichte an Diamanten vor. Ein direktes Herstellen der Negativform ist fertigungstechnisch kaum möglich, zumal, wenn Profil- und Flankenlinienmodifikationen im Negativprofil (konkave Innenkonturen) abgebildet werden müssen. Ein eingeführtes Verfahren ist in diesem Fall, das Negativ durch galvanisches Abbilden eines Meisterzahnrades, das alle Modifikationen besitzt, zu erzeugen. Nach dem Abbilden wird das Meisterzahnrad zerstörend entfernt. Es liegt dann eine Negativform vor und der zuvor beschriebene Prozess der Negativverfahren kann zur Fertigstellung des Diamantrades angewendet werden. Durch das zweimalige Anwenden einer verlorenen Form spricht man hier auch vom Doppelumkehrverfahren. In Abhängigkeit von den angewendeten Technologien ist jeder Umkehrprozess mit einem Genauigkeitsverlust verbunden. Deshalb ist es bei der Anwendung des Doppelumkehrverfahrens z. T. notwendig, die Abrichträder im Teilwälzverfahren leicht nachzuschleifen. Den technologischen Vorteilen der Doppelumkehrtechnologie steht gegenüber, dass der Prozess aufwendig ist und die Durchlaufzeiten lang sind. Für jedes Diamantabrichtrad muss ein Meisterzahnrad bereitgestellt werden. In der Praxis werden deshalb, wenn immer möglich, positiv belegte Abrichträder verwendet.

Bei Verwendung von Bronzesinterbindungen oder Infiltrationsbindungen sind die nach dem Sintern vorliegenden Genauigkeiten nicht ausreichend für einen direkten Einsatz; diese Werkzeuge müssen in jedem Fall durch Schleifen in die gewünschte Profilform und die geforderten Genauigkeiten überführt werden. Die Diamantdichte wird durch die gewählte volumetrische Kornkonzentration bestimmt, die Diamanten sind im Belag ebenfalls statistisch verteilt. Das Sintern der Bronzebindungen erfolgt in Dauerformen aus hochfesten Nickelbasislegierungen. Infiltrierte Sinterbindungen werden in einem kombinierten Prozess aus Sintern und Infiltrieren hergestellt.

Bild 4.76 zeigt am Beispiel des Verzahnungshonens die Oberflächengüte am bearbeiteten Werkstück in Abhängigkeit von der Belegungsart und der verwendeten Korngröße. Die Versuchsergebnisse wurden in einem speziell für das Honen ausgelegten Analogieversuch gewonnen [VASI12], deshalb konnten auch verschiedene Einstellbedingungen und Diamantausführungen geprüft werden. Die Diamantkörnungen D64 bis D181 wurden im Positivverfahren aufgebracht, die Diamantkorngröße D426 wurde im Negativverfahren verarbeitet. Die Ergebnisse zeigen, dass das Herstellverfahren des Abrichtwerkzeugs einen größeren Einfluss auf die Oberflächengüte des Werkstücks hat als die Variation der Abrichtschnittgeschwindigkeit v_{cd} bei gleichbleibender radialer Zustellgeschwindigkeit v_{rd}. Am Beispiel der Korngröße D126 wird deutlich, dass durch das Nachschleifen des Belags der Profiltraganteil am Abrichtwerkzeug deutlich erhöht wurde und damit die Oberflächengüte am Werkstück besser wird (vergleiche NN und N für D126 in Bild 4.75). Dass die Rautiefe am Werkstück steigt, wenn mit gröberen Körnungen abgerichtet wird, liegt daran, dass die Diamantdichte geringer ist und sich größere Kornabstände einstellen. Dadurch wird das Honwerkzeug gröber abgerichtet, die Wirkrautiefe steigt. Wie sich die Belegungsdichte in Abhängigkeit vom Herstellverfahren auf das Abrichtergebnis auswirkt, zeigt ein Vergleich der Ergebnisse in Bild 4.75 (vergleiche N-D126 und NB-D426). Die Korngröße D426 wurde im Negativverfahren zur Herstellung des Abrichtwerkzeugs verwendet. Die Belegungsdichte ist wesentlich größer als bei dem im Positivverfahren hergestellten Abrichtwerkzeug mit der Korngröße D126. Anwendungstechnisch bedeutet dies, dass sich trotz der gröberen Korngröße vergleichbare Kornabstände einstellten. Dies führt beim Abrichten dazu, dass am Honring mit beiden Abrichtwerkzeugen vergleichbare Wirkrauhtiefen realisiert wurden, die nach dem Honen zu gleichen Rauheitswerten am Werkstück führten [VASI12].

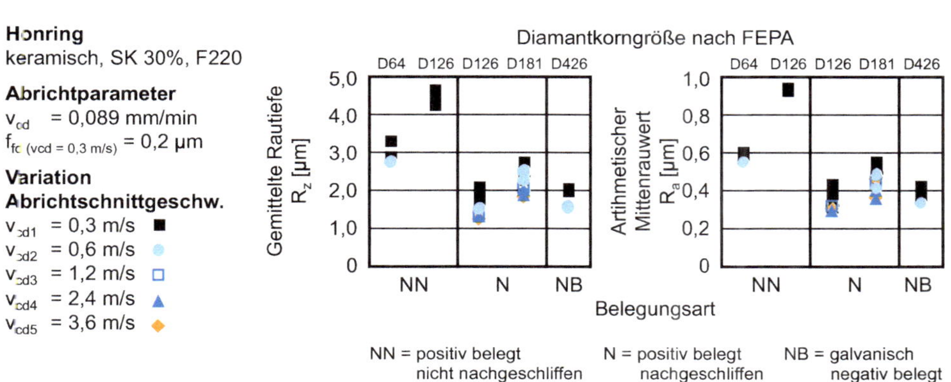

Bild 4.76 Einfluss der Herstellverfahren von Abrichtwerkzeugen auf die Oberflächengüte beim Verzahnungshonen [VASI12]

In Bild 4.77 sind die typischen Abrichtwerkzeuge für die Zahnflankenschleifverfahren dargestellt. Zu unterscheiden sind Formrollen, Profilrollen und Abrichträder. Formrollen weisen nur eine kleine, mit Diamanten besetzte Fläche am Kopfeckenradius auf. Die Geometrie des Schleifwerkzeugs wird beim Abrichten mit einer Formrolle quasi durch einen Punktkontakt erzeugt. Formrollen bieten eine hohe geometrische Flexibilität, bedingen aber auch längere Abrichtzeiten im Vergleich zum Abrichten mit anderen Abrichtwerkzeugkonzepten. Profilrollen sind auch an den Flanken mit Diamant besetzt. Es besteht Linienkontakt zwischen Schleifwerkzeug und Abrichtwerkzeug. Die Geometrie der Profilrolle ist an das Werkzeugbezugsprofil angenähert und weist neben dem Eingriffswinkel ggf. gewünschte Profilmodifikationen des Werkstücks auf. Profilrollen können je nach Ausführung zum Abrichten einer oder beider Flanken einer Schleifschnecke genutzt werden. Weiterhin kann eine Kopfformrolle in die Profilrolle integriert werden, welche beim Abrichten der Flanken gleichzeitig den Außendurchmesser der Schleifschnecke bearbeitet. Diamantbesetzte Abrichträder oder Diamanträder werden für das Abrichten von Honringen und von Globoidschnecken zum kontinuierlichen Profilschleifen verwendet. Beim diskontinuierlichen Profilschleifen werden vorwiegend Formrollen genutzt, beim kontinuierlichen Wälzschleifen werden vorrangig Profilrollen eingesetzt.

Bild 4.77 Abrichtwerkzeuge beim Verzahnungsschleifen [REIM14] (Bildquelle: KAPP Werkzeugmaschinen GmbH)

4.4.2.2 Aufbau und Zusammensetzung von Werkzeugen mit geometrisch unbestimmten Schneiden

Neben der Einsatzvorbereitung der Schleifwerkzeuge haben der Aufbau und die Zusammensetzung der Schleifwerkzeuge einen entscheidenden Einfluss auf die Leistungsfähigkeit des Schleifprozesses und die Qualität der geschliffenen Verzahnung. Schleifwerkzeuge setzen sich aus Schleifkörnern, Bindung und Poren zusammen (Bild 4.78). Die volumetrischen Anteile dieser drei Größen sowie deren Eigenschaften charakterisieren im Wesentlichen die Gesamteigenschaften des Schleifwerkzeugs bezüglich seiner Härte, Steifigkeit, Verschleißfestigkeit und Schneidfähigkeit.

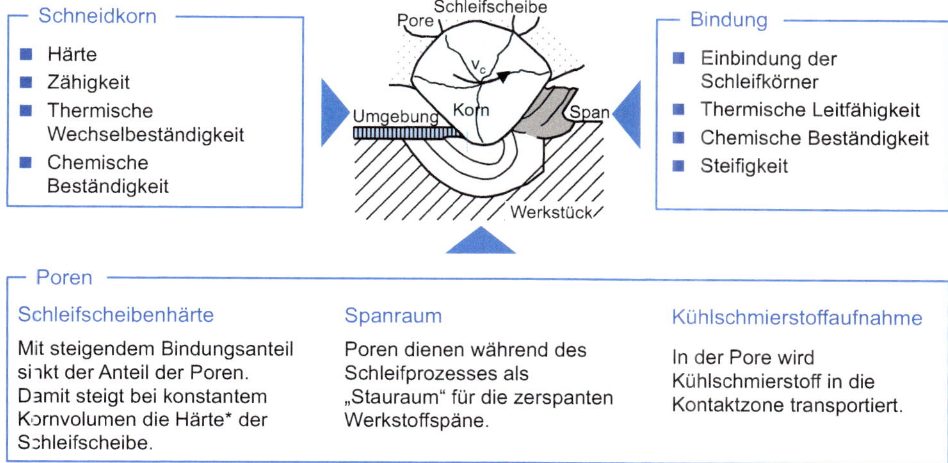

* Härte der Schleifscheibe = Festigkeit, mit der das Schleifkorn von der Bindung gehalten wird

Bild 4.78 Bestandteile und Anforderungen an eine Schleifscheibe

Beim Schleifen erfolgt die Zerspanung durch die in den Werkstoff eingreifenden Schleifkörner. Der Schneidkornwerkstoff muss eine hohe Härte aufweisen. Gleichzeitig muss das Korn eine ausreichende Zähigkeit besitzen, um während der Bearbeitung ein definiertes Mikrobruchverhalten aufzuweisen. Die Schleifkörner müssen zusätzlich eine hohe thermische (Wechsel-)Beständigkeit besitzen, damit das Korn sowohl den hohen Bearbeitungstemperaturen im Eingriff als auch den schnellen Temperaturwechseln nach dem Eingriff standhalten kann. Zudem müssen die Schleifkörner eine hohe chemische Beständigkeit aufweisen, um bei hohen Drücken und Temperaturen im Zusammenwirken mit der Luft, dem Kühlschmierstoff oder dem Werkstoff chemische Reaktionen zu vermeiden. Verschleiß an den Körnern äußert sich durch teilweises Mikrosplittern und die Bildung von tangentialen Verschleißflächen (siehe auch Verschleiß, Wärmeflüsse, Kräfte, Schleifleistungen am Ende dieses Abschnitts). Das Mikrobruchverhalten der Körner muss auf die Beanspruchungen beim Abrichten und beim Schleifen abgestimmt sein.

Die Bindung hat die Aufgabe, die Schleifkörner so lange festzuhalten, bis diese durch den Schleifprozess abgestumpft sind. Anschließend sollen die Körner freigegeben werden, sodass nachfolgende, scharfe Körner in den Eingriff kommen. Die Haltefunktion wird nur dann erfüllt, wenn die Festigkeit des Bindungswerkstoffes ausreichend ist und die Bindungsstege ausreichend dimensioniert sind. Eine hohe thermische Leitfähigkeit der Bindung ist anzustreben, um die Wärmeabfuhr über das Werkzeug zu begünstigen. Aufgrund des Schleifscheibenaufbaus ist dies bei galvanisch gebundenen Werkzeugen mit metallischem Grundkörper besonders ausgeprägt. Außerdem muss die Bindung eine hohe chemische Beständigkeit aufweisen, damit keine chemische Reaktion während der Bearbeitung stattfindet.

Die Poren der Schleifscheibe dienen einerseits dem Transport von Kühlschmierstoff zur Kontaktstelle und andererseits als Spanraum für die während der Zerspanung entstehenden Späne. Gleichzeitig können über das Porenvolumen die Härte sowie die Steifigkeit der Schleifscheibe eingestellt werden. Im Folgenden werden die verschiedenen Schneidkornmaterialien sowie die verschiedenen Bindungssysteme, welche beim Verzahnungsschleifen eingesetzt werden, vorgestellt. Die Härte einer Schleifscheibe ist per Definition der Widerstand, den Körner dem Ausbrechen aus dem Bindungsverband entgegensetzen. Diese Definition unterscheidet sich von der Definition der Härte, wie sie zur Werkstoffcharakterisierung eingesetzt wird (Härte ist der mechanische Widerstand eines Werkstoffes gegen das Eindringen eines anderen härteren Körpers).

Schneidkornmaterialien

Die Anforderungen an ein Schneidkorn werden nicht im gleichen Maße von allen Kornwerkstoffen erfüllt. Deshalb werden für unterschiedliche Bearbeitungsaufgaben unterschiedliche Kornwerkstoffe verwendet. Eine Übersicht von Schneidkornmaterialien und den zu zerspanenden Werkstoffen bei konventionellen Schleifprozessen gibt Bild 4.79. Die dunkelblauen Felder geben den typischen Bereich der Bruchzähigkeit und Härte an. Für Sonderanwendungen kann die Härte in einem erweiterten Bereich eingestellt werden. Dieser Bereich ist hellblau dargestellt. Weiterführende Informationen zu den Herstellverfahren sowie den Eigenschaften der Schneidkornwerkstoffe sind in [KLOC18a] zu finden.

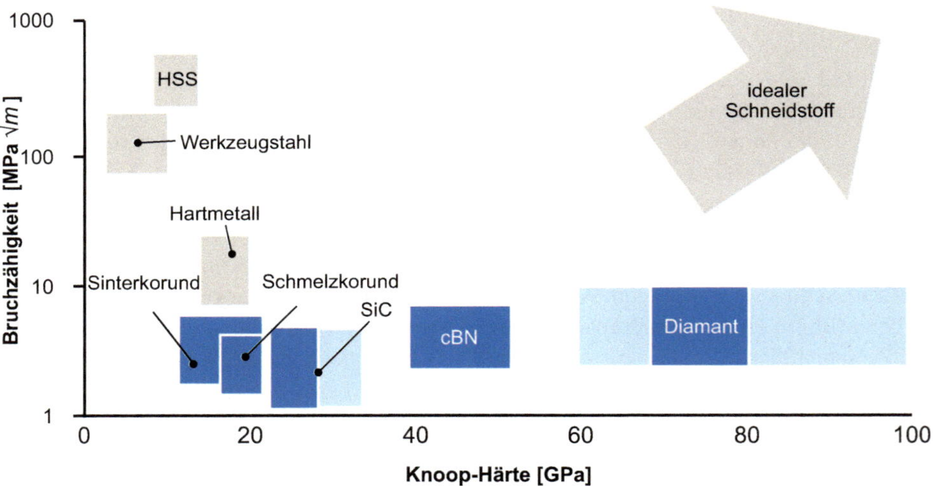

Bild 4.79 Härte und Bruchzähigkeit synthetischer Schneidkornmaterialien im Vergleich zu einigen Bearbeitungswerkstoffen [HELL93]

Beim Verzahnungsschleifen werden vorrangig synthetische Korunde und kubisch kristallines Bornitrid (cBN) als Schneidkörner verwendet. Die wesentlichen Eigenschaften der Schneidwerkstoffe werden im Folgenden vorgestellt.

Synthetische Korunde

Korund ist kristallines Aluminiumoxid (Al_2O_3). Als Schleifmittel finden zahlreiche Korundsorten Verwendung. Grundsätzlich können diese nach der Herstellungsart in Schmelz- und Sinterkorunde unterschieden werden. Bedingt durch die Herstellverfahren weisen Schmelz-

und Sinterkorunde unterschiedliche Gefügestrukturen auf. Bei Schmelzkorunden existieren Vorzugsbruchebenen, an denen unter Belastung relativ große Partikel schollenartig ausbrechen können. Damit verbunden sind ein Anstieg der Reibfläche und erhöhte Bearbeitungskräfte. Sinterkorund weist herstellungsbedingt eine mikrokristalline Struktur ohne Vorzugsbruchebenen auf, was in einem für den Schleifprozess günstigeren Bruchverhalten verglichen mit erschmolzenen Korunden resultieren kann [BRUN97, MUEL02]. Beim Sinterkorund brechen vergleichsweise kleine Partikel aus. Dieses als mikrokristallines Kornsplittern bezeichnete Bruchphänomen tritt erst ab einer gewissen Mindestbelastung auf, die für einen optimalen Einsatz erreicht werden muss.

Kubisches Bornitrid

Kubisches Bornitrid (cBN) gehört zusammen mit Diamanten zu den hochharten Schneidstoffen (engl. Superabrasives). Kubisches Bornitird zeichnet sich durch eine hohe Härte und damit eine hohe Verschleißfestigkeit aus. Schleifscheiben mit cBN-Körnern werden einlagig mit galvanischer Bindung und mehrlagig mit verschiedenen Bindungssystemen aufgebaut. Wenn keramische Bindungen verwendet werden, ist auch ein Abrichten der Schleifscheiben auf der Maschine möglich. Zu den wesentlichen Vorteilen von cBN gehören die hohe thermische Stabilität und die Eignung zum Schleifen eisenhaltiger Werkstoffe. Kubisches Bornitrid besitzt im Vergleich zu Korund eine um den Faktor zwei höhere Härte und eine wesentlich höhere thermische Wärmeleitfähigkeit [DRUM84, NN05, NN83, VRIE72]. Den technologischen Vorteilen stehen die erhöhten Schleifscheibenkosten gegenüber. Für einen Wirtschaftlichkeitsvergleich ist es aber immer notwendig, die gesamten Fertigungskosten heranzuziehen.

Bindungssysteme

Anhand der Bindung wird zwischen abrichtbaren und nicht abrichtbaren Schleifwerkzeugen unterschieden. Bei abrichtbaren Schleifwerkzeugen werden die Körner in einer keramischen Bindung, Kunstharzbindung, Polyurethan- oder Phenolharzbindung gehalten. Beim Verzahnungsschleifen mit abrichtbaren Schleifwerkzeugen werden in den meisten Fällen Schmelz- und Sinterkorunde in keramischer Bindung eingesetzt. In Abhängigkeit von den zu bearbeitenden Losgrößen werden auch keramisch gebundene cBN-Schleifscheiben verwendet. Es werden auch feinkörnige Korundschleifkörner in Bindungen aus Polyurethan und Phenolharzen angewendet [DENK06, HEIN13]. Polyurethanbindungen weisen eine höhere Nachgiebigkeit auf, deshalb können sie sich partiell an die Werkstückkontur anschmiegen. Diese Werkzeuge werden deshalb zum Erzeugen von sehr geringen Rauheiten am Werkstück verwendet. In der Praxis spricht man deshalb auch vom Polierschleifen. Galvanisch gebundene cBN-Schleifscheiben werden nach dem in Abschnitt 4.4.2.1 beschriebenen Positivverfahren hergestellt. Eine Übersicht über die Eigenschaften der verschiedenen Bindungssysteme ist in Bild 4.80 dargestellt, die galvanische Nickelbindung ist unter „Metalle“ aufgeführt.

Die Bindungsrezepturen sind vielfältig und können unterschiedlichen Anforderungen in weiten Bereichen angepasst werden.

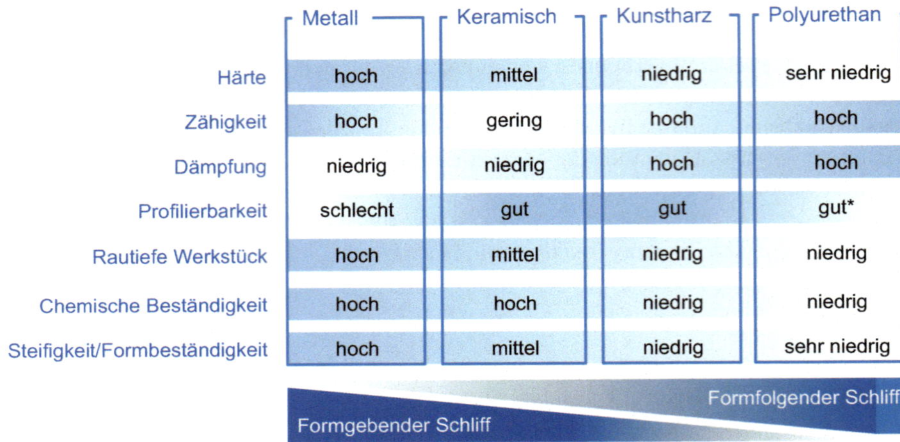

Bild 4.80 Eigenschaften unterschiedlicher Bindungstypen [KLOC15a] in Anlehnung an [KOEH05]

Keramische Bindung

Keramische Bindungen sind chemisch widerstandsfähig, aber spröde und stoßempfindlich. Sie haben einen hohen Elastizitätsmodul, sind temperaturbeständig, aber empfindlich gegenüber Temperaturwechseln. Grundbestandteile keramischer Bindungen sind Gemische aus Silikaten und einer Vielzahl von Zuschlägen und Zusatzstoffen (Fritten, Porenbildner, Glasbildner, Siliziumkarbid usw.). Fritten sind glasartige, vorgeschmolzene und zerkleinerte Pulver mit organischen und anorganischen Bestandteilen. In Abhängigkeit vom Glasphasenanteil unterscheidet man Schmelz- und Sinterbindungen [PADB93, KLOC18a]. Ein wichtiges Kriterium für die Bindungsrezeptur ist, dass eine gute Benetzung und Einbindung der Schleifkörner in den Bindungsverband erfolgt. Die Benetzung und Ausbildung der Grenzfläche zwischen Korn und Bindung kann über die Bindungszusammensetzung beeinflusst werden. Es ist auch möglich, beschichtete cBN-Körnungen zu verwenden. Bei Sinterkorunden ist es wichtig, dass alkaliarme Schmelzbindungen verwendet werden, weil bestimmte Sinterkorunde sonst angegriffen werden. Außerdem ist die Ausbildung der Bindungsstege und der Poren ein für die Anwendung wichtiges Kriterium. Für weiterführende Informationen zum Aufbau und zur Bezeichnung von konventionellen Schleifscheiben und Schleifscheiben mit hochharten Schleifmitteln sei auf [KLOC18a] verwiesen.

Metallbindung

Klassische Sintermetallbindungen haben zum Schleifen von Verzahnungen kaum noch eine praktische Bedeutung. Für das Verzahnungsschleifen werden in großem Umfang galvanisch einschichtig mit cBN belegte Werkzeuge verwendet. Das Herstellprinzip ist dem Herstellen von positiv belegten Diamantabrichtwerkzeugen vergleichbar (Abschnitt 4.4.2.1).

Elektrolytisch abgeschiedene Nickelbindungen weisen einen hohen Verschleißwiderstand und eine hohe Wärmeleitfähigkeit auf. Nachteilig an einschichtig belegten und galvanisch gebundenen Schleifscheiben ist die fehlende Möglichkeit des Abrichtens. Metallisch gebundene Werkzeuge sind bei abbildenden Verfahren an die vorgegebene Verzahnungsgeometrie und bei wälzenden Verfahren an ein Bezugsprofil gebunden. Eine Aufbereitung der Werkzeuge wird in der Regel beim Werkzeughersteller durchgeführt. cBN-Werkzeuge mit galvanischer Bindung werden bevorzugt in der Großserie eingesetzt und können häufig wiederbelegt werden.

Verschleiß, Wärmeflüsse und Schleifenergie, Kräfte und Schleifleistung

Schleifscheibenverschleiß entsteht durch thermische, chemische und mechanische Beanspruchungen der Schleifkörner und Bindungen. In der Gesamtheit äußert sich dies in Veränderungen der Makro- und der Mikrogeometrie der Schleifscheibe. Es sind verschiedene Modellansätze zur Beschreibung von Verschleißentwicklungen beim Schleifen bekannt. Die meisten Modelle sind empirsch begründet und technologisch folgendermaßen interpretierbar: Zu Beginn des Schleifprozesses stellt sich aufgrund des eingestellten Zeitspanungsvolumens eine Schleifscheibentopografie ein, die durch ein Gleichgewicht aus dem benötigten und zur Verfügung stehenden Spanraumvolumen bestimmt ist. Kornsplittern, teilweiser und vollständiger Ausbruch von Körnern und Bindungsbestandteilen dominieren den Verschleiß. In dieser Phase verändern sich die Makroverschleißkenngrößen degressiv steigend. Durch die Zusammensetzung der Schleifscheibe und die Abrichtbedingungen wird versucht, dass diese Phase so gering wie möglich ausgeprägt ist. Diesem Übergangsbereich schließt sich ein Prozessverhalten an, das durch geringe Ausbrüche von Körnern und die vorwiegende Bildung von Verschleißflächen an den Körnern bestimmt ist. Makrogeometrisch verändert sich die Schleifscheibe jetzt relativ langsam, gekennzeichnet durch einen leicht steigenden, quasi-linearen Verschleißverlauf. Vor Erreichen des Standkriteriums kann sich durch Überbeanspruchung des Schleifbelags kurzzeitig ein progressiver Verschleißzuwachs einstellen. Die zeitliche Ausprägung dieser Phasen ist quantitativ von den jeweiligen Prozessbedingungen abhängig. Hiervon ausgehend ist nachzuvollziehen, dass Verschleißkurven häufig abschnittsweise analytisch beschrieben werden. Die grundsätzlichen Zusammenhänge sind in [KLOC18a] ausführlich dargestellt. Angestrebt wird immer, durch optimierte Abricht- und Schleifbedingungen den nichtlinearen Anfangsbereich zu minimieren, im besten Fall ganz zu vermeiden. Dies gilt insbesondere für das Profil- und Wälzschleifen von Verzahnungen. Beim Schleifen mit einschichtig belegten und galvanisch gebundenen Werkzeugen kann nur an den Körnern Verschleiß auftreten. Allenfalls können in der zweiten Ebene des Schleifbelags nur wenig eingebundene Körner ausbrechen, was aber bei der Herstellung der Werkzeuge schon eliminiert werden sollte. Ansonsten verschleißen die Körner galvanischer Werkzeuge durch Mikrosplittern und die Bildung von Verschleißflächen. Die nichtlineare Anfangsphase ist nicht oder nur wenig ausgeprägt vorhanden, die Steigung des linearen Bereichs ist gering. Das Standzeitende wird im Allgemeinen nicht durch Profilverschleiß, sondern durch thermische Überbeanspruchung der Oberflächenrandzone bestimmt. Auf Besonderheiten bei Auswirkungen des Verschleißes beim Schleifen und Honen von Verzahnungen wird in den folgenden Abschnitten eingegangen. Neben empirischen Verschleißmodellen sind auch Modellansätze bekannt, die von der Energieumsetzung im Schleifprozess ausgehen (Abschnitt 6.2.4.3).

Der größte Teil der eingebrachten Energie wird in Wärme umgewandelt. Der gesamte Wärmestrom wird aus dem Kontaktbereich über alle beteiligten Komponenten abgeführt. Für die thermische Beanspruchung der Oberflächenrandzone ist der in das Werkstück fließende Wärmestrom entscheidend. Die auf den Arbeiten von Werner aufbauenden Modelle

[WERN71, WERN73, KLOC18a] für die Spanungsgrößen, die kinematischen und momentan im Eingriff befindlichen Schneiden, die zugehörigen Spanungsquerschnitte, Schleifkräfte, Schleifleistungen und Temperaturen sind allgemeingültig und damit auch für das Verzahnungsschleifen anwendbar. Zur quantitativen Berechnung der Kenngrößen müssen die Randbedingungen bekannt und bei der Berechnung spezieller Lösungen berücksichtigt werden. Zur technologischen Bewertung und Diskussion der Schleifprozesse zum Herstellen von Verzahnungen sind ebenfalls wichtig: das Zeitspanungsvolumen, die auf die Kontaktfläche bezogene Schleifleistung, die kontaktflächenbezogene Schleifenergie und die benötigte Schleifenergie, die zum Zerspanen einer Volumeneinheit des Werkstoffs benötigt wird (spezifische Schleifenergie) [KLOC18a]. Für praktische Anwendungen ist es häufig ausreichend, Näherungsgleichungen anzuwenden. Auf die Berechnung von Pozesskenngrößen mit regelbasierten und analytisch-numerischen Modellen sowie auf Kombinationen zwischen technologischen Modellen und kinematischen Durchdringungsrechnungen wird in Abschnitt 6.2.4.3 eingegangen.

4.4.2.3 Verfahren zur Hartfeinbearbeitung mit geometrisch unbestimmten Schneiden

Verfahren zur Hartfeinbearbeitung von Stirnrädern mit geometrisch unbestimmten Schneiden (DIN 8589-11) werden nach dem Erzeugungsprinzip der Evolvente in abbildende (profilgebende) und wälzende Verfahren unterteilt (Bild 4.81). Aus der Art der Teilbewegung erfolgt eine weitere Untergliederung der abbildenden und wälzenden Verfahren in diskontinuierlich und kontinuierlich arbeitende Verfahren [DIN84]. Beim diskontinuierlichen Wälzschleifen (Teilwälzschleifen) werden die Verfahren zusätzlich nach den verwendeten Schleifscheiben unterteilt. Die einzelnen Verfahren werden in den folgenden Abschnitten beschrieben.

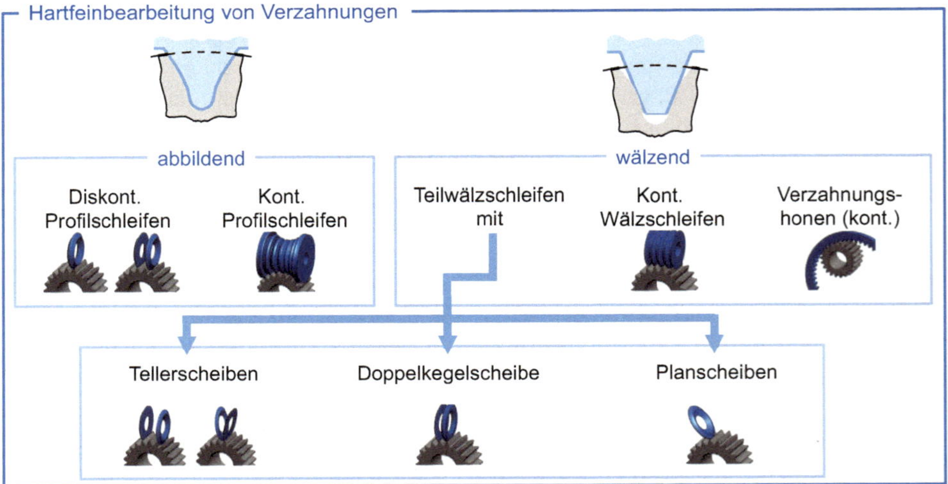

Bild 4.81 Verfahren zur Hartfeinbearbeitung von Stirnrädern mit geometrisch unbestimmten Schneiden

4.4.2.3.1 Diskontinuierliches Profilschleifen

Das diskontinuierliche Profilschleifen zählt zu den abbildenden Verfahren. In Bild 4.82 links ist das Prinzip des diskontinuierlichen Profilschleifens dargestellt. Die Schleifscheibe bearbeitet das Werkstück mit der Schnittgeschwindigkeit v_c. Entsprechend dem zu zerspanenden Aufmaß Δs wird durch eine radiale Zustellung a_e und eine axiale Vorschubgeschwindigkeit v_a von Schleifscheibe oder Werkstück das Zahnflankenaufmaß zerspant. Ersatzweise wird auch die Vorschubgeschwindigkeit in Zahnflankenrichtung v_f angegeben. Die Kinematik des diskontinuierlichen Profilschleifens entspricht der des Profilformfräsens mit einem scheibenförmigen Werkzeug (vgl. Abschnitt 4.2.4.1). Das Profil der Schleifscheibe im Achsschnitt der Schleifscheibe entspricht bei geradverzahnten Werkstücken dem Stirnschnittprofil der zu fertigenden Lücke. Bei Schrägverzahnungen muss das Profil durch die Projektion der Berührlinie zwischen Schleifscheibe und Werkstück in den Achsschnitt der Schleifscheibe ermittelt werden [LOOM59].

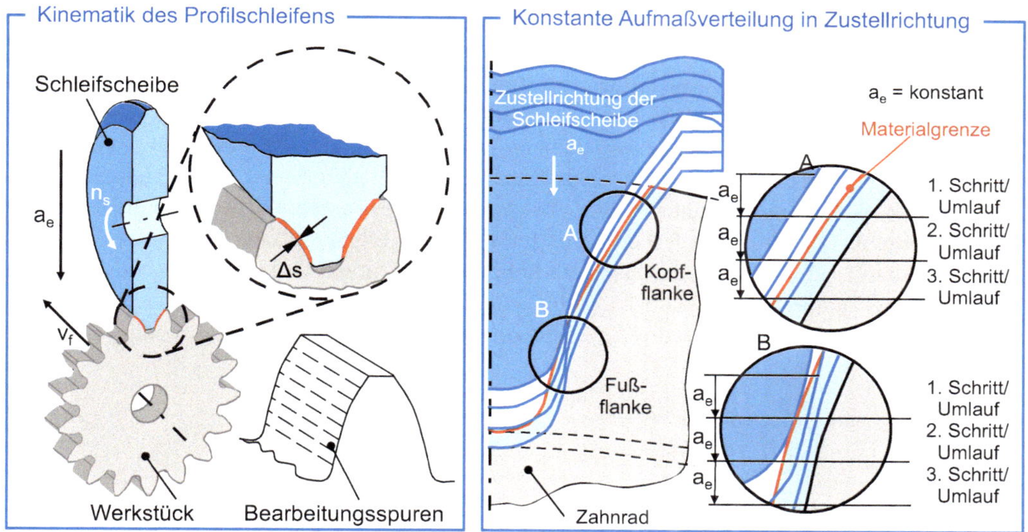

Bild 4.82 Diskontinuierliches Profilschleifen in Anlehnung an [SCHL03]

Durch den Linienkontakt und die gleichzeitige Bearbeitung beider Flanken wird ein hohes Zeitspanungsvolumen erzielt. Die Prozesskinematik ist einfach zu realisieren, das Profil ist an die Geometrie der herzustellenden Zahnlücke gebunden [KEMP99, BOUC94]. Als Schneidstoff für die Schleifscheiben wird je nach Anwendungsfall Korund oder cBN eingesetzt. In der Serien- und Massenfertigung besteht die Schleifscheibe in den meisten Fällen aus galvanisch gebundenem cBN. In der Einzel- und Kleinserienfertigung haben sich abrichtbare Werkzeuge mit den Schneidstoffen Edel- und Sinterkorund durchgesetzt [SCHL03].

In Bild 4.82 rechts ist die Aufmaßverteilung dargestellt, wenn eine Schleifscheibe in mehreren Schritten (Hüben) radial zugestellt wird. Die Zustellung in radialer Richtung pro Hub a_e ist dabei konstant, der Zahnfuß wird mitgeschliffen. Bei dieser Verteilung der Aufmaße wird in den ersten Hüben lediglich der Fußflankenbereich bearbeitet. Bei dieser Schnittaufteilung wird der Bereich der Zahnfußflanke häufiger überschliffen als der Kopf- und Fußbereich. Grundsätzlich ist es auch möglich, die Schnittaufteilung so auszulegen, dass die Zustellung in Normalenrichtung des Profils konstant ist. Dies erfordert aber eine Veränderung des Verzahnungsprofils für die Vorbearbeitung. Realversuche zum Herstellen von schrägverzahnten Stirnrädern haben gezeigt, dass die lokalen Aufmaßverhältnisse das Auftreten von Schleifbrand bestimmen. Wenn mit konstantem Aufmaß in Zustellrichtung gearbeitet und der Zahnfuß mitgeschliffen wird, ist der Zahngrund besonders für das Auftreten von Gefügeschäden gefährdet. Wenn nur die Flanken bearbeitet werden, ist der Zahnkopf bezüglich des Auftretens von Schleifbrand kritisch. Wird eine Schnittaufteilung mit konstanter Zustellung in Richtung der Oberflächennormalen realisiert, war der Zahngrund weniger gefährdet. Schleifbrand wurde insbesondere in den steilen Bereichen der Flanke festgestellt [SCHL03].

Bild 4.83 zeigt den Aufbau einer Profilschleifmaschine. Die A-Achse übernimmt die Drehung des Werkstücks, die für die Teilungsbewegung oder als Zusatzbewegung für das Profilschleifen von Schrägverzahnungen notwendig ist. Über die Rotation der C-Achse wird die zur Zerspanung notwendige Schnittgeschwindigkeit des Werkzeugs erzeugt. Die Linearachse Y bildet die radiale Zustellachse, über die in Verbindung mit der axialen Vorschubachse X Verzahnungskorrekturen in Flankenlinienrichtung auf dem Werkstück aufgebracht werden können. Die Schwenkachse B dient dem Einstellen der Schleifscheibe auf den gewünschten Schrägungswinkel beim Profilschleifen von Schrägverzahnungen. Die Z-Achse dient dem Verfahren der Schleifscheibe, um Korrekturen auf die Zahnflanke aufzubringen oder Verzahnungen im Einflankenschliff zu bearbeiten. Weiterhin ist die Bewegung notwendig, um die Schleifscheibe zum integrierten Abrichter (Achsen nicht dargestellt) zu positionieren. Zudem kann über eine Kopplung mehrerer Achsen eine gezielte Topologie auf die Zahnflanke aufgebracht werden. Hierfür sind des Weiteren zusätzliche Freiheitsgrade in der Abrichtbewegung für Modifikationen im Werkzeugprofil notwendig [WECK05].

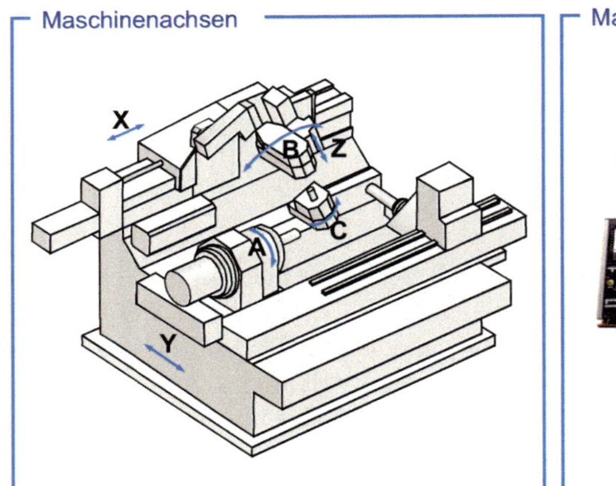

Bild 4.83 Aufbau einer Profilschleifmaschine (exemplarisch nach Kapp Niles)

Mit einer Durchdringungsrechnung wurde der Einfluss verschiedener Parameter des Werkzeugs und des Werkstücks auf die Kontaktzonenausbildung zwischen Werkzeug und Werkstück beim diskontinuierlichen Profilschleifen untersucht [ESCH96]. In der Durchdringungsrechnung wird das Tauchen der Schleifscheibe in die Zahnlücke simuliert. Im rechten Teil von Bild 4.84 sind die Kontaktzonen für eine Auswahl von Werkstück- und Werkzeugparametern dargestellt. Zu erkennen ist, dass sowohl die Lage als auch die Größe der Kontaktzone auf rechter und linker Werkstückflanke von den variierten Parametern beeinflusst werden. Mit Ausnahme des Schleifens einer Geradverzahnung ohne Schwenkwinkelkorrektur, bei der die Berührlinie parallel zur Stirnseite verläuft, ergibt sich eine räumlich gekrümmte Berührlinie zwischen Werkzeug und Werkstück. Eine Steigerung des Schrägungswinkels führt zu einer stärker räumlich gekrümmten Kontaktzone. Eine Steigerung der Zähnezahl hingegen führt dazu, dass die Kontaktzone sich weniger stark im Raum krümmt. Durch die unterschiedliche Lage der Berührlinie kommt es bei der Bearbeitung von Schrägverzahnungen mit Breitenballigkeit zu einer verfahrensbedingten Abweichung der Verzahnung. Diese als Verschränkung bezeichnete Abweichung wird in Abschnitt 4.5.3 behandelt.

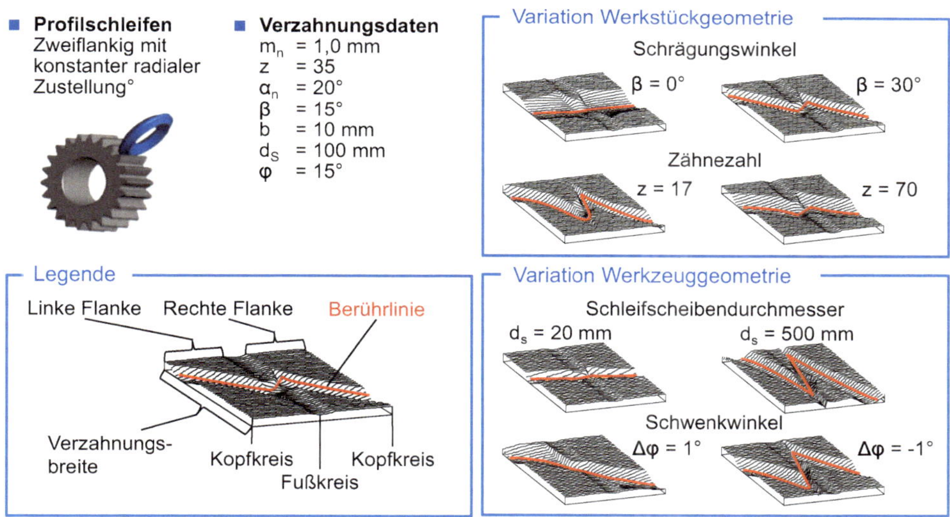

Bild 4.84 Kontaktzonenausbildung beim diskontinuierlichen Profilschleifen in Anlehnung an [ESCH96, HELL15]

Zur Bewertung und Auslegung von diskontinuierlichen Profilschleifprozessen werden das bezogene Zeitspanungsvolumen Q'_w und das bezogene Zerspanungsvolumen V'_w als Leistungskenngrößen herangezogen. Das bezogene Zeitspanungsvolumen Q'_w wird vereinfacht aus dem Produkt von Vorschubgeschwindigkeit in Zahnflankenrichtung v_f und radialer Zustellung a_e berechnet.

$$Q'_w = v_f \cdot a_e \tag{4.23}$$

Mit optimierten Werkzeugtechnologien und Maschinen können Zeitspanungsvolumina von $Q'_w \geq 20$ mm³/mm·s erzielt werden. Das bezogene Zerspanungsvolumen V'_w ist das Produkt aus radialer Zustellung a_e und der zu schleifenden Verzahnungsbreite b. Bei Schrägverzahnungen muss der Schrägungswinkel in der Berechnung der zu schleifenden Verzahnungsbreite berücksichtigt werden.

$$V'_w = \frac{b \cdot a_e}{\cos \beta} \quad (4.24)$$

Ein Forschungsziel ist, das bezogene Zeitspanungsvolumen Q'_w unter Berücksichtigung des schleifbrandfrei zu zerspanenden bezogenen Zerspanungsvolumens V'_w und der geforderten Verzahnungs- und Oberflächenqualität zu optimieren [GORG11]. Übliche Prozessparameter sind ein zu zerspanendes Aufmaß pro Hub von Δs = 15 bis 40 µm bei einer Vorschubgeschwindigkeit von v_f = 1000 bis 18 000 mm/min. Die Schnittgeschwindigkeit liegt im Regelfall bei v_c = 30 bis 40 m/s für keramisch gebundene Korundscheiben. Bei Schleifscheiben mit cBN-Schneidkorn kann die maximal zulässige Schnittgeschwindigkeit bei v_c = 80 m/s liegen.

In der Industrie hat sich das diskontinuierliche Profilschleifen zur Hartfeinbearbeitung außenverzahnter und innenverzahnter Stirnräder bewährt. Das diskontinuierliche Profilschleifen zählt zu den am häufigsten eingesetzten Schleifverfahren in der Prototypen- und Kleinserienfertigung und ist derzeit das einzige wirtschaftlich einsetzbare Hartfeinbearbeitungsverfahren für einen Modulbereich von $m_n > 15$ mm bzw. einen Durchmesser von $d_a > 1000$ mm. Typische Einsatzgebiete des diskontinuierlichen Profilschleifens im Modulbereich von $m_n > 15$ mm sind Windkraft-, Schiffs- und Industriegetriebe. Das Bauteilspektrum beim diskontinuierlichen Zahnflankenprofilschleifen liegt aufgrund der hohen Flexibilität im Modulbereich von m_n = 1 bis 50 mm und im Durchmesserbereich von d_a = 40 bis 6000 mm.

Die Vorteile des diskontinuierlichen Zahnflankenprofilschleifens liegen in der großen Flexibilität sowie in der Erzielung einer hohen Verzahnungsqualität. Nachteilig sind die Nebenzeiten, die durch die erforderlichen Teilbewegungen nach dem Schleifen jeder Lücke notwendig werden. Bei ungünstiger Prozessführung besteht weiterhin das Risiko einer thermischen Gefügeschädigung.

In Bild 4.85 ist für zwei verschiedene Verzahnungen ein Vergleich zwischen kontinuierlichem Wälzschleifen und diskontinuierlichem Profilschleifen dargestellt. Um die Verfahren vergleichen zu können, wurde die Zeit zur Bearbeitung eines Zahnrades gewählt. Die Bearbeitungszeit enthält die Zerspanzeit (Hauptzeit) und beim diskontinuierlichen Profilschleifen zusätzlich die Nebenzeiten, die für die Teilbewegung benötigt werden. Die Zerspanzeit errechnet sich beim Wälzschleifen in erster Näherung durch das Verhältnis von Verzahnungsbreite b zu axialer Vorschubgeschwindigkeit v_a. Beim Profilschleifen errechnet sich die Zerspanzeit analog, muss jedoch noch mit der Anzahl an Zähnen z multipliziert werden. Die Zeit für die Teilbewegung wurde für dieses Beispiel empirisch ermittelt, kann aber auch aus den Verfahrwegen und der Eilganggeschwindigkeit berechnet werden.

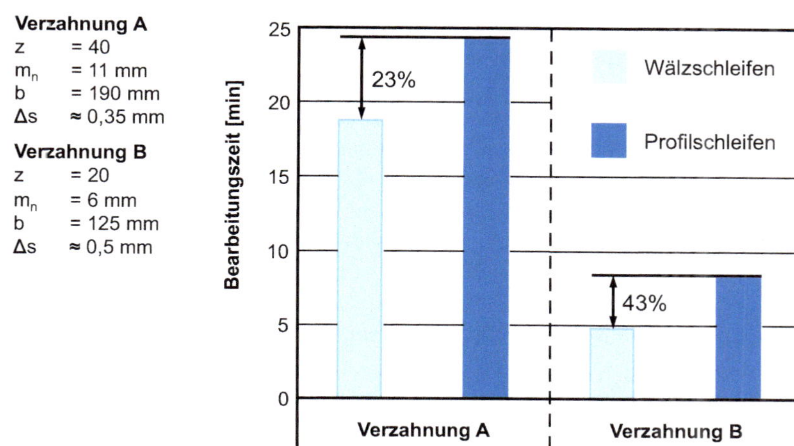

Bild 4.85 Bearbeitungszeitvergleich kontinuierliches Wälzschleifen und diskontinuierliches Profilschleifen

$$t_{\text{Zerspanung,WS}} \approx \frac{b}{v_a} \tag{4.25}$$

$$t_{\text{Zerspanung,PS}} \approx \frac{b \cdot z}{v_a} \tag{4.26}$$

Im Bild 4.85 ist zu erkennen, dass das Wälzschleifen für die beiden beispielhaft dargestellten Verzahnungsfälle zur kürzesten Bearbeitungszeit führt. Generell kann noch gesagt werden, dass sich die Bearbeitungszeiten der beiden Technologien bei der Herstellung von Zahnradgeometrien mit größerem Modul und geringer Zähnezahl einander annähern. Bei geringer Stückzahl und einem häufig wechselnden Bauteilspektrum kann das Profilschleifen aufgrund der hohen Flexibilität das wirtschaftlichere Verfahren im Modulbereich von m_n = 8 bis 14 mm sein. Hier muss im Einzelfall eine Wirtschaftlichkeitsberechnung durchgeführt werden. Im Bereich über einem Modul von $m_n \geq 14$ mm ist das Profilschleifen das dominierende Verfahren zur Hartfeinbearbeitung von Verzahnungen.

Es wurde bei den Zustellstrategien schon gezeigt, dass sich die lokalen Kontaktverhältnisse über dem Profil stark ändern. Deshalb sind aus realen Profilschleifprozessen immer nur integrale Aussagen ableitbar. Zur lokalen Analyse des diskontinuierlichen Profilschleifens wurde ein Analogieversuch entwickelt, der die lokalen Eingriffsbedingungen zwischen Schleifscheibe und Zahnflanke annähert. Durch den Linienkontakt und die gleichzeitige Bearbeitung beider Flanken wird ein hohes Zeitspanungsvolumen erzielt. Die Prozesskinematik ist einfach zu realisieren, das Profil ist an die Geometrie der herzustellenden Zahnlücke gebunden [KEMP99, BOUC94]. Allerdings sind die Zerspanbedingungen über der Profilhöhe unterschiedlich. Dadurch wird die Prozessauslegung erschwert.

Als Schneidstoff für die Schleifscheiben wird je nach Anwendungsfall Korund oder cBN eingesetzt. In der Serienfertigung besteht die Schleifscheibe in den meisten Fällen aus galvanisch gebundenem cBN. In der Einzel- und Kleinserienfertigung haben sich abrichtbare Werkzeuge mit Edel- und Sinterkorund durchgesetzt. Bild 4.86 zeigt einen Analogieversuch, mit dem systematische Versuche zum Profilschleifen durchgeführt werden können [SCHL03]. Die Zahnflanke wird lokal durch eine Flachprobe, welche um den Profilneigungswinkel φ geneigt ist, abgebildet. Das Schleifwerkzeug wird durch eine um den lokalen Profilneigungswinkel gekippte Fläche am Umfang abgebildet. Aus den Analogieversuchen wurde ein Modell zur Berechnung der Bearbeitungskräfte beim Profilschleifen hergeleitet. Das Modell wurde verwendet, um eine lokale Randzonenschädigung zu erzeugen und den Einfluss lokaler Randzonenschädigungen auf das Tragfähigkeitsverhalten zu untersuchen. Zusammenfassend kann gesagt werden, dass die Bearbeitungskräfte mit einer Verringerung des Profilneigungswinkels und mit einer Erhöhung der Zustellung ansteigen. Höhere Vorschubgeschwindigkeiten verstärken diesen Trend. In Tragfähigkeitsuntersuchungen konnte gezeigt werden, dass eine leichte Randzonenschädigung nicht zwangsweise zu einem verfrühten Ausfall des Zahnrades führt [SCHL03].

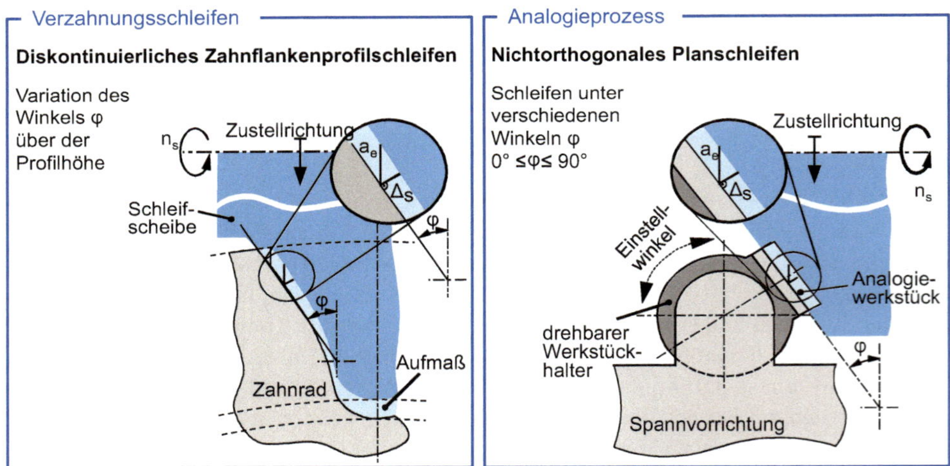

Bild 4.86 Analogieversuch Zahnflankenprofilschleifen [SCHL03]

4.4.2.3.2 Kontinuierliches Profilschleifen

Beim kontinuierlichen Profilschleifen dient eine globoidähnliche Schleifschnecke als Werkzeug [SCHR08]. Die Schnecke weist kein Zahnstangenprofil als Bezugsprofil auf, sondern die Kontur der Zahnflanke (Bild 4.87). Bei der Bearbeitung liegt somit eine theoretische Linienberührung zwischen Schleifscheibe und Zahnlücke vor.

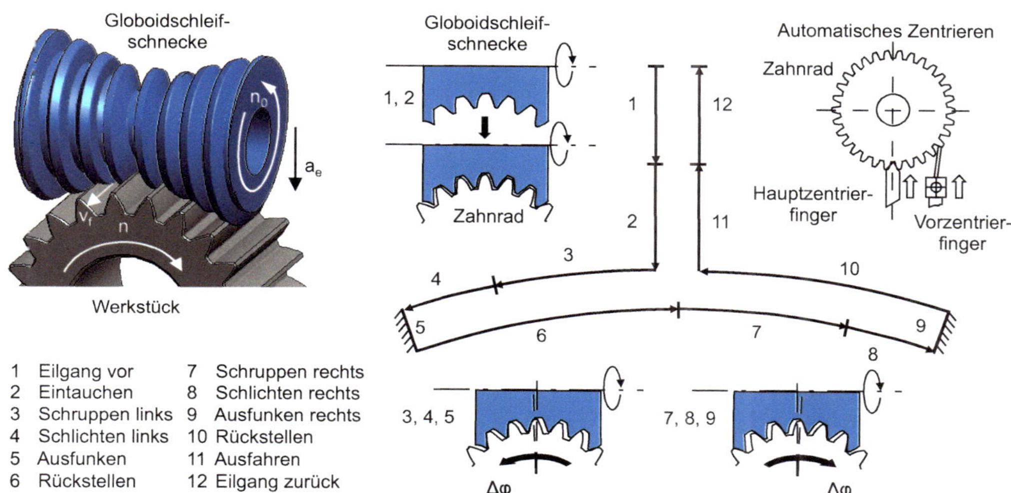

Bild 4.87 Kontinuierliches Zahnflankenprofilschleifen

Das Zahnrad wird mithilfe eines Vor- und Hauptzentrierfingers in seiner Drehlage exakt ausgerichtet. Über eine Mitnahmeeinrichtung wird das Werkstück mit der Werkstückspindel gekoppelt. Durch ein elektronisches Messsystem wird die Arbeitsdrehzahl des Zahnrades mit der Drehzahl der Schleifschnecke synchronisiert. Die Schleifschnecke wird gemäß Bild 4.87 nach der Zustellung im Eilgang (1) auf volle Profiltiefe der Verzahnung exakt in Mittellage zur Zahnlücke zentriert (2). Um eine Durchdringung von Schleifschnecke und Zahnrad zu vermeiden, besitzt das Schleifschneckenprofil gegenüber dem Zahnlückenprofil ein geringfügiges Untermaß. Die Bearbeitungszustellung erfolgt im Drehvorschub-Verfahren durch eine genau definierte, der synchronisierten Werkstückrotation überlagerte Zusatzdrehung des Werkstücks. Beim Schruppen (3) ist die Dreh- bzw. Zustellgeschwindigkeit im Vergleich zum anschließenden Schlichten (4) und Ausfunken (5) entsprechend erhöht. Auf diese Weise werden zuerst die Zahnflanken einer Seite bearbeitet, bevor durch ein Zurückdrehen des Werkstückes (6) um den doppelten Winkelbetrag die Flanken der anderen Seite geschliffen werden (7, 8, 9). Das bedeutet, dass lediglich eine Einflankenbearbeitung möglich ist. Die Bearbeitung endet mit dem Verdrehen des Zahnrades in die Lückenmitte (10) und dem nachfolgenden Herausfahren aus der Zahnlücke in die Ausgangsposition (11, 12).

Das kontinuierliche Profilschleifen hat aufgrund der kontinuierlichen Bearbeitung des Zahnrades eine höhere Produktivität als das diskontinuierliche Profilschleifen. Die Möglichkeiten und Einsatzgrenzen des kontinuierlichen Profilschleifens sind umfangreich beschrieben [SCHR08]. Zum Konditionieren der Schnecke wird ein Abrichtrad verwendet (vgl. Abschnitt 4.4.2.1). Die Kontur des diamantbesetzten Abrichtrades weist die Kontur der zu schleifenden Verzahnung auf. Somit ist die Flexibilität dieses Verfahrens eingeschränkt.

4.4.2.3.3 Diskontinuierliches Wälzschleifen (Teilwälzschleifen)

Die Teilwälzschleifverfahren basieren auf dem Prinzip, eine oder maximal zwei Zahnflanken mit trapezförmigen, dem Bezugsprofil entsprechenden Schleifscheiben abwälzend zu erzeugen. Zur vollständigen Bearbeitung des Zahnrades muss nach dem Schleifen einer Zahnflanke (Zahnlücke) zur nächsten Lücke eine Teilbewegung durchgeführt werden.

In der Vergangenheit hatte sich das Teilwälzschleifen einerseits wegen der universellen Anwendbarkeit und der hohen Genauigkeit des Verfahrens mit Rollbogen und Wälzbändern sowie andererseits wegen des GSW-Systems durchgesetzt (GSW = Gewindespindel, Schneckengetriebe, Wechselräder). Aufgrund der geringen Produktivität wurde das Teilwälzschleifen weitestgehend aus der industriellen Praxis verdrängt. Eingesetzt wird das diskontinuierliche Wälzschleifen aufgrund der erzielbaren Verzahnungsqualitäten weiterhin zur Fertigung von hochgenauen Zahnrädern, die auch als Grundkörper für die Herstellung von Diamantabrichträdern verwendet werden. Auch das Nachschleifen der Diamantbeläge kann durch Teilwälzschleifen erfolgen. Das Teilwälzschleifen mit Tellerschleifscheiben wird auch zur Herstellung von Prüfradsätzen, die zur Untersuchung von Schmierstoffen eingesetzt werden, verwendet.

Teilwälzschleifverfahren mit Doppelkegelscheibe

Beim Teilwälzschleifen mit Doppelkegelscheiben wird das Evolventenprofil durch ein Abwälzen der Zahnflanke an einer geradlinigen Schleifscheibenkontur erzeugt, die das Profil der Bezugszahnstange repräsentiert. Beim Teilwälzschleifen führt die Schleifscheibe eine im Vergleich zur Wälzgeschwindigkeit $v_{\text{wälz}}$ des Zahnrades schnelle Hubbewegung mit der Geschwindigkeit v_f aus. Bild 4.88 stellt die prinzipiellen Bewegungsabläufe dar. Der dargestellte Ablauf verdeutlicht die aufeinanderfolgende Bearbeitung der einzelnen Zahnflanken. Nach erfolgter Bearbeitung einer Flanke wird eine Teilbewegung durchgeführt und die nachfolgende Lücke geschliffen. Die Wälzbewegung kann durch Getriebezüge oder aber durch elektronisch gekoppelte Antriebe realisiert werden. Die Zahnflanke wird zur Bearbeitung parallel zur Richtung der Schleifscheibenachse zugestellt (Zustellung a_e) und anschließend vom Zahnfuß zum Zahnkopf unter Punktberührung abgewälzt. Beim Teilwälzschleifen mit Doppelkegelscheibe wird im Gegensatz zu den anderen Teilwälzschleifverfahren mit Kühlschmierstoff gearbeitet.

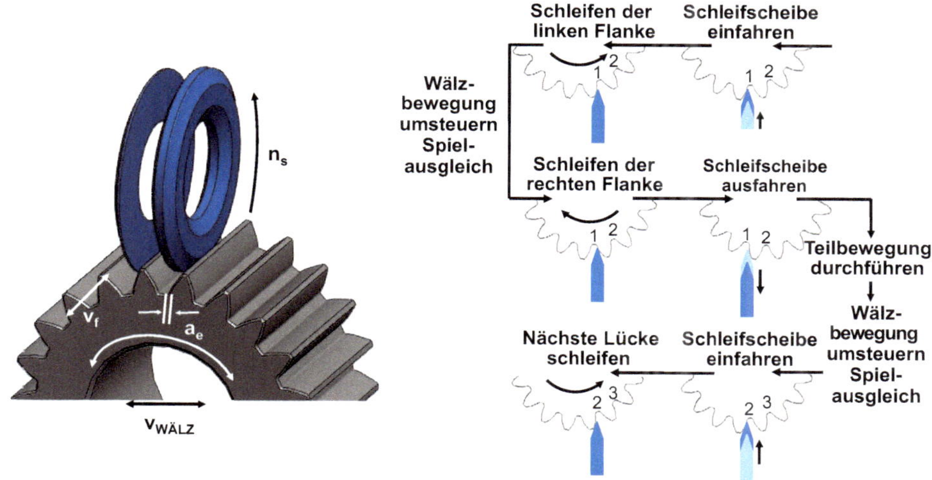

Bild 4.88 Teilwälzschleifen mit Doppelkegelschleifscheiben

Als Schleifdaten werden im Hinblick auf eine kurze Bearbeitungszeit und gleichzeitig gute Verzahnungsqualität niedrige Wälzgeschwindigkeiten und hohe Schleifzustellungen bei hoher Doppelhubzahl bevorzugt. Die Doppelhubzahl ist kinematisch unabhängig von den übrigen Schleifdaten. Die Doppelhubzahl wird vor allem durch die dynamische Belastbarkeit der Verzahnungsschleifmaschine begrenzt, d. h., die maximal realisierbare Doppelhubzahl sinkt mit ansteigender Verzahnungsbreite bzw. Schleifhublänge. Das realisierbare Zeitspanungsvolumen ist neben den Genauigkeitsanforderungen durch das Auftreten von Schleifbrand (vgl. Abschnitt 4.7) begrenzt.

Teilwälzschleifverfahren mit Tellerscheiben

Beim Teilwälzschleifen mit zwei Tellerscheiben wird das Zahnrad an zwei ortsfesten Tellerscheiben in Evolventenrichtung mit Punktkontakt abgewälzt. Dazu werden Stahlbänder über einen Rollbogen geführt, der hochgenau den Radius des jeweiligen Verzahnungsgrundkreises aufweist und seitlich am feststehenden Maschinenrahmen befestigt ist. Wird der Schlitten, auf dem der Rollbogen und das Zahnrad koaxial montiert sind, senkrecht zu seiner Achse verschoben, so überlagert das Rollbogen-Stahlband-System dieser Translationsbewegung eine Drehbewegung, die relativ zur ortsfesten Schleifscheibe eine Evolvente beschreibt. Die Schleifscheiben bearbeiten die Zahnflanke mit den inneren Rändern der Schleifteller. Die Zustellung erfolgt über die axiale Verstellung der Schleifscheiben. Zur Bearbeitung der gesamten Zahnflanke wird der Wälzschlitten während des Wälzens axial vorgeschoben (Bild 4.89). Durch die Kinematik wird auf der Zahnflanke ein Kreuzmuster erzeugt, weshalb in der Praxis vom Kreuzschliff gesprochen wird. Nach diesem Prinzip können Zahnräder höchster Präzision geschliffen werden. Beim Teilwälzschleifen mit Tellerscheiben wird kein Kühlschmierstoff verwendet.

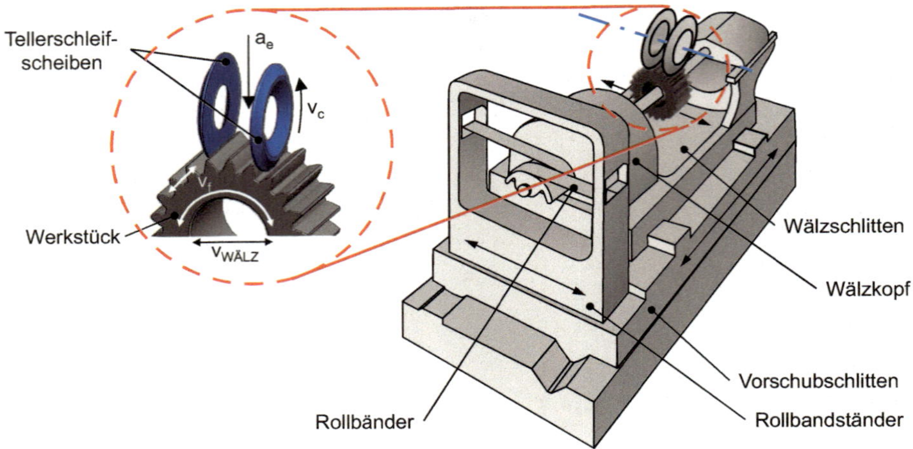

Bild 4.89 Teilwälzschleifen mit Tellerschleifscheiben

4.4.2.3.4 Kontinuierliches Wälzschleifen

Durch das kontinuierliche Wälzschleifen können außenverzahnte Stirnräder im Modulbereich von m_n = 1 bis 10 mm wirtschaftlich bearbeitet werden. Die Zahnflankenaufmaße liegen zwischen Δs = 100 bis 500 µm. Das Wälzschleifen findet hauptsächlich Anwendung in der Automobil-, Nkw-, Baumaschinen- und Industriegetriebeherstellung im Bereich der Mittel- und Großserienfertigung.

Dem Wälzschleifen gleicht kinematisch das Wälzfräsen (vgl. Abschnitt 4.2.3.2). Es wird ein schneckenförmiges Werkzeug verwendet, dessen Profil im Stirnschnitt der Schnecke eine Evolvente aufweist (ZI-Schnecke). Durch die gleichzeitige, abwälzende Bewegung von Werkstück und Schnecke wird die Form der Evolvente am Werkstück kontinuierlich im Hüllschnittverfahren erzeugt [SULZ73]. Da kein Teilvorgang stattfindet, zeichnet sich das Wälzschleifen durch minimale Rundlauf- und Teilungsabweichungen aus. Verzahnungsmodifikationen, wie Höhen- und Breitenballigkeiten, können durch eine Bezugsprofilmodifikation sowie die Achskinematik erzeugt werden. Bild 4.91 beschreibt das Wirkprinzip und die Einstellgrößen beim kontinuierlichen Wälzschleifen. Die um den Schwenkwinkel φ zur Verzahnung geschwenkte Schnecke wird während der Bearbeitung in axialer Richtung mit der Vorschubgeschwindigkeit v_a verfahren, um die gesamte Verzahnungsbreite zu bearbeiten. Die axiale Vorschubgeschwindigkeit errechnet sich aus dem Produkt von Axialvorschub f_a und Drehzahl des Werkstücks. Grundsätzlich können drei Shiftstrategien unterschieden werden: diskontinuierliches Shiften, kontinuierliches Shiften und diagonales Shiften. Beim diskontinuierlichen Shiften steht die Optimierung der Standmenge der Schleifschnecke im Vordergrund, beim kontinuierlichen Shiften wird außerdem angestrebt, beim Schlichten der Verzahnung mit noch nicht benutztem Schleifbelag zu arbeiten, und das diagonale Shiften ergibt Möglichkeiten, komplexe Flankengeometrien am Werkstück zu erzeugen [SCHR08]. Das diskontinuierliche Shiften ist praktisch durch das kontinuierliche Shiften ersetzt worden, weil weniger Schleifhübe erforderlich sind und damit die Produktivität gesteigert werden kann [SCHR08]. Das Diagonal-Wälzschleifen ist kinematisch mit dem kontinuierlichen Shiften vergleichbar, bietet allerdings Möglichkeiten, in Breitenrichtung des Werkrads gezielte Modifikationen zu erzeugen [SCHR08].

In Bild 4.90 ist ein schematischer Aufbau einer Wälzschleifmaschine inklusive Achsbezeichnungen dargestellt. Die Rotation des Werkzeugs wird durch die B_1-Achse realisiert. Die Werkzeugspindel kann über die Achse Z_1 in vertikaler Richtung und Y in horizontaler Richtung verfahren werden. Damit werden durch Z_1 der axiale Vorschub f_a des Zustellschlittens und durch Y die Shiftbewegung des Shiftschlittens v_{Shift} abgebildet. Der gesamte Schleifkopf kann über die A_1-Achse gekippt werden, sodass der Schwenkwinkel der Schnecke eingestellt werden kann. Der Schwenkwinkel entspricht dabei der Summe aus dem Schrägungswinkel des Zahnrads und dem Steigungswinkel der Schleifschnecke. Der gesamte Werkzeugträger kann um die C_1-Achse rotiert werden, sodass die Schleifschnecke in Abrichtposition (Abrichtachsen nicht dargestellt) bzw. Einbauposition verfahren werden kann [WECK05].

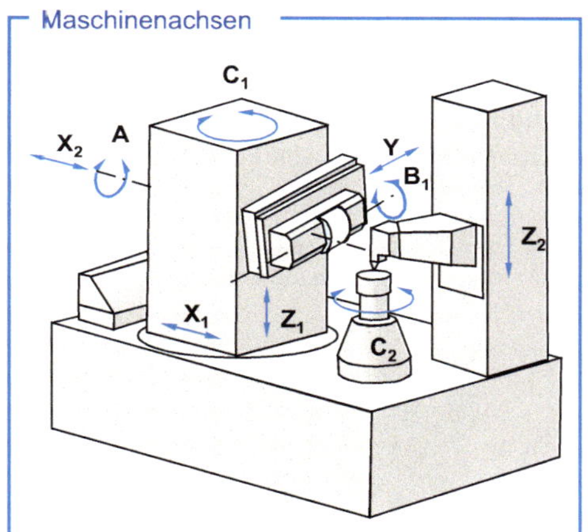

Bild 4.90 Aufbau einer Wälzschleifmaschine (exemplarisch nach Liebherr)

Das Zahnrad besitzt lediglich einen rotatorischen Freiheitsgrad um die C_2-Achse. Zusätzlich kann das Werkstück über einen Reitstock geklemmt werden, der durch die Achse Z_2 verfahren wird [SCHR08]. Zur Fertigung einer Beveloidverzahnung muss das Werkzeug an einem konischen Grundkörper entlang geführt werden. Dies wird in der Regel über eine Kopplung von axialem Vorschub entlang der Z_1-Achse und von radialer Zustellung in X_1-Richtung erreicht. Soll eine Breitenballigkeit auf die Verzahnung aufgebracht werden, so wird ebenfalls die radiale Zustellung über der Zahnradbreite angepasst. Dabei verfährt die X_1-Achse nicht mehr entlang einer Geraden, sondern entlang einer parabelförmigen Bahnkurve. Zur Realisierung von End- und Eckrücknahmen wird ebenfalls die Bewegung der X_1-Achse angepasst. Eine Flankenlinienwinkelmodifikation wird realisiert, indem eine Kopplung zwischen C_2-, Z_1- und Y-Achse vorgenommen wird. Das Werkzeug wird nicht mehr vertikal am Werkstück entlang bewegt, sondern ähnlich wie beim Shiftvorgang tangential zum Werkstück bewegt. Zusätzlich wird die Rotation des Werkstücks angepasst, sodass sich das Werkzeug an der korrekten Position in der Lücke befindet. Sämtliche Profilmodifikationen (Balligkeiten, Rücknahmen, Winkelmodifikationen und Protuberanzen) werden durch Modifikationen des Werkzeugprofils während des Abrichtvorganges erreicht.

Eine Sonderform stellt das topologische Wälzschleifen dar. Hierbei kann das Werkzeug so abgerichtet werden, dass sich das Werkzeugprofil kontinuierlich in einem Schneckengang verändert. Wird eine solche Schnecke mit einer modifizierten Kinematik eingesetzt, ist es möglich, die natürliche Verschränkung, die sich durch den kontinuierlichen Wälzschleifprozess ergibt, zu kompensieren oder eine gezielte Verschränkung aufzubringen. Durch Manipulation der Achsbewegung in Kopplung mit einem veränderlichen Werkzeugprofil ist es auch möglich, freie Zahnflankenmodifikationen zu realisieren [WECK05, BRIM21].

Das Zeitspanungsvolumen ist im Vergleich zu anderen Schleifverfahren sehr hoch, da aufgrund des hohen Überdeckungsgrades meist mehrere Flanken gleichzeitig geschliffen werden (Bild 4.91 links). Durch die Rotation von Werkzeug und Werkstück entsteht eine kontinuierliche Abfolge der im Bild dargestellten Kontaktpunkte. Die Kontaktpunktfolge auf dem Werkstück wird als Berührpfad des Werkzeugs auf dem Werkstück bezeichnet, während die Kontaktpunktfolge auf dem Werkzeug als Kontaktpfad bezeichnet wird. Aufgrund der zeitlich veränderlichen Kontaktbedingungen während des Eingriffs kann das Zeitspanungsvolumen nicht so einfach wie beim diskontinuierlichen Wälzschleifen berechnet werden, es liegen aber Modelle vor [TUER02, SCHR08], die mit genannten Vereinfachungen eine Berechnung des Zeitspanungsvolumens und der Kontaktzeit ermöglichen.

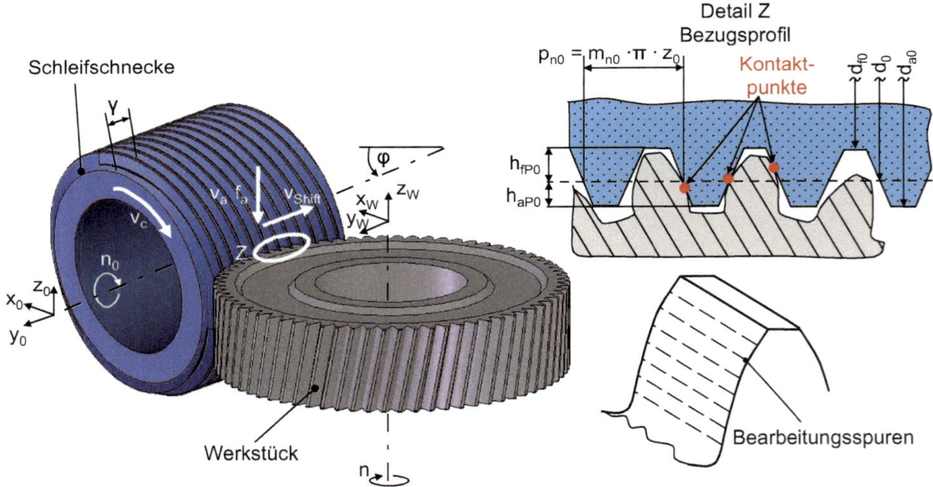

Bild 4.91 Verfahrensprinzip und Einstellgrößen beim kontinuierlichen Wälzschleifen [REIM14]

Aus den wechselnden Kontaktbedingungen ergibt sich eine variierende Anzahl an Angriffspunkten der Schleifkraft, welche zu einer unterschiedlichen Werkzeugbelastung führen. Bei einer geraden Anzahl von Kontaktpunkten liegen an den Links- und Rechtsflanken gleich viele Kontaktpunkte vor, sodass eine weitgehend gleichmäßige Kraftaufteilung vorliegt. Ist die Zahl der Kontaktpunkte ungerade, so führt dies zu einer ungleichmäßigen Kräfteaufteilung, die zu einer charakteristischen Profil-Formabweichung führen kann [TUER02]. Die Anzahl der Kontaktpunkte ist durch die Kenngrößen der Verzahnungshauptgeometrie Normalmodul m_n, Zähnezahl z, Normaleingriffswinkel α_n und Schrägungswinkel β sowie durch die Geometriegrößen der Schleifschnecke festgelegt. Die Berechnung der

Kontaktpunkte erfolgt auf Basis einer Abwälzsimulation zwischen den rechten und linken Flanken und dem Bezugsprofil [TUER02]. Der Einfluss der Kontaktfolge ist wissenschaftlich bereits untersucht worden. Drehfehler- und Schnittkraftmessungen ergaben, dass die Schleifkräfte die verwendete keramisch gebundene Schleifschnecke mit Edelkorund nicht nennenswert verformen [MEIJ79]. Die Schleifkräfte können jedoch einen Fehler in der Wälzsynchronisation bewirken, der eine Profil-Formabweichung zur Folge haben kann. In Abhängigkeit vom Axialvorschub steigen die Schleifkräfte an und können so bei unsymmetrischen Flankenfolgen die Profil-Formabweichung verstärken. Es entsteht das verfahrenstypische, als „Wälzschleifloch“ bezeichnete „S-Profil“ der Profillinien [MEIJ79]. Bisher wurde versucht, mithilfe von Simulationsprogrammen Prozesse und Werkzeuge auszulegen, bei denen die Kontaktfolge gleichmäßiger wird. Unter der Annahme, dass die Kontaktfolge von der Eingriffslinie abhängig ist, zeigt Türich eine Möglichkeit auf, die Kontaktfolge über das Bezugsprofil des Werkzeuges zu verändern [TUER02]. Die verfahrenstypischen Abweichungen treten bei neueren Maschinengenerationen nicht mehr auf, da durch eine in der Maschinensteuerung digital abgebildete Wälzsynchronisation die Drehfehler der alten mechanischen Wälzsynchronisation nicht mehr vorhanden sind.

In [ESCH96] wurde analog zum Profilschleifen die Kontaktzonenausbildung beim kontinuierlichen Wälzschleifen untersucht (Bild 4.92). Die Simulation erfolgt durch Abbildung eines Tauchvorgangs der Schnecke ins Werkstück mit anschließender Wälzbewegung. Die Kontaktzone verläuft bei einer Geradverzahnung parallel zur Stirnseite. Bei Schrägverzahnungen ist der Berührpfad im Raum gekrümmt. Im Gegensatz zur Berührlinie beim Profilschleifen ist der Berührpfad beim Wälzschleifen gegensinnig orientiert. Wie beim Profilschleifen führt der gekrümmte Berührpfad beim Schleifen einer Breitenballigkeit zu einer verfahrensbedingten Verschränkung. Aufgrund der Orientierung des Berührpfades ist die Verschränkung beim Wälzschleifen der Orientierung beim Profilschleifen entgegengesetzt (siehe Abschnitt 4.5.3).

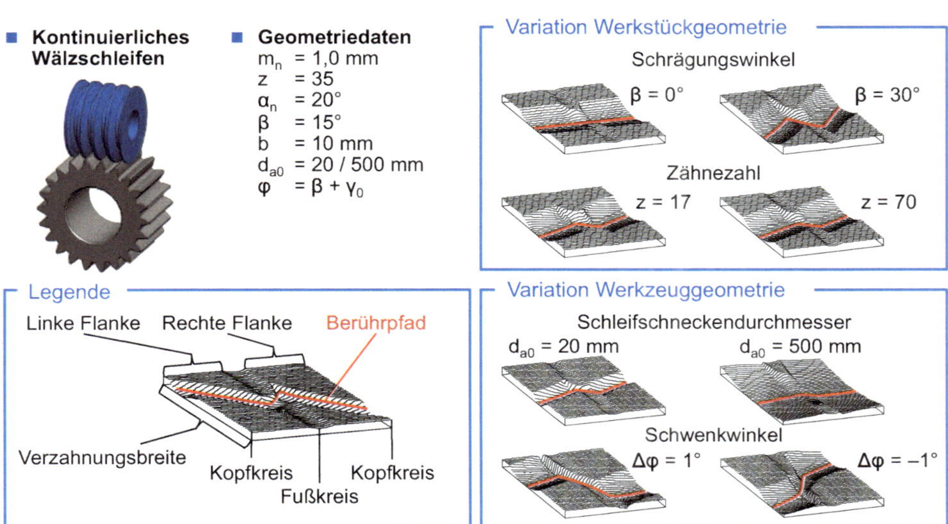

Bild 4.92 Kontaktpunkte und Kontaktzonenausbildung beim kontinuierlichen Wälzschleifen in Anlehnung an [ESCH96, HELL15]

Die Auslegung des Wälzschleifprozesses gestaltet sich aufgrund der vielen Einflussgrößen und der Abhängigkeiten untereinander schwierig. In vielen Fällen werden zeit- und kostenintensive Versuchsreihen durchgeführt, um einen stabilen und wirtschaftlichen Prozess zu erhalten. Die Hauptbearbeitungsparameter sind die Schnittgeschwindigkeit v_c, der Axialvorschub f_a sowie die äquidistante Zustellung pro Hub Δs. Die Schnittgeschwindigkeit wird im Allgemeinen zwischen v_c = 40 m/s und v_c = 100 m/s eingestellt. Begrenzungen ergeben sich aus der zulässigen Schnittgeschwindigkeit der Schleifschnecke, dem zu schleifenden Zahnrad und den zulässigen Drehzahlen der Werkzeugmaschine. Der Axialvorschub wird üblicherweise im Rahmen von f_a = 0,1 mm bis f_a = 1,4 mm variiert. Die Wahl des Axialvorschubs richtet sich hauptsächlich nach der Gangzahl z_0 der Schnecke, der Werkzeugspezifikation und dem zu zerspanenden Aufmaß Δs. Das zu zerspanende Aufmaß Δs pro Hub ist einerseits durch die Ist-Zahnweite der Vorverzahnung und die Soll-Zahnweite der Fertigverzahnung, andererseits durch die Schnittaufteilung der Schrupp- und Schlichthübe zu wählen. Das zu zerspanende Aufmaß variiert in Bereichen von Δs = 0,02 mm bis Δs = 0,16 mm. Weiterhin kann der Prozess durch die Wahl des Shiftweges x_{Shift} hinsichtlich seiner Wirtschaftlichkeit und Leistungsfähigkeit beeinflusst werden. Auch die durch das Gleichlauf- (GL) oder Gegenlaufschleifen (GG) veränderliche Eindringbahn des Schneidkorns kann die Zerspanung und das Prozessergebnis beeinflussen. Weitere Faktoren, die bei der Wahl der Bearbeitungsparameter beachtet werden müssen, sind die zulässige Verzahnungsqualität, die Oberflächengüte, der Verschleiß der Schleifschnecke und die Beeinflussung der Randzone in Form von Schleifbrand. In Bild 4.93 sind qualitativ und die Tendenz anzeigend die Einflüsse einiger Bearbeitungsparameter auf die Leistungsaufnahme der Werkzeugspindel $P_{\text{c mittel}}$ in Blau und auf das Schleifbrandrisiko in Orange dargestellt.

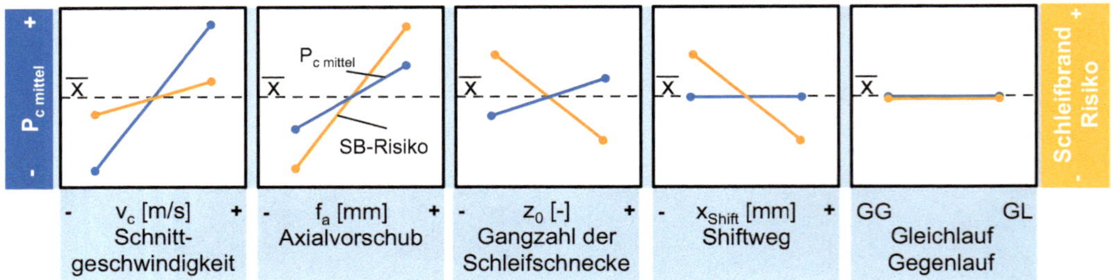

Bild 4.93 Einflussanalyse von Bearbeitungsparametern auf die Leistungsaufnahme der Werkzeugspindel und das Schleifbrandrisiko beim kontinuierlichen Wälzschleifen [REIM14]

Beim kontinuierlichen Wälzschleifen können in seltenen Fällen auch bei höchster Verzahnungsqualität (besser als DIN-Stufe 3) periodische Strukturen auf der Zahnflanke entstehen. Diese Oberflächenstrukturen führen zu hochfrequenten Schwingungen im Getriebe und somit zu einer erhöhten Geräuschentwicklung bei einem sich im Eingriff befindenden Zahnradpaar. Die als störend empfundenen Schwingungen lassen sich zahlenmäßig nicht der Zahneingriffsfrequenz zuordnen und werden daher in der Praxis häufig als „Geisterfrequenzen" bezeichnet [BAUS15]. Die Formabweichungen werden zum einen durch Maschinenstörfrequenzen und zum anderen durch das Schleifverfahren selbst verursacht. Aktuelle Entwicklungen sehen eine steuerungstechnische Kompensation oder Störung der zyklischen Strukturen durch Achsbewegungen der Werkzeugmaschine vor.

Durch die zunehmende Elektrifizierung der Antriebsstränge, insbesondere in der Automobilindustrie, wird angestrebt, geräuscharme Verzahnungen mit einem möglichst hohen Wirkungsgrad und einer hohen Tragfähigkeit einzusetzen. Zur Steigerung der Zahnflankentragfähigkeit und des Wirkungsgrads dient insbesondere die Reduzierung der Zahnflankenrauheit durch das Schleifen. Die häufig geforderte Rauheit im Bereich hochfeiner Oberflächen von $Rz < 1$ µm ist mit konventionellen Schleifwerkzeugen aus keramisch gebundenem Korund oft nicht mehr erreichbar [WAGN17, SCHR21]. Daher werden Zahnräder nach der konventionellen Schleifbearbeitung auch mit elastisch gebundenen Werkzeugen polierwälzgeschliffen. Für den Einsatz elastisch gebundener Schleifwerkzeuge konnte bereits gezeigt werden, dass die Prozesseinrichtung herausfordernd ist und die Korrekturen der Werkzeuggeometrie beim Abrichten iterativ bestimmt werden müssen [WAGN17, SCHR21]. Es ist aber auch möglich, Schleifscheiben so auszulegen, dass im letzten Schnitt ganz gezielt nur die Rauheitsspitzen abgenommen werden. Dadurch wird der Profiltraganteil der geschliffenen Oberfläche erhöht und die Makrogeometrie bleibt vollständig erhalten [SCHR08].

Zum Wälzschleifen ist ein Analogieversuch entwickelt worden, welcher eine lokale Abbildung der kinematischen und geometrischen Verhältnisse darstellt (Bild 4.94). Mit dem Analogieversuch kann das kontinuierliche Wälzschleifen ohne die wechselnde Anzahl an Kontaktpunkten analysiert werden. Das Zahnrad wird an einem beliebigen Punkt der Evolvente durch ein zylindrisches Werkstück abgebildet, dessen Radius dem lokalen Krümmungsradius der Evolvente entspricht. Die Schleifschnecke wird durch eine kegelige Topfscheibe angenähert. Der Kegelwinkel der Topfscheibe entspricht dem Eingriffswinkel der Schnecke. Aus Kraftmessungen im Analogieversuch wurde ein empirisches Kraftmodell für das kontinuierliche Wälzschleifen hergeleitet, welches genutzt wurde, um die lokale Wärmestromdichte beim Wälzschleifen zu bestimmen und damit das Auftreten einer thermischen Randzonenschädigung vorherzusagen (vgl. Abschnitt 4.7) [REIM14].

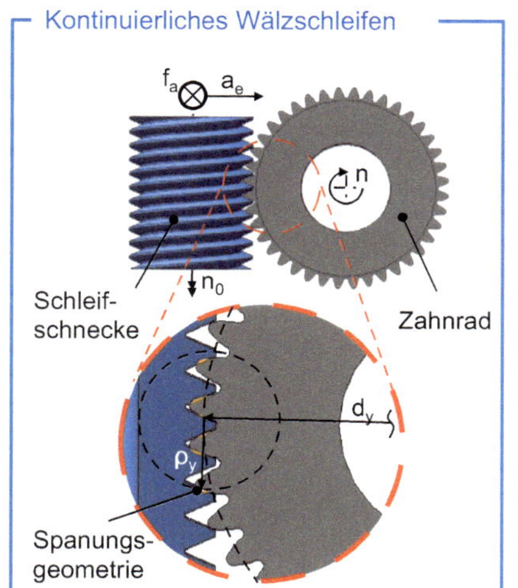

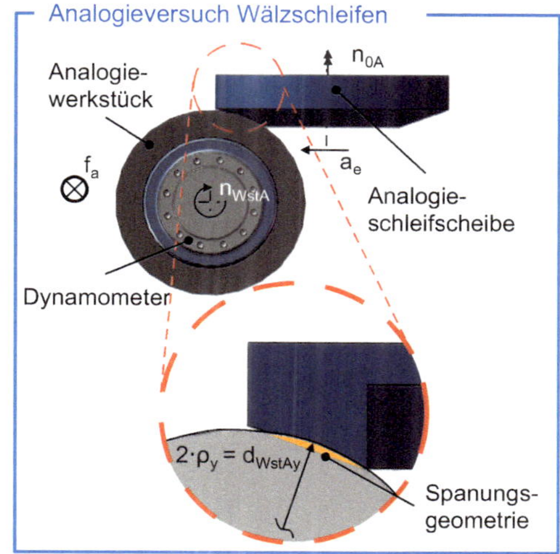

Bild 4.94 Ableitung und Prinzip des Analogieversuchs Wälzschleifen [REIM14]

Der Analogieversuch wurde weiterhin genutzt, um den Einfluss der Werkzeugspezifikation auf den Prozess, die Bauteilrandzone und den Verschleiß des Werkzeugs zu erfassen. In Bild 4.95 sind die Einflüsse verschiedener Bearbeitungs- und Werkzeugparameter auf den Verschleiß dargestellt. Der Verschleiß der Schleifscheibe wurde dazu über die Radiusabweichung des Analogiewerkstücks Δr bestimmt. Bei vorgegebener Bindungsrezeptur haben den größten Einfluss auf den Verschleiß die Körnung nach FEPA und der Axialvorschub im Analogieversuch f_{aA}. Die untersuchten Kornmaterialien waren jeweils zwei Sinterkorunde und Schmelzkorunde. Basierend auf den Erkenntnissen aus den Analogieversuchen wurde ein von Werner entwickelter energetischer Modellansatz [WERN73] für das kontinuierliche Wälzschleifen erweitert [OPHE19]. Für diese Modellierungen sind die Kontaktbedingungen und die Schleifnormalkräfte notwendig und es gilt die Randbedingung, dass kein exzessiver Verschleiß durch Kornausbrüche vorliegt. Qualitative Wirkungen von Bestimmungsgrößen des Wälzschleifens auf moderat verlaufenden Kanten- und Radialverschleiß [OPHE19] zeigt Bild 4.95.

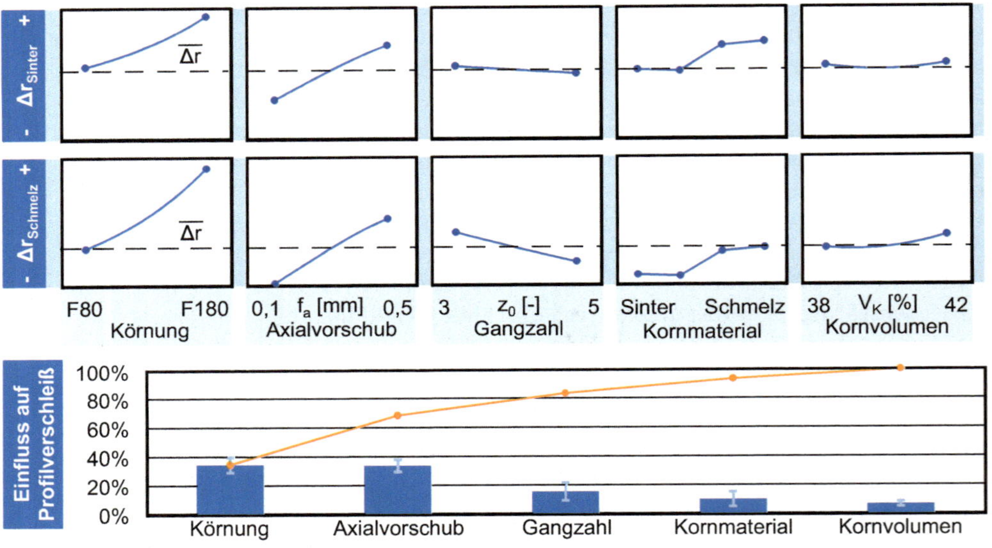

Bild 4.95 Einflussanalyse von Werkzeug- und Bearbeitungsparametern auf den Verschleiß einer Schleifschnecke im Analogieversuch [KLOC15b, OPHE19]

4.4.2.3.5 Verzahnungshonen

Das Verzahnungshonen ist ein abwälzendes Hartfeinbearbeitungsverfahren mit geometrisch unbestimmter Schneide, bei dem ein außenverzahntes Werkstück mit einem innenverzahnten Honring unter einem Achskreuzwinkel Σ kämmt. Die Verfahrensbezeichnung ist nicht normgerecht nach den Definitionen in DIN 8598. Danach handelt es sich um ein Schleifverfahren (mit niedrigen Schnittgeschwindigkeiten). Die Verfahrensbezeichnung Verzahnungshonen ist aber in der Praxis so umfänglich eingeführt, dass auch in diesem Buch diese Verfahrensbezeichnung verwendet wird. Wirtschaftlich zerspanbare Aufmaße liegen zwischen Δs = 5 bis 100 µm. Mit dem Verzahnungshonen werden in der Regel Zahnräder mit einem Außendurchmesser von bis zu d_a = 270 mm und einem Modul von bis zu m_n = 5 mm bearbeitet. Die verwendeten Schleifwerkzeuge bestehen überwiegend aus keramisch gebundenem Korund und werden mit einem diamantbelegten Abrichtrad, das die Kontur der zu schleifenden Verzahnung aufweist, konditioniert (siehe Bild 4.77). Neben keramisch gebundenen Korundwerkzeugen werden kunstharzgebundene Schleifscheiben zur Erzielung hoher Oberflächengüten verwendet.

In Bild 4.96 ist die Kinematik des Verzahnungshonens dargestellt. Die Kinematik des Verzahnungshonens entspricht einem Schraubwälzgetriebe und damit der Kinematik des Schabens (vgl. Abschnitt 4.3.2) und des Wälzschälens (vgl. Abschnitt 4.2.3.4). Aufgrund des Achskreuzwinkels Σ ergibt sich eine axiale Längsgleitgeschwindigkeit v_{gL} in Zahnbreitenrichtung, welche der Schnittgeschwindigkeit des Wälzschälens entspricht. Weiterhin ist beim Verzahnungshonen eine in Richtung der Evolvente wirkende Höhengleitgeschwindigkeit v_{gH} vorhanden, da das Werkzeug im Gegensatz zum Wälzschälen nicht mit der Stirnseite zerspant, sondern mit den Körnern auf den Flanken. Die Höhengleitgeschwindigkeit ergibt sich aus der Differenz der beiden Tangentialgeschwindigkeiten von Zahnrad v_{ty2} und Honring v_{ty0} an einem beliebigen Punkt P_y auf der Zahnflanke. Aus der vektoriellen Addition der beiden Gleitgeschwindigkeiten ergibt sich die Schnittgeschwindigkeit v_c. Aufgrund der veränderlichen Höhengleitgeschwindigkeit über dem Evolventenprofil ergibt sich eine für den Prozess charakteristische zahnhöhen- und zahnbreitenorientierte Oberflächenstruktur, deren Orientierung durch den Schnittwinkel α_c beschrieben wird. Mit steigendem Betrag des Achskreuzwinkels Σ wird der Schnittwinkel α_c kleiner und die Orientierung der Oberflächenstruktur nähert sich damit der Flankenlinie an.

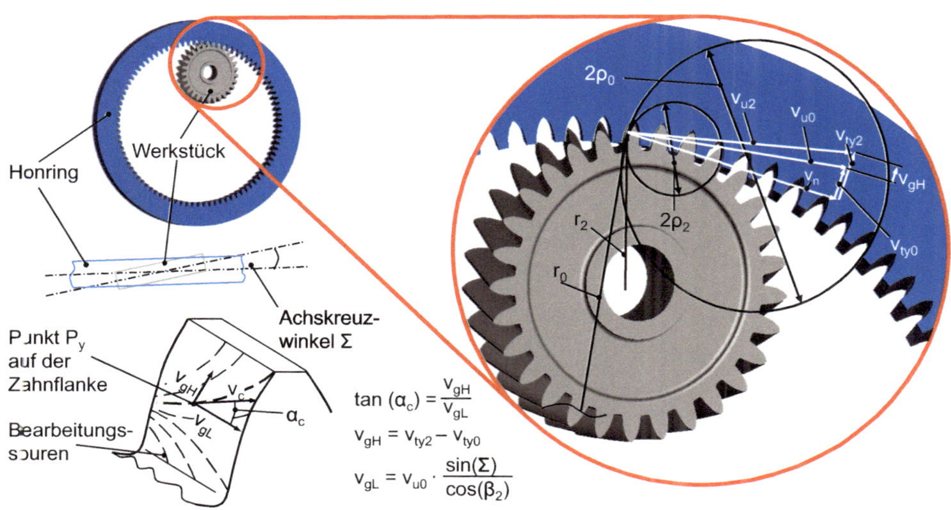

Bild 4.96 Verzahnungshonen [KOEL00]

Die Schnittgeschwindigkeiten liegen beim Verzahnungshonen zwischen v_c = 0,5 bis v_c = 15 m/s. Die Schnittgeschwindigkeiten sind im Vergleich zum kontinuierlichen Wälzschleifen und Profilschleifen (v_c = 25 bis 100 m/s) gering. Dadurch ist die thermische Belastung des Schneidkorns, der Bindung und des Werkstücks ebenfalls geringer. Thermische Gefügeschäden der Werkstückoberfläche (Schleifbrand) treten praktisch nicht auf [KOEL00, RUET07]. Der radiale Vorschub f_r erfolgt kontinuierlich und liegt im Bereich einiger Nanometer pro Werkstückumdrehung.

Bild 4.97 zeigt den Aufbau einer Honmaschine. Über die C_1-Achse wird durch einen Direktantrieb die Werkzeugdrehung erzeugt. Die Werkstückdrehung wird über die beiden ebenfalls direkt angetriebenen Achsen C_1 und C_2 realisiert. Durch die doppelte Ausführung der Werkstückrotationsachsen kann der Werkstückwechselvorgang durch eine Drehung der B_2-Achse und einer Längsbewegung des Spindelstocks in Z_2-Richtung mit kurzen Nebenzeiten durchgeführt werden [NN15d]. Über die X-Achse wird die radiale Zustellung des Werkzeugs realisiert bzw. das Abrichten (Achsen nicht dargestellt) des Honwerkzeugs durchgeführt [NN15d]. Der Längsvorschub der Z_1-Achse führt eine oszillierende Bewegung durch, sodass der Honstein über seiner Breite gleichmäßig genutzt wird [NN15d]. Das Schwenken des Honrings zur Erzeugung einer Breitenballigkeit wird durch eine Rotation um die B_1-Achse realisiert [NN15d, WECK05].

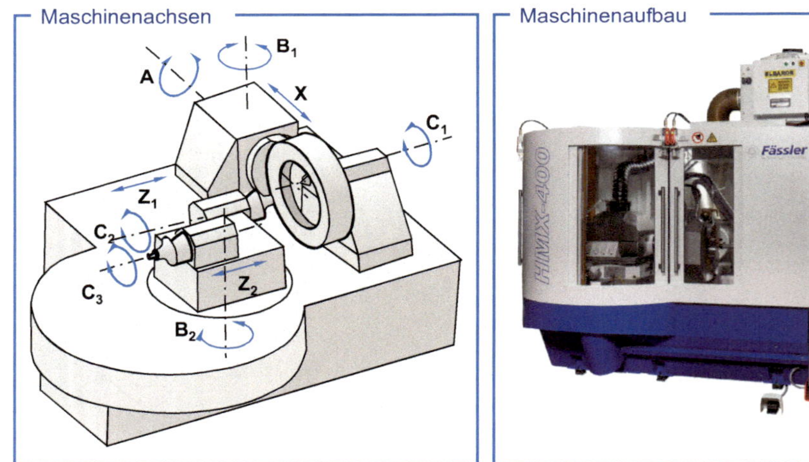

Bild 4.97 Aufbau einer Honmaschine (exemplarisch nach Fässler; Bildquelle: Fässler)

Das Verzahnungshonen wurde mit dem Ziel entwickelt, Transportbeschädigungen an gehärteten Zahnflanken wirtschaftlich beseitigen zu können [FAES80, KOEL00]. Da gehonte Zahnräder eine sehr gute Oberflächengüte sowie hohe Druckeigenspannungen aufweisen, wurde das Verzahnungshonen in der Zahnradfertigung weiterentwickelt, um als Nachbearbeitungsverfahren im Anschluss an das Schleifen eingesetzt zu werden. Beim Verzahnungshonen als Nachbearbeitungsverfahren wird nur ein geringes Aufmaß von Δs = 5 bis 15 µm auf der Zahnflanke zerspant. Mit einer Weiterentwicklung der Maschinen und Werkzeuge wurden höhere Leistungen möglich. Diese Technologien wurden unter der Bezeichnung Leistungshonen in der Praxis eingeführt [BAUS15]. Die ersten Generationen an Verzahnungshonmaschinen hatten riemen- oder zahnradgetriebene Hauptspindeln, wobei vielfach nur die Werkzeugspindel angetrieben wurde. Die Werkstückspindel war bei älteren Verzahnungshonmaschinen häufig freilaufend, sodass das Werkstück ausschließlich durch das Werkzeug angetrieben wurde. Mit diesem Antriebssystem war es nicht möglich, die aus dem Vorverzahnprozess oder aus dem Härten resultierenden Summenteilungsfehler zu korrigieren. Es wurde praktisch nur die Oberflächenrauheit verringert. Die Werkzeugspezifikationen entsprechen im Grundsatz dem Aufbau von Schleifwerkzeugen. Die Abrichtwerkzeuge, insbesondere im Negativ- und im Positivverfahren hergestellte diamantbesetzte Abrichträder, wurden im Abschnitt 4.4.2.1 beschrieben. Wesentliche Entwicklungen der Maschinentechnik sind dadurch gekennzeichnet, dass die Werkzeug- und Werkstückachsen mit Direktantrieben und hoher Drehsteifigkeit ausgestattet und das Maschinengestell steifer ausgeführt wurden. Die Drehachsen sind im Gegensatz zu den früher mechanisch gekoppelten Drehachsen jetzt elektronisch miteinander synchronisiert. Durch die Synchronisation der beiden Achsen lässt sich der Verzahnungshonprozess stärker durch die Maschinenbewegung steuern und Teilungsfehler können auch korrigiert werden.

Durch die Weiterentwicklung der Maschinen werden anstelle von kunstharzgebundenen Werkzeugen auch keramisch gebundene Werkzeuge eingesetzt. Dadurch konnte das zu zerspanende Aufmaß von früher Δs = 5 bis 15 µm auf bis zu Δs = 100 µm gesteigert werden. Aufgrund der Weiterentwicklung der Verzahnungshonmaschinen hat sich das Verzahnungshonen seit Mitte der 1990er-Jahre zum eigenständigen Hartfeinbearbeitungsverfahren entwickelt und wird in der Industrie zur Abgrenzung vom reinen Nachbearbeitungsverfahren auch als Leistungshonen bezeichnet [BAUS15]. In der Prozesskette wurde die Prozesskombination des Schleifens und Honens durch das Leistungshonen substituiert. Die Bearbeitungszeit beim Leistungshonen ergibt sich aus der Division von radialer Zustellung a_e und Vorschubgeschwindigkeit v_f. Die radiale Zustellung wiederum kann durch die äquidistante Zustellung Δs und den Normaleingriffswinkel des Zahnrades α_n bestimmt werden. Die Bearbeitungszeit beim Verzahnungshonen von Verzahnungen mit kleinen Moduln ist vergleichbar mit jenen, die beim kontinuierlichen Wälzschleifen entstehen.

$$t_{\text{Zerspanung,Honen}} \approx \frac{a_e}{v_f} \approx \frac{\Delta s}{v_f \cdot \sin \alpha_n} \tag{4.27}$$

Zur wissenschaftlichen Analyse wurde ein Analogieversuch für das Verzahnungshonen entwickelt, Bild 4.98. Mit dem Analogieversuch können gezielt einzelne Prozessparameter untersucht werden, ohne dass die unterschiedlichen Eingriffsbedingungen über der Zahnhöhe die Ergebnisse beeinflussen Das Honwerkzeug sowie das Werkstück werden durch die lokalen Krümmungsradien r am zu untersuchenden Punkt angenähert. Das Werkstück ist ein Zylinder und das Werkzeug ein Hohlzylinder. Mit empirischen Analogieversuchen wurde der Einfluss verschiedener Prozessparameter auf die Zerspanung und die erzielbare Oberflächengüte untersucht. Die Ergebnisse zeigen, dass die Haupteinflussgrößen die Abricht-, Schnitt- und Zustellgeschwindigkeit sind [KOEL00]. Der Analogieversuch wurde in weiteren wissenschaftlichen Untersuchungen genutzt, um ein für das Verzahnungshonen entwickeltes Kraftmodell zu parametrieren (vgl. Kapitel 6) [KAMP17], das mit einem Maschinenmodell gekoppelt werden kann. Mit diesem gekoppelten Modell können die Interaktionen zwischen Prozess und Maschine berechnet und der Prozess gesamtheitlich optimiert werden.

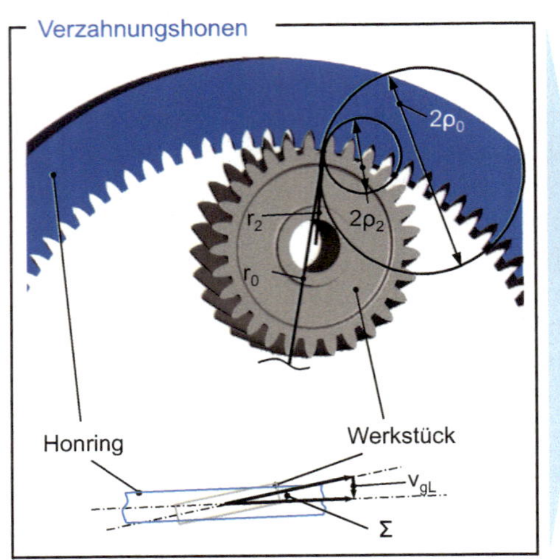

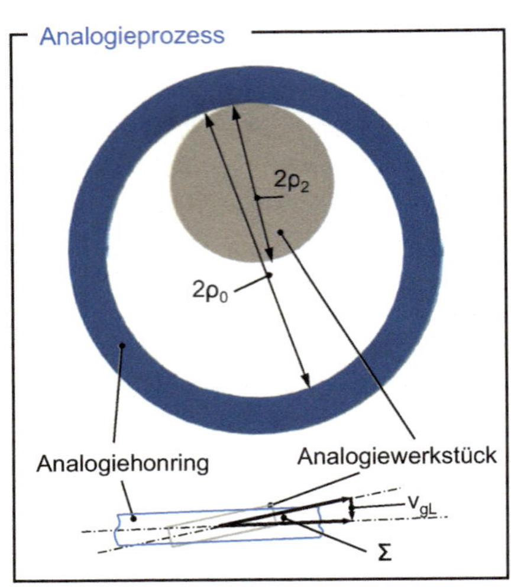

Bild 4.98 Analogieversuch Honen in Anlehnung an [KOEL00]

4.4.2.3.6 Hartfeinbearbeitung von Innenverzahnungen

Aufgrund der Elektrifizierung der Antriebsstränge wird vermehrt auf Getriebekonzepte mit Innenverzahnungen, wie z. B. Planetengetriebe, zurückgegriffen. Insbesondere im Bereich der Elektromobilität werden an Planetengetriebe hohe Anforderungen hinsichtlich des Geräusch- und Vibrationsverhaltens gestellt [PINN20]. Aus diesem Grund werden immer höhere Qualitätsanforderungen an Innenverzahnungen gestellt, wodurch die Hartfeinbearbeitung von Innenverzahnungen weiter an Bedeutung gewinnt [FUJI22]. Zur Hartfeinbearbeitung von Innenverzahnungen mit geometrisch unbestimmten Schneiden stehen das Innenprofilschleifen, das Innenwälzschleifen und das Innenhonen zur Verfügung (Bild 4.99).

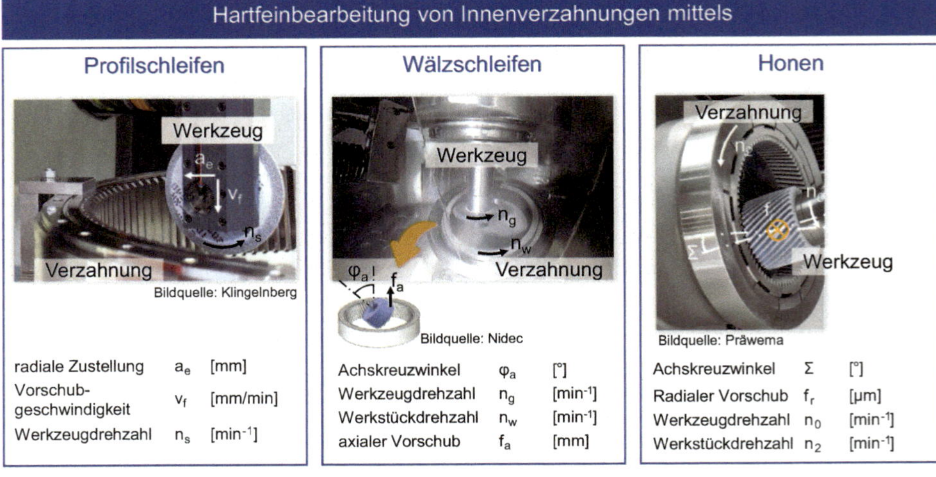

Bild 4.99 Hartfeinbearbeitung von Innenverzahnungen

Das Innenprofilschleifen ist kinematisch mit dem diskontinuierlichen Profilschleifen von außenverzahnten Stirnrädern vergleichbar (vgl. Abschnitt 4.4.2.3.1). Beim Profilschleifen von Innenverzahnungen wird aufgrund des begrenzten Bauraums in der Regel mit auskragenden Werkzeugaufnahmen und mit kleinen Schleifscheiben gearbeitet. Dennoch bleibt das technologische Problem, dass aufgrund der konvexen Krümmung der Schleifscheibe und der konkaven Krümmung der Innenkontur lange Kontaktlängen entstehen. Deshalb besteht die erhöhte Gefahr, dass eine thermisch unzulässige Wärmebeeinflussung der Oberflächenrandzone entsteht. Die Stellgrößen im Prozess sind die Schnittgeschwindigkeit v_c, die radiale Zustellung a_e sowie die Vorschubgeschwindigkeit v_f.

Das Innenwälzschleifen ist vergleichbar mit dem kontinuierlichen Wälzschleifen (vgl. Abschnitt 4.4.2.3.4). Aufgrund der erschwerten Zugänglichkeit liegen die realisierbaren Achskreuzwinkel zwischen Werkzeug und Werkstück allerdings im Bereich von $\varphi_a = 20°$ bis 35°. Während des Prozesses drehen sich Schleifwerkzeug und Zahnrad synchron mit den Drehzahlen n_g bzw. n_w. Die relative Gleitgeschwindigkeit zwischen Schleifwerkzeug und Zahnrad kann bis zu v_c = 30 m/s betragen. Zusätzlich verfügt das Schleifwerkzeug über eine axiale Vorschubbewegung f_a, die das Schleifen der gesamten Zahnradflanke ermöglicht [FUJI22]. Um vorzeitigen Kontakt zwischen Werkzeug und Werkstück zu vermeiden, muss das Werkzeug zum Innenwälzschleifen aufgrund der Krümmung des Werkstücks tonnenförmig ausgelegt werden. Durch diese Werkzeugform wird das Kontaktverhältnis zwischen Werkzeug und Werkstück ebenfalls optimiert.

Als dritter möglicher Prozess zur Bearbeitung von Innenverzahnungen steht das Innenverzahnungshonen zur Verfügung. Das Innenverzahnungshonen ist hinsichtlich der Kinematik vergleichbar mit dem Verzahnungshonen von Außenverzahnungen (vgl. Abschnitt 4.4.2.3.5). Der Unterschied zwischen den Prozessen ist, dass Werkzeug und Werkstück getauscht sind. Dementsprechend wird beim Innenverzahnungshonen eine Innenverzahnung mit einem außenverzahnten Werkzeug bearbeitet. Aufgrund der im Vergleich zum Werkstück großen Breite des Werkzeugs wird beim Innenverzahnungshonen die gesamte Zahnflanke simultan bearbeitet. Die Zustellung im Prozess erfolgt mit einem kontinuierlichen radialen Vorschub f_r. Die Schnittgeschwindigkeit v_c ergibt sich über den Achskreuzwinkel und die Werkzeugdrehzahl (vgl. Abschnitt 4.4.2.3.5).

4.5 Erzeugung von Zahnflankenmodifikationen

Verzahnungsauslegungen mit Zahnflankenmodifikationen sind Stand der Technik. Der Grund hierfür ist vor allem das verbesserte Geräusch- und Tragfähigkeitsverhalten flankenmodifizierter Verzahnungen insbesondere unter Berücksichtigung der Fertigungs- und Montagetoleranzen sowie der lastbedingten Verformung des Zahnrad-Welle-Lagersystems. Die Modifikationen und Abweichungen werden in Profilmodifikationen in Zahnhöhenrichtung und Flankenmodifikationen in Zahnbreitenrichtung sowie topologische Modifikationen unterschieden. Profilmodifikationen werden durch das Werkzeug und Flankenmodifikationen durch die Kinematik des jeweiligen Prozesses erzeugt. Für die Erzeugung topologischer Modifikationen kann sowohl eine Anpassung des Werkzeugprofils als auch die Manipulation der Achskinematik erforderlich sein. Nachfolgend wird die Erzeugung der unterschiedlichen Zahnflankenmodifikationstypen diskutiert.

Die Verfahren zur spanenden Fertigung von Zahnrädern können in profilgebende und wälzende Verfahren unterteilt werden. In Abhängigkeit von der Verfahrensart entstehen bei der nicht topologischen Erzeugung von Flankenlinienmodifikationen bei Schrägverzahnungen ($\beta \neq 0°$) fertigungsbedingte Abweichungen. Die entstehende Verwindung der Zahnflanke wird als „Verschränkung" bezeichnet [VDI00]. Deren Entstehung und Beschreibung wird ebenfalls nachfolgend dargestellt.

4.5.1 Erzeugung von Profilmodifikationen

Modifikationen in Zahnhöhenrichtung werden durch das Werkzeug erzeugt. Häufig verwendete Standardprofilmodifikationen sind die Profilballigkeit, Profilwinkelkorrektur sowie die Kopf- und Fußrücknahme. In Bild 4.100 ist eine Profilschleifscheibe mit und ohne Profilballigkeit dargestellt. Dem linken Bildteil kann die schematische Darstellung eines Zahnes mit aufgebrachter Profilballigkeit entnommen werden. Bei einem abbildenden, profilgebenden Verfahren wird die Profilmodifikation als Negativ im Profil des Werkzeugs berücksichtigt. Bei wälzenden Verfahren, wie z. B. dem Wälzschleifen oder -fräsen, wird in der Auslegung der Werkzeuge die Geometrie des modifizierten Schneckenprofils durch Rückwärtsabwälzen der mit der gewünschten Profilmodifikation beaufschlagten Verzahnung mittels einer Berechnungssoftware erzeugt. Eine Profilballigkeit wird in diesem Fall durch einen Radius auf dem Werkzeugbezugsprofil realisiert.

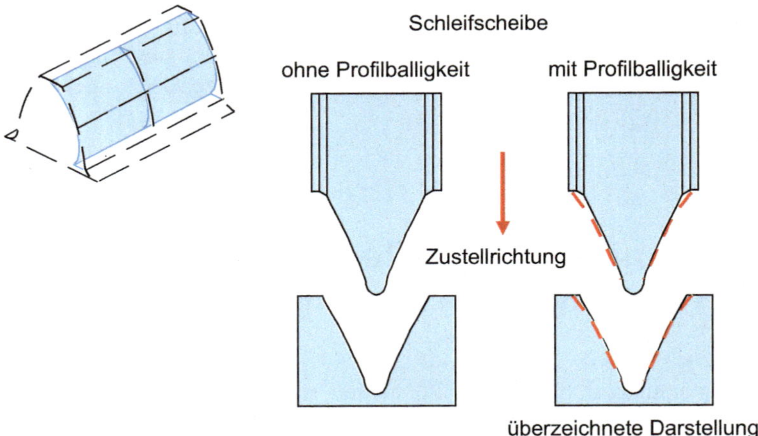

Bild 4.100 Erzeugung der Profilballigkeit

Die Ausprägung der Modifikation in Zahnhöhenrichtung kann bei gleichbleibendem Werkzeug und gleicher Fertigungskinematik nicht mehr verändert werden. Bei Verfahren mit leicht veränderbaren Werkzeugprofilen, wie den Schleifverfahren mit abrichtbaren Werkzeugen, sind Profilmodifikationen durch den Abrichtvorgang nachträglich veränderbar. Bei Fertigungsverfahren mit nachträglich nicht veränderlichen Profilen, wie nicht abrichtbaren Werkzeugen beim Schleifen oder der Mehrheit der Verfahren mit definierter Schneide, wird die Profilmodifikation bereits während der Herstellung des Werkzeugs eingebracht. Bei Schleifverfahren mit profilgebundenen Abrichtwerkzeugen, wie dem Verzahnungshonen oder Wälzschleifen mit Abrichtzahnrädern oder Profilrollen, muss die gewünschte Profilmodifikation bereits in das Abrichtwerkzeug eingearbeitet werden. In diesen Fällen ist eine Anpassung des Werkzeugprofils nicht oder nur mit hohem Aufwand möglich.

Eine Ausnahme stellt das Verfahren des Zahnradweichschabens dar, bei dem eine Werkzeuganpassung gängige Praxis ist. Dazu wird das Profil des Schabrades angepasst.

4.5.2 Erzeugung von Flankenmodifikationen

Modifikationen in Zahnbreitenrichtung werden durch die Maschinenkinematik realisiert (Bild 4.101). Häufig verwendete Standardflankenmodifikationen sind die Breitenballigkeit, die Flankenlinienwinkelkorrektur und die Endrücknahme. Die Erzeugung von Modifikationen durch die Maschinenkinematik erfolgt gleichermaßen für Schleifverfahren mit abrichtbaren und nicht abrichtbaren Werkzeugen als auch für Verfahren mit geometrisch bestimmter Schneide. Ebenfalls liegen grundsätzlich vergleichbare kinematische Bedingungen für profilierende und wälzende Verfahren zur Erzeugung der Modifikationen in Zahnbreitenrichtung vor.

In Bild 4.101 ist die Vorgehensweise zur Erzeugung einer Breitenballigkeit beim Profilschleifen dargestellt. Im vorliegenden Fall wird die Schleifscheibe axial zum Werkstück in Vorschubrichtung verfahren. Dieser Bewegung wird eine zusätzliche parabelförmige Bewegung zur Erzeugung der Breitenballigkeit in Richtung der Zustellachse des Werkzeugs überlagert. Das Werkzeug wird beim axialen Eintritt in das Werkstück weiter zugestellt, als dies zur Erzeugung der unmodifizierten Flanke erforderlich ist. Über dem axialen Verfahrweg wird die Werkzeugzustellung zunächst verringert, sodass in der Mitte der Verzahnung die Position zur Erzeugung der unmodifizierten Verzahnungsgeometrie erreicht wird. Die Austrittsposition des Schleifwerkzeugs aus der Werkstücklücke ist hinsichtlich der Zustellachse wiederum gleich der Ausgangsposition. Das Werkzeug folgt somit während des Überlaufwegs einer von der Breitenballigkeit abhängigen Parabel mit dem Scheitelpunkt in der Mitte der Verzahnung.

In derselben Weise werden weitere Modifikationsformen in Zahnbreitenrichtung, wie z. B. eine Endrücknahme, erzeugt. Die Unterschiede zwischen den verschiedenen Ausprägungen von Flankenmodifikationen liegen im Betrag der Modifikation und der Bahnkurve, die durch die Zustellachsenbewegung über der Hubbewegung vollzogen wird.

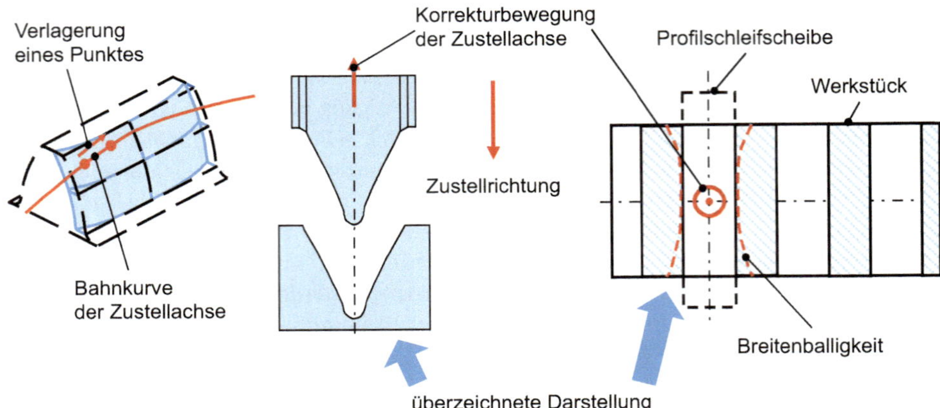

Bild 4.101 Erzeugung der Breitenballigkeit

Bei der Herstellung von Flankenmodifikationen mit profilierenden Verfahren ist die mit der Werkzeugbahnkurve einhergehende Änderung des Profils am Werkstück über der Verzahnungsbreite zu beachten. Gegenüber dem Punkt der Bahnkurve mit der geringsten Zustellung, für die das Werkzeugprofil ausgelegt ist, ergeben sich dadurch in den anderen Bereichen der Zahnflanke, insbesondere für die Profilwinkelabweichung, abweichende Werte. Die Zielgröße der definierten Profillinie wird nur an der Referenzposition der Modifikationsform erreicht. Anhand des Verlaufs der Bahnkurve über der Werkstückbreite ist die Verlagerung eines Werkzeugkontaktpunkts mit dem Werkstück in Zahnhöhen- und Breitenrichtung dargestellt (Bild 4.101 links).

Bei der Verwendung wälzender Verfahren ergibt sich durch die Veränderung des Achsabstandes für Geradverzahnungen lediglich eine Änderung des Profilverschiebungsfaktors am Werkstück. Die Zahnform wird darüber hinaus nicht beeinflusst.

4.5.3 Entstehung von verfahrensbedingten Verschränkungen

Bei der profilierenden oder wälzenden Erzeugung von Modifikationen in Zahnbreitenrichtung, wie einer Breitenballigkeit, kommt es bei Schrägverzahnungen ($\beta \neq 0°$) zu einer Abweichung der tatsächlichen Zahnflankentopografie von der Soll-Topografie, die als natürliche Verschränkung bezeichnet wird. Es handelt sich hierbei um eine fertigungsbedingte Abweichung gegenüber der Auslegung (Bild 4.102).

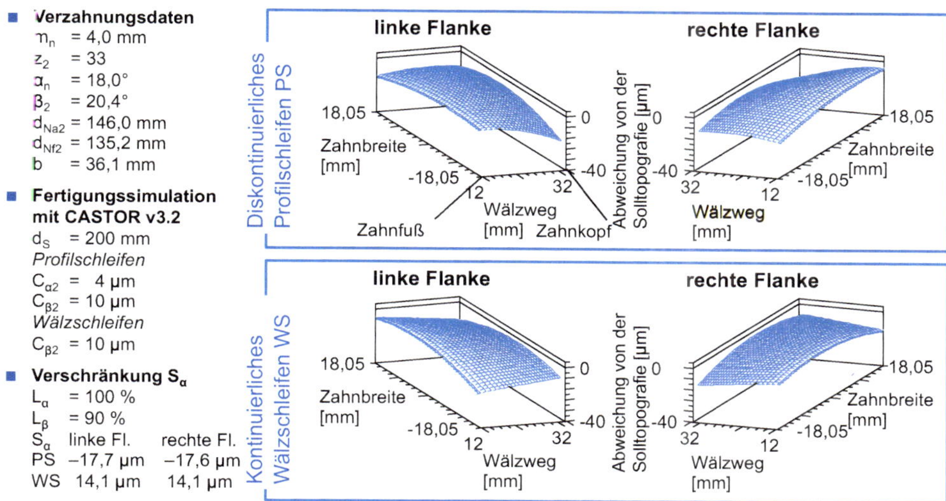

Bild 4.102 Verfahrensbedingte Verschränkungen des diskontinuierlichen Profilschleifens und kontinuierlichen Wälzschleifens [HELL15]

Charakteristisch sind die über der Zahnbreite veränderliche Kontur in Zahnhöhenrichtung und die über der Zahnhöhe veränderliche Kontur in Zahnbreitenrichtung. Die maximalen Abweichungen in der Erzeugung einer klassischen Breitenballigkeit ergeben sich zu Beginn und zum Ende des Kontakts von Werkzeug und Werkstück an den jeweiligen Stirnseiten in Form einer Profil-Winkelabweichung $f_{H\alpha}$. Die Ausbildung der Verschränkung wird durch die Geometrie von Werkzeug und Werkstück sowie die Maschinenkinematik beeinflusst [ESCH96].

Die Orientierung der Verschränkung unterscheidet sich in der Profil- und Wälzschleifbearbeitung (Bild 4.102). Dementsprechend ergibt sich im Verfahrensvergleich ein gegensinniger Verlauf der fertigungsbedingten Verschränkung. Um den Verlauf unter Berücksichtigung des Fertigungsverfahrens eindeutig beschreiben zu können, wurden die Definitionen nach VDI/VDE Richtlinie 2607 [VDI00] und ISO 21771 [ISO14] von Hellmann erweitert (Bild 4.103). Aus der Definition ergibt sich eine negative Verschränkung für das Profilschleifen und eine positive Verschränkung für das Wälzschleifen [HELL15].

- Die Orientierung einer Verschränkung kann unter Berücksichtigung der Eingriffsstrecke eindeutig beschrieben werden.
- Unterscheidung zwischen treibendem und getriebenem Rad notwendig
- Messung von zwei zusätzlichen Profillinien
- Mittelung des Kennwerts über vier Zähne
- Charakteristisches Vorzeichen für die Hartfeinbearbeitungsverfahren diskontinuierliches Profil- und kontinuierliches Wälzschleifen

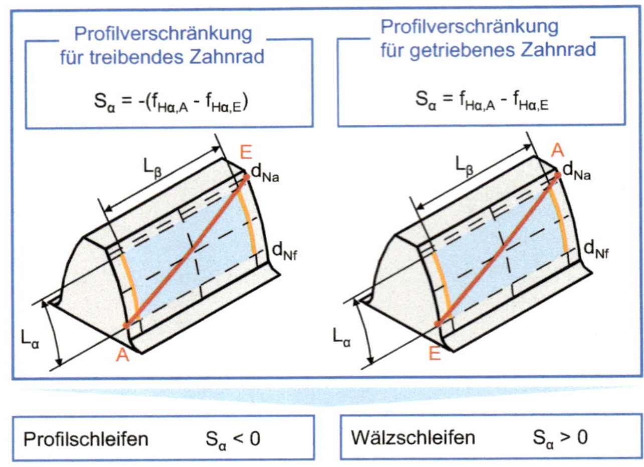

Bild 4.103 Vorzeichendefinition der verfahrensbedingten Verschränkung [HELL15]

Verschränkungen können durch eine einflankige Bearbeitung vermieden oder durch eine Beeinflussung der Maschinenkinematik bzw. der Werkzeuggeometrie kompensiert werden. Methoden zum verschränkungsarmen Schleifen liegen sowohl für das Profil- als auch für das Wälzschleifen vor [TUER09, WINK05a, SCHR08].

Verfahrensbedingte Verschränkungen können genormte Zahnflankenabweichungen übertreffen. Deshalb sollten sie in der Auslegung von Verzahnungen berücksichtigt werden, vorausgesetzt, die Auswirkungen auf das Einsatzverhalten sind bekannt. Im Zusammenhang mit umfangreichen Fertigungssimulationen sind die notwendigen Rechenprozeduren recht zeitaufwendig. Hellmann stellt für diese Problematik einen Modellansatz vor und gibt Auslegungsregeln an [HELL15], mit denen Bewertungen der verfahrensbedingten Abweichungen auf das Einsatzverhalten vorgenommen werden können. Mit Simulationsrechnungen analysiert und wertet er die wesentlichen Einflussparameter, die für die Entstehung von Verschränkungen verantwortlich sind. Er stellt fest, dass die Profil- und Wälzschleifverschränkungen vornehmlich durch den Betrag der Breitenballigkeit, den Schrägungswinkel sowie die Verzahnungsbreite beeinflusst werden. Für das Profilschleifen sind darüber hinaus noch der Schleifscheibendurchmesser und die Zähnezahl des Werkrads entscheidend. Mit dem vorgestellten methodischen Vorgehen und den entwickelten Simulationswerkzeugen ist es möglich, eine Auslegung unter Berücksichtigung von Fertigungstoleranzen sowie verfahrensbedingten Abweichungen durchzuführen [HELL15].

4.5.3.1 Verfahrensbedingte Verschränkung beim Profilschleifen

Im Folgenden wird für das diskontinuierliche Profilschleifen die Entstehung bzw. die Erzeugung von natürlichen Verschränkungen beschrieben. Das Schleifscheibenprofil entspricht bei der Bearbeitung von Geradverzahnungen genau dem Stirnschnittprofil der Zahnlücke (Bild 4.101). Die Bearbeitung erfolgt durch eine axiale Verfahrbewegung der Maschine bei radialer Zustellung des Werkzeugs. Bei der Bearbeitung von Schrägverzahnungen wird die Schleifscheibe entsprechend dem Schrägungswinkel der Verzahnung eingeschwenkt. Bei einer konventionellen Zweiflankenbearbeitung mit einer Profilschleifscheibe wird eine Balligkeit über der Breite der Verzahnung durch eine parabelförmige Zustellung der radialen Maschinenachse bei geradlinigem axialem Vorschub aufgebracht (vgl. Abschnitt 4.5.2). Eine radiale Zustellung des Werkzeugs hat infolge der axial verschobenen Kontaktpunkte aus Links- und Rechtsflanke des Werkstücks im gleichen Stirnschnitt eine Verschiebung des Profils, eine Profilwinkelmodifikation und eine geringe Profilballigkeit zur Folge (siehe Bild 4.104).

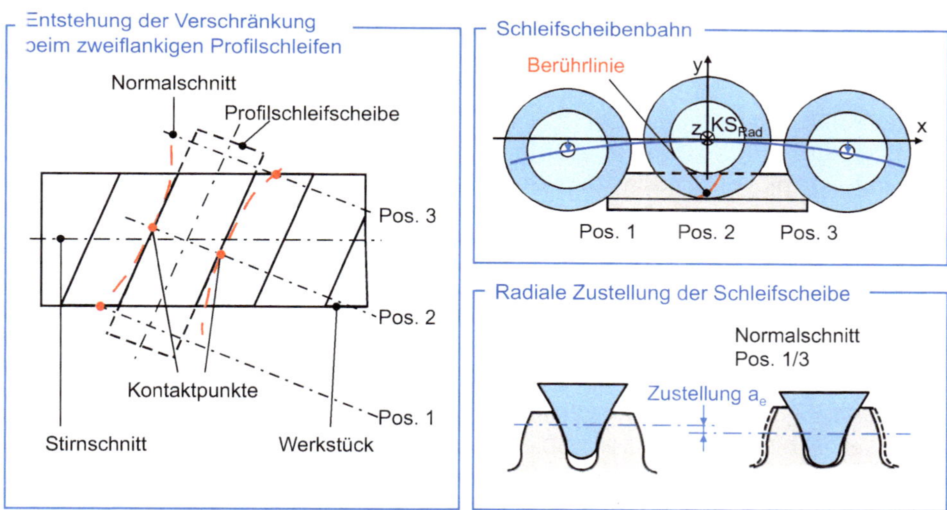

Bild 4.104 Entstehung der Verschränkung beim zweiflankigen Profilschleifen [HELL15]

In Bild 4.104 links sind zwei Kontaktpunkte symmetrisch zum Werkzeugstirnschnitt dargestellt. Der Schrägungswinkel $\beta \neq 0°$ führt während der parabelförmigen Bewegung der Schleifscheibe (Bild 4.104 rechts) zu einem Kontakt an ungleichen Axialschnitten auf der Links- und Rechtsflanke. Der Versatz bewirkt, dass der unterste Parabelpunkt der Bahnkurve des Werkzeugs auf der Linksflanke versetzt zur Rechtsflanke erreicht wird. Damit einher gehen asymmetrische Zustellungen für die Links- und Rechtsflanke im gleichen Axialschnitt. Überlagert wird die daraus resultierende Abweichung durch den räumlichen, linienförmigen Kontaktbereich, der als Ergebnis einer Simulationsrechnung in Bild 4.105 dargestellt ist.

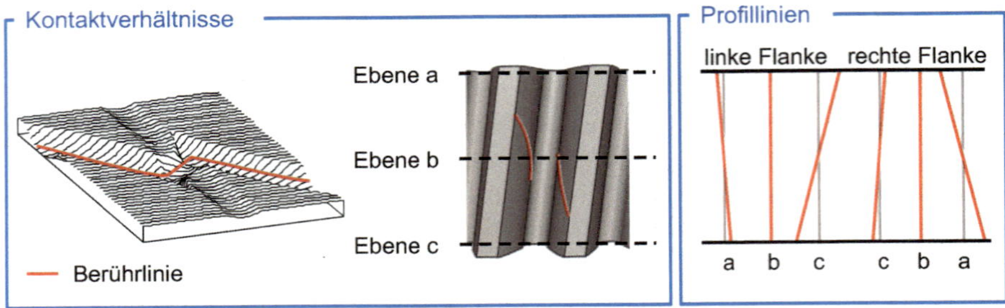

Bild 4.105 Kontaktverhältnisse beim zweiflankigen Profilschleifen [ESCH96, HELL15]

Wird eine Bearbeitungsrichtung von unten nach oben für das Beispiel in Bild 4.105 angenommen, so folgt für das Profilschleifen, dass das Material im Fußbereich der rechten Flanke in der Stirnschnittebene **a** zu einem früheren Zeitpunkt zerspant wird als das Material im Kopfbereich. Daraus folgt, dass sich das Schleifwerkzeug beim Schleifen des Fußbereichs der rechten Flanke in der Ebene **a** auf einem höheren Punkt der Parabelbahn befindet als beim Schleifen des Kopfbereichs der Ebene **a**. Folglich wird im Fußbereich weniger Material zerspant als im Kopfbereich, sodass in der Ebene **a** auf der rechten Flanke ein negativer Profilwinkelfehler entsteht (Bild 4.105 rechts). In der Ebene **c** dreht sich die zeitliche Reihenfolge um, sodass ein positiver Profilwinkelfehler eingebracht wird. Zusätzlich werden beim Profilschleifen die Abweichungen, die aus der räumlich gekrümmten Berührlinie resultieren, durch die Profilabweichungen in Folge der Achsabstandsänderung überlagert, sodass sich eine asymmetrische Verschränkung ergibt.

4.5.3.2 Verfahrensbedingte Verschränkung beim kontinuierlichen Wälzschleifen

Im Gegensatz zum linienförmigen Kontakt beim Profilschleifen liegt beim Wälzschleifen während der Bearbeitung ein Punktkontakt vor, der sich durch die Abwälzbewegung zu einem Kontaktpfad zusammensetzt. Dieser Kontaktpfad beim Wälzschleifen ist hinsichtlich der Entstehung der Verschränkung äquivalent zur Berührlinie beim Profilschleifen. In Bild 4.106 ist der Kontaktpfad für das Wälzschleifen einer Schrägverzahnung dargestellt. Der schraubenförmige Verlauf der Zahnlücke führt dazu, dass sich die Kontaktpfade zwischen den Schleifwerkzeugen und der Verzahnung unsymmetrisch in der Zahnlücke ausbilden. Wird zusätzlich eine Zahnbreitenmodifikation wie z.B. eine Breitenballigkeit eingebracht, die, ebenso wie beim Profilschleifen, durch eine parabelförmige Achsabstandsänderung des Werkzeuges realisiert wird, so wird entlang der Berührlinie und nicht im Stirnschnitt der Verzahnung bei gleichem Achsabstand geschliffen.

Die Berührlinie zwischen Werkzeug und Werkstück unterscheidet sich in der Profil- und Wälzschleifbearbeitung hinsichtlich ihrer Orientierung. Dementsprechend ergibt sich im Verfahrensvergleich ein gegensinniger Verlauf der fertigungsbedingten Verschränkung.

Neben der Beschreibung der Orientierung ist eine analytische Formel zur Berechnung der verfahrensbedingten Verschränkung für das Wälzschleifen entwickelt worden (Formel 4.28). Ausgehend von einer parabelförmigen Funktion und unter der Annahme, dass die Balligkeit mittig auf der Zahnflanke liegt, können die konstanten und linearen Anteile der

Parabelfunktion zu null gesetzt werden. Die Parabelfunktion ergibt sich in dem Koordinatensystem der Eingriffsebene wie folgt:

$$z(x) = -C_\beta \cdot \left(\frac{2}{L_\beta}\right)^2 \cdot x^2 \tag{4.28}$$

Diese Formel kann genutzt werden, um bereits im Auslegungsprozess die verfahrensbedingte Verschränkung beim Wälzschleifen zu berechnen und dementsprechend zu berücksichtigen [HELL15]. Umfangreiche Ausführungen zu verfahrensbedingten Verschränkungen und zur Kompensation sind in [SCHR08] ausgeführt.

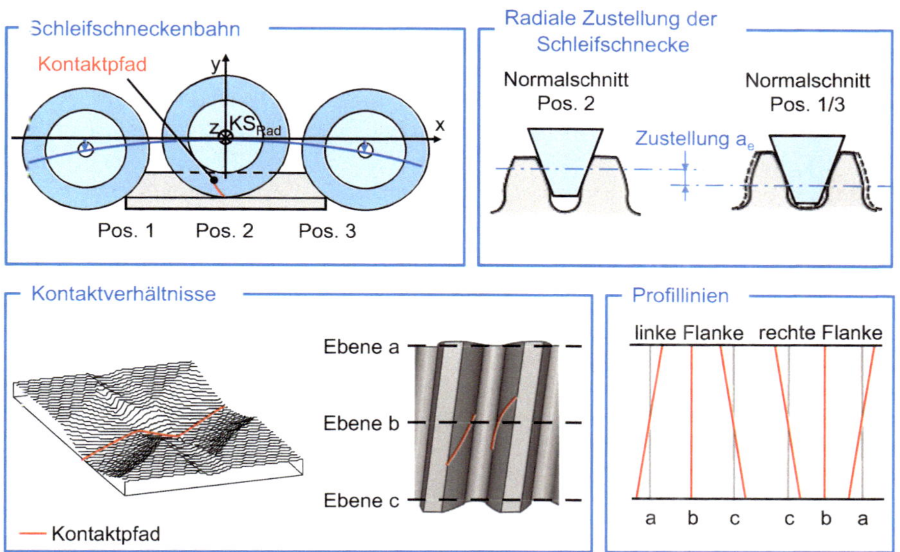

Bild 4.106 Kontaktverhältnisse beim kontinuierlichen Wälzschleifen [ESCH96, HELL15]

4.6 Alternative Fertigungsverfahren

Neben den zuvor vorgestellten, spanenden Fertigungsverfahren gibt es alternative Fertigungsverfahren wie ur- und umformende Fertigungsverfahren, die eine endkonturnahe Fertigung erlauben, sowie das 5-Achs-Fräsen von Verzahnungen. Dazu gehören auch die pulvermetallurgische Fertigung sowie das Feinschneiden und das Präzisionsschmieden. Durch die endkonturnahe (engl. Near Net Shape) Fertigung wird die spanende Bearbeitung verringert oder zum Teil sogar vermieden und es wird eine hohe Ressourceneffizienz erreicht. Verzahnte Bauteile eignen sich wegen ihres hohen Zerspanvolumens besonders für die endkonturnahe Fertigung. Mit der 5-Achs-Bearbeitung werden Zahnräder auf Universalmaschinen gefertigt, um auch in der Einzelfertigung oder bei der Herstellung von Kleinserien wirtschaftlich arbeiten zu können.

4.6.1 Endkonturnahe Fertigungsverfahren

Die endkonturnahen Fertigungsverfahren stellen für die Großserie eine Alternative zu den spanenden Fertigungsverfahren dar. Durch die endkonturnahe Fertigung (engl. Near Net Shape Manufacturing) wird die spanende Bearbeitung verringert oder zum Teil sogar vermieden. Es wird eine hohe Materialausnutzung und dadurch eine hohe Ressourceneffizienz erreicht. Zu den endkonturnahen Fertigungsverfahren zählen u. a. das Querwalzen, die pulvermetallurgische Fertigung, die additive Fertigung, das Feinschneiden, Kaltfließpressen und das Präzisionsschmieden.

4.6.1.1 Querwalzen von Verzahnungen

Beim Walzen wird der Werkstoff partiell (inkrementell) umgeformt. Zu jedem Zeitpunkt ist nur ein Teil des umzuformenden Werkstückvolumens mit dem Werkzeug in Kontakt. Im Allgemeinen wird ohne Erwärmung der Umformzone gearbeitet. Es sind auch Verfahrenskombinationen möglich, bei denen die Umformzone erwärmt wird. Als Beispiel seien laserunterstützte Verfahren oder die partielle induktive Erwärmung der Umformzone genannt. Eindeutige Unterscheidungen in die Kategorien Kalt- und Warmumformen sind häufig nicht möglich und für die praktische Anwendung auch wenig zielführend.

Das Profilwalzen, das Gewindewalzen und das Oberflächenfeinwalzen gehören zu den Walzverfahren. Die Verfahren sind in DIN 8583-2 [DIN03g] nach den Ordnungsgesichtspunkten Kinematik, Walzengeometrie und Werkstückgeometrie unterteilt. Hierbei ist das Querwalzen eine Möglichkeit, Verzahnungen mit hoher Materialausnutzung aus Rundstahl herzustellen oder eine effiziente Bearbeitung von Bauteilen mit Störkonturen zu realisieren. Beim Querwalzen mit Rundwerkzeugen walzen zwei oder mehr Werkzeugzahnräder das Werkstück. Die Werkzeugachsen sind parallel zur Werkstückachse angeordnet und die Verdrängung des Materials erfolgt primär radial. Durch Querwalzen können Außen- und Innenverzahnungen hergestellt werden. Dementsprechend werden die Verfahrensvarianten als Außenquerwalzen und Innenquerwalzen bezeichnet (vgl. Bild 4.107).

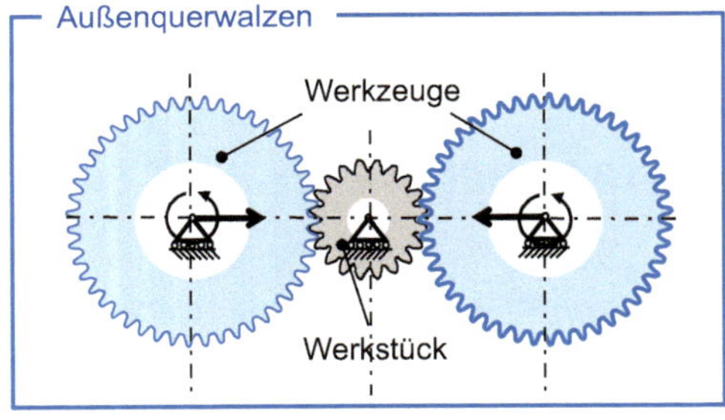

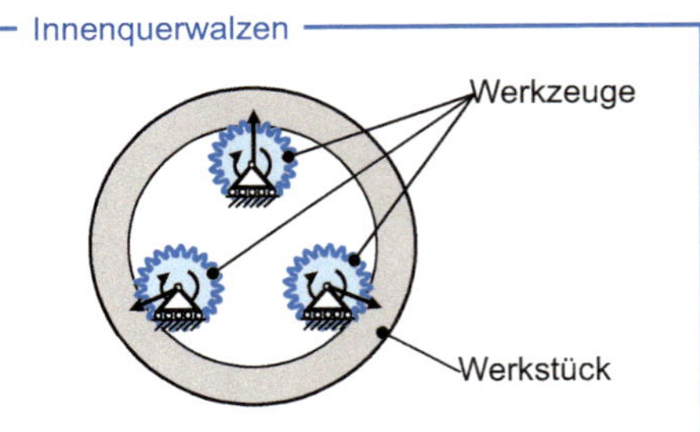

Ausprägungen des Querwalzens

- Walzen der Zahnradgeometrie: Vorverzahnen
  - in Rundmaterial
  - in ringförmiges Material
- Feinwalzen der Oberfläche: Erhöhung der Oberflächengüte
- Dichtwalzen von porösen Werkstoffen: Erhöhen der Festigkeit durch Verdichtung

Bild 4.107 Varianten Querwalzen: Außen- und Innenquerwalzen

Eine besonders weite Verbreitung finden die Verfahrensvarianten bei der Fertigung von Zahnwellenverbindungen. In einigen Fällen wird das Verfahren ebenfalls zur Fertigung von Laufverzahnungen genutzt. Neben der Herstellung der vorverzahnten Geometrie können Querwalzverfahren auch zur Verbesserung der Oberflächeneigenschaften ($R_z \approx 1$ µm) verwendet werden, beispielsweise zum Feinwalzen gefräster Verzahnungsoberflächen oder zum Dichtwalzen pulvermetallurgisch hergestellter Verzahnungen. Durch die beim Walzen entstehende Kaltverfestigung lassen sich bei ungehärteten Rädern Tragfähigkeitssteigerungen von bis zu 35 % gegenüber gefrästen Rädern erzielen. Durch Kaltwalzen lassen sich Zahnräder in DIN-Qualität 6 vor bzw. DIN-Qualität 7 nach dem Härten fertigen [BART86]. In Folge der geringeren Rauheit und eines voll ausgeformten Zahnfußes kann die Zahnfußtragfähigkeit gewalzter Verzahnungen gegenüber spanend gefertigten Zahnrädern um ca. 10 % gesteigert werden [BART86, DAHM05].

Optimierungs- und Entwicklungsziele beim Querwalzen von Stirnradverzahnungen sind höhere Teilungs-, Profil- und Flankengenauigkeiten. Die erreichbare Verzahnungsgüte ist wesentlich von der exakten Auslegung und Fertigung der Werkzeugkontur abhängig. Ausgehend von den Verzahnungsparametern wird die Werkzeugkontur berechnet und die Konstruktion ausgelegt [HELL06].

Bei der Herstellung einer Verzahnung aus Rundmaterial („Walzen ins Volle") können Geradverzahnungen bis zu einem Modul von m_n = 1 mm und Schrägverzahnungen mit einem Modul von m_n = 2 mm in Serie mit vertretbaren Werkzeugstandzeiten und einem moderaten, axialen Materialfluss gewalzt werden [WALT06, WUND12]. Neben dem Außenquerwalzen mit Rundwerkzeugen und einer Zustellung durch die Maschine werden weitere Verfahrenskonzepte eingesetzt. Die Zustellung kann alternativ zum CNC-Antrieb der Maschine auch über die Auslegung des Walzwerkzeugs erfolgen. Dementsprechend steigt z. B. der Durchmesser der Rundwerkzeuge über dem Umfang. Außerdem können statt der Rundwerkzeuge auch Walzbalken eingesetzt werden (vgl. Bild 4.108). Mittels Walzbalken lassen sich mehrprofilige Werkstücke wie z. B. Getriebewellen mit einem Werkzeug in einem Hub walzen. Da der Walzvorschub von der Werkzeuggeometrie entkoppelt ist, lassen sich im Prozess Verfahrensanpassungen vornehmen [BOEG15]. Die Anzahl der Überrollungen des Werkstücks durch das Werkzeug ist bei einer werkzeugbedingten Zustellbewegung durch die Länge bzw. den Umfang des Werkzeugs begrenzt [WALT06, WUND12].

Bild 4.109 zeigt zwei Beispiele gewalzter Verzahnungen. Links ist eine Antriebswelle zu sehen, wie sie in Automobilgetrieben verwendet wird. Die Pass- und Steckverzahnungen sowie die Ölnuten werden durch Außenquerwalzen hergestellt. Die Verzahnungen werden durch drei Werkzeuge in drei Prozessschritten in einer Aufspannung bei einer Zykluszeit von t_{Zyk} = 49 s gewalzt.

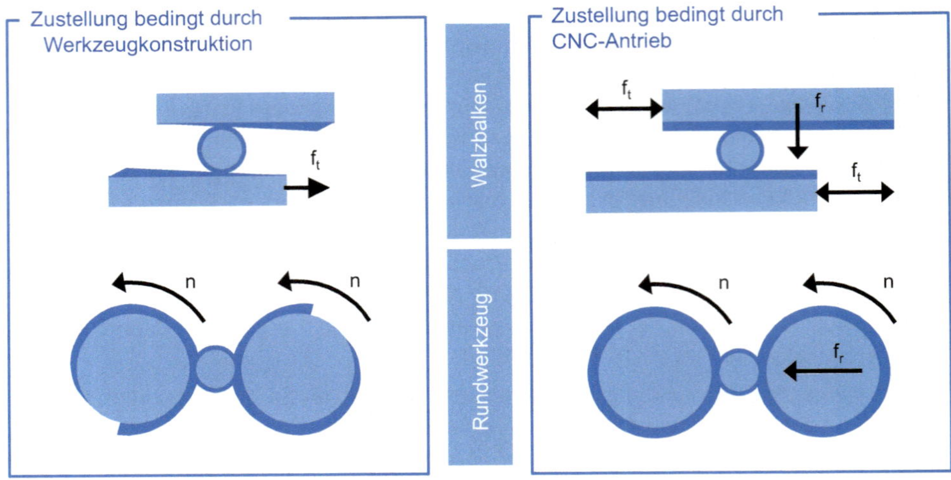

Bild 4.108 Verfahrenskonzepte fürs Außenquerwalzen (nach [WALT06])

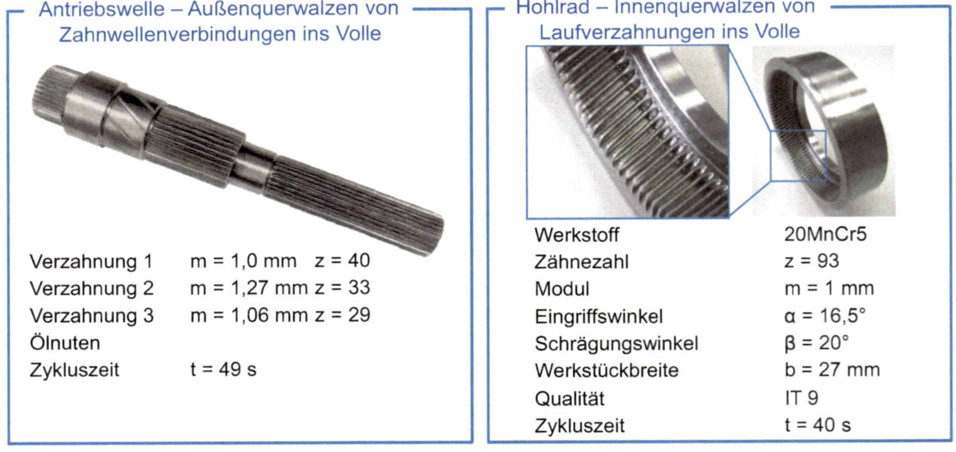

Bild 4.109 Beispiele gewalzter Verzahnungen (Quelle: Profiroll Technologies GmbH)

Rechts in Bild 4.109 ist ein Hohlrad dargestellt, wie es in Planetenstufen von Automobilgetrieben verwendet wird. Die Laufverzahnung wird in das volle Material bei einer Zykluszeit von t_{Zyk} = 40 s gewalzt. Durch den fehlenden Werkzeugauslauf kann mittels des Innenquerwalzens die Verzahnung nahe der Störkontur eingebracht werden.

Ebenfalls eignen sich Hohlwellen zur Herstellung durch Außenquerwalzen mit Rundwerkzeugen und einer Zustellung durch den Antrieb. Bei Hohlwellen geringer Wandstärke können die hohen Kräfte der Umformung zur Deformation des Bauteils führen, woraus sich Verfahrensgrenzen ergeben. Als Bewertungskriterium kann das Verhältnis von Vorbearbeitungsdurchmesser d_v und Wandstärke s dienen. Ab einem Verhältnis von Vorbearbeitungsdurchmesser d_v zu Wandstärke s von d_v/s = 5 muss der Rohling innen durch einen Dorn gestützt werden. Ab d_v/s = 7 wird das Werkstück zusätzlich axial bewegt, sodass die Umformung in axialer Richtung nicht über der kompletten Breite gleichzeitig erfolgt. Erfolgreiche Prozesse zum Querwalzen von Verzahnungen können bis zu einem Verhältnis von Vorbearbeitungsdurchmesser und Wandstärke von d_v/s = 14 ausgelegt werden [WUND12]. Die genannten Begrenzungen gelten für das Außenquerwalzen mit Rundwerkzeugen und eine Zustellung durch den CNC-Antrieb.

4.6.1.2 Taumelpressen

Ein Sonderverfahren zu Herstellung von Verzahnungen ist das Taumelpressen, vgl. Bild 4.110. Bei diesem Verfahren führt das Obergesenk eine Taumelbewegung gegenüber dem Mittelpunkt der Werkstückoberfläche aus, während das Untergesenk gegen das Obergesenk gedrückt wird. Das Werkstoffvolumen wird in radialer Richtung verdrängt. Es handelt sich beim Taumelpressen um ein inkrementell arbeitendes Umformverfahren. Durch die kleine Kontaktfläche und die vorteilhaften Reibungsverhältnisse sind die auftretenden Kräfte relativ gering [HOFF12, HEIN96].

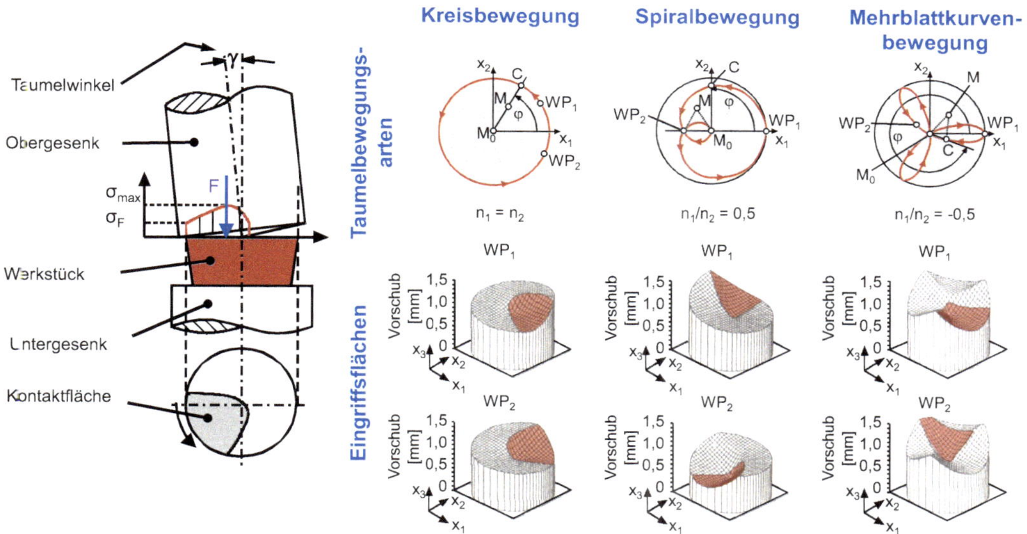

Bild 4.110 Kinematik und Eingriffsflächen beim Taumelpressen [HEIN96]

Die Taumelbewegungen können unterschiedlichen Bewegungsmustern folgen. Bild 4.110 zeigt die Entwicklung der Eingriffsflächen zwischen Obergesenk und Werkstück für zwei Werkzeugpositionen und drei Bewegungskinematiken. Es wird deutlich, dass der Materialfluss und damit auch die Formfüllung der Matrize über die Taumelkinematik signifikant beeinflusst wird. In der Folge treten in der Matrize bei gleichbleibender Drehrichtung unterschiedliche Beanspruchungen an den Zahnflanken auf, die sich auch in der Flankenlinienwinkelabweichung des umgeformten Werkrades zeigen, vgl. Bild 4.111.

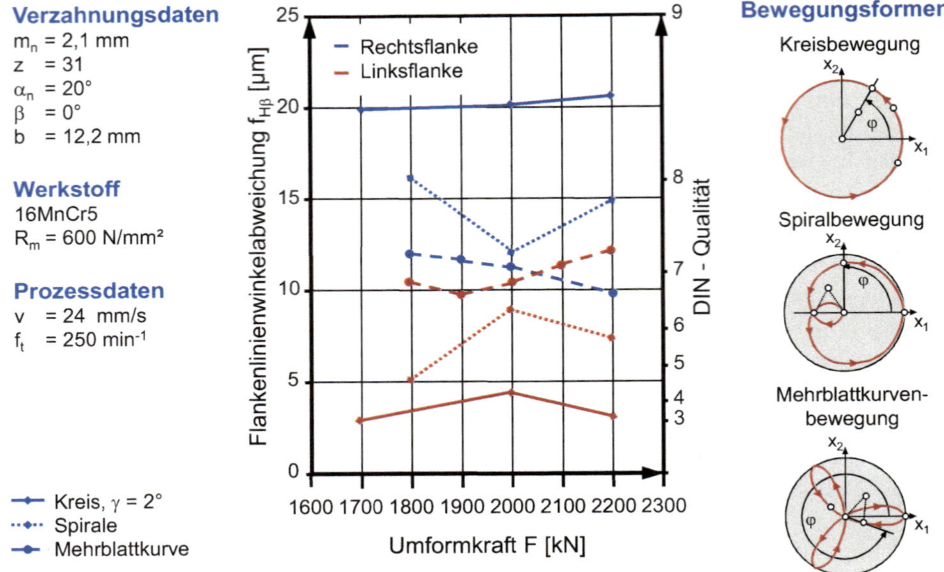

Bild 4.111 Flankenlinienwinkelabweichungen in Abhängigkeit von der Taumelkinematik [HEIN96]

Bei Mehrblattkurvenbewegungen werden annähernd symmetrische Beanspruchungen während der Formfüllung erzeugt und deshalb sind die Abweichungen an der rechten und linken Flanke betragsmäßig fast gleich, auch bei höheren Umformkräften [HEIN96].

4.6.1.3 Pulvermetallurgische Herstellung von Zahnrädern

Bei der pulvermetallurgischen (PM) Zahnradfertigung werden Bauteile durch die Verarbeitung von Pulver hergestellt. Das Pulver wird zunächst in der gewünschten Legierungszusammensetzung gemischt. Eine übliche Pulvermischung für die pulvermetallurgische Zahnradherstellung ist ein wasserverdüstes Eisenpulver mit 0,85 % Molybdän. Dem Pulver wird Kohlenstoff in Form von Grafit sowie ein Gleitmittel (z. B. Wachs) zur Reibungssenkung im Pressvorgang beigemischt. Die Mischung wird unter hohem Druck verdichtet und es entsteht ein Grünling. Beim Sintern verbinden sich die Pulverteilchen durch Diffusion. Typische Sintertemperaturen liegen um T_S = 1120 °C und damit unter der Schmelztemperatur des Pulvers. Nach der Pulverherstellung, dem Pressen und Sintern liegt grundsätzlich ein Zahnrad vor (vgl. Bild 4.112 links) [BEIS13], das allerdings eine Restporosität aufweist und nur für geringe Anforderungen einbaubereit ist. Zur Steigerung der Festigkeit und Verzahnungsqualität folgen dem Sintern weitere Prozessschritte (vgl. Bild 4.112 rechts).

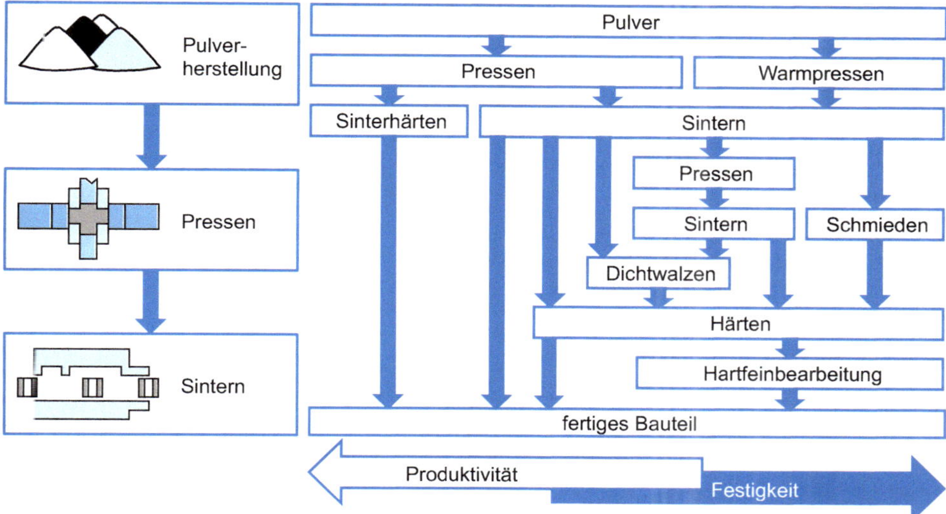

Bild 4.112 Prozessketten der pulvermetallurgischen Zahnradfertigung

Die durch Pressen und Sintern hergestellten Zahnräder sind porös, da einerseits das Gleitmittel im Sinterprozess ausgetrieben und eine vollständige Verdichtung beim Pressen durch die Kaltverfestigung des Werkstoffs behindert wird. Außerdem ist die Dichteverteilung über dem Querschnitt nicht gleichmäßig, weil örtlich unterschiedliche Reibungsverhältnisse vorliegen. Aufgrund der üblichen kurzen Sinterzeit von 20 bis 30 Minuten wird die Porosität nicht signifikant reduziert. Durch die verbleibende Porosität haben die Zahnräder eine geringere Festigkeit verglichen mit Vollstahlzahnrädern, da die einzelnen Poren Fehlstellen im Material bilden und so Rissansatzpunkte darstellen können. Die Dichte und damit die Festigkeit kann lokal an der hochbelasteten Oberfläche durch Dichtwalzen erhöht werden [KOTT03]. Abschließend erfolgt bei hohen Qualitätsanforderungen das Härten und eine Hartfeinbearbeitung. Als Hartfeinbearbeitung wird in der Regel das Verzahnungshonen eingesetzt, da hierbei nur ein geringes Aufmaß zerspant wird. So bleibt ein Großteil der nachverdichteten Randzone erhalten.

Die Pulvermetallurgie bietet einige Vorteile gegenüber der spanenden Fertigung. Einer der Vorteile ist der Freiheitsgrad bezüglich der Integration von Nebenformelementen und Bohrungen. Die zusätzlichen Geometrieelemente werden im Presswerkzeug vorgesehen. Dadurch kann die gesamte Geometrie in einem Schritt hergestellt werden. Weitere Vorteile der Pulvermetallurgie für die Zahnradfertigung liegen in den konstruktiven Gestaltungsfreiheiten, z. B. bei der Gestaltung der Zahnfußausrundung. Da die Fußgeometrie nicht durch ein wälzendes Verfahren herstellbar sein muss, kann die Zahnfußgeometrie frei gewählt werden. Einschränkungen der Fußgeometrie können sich ergeben, wenn ein Dichtwalzprozess Bestandteil der Prozesskette ist. Demgegenüber sind die Investitionskosten für die Werkzeuge im Vergleich zur spanenden Fertigung hoch. Für jedes Bauteil muss eine Form und eine Pressenanordnung ausgelegt werden, sodass sich die Werkzeugkosten erst bei hohen Stückzahlen amortisieren. Die Werkzeugstandzeiten liegen bei mehreren tausend Teilen [KOCH94].

Neben den geometrischen Freiheitsgraden bietet der PM-Werkstoff ebenfalls Vorteile. Die Restporosität in den Kernbereichen des Zahnrades kann erhalten bleiben, es ist ausreichend, die Oberflächenrandzone zu verdichten. Dadurch haben PM-Zahnräder eine um etwa 10 % geringere Masse als porenfreie Bauteile. Da in der Pulvermetallurgie Pulver als Ausgangsmaterial verwendet wird, ergeben sich auch gewisse Freiheiten in der Werkstoffauswahl und -zusammensetzung, die die schmelzmetallurgische Stahlherstellung nicht ermöglicht. Die Mehrkosten für das pulverförmige Material werden häufig durch einen geringeren Bedarf an Rohmaterial ausgeglichen, da endkonturnah gefertigt wird [KRUZ09]. Die Bauteilgröße wird durch die benötigten Presskräfte bestimmt. Übliche Pressdrücke liegen bei p_{press} = 600 MPa [BEIS13]. Die Bauteilmasse ist so auf m = 3 bis 5 kg beschränkt. In Sonderfällen sind Bauteilmassen von $m > 5$ kg möglich.

Die Pulvermetallurgie bietet Potenzial, geometrisch komplizierte Serienbauteile kostengünstig herzustellen. Das größte Einsatzfeld der Technologie ist die Automobilindustrie. Weitere Anwendungsgebiete pulvermetallurgisch hergestellter Bauteile finden sich beispielsweise in Haushaltsgeräten, Elektrowerkzeugen und Gartengeräten.

Trotz der gezeigten Vorteile gelangt die Pulvermetallurgie nur langsam in die Verfahrensauswahl zur Herstellung für hoch beanspruchte Leistungsverzahnungen. Zahnräder in Leistungsgetrieben werden im Bereich der Zahnflanke wälzend und im Zahnfuß schwellend oder wechselnd hoch belastet. Die Festigkeit von PM-Bauteilen steht in direkter Abhängigkeit zur Dichte [BEIS13, KOTT03] (siehe Bild 4.113). Die Dichte von konventionell gepressten und gesinterten PM-Verzahnungen reicht für hoch beanspruchte Zahnräder nicht aus. PM-Leistungsverzahnungen werden daher im oberflächennahen Bereich nachverdichtet, wodurch eine zu konventionellen Stählen vergleichbare Festigkeit erzielt werden kann. Eine Möglichkeit ist das Dichtwalzen im Außenquerwalzprozess (vgl. Abschnitt 4.6.1.1).

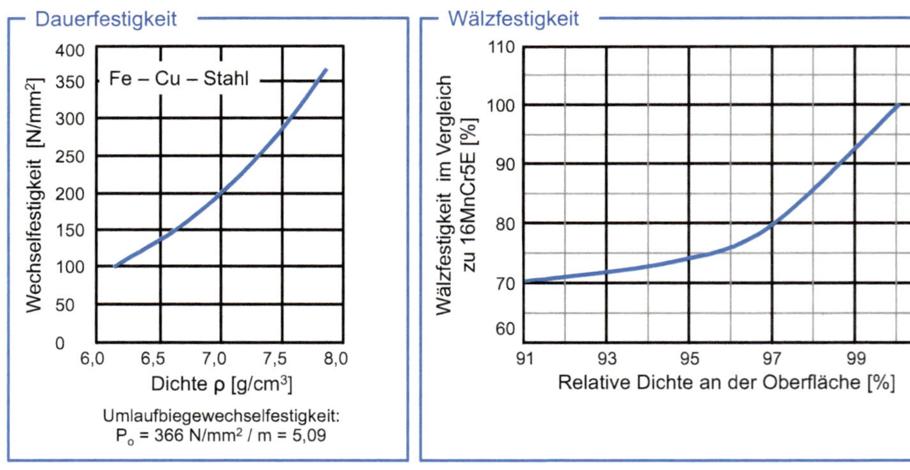

Bild 4.113 Zusammenhang zwischen Dichte und Festigkeit (links: [BEIS13]; rechts: [KOTT03])

Das Dichtwalzen ist ein Verzahnungswalzverfahren zur Verdichtung der Randzone. Im Prozess wird Material in der Randzone des PM-Rades verschoben, was sowohl eine Verdichtung als auch eine Verformung des Zahnes bewirkt. Das Dichtwalzen findet in der pulvermetallurgischen Fertigungskette nach dem Sintern und vor dem Einsatzhärten statt.

Das PM-Rad wird beim Dichtwalzprozess zwischen einem oder mehreren Werkzeugzahnrädern eingespannt (siehe Bild 4.114). Aus Stabilitätsgründen bietet sich die Anordnung mit mehreren Werkzeugrädern an, aber aus Platzgründen können meistens nicht mehr als zwei Werkzeugräder realisiert werden (siehe Bild 4.114). Das PM-Rad in der Mitte ist mit einem Aufmaß zur Verdichtung versehen.

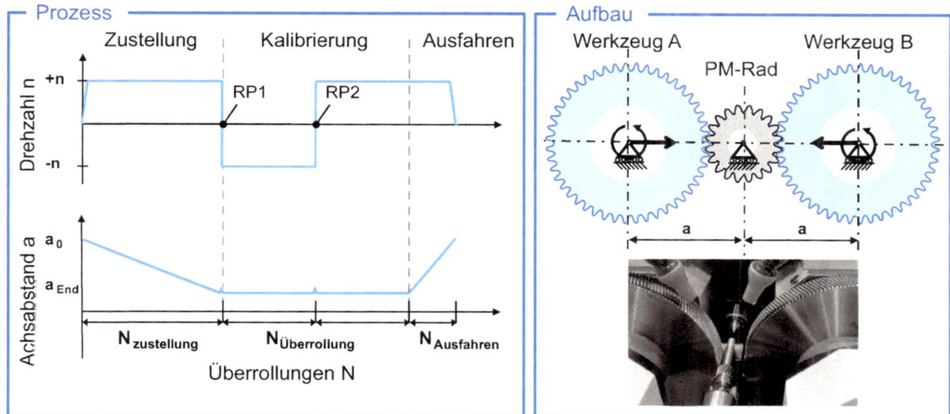

Bild 4.114 Aufbau des Dichtwalzprozesses (Bildquelle: Profiroll Technologies GmbH)

Der Prozessablauf beginnt mit dem Einmitten des PM-Rades bei geringer Werkzeugzustellung. Dadurch wird eine Kollision der Werkzeuge mit dem Werkstück vermieden. Ist das PM-Rad eingemittet, startet die Rotation. Durch Verringerung des Achsabstandes zwischen den beiden Werkzeugrädern wird die Zustellung realisiert. Ist die maximale Zustellung erreicht, wird die Rotationsrichtung reversiert. Hierbei werden die einlaufende und die auslaufende Flanke gewechselt, umso das PM-Rad gleichmäßig nachzuverdichten und zu formen. Da die Zustellung während dieser Phase konstant gehalten wird, wird diese Phase als Kalibrierphase bezeichnet. Um die Symmetrie in Bezug auf Verdichtung und Form der linken und rechten Flanke weiter zu verbessern, schließen sich gegebenenfalls weitere Reversierpunkte an. Zudem sind auf Grundlage einer Durchdringungsrechnung die lokalen Werkstoffeigenschaften, welche das Einsatzverhalten bestimmen, sowie die auftretende Walzkraft beim Dichtwalzen modellierbar [FREC19]. Außerdem ist die Berechnung des Dichteprofils unter Berücksichtigung der Kontaktbedingungen, wie sie im Zahnradwalzprozess vorliegen, mit hoher Modellgüte möglich [FREC19]. Die gewonnenen Erkenntnisse verbessern zum einen den Auslegungsprozess des Werkzeug-Maschine-Systems sowie zum anderen die Kenntnis des Einsatzverhaltens oberflächennah verdichteter pulvermetallurgisch hergestellter Verzahnungen.

Einige Qualitätsmerkmale der nachverdichteten Bauteile sind in Bild 4.115 dargestellt. Es können örtliche Verdichtungsdefizite auftreten, was zur Folge hat, dass das Aufmaß auf dem Walzrohling erhöht werden muss. Außerdem sind Profilabweichungen der Evolvente zu erwarten. Um diese möglichen Profilfehler auszugleichen, werden die Walzwerkzeuge vorkorrigiert. Aufgrund des Materialflusses an der Zahnoberfläche bilden sich die finalen Durchmesser und die Zahnweite erst während des Dichtwalzprozesses aus. Durch die Anpassung der Vorform des Rohlings kann dieser Zusammenhang definiert beeinflusst werden. Ein weiteres Qualitätsmerkmal ist die Oberflächengüte nach dem Dichtwalzen. Die Verzahnungsqualität kann durch Korrekturschliffe des Dichtwalzwerkzeugs beeinflusst werden [KAUF13]. Die Oberflächengüte ist im Vergleich zu spanenden Verfahren im Allgemeinen sehr gut. In den Bereichen geringen tangentialen Materialflusses am Zahnkopf und am Wälzkreis werden Rauheitswerte von $R_z < 1$ mm erreicht. Die Oberfläche im Zahnfuß liegt aufgrund des größeren Materialflusses mit Rauheitswerten um $R_z = 3$ mm qualitativ niedriger [GRAE15]. Bei den Zahnrädern, die nach dem Härten nicht mehr geschliffen wurden, wurde durch die gute Oberflächengüte die Bildung von Graufleckigkeit verringert [KLOC12b].

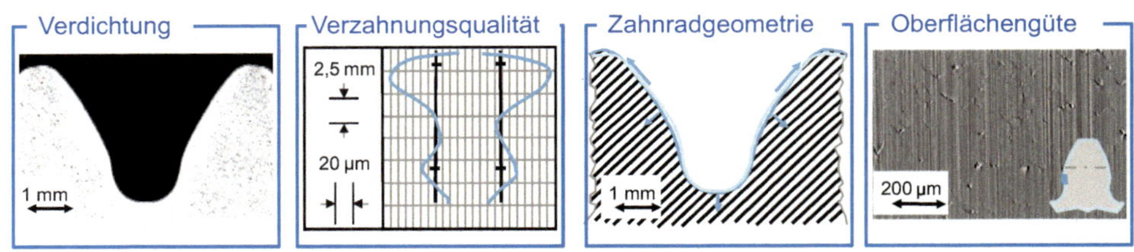

Bild 4.115 Prozessergebnis des Dichtwalzens [KAUF13]

Eine wesentliche Herausforderung im Dichtwalzprozess ist die Abstimmung von Aufmaß, Prozessführung und Werkzeuggeometrie zur Erreichung der gewünschten Produkteigenschaften, zu denen die geometrische Qualität, die Verdichtung und die Festigkeit zählen [KAUF13, KLOC14a]. Eine Möglichkeit, um die geometrische Qualität und die Verdichtung in Abhängigkeit von den oben genannten Prozesseinflussgrößen zu untersuchen, ist die Finite-Elemente-Methode (FEM). Dies erfordert aber, dass ein geeignetes Materialgesetz zur Verfügung steht. Das Materialgesetz muss berücksichtigen, dass in diesem Anwendungsfall ein porenbehaftetes, kompressibles Materialsystem verwendet wird. Auf der Basis des Gurson-Modells wurden Materialmodelle für das Dichtwalzen weiterentwickelt [GURS75, KAUF13] und in ein FEM-Programm implementiert. Eine kinematische Prozessanalyse der Kontaktbedingungen zwischen Werkstück und Werkzeug ermöglicht, die Auswirkung verschiedener Kontaktbedingungen auf den Materialfluss zu analysieren. Dabei können die Reibung, der Schlupf, das Aufmaß, die Radien der Verdichtungswerkzeuge und die Vorverdichtung als Parameter berücksichtigt werden. Die Ausgabegrößen dieses Modells sind die Zunahme der Randverdichtung und der Fließwinkel zur Bewertung der Gefügestruktur. Die Randzonenverdichtung wird wesentlich durch die Krümmungen der Kontaktpartner, die Vorverdichtung und das Aufmaß bestimmt. In die Gefügestruktur gehen außerdem auch die Reibung und der Schlupf ein. Mit den genannten Modellen ist eine gute Möglichkeit gegeben, die Prozessauslegung zum Dichtwalzen durchzuführen [GRAE15].

4.6.1.4 Additive Herstellung von Zahnrädern

Durch additive Fertigungsverfahren hergestellte Zahnräder sind eine Option für Sonderanwendungen. Das Verfahrensprinzip ist, dass die Bauteile schichtweise durch das Herstellen von Einzellagen aufgebaut werden. Die dreidimensionale Geometrie des Bauteils liegt digital beschrieben vor und wird durch eine Software in Einzellagen aufgelöst, die dann in einem ebenen Prozess (X- und Y-Richtung) nacheinander hergestellt werden. Es ist eine Vielzahl von additiven Fertigungsprozessen bekannt. Im Folgenden werden die Binder Jetting Technology (BJT) und das Laser Powder Bed Fusion (LPBF), das auch unter der Bezeichnung Selective Laser Melting (SLM) bekannt und praktisch eingeführt ist, vorgestellt. Es besteht das Potenzial, mit diesen Technologien Prototypen und Testwerkzeuge sowie auch Sonderzubehör, wie Spannvorrichtungen und Werkstückaufnahmen für die Zahnradfertigung, herzustellen. Ein weiteres grundsätzliches Verfahrensmerkmal dieser Verfahrensgruppe ist, dass keine formgebenden Werkzeuge benötigt werden. Deshalb besitzen Lagentechnologien eine hohe Formgebungsflexibilität [BERG20]. In Bild 4.116 sind die Verfahren Binder Jetting und Laser Powder Bed Fusion schematisch dargestellt.

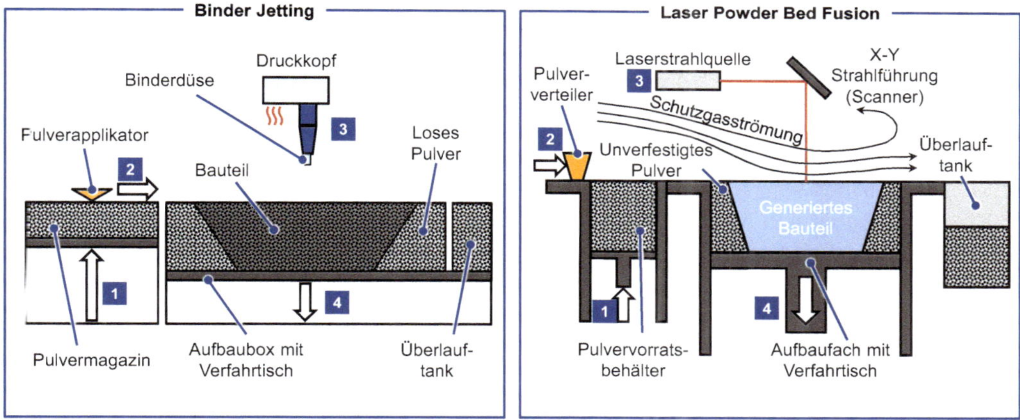

Bild 4.116 Schematische Darstellung der additiven Fertigungsverfahren Binder Jetting und Laser Powder Bed Fusion

Das Binder Jetting von Zahnrädern ist ein mehrstufiger additiver Fertigungsprozess. Da hier mit Pulvern gearbeitet wird, die durch Sintern in einen Festkörper überführt werden, sind im Grunde ähnliche Prozesskennzeichen wie bei der Herstellung von PM-Bauteilen zu nennen. Der wesentliche Unterschied in der Herstellung zur PM-Fertigung besteht darin, dass PM-Bauteile für die Serienfertigung in Matrizen (formgebende Werkzeuge) gepresst werden. Beim Binder Jetting werden die Pulverteilchen zunächst mit einem Binder adhäsiv zusammengebunden. Im Einzelnen kann das Prinzip folgendermaßen beschrieben werden: Die Bauteile werden in zwei oder mehreren Durchläufen produziert [DIN17a]. Der Prozessraum der Maschine besteht aus dem Vorratsbehälter des Werkstoffpulvers (1) sowie dem Bauraum. Beide Kammern verfügen über einen beweglichen Boden (1, 4). Beim Binder Jetting wird sowohl die Pulvermischung als auch der Binder nach einer definierten Rezeptur zusammengestellt. Anschließend erfolgt das Herstellen der Lagen. Das niedrigviskose, organische

Bindemittel wird über den Druckkopf (3) lokal auf das Pulverbett aufgebracht, verbindet die Pulverteilchen adhäsiv untereinander und stellt auch die Verbindung zur darunterliegenden Schicht her. Nach dem Herstellen einer Schicht wird die Bauplattform (4) um eine Schichtdicke abgesenkt, und aus dem Pulvermagazin wird die nächste Pulverschicht aufgetragen [KLOC15f]. Eine Schutzgasatmosphäre im Prozessraum der Maschine ist nicht notwendig. Nach dem Druck erfolgt das Aushärten des Binders, das sogenannte Curing. Nach Fertigstellung werden die Zahnräder aus dem Pulverbett entnommen. Der Fertigungszustand des Zahnrades wird als Grünling bezeichnet und es folgt eine thermische Behandlung, durch die der Binder entzogen wird. Danach erfolgen das Sintern und weitere Nachbearbeitungen, wie sie schon bei der PM-Fertigung beschrieben wurden. Das beim Binder Jetting nicht bedruckte Pulver wird nach Fertigstellung der Grünlinge aus dem Bauraum entnommen und zur Wiederverwendung aufbereitet. Grundsätzlich ist die Verwendung aller sinterfähigen metallischen Pulver für das Binder Jetting möglich [ANDE18]. Da bei diesem Verfahren keine Vorverdichtung des Pulvers erfolgt, müssen die Pulver eine besonders gute Fließfähigkeit und eine hohe Schüttdichte (Fülldichte) aufweisen [BEIS13]. Auf kommerziellen Anlagen werden Stahllegierungen (316L, Messerstahl 420, 17-4 PH) sowie Titanlegierungen (Ti6A14V) und Kupferlegierungen verarbeitet [ANDE18]. Erste Untersuchungen zur Zahnfußtragfähigkeit von Zahnrädern, die im Binder-Jetting-Verfahren hergestellt wurden (Werkstoff: 316L), zeigen eine gute Reproduzierbarkeit der Ergebnisse. Bei einer relativen Kerndichte von $\rho_{0,\text{rel},2} \approx 92\,\%$ wurde analog zum Matrizenpressen die hochbelastete Randzone dieser Zahnräder durch Außenquerwalzen verdichtet (siehe Abschnitt 4.6.1.2).

Das Laser-Powder-Bed-Fusion-(LPBF)-Verfahren ist ein additiver Fertigungsprozess [DIN17a], bei dem die Geometrie und auch die Werkstoffeigenschaften des Bauteils in einem Betriebsablauf hergestellt werden [MEIN99]. Der Prozessraum der Maschine besteht aus dem Vorratsbehälter für das Werkstoffpulver, dem Bauraum mit Schutzgasatmosphäre sowie einer absenkbaren Bauplattform und einer Beschichtungseinheit (2). Sowohl die Vorratskammer (1) als auch die Baukammer (4) verfügen über einen beweglichen Boden. Oberhalb des Bauraumes ist ein Scanner angebracht, der den Laserstrahl (3) entsprechend der vorgegebenen Bauteilgeometrie in X- und Y-Richtung und mit definierter Geschwindigkeit auf dem Pulverbett führt. Die Wärmeeinbringung zum selektiven Verschmelzen der Pulverpartikel in der Schichtlage und zum Anbinden der Schicht an die Unterlage erfolgt durch die von der Laserstrahlquelle eingekoppelte Energie. Nach dem Herstellen einer Schicht des Zahnrades wird die Bauplattform um eine Schichtdicke abgesenkt, und aus dem Vorratsbehälter wird die nächste Schicht an frischem Pulver aufgetragen [KLOC15f]. Bei diesem Prozess werden die Pulverteilchen in die Flüssigphase überführt. Dadurch sind grundsätzlich porenfreie Bauteile herstellbar. Die mit den Schmelz- und Erstarrungsprozessen einhergehenden Wärmedehnungen und Spannungen sowie die sich ausbildende Mikrostruktur durch kurzzeitmetallurgische Prozesse muss gut beherrscht werden, um geeignete Bauteileigenschaften zu erreichen. Für das LPBF-Verfahren liegen verschiedene Modelle zur Planung der Baustrategien und der Einstellparameter vor. LPBF-Prozesse arbeiten mit einer von Schutzgas (Argon, Helium, Stickstoff) durchströmten Prozesskammer, um Oxidationsvorgänge zu vermeiden und verdampftes Material aus der Prozesskammer zu entfernen. Untersuchungen zur Zahnfußtragfähigkeit von mittels LPBF gefertigten Zahnrädern aus 16MnCr5 zeigen, dass die Streuungen in den Bauteileigenschaften relativ groß sind. Laufende Forschungen haben zum Gegenstand, mit erweiterter Sensorik und durch maschinelles Lernen modellbasierte Prozessregelungen aufzubauen, mit denen der Prozess optimiert werden kann.

4.6.1.5 Feinschneiden

Feinschneiden gehört nach DIN 8580 zur Hauptgruppe Trennen und nach DIN 8588 zur Gruppe Zerteilen [DIN03a]. Mit diesem Verfahren können Schneidteile erzeugt werden, deren Schnittflächen über der gesamten Blechdicke vollkommen glatt sind. Voraussetzung dafür ist, dass die Werkzeuge mit geringen Schnittspalten und mehrfach wirkende Pressen mit Führungsplatte und Ringzacke arbeiten. Mit diesen werkzeug- und maschinenseitigen Voraussetzungen wird im Schnittspalt ein hydrostatischer Spannungszustand erzeugt, der von den Schubspannungen überlagert wird, die durch die Schneidbewegung erzeugt werden [KLOC17a]. Zu Beginn des Schneidvorgangs liegt die Mittelspannung im Druckbereich und verschiebt sich während des Schneidvorgangs in Richtung Zug. Bei optimalen Bedingungen wird erst zum Ende des Schneidvorgangs der Zugbereich erreicht. Der Prozess ist durch plastisches Fließen dominiert, Risse und Bruchvorgänge werden weitgehend unterdrückt, außerdem sind die Kanteneinzüge gering und es findet eine Kaltverfestigung der Schnittfläche statt [KLOC17a]. Mit diesen Merkmalen kann das Feinschneiden auch als ein Verfahren der Massivumformung angesehen werden. Die in einem Arbeitsgang geschnittenen Bauteile weisen eine hohe Maß- und Formgenauigkeit auf und sind nach dem Entgraten einbaufertig. Das Feinschneiden wird auch in Erwägung gezogen, wenn weitere Umformoperationen (z.B. Tiefziehen, Durchsetzen, Biegen, Prägen) in der Fertigungsfolge integriert werden sollen [VDI94]. Häufig werden diese Operationen auch in Folgeverbundwerkzeugen realisiert. Bild 4.117 zeigt eine Auswahl an typischen Feinschneidteilen. Ursprünglich wurden lediglich kleine sowie filigrane Komponenten für die Uhren-, Rechenmaschinen- und Kameraindustrie hergestellt, daher leitet sich die Verfahrensbezeichnung ab. Im Laufe der Jahre erweiterte sich die Produktpalette auf Funktions- und Sicherheitsteile aus der Haushaltsgeräteindustrie sowie der Textil-, Automobil-, Medizin- und der Elektroindustrie [BIRZ93, BIRZ96, SCHÄ93, BOET90].

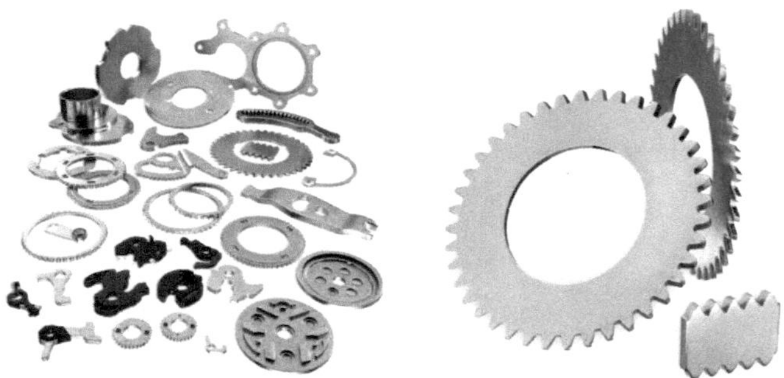

Bild 4.117 Produktspektrum feingeschnittener Bauteile (links); feingeschnittene Verzahnungen (rechts) (Bildquelle: finova Feinschneidtechnik GmbH)

Die typischen Blech- und Bauteildicken beim Feinschneiden liegen im Bereich von s = 0,6 bis 16 mm [KLOC17a]. Die Machbarkeit von Feinschneidteilen wird mithilfe von Schwierigkeitsgraden (S1-S4) bewertet, wobei S4 als höchster Schwierigkeitsgrad definiert ist. Zur Ermittlung des Gesamtschwierigkeitsgrades eines Schneidteils werden die geometrischen Formelemente, die Blechdicke sowie der Blechwerkstoff anhand von Diagrammen beurteilt

[SCHM06]. Die Herstellbarkeit des Schwierigkeitsgrades S4 erfordert besondere Maßnahmen hinsichtlich der Werkzeugauslegung und muss gesondert geprüft werden. Etwa 90 % der Feinschneidteile bestehen aus Stahl und das Werkstoffspektrum reicht vom unlegierten festen Stahl (z. B. DC04) bis zu hoch- bzw. höchstfesten mikrolegierten Stählen (z. B. 20MnB5) [SCHM06].

Zusammenfassend ist das Feinschneiden durch folgende Merkmale [DIN03a, KRAE13, VDI94, [KLOC17a] gekennzeichnet:

- Pressplatte (Führungsplatte) mit Ringzacke
- Gegenhalter bzw. Gegenstempel
- kleiner Schneidspalt (ca. 0,5 % der Blechdicke)
- drei separat aufzubringende Prozesskräfte

Nach dem Einlegen des Blechstreifens (vom Coil oder als Einzelstreifen) schließt sich das Werkzeug und spannt das Werkstück zwischen der mit einer Ringzacke versehenen Pressplatte und der Schneidplatte ein (siehe Bild 4.118). Die Pressplatte/Führungsplatte hat zusätzlich die Aufgabe, den Schneidstempel zu führen. Die keil- bzw. v-förmig ausgebildete Ringzacke wird außerhalb der Schnittlinie in den Werkstoff eingedrückt. Innerhalb der Schnittlinie wird der Werkstoff durch definierte Druckbeaufschlagung des Gegenhalters zwischen Schneidstempel und Gegenhalter eingespannt. Zur Einleitung des eigentlichen Schneidvorgangs muss die auf den Schneidstempel wirkende Stempelkraft erhöht werden, sodass dieser beim Überschreiten der Fließspannung in den Werkstoff eindringt. Solange das plastische Fließen des Werkstoffs aufrechterhalten wird, entsteht eine glatte Schnittfläche. Die auf die Pressplatte aufgebrachte Ringzackenkraft und die auf den Gegenhalter wirkende Gegenkraft bleiben während des Schneidens nahezu konstant. Im Gegensatz zum Scherschneiden bilden sich beim Feinschneiden bei günstigen Prozessparametern erst gegen Ende des Schneidvorgangs Zugspannungen in der Scherzone aus.

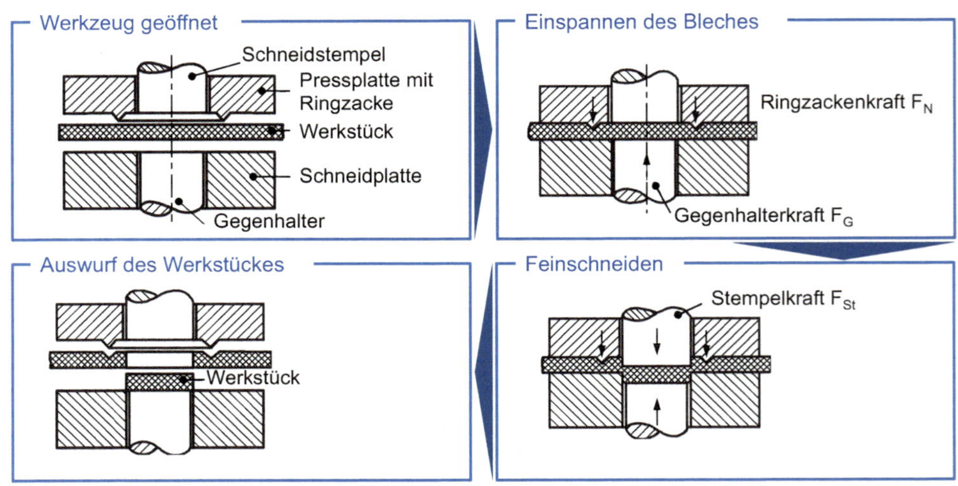

Bild 4.118 Werkzeugelemente, Prozesskräfte und Verfahrensablauf beim Feinschneiden [KLOC17a]

Das Feinschneiden ermöglicht die Fertigung von Bauteilen mit ein- und abrissfreien Schnittflächen (vgl. Bild 4.119). Maßtoleranzen im Bereich von IT 7 bis IT 8 sind ohne Zusatzoperation erzielbar [VDI94]. Feingeschnittene Bauteile zeichnen sich durch eine marginale Durchbiegung f und Schnittflächenneigung der Schnittkanten zur Blechebene und durch eine geringe Grathöhe aus. Prozessbedingt entsteht auf der stempelabgewandten Seite am Bauteil ein Kanteneinzug mit einer Einzugsbreite b_E und Einzugshöhe h_E, der in seiner Ausprägung u. a. von der Bauteilgeometrie abhängt. Insbesondere kleine Radien und Eckengeometrien entlang der Schneidlinie verstärken diesen Effekt maßgeblich.

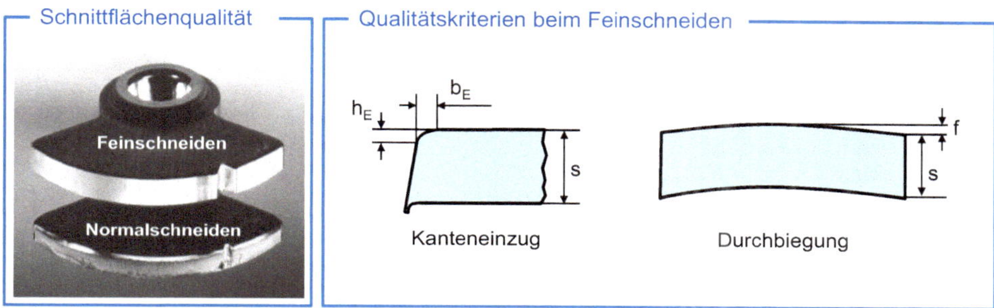

Bild 4.119 Schnittflächenqualität und Qualitätskriterien beim Feinschneiden [KLOC17a]

Die Möglichkeit, ein Zahnrad durch Feinschneiden herzustellen, wird durch die Festigkeit und die Dicke des Blechwerkstoffs sowie maßgeblich durch die geometrische Form der Verzahnung bestimmt [ZIMM15]. Modul, Zähnezahl, Kopfkreisdurchmesser, Fußkreisdurchmesser, Eingriffswinkel und Profilverschiebung bestimmen die Zahnform und damit beim Feinschneiden auch die Stempel- und Schneidplattenkontur des Werkzeuges. Die geometrische Ausprägung des Kanteneinzugs (Einzugsbreite b_E und -höhe h_E) wird unmittelbar von der Zahnform beeinflusst und ist bei kleinen Zahnkopfradien und Modulen besonders herausfordernd. Insbesondere eine große Einzugshöhe reduziert im Zahnkopfbereich den Traganteil der Zahnflanke. In Abhängigkeit von der Zahnform und der maximalen Zugfestigkeit des zu schneidenden Werkstückwerkstoffs wird die Materialdicke begrenzt. Der limitierende Faktor ist die Druckfestigkeit der hochbelasteten Werkzeugaktivelemente Stempel und Schneidplatte.

Eine prozesskinematische Herausforderung ist das Feinschneiden von Schrägverzahnungen (Bild 4.120). Dazu ist es notwendig, die konventionelle Prozesskinematik um eine Rotation von Stempel und Gegenhalter zu erweitern und geeignete Werkzeuge zu konzipieren und zu bauen [ZIMM11]. Die generelle Machbarkeit des rotationsüberlagerten Feinschneidens wurde nachgewiesen. Eines der Anwendungsbeispiele ist ein Zahnspielausgleichsradsatz mit einer Zahnbreite bzw. Blechdicke von 3,2 mm, einem Modul von $m_n = 3$ mm, einem Normaleingriffswinkel von $\alpha_n = 20°$, einer Zähnezahl von $z = 40$ und einem Schrägungswinkel von $\beta = 26{,}74°$ [KLOC11b, ZIMM15, FEUE15]. Entscheidend für die Genauigkeit der geschnittenen Verzahnungen und für die Schnittflächenqualität ist die Steifigkeit des Werkzeugsystems und die Interaktion der Aktivelemente des Werkzeugs untereinander. Wenn es infolge von elastischen Verformungen zu Aufweitungen des Schnittspaltes kommt, sind die Linksflanken für Werkstoffabrisse stärker gefährdet als die Rechtsflanken. Mit steigendem Schrägungswinkel verstärkt sich dieser Effekt. Zum Ende der Schneidphase treten auf der Linksflanke Zugspannungen auf, die Werkstoffabrisse begünstigen. Auf der rechten Flanke dominieren die feinschneidtypischen Druckspannungsüberlagerungen und es werden Risse vermieden. Die Breite der kaltverfestigten Randzone steigt mit zunehmender Blechdicke und zunehmendem Schrägungswinkel, weil durch beide Parameter der Schnittweg vergrößert wird. Die wesentlichen Wechselwirkungen und Optimierungsansätze für das rotationsüberlagerte Feinschneiden von außenverzahnten Stirnrädern sind von Zimmermann erarbeitet und zusammenfassend dargestellt (Bild 4.120) [ZIMM15].

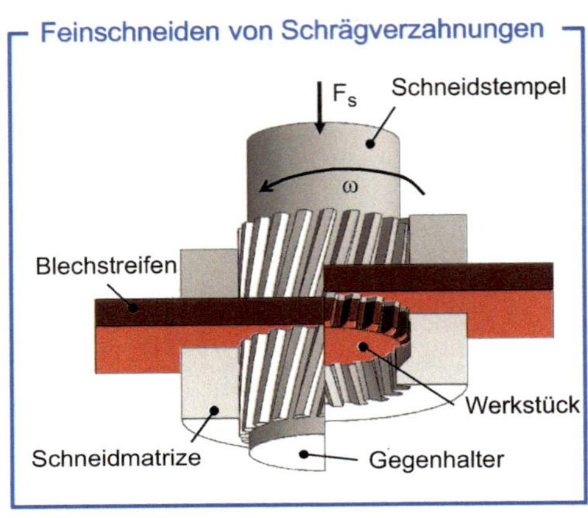

Bild 4.120
Feinschneiden von Schrägverzahnungen [ZIMM15]

Bild 4.121 zeigt das Ergebnis einer elasto-plastischen FE-Simulation des Feinschneidens einer Schrägverzahnung. Auf der linken Seite des Bildes ist die Verschiebung des Stempels, der Schneidplatte und des Gegenhalters unter der Belastung des Schneidvorgangs dargestellt. Eine Verschiebung der Komponenten während der Bearbeitung führt zu den beschriebenen Änderungen der Schnittbedingungen und äußert sich in der geometrischen Genauigkeit, dem Glattschnittanteil und im Kanteneinzug. FE-Simulationen zur Berechnung der elastischen Verformungen und der auftretenden Kräfte und Spannungen sind geeignet, Optimierungen der Werkzeugaufbauten und Einstellparameter beim Schneiden vorzunehmen (Bild 4.121) [FEUE15].

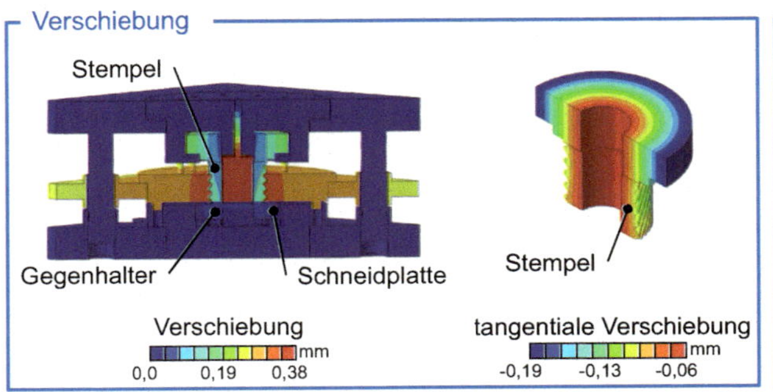

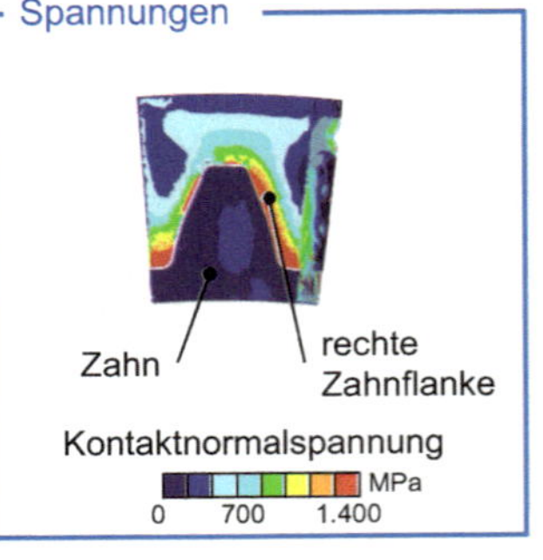

Bild 4.121 FE-Simulation des Feinschneidens von Zahnrädern [FEUE15]

4.6.1.6 Verfahren des Massivumformens zur Herstellung von Verzahnungen

Das Fließpressen gehört zu den Verfahren der Kaltmassivumformung, die Schmiedeverfahren gehören zum Warmumformen. Eine gängige Definition der beiden Verfahrensgruppen ist, dass das Kaltumformen unterhalb der Rekristallisationstemperatur der Werkstoffe stattfindet. In diesem Fall wird der Werkstoff durch die plastische Formgebung kaltverfestigt. Beim Warmumformen findet die plastische Formgebung nach Erwärmen des Werkstoffs oberhalb der Rekristallisationstemperatur statt. Verfestigungen werden durch dynamische Rekristallisation sofort aufgehoben. Die Schwäche dieser Definition ist, dass die Rekristallisationstemperatur werkstoffabhängig ist. In der Praxis hat sich durchgesetzt, dass das Fließpressen sowohl kalt oder auch nach Erwärmen durchgeführt wird, beim Schmieden wird generell vor der Formgebung das Werkstück erwärmt [HOFF12]. Beim Schmieden von Stahlwerkstoffen liegen die Umformtemperaturen bei etwa 1200 °C. Beim Halbwarmumformen von Stahlwerkstoffen liegt die Umformtemperatur etwa im Bereich von 700 bis 900 °C. Umfangreiche Abhandlungen zu den Verfahren der Massivumformung und den zugehörigen Theorien der plastischen Formgebung sind in [HOFF12, KLOC17a] enthalten.

4.6.1.6.1 Kaltfließpressen

Die generellen Vorteile der Kaltumformung gegenüber dem Warmumformen sind bessere Oberflächengüten und höhere Maßgenauigkeit. Nachteilig sind die höheren Kraft- und Energiebedarfe und das begrenzte Umformvermögen der Werkstoffe durch Kaltverfestigung, was zu mehrstufigen Verfahrensabläufen mit zwischenzeitlicher Wärmebehandlung führen kann. Die Kontaktnormalspannungen zwischen Werkzeug und Werkstück sind hoch, deshalb müssen hochfeste Werkstoffe für die Matrizen verwendet werden. Üblich sind Schnellarbeitsstähle und Hartmetalle bzw. Keramiken, die bei Bedarf armiert werden. Aufgrund der hohen Kontaktnormalspannungen sind die Reibung, der behinderte Werkstofffluss sowie die elastischen Verformungen der Werkzeugelemente problematisch.

Bezüglich der erreichbaren Maß- und Formgenauigkeiten lässt sich das Fließpressen zwischen dem Zerspanen und dem Schmieden einordnen. Häufig werden Getriebewellen durch Kaltfließpressen vorgeformt. Grundsätzlich ist beim Fließpressen von Verzahnungen mit hohen Stempelkräften und entsprechenden elastischen Deformationen des Werkzeugsystems zu rechnen. Dies wirkt sich nachteilig auf die Genauigkeit der Verzahnung und die Lebensdauer der aktiven Werkzeugelemente aus. Es hat deshalb nicht an Versuchen gefehlt, die klassischen Vorwärts- und Querfließprozesse weiterzuentwickeln, um die Genauigkeiten zu steigern. Sweeney ermittelt Verfahrensgrenzen beim Kaltfließpressen von Verzahnungen, indem er besonders auf die Werkzeugkonstruktion und notwendige Vorkorrekturen der Matrize zur Kompensation elastischer und thermischer Verformungen und die Verwendung von FEM-Simulationen eingeht [SWEE00], und er zeigt Möglichkeiten, wie endkonturnahe Geometrien hergestellt werden können. Ein eingeführtes Verfahren zum Fließpressen von Verzahnungen ist das Samanta-Verfahren. Hierbei werden die Rohlinge im Paket nacheinander durch die Matrize gepresst und die Verzahnung wird ausgeformt [KOEN85, LENN94, SWEE00, KIEN20]. Kienle [KIEN20] untersuchte diesen Prozess mit experimentellen und numerischen Methoden und zeigt Möglichkeiten, den Prozess für praktische Anwendungen auszulegen und zu optimieren. Am Institut für Umformtechnik der Universität Stuttgart wurde der herkömmliche Samanta-Prozess weiterentwickelt und modifiziert [WEIS20]. Kennzeichnend ist, dass die Pressmatrize so ausgelegt wird, dass der Materialfluss kontrolliert geführt und über einen längeren Weg die kontinuierliche Formfüllung realisiert wird (Guided Material Flow-Samanta, GMF-Samanta). Im Vergleich zum herkömmlichen Prozess sind die Stempelkräfte und Vergleichsspannungen am Werkstück signifikant geringer [WEIS20].

4.6.1.6.2 Präzisionsschmieden

Das Genau- und Präzisionsschmieden sind Sonderverfahren des Gesenkschmiedens [HOFF12, SILB03] und ein Teilgebiet des Warmmassivumformens [BOHN99]. Die Formgebung findet ohne Gratbahn im geschlossenen Gesenk statt. Das Präzisionsschmieden ist ein Sonderfall des Genauschmiedens, um mit Sondermaßnahmen noch höhere Genauigkeiten zu erreichen. Mit erreichbaren Genauigkeiten der Klassen IT8 bis IT9 sind die Bauteile häufig einbaufertig. Dazu ist es aber notwendig, sowohl in der Prozessführung (Abkühlen, Schrumpfen) als auch in der Werkzeugausführung besondere Anforderungen zu erfüllen [BEHR09].

Bild 4.122 zeigt Beispiele präzisionsgeschmiedeter Kronenräder mit einem Durchmesser von d_a = 198 mm. Durch den Schmiedevorgang kann eine zu zerspanende Masse von m = 610 g pro Werkstück eingespart und damit können der Aufwand in der Zerspanung sowie der Materialbedarf reduziert werden. Die Zahnwellenverbindung und die weiteren Nebenformelemente werden direkt durch Präzisionsschmieden hergestellt. Die in Bild 4.122 abgebildeten Kronenräder werden in drei Schritten geschmiedet. Dieses Beispiel zeigt, dass eine Abstimmung des Schmiedeprozesses an die Anforderungen des Zahnrades sowie an die Stückzahl notwendig ist, um das Potenzial der Schmiedetechnik vollständig auszuschöpfen.

Geschmiedetes Kronenrad

- Einsatz im Pkw-Antriebsstrang
- Manschetten zur Aufnahme einer Lamellenkupplung auf der Rückseite
- Geschmiedet in drei Schritten
- Spanende Bearbeitung von Passverzahnung, Anlagefläche und Außendurchmesser
- Verzahnungsqualität IT 8
- Gewichtsreduktion durch Nuten auf der Rückseite

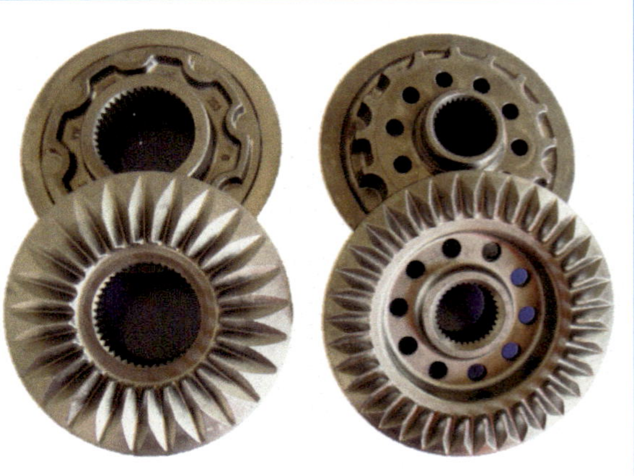

Bild 4.122 Beispiele für präzisionsgeschmiedete Bauteile (Quelle: Sona BLW)

Getriebehersteller fordern bei Verzahnungen höhere Leistungsfähigkeit bei gleichzeitig unveränderter oder sogar verringerter Baugröße und geringerer Geräuschemission. Zur Erfüllung dieser Forderungen bietet das Schmieden gegenüber der Zerspanung Vorteile, insbesondere aufgrund des sich ergebenden beanspruchungsgerechten Faserverlaufes, der sich der Zahnfußausrundung anpasst [ADLO89]. Durch diesen Effekt kann die Zahnfußfestigkeit um 25 bis 30 % gesteigert werden [NN01]. Weitere Beispiele für Getriebeteile, die präzisionsgeschmiedet werden, sind Synchronringe und Kupplungskörper [ADLO89].

Das Präzisionsschmieden erfolgt analog zum Gesenkschmieden mit einem Aufmaß für die spätere Nachbearbeitung der Passflächen. In der ersten Prozessstufe wird der Rohling in einem Kammerofen erwärmt. Sowohl die vorgegebene Zeit als auch die geforderte Temperatur müssen exakt eingehalten werden und dürfen von Werkstück zu Werkstück nicht schwanken. Zur Verhinderung von Zunderbildung ist bei der Erwärmung auf einen bestmöglichen Sauerstoffabschluss zu achten [BOHN99]. Das glühende Rohteil wird in der zweiten Prozessstufe in das Untergesenk eingelegt und über den Außendurchmesser zentriert. Es folgt das Pressen des Werkstücks in axialer Richtung (vgl. Bild 4.123).

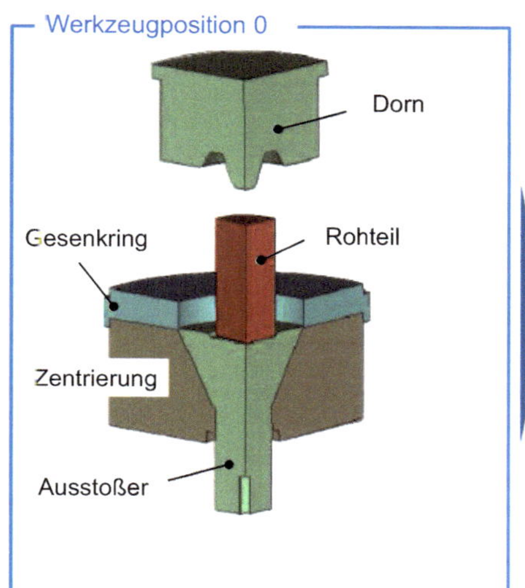

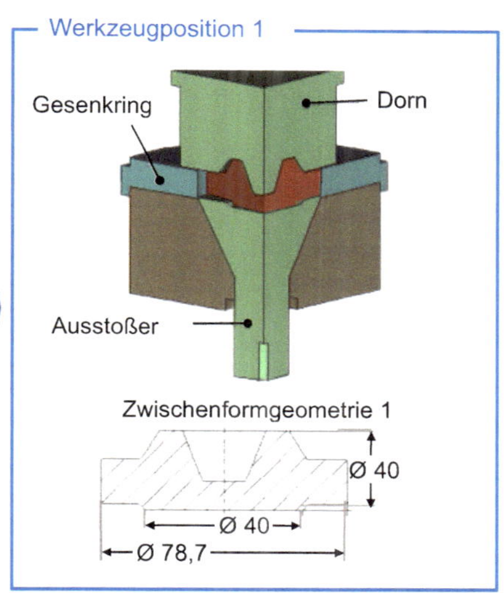

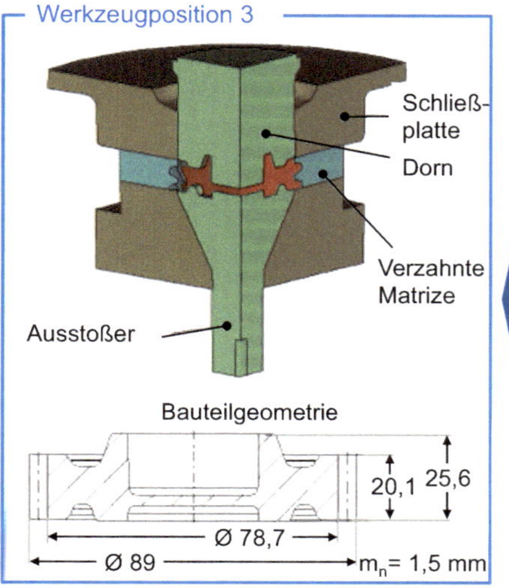

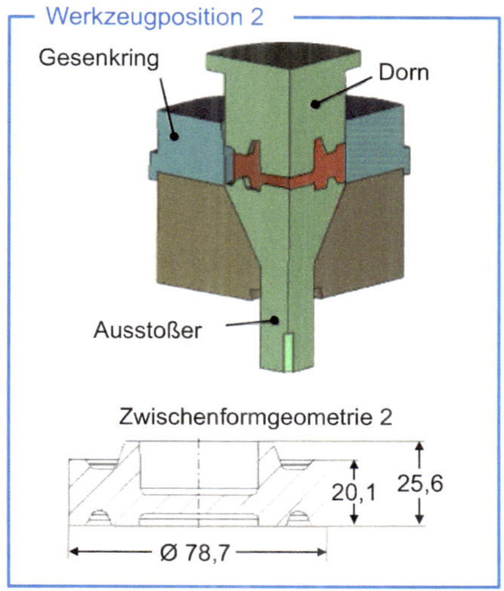

Bild 4.123 Die Pressstufen im Präzisionsschmieden [SILB03]

Besonders Exzenterpressen und Kupplungsspindelpressen sind zum Präzisionsschmieden geeignet [SILB03]. Die drei Pressstufen Anstauchen, Vorschmieden und Fertigschmieden unterscheiden sich jeweils durch das Presswerkzeug und durch den Abstand des Presswerkzeugs vom unteren Totpunkt der Presse. Nach dem Pressen und Auswerfen des Werkstücks wird es abgekühlt [SILB03]. Das abgekühlte Werkstück wird anschließend durch Lochen mit einer „Bohrung“ versehen [BOHN99].

4.6.2 5-Achs-Fräsen von Verzahnungen

Das 5-Achs-Fräsen von Verzahnungen auf einem Bearbeitungszentrum erlangt aufgrund der großen Flexibilität sowie der Freiheitsgrade hinsichtlich der Auslegung der Bauteile zunehmend an Bedeutung (vgl. Bild 4.124). Durch den Einsatz von Universalfräswerkzeugen sind die herstellbaren Verzahnungsarten und Modulbereiche kaum eingeschränkt. Zahn- und Zahnfußform sowie Verzahnungsgröße sind innerhalb der Prozessgrenzen frei wählbar. Mit dieser Fertigungstechnologie können auch neuartige Verzahnungsgeometrien hergestellt werden. Die Prozessgrenzen sind durch die Wahl des Werkzeugs (Form und Durchmesser) und möglicherweise durch Einschränkungen des Bauraums und der Bearbeitungsstrategie gegeben. Außerdem stellt die Wahl der Maschine eine Begrenzung des fertigbaren Spektrums hinsichtlich Bauteilgröße sowie Bauteilqualität dar [STAU16, KLOC13].

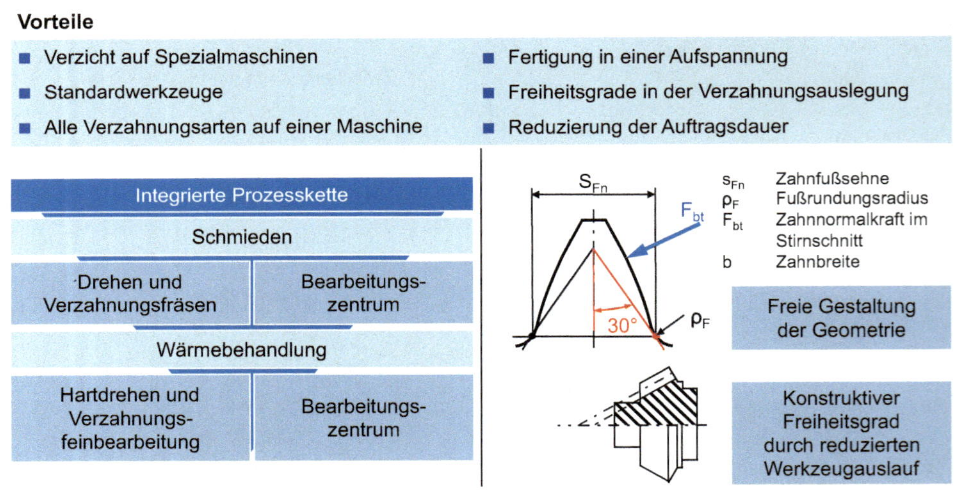

Bild 4.124 5-Achs-Bearbeitung von Verzahnungen auf einem Bearbeitungszentrum

Die 5-Achs-Bearbeitung bietet gegenüber anderen Verzahnungsverfahren Vorteile bei kleinen Losgrößen sowie in der Einzelteilfertigung. Wesentliche Merkmale sind die hohe Flexibilität in der Verzahnungsauslegung, kurze Durchlaufzeiten und die Anwendung von Standardmaschinen. Es ist Hart- und Weichbearbeitung möglich. Das Verfahren stellt für die genannten Anwendungsbereiche eine Ergänzung zu den wälzenden Fertigungsprozessen dar.

Die Fertigung von Verzahnungen auf Bearbeitungszentren lässt sich entsprechend der DIN 8589-3 dem NC-Formfräsen zuordnen [DIN03f]. Die grundsätzlichen Planungsschritte zur Auslegung des Fertigungsprogramms sind: Beschreibung der Verzahnungsgeometrie, Festlegung der Oberflächengüte und makrogeometrischen Toleranzen, Werkzeugwahl und Festlegen der Bearbeitungsstrategie, Erstellen des NC-Programms.

Beim NC-Formfräsen werden keine konturgebundenen Werkzeuge verwendet. Die Werkstückkontur wird durch Steuerung der Vorschubbewegungen erzeugt. Für die Flankenbearbeitung werden häufig Schaftfräser mit Zylinder- oder Torus- oder Kugelgeometrie eingesetzt. Zur Bearbeitung der Fußbereiche werden auch Werkzeuge mit angepassten Werkzeugkonturen verwendet. Bei Bedarf werden auch Sonderwerkzeuge verwendet, dadurch kann die Produktivität erhöht werden. Beim Vorverzahnen der Zahnlücken stellen diese Werkzeuge häufig eine wirtschaftliche Alternative dar. Die Spezialisierung der Werkzeuge erfordert einen Kompromiss hinsichtlich der Flexibilität der Betriebsmittel und der Freiheitsgrade bei der Verzahnungsauslegung.

Das größte Maß an Flexibilität bieten Universalschaftfräser. Der Durchmesser der Werkzeuge wird möglichst groß gewählt und ist durch die zu bearbeitende Verzahnung vorgegeben. Die Werkzeuggeometrie und die Anzahl der Schneiden beeinflussen unmittelbar die verfahrensspezifische Oberflächenstruktur und die zum Einhalten der Qualitätsanforderungen an die Zahnflankenformabweichung notwendige Zeilenzahl. Durch den Einsatz von Universalschaftfräsern für das 5-Achs-Fräsen von Verzahnungen ist der Komplexität der Freiformflächen theoretisch keine Grenze gesetzt.

Der Fertigungsprozess des 5-Achs-Fräsens von Verzahnungen wird entscheidend durch die Bearbeitungsstrategie beschrieben. Die Bearbeitungsstrategie wird direkt aus der Verzahnungsgeometrie abgeleitet. Beide Aspekte – Verzahnungsgeometrie und Bearbeitungsstrategie – bestimmen die Werkzeugwahl, Verzahnungsqualität und Wirtschaftlichkeit des Prozesses. Die Bearbeitungsstrategie umfasst drei wesentliche Aspekte: die Bahnkurve, die Zeiligkeit und die Schnittstrategie mit dem Teilverfahren. Bild 4.125 gibt einen Überblick über die Bestandteile der Bearbeitungsstrategie [KLOC13, KLOC14b].

Die Bahnkurve wird unter technologischen Gesichtspunkten der Funktionalität der Verzahnung und der Wirtschaftlichkeit der Bearbeitung festgelegt [STAU15, STAU16]. Unterschiedliche Ausprägungen von Bahnkurven sind links in Bild 4.125 abgebildet.

Bahnkurven des Werkzeugs können z. B. in Profil- und Flankenrichtung sowie entlang des Berührpfades bzw. orthogonal dazu verlaufen. Ebenso können bekannte Strukturen imitiert (Verzahnungshonen, Fertigwälzfräsen) und neuartige Strukturen definiert werden. Aufgrund der beliebigen Komplexität der Bahnkurven muss der Nutzen jedoch in Bezug auf die Wirtschaftlichkeit des Prozesses bewertet werden, da durch aufwendige Bahnkurven zusätzliche Achsbewegungen notwendig sind [STAU16, KLOC14b].

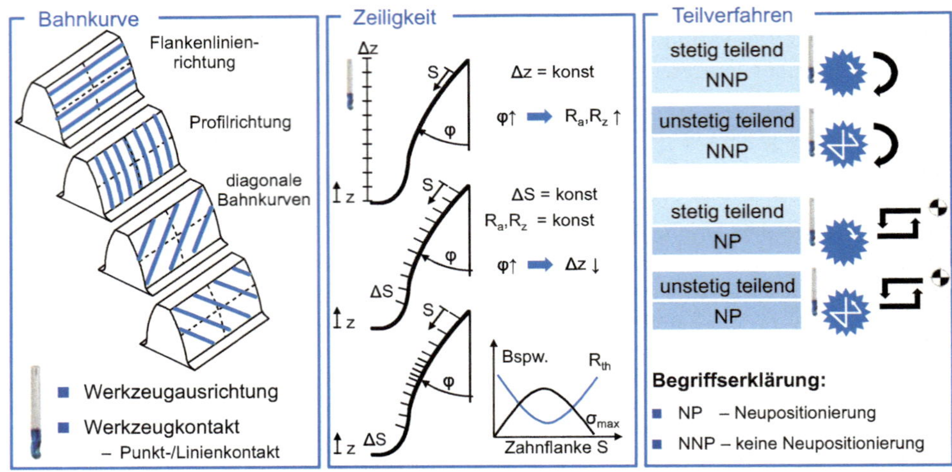

Bild 4.125 Verfahrensbeschreibung des 5-Achs-Fräsens von Verzahnungen [STAU16, KLOC13, KLOC14b]

Während die Bahnkurve die Ausrichtung der Oberflächenstruktur festlegt, wird durch die Zeiligkeit die Ausprägung definiert [STAU16, KLOC15c]. Neben der Zahl der Überläufe - welche entscheidend für die Bearbeitungszeit ist - beschreibt die Zeiligkeit die Systematik, nach der die Zeilen auf der Zahnflanke verteilt sind. Dabei bestehen unterschiedliche Möglichkeiten, nach denen sich eine über die Zahnflanke variable Oberflächenstruktur ergeben kann (vgl. Bild 4.125 Mitte). Wenn das Werkzeug um den jeweils selben Betrag zugestellt wird, verlaufen die Zeilen entlang der Zustellachse äquidistant; in Zahnprofilrichtung sind sie jedoch in Abhängigkeit von dem Zahnprofil unterschiedlich verteilt. Je stärker die Zahnflanke geneigt ist, desto größer wird der Zeilenabstand auf der Zahnflankenoberfläche. Eine zweite Möglichkeit besteht darin, den Abstand der Zeilen auf der Zahnflankenoberfläche konstant zu halten. Dadurch variiert der Betrag der Werkzeugzustellung in Abhängigkeit von der Verzahnungsgeometrie. Die verfahrensspezifische Oberflächenstruktur ist dadurch entlang des gesamten Zahnprofils gleich. Die CAM-gestützte Auslegung der Bearbeitungsstrategie wird hierdurch aufwendiger [STAU16].

Als letzte Verfahrensvariante kann die Werkzeugzustellung unabhängig von den Zeilenabständen in Werkzeug- bzw. Zahnprofilrichtung gewählt werden. Dies bietet die Möglichkeit, die Oberflächenstruktur der Verzahnung frei zu gestalten. Die Oberflächenstruktur kann so belastungsgerecht ausgelegt werden, sodass der Zeilenabstand beispielsweise in höher belasteten Zahnflankenbereichen kleiner ist. Dies ist in Bild 4.125 (Mitte unten) exemplarisch für höher belastete Bereiche der Zahnflanke dargestellt. Im Gegensatz zu den ersten beiden Varianten kann dabei nicht auf Standardroutinen der CAD/CAM-Kopplung zurückgegriffen werden. Der Programmieraufwand für die Werkzeugbahnen ist dementsprechend höher.

Das Teilverfahren lässt sich anhand zweier Aspekte beschreiben: der Fertigungsreihenfolge der Zahnlücken des Bauteils und der Positionierung von Werkstück und Werkzeug zueinander beim Teilen zur nächsten zu bearbeitenden Lücke. Die unterschiedlichen Kombinationen von Teilverfahren sind in Bild 4.125 rechts dargestellt. Das Teilen zur nächsten Zahnlücke kann stetig teilend oder unstetig teilend erfolgen. Beim stetigen Teilen wird nach

Fertigstellung einer Lücke eine der beiden benachbarten Lücken bearbeitet. Durch die relativ kurzen Wege der Werkstück-/Werkzeugbewegungen können kurze Bearbeitungszeiten erreicht werden. Beim unstetigen Teilen werden die Lücken über den Umfang verteilt gefertigt. Dadurch werden etwaige Fehler nicht summiert, sondern statistisch über den Umfang des Zahnrades verteilt. Dadurch kann eine sprunghafte Abweichung zwischen erster und letzter gefertigter Flanke vermieden werden. Die Positionierung von Werkstück und Werkzeug zueinander beim Teilen zur nächsten Lücke kann ebenfalls auf zwei Arten erfolgen: mit Neupositionierung (NP) und ohne Neupositionierung (NNP). Wird ohne Neupositionierung (NNP) gefertigt, wird lediglich das Werkstück um den entsprechenden Betrag rotiert. Mit Neupositionierung (NP) werden alle Maschinenachsen nach Fertigstellung einer Lücke in ihre Nullposition gefahren. Von dort aus wird die neue Bearbeitungsposition von Werkstück und Werkzeug angefahren. Außerdem kann ein verschleißbedingter Werkzeugwechsel vorgenommen werden [STAU16, KLOC13, KLOC14b].

Die verfahrensspezifische Oberflächenstruktur ist primär durch die zeilenförmige Bearbeitung der Bauteile bestimmt. So entsteht bei der Bearbeitung mit Universalstabfräswerkzeugen eine Struktur, deren Ausrichtung der Bahnkurve des Werkzeugs entspricht. Die Ausprägung der Abweichung ist von der Zeiligkeit und dem Werkzeugkontakt abhängig. Die Oberfläche wird durch die Wahl der Bearbeitungsstrategie festgelegt. Zusätzlich haben die Prozessparameter einen Einfluss, indem die Vorschubgeschwindigkeit des Werkzeugs die Oberfläche in Bearbeitungsrichtung prägt. Die theoretischen Abweichungen lassen sich rechnerisch ermitteln und können somit bereits bei der Prozessauslegung berücksichtigt werden. Die Größenordnungen beider Abweichungsarten sind in Bild 4.126 dargestellt. Die Abweichungsausrichtung wird durch die Bahnkurve bedingt. Die Ausprägung der Abweichungen lässt sich durch die theoretische Gestaltabweichung R_{th} und den jeweiligen Abstand zweier Rauheitsspitzen R_W quantifizieren. Die mikrogeometrische Gestalt der Abweichung ist das Resultat der Werkzeugdurchdringung und deshalb abhängig von der Bearbeitungsrichtung, der Werkzeugausrichtung und dem Werkzeugkontakt [STAU16, KLOC14b, KLOC15c].

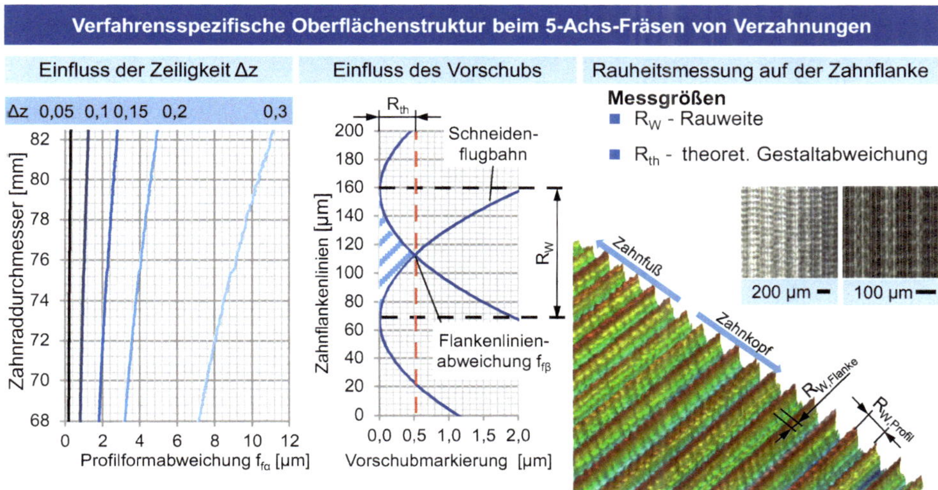

Bild 4.126 Verfahrensspezifische Oberflächenstruktur beim 5-Achs-Fräsen von Verzahnungen

Die verfahrensspezifische Oberflächenstruktur kann berechnet und somit bei der Festlegung von Prozessparametern und Bearbeitungsstrategie berücksichtigt werden. Im Gegensatz zur Fertigung von Verzahnungen auf konventionellen Verzahnmaschinen muss beim 5-Achs-Fräsen von Verzahnungen die Zahnflankenoberfläche als definierte Geometrie durch Koordinaten beschrieben sein. Die gesamte Kette der CAx-Prozessschritte zur Erstellung des NC-Programmes ist in Bild 4.127 zusammengefasst [KLOC13].

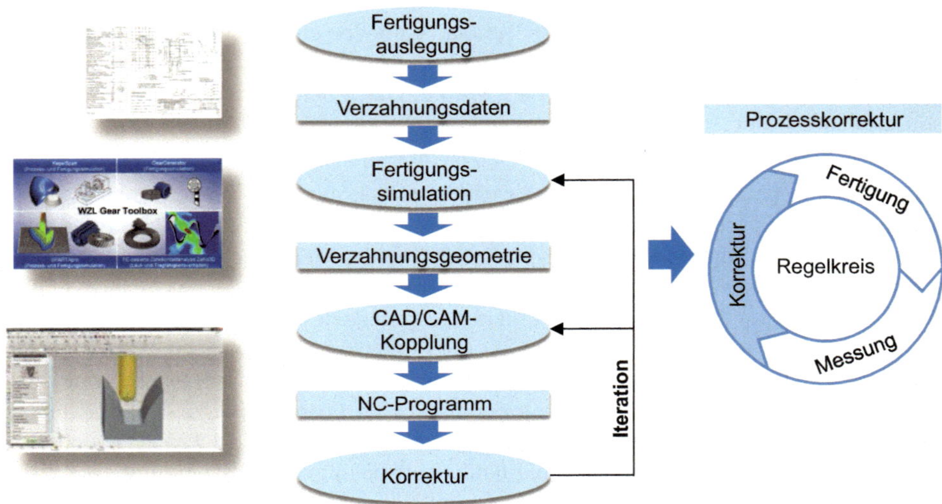

Bild 4.127 Bereitstellung von Daten und Korrektur von geometrischen Abweichungen beim 5-Achs-Fräsen von Verzahnungen [KLOC13]

Als Grundlage der NC-Programme beim 5-Achs-Fräsen von Verzahnungen auf Universalfräsmaschinen dient die Bauteilgeometrie als CAD-Datei. Da diese Daten bei der konventionellen Prozesskette nicht notwendig sind, muss ein zusätzlicher Schritt zur Erstellung der geometrischen Daten von Grundkörper, Zahnflanken- und Zahnfußgeometrie vorgesehen werden. Die Verzahnungsdaten müssen aus der parametrischen Schreibweise in eine Koordinatenform übertragen werden, die die Grundlage der CAD-Daten darstellt. Die Erzeugung der Bearbeitungsstrategie erfolgt durch die CAD/CAM-Kopplung. Basierend auf den vorgegebenen Werkzeuggeometrien und Schnittparametern werden die Werkzeugbahnen erzeugt. Es erfolgt die Vorgabe der Bearbeitungsrichtung, der Werkzeuganstellung und der vorgegebenen Bearbeitungsgenauigkeit. Diese Daten sind zunächst maschinenunabhängig und werden im nächsten Schritt mit einem entsprechenden Postprozessor in den maschinenspezifischen NC-Code überführt. Die vorgegebene Bearbeitungsgenauigkeit teilt sich auf in die zulässige theoretische Gestaltabweichung R_{th} und die zulässige Toleranz hinsichtlich der Abweichung der berechneten Werkzeugbahn gegenüber der theoretisch idealen Bahn [KLOC13, KLOC14b].

Neben den Abweichungen durch die verfahrensspezifische Oberflächenstruktur und die berechnete Werkzeugbahn treten zusätzliche geometrische Bauteilabweichungen bei der Fertigung auf [KLOC15e]. Diese Abweichungen lassen sich verringern, indem die vorgegebene

Verzahnungsgeometrie oder die Prozessparameter angepasst werden. Die Korrektur kann auf Grundlage von Messdaten zwischen Eingangsdaten, Fertigung und Messung erfolgen.

Darüber hinaus können die Abweichungen auf Basis von Vorhersagemodellen quantifiziert und bereits im Zuge der initialen CAD/CAM-Kopplung berücksichtigt werden. Damit können Abweichungen, wie z.B. der Werkzeugverschleiß oder die Werkzeugabdrängung, bereits in den vorgegebenen Eingangsdaten antizipiert und auf diese Weise kompensiert werden. Diese Kompensationsmethodik stellt gerade für die Kleinstserien- und Einzelteilproduktion eine notwendige Voraussetzung dar, weil hier aus wirtschaftlichen Gründen meist eine First-Part-Right-Strategie realisiert werden muss. Das Funktionsverhalten von gefrästen Verzahnungen wurde in Prüfstandversuchen untersucht. Die Leistungsfähigkeit ist bei optimaler Prozessausführung vergleichbar mit geschliffenen Verzahnungen [STAU16].

■ 4.7 Qualitätsprüfung und Analyse fertigungsbedingter Produkteigenschaften

Im folgenden Abschnitt werden die Methoden der Zahnradprüfung vorgestellt. Dazu werden die Vorgehensweisen zur Ermittlung der Verzahnungsgeometrie und der Werkstoffprüfung näher erläutert. Weiterhin werden die messtechnisch ermittelten Randzoneneigenschaften den anzustrebenden Qualitätsmerkmalen einer Leistungsverzahnung gegenübergestellt.

4.7.1 Bauteilprüfung

Die konstruktiven Anforderungen an Getriebe hinsichtlich der zu übertragenden Leistungsdichte steigen zunehmend. In kleiner werdenden Bauräumen müssen höhere Leistungen bei längerer Lebensdauer des Getriebes und einer niedrigen Geräuschemission übertragen werden. Ein ruhiger Lauf, eine winkelgetreue Übertragung der Drehbewegung und die geforderte Belastbarkeit von Zahnradgetrieben müssen sichergestellt sein. Dazu müssen die Bestimmungsgrößen der Verzahnungen innerhalb vorgegebener Toleranzen sicher eingehalten werden. Die Erfüllung aller Funktionsanforderungen ist erforderlich, um die Tragfähigkeit der Getriebe zu gewährleisten und einen potenziellen, kostenintensiven Ausfall eines Getriebes aufgrund eines Verzahnungsschadens bereits im Fertigungsprozess zu erkennen und zu verhindern.

Neben der geometrischen Form sind auch die Werkstoffeigenschaften einer Verzahnung von besonderer Bedeutung. Die Veränderung des Werkstoffs, die durch die Fertigung hervorgerufen wird, kann das Einsatzverhalten einer Verzahnung signifikant beeinflussen. Daher werden in der Getriebefertigung neben der geometrischen Verzahnungsmessung auch Gefügeanalysen, Härtemessungen, röntgenografische Analysen und Schleifbrandprüfungen durchgeführt.

4.7.2 Geometrische Prüfung von Verzahnungen

Bei der geometrischen Prüfung von Verzahnungen werden neben der Einhaltung der Toleranzen, wie beispielsweise Form- und Lagetoleranzen der Bohrungen und Stirnseiten, ebenfalls speziell für Verzahnungen definierte Größen messtechnisch geprüft. Zusätzlich werden die Gestaltabweichungen der Oberfläche nach DIN 4760 erfasst, wobei die Abweichungen der dritten und vierten Ordnung die Rauheit der Oberfläche wiedergeben (Bild 4.128) [DIN82].

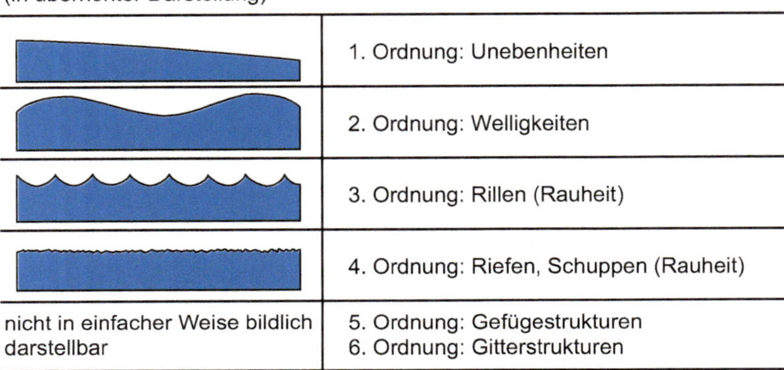

Bild 4.128 Gestaltabweichungen der Oberfläche nach DIN 4760 [DIN82]

4.7.2.1 Erfassung der makrogeometrischen Verzahnungsabweichungen

Die wichtigsten geometrischen Zusammenhänge der Verzahnungsgeometrie werden in Kapitel 2 erläutert. Basierend auf diesen Verzahnungsdaten erfolgt eine Messung der Maß- und Formabweichungen. Die Bestimmungsgrößen und deren Toleranzen sind in den DIN-Normen 3961 und 3962 anhand von Erfahrungswerten aus der Zahnradfertigung zahlenmäßig festgelegt worden [DIN78a]. Die einzelnen Toleranzen sind dabei in Qualitätsstufen von 1 (kleines Toleranzfeld) bis 12 (großes Toleranzfeld) gegliedert, wobei die jeweils geringste Einzelqualität für das gesamte Zahnrad bestimmend ist. Neben der DIN-Norm existieren weitere Normen, die Verzahnungsabweichungen in Qualitätsstufen einordnen. Es sind die Normen nach ISO, AGMA und JIS. Obwohl diese Normen teilweise ein ähnliches Stufensystem verwenden, sind die hinterlegten Toleranzfelder unterschiedlich groß, sodass eine direkte Übertragbarkeit nicht gegeben ist. Aus diesem Grund muss zusätzlich zur Qualitätsstufe die zugrunde liegende Norm angegeben werden.

Bei der Messung von Formabweichungen und Welligkeiten wird zwischen Einzelfehler- und Sammelfehlermessung unterschieden. Bei der Einzelfehlermessung wird die Abweichung der Ist-Form von der idealen Soll-Form ermittelt. Die Sammelfehlermessung ist dagegen eine Funktionsprüfung, in der sich alle vorhandenen Einzelfehler überlagern. Die einzelnen Fehler und Messarten werden im Folgenden ausführlich beschrieben.

Messung von Einzelfehlern

Die geometrische Einzelfehlermessung umfasst in der üblichen Qualitätskontrolle von Verzahnungen die Kenngrößen Zahndicke, Profillinienabweichung, Flankenlinienabweichung, Teilungs- sowie Rundlaufabweichung.

Die Messung der Zahndicke wird in der Regel während der Fertigung durchgeführt, um das noch vorhandene Flankenaufmaß zu ermitteln und die Werkzeugzustellung entsprechend einzustellen. Am fertigen Bauteil wird die Zahndicke gemessen und mit der Soll-Auslegung verglichen, damit das definierte Verdrehflankenspiel eingehalten wird. Notwendig ist diese Prüfoperation insbesondere durch schwankende Außendurchmesser der Verzahnungswerkzeuge. Sowohl Fräswerkzeuge als auch Schleifwerkzeuge sind einem stetigen Verschleiß unterworfen, der unter anderem zu einer Durchmesserveränderung des Werkzeugs führt. Ohne die genaue Kenntnis der Werkzeuggeometrie kann mit der Bestimmung der Zahndicke trotzdem eine hohe relative Genauigkeit gewährleistet werden.

Die Messung der Zahndicke erfolgt indirekt durch eine Messung der Zahnweite W_k über eine vorgegebene Anzahl von Messzähnen k. Die Messzähnezahl wird so bestimmt, dass die Mikrometerschraube die Flanke des Zahnes etwa in Höhe der Teilkreise tangiert. Alternativ wird das diametrale Zweikugelmaß *MdK* zur indirekten Bestimmung der Zahndicke verwendet. Das diametrale Zweikugelmaß *MdK* ist bei einem Stirnrad das größte äußere Maß über zwei Kugeln mit vorgegebenem Durchmesser *DM*, die in zwei am Zahnrad am weitesten voneinander entfernten Zahnlücken an den Flanken anliegen. Beide Messprinzipien werden in Abschnitt 2.2.4.6 vorgestellt. Der Vorteil beider Messverfahren ist die Anwendbarkeit in oder an der Maschine, sodass unmittelbar in Prozessnähe die Fertigungskontrolle erfolgen kann.

Die quantitative Ermittlung einzelner Abweichungsgrößen der Zahnflanke, wie die Profil- und die Flankenlinienabweichung, erfolgt üblicherweise auf einem Verzahnungsmesszentrum. Das Verzahnungsmesszentrum zeichnet sich durch eine hohe Messgenauigkeit und Wirtschaftlichkeit sowie einen geringen Bedienereinfluss aus. Ein Verzahnungsmesszentrum kann neben der Prüfung von Verzahnungen, wie z. B. Stirnrädern, Kegelrädern, Schneckenrädern oder Schnecken, auch zur Messung von Werkzeugen, wie beispielsweise Schneidrädern, Schabrädern sowie Wälzfräsern, genutzt werden. In Bild 4.129 ist ein Verzahnungsmesszentrum mit den entsprechenden Achsenbezeichnungen dargestellt.

Die Messbewegungen am Stirnrad werden bei Profil- und Flankenlinienmessungen auf dem Messzentrum durch eine elektronische Kopplung zweier Achsen erzeugt, sodass sich als Soll-Form jeweils eine Gerade ergibt. Bei der Profilmessung sind das die Werkstückdrehachse C sowie die Tangentialachse X, bei der Flankenlinienmessung ebenfalls die Werkstückdrehachse C und die Vertikalachse Z (Bild 4.129). Die Maschine misst mit einem taktilen Messtaster, mit dem Linienzüge entlang der Zahnradoberfläche gescannt werden. Es findet ein kontinuierlicher Soll-Ist-Vergleich statt. Für eine fehlerfreie Messung ist Voraussetzung, dass die Messmaschine die Lage des Werkstücks kennt. Durch Fehler bei der Werkstückaufspannung (z. B. Exzentrizitäten oder Taumelfehler) wird das Messergebnis verfälscht. Daher ist in der Regel eine vorgeschaltete Messung der Achslage über Referenzflächen am Bauteil notwendig. Die Ergebnisse der vorgelagerten Messung werden von der Messmaschine zur Kompensation des Aufspannfehlers berücksichtigt und automatisch verrechnet. Bei der Beurteilung der Messergebnisse der Zahnradgeometrie muss zunächst zwischen Modifikationen und Abweichungen unterschieden werden. Abweichungen stellen ungewollte Unterschiede zwischen der Soll- und der Ist-Geometrie dar, während Modifikationen gewollte Anpassungen der Zahnflankengeometrie darstellen.

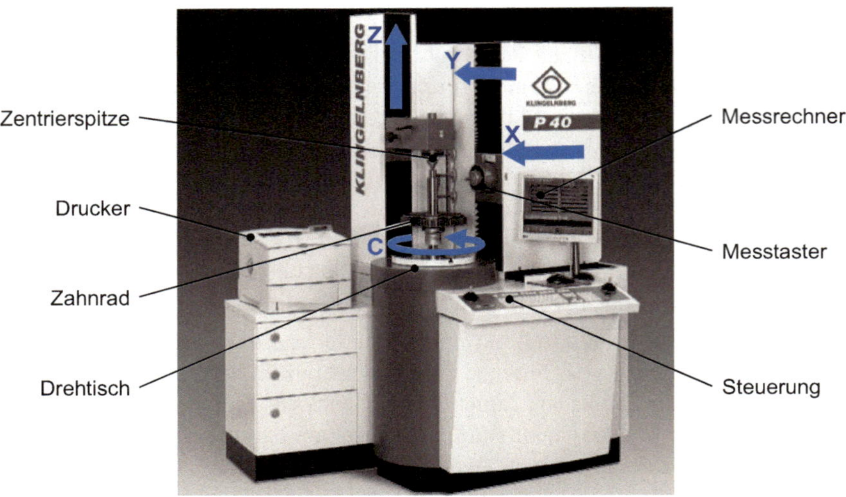

Bild 4.129 Verzahnungsmesszentrum (nach Klingelnberg)

Profil- und Flankenlinienabweichung

In Bild 4.130 sind die am häufigsten eingesetzten Verzahnungsmodifikationen gezeigt. Diese Modifikationen müssen bei der Auswertung der Geometriemessung berücksichtigt werden. Bei einer Programmierung der Soll-Geometrie im Messprogramm des Koordinatenmesszentrums werden die genannten Modifikationen automatisch von der Auswertesoftware berücksichtigt. Eine Sonderstellung nehmen die Winkelabweichungen der Profil- und Flankenlinie ein, da diese sowohl als Abweichung als auch als Modifikation auf einer Zahnflanke vorliegen können. Der Einfluss der Zahnflankenmodifikationen auf das Einsatzverhalten der Verzahnungen wird in Kapitel 5 diskutiert.

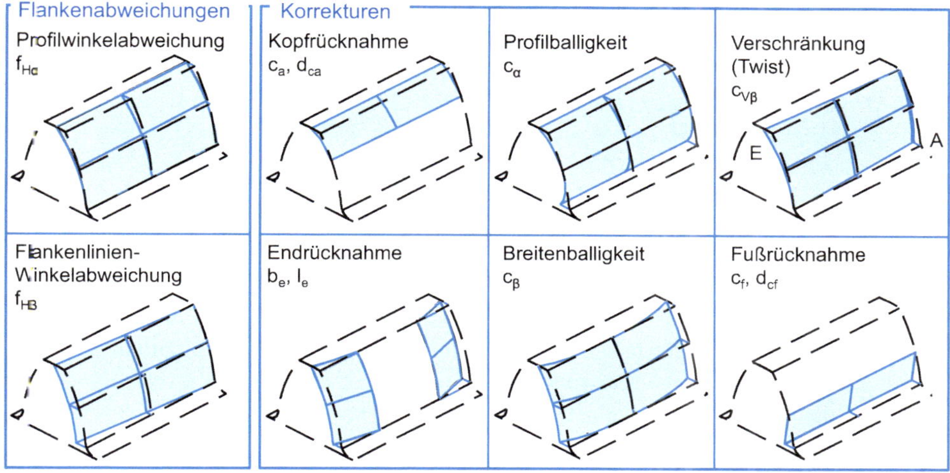

Bild 4.130 Beschreibbare Abweichungen und Korrekturen

Die während einer Messung der Verzahnungsgeometrie gescannten Profil- und Flankenlinien werden von der Messmaschine automatisiert in Flankenprüfbilder überführt, anhand derer die Profil- und Flankenlinienabweichungen nach DIN 21772 quantifiziert werden können [DIN12]. Die gängigsten Abweichungen werden in Winkelabweichungen f_H, Formabweichungen f_f und Gesamtabweichungen F unterteilt und jeweils für die Profil- und Flankenlinien ermittelt (Bild 4.131). Zur Unterscheidung wird für die Profilabweichungen der Index α und für die Flankenlinienabweichungen der Index β verwendet.

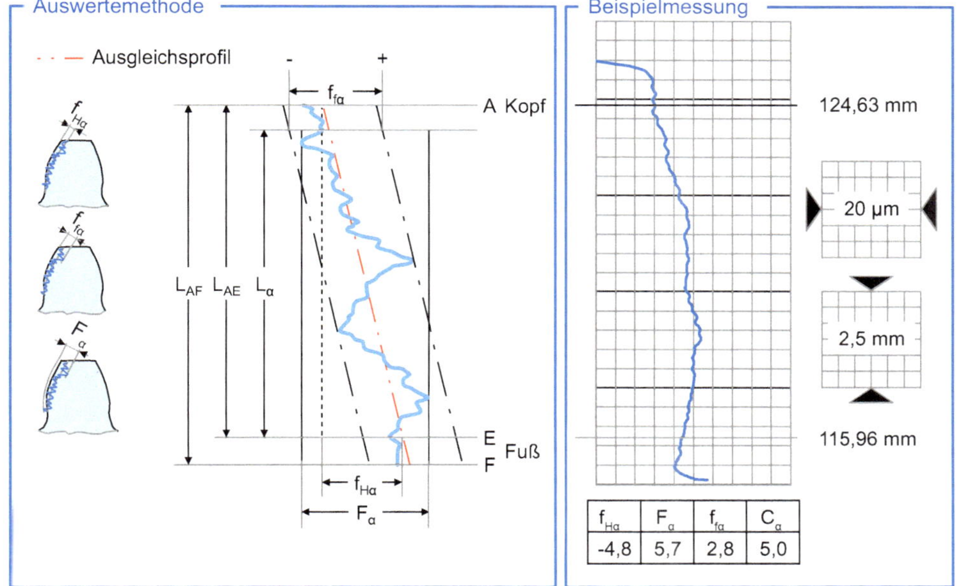

$f_{H\alpha}$	F_α	$f_{f\alpha}$	C_α
-4,8	5,7	2,8	5,0

Bild 4.131 Profillinienabweichungen [DIN12]

Zur Bestimmung der Abweichungsgrößen der Profillinie wird zunächst das Ausgleichsprofil mit der Methode der kleinsten Fehlerquadrate nach Gauß bestimmt (Bild 4.131). Als Ausgleichsfunktion wird dabei für unmodifizierte oder linear modifizierte Profillinien bzw. Profillinienteile eine Gerade ermittelt (Bild 4.132 links). Bei Balligkeiten wird in der Regel eine quadratische Ausgleichsfunktion eingesetzt (Bild 4.132 Mitte). Für die Berechnung der Ausgleichsfunktion werden die Messpunkte im Stirnprofil-Ausgleichsbereich L_α herangezogen. Der Ausgleichsbereich wird nach DIN 21772 bestimmt, indem der Wälzlängenabschnitt des aktiven Stirnprofils L_{AE} vom Zahnkopf aus um 8 % reduziert wird. Weist das Profil eine Kopfrücknahme auf, wird die aktive Wälzlänge L_{AE} um einen größeren Betrag reduziert, der auszuweisen ist. Die Auswertung erfolgt getrennt für den Bereich der Kopfrücknahme und den Bereich der aktiven Zahnflanke. Der Ausgleichsbereich der aktiven Zahnflanke wird als Ausgleichsbereich des nicht modifizierten Stirnprofilmittelteils $L_{\alpha m}$ definiert. Die Auswertung des Profilwinkelfehlers dieses Bereichs erfolgt durch Verlängerung der Ausgleichsgeraden innerhalb des Wälzlängenabschnitts des aktiven Stirnprofils L_{AE} (Bild 4.132 rechts) [DIN12].

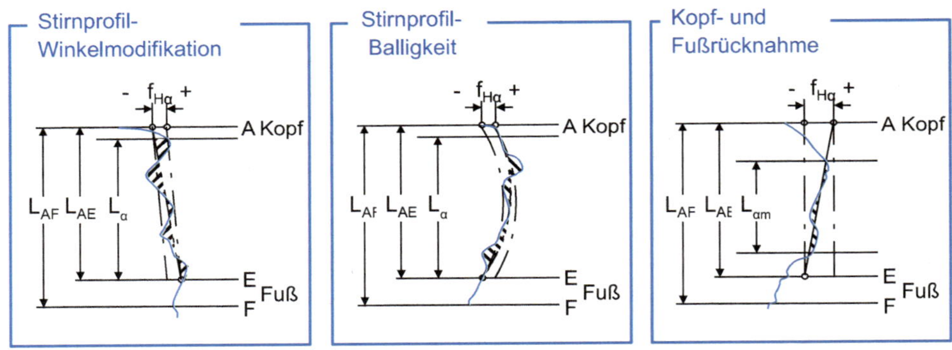

Bild 4.132 Profil-Winkelabweichung modifizierter Profile [DIN12]

Die Profil-Winkelabweichung $f_{H\alpha}$ wird als Abstand zwischen den beiden Nennprofilen bestimmt, die das Ausgleichsprofil am Anfang und am Ende der aktiven Wälzlänge L_{AE} schneiden. Die Nennprofile stellen dabei bei einem unmodifizierten Profil horizontale Geraden dar, während das Ausgleichsprofil aufgrund des Profilwinkelfehlers $f_{H\alpha}$ geneigt ist. Werden Profilwinkelmodifikationen oder lineare Kopf- bzw. Fußrücknahmen auf das Profil aufgebracht, so werden in diesen Abschnitten die Ausgleichs- sowie Nennprofile ebenfalls um denselben Betrag geneigt. Ist das Zahnprofil in Richtung Zahnkopf geneigt, so liegt eine negative Profil-Winkelabweichung vor. Zeigt die Profil-Winkelabweichung zur werkstofffreien Seite, ergibt sich ein positives Vorzeichen. Profil-Winkelabweichungen unterschiedlich modifizierter Stirnradprofile sind in Bild 4.132 dargestellt [DIN12].

Die Profil-Formabweichung $f_{f\alpha}$ wird aus dem Abstand zweier zum Ausgleichsprofil parallel verschobener Linien gleicher Form innerhalb der aktiven Wälzlänge L_{AE} ermittelt, die das gemessene Ist-Profil als Einhüllende einschließen. Liegen Abweichungen außerhalb des Ausgleichsbereichs L_{α}, aber innerhalb der aktiven Wälzlänge L_{AE} vor, so sind diese nur zu berücksichtigen, falls die Abweichungen auf der werkstofffreien Seite liegen (Bild 4.131) [DIN12].

Für die Bestimmung der Profil-Gesamtabweichung F_α wird der Abstand zwischen zwei Nennprofilen ausgewertet, die das Ist-Profil innerhalb der aktiven Wälzlänge L_{AE} einschließen. Abweichungen, die außerhalb des Ausgleichsbereichs L_α, aber innerhalb der aktiven Wälzlänge L_{AE} liegen, sind nur zu berücksichtigen, falls die Abweichungen auf der werkstofffreien Seite liegen [DIN12].

Die Auswertung der Flankenlinien-Abweichungen erfolgt analog zum Vorgehen bei der Profillinie. In Bild 4.133 sind eine gemessene Flankenlinie sowie zusätzlich Hilfs- und Auswertegrößen eingezeichnet. Der Auswertebereich wird zunächst auf den nutzbaren Bereich der Zahnflankenbreite b_f reduziert. Dieser ist axial durch die am weitesten außen liegenden Schnitte mit voll ausgebildetem Profil begrenzt. Weiterhin wird der Ausgleichsbereich L_β durch eine symmetrische Reduzierung des nutzbaren Bereichs der Zahnflanke b_f um den kleineren Betrag aus 5 % der Länge oder einmal Modul erzeugt. Innerhalb des Ausgleichsbereichs L_β wird mithilfe der Methode der kleinsten Fehlerquadrate nach Gauß eine Ausgleichsflankenlinie berechnet, für deren Ansatzfunktion für unkorrigierte Flankenlinien eine Gerade zu wählen ist. Balligkeiten werden durch die Nutzung einer quadratischen Parabelfunktion ausgeglichen [DIN12].

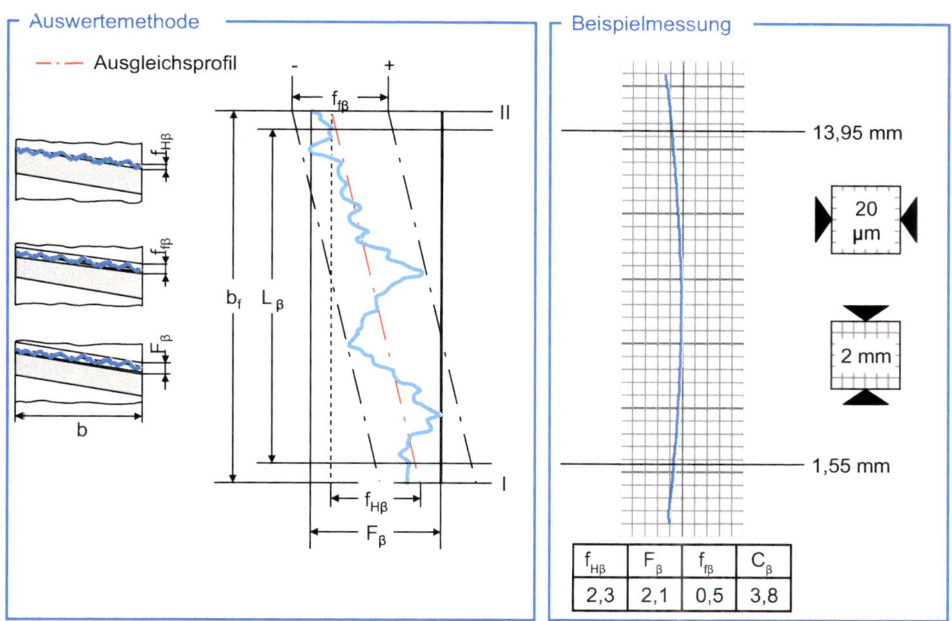

$f_{H\beta}$	F_β	$f_{f\beta}$	C_β
2,3	2,1	0,5	3,8

Bild 4.133 Flankenlinien-Abweichungen [DIN12]

Die Flankenlinien-Winkelabweichung $f_{H\beta}$ wird als Abstand zwischen den zwei Nennflankenlinien ermittelt, die die Schnittpunkte der Ausgleichsfunktion mit den Grenzen des nutzbaren Bereichs der Zahnflanke schneiden. Dabei werden Flankenlinien-Winkelabweichungen in Richtung einer Vergrößerung des Schrägungswinkels als positiv und in Richtung einer Verkleinerung des Schrägungswinkels als negativ definiert. Die Flankenlinien-Formabweichung $f_{f\beta}$ wird aus dem Abstand der horizontal verschobenen Ausgleichsflankenlinien abgelesen, die die Ist-Flankenlinie einhüllen. Die Flankenlinien-Gesamtabweichung F_β wird als Abstand zwischen den zwei Nennflankenlinien ermittelt, die die Ist-Flankenlinie innerhalb der nutzbaren Breite b_f einhüllen. Außerhalb des Ausgleichsbereichs L_β ist sowohl für die Berechnung der Flankenlinien-Formabweichung $f_{f\beta}$ als auch der Flankenlinien-Gesamtabweichung F_β lediglich eine Abweichung zur materialfreien Seite zu berücksichtigen [DIN12].

Wird bei der Auswertung der Flankenlinie die DIN 3960 herangezogen, so ist zu beachten, dass nach DIN 3960 die Flankenwinkelabweichung sowohl für links- als auch für rechtssteigende Schrägverzahnungen auf eine Rechtsschraube bezogen wird. Daraus folgt, dass eine Flankenwinkelabweichung ein positives Vorzeichen hat, wenn sich der Schrägungswinkel im Sinn einer Rechtsschraube vergrößert. Dies führt dazu, dass sich die Vorzeichendefinition bei der Auswertung nach DIN 3960 für linkssteigende Schrägverzahnungen im Gegensatz zu den weiteren Normen umkehrt [DIN87].

Neben der Bewertung der Profil- und Flankenlinienqualität gibt es weitere geometrische Größen am Zahnrad, die qualitätsentscheidend sind. Zu diesen Kriterien gehören einerseits die Kenngrößen der Teilungsmessung und zum anderen die der Rundlaufmessung.

Teilungsabweichung

Bei der Messung der Teilungsabweichung wird der Abstand zweier benachbarter Zahnflanken aller Zähne am Teilkreis zugrunde gelegt. Die Messung erfolgt im Stirnschnitt der Verzahnung. Es wird unterschieden zwischen der Messung der Teilung p_t (Messpunkte liegen auf dem Teilkreis im Stirnschnitt) und der Eingriffsteilung p_{et} (Messpunkte liegen in der Eingriffsebene). Die Abweichung f_{pt} bzw. f_{pet} zum erforderlichen Nennmaß der Teilung wird jeweils über eine Relativmessung ermittelt. Ausgehend von der Soll-Teilung werden die Abweichungen aller Flankenpaare vorzeichengerecht aufgezeichnet. Da die Summe aller Abweichungen null ergibt, wird das Nennmaß durch Mittelung der gemessenen Einzelabweichungen über der Zähnezahl z bestimmt. Die tatsächliche Teilungsabweichung ergibt sich aus der Differenz zwischen der gemessenen Abweichung und dem errechneten Nennmaß (Bild 4.134 oben). Die Teilungsschwankung R_p ist die Differenz zwischen der größten und der kleinsten Teilungseinzelabweichung $f_{p,max}$ und $f_{p,min}$. Aus dem in Bild 4.134 dargestellten Diagramm lassen sich zudem der Teilungssprung f_u, die Teilungssummenabweichung F_{pk} und die Teilungsgesamtabweichung F_p ablesen. Der Teilungssprung f_u ist der Unterschied zweier aufeinanderfolgender Einzelabweichungen. Der Wert der Teilungssummenabweichung F_{pk} wird durch die fortlaufende Aufsummierung der Teilungseinzelabweichungen bestimmt. Die Teilungsgesamtabweichung F_p ergibt sich aus dem algebraisch größten und dem algebraisch kleinsten Wert der Teilungssummenabweichung F_{pk}. Mit den Kennwerten, die durch die Teilungsmessung gewonnen werden, kann mit DIN 3962 Teil 1 [DIN78b] eine Qualitätsbewertung in Abhängigkeit von dem Normalmodul m_n und dem Teilkreisdurchmesser d erfolgen. Im unteren Bereich in Bild 4.134 sind die Teilungsmessung eines Zahnrades mit 40 Zähnen sowie die zugehörigen Kennwerte dargestellt.

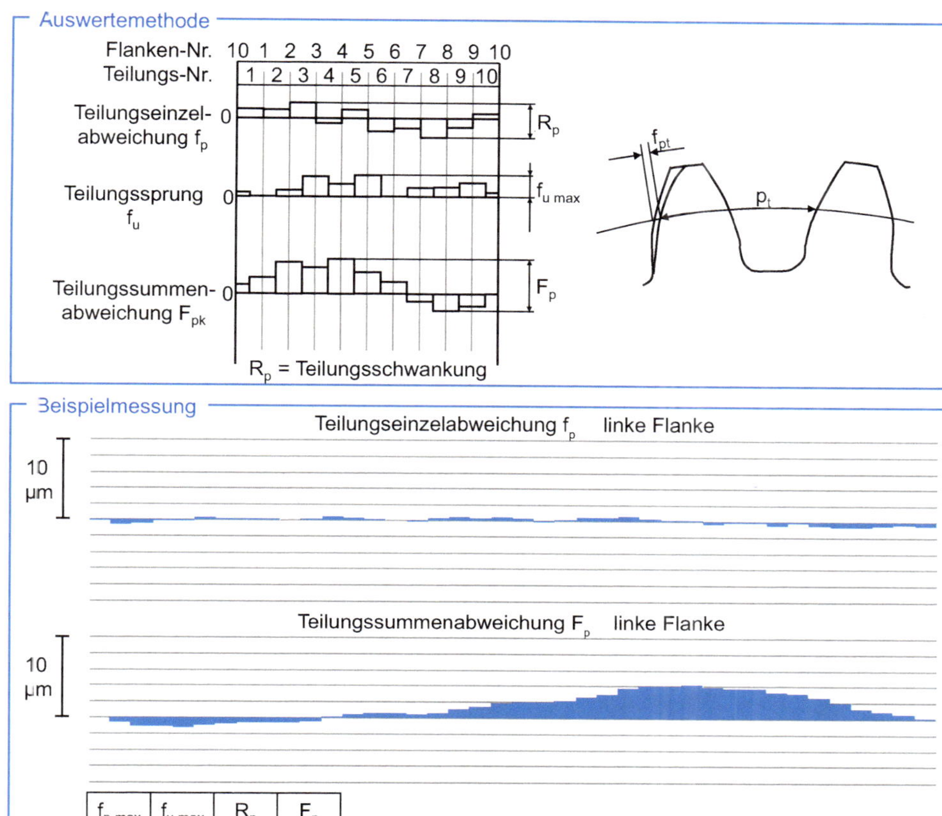

$f_{p,max}$	$f_{u,max}$	R_p	F_p	
0,7	0,6	1,4	5,5	[µm]

Bild 4.134 Teilungsmessung

Rundlaufabweichung

Die Rundheitsprüfung stellt eine der am häufigsten eingesetzten Methoden der Verzahnungsprüfung dar. Hierbei muss das Zahnrad um seine eigene Achse rotiert werden. Die Rotationsachse steht senkrecht zur Messebene. Bei der Messung werden Kugeln bzw. Zylinder in die jeweiligen Zahnlücken nacheinander eingelegt, sodass beide Zahnflanken in V-Kreisnähe berührt werden. Anschließend wird deren radialer Abstand gemessen (Bild 4.135). Die Rundlaufabweichung F_r ist die Differenz zwischen dem größtem und dem kleinsten gemessenen radialen Abstand. Eine weitere Möglichkeit zur Bestimmung der Rundlaufabweichung ist die Abtastung aller Zähne am Kopfzylinder [DIN12].

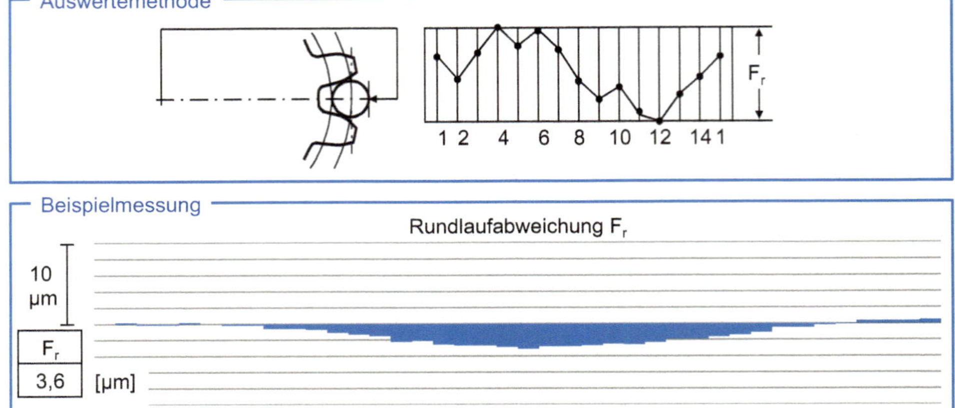

Bild 4.135 Rundlaufmessung

Bei der Rundlaufabweichung F_r handelt es sich um eine Größe, die immer von beiden Zahnflanken bestimmt wird. Sie ist damit ein Maß für die Schwankung der Zahnlückenweite [DIN87]. Aus diesem Grund kann eine Bewertung des Rundlaufs anhand der Teilungsprüfung durchgeführt werden [KLIN08]. Zusätzlich kann der Einzelrundlauf für die Rechts- oder Linksflanken ausgegeben werden. Dieser ebenfalls aus der entsprechenden Teilungsmessung errechnete Wert ist nicht nach Norm toleriert und daher keiner Qualitätsklasse zuzuordnen.

Beispielmessungen

Bild 4.136 und Bild 4.137 zeigen qualitativ eine beispielhafte Auswertung der Profil- und Flankenlinienmessung auf einem Verzahnungsmesszentrum. Dargestellt sind Profil- und Flankenlinien unterschiedlicher Zähne. Die gemessenen Abweichungen und Qualitäten werden von der Messsoftware bestimmt und mit den Vorgabewerten und vorgegebenen Qualitäten verglichen.

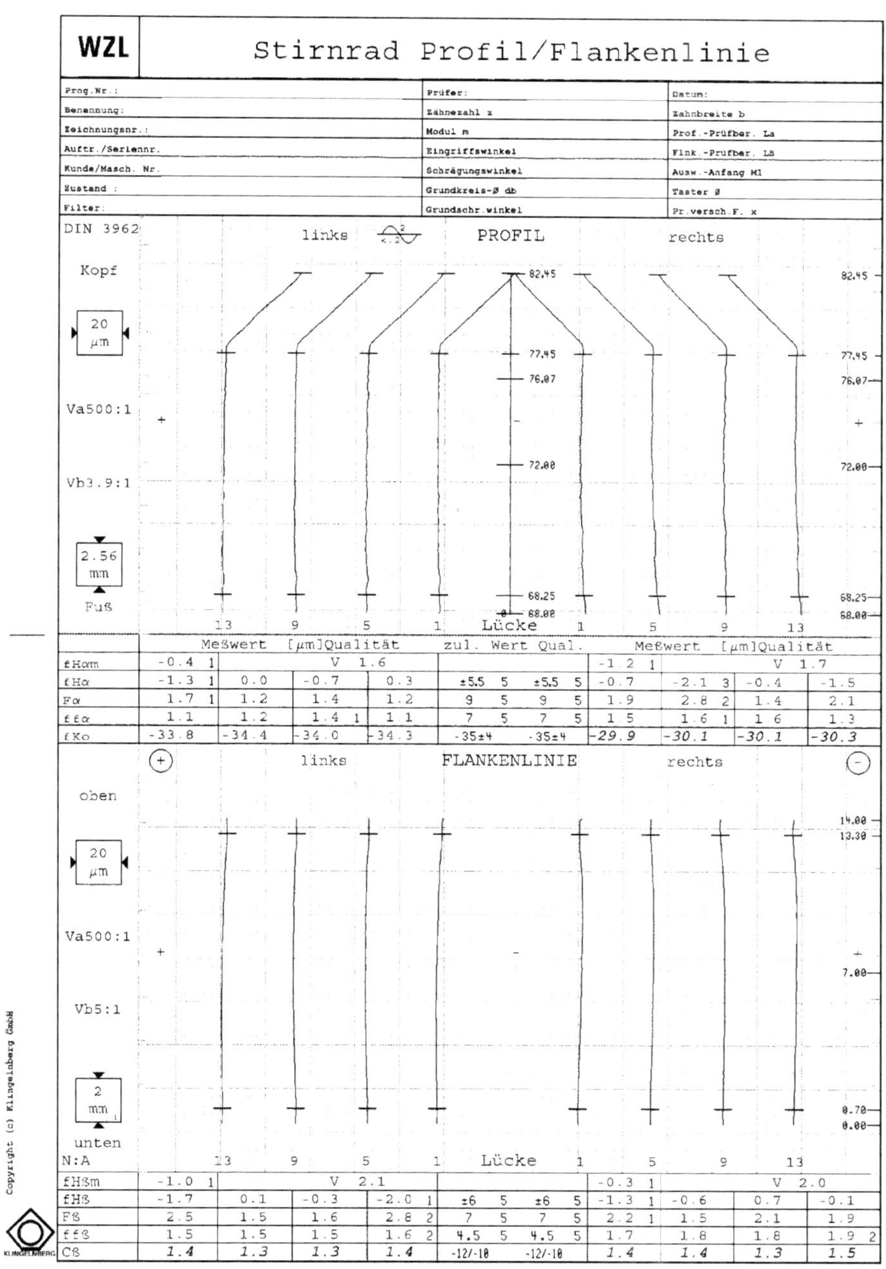

WZL — Stirnrad Profil/Flankenlinie

Prog.Nr.:	Prüfer:	Datum:
Benennung:	Zähnezahl z	Zahnbreite b
Zeichnungsnr.:	Modul m	Prof.-Prüfber. La
Auftr./Seriennr.	Eingriffswinkel	Flnk.-Prüfber. Lß
Kunde/Masch. Nr.	Schrägungswinkel	Ausw.-Anfang Ml
Zustand :	Grundkreis-Ø db	Taster Ø
Filter:	Grundschr.winkel	Pr.versch.F. x

	Meßwert [µm]Qualität				zul. Wert Qual.		Meßwert [µm]Qualität			
fHαm	-0.4 1	V 1.6					-1.2 1	V 1.7		
fHα	-1.3 1	0.0	-0.7	0.3	±5.5 5	±5.5 5	-0.7	-2.1 3	-0.4	-1.5
Fα	1.7 1	1.2	1.4	1.2	9 5	9 5	1.9	2.8 2	1.4	2.1
ffα	1.1	1.2	1.4 1	1.1	7 5	7 5	1.5	1.6 1	1.6	1.3
fKo	-33.8	-34.4	-34.0	-34.3	-35±4	-35±4	*-29.9*	*-30.1*	*-30.1*	*-30.3*

fHßm	-1.0 1	V 2.1					-0.3 1	V 2.0		
fHß	-1.7	0.1	-0.3	-2.0 1	±6 5	±6 5	-1.3 1	-0.6	0.7	-0.1
Fß	2.5	1.5	1.6	2.8 2	7 5	7 5	2.2 1	1.5	2.1	1.9
ffß	1.5	1.5	1.5	1.6 2	4.5 5	4.5 5	1.7	1.8	1.8	1.9 2
Cß	*1.4*	*1.3*	*1.3*	*1.4*	-12/-10	-12/-10	*1.4*	*1.4*	*1.3*	*1.5*

KLINGELNBERG

Bild 4.136 Verzahnungsmessschrieb Seite 1

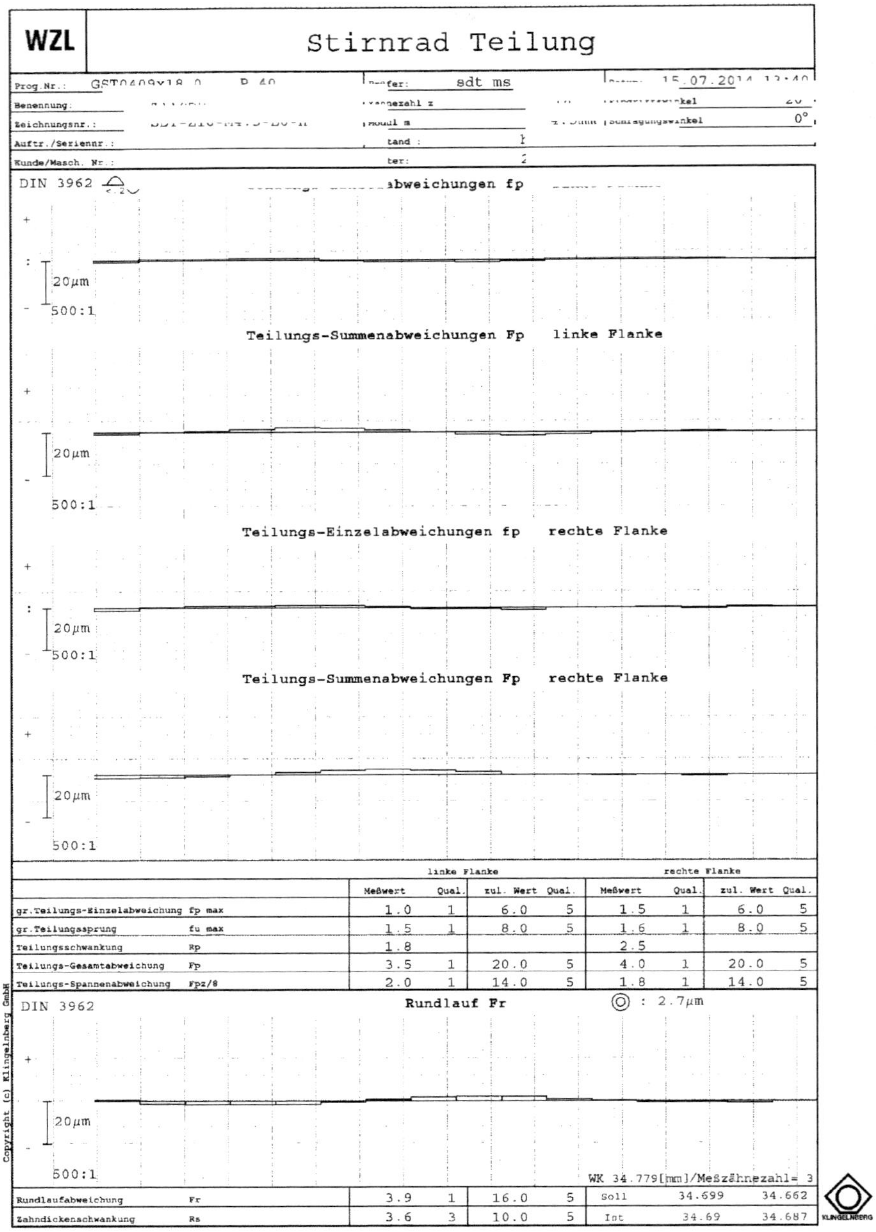

WZL Stirnrad Teilung

Prog.Nr.:	GST0409x18.0 P 40	[illegible]fer:	sdt ms
Benennung:	[illegible]	[illegible]zahl z	[illegible]
Zeichnungsnr.:	[illegible]	Modul m	[illegible]
Auftr./Seriennr.:		[illegible]tand:	[illegible]
Kunde/Masch. Nr.:		[illegible]ter:	[illegible]

Datum: 15.07.2014 [illegible] · [illegible]winkel [illegible] · Schrägungswinkel 0°

DIN 3962

[illegible]abweichungen fp [illegible]

+ − 20μm 500:1

Teilungs-Summenabweichungen Fp linke Flanke

+ − 20μm 500:1

Teilungs-Einzelabweichungen fp rechte Flanke

+ − 20μm 500:1

Teilungs-Summenabweichungen Fp rechte Flanke

+ − 20μm 500:1

		linke Flanke			rechte Flanke			
		Meßwert	Qual.	zul. Wert	Qual.	Meßwert	Qual.	zul. Wert	Qual.
gr.Teilungs-Einzelabweichung	fp max	1.0	1	6.0	5	1.5	1	6.0	5
gr.Teilungssprung	fu max	1.5	1	8.0	5	1.6	1	8.0	5
Teilungsschwankung	Rp	1.8				2.5			
Teilungs-Gesamtabweichung	Fp	3.5	1	20.0	5	4.0	1	20.0	5
Teilungs-Spannenabweichung	Fpz/8	2.0	1	14.0	5	1.8	1	14.0	5

DIN 3962 **Rundlauf Fr** ◎ : 2.7μm

+ − 20μm 500:1

WK 34.779[mm]/Meßzähnezahl= 3

Rundlaufabweichung	Fr	3.9	1	16.0	5	Soll	34.699	34.662
Zahndickenschwankung	Rs	3.6	3	10.0	5	Ist	34.69	34.687

Bild 4.137 Verzahnungsmessschrieb Seite 2

Im Diagrammkopf des Messprotokolls sind einige geometrische Daten der Verzahnung (z. B. Zähnezahl, Modul, Eingriffswinkel), organisatorische Daten (z. B. Zeichnungsnummer, Name des Maschinenbedieners) und weitere Daten, die den Zustand des Bauteils beschreiben (z. B. gehärtet, vorverzahnt), aufgelistet.

Darunter befinden sich die Ergebnisse der Profilmessung. Es werden einerseits grafisch die Messkurven und andererseits für jede Messkurve die Auswertung der Kennwerte in tabellarischer Form dargestellt. Es werden entsprechend der Anzahl der gemessenen Zähne die Messkurven der linken Profile links und die der rechten Profile rechts dargestellt. In der industriellen Praxis werden in der Regel drei oder vier Profillinien, verteilt am Umfang, gemessen, um eventuelle Abweichungen, die durch Aufspannfehler oder Rundlauffehler hervorgerufen werden, zu erkennen. Am rechten Rand sind die Durchmesser oder der Wälzweg angegeben, die den Mess- und Auswertebereich beschreiben. Der Auswertebereich ist zusätzlich durch zwei waagerechte Markierungen in den einzelnen Messkurven markiert.

In dem gezeigten Beispiel sind vier Zähne, verteilt am Umfang des Zahnrades, gemessen worden: jeweils vier Profillinien für die linke und vier für die rechte Flanke. Die Profillinien sind in einem Gitter dargestellt, das den Darstellungsmaßstab verdeutlicht. Der Maßstab kann dem linken Seitenrand des Protokolls entnommen werden. Im Beispiel entspricht ein Kästchen von 1 cm × 1 cm im Ausdruck einem Kästchen von 20 µm × 2,56 mm. Dies entspricht einer Vergrößerung von 500:1. Der Wert der Vergrößerung kann ebenfalls dem linken Protokollrand entnommen werden. In der Tabelle unterhalb der Messkurven ist die Auswertung der Kennwerte für jede gemessene Profillinie dargestellt. In jeder Zeile wird separat für die linken und rechten Profillinien der Maximalwert identifiziert und die erzielte Qualitätsstufe angegeben. In der Mitte der Tabelle finden sich die Angabe der Toleranzen und die vorgegebene Qualitätsstufe. Zusätzlich zu den bereits genannten Kennwerten wird jeweils für die linke und rechte Profillinie der Mittelwert der Profilwinkelabweichung $f_{H\alpha m}$ berechnet und ausgegeben.

Unterhalb der Auswertung der Profillinien findet sich analog die Auswertung für die Flankenlinien. Der Aufbau und die Darstellung sind vergleichbar mit der Auswertung der Profilmessung. Der einzige Unterschied ist, dass am rechten Rand die Angaben für den Mess- und Auswertebereich über der Verzahnungsbreite beschrieben werden.

Zusätzlich werden bei der Verzahnungsmessung mit einem Verzahnungsmesszentrum die Teilungs- und die Rundlaufabweichungen messtechnisch erfasst und in diesem Fall auf der zweiten Seite des Messprotokolls dargestellt (Bild 4.137).

Verzahnungsmaschinen ermöglichen im Allgemeinen, komplexe Modifikationen der Zahnflanken in Profil- und Flankenlinienrichtung zu fertigen. Die Bandbreite reicht vom Fertigen definierter Welligkeiten bis zur Herstellung von Freiformflächen durch punktweise spanende Bearbeitung bis hin zu generativen Fertigungsverfahren. Die übliche Messung weniger Flankenlinien- und Profillinien reicht in diesen Fällen nicht mehr aus. Um eine objektive Bewertung einer komplex modifizierten Zahnflanke durchführen zu können, wird die Zahnflanke durch eine Vielzahl von Messlinien als dreidimensionale Fläche bzw. Gitter dargestellt. In der VDI-Richtlinie 2607 [VDI00] werden für die Ermittlung der Flankentopografie drei mögliche Vorgehensweisen dargestellt.

Bei der ersten Möglichkeit werden bei der Messung mehrere über die Zahnbreite verteilte Profillinien derart aneinandergereiht, dass sich ein dreidimensionales Prüfbild ergibt (vgl.

Bild 4.138). Die zweite Möglichkeit ist vergleichbar zur ersten Möglichkeit, jedoch werden für die Messung mehrere Flankenlinien über der Zahnhöhe verteilt. Die dritte Möglichkeit zur Ermittlung einer Zahnflankentopografie ist das Antasten mehrerer Punkte eines Gitters. Die Lage der Antastpunkte wird vor der Messung auf der gesamten Zahnflanke definiert. Die angetasteten Punkte werden durch Verbindungslinien in Profil- und Flankenrichtung miteinander verbunden, sodass bei entsprechender Anordnung ein räumliches Punkteraster entsteht. Die Messung wird an beiden Flanken eines Zahnes durchgeführt und dokumentiert. Die Anzahl der zu messenden Zähne und die Anzahl der Profil- bzw. Flankenlinien und der Messpunkte sind nicht genormt und werden je nach Anwendung definiert. Für die Bewertung der gemessenen Topografie sind nach [VDI00] zwei Methoden definiert. Zum einen kann ein Bezugsnetz gewählt werden, dessen Netzlinien die Richtungen der abweichungsfreien Soll-Flankenlinien und der abweichungsfreien Soll-Evolventen nachbilden. Bei dieser Methode muss für die Beurteilung der Flanke ein Bezugspunkt definiert werden. Dieser kann ein beliebiger Punkt auf der Zahnflanke sein, beispielsweise der Zentralpunkt der Flanke.

Die übersichtlichste Darstellung dieser Methode wird in Bild 4.138 gezeigt. Hier wird der tiefste Punkt der gemessenen Linien als Referenzpunkt gewählt. Eine weitere Möglichkeit zur Beurteilung der gemessenen Zahnflankentopografie ist der Vergleich der gemessenen Punkte mit einer vordefinierten Soll-Geometrie, die z. B. aus einer Simulation vorgegeben und anschließend vom Messsystem eingelesen wird. Das Soll-Netz orientiert sich an der Soll-Zahndicke, deren Bezugspunkte sich am selben Ort zweier Flanken eines Zahnes befinden. Wenn die Abweichungen unabhängig von der Zahndicke sind, so wird wie beim Bezugsnetz die Soll-Geometrie an einem beliebigen Bezugspunkt bzw. am tiefsten gemessenen Punkt ausgerichtet. Bei dem in Bild 4.138 dargestellten Messprotokoll handelt es sich um die topografische Messung eines Stirnrades auf einem Verzahnungsmesszentrum. Im Kopf des Messblattes befinden sich ebenfalls dieselben Daten wie bei einer konventionellen Geometriemessung. Im Bereich der gemessenen Flanke werden die Maßstäbe in Profil- und Flankenrichtung sowie in Normalenrichtung angegeben. In der VDI-Richtlinie 2607 [VDI00] wird zur eindeutigen Bezeichnung der Gitterpunkte empfohlen, die Linien in Zahn-Längsrichtung mit Buchstaben und in Höhenrichtung mit Zahlen zu benennen. In dem hier dargestellten Beispiel werden Angaben zur Lage der linken und der rechten Zahnflanke und des Fußes bzw. des Kopfes gemacht.

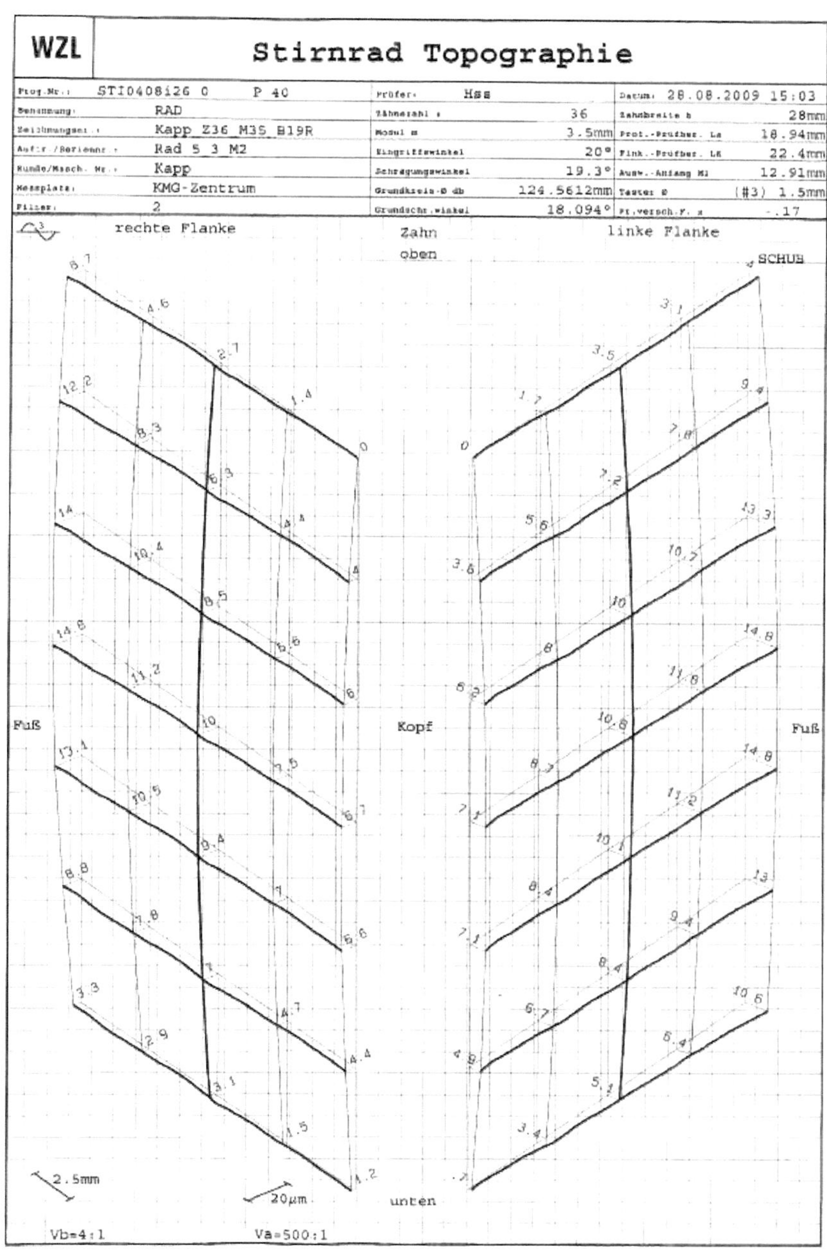

Bild 4.138 Topografische Zahnflankenmessung

Messung von Sammelfehlern

Die zweite Gruppe der Messungen am Zahnrad ist die Sammelfehlermessung, die sich in die Messung der Einflanken-Wälzabweichung, die Messung der Zweiflanken-Wälzabweichung sowie die Prüfung des Tragbildes aufgliedern lässt. Bei der Wälzprüfung werden Verzahnungen mit Gegenverzahnungen gepaart und die gemeinsamen Auswirkungen ihrer einzelnen geometrischen Abweichungen (Einzelabweichungen) auf den Wälzvorgang als Wälzabweichungen ermittelt. Die Abweichungen können einem Rad (dem Prüfling) zugeordnet werden, wenn als Gegenrad ein Lehrzahnrad benutzt wird, dessen Abweichungen gegenüber den Abweichungen des Prüflings vernachlässigbar klein sind. Daher sollte die Qualität des Lehrzahnrades gemäß ISO TR 10064-1 mindestens vier Qualitätsstufen besser als die Soll-Qualität des zu prüfenden Zahnrades gewählt werden [ISO92]. Sind die Abweichungen des Gegenrades nicht vernachlässigbar klein (z. B. bei der Wälzprüfung zweier Getrieberäder), können die Wälzabweichungen nur dem Räderpaar gemeinsam zugeordnet werden.

Bei der Einflanken-Wälzprüfung werden zwei Zahnräder unter dem Nenn-Achsabstand miteinander abgewälzt, wobei entweder die Rechtsflanken oder die Linksflanken in ständigem Eingriff bleiben (Einflanken-Eingriff, Bild 4.139). Nach VDI 2608 liegt das Drehmoment üblicherweise zwischen 1 und 5 Nm bei einer niedrigen Drehzahl zwischen 5 und 30 min^{-1}, sodass quasistatische und quasilastfreie Prüfbedingungen vorliegen. Die Einflanken-Wälzabweichungen der Rechtsflanken eines Rades unterscheiden sich im Allgemeinen von denen der Linksflanken desselben Rades.

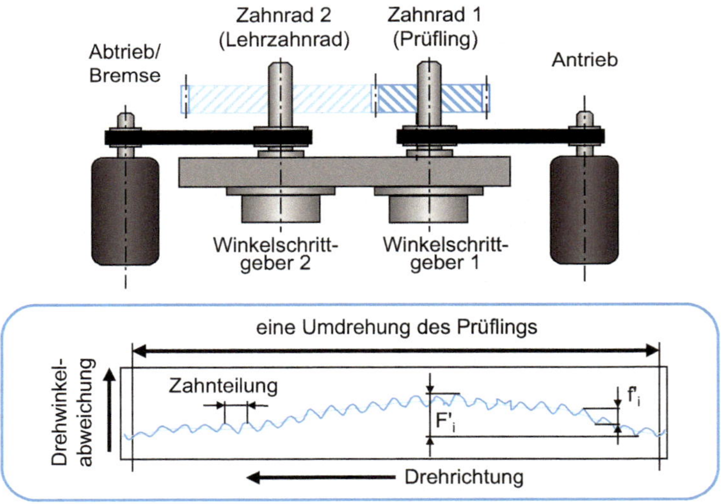

Bild 4.139 Einflanken-Wälzprüfung (nach Klingelnberg)

Von einer Anfangswälzstellung ausgehend werden die auftretenden Drehwinkelabweichungen gemessen. Als Drehwinkelabweichung wird die Abweichung der Ist-Drehstellung des Rades gegenüber der durch die Stellung des Gegenrades und durch das Zähnezahlverhältnis gegebenen Soll-Stellung bezeichnet. In der praktischen Umsetzung ist eine Vergleichsmesseinrichtung (Vergleichsgetriebe) erforderlich, in der die abweichungsfreien Drehwinkelstellungen (Soll-Stellungen) verwirklicht werden. Die Abweichungen werden in der

Regel als Strecke längs des Umfangs eines Messkreises, z. B. des Teil- oder des Grundkreises, angegeben. Ebenfalls ist die Angabe im Winkelmaß üblich. Wichtige Kenngrößen bei der Einflanken-Wälzprüfung sind die Einflanken-Wälzabweichung F'_i, der Einflanken-Wälzsprung f'_i, der langwellige Anteil der Einflanken-Wälzabweichung f'_l und der kurzwellige Anteil der Einflanken-Wälzabweichung f'_k (Bild 4.140).

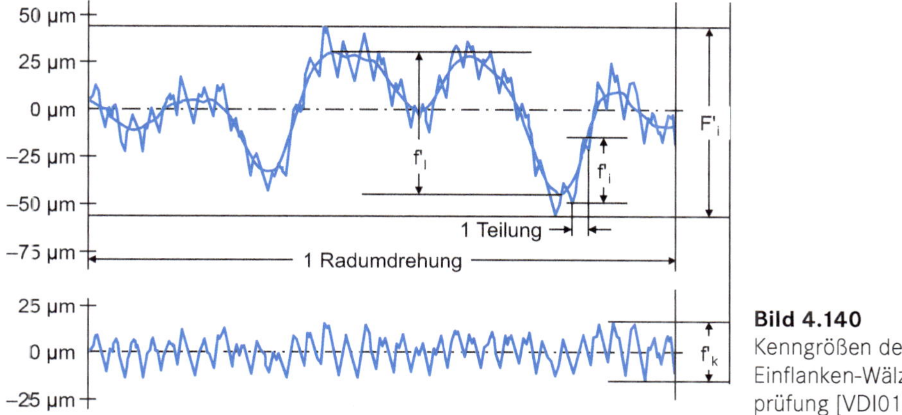

Bild 4.140
Kenngrößen der Einflanken-Wälzprüfung [VDI01]

Diese sind nach VDI 2608 wie folgt definiert.

- Einflanken-Wälzabweichung F'_i

  „Die Einflanken-Wälzabweichung F'_i ist die Schwankung der Ist-Drehstellungen gegenüber den Soll-Drehstellungen. Sie ergibt sich als Unterschied (Summe der Beträge) der größten voreilenden und der größten nacheilenden Drehstellungsabweichungen gegenüber einem Anfangswert innerhalb einer Prüflingsumdrehung."

- Einflanken-Wälzsprung f'_i

  „Der Einflanken-Wälzsprung f'_i ist der größte Unterschied, der bei den Drehstellungsabweichungen innerhalb eines der Dauer eines Zahneingriffs entsprechenden Drehwinkels auftritt."

- Langwelliger Anteil der Einflanken-Wälzabweichung f'_l

  „Dieser Anteil kann aus dem bei der Einflanken-Wälzprüfung erhaltenen Prüfbild durch Berechnen und Einzeichnen eines „ausmittelnden Linienzuges", bei dem die kurzwelligen Anteile unterdrückt sind, ermittelt werden. Damit Auswerteergebnisse vergleichbar sind, sollte bei der Berechnung eine einheitliche Grenzwellenlänge zugrunde gelegt werden. In der Praxis hat es sich bewährt, hierbei eine Fensterbreite von drei Zahnteilungen zugrunde zu legen."

- Kurzwelliger Anteil der Einflanken-Wälzabweichung f'_k

  „Diese Anteile ergeben sich aus den Unterschieden zwischen der aufgezeichneten Prüfbildlinie und dem „ausmittelnden Linienzug". Die Periodenzahl je Radumfang der kurzwelligen Anteile stimmt normalerweise mit der Zähnezahl des Prüflings überein. Diese Anteile können aber auch die Einflüsse von Welligkeiten in den Profil- oder Flankenlinien-Formabweichungen enthalten."

Die Einflanken-Wälzprüfung ist ein gängiges Prüfverfahren für Kegelradgetriebe, wird aber auch zunehmend in der Großserienfertigung für Getriebe mit parallelen Achsen genutzt. Die Drehwinkelabweichung und somit die gebildeten Kennwerte werden unter anderem signifikant durch die Teilungs- und Rundlaufabweichungen einer Verzahnung beeinflusst. Diese Abweichungen können über die Einflanken-Wälzprüfung entsprechend identifiziert werden. In Forschungsvorhaben wurde herausgefunden, dass die Kennwerte der Einflanken-Wälzprüfung für eine Bewertung der Geräuschanregung einer Verzahnung geeignet sind [LAND07]. Die Zusammenhänge werden in Kapitel 5 näher erläutert.

Bei der Zweiflanken-Wälzprüfung werden zwei Zahnräder unter dem Einfluss einer in Richtung des Achsabstandes wirkenden Kraft spielfrei miteinander abgewälzt (Bild 4.141). Dabei werden die auftretenden Änderungen des Achsabstandes gemessen. Die Prüfkraft muss dabei so gewählt werden, dass keine Verformung der Zahnflanken entsteht. Die Prüfgeschwindigkeit wird im Allgemeinen durch die Dynamik der Anzeigeeinrichtung begrenzt. Somit handelt es sich um ein Prüfverfahren, das insbesondere zur zügigen Qualitätsbewertung in der Serienfertigung geeignet ist.

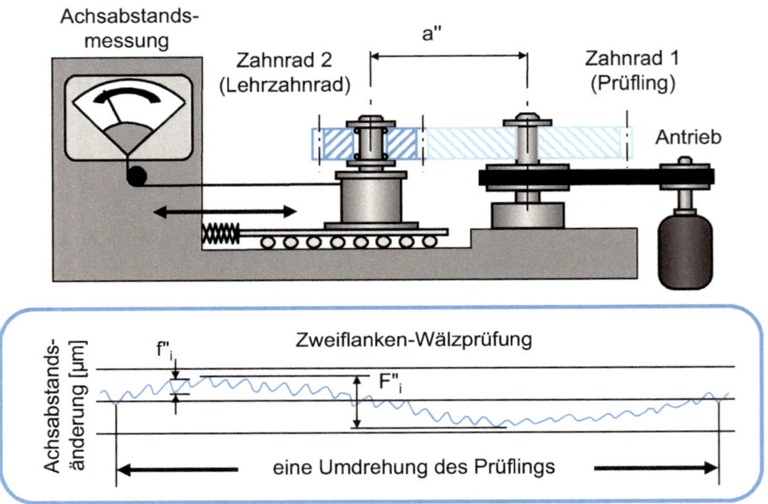

Bild 4.141 Zweiflanken-Wälzprüfung (nach Klingelnberg)

Wichtige Kenngrößen bei der Zweiflanken-Wälzprüfung sind die Zweiflanken-Wälzabweichung F''_i und der Zweiflanken-Wälzsprung f''_i nach VDI 2608:

- Zweiflanken-Wälzabweichung F''_i

  „Die Zweiflanken-Wälzabweichung F''_i ist die Schwankung des Wälz-Achsabstandes a'', das heißt, sie ist die Differenz zwischen dem größten und dem kleinsten Wälz-Achsabstand innerhalb einer Prüflingsumdrehung."

- Zweiflanken-Wälzsprung f''_i

  „Der Zweiflanken-Wälzsprung f''_i ist der größte Unterschied des Wälz-Achsabstandes, der innerhalb eines der Dauer eines Zahneingriffs entsprechenden Drehwinkels auftritt."

Die Kennwerte der Zweiflanken-Wälzprüfungen werden im Gegensatz zur Einflanken-Wälzprüfung ausschließlich zur Bewertung von Achsabstandsänderungen herangezogen und lassen sich nicht mit der Geräuschanregung in Verbindung bringen. Durch die Weiterentwicklung der Koordinatenmesstechnik hinsichtlich Messgeschwindigkeit und Automatisierung sowie der Rückführbarkeit geometrischer Abweichungen auf das Einsatzverhalten verliert das Messprinzip der Zweiflanken-Wälzprüfung an Bedeutung in der Qualitätsprüfung.

Neben den hier genannten Einzel- und Sammelfehlern der Verzahnungen haben auch die Abweichungen des gesamten Getriebes, wie z. B. Achsabstandsabweichung, Rundheits- und Taumelfehler der Wellen und das Lagerspiel, einen Einfluss auf das Geräusch und die Lebensdauer des Getriebes. Als Summenprüfverfahren für die Beurteilung der Einbausituation eines Radpaares im montierten Getriebe wird eine Tragbildprüfung an der Verzahnung durchgeführt. Die Tragbildprüfung kann ohne Last als Kontaktprüfung oder unter Last (mit anliegendem Drehmoment) erfolgen.

Bei der Prüfung wird auf die Zahnflanken ein kontrastreiches Prüfmittel aufgebracht (Tusche, Lack, Paste o. Ä.). Während des Abwälzens der Zahnflanken wird das Prüfmittel an den kontaktierenden Flächen aufgrund des Zahnflankengleitens abgetragen, wodurch das Tragbild sichtbar wird. Die Art und Lage des Tragbildes ist ein Maß für die Qualität der Verzahnung im montierten Zustand und lässt bei Abweichungen von der erwarteten Position Rückschlüsse auf die Fehlerursache zu. In Bild 4.142 sind einige charakteristische Tragbilder mit den entsprechenden Ursachen dargestellt. Die Bewertung und Analyse unterschiedlicher Tragbilder erfolgt in Kapitel 5.

Bild 4.142 Tragbilder an Stirnradverzahnungen und Ursachen

4.7.2.2 Erfassung der mikrogeometrischen Abweichung

Die Zahnflanke ist eine hochbeanspruchte, technische Oberfläche und muss in der Regel auch einer mikrogeometrischen Prüfung unterzogen werden. Die Aufgabe der Oberflächenprüfung ist es, die dreidimensionale Geometrie vollständig topografisch zu erfassen und zu beschreiben. Zur Begrenzung des Messaufwandes werden häufig nur Kennwerte für die Oberflächenrauheit entlang einer Messstrecke erfasst (zweidimensionale Messung). Die Messrichtung ist dabei in die Richtung zu orientieren, in der die größten Rauheitskennwerte zu erwarten sind [DIN98a]. Bei vielen Zahnflankenoberflächen ist das die Richtung orthogonal zu den Bearbeitungsspuren. Dieses Messvorgehen ist das in der industriellen Praxis am häufigsten angewandte Verfahren.

Bei der Oberflächenprüfung werden die Gestaltabweichungen zweiter und höherer Ordnung nach DIN 4760 (siehe Bild 4.128) an Oberflächenausschnitten analysiert und gemessen. Diese Ausschnitte müssen für die gesamte Oberfläche statistisch repräsentativ sein [DIN82]. Die Oberfläche kann anhand von Schnitten durch die Oberflächen oder anhand der tragenden Fläche charakterisiert werden.

Die taktile Oberflächenmessung, auch Tastschnittverfahren genannt, dient zur messtechnischen Beurteilung von Oberflächen mit einem mechanischen Tastschnittgerät. Hierfür wird eine Tastspitze mit einer konstanten Geschwindigkeit über die Oberfläche einer Zahnflanke geführt. Da die Tastspitze direkt mit der Zahnflankenoberfläche in Kontakt tritt, wird dieses Verfahren als taktiles bzw. berührendes Messverfahren bezeichnet [VOLK18]. In Bild 4.143 sind unterschiedliche Arten von Tastschnittgeräten abgebildet. Durch die unterschiedlichen Messprinzipien ergeben sich charakteristische Unterschiede in den Messergebnissen. Bei Tastsystemen mit Gleitkufe wird nur die Auslenkung der Tastspitze relativ zu einer Gleitkufe gemessen. Dadurch wird nicht die Ist-Geometrie, sondern nur eine gefilterte Oberfläche abgebildet. Die Gleitkufe, die vor, hinter oder seitlich zur Tastspitze angeordnet sein kann, wirkt dabei wie ein Hochpassfilter [VDI06]. Die Wellenlänge dieses Filters wird durch den Radius der Gleitkufe bestimmt und ist meist unbekannt. Daher ist eine Nachbildung der Filterung der Gleitkufe durch digitale Filter nicht oder nur schwer möglich, wodurch sich unterschiedliche Messergebnisse zwischen Tastsystemen mit Gleitkufe und Bezugsfläche ergeben können.

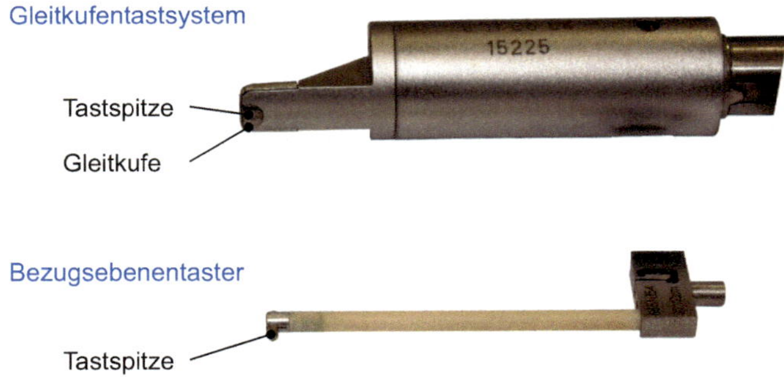

Bild 4.143 Taktile Tastschnittsysteme und deren Messprinzipien

Bezugsflächen-Tastsysteme mit Ebenenreferenz beziehen die Messergebnisse direkt auf eine Bezugsfläche, die zum Werkstück ausgerichtet sein muss. Der Messtaster gleitet direkt auf der Bauteilgeometrie entlang und misst die Ist-Geometrie. Aufgrund der langwelligen Anteile im Messergebnis muss die Filterung dieser Anteile entsprechend angepasst werden. Zur Filterung der evolventischen Profile werden häufig Polynome als Formfilter verwendet [VDI06]. Beim Einsatz von Bezugsflächentastsystemen mit Evolventenreferenz wird die Evolventenform kinematisch vom Gerät erzeugt, ähnlich wie es beim bereits erläuterten Verzahnungsmesszentrum durchgeführt wird. Dies hat den Vorteil, dass keine weiteren Filter zur Filterung der Geometrie angewendet werden müssen. Aufgrund der damit steigenden Komplexität des Messgeräts und der begrenzten Anwendung auf evolventische Geometrien ist dieses Verfahren eher unüblich. Bei Integration der Rauheitsmessung direkt auf einem Verzahnungsmesszentrum werden die Vorteile jedoch genutzt.

Generell wird bei der Anwendung von elektronischen Tastschnittgeräten das Messprofil einer Oberfläche aus der vertikalen Verschiebung der Tastspitze ermittelt. Die Auslenkungen der Tastnadel werden meist induktiv aufgenommen. Hochpräzise Messgeräte, die eine Auflösung von ca. 5 nm und einen Messbereich von 10 mm erreichen, werden mit einem laserinterferometrischen Auslenkungsaufnehmer ausgestattet.

Profilmessungen mit 2D-Tastschnittgeräten sind in der Norm DIN EN ISO 3274 spezifiziert [DIN98b]. Die Vorteile einer 2D-Messung sind:

- geringe Messzeiten
- aus der Messung hervorgehende standardisierte nationale/internationale Parameter
- geringere Anschaffungskosten im Vergleich zu 3D-Messgeräten

Die einfachste Ausführung eines elektronischen Tastschnittgeräts ist das Einkufentastsystem (Bezugsflächensystem), das in Vorschubrichtung nur durch ein Gelenk verbunden ist. Dabei wird die Gleitkufe auf einem Endmaß oder auf einer Planglasplatte als Bezugsfläche geführt. Dieses Bezugsflächenkonzept benötigt im Vergleich zu den anderen Messsystemen den geringsten Platz am Prüfling, wodurch die Messung kleinster Werkstücke möglich ist [PFEI10]. Das Bezugsflächensystem zählt zu den Idealsystemen für Oberflächenmessungen. Es erfasst alle Formen der Gestaltabweichungen wie Rauheit, Welligkeit sowie Formabweichungen. Durch die typischen lang auskragenden Taster kann das Messergebnis dieses Systems durch Schwingungen beeinträchtigt werden. Aus diesem Grund werden die Bezugsflächentastsysteme meist schwingungsdämpfend auf einem massiven Grundkörper gelagert [MARX21].

Eine 3D-Analyse der Oberflächenqualität ist ebenfalls mit taktilen Tastschnittgeräten möglich. Dazu werden mehrere zweidimensionale Profilschnitte nebeneinandergelegt und zu einem 3D-Bild interpoliert. Da sowohl die taktile 2D-Profil- als auch die 3D-Topografiemessung auf demselben Messprinzip beruhen, liegen für beide Verfahren dieselben Möglichkeiten und Einschränkungen vor.

Zwei wichtige Parameter bei den Verfahren sind die Messkraft und die Tastspitzengeometrie [THOM82]. Obwohl die statische Messkraft der Tastspitze in der Regel sehr gering ist, kann aufgrund der kleinen Kontaktfläche ein hoher Druck im Kontaktpunkt entstehen, sodass nicht die Ist-Oberfläche, sondern die elastisch verformte Oberfläche gemessen wird [THOM82]. Die Versuche von Zahwi zeigen, dass nicht nur die Messkraft der Spitze selbst zu Schäden an der Oberfläche führt, sondern auch die Anzahl der Messwiederholungen zur beispielsweise verschleißbedingten Schädigung der Oberfläche beiträgt [ZAHW01].

Bei allen Tastschnittverfahren hängt das Messergebnis bzw. die Messgenauigkeit von der Geometrie der Tastspitze ab. Die möglichen Ausführungen der Tastspitzen sind in der Norm DIN EN ISO 3274 aufgelistet. Die Norm definiert die Tastspitze als Diamant in Form einer Pyramide oder eines Kegels mit unterschiedlichen Spitzenwinkeln und Spitzenradien. Die meistverwendeten Tastspitzenradien liegen bei 2 µm, 5 µm und 10 µm, die Kegelwinkel bei 60° und 90°. Dabei gilt die Tastspitze mit einem Kegelwinkel von 60° als ideal [DIN98c]. Allerdings konnte sowohl bei hochfein geschliffenen Zahnflankenoberflächen als auch bei konventionell geschliffenen Zahnflankenoberflächen kein nennenswerter Einfluss bei der Variation des Tastspitzenradius zwischen 2 µm und 5 µm und des Kegelwinkels zwischen 60° und 90° festgestellt werden [KLOC14a]. In Bild 4.144 ist beispielhaft eine Tastspitze vergrößert dargestellt.

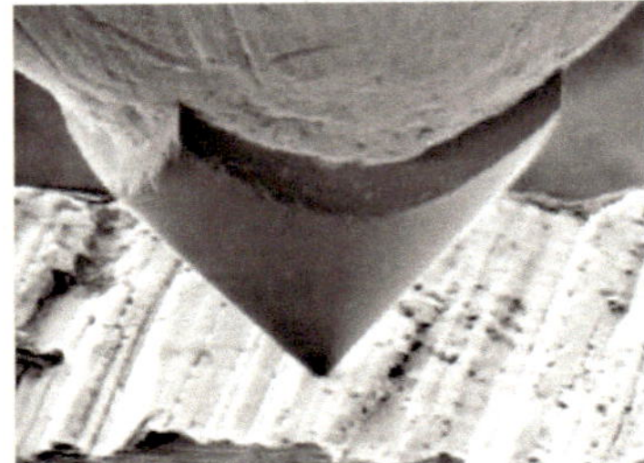

Bild 4.144 Messtasterausrichtung und Messtasterspitze (Quelle: Physikalisch-Technische Bundesanstalt)

Bei der Messung wirkt die Tastspitze wie ein mechanischer Tiefpassfilter, der hochfrequente Rauheitsanteile herausfiltert. Durch die runde Spitze stellt das gemessene Ist-Profil, auch Primärprofil genannt, nur eine Annäherung an das tatsächliche Oberflächenprofil dar [PFEI10]. In Tabelle 4.2 ist ein Auszug aus der Norm DIN ISO EN 25178-3 dargestellt, die den Messspitzenradius in Abhängigkeit von unterschiedlichen Faktoren vorgibt [DIN12]. Der Verfeinerungsindex F-Operator/L-Filter entspricht dabei der Grenzwellenlänge λc des bei der Auswertung verwendeten Hochpassfilters, während der Verfeinerungsindex des S-Filters der Grenzwellenlänge λs des Tiefpassfilters entspricht.

Tabelle 4.2 Wahl der Tastspitze in Abhängigkeit von den Messbedingungen [DIN12]

Verfeinerungsindex (F-Operator/L-Filter) [mm]	Verfeinerungsindex des S-Filters [mm]	Bandbreitenverhältnis zwischen (F-Operator/L-Filter) und Verfeinerungsindex des S-Filters [mm]
0,8	0,008	100:1
	0,0025	300:1
	0,0008	1000:1
Verfeinerungsindex des S-Filters [mm]	**Maximales Abtastintervall [mm]**	**Maximaler Kugelradius der Tastspitze [mm]**
0,0025	0,0005	0,002
0,008	0,0015	0,005

Allgemein wird die Rauheit mittels zweidimensionaler Oberflächenkenngrößen orthogonal zur Richtung der Bearbeitungsriefen gemessen. In dieser Orientierung weist die Oberfläche die größte Unebenheit auf. Nach der Messung ergibt sich das Primärprofil, das mehrere Komponenten der Gestaltabweichungen beinhaltet.

Um das Primärprofil (P-Profil) in die einzelnen Komponenten zu zerlegen, werden unterschiedliche Filter, wie Hoch-, Band- oder Tiefpassfilter, angewendet. Je nach Grenzwellenlänge λc werden bestimmte Signalanteile unterdrückt oder unverändert durchgelassen. Die Grenzwellenlänge ist in Abhängigkeit von der zu erwartenden Rauheit in EN ISO 4288 festgelegt (Tabelle 4.3) [DIN98a]. Die Grenzwellenlänge λc entspricht der Länge der Einzelmessstrecke *lr*. Für Zahnräder ist nach konventioneller Bearbeitung eine Grenzwellenlänge von λc = 0,8 mm meist passend. Für hochfeine Oberflächen wird laut EN ISO 4288 eine kleinere Grenzwellenlänge vorgeschlagen, wodurch allerdings eine Vergleichbarkeit der Kennwerte nicht mehr gegeben ist. Bei der Rauheitsmessung sind die nach der mechanischen Filterung verbleibenden hochfrequenten Signale interessant. Hierzu wird ein Hochpassfilter eingesetzt, um die Wellenlängenbereiche herauszufiltern, die nicht der Rauheit zugeordnet werden. Die kurzwelligen Anteile werden dabei vollständig übertragen, die langwelligen Anteile werden mit steigender Wellenlänge stärker gedämpft. Die Grenzwellenlänge bzw. der Cut-off definiert dabei die Frequenzgrenze, unter oder über welcher die Amplituden des Eingangssignals gedämpft werden. Durch den Einsatz anderer Filterarten können beliebige Gestaltabweichungen herausgefiltert und untersucht werden [PFEI10, MARX21]. Das Oberflächenprofil, das die hochfrequenten Anteile des Primärprofils enthält, wird als Rauheitsprofil (R-Profil) bezeichnet. Die langwelligen Anteile werden im Welligkeitsprofil (W-Profil) ausgewertet.

Tabelle 4.3 Zu verwendende Messstrecken in Abhängigkeit von der vorliegenden Rauheit [DIN98a]

Arithmetischer Mittenrauwert *Ra* [µm]	Einzelmessstrecke *lr* [mm]	Messstrecke *ln* [mm]
(0,006) < *Ra* ≤ 0,01	0,08	0,4
0,02 < *Ra* ≤ 0,1	0,25	1,25
0,1 < *Ra* ≤ 2	0,8	4
2 < *Ra* ≤ 10	2,5	12,5
10 < *Ra* ≤ 80	8	40

Zur messtechnischen Beschreibung der Zahnflankenoberfläche werden anhand eines Profilschnittes zunächst einige Grundbegriffe erklärt. Die Darstellung in Bild 4.145 zeigt ausgewählte Rauheitskennwerte.

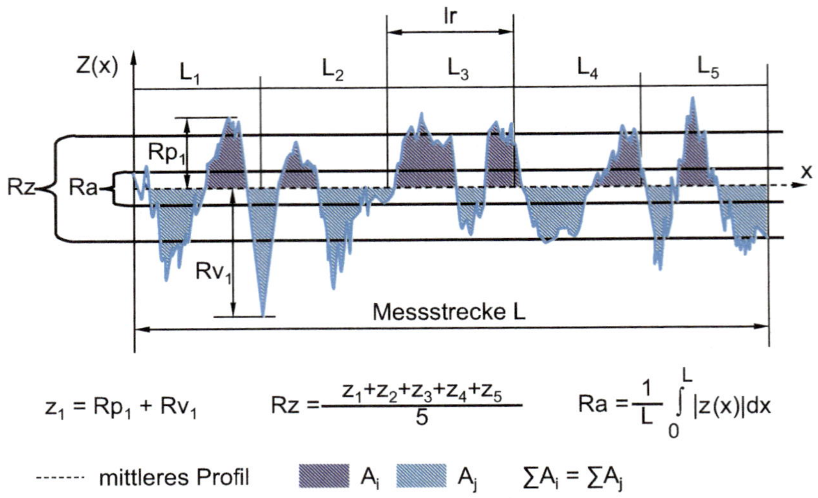

Bild 4.145 Auswertung einer 2D-Rauheitsmessung

An einem Rauheitsprofil wird unterschieden zwischen der messtechnisch erfassten Taststrecke *Lt* des Oberflächenausschnitts und der Messstrecke *L*. Die Messstrecke *L*, die zur Auswertung herangezogen wird, ergibt sich dabei aus der erfassten Taststrecke *Lt*, die beidseitig um den Einschwingbereich des Filters ($1 \cdot \lambda c$) reduziert wird ($L < Lt$) [DIN17b, VDI06]. Das ermittelte Rauheitsprofil (Ist-Rauheitsprofil) einer Oberfläche hängt vom Messverfahren und von dem eingesetzten Filter ab, sodass es nur das angenäherte Abbild der tatsächlichen Oberfläche repräsentiert. Als mittleres Rauheitsprofil wird das innerhalb der Messstrecke senkrecht zum geometrisch idealen Rauheitsprofil versetzte Bezugsprofil definiert, das so orientiert ist, dass die Flächenanteile oberhalb und unterhalb der Rauheitsprofilmittellinie gleich groß sind.

Mit verschiedenen Messverfahren und in Abhängigkeit vom eingesetzten Filter können unterschiedliche Profile ermittelt werden [DIN98c]. Dies sind das P-Profil (Primärprofil), das R-Profil (Rauheitsprofil) und das W-Profil (Welligkeitsprofil). Die im Folgenden angegebenen Beispiele beziehen sich auf das R-Profil (Rauheit), die genannten Kenngrößen können allerdings auch für die weiteren Profile bestimmt werden. Es wird nach DIN EN ISO 4287 zwischen folgenden Rauheitskennwerten unterschieden [DIN98c]:

- *Rp* – Höhe der größten Profilspitze:

  Betrag des Ordinatenwertes $Z(x)$ der größten Profilspitze der mittleren Profillinie innerhalb der Einzelmessstrecke L_i

- *Rv* – Tiefe des größten Profiltales:

  Betrag des Ordinatenwertes $Z(x)$ des tiefsten Punktes des Profils der mittleren Profillinie innerhalb der Einzelmessstrecke L_i

- *Rt* – Gesamthöhe des Profils:

  Summe aus der größten Profilspitze und der Tiefe des größten Profiltales innerhalb der Messstrecke *L*

- *Rz* - gemittelte Rautiefe:

  Summe aus Höhe der größten Profilspitze *Rp* und der Tiefe des größten Profiltales *Rv* innerhalb einer Einzelmessstrecke L_i

- *Ra* - arithmetischer Mittenrauwert:

  Arithmetischer Mittelwert der Beträge der Ordinatenwerte $Z(x)$ innerhalb einer Einzelmessstrecke L_i

Weitere Oberflächenkennwerte können durch die Auswertung der Abbott-Firestone-Kurve generiert werden (Bild 4.146). Die Abbott-Firestone-Kurve wird durch das Auftragen der Profilhöhe über dem Materialanteil gebildet. Hierzu wird das Rauheitsprofil in unterschiedlichen Höhen geschnitten, die materialschneidenden Strecken l_i (Länge eines Abschnitts, an dem Material vorhanden ist) werden addiert und ins Verhältnis zur Gesamtstrecke *ln* gesetzt. Die prozentuale Angabe des Längenverhältnisses l_i/ln entspricht dem Materialanteil des Profils an dieser Stelle. Die Abbott-Firestone-Kurve charakterisiert die vertikale Materialverteilung einer Oberfläche.

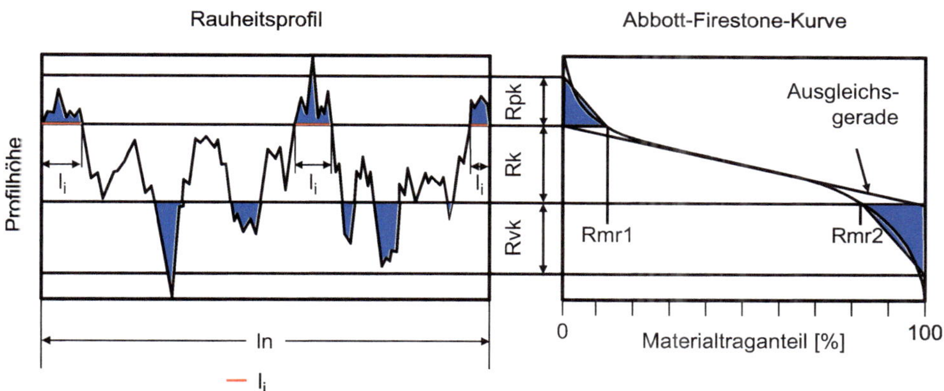

Bild 4.146 Abbott-Firestone-Kurve

Die Kennwerte der reduzierten Spitzenhöhe *Rpk*, der Kernrautiefe *Rk* und der reduzierten Riefentiefe *Rvk* werden aus der Materialtraganteilskurve abgeleitet [DIN98d]. Hierfür wird zunächst eine Sekante an der Abbott-Firestone-Kurve konstruiert. Diese muss die kleinstmögliche Steigung aufweisen und zwischen den Schnittpunkten mindestens 40 % Materialanteil einschließen. Die Schnittpunkte der Sekante mit den Achsen bei jeweils 0 und 100 % Materialtraganteil definieren die Punkte, durch die ein Lot auf die Abbott-Firestone-Kurve gelegt wird. Die Schnittpunkte des Lots mit der Kurve definieren jeweils den Punkt *Rmr1* oder *Rmr2*. Der Kernbereich, der durch *Rmr1* und *Rmr2* festgelegt wird, gibt Aufschluss über die wirksame Rautiefe nach dem Einlaufen. Die reduzierte Spitzenhöhe *Rpk* gibt die mittlere Höhe der hervorstehenden Spitzen oberhalb des Kernbereichs der Oberfläche wieder. Andererseits gibt der *Rvk*-Kennwert die mittlere Höhe der hervorstehenden Täler unterhalb des Kernbereichs des Rauheitsprofils an.

Bei allgemeinen Angaben zu erreichbaren Oberflächengüten muss berücksichtigt werden, dass bei Verwendung zweidimensional ermittelter Kennwerte zur Beschreibung der Oberfläche nicht auf das Fertigungsverfahren zurückgeschlossen werden kann [ABOU76]. Aufgrund charakteristischer Eingriffsbedingungen zwischen Werkstück und Werkzeug müsste zu jedem Oberflächenkennwert angegeben werden, durch welches Fertigungsverfahren die Oberfläche erzeugt wurde.

Alternativ zu zweidimensionalen Kennwerten findet die Verwendung von dreidimensional ermittelten Kennwerten immer weitere Verbreitung in der Industrie und Forschung. In Bild 4.147 sind drei gemessene Zahnflankenoberflächen dargestellt, die durch die Messung einer Vielzahl versetzter Tastschnitte erzeugt wurden. Links ist eine profilgeschliffene Oberfläche gezeigt, die die typischen in Bearbeitungsrichtung verlaufenden Schleifriefen aufweist. Die gehonte Struktur in der Mitte zeigt einen Ausschnitt des verfahrenstypischen Fischgrätenmusters, während die rechts gezeigte kugelgestrahlte Oberfläche eine isotrope Struktur aufweist. In DIN EN ISO 25178 ist eine Vielzahl von Kennwerten definiert, die die flächigen Eigenschaften von Oberflächen beschreiben [DIN12]. Auch wenn eine eindeutige Zuordnung einer Zahnflankenoberfläche für alle Fertigungsverfahren noch nicht möglich ist, so lässt sich dennoch eine Vielzahl neuer Kennwerte generieren. Mögliche Wirkzusammenhänge zwischen der Oberflächenstruktur und dem Einsatzverhalten von Verzahnungen sind noch nicht hinreichend bekannt und sind aktuell Arbeitsschwerpunkte der Forschung.

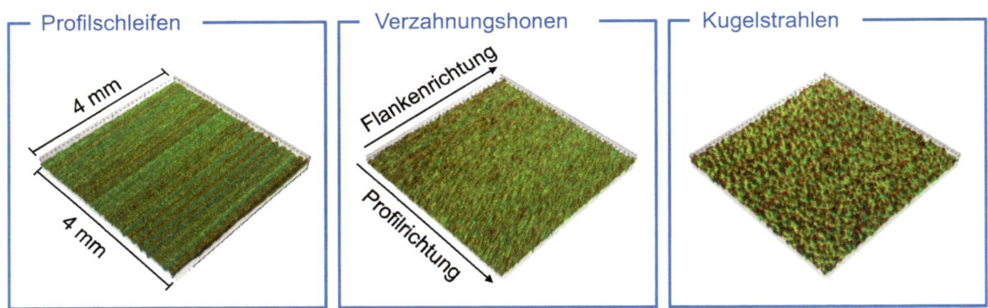

Bild 4.147 Oberflächentopografien in Abhängigkeit von den Fertigungsverfahren

4.7.3 Metallografische Analyse von Verzahnungen

Das Einsatzverhalten eines Zahnrades hängt nicht nur von seiner Makrogeometrie und der vorliegenden Oberflächenrauheit (Mikrogeometrie) ab, sondern auch von den physikalischen und chemischen Eigenschaften des Werkstoffs im Kern und im oberflächennahen Randbereich. Im Folgenden werden etablierte Verfahren zur Messung der Randzoneneigenschaften von Verzahnungen vorgestellt. In der industriellen Praxis wird zwischen zerstörungsfreien und zerstörenden Verfahren unterschieden (siehe Bild 4.148).

Bild 4.148 Verfahren zur Analyse metallografischer Bauteileigenschaften

4.7.3.1 Zerstörungsfreie Prüfverfahren

Bei der zerstörungsfreien Werkstoffprüfung eines Zahnrades wird das Bauteil für die Durchführung der Prüfung nicht zerstört. Die Verfahren der zerstörungsfreien Prüfung sind größtenteils nach DIN EN 473 [DIN08a] genormt und werden dort hinsichtlich der Vorgehensweise näher erläutert. Zur zerstörungsfreien Prüfung werden physikalische Effekte genutzt, die in zwei Klassen eingeteilt werden können: Defektoskopie und Qualimetrie.

Die defektoskopische Prüfung wird angewendet, um gezielt Defekte zu detektieren bzw. zu visualisieren. Ein typisches Verfahren ist die Farbeindringprüfung. Die qualimetrische Prüfung fasst Verfahren zusammen, die qualitativ die Eigenschaften eines Bauteils prüfen und mit Referenzwerten vergleichen. Ein typisches Verfahren der qualimetrischen Prüfung ist die Ultraschallprüfung. Die einzelnen Verfahren lassen sich hinsichtlich des Untersuchungsortes in volumenorientierte, oberflächenorientierte und sonstige Verfahren einteilen [DIN08a].

Zu den volumenorientierten Verfahren zählen beispielsweise die Schallemissionsprüfung, die akustische Resonanzanalyse, die Durchstrahlungsprüfung sowie die Ultraschallprüfung. Allen Verfahren ist gemein, dass sie den Prüfkörper in der Bauteiltiefe untersuchen. So können mit der Ultraschallprüfung beispielsweise Risse und metallische Einschlüsse in verschiedenen Werkstofftiefen detektiert werden.

Mit den oberflächenorientierten Verfahren wird dagegen der Zustand der Bauteiloberfläche bzw. der der Oberflächenrandzone erfasst. Zu den oberflächenorientierten Verfahren zählen beispielsweise die Wirbelstromprüfung, die magnetinduktive Methode, die Thermografie, die Magnetpulverprüfung, die Farbeindringprüfung und die visuelle Prüfung sowie die Messung des mikromagnetischen Barkhausen-Rauschens und die Nitalätzung. Die beiden letztgenannten Prüfverfahren sind nicht nach DIN EN 473 genormt.

Weitere bzw. sonstige Verfahren zur zerstörungsfreien Prüfung sind zum Beispiel die Dichtheitsprüfung sowie die Vibrationsprüfung. Beide Verfahren können keiner der vorherigen Kategorien zugeordnet werden. Die für die Zahnradfertigung relevantesten Verfahren werden nachfolgend detailliert vorgestellt.

Visuelle Prüfung

Das Orten und Bewerten von oberflächenbezogenen Qualitätsmerkmalen, beispielsweise einer Gestaltabweichung der Oberflächenbeschaffenheit oder des Vorliegens einer sichtbaren thermischen Gefügeschädigung (z. B. Schleifbrand) einer Verzahnung, wird als Sichtprüfung bezeichnet.

Im Bereich der Sichtprüfung kann zwischen der direkten Sichtprüfung mit und ohne Hilfsmittel unterschieden werden. Ohne Hilfsmittel erfolgt die Prüfung nur mit dem menschlichen Auge. Bei der Nutzung optischer Hilfsmittel wird beispielsweise auf eine Lupe, ein Mikroskop oder an schwer zugänglichen Stellen auf ein Endoskop zurückgegriffen. Die Vorgehensweise zur Sichtprüfung als zerstörungsfreies Prüfverfahren ist in der DIN EN 13018 genormt.

In der Zahnradfertigung werden die Bauteile im Fall einer manuellen Beladung beim Werkstückwechsel vom Maschinenbediener einer visuellen Prüfung unterzogen. In Abschnitt 4.2.3.2.4 wurden bereits unterschiedliche Oberflächendefekte und deren Entstehungsursachen beim Trockenwälzfräsen erläutert. Bezüglich der Oberflächendefekte sind insbesondere Modi mit stochastischem Auftreten sowohl hinsichtlich der Auftretenswahrscheinlichkeit als auch des Ortes auf der Zahnflanke herausfordernd in der Qualitätskontrolle.

Eine sichere Detektion beispielsweise von Spanaufschweißungen (Tertiärdefekte) kann mit üblichen Messverfahren, z. B. der Messung auf einem Verzahnungsmesszentrum, nicht sichergestellt werden, sofern keine zeitaufwendige topografische Allzahnmessung durchgeführt wird (Bild 4.149). Eine visuelle Prüfung der Bauteile führt hingegen zu einer sicheren Detektion der Defekte. Insbesondere beim Verzahnungshonen kann eine Spanaufschweißung aufgrund der sich sprunghaft veränderlichen Kontaktbedingungen zu einer Beschädigung des Werkzeugs führen. Häufig wird dem Honprozess deshalb eine Zweiflanken-Wälzprüfung vorgeschaltet, die ebenso wie die visuelle Prüfung die Fehlererkennung bei Spanaufschweißungen ermöglicht.

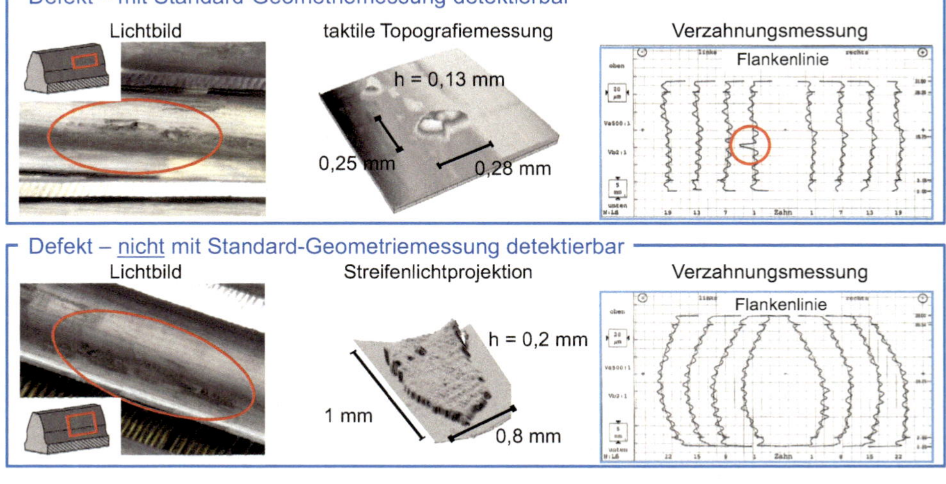

Bild 4.149 Detektierbarkeit von Oberflächendefekten (Spanaufschweißungen)

Ultraschallprüfung

Mithilfe der Ultraschallprüfung lassen sich Inhomogenitäten (z. B. metallische Einschlüsse) und Werkstofffehlstellen (z. B. Risse) im Werkstoffgefüge eines Bauteils identifizieren. Die Voraussetzung ist, dass das Werkstück aus einem schallleitfähigen Werkstoff besteht, was für gängige Zahnradstähle erfüllt ist.

Zur Prüfung des Bauteils wird ein Prüfkopf auf die Bauteiloberfläche aufgesetzt. Um die Einbringung der Ultraschallenergie zu verbessern, werden Koppelmedien (z. B. Gel, Wasser, Öl) benutzt. Der Prüfkopf sendet und empfängt Ultraschallimpulse im Bereich von $f = 0{,}5$ MHz bis $f = 25$ MHz. Durch die Wechselwirkungen zwischen dem Ultraschallimpuls, der in das zu prüfende Bauteil eingebracht wird, und dessen Reflexion kann das Bauteilgefüge interpretiert werden. Durch Abschattung, Brechung bzw. Schwächung des Ultraschallimpulses beim Auftreffen auf Grenzflächen und Diskontinuitäten bzw. der Oberfläche eines anderen Werkstoffes wird das reflektierte Signal beeinflusst. Diskontinuitäten können z. B. Fehlstellen, Lunker oder Risse sein, die in der Materialprüftechnik auch als Ungänzen bezeichnet werden. Zur Analyse wird die Impuls-Echo-Technik, die Durchstrahlungstechnik oder die Resonanztechnik genutzt. So können die Materialfehler einerseits nachgewiesen und andererseits nach Form, Größe und Lage charakterisiert werden.

Für die Prüfung der Zahnflanken wird die Ultraschallprüfung aufgrund der schweren Zugänglichkeit, vor allem bei Verzahnungen mit kleinem Modul, selten eingesetzt. Allerdings werden häufig Radkörper oder eventuell vorhandene Nebenelemente, wie Wellenabsätze, mithilfe der Ultraschallprüfung getestet. Häufig wird die Ultraschallprüfung zur Analyse des Werkstoffs vor der Fertigung genutzt. Dies wird zur Erreichung der Werkstoffklassen MQ bzw. ME nach ISO 6336-5 je nach Werkstoff und Werkstück empfohlen oder vorgeschrieben [ISO03].

Nitalätzung

Beim Verzahnungsschleifen wird prozessbedingt Energie in Form von Wärme in das Werkstück eingebracht. Hauptursachen für die Umwandlung von mechanischer Energie in Wärme sind die Freiflächenreibung, die Reibung der Bindung auf dem Werkstück, die plastische Verdrängung des Werkstoffes sowie das Abscheren des Spans. Die Wärme wird unter anderem über die Schleifscheibe, die Späne und den Kühlschmierstoff an die Umgebung abgegeben. Der größte Teil der Wärme fließt jedoch über das Werkstück ab. Dadurch kommt es zu einem Temperaturanstieg in der Bauteilrandzone. Wird die Temperatur lokal zu stark erhöht, verbunden ggf. mit einer schnellen Abkühlung, kann es zu einer unzulässigen thermisch bedingten Gefügebeeinflussung kommen [KLOC18a]. Auf die Modellierung von Wärmeflüssen wird in Abschnitt 6.2.4.3 eingegangen.

Die Folgen einer überhöhten Wärmeeinwirkung auf die Werkstückrandzone sind in Bild 4.150 abgebildet. Dargestellt ist ein Volumenelement, welches durch die Hartfeinbearbeitung thermisch beeinflusst wurde. Die Werkstückoberfläche weist eine reduzierte Randhärte auf. Außerdem werden die nach dem Härten vorliegenden Druckeigenspannungen in der Randzone im Betrag reduziert oder sogar in Zugeigenspannungen umgewandelt. Bei einer noch stärkeren Wärmeeinwirkung auf das Werkstück kann es wegen der schnell folgenden Abkühlung durch das Kühlschmiermittel zu einer Neuhärtung der Werkstückrandzone kommen. Diese reicht typischerweise einige Hundertstel Millimeter in den Werkstoff hinein und ist von einer Anlasszone umgeben. Durch die entstehenden Eigenspannungs-

und Härteunterschiede zwischen der Neuhärtungs- und der Anlasszone können Risse entstehen. Diese thermisch induzierten Gefügeveränderungen werden als „Schleifbrand" bezeichnet [BRIN91, KLOC18a], wobei in der industriellen Praxis vorwiegend Gefüge- und Härteänderungen sowie ggf. auch das Auftreten von Anlassfarben als Merkmale für Schleifbrand gewertet werden.

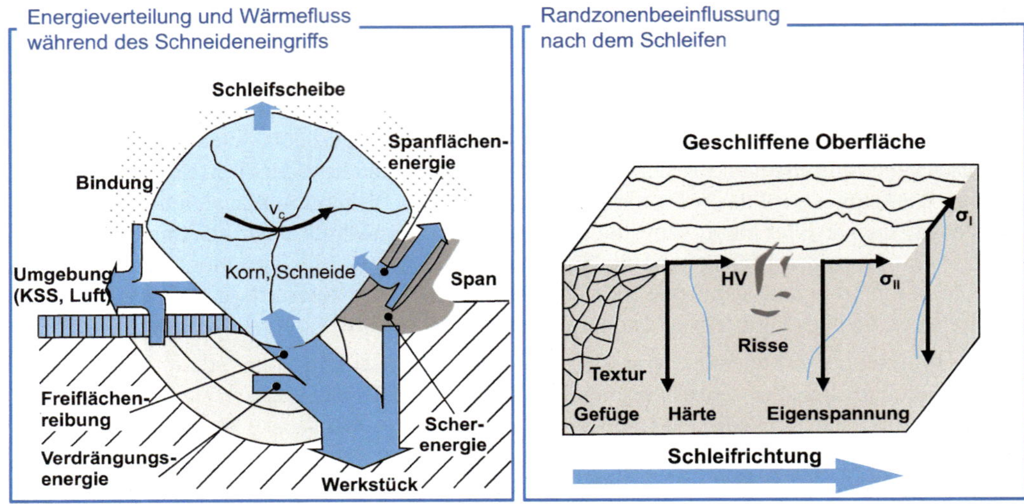

Bild 4.150 Beeinflussung der Randzone durch den Bearbeitungsprozess [BRIN91]

Bei der Prüfung der Verzahnungen in Schiffs- oder Windkraftgetrieben ist zur Schleifbrandprüfung die Nitalätzung als einziges Abnahmekriterium von den Zertifizierungsgesellschaften und Versicherern zertifiziert. In der Luftfahrtindustrie ist die Nitalätzung sogar als 100-%-Prüfung nach der Schleifbearbeitung vorgeschrieben [BAUS15]. Für die Schleifbrandprüfung von geschliffenen Zahnrädern ist die Nitalätzung besonders wichtig, da durch die meist mehrstufige Schrupp- und Schlichtbearbeitung eine thermische Gefügeschädigung aus der Schruppbearbeitung (sofern sie durch Anlauffarben sichtbar wird) durch den Schlichtprozess optisch verdeckt und durch eine rein visuelle Prüfung nicht mehr identifiziert werden kann.

Die Nitalätzung ist seit den 1960er-Jahren Bestandteil einer amerikanischen Norm [AGMA92]. Die Bezeichnung „Nital" leitet sich vom englischen Begriff *Nitric Acid* (dt. Salpetersäure) ab. In Bild 4.151 sind die Vorgehensweise sowie das Ergebnis einer Schleifbrandprüfung mithilfe der Nitalätzung dargestellt. Bei der Nitalätzung werden die aufgrund der thermischen Gefügeschädigung angelassenen weichen, austenitischen Bereiche auf der Zahnflanke von der Salpetersäure tiefer angeätzt als die chemisch beständigeren martensitischen Gefügebestandteile. Durch das Ätzen mit Salpetersäure verfärbt sich das Zahnrad dunkel. Beim anschließenden Bleichen der Verzahnungen in Salzsäure bleiben dunkle Verfärbungen infolge der höheren Wirktiefe nur im Bereich der thermischen Gefügeschädigung zurück.

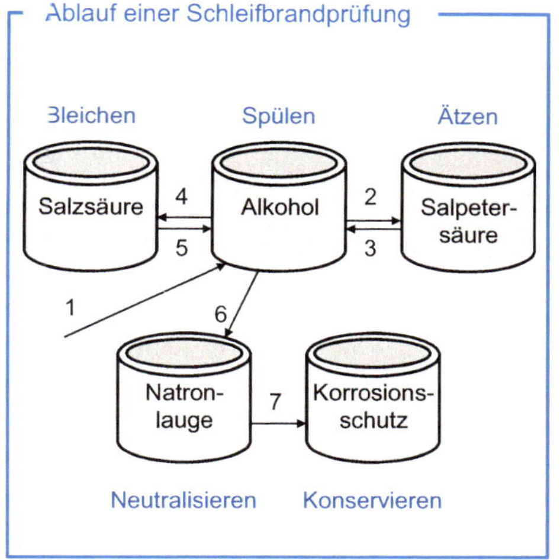

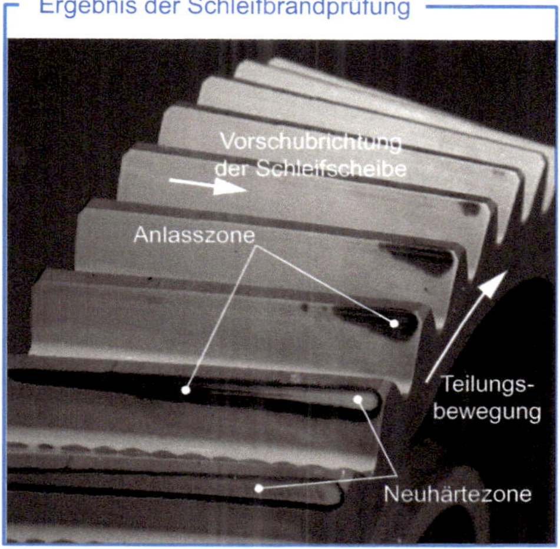

Bild 4.151 Schleifbrandprüfung mithilfe der Nitalätzung

Die Fotoaufnahme in Bild 4.151 rechts zeigt das Ergebnis der Schleifbrandprüfung mithilfe der Nitalätzung für ein profilgeschliffenes Zahnrad. Der Teilungsbewegung folgend nimmt die Schleifbrandschädigung durch den zunehmenden Werkzeugverschleiß zu. Anlasszonen sind als schwarze Flächen zu erkennen. Die neugehärteten Zonen sind aufgrund ihres Martensitgehalts nicht durch die Nitalätzung visualisierbar und bleiben unverfärbt. Durch die Zustellbewegung, die Aufmaßverteilung und die Prozessstrategie liegt der geschädigte Bereich in diesem Beispiel im Kopfbereich der Flanke. In Abhängigkeit vom gewählten Verfahren, dem Werkstoff und dem Schädigungsmechanismus kann eine thermische Gefügeschädigung allerdings in jedem Bereich der Zahnflanke entstehen.

Bei der Nitalätzung kann grundsätzlich zwischen der Ätzung in wässriger und in alkoholischer Lösung unterschieden werden. Wässrige Lösungen haben den Vorteil, dass die sichere Handhabung und die Entsorgung einfacher sind. Allerdings sind die entfetteten Bauteile anfällig für Oxidationsvorgänge durch das wässrige Medium, und die Ätzbilder sind in Abhängigkeit vom Werkstoff zum Teil schwieriger zu deuten. Die alkoholischen Lösungen zeigen demgegenüber eindeutigere Ätzbilder. Durch die niedrige Siedetemperatur des Alkohols verändert sich jedoch die Konzentration der Säurebäder über der Nutzungsdauer, sodass häufiger neue Lösungen angesetzt werden müssen. Speziell bei der 100-%-Prüfung oder der Prüfung großer Verzahnungen sind damit erhebliche Kosten verbunden. In der industriellen Anwendung wird daher meist mit wässrigen Lösungen gearbeitet. Die grundsätzliche Vorgehensweise ist unabhängig vom gewählten Medium. Die Prüfung läuft wie folgt ab (Bild 4.151):

1. Vor der Prüfung muss das zu prüfende Bauteil vollständig gereinigt werden, um eine Beeinflussung des Ätzvorgangs zu vermeiden. Öl- und Emulsionsreste können den Farbkontrast verringern. Dieser Vorgang erfolgt in Alkohol. Beim Reinigen mit wässrigen Lösungen muss zusätzlich ein anschließender Spülschritt erfolgen.
2. Das Bauteil wird in Salpetersäure (HNO_3) geätzt. Die Konzentration hängt von der verwendeten Ätzvorschrift oder Erfahrungswerten ab. Empfohlen wird eine Lösung mit 8%iger Salpetersäure. Durch den Ätzvorgang verfärben sich alle gereinigten, metallischen Oberflächen schwarz bis dunkelbraun.

3. Nach dem Ätzen wird das Werkstück gespült, um die restlichen Säurebestände zu entfernen.
4. Das Bauteil wird in Salzsäure (HCl) gebleicht, wozu als Empfehlung eine Lösung mit 8%iger Salzsäure verwendet wird. Metallische Oberflächen, die keine thermische Gefügeschädigung aufweisen, verfärben sich durch den Bleichvorgang hellgrau oder hellbraun. Geschädigte Stellen bleiben hingegen schwarz oder dunkelbraun. Durch die vorliegende Gefügeschädigung verbunden mit dem daraus resultierenden Härteabfall in der Randzone hat eine tiefreichende Oxidation durch die Säurekombination stattgefunden, die als Verfärbung sichtbar bleibt.
5. Nach dem Ätzen wird das Werkstück erneut gespült, um die restlichen Säurebestände zu entfernen.
6. Zur Verhinderung weiterer Oxidationsvorgänge an der Umgebungsluft wird das Bauteil in Natronlauge getaucht. Dadurch werden alle Säurereste neutralisiert und der Oxidationsvorgang gestoppt.
7. Das Werkstück wird abschließend in Öl konserviert und das Ätzbild bleibt auf der Bauteiloberfläche erhalten.

Die Reproduzierbarkeit des Verfahrens hängt in erster Linie von einer gleichbleibenden Säurekonzentration und dem Einhalten der Tauchzeiten ab. Dazu muss die Säurekonzentration fortlaufend überwacht werden.

Um ein komplettes Bleichen der Verzahnung inklusive der geschädigten Bereiche zu vermeiden, muss ein spezifisches Zeitintervall zwischen dem Ätz- und dem Bleichvorgang eingehalten werden. Die Tauchzeiten in den einzelnen Bädern hängen von der genutzten Verfahrensanweisung, den einzelnen Badtemperaturen und den gewählten Säurekonzentrationen ab. Generell sollte das Verhältnis bei gleicher Badkonzentration zwischen Ätz- und Bleichzeit bei 3:2 liegen. Das Neutralisieren sollte etwa doppelt so lange dauern wie der Ätzvorgang. Eine industrielle Nital-Ätzanlage ist in Bild 4.152 abgebildet.

Bild 4.152 Industrielle Nitalätzanlage (Bildquelle: Pesch Galvanotechnik GmbH)

Durch die kurzen Tauchzeiten kommt es nur zu einem geringen chemischen Materialabtrag an den Bauteiloberflächen. Die Oberflächenrauheit kann durch die Nitalätzung ansteigen. Eine Reduktion der Flankentragfähigkeit konnte durch die Nitalätzung bislang nicht festgestellt werden [BAUS15], sodass das Verfahren für einsatzgehärtete Bauteile als zerstörungsfreies Prüfverfahren zugelassen ist.

Allerdings kann es bei der Nitalätzung induktiv gehärteter Bauteile zu einer Wasserstoffversprödung mit Rissbildung kommen [BAUS15]. Daher gilt die Nitalätzung hier als zerstörendes Prüfverfahren und ist für eine 100-%-Prüfung ungeeignet.

In der industriellen Praxis sind Funktionsbeeinträchtigungen durch thermische Gefügeschädigungen nicht oder nur schwer abschätzbar, sodass nachweislich geschädigte Zahnräder nicht zum Einsatz kommen. Demgegenüber zeigen Untersuchungen, dass der Grad und die Lage der Randzonenbeeinflussung entscheidend für einen frühzeitigen Ausfall eines Zahnrades sind [SCHL03]. Insbesondere die Auswirkung leichter thermischer Schädigung auf die Tragfähigkeit ist bisher kaum beschrieben [SCHW08].

Mikromagnetische Werkstückprüfung mithilfe des Barkhausen-Effekts

Als Alternative zum Ätzen können gehärtete Bauteile auch durch Nutzen des magnetischen Barkhausen-Effekts (auch Barkhausen-Rauschen oder Barkhausen-Sprünge genannt) geprüft werden.

Der magnetische Barkhausen-Effekt ist die diskontinuierliche Änderung der Magnetisierung von ferromagnetischen Werkstoffen, ausgelöst durch ein von außen angelegtes magnetisches Wechselfeld. Ferromagnetische Werkstoffe bestehen u. a. aus mikroskopisch kleinen, in unterschiedlichen Richtungen spontan magnetisierten Domänen, den sogenannten „Weiss'schen Bezirken“. Die Größe dieser Bezirke erstreckt sich von etwa 10^{-6} bis 10^{-8} m, sie sind untereinander durch die sogenannten „Bloch-Wände“ (Domänenwände) getrennt (Bild 4.153).

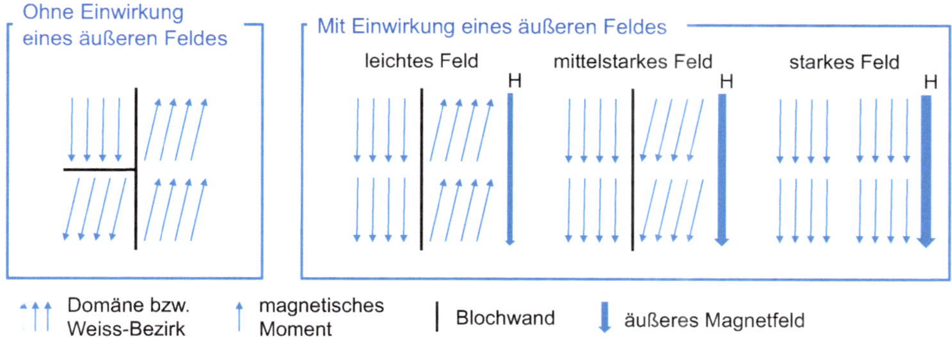

Bild 4.153 Einfluss eines Magnetfelds auf das magnetische Moment Weiss'scher Bezirke [DOER88]

Ein ferromagnetischer Werkstoff kann durch eine Erregerspule (z. B. ein Ferritjoch) mit einem magnetischen Wechselfeld beaufschlagt werden (Bild 4.154). Eine typische Frequenz bei der Barkhausen-Prüfung von gehärteten Einsatzstählen ist eine Frequenz von $f = 125$ Hz. Durch ein leichtes Wechselfeld wird ein Magnetisierungsvorgang ausgelöst, der zunächst zu Verschiebungen der Bloch-Wände von Weiss'schen Bezirken mit leicht unterschiedlicher magnetischer Ausrichtung führt. Die Bloch-Wände springen von Gitterfehler zu

Gitterfehler. Mittelstarke Feldstärken lassen die magnetischen Momente ganzer Weiss'scher Bezirke auf einmal irreversibel um 180° umklappen. Diese Richtungswechsel können als Barkhausen-Sprünge hörbar gemacht werden und sind als Stufen in der Magnetisierungskurve erkennbar (Bild 4.154). Bei einer weiteren Erhöhung der Feldstärke werden die magnetischen Momente reversibel in Feldrichtung gedreht [DOER88].

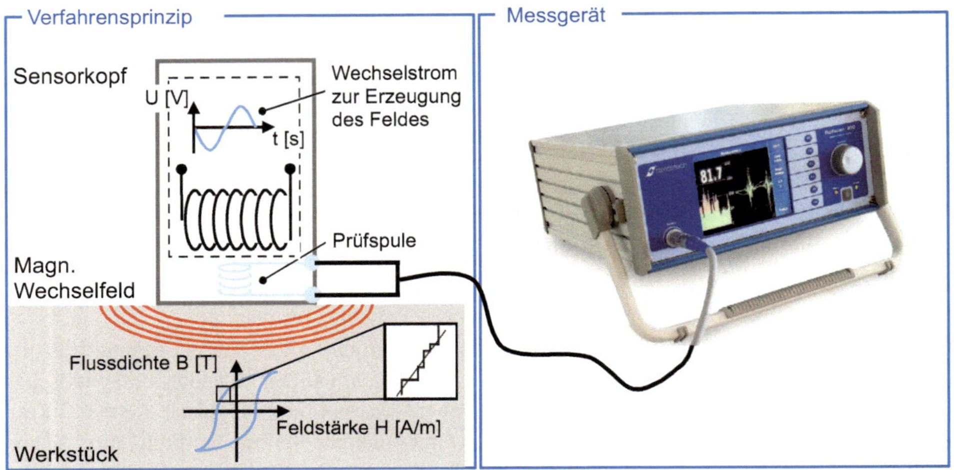

Bild 4.154 Prinzip der mikromagnetischen Werkstoffprüfung und Messgerät (nach Stresstech GmbH)

Bei der Prüfungsmethode des magnetischen Barkhausen-Rauschens werden die in den Werkstoff induzierten Wirbelströme durch einen magnetinduktiven Aufnehmer, auch Prüfspule genannt, als Messsignal in Form von elektrischen Spannungsimpulsen detektiert. Hierzu finden üblicherweise eine Filterung im Frequenzband von f = 70 kHz bis f = 200 kHz und eine Verstärkung im Messgerät statt.

Der vom Messgerät ausgegebene Messparameter MP spiegelt das maximale Rauschen (engl. Noiseburst) wider. Die genaue Ermittlung des Messparameters ist vom Messgerätehersteller abhängig. Der angezeigte Messparameter ist abhängig vom Mikrogefüge- und Eigenspannungszustand des untersuchten Werkstückvolumens. Änderungen im Kristallgitter, wie Versetzungen, Fremdatome, Gefügeänderungen und innere mechanische Spannungen als Folge thermischer Werkstoffschädigung (Schleifbrand), können zu einer veränderten Magnetisierbarkeit führen, woraus eine veränderte Intensität des Messsignals resultiert.

Das Messverfahren arbeitet relativ, sodass der Bezug zu einer nicht geschädigten Referenz hergestellt werden muss, um Messwerte miteinander vergleichen zu können. Bei der Anwendung des Barkhausen-Rauschens zur Überwachung des Schleifprozesses wird deshalb zunächst ein Bauteil mit Einstellparametern geschliffen, bei denen eine thermische Randzonenschädigung ausgeschlossen werden kann. Um eine Gefügeschädigung sicher auszuschließen, kann das Referenzbauteil zusätzlich röntgenografisch oder mit der Nitalätzung untersucht werden. An diesem Referenzwerkstück wird das Barkhausen-Rauschen gemessen und als Referenzwert verwendet.

Im Rahmen eines Ringversuchs wurden Schleifbrandproben hergestellt. Dazu wurden einsatzgehärtete Scheiben aus 17CrNiMo6E poliert und anschließend durch einen Laser mit einer thermischen Last beaufschlagt (Bild 4.155). Bei sonst konstanten Bedingungen (Kontaktzeit, Fokusdurchmesser) wurde die Laserleistung variiert. Die Gefügeveränderungen wurden durch Nitalätzen charakterisiert. Es handelt sich bei diesen Experimenten um Analogieversuche zum Schleifen, bei denen die Wärmestromdichte durch die Laserleistung, bei konstanter Kontaktzeit und Fokusfläche, reproduzierbar in Schritten variiert wurde [GORG11]. Im rechten Teil des Bildes sind die Prüfkörper nach anschließender Nitalätzung gezeigt. An Versuchspunkt 1 konnte nach der Bestrahlung mit P = 1000 W Laserleistung keine thermische Randzonenschädigung festgestellt werden. Erst ab P = 1200 W Laserleistung an Versuchspunkt 3 lag eine leichte Schädigung vor, die sich bis zu Versuchspunkt 6 intensivierte. Bei einer Laserleistung von P = 1800 W an Versuchspunkt 8 kam es zu einer Neuhärtung des Materials. Parallel zu der Untersuchung mittels Nitalätzung wurde das Barkhausen-Rauschen an den verschiedenen Versuchspunkten gemessen und der Referenzwert bei einer Laserleistung von P = 1000 W bestimmt. Anschließend wurden die Messwerte des Barkhausen-Rauschens auf den Referenzwert bezogen und auf der Ordinate aufgetragen. Bis Versuchspunkt 6 steigt der relative Messparameter an. Am Versuchspunkt 7 fällt der Messparamter leicht, und bei einer weiteren Steigerung der Laserleistung auf 1800 W an Punkt 8 liegt der bezogene Messwert sogar unterhalb der Ausgangsreferenz. Hier lag eindeutig eine Neuhärtung des Gefüges vor. Dies zeigt, dass das Barkhausen-Rauschen die Tendenz einer zunehmenden thermisch bedingten Gefügeveränderung gut abbildet und solange eindeutig ist, wie eine Neuhärtung sicher ausgeschlossen werden kann [GORG11].

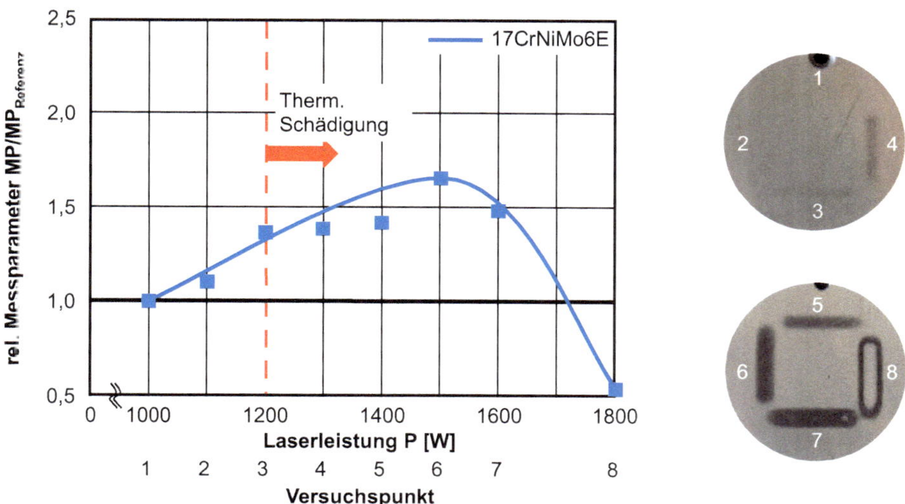

Bild 4.155 Detektion thermischer Randzonenschädigung mittels Barkhausen-Rauschens [GORG11]

Neben der eigentlichen Gefügeveränderung kann das Messsignal durch weitere Faktoren beeinflusst werden: Bauteilseitig muss sichergestellt werden, dass die Oberfläche des Bauteils gereinigt ist und nur ein geringer Restmagnetismus in der Randzone vorliegt. Starke elektromagnetische Störquellen aus der Umgebung müssen ausgeschlossen sein. Des Weiteren muss beachtet werden, dass das Messsignal bei Vorliegen von stark richtungsgebundenen Eigenspannungen in der Randzone eines Werkstücks ebenfalls richtungsabhängig ist. Grundsätzlich wird die Sensorik so geführt, dass parallel zur Schleifrichtung magnetisiert wird. Untersuchungen haben gezeigt, dass mit einer freien Führung des Sensors von Hand nur schwer reproduzierbare Ergebnisse bei der Barkhausen-Messung erzielt werden können und diese zusätzlich einer Bedienerabhängigkeit unterliegen. Dafür wurde das Barkhausen-Signal an identischen Zahnflanken mehrfach gemessen und die Streubreite ermittelt. Die Wiederholgenauigkeit des Barkhausen-Signals für 95 % Konfidenzniveau an Zahn eins lag bei 36,6 bei einem Mittelwert von ca. 160 für eine Messung bei freihändig geführtem Sensor. Wurde stattdessen eine handgeführte Messung unter Zuhilfenahme eines Handhabungsadapters durchgeführt, konnte die Wiederholgenauigkeit bei einem Mittelwert von ca. 178 auf 4,4 gesteigert werden. Weiterhin lag der Mittelwert der unterschiedlichen Zahnflanken deutlich näher beieinander, was unter Berücksichtigung gleicher Bearbeitungsparameter plausibel ist (Bild 4.156). Demnach bieten Handhabungsadapter ein großes Potenzial zur Verbesserung der Messgüte des Barkhausen-Signals.

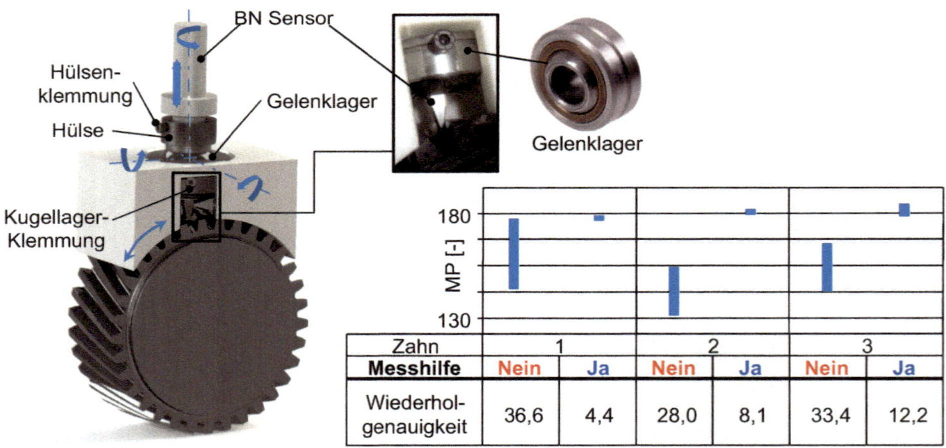

Zahn	1		2		3	
Messhilfe	Nein	Ja	Nein	Ja	Nein	Ja
Wiederholgenauigkeit	36,6	4,4	28,0	8,1	33,4	12,2

Bild 4.156 Handhabungsadapter zur Messung des Barkhausen-Rauschens

Eine Möglichkeit, die Reproduzierbarkeit und die Wiederholgenauigkeit des Messverfahrens zu steigern oder das Verfahren für die 100-%-Prüfung in der Großserienfertigung zu befähigen, ist die Nutzung eines Roboterarms zur Sensorführung. Durch den Einsatz eines Roboterarms können vor allem Störeinflüsse, die sich bei der manuellen Prüfung ergeben, reduziert werden (z. B. Ermüdung des Prüfers, unterschiedliche Sensorführung).

Rissprüfung

Durch einen starken Spannungsunterschied im Bauteilgefüge können Risse entstehen. Bild 4.157 zeigt ein Beispiel für Risse, die beim Schleifen der Verzahnung entstanden sind. Die Risse deuten meist auf das Vorliegen einer ausgeprägten thermischen Gefügeschädigung hin. Zur Rissprüfung kommen häufig zwei Verfahren zum Einsatz: die Farbeindringprüfung und die Magnetpulverprüfung.

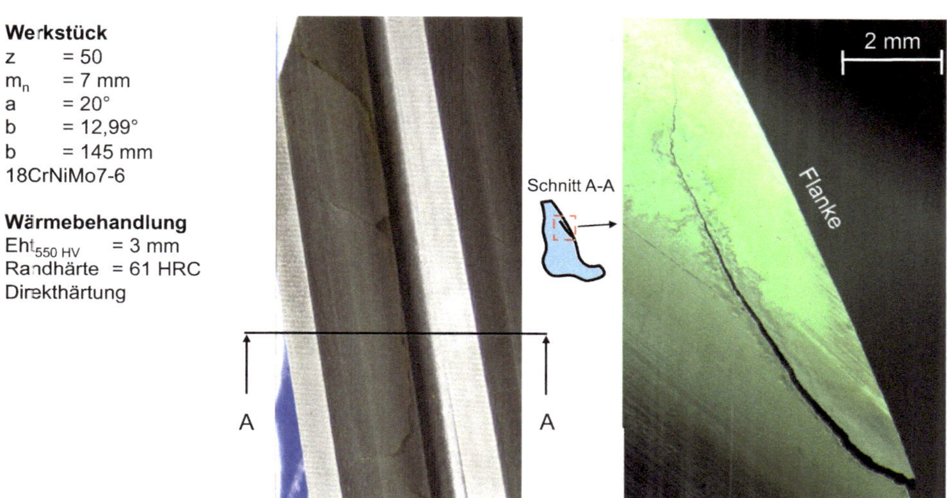

Bild 4.157 Schleifrisse

Die Farbeindringprüfung, welche auch als Kapillar-, Saug- oder Penetrierverfahren bezeichnet wird, ist ein Verfahren zum visuellen Nachweis von Materialtrennungen in der Oberfläche eines nichtporösen Bauteils. Sie dient zur Visualisierung von Defekten, die von der Oberfläche ausgehen, wie Poren, Risse und Falten. Die Vorgehensweise zur Farbeindringprüfung ist in Bild 4.158 dargestellt.

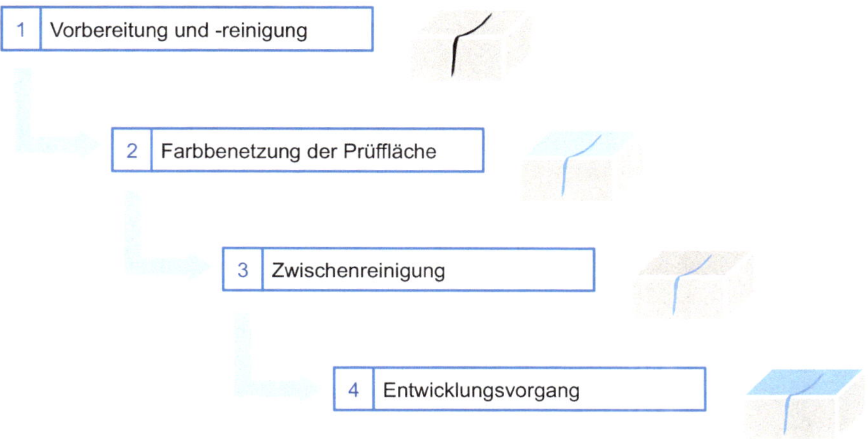

Bild 4.158 Vorgehensweise zur Rissprüfung mithilfe der Farbeindringprüfung

Im ersten Schritt wird das zu prüfende Bauteil für die Farbeindringprüfung vorbereitet und gereinigt. Dabei werden die Oberflächen von wässrigen und ölhaltigen Medien befreit, die das Prüfergebnis negativ beeinflussen können. Anschließend wird im zweiten Schritt das Farbeindringmittel auf das Bauteil aufgetragen. Dazu wird die Werkstückoberfläche durch Aufstreichen, Besprühen oder Tauchen mit dem Farbeindringmittel benetzt. Aufgrund der Kapillarwirkung dringt eine auf die gereinigte Oberfläche des Prüfobjektes aufgebrachte Flüssigkeit in offene Fehlstellen ein. Nach kurzer Einwirkzeit wird im dritten Schritt das Bauteil zwischengereinigt. Dabei wird das überschüssige Eindringmittel von der Oberfläche entfernt. Nach der Reinigung der Prüfoberfläche wird im letzten Schritt das eingedrungene Mittel durch ein Entwicklungsmedium zur Anzeige gebracht. Um einen hohen Kontrast zu erreichen, ist das Eindringmittel in der Regel rot und der Entwickler weiß, sodass Risse in Rot hervortreten. Durch Verwendung fluoreszierender Flüssigkeiten in Kombination mit UV-Licht lässt sich der Kontrast einer Anzeige nochmals deutlich verstärken. Unter dem UV-Licht werden Risse, die von der Bauteiloberfläche ausgehen, stärker sichtbar.

Die Eindringprüfung wird zur Routinekontrolle von Zahnrädern eingesetzt und dient zur lokalen Risskontrolle. Vorteile des Prüfverfahrens sind die einfache Anwendung und Schulung der Mitarbeiter. Die Bauteile können vollständig geprüft werden und bei gelegentlicher Prüfung sind die Investitionskosten gering. Nachteilig ist, dass die Werkstücke abschließend wieder gereinigt werden und gegebenenfalls die Oberflächen behandelt werden müssen. Außerdem sind mit diesem Verfahren nur Oberflächenfehler visualisierbar.

Bei der Magnetpulverprüfung wird das zu prüfende Bauteil magnetisiert. Bei großen Werkstücken ist häufig keine vollständige Magnetisierung des Bauteils möglich, daher wird in der industriellen Praxis in diesen Fällen nur der zu prüfende Teilbereich magnetisiert. Durch die Magnetisierung entstehen Feldlinien, die parallel zur Oberfläche verlaufen. Wenn Risse und oberflächennahe Fehlstellen quer zu den Feldlinien liegen, erzeugen diese ein magnetisches Streufeld. Das bedeutet, dass die Feldlinien auf der einen Seite der Fehlstelle aus dem ferromagnetischen Material aus- und auf der anderen Seite wieder eintreten. Dadurch entstehen Magnetpole. Durch das Bestreuen der Prüfstelle mit Eisenpulver sammelt sich dieses an den einzelnen Fehlstellen an. Risse, die parallel zu den Feldlinien verlaufen, können aufgrund des Wirkprinzips nicht detektiert werden, da sie kein Streufeld erzeugen. Dazu müsste das Magnetfeld gedreht werden. Poren und Risse sind unterhalb der Oberfläche nur bis zu einer gewissen Tiefe auffindbar.

Zur besseren Visualisierung wird die Magnetpulverprüfung heute vermehrt mit fluoreszierenden Prüfmitteln durchgeführt. Dabei sind die anzeigenden magnetischen Pulverteilchen fest und dauerhaft mit Farbpigmenten verbunden, die bei Bestrahlung mit UV-Licht hellgelb, grün oder rot aufleuchten. Dadurch entsteht eine Kontrastverbesserung, die ein deutlich besseres Erkennen der Risse ermöglicht. Voraussetzung für die Prüfung ist, dass die Bauteile magnetisierbar sind.

4.7.3.2 Zerstörende Prüfverfahren

Häufig angewendete Verfahren gehören zur Gruppe der mechanischen Prüfverfahren. Dies sind der Zug-, Blaubruch-, Kerbschlagbiege- oder der Dauerschwingversuch nach Wöhler. Sie werden in der Verzahnungsfertigung weniger zur Beschreibung von fertigungsbedingten Bauteileigenschaften eingesetzt als vielmehr zur allgemeinen Charakterisierung von Werkstoffeigenschaften und zur Materialprüfung oder auch zur Bewertung der Funktionseigenschaften.

Für die Analyse und Beschreibung der werkstofflichen Eigenschaften an Verzahnungen werden maßgeblich drei Verfahren eingesetzt: die röntgenografische Eigenspannungsmessung, die Härteprüfung sowie die metallografische Analyse der Gefügestrukturen. Darüber hinaus gewinnen präzise Verfahren der Oberflächenanalytik zur Beschreibung der Gestalt und Zusammensetzung der äußersten Randzone (Grenzschicht) an Bedeutung. Die genannten Prüfmethoden werden im Folgenden näher beschrieben.

Eigenspannungsanalyse

Unter Eigenspannungen werden Spannungen in einem unbelasteten Bauteil verstanden, die ohne Einwirkung äußerer Kräfte und Momente im Körper vorliegen. In jedem Bauteil existiert ein Gleichgewicht aller durch die Eigenspannungen erzeugten inneren Kräfte und Momente [KLOC18b]. Spannungen sind direkt mit den im Werkstoff erzeugten Dehnungen verbunden. Daraus resultiert, dass jede Spannungsänderung auch Dehnungsänderungen verursacht. Mechanisch, thermisch oder chemisch induzierte bleibende Dehnungen im Inneren des Körpers führen zu Eigenspannungen.

Werkstückeigenspannungen in der Oberflächenrandzone sind wichtige Indikatoren für die thermische und mechanische Beanspruchung der Randzone durch den Fertigungsprozess. Bild 4.159 zeigt die Entstehungsmechanismen der oberflächennahen Eigenspannungen in Abhängigkeit von der mechanischen bzw. thermischen Beanspruchung. Bei mechanisch dominierenden Beanspruchungen wird das Material bis zum Erreichen der Fließgrenze elastisch, dann plastisch gedehnt. Nach Entlastung der Randzone verbleiben Druckeigenspannungen im Werkstück. Wird das Werkstückmaterial vorwiegend thermisch beansprucht, dehnt es sich mit zunehmender Temperatur elastisch bis zum Erreichen der Warmstreckgrenze aus und wird nach Überschreiten plastisch gestaucht. Nach Abkühlen verbleiben Zugeigenspannungen in der Oberflächenrandzone [HOEN75]. Wenn durch Einbringung von Wärme Gefügeumwandlungen mit einem anderen spezifischen Volumen herbeigeführt werden (z.B. beim Härten), treten ebenfalls Eigenspannungen nach dem Abkühlen auf. Beim Schleifen können alle drei Mechanismen wirksam werden und sich gegenseitig überlagern.

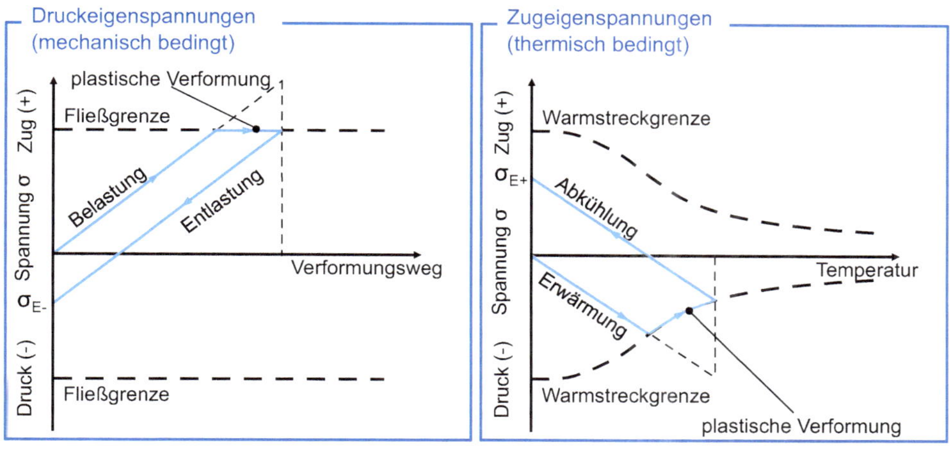

Bild 4.159 Entstehung von Eigenspannungen [HOEN75]

Beim Schleifen treten in der Oberflächenrandzone mechanische und thermische Beanspruchungen auf, die sich überlagern und zu Modifikationen der Werkstoffeigenschaften führen. Modellhaft ist in Bild 4.160 der Verlauf der nach der Schleifbearbeitung verbleibenden Eigenspannungen s in Abhängigkeit von der bezogenen Schleifleistung P'_c dargestellt. Durch eine rein thermische Belastung σ_{therm} entstehen Zugeigenspannungen, die sich bei steigender Schleifleistung verstärken. Durch eine mechanische Beanspruchung σ_{mech} entstehen Druckeigenspannungen. Mit steigender Schleifleistung und dem wachsenden Einfluss thermischer Wirkungen verschieben sich die Druckeigenspannungen in Richtung Zugeigenspannungen [BRIN91].

Bereiche

1 thermoelastische Werkstoffverformung

2 thermoplastische Werkstoffverformung

3 thermomechanische und thermoplastische Werkstoffverformung

4 thermomechanische, thermoplastische und durch Gefügeumwandlung verursachte Werkstoffverformung

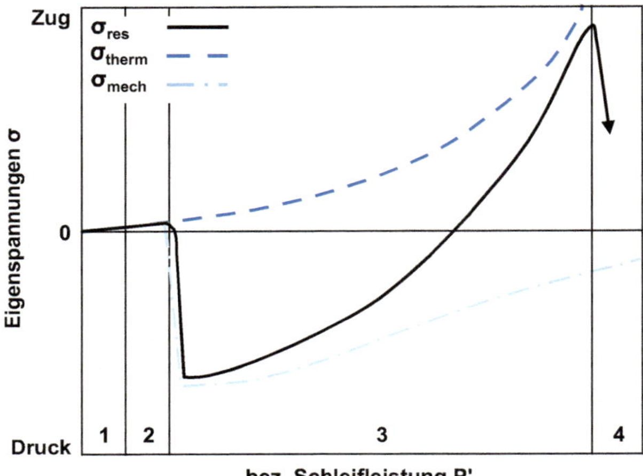

Bild 4.160 Eigenspannungen in Abhängigkeit von der bezogenen Schleifleistung [BRIN91]

Durch Überlagerung beider Kurven ergibt sich die resultierende Spannungsverteilung σ_{res}, welche in vier Bereiche unterteilt wird: Die Bereiche 1 und 2 (thermoelastische und thermoplastische Werkstoffverformung) sind durch geringe Zugeigenspannungen infolge äußerer Reibung gekennzeichnet. In Bereich 3 (thermomechanische und thermoplastische Werkstoffverformung) setzt eine sprunghafte Ausbildung von Druckeigenspannungen ein, die aus Werkstoffverformungen infolge mechanischer Einwirkungen auf die Oberfläche resultieren. Mit steigender Schleifleistung P'_c nimmt die Temperatur in der Kontaktzone zu und der thermische Einfluss verringert die Wirkung der mechanisch induzierten Druckeigenspannungen, während die thermisch verursachten Zugspannungen ansteigen. In Bereich 4 (thermomechanische, thermoplastische und durch Gefügeumwandlung verursachte Werkstoffverformung) kommt es zur Gefügeumwandlung aufgrund hoher Temperaturen. Die folgende martensitische Neuhärtung führt zur sprunghaften Verringerung der Zugeigenspannungen [BRIN91].

Für die Messung des Eigenspannungszustandes eignen sich verschiedene Methoden. Die messtechnische Bestimmung von Eigenspannungen erfolgt unabhängig vom gewählten Messverfahren indirekt über die Messung von Dehnungen, elektromagnetischen Kenngrößen oder Schallgeschwindigkeiten. Zwei quantitative Methoden zur Messung der Eigenspannungen sind die Röntgendiffraktometrie sowie die Bohrlochmethode.

Die Bohrlochmethode ist in der ASTM E 837a:2013 genormt und basiert auf der Spannungsauslösung an der Bauteiloberfläche durch das Entfernen von Material [ASTM13]. Dazu wird sukzessive ein Sackloch gebohrt, und mit rosettenförmig um das Bohrloch angeordneten Dehnungsmessstreifen wird die Dehnungsänderung gemessen. Die Messwerte können anschließend in den Eigenspannungszustand umgerechnet werden. Da die Bohrlochmethode bedingt durch das Messprinzip erst ab einer gewissen Mindesttiefe Messergebnisse liefert, kann insbesondere der durch die Bearbeitung beeinflusste oberflächennahe Randzonenbereich nicht vollständig charakterisiert werden. Deshalb wird im Folgenden die in der Forschung zur Beurteilung von Verzahnungen eingesetzte Röntgendiffraktometrie erläutert.

Das Messprinzip zur röntgenografischen Feinstrukturanalyse basiert auf den physikalischen Gesetzen der Beugung von elektromagnetischen Wellen an einer periodischen Struktur, ähnlich der spektralen Zerlegung des Lichts an einem feinen Gitter. Durch die deutlich geringeren Wellenlängen der üblicherweise eingesetzten weichen Röntgenstrahlung von etwa λ = 0,07 nm bis λ = 0,25 nm gegenüber λ = 400 nm bis λ = 800 nm des sichtbaren Lichts findet eine Beugung an dem dreidimensionalen Gitter kristalliner Materie statt (Bild 4.161).

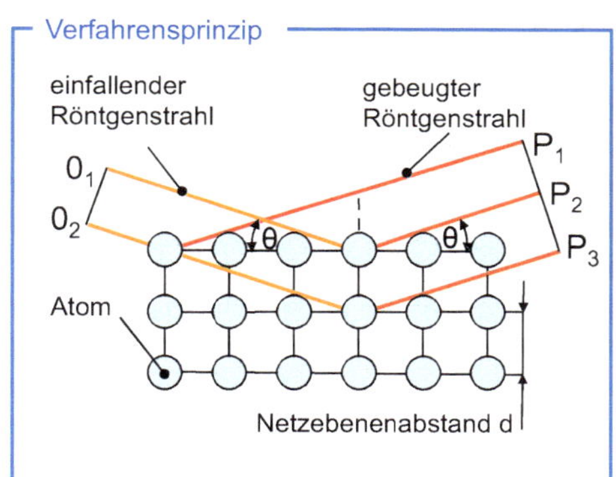

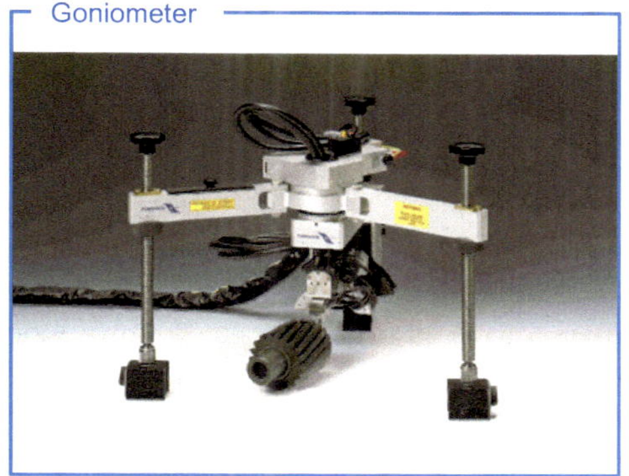

Bild 4.161 Beugung am Kristallgitter und Goniometer (nach Stresstech GmbH)

Das bedeutet, dass die meisten technischen Werkstoffe, wie Metalle, intermetallische Verbindungen, Keramiken, kristalline oder teilkristalline Kunststoffe, Oxide und Karbide, analysiert werden können. Amorphe Materialien wie Gläser oder einige Kunststoffe und Hartstoffschichten sowie clusterartig eingeschlossene Werkstoffphasen können jedoch nicht analysiert werden. Die Beugung ist definiert über das Bragg'sche Gesetz, das die Wellenlänge der verwendeten monochromatischen Strahlung λ mit den Gitterabständen d der Kristallebenen und dem Öffnungswinkel der auftreffenden Strahlung θ in Beziehung setzt (Formel 4.29).

$$\lambda = 2 \cdot d \cdot \sin\theta \qquad (4.29)$$

Die monochromatische Strahlung entstammt der charakteristischen Strahlung des verwendeten Anodenmaterials der Röntgenröhre. Bei der üblichen Messgeometrie fällt der Röntgenstrahl aus der auf dem Beugungskreis feststehenden Röntgenröhre auf die sich um den

Winkel θ drehende Probe und wird zu dem sich auf dem Beugungskreis gleichzeitig um den Winkel 2θ drehenden Detektor gebeugt. Bei dem energiedispersiven Verfahren variiert bei festem Beugungswinkel die Wellenlänge über der Strahlungsenergie. Der Vorteil dieses Verfahrens besteht vor allem in der Verwendung höherer Strahlungsenergien und damit einer anderen Strahlungsabsorption. Im Allgemeinen gilt, höher energetische, kurzwellige Strahlung dringt tiefer in die Materie ein. Die Eindringtiefen der konventionellen Methode liegen bei Metallen im mm-Bereich, bei Leichtmetallen und Keramiken bei mehreren 10 µm und in unverstärkten Kunststoffen bei bis zu mehreren 100 µm.

Werkstoffoberfläche und Gefüge beeinflussen die Qualität der Ergebnisse. So verschlechtert eine große Oberflächenrauheit das Signal-Rausch-Verhältnis bei gleichzeitiger Verbreiterung der Röntgeninterferenzen, weil die Beugungsbedingungen durch die sich lokal stark ändernde Ausrichtung der Oberfläche zum Röntgenstrahl unschärfer werden. Eine Voraussetzung für eine aussagekräftige Analyse ist die Beteiligung einer ausreichenden Zahl von Kristalliten, damit im bestrahlten Werkstoffvolumen für jede Messposition genügend Kristallite die Beugungsbedingung erfüllen. Bei grobkörnigem Material ist dieses nicht der Fall und damit ist die gebeugte Strahlungsintensität mehr oder wenig zufälligen Schwankungen unterworfen. Eine Analyse ist erschwert und erfordert einen höheren Messaufwand. Eine scharfe Textur, d. h. eine gerichtete Orientierung der Kristallite, führt zu kontinuierlichen, richtungsabhängigen Intensitätsschwankungen durch die wechselnde Anzahl beugungsfähiger Kristallite. Eine gleichmäßige repräsentative Aussage über die Kristallite ist damit nicht gewährleistet und erfordert mitunter sehr aufwendige Messabläufe.

Der Beugungswinkel θ wird gemäß Formel 4.29 bei konstanter Wellenlänge der Röntgenstrahlung durch die Gitterebenenabstände festgelegt. Änderungen durch Verzerrungen des Gitters infolge elastischer und plastischer Dehnungen führen demzufolge zu Winkelverschiebungen. Durch präzise Messung der Verschiebung ausgewählter Interferenzen erhält man die Gitterdehnung der zugehörigen Phase, um daraus die entsprechenden Phasenspannungen zu berechnen. Im Gegensatz zu den mechanischen Messverfahren werden mit den Beugungsverfahren selektive Spannungswerte ermittelt. Das integrale Messverfahren liefert dabei gewichtete Mittelwerte aus dem bestrahlten Werkstoffvolumen. In einem mehrphasigen Werkstoff erhält man die über große Werkstoffbereiche definierten und sich über das Werkstoffvolumen im Gleichgewicht befindlichen Makrospannungen (Eigenspannungen 1. Art) σ_{Macro} durch Summation der Phasenspannungen σ_{i} unter Berücksichtigung der Phasengehalte C_{i}. Für Stahlwerkstoffe mit α-Phase (Ferrit) und γ-Phase (Austenit) ergibt sich Formel 4.30. Die in kleinen Volumenbereichen (Korn) definierten Mikrospannungen σ_{Micro} befinden sich zueinander im Gleichgewicht. Poren sind als eigenständige Phase zu betrachten.

$$\sigma_{\mathrm{Macro}} = \sigma_{\alpha} \cdot C_{\alpha} + \sigma_{\gamma} \cdot C_{\gamma} \tag{4.30}$$

Strahlung und Gitterebene werden bei Standardmessungen so gewählt, dass im Rückstrahlbereich ($2\theta > 120°$) gemessen werden kann, um die mit steigendem Beugungswinkel höhere Auflösung zu nutzen. Die Messanordnung wird durch den Zusammenhang zwischen den messbaren Dehnungen $\varepsilon_{\varphi,\psi}$ im Messsystem und den Spannungskomponenten σ_{xy} im Probensystem gegeben. Der Messwinkel ψ gibt dabei den Winkel zwischen Probennormale und Einstrahlrichtung des Röntgenstrahls an und φ den Azimut (Winkel zu einer ausgezeichneten Richtung) in der Oberflächenebene. Die ausgezeichnete Richtung $\varphi = 0°$ der untersuchten Probe ergibt sich aus der Probengeometrie oder der Bearbeitungsrichtung.

Unter der Voraussetzung eines freien Strahlenganges bestimmt die Bauteilgeometrie den maximalen Messwinkelbereich.

Die zu den jeweiligen gemessenen Intensitätsmaxima zugehörigen Öffnungswinkel 2θ können mithilfe der Bragg-Gleichung, Formel 4.29, in Netzebenenabstände der Kristallstruktur umgerechnet und über dem Quadrat des Sinus des Kippwinkels ψ dargestellt werden. Zwischen die sich für die positiven und negativen Kippwinkel ergebenden Kurven wird eine Ausgleichsgerade gelegt, mit deren Werten die resultierende Spannung σ_{res} gemäß Formel 4.31 berechnet werden kann [CULL78]. Zusätzlich zu den resultierenden Kennwerten 2θ und $\sin^2(\psi)$ werden dazu die Materialkonstanten E-Modul E, Querkontraktionszahl v und das θ-Maximum für den eigenspannungslosen Zustand θ_0 benötigt.

$$\sigma_{res} = -\frac{E}{2\cdot(1+\nu)} \cdot \text{cotg}(\theta_0) \cdot \frac{\pi}{180} \cdot \tan\left(\frac{2\theta}{\sin^2(\psi)}\right) \tag{4.31}$$

θ_0 ist dabei nicht nur vom Material, sondern auch von der vorliegenden Phase abhängig. Diese Abhängigkeit kann z. B. dafür genutzt werden, den Restaustenitanteil in gehärteten Stahlproben zu ermitteln. Unter Verwendung von Cr-Strahlung liegt das Intensitätsmaximum der Ausgleichskurve I_α der α-Phase (Ferrit) im spannungsfreien Zustand bei $2\theta_0$ = 156,4°, während das Intensitätsmaximum der Ausgleichskurve der γ-Phase (Austenit) bei ca. $2\theta_0$ = 128,8° liegt, sodass sich die Intensitätsmaxima nicht überlappen und getrennt voneinander ermittelt werden können. Unter der vereinfachenden Annahme, dass der Werkstoff nur aus α-Phase und γ-Phase besteht, ergibt die Summe der prozentualen Massenanteile an der α-Phase C_α und der γ-Phase C_γ eins (Formel 4.32).

$$C_\alpha + C_\gamma = 1 \tag{4.32}$$

Da die gemessenen Intensitäten I_α und I_γ der Beugungslinien der beiden Phasen proportional zu ihren Volumenanteilen sind, ergibt sich Formel 4.33 für den prozentualen Massenanteil der γ-Phase C_γ [FANI72].

$$C_\gamma = \left(\frac{R_\gamma \cdot I_\alpha}{R_\alpha \cdot I_\gamma} + 1\right)^{-1} \tag{4.33}$$

R_γ und R_α sind dabei phasenspezifische Konstanten, die von den Standardgitterkonstanten, dem Öffnungswinkel θ, der Kristallstruktur und der Zusammensetzung der Phase abhängen. Als weitere Kenngröße der Eigenspannungsanalyse kann die Halbwertbreite *HWB* verwendet werden. Die Halbwertbreite gibt den 2θ-Winkelbereich an, bei dem eine Horizontale die Intensitätskurve auf halber Höhe zwischen dem Intensitätsmaximum und dem Grundniveau schneidet. Die Halbwertbreite ist eng mit dem Zustand der Mikrostruktur verbunden und zeigt daher ihre Veränderungen an. Eine Interpretation der Halbwertbreite kann allerdings nur nach genauer Kenntnis der Belastungshistorie des Bauteils durchgeführt werden.

In weiteren Forschungsprojekten wurde untersucht, welchen Einfluss Mikro-Eigenspannungen sowie deren Heterogenität auf das Einsatzverhalten von Verzahnungen haben. Dazu müssen Proben auf einer deutlich kleineren Skalenebene untersucht werden, wozu ebenfalls die Röntgendiffraktometrie eingesetzt werden kann [KLOC16].

Die Wahl der Messrichtung legt die zu ermittelnden Spannungskomponenten fest, sodass bei Messungen in zwei Richtungen tangential zur Messoberfläche die Möglichkeit besteht, den ebenen Spannungstensor zu bestimmen. Messungen in drei Richtungen ermöglichen die Angabe des dreidimensionalen Spannungstensors sowie die Bestimmung der Hauptspannungen. Bei der Messung von verzahnten Bauteilen wird üblicherweise eine Messung in Zahnhöhen- und Zahnbreitenrichtung durchgeführt.

Beugungsmethoden stellen hohe Anforderungen an die Messtechnik und den Arbeitsschutz (Strahlenschutz). In der Forschung kann an ausgewählten Standorten auch auf Neutronenquellen zurückgegriffen werden, mit denen Tiefenverläufe bis in den Zentimeterbereich ermittelt werden können, ohne die Oberfläche zu beschädigen. Die Röntgenmethode besitzt eine eingeschränkte Eindringtiefe im Mikrometerbereich, die von den Absorptionseigenschaften des Werkstoffs und der eingesetzten Wellenlänge der Röntgenstrahlung abhängig ist. Tiefenverläufe werden erstellt, indem Oberflächenschichten durch elektrochemisches Polieren abgetragen werden und die Messungen an den neuen Oberflächen wieder, wie zuvor beschrieben, durchgeführt werden. Das elektrochemische Abtragen wird deshalb gewählt, weil durch die elektrochemische Auflösung der abzunehmenden Werkstoffschicht sichergestellt wird, dass keine Veränderung des Eigenspannungszustandes durch das Abtragverfahren induziert wird.

Weitere Verfahren basieren auf anderen physikalischen Wirkprinzipien und finden weniger Verbreitung im Bereich der Zahnradqualitätsprüfung. An dieser Stelle sind die magnetischen Verfahren, die auf der Ummagnetisierung des Werkstoffgefüges basieren, und die akustischen Verfahren, welche die Eigenspannungsänderungen durch veränderte Körperschallausdehnungen detektieren, hervorzuheben.

In Bild 4.162 sind die Ergebnisse eines Ringerversuchs dargestellt, in dem die Beeinflussung des Eigenspannungszustands durch das gewählte Hartfeinbearbeitungsverfahren im Industrieversuch analysiert wurde. Die untersuchten Verzahnungen wurden sowohl mit frisch abgerichteten als auch mit sich am Standzeitende befindlichen, keramisch gebundenen Korundwerkzeugen bearbeitet. Mit allen Fertigungsverfahren wurden Druckeigenspannungen erzeugt. Dies zeigt, dass beim Zerspannen mit geometrisch nicht definierten Schneiden bei optimaler Prozessführung sicher Druckeigenspannungen in der Randzone von Verzahnungen erzeugt werden. Die durch Verzahnungshonen hergestellten Zahnräder weisen im Vergleich zu profil- und wälzgeschliffenen Zahnrädern sogar wesentlich höhere Druckeigenspannungen in Profil- als auch in Flankenrichtung auf. Dieser Sachverhalt ist auf die vergleichsweise geringen Schnittgeschwindigkeiten und größeren Kräfte tangential und normal zur Oberfläche während des Honprozesses zurückzuführen. Die Oberflächenbeanspruchung ist beim Honen vorwiegend durch mechanische Lasten bedingt. Dadurch werden die aus dem Härteprozess bereits vorhandenen Druckeigenspannungen während des Verzahnungshonens sogar weiter erhöht [DANI98, KLOC10, RUET04]. In diesen Anwendungsfällen wurde mit abrichtbaren, keramisch gebundenen Korundschleifscheiben gearbeitet. In der Tendenz kann man annehmen, dass beim Schleifen mit CBN-Schleifscheiben bei sonst gleichen Bedingungen die Temperaturen in der Oberflächenrandzone geringer sind. Wesentlich hierfür ist, dass die Schneidendichten in CBN-Werkzeugen geringer ausgelegt werden können, weil CBN-Schleifkörner eine größere Leistungsfähigkeit als Schleifkörner aus Korund haben. Damit kann man davon ausgehen, dass auch mit CBN-Schleifprozessen sicher Druckeigenspannungen beim Verzahnungsschleifen generiert werden können.

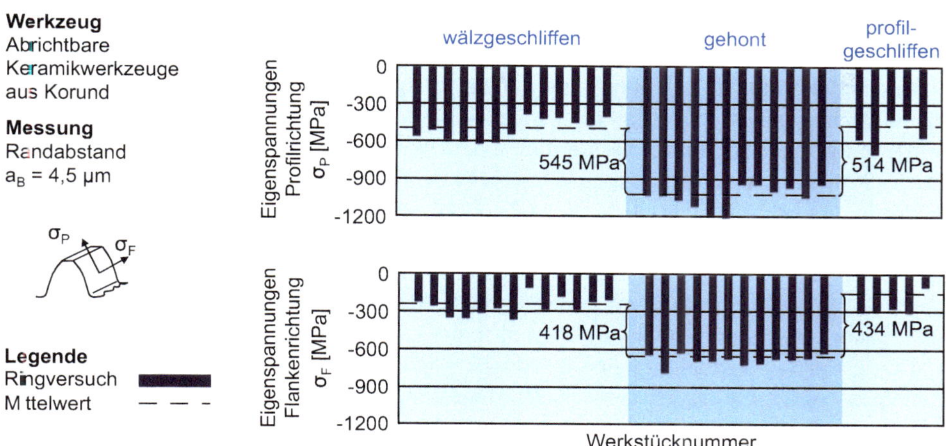

Bild 4.162 Eigenspannungen in Abhängigkeit von dem Fertigungsverfahren (Ringversuch)

Härteprüfung

Bei der Härteprüfung an Bauteilen kann zwischen einer Messung der Oberflächenhärte und der Ermittlung des Härtetiefenverlaufs unterschieden werden. Der Ablauf der Härteprüfung, die Auswertung der Härteeindrücke und die einzustellende Prüfkraft wird in DIN EN ISO 14577 beschrieben [DIN02]. Bei der Messung der Oberflächenhärte werden drei verschiedene Verfahren angewendet, die sich anhand der Geometrie des Eindringprüfkörpers unterscheiden, und zwar die Härteprüfung nach Brinell, Rockwell und Vickers.

Bei der Härteprüfung nach Brinell wird ein kugelförmiger Eindringkörper von verschiedenen Durchmessern für eine bestimmte Zeit (10 bis 15 Sekunden) mit einer bestimmten Prüfgesamtkraft auf die zu prüfende Oberfläche, die immer glatt und eben sein muss, eingedrückt. Von dem entstandenen Abdruck, der die Form einer Kugelkalotte hat, wird der Durchmesser mittels optischer Vorrichtungen (Mikroskop oder Projektor) gemessen. Die Brinellhärte *HBW* wird durch das Verhältnis von aufgebrachter Prüfgesamtkraft zur Oberfläche der Kugelkappe bestimmt. W steht für Wolframkarbid und besagt, dass eine Hartmetallkugel verwendet wurde, zur Unterscheidung gegenüber der früher auch üblichen Stahlkugel S.

Bei der Härteprüfung nach Rockwell existieren verschiedene Verfahrensvarianten. Das am meisten genutzte Verfahren ist das Rockwell-Normal-Verfahren [DIN10]. Es sieht einen einzigen Diamantkegel-Eindringkörper mit einem Kegelwinkel von 120° mit einer Spitze in Form einer Kugelkalotte und einem Krümmungsradius von 0,2 mm für die Härteskalen A, C, D sowie Kugeleindringkörper aus Wolframcarbidgemisch mit einem Durchmesser von 1,5875 mm (Härteskalen B, F, G) oder 3,175 mm (Härteskalen E, H, K) vor. Die Prüfkörper sind in DIN EN ISO 6508-2 festgelegt [DIN15]. Für die Auswertung der Prüfung steht eine Vielzahl unterschiedlicher Auswerteskalen zur Verfügung, die je nach Wärmebehandlung und Oberfläche ausgewählt werden. In der Getriebetechnik wird fast ausschließlich die Oberflächenhärte nach Rockwell gemessen. Aufgrund der Tatsache, dass die meisten Verzahnungen vergütet oder einsatzgehärtet sind, wird nur die Rockwell-Skala *HRC* verwendet. Unter den Härteprüfverfahren ist es das einzige, welches eine Direktablesung der Härtezahl ohne optische Ausmessungen zulässt. Die typische Oberflächenhärte für ein einsatzgehärtetes Zahnrad liegt bei 58 bis 62 HRC.

Die Härteprüfung nach Vickers erfolgt mithilfe eines Diamanteindringkörpers in Form einer Pyramide mit quadratischer Grundfläche und einem Winkel von $\alpha = 136°$. Daraus ergibt sich der Eindruck in Form einer konkaven (negativen) Pyramide mit quadratischer Grundfläche. Gemessen werden die Längen der beiden Diagonalen des Eindrucks (Mittelwert). Aufgrund der starken Verbreitung des Rockwell-Verfahrens wird die Härteprüfung nach Vickers nur selten im fertigungsnahen Umfeld benutzt. Im Laborumfeld dient sie zur Ermittlung eines Mikrohärtetiefenverlaufs. Dazu wird mit kleinen Prüflasten an metallografischen Proben, z. B. an Querschliffen von Zahnrädern, in diskreten Abständen die Härte gemessen. Dadurch ergibt sich über dem Randabstand ein charakteristischer Härtetiefenverlauf. Anhand dieses Kurvenverlaufs kann nach der Wärmebehandlung beurteilt werden, ob z. B. der geforderte Härtetiefenverlauf nach der Wärmebehandlung eingestellt ist oder ob nach der Hartfeinbearbeitung eine thermische Gefügeschädigung in der Randzone (Härteabnahme) vorliegt. Ein Messgerät zur Härteprüfung im Laborumfeld bzw. zur Erstellung von Härtetiefenverläufen sowie verschiedene Eindringkörper sind in Bild 4.163 dargestellt.

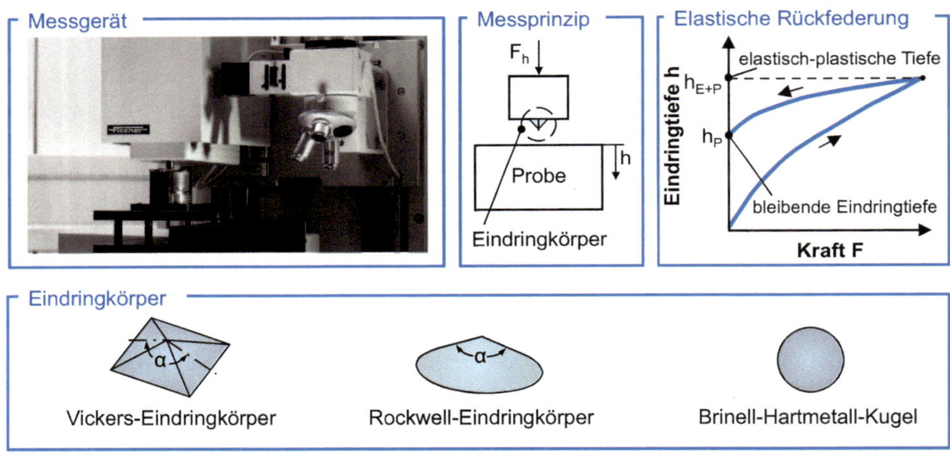

Bild 4.163 Eindringprüfung zur Bestimmung der Härte [BOUZ08] (Bildquelle: Helmut Fischer GmbH)

Der Härtetiefenverlauf und die Einhärtetiefe werden an metallografischen Schliffproben ermittelt. Dazu wird das Bauteil in einer Stirnschnittebene aufgetrennt, in ein Trägermaterial eingebettet und anschließend poliert. Auf der polierten Fläche kann anschließend eine Mikrohärtemessung durchgeführt werden. In Bild 4.164 ist links unten die Aufnahme einer Mikrohärtemessung im Bereich des Teilkreises einer einsatzgehärteten Verzahnung gezeigt. In definierten Randabständen wird die Härte mit dem Verfahren nach Vickers gemessen und die Messwerte werden anschließend in ein Diagramm (Bild 4.164 rechts) über dem Randabstand aufgetragen. Im oberflächennahen Bereich bis ca. 0,5 mm Randabstand stellt sich durch den Härtevorgang ein Härteplateau ein, bevor die Härte zum Kernbereich weiter abnimmt. Neben der Randhärte wird für einsatzgehärtete Verzahnungen üblicherweise in Abhängigkeit von dem Modul die Einsatzhärtetiefe CHD_{550} vorgegeben (Formel 4.34).

$$CHD_{550} = 0{,}15 \ldots 0{,}2 \cdot m_n \quad (4.34)$$

Die Vorgabe in dem gezeigten Beispiel lag bei einer CHD_{550} = 1,0 mm. Anhand der Messung des Härtetiefenverlaufs kann die üblicherweise vorgegebene CHD_{550} durch das Ablesen des Randabstandes bei einer Härte von 550HV1 nach Vickers bestimmt werden. In dem gezeigten Beispiel wurde die Vorgabe annähernd erreicht, sodass die Wärmebehandlung hinsichtlich dieses Parameters erfolgreich durchgeführt wurde. In Abhängigkeit vom Härteverfahren gibt es weitere genormte Vorgaben zur Bestimmung der Einhärtetiefe [DIN79b, DIN03b, DIN05].

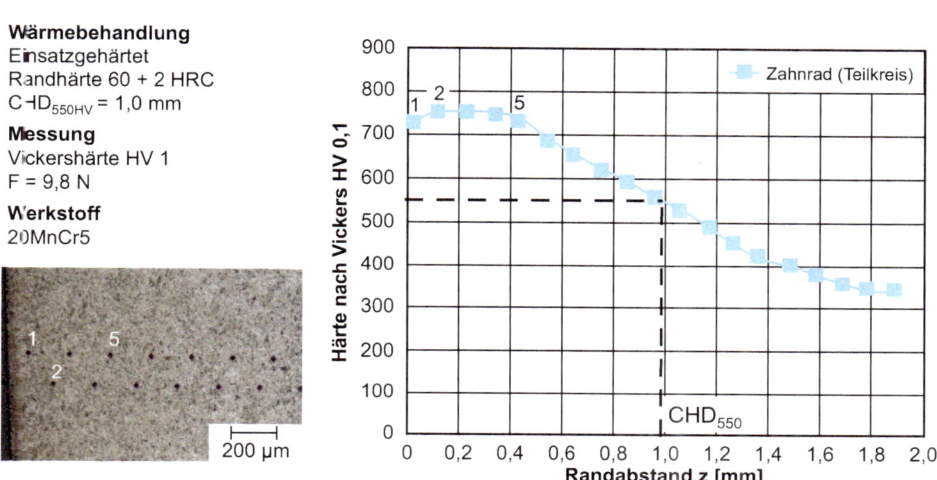

Bild 4.164 Ermittlung eines Härtetiefenverlaufs

Metallografische Gefügeuntersuchung

Die physikalischen Eigenschaften der oberflächennahen Bereiche spielen eine wesentliche Rolle bei der Bauteilprüfung, daher müssen auch diese Eigenschaften analysiert werden. Hierzu wird die aus der Werkstoffprüfung bekannte Methode der Struktur- und Gefügeuntersuchung angewendet. Dazu werden einzelne Segmente aus dem zu untersuchenden Zahnrad herausgetrennt und für die Lichtmikroskopie präpariert. Unter dem Lichtmikroskop wird dann die Gefügestruktur analysiert. Das Ziel der Wärmebehandlung im Falle des Einsatzhärtens ist es, im Randbereich der Verzahnung ein hartes martensitisches Gefüge und im Inneren einen zähen bainitischen Kern zu erzeugen (siehe Abschnitt 4.1.3.3.2).

Gefügeveränderungen, die zum Beispiel durch erhöhte thermische Belastungen der oberflächennahen Randzonen verursacht werden, können durch Struktur- und Gefügeuntersuchungen, wie sie standardmäßig in der Werkstoffwissenschaft eingesetzt werden, anhand metallografischer Präparationen ermittelt werden. Bild 4.165 zeigt vier Gefügeschliffe mit unterschiedlicher thermischer Beanspruchung der Randzone durch den Bearbeitungsprozess.

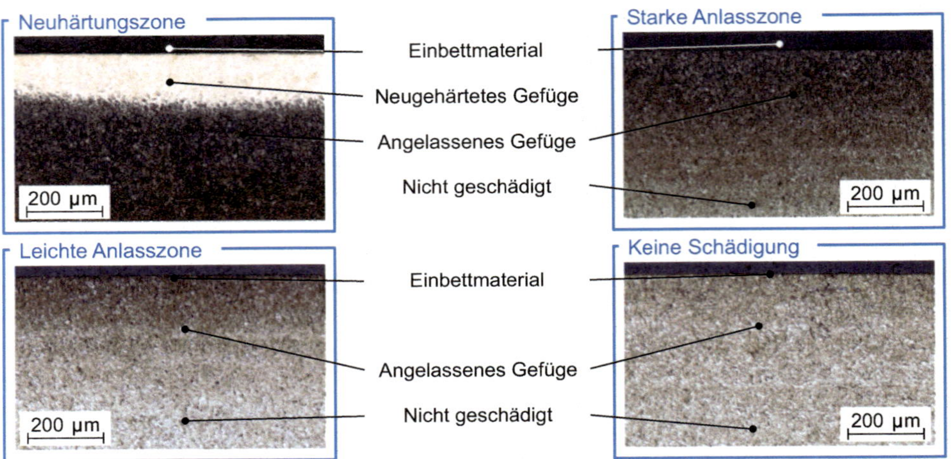

Bild 4.165 Lichtmikroskopische Gefügeaufnahmen im Vergleich

In Bild 4.165 ist die Neuhärtungszone (oben links) unter dem Lichtmikroskop als weiße Schicht im Gefügeschliff zu erkennen. Unterhalb liegt eine breite, schwarz gefärbte Anlasszone. Die Gefügeaufnahmen oben rechts und unten links zeigen eine Anlasszone in unterschiedlicher Ausprägung. Zum Vergleich ist eine Aufnahme einer ungeschädigten Probe unten rechts gezeigt. Die unterschiedliche Färbung der Gefügebestandteile entsteht durch Anätzen und Bleichen der Proben entsprechend dem Vorgehen bei der Nitalätzung.

Zusätzlich zur Gefügeuntersuchung kann auch eine Rissprüfung der oberflächennahen Randzonen von Bauteilen sowohl zerstörend als auch zerstörungsfrei erfolgen. Ein Riss ist eine örtlich begrenzte Trennung des Werkstoffgefüges von geringer Breite, aber oft beträchtlicher Länge und Tiefe. Der Riss kann durch innere Spannungen oder auch durch äußere Krafteinwirkungen entstehen.

Grenzschichtanalyse

Neben der klassischen Gefügeuntersuchung werden auch Grenzschichten analysiert. Die äußerste Randzone eines Werkstücks wird dabei durch einzelne Grenzschichten beschrieben, welche sich hinsichtlich Gefügestruktur und chemischer Zusammensetzung voneinander unterscheiden [CZIC10]. Es wird zwischen äußerer und innerer Grenzschicht unterschieden. Die äußere Grenzschicht liegt an der Bauteiloberfläche und bildet den Übergang zur Umgebung. Sie weist Schichtdicken im Nanometerbereich auf. Darunter schließt sich die innere Grenzschicht an, welche eine Ausdehnung über mehrere Mikrometer besitzt und in das Werkstoffgrundgefüge übergeht. Die chemische Zusammensetzung der äußeren Grenzschicht ist in der Regel deutlich vom Grundwerkstoff unterscheidbar (z.B. Oxidschichten, die durch Reaktion mit dem Umgebungssauerstoff entstehen, oder Reaktionsschichten, die sich im Bearbeitungsprozess z.B. durch Reaktionen von Bestandteilen des Kühlschmierstoffs mit der aktivierten Werkstückoberfläche bilden). Die innere Grenzschicht zeichnet sich hingegen oftmals nur durch eine vom Grundwerkstoff abweichende Gefügestruktur aus (z.B. veränderte Korngröße und -orientierung) [CZIC10]. Der diesen

Überlegungen entsprechende Schichtaufbau sowie die an der Grenzschichtbildung beteiligten Wirkmechanismen sind in Bild 4.166 zusammengefasst.

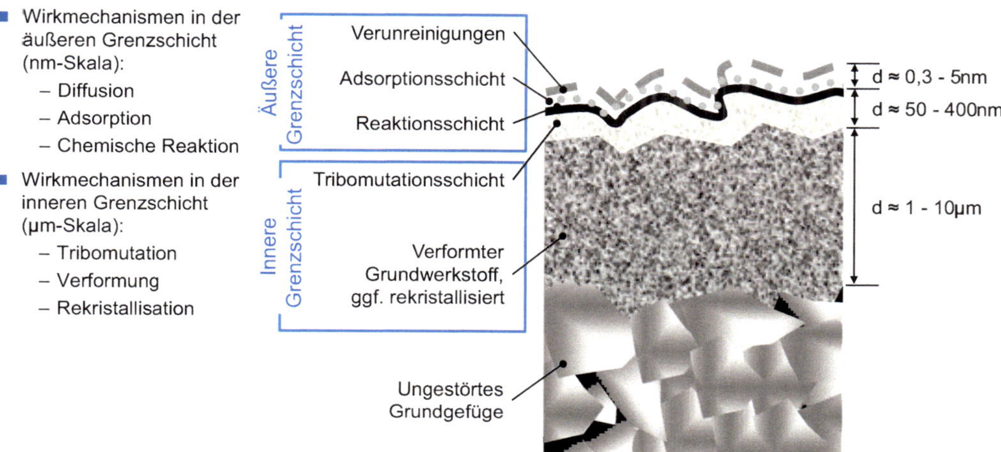

Bild 4.166 Grenzschichtmodell nach Czichos [CZIC10]

In der Übergangszone zwischen der äußeren und der inneren Grenzschicht bildet sich bei mechanisch-thermischer Beanspruchung des Bauteils, z. B. durch Fertigungsprozesse, eine Tribomutationsschicht aus [GERV93]. Dieser feinkörnigen, mehrere hundert Nanometer dicken Schicht wird ein hohes Potenzial zur Verbesserung des Reibungs- und Verschleißverhaltens der Oberflächen beigemessen [BREC15, BUGI09, REIC11]. Die Eigenschaften des tribomutierten Gefüges können jedoch nur genutzt werden, wenn die Tribomutationsschicht ausreichend durch das darunter befindliche Grundgefüge gestützt wird [BREC15, REIC11].

Aufgrund der zu untersuchenden Schichtdicken im Nanometerbereich sind konventionelle Messgeräte wie z. B. das Lichtmikroskop nur begrenzt zur Grenzschichtanalyse geeignet. Ferner ist das Anfertigen von Querschliffen durch Schleifen und Polieren in dieser Größenordnung nicht zulässig, da die auftretende Kantenverrundung die Dicke der zu untersuchenden Grenzschicht übersteigt [GRAS86]. Aus diesem Grund ist zur Grenzschichtanalyse der Einsatz höher auflösender Messverfahren erforderlich, wie z. B. FIB-REM zur Gefügebetrachtung (Rasterelektronenmikroskopie mit Präparation durch fokussiertes Ionenstrahlen) und SNMS zur chemischen Analyse (Sekundärneutralteilchen-Massenspektrometrie) [GRAS86]. Eine mit diesen Messmethoden durchgeführte Grenzschichtanalyse an geschliffenen Zahnradanalogieprüfkörpern aus Einsatzstahl ist in Bild 4.167 dargestellt [GRES19].

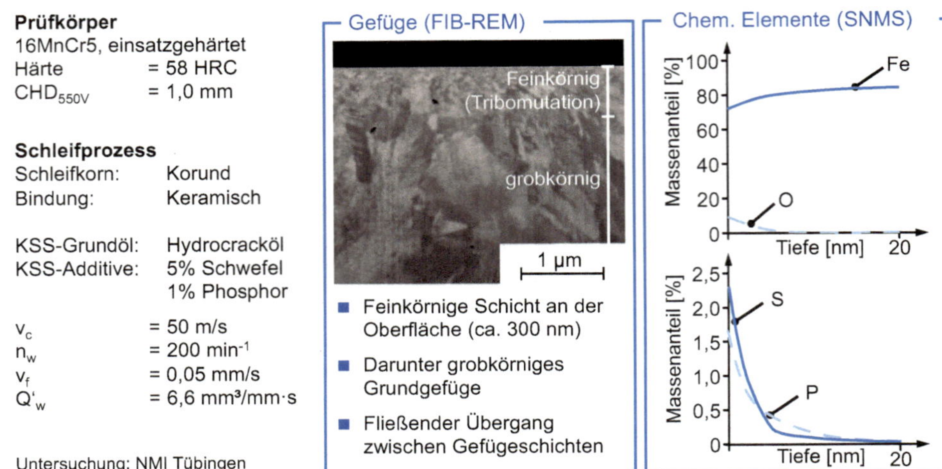

Bild 4.167 Fertigungsbedingte Grenzschicht an Prüfkörpern aus Einsatzstahl [GRES19]

Die Analyseergebnisse veranschaulichen die Ausprägung der fertigungsbedingten Grenzschicht nach dem Schleifprozess. Hinsichtlich der inneren Grenzschicht zeigt sich eine Kornfeinung im Bereich bis zu 300 nm unter der Oberfläche, welche auf die Tribomutation des Gefüges durch die mechanischen und thermischen Belastungen des Schleifprozesses zurückzuführen ist. Der Übergang zwischen fein- und grobkörnigem Gefüge ist fließend. In Abhängigkeit der eingesetzten Schleifprozessparameter und des Kühlschmierstoffs lassen sich auch abrupte Gefügeübergänge beobachten und mit dem Einsatzverhalten der geschliffenen Bauteile in Verbindung bringen (siehe Kapitel 5). Darüber hinaus weisen die Prüfkörper eine ca. 20 nm dicke, äußere Grenzschicht auf, in der Anlagerungen aus dem Kühlschmierstoff nachweisbar sind. Dabei kann es sich sowohl um eine Adsorptions- als auch um eine Reaktionsschicht handeln. Da die Prüfkörper im Vakuum untersucht und vor der Analyse in Hexan gereinigt werden, kann eine gewisse chemische Beständigkeit der festgestellten äußeren Grenzschicht nachgewiesen werden, die eine Mitnahme der Schicht bis in den Bauteilbetrieb ermöglicht [GRES19].

4.8 Kegelradherstellung

Grundsätzlich unterscheidet sich die Prozesskette zur Herstellung von Kegelrädern nicht von der Stirnradherstellung. Wie in Bild 4.168 dargestellt ist, folgt nach der Herstellung des Rohlings das Zerspanen des Grundkörpers. Nach dem Vorverzahnen wird das Kegelrad wärmebehandelt, und es schließt sich in der Regel eine Hartfeinbearbeitung an. Im folgenden Abschnitt wird die Herstellung von spiralverzahnten Kegelrädern und Hypoidrädern erläutert. Verfahren und Prozesse zur Herstellung von Kegelradsonderformen werden in [BRUM12, KLIN08, STAD14] vorgestellt.

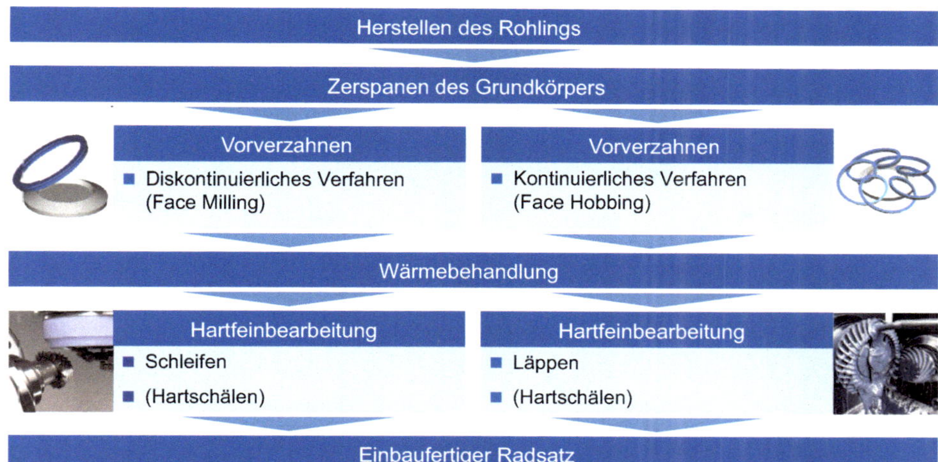

Bild 4.168 Prozesskette zur Fertigung spiralförmiger Kegelräder (Bildquelle: Klingelnberg GmbH)

Da die Makrogeometrie bei Kegelradverzahnungen unmittelbar vom Herstellverfahren abhängig ist, ergeben sich Einschränkungen in der Kombination von Vorverzahn- und Hartfeinbearbeitungsverfahren, die mit der Geometrie der Flankenlängslinie in Verbindung stehen (siehe Abschnitt 2.3.2). Aus diesem Grund wird das Schleifen zur Hartfeinbearbeitung für diskontinuierlich vorverzahnte Kegelräder eingesetzt. Für kontinuierlich vorverzahnte Kegelräder ist das Läppen das dominierende Hartfeinbearbeitungsverfahren. Sowohl kontinuierlich als auch diskontinuierlich vorverzahnte Kegelräder können nach dem Härten auch durch Hartschälen endbearbeitet werden. Das Hartschälen wird hauptsächlich für die Bearbeitung kleiner Losgrößen eingesetzt [KLIN08, STAD14].

4.8.1 Diskontinuierlich teilendes Kegelradfräsen

Das diskontinuierliche Fräsen, auch Face-Milling oder Einzel-Teilverfahren genannt, ist in Bild 4.169 dargestellt. Es kommen mehrteilige Werkzeugsysteme zum Einsatz, die aus einem Messerkopf mit Stabmessern aus Hartmetall bestehen. Sowohl Innen- als auch Außenschneider liegen auf einem Kreisbogen. Dadurch entsteht eine kreisbogenförmige Flankenlängslinie der Verzahnung. Die Position der Stabmesser wird durch Unterlegscheiben und Schrauben hochgenau eingestellt, um die gewünschte Bearbeitungstiefe und Verzahnungsqualität sicherzustellen. Nach Erreichen des Standzeitkriteriums werden die verschlissenen Stabmesser gegen neue oder aufbereitete Werkzeuge ausgetauscht. Die Verschleißmechanismen sowie die Prozessfolge für das Aufbereiten entsprechen grundsätzlich den-jenigen für Wälzfräser oder andere spanende Fertigungsverfahren (siehe Abschnitt 4.2) [HARD13, HERZ14, KLEI07, MAZA21].

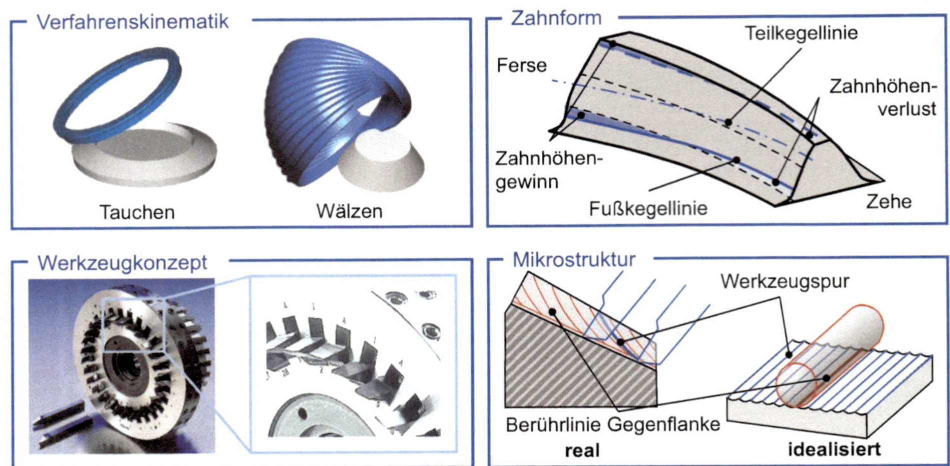

Bild 4.169 Das diskontinuierliche Kegelradfräsverfahren (Bildquelle: Klingelnberg GmbH)

Bei der Zerspanung werden, abhängig von Größe und geforderter Oberflächenqualität, Schnittgeschwindigkeiten im Bereich v_c = 200 bis 250 m/min eingesetzt. Tauchvorschübe von *ST* = 0,01 bis 0,10 mm sind für Standardkegelradverzahnungen üblich. Bei der Prozessführung kommen häufig Vorschubrampen zum Einsatz, um eine optimale Beziehung zwischen Oberflächenqualität und Prozesszeit zu erzielen. Der Vorschub wird dann mit zunehmender Tauchtiefe reduziert, sodass bei endgültiger Zustellung wenig Material zerspant und somit eine gute Oberflächenqualität erreicht wird [KLIN08, STAD14].

Damit zwei diskontinuierlich gefräste Kegelräder gepaart werden können, müssen sowohl eine konstante Zahnlücken- als auch eine konstante Zahndickenweite gewährleistet sein. Aufgrund des konischen Grundkörpers muss aus diesem Grund die Zahnhöhe entlang der Flanke veränderlich sein. An der Zehe resultiert hieraus ein Zahnhöhenverlust, wohingegen an der Ferse die Zahnhöhe zunimmt. Entsprechend bilden Fuß-, Teil- und Kopfkegellinie den in Abschnitt 2.2.3.3 beschriebenen Duplex-Kegel [KLIN08, STAD14].

Beim wälzenden Fräsen von Kegelradverzahnungen, auch als Wälzen bezeichnet, kann es wie bei Stirnradverzahnungen zu Hüllschnittabweichungen kommen. Der Abstand und Betrag dieser Abweichungen hängen von der Wälzgeschwindigkeit und der Verteilung der Stabmesser im Messerkopf ab. Aufgrund der Verfahrenskinematik liegen die Hüllschnittabweichungen auf der Flanke parallel zu den Berührlinien zwischen Rad und Ritzel. Idealisiert man den Kontakt von Ritzel und Tellerradflanke auf das Abrollen eines Zylinders auf einer Ebene, lassen sich die Mechanismen beim Abwälzen verdeutlichen. Der Zylinder repräsentiert das getauchte Tellerrad ohne Hüllschnittabweichungen, während die Ebene das gewälzte Ritzel mit Rillen als Hüllschnittabweichungen darstellt. Die gemeinsamen Berührlinien zwischen Zylinder und Ebene verlaufen parallel zu den Berührlinien, sodass die Zylinderachse beim Abrollen auf der Ebene wiederholt ausgelenkt wird. Jede Hüllschnittabweichung resultiert somit in einer Anregung des Zylinders von der Ebene und damit in einem Drehfehler beim Abwälzen des Tellerrades mit dem Ritzel. Die regelmäßigen Hüllschnittabweichungen können unter ungünstigen Umständen zu einer Geräuschanregung im Verzahnungseingriff führen [KLIN08, KOTT73, STAD14].

4.8.2 Kegelradschleifen

Das dominierende Hartfeinbearbeitungsverfahren für diskontinuierlich gefräste Kegelräder ist das Kegelradschleifen, das in Bild 4.170 abgebildet ist. Aufgrund der kreisbogenförmigen Zahnflanke können Topfschleifscheiben eingesetzt werden, die tauchend oder wälzend die gehärtete Verzahnung zerspanen. In der Regel wird das tauchende Verfahren für Tellerräder angewendet, während das wälzende Verfahren vor allem bei der Bearbeitung von Kegelritzeln zum Einsatz kommt. Das Schleifen von kontinuierlich gefrästen Kegelrädern ist im Allgemeinen nicht zu empfehlen, da aufgrund der Flankenliniengeometrie das Flankenaufmaß nicht konstant ist und gegebenenfalls Material über die Einhärtetiefe hinaus zerspant wird. Wie beim Stirnradschleifen stellen Poren, Körner und Schleifscheibenbindung die Grundbestandteile der Topfschleifscheibe dar. Für Anwendungen der Luftfahrt kommen häufig Schleifscheiben mit Aluminiumoxid zum Einsatz, wohingegen in der Automobilindustrie Siliziumkarbid das verbreitetste Kornmaterial ist [KLIN08, STAD14].

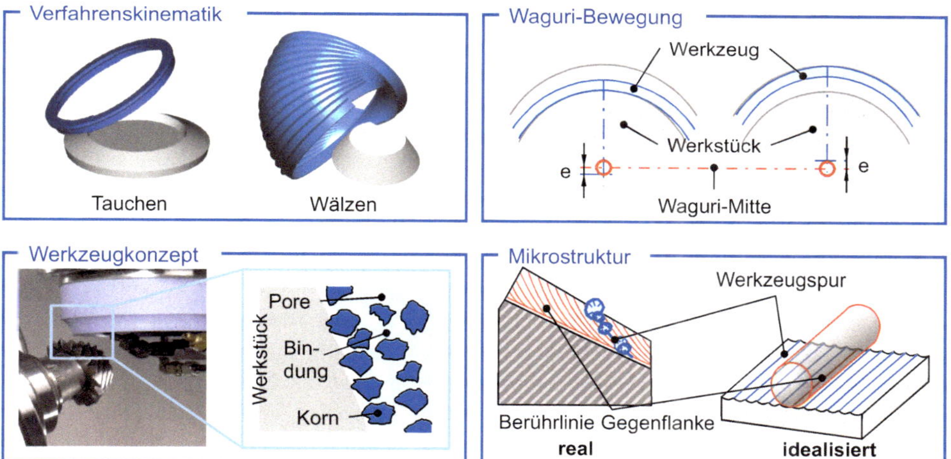

Bild 4.170 Schleifen von Kegelrädern (Bildquelle: Klingelnberg GmbH)

Beim Tauchschleifen von Tellerrädern bildet die Topfschleifscheibe das Negativprofil der Zahnlücke ab, wodurch es theoretisch zu einem ununterbrochenen vollflächigen Kontakt zwischen Topfschleifscheibe und beiden Zahnflanken kommt [STAD05]. Durch den ununterbrochenen Kontakt wird die Kühlschmierstoffzufuhr eingeschränkt, wodurch es zu einem hohen Wärmeeintrag in die Werkstückoberfläche kommen kann [ROWE14, JERM18]. Die durch diese Kontaktbedingungen und die hohe Kontaktdauer begünstigte thermische Randzonenbeeinflussung (Schleifbrand) wirkt sich negativ auf das Einsatzverhalten der Kegelradpaarung aus. Aus diesem Grund wird der Prozesskinematik eine nach ihrem Erfinder Waguri benannte Exzenterbewegung überlagert, die eine bessere Kühlschmierstoffzufuhr und eine kürzere Kontaktdauer zwischen Werkzeug und Zahnflanken bewirkt [WAGU64]. Die Waguri-Bewegung wird durch die Lagerung der Schleifspindel in einer separat angetriebenen exzentrischen Buchse realisiert [KLIN08]. Die Exzentrizität e variiert je nach Maschinentyp im Bereich von mehreren Hundertsteln Millimetern bis zu einigen

Zehnteln Millimetern und ist in der Regel durch den Anwender nicht einstellbar [WESS09, STAD14]. Da das Schleifen von Kegelrädern auf der gleichen Kinematik wie das diskontinuierliche Kegelradfräsen basiert, entsteht beim Wälzen eine vergleichbare Mikrostruktur durch die resultierenden Hüllschnittabweichungen. Da die Topfschleifscheibe ein durchgehendes Profil aufweist und die üblichen Wälzgeschwindigkeiten von v_w = 5 bis 20°/s gering ausfallen, sind die Hüllschnittabweichungen in Betrag und Abstand wesentlich kleiner als beim Vorverzahnen. Entscheidenden Einfluss auf die Oberflächenqualität hat der Abrichtvorgang des Schleifwerkzeugs, der in Abschnitt 4.4 beschrieben wird. Aufgrund der unterschiedlichen Profilwinkel der Innen- und Außenseite der Topfschleifscheibe resultieren aus konstanten Abrichtbedingungen unterschiedliche Kontaktlängen zwischen Abrichtwerkzeug und Topfschleifscheibe. Aus diesem Grund müssen Innen- und Außenseite der Topfschleifscheibe mit unterschiedlichen Parametern abgerichtet werden, um vergleichbare Schleifscheibenoberflächen zu erzielen. Um übliche Flankenaufmaße von Δs = 0,1 bis 0,15 mm zu zerspanen, sind Schnittgeschwindigkeiten zwischen v_c = 18 und 25 m/s verbreitet [KLIN08, STAD14, WESS09].

4.8.3 Kontinuierlich teilendes Kegelradfräsen

Die Kinematik des kontinuierlichen Kegelradfräsens, auch Face Hobbing genannt, unterscheidet sich vom diskontinuierlichen Fräsen durch die Wälzkopplung von Werkzeug und Werkstück, sodass das Werkstück während der Bearbeitung rotiert. In Kombination mit der Anordnung der Stabmesser im Messerkopf entsteht eine Werkzeugspur in Form einer Epizykloide, wie in Bild 4.171 oben links dargestellt ist. Zudem werden die Stabmesser im Messerkopf zu Messergruppen in verschiedenen Gängen zusammengefasst, die aus einem bis drei Stabmessern bestehen können. Während der Fertigung zerspant eine Messergruppe eine Lücke und die darauffolgende Messergruppe zerspant die nächste Lücke. Die Teilbewegung ist kontinuierlich, sodass alle Lücken gleichzeitig gefertigt werden [KLIN08, STAD14].

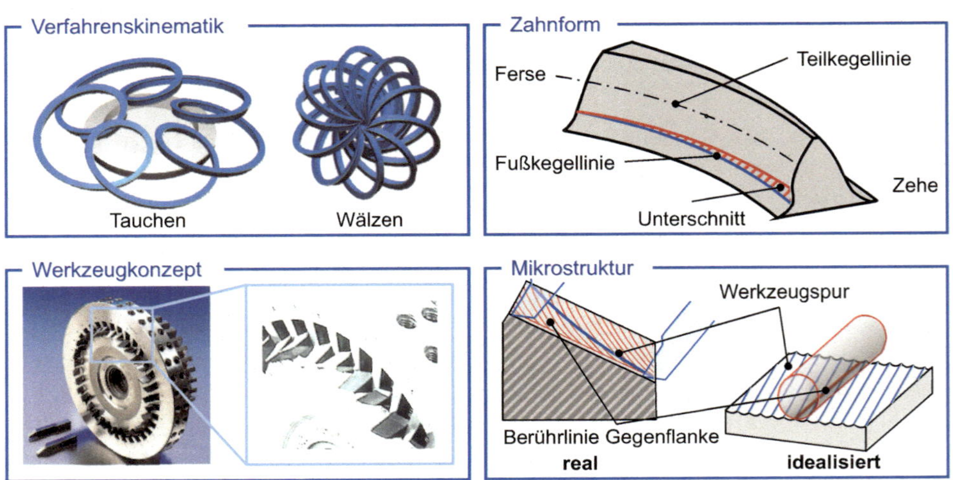

Bild 4.171 Das kontinuierliche Kegelradfräsverfahren (Bildquelle: Klingelnberg GmbH)

Für das kontinuierliche Fräsverfahren kommen ebenfalls Werkzeugsysteme, die aus Messerkopf und Stabmessern bestehen, zum Einsatz. Auch die verwendeten Schnittgeschwindigkeiten und Vorschübe sind mit denen des diskontinuierlichen Verfahrens vergleichbar. Um jedoch eine epizykloidenförmige Bahnkurve zu erhalten, werden die Stabmesser tangential zu dem Rollradius, der auf dem Werkzeugradius abrollt, positioniert (siehe Abschnitt 2.2.1). Allerdings kreuzen sich so die Messerbahnen von Innen- und Außenschneider, sodass eine komplette Überdeckung der Messerspitzen nicht immer sichergestellt werden kann. Dadurch kann es vorkommen, dass Material im Zahnfuß nicht vollständig zerspant wird. Aufgrund seiner charakteristischen Form wird das verbleibende Volumen als Finne bezeichnet. Bei der Wärmebehandlung werden diese Finnen durchgehärtet und brechen aufgrund ihrer hohen Sprödheit leicht, sodass harte Partikel bei der Hartfeinbearbeitung oder im Einsatz in den Zahneingriff gelangen und die Zahnflanken schädigen können. Beim Wälzen von Kegelrädern kann es weiterhin zum vorzeitigen Eingriff der Nebenschneide auf der gegenüberliegenden Zahnflanke kommen, was bei der Prozessauslegung im Vorfeld berücksichtigt werden muss [KLIN08, STAD14].

Die konstante Rotation des Werkzeugs und die resultierende konstante Teilung führen dazu, dass Zahn- und Lückenweite für kontinuierlich gefräste Kegelradverzahnungen von der Ferse zur Zehe hin abnehmen. Entsprechend weisen die Zähne eine konische Zahnform auf. Aufgrund dieser Konizität kann der Kopf der Zehe dünn ausfallen. Um ein Durchhärten des Zahnkopfes zu vermeiden, wird in diesen Fällen eine Kopfkürzung durchgeführt. Die Konizität der Zähne führt weiterhin dazu, dass sich Rad und Ritzel ohne Einschränkungen miteinander paaren lassen. Dadurch ist eine konstante Zahnhöhe der Verzahnung möglich. Allerdings muss bei der Auslegung darauf geachtet werden, dass der Unterschnitt im Fußbereich so gering wie möglich ausfällt [KLIN08, STAD14].

Im Gegensatz zum diskontinuierlichen Kegelradfräsen liegt die Werkzeugspur der Hüllschnittabweichungen nicht parallel zu den Berührlinien zwischen Rad und Ritzel, sondern sie kreuzen sich. Wird das Abwälzen zwischen Rad und Ritzel auf das Abrollen eines Zylinders auf einer Ebene übertragen, so wird verdeutlicht, dass aufgrund der mehrfachen Hüllschnittüberdeckung eine geringere Auslenkung der Rollachse des Zylinders zur Rollebene im Vergleich zur Auslenkung bei parallelen Berührlinien resultiert. Die mehrfache Hüllschnittüberdeckung gewährleistet günstigere Abrollbedingungen und somit eine höhere Laufruhe beim Abwälzen von kontinuierlich gefrästen Kegelrädern im Vergleich zu diskontinuierlich gefrästen Kegelrädern [KLIN08, KOTT73, STAD14].

4.8.4 Kegelradläppen

Das Läppen von Kegelrädern, das in Bild 4.172 dargestellt ist, wird hauptsächlich für kontinuierlich gefertigte Kegelräder eingesetzt. Dabei werden Tellerrad und Ritzel gleichzeitig bearbeitet, indem sie in einer Läppmaschine aufeinander abwälzen und Läppmittel in den Eingriff gegeben wird. Das Läppmittel stellt eine Dispersion dar, die aus einem ölbasierten Läppfilm und aus Siliziumkarbid-Körnern oder anderen Hartstoffen besteht. Diese Körner zerspanen aufgrund der Relativbewegung zwischen Rad und Ritzel stochastisch Material [KLIN08, STAD14].

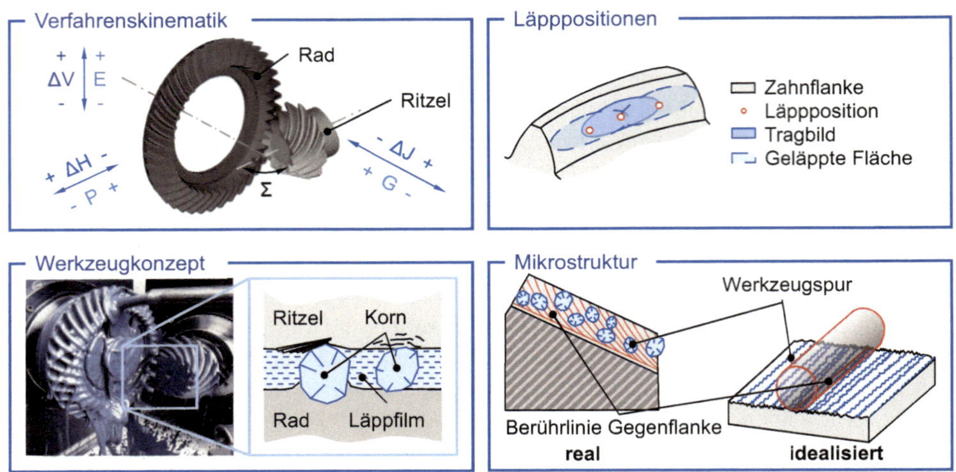

Bild 4.172 Läppen von Kegelrädern (Bildquelle: Klingelnberg GmbH)

Die notwendige Relativbewegung wird durch das Abwälzen zwischen Rad und Ritzel erzeugt bei Drehmomenten zwischen M_L = 1,0 und 2,5 Nm; sie entspricht der Gleitbewegung zwischen den Zahnflanken. Die geläppte Fläche liegt zunächst im Tragbild der Verzahnung. Da sich das Tragbild unter Last verlagert und von der Einbauposition abhängt, muss ein größerer Bereich der Zahnflanke bearbeitet werden. Dazu werden verschiedene Läpppositionen durch ein vertikales und horizontales Verschieben sowie durch Verdrehen der Zahnflanken zueinander eingestellt. Das Läppen eines Flankenpaares auf allen Positionen dauert in der Regel 60 bis 150 Sekunden. Anschließend wird die Drehrichtung umgedreht und das Verdrehflankenspiel so eingestellt, dass das andere Flankenpaar Kontakt aufweist. Für das zweite Flankenpaar erfolgt ein weiterer Läppdurchgang [KLIN08, STAD14].

Aufgrund der kurzen Läppdauer und dem simultanen Bearbeiten von zwei Kegelrädern handelt es sich beim Läppen um ein sehr produktives Verfahren. Allerdings ist zu beachten, dass Rad und Ritzel fest miteinander gepaart werden müssen, der Radsatz wird auch als „verheiratet" bezeichnet. Fällt ein Kegelrad der Paarung im Einsatz aus, muss dementsprechend der gesamte Radsatz ausgetauscht werden. Weiterhin ist zu beachten, dass mit zunehmender Gleitgeschwindigkeit mehr Material zerspant wird. Da bei Kegelrädern ohne Achsversatz im Zahnkontakt reines Abrollen auftritt (vgl. Abschnitt 2.2.3.5), besteht die Gefahr, zu viel Material entlang des Teilkegels zu zerspanen und somit die konstruktiv notwendige Balligkeit zu verringern. Hypoidradsätze hingegen zeichnen sich aufgrund der auftretenden Gleitgeschwindigkeiten bei steigendem Achsversatz durch eine gute Läppbarkeit aus [KLIN08, STAD14].

Aufgrund der stochastischen Verteilung der Körner im Läppfilm und des Einflusses der Gleitgeschwindigkeit an der Materialabnahme unterliegt die Zerspanung vielen Einflussgrößen. Dazu zählen Härteverzüge, Flankenabweichungen sowie das Verlagerungsverhalten des Tragbilds. Das Einstellen der Läpppositionen sowie die Verweildauer basieren häufig auf Erfahrungswissen und der Expertise der Maschinenbediener. Da die Oberflächentextur dem Vektorfeld der Gleitgeschwindigkeit entspricht, weisen die Bearbeitungsspuren zwischen Tellerrad und Ritzel unterschiedliche Richtungen auf. Weiterhin ergeben sich unterschiedliche Kontaktbedingungen in jeder Eingriffskombination von Tellerrad und Ritzel, sodass geläppten Radsätzen eine geringere tonale Geräuschanregung im Vergleich zu geschliffenen Radsätzen zugeordnet wird [KLIN08, STAD14].

4.8.5 Optimierungsansätze für die Werkzeug- und Prozessauslegung

Ein generelles Problem für die Verschleißentwicklung sind Mehrflankenspäne. Sie behindern den freien Spanfluss und führen zu thermischen und mechanischen, lokalen Spitzenbeanspruchungen an der Schneide. Im Allgemeinen sind die Schneidkanten besonders gefährdet. Klein [KLEI07] geht diese Problematik systematisch an und untersucht unterschiedliche Werkzeugkonzepte hinsichtlich des Verschleißverhaltens. Grundsätzlich dominiert an den Flanken Abrasionsverschleiß, an den Schneidecken treten vermehrt Ausbrüche auf. Der zeitliche Verschleißfortschritt ist von den kinematischen Einstellparametern abhängig, aber es ist offensichtlich, dass vorwiegend lokale Maxima der Verschleißmarkenbreite oder die Ausprägung von Ausbrüchen an der Schneidkante die Standmengen bestimmen. Hier zeigt sich die Auswirkung von Mehrflankenspänen. Klein nennt als mögliche Maßnahmen zur Verbesserung, die Werkzeugwinkel, insbesondere Frei- und Spanwinkel, in ihrem Zusammenwirken zu optimieren, um maximale Schneidkeilstabilität zu erreichen, Hartstoffschichten anzupassen und in Abhängigkeit von den Schnittgeschwindigkeiten ggf. Schneidkantenverrundungen vorzusehen. Auch die Schnittaufteilung der Späne auf verschiedene Schneidwerkzeuge bietet Möglichkeiten zur Optimierung des Werkzeugsystems. Beispielhaft seien Werkzeugkonzepte genannt, die mit Vollprofilschneidern, Halbprofilschneidern und mit einer Aufteilung des Spanvolumens auf Kopf- und Flankenschneider arbeiten. Hier sind Fragen zum Spanraum, zur Spanbildung, zum freien Spanablauf und zur Spanabfuhr, durch die auch die bearbeitete Oberfläche nicht beschädigt werden darf, sowie zur Herstellung des Werkzeugsystems und zur Instandsetzung verschlissener Werkzeuge gegeneinander abzuwägen [KLEI07]. Die vorliegenden Verschleißmodelle sind vorwiegend für diskontinuierlich teilende Tauchprozesse validiert worden.

Mazak [MAZA21] geht Fragen zur Prozessauslegung beim Kegelradfräsen in einem größeren Betrachtungsrahmen an und stellt Ergebnisse vor, indem Prozessparameter sowie Werkzeugwinkel und Werkzeugverschleiß bei diskontinuierlichen und kontinuierlichen Tauchprozessen allgemeingültig in Beziehung gesetzt werden. In Abhängigkeit von der Erzeugungskinematik und der Prozessstrategie sind die Stabmesser im Werkzeugsystem räumlich angeordnet und orientiert. Aufgrund der Freiheitsgrade in der Werkzeuganordnung sowie der Erzeugungskinematik ist eine Vielzahl von Einstellkombinationen möglich. Mazak entwickelt ein ebenes Durchdringungsmodell, um die zu erwartenden Spanungsgrößen zunächst rechnerisch zu ermitteln und diese Ergebnisse technologisch zu werten. Als signifikante Spanungsgrößen werden die Spanungsdicke, Spanungslänge und die zerspante Fläche analysiert. Die modellierten Spanungsgrößen und aus Realversuchen stammende Spangrößen stimmten gut überein, sodass mit diesen Modellen eine gute Analyse der Prozesse möglich ist [MAZA21]. Variationen der Schnittgeschwindigkeit und des Vorschubs zeigen Optima ebenso wie die Variation der konstruktiven Frei- und Spanwinkel. Die Werkzeugwinkel wurden sowohl für die Haupt- als auch Kopfschneide variiert. Die Modelle erlauben auch die Berücksichtigung von Vorschubrampen, bei denen der Vorschub nach einer vorgegebenen Strategie verändert wird. Auch wenn die ermittelten Zusammenhänge zwischen dem Werkzeugverschleiß und den Einstellparametern nicht mit linearen Polynomansätzen ausreichend genau abgebildet wurden, konnten doch mit regelbasierten Modellen Auslegungshinweise erarbeitet werden.

Wessel untersucht Auswirkungen von Abricht- und Schleifparametern auf die Werkstückeigenschaften unter praktischen Bedingungen in der Industrie [WESS09]. Es wird ein empirisches Modell zur Vorhersage des Schleifbrandrisikos in Abhängigkeit von den Prozessparametern beim Tauchschleifen von Kegelrädern entwickelt [WESS09]. Von diesen Erkenntnissen ausgehend widmet sich Solf [SOLF22] der Frage, wie ein Schleifkraftmodell für das Tauchschleifen zur Herstellung von Kegelrädern formuliert werden kann. Solf entwickelt einen Analogieversuch für das Tauchschleifen von Kegelrädern, der die Kontaktbedingungen abbildet. Mit systematischen Experimenten wurden Schleifkraftbestimmungen durchgeführt. Insbesondere wurde der Einfluss der Tauchvorschubgeschwindigkeit v_t beziehungsweise der Zustellung pro Exzenterumdrehung Δs_e, des bezogenen Zeitspanungsvolumens Q'_w sowie der Schnittgeschwindigkeit v_c auf die Schleifkräfte studiert. Das formulierte Schleifkraftmodell baut auf dem Basismodell nach Werner [WERN71] auf (siehe auch Abschnitt 6.2.4.3).

4.8.6 Kegelradverzahnmaschinen

4.8.6.1 Mechanische Kegelradfräsmaschinen

Die Besonderheit bei der Auslegung und Fertigung von Kegelrädern besteht darin, dass beide einander bedingen. Zur Auslegung und Berechnung der Flankengeometrie sind genaue Kenntnisse über die Maschineneinstelldaten notwendig. Ohne die Kenntnisse der Kontaktbedingungen der Kegelradverzahnung können jedoch keine Maschinendaten berechnet werden. Dieser Kreisschluss wird über Berechnungsprogramme gelöst, mithilfe derer ein Anwender auf Basis einer Grundauslegung die Maschineneinstelldaten und Flankengeometrie ermitteln kann. Diese Berechnungsansätze beruhen auf der Kenntnis der Maschinenkinematik der virtuellen Werkzeugmaschine, die im Folgenden anhand einer mechanischen Kegelradfräsmaschine beschrieben wird [KLIN08, KRUM67, MUEL13, STAD13].

Das Verfahrensprinzip der Kegelraderzeugung ist in Abschnitt 2.3.1 erläutert worden und wird in Bild 4.173 zusammenfassend dargestellt. Die theoretische Erzeugung der Kegelradflanken kann in Analogie zum Prinzip des Abwälzens einer Zahnstange mit einem Zylinderrad hergeleitet werden. Entsprechend weisen auch Kegelräder ein gemeinsames Bezugsprofil auf, das sowohl mit Rad als auch Ritzel abwälzen kann. Bei dem gemeinsamen Profil handelt es sich um das Erzeugungsplanrad. Im Gegensatz zum Bezugsprofil bei Stirnrädern weist das Erzeugungsplanrad eine definierte theoretische Zähnezahl und je nach Verzahnungsart gerade, gekrümmte oder kegelförmige Zähne auf [KLIN08, KRUM67, STAD13].

Bei der Herstellung von Kegelrädern wird das Prinzip des Abwälzens eines Kegelrades mit dem Erzeugungsplanrad durch das Werkzeug nachgebildet. Es kommt ein mehrteiliges Werkzeugsystem, bestehend aus einem Messerkopf mit mehreren Stabmessern, zum Einsatz. Das rotierende Werkzeug repräsentiert dabei einen einzelnen Zahn des Erzeugungsrades. Durch die Bewegung des Messerkopfs im Raum wird das Abwälzen des Erzeugungsplanrades mit dem Werkstück abgebildet. Der Messerkopf muss dementsprechend so positioniert sein, dass die Zähne des Erzeugungsplanrades mit dem zu fertigenden Kegelrad in Eingriff kommen können [KLIN08, STAD13, KRUM67].

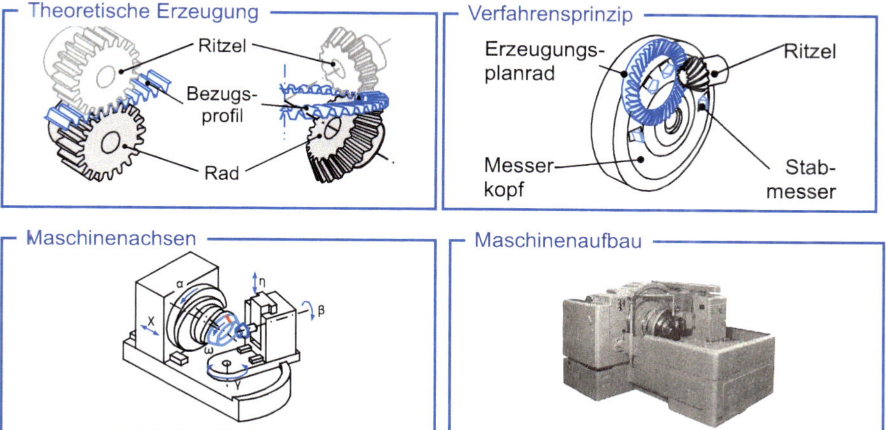

Bild 4.173 Das Verfahrensprinzip des Kegelradfräsens (Bildquelle: The Gleason Works)

Für die Positionierung des Werkzeugs entsprechend dem Prinzip des Erzeugungsplanrades kamen ursprünglich mechanische Verzahnmaschinen zum Einsatz, die bis zu zwölf Achsen aufwiesen. Die Bewegungen der einzelnen Achsen wurden durch Rollbänder und Kurvenscheiben miteinander gekoppelt, wie am Beispiel einer der ältesten Maschinen (Gleason No. 116) in Bild 4.173 dargestellt ist. Als Führungsgrößen der Fertigung dienen der Wälzwiegenwinkel α, der die Rotation für die Abwälzbewegung zwischen Erzeugungsplanrad und Werkstück abbildet, sowie der Werkzeugdrehwinkel ω, der durch eine Messerkopfrotation die notwendige Schnittgeschwindigkeit realisiert. Für mechanische Maschinen gibt es eine Vielzahl von Varianten, die über wenige Achsen verfügen können und somit in der Erzeugung durch das angewendete Verfahren, die Zahnflankenmodifikationen und die Profilform der Kegelräder eingeschränkt sind. Eine Übersicht über weitere mögliche Achsen mechanischer Kegelradmaschinen gibt Tabelle 4.4 [KLIN08, KRUM67, MUEL13, STAD13].

Tabelle 4.4 Übersicht über Maschinenachsen mechanischer Keglradfräsmaschinen nach Klingelnberg [KLIN08]

Achse	Name	Bewegung
β	Werkraddrehung	$\beta = \beta(\alpha, \omega)$
γ	Maschinengrundwinkel	$\gamma = \gamma(\alpha)$
ε	Horizontalverschiebung	$\varepsilon = \varepsilon(\alpha)$
η	Erzeugungsachsversatz	$\eta = \eta(\alpha)$
σ	Swivel-Winkel	$\sigma = \sigma(\alpha)$
τ	Tilit-Winkel	$\tau = \tau(\alpha)$
φ	Werkzeugexzentrizität	$\varphi = \varphi(\alpha)$
χ	Tiefenposition	$\chi = \chi(\alpha)$
mccp	Abstand Maschinenmitte bis zum Achskreuzungspunkt	*mccp* = konst.
α	Wälzwiegenwinkel	Führungsgröße
ω	Werkzeugdrehwinkel	Führungsgröße

4.8.6.2 6-Achs-Universal-Fräsmaschinen

Die in Abschnitt 4.8.6.1 aufgeführten Achsen mechanischer Kegelradfräsmaschinen veranschaulichen die Positionierung von Werkzeug, Erzeugungsplanrad und Werkstück, weisen jedoch mathematische Redundanzen in der Positionierung von Werkzeug und Werkstück auf. Durch den Fortschritt in der Entwicklung von Antrieben und der Steuerungstechnik von Elektromotoren können die notwendigen Achsbewegungen zur Erzeugung von Kegelradzahnflanken durch sechs CNC-Achsen abgebildet werden. Drei unabhängige lineare Achsen und drei unabhängige Rotationsachsen bilden alle möglichen Freiheitsgrade im Raum ab. Durch die Reduktion der Anzahl an Maschinenachsen wurde eine höhere Genauigkeit bei größerer Steifigkeit der Werkzeugmaschinen erreicht, da CNC-Maschinen weniger Fügestellen aufweisen. Weiterhin konnten mit der Entwicklung von 6-Achs-Universal-Fräsmaschinen die Kosten und Komplexität der Kegelradfräsmaschinen gesenkt werden, aber auch die Bedienbarkeit verbessert werden [KLIN08, MUEL13, STAD13].

Prinzipiell lassen sich zwei Aufbaukonzepte von 6-Achs-Universal-Fräsmaschinen unterscheiden, die in Bild 4.174 gegenübergestellt sind. Bei der horizontalen Bauweise sind die Werkstück- und Werkzeugachsen waagerecht angeordnet. Dies bietet den Vorteil des einfachen Werkzeugwechsels. Durch die Anordnung der CNC-Achsen an einer Säule entstehen kurze Kraftflusswege und bezogen auf die Spindelachsen sind Werkstück und Werkzeug symmetrisch angeordnet. Beides wirkt sich positiv auf das Verformungsverhalten der Achsen durch die auftretenden Schnittkräfte aus. Die auftretenden Späne fallen aufgrund der Achsanordnung in den Spanraum der Maschine und können abtransportiert werden, ohne weitere spezielle Einrichtungen zu erfordern [STAD13].

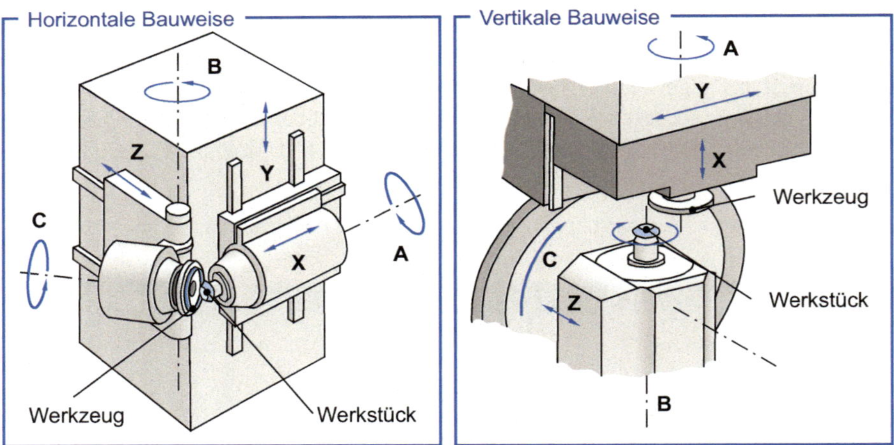

Bild 4.174 Bauarten NC-gesteuerter 6-Achs-Universalfräsmaschinen

Vorteile der vertikalen Bauweise von 6-Achs-Universalfräsmaschinen liegen zum einen in der geringen Verformung der Werkzeug- und Werkstückachsen durch die Schwerkraft. Da aufgrund der Herstellkinematik keine Gegenhalter für Werkstück und Werkzeug eingesetzt werden können, kann diese Verformung besonders bei großen und damit schweren Bauteilen einen Einfluss auf die Verzahnungsqualität haben. Das Werkstück ist bei der vertikalen

Bauweise leicht zugänglich und kann beim Wechsel nicht herunterfallen. Durch die große Masse des Maschinenbetts weisen Universalfräsmaschinen der vertikalen Bauweise ein positives Dämpfungsverhalten auf [KLIN08, MUEL13].

Bild 4.175 zeigt die Umsetzung der horizontalen Bauart einer 6-Achs-Universalfräsmaschine. Anstatt das Werkstück zur Bearbeitung zu schwenken, wie es bei den in Abschnitt 4.8.6.1 beschriebenen mechanischen Kegelradfräsmaschinen der Fall ist, wird das Werkzeug durch die Rotation der B-Achse geschwenkt. Diese Schwenkbewegung wird durch eine direkt angetriebene Kugelspindel realisiert. Die Winkelposition der B-Achse wird durch einen Winkelschrittgeber bestimmt, der direkt mit dem oberen Drehpunkt der Achse verbunden ist. Aufgrund der großen zur Fertigung notwendigen Linearbewegungen und der daraus resultierenden hohen Linearbeschleunigungen können durch diese Bauweise Einbußen der Positionsgenauigkeit vermieden werden. Die Linearachsen X, Y und Z werden durch direkt angetriebene Kugelrollspindeln bewegt [STAD13, NN15b].

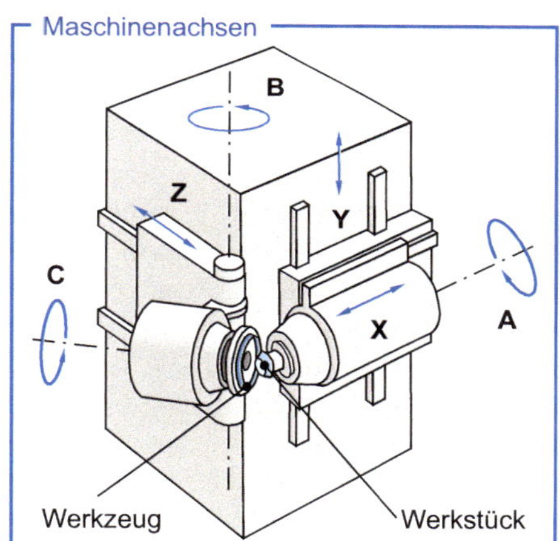

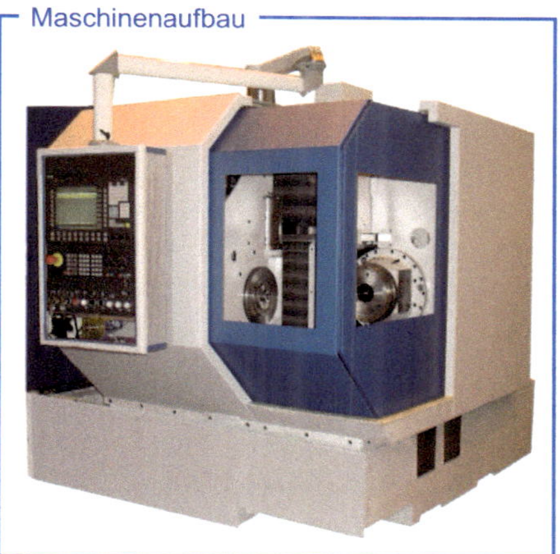

Bild 4.175 6-Achs-Universalfräsmaschine (exemplarisch nach Gleason)

Bild 4.176 zeigt die vertikale Bauart einer 6-Achs-Universalfräsmaschine. Im Vergleich zum Schleifen müssen beim Fräsen höhere Drehmomente und kleinere Drehzahlen realisiert werden. Aus diesem Grund kann die Spindellagerung der Werkzeugspindel A durch Wälzkörper realisiert werden. Die Frässpindelachse ist möglichst nah an den Führungen der Vertikalachse X angebracht, umso eine hohe Steifigkeit zu realisieren. Die Frässpindel wird durch eine Fest-Los-Lagerung gelagert. Das zweireihige, vorgespannte Spindellager der Festlagerung ist am unteren Ende der Spindel angebracht. So werden die Kräfte, die beim Fräsen entstehen, auf kurzem Weg in das Maschinenbett geleitet. Die Radiallagerung hingegen ist am oberen Ende der Spindel durch ein zweireihiges Spindellager in X-Anordnung umgesetzt. Dadurch resultiert nur eine kleine axiale Längenzunahme der Spindel bei Erwärmung [MUEL13].

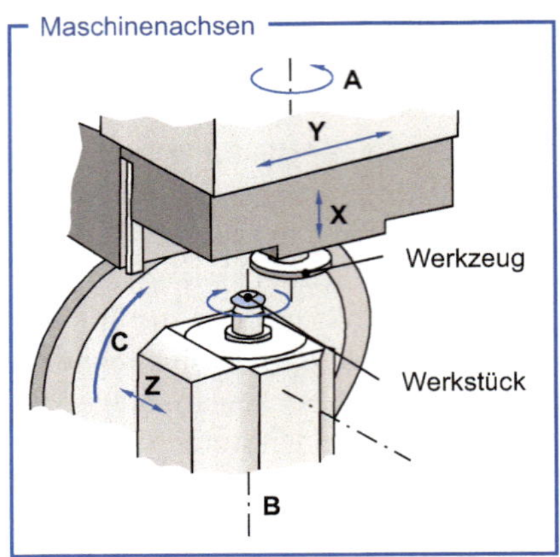

Bild 4.176 6-Achs-Universalfräsmaschine (exemplarisch nach Klingelnberg)

4.8.7 Der Closed Loop

Um eine gleichbleibende Qualität in der Serienfertigung zu gewährleisten, kommt bei der Herstellung von Kegelrädern ein softwaregestützter geschlossener Regelkreis zum Einsatz, der sogenannte Closed Loop. Die Bestandteile und der genaue Ablauf im Regelkreis sind in Bild 4.177 dargestellt. Mithilfe einer Auslegungssoftware werden zunächst die Verzahnungsdaten und Einstellungen der Kegelradbearbeitungsmaschine ermittelt. Auf Basis dieser theoretischen Vorgaben erfolgt die Fertigung auf einer Fräs- oder Schleifmaschine. Da die Fertigung aufgrund von Toleranzen, thermischen und mechanischen Verformungen, des Anregungsverhaltens der Werkzeugmaschinen sowie des Werkzeugverschleißes fehlerbehaftet ist, kann die theoretische Vorgabe häufig nicht exakt realisiert werden. Darum wird das gefertigte Kegelrad anschließend auf einer Koordinaten-Messmaschine vermessen. Liegen die Abweichungen außerhalb der geforderten Toleranz, ermittelt eine Korrektursoftware auf Basis der Messdaten Korrekturdaten [KLIN08, WEYN98].

Die mathematischen Grundlagen für die korrigierten Verzahnmaschineneinstellungen wurden 1998 am WZL der RWTH Aachen gelegt. Die entwickelte Methode umfasst die Messdatenverarbeitung der Flankengeometrie sowie eine grundsätzliche Vorgehensweise zum Ausgleich von gemessenen Fertigungsabweichungen in Profil- und Flankenrichtung. Anschließend wurde ein Qualitätsregelkreis entwickelt, um die Kompensationsalgorithmen in bestehende Softwarelösungen zu integrieren [WEYN98].

Die ermittelten Korrekturdaten werden an die Werkzeugmaschine zurückgeführt und mit den theoretischen Daten verrechnet. Auf Basis der korrigierten Daten wird das Kegelrad erneut bearbeitet. Der Regelkreis wird durchlaufen, bis die Messung auf der Koordinaten-Messmaschine ergibt, dass die gefertigten Kegelradflanken innerhalb der Toleranz liegen [KLIN08, WEYN98].

Anwendung findet der Closed Loop gemäß Bild 4.177 für das Fräsen und Schleifen von Kegelrädern. Weist die Wärmebehandlung eine geringe Streuung auf, können auf die gleiche Weise auch Härteverzüge bei der Fertigung vorgehalten werden. Für das Läppen hingegen ist der Closed Loop noch nicht industriell etabliert [KLIN08, STAD14].

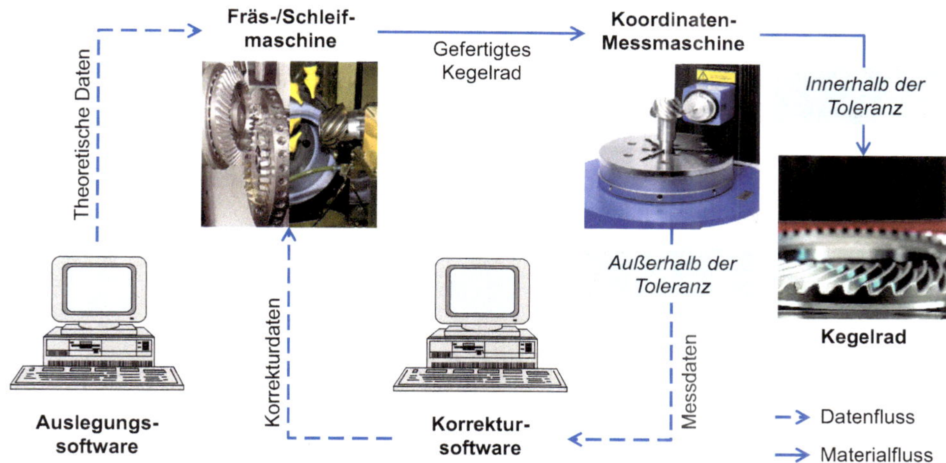

Bild 4.177 Der Closed Loop in der Kegelradfertigung (Bildquelle: Klingelnberg GmbH)

4.8.8 Analogieversuche für die Kegelradfertigung

Um zeit- und kostenaufwendige Versuche an Werkzeugmaschinen und in der Serienproduktion zu vermeiden, wurden für das Kegelradfräsen als auch für das Kegelradschleifen Analogieversuche entwickelt. Dabei handelt es sich um Modellversuche mit einem hohen Abstraktionsgrad. Eine Übersicht über die Analogieversuche für das Kegelradfräsen gibt Bild 4.178.

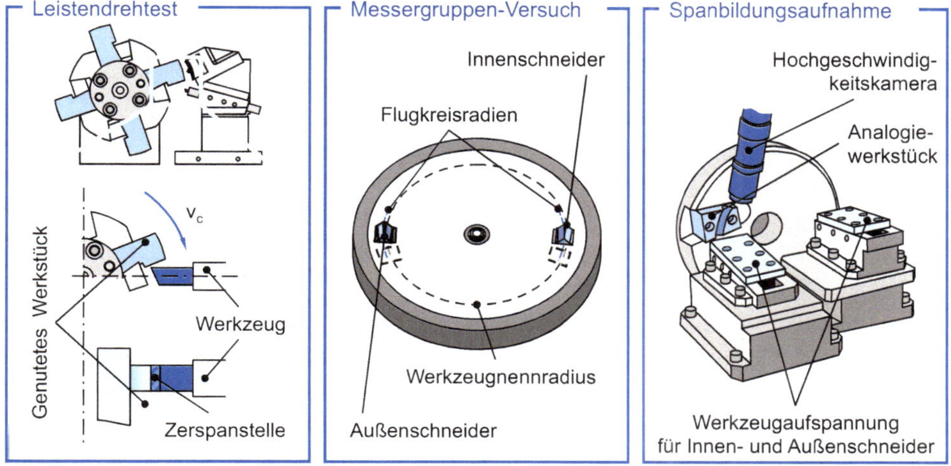

Bild 4.178 Analogieversuche für das Kegelradfräsen

Auf Basis des in [VDI99] definierten Leistendrehtests wurde am WZL das Kegelradfräsen im Analogieversuch untersucht. Dabei werden vier in einer Vorrichtung eingespannte Werkstückleisten durch Außenlängsdrehen zerspant und bilden somit die Analogie zum unterbrochenen, trockenen Schnitt, wie er bei der Kegelradfertigung auftritt. Das Werkzeug wird fest eingespannt. Neben der Werkzeuggeometrie können durch die Werkzeugeinspannung die Spanungsdicke, die effektiven Wirkwinkel am Werkzeug sowie die Schnittbogenlänge eingestellt werden. Auf diese Weise wurde das Verschleißverhalten im Einflankenschnitt untersucht und der Nachweis erbracht, dass der Analogieversuch geeignet ist, die Erkenntnisse des Einflankenschnitts auf die mehrflankige Spanbildung zu übertragen. Ebenfalls mithilfe des Leistendrehtests wurde die Spanbildung von Zweiflankenspänen unter Variation der Werkzeuggeometrie und Spandicke analysiert [HARD13, HERZ14, VDI99].

Eine Möglichkeit zur Untersuchung des Stabmesserverschleißes im diskontinuierlichen Verfahren stellt der Messergruppen-Versuch dar. Dazu wird der Messerkopf nicht vollständig mit Stabmessern bestückt, sondern nur mit einer Messergruppe. Innen- und Außenschneider werden auf gegenüberliegenden Seiten im Messerkopf positioniert, um eine ausgeglichene Massenverteilung zu ermöglichen. Optional kann dem Innen- ein Außenschneider und umgekehrt dem Außen- ein Innenschneider vorgelagert werden. Damit die vorgelagerten Stabmesser, sogenannte Dummy-Messer, nicht an der Zerspanung beteiligt sind, werden sie um 1 mm gegenüber den schneidenden Stabmessern abgesenkt. Durch den Aufbau wird der Spanraum verengt und die Zerspanbedingungen realistischer abgebildet, sodass beispielsweise die Entstehung von Spanklemmern untersucht werden kann. Anschließend werden bis zum Erreichen des Standzeitkriteriums Tellerräder auf einer Kegelradfräsmaschine gefertigt, wobei der Tauchvorschub für eine vergleichbare Spandicke angepasst werden muss. Durch die Reduzierung der Messergruppen wird das Standzeitende schneller erreicht und der Aufwand der Versuchsdurchführung wird um bis zu 93% reduziert. Der Vorteil dieses Analogieverfahrens gegenüber dem Leistendrehtest liegt darin, dass damit der Verschleiß in der Maschine unter Berücksichtigung der tatsächlichen Maschinen- und Prozesskinematik untersucht werden kann [KLEI07, KLOC12b, MAZA21].

Unter realen Fertigungsbedingungen lassen sich keine Untersuchungen zur Spanbildung durchführen. Aus diesem Grund wurde ein weiterer Aufbau entwickelt, um den Spanfluss mithilfe einer Hochgeschwindigkeitskamera aufnehmen zu können, ohne dass Werkzeug oder Werkstück die Spanbildung verdecken. Dazu sind die Stabmesser auf verstellbaren Aufnahmevorrichtungen eingespannt. Das Analogiewerkstück rotiert, sodass die notwendige Schnittgeschwindigkeit erzeugt wird. Der Drehpunkt des Analogiewerkstücks stellt auch den Mittelpunkt zwischen Außen- und Innenschneider dar. Auf diese Weise kann die Spanbildung mit der über dem Versuchsaufbau montierten Hochgeschwindigkeitskamera aufgenommen und analysiert werden [KLEI07].

Für die Modellierung des Kegelradschleifprozesses nutzte Solf einen Analogieversuch auf einer Honmaschine [SOLF22]. Anhand des Analogieversuches konnte die Zerspankraft und die Nachgiebigkeit des Prozesses reproduzierbar gemessen und auf den Kegelradschleifprozess übertragen werden.

Verwendete Formelzeichen

Indizes

Formel-zeichen	Benennung	Einheit
0	Werkzeug	
2	Werkstück	
a	Kopfkreis	
A	Analogieversuch	
A	axial	
c	Schnitt	
E	Einzug	
f	Fußkreis	
F	Form	
g	Gleit	
m	Mittelwert	
n	Normalschnitt	
N	Nutzkreis	
r	radial	
S	Schleifscheibe	
T	Stirnschnitt	
U	Umfang	
V	Vorbearbeitung	
w	Wälzkreis	
y	beliebiger Punkt	
α	Profilrichtung	
β	Flankenlinienrichtung	

Kleinbuchstaben

Formel-zeichen	Benennung	Einheit
a	Schleifaufmaß	µm
a''	Wälz-Achsabstand	mm
a_b	Randabstand	mm
a_e	radiale Zustellung	mm
b	Werkstückbreite	mm
b_0	Werkzeugbreite	mm
b_E	Einzugsbreite	mm
b_f	nutzbare Breite	mm

Formelzeichen	Benennung	Einheit
$b_{f\alpha}$	Fasenbreite	mm
c	Stoffmengenkonzentration	mol/m³
d	Teilkreisdurchmesser	mm
d_0	Fräser-Bezugsdurchmesser	mm
d_a	Kopfkreisdurchmesser	mm
d_{a0}	Werkzeugaußendurchmesser	mm
d_{a2}	Werkstückaußendurchmesser	mm
d_{Ff}	Fuß-Formkreisdurchmesser	mm
d_{Na}	Kopfnutzkreis	mm
d_{Nf}	Fußnutzkreis	mm
d_s	Schleifscheibendurchmesser	mm
d_v	Vorbearbeitungsdurchmesser	mm
d_{WstAy}	Außendurchmesser des Analogiewerkstücks in Abhängigkeit von P_y im Analogieversuch	mm
d_y	Durchmesser eines beliebigen Punktes P_y auf dem Evolventenprofil	mm
e	Exzentrizität	mm
f	Frequenz	Hz
f_a	Axialvorschub	mm
f_{aA}	Axialvorschub im Analogieversuch	mm
f_{fd}	Abrichtvorschub senkrecht zur Flanke	µm
$f_{f\alpha}$	Profilformabweichung	µm
$f_{f\beta}$	Flankenlinienformabweichung	µm
$f_{H\alpha}$	Profillinienwinkelabweichung	µm
$f_{H\alpha m}$	mittlere Profilwinkelabweichung	µm
$f_{H\beta}$	Flankenlinienwinkelabweichung	µm
f'_i	Einflanken-Wälzsprung	µm
f'_k	kurzwelliger Anteil der Einflanken-Wälzabweichung	µm
f'_l	langwelliger Anteil der Einflanken-Wälzabweichung	µm
$f_{p,max}$	größte Teilungseinzelabweichung	µm
$f_{p,min}$	kleinste Teilungseinzelabweichung	µm
f_{pet}	Teilungsabweichung	µm
f_{pt}	Teilungsabweichung	µm
f_r	Radialvorschub	mm
f_{rel}	Relativvorschub	mm
f_t	Tangentialvorschub	mm
f_u	Teilungssprung	µm
$f_{u,max}$	größter Teilungssprung	µm

Formel-zeichen	Benennung	Einheit
f_w	Wälzvorschub	mm
h	Eindringtiefe	µm
h_2	Gegenlaufzustellung	mm
h_{aP0}	Kopfhöhe	mm
h_{cu}	Spanungsdicke	µm
$h_{cu,max}$	maximale Spanungsdicke	µm
h_E	Einzugshöhe	mm
h_{E+P}	elastische und plastische Eindringtiefe	µm
h_{FaP0}	Kopfformhöhe	mm
h_{FfP0}	Fußformhöhe	mm
h_{fP0}	Fußhöhe	mm
h_P	plastische Eindringtiefe	µm
h_{P0}	Zahnhöhe	mm
h_{prP0}	Protuberanzhöhe	mm
l_{A0}	Arbeitsbereich des Fräsers	mm
l_{AV}	Arbeitsbereich Vorschneidseite	mm
l_{AZ}	Vorschneidbereich des Fräsers	mm
$l_{cu,max}$	maximale Schnittbogenlänge	µm
l_i	materialschneidende Strecken	mm
I_i	phasenspezifisches Intensitätsmaximum	W/m^2
ln	Messstrecke	mm
l_{P0}	Profilierungsbereich	mm
lr	Einzelmessstrecke	mm
m	Masse	g
m_n	Normalmodul	mm
m_{n0}	Werkzeugnormalmodul	mm
$mccp$	Abstand Maschinenmitte bis zum Achskreuzungspunkt	mm
n	Werkstückdrehzahl	min^{-1}
n_0	Werkzeugdrehzahl	min^{-1}
n_{0A}	Werkzeugdrehzahl im Analogieversuch Wälzschleifen	min^{-1}
n_2	Werkstückdrehzahl	min^{-1}
n_i	Spannutenzahl	
n_s	Schleifscheibendrehzahl	min^{-1}
n_{WstA}	Werkstückdrehzahl im Analogieversuch Wälzschleifen	min^{-1}
n_{wz}	Werkzeugdrehzahl	min^{-1}
p	Druck	bar
p_{a0}	Axialteilung des Werkzeugs	mm

Formel-zeichen	Benennung	Einheit
p_{et}	Eingriffsteilung	mm
p_{n0}	Werkzeugteilung	mm
p_{Nut}	Nutenteilung	mm
p_{press}	Pressdruck	MPa
pr_{P0}	Protuberanzbetrag	µm
p_t	Teilung	mm
q	Flankenaufmaß	µm
q_{WS}	Wärmestromdichte in das Werkstück	kW/mm²
r_0	Werkzeugradius	mm
r_2	Werkstückradius	mm
r_{w0}	Wälzkreisradius Werkzeug	mm
r_{w2}	Wälzkreisradius Werkstück	mm
s	Wandstärke	mm
s_{Fn}	Zahnfußsehne	mm
s_{P0}	Zahndicke	mm
t	Schadenstiefe	µm
t_h	Hauptzeit	s
t_k	Kontaktzeit	ms
$t_{Zerspanung}$	Zerspanzeit	s
t_{Zyk}	Zykluszeit	s
v_0	Werkzeugumfangsgeschwindigkeit	m/min
v_2	Werkstückumfangsgeschwindigkeit	m/min
v_a	axiale Vorschubgeschwindigkeit	mm/min
v_c	Schnittgeschwindigkeit	m/s
v_{cd}	Schnittgeschwindigkeit des Abrichtwerkzeugs	m/s
v_f	Vorschubgeschwindigkeit	m/min
v_f	Vorschubgeschwindigkeit in Flankenlinienrichtung	mm/min
v_{gH}	Höhengleitgeschwindigkeit	m/s
v_{gL}	Längsgleitgeschwindigkeit	m/s
v_R	relative Gleitgeschwindigkeit	m/min
v_{rd}	Zustellgeschwindigkeit	m/min
v_{Shift}	kontinuierliche Shiftgeschwindigkeit	mm/min
v_{stw}	Nutenversatz	mm
v_{ty}	Tangentialgeschwindigkeit an einem beliebigen Punkt P_y des Werkstücks	m/s
v_{ty0}	Tangentialgeschwindigkeit an einem beliebigen Punkt P_y des Werkzeugs	m/s
v_{u0}	Werkzeugumfangsgeschwindigkeit	m/min
v_{u2}	Werkstückumfangsgeschwindigkeit	m/min

Formelzeichen	Benennung	Einheit
v_{uw}	Umfangsgeschwindigkeit am Wälzkreis	m/min
v_w	Werkzeuggeschwindigkeit	m/min
v_w	Wälzgeschwindigkeit	°/s
$v_{wälz}$	Wälzgeschwindigkeit	m/min
x	Länge	m
x_c	Kohlenstoffgehalt	%
x_p	Erzeugungsprofilverschiebungsfaktor	
x_{Shift}	Shiftweg	mm
z	Werkstückzähnezahl	
z	Zähnezahl	
z_0	Werkzeuggangzahl	
z_2	Werkstückzähnezahl	

Großbuchstaben

Formelzeichen	Benennung	Einheit
A	Überlauf des Wälzfräsers	mm
B	Flussdichte	T
C	notwendiger Spanraum	mm
C_i	Phasengehalte	%
C_α	Profilballigkeit	µm
C_β	Flankenlinienballigkeit	µm
D	gesamte Nutbreite (Auslauf)	mm
D	Diffusionskoeffizient	m^2/s
D_0	Diffusionskonstante	m^2/s
Du	Überdeckungsverhältnis	
E	Einlaufweg des Wälzfräsers	mm
F_{bt}	Zahnnormalkraft im Stirnschnitt	N
F_G	Gegenhalterkraft	N
F_h	Druckkraft Härtemessung	N
F'_i	Einflanken-Wälzabweichung	µm
F''_i	Zweiflanken-Wälzabweichung	µm
F''_i	Zweiflanken-Wälzsprung	µm
F_N	Ringzackenkraft	N
F_P	Stempelkraft	N
F_p	Teilungsgesamtabweichung	µm
F_{pk}	Teilungssummenabweichung	µm

Formelzeichen	Benennung	Einheit
F_r	Rundlaufabweichung	µm
F_S	Schneidkraft	N
F_{ST}	Stempelkraft	N
F_α	Profilgesamtabweichung	µm
F_β	Flankenliniengesamtabweichung	µm
H	Feldstärke	A/m
J	Diffusionsfluss	$mol/(m^2s)$
L	Standlänge	m
L	Messstrecke	mm
L_{AE}	aktive Wälzlänge	mm
L_{AF}	Wälzlänge	mm
L_i	Einzelmessstrecke	mm
L_S	Shiftweg	mm
Lt	Taststrecke	mm
L_α	Profillinienausgleichsbereich	mm
$L_{\alpha m}$	Stirnprofilmittelteil	mm
L_β	Flankenlinienausgleichsbereich	mm
M_L	Drehmoment beim Läppen	Nm
$MP/MP_{referenz}$	relativer Messparameter	
P	Laserleistung	W
P_0	Umlaufbiegewechselfestigkeit	N/mm^2
P'_c	bezogene Schleifleistung	W/mm
$P_{c\,mittel}$	mittlere Schleifleistung	W
P_y	beliebiger Punkt P_y auf dem Werkstück oder Werkzeugprofil	
Q	Aktivierungsenergie	J
Q'_w	bezogenes Zeitspanungsvolumen	$mm^3/(mm \cdot s)$
R	allgemeine Gaskonstante	J/K
Ra	arithmetischer Mittenrauwert	µm
R_i	phasenspezifische Konstante	
Rk	Kernrautiefe	µm
R_m	Zugfestigkeit	N/mm^2
Rmr	Materialanteil	%
R_p	Teilungsschwankung	µm
Rp	Höhe der größten Profilspitze	µm
Rpk	reduzierte Spitzenhöhe	µm
Rt	Gesamthöhe des Profils	µm

Formelzeichen	Benennung	Einheit
R_{th}	theoretisch zulässige Gestaltabweichung	µm
Rv	Tiefe des größten Profiltales	µm
Rvk	reduzierte Taltiefe	µm
R_W	Rauweite	µm
Rz	gemittelte Rautiefe	µm
S_α	Verschränkung	µm
ST	Vorschub beim Kegelradfräsen	mm
T	Zahnhöhe	mm
T	Tauchtiefe	mm
T	Temperatur	°C
T_{Anl}	Anlasstemperatur	°C
T_S	Sintertemperaturen	°C
V'	bezogenes Spanungsvolumen	mm³/mm
V_K	Kornvolumen	%
V'_w	bezogenes Spanungsvolumen	mm³/mm
Z_{eff}	effektive Schneiden	

Griechische Buchstaben

Formelzeichen	Benennung	Einheit
α	Eingriffswinkel	°
α	Wälzwiegenwinkel	°
α	Werkzeugfreiwinkel	°
α_c	Schnittwinkel	°
α_{KP0}	Profilwinkel der Kantenbruchflanke	°
α_n	Normaleingriffswinkel	°
α_{n0}	Werkzeugnormaleingriffswinkel	°
α_{n2}	Werkstücknormaleingriffswinkel	°
α_{P0}	Profilwinkel	°
α_{prP0}	Protuberanz-Profilwinkel	°
α_R	Wirkfreiwinkel	°
β	Werkraddrehung	°
β	Werkstückschrägungswinkel	°
β_0	Steigungswinkel des Werkzeugs	°
β_0	Werkzeugschrägungswinkel	°
β_2	Werkstückschrägungswinkel	°
γ	Maschinengrundwinkel	°

Formelzeichen	Benennung	Einheit
Δr	Radiusabweichung des Analogiewerkstücks	mm
Δs	äquidistantes Flankenaufmaß	µm
δ_x	Vorschubmarkierungstiefe	µm
δ_y	Hüllschnittabweichungstiefe	µm
ε	Diagonalwinkel	°
ε	Horizontalverschiebung	mm
$\varepsilon_{\varphi,\psi}$	Dehnungstensor	
η	Erzeugungsachsversatz	mm
η	Schwenkwinkel	°
ϑ	Beugungswinkel	°
λ	Wärmeleitfähigkeit	W/(mK)
λ	Wellenlänge	Nm
λc	Grenzwellenlänge Hochpassfilter	Nm
λ_P	Flankenneigungswinkel	°
λs	Grenzwellenlänge Tiefpassfilter	Nm
μ	Reibwert	
ν	Querkontraktionszahl	
ρ	Krümmungsradius am Werkstück	mm
ρ	Dichte	g/cm^3
ρ	Porosität	
ρ_0	Krümmungsradius am Werkzeug	mm
$\rho_{0,rel,2}$	relative Kerndichte Zahnrad	%
ρ_{P0}	Kopfrundungsradius des Werkzeugbezugsprofils	mm
ρ_{aP0}	Kopfkanten-Rundungshalbmesser	mm
ρ_{Ers}	Ersatzkrümmungsradius	mm
ρ_f	Fußrundungsradius	mm
ρ_{fP0}	Zahnfußradius	mm
ρ_s	Schneidkantenradius	µm
ρ_y	Krümmungsradius am Punkt P_y	mm
Σ	Achskreuzwinkel	°
σ	Spannung	N/mm^2
σ	Swivel-Winkel	°
σ_E	Eigenspannung	N/mm^2
σ_f	Eigenspannungen Flankenrichtung	N/mm^2
σ_i	phasenspezifische Eigenspannungen	N/mm^2
σ_{Macro}	Makroeigenspannungen	N/mm^2
σ_{mech}	mechanisch bedingte Eigenspannungen	N/mm^2

Formelzeichen	Benennung	Einheit
σ_{Micro}	Mikroeigenspannungen	N/mm^2
σ_p	Eigenspannungen Profilrichtung	N/mm^2
σ_{res}	resultierende Spannung	N/mm^2
σ_{therm}	thermisch bedingte Eigenspannungen	N/mm^2
τ	Tilit-Winkel	°
φ	azimutaler Drehwinkel der Probe	°
φ	Profilneigungswinkel	°
φ	Schwenkwinkel	°
φ	Werkzeugexzentrizität	mm
φ_a	Achskreuzwinkel beim Innenwälzschleifen	°
φ_{as}	Freiwinkel	°
χ	Tiefenposition	mm
ω	Verkippungswinkel der Probe zum Strahl	°
ω	Werkzeugdrehwinkel	°

Abkürzungen

Abkürzung	Benennung
ADI	Austenite Ductile Iron
AF	auslaufende Flanke
BN	Barkhausen-Rauschen (engl. Barkhausen Noise)
CBN	kubisches Bornitrid
CHD	Einsatzhärtungstiefe (engl. Case Hardening Depth)
CVD	chemische Gasphasenabweichung (engl. Chemical Vapour Deposition)
DH	Doppelhub
DM	Durchmesser
EF	einlaufende Flanke
FIB	fokussierter Ionenstrahl (engl. Focused Ion Beam)
GG	Gegenlaufschleifen
GL	Gleichlaufschleifen
GSW	Gewindespindel, Schneckengetriebe, Wechselräder
HBW	Härteprüfung nach Brinell
HM	Hartmetall
HRC	Härteprüfung nach Rockwell
HSS	Schnellarbeitsstahl (engl. High Speed Steel)
HV	Härteprüfung nach Vickers
HWB	Halbwertbreite

Abkürzung	Benennung
kfz	kubisch-flächenzentriert
krz	kubisch-raumzentriert
KS	Koordinatensystem
KT	Kolktiefe
KT_{max}	maximal auftretende Kolktiefe
KT_{zul}	zulässige Kolktiefe
MdK	diametrales Zweikugelmaß
NHT	Nitrierhärtetiefe
NNP	keine Neupositionierung
NP	Neupositionierung
P	Werkzeug-Profilbezugslinie
PKD	polykristalliner Diamant
PM	pulvermetallurgisch
PS	Profilschleifen
PVD	physikalische Gasphasenabscheidung (engl. Physical Vapour Deposition)
REM	Rasterelektronenmikroskopie
RP	Referenzpunkt
R-Profil	Rauheitsprofil
SK	Sinterkorund
SNMS	Sekundärneutralteilchen-Massenspektrometrie
VB	Verschleißmarkenbreite
VB_{max}	maximal auftretender Freiflächenverschleiß
VB_{zul}	zulässiger Freiflächenverschleiß
W-Profil	Welligkeitsprofil
WS	Wälzschleifen
WSP	Wendeschneidplatte
WU	Werkzeugumdrehung
WZM	Werkzeugmaschine
ZTU	Zeit-Temperatur-Umwandlung

Literatur

[ABLE03] *Abler, J./Felten, K./Kobialka, C./Lierse, T./Mundt, A./Pomp, J./Sulzer, G.:* Verzahntechnik. Informationen für die Praxis. Liebherr, Kempten 2003

[ABOU76] *Abou-Aly, M.:* Ein systematischer Überblick über die Oberflächenprüf- und Messverfahren. In: Metalloberfläche, Jg. 30 H. 12, 1976, S. 569 – 572

[ADLO89] *Adolf, W. W.:* Die Vielfalt von Schmiedeteilen. In: VDI-Berichte 1989, Nr. 774, S. 17 – 37

[AGMA92] *ANSI/AGMA 2007-B92:* Oberflächen-Schleifbrandprüfung durch Nitalätzung nach dem Schleifen. American Gear Manufacturers Association, Alexandria (Virginia/USA) 1992

[ALTM06] *Altmann, H. C.:* Beitrag zum Präzisionsschmieden von Kurbelwellen. In: Berichte aus dem IFUM, PZH Produktionstechnisches Zentrum (Band 04). Garbsen 2006 (ISBN 3-939026-14-X)

[ANDE18] *Andersen, O./Studnitzky, T./Hein, S./Riecker, S./Quadbeck, P./Petzold, F./Kieback, B.:* Neue Entwicklungen auf dem Gebiet der nicht-strahlbasierten additiven Fertigungsverfahren. In: Tagungsband zur Hagen, 29./30. November. Dortmund: Heimdall, 2018, S. 255 – 280

[ASTM13] *ASTM E837-13a:* Standard Test Method for Determining Residual Stresses by the Hole-Drilling Strain-Gage Method. ASTM International, West Conshohocken, Pennsylvania (USA) 2013

[ATKI22] *Atkins, P./de Paula, J./Keeler, J./Hartmann, C.:* Physikalische Chemie. 6. Auflage. Weinheim: Wiley-VCH, 2022

[BACH04] *Bach, F.-W./Möhwald, K./Laarmann, A./Wenz, T.:* Moderne Beschichtungsverfahren. Wiley-VCH Verlag, Weinheim 2004

[BARG00] *Bargel, H./Schulze, G.:* Werkstoffkunde. 7. Auflage. Berlin, Springer 2000

[BART86] *Bartsch, G.:* Kaltprofilgewalzte Zylinderräder für Leistungsgetriebe. Dissertation. RWTH Aachen 1986

[BAUS15] *Bausch, T. et al.:* Innovative Zahnradfertigung. Verfahren, Maschinen und Werkzeuge zur kostengünstigsten Herstellung von Stirnrädern mit hoher Qualität. 5. Auflage. Expert Verlag, Renningen 2015

[BECK00] *Becker, J.:* Weichschaben, die wirtschaftliche Zahnflankenbearbeitung. Heutiger Stand und Entwicklungstendenzen. In: TAE-Seminar „Praxis der Zahnradfertigung“, Esslingen, 28. – 30. Juni 2000

[BEHR09] *Behrens, B.-A./Odening, D.:* Process- and Tool Design for Precision Forging of Geared Components. The 12th Interantional ESAFORM Conference on Metal Forming. University of Twente. The Nederlands 2009

[BEIS07] *Beiss, P.:* Präzision bei der spanlosen Fertigung; Pulvermetallurgie für hochpräzise Bauteile und dichte Hochleistungswerkstoffe. In: *Hans Kolaska (Hrsg.):* Pulvermetallurgie in Wissenschaft und Praxis (Band 23). Vorträge und Ausstellerbeiträge des Hagener Symposiums, Hagen, 29. – 30. November 2007

[BEIS13] *Beiss, P.:* Pulvermetallurgische Fertigungstechnik. Springer, Berlin 2013

[BERG20] *Bergs, T./Brimmers, J./Klee, L.:* Binder Jetting. PM Gears in Small Series Production. In: Müller, B. (Hrsg.): Fraunhofer Direct Digital Manufacturing Conference DDMC 2020. Stuttgart: Fraunhofer Verlag, 2020

[BIRZ93] *Birzer, F.:* Präzionsfeinschnitteile für High-Tech-Anwendungen. In: VDI-Z, Special Blechbearbeitung, 1993

[BIRZ96] *Birzer, F.:* Feinschneiden und Umformen. Wirtschaftliche Fertigung von Präzisionsteilen aus Blech. Verlag Moderne Industrie 1996

[BOBZ03] *Bobzin, K./Lugscheider, E./Maes, M.:* Oberflächen tunen. PVD- und Dünnschichttechnologie. In: Metalloberfläche, Jg. 57, Nr. 9, 2003, S. 33 – 37

[BOEG15] *Böge, A.:* Handbuch Maschinenbau. Springer, Wiesbaden 2015

[BOET90] *Boetz, F.:* Einbaufertig nach Entgraten. Stand der Technik beim Feinschneiden als Verfahren der Massenproduktion. In: Maschinenmarkt 96, Nr. 43, 1990, S. 50 – 56

[BOHN99] *Bohnsack, R.:* Untersuchungen zum Präzisionsschmieden von Laufverzahnungen. Dissertation. Universität Hannover 1999

[BOUC94] *Boucke, T.:* Zahnflankenprofilschleifen mit galvanisch-gebundenem cBN. Dissertation. RWTH Aachen 1994

[BOUZ08] *Bouzakis, E.:* Steigerung der Leistungsfähigkeit PVD-beschichteter Hartmetallwerkzeuge durch Strahlbehandlung. Dissertation. RWTH Aachen 2008

[BOUZ76] *Bouzakis, K.-D.:* Konzept und technologische Grundlagen zur automatisierten Erstellung optimaler Bearbeitungsdaten beim Wälzfräsen. Dissertation. RWTH Aachen 1976

[BOUZ81] *Bouzakis, K.-D.:* Konzept und technologische Grundlagen zur automatisierten Erstellung optimaler Bearbeitungsdaten beim Wälzfräsen. Habilitation. RWTH Aachen 1981

[BREC15] *Brecher, C./Löpenhaus, C./Greschert, R.:* Influence of the metalworking fluid on the running behavior of gear analogy test parts. In: Production Engineering – Research and Development, Vol. 9, Issue 3, 2015, S. 425 – 431

[BRIM21] *Brimmers, J.:* Funktionsorientierte Auslegung topologischer Zahnflankenmodifikationen für Beveloidverzahnungen. Dissertation. RWTH Aachen 2021

[BRIN91] *Brinksmeier, E.:* Prozess- und Werkstückqualität in der Feinbearbeitung. Habilitation. Universität Hannover 1991

[BRIN95] *Brinksmeier, E./Cinar, M.:* Characterization of dressing processes by determination of the collision number of the abrasive grits. Annals of the CIRP 1995

[BRINK12] *Brinksmeier, E./Gläbe, R./Klocke, F./Lucca, D. A.:* Process Signatures – an Alternative Approach to Predicting Functional Workpiece Properties. CIRP Conference on Surface Integrity (CSI) 2012

[BRUM12] *Brumm, M.:* Analyse des Geräuschverhaltens von Hypoidgetrieben durch Einflankenwälzprüfung am Radsatz und im Getriebe. Dissertation. RWTH Aachen 2012

[BRUN97] *Brunner, G.:* Schleifen mit mikrokristallinem Aluminiumoxid. Dissertation. Universität Hannover 1997

[BUGI09] *Bugiel, C.:* Tribologisches Verhalten und Tragfähigkeit PVD-beschichteter Getriebe-Zahnflanken. Dissertation. RWTH Aachen 2009

[COLL80] *Colleselli, K.:* Schleifmittel und Bindungen – die Rohstoffe für Schleifwerkzeuge, Schleifen und Trennen. In: Zeitschrift für Schleiftechnik 97. Schwaz/Österreich 1980

[CULL78] *Cullity, B. D.:* Elements of X-Ray Diffraction. 2nd Edition. Addison-Wesley Publishing Company, Inc. 1978

[CZIC10] *Czichos, H./Habig, K.-H.:* Tribologie-Handbuch. 3. Auflage. Vieweg + Teubner Verlag, Wiesbaden 2010

[DAHM05] *Dahmen, C.:* Fertigungstechnologie und Bauteilverhalten drückgewalzter Innenverzahnungen. Dissertation. RWTH Aachen 2005

[DÄHN11] *Dähndel, H.:* Beitrag zur Systematisierung der Prozessauslegung für das Präzisionsschmieden von Zahnrädern. In: Berichte aus dem IFUM (Institut für Umformtechnik und Umformmaschinen), PZH Produktionstechnisches Zentrum (Band 03). Garbsen 2011 (ISBN 978-3-941416-96-3)

[DANI98] *Daniels, K.:* Verzahnungs-Honwerkzeuge. Spezifikation und geometrische Auslegung. Honprozeß und Standmenge. In: Tagungsband zum Seminar „Praxis der Zahnradfertigung“, Esslingen, 18. – 20. März 1998

[DANN04] *Danninger, H./Altena, H./Kremel, S./Yu, Y.:* Low-pressure carburizing of sintered alloy steels with varying porosity. In: Powder Metallurgy Progress, Vol. 4 (2004), Nr. 3, S. 119 – 131

[DENK03a] *Denkena, B./Friemuth, T./Spengler, C./Weinert, K./Schulte, M./Kötter, D.:* Kantenpräparation an Hartmetall-Werkzeugen. In: wt Werkstattstechnik, 93. Jg., Nr. 3, 2003, S. 202 – 207

[DENK03b] *Denkena, B./Friemuth, T./Spengler, C./Weinert, K./Schulte, M./ Kötter, D.:* Kantenpräparation an Hartmetall-Werkzeugen. In: VDI-Z, Special Werkzeuge, 145. Jg., Nr. I, 2003, S. 51 – 54

[DENK06] *Denkena, B./Reichstein, M./Catoni, F.:* Kontinuierliches Wälzschleifen von Verzahnungen mittels keramisch gebundener Werkzeuge aus cBN. In: Industrie Diamanten Rundschau, Ausgabe 1, 2006, S. 54 – 59

[DENK11] *Denkena, B./Tönshoff, H.:* Spanen Grundlagen. Springer Berlin Heidelberg, Berlin, Heidelberg 2011

[DENK14] *Denkena, B./Köhler, J./Woiwode, S.:* Dressing of vitrified bonded CBN tools for continuous generating grinding. In: Production Engineering, 10/2014; 8(5):585-591, DOI:10.1007/s11740-014-0541-3, 2014

[DIET14] *Dietsche, F.:* Zur IMTS mit vier Stars. Klingelnberg präsentiert auf der IMTS 2014 unter andem Viper 500 und P 40 live. Quelle: *http://www.zerspanungstechnik.de/2014/08/28/zur-imts-mit-vier-stars*, Freiburg im Breisgau, 28. August 2014

[DIN01] *DIN EN 10085* Nitrierstähle. Technische Lieferbedingungen. Hrsg.: Deutsches Institut für Normung. Beuth Verlag, Berlin 2001

[DIN02] *DIN EN ISO 14577* Instrumentierte Eindringprüfung zur Bestimmung der Härte und anderer Werkstoffparameter. Hrsg.: Deutsches Institut für Normung. Beuth Verlag, Berlin 2002

[DIN03a] *DIN 8588* Fertigungsverfahren Zerteilen. Hrsg.: Deutsches Institut für Normung. Beuth Verlag, Berlin 2003

[DIN03b] *DIN EN ISO 2639:2002* Bestimmung und Prüfung der Einsatzhärtungstiefe. Hrsg.: Deutsches Institut für Normung. Beuth Verlag, Berlin 2003

[DIN03c] *DIN 8580* Fertigungsverfahren – Begriffe, Einteilung. Hrsg.: Deutsches Institut für Normung. Beuth Verlag, Berlin 2003

[DIN03d] *DIN 8589-5* Fertigungsverfahren Spanen – Teil 5: Räumen; Einordnung, Unterteilung, Begriffe. Hrsg.: Deutsches Institut für Normung. Beuth Verlag, Berlin 2003

[DIN03e] *DIN 8589-0* Fertigungsverfahren Spanen – Teil 0: Allgemeines; Einordnung, Unterteilung, Begriffe. Hrsg.: Deutsches Institut für Normung. Beuth Verlag, Berlin 2003

[DIN03f] *DIN 8589-3* Fertigungsverfahren Spanen – Teil 3: Fräsen; Einordnung, Unterteilung, Begriffe. Hrsg.: Deutsches Institut für Normung. Beuth Verlag, Berlin 2003

[DIN03g] *DIN 8583-2* Fertigungsverfahren Druckumformen – Teil 2: Walzen; Einordnung, Unterteilung, Begriffe. Hrsg.: Deutsches Institut für Normung. Beuth Verlag, Berlin 2003

[DIN05] *DIN EN 10328* Bestimmung der Einhärtungstiefe nach dem Randschichthärten. Beuth Verlag, Berlin 2005

[DIN06] *DIN EN 10083-1* Vergütungsstähle – Teil 1: Allgemeine technische Lieferbedingungen. Hrsg.: Deutsches Institut für Normung. Berlin, Beuth Verlag 2006

[DIN08a] *DIN EN 473* Zerstörungsfreie Prüfung. Hrsg.: Deutsches Institut für Normung. Berlin, Beuth Verlag 2008

[DIN08b] *DIN EN 10084* Einsatzstähle – Technische Lieferbedingungen. Hrsg.: Deutsches Institut für Normung. Beuth Verlag, Berlin 2008

[DIN10] *DIN EN ISO 3506-1* Mechanische Eigenschaften von Verbindungselementen aus nichtrostenden Stählen – Teil 1: Schrauben. Hrsg.: Deutsches Institut für Normung. Beuth Verlag, Berlin 2010

[DIN12] *DIN EN ISO 25178-3* Geometrische Produktspezifikation (GPS) – Oberflächenbeschaffenheit: Flächenhaft – Teil 3: Spezifikationsoperatoren. Hrsg.: Deutsches Institut für Normung. Beuth Verlag, Berlin 2012

[DIN15] *DIN EN ISO 6508-2* Metallische Werkstoffe – Härteprüfung nach Rockwell – Teil 2: Überprüfung und Kalibrierung der Prüfmaschinen und Eindringkörper (ISO 6508-2:2015). Hrsg.: Deutsches Institut für Normung. Beuth Verlag, Berlin 2015

[DIN17a] *Norm DIN EN ISO/ASTM 52900* Additive Fertigung – Grundlagen – Terminologie. Juni 2017

[DIN17b] *DIN EN ISO 16610-28* Geometrische Produktspezifikationen (GPS) – Filterung – Teil 28: Profilfilter: Endeffekte. Hrsg.: Deutsches Institut für Normung. Beuth Verlag, Berlin 2017

[DIN52] *DIN 3968* Bezugsprofile von Verzahnwerkzeugen. Hrsg.: Deutsches Institut für Normung. Beuth Verlag, Berlin 1952

[DIN60] *DIN 3972* Toleranzen eingängiger Wälzfräser für Stirnräder mit Evolventenverzahnung. Hrsg.: Deutsches Institut für Normung. Beuth Verlag, Berlin 1960

[DIN73] *DIN 1415 Blatt 1* Räumwerkzeuge; Einteilung, Benennungen, Bauarten. Hrsg.: Deutsches Institut für Normung. Beuth Verlag, Berlin 1973

[DIN78a] *DIN 50100* Werkstoffprüfung: Dauerschwingversuch. Begriffe, Zeichen, Durchführung, Auswertung. Hrsg.: Deutsches Institut für Normung. Beuth Verlag, Berlin 1978

[DIN78b] *DIN 3961* Toleranzen für Stirnradverzahnungen – Grundlagen. Hrsg.: Deutsches Institut für Normung. Beuth Verlag, Berlin 1978

[DIN79a] *DIN 3979* Zahnschäden an Zahnradgetrieben – Bezeichnungen, Merkmale, Ursachen. Hrsg.: Deutsches Institut für Normung. Beuth Verlag, Berlin 1979

[DIN79b] *DIN 50190-3* Härtetiefe wärmebehandelter Teile – Ermittlung der Nitrierhärtetiefe. Hrsg.: Deutsches Institut für Normung. Beuth Verlag, Berlin 1979

[DIN82] *DIN 4760* Gestaltabweichungen: Begriffe, Ordnungssystem. Hrsg.: Deutsches Institut für Normung. Beuth Verlag, Berlin 1982

[DIN84] *DIN 8589* Fertigungsverfahren Spanen, Schleifen mit rotierenden Werkzeug. Einordnung, Unterteilung, Begriffe. Hrsg.: Deutsches Institut für Normung. Beuth Verlag, Berlin 1984

[DIN87] *DIN 3960* Begriffe und Bestimmungsgrößen für Stirnräder (Zylinderräder) und Stirnradpaare (Zylinderradpaare) mit Evolventenverzahnung. Hrsg.: Deutsches Institut für Normung. Beuth Verlag, Berlin 1987

[DIN89] *DIN 17022 Teil 3* Wärmebehandlung von Eisenwerkstoffen. Verfahren der Wärmebehandlung. Einsatzhärten. Hrsg.: Deutsches Institut für Normung. Beuth Verlag, Berlin 1989

[DIN94] *DIN EN 10052* Begriffe der Wärmebehandlung von Eisenwerkstoffen. Hrsg.: Deutsches Institut für Normung. Beuth Verlag, Berlin 1994

[DIN98a] *DIN EN ISO 4288* Geometrische Produktspezifikation (GPS) – Oberflächenbeschaffenheit: Tastschnittverfahren – Regeln und Verfahren für die Beurteilung der Oberflächenbeschaffenheit. Hrsg.: Deutsches Institut für Normung. Beuth Verlag, Berlin 1998

[DIN98b] *DIN EN ISO 3274* Geometrische Produktspezifikation (GPS) – Oberflächenbeschaffenheit: Tastschnittverfahren – Nenneigenschaften von Tastschnittgeräten. Hrsg.: Deutsches Institut für Normung. Beuth Verlag, Berlin 1998

[DIN98c] *DIN EN ISO 4287* Geometrische Produktspezifikationen (GPS) – Oberflächenbeschaffenheit: Tastschnittverfahren – Benennungen, Definitionen und Kenngrößen der Oberflächenbeschaffenheit. Hrsg.: Deutsches Institut für Normung. Beuth Verlag, Berlin 1998

[DIN98d] *DIN EN ISO 13565-2* Geometrische Produktspezifikationen (GPS) – Oberflächenbeschaffenheit: Tastschnittverfahren Oberflächen mit plateauartigen funktionsrelevanten Eigenschaften. Teil 2: Beschreibung der Höhe mittels linearer Darstellung der Materialanteilkurve. Hrsg.: Deutsches Institut für Normung. Beuth Verlag, Berlin 1998

[DOER88] *Döring, E.:* Werkstoffkunde der Elektrotechnik. Vieweg, Braunschweig 1988

[DOER98] *Doerfel, O.:* Optimierung des Zerspantechnik beim Fertigungsverfahren Wälzstoßen. Dissertation. TH Karlsruhe 1998

[DRUM84] *Druminski, R.:* Einsatzverhalten von Diamant- und CBN-Schleifscheiben. In: VDI-Bildungswerk, Seminar 3346-04, 1984

[ELEM03] *Element Six Ltd.:* The role of particle wear progression in diamond tools. In: Industrial Diamond Review 3, 2003, S. 34 – 37

[EP2010] *Europäische Patentanmeldung,* Patentblatt 2010/29, Verfahren und Vorrichtung zum Feinschneiden von Werkstücken. Anmeldenummer: 09000652.9, 2010

[ESCH96] *Escher, C.:* Simulation und Optimierung der Erzeugung von Zahnflankenmodifikationen an Zylinderrädern. Dissertation. RWTH Aachen 1996

[FAES80] *Fässler, A.:* Neue Entwicklungen zum Schleifen und Honen von Verzahnungen. In: Industrie Diamanten Rundschau, Jg. 14, Nr. 2, 1980, S. 106 – 111

[FANI72] *Faninger, G./Hartmann, U.:* Physikalische Grundlagen der quantitativen röntgenografischen Phasenanalyse (RPA). Härterei Technische Mitteilung 27, 1972

[FELT07] *Felten, K.:* Verzahntechnik. Expert Verlag, Renningen-Malmsheim 2007

[FEUE15] *Feuerhack, A./Trauth, D./Mattfeld, P./Klocke, F.:* Fine Blanking of Helical Gears. 60 Excellent Inventions in Metal Forming. Springer 2015

[FREC19] *Frech, T.:* Modellierung der Walzkraft beim Dichtwalzen pulvermetallurgisch hergestellter Zahnräder. Dissertation. RWTH Aachen 2019

[FUJI22] *Fujimura, N./Löhrer, P. O./Bergs, T./Spatzig, A.:* Practical analysis of productivity of grinding tools in the process of internal generating gear grinding. 16th CIRP Conference on Intelligent Computation in Manufacturing Engineering, 13. – 15. Juli 2022

[GEBH16] *Gebhardt, A./Kessler, J./Thurn, L.:* 3D-Drucken. Grundlagen und Anwendungen des Additive Manufacturing (AM). 2., neu bearb. und erw. Aufl., Hanser, München 2016

[GEOR22] *Georgoussis, A./Brimmers, J./Bergs, T.:* Influence of Tool and Process Parameters on the Chip Characteristic Values in Hard Skiving and the Minimal Chip Thickness. In: Proceedings of 9th WZL Gear Conference USA 2022, Itasca, USA, 21. – 22. July 2022. Elgin, USA: Reishauer USA, 2022, S. 9-1 – 9-23

[GERV93] *Gervé, A./Kehrwald, B.:* Neuere Modellvorstellungen in der Tribologie. Tribomutation an Zahnflanken und anderen Maschinenteilen. Kurzbericht ZF 1/93, Vorschlag für ein FVA-Vorhaben, Arbeitspapier für die ZF-Zahnradfabrik. Friedrichshafen AG 1993

[GIES10] *Gießmann, H.:* Wärmebehandlung von Verzahnungsteilen. Effektive Technologien und geeignete Werkstoffe. 2. Auflage. Expert Verlag, Renningen 2010

[GORG11] *Gorgels, C.:* Entstehung und Vermeidung von Schleifbrand beim diskontinuierlichen Zahnflankenprofilschleifen. Dissertation. RWTH Aachen 2011

[GRAE15] *Gräser, E.:* Materialfluss beim Dichtwalzen. Dissertation. RWTH Aachen 2015

[GRAS86] *Grasserbauer, M./Dudek, H. J./Ebel, M. F.:* Angewandte Oberflächenanalyse mit SIMS, AES, XPS. Springer, Berlin 1986

[GRES19] *Greschert, R.:* Ausbildung tragfähigkeitssteigernder Grenzschichten in der Zahnradfertigung. Dissertation. RWTH Aachen 2019

[GROT05] *Grote, K.-H./Feldhausen, J.:* Dubbel. Taschenbuch für den Maschinenbau, 21. Auflage. Springer-Verlag, Berlin 2005

[GURS75] *Gurson, A.:* Plastic flow and fracture behavior of ductile materials incorporating void nucleation, growth and interaction. Brown University 1975

[HABI80] *Habig, K.-H.:* Verschleiß und Härte von Werkstoffen. Hanser, München 1980

[HARD13] *Hardjosuwito, A.:* Vorhersage des lokalen Werkzeugstandweges und der Werkstückstandmenge beim Kegelradfräsen. Dissertation. RWTH Aachen 2013

[HEIN96] *Heinze, R.:* Taumelpressen geradverzahnter Zylinderräder. Dissertation RWTH-Aachen, Aachen 1996

[HEIN13] *Heinzel, C./ Wagner, A.:* Fine finishing of gears with high shape accuracy. Annals of the CIRP, Vol. 62, 2013, S. 359 – 362

[HELL06] *Hellfritzsch, U.:* Optimierung von Verzahnungsqualitäten beim Walzen von Stirnradverzahnungen. Dissertation. TU Chemnitz 2006

[HELL15] *Hellmann, M.:* Berücksichtigung von Fertigungsabweichung bei der Auslegung von Zahnflankenmodifikationen für Stirnradverzahnungen. Dissertation. RWTH Aachen 2015

[HELL93] *Helletsberger, H./Noichel, J.:* Grenzwerte und Wirtschaftlichkeit von Korund, Sinterkorund und CBN. Einsatzbereiche von Schleifscheiben. In: Technische Rundschau, Nr. 5, 1993, S. 640 – 659

[HERZ14] *Herzhoff, S.:* Werkzeugverschleiß bei mehrflankiger Spanbildung. Dissertation. RWTH Aachen 2014

[HEUE10] *Heuer, V./Löser, K.:* Grundlagen der Vakuumwärmebehandlung. In: *Pfeifer, H./Nacke, B./ Beneke, F.:* Praxishandbuch Thermoprozesstechnik. Band I: Grundlagen Prozesse Verfahren. 2. Auflage. Vulkan Verlag, Essen 2010

[HIPK12] *Hipke, M.:* Wälzfräsen mit pulvermetallurgisch hergestelltem Schnellarbeitsstahl. Dissertation. Otto-von-Guericke-Universität, Magdeburg 2012

[HOEN75] *Hönscheid, W.:* Abgrenzung werkstoffgerechter Schleifbedingungen für die Titanlegierung TiAI6 V4. Dissertation. RWTH Aachen 1975

[HOFF12] *Hoffmann, H./Neugebauer, R./Spur, G.:* Handbuch Umformen. Hanser Verlag. München 2012

[HOFF70] *Hoffmeister, B.:* Über den Verschleiß am Wälzfräser. Dissertation. RWTH Aachen 1970

[HUEH02] *Hühsam, A.:* Modellbildung und experimentelle Untersuchung des Wälzschälprozesses. Dissertation. Karlsruhe 2002

[ISO03] *ISO 226:2003-08 (E)* Acoustics, Normal equal-loudness-level contours. Beuth Verlag 2003

[ISO14] *ISO 21771:2007* Zahnräder – Zylinderräder und Zylinderradpaare mit Evolventenverzahnung – Begriffe und Geometrie. Beuth Verlag 2012

[ISO92] *ISO TR 10064-1* Cylindrical gears – Code of inspection practice. Beuth Verlag 1992

[JANS80] *Jansen, W.:* Leistungssteigerung und Verbesserung der Fertigungsgenauigkeit beim Wälzschälen von Innenverzahnungen. Dissertation. RWTH Aachen 1980

[JERM18] *Jermolajev, S./ Brinksmeier, E./ M'Saoubi, R./ et al.:* Surface layer modification charts for gear grinding. In: CIRP Ann. – Manuf. Technolo., 67. Jg., 2018, Nr. 1, S. 333 – 336

[JOPP77] *Joppa, K.:* Leistungssteigerung beim Wälzfräsen mit Schnellarbeitsstahl durch Analyse, Beurteilung und Beeinflussung des Zerspanprozesses. Dissertation. RWTH Aachen 1977

[KAIS92] *Kaiser, M.:* Grundlagenuntersuchungen zur Technologie der Feinbearbeitung einsatzgehärteter Verzahnungen mit definierter Schneide. Dissertation. RWTH Aachen 1992

[KALS05] *Kalss, W.:* Latest Developments and Applications in Coating Technologies. In: First International HSS Forum Conference, Aachen 2005

[KAMP17] *Kampka, M.:* Lokal aufgelöste Zerspankraft beim Verzahnungshonen. Dissertation. RWTH Aachen 2017

[KARP22] *Karpuschewski, B./ Kinner-Becker, T./ Klink, A./ Langenhorst, L./ Mayer, J./ Meyer, D./ Radel, T./ Reese, S.7 Sölter, J.:* Process Signatures – Knowledges-based approach towards function-oriented manufacturing. 6th CIRP Conference on Surface Integrity (CSI). Procedia CIRP 00 2022

[KAUF13] *Kauffmann, P.:* Walzen pulvermetallurgisch hergestellter Zahnräder. Dissertation. RWTH Aachen 2012

[KAWA06] *Kawasaki, Y.:* Precision Forged Gears in Passenger Cars. In: Proceedings „Aktuelle Entwicklungen beim Vorverzahnen", Aachen, 29. – 30. November 2006, S. 18.1 – S. 18.10

[KEMP99] *Kempa, B.:* Zahnflankenprofilschleifen mit galvanisch-gebundenem cBN, Prozesssimulation und Analyse. Dissertation. RWTH Aachen 1999

[KIEN20] *Kiener, C.:* Kaltfließpressen von gerad- und schrägverzahnten Zahnrädern. FAU Studien aus dem Maschinenbau. Band 339. Erlangen: FAU University Press. 2020. DOI: 10.25593/978-3-96147-288-8

[KLEI03] *Kleinjans, M.:* Einfluss der Randzoneneigenschaften auf den Verschleiß von beschichteten Hartmetallwälzfräsern. Dissertation. RWTH Aachen 2003

[KLEI07] *Klein, A.:* Spiral Bevel and Hypoid Gear Tooth Cutting with Coated Carbide Tools. Dissertation. RWTH Aachen 2007

[KLIN08] *Klingelnberg, J.:* Kegelräder. Berlin, Springer 2008

[KLOC03] *Klocke, F./Weber, G.:* Einfluss unterschiedlicher Gefügezustände auf den Werkzeugverschleiß bei der Feinbearbeitung von einsatzgehärtetem Stahl. Abschlussbericht zum Forschungsvorhaben AiF-Nr.: 12633N/1, 2003

[KLOC05b] *Klocke, F./Schröder, T./Schalaster, R.:* Cermets. Einsatzchancen von Cermets beim Wälzfräsen. Abschlussbericht zum Forschungsvorhaben Nr. 458/I, Heft 774. FVA, Frankfurt am Main 2005

[KLOC10] *Klocke, F./Gorgels, C./Vasiliou, V.:* Influence of Gear Properties induced by Hard Finishing Processes on the Load Carrying Capacity of Gears. Production Related Run Behaviour of Gears. In: International Conference on Gears 2010. Europe invites the world. In: VDI-Berichte 2108.1. VDI-Verlag, Düsseldorf 2010. S. 539 – 550 (ISBN 978-3-18-092108-2)

[KLOC11a] *Klocke, F./ Gorgels, C./ Stuckenberg, A.:* Investigations on Surface Defects in Gear Hobbing. In: Procedia CIRP, 19. Jg., 2011, S. 196 – 202

[KLOC11b] *Klocke, F./Zimmermann, M./Mattfeld, P./Feldhaus, B./Trump, K./Watermann, M.:* Feinschneiden schrägverzahnter Stirnräder. Innovatives Vorverzahnen schmaler Schrägverzahnungen. In: wt – Werkstattstechnik online, Ausgabe 10, 2011, S. 668 – 672

[KLOC12a] *Klocke, F./Brumm, M./Reimann, J.:* Abrichtstrategien beim Profilschleifen randoxidierter Zahnräder. Abschlussbericht zum Forschungsvorhaben Nr. 329 V, Heft 1029. FVA, Frankfurt am Main 2012

[KLOC12b] *Klocke, F./Brumm, M./Staudt, J.:* Prediction of dominant failure modes of tools for machining of bevel gears. In: Tool 2012. Proceedings of the 9th International Tooling Conference. Developing the World of Tooling. Montanuniversität Leoben (Österreich), 11. – 14. September 2012

[KLOC13] *Klocke, F./Brumm, M./Staudt, J.:* Freiformfräsen von Verzahnungen. Untersuchungen zur Prozessfähigkeit auf Universalfräsmaschinen. In: wt Werkstatttechnik online 103/10, 2013, S. 808 – 812

[KLOC14a] *Klocke, F./Brumm, M./Gräser, E.:* Design of Rolling Tools for Rolling Densification of PM Gears. In: Proceedings of the Euro PM2014 Congress & Exhibition. Salzburg, 21. – 24. September 2014

[KLOC14b] *Klocke, F./Brumm, M./Staudt, J.:* Quality and surface of gears manufactured by free form milling with standard tools. In: *Velex, P. (Hrsg.):* International Gear Conference 2014, Lyon, 24. – 28. August 2014. S. 506 – 516

[KLOC14c] *Klocke, F./Kalss, W./Brumm, M./Weber, G.-T.:* Wiederaufbereitung von PM-HSS-Werkzeugen zum Hochleistungswälzfräsen. Schlussbericht zum IGF-Vorhaben 16351, 2014

[KLOC15a] *Klocke, F./Löpenhaus, C./Kampka, M.:* Feinstprofilschleifen mit unterschiedlichen Werkzeugkonzepten. In: GETPRO – 5. Kongress zur Getriebeproduktion, 25./26. März 2015 (Band II). FVA 2015

[KLOC15b] *Klocke, F./Löpenhaus, C./Ophey, M.:* Untersuchung von Werkzeugspezifikationen für das kontinuierliche Wälzschleifen. In: GETPRO – 5. Kongress zur Getriebeproduktion, 25./26. März 2015 (Band II). FVA 2015

[KLOC15c] *Klocke, F./Brumm, M./Staudt, J.:* Quality and Surface of Gears Manufactured by Free-Form Milling with Standard Tools. In: Gear Technology, 2015

[KLOC15d] *Klocke, F./Brumm, M./Löpenhaus, C./Weber, G.-T.:* Produktivitätssteigerung beim Fräsen großmoduliger Verzahnungen mit Hartmetall-Wendeschneidplatten. Schlussbericht zum IGF-Vorhaben 17385, 2015

[KLOC15e] *Klocke, F./Löpenhaus, C./Staudt, J.:* 5-Achs-Fräsen von Verzahnungen. Technologische Herausforderungen bei der Hartbearbeitung. In: Seminar „Feinbearbeitung von Zahnrädern“, Aachen, 3. – 4. November 2015

[KLOC15f] *Klocke, F.:* Fertigungsverfahren 5. Gießen, Pulvermetallurgie, Additive Manufacturing. 4. Aufl. Springer, Berlin 2015

[KLOC16] *Klocke, F./Gomes, J./Löpenhaus, C./Rego, R.:* Assessing the heterogeneity of residual stress for complementing the fatigue performance comprehension. In: The Journal of Strain Analysis for Engineering Design, Volume 51, Issue 5, 2016, S. 347 – 357

[KLOC17a] *Klocke, F./König, W.:* Fertigungsverfahren. Band 4: Umformen. 6. Auflage. Springer, Berlin 2017

[KLOC18a] *Klocke, F./König, W.:* Fertigungsverfahren. Band 2: Schleifen, Honen, Läppen. 5. Auflage. VDI-Verlag, Düsseldorf 2018

[KLOC18b] *Klocke, F./König, W.:* Fertigungsverfahren. Band 1: Drehen, Fräsen, Bohren. 9. Auflage. VDI-Verlag, Düsseldorf 2018

[KLOC87] *Klocke, F./ Blanke, G.:* Abrichten mit Diamant-Abrichtrollen. In: Industrial Diamond Review 1, 1987

[KOBI02] *Kobialka, C.:* Prozeßanalyse für das Trockenwälzfräsen mit Hartmetallwerkzeugen. Dissertation. RWTH Aachen 2002

[KOCH94] *Koch, H. P.:* Pulvermetallurgie im Wettbewerb mit spanabhebender Formgebung. In: Pulvermetallurgie in Wissenschaft und Praxis, Bd. 10. Druck Thiebes GmbH, Hagen 1994. S. 21 – 52

[KOEH05] *Köhler, T.:* Innovative Honwerkzeuge und Abrichträder. In: Tagungsband „Feinbearbeitung von Zahnrädern", Aachen, 11. – 12. Oktober 2005

[KOEL00] *Köllner, T.:* Verzahnungshonen. Verfahrenscharakteristik und Prozessanalyse. Dissertation. RWTH Aachen 2000

[KOEN85] *König, W./Steffens, K./Hoffmann, H.:* Gear production by cold forming. Annals of the CIRP 34(1985)1, 481 – 483

[KOEN96] *König, W./Klocke, F.:* Fertigungsverfahren. Band 2: Schleifen, Honen, Läppen. 3. Auflage. VDI-Verlag, Düsseldorf 1996

[KOND02] *Kondo, K. et al.:* Net Shape Forging of an External Helical Gear with Boss and Internal Spline, Proceedings of 7th International Conference on Technology of Plasticity, 2002, S. 49 – 54

[KOND07] *Kondo, K.:* Net Shape Forging of Automotive Components by Divided Flow Method, Proceedings of International Conference on New Developments in Forging Technology, 2007, Stuttgart, S. 105 – 111

[KOTT73] *Kotthaus, E.:* Laufverhalten von Kegelradsätzen – Abhängigkeit von den Schneidverfahren mit Stirnmesserköpfen. In: Werkstatt und Betrieb, Nr. 106, 1973

[KOTT03] *Kotthoff, G.:* Neue Verfahren zur Tragfähigkeitssteigerung von gesinterten Zahnrädern. Dissertation. RWTH Aachen 2003

[KRAE13] *Kräusel, V.:* Gestaltung und Bewertung einhubiger Scherschneideverfahren mit starren Werkzeugen unter besonderer Berücksichtigung der Schnittflächenqualität an Blechbauteilen. Habilitation. Technische Universität Chemnitz 2013

[KRAE92] *Krämer, H.:* Etappenweises Stoßen. In: Werkstatt und Betrieb, Nr. 125, 1992

[KRÖM19] *Krömer, M.:* Entstehung von Spanaufschweißungen beim Trockenwälzfräsen. Dissertation. RWTH Aachen 2019

[KRUM67] *Krumme, W.:* Klingelnberg Spiralkegelräder. Berechnung, Herstellung und Einbau. 3. Auflage. Springer Verlag, Berlin 1967

[KRUZ09] *Kruzhanov, V./Arnhold, V./Ernst, E.:* Energieeinsatz in der Massenproduktion von PM-Formteilen. In: Pulvermetallurgie in Wissenschaft und Praxis, Bd. 25. Heimdall Verlag, Hagen 2009. S. 159 – 173 (ISBN 978-939935-39-1)

[KÜHN20] Kühn, F.: Auslegung der Makro- und Mikrogeometrie von Wälzfräserschneiden. Dissertation. RWTH Aachen 2020

[LAND07] *Landvogt, A.:* Prüfung von Stirnradverzahnung. Aktuelle Entwicklungen. In: Seminar „Feinbearbeitung von Zahnrädern", Aachen, 18.–19. November 2007

[LANG05] *Lang, H.:* Trockenräumen mit hohen Schnittgeschwindigkeiten: Dissertation. Universität Karlsruhe 2005

[LENN94] *Lennartz, J.:* Kaltfließpressen von Gerad- und Schrägverzahnungen. Fortschrittsberichte VDI, Vol. 341. Rheinisch-Westfälische Technische Hochschule Aachen

[LIER02] *Lierse, T./Kaiser, M.:* Dressing of grinding wheels for gearwheels. In: Industrial Diamond Review 4, 2002

[LIER07] *Lierse, T.:* Abrichten von Schleifwerkzeugen für die Verzahnungsbearbeitung. In: Tagungsband zum 1. Kongress zur Getriebeproduktion (GET PRO). Würzburg, 14.–15. März 2007, S. 432–445

[LINK10] *Linke, H.:* Stirnradverzahnungen. Berechnung – Werkstoffe – Fertigung. 2. Auflage. Carl Hanser Verlag, München 2010

[LOOM59] *Looman, J.:* Das Abrichten von profilierten Schleifscheiben zum Schleifen von schrägverzahnten Stirnrädern. Dissertation. TU München 1959

[LÖSE09] *Löser, K.:* Vakuumwärmebehandlung. Die Krise als Chance. In: Tagungsband zum 6. Internationalen Getriebestahl-Symposium. Hanau, 7.–8. Mai 2009

[MARX21] *Marxer, M./Bach, C./Keferstein, C.:* Fertigungsmesstechnik. 10. Auflage. Springer, Wiesbaden 2017

[MAZA21] *Mazak, J.:* Method for Optimizing the Tool and Process Design for Bevel Gear Plunging Processes. Dissertation. RWTH Aachen 2021

[MEIJ79] *Meijboom, L.:* Erhöhung der Wirtschaftlichkeit beim Wälzschleifen durch Verbesserung des Zerspanvorgangs. Dissertation. RWTH Aachen 1979

[MEIN99] *Meiners, W.:* Direktes selektives Laser-Sintern einkomponentiger metallischer Werkstoffe. Dissertation. RWTH Aachen 1999

[MINK99] *Minke, E.:* Handbuch zur Abrichttechnik. Riegger Diamantwerkzeuge GmbH/E. Dischner Druck + Verlag, Eislingen 1999

[MUEL02] *Müller, N.:* Ermittlung des Einsatzverhaltens von Sol-Gel-Korund-Schleifscheiben. Dissertation. RWTH Aachen 2002

[MUEL11] *Müller, H./Seibicke, F.:* Was lange währt, wird endlich gut! In: Sigma Report, Nr. 20, 2011, S. 6–13

[MUEL13] *Müller, H.:* Kegelradmaschinen. Konzept und Realisierung einer neuen Generation von Kegelradverzahnmaschinen. Verlag Moderne Industrie, Landsberg 2013

[NN01] Massivumformtechniken für die Fahrzeugindustrie. Verfahren, Werkstoffe und Entwicklung. Die Bibliothek der Technik (Band 21). Verlag Moderne Industrie, Landsberg/Lech 2001

[NN05] *De Beers Diamond Research Laboratory:* Diamantkörnungen für die Industrie. Firmenschrift. Johannisburg (Südafrika) 2005

[NN07] The Metal Powder Press Winter 2007. Metal Powder Products Co., Westfield (USA) 2007

[NN14] *Liebherr Verzahntechnik GmbH:* Die CNC-Wälzfräsmaschinen LC 80/LC 180. Kempten 2014

[NN15a] *LMT Tool Systems GmbH:* LMT Fette Verzahnen. Werkzeuge und Wissen. Version 2.1, 2015

[NN15b] *The Gleason Works:* 275HC Bevel Gear Cutting Machine. Ludwigsburg 2015

[NN15c] *The Gleason Works:* Gear Shaving Solutions. Ludwigsburg 2015

[NN15d] *Daetwyler Fässler:* HMX400. Power Honing Machine. Bleienbach 2015

[NN76] *Hermann Pfauter Werkzeugmaschinenfabrik:* Pfauter – Wälzfräsen. Teil 1. 2. Auflage. Springer, Augsburg 1976

[NN77] *Verzahntechnik Lorenz GmbH:* Verzahnungswerkzeuge. 3. Auflage. Braun, Karlsruhe 1977

[NN83] Spanende Bearbeitung. In: Konstruieren + Gießen 8, Nr. 1/2, 1983, S. 30 – 37

[NN85] MAAG-Zahnräder AG: MAAG Taschenbuch. 2. Auflage. Schellenberg, Pfäffikon 1985

[ODON76] *O'Donovan, K. H.:* Synthetische Diamanten. In: Fertigung 2, 1976, S. 41 – 48

[OPHE19] *Ophey, M.:* Modellierung des Schleifschneckenprofilverschleißes beim kontinuierlichen Wälzschleifen. Dissertation. RWTH Aachen 2019

[PADB93] *Padberg, H.J.:* Aufbau und Bindungsmatrix hochbeanspruchter keramisch gebundener Zerspanungswerkzeuge. Industrie-Forum. Cfi/Berichte der Deutschen Keramischen Gesellschaft 70, 11/12:598 – 600

[PEIF91] *Peiffer, K.:* Wälzstoßen einsatzgehärteter Zylinderräder. Dissertation. RWTH Aachen 1991

[PFEI10] *Pfeifer, T./Schmitt, R.:* Fertigungsmesstechnik. 3. Auflage. Oldenburg Wissenschaftsverlag 2010

[PINN20] *Pinnekamp, B./Heider, M./Beinstingel, A.:* Dynamic behavior of planetary gears. Power transmission engineering, Juni 2020, S. 42 – 47

[RECB02] *Rechberger, J.:* Beschichtungskonzept eines Werkzeugherstellers. In: Schweizer Maschinenmarkt, Jg. 103, Nr. 36, 2002, S. 11 – 16

[REIC11] *Reichelt, M.:* Mikroanalytische Klärung des Verschleißschutzes durch Grenzschichtbildung in langsam laufenden Wälzlagern. Dissertation. RWTH Aachen 2011

[REIM14] *Reimann, J.:* Randzonenbeeinflussung beim kontinuierlichen Wälzschleifen von Stirnradverzahnungen. Dissertation. RWTH Aachen 2014

[ROOS83] *Roos, V.:* Schälwälzfräsen als Feinbearbeitungsverfahren einsatzgehärteter Zylinderräder. Dissertation. RWTH Aachen 1983

[ROTH98] *Roth, K.:* Zahnradtechnik – Evolventen-Sonderverzahnungen zur Getriebeverbesserung. Evoloid-, Komplement-, Keilschräg-, Konische, Konus-, Kronenrad-, Torus-, Wälzkolbenverzahnungen, Zahnrad-Erzeugungsverfahren. Springer Verlag, Berlin u. a. 1998

[ROWE14] *Rowe, B.:* Principles of Modern Grinding Technoloy. 2. Aufl. Norwich, NY: William Andrew Publishing, 2014

[RUET04] *Rütti, R.:* Moderne Produktionstechnik Schweiz. Leistungshonen ist jetzt wirtschaftlich wie nie. In: WB Werkstatt und Betrieb, 137. Jg., Nr. 5, 2004, S. 75 – 78

[RUET07] *Rütti, R.:* Verzahnungshonen. Moderne Hartfeinbearbeitung auf dem Vormarsch. In: Tagungsband zu „GETPRO – Kongress zur Getriebeproduktion", Würzburg, 14. – 15. März 2007

[SAAR10] *Saarstahl:* Werkstoff-Datenblatt 16MnCr5 – 16MnCrS5. Firmenschrift. 2010

[SARI16] *Sari, D.:* Leistungssteigerung des Fertigwälzfräsens unter Berücksichtigung der fertigungsbedingten Bauteileigenschaften. Dissertation. RWTH Aachen 2016

[SCHA12] *Schalaster, R.:* Optimierung des Fertigwälzfräsens von Verzahnungen. Dissertation. RWTH Aachen 2012

[SCHÄ93] *Schäfer, R.:* Feinschneiden und Umformen elektrotechnischer Bauteile. In: Schweizer Präzision-Fertigungstechnik, 1993, S. 30 – 34

[SCHL03] *Schlattmeier, H.:* Diskontinuierliches Zahnflankenprofilschleifen mit Korund. Dissertation. RWTH Aachen 2003

[SCHM03] *Schmidt, J./Tröndle, H.-P./Felten, K./Bechle, A.:* Anforderungen an die Neuentwicklung einer Wälzschälmaschine. Mechatronische Analyse des Maschinenkonzeptes. Stand der Arbeiten im Verbundprojekt „Entwicklung eines prozesssicheren zerspanenden Verfahrens zur Hochleistungsbearbeitung von rotationssymmetrischen Bauteilen mit periodischen Strukturen (HopeS)". In: wt Werkstattstechnik online 2003 (93), S. 549

[SCHM06] *Schmidt, R.-A.:* Umformen und Feinschneiden. Handbuch für Verfahren, Stahlwerkstoffe, Teilegestaltung. Hanser Verlag, München 2006

[SCHR07] *Schröder, T.:* Analyse der Werkzeugbelastungen beim Zahnradschaben. Dissertation. RWTH Aachen 2007

[SCHR08] *Schriefer, H./Thyssen, W./Wirz, W./Scacchi, G./Gretler, M.:* Reishauer Wälzschleifen. Eigenverlag. Reishauer 2008

[SCHR21] *Schrank, M./Brimmers, J./Bergs, T.:* Potenzials of Vitrified and Elastic Bonded Fine Grinding Worms in Continuous Generating Gear Grinding. In: Journal of Materials Processing Technology. 2021, 5, 4 *https://doi.org/10.3390/jmmp5010004*

[SCHU04] *Schumann, H./Oettel, H.:* Metallographie. 14. Auflage. Weinheim, Wiley-VCH 2004

[SCHW08] *Schwienbacher, S.:* Einfluss von Schleifbrand auf die Flankentragfähigkeit einsatzgehärteter Zahnräder. Dissertation. TU München 2008

[SHAF00] *Shaffer, W.:* Getting a Better Edge. In: Cutting Tool Engineering. 52. Jg., Nr. 3, 2000

[SILB03] *Silbernagel, C.:* Beitrag zum Präzisionsschmieden von Zahnrädern für Pkw-Getriebe. Dissertation. Universität Hannover 2003

[SOLF22] *Solf, M:* Modellierung der Schleifkraft beim Kegelradschleifen. Dissertation, RTWH Aachen. Hrsg. Aprimus Verlag. Wissenschaftsverlag des Instituts für Industriekommunikation und Fachmedien an der RWTH Aachen. Aachen 2016

[STAD05] *Stadtfeld, H.J.:* What To Know About Bevel Gear Grinding. In: Gear Technology. 2008, Nr. 6, S. 42 – 53

[STAD13] *Stadtfeld, H.J.:* Gleason Kegelradtechnologie. expert verlag GmbH, Renningen 2013

[STAD14] *Stadtfeld, H.J.:* Gleason – Bevel Gear Technology. The Gleason Works, Rochester (New York/USA) 2014

[STAU15] *Staudt, J./Klocke, F./Löpenhaus, C.:* Compensation of Geometric Deviations in 5-Axis-Milling of Gears. First Part Right Strategy for Gear Milling on Universal Machine Tools. In: VDI-Berichte 2255.2, International VDI Conference on Gear Production 2015, S. 1495 – 1504

[STAU16] *Staudt, J.:* Funktionsgerechte Bearbeitung von Verzahnungen durch Freiformfräsen. Dissertation, RWTH Aachen. Hrsg. Aprimus Verlag. Wissenschaftsverlag des Instituts für Industriekommunikation und Fachmedien an der RWTH Aachen. Aachen 2016

[STUC14] *Stuckenberg, A.:* Vermeidung von Oberflächendefekten beim Wälzfräsen. Dissertation. RWTH Aachen 2014

[SULZ73] *Sulzer, G.:* Leistungssteigerung bei der Zylinderradherstellung durch genaue Erfassung der Zerspankinematik. Dissertation. RWTH Aachen 1973

[SWEE00] *Sweeney, K.:* Kaltfließpressen von Schrägverzahnungen. Dissertation. RWTH Aachen. Hrsg. Shaker Verlag. Band 6. Aachen 2000

[THAE63] *Thämer, R.:* Untersuchung der Hauptschnittkraft beim Wälzstoßen von Geradstirnrädern. Dissertation. RWTH Aachen, 1963

[THOM82] *Thomas, T.R.:* Rough Surfaces. 1. Auflage. Longman, New York 1982

[TROSS21] *Troß, N./Brimmers, J./Bergs, T.:* Calculation of the maximum chip thickness for a radial-axial infeed in gear hobbing. In: Procedia CIRP, Vol. 99, 2021, S. 232 – 236

[TUER02] *Türich, A.:* Werkzeugprofilerzeugung für das Verzahnungsschleifen. Dissertation. Universität Hannover 2002

[TUER09] *Türich, A.:* Producing Profile and Lead Modifications in Threaded Wheel and Profile Grinding. In: AGMA Fall Technical Meeting. Proceedings. Indianapolis, 13. – 15. September 2009

[VASI12] *Vasiliou, V.:* Einsatzvorbereitung keramisch gebundener Werkzeuge für das Verzahnungshonen. Dissertation. RWTH Aachen 2012

[VDI00] *VDI 2607* Rechnerunterstützte Auswertung von Profil- und Flankenlinienmessungen an Zylinderrädern mit Evolventenprofil. Hrsg.: Verein Deutscher Ingenieure. Beuth Verlag, Berlin 2000

[VDI01] *VDI/VDE 2608* Einflanken- und Zweiflanken-Wälzprüfung an Zylinderrädern, Kegelrädern, Schnecken und Schneckenrädern. Hrsg.: Verein Deutscher Ingenieure. Beuth Verlag, Berlin 2001

[VDI06] *VDI 2615* Rauheitsprüfung an Zylinder- und Kegelrädern mit Tastschnittgeräten. Hrsg.: Verein Deutscher Ingenieure. Beuth Verlag, Berlin 2006

[VDI94] *VDI 2906* Schnittflächenqualität beim Schneiden, Beschneiden und Lochen von Werkstücken aus Metall. Blatt 5 – Feinschneiden. Hrsg.: Verein Deutscher Ingenieure. Beuth Verlag, Berlin 1994

[VDI99] *VDI 3324* Leistendrehtest – Prüfverfahren zur Beurteilung des Bruchverhaltens und der Einsatzsicherheit von Schneiden aus Hartmetall beim Drehen. Hrsg.: Verein Deutscher Ingenieure. Beuth Verlag, Berlin 1999

[VOLK18] *Volk, R.:* Rauheitsmessung. Theorie und Praxis. Hrsg.: Deutsches Institut für Normung. 3. Auflage. Beuth Verlag, Berlin 2018

[VOSS08] *Voss, E.:* Wiederbeschichtung von Verzahnwerkzeugen für konstantes Leistungsvermögen. In: Tagungsband zum Seminar „Aktuelle Entwicklungen beim Vorverzahnen“, WZL der RWTH Aachen, 8. – 9. Oktober 2008

[VRIE72] *Vries, M. De.:* CBN Handbook of Properties. General-Electric-CRD-Report Nr. 72, CRD s178. Schenectady, N. Y., Juni 1972

[VUEL99] *Vüllers, M.:* Hartfeinbearbeitung von Verzahnungen mit beschichteten Hartmetallwerkzeugen. Dissertation. RWTH Aachen 1999

[WAGN17] *Wagner, A.:* Feinschleifen von Verzahnungen mit elastischen Schleifscheiben. Dissertation. Universität Bremen 2017

[WAGU64] *Waguri, A.:* Grinding method and grinding head for grinding tooth surfaces of gears with circular tooth trace. Erfinder: A. Waguri, Japan. Patentschrift US 3127709 A (eingetragen: 9. Juli 1962, veröffentlicht: 7. April 1964)

[WALT06] *Walther, M.:* Verzahnungsherstellung in near net shape oder net shape. In Seminar: „Aktuelle Entwicklungen beim Vorverzahnen“, Aachen, 29. – 30. November 2006. S. 17.1 – 17.43

[WEBE17] *Weber, G.-T.:* Auswahl und Auslegung von Fräsprozessen für Großverzahnungen. Dissertation. RWTH Aachen 2017

[WECK05] *Weck, M./Brecher, C.:* Werkzeugmaschinen. Maschinenarten und Anwendungsbereiche. 6. Auflage. Springer Verlag, Berlin 2005

[WECK76] *Weck, M./Winter, H./Börnecke, K./Rösch, H./Käser, W.:* Grundlagenversuche zur Ermittlung der richtigen Härtetiefe bei Wälz- und Biegebeanspruchung. Forschungsvorhaben Nr. 8, Heft 36. FVA, Frankfurt am Main 1976

[WEIS07] *Weißbach, W.:* Werkstoffkunde. Strukturen, Eigenschaften, Prüfung. 16. Auflage. Vieweg, 2007

[WEIS20] *Weiß, A./Deliktas, T./Liewald, M.:* Cold forging of gear components by a modified Samanta process. Forsch Ingenieurwes 84, 215 – 221 (2020). https://doi.org/10.1007/s10010-020-00403-4

[WERN71] *Werner, G.:* Kinematik und Mechanik des Schleifprozesses. Dissertation. RWTH Aachen University, 1971

[WERN73] *Werner, G.:* Konzept und technologische Grundlagen zur adaptiven Prozessoptimierung des Außenrundschleifens. Habil.-Schrift. RWTH Aachen, 1973

[WESS09] *Wessels, N.:* Flexibles Kegelradschleifen mit Korund in variantenreicher Serienfertigung. Dissertation. RWTH Aachen 2009

[WEYN98] *Weyand, C.:* Berechnungsmethoden zum Ausgleich von 3D-gemessenen Kegelrad-Flankenformabweichungen durch eine korrigierte Verzahnmaschineneinstellung. Dissertation. RWTH Aachen, 1998

[WINK05a] *Winkel, O.:* Fertigfräsen von Verzahnungen. In Seminar „Feinbearbeitung von Zahnrädern", Aachen, 11. – 12. Oktober 2005

[WINK05b] *Winkel, O.:* Steigerung der Leistungsfähigkeit von Hartmetallwerkzeugen durch eine optimierte Werkzeuggestaltung. Dissertation. RWTH Aachen 2005

[WINK08] *Winkel, O.:* Entgraten und Anfasen. In: „Aktuelle Entwicklungen beim Vorverzahnen". Seminar. Aachen, 8. – 9. Oktober 2008

[WINK14] *Winkel, O.:* Anfasen von Verzahnungen. Eine Aufgabe, viele Lösungen. In: „Aktuelle Entwicklungen beim Vorverzahnen". Seminar. Aachen, 12. November 2014

[WUND12] *Wunderlich, J.:* Potenziale gewalzter Verzahnungen. In: Seminar „Aktuelle Entwicklungen beim Vorverzahnen", Aachen, 28. – 29. November 2012. S. 6.1 – 6.29

[YEGE89] *Yegenoglu, K./Jansen, H./Janssens, H.:* Diamant-Abrichtrollen zur wirtschaftlichen Serienfertigung. In: Werkstatt und Betrieb 122, Nr. 9, 1989

[ZAHW01] *Zahwi, S.:* Some effects of stylus force on scratching surfaces. In: International Journal of Machine Tools and Manufacture, Volume 41, Issues 13 – 14, 2001

[ZIMM11] *Schutzrecht EP 2208552B1 (13. 04. 2022). Zimmermann, M./Watermann, M./Trump, K.:* Verfahren und Vorrichtung zum Feinschneiden.

[ZIMM15] *Zimmermann, M.:* Feinschneiden von Schrägverzahnungen. Dissertation. RWTH Aachen 2015

[ZUMG92] *Zum Gahr, K. H.:* Reibung und Verschleiß. Ursachen – Arten – Mechanismen. In: *Grewe, H. (Hrsg.):* Reibung und Verschleiß. DGM Informationsgesellschaft, Oberursel 1992

5 Untersuchung von Zahnradgetrieben

Im Idealfall umschließt eine ganzheitliche Getriebeentwicklung die Bereiche der Getriebeberechnung, der Getriebefertigung sowie der Getriebeuntersuchung. Die Untersuchung von Zahnradgetrieben erfolgt häufig in Form von verkürzten Freigabetests, welche entweder durch Unternehmensrichtlinien oder durch Klassifikationsgesellschaften definiert werden. Bei erfolgreichem Untersuchungsergebnis kommt das Getriebe in den Feldeinsatz. In einigen Fällen stellt sich in der Praxis ein gegenüber der Auslegung sowie dem End-of-Line-Test abweichendes Einsatzverhalten ein, das unter Umständen eine geringere Lebensdauer oder erhöhte Geräuschanregung zeigt. Zur Identifikation entsprechender Einflussfaktoren und zur fundamentierten Bereitstellung neuer Technologien für die zukünftige Produktentwicklung ist es daher notwendig, Zahnräder und Getriebe systematisch experimentell zu untersuchen.

Eine wesentliche Grundvoraussetzung für einen Antriebsstrang stellt die Gewährleistung der Tragfähigkeit der Komponenten dar. Ein Fokus der experimentellen Getriebeuntersuchung liegt daher auf der Analyse des Tragfähigkeitsverhaltens von Verzahnungen im Zahnfuß- und Zahnflankenbereich. Hierzu werden basierend auf der Kenntnis der in Abschnitt 5.1 und Abschnitt 5.2 beschriebenen zahnradspezifischen Belastungen und Schadensformen definierte Prüfläufe durchgeführt. Das Spektrum der Tragfähigkeitsuntersuchungen umfasst sowohl die Prüfung hinsichtlich einzelner Schadensformen wie z. B. Grübchen oder Zahnfußbruch im Wöhlerlinienversuch, aber auch in Normen und Richtlinien standardisierte Öltests zur Qualifikation des Schmiermittels. Für die Gesamtheit der Untersuchungen existieren Vorgaben und Empfehlungen zur Versuchsdurchführung, die in Abschnitt 5.3 vorgestellt werden.

Ein weiterer Untersuchungsschwerpunkt ist die Ermittlung des Anregungsverhaltens von sowohl einzelnen Zahnradstufen als auch gesamten Antriebssträngen. In diesem Zusammenhang werden Einflanken- und Betriebswälzprüfungen, Körperschall- und gekapselte Luftschallmessungen sowie Drehbeschleunigungsmessungen an flexiblen Mehrmotorenprüfständen im Motor-Generator-Prinzip durchgeführt, deren Prüfmethodik und Versuchsanforderungen basierend auf einer Beschreibung der relevanten akustischen Kenngrößen sowie in Normen hinterlegten Vorgehensweisen in Abschnitt 5.4 und Abschnitt 5.5 betrachtet werden.

Die Effizienz des Antriebsstrangs gewinnt vor dem Hintergrund der Verknappung verfügbarer Ressourcen stetig an Bedeutung. Insbesondere im Zahnkontakt wird unter Lasteinfluss ein nicht vernachlässigbarer Teil der in das System eingebrachten Energie als Verlust dissipiert. Abgeschlossen wird die Betrachtung der Getriebeuntersuchung daher durch die Vorstellung von Konzepten zur experimentellen Wirkungsgradermittlung in Abschnitt 5.6.

5.1 Beanspruchungs- und Schadensformen an Zahnrädern

Eine hinreichende Tragfähigkeit ist eine grundlegende Anforderung an das Konstruktionselement Zahnrad. Die Ermittlung der Tragfähigkeit erfolgt durch die Gegenüberstellung von Beanspruchung und Beanspruchbarkeit einer Verzahnung für ein definiertes Lastmoment. In diesem Abschnitt werden die verschiedenen Beanspruchungsarten von Verzahnungen und die möglichen Schadensformen an Zahnrädern erläutert.

Die in der Praxis auftretenden Beanspruchungen von Zahnrädern umfassen mechanische, tribologische, thermische sowie chemische Beanspruchungen, die in der Regel kombiniert auftreten. Neben der Art der Beanspruchung kann auch nach dem Ort der Beanspruchung unterschieden werden. Hierbei wird zwischen den Beanspruchungen in den Bereichen der Zahnflankenoberfläche und des Zahnvolumens im Fußbereich unterschieden.

Der Fußbereich eines Zahns wird infolge der Normalkraftbelastung vorwiegend mechanisch beansprucht (vgl. Bild 5.1). Die Normalkraft führt zu einer Biegebeanspruchung, einer Stauchungs- sowie einer Schubbeanspruchung. Diese mechanischen Beanspruchungen liegen über der gesamten Zahnhöhe unterhalb des Normalkraftangriffspunktes vor und sind im Bereich der Zahnfußausrundung maximal. Auf die Beanspruchung des Zahnfußes wird in Abschnitt 5.1.1 genauer eingegangen.

Im Bereich der aktiven Zahnflanke werden die mechanischen Beanspruchungen durch tribologische Beanspruchungen überlagert, welche aus dem Kontakt und der Relativbewegung der Zahnflanken resultieren. Hierzu zählen neben der Hertz'schen Beanspruchung, welche normal zur Zahnflanke wirkt, insbesondere tangentiale Beanspruchungsgrößen, welche sich in Abhängigkeit von den Reib- und Schmierungsverhältnissen einstellen. Thermische und chemische Beanspruchungen haben in üblichen Betriebsbereichen einen untergeordneten Einfluss auf die Zahnradtragfähigkeit. Die Beanspruchungsverhältnisse im Bereich der Zahnflanke werden in Abschnitt 5.1.2 beschrieben.

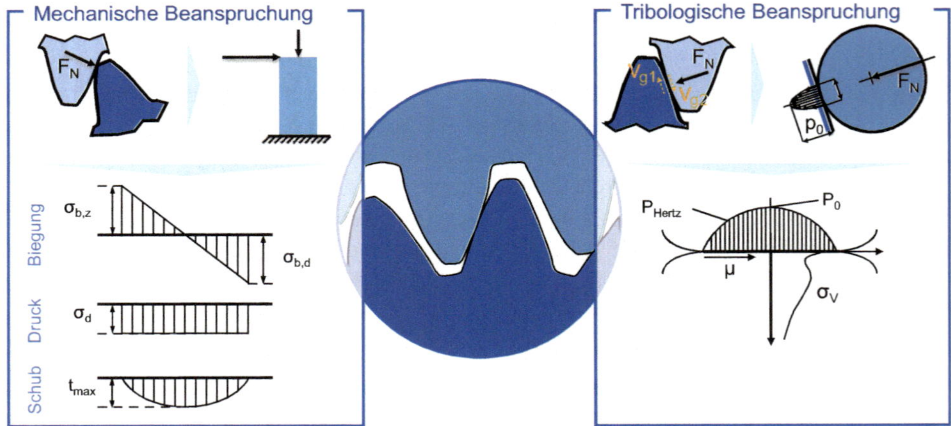

Bild 5.1 Unterscheidung der Beanspruchung von Zahnrädern

Aufgrund der an Verzahnungen vorliegenden Belastungen und der daraus resultierenden Beanspruchungen können unterschiedliche Schadensformen auftreten. In diesem Buch wird hierbei ein Schaden gemäß der DIN 3979 definiert, wonach alle erkennbaren Veränderungen der Zahnoberfläche oder der Zahnform während der Laufzeit des Getriebes als Schaden bezeichnet werden [DIN79a]. Ein Schaden muss somit nicht zwangsläufig eine Einschränkung der Funktionserfüllung bzw. einen Ausfall des Getriebes zur Folge haben [DIN79a].

Zahnradschäden können nach der Schadensform und nach dem Entstehungsort des Schadens unterschieden werden. Nach der Schadensform wird zwischen der Überschreitung einer ertragbaren maximalen Beanspruchung und der Überschreitung der Ermüdungsfestigkeit unterschieden. Nach der DIN 38379 werden die Zahnradschäden gemäß ihrem Entstehungsort in Zahnflankenschäden und Zahnfußschäden eingeteilt. Auf die Zahnflankenschäden wird in Abschnitt 5.1.3 und auf die Zahnfußschäden in Abschnitt 5.1.4 eingegangen. Bild 5.2 zeigt eine Übersicht über die wichtigsten Schadensformen, die in diesen Abschnitten näher betrachtet werden. Während Zahnflankenschäden zunächst zu einer unter Umständen erheblichen Beeinflussung des Einsatzverhaltens in Form von Geräuschanregungen und Erwärmung führen, fällt eine Verzahnung mit Zahnfußbruch sofort aus. Aufgrund der Tatsache, dass auch bei Zahnflankenschäden bei weiterem Betrieb mit einem Totalschaden zu rechnen ist, werden alle aufgeführten Schäden, spätestens ab Überschreitung eines definierten Grenzkriteriums, in der Regel als ausfallkritisch bewertet.

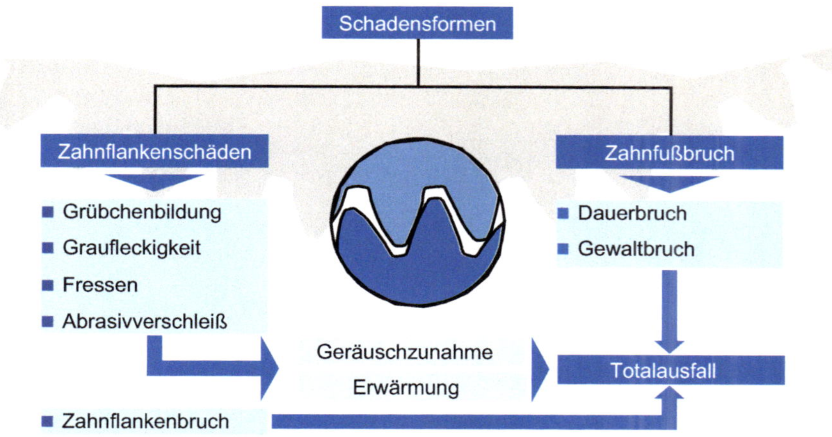

Bild 5.2 Übersicht der Zahnradschäden

5.1.1 Beanspruchung des Zahnfußes

Durch die Flankennormalkraft F_N kommt es bei Verzahnungen zu einer Biege-, Stauchungs- und Schubbelastung der im Eingriff befindlichen Zähne. Die aus dieser Belastung resultierenden Spannungen $\sigma_{F,z}$ und $\sigma_{F,d}$ weisen im Fußbereich der Zähne ihren Maximalwert auf und sind als kritische Beanspruchung für die Zahnfußtragfähigkeit anzusehen. Bild 5.3 zeigt qualitative Verläufe der Normalspannungen an den Oberflächen eines belasteten Zahns. Auf der Seite des Kraftangriffs (Zugseite) treten Zug-, auf der gegenüberliegenden

Seite (Druckseite) Druckspannungen auf. Die mechanischen Spannungen können vereinfacht mit einem Biegebalkenmodell beschrieben werden. Durch eine Aufteilung der Zahnnormalkraft in eine horizontale und eine vertikale Kraft können die einzelnen Beanspruchungskomponenten der Biege-, Stauchungs- und Schubbeanspruchung analysiert werden.

Die Spannungen erreichen bei Außenverzahnungen im Bereich der 30°-Tangente der Zahnfußausrundung ihren Maximalwert, wobei wegen der Überlagerung der durch Biegung und durch Stauchung induzierten Spannungen σ_b und σ_d der Maximalwert der Tangentialspannungen auf der Druckseite höher ausfällt als auf der Zugseite. Bei Innenverzahnungen entspricht dies dem Bereich der 60°-Tangente der Zahnfußausrundung. Insbesondere bei Innenverzahnungen haben die Radkranzdicke und die damit verbundenen Steifigkeits- und Abstützungsverhältnisse einen großen Einfluss auf die Zahnfußbeanspruchung. Weiterhin spielt die Kerbwirkung der Zahnfußausrundung für die Zahnfußbeanspruchung von Außen- und Innenverzahnungen eine zentrale Rolle. Gleiches gilt für Teilungsabweichungen, Flankenlinienwinkel- und Profilwinkelabweichungen, die das dynamische Verhalten einer Zahnradpaarung beeinflussen [MÖLL82].

Der reale Beanspruchungszustand ergibt sich aus einer Überlagerung der theoretischen mechanischen Spannungen mit weiteren Spannungszuständen wie beispielsweise Eigenspannungen oder Spannungen, die beim Aufschrumpfen des Zahnrads bzw. eines Zahnkranzes(/-rings) erzeugt werden [WIEN74, HOFS87, KRIC96]. Im realen Betrieb verursacht die sich entlang eines Zahneingriffs ändernde Belastung eine schwellende Zahnfußbeanspruchung. Der zeitliche Verlauf der an der Oberfläche auftretenden Spannungen kann mit Dehnungsmessstreifen (DMS) gemessen werden. Bild 5.3 zeigt beispielhaft ein qualitatives Ergebnis einer solchen Messung nach Möllers [MÖLL82].

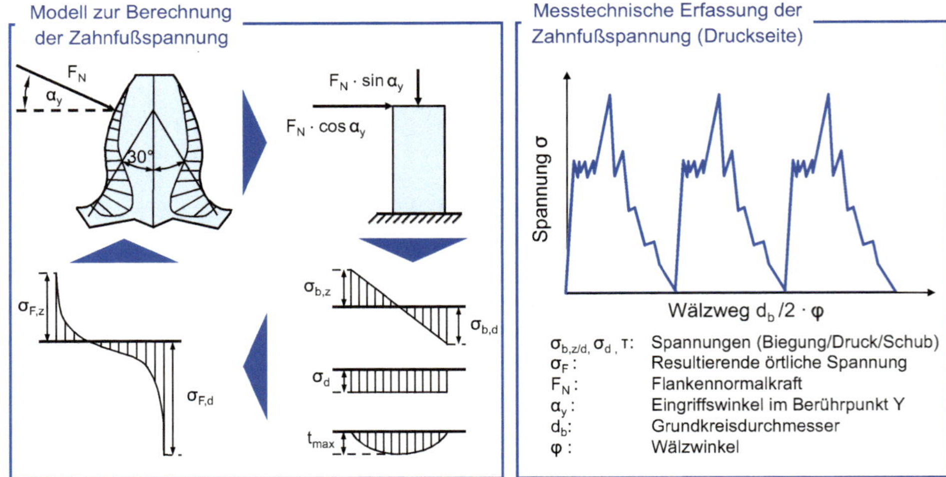

Bild 5.3 Grundlagen der Zahnfußbeanspruchung [MÖLL82, WECK92]

Bei wechselseitig belasteten Zahnrädern, wie z. B. bei Planetenrädern eines Planetengetriebes, muss beachtet werden, dass die vorliegende Biegewechsellast zu einer Minderung der Zahnfußtragfähigkeit um bis zu 30 % (Faktor 0,7) führt [BRIN89]. Die Bauteilbeanspruchung unter Wechsellast lässt sich als Überlagerung einer Mittelspannung σ_m durch eine Ausschlagspannung σ_a interpretieren, die zu einem zeitlich veränderlichen Gesamtspannungsverlauf $s(t)$ führt, der sowohl durch Zug- als auch durch Druckspannungsanteile charakterisiert ist. Geeignete Darstellungsformen für derartige Beanspruchungsformen sind z. B. das Dauerfestigkeitsschaubild nach Smith oder das entsprechende Schaubild nach Haigh [HAIB06]. Im Schaubild nach Haigh wird für jedes Spannungsverhältnis $R = \sigma_{Druck}/\sigma_{Zug}$ die ertragbare Kombination aus Mittelspannung σ_m und Ausschlagspannung σ_a abgebildet. Die möglichen Kombinationen von Druck- und Zugspannungen zur Festlegung definierter Spannungsverhältnisse R ergeben charakteristische Geraden im Schaubild. Übliche Anwendungen von Zahnradgetrieben bewegen sich für den Zahnfuß zwischen $R = 0$ (reine Schwelllast) und $R = -1{,}2$ [BRIN89].

5.1.2 Beanspruchung der Zahnflanke

Die Beanspruchung von technischen Oberflächen aufgrund von Kontakten und Relativbewegungen zwischen Körpern und die daraus resultierenden Schädigungen sind Untersuchungsgegenstand der Tribologie (Reibungslehre). Bild 5.4 zeigt, dass sich die tribologische (primäre) Beanspruchung der Zahnflankenoberflächen aus der Kontaktpressung aufgrund der resultierenden Normalkraft F_N im Zahnflankenkontakt, dem Reibungszustand und dem Wälzvorgang infolge der Kinematik des Zahneingriffs zusammensetzt. Die mechanische Beanspruchung der Zahnflanke infolge von Biegung, Schub und Stauchung wird der Sekundärbeanspruchung zugeordnet. In Bild 5.4 ist beispielhaft ein aus den einzelnen Beanspruchungsarten resultierender Beanspruchungsverlauf einer Verzahnung dargestellt. Auf die einzelnen Beanspruchungsarten und ihren Einfluss auf die Zahnflankentragfähigkeit wird in den folgenden Abschnitten genauer eingegangen. Aufgrund des übergeordneten Einflusses stehen dabei die tribologischen, primären Beanspruchungsarten im Fokus.

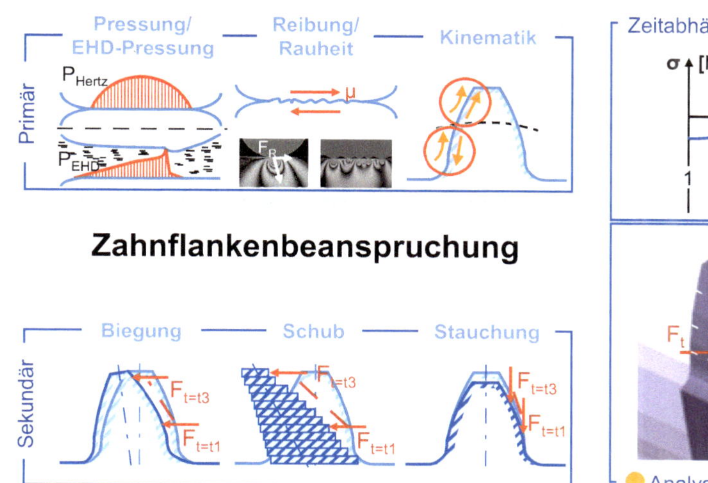

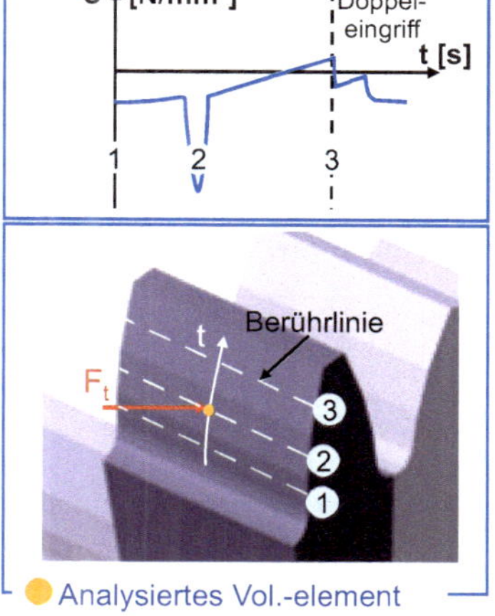

Bild 5.4 Übersicht über die Beanspruchung der Zahnflanke

5.1.2.1 Pressung im Zahnflankenkontakt

Die Beanspruchung der Kontaktfläche zweier Körper unter Normalkraft lässt sich mit der Kontakttheorie nach Hertz berechnen [HERT82]. Nach Hertz treten unter idealen geometrischen Kontaktbedingungen bei punkt- oder linienförmiger Berührung zwischen zwei beliebig gekrümmten, elastischen Körpern und unter dem Einfluss einer senkrecht zur Berührebene wirkenden Kraft elastische Deformationen der Kontaktpartner und Normalspannungen in der Kontaktfläche auf. Bild 5.5 zeigt, wie die theoretische Hertz'sche Pressung bei der Tragfähigkeitsberechnung von Zahnrädern zur Beurteilung der Zahnflankenbeanspruchung verwendet wird.

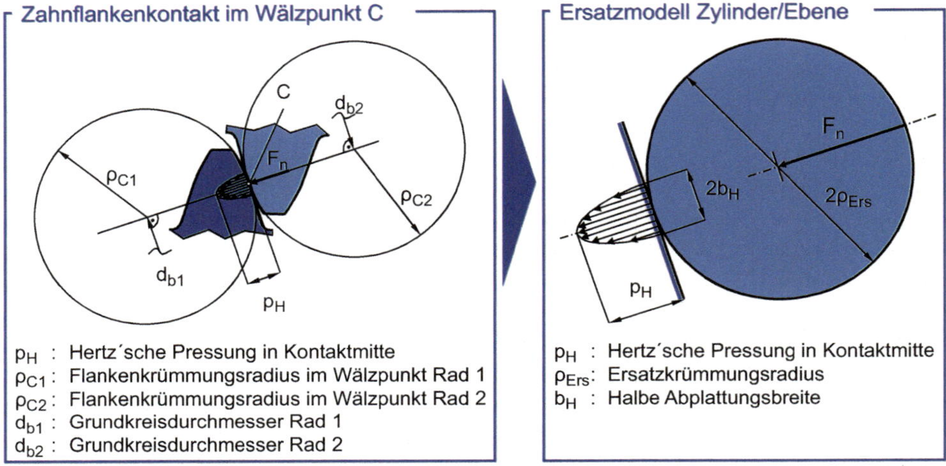

Bild 5.5 Berechnung der Flankenbeanspruchung mit der Hertz'schen Theorie

Die Druckbeanspruchung der Zahnflanken im Wälzpunkt C wird durch zwei parallele Walzen angenähert, die mit der Verzahnung in der Länge der Berührlinie, den Krümmungsradien ρ_{C1} und ρ_{C2} in der Schnittebene normal zur Berührlinie und der Werkstoffpaarung übereinstimmen. Durch die Berechnung des Ersatzkrümmungsradius nach Formel 5.2 wird der Zylinder-Zylinder-Kontakt in einen Zylinder-Ebene-Kontakt überführt. Für diese Kontaktform wird die Hertz'sche Pressung in der Kontaktmitte p_0 gemäß Formel 5.1 berechnet, welche von der Normalkraft F_N, der Kontaktlänge l, dem Ersatzkrümmungsradius ρ_{Ers} sowie der Querkontraktion v und dem Elastizitätsmodul E der beiden Zahnräder abhängt:

$$p_0 = \sqrt{\frac{F_N}{l} \cdot \frac{1}{\rho_{Ers}} \cdot \frac{1}{\pi \cdot \left(\frac{1-v_1^2}{E_1} + \frac{1-v_2^2}{E_2} \right)}} \tag{5.1}$$

Der Ersatzkrümmungsradius ρ_{Ers} wird aus den Krümmungsradien ρ_1 und ρ_2 der beiden Zahnflanken im Kontaktpunkt berechnet:

$$\rho_{Ers} = \frac{\rho_1 \cdot \rho_2}{\rho_1 + \rho_2} \tag{5.2}$$

Das auf der Hertz'schen Kontakttheorie beruhende Modell berücksichtigt nicht den Einfluss des Schmierstoffs im Zahnflankenkontakt. Zwischen den Zahnflanken ölgeschmierter Zahnräder bildet sich ein Schmierfilm aus, der die Reibung verringert und somit Zahnflankenschäden vermeiden soll. Die konvexe Krümmung beider Reibpartner bei Außenverzahnungen, variierende Gleitgeschwindigkeiten entlang des Zahneingriffs, hohe Spannungen im Kontaktbereich und der ständige Neuaufbau des Schmierfilms aufgrund des intermittierenden Kontakts stellen ungünstige Bedingungen für den Aufbau eines hydrodynamischen Schmierfilms dar. Trotzdem kommt es vorzugsweise bei hohen Umfangsgeschwindigkeiten auch bei Zahnrädern zur Ausbildung eines vollständig trennenden Schmierfilms. Die Druck- und Schmierspaltverhältnisse für diesen Zustand werden nach der Theorie der hydroelastischen Schmierung berechnet. Hier kommt es gemäß der elastohydrodynamischen Theorie (EHD) zu einer Verengung des Schmierspalts am Ende des parallelen Spaltabschnitts und zur Ausbildung einer Druckspitze im Bereich der Verengung, des sogenannten Petrusevich-Peaks [DOWS66]. Der berechnete Druckverlauf lässt sich messtechnisch bestätigen [SIMO84]. Bild 5.6 zeigt die theoretischen Verläufe von Schmierspalt und hydrodynamischem Druck.

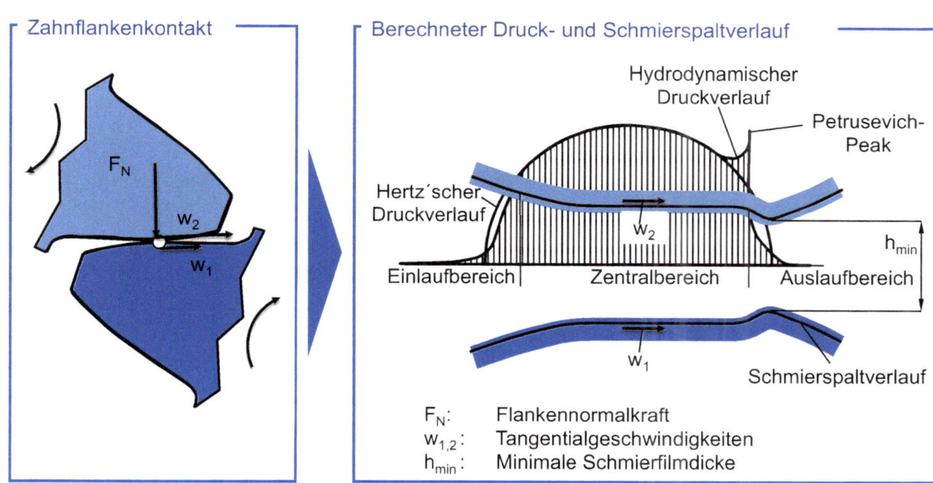

Bild 5.6 Die Theorie der Elastohydrodynamik bei Verzahnungen [OSTE82]

Für die Beurteilung des Schmierungszustandes wird die minimale Schmierfilmhöhe h_{min} berechnet. Häufig wird in diesem Zusammenhang die spezifische Schmierfilmdicke λ zur qualitativen Beurteilung der Schmierungsverhältnisse verwendet, die als das Verhältnis aus Mindest-Schmierfilmdicke am Wälzkreis $h_{\mathrm{min,C}}$ und gemittelter Zahnflankenrauheit Ra definiert ist. In Bild 5.7 sind die Einflussgrößen dargestellt, die bei der Berechnung der spezifischen Schmierfilmdicke berücksichtigt werden. In Abhängigkeit von der spezifischen Schmierfilmdicke werden nach Schrade für Zahnräder die drei Reibungszustände Grenzflächenreibung, Mischreibung und Flüssigkeitsreibung definiert [SCHR00].

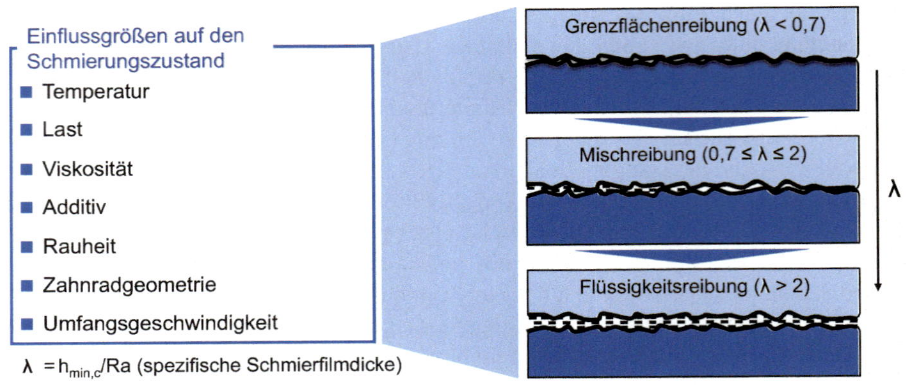

Bild 5.7 Reibungszustände im Zahnflankenkontakt

Grenzflächenreibung ($\lambda < 0{,}7$) liegt vor, wenn die Kontaktpartner nur durch tribologische Schutzschichten getrennt sind, die sich auf natürliche oder künstliche Weise bilden können. Die Reibung und der Verschleiß der Kontaktpartner werden maßgeblich von den Eigenschaften der Grenzschichten beeinflusst. Im Mischreibungsgebiet ($0{,}7 \le \lambda \le 2$) gewinnen die Eigenschaften des eingesetzten Schmierstoffs an Bedeutung. Im Falle der Mischreibung reicht der vorhandene Schmierfilm zwischen den Kontaktpartnern nicht aus, um diese vollständig voneinander zu trennen. Die Kontaktpartner berühren sich aufgrund von Rauheitsspitzen und Welligkeiten der Oberfläche, sodass ein Teil der Normalkraft durch den Festkörperkontakt und der andere durch den Schmierfilm übertragen wird. Dieser Reibungszustand tritt bei Verzahnungen häufig auf. Bei der Flüssigkeitsreibung ($\lambda > 2$) wird eine vollständige Oberflächentrennung der beiden Kontaktpartner durch den Schmierfilm angenommen. Dadurch werden die Reibung und der Verschleiß zwischen den beteiligten Körpern bis zu einer Grenzgleitgeschwindigkeit (Stribeck-Verhalten) wesentlich reduziert und nur vom Schmierstoff bestimmt. Flüssigkeitsreibung bzw. elastohydrodynamische Schmierung tritt bei beidseitig konvexem Kontakt der Verzahnungen unter hohen Belastungen und bei hohen Zahnradumfangsgeschwindigkeiten auf.

5.1.2.2 Beanspruchung in Folge der Kinematik

Die Kinematik des evolventischen Zahnflankenkontakts hat einen erheblichen Einfluss auf die tribologische Belastung der kontaktierenden Oberflächen. Auf Basis der lokal auftretenden Geschwindigkeiten der abwälzenden Zahnflanken lassen sich Aussagen über die tribologische Belastung der Zahnflanken ableiten (vgl. Abschnitt 5.1.2.1). Im Folgenden wird genauer auf die kinematischen Verhältnisse im Zahnflankenkontakt eingegangen.

Kinematische Verhältnisse im Zahnflankenkontakt

In Bild 5.8 wird der Eingriff einer Zahnradpaarung im Stirnschnitt betrachtet. Die Zähne 1 und 2 treten im Punkt A der Eingriffsstrecke erstmalig in Kontakt. Von diesem Punkt an findet eine Wälzbewegung der Zahnflanken mit veränderlichem Gleitanteil statt. Die Zähne 3 und 4 weisen einen Kontaktpunkt im Bereich der Austrittseingriffsstrecke auf. Auf Basis des Verzahnungsgesetzes lassen sich die Tangentialgeschwindigkeiten an den kontaktierenden Zahnflanken w_1 und w_2 für jeden Punkt auf der Eingriffsstrecke bestimmen. Sie weisen stets in Richtung des Fußes der treibenden Zahnflanke. Die Summe der Tangentialgeschwindigkeiten wird als Summengeschwindigkeit v_Σ bezeichnet, welche den Aufbau des Schmierfilms zwischen den Zahnflanken beeinflusst. Es gilt:

$$v_\Sigma = w_1 + w_2 \tag{5.3}$$

Die Gleitgeschwindigkeit v_g berechnet sich aus der Differenz der Tangentialgeschwindigkeiten im betrachteten Kontaktpunkt. Die Tangentialgeschwindigkeit der Zahnflanke, deren Gleitgeschwindigkeit bestimmt werden soll, wird dabei als Minuend eingesetzt. Es gilt:

$$v_{g1/2} = w_{1/2} - w_{2/1} \tag{5.4}$$

Die Gleitgeschwindigkeit gibt an, wie schnell und in welcher Richtung die jeweilige Flanke im momentanen Berührpunkt über die fiktiv ruhende Gegenflanke hinweggleitet. Sie dient als Kenngröße für Reibung und Erwärmung während des Zahneingriffs.

Das spezifische Gleiten ζ oder der Schlupf s ist der Quotient aus der Gleitgeschwindigkeit v_g und der absoluten Tangentialgeschwindigkeit w im betrachteten Berührpunkt. Ist die Gleitgeschwindigkeit v_g der Tangentialgeschwindigkeit w entgegengerichtet, liegt ein negativer Schlupfzustand vor, im umgekehrten Fall ein positiver. Es gilt:

$$\zeta_{1/2} = v_{g1/2} / w_{1/2} = 1 - w_{2/1} / w_{1/2} \tag{5.5}$$

Bild 5.8 zeigt eine Darstellung der kontaktierenden Flanken im Bereich der Eintrittseingriffsstrecke. Vom Beginn des Eingriffs der Zähne 1 und 2 im Punkt A bis zum Wälzpunkt C ist die Tangentialgeschwindigkeit w_2 des getriebenen Rads im Berührpunkt der Zahnflanken größer als die des Ritzels. Dabei nimmt die Tangentialgeschwindigkeit des Rads w_1 entlang dieser Strecke stetig ab, während die Tangentialgeschwindigkeit des Ritzels w_2 zunimmt. Die Gleitgeschwindigkeit v_{g1} weist in diesem Bereich in Richtung des Zahnfußes des treibenden Rads, v_{g2} in die entgegengesetzte Richtung. Im Wälzpunkt C sind die Tangentialgeschwindigkeiten w_1 und w_2 gleich groß und es findet ausschließlich Abrollen statt. Jenseits des Wälzpunkts C kehrt sich das Größenverhältnis der Tangentialgeschwindigkeiten w_1 und w_2 um. Somit ist vom Wälzpunkt C an entlang der gesamten Austrittseingriffsstrecke bis zum Ende des Eingriffs im Punkt E die Tangentialgeschwindigkeit des Ritzels im Berührpunkt der Flanken größer als die des getriebenen Rads. Gegenüber der Eintrittseingriffsstrecke wechseln die Gleitgeschwindigkeiten v_{g1} und v_{g2} in der Austrittseingriffsstrecke ihr Vorzeichen. Aufgrund der hier beschriebenen Eingriffsverhältnisse kommt es auf den Zahnflanken des treibenden und des getriebenen Zahnrads zu einer charakteristischen Ausbildung von Oberflächenanrissen, auf welche genauer in Abschnitt 5.1.3.2 eingegangen wird.

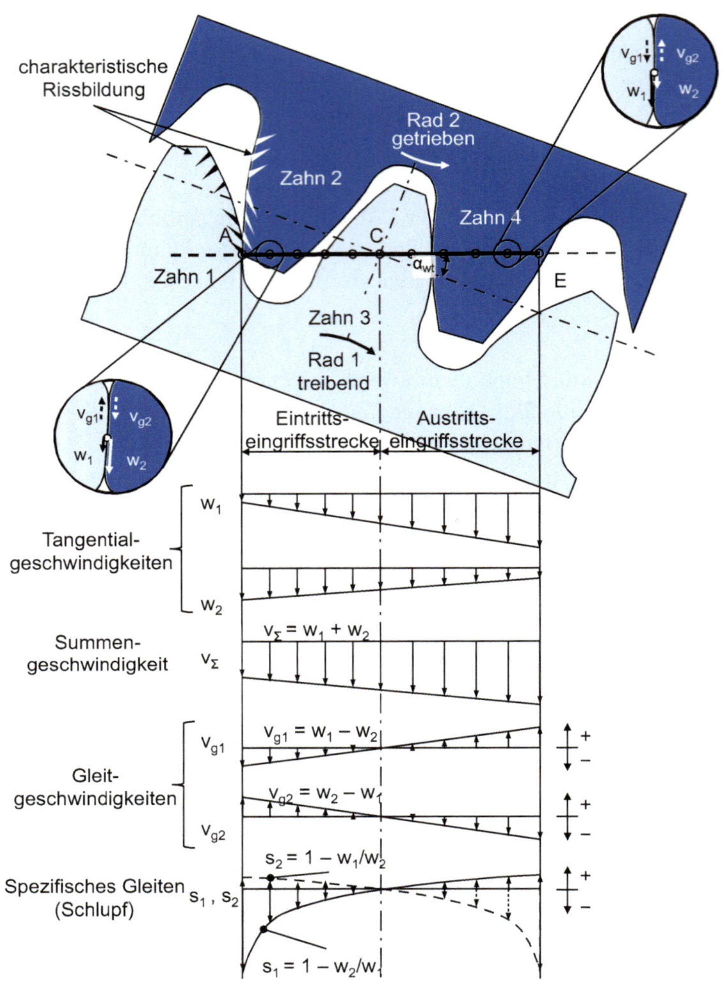

Bild 5.8 Kinematische Eingriffsbedingungen eines Zahneingriffs [NIEM03]

Reibung im Zahnflankenkontakt

Neben der aus dem zu übertragenden Nennmoment resultierenden Zahnnormalkraft entstehen aufgrund des außerhalb des Wälzpunkts erfolgenden Gleitens der Zahnflanken und der dabei vorhandenen Reibung zusätzlich Reibkräfte. Die Wirkungslinie dieser Reibkräfte ist die Tangente an der Zahnflanke durch die Kontaktlinie des Flankenpaars, die Wirkungsrichtung ist entgegengesetzt zur Relativbewegung. Die Reibkraft erzeugt somit ein Drehmoment, das am treibenden Rad entgegen der Drehrichtung und am getriebenen Rad in Drehrichtung wirkt. Durch die veränderten Wirkkraftradien im Vergleich zum Grundkreisradius sind die effektiven Normalkräfte unterhalb des Wälzkreises größer und oberhalb des Wälzkreises geringer als die Nennnormalkraft. Der Effekt wird als Normalkraftasymmetrie bezeichnet (Bild 5.9 oben) [LÖPE15].

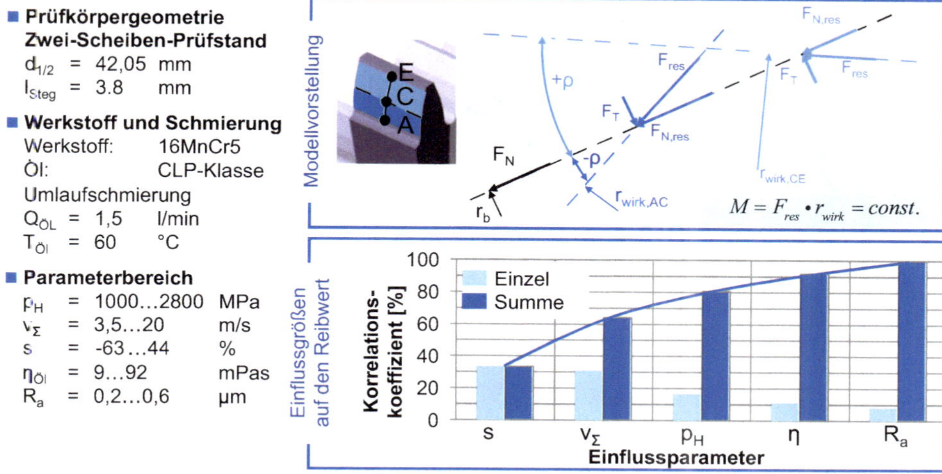

Bild 5.9 Analyse zu Einflussgrößen auf den Reibwert im Zwei-Scheiben-Kontakt [LÖPE15]

Ein wichtiger Parameter zur Beschreibung des Reib- bzw. Verlustmomentes ist der Reibwert der Kontaktpaarung. In Bild 5.9 ist das Ergebnis einer von Löpenhaus durchgeführten Analyse der Einflussgrößen auf den Reibwert dargestellt [LÖPE15]. Die Reibwertuntersuchungen sind auf dem Zwei-Scheiben-Prüfstand (WZL-Aufbau) durchgeführt worden (vgl. Abschnitt 5.3.2.2). Es zeigt sich, dass die kinematischen Parameter Schlupf und Summengeschwindigkeit den größten Einfluss auf den Reibwert haben, gefolgt von der Beanspruchung in Form der Hertz'schen Pressung. Die Viskosität des Schmierstoffs sowie die Oberflächenrauheit haben im Vergleich einen geringeren Einfluss auf den Reibwert (siehe Bild 5.9). Für die Berechnung des örtlichen Reibwerts auf der Zahnflanke wird folgende Formel angegeben, in die die lokalen Kennwerte, die z. B. einer Zahnkontaktanalyse entnommen werden können, eingesetzt werden. Der Gültigkeitsbereich für die Eingabewerte und die Einheit ist Bild 5.9 zu entnehmen:

$$\mu = 93{,}25 \cdot \frac{e^{-0{,}0001 \cdot p_H} \cdot Ra^{0{,}055}}{\nu_\Sigma^{0.13} \cdot \rho_{\mathrm{Ers}}^{0{,}2}} \cdot \left(8{,}51 \cdot 10^{-6} \cdot \eta_{\mathrm{Öl}}^2 - 0{,}001 \cdot \eta_{\mathrm{Öl}} + 0{,}55\right) \cdot \frac{|s|}{(|s| + 108{,}1)^2 - 11630} \cdot X_L \cdot X_{OS} \tag{5.6}$$

5.1.3 Zahnflankenschäden

Zahnflankenschäden können auf unterschiedliche Verschleißmechanismen zurückgeführt werden. Darüber hinaus kommt es in vielen Fällen zu einer Überlagerung verschiedener Verschleißmechanismen und in Folge von Wechselwirkungen zur Schadensentstehung. Unter dem Begriff Verschleißmechanismus werden die im Kontaktbereich eines Tribosystems auftretenden physikalischen und chemischen Prozesse zusammengefasst, die zu Stoff- und Formänderungen an den Kontaktpartnern führen. Für das Tribosystem „Zahnrad“ sind die in Bild 5.10 dargestellten Verschleißmechanismen Oberflächenzerrüttung, Abrasion, Adhäsion und tribochemische Reaktion maßgebend [GFT02].

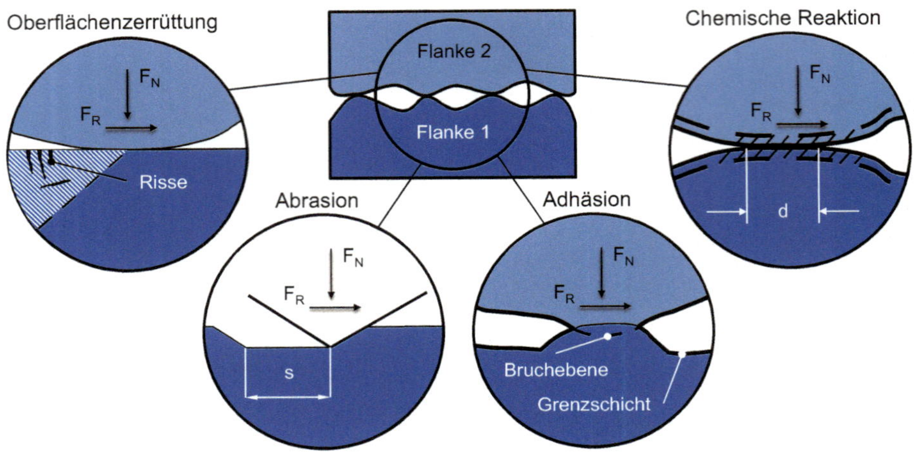

Bild 5.10 Grundlegende Verschleißmechanismen in Tribosystemen [CZIC10]

Entsprechend ihrer grundlegenden Eigenschaften lassen sich die vier relevanten Verschleißmechanismen in energetische und stoffliche Wechselwirkungen unterteilen [CZIC10]. Energetische Wechselwirkungen führen durch mechanische Beanspruchung zu Rissvorgängen und Stoffabtragung an den Kontaktpartnern (Oberflächenzerrüttung, Abrasion). Stoffliche Wechselwirkungen sind auf die Ausbildung chemischer Bindungen in den Oberflächenbereichen der Kontaktpartner zurückzuführen und bewirken unter Beteiligung von Materialabtrennprozessen Stoff- und Formänderungen (Adhäsion, chemische Reaktion). Im Tribosystem Zahnräder treten energetische und stoffliche Wechselwirkungen meist überlagert auf. Im Folgenden werden die Grundlagen der einzelnen Verschleißmechanismen besprochen, bevor die einzelnen Schadensformen an Verzahnungen erläutert werden. Neben dem Erscheinungsbild und den zugrundeliegenden Entstehungsmechanismen werden auch Gegenmaßnahmen für die einzelnen Schadensformen aufgezeigt. Eine genauere Betrachtung der tragfähigkeitsbeeinflussenden Größen wird in Abschnitt 5.2 durchgeführt.

Oberflächenzerrüttung

Eine Oberflächenzerrüttung tritt als eine Folge von zyklisch wechselnden, mehrachsigen Zug- und Druckspannungen der belasteten Oberflächen auf. Die zwischen Zahnflanken wirkenden Normalkräfte sowie die aus der Relativbewegung resultierenden Tangentialkräfte werden bei einer Grenz- oder Mischreibung durch die Mikrokontakte der Zahnflankenoberflächen und bei einer Flüssigkeitsreibung durch den trennenden Schmierfilm übertragen. Die Zahnflanken sind einer periodischen Belastung ausgesetzt – es kommt zu ermüdungsbedingtem Werkstoffversagen und zu lokalen Materialausbrüchen. Beispiele für Schadensformen infolge Oberflächenzerrüttung bei Zahnrädern sind die Grübchenbildung und die Graufleckigkeit.

Abrasion

Der Verschleißmechanismus Abrasion ist durch Materialtrennprozesse gekennzeichnet, die aufgrund der Relativbewegung der Zahnflanken auftreten. Es wird unterschieden zwischen dem Mikropflügen, der Mikroermüdung, dem Mikrobrechen und dem Mikrospanen. Bei Verzahnungen haben Mikropflügen, Mikroermüdung und Mikrobrechen einen untergeordneten Einfluss. Mikrospanen kann auftreten, wenn Rauheitsspitzen einer harten Zahnflankenoberfläche oder aber harte Partikel im Schmierstoff als abrasiv wirkende Teilchen am weicheren Gegenkörper eine Spanbildung verursachen.

Adhäsion

Bei der Adhäsion werden unter Grenzflächen- bzw. Mischreibung im Kontaktbereich der Zahnflanken Rauheitsspitzen plastisch verformt, sodass lokal die auf den Oberflächen haftenden Grenzschichten, die sich durch Adsorptions- oder Reaktionsprozesse bilden, durchbrochen werden. Die unmittelbare Berührung der metallischen Kontaktpartner führt zu molekularen Bindungen, deren Festigkeit die des Grundmaterials überschreiten kann. Durch die Relativbewegung der Zahnflanken kommt es zu einer Materialabscherung. Dabei wird Material von einer auf die andere Zahnflanke übertragen oder es kommt zu einer Bildung von losen Verschleißpartikeln. Bei Zahnradpaarungen tritt der Adhäsionsverschleiß bei Überlastung oder mangelhafter Schmierung in Form von Fressen auf.

Chemische Reaktion

Die chemischen Reaktionen an Zahnflankenoberflächen treten mit Bestandteilen des Zwischen- oder Umgebungsmediums auf. Sie werden durch die tribologische Beanspruchung aktiviert. Die chemische Reaktion führt zu einer Entstehung von Reaktionsschichten und Partikeln, die in der Regel andere mechanische Eigenschaften aufweisen als das Grundmaterial. Bei Zahnrädern werden chemische Reaktionen mit Bestandteilen des Kühlschmierstoffs während der Bauteilfertigung oder mit Bestandteilen des Getriebeschmierstoffs (Additiven) genutzt, um verschleißmindernde Reaktionsschichten an den Zahnflankenoberflächen zu erzeugen. Zu den unerwünschten chemischen Reaktionen zählen beispielsweise Korrosionserscheinungen, die häufig auf die Beschaffenheit des Umgebungsmediums zurückzuführen sind.

5.1.3.1 Graufleckigkeit

Eine graufleckengeschädigte Oberfläche weist optisch ein mattgraues Erscheinungsbild auf. In Bild 5.11 sind Beispiele für Graufleckenschäden dargestellt. Die Ursache der graufleckig erscheinenden Fläche ist ein Netz oberflächennaher Risse in Verbindung mit einer Vielzahl ausgebrochener Körner, die zu einer Auskolkung der oberflächennahen Randzone führt. Der Betrag der Auskolkung lässt sich anhand der Profilformabweichung quantifizieren. Es sind Auskolkungsbeträge durch Ermüdung (Graufleckigkeit) von denen infolge Abrasion (Kopfkantenschaben) voneinander zu differenzieren [NAZK10]. Die muschelförmigen Kleinstausbrüche liegen hinsichtlich ihrer Ausbruchtiefe in einer Größenordnung von $t = 10^{-2}$ mm und kleiner und weisen eine Dreiecksform auf, deren Spitze in Richtung der äußeren Tangentialkraft weist.

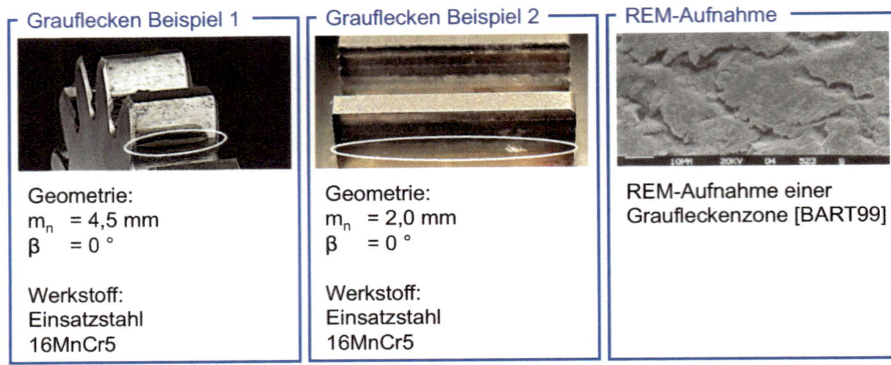

Bild 5.11 Beispiele für Graufleckigkeit

Im Anfangsstadium sind die Schädigungen häufig entlang der Schleifriefen lokalisiert, wobei zwischen den Riefen die Schleifstruktur weiterhin erkennbar ist [LEUB86]. Zudem wird der initiale Ausgangsort durch langwellige Oberflächenanteile aus dem Fertigungsprozess beeinflusst [VOLG91]. Somit kann der Ausgangsort der Ermüdungserscheinungen den Orten einer lokalen Überbeanspruchung zugeordnet werden. Die resultierende Oberflächenveränderung bewirkt durch die Adaption der Kontaktgeometrie primär eine örtliche Werkstoffentlastung. Das Vorliegen von Graufleckn kann sekundär zu einer Beeinflussung des Entstehungsprozesses der Grübchenbildung führen [HERG13]. Die Graufleckenentstehung ist bereits bei theoretischen Hertz'schen Flankenpressungen unterhalb der Grübchendauerfestigkeit nach wenigen Lastwechseln möglich [NIEM03]. Daher liegt der Grund für die Graufleckigkeit insbesondere in Mikro-Hertz'schen Pressungsfeldern, die mit der Oberflächenstruktur und einer unzureichenden Oberflächentrennung verbunden sind.

Die Graufleckenschädigung beginnt in der Regel am treibenden Rad im Bereich negativen Schlupfs, seltener im Bereich des Zahnkopfes am Gegenrad. Von dort erfolgt ein Wachstum der geschädigten Fläche Richtung Zahnkopf. Bei ungünstigen Betriebszuständen ist eine Graufleckenbedeckung der gesamten Zahnflanke möglich [SCHÖ84]. Die sich ergebenden Abweichungen von der idealen Evolvente bewirken eine erhöhte Laufunruhe und dynamische Zusatzkräfte, die sich im Endstadium auf die Zahnfußbelastung auswirken [EMME94].

Zur Bildung der Graufleckn sind tribologisch ungünstige Kontaktbedingungen unter Mischreibung mit hohem Festkörperreibanteil notwendige Voraussetzung, während bei vollständiger Oberflächentrennung eine Graufleckenbildung nicht beobachtet wurde [VOLG91]. Somit liegt der Hauptgrund für die Graufleckenbildung in niedrigen relativen Schmierfilmdicken infolge hoher Oberflächenrauheiten oder geringer minimaler Schmierfilmdicken [SCHR00]. Der Viskositätseinfluss auf die Schmierfilmdicke wird durch die Öladditivierung überlagert, was sich anhand einer indifferenten Temperaturabhängigkeit der Schädigung zeigt (Schmierfilmdicke vs. Additivaktivierungsenergie) [SCHÖ84]. Ebenfalls führen positive Einflüsse auf die Schmierfilmdicke, wie hohe Umfangsgeschwindigkeiten sowie einlaufoptimierte Oberflächenbehandlungen (Brünieren, Phosphatieren, Verkupfern), zu einer Steigerung der Graufleckentragfähigkeit [EMME94]. In Graufleckenuntersuchungen wurde kein direkter Einfluss des Fertigungsverfahrens beobachtet, allerdings wurde die Paarung unterschiedlich endbearbeiteter Zahnräder als vorteilhaft beschrieben [LIU04].

Neben der Schmierfilmbildung hat die Werkstoffbeschaffenheit einen Einfluss auf die Graufleckenbildung. Werkstoffseitig treten Grauflecken bevorzugt bei hohen Randhärten $HRC \geq 55$ auf. Verschleißfeste Nitrierschichten können die Graufleckentragfähigkeit erhöhen [SCHÖ84]. Die Beobachtungen bezüglich des Restausteniteinflusses sind indifferent [LEUB86, SCHÖ84].

5.1.3.2 Grübchenbildung

Bei Überschreitung der lokalen Wälzfestigkeit des Verzahnungswerkstoffes in der Randzone kommt es zu Grübchenschäden. Die Erscheinungsform der Schädigung ähnelt derjenigen der Graufleckigkeit, ist jedoch in ihrer Dimension ein bis zwei Zehnerpotenzen größer (vgl. Bild 5.12). Grübchenausbrüche sind gekennzeichnet durch muschelförmige Ausbrüche in Dreiecksform und eine weitestgehend ebene, parallel zur Zahnflankenoberfläche verlaufende Bruchfläche. Die Spitze der Dreiecksform weist in dieselbe Richtung wie die der äußeren Tangentialkraft [GAPP62]. Die Schädigung tritt frühestens nach $N = 50 \cdot 10^3$ Lastwechseln auf [NIEM03]. Es ist zu differenzieren nach Einlaufgrübchen zum Abbau lokaler Überlasten (degressiver Schadensverlauf) sowie linearer bzw. progressiver Grübchenbildung (fortschreitender Schadensverlauf). Die Größenausprägung der Grübchenschädigung ist von den äußeren Beanspruchungsbedingungen abhängig. So treten großflächige, tiefe Grübchen häufig in Verbindung mit hohen Spannungsbeträgen und kleine, flache Grübchen bei niedrigen Pressungen und einem ungünstigen Schmierungszustand auf [BART99].

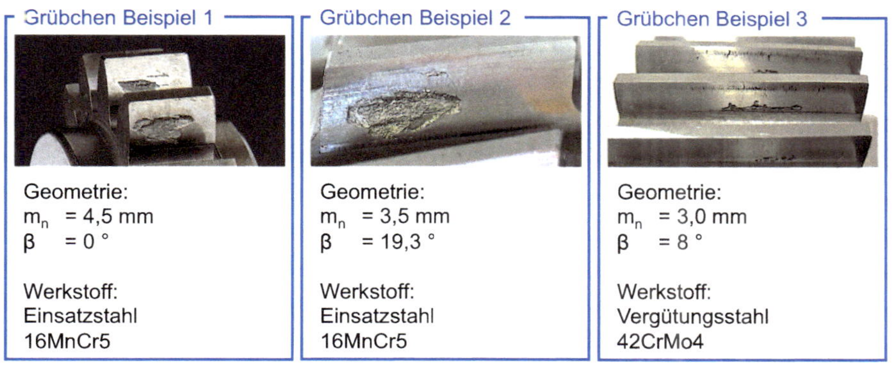

Bild 5.12 Beispiele für Grübchenbildung

Der bevorzugte Ausgangsort für die Grübchenbildung ist der Bereich negativen Schlupfs. Vor allem bei vergüteten Werkstoffen kommt es zu einer Ausbreitung von Grübchenlinien für eine bestimmte Schlupf-Pressungs-Kombination über der Zahnbreite an mehreren Zähnen. An oberflächengehärteten Zahnrädern sind meist einzelne Zähne mit größerer Schadensfläche des Einzelgrübchens betroffen, an denen das Grübchen Richtung Zahnkopf wächst [WINT79].

Maßgeblich für die Entstehung des Grübchenschadens ist der durch die Hertz'sche Pressung induzierte Spannungszustand im Werkstoff, der eine Rissinitiierung und das nachfolgende Risswachstum bedingt. Folglich sind alle pressungsmindernden Maßnahmen zur Steigerung der Grübchentragfähigkeit förderlich. Dem Hertz'schen Normalbeanspruchungszustand überlagern sich reibungsbedingte Tangentialbeanspruchungen, die vom tribologischen Kontakt (Rauheit, Ölviskosität, Additivierung, Gleitgeschwindigkeit ...) abhängen [FRIT91, GOHR82, KÄSE77]. Zusätzlich wird der mechanische Wälzbeanspruchungszustand durch Temperaturspannungen superponiert [KNAU88]. Der dominante Einfluss der Reibungszahl auf die Tangentialbeanspruchung bedingt positive Veränderungen hinsichtlich der Grübchentragfähigkeit für sämtliche reibmindernden Maßnahmen. In Abhängigkeit von der Überlagerung des durch die Hertz'sche Pressung induzierten Spannungszustands durch tangentiale Spannungsanteile liegt das Maximum der Vergleichsspannung in unterschiedlichen Werkstofftiefen und es können oberflächeninduzierte oder suboberflächeninduzierte Grübchen entstehen (vgl. Abschnitt 5.1.2).

Der Hauptgrund für die Ausbildung oberflächeninduzierter Zahnflankenschäden ist die Entstehung und Akkumulation von oberflächigen Materialanrissen im Zuge der zyklischen Belastung der aktiven Flankenbereiche und der daraus resultierenden Wälzkontaktermüdung. Bild 5.13 zeigt, in welcher Lage sich relativ zur Flankenoberfläche an einem treibenden Zahnrad unter Wälzbeanspruchung Risse ausbilden. Ausgehend von einem weitgehend parallel zur Oberfläche verlaufenden Hauptriss, der von der Oberfläche flach in den Werkstoff führt, verlaufen Sekundärrisse steil zur Oberfläche. Sobald einer der Sekundärrisse die Oberfläche erreicht, kommt es zum Ausbruch des unterhöhlten Materials.

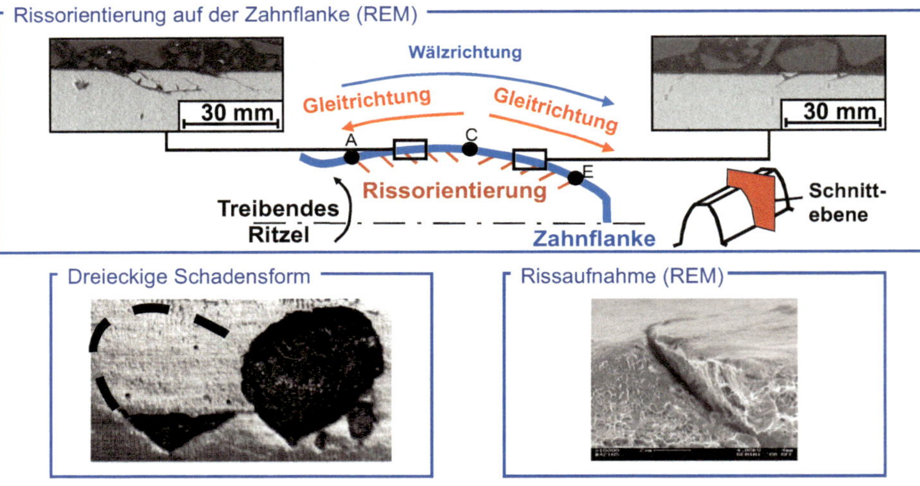

Bild 5.13 Rissorientierung bei Oberflächenzerrüttung an Zahnflanken [BUGI09, DIN79a]

Erweitert wird dieser Erklärungsansatz in Bild 5.14 durch eine Theorie, die den Ausbruch von Partikeln auf die hydraulische Sprengwirkung des in den Oberflächenriss gelangten Öls zurückführt. Die fluidtypische Inkompressibilität des Öls führt bei Überrollung und damit Verschluss des Risses im Eingriff zu einer starken Spannungsüberhöhung in der Kerbe des Risskeils, die die lokale Werkstofffestigkeit überschreitet. Aufgrund der Wälzbewegung tritt dieser Effekt entsprechend der Theorie verstärkt im Bereich des negativen Schlupfs auf, wie Bild 5.14 zu entnehmen ist.

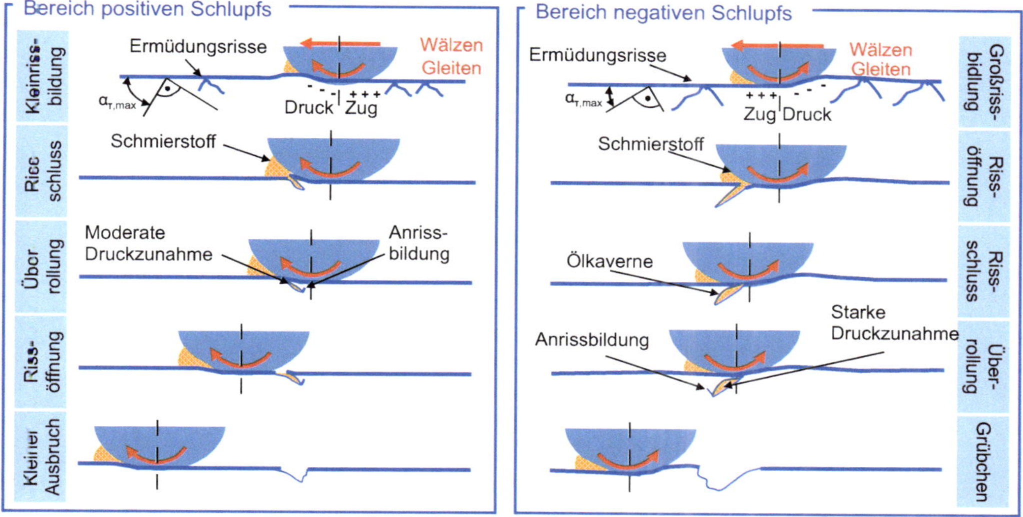

Bild 5.14 Entstehungsprozess oberflächeninduzierte Grübchen [NEUP83]

Suboberflächeninduzierte Zahnflankenschäden entstehen infolge einer Rissinitiierung unterhalb der Oberfläche. Die Tiefe dieser Schadensausprägung erreicht bis zu 25 - 35 % der Hertz'schen Abplattungsbreite (typisch: 20 bis 100 µm). Die hier zugrunde liegende Theorie zum Entstehungsprozess der Schäden ist in Bild 5.15 dargestellt und basiert auf theoretischen Analysen und experimentellen Untersuchungen [DING09]. Ein exemplarischer oberflächennaher Materialdefekt (Einschluss, Oxidation, Ablagerung an Korngrenzen) führt zu einer Rissinitiierung unterhalb der Oberfläche. Die weitere Rissausbildung wird begünstigt durch kleinste Zerrüttungen und Ermüdungsrisse infolge zyklischer Wechselbeanspruchung in der unmittelbaren Umgebung des Ausgangsrisses. Die am Rissende des Ausgangsrisses beginnende Verbindung der Schwachstellen im Materialgefüge führt zu einer Vergrößerung des Gesamtrisses. Die Rissfortentwicklung in der zerrütteten Zone hat eine Vorzugsausrichtung bezogen zur Oberfläche. Dabei weisen die flachen, zuerst ausgebildeten und zum Fußkreis gerichteten Rissbänder einen Winkel von 20° auf, die gegenüberliegende Wand einen Winkel von ca. 50°. Die Ausrichtung der charakteristischen Winkel wird mit der Orientierung der Hauptspannungen erklärt. Mit zunehmender Nähe zur Flankenoberfläche flacht der zum Zahnfuß ausgerichtete Riss weiterhin ab und bewirkt mit Erreichen der Oberfläche erste Ausbrüche. Die hohen Druck-/Scherbelastungen im Bereich des Übergangs vom Parallelriss zum steilen Riss führen zu einem Ausbrechen der unterhöhlten Partikel und letztlich zu tiefen Grübchen.

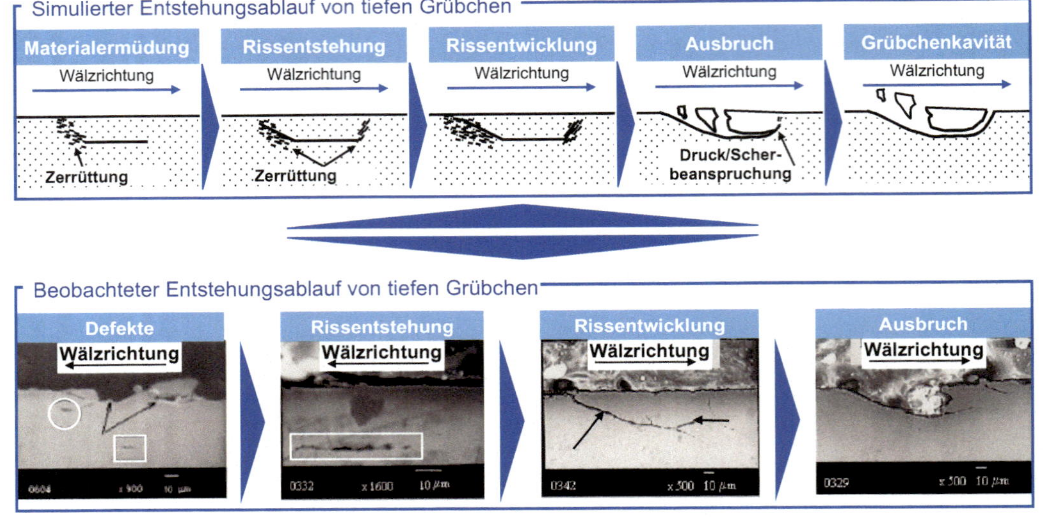

Bild 5.15 Entstehungsprozess suboberflächeninduzierter Grübchen [DING03, DING09]

Eine Theorie zur Rissbildung im Zahnflankenkontakt einsatzgehärteter Zahnräder basiert auf dem Ansatz kritischer Hauptspannungsorientierungen. Beobachtungen an suboberflächeninduzierten Grübchen zeigen werkstoff- und wärmebehandlungsübergreifend ein ähnliches Schadensbild. Dabei kommt es zur Ausbildung einer Ermüdungszone und einer Restbruchzone, welche sich hinsichtlich Erscheinungsbild und Ausbruchtiefe voneinander unterscheiden, vgl. Bild 5.16. Die Tiefenlage der Plateaus in der Ermüdungszone kann rechnerisch mit der Winkeldifferenz der Hauptspannungen $\Delta\varphi_{HS}$ nachvollzogen werden. Zur Berechnung der Winkeldifferenz der Hauptspannungen $\Delta\varphi_{HS}$ wird der Spannungstensor zu diskreten Zeitpunkten während des Wälzvorgangs in das Hauptnormalspannungssystem und in das Hauptschubspannungssystem rotiert. Anschließend werden die maximalen Hauptnormalspannungen $\max(|\sigma_{I,II}|)$ und die maximalen Hauptschubspannungen $\max(|\tau_{I,II}|)$ mit ihren dazugehörigen Drehwinkeln $\varphi_{\sigma I,II}$ bzw. $\varphi_{\tau I,II}$ berechnet. Die Winkeldifferenz $\Delta\varphi_{HS}$ wird durch Substraktion der beiden Drehwinkel ermittelt und beschreibt ein Maß für die Beanspruchung einer spezifischen Ebene. Die Auswertung sämtlicher Tiefenlagen zeigt ein Minimum der Winkeldifferenz $\Delta\varphi_{HS}$ mit einer Hauptspannungsorientierung parallel zur Zahnflanke in der Tiefe der detektierten Plateaus in der Ermüdungszone. Die Tiefe der Restbruchzone kann durch das Maximum der Vergleichsspannung nach von Mises $\max(\sigma_{v,Mises})$ nachvollzogen werden [BREC17].

Da es sich bei der Grübchenbildung um einen Ermüdungsschaden des Werkstoffs handelt, kann die Grübchentragfähigkeit beanspruchbarkeitsseitig gezielt beeinflusst werden. Ansatzpunkte hierzu liegen zum einen in der Werkstoffgüte (z. B. Vergütungsstahl, Einsatzstahl) und der damit angebotenen Werkstoffhärte im Wälzkontakt [GOHR82]. Zum anderen ergeben sich insbesondere für einsatzgehärtete Verzahnungen Potenziale durch die gezielte Wahl der Einsatzhärtetiefe (vgl. Abschnitt 5.2.1) [BÖRN76, KÄSE77, TOBI01]. Der Werkstoffmikrostruktur überlagert ist der positive Effekt von Druckeigenspannungen auf die Grübchentragfähigkeit [KÖCH96]. Ebenfalls ergeben sich höhere Tragfähigkeiten bei der Wahl höherer Restaustenitgehalte [RAZI67].

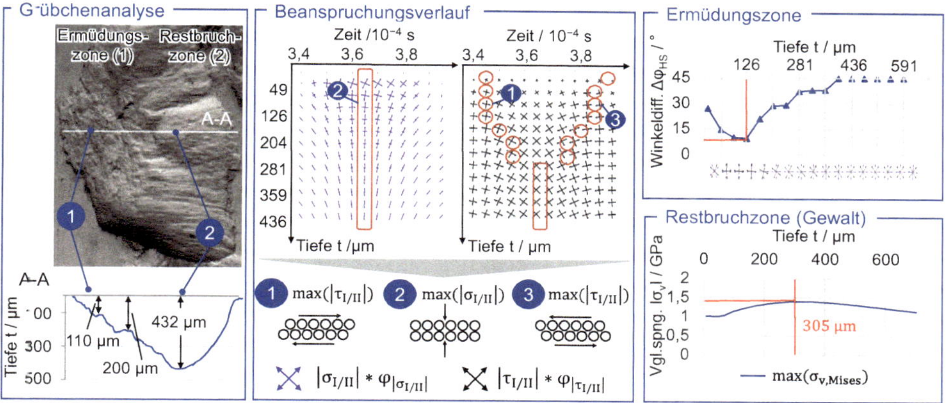

Bild 5.16 Theorie der kritischen Hauptspannungsorientierung [BREC17]

5.1.3.3 Fressen

Merkmal eines Fressschadens ist die in Zahnhöhenrichtung verlaufende, streifige Aufrauhung unterschiedlicher Tiefe und Breite einzelner Flankenbereiche oder der ganzen Zahnbreite. Fressen beruht auf dem Verschleißmechanismus der Adhäsion und kann schon bei kurzzeitiger Überlastung auftreten. Aus diesem Grund gelten Fressschäden bei Zahnrädern als besonders kritisch, weshalb bei der Entwicklung sowie Auslegung von Zahnrädern der Vermeidung von Fressschäden eine besondere Stellung zukommt. Bild 5.17 zeigt Beispiele für Fressschäden an Zahnrädern.

Es wird zwischen Warm- und Kaltfressen unterschieden, wobei sich die beiden Formen des Fressschadens nicht in ihrem Erscheinungsbild, sondern in ihrer Ursache unterscheiden. Findet Fressen ohne wesentlichen Temperatureinfluss statt, wird von Kaltfressen gesprochen. Dies kann bei niedrigen Umfangsgeschwindigkeiten und dem Einsatz von niedrigviskosen Schmierölen auftreten. Durch die ungünstigen Schmierungsverhältnisse wird ein metallischer Kontakt der Oberflächen und somit Adhäsion begünstigt. Die häufigere Form ist das Warmfressen. Beim Warmfressen kommt es aufgrund hoher Gleitgeschwindigkeiten und Pressungen im Zahneingriff zu örtlichen Temperaturerhöhungen. Dies führt ab einer Grenzbeanspruchung zu einem Versagen des Schmierfilms, was auf das Abreißen oder örtliche Verdampfen des Schmierstoffs zurückzuführen ist [CZIC10].

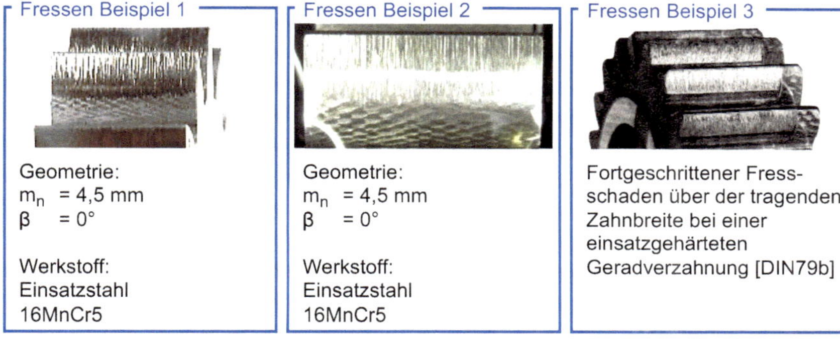

Bild 5.17 Beispiele für Fressen

Werden keine Gegenmaßnahmen ergriffen, so nehmen bei fortgeschrittenem Fressen Verlustleistung, Temperatur und Materialverlust zu. Des Weiteren kommt es zu verstärkten Schwingungen im Getriebe und zu erhöhter Zahnbruchgefahr. Eine zu große Oberflächenrauheit der Zahnflanken, ein zu kleines Zahnflankenspiel, aber auch Riefen und andere Flankenschäden können bei entsprechenden Pressungen und Gleitgeschwindigkeiten einen Fressschaden einleiten. Entlang der Eingriffsstrecke besteht zu Eingriffsbeginn aufgrund des ungünstigen Einflusses der erhöhten Gleitgeschwindigkeiten und des Eingriffsstoßes erhöhte Fressgefahr. Die Fressgrenze kann allein durch die Wahl der Schmierstoffviskosität und vor allem durch Schmieröle mit Hochdruck-Wirkstoffen (EP = Extreme Pressure) wesentlich gesteigert werden. EP-Öle bilden bei hohen Pressungen und Kontakttemperaturen Reaktionsschichten, die den Anteil direkter metallischer Berührungen verringern. Jedoch lassen sich Ölviskosität und Ölsorte oft nicht beliebig wählen. Des Weiteren stellen sich mit zunehmendem EP-Gehalt unter Umständen Nachteile wie eine Versprödung der Dichtungen des Getriebes ein [NIEM03].

5.1.3.4 Abrasivverschleiß

Der Abrasivverschleiß beruht auf dem Schadensmechanismus der Abrasion, bei Verzahnungen in der Regel dadurch verursacht, dass durch Mikrospanen Materialteilchen abgetrennt werden. Abrasiver Verschleiß hat eine Flankenformänderung zur Folge, die zunächst zu veränderten Eingriffsverhältnissen und in ausgeprägter Form zu Folgeschäden wie Zahnbruch führen kann. Beispiele typischer Verschleißbilder für Abrasivverschleiß sind in Bild 5.18 zu sehen.

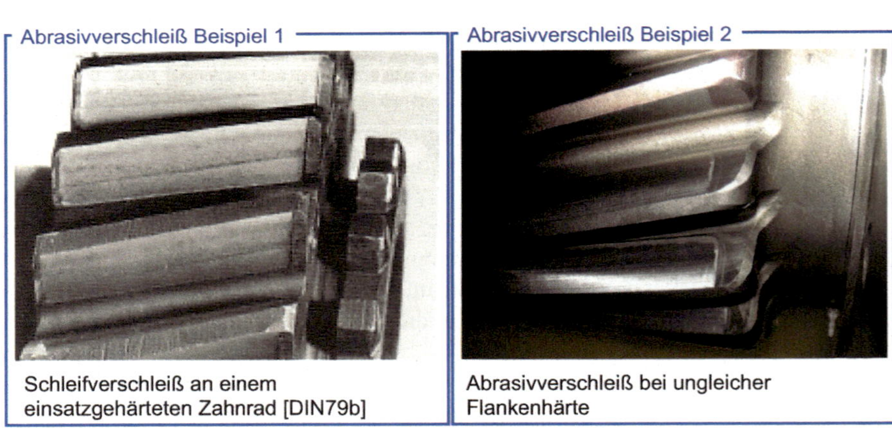

Bild 5.18 Beispiele für Abrasivverschleiß

Das Verschwinden der durch die Herstellung vorhandenen Oberflächenstruktur wird als Einlaufverschleiß bezeichnet und verläuft degressiv [BART99]. Es entsteht im Laufe der Betriebszeit eine glatte, oft glänzende Oberfläche der Zahnflanken. Die Ursache für diese Form des Abrasivverschleißes liegt darin, dass die Gleitgeschwindigkeiten der Zahnflanken je nach Ausprägung der Oberflächenrauheit zu Beginn des Einsatzes der Zahnräder und der Viskosität des Schmierstoffs nicht ausreichen, um einen zusammenhängenden Schmierfilm zwischen den Zahnflanken aufbauen zu können. Daher kommt es vor allem zu Beginn des Einsatzes von Getrieben aufgrund der Gleitbewegung im Zahnkontakt zu einem Abscheren oder zu einer plastischen Verformung der Rauigkeitsspitzen, sodass die Oberflächen eingeebnet werden und die Rauheit verringert wird [DIN79b]. Einlaufverschleiß beeinflusst die Lebensdauer und die ordnungsgemäße Funktion des Getriebes nicht negativ [DIN79b].

Bei sehr geringen Umfangsgeschwindigkeiten (v_t < 0,5 m/s) und damit sehr geringen Schmierfilmdicken bestimmt häufig der kontinuierliche Materialabtrag durch Abriebverschleiß die Lebensdauer einer Verzahnung, bei welchem die harten Rauheitsspitzen der Zahnflankenoberfläche eine Mikrospanbildung am Gegenkörper bedingen. Es kommt zu deutlichen Profilformabweichungen, die das Einsatzverhalten der Zahnräder negativ beeinflussen und in letzter Konsequenz zu Zahnbruch führen können.

Bei Schleifverschleiß zeigen die Zahnflanken eine gleichmäßige matte Oberfläche. Je nach Laufzeit ist die ursprüngliche Fräs-, Schleif- oder Schabestruktur nicht mehr zu erkennen. Im fortgeschrittenen Zustand sind eine Änderung der Zahnform und eine Vergrößerung des Zahnspiels feststellbar [DIN79b]. Bei Schleifverschleiß verursachen harte Verunreinigungen im Schmieröl, wie Schleifstaub, Formsand, Rost, Zunder oder dergleichen, eine Mikrospanbildung im Zahnflankenkontakt [DIN79b]. Aufgrund der lebensdauerverringernden Wirkung von Partikeleindrücken sind in diesem Fall auch die Lager des jeweiligen Getriebes stark gefährdet. Das Ausmaß der Schädigung hängt von der Zahnflankenhärte sowie von Korngröße, Härte und Konzentration der Verunreinigung ab.

Bei durch Eingriffsstörung hervorgerufenem Verschleiß entstehen in Zahnhöhenrichtung verlaufende Schabemarken am Zahnkopf bzw. am Zahnfuß. Diese nehmen mit der Laufzeit zu und es erfolgt eine Abrundung der Zahnkopfkante und eine Aushöhlung des Zahnfußes. Bei Verschleiß durch Eingriffsstörung kann das Laufgeräusch der Verzahnung verstärkt sein [DIN79b]. Durch das Schaben der Kopfkanten liegt erhöhte Fressgefahr vor. Die Ursache für diese Form des Verschleißes liegt in einem vor- und nachzeitigen Zahneingriff, welcher in Abschnitt 5.2 genauer erläutert wird. Dieser tritt bei Mängeln in der Geometrie (zu geringe Kopfrücknahme, Teilungsabweichung), zu hoher Belastung oder einer Unterschreitung des vorgeschriebenen Achsabstands auf und führt am Zahnkopf und Zahnfuß zu hohen Pressungen.

Als Gegenmaßnahme für Abrasivverschleiß sind eine geeignete Werkstoffauswahl und -behandlung sowie eine geringe Oberflächenrauheit zu nennen. Bereits geringfügige Härteunterschiede zwischen Ritzel und Rad führen bei einer zu hohen Oberflächenrauheit zu insgesamt erhöhtem Verschleiß, der überwiegend am weicheren Bauteil auftritt [NIEM03]. Deshalb sollte stets eine gleich harte Ausführung der Zahnräder angestrebt werden. Vorteilhaft wirken sich auch alle Maßnahmen aus, die zu einer größeren Schmierfilmdicke beitragen. Hier spielt neben der Viskosität des Schmierstoffs vor allem die Summengeschwindigkeit der Zahnflanken eine entscheidende Rolle. Weiterhin gelten eine ausreichende Filterkapazität für den Schmierstoff, Absetzräume für das Öl und eine laufende Schmierstoffüberwachung als Gegenmaßnahmen bei Schleifverschleiß.

5.1.3.5 Zahnflankenbruch

Wie die Schadensformen Graufleckigkeit und Grübchenbildung ist der Flankenbruch ein Ermüdungsschaden, der sowohl an Stirnrad- als auch an Kegelradverzahnungen auftritt. Es handelt sich um Brüche aus dem aktiven Zahnflankenbereich auf etwa halber Zahnhöhe, die vor allem am treibenden Zahnrad ohne vorherige Ankündigung, z. B. in Form einer Oberflächenschwächung durch Grübchenschädigung, auftreten. Die Lastspielzahlen bis zum Schaden sind vergleichsweise hoch, was eine Unterscheidung zum klassischen Zahnfußbruch darstellt.

Maßgeblich für die Schädigung sind neben der Höhe der äußeren Belastung die aus der Wärmebehandlung resultierenden Werkstoffeigenschaften. Begünstigend für die Schädigung sind im Vergleich zur Beanspruchung geringe Einsatzhärtetiefen und geringe Zahnquerschnitte. Insbesondere die der Wälzbeanspruchung nachgelagerte Spannungsbeaufschlagung infolge von Zahnbiegung/Querkraftschub beeinflusst den Spannungszustand im Bereich des Rissausgangs. Darüber hinaus können die für den Ausgleich der Druckeigenspannungen in der gehärteten Randzone erforderlichen Zugeigenspannungen im Auslauf der Härteschicht die Rissausbreitung unterstützen [BRUC06].

Der Zahnflankenbruch hat seinen Rissausgangsort unter der Bauteiloberfläche in einer Tiefe von $t \approx 2{,}5 \cdot CHD550$, bevorzugt an einer Fehlstelle im Gefüge (z. B. Leerstelle, nichtmetallischer Einschluss) [WITZ12]. Als Ursache der Rissinitiierung wird nach aktuellem Wissensstand von einer Spannungsüberhöhung aufgrund des E-Modul-Unterschiedes zwischen Fehlstelle und Gefügematrix sowie der Kerbwirkung der Fehlstelle ausgegangen [WITZ12, BAUE17, WICK17]. In der Rissausbreitungsphase kommt es zur Entstehung eines Primärrisses, welcher in einem Winkel von ca. 45° zur aktiven Zahnflanke verläuft (vgl. Bild 5.19 links) [THOM98]. Des Weiteren kann es zur Entstehung von Sekundär- und Tertiärrissen kommen, welche aufgrund der veränderten Steifigkeitseigenschaften nach Ausbildung des Primärrisses entstehen und parallel zum Zahnkopf verlaufen [WITZ12]. Eine Abgrenzung der Schadensart Zahnflankenbruch von anderen Zahnradschäden, wie zum Beispiel dem Zahnfußbruch oder dem Tooth Interior Fatigue Fracture (TIFF), kann anhand des Rissverlaufes erfolgen. Der Zahnfußbruch ist bei Außenverzahnungen durch einen Rissstart im Bereich der 30°-Tangente an der Zahnfußrundung (Innenverzahnung 60°-Tangente) und einen waagerechten Rissverlauf zur Zahnfußrundung der Rückflanke gekennzeichnet (vgl. Abschnitt 5.1.1) [NIEM03, LINK10]. Der TIFF tritt häufig bei wechselnder Belastung im Zug-/Schubbetrieb von Zahnrädern auf und ist durch ein plateauartiges Abtrennen des Zahnkopfes auf Höhe der Zahnmitte gekennzeichnet (vgl. Bild 5.19 rechts) [WITZ12].

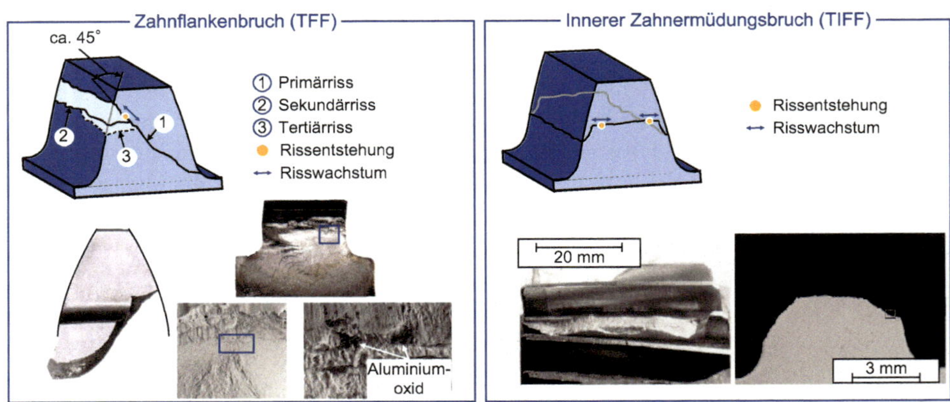

Bild 5.19 Zahnflankenbruch und Abgrenzung zum Zahnermüdungsbruch [MACK01, KONO18]

Aufgrund der Rissinitiierung in hohen Werkstofftiefen werden die tribologischen Beanspruchungen infolge Reibung und Kinematik als vernachlässigbar klein angenommen. Die Schadensart Zahnflankenbruch wird folglich durch die Kontaktpressung in Kombination mit der mechanischen Sekundärbeanspruchung (Biegung, Schub, Stauchung) und durch den überlagerten Eigenspannungszustand maßgeblich beeinflusst [BRUC06, WITZ12, BAUE17, KONO18]. Verglichen mit dem Beanspruchungszustand der Zahnflanke in Oberflächennähe ($0\ \text{mm} \leq t \leq t_{\text{vonMises,max}}$) liegen im zahnflankenbruchkritischen Bereich geringere Beanspruchungen vor und es überwiegt der Einfluss der Beanspruchbarkeit auf die Zahnflankenbruchtragfähigkeit [BRUC06]. Die reduzierte Beanspruchbarkeit im zahnflankenbruchkritischen Bereich ist auf den Übergang zwischen gehärteter Randschicht und ungehärtetem Kerngefüge zurückzuführen, wodurch eine lokal niedrige Härte in Kombination mit niedrigen Druckeigenspannungen oder Zugeigenspannungen vorliegt [KONO18].

5.1.4 Zahnfußschäden

Als Zahnbruch wird das Herausbrechen ganzer oder größerer Teile von Zähnen am Zahnfuß bezeichnet. Im Allgemeinen führt Zahnbruch zum Totalausfall des Getriebes. Obwohl an der Druckseite des belasteten Zahns die Spannung größer ist als an der Zugseite, liegt der Bruchbeginn aufgrund der Werkstoffeigenschaften auf der Zugseite (vgl. Bild 5.3). Eine Ausnahme kann bei sehr elastisch gestaltetem Radkörper auftreten, bei dem die Radialkomponente der Zahnkraft zu einer Verlagerung des gefährdeten Querschnitts führen kann. Grundsätzlich kann es selbst bei einer einsatzgehärteten Verzahnung zu einer plastischen Verformung kommen, wenn die Überlastung nicht zum Bruch führt. Generell wird zwischen Gewalt- und Dauerbruch unterschieden. Eine Sonderform des Zahnbruchs ist der Zahneckbruch, bei dem es zum teilweisen Ausbrechen von Zähnen kommt.

5.1.4.1 Gewaltbruch

Definitionsgemäß ist ein Gewaltbruch die Folge einer oder einiger nicht vorhergesehener starker Überlastungen. Diese können beispielsweise durch Verklemmen mit anderen Maschinenteilen entstehen, welche in die Verzahnung hineingefallen sind. Gewaltbrüche sind meist nicht auf Fehler bei der Auslegung und Fertigung zurückzuführen [DIN79b]. Je nach Werkstoff und Beanspruchung wird zwischen einem spröden und einem zähen Gewaltbruch unterschieden. Während sich beim spröden Gewaltbruch die Bruchfläche samtartig bzw. feinkörnig und matt ausbildet, zeigen sich beim zähen Gewaltbruch auf der Endseite des Bruches ein Wulst und eine stark verformte Bruchfläche [BART99]. Beispiele typischer Schadensbilder für Gewaltbruch sind in Bild 5.20 zu sehen.

Eine spröde Bruchfläche ist ein Zeichen dafür, dass die Biegebeanspruchung für den Bruch maßgebend war. Ein wulstförmiger, duktiler Bruch hingegen ist als Folge von Schubbeanspruchung anzusehen. Er tritt beispielsweise auf, wenn nach dem Anreißen der Bruch nicht spontan fortschreitet, sondern die Verformung zu einer derartigen Verlagerung des Kraftangriffspunkts führt, dass die Schubspannung das Kriterium für den Fortgang des Bruches bildet. Entscheidend dafür, in welcher Form der Bruch fortschreitet, sind die Werkstoffeigenschaften, insbesondere die Zähigkeit und die Zahnform [DIN79b].

Bild 5.20 Beispiele für Gewaltbruch [BART99, LINK10]

5.1.4.2 Dauerbruch

Ein Dauer- oder Ermüdungsbruch entsteht als Folge der bei Verzahnungen auftretenden dauerhaft schwellenden bzw. wechselnden Belastung der Zähne. Beispiele typischer Schadensbilder für Dauerbruch sind in Bild 5.21 zu sehen. Ein Dauerbruch entsteht bei Überschreitung der Dauerfestigkeit des Werkstoffs. Nach einer gewissen Rissentstehungszeit bildet sich ein Anriss, der bei fortschreitender Beanspruchung so lange wächst, bis der verbleibende Restquerschnitt nicht mehr in der Lage ist, die Belastung zu übertragen. Der Zahn bricht dann bei erneuter Belastung vollständig ab. Dieses Abbrechen des Restquerschnitts wird als Restbruch bezeichnet und verläuft wie der zuvor beschriebene Gewaltbruch.

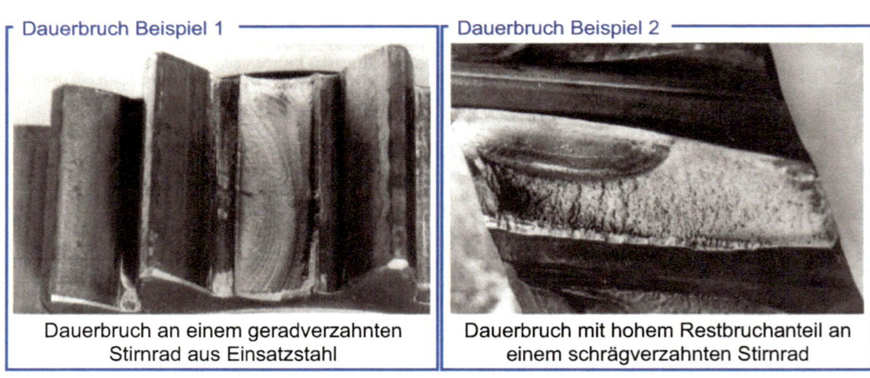

Bild 5.21 Beispiele für Dauerbruch [BART99]

Die Bruchfläche besteht aus zwei unterschiedlichen Zonen, die als Dauerbruch- und Restbruchfläche bezeichnet werden. Die Dauerbruchfläche ist verformungslos, eben und matt bzw. samtartig. Unter Umständen ist sie mit Rastlinien durchsetzt und besitzt Absätze zwischen Teildauerbrüchen. Rastlinien entstehen, wenn im Verlauf der Risswachstumsphase Perioden hoher Schwell- oder Wechselbelastungen mit hoher Risswachstumsgeschwindigkeit und Perioden niedriger Belastung, in denen der Dauerbruchriss langsam oder überhaupt nicht wächst, einander abwechseln. Der Restbruchanteil fällt bei der im Bild 5.21 links dargestellten Aufnahme deutlich geringer aus als bei dem rechts abgebildeten Dauerbruch. So liegt bei dem links dargestellten Fall lediglich ein sehr geringer Restbruchanteil am Rand der Bruchfläche vor, während der Restbruchanteil bei dem rechts dargestellten Dauerbruch etwa 70 % beträgt. Die Restbruchfläche entspricht den beschriebenen Merkmalen des Gewaltbruchs. Wie auch beim Gewaltbruch liegt der Bruchbeginn beim Dauerbruch stets auf der Seite der belasteten Zahnflanke.

Der Anriss des Dauerbruchs entsteht an der Stelle höchster Werkstoffanstrengung, die sich am Zahnfuß befindet. Er wird durch fertigungsbedingte Risse, Schlackeeinschlüsse, Bearbeitungsriefen, scharfe Bohrungsränder oder scharfe Zahnkanten aufgrund der örtlichen Kerbwirkung stark begünstigt [DIN79b]. Auch Grübchen können Ausgangspunkt für Ermüdungsbrüche sein, die dann oberhalb des Zahnfußes beginnen. Der prozentuale Anteil der Dauerbruchfläche an der Gesamtbruchfläche und die Rauheit der Dauerbruchfläche gestatten eine Aussage über den Rissverlauf. Voraussetzung dafür ist die Kenntnis des werkstoffabhängigen Bruchverhaltens. Unter Umständen kann so qualitativ abgeleitet werden, wie weit die aufgetretene Belastung über dem zulässigen Wert lag, sofern kein Fertigungsfehler vorlag [DIN79b].

Wie bei der Grübchentragfähigkeit haben der Werkstoff und die Wärmebehandlung einen erheblichen Einfluss auf die Zahnfußtragfähigkeit. Zur Steigerung der Zahnfußtragfähigkeit einer Verzahnungsauslegung können geometrische Maßnahmen ergriffen werden. Große Moduln, positive Profilverschiebungen und die Optimierung der Zahnfußausrundung stellen entsprechende Möglichkeiten dar (vgl. Abschnitt 6.3.2). Eine weitere, in der industriellen Praxis verbreitete Maßnahme bietet die Einbringung von Druckeigenspannungen im Zahnfußbereich durch Kugelstrahlen.

An einsatzgehärteten und anschließend kugelgestrahlten und gleitgeschliffenen Verzahnungen sind bei Lastspielzahlen von $N > 10^6$ Zahnfußbrüche mit einem Schadensausgangsort unterhalb der Oberfläche zu beobachten [STEN07, BRET10, FUCH21, HONG22]. Das Gleitschleifen minimiert Rauheitsspitzen, welche den Rissausgangsort für oberflächeninduzierte Risse bilden. Die im Strahlprozess erzeugten oberflächennahen Druckeigenspannungen wirken den Zugspannungen im Zahnfuß entgegen. Somit ergibt sich lokal eine höhere Tragfähigkeit an der Oberfläche als im oberflächennahen Bereich. Den Schadensausgang für suboberflächeninduzierte Risse bilden Inhomogenitäten im Material wie Poren, Einschlüsse oder Seigerungen, welche Spannungsspitzen hervorrufen. Zahnfußtragfähigkeitsuntersuchungen für den VHCF-Bereich liegen nur vereinzelt vor [STEN07, BRET10, FUCH21, HONG22]. Der Very-High-Cycle-Fatigue-(VHCF-) und Ultra-High-Cycle-Fatigue-(UHCF-)Bereich ist mit Biegeumlaufversuchen umfangreich untersucht worden, siehe Bild 5.22 links [SAKA10, MURA02]. Dabei traten in Sakais Untersuchungen ab einer Lastspielzahl von $N > 10^6$ nur noch suboberflächeninduzierte Brüche auf [SAKA10].

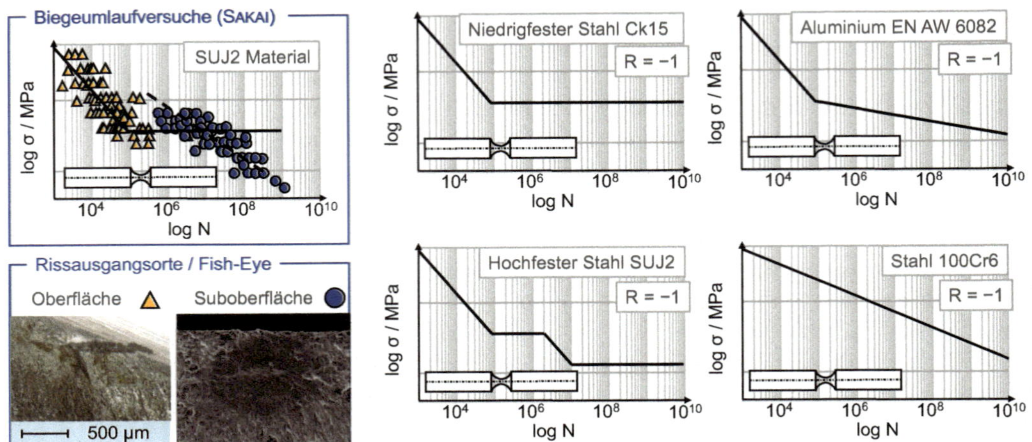

Bild 5.22 Materialverhalten im VHCF-Bereich [PYTT11, SAKA10]

Suboberflächeninduzierte Brüche besitzen eine charakteristische Bruchlinse (Fish-Eye), siehe Bild 5.22 links, welche die Fehlstelle umschließt [MURA99]. Risse im Bauteilinneren wachsen langsamer als Oberflächenrisse, sodass suboberflächeninduzierte Zahnfußbrüche erst bei höheren Lastspielzahlen als oberflächeninduzierte Brüche auftreten. Nach Murakami liegt die Tragfähigkeit für suboberflächeninduzierte Brüche unterhalb der für oberflächeninduzierte Brüche, sodass sich eine abfallende Dauerfestigkeit im Bereich von $N > 10^6$ ergibt [MURA99, MURA02]. Pyttel beschreibt das Abfallen der Dauerfestigkeit infolge einer Verschiebung des Schadensausgangsortes durch verschiedene VHCF-Wöhlerlinien-Konzepte, welche in Bild 5.22 rechts dargestellt sind [PYTT11]. Dabei ergeben die Biegeumlaufversuche für einen niedrigfesten Stahl keine abfallende, für den hochfesten Stahl SUJ2 eine gestufte und für den Stahl 100Cr6 eine stetig fallende Wöhlerlinie [PYTT11]. Cheng führte Biegeumlaufversuche für den verzahnungstypischen Einsatzstahl 18CrNiMo7-6 bei einer verzahnungstypischen Oberflächenhärte von 700 HV durch und erzielte eine gestufte Wöhlerlinie mit suboberflächeninduzierten Brüchen im Bereich hoher Lastspielzahlen [CHEN20].

5.2 Einflussgrößen auf die Beanspruchbarkeit von Zahnrädern

In Abschnitt 5.1 sind die Beanspruchungs- und Schadensformen an Zahnrädern beschrieben worden. Dabei wurde beispielhaft aufgezeigt, welche Maßnahmen ergriffen werden können, um einzelne Zahnradschäden zu verhindern bzw. die Tragfähigkeit zu steigern.

In diesem Abschnitt wird auf Einflussgrößen auf die Beanspruchbarkeit eingegangen, welche nicht mit der geometrischen Auslegung einer Verzahnung verbunden sind. Hierzu zählen entsprechend der ISO 6336 [ISO19] Einflüsse aus dem Werkstoff, wie die Leistungsfähigkeit eines Werkstoffsystems, Zielvorgaben für die Wärmebehandlung oder der Reinheitsgrad (vgl. Bild 5.23). Des Weiteren wird auf den Einfluss der Schmierstoffauswahl sowie die Gestaltung und Optimierung der Oberflächeneigenschaften eingegangen. Abschließend werden fertigungsbedingte Einflussgrößen diskutiert, welche auf einen mechanischen, thermischen oder chemischen Energieeintrag während des Fertigungsprozesses zurückzuführen sind.

Bild 5.23 Einflussgrößen auf die Zahnradtragfähigkeit

5.2.1 Werkstoff

Für die Tragfähigkeit ermüdungsbeanspruchter Bauteile spielen die Werkstoffeigenschaften eine zentrale Rolle. Eine Übersicht über die Leistungsfähigkeit von Verzahnungswerkstoffen nach derzeitigem Stand der Technik zeigt Bild 5.24. Gegenübergestellt sind die werkstoffabhängige Zahnfußgrundfestigkeit über der jeweils ertragbaren Hertz'schen Pressung [LINK10]. Aufgrund ihrer höheren Festigkeit und Randhärte kommen für Zahnräder im Bereich der Leistungsgetriebe in erster Linie randschichtgehärtete Stähle zum Einsatz. Gängige Randschichthärteverfahren sind das Einsatzhärten und das Nitrieren. Durch die geeignete Auswahl von Werkstoffsystemen ist eine Verdopplung der Dauerfestigkeiten möglich, wie z. B. der Vergleich von legierten Einsatzstahl- gegenüber Vergütungsstahlsystemen zeigt. Hinweise und Richtlinien zur Auswahl des geeigneten Werkstoffsystems sind in der bestehenden Literatur zu finden [LINK10, NIEM03, WECK92].

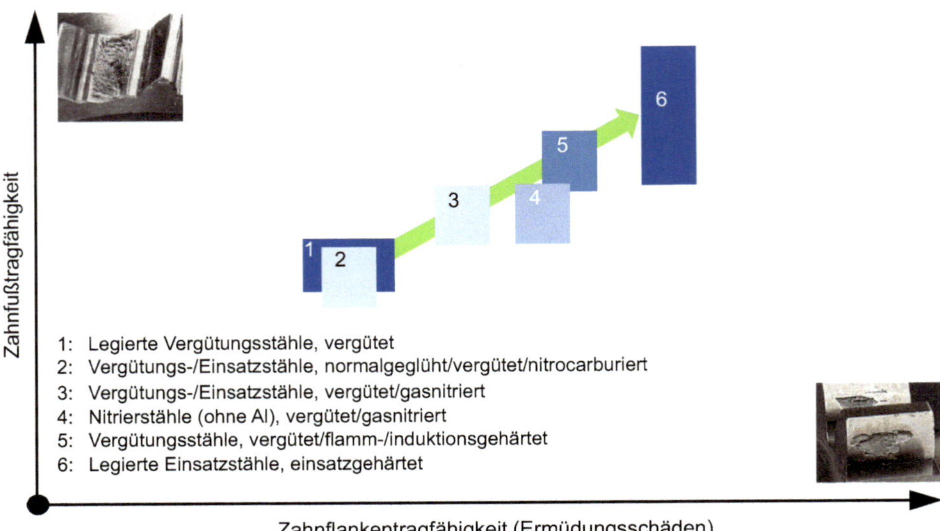

Bild 5.24 Zahnradstähle – Wärmebehandlung und Tragfähigkeit

Neben dem ausgewählten Werkstoffsystem hat weiterhin die Wärmebehandlung einen wesentlichen Einfluss auf die Zahnradtragfähigkeit. Während der Wärmebehandlung werden der Verlauf der Härte und somit der Verlauf des Festigkeitsangebots über der Werkstofftiefe eingestellt. Der Einfluss von Randhärte, Einsatzhärtetiefe und weiteren Werkstoffkennwerten auf die Zahnradtragfähigkeit sowie die Ableitung von Auslegungsrichtlinien ist Fokus zahlreicher Forschungsarbeiten. Beispielhaft seien Börnecke, Käser, Knauer, Leube, Rösch, Weck und Tobie genannt [BÖRN76, KÄSE77, KNAU88, LEUB86, RÖSC76, WECK92, TOBI01]. Üblicherweise werden als wichtige Einflussfaktoren auf die Tragfähigkeit von Zahnrädern aus Einsatzstahl die Randhärte und die Einsatzhärtetiefe als Zielgrößen für den Wärmebehandlungsprozess vorgegeben. Für Einsatzstahl wird die Randhärte in der Regel entsprechend den Vorgaben der Norm ISO 6336 gewählt, welche eine minimale Randhärte von $H_{R,min}$ = 660 $HV1$ vorgibt [ISO19]. Für die Bestimmung der zu wählenden Einsatzhärtetiefe empfiehlt die ISO 6336 einen Wert von 15–40% des Normalmoduls m_n (Formel 5.7) [ISO19].

$$EHT_{ISO} = 0{,}15\ldots 0{,}4 \cdot m_n \tag{5.7}$$

Bei modulabhängiger Wahl der Einsatzhärtetiefe besteht bei großen Achsabständen und relativ kleinen Modulen, und somit großen Ersatzkrümmungsradien, die Gefahr einer zu geringen *EHT*. Das FVA-Arbeitsblatt Nr. 8 gibt daher eine Empfehlung zur Bestimmung der Einsatzhärtetiefe in Abhängigkeit vom Ersatzkrümmungsradius an [WECK76]:

$$EHT_{FVA8} = \frac{\rho_{Ers} + 10}{25} \tag{5.8}$$

Neben der Randhärte und der Einsatzhärtetiefe können weitere Größen wie z. B. die Tiefe des Härteplateaus oder der Härteabfall verwendet werden, um den genauen Verlauf der Härte über der Werkstofftiefe zu beschreiben (siehe Bild 5.25). Der Einfluss unterschiedlicher Härtetiefenverläufe bei gleicher Randhärte und Einsatzhärtetiefe ist Gegenstand aktueller Untersuchungen.

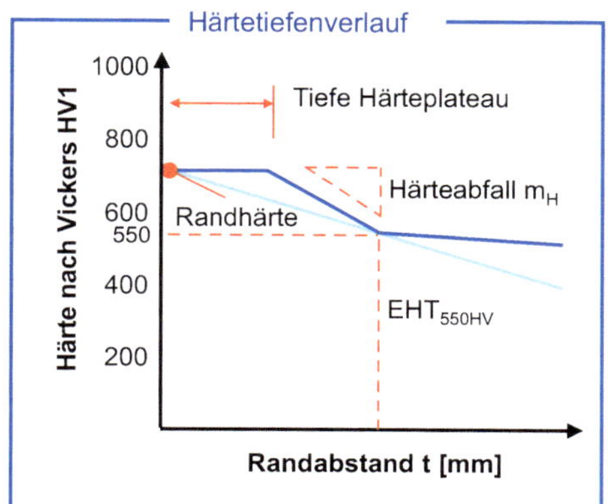

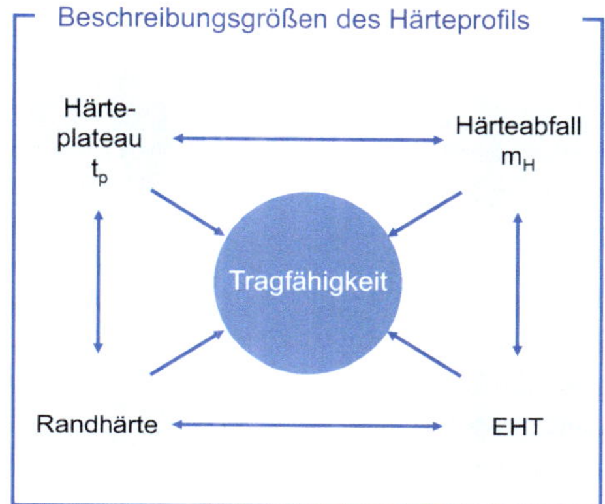

Bild 5.25 Beschreibung des Härtetiefenverlaufes

Neben dem Härtetiefenverlauf werden weitere tragfähigkeitsbeeinflussende Größen durch den Wärmebehandlungsprozess eingestellt, wie zum Beispiel der Restaustenitanteil und der Eigenspannungszustand. Ein hoher Restaustenitanteil kann einen positiven Effekt auf die Grübchentragfähigkeit haben [RAZI67], während die Aussagen zum Einfluss auf die Graufleckigkeit nicht eindeutig sind [LEUB86, SCHÖ84]. Bezüglich des Eigenspannungszustands ist ein positiver Einfluss von Druckeigenspannungen auf die Zahnradtragfähigkeit gegeben [KÖCH96].

Insbesondere bei hochbelasteten Großverzahnungen ist der Reinheitsgrad des Werkstoffes eine weitere Kenngröße, die während der Auslegung einer Verzahnung beachtet werden muss. Bei Großverzahnungen wird ein größeres Bauteilvolumen beansprucht, wodurch die Wahrscheinlichkeit steigt, dass eine Fehlstelle innerhalb des belasteten Werkstoffvolumens liegt. Fehlstellen sind potenzielle Ausgangspunkte für Ermüdungsrisse, sodass zum einen die Anzahl der Fehlstellen, zum anderen die Größe der Fehlstellen einen Einfluss auf die Tragfähigkeit eines Bauteils haben. In Bild 5.26 ist die Wechselfestigkeit eines Einsatzstahls in Abhängigkeit von der Fehlstellengröße dargestellt. Die Berechnung erfolgt nach dem Modell von Murakami, in welches die Eigenspannungen, die lokale Vickershärte, die Lastspannungen in Form des Spannungsverhältnisses sowie die Fehlstellengröße einfließen [MURA02]. Für die schematische Berechnung der Wechselfestigkeit wird in diesem Beispiel die Fehlstellengröße erhöht, während alle anderen Parameter konstant gehalten werden. Auf die Berücksichtigung des Reinheitsgrades während der Tragfähigkeitsberechnung wird genauer in Kapitel 6 eingegangen.

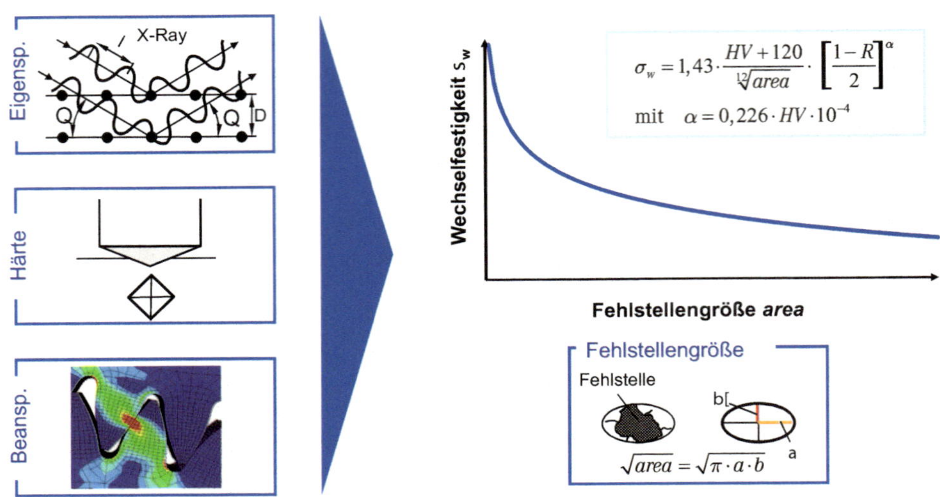

Bild 5.26 Einfluss der Fehlstellengröße auf die Wechselfestigkeit nach Murakami [MURA02]

5.2.2 Schmierstoff

Der in Zahnradgetrieben eingesetzte Schmierstoff hat die Funktion, durch die Ausbildung eines Schmierfilms im Zahnkontakt Verschleißerscheinungen zu mindern, die Reibung im Zahnflankenkontakt zu reduzieren und die im Zahnflankenkontakt auftretende Reibungswärme abzuführen. Zahnradgetriebe werden je nach Anwendungsfall mit verschiedenen Schmierstoffarten betrieben. Kleinere Getriebe werden häufig mit Getriebefließfetten geschmiert. Bei langsam laufenden, offenen Zahnradgetrieben kommen Haftschmierstoffe zum Einsatz, die vor oder während des Betriebs auf die Zahnflanken aufgetragen werden. Den größten Anteil stellen die Getriebeöle dar, von denen unterschiedliche Typen zum Einsatz kommen. Die wichtigsten Getriebeschmierstoffe sind Mineralöle, biologisch schnell abbaubare Schmieröle, meist Esteröle, und synthetische Öle [MÖLL02]. Der Großteil der Schmieröle kommt mit Zusätzen, Additiven, zum Einsatz. Neben der Zahnradgeometrie und den vorliegenden Belastungen und Geschwindigkeiten beeinflusst der eingesetzte Schmierstoff die Ausbildung unterschiedlicher Reibungszustände entlang des Zahneingriffs, bei denen es sich in den meisten Fällen um Mischreibung oder auch Flüssigkeitsreibung handelt.

Der Einfluss des Schmierstoffs lässt sich grundsätzlich aufteilen in den Einfluss der Schmierstoffviskosität, welche druck- und temperaturabhängig ist, und die Wirkung der Additivzugaben. Entscheidend ist die Viskosität in Abhängigkeit von der vorliegenden Betriebstemperatur, da mit steigender Temperatur die Viskosität und damit auch die Schmierfilmdicke abnehmen, was ursächlich für Zahnflankenschäden sein kann (vgl. Abschnitt 5.1.3).

Die Additivierung eines Getriebeschmierstoffs führt zu unterschiedlichen chemisch-physikalischen Reaktionen, um den tribologischen Zustand im Zahnflankenkontakt zu verbessern. In Abhängigkeit von der Wirkungsweise von Additiven kommt es im Betrieb zum

Aufbau einer Reaktionsschicht auf den Zahnflankenoberflächen, die unter anderem den vorliegenden Reibungszustand beeinflusst [BART99]. Bei niedrigen Umfangsgeschwindigkeiten und somit niedrigen Temperaturen können sich polare Ölverbindungen, Fettsäuren oder Feststoffpartikel wie Molybdänsulfid oder Grafit physikalisch an den Oberflächen anlagern und eine Schutzschicht bilden. Bei hohen Umfangsgeschwindigkeiten und hohen Temperaturen können insbesondere Extreme-Pressure-Additive (EP-Additive) chemisch mit den Oberflächen reagieren. Die dabei entstehenden Metallsulfide, -phosphate oder -chloride wirken als Gleitschicht, die ein Verschleißen der Oberflächen verhindert [NIEM03].

Bild 5.27 zeigt beispielhaft den Einfluss von Schmierstoffviskosität und Additivierung verschiedener Mineralölvarianten auf die Oberflächenermüdung. Gezeigt wird die Ausbildung oberflächennaher Mikroporen (Graufleckigkeit) infolge einer Wälzermüdung. Das zugrunde liegende Testverfahren wird in Abschnitt 5.3.4.4 erläutert. Bei gleicher Zahnflankenrauheit nimmt die Wälzfestigkeit mit steigender Nennviskosität zu. Gleichzeitig kann durch die Wahl der Additivierung bei gleicher Nennviskosität der Schmierstoffe die Wälzfestigkeit erhöht werden [BART99].

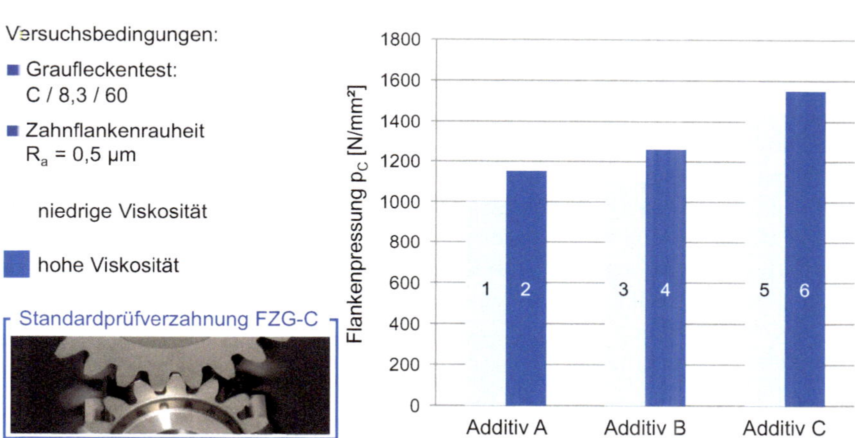

Bild 5.27 Graufleckentragfähigkeit abhängig von Viskosität und Additivierung

Neben der Wälzfestigkeit wird die Zahnflankentragfähigkeit bezüglich eines adhäsionsbedingten Verschleißes (Fressen) durch die Schmierstoffwahl beeinflusst. Bild 5.28 zeigt Ergebnisse mit unlegierten Standard-Versuchsölen unterschiedlicher Nennviskosität. Es ist zu erkennen, dass die Zahnflankentragfähigkeit bezüglich Fressen bei zunehmender Viskosität des eingesetzten Schmierstoffs ansteigt [BART99].

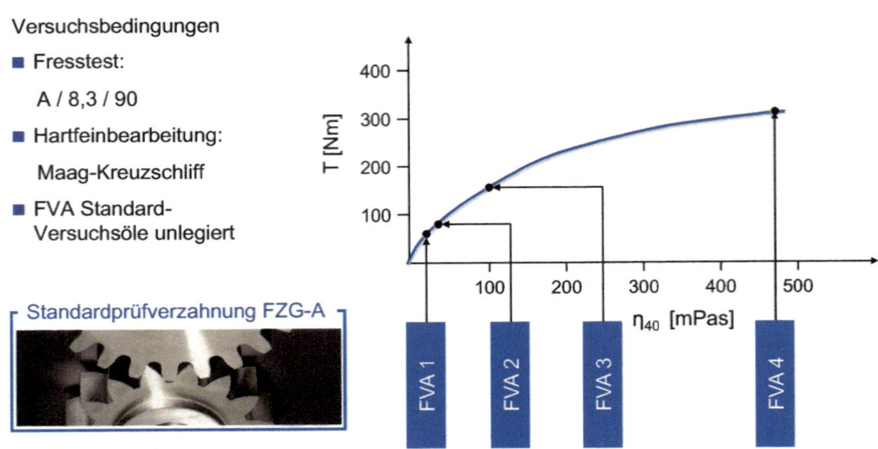

Bild 5.28 Fresstragfähigkeit abhängig von der Viskosität

5.2.3 Oberflächengestalt

Eine weitere Einflussgröße auf die Tragfähigkeit von Verzahnungen stellt die Oberflächengestalt dar, die neben der Rautiefe auch durch die Riefenform und -orientierung beschrieben ist. Kreil und Prexler haben bereits für den Wälzkontakt von Zylinderrollen gezeigt, dass die Schmierfilmdicke und die Lebensdauer der Zylinderrollenpaarung von der vorliegenden Oberflächenstruktur abhängen [KREI08, PREX90]. Ebenso konnte der Einfluss der Oberflächenstruktur auf die Reibungszahl im Zweischeibenkontakt von Mayer nachgewiesen werden [MAYE14]. Aufgrund der ähnlichen Kontaktbedingungen von Zahnrädern und Zylinderkontakten sind ähnliche Effekte für den Zahnflankenkontakt zu erwarten.

Es ist Stand der Technik, Zahnräder nach ISO 6336 [ISO19] auszulegen und die Oberflächengestalt bei der Berechnung der zulässigen Flankenpressung durch den Rauheitsfaktor Z_R zu berücksichtigen (vgl. Kapitel 3). Dieser Faktor wird in Abhängigkeit von der mittleren Rautiefe *Rz* nach dem letzten Fertigungsschritt bestimmt. Aufgrund von Einlaufeffekten findet bei tribologischen Kontakten während der ersten Lastwechsel eine kontinuierliche Veränderung der Oberfläche statt. Diese Oberflächenveränderung kann auf Abrasion und eine plastische Verformung zurückgeführt werden. Mevissen untersuchte, inwiefern die geometrische Oberflächenveränderung während des Einlaufs auf die plastische Verformung einzelner Rauheitsspitzen zurückzuführen ist [MEVI21]. Für die Untersuchung der geometrischen Oberflächenveränderungen wurden experimentelle Versuche auf dem Zwei-Scheiben-Wälzfestigkeitsprüfstand (Abschnitt 5.3.2.2) durchgeführt. Für den fluidfreien ZweiScheibenKontakt bei reinem Rollen zeigt sich, dass die Oberflächenveränderung nach dem Einlauf primär auf plastische Verformung zurückzuführen ist. Diese Erkenntnis kann sowohl durch die Verrundung einzelner Rauheitsspitzen als auch durch ein lokales Zusammenwachsen von Spitzen und Tälern auf Mikroebene bestätigt werden. Die Oberflächenveränderung geht einher mit einer Reduzierung der Oberflächenrauheit. Dagegen zeigt der flüssiggeschmierte Rollkontakt eine kleinere Reduzierung der Rauheit gegenüber dem fluidfreien Kontakt, was auf den Schmierstoffdruck zurückzuführen ist (Bild 5.29). Mit einer Methode zur Vorhersage auf Basis einer elastisch-plastischen Mikrokontaktberechnung zeigte Mevissen, dass im Rahmen der Messunsicherheit und statistischer Effekte eine gute Vorhersage der geometrischen Oberflächenveränderung im Einlauf möglich ist [MEVI21].

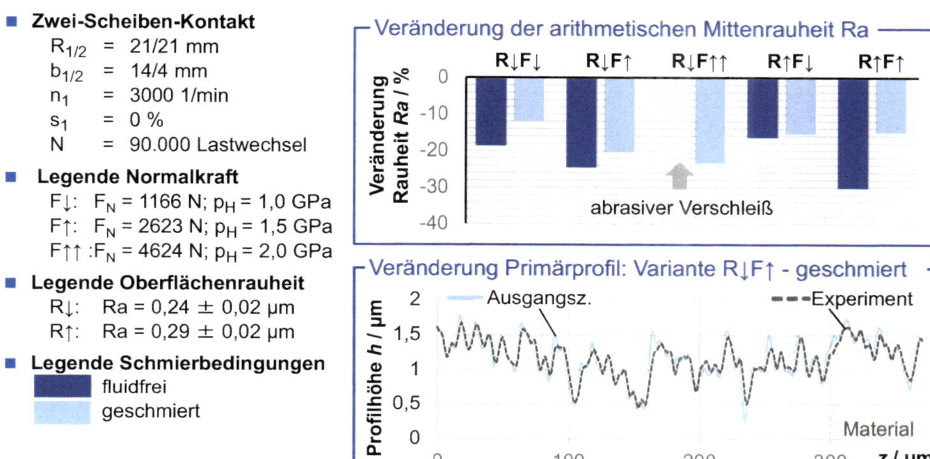

Bild 5.29 Oberflächenveränderung unter reinem Rollen im Zwei-Scheiben-Kontakt [MEVI21]

Zur Reibungsreduktion und Tragfähigkeitssteigerung hochbelasteter Wälzkontakte wird in der jüngsten Forschung insbesondere die Oberflächentopografie als Optimierungsparameter untersucht [KREI08, MAYE14, SCHÖ13]. Im Vergleich zu 2D-Rauheitskennwerten werden bei der Oberflächentopografie neben der Rauheit auch die Riefenform und -orientierung sowie überlagerte Welligkeiten berücksichtigt. Ein zentrales Untersuchungsergebnis ist, dass durch eine optimierte Oberflächenstruktur aus dem finalen Bearbeitungsschritt die Schmierfilmbildung im Wälzkontakt und die Lebensdauer bei Untersuchungen auf dem Zwei-Scheiben-Prüfstand verbessert werden können. Für deterministisch erzeugte Oberflächenstrukturen, z. B. durch ein Laserpolieren oder -strukturieren, ergibt sich für flache Napfstrukturen ein verbessertes Einsatzverhalten hinsichtlich Reibung im Vergleich zu polierten Oberflächen [MAYE14]. Die Reduktion der Reibung verbessert aufgrund der geringeren Tangentialbeanspruchung die Tragfähigkeit des Wälzkontakts. Die Untersuchung des Einflusses unterschiedlicher fertigungsbedingter Zahnflankenoberflächenstrukturen, die sich hinsichtlich Riefenform und -orientierung unterscheiden, ist auch Gegenstand der aktuellen Forschung.

So untersucht Staudt in seinen Arbeiten den Einfluss unterschiedlicher, mittels 5-Achs-Fräsen hergestellter Oberflächenstrukturen auf die Zahnflankentragfähigkeit von FZG-C-Prüfradsätzen [STAU16]. In Bild 5.30 sind im oberen Teil die Oberflächen von vier untersuchten Verzahnungsvarianten dargestellt. Neben drei 5-Achs-gefrästen Varianten wird eine profilgeschliffene Variante als Referenz betrachtet. Zwei der 5-Achs-gefrästen Varianten weisen vergleichbare Werte für die Oberflächenkennwerte Profiltiefe P_t, arithmetischer Mittenrauwert Ra und gemittelte Rautiefe Rz auf (P_t = 4,8 µm und P_t = 4,3 µm), unterscheiden sich jedoch hinsichtlich der Zeiligkeit der Oberflächenstruktur. Die dritte 5-Achsgefräste Variante mit einer Profiltiefe von P_t = 1,8 µm weist vergleichbare Oberflächenkennwerte wie die profilgeschliffene Variante auf.

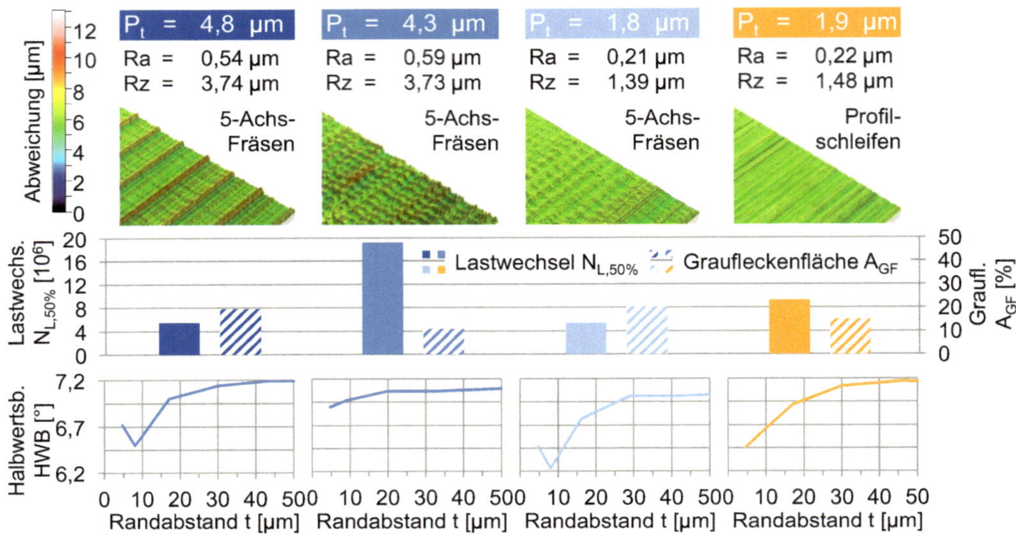

Bild 5.30 Einfluss der Oberflächenintegrität auf die Zahnflankentragfähigkeit [STAU16]

Während der Untersuchung der Zahnflankentragfähigkeit im Zwei-Wellen-Verspannungsprüfstand (Abschnitt 5.3.1.1) wird nach einer Laufzeit von t = 20 h bei einer Antriebsdrehzahl von n_{an} = 2250 min^{-1} und einem Antriebsdrehmoment von M_{an} = 372 Nm der Anteil der Zahnflankenfläche bestimmt, welcher Graufleckenschäden aufweist. Anschließend wird der Prüflauf bis zum Schadenskriterium für Grübchenbildung (4 % der aktiven Zahnflanke) fortgeführt. Die Ergebnisse dieser Untersuchungen sind im mittleren Teil von Bild 5.30 dargestellt. Entsprechend den Erwartungen aus dem Stand der Technik korreliert eine abnehmende Graufleckenfläche mit einer erhöhten Grübchentragfähigkeit [LEUB86, VOLG91, SCHR00, LÖPE15]. Der Vergleich der Varianten mit einer Profiltiefe von P_t = 4,8 µm und P_t = 4,3 µm zeigt jedoch eine unerwartet hohe Tragfähigkeit für die Variante mit der geringeren Profiltiefe. Ebenso lässt sich die verringerte Tragfähigkeit der Variante mit einer Profiltiefe von P_t = 1,8 µm im Vergleich zur profilgeschliffenen Variante nicht anhand der Oberflächenkennwerte erklären. Bei der weitergehenden Analyse kann auch keine Korrelation der Tragfähigkeitsergebnisse mit den Eigenspannungstiefenverläufen gefunden werden. Lediglich die gemessene Halbwertbreite HWB bietet einen Erklärungsansatz für die ermittelten Tragfähigkeitsergebnisse. So weisen die Varianten mit einer Profiltiefe von P_t = 4,8 µm und P_t = 1,8 µm im Verlauf der Halbwertsbreite über der Werkstofftiefe einen lokalen Abfall der Halbwertsbreite auf. Dies deutet auf einen thermischen Energieeintrag während der Bearbeitung hin. Obwohl an sämtlichen Prüfverzahnungen kein Schleifbrand nachgewiesen werden konnte, zeigt dieses Ergebnis einen Einfluss der Bauteiloberflächenintegrität auf die Zahnflankentragfähigkeit. Der Aspekt der fertigungsbedingten Bauteileigenschaften wird auch in den Arbeiten von Rautenbach, Fritsch, Klocke et al. und Sari betrachtet [RAUT88, FRIT91, KLOC10, SARI16].

Zur Oberflächengestalt gehören neben der geometrischen Struktur der Oberfläche auch die oberflächennahen Werkstoffeigenschaften oder weitere Veredelungsmaßnahmen wie zum Beispiel Beschichtungen. Durch den Einsatz einer PVD-Beschichtung auf einer oder auf beiden Zahnflanken im Wälzkontakt verändern sich die Materialeigenschaften der Randzone und die Kontaktgeometrie auf Mikroebene. Das Schichtsystem wird auf die Grenzschicht aufgebracht, wobei es durch die Prozesstemperatur zu einer Beeinflussung der Randzoneneigenschaften des Substratwerkstoffs kommen kann [NEUM94]. Ein Schichtsystem besteht häufig aus einer Adhäsionsschicht zur Optimierung der Haftung und aus der Verschleißschutzschicht, die wiederum als Ein- oder Mehrlagenbeschichtung sowie gradiert ausgeführt werden kann [HOLM94]. Je nach Reaktionsneigung des begrenzenden Schichtmaterials an der Oberfläche kann es zur Bildung von Reaktionsschichten durch Reaktion mit Bestandteilen des Schmier- oder des Umgebungsmediums kommen [BUGI09].

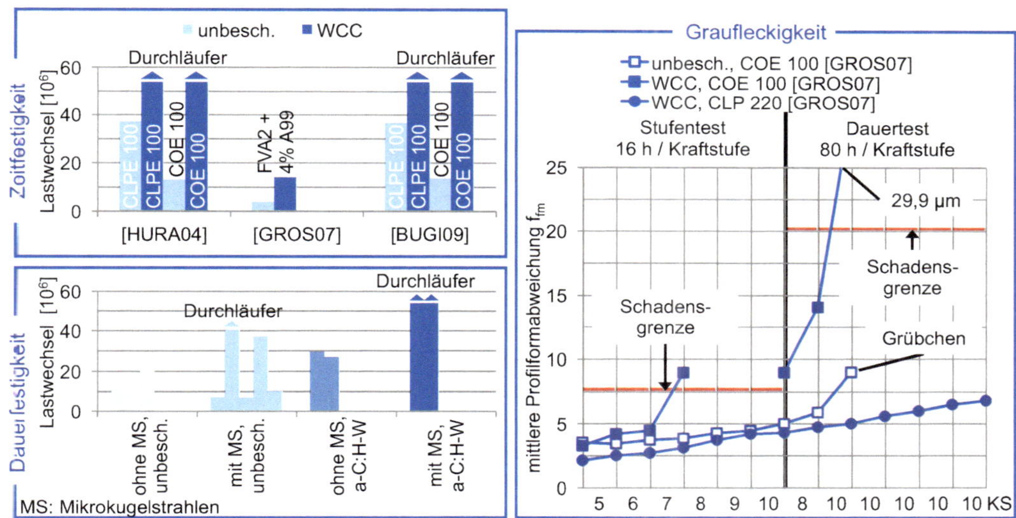

Bild 5.31 Einfluss einer PVD-Beschichtung auf die Zahnflankentragfähigkeit [BUGI09, GROS07, HURA04]

Bild 5.31 zeigt Ergebnisse zur Substratermüdung bei PVD-beschichteten Stirnrädern. In allen dargestellten Versuchen wurde eine beidseitige, mit Wolframkarbid beschichtete Prüfverzahnung vom Typ C_{mod} eingesetzt. Hurasky-Schönwerth stellt durch den Einsatz dieser PVD-Beschichtung bei der Verwendung eines additivierten Esters CLPE 100 eine deutliche Tragfähigkeitssteigerung bezüglich Grübchenbildung im zeitfesten Gebiet fest [HURA04]. Eine quantitative Aussage lassen die Versuchsergebnisse jedoch nicht zu, da mit der beschichteten Variante in allen Versuchen die Grenzlastspielzahl von $N_G = 50 \cdot 10^6$ Lastwechseln erreicht wird. Zusätzliche Untersuchungen mit dem unadditivierten Ester COE 100 zeigen, dass die Tragfähigkeitssteigerung für diese Kombination noch deutlicher ausfällt. Grossl bestätigt das Potenzial der Wolframkarbid-Beschichtung zur Steigerung der Grübchentragfähigkeit im Zeitfestigkeitsgebiet und stellt zusätzlich eine höhere dauerfest ertragbare Pressung im Falle einer Beschichtung fest [GROS07]. Im Zeitfestigkeitsgebiet wird eine Steigerung der ertragbaren Lastwechsel (LW) um den Faktor 3 bis 4 erreicht. Die dauerfest ertragbare Pressung kann um 30 % gesteigert werden.

Bugiel führt vergleichbare Versuche mit den Estern CLPE 100 und COE 100 durch und bestätigt die von Hurasky-Schönwerth erarbeiteten Ergebnisse [BUGI09, HURA04]. In beiden Arbeiten wird auf diese Weise darauf geschlossen, dass eine a-C:H-W-Beschichtung die Aufgaben und Funktionen von EP-(Extreme-Pressure-) und AW-(Anti-Wear-)Additiven übernehmen und somit einen wichtigen Beitrag zu umweltverträglichen Tribosystemen liefern kann.

Bugiel untersucht den Einfluss des Mikrostrahlens zur Reinigung der Oberflächen vor der Beschichtung auf die Grübchentragfähigkeit [BUGI09]. Er stellte bei der unbeschichteten, mikrogestrahlten Variante eine starke Streuung der Versuchsergebnisse, jedoch im Mittel keine Steigerung der ertragbaren Lastspielzahl im Vergleich zur unbeschichteten, ungestrahlten Referenzvariante fest. Im Falle einer Beschichtung zeigt sich deutlich bessere Schichthaftung durch das vorangegangene Mikrostrahlen. Diese Ergebnisse stimmen mit denen von Grossl überein [GROS07].

Grossl verwendet eine Prüfverzahnung vom Typ C-GF (vgl. Abschnitt 5.3.1.4), um den Einfluss der PVD-Beschichtung auf die Graufleckigkeit zu untersuchen [GROS07]. Die unbeschichtete Variante fällt bei KS (Kraftstufe) 7 im Stufentest durch Überschreiten der Schadensgrenze aus. Im Dauertest wird die Schadensgrenze ebenfalls überschritten. Der mit Wolframkarbid beschichtete Radsatz hingegen durchläuft den Stufentest schadensfrei, im Dauertest kommt es jedoch zu Grübchenbildung. Auf den Zahnflanken werden Riefen und Kratzer, sogenannte Schabemarken, jedoch keine Graufleckigkeit entdeckt. Ab KS 9 kommt es zum Aufbrechen der Schicht im Fußbereich des Ritzels, was auf den vor- und nachzeitigen Zahneingriff und die dadurch erhöhte tribologische Belastung zurückzuführen ist. Grossl untersucht weiterhin ein Automatikgetriebeöl ATF 32 sowie das Öl CLP 220 [GROS07]. Hier kommt es bei den a-C:H-W-beschichteten Varianten ebenfalls zu keiner Graufleckigkeit. Während bei der Verwendung des Schmierstoffs Teluga 32 und ATF 32 die Verzahnungen durch Grübchenbildung ausfallen, läuft der Versuch mit dem ÖL CLP 220 auch im Dauertest schadensfrei durch.

In den Arbeiten von Hurasky-Schönwerth, Grossl und Bugiel wird allgemein ein Zusammenhang zwischen der Schichthaftung und der Zahnflankentragfähigkeitssteigerung festgestellt [HURA04, GROS07, BUGI09]. Es wird beobachtet, dass erst nach vollständigem Abtragen der Beschichtung ein Schaden auftritt. Auf Grundlage dieser Beobachtungen entwickelt Bagh einen Ansatz zur Vorhersage des Schichtverschleißes im Zahnflankenkontakt, um die Wirksamkeit einer Beschichtungsapplikation bereits während der Auslegung einer Verzahnung berücksichtigen zu können [BAGH15]. Durch eine Validierung an Laufversuchen im Zwei-Wellen-Verspannungsprüfstand kann eine gute qualitative und quantitative Übereinstimmung der Simulationsergebnisse mit den experimentell ermittelten Verschleißwerten gezeigt werden. Für Zahnflankenoberflächen, welche mit einem zusätzlichen Mikrokugelstrahl- oder einem Superfinishing-Prozess behandelt werden, zeigt sich eine quantitative Diskrepanz zwischen den Untersuchungs- und Simulationsergebnissen. Die qualitative Verschleißvorhersage trifft dennoch zu.

Die Oberflächenendbearbeitung hat sowohl im beschichteten als auch im unbeschichteten Zahnflankenkontakt einen großen Einfluss auf die Tragfähigkeit. Bild 5.32 zeigt die Abhängigkeit der Grübchentragfähigkeit von unterschiedlichen Oberflächenzuständen. Gegenübergestellt sind beschichtete und unbeschichtete Zahnräder mit jeweils drei Versuchen. Als Oberflächenendbearbeitung wird zum einen das Profilschleifen verwendet, zum anderen wird eine Gruppe von Prüfzahnrädern einem Superfinishing-Prozess und eine andere Gruppe einem Mikrokugelstrahlprozess unterzogen. Sowohl das Superfinishing als auch das Mikrokugelstrahlen führen im unbeschichteten Zustand der Zahnflankenoberfläche zu einer Erhöhung der erreichten Lastwechselzahl bis zum Grübchenschaden. Durch eine zusätzliche Beschichtung mit einer Wolframkarbid-(WC/C-)Schicht durch einen PVD-Beschichtungsprozess verändert sich dieses Verhalten. Die Kombination von Isotropic Superfinishing mit der PVD-Schicht führt zu keiner Erhöhung der Tragfähigkeit, wohingegen alle Zahnräder der mikrokugelgestrahlten beschichteten Variante die Grenzlastspielzahl ohne Schaden erreichen.

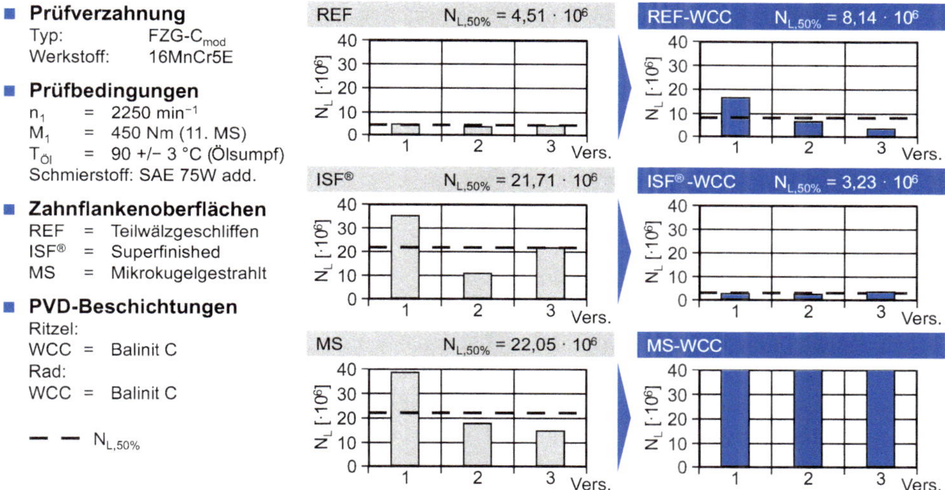

Bild 5.32 Einfluss von Oberflächenendbearbeitung und PVD-Beschichtung auf die Grübchentragfähigkeit (beide Zahnräder beschichtet) [BREC15a]

Die Untersuchungen von Brecher et al. werden auch für die Paarung eines unbeschichteten Rads mit einem beschichteten Ritzel mit jeweils drei Versuchen durchgeführt (siehe Bild 5.33) [BREC15a]. Für diese Beschichtungsstrategie führt ein chemisches Gleitschleifen (ISF®) als Vorbehandlung des Beschichtungsprozesses zu einer deutlichen Steigerung der Tragfähigkeit im Vergleich zum unbeschichteten Zustand. Ein dem Beschichtungsprozess vorgelagertes Mikrokugelstrahlen führt jedoch zu keiner Tragfähigkeitssteigerung. Die erreichten Lastwechselzahlen sind vergleichbar mit denen der unbeschichteten Referenz und somit niedriger als im mikrokugelgestrahlten, unbeschichteten Zustand.

Die in den Arbeiten von Brecher et al. betrachteten Zahnräder sind weiterhin in Pulsatorversuchen hinsichtlich der Zahnfußtragfähigkeit untersucht worden [BREC15a]. Es können durch einen angepassten Beschichtungsprozess Anlasseffekte vermieden werden, sodass ein negativer Einfluss der PVD-Beschichtung auf die Zahnfußtragfähigkeit verhindert wird.

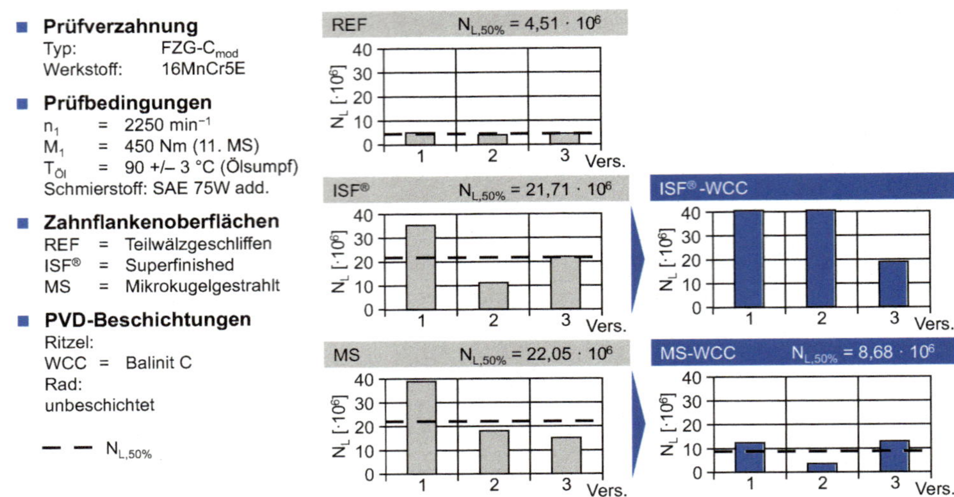

Bild 5.33 Einfluss von Oberflächenendbearbeitung und PVD-Beschichtung auf die Grübchentragfähigkeit (nur Ritzel beschichtet) [BREC15a]

5.2.4 Randzoneneigenschaften

Durch den mechanischen, thermischen und chemischen Energieeintrag in der Hartfeinbearbeitung werden die Eigenschaften der Bauteilrandzone beeinflusst. Bei einem zu hohen thermischen Energieeintrag in das Werkstück während der Fertigung können thermische Gefügeschädigungen entstehen (vgl. Kapitel 4). In der industriellen Praxis sind die Folgen thermischer Gefügeschädigungen nicht oder nur schwer abschätzbar, sodass nachweislich geschädigte Zahnräder häufig nicht mehr zum Einsatz kommen. Demgegenüber zeigen Untersuchungen, dass der Grad und die Lage der Randzonenbeeinflussung entscheidend für einen frühzeitigen Ausfall eines Zahnrads sind [GORG11, SCHL03]. Insbesondere die Auswirkung leichter thermischer Schädigung auf die Tragfähigkeit ist bisher kaum beschrieben [SCHW08].

Gorgels untersucht die Wälzfestigkeit von lasergeschädigten Rollen im Zwei-Scheiben-Prüfstand (Abschnitt 5.3.2.2) [GORG11]. Durch die Applikation eines Lasers zur Nachbildung der Schleifbrandschädigung kann ein definierter thermischer Energieeintrag realisiert werden. Es werden insgesamt vier Varianten betrachtet. Dabei werden die Eigenspannungs- und Härtetiefenverläufe sowie die im zeitfesten Tragfähigkeitsbereich ertragbaren Lastwechsel von ungeschädigten Rollen denen von Rollen mit leichter Schädigung (P_L = 700 W), mittlerer Schädigung (P_L = 800 W) und starker Schädigung (P_L = 900 W) gegenübergestellt. Die Eigenspannungs- und Härtemessungen zeigen, dass mit steigendem thermischen Energieeintrag der beobachtete Anlasseffekt und ein damit verbundener Härteabfall zunimmt. Bei den Rollen mit der stärksten Schädigung wird darüber hinaus eine ausgeprägte Neuhärtungszone beobachtet. In Verbindung damit entstehen außerdem deutliche Zugeigenspannungen.

Bei den Untersuchungen zur Tragfähigkeit wird eine abfallende Wälzfestigkeit mit steigender thermischer Schädigung beobachtet. Die ungeschädigten Rollen weisen erst nach

N_L = 38,8 · 10^6 Lastwechseln (LW) einen Grübchenschaden auf. Die leichte thermische Schädigung, welche mit einer Laserleistung von P_L = 700 W eingebracht wird, führt nur zu einem geringen Abfall der Wälzfestigkeit (N_L = 35,1 · 10^6 LW). Die beiden Varianten mit starker thermischer Schädigung weisen hingegen eine deutlich reduzierte Wälzfestigkeit auf ($N_{L,800W}$ = 5,4 · 10^6 LW und $N_{L,900W}$ = 3,3 · 10^6 LW).

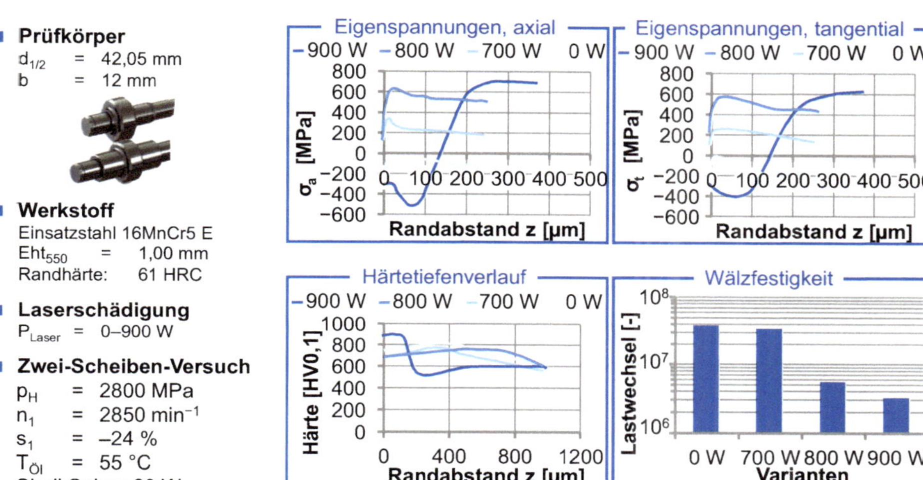

Bild 5.34 Wälzfestigkeit lasergeschädigter Rollen [GORG11]

Ein Einfluss der Randzonencharakteristik auf die Zahnradtragfähigkeit tritt jedoch nicht nur im Falle eines zu hohen Energieeintrags auf. Grundlagenuntersuchungen auf dem Zwei-Scheiben-Prüfstand zeigen, dass bereits die Wahl des Kühlschmierstoffs (KSS) und der Vorschubgeschwindigkeit das spätere Betriebsverhalten geschliffener Zahnräder beeinflusst. Die in Bild 5.35 dargestellten Untersuchungsergebnisse machen deutlich, dass sich eine geeignete Kombination von KSS-Grundölen und -Additiven im Schleifprozess tragfähigkeitssteigernd auf die hergestellten Bauteile auswirkt. Das gilt ebenso für die Verwendung unterschiedlicher Vorschubgeschwindigkeiten für den Schleifprozess. Da sich die Versuchsergebnisse nicht anhand der gemessenen Oberflächenrauheiten oder Eigenspannungstiefenverläufe erklären lassen, werden weitere Wirkungsmechanismen vermutet, über die eine Vorkonditionierung der Prüfteile während des Schleifprozesses erfolgt. Eine mögliche Erklärung liegt in der Beschaffenheit der fertigungsbedingten Grenzschicht. Dabei handelt es sich um die wenige Nano- bis Mikrometer dicke Schicht an der Bauteiloberfläche, die in der Endbearbeitung sowohl chemisch (Adsorption, Reaktion) als auch thermomechanisch (Tribomutation, Verformung) beeinflusst wird. Beispielsweise führt ein günstig eingestellter KSS zum Aufbau von Adsorptions- und Reaktionsschichten, die die thermische Belastung des Gefüges während des Schleifprozesses reduzieren und die Oberfläche nach der Fertigung chemisch schützen können. Darüber hinaus kann beim Schleifen eine Kornfeinung der äußersten 100 bis 1000 nm der Oberfläche erzeugt werden, welcher ebenfalls ein Potenzial zur Tragfähigkeitssteigerung zugesprochen wird [GRES19].

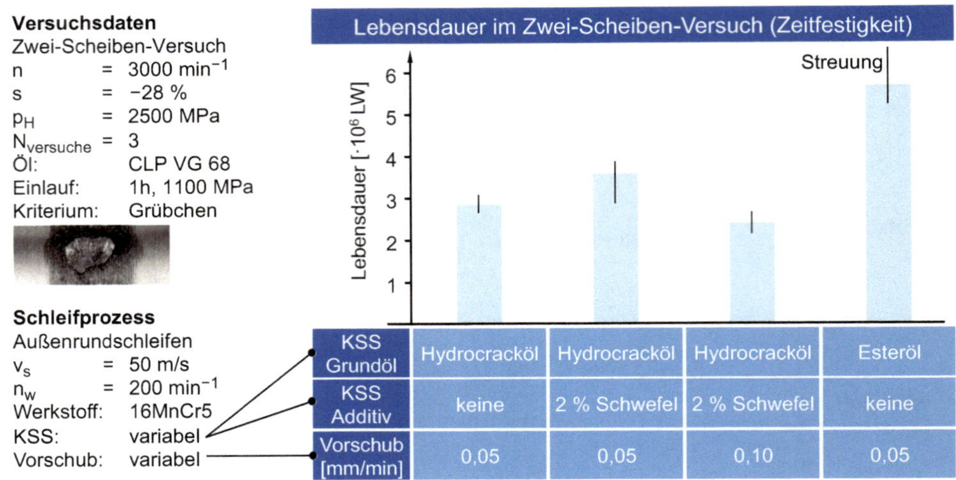

Bild 5.35 Zeitfestigkeit von Scheibenprüfkörpern in Abhängigkeit von den Schleifprozessparametern [GRES19]

5.3 Untersuchung der Zahnradtragfähigkeit

Eine Herausforderung bei der Untersuchung von Zahnradschäden stellt die Unterschiedlichkeit der zahnradtypischen Schadensmechanismen und die damit verbundene Vielzahl der zu betrachtenden Ursachen dar. In Abhängigkeit von Einflussgrößen wie zum Beispiel der Verzahnungsgeometrie, der Oberflächenbeschaffenheit, der Schmierstoffwahl und dem Belastungszustand ändern sich die Auftretenswahrscheinlichkeiten der einzelnen Schadensformen. Somit können nicht alle Schadensformen mit einer bestimmten Zahnradgeometrie im Laufversuch analysiert werden, da eine Verzahnung in Abhängigkeit ihrer Auslegung mit einem bevorzugten Schadensbild ausfällt.

In Anlehnung an DIN 50322 [DIN86] lassen sich bei der Tragfähigkeitsprüfung an Getrieben bzw. Zahnrädern mehrere Versuchskategorien unterscheiden, die durch den Grad ihrer Vereinfachung gegenüber den Betriebsbedingungen in der praktischen Anwendung definiert sind. In Bild 5.36 sind die einzelnen Kategorien am Beispiel eines Lkw-Getriebes dargestellt. Zu den Betriebs- und betriebsähnlichen Versuchen zählen realitätsnahe Untersuchungen an Endprodukten bzw. einzelnen Baugruppen eines Endprodukts. Für das Beispiel des Lkw-Getriebes wird die höchste Abbildungsgenauigkeit im Feldversuch unter realen Einsatzbedingungen erzielt. Der Feldversuch wird daher auch als Betriebsversuch bezeichnet. Weitere Abstraktionsstufen für eine betriebsnahe Getriebeuntersuchung stellen Fahrzeugrollen- sowie Getriebeprüfstände dar, die jeweils einen Teilaspekt der Untersuchung vereinfachen oder weglassen. Für die beschriebenen Untersuchungen muss jeweils für jeden Versuchspunkt eine komplexe Baugruppe (Getriebe bzw. Gesamtfahrzeug) bereitgestellt werden. Der mit diesem Prüfteilebedarf einhergehende Kostenaufwand und vor allem die für den Feldversuch erforderlichen Versuchszeiten und Personalmittel machen die Prüfung unterschiedlicher Auslegungsvarianten in diesem Modus häufig unwirtschaftlich. Aus diesem Grund werden in der Praxis Betriebsversuche nur vereinzelt eingesetzt. Demgegenüber wird in der Regel auf Modellversuche zurückgegriffen.

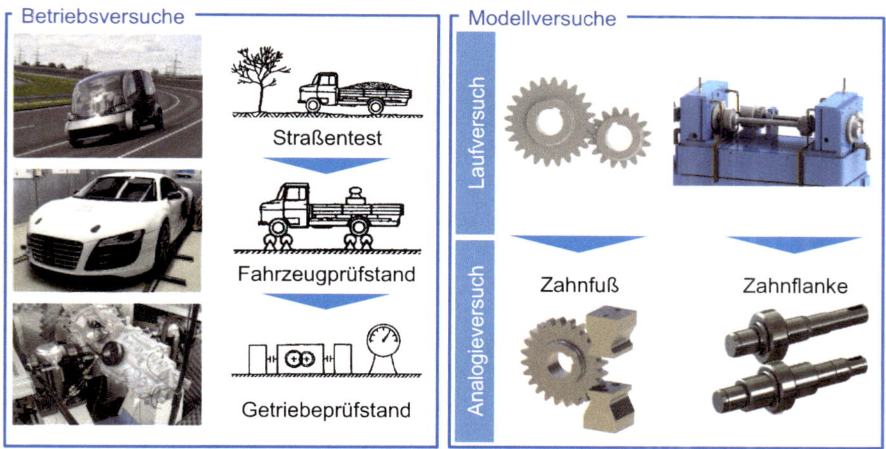

Bild 5.36 Betriebsfestigkeits- und Modellversuche, vgl. DIN 50322 [DIN86] (Bildquelle: ika – RWTH Aachen University, Aldenhoven Testing Center)

Modellversuche können in Lauf- und Analogieversuche unterteilt werden. Beim Laufversuch wird eine einzelne Zahnradpaarung im Eingriff hinsichtlich einer spezifischen Schadensform untersucht (Bild 5.36). Der Laufversuch ist zur Tragfähigkeitsuntersuchung aller Schadensformen geeignet. Daher werden die Verzahnungsgeometrie und die Versuchsbedingungen stets so gewählt, dass die gewünschte Schadensform am frühesten zu erwarten ist und die übrigen Schadensformen mit ausreichender Sicherheit nicht auftreten werden. Der Laufversuch wird im Forschungsumfeld insbesondere zur Werkstoff- und Schmierstoffqualifikation an Standardreferenzverzahnungen eingesetzt. Weiterhin kann mit diesem Prüfprinzip ebenfalls die Tragfähigkeit von Verzahnungen aus der praktischen Anwendung bestimmt werden. Eine weitere Reduktion der Versuchskosten und eine Entkopplung von den veränderlichen Bedingungen im Zahneingriff werden durch die Nutzung von Analogieprüfprinzipien erreicht, bei denen ein Zahnrad oder ein spezieller Prüfkörper unter zahneingriffsähnlichen Bedingungen getestet wird. Analogieversuche werden zur Untersuchung grundsätzlicher Einflüsse auf unterschiedliche Schadensformen eingesetzt und dienen in der Regel der Vorauswahl neuer Werkstoffe, Oberflächenveredelungsverfahren oder Schmierstoffe.

In diesem Abschnitt werden standardisierte und anwendungsbezogene Prüfstandkonzepte zur Untersuchung der Zahnradtragfähigkeit sowie Methoden zur Auswertung von Tragfähigkeitsuntersuchungen vorgestellt. Bei den Prüfstandkonzepten wird der Fokus auf häufig in der Zahnrad- und Getriebetechnik eingesetzte Modellversuche gelegt. Im Wesentlichen lassen sich die etablierten Prüfstandkonzepte zur Bestimmung der Zahnradtragfähigkeit nach Aufbau und Funktionsweise in die drei Gruppen Verspannungs-, Pulsator- und Zwei-Scheiben-Prüfstand unterteilen. Bei allen aufgeführten Prüfkonzepten handelt es sich um Prüfmaschinen zur Durchführung von Modellversuchen, da die Prüfung nicht am vollständigen Getriebe stattfindet. Der Laufversuch im Verspannungsprüfstand ist dem Praxisfall am nächsten, weshalb er nach wie vor den Standard für Untersuchungen zur Zahnradtragfähigkeit darstellt. Getestet wird eine Getriebestufe, sodass die ermittelte Tragfähigkeit mit geringerem Rechenaufwand auf den Betriebsversuch übertragen und zur Auslegung einzelner Getriebestufen herangezogen werden kann. Weiterhin dienen Zwei-Wellen-Prüfstände auch der Normung, wie z.B. der Erstellung von Verzahnungswöhlerlinien oder der Prüfung von Schmierstoffen.

Eine weitere Form des Modellversuchs stellen Pulsatorversuche zur Untersuchung der Zahnfußtragfähigkeit dar. Der Pulsator ist ein Analogieprüfstand mit einem alternativen Konzept zur Lastaufbringung. Die Zahnnormalkraft aus dem Laufversuch wird vereinfacht durch das Einspannen eines Zahnrads zwischen zwei Backen aufgebracht. Die Verzahnung wird dabei über mehrere Zähne so zwischen den planparallelen Backen eingespannt, dass entsprechend der vorliegenden Verzahnungsgeometrie der Kraftangriffspunkt nahe dem äußeren Einzeleingriffspunkt der Verzahnung liegt. Der zyklische Beanspruchungsverlauf aus dem Laufversuch wird durch die Überlagerung einer oszillierenden Kraftamplitude auf die eingespannten Zähne erreicht. Die tribologische Belastung auf der Zahnflanke wird im Pulsatorversuch nicht nachgebildet, weil kein Abwälzen der Zahnflanken stattfindet. Zur Untersuchung des tribologischen Systems Zahnflanke wird der Zwei-Scheiben-Versuch als Analogieversuch eingesetzt. Beim Zwei-Scheiben-Prüfstand wird der Ansatz einer vereinfachten Prüfkörpergeometrie verfolgt. Der Zahnflankenkontakt wird in Form von zwei Scheiben auf die elementaren Einflussgrößen Krümmungsradius, Schlupf und Pressung reduziert. Auf diese Weise können die tribologischen Kontaktbedingungen für einen Punkt der Zahneingriffsstrecke nachgebildet werden. Der Zwei-Scheiben-Versuch eignet sich zur Bestimmung der Wälzfestigkeit und kann ebenfalls zur Effizienzanalyse durch die Messung von Reibkräften eingesetzt werden.

5.3.1 Prüfstandkonzepte – Laufversuch

Der für den Laufversuch eingesetzte Zahnradverspannungsprüfstand ermöglicht sowohl die Untersuchung der Zahnfuß- als auch der Zahnflankentragfähigkeit einer Zahnradstufe. Weiterhin wird der Zahnradverspannungsprüfstand zur Durchführung standardisierter Schmierstofftragfähigkeitsuntersuchungen und zur Messung der Verlustleistung einer Getriebestufe genutzt.

Die Anfänge des Verspannungsprüfstandes mit dem Prinzip der Belastungsaufbringung mittels Torsionsfederstab wurden 1939 am WZL mit dem ersten Prüfstand zur „Abnutzungsuntersuchung“ von Stirnradverzahnungen gelegt (Bild 5.37 rechts). Der Prüfstand hatte den Vorteil, dass der Antriebsmotor nur die Verlustleistung aus der im Zahneingriff und in den Lagern auftretenden Reibung in den geschlossenen Verspannungskreislauf aufbringen musste. Weiterhin konnten bei dem ersten Verspannungsprüfstand vier Zahnräder gleichzeitig getestet werden. Heutzutage ist der Zwei-Wellen-Zahnradverspannungsprüfstand, kurz Verspannungsprüfstand, nach DIN ISO 14635 [DIN06] genormt. Neben diesem Verspannungsprüfstand wurde am WZL 1970 auch ein Verspannungsprüfstand für Kegelräder entwickelt. Mithilfe des Kegelradverspannungsprüfstandes (Bild 5.37 links) wurde damals der Einfluss von kreisförmigen Balligkeiten auf die Zahnflankentragfähigkeit untersucht.

Bild 5.37 Erste Kegelrad- (links) und Stirnradverspannungsprüfstände (rechts)

5.3.1.1 Zwei-Wellen-Verspannungsprüfstände

Das Prinzip des Zwei-Wellen-Zahnradverspannungsprüfstands ist nach DIN ISO 14635 [DIN06] genormt. Der Verspannungsprüfstand besteht aus einem Leistungskreislauf, der sich insbesondere aus dem Prüfgetriebe, einem Übertragungsgetriebe, einer Torsionswelle und einer Verspannkupplung zusammensetzt (Bild 5.38). Das Übertragungsgetriebe weist prinzipbedingt dieselbe Übersetzung wie das Prüfgetriebe auf, allerdings ist die Zahnradstufe breiter ausgeführt, sodass die Schäden sicher nur im Prüfgetriebe auftreten. Eine maschinendynamische Anforderung für Verspannungsprüfstände ist es, dass bis zum Erreichen von 85 % der Versuchsdrehzahl n_m keine wesentliche Resonanzstelle des Prüfstands festgestellt werden darf [HÖSE79].

Die Wellen des Prüfstands sind bei Stirnradverzahnungen parallel zueinander mit einem festgelegten Achsabstand angeordnet. Für die Durchführung von genormten sowie in Richtlinien hinterlegten Schmierstoffprüfungen ist der Achsabstand auf a = 91,5 mm festgelegt. Neben dem Achsabstandsmaß a = 91,5 mm werden nach FVA-Merkblatt Nr. 0/5 [HÖSE79] vor dem Hintergrund einer Vereinheitlichung von Zahnradprüfverfahren weitere feste Achsabstände von a = 91,5 bis 200 mm vorgeschlagen. In Abhängigkeit vom Achsabstand sind unterschiedliche Maximaldrehmomente und Zahnradbeanspruchungen realisierbar. Die Erzeugung des jeweiligen Belastungsmoments erfolgt durch eine Relativverdrehung des Verspannkreislaufs, insbesondere der Torsionswelle (3), und das anschließende Schließen der Verspannkupplung (4). Der mechanische Verspannungsprüfstand bewirkt einen permanenten Kraftfluss zwischen Prüf- und Übertragungsgetriebe. Aus diesem Grund muss der Antriebsmotor nur die mechanische Verlustleistung des Systems aufbringen und kann im Vergleich zu elektrischen Verspannungsprüfständen (Motor-Getriebe-Generator-System) kleiner ausgeführt werden.

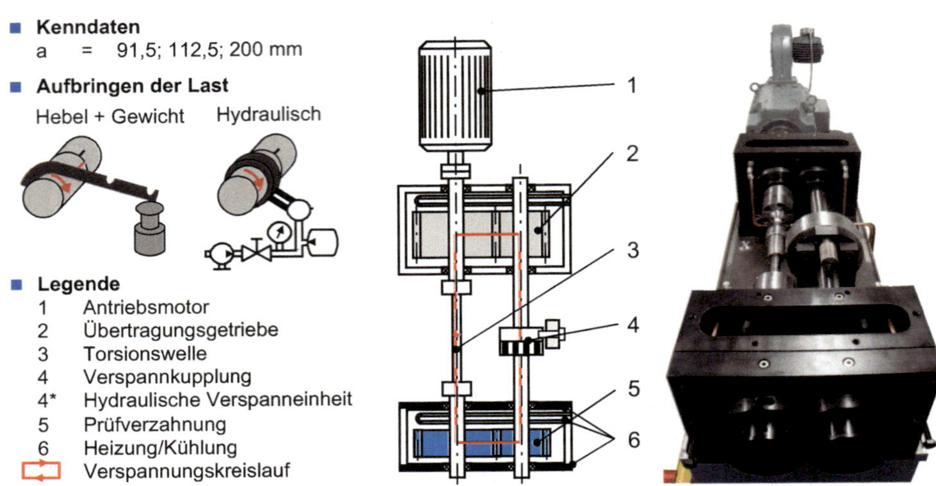

Bild 5.38 Zwei-Wellen-Verspannungsprüfstand (mit Gewichtsbelastung, vgl. DIN ISO 14635 Teil 1 [DIN06] im Stillstand)

In DIN ISO 14635 [DIN06] sind zwei Methoden zur Aufbringung des Prüfdrehmoments definiert. Bei der sogenannten Gewichtsbelastung wird zunächst eine Hälfte der Verspannkupplung mittels eines Bolzens arretiert. Anschließend wird an die andere Hälfte der Verspannkupplung ein Belastungshebel montiert und mit einem Gehänge und Gewichten belastet, sodass die Kupplungshälften aufgrund des Torsionsmoments zueinander verdreht werden. Im Unterschied dazu wird das Auflegen einer Verspannschere auf beide Hälften der Kupplung und anschließende Verdrehung mittels einer Spindel als sogenannte Spindelbelastung bezeichnet. Zur Bestimmung des so erzeugten Moments wird der Verdrehweg der Torsionswelle herangezogen, der sich mithilfe einer Messuhr ablesen lässt. In der Regel erfolgt zusätzlich die Überwachung des Drehmoments mit kalibrierten DMS-Vollbrücken oder magnetisch codierten Wellen.

Die Verdrehung bzw. Belastung im Leistungskreislauf erfolgt vor allem durch die drehweiche Torsionswelle. Nach dem Schließen der Verspannkupplung bleibt die Verdrehung im Leistungskreislauf erhalten, wodurch das Verspannmoment dauerhaft vorliegt. Durch Setzerscheinungen kann es zu einer Entspannung im Leistungskreislauf kommen. Je größer der Verdrehwinkel der Kupplungshälften bei Aufgabe des Drehmoments ist, umso unempfindlicher reagiert der Prüfstand mit einem Drehmomentabfall auf einen Vorspannverlust durch Setzen. Eine optimale Abstimmung von Verdrehwinkel und Festigkeit ist konstruktiv über die Länge und den Durchmesser der Torsionswelle einzustellen.

Die Weiterentwicklung der technischen Prüfmöglichkeiten sowie das erweiterte Anforderungsspektrum an die Zahnradtragfähigkeitsuntersuchung haben zu Modifikationen des bestehenden, genormten Prüfstandskonzeptes geführt. Beispielsweise ermöglicht die Verwendung einer hydraulischen Verspanneinheit die Aufbringung frei wählbarer Lastkollektive. Mit einer hydraulischen Verspanneinheit wird für die Lasteinleitung anstelle der Verspannkupplung ein regelbarer hydraulischer Verspannmotor eingesetzt. Das Prüfdrehmoment wird über den Differenzdruck der Verspannkammern des Motors erzielt. Eine weitere gängige Prüfstandsvariation ist die Ergänzung einer Axiallagerung zur Prüfung von Schrägverzahnungen.

5.3.1.2 Drei-Wellen-Verspannungsprüfstände

Eine Einschränkung der genormten Zwei-Wellen-Verspannungsprüfstände aus Abschnitt 5.3.1.1 ist der feste Achsabstand. Zur Untersuchung der Tragfähigkeit einer Verzahnung, die nicht über einen der verfügbaren diskreten Achsabstände verfügt, wurden Verspannungsprüfstände mit variablem Achsabstand entwickelt (Bild 5.39). Die Einstellung des Achsabstandes erfolgt mithilfe von verschiebbaren Lagerböcken. Die Maßhaltigkeit des Achsabstandes wird durch geschliffene Kalibrierdistanzstücke in der Prüfstandvorbereitung sichergestellt.

Das Verspannungsprinzip des Drei-Wellen-Verspannungsprüfstands gleicht im Grundsatz dem der Zwei-Wellen-Verspannungsprüfstände, bei denen die Kraft über die Torsion des Leistungskreislaufes eingeleitet wird und der Motor die Reibungsverluste aufbringen muss. Die Realisierung kleiner Achsabstände erfordert, bei gleichzeitigem Vorhalten von Leistungsreserven für große Achsabstände, aus Platzgründen große Lagerabstände bei gleichzeitig dünnen Wellendurchmessern am Prüfritzel. Zur Vermeidung einer Verfälschung der Prüfergebnisse durch eine Schiefstellung des Zahnflankenkontakts infolge der Wellendurchbiegung wurde ein zweiter Verspannungskreislauf ergänzt. Der zusätzliche Zahnflankenkontakt sorgt für eine Kompensation der Radial- und Tangentialkräfte und verhindert somit trotz der großen Lagerabstände eine Durchbiegung der Prüfwelle.

Die beiden Verspannkreisläufe des Drei-Wellen-Verspannungsprüfstands werden über dieselbe gemeinsame Kupplung geöffnet und geschlossen. Die Anordnung der Verspannungskreisläufe sorgt dafür, dass die Verspannung zu einer unidirektionalen Lastaufbringung am Prüfling führt. Das bedeutet, dass das Prüfritzel somit bei beiden Zahneingriffen pro Umdrehung immer auf der gleichen Flanke belastet wird. Da pro Umdrehung des Prüfritzels zwei Lastwechsel erfolgen, wird die Prüfdauer bei gleicher Drehzahl des Motors halbiert.

- **Kenndaten**
  a = 65 mm ... 120 mm
  M_{max} = 600 Nm
  n_m = bis 3000 min^{-1}
  $T_{Öl,max}$ = 100 °C
  Einspritzschmierung
- Variabler Achsabstand
- Verringerte Laufzeiten durch doppelten Eingriff pro Umdrehung

- **Legende**
  1 Antriebsmotor
  2 Übertragungsgetriebe
  3 Torsionswellen
  4 Verspannkupplung
  5 Prüfgetriebe

 Verspannungskreislauf

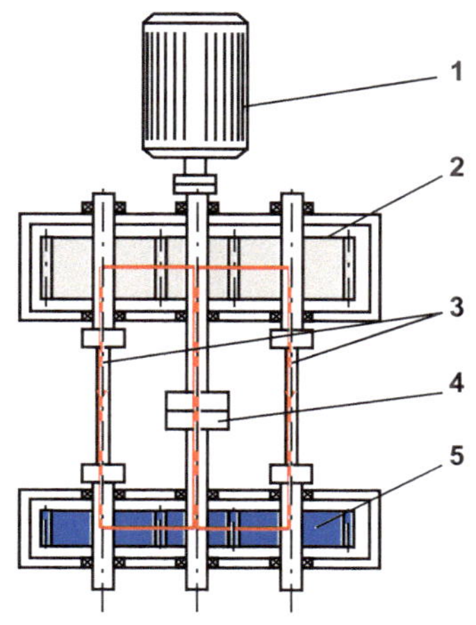

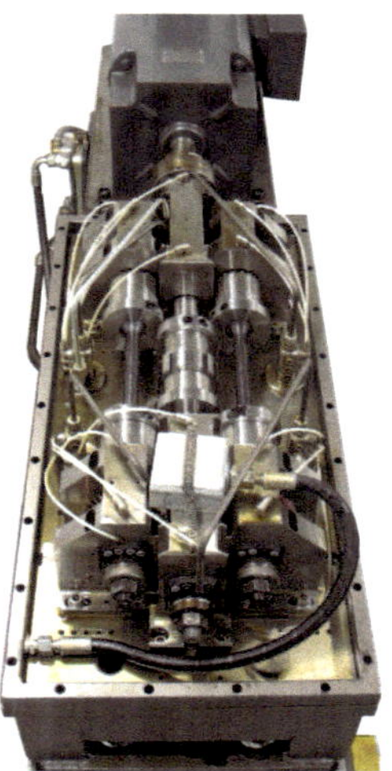

Bild 5.39 WZL: Drei-Wellen-Verspannungsprüfstand

Mit dem Prüfstandkonzept wird nicht die Untersuchung von standardisierten Prüfverzahnungen verfolgt. Die Zahnfuß- und Zahnflankentragfähigkeitsuntersuchungen werden insbesondere an Praxisverzahnungen durchgeführt. Für die Untersuchungen wird die Originalgeometrie beibehalten und nur im Bereich der Welle-Nabe-Verbindung eine Anpassung an den Prüfstand vorgenommen. Damit wird das tatsächliche Einsatzverhalten einer Zahnradstufe aus einer bestimmten Anwendung bestmöglich abgebildet. Der Hersteller hat somit den Vorteil, seine eigene Verzahnung direkt testen zu können und nicht von Ergebnissen einer standardisierten Prüfverzahnung auf die Tragfähigkeit seiner Auslegung umrechnen zu müssen.

Eine Variante des Drei-Wellen-Verspannungsprüfstandes ist der Drei-Wellen-Biegewechsellast-Verspannungsprüfstand (Bild 5.40). Der dargestellte Prüfstand verfügt über einen Achsabstand von a = 112,5 mm. Das Konzept ist dadurch gekennzeichnet, dass die Verspannungskreisläufe vollständig voneinander getrennt sind und die Verspannrichtung und das Verspannmoment unabhängig voneinander aufgegeben werden können. In dem Beispiel in Bild 5.40 sind hydraulische Verspannmotoren eingesetzt, sodass die Höhe des Verspannmoments während der Rotation verändert und somit die Zahnräder mittels Lastkollektiven untersucht werden können.

- **Kenndaten**
  a = 112,5 mm
  M_{max} = ± 800 Nm
  n_m = < 2800 min^{-1}
  $T_{Öl,max}$ = 90 °C
  Einspritzschmierung
- Unidirektionale und bidirektionale Kraftaufbringung
- Lastkollektive durch hydraulische Kraftaufbringung
- **Legende**
  1 Antriebsmotor
  2 Übertragungsgetriebe
  3 Torsionswelle
  4 Hydraulischer Verspannungsmotor
  5 Prüfgetriebe
  Verspannkreisläufe

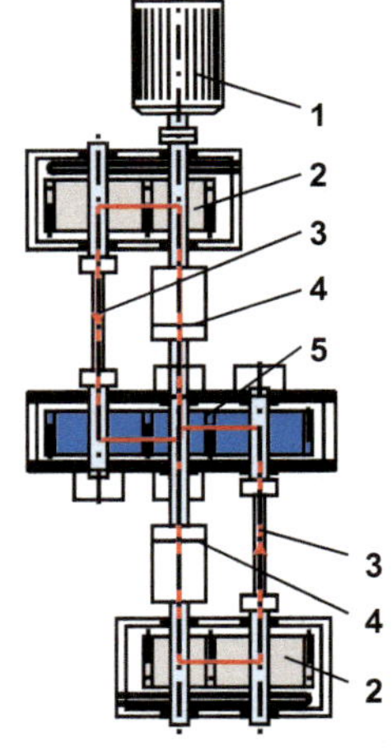

Bild 5.40 WZL: Drei-Wellen-Wechsellastverspannungsprüfstand

Wird in den beiden Verspannkreisläufen dieselbe Flanke belastet (unidirektionale Belastung), entsprechen die Eingriffsverhältnisse denen im bereits zuvor vorgestellten Drei-Wellen-Verspannungsprüfstand. Bei einer bidirektionalen Verspannung sowohl der Zug- als auch der Schubflanke werden die Eingriffsverhältnisse bezogen auf den Zahnfuß in einem Planetenrad nachgestellt. Bild 5.41 zeigt das Prinzipbild eines Planetengetriebes. Während einer Umdrehung erfährt jeder Planet zwei Eingriffe: einen Eingriff am Hohlrad und einen Eingriff am Sonnenrad. Die belastete Zahnflanke unterscheidet sich in beiden Fällen. Es werden die linke und die rechte Flanke belastet. Das vereinfachte Modell in Bild 5.41 zeigt ein Schema der Eingriffe des Planeten, die den Verhältnissen im Wechsellastverspannungsprüfstand entsprechen. Zunächst wird die linke Flanke mit dem analogen „Hohlrad" belastet, welches hier ein außenverzahntes Stirnrad ist. Nach einer halben Umdrehung wird die rechte Flanke mit der „Sonne“ belastet. Der Zahnfuß des Planeten wird somit während einer Umdrehung mit einer Wechsellast beansprucht.

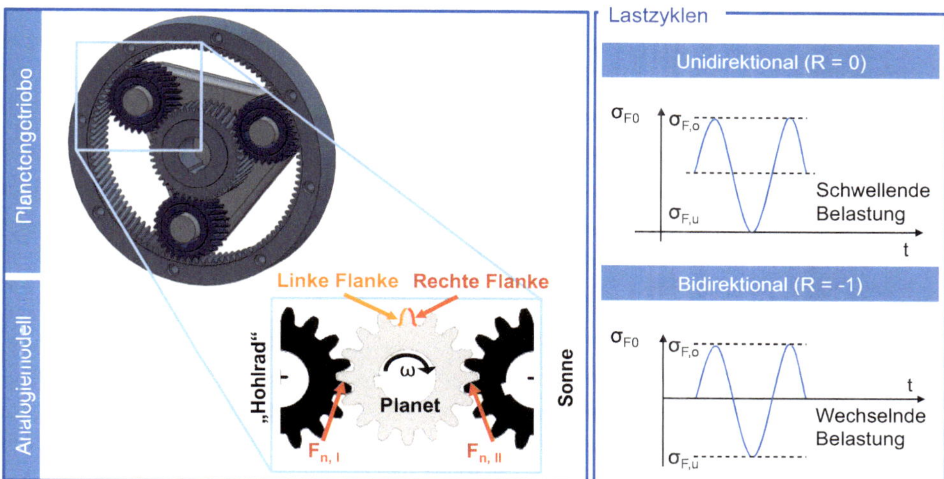

Bild 5.41 Motivation des Drei-Wellen-Wechsellastverspannungsprüfstandes

Auf der rechten Seite von Bild 5.41 sind die Lastzyklen für eine unidirektionale und bidirektionale Last schematisch dargestellt. Gegenüber einer schwellenden Last, wie sie idealerweise im Laufversuch eines Zwei-Wellen-Verspannungsprüfstandes erreicht wird, wird der Beanspruchungszustand am Planeten anhand des Spannungsverhältnisses R beschrieben, wobei $\sigma_{F,u}$ die Unterspannung und $\sigma_{F,o}$ die Oberspannung ist (Formel 5.9). Aufgrund der unabhängig voneinander wirkenden Verspannkreisläufe kann das Spannungsverhältnis in den Untersuchungen innerhalb der technischen Prüfstandsgrenzen frei eingestellt werden. Somit können die unterschiedlichen Überdeckungsverhältnisse und resultierenden Spannungsbeträge im Zahnfuß im Kontakt eines Planeten zum Hohlrad und zur Sonne eingestellt werden.

$$R = \frac{\sigma_{F,u}}{\sigma_{F,o}} \tag{5.9}$$

5.3.1.3 Hochdrehzahl-Verspannungsprüfstände

Die Elektrifizierung von Antriebssträngen bedingt einen Anstieg der Betriebsdrehzahlen von Zahnradgetrieben [GWIN17]. Dadurch verlagert sich das Ermüdungsverhalten von Zahnrädern in den Very-High-Cycle-Fatigue-(VHCF)-Bereich. Die Beanspruchbarkeit von Verzahnungen im VHCF-Bereich mit $10^7 < N < 10^8$ ist bisher nicht tiefergehend untersucht worden [SCHU16]. Ein Grund hierfür sind die langen Versuchszeiten, die sich bei konventionellen Prüfständen zur Untersuchung der Zahnfuß- und Zahnflankentragfähigkeit ergeben. Untersuchungen zeigen, dass die dauerfest ertragbare Beanspruchung bei Lastspielzahlen von $N > 10^7$ absinkt und daher die zusätzliche Kenntnis der Festigkeit im VHCF-Bereich für die Auslegung erforderlich ist [NAIT84, MURA00, SAKA10]. Untersuchungen an Zahnrädern weisen darüber hinaus den Einfluss hoher Lastwechselzahlen auf die Zahnfußtragfähigkeit nach [BRET10, SCHU16]. Dementsprechend sind Konzepte zur Untersuchung der Zahnfuß- und Zahnflankentragfähigkeit bei hohen Drehzahlen notwendig [TRIP21, ZALF22].

Im Forschungsumfeld wurden unterschiedliche Prüfstandkonzepte zur Untersuchung der Zahnradtragfähigkeit bei hohen Drehzahlen entwickelt, die sich hinsichtlich des Untersuchungsfokus unterscheiden. Einerseits existieren Prüfstände zur Untersuchung der Fresstragfähigkeit bei hohen Umfangsgeschwindigkeiten und Drehmomenten, die allerdings keinen Dauerbetrieb erlauben [JOOP18]. Andererseits existieren Prüfstände zur Untersuchung der Zahnfuß- und Zahnflankentragfähigkeit bei hohen Drehzahlen und Drehmomenten [CIUL19, ZALF22]. Der Betrieb dieser Prüfstände erfordert jedoch große Kühlleistungen, um die Verluste im Verspannkreislauf abzuführen. Aus diesem Grund wurde der in Bild 5.42 dargestellte Verspannungsprüfstand mit einem Achsabstand von a = 99,5 mm, einem maximalen Betriebsdrehmoment von M_{max} = 200 Nm und einer maximalen Betriebsdrehzahl von n_{an} = 12 000 min^{-1} entwickelt [TRIP21]. Im Gegensatz zu konventionellen Verspannungsprüfständen wird bei Hochdrehzahl-Verspannungsprüfständen die Lastaufbringung durch die Verschiebung einer Schrägverzahnung im Vergleichsgetriebe realisiert [JOOP18, CIUL19, TRIP21, ZALF22]. Dieser Aufbau bietet den Vorteil, dass außer der Verzahnung keine weiteren Komponenten im Verspannkreislauf verbaut werden. Damit kann die radiale Baugröße reduziert und der Einfluss von Unwuchten minimiert werden. Darüber hinaus führt der verringerte axiale Lagerabstand zu einer Anhebung der Welleneigenfrequenzen und in der Folge zu einem verbesserten Betriebsverhalten.

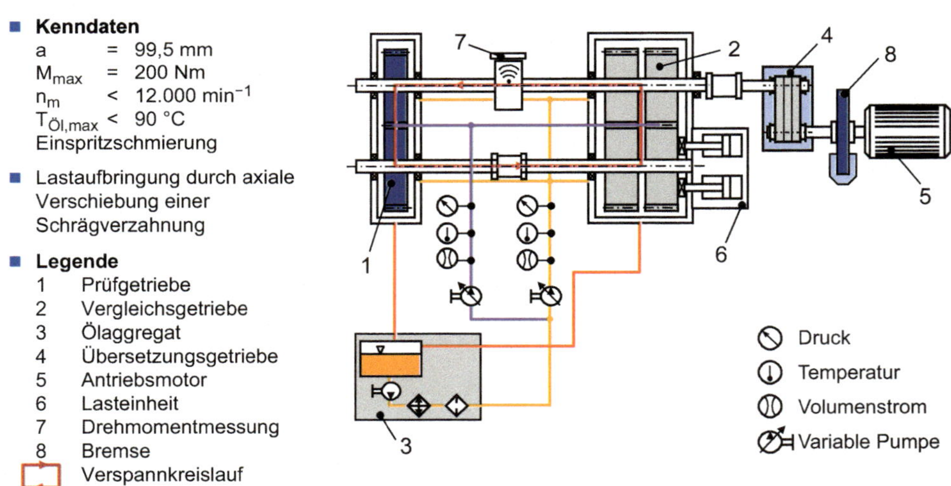

Bild 5.42 Hochdrehzahl-Verspannungsprüfstand

5.3.1.4 Standardisierte Prüfverzahnungen für Tragfähigkeitsuntersuchungen

Um die Vergleichbarkeit verschiedener Versuchsreihen zu gewährleisten, existiert eine Reihe von standardisierten und etablierten Prüfverzahnungen, die in Abhängigkeit vom Untersuchungszweck und von der zu untersuchenden Schadensform ausgewählt werden. Tabelle 5.1 gibt einen Überblick über die Verzahnungsdaten von flankenkritischen, geradverzahnten Prüfverzahnungen für Verspannungsprüfstände mit einem Achsabstand a = 91,5 mm bzw. 112,5 mm und 200 mm. Die FZG-A- und FZG-C-Verzahnung sind nach DIN ISO 14635 Teil 1 und Höhn et al. standardisierte Verzahnungen zur Untersuchung von Schmierstoffen hinsichtlich Grübchen-, Graufleckenund Fresstragfähigkeit [DIN06, HÖHN10]. Die Auslegung der beiden Prüfverzahnungen unterscheidet sich in der Aufteilung der Profilverschiebung auf Ritzel und Rad (Bild 5.43). Bei der Verzahnung nach Typ A ist im Vergleich mit der Verzahnung vom Typ C die Eingriffsstrecke in Richtung hoher Gleitgeschwindigkeit im Bereich des Zahnkopfs am Ritzel verschoben, um eine höhere thermische Beanspruchung im Zahnflankenkontakt zu erzeugen (vgl. Abschnitt 5.3.4.4).

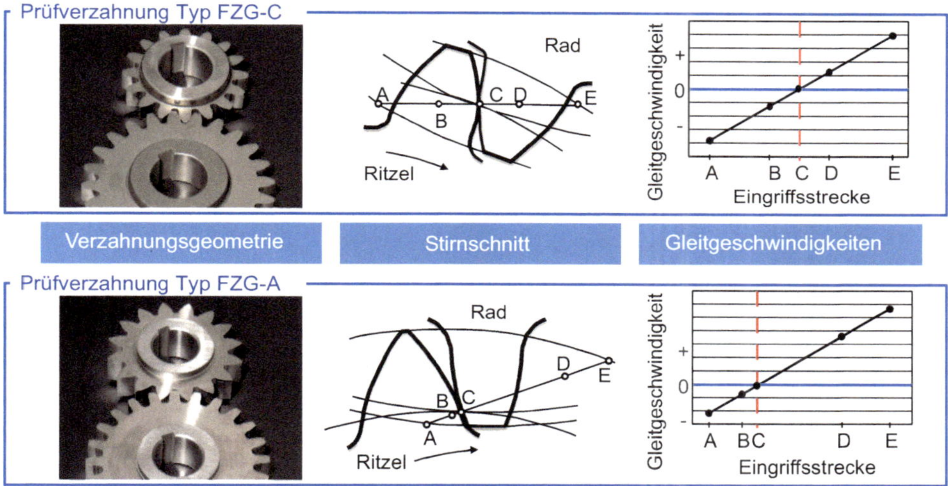

Bild 5.43 Prüfverzahnungen Typ FZG-A und FZG-C

Neben dem Achsabstand unterscheiden sich der Modul und die Zähnezahl der Prüfverzahnungen in Tabelle 5.1. Die 17/18-Verzahnung ist eine grübchenkritisch ausgelegte Verzahnung für den Verspannungsprüfstand mit a = 91,5 mm Achsabstand und wird zur Ermittlung des Dauerfestigkeitswerts für die Flankenpressung σ_{Hlim} eingesetzt. Die 21/23- und 24/25-Verzahnungen sind Prüfverzahnungen für einen Achsabstand von a = 112,5 bzw. 200 mm, die von der ursprünglichen Geometrie der 17/18-Verzahnungen für einen Achsabstand von a = 91,5 mm hochskaliert wurden [FRIT91, WECK76, WINT86].

Während die Makrogeometrie in vielen Forschungsvorhaben entsprechend Bild 5.43 übernommen wird, existieren für die Mikrogeometrie unterschiedliche, auf den Anwendungsfall optimierte Ausführungen. Das Ziel der Mikrogeometrieauslegung von Prüfverzahnungen ist es, für den zu untersuchenden Lastbereich einen regulären Zahneingriff zu gewährleisten. Dazu zählt insbesondere die Vermeidung eines vor- und nachzeitigen Zahneingriffs (Eingriffsstoß). Daneben führt eine Korrektur in Flankenlängsrichtung mit geringem Betrag zu einer Robustheit gegenüber Einflüssen aus dem Prüfstand, wie z. B. Achslageabweichungen innerhalb der Toleranzen. Nach der FE-basierten Auslegungsmethode für Kopfrücknahmen in Abschnitt 3.3.5 ergibt sich für die 24/25 Verzahnung mit einer gemeinsamen Breite von b = 18 mm für eine Kopfrücknahme C_a = 75 µm ein regulärer Zahneingriff bis zu einem Drehmoment von $M < 2500$ Nm. Bei höheren Drehmomenten kommt es zu einem vor- und nachzeitigen Zahneingriff, dessen Einfluss bei Steigerung des Drehmoments größer wird. Die Mikrogeometrie der FZG-C-Verzahnung nach Variante PTx wurde für den praxisnahen Öltest entwickelt (Tabelle 5.1), bei dem durch Vorgabe einer Kopfrücknahme lastbedingte Eingriffsstörungen in Form eines vor- und nachzeitigen Zahneingriffs reduziert und durch eine Breitenballigkeit die Beanspruchung für ein zügiges Auftreten des Schadens erhöht wurde [RADE05].

Für die Untersuchung der Zahnfußtragfähigkeit auf Verspannungsprüfständen gibt es keine standardisierten Versuchsverzahnungen, da die meisten Zahnfußtragfähigkeitsuntersuchungen auf dem Pulsatorprüfstand durchgeführt werden (siehe Abschnitt 5.3.2.1). Für Pulsatoruntersuchungen werden u. a. sowohl die FZG-C-Verzahnung als auch die 24/25-Verzahnung eingesetzt [HÖHN10, WINT86]. Grundsätzlich sind zahnfußkritische Verzahnungen für den Laufversuch im Vergleich zu flankenkritischen Verzahnungen mit kleinerem Modul ausgelegt. Verschiedene Untersuchungen zur Zahnfußtragfähigkeit haben in der Vergangenheit auf Verzahnungen mit einem Achsabstand von a = 91,5 mm, einem Eingriffswinkel von α = 20° und einem Modul von m_n = 1,75; 2,0; 2,25 und 3 mm zurückgegriffen [BRIN89, HOFS87, STEN07, KRIC96, SCHI02, WIRT77].

Tabelle 5.1 Referenzverzahnungen zur Untersuchung der Flankentragfähigkeit

		FZG-C nach Höhn [HÖHN 10]	FZG-A nach DIN ISO 14635 Teil 1 [DIN06]	17/18 nach Weck [WECK76]	21/23 nach Fritsch [FRIT91]	24/25 nach Winter [WINT86]
a	mm	91,5	91,5	91,5	112,5	200
z_1	-	16	16	17	21	24
z_2	-	24	24	18	23	25
m_n	mm	4,5	4,5	5	5	8
b	mm	14	20	14	16	18 (30)
x_1	-	0,1817	0,8532	0,475	0,2805	0,27
x_2	-	0,1715	-0,5	0,445	0,2594	0,266
d_{w1}	mm	73,2	73,2	88,89	107,386	195,92
d_{w2}	mm	109,8	109,8	94,11	117,614	204,08
d_{a1}	mm	82,45	88,77	99,75	117,8	212,32
d_{a2}	mm	118,35	112,5	104,45	127,595	220,26
d_{b1}	mm	67,658	67,658	79,87	98,668	180,42
d_{b2}	mm	101,487	101,487	84,57	108,065	187,94
α_{wt}	°	22,44	22,5	26,02	23,25	22,94
α_t	°	20	20	20	20	20
ε_α	-	1,436	1,361	1,360	1,289	1,5
C_a	µm	PT: 0 PTx: 50 ± 4	0	18 - 25	variabel	25 - 35
C_β	µm	PT: 0 - 5 PTx: 30 ± 3	0 - 5	0 - 5	0 - 5	0 - 5

5.3.2 Prüfstandkonzepte – Analogieversuch

Die Übertragung des Laufversuchs auf einen Analogieversuch ist auf unterschiedliche Weise motiviert. Ein wesentliches Ziel ist die Reduktion der Untersuchungskosten durch die vereinfachte Nachbildung der schadenskritischen Beanspruchung (Biege- oder Wälzbeanspruchung in der Verzahnung). Neben verringerten Fertigungskosten der Prüfkörper können mit einem vereinfachten Analogieversuch je nach Konzeptionierung die Prüfdauer sowie die Größe des Prüfaufbaus gegenüber dem Laufversuch gesenkt werden. Analogieversuche eignen sich zudem durch die gezielte Reduktion der Komplexität insbesondere für den Verständnisaufbau von Grundzusammenhängen bei neuartigen Werkstoffen, Werkstoffsystemen, Oberflächenveredelungsverfahren oder Schmierstoffen.

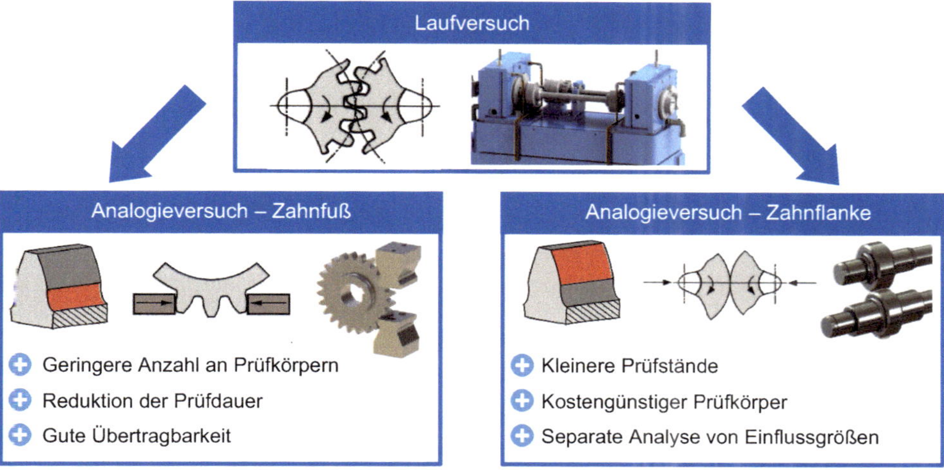

Bild 5.44 Übersicht der Analogieversuche zur Untersuchung der Zahnflanken- und Zahnfußtragfähigkeit

Bild 5.44 gibt einen Überblick über die beiden etablierten Analogieversuche zur Untersuchung der Zahnradtragfähigkeit. Für die Zahnfußtragfähigkeit wird der Pulsatorversuch als Analogieversuch verwendet. Bei dem Versuch werden die Zähne auf Biegung und Schub beansprucht. Einflussgrößen auf die Zahnradtragfähigkeit wie der Schmierstoffeinfluss oder die Reibung werden nicht berücksichtigt. Die Kostenersparnis resultiert daraus, dass nur ein Zahnrad erforderlich ist, mit dem darüber hinaus mehrere Versuche durchgeführt werden können. Eine Zeitersparnis resultiert aus einem einfacheren Montage- und Umbauaufwand sowie daraus, dass sich die Prüfzeiten durch eine Anhebung der Pulsatorfrequenz verringern lassen. Für Geradverzahnungen ist die Übertragung der Ergebnisse zwischen Pulsator- und Laufversuch etabliert (Abschnitt 5.3.5.1).

Bei der Untersuchung der Zahnflankentragfähigkeit stehen ebenfalls Kosten- und Zeitersparnisse im Vordergrund. Bei diesem Analogieversuch werden kostengünstige Analogieprüfkörper in Form von Scheiben (Rollen) aufeinander abgewälzt, wodurch die Wälzbeanspruchung aus dem Zahnflankenkontakt auf vergleichsweise kleinen Prüfständen (ein

Drittel des Achsabstands [BÖRN76]) nachgebildet werden kann. Mithilfe des Zwei-Scheiben-Versuches ist es weiterhin möglich, Grundzusammenhänge durch die gezielte Einstellung eines tribologischen Beanspruchungszustands für einzelne Punkte auf der Eingriffsstrecke bzw. auf der Zahnflanke zu untersuchen. Weiterhin können auch der Schmierstoff- oder Werkstoffeinfluss vergleichend untersucht werden. Mit Analysen im Zwei-Scheiben-Kontakt ist eine lokale Betrachtung der tribologischen Beanspruchung auf der Zahnflanke möglich, was insbesondere bei der Ermittlung von Reibansätzen für den Zahnflankenkontakt zuträglich ist. Die Übertragung der Ergebnisse aus Zwei-Scheiben-Versuchen auf Laufversuche wird in Abschnitt 5.3.5.2 behandelt.

5.3.2.1 Zahnfußtragfähigkeit

Der Pulsatorversuch bildet näherungsweise einen Teil des im Zahneingriff vorliegenden Beanspruchungsverlaufs ab. Im Gegensatz zu Laufversuchen auf dem Verspannungsprüfstand kann bei Pulsatorversuchen nur eine begrenzte Anzahl an Berührlinien getestet werden. Die Anzahl der realisierbaren Berührlinienlagen hängt von der Makrogeometrie der Verzahnung und der eingespannten Zähnezahl ab. In Bild 5.45 ist die Einspannsituation einer Geradverzahnung im Pulsator abgebildet. Das Zahnrad wird zwischen zwei Pulsatorbacken eingespannt. Eine der beiden Pulsatorbacken ist ortsfest und an eine Kraftmessdose angeschlossen. Die andere Pulsatorbacke führt eine mechanisch oder hydraulisch aktuierte, pulsierende Bewegung durch und belastet damit die Zähne mit einer schwellenden Last. Die Positionierung der Pulsatorbacken erfolgt anhand der Auflage der Köpfe der anliegenden Zähne, womit eine mittige Ausrichtung des Zahnrads im Pulsatorbackenkontakt erlaubt wird. Ein Überschleifen des Kopfkreises erhöht die Positions- und damit die Wiederholgenauigkeit.

Mit der durchgezogenen Linie ist die Kraftwirkungslinie gemäß der Lage der Berührlinie im Stirnschnitt dargestellt. Die Pulsatorkraftvektoren liegen bei symmetrischen Evolventenverzahnungen immer tangential zum Grundkreis. Die Lage der Berührlinie wird durch die eingespannte Zähnezahl bestimmt, wobei eine höhere eingespannte Zähnezahl eine Verschiebung der Berührlinie zwischen Pulsatorbacke und Zahnrad zu höheren Durchmessern bewirkt. Die Lagen der im Fuß- und im Kopfbereich maximal einspannbaren Berührlinien bestimmen sich u. a. durch den Modul m_n, den Eingriffswinkel α_n, den Kopfkreisdurchmesser d_a, die Profilverschiebung x und die Gesamtzähnezahl z. Durch die diskrete Stufung der Zähnezahl steht pro Verzahnungsgeometrie eine begrenzte Anzahl von möglichen Berührlinienlagen zur Verfügung. Durch Messen der Zahnweite für verschiedene Zähne kann für jede eingespannte Zähnezahl der Durchmesser der Berührlinie mithilfe des Satzes des Pythagoras aus Grundkreisdurchmesser und halber Zahnweite ausgerechnet werden. Durch Abgleich des berechneten Pulskreisdurchmessers sowohl mit dem Außendurchmesser als auch mit dem Fußnutzkreisdurchmesser kann bestimmt werden, ob die Berührlinie pulsbar ist.

Für eine gute Vergleichbarkeit zum Laufversuch auf dem Verspannungsprüfstand wird die Berührlinie ausgewählt, die eine möglichst hohe Belastung im Zahnfuß verursacht. Auf der rechten Seite von Bild 5.45 ist ein Diagramm mit der Zahnfußspannung über der Eingriffsstrecke A – E einer Geradverzahnung abgebildet. Die Ordinate des Diagramms ist auf die maximale Zahnfußspannung normiert. Weiterhin sind die Eingriffsgebiete für den Einzeleingriff „1“ und für den Doppeleingriff „2“ eingezeichnet. Die durchgehende Linie zeigt den Verlauf der Zahnfußspannung über der Eingriffsstrecke. Es wird deutlich, dass der

Punkt maximaler Zahnfußspannung im äußeren Einzeleingriffspunkt liegt, da dort nur ein Zahn das gesamte Drehmoment überträgt und gleichzeitig der Hebelarm am größten ist. In den meisten Fällen ist es aufgrund der vorliegenden Makrogeometrie nicht möglich, exakt den äußeren Einzeleingriffspunkt im Pulsatorversuch zu prüfen, sodass in der Regel die am nächsten liegende Berührlinie gewählt wird.

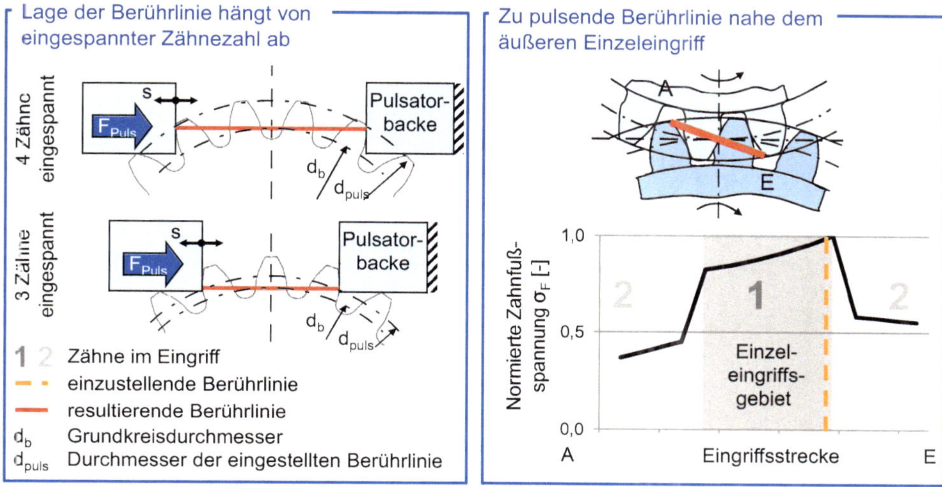

Bild 5.45 Berührlinien an evolventischen Geradverzahnungen im Pulsator

Zur kraftschlüssigen Fixierung des Prüfrads zwischen den Pulsatorbacken muss eine mechanische Mindestvorspannung $F_{\text{Puls,o}}$ vorliegen, damit das Zahnrad während des Versuchs an seiner definierten Einspannposition verbleibt. Somit kann die betragsmäßige Unterlast im Gegensatz zum Laufversuch nicht den Minimalwert null annehmen. Der hiermit verbundene Einfluss auf die Tragfähigkeit wird als vernachlässigbar eingestuft, sofern die betragsmäßige Unterlast in einem Bereich von 3 - 7,5 % der betragsmäßigen Oberlast liegt [WEIG99]. Der geringe Einfluss der Unterlast auf das Ergebnis der Tragfähigkeitsuntersuchung am Pulsator ergibt sich aus den Gesetzmäßigkeiten des Smith-Diagramms, bei dem im beschriebenen Wertebereich für die Unterlast die begrenzenden Geraden der Dauerschwingfestigkeit vor allem für Einsatzstahl nahezu parallel verlaufen (Abschnitt 5.3.5.1).

Die oszillierende Lastaufbringung kann mit unterschiedlichen Wirkprinzipien aufgebracht werden. Es lassen sich der unwuchterregte Resonanzpulsator, der Magnetresonanzpulsator sowie der hydraulische Pulsatorprüfstand unterscheiden (Bild 5.46).

Beim unwuchterregten Resonanzpulsator erfolgt die Belastung über ein mechanisches Schwingsystem, bestehend aus der Prüfmaschine, insbesondere mit den beiden Lastfedern, und dem eingespannten Prüfrad. Die Maschine arbeitet mit einer Betriebsfrequenz unterhalb der Eigenfrequenz des Gesamtsystems. Eine zusätzliche Regeleinrichtung bewirkt in Verbindung mit einem eigenen Antrieb eine über dem Versuchsablauf konstante Mittellast, die über den Mittellastantrieb und die damit verbundene Mittellastfeder aufgeprägt wird. Die der Mittellast überlagerte Anregung des Schwingsystems in Form einer sinusförmigen dynamischen Belastung der Schwinglastfeder erfolgt über eine rotierende Unwucht an einer flexiblen Welle. Die Regulierung der Schwinglastamplitude erfolgt in der Regel über die Drehzahl des Schwinglastantriebs, was eine gleichzeitige Verstellung der Betriebsfrequenz relativ zur Eigenfrequenz bewirkt. Somit ist das unwuchterregte Resonanzprinzip vorrangig für die Durchführung von Einstufenversuchen geeignet, da zur Realisierung von größeren Belastungssprüngen in Lastkollektivuntersuchungen eine Änderung der Masse bzw. des Umlaufradius am Fliehkrafterreger erforderlich ist.

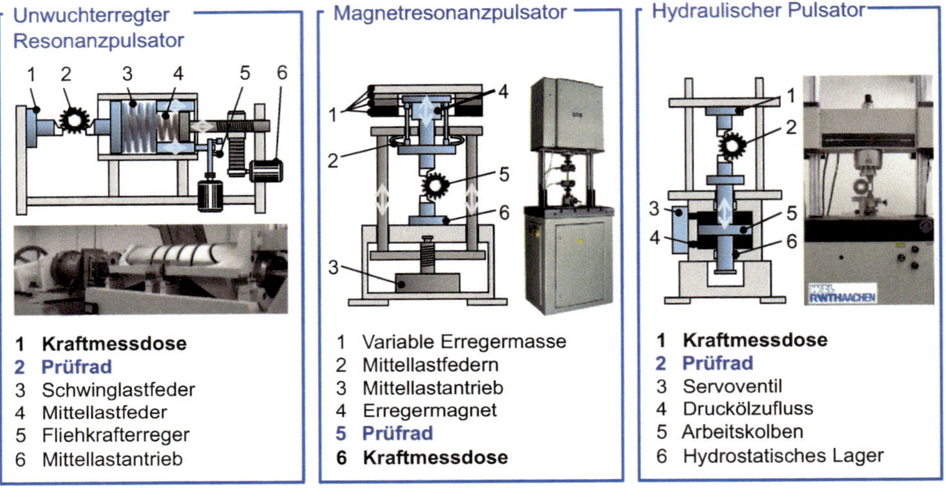

Bild 5.46 Wirkprinzipien von Pulsatoren (Bildquelle: Rumul)

Der Magnetresonanzpulsator ist ebenfalls als mechanisches Schwingsystem aufgebaut (Bild 5.46). Die Anregung erfolgt durch einen Elektromagneten und liegt im Bereich der Eigenfrequenz des Gesamtsystems. Über eine in den dynamischen Kraftfluss eingeschaltete Elastizität findet die Übertragung der sinusförmigen Belastung auf Einspannvorrichtung und Probe statt. Für die Gewährleistung einer konstanten Mittellast ist ein eigener Antrieb mit Regeleinrichtung notwendig. An Resonanzpulsatoren lassen sich aufgrund von Vergrößerungsfaktoren schon bei geringer Energiezufuhr große Schwingungsamplituden und damit hohe dynamische Prüfkräfte erreichen. Die Resonanzfrequenz ändert sich mit der Steifigkeit des Prüfkörpers sowie der Größe der Erregermasse, die durch Zuschalten bzw. Anbringen von weiteren Gewichten in mehreren Schritten variiert werden kann. Die Amplitude der dynamischen Belastung lässt sich im Gegensatz dazu ohne konstruktive Veränderungen über die Höhe des Spulenstroms regeln, was die Durchführung von Blockversuchen mit verschiedenen Laststufen ermöglicht. Des Weiteren sind gegenüber den anderen Pulsatorbauformen höhere Prüffrequenzen erreichbar, was den Versuchsablauf beschleunigt. In Vergleichsversuchen konnte zwischen f_{puls} = 50 und 120 Hz kein signifikanter Einfluss auf die Ergebnisse nachgewiesen werden. Auch eine Erwärmung der Probe wurde hierbei nicht beobachtet [WEIG99].

An hydraulischen Pulsatorprüfständen erfolgt die Belastung des eingespannten Rads über einen hydraulischen Zylinder, der in einem Servokreis betrieben wird (Bild 5.46). Einerseits ermöglicht die Regelung über das Servoventil mit frei einstellbarer Ober- und Unterlast sowie nahezu beliebigen Prüfkraftverläufen eine hohe Flexibilität. Gegenüber den anderen Wirkmechanismen ist das Belastungssignal nicht an die Sinusform gebunden. Vielmehr können realitätsnahe, freie Belastungsfolgen geprüft werden, sodass die Untersuchung näher an den Belastungszuständen in der Realanwendung liegt. Entsprechende Verläufe können mit einer Zahnkontaktanalysesoftware ermittelt werden (vgl. Abschnitt 6.3). Andererseits muss der für die jeweilige Prüfkraft erforderliche Öldruck bei jedem Lastspiel komplett neu aufgebaut werden, was sowohl einen hohen Energiebedarf als auch mehr Abwärme und somit einen erhöhten Kühlungsaufwand bedeutet. Lastkollektivversuche sind sowohl in Block- als auch als Zufallsfolge möglich, da die Belastungsamplitude stets unabhängig von der Amplitude des vorangegangenen Lastspiels ist. Weiterhin lässt sich neben dem kraftgeregelten auch ein weggeregelter Betrieb realisieren, wodurch sich Bauteilsteifigkeiten bestimmen lassen und Anteile plastischer Verformung an der Gesamtverformung nachgewiesen werden können.

Aufgrund des Prüfkonzepts werden Pulsatorversuche üblicherweise an geradverzahnten Stirnrädern durchgeführt. Da jedoch in einer Vielzahl von industriellen Anwendungen auch Schrägverzahnungen zum Einsatz kommen, ist die Verwendung von Pulsatorprüfständen zur Untersuchung der Zahnfußtragfähigkeit von Schrägverzahnungen ebenfalls wünschenswert. In jüngerer Vergangenheit sind deshalb in verschiedenen Forschungsprojekten Konzepte zur Untersuchung schrägverzahnter Zahnräder entwickelt worden [RÜNG21, POLL20]. Eine zentrale Herausforderung der Forschungsprojekte stellte die Gestaltung einer geeigneten Einspannvorrichtung dar, sodass wie in Bild 5.47 abgebildet mit der Stirnschnittaufnahme und der Normalschnittaufnahme zwei unterschiedliche Untersuchungskonzepte entstanden sind.

Bei dem Konzept der Stirnschnittaufnahme erfolgt die Krafteinleitung anhand von zwei schrägen Pulsatorbacken, deren Geometrie an die jeweilige Geometrie des Testzahnrads angepasst wird. Aufgrund des Schrägungswinkels am Testzahnrad treten Querkräfte auf (siehe Bild 5.47), die mittels einer entsprechenden Aufnahme abgestützt werden. Die Abstützung der Querkräfte ist notwendig, um konstante Testbedingungen während der Untersuchung sicherzustellen und um eine mögliche Beschädigung der Pulsatoren durch die auftretenden Querkräfte zu vermeiden. Die Einstellung der Berührlinie erfolgt, wie bei der Untersuchung von Geradverzahnungen, anhand der eingespannten Zähnezahl [RÜNG21].

Bild 5.47 Pulsatoruntersuchungen an Schrägverzahnungen [BREC14]

Das Konzept der Normalschnittaufnahme ist eine Weiterentwicklung der Stirnschnittaufnahme, um eine höhere Flexibilität beim Testen unterschiedlicher Verzahnungsgeometrien zu ermöglichen. Die Aufnahme ist dazu so konstruiert worden, dass die Einzelbauteile der Normalschnittaufnahme für eine Reihe von Zahnradgeometrien weiterverwendet werden können. Ein Sonderfall ist der verzahnungsabhängige Keilwinkel, der zur Verkippung der Verzahnung eingesetzt wird (siehe Bild 5.47) und so eine zur Kraftmessdose und Pulsatorbacke parallele Krafteinleitung ermöglicht. Durch die parallele Krafteinleitung kann bei der Untersuchung auf Standardpulsatorbacken, wie sie beim Geradverzahnungspulsen zum Einsatz kommen, zurückgriffen werden. Des Weiteren ermöglicht die Aufnahme eine stufenlose Einstellung der Berührlinie, da die Aufnahmewelle der Verzahnung aufgrund einer Klemmverbindung rotatorisch frei eingestellt werden kann. Dadurch kann jede beliebige Berührlinie im tatsächlichen Zahneingriff auch im Pulsator abgebildet werden und die Einschränkung aufgrund der einzuspannenden Zähnezahl entfällt [POLL20]. Das Prinzip der Normalschnittaufnahme kann auch für die Durchführung von Zahnfußtragfähigkeitsuntersuchungen an Kegelrädern angewendet werden.

Die Prüfkraft F_{Puls} wird sowohl bei der Stirnschnitt- als auch bei der Normalschnittaufnahme von einer Seite in die Verzahnung eingebracht und mithilfe einer ortsfesten Kraftmessdose von der anderen Seite gemessen. Die Seite der Kraftaufbringung sowie die der Kraftmessdose ist dabei von dem jeweils verwendeten Pulsatoraufbau abhängig. Die Krafteinleitung erfolgt unabhängig vom Pulsatoraufbau oder der verwendeten Schrägpulsaufnahme an der Berührlinie zwischen Verzahnung und Pulsatorbacke.

In Bild 5.47 ist unten mittig beispielhaft die Berührlinie für eine Verzahnung mit einem Modul von m_n = 1,75 mm und einem Schrägungswinkel von β = 27° dargestellt. Die Berührlinie verläuft schräg über die gesamte Breite der Verzahnung und erreicht auf der linken Stirnseite den größten Hebelarm. Je nach eingespannter Zähnezahl (Stirnschnittaufnahme) oder eingestellter Rotationsposition (Normalschnittaufnahme) können auch Berührlinien entstehen, die nicht über die gesamte Breite der Verzahnung verlaufen, sondern kürzer sind. Für vergleichende Untersuchungen bei konstanter Verzahnungsgeometrie muss sichergestellt werden, dass jeweils die gleiche Berührlinie eingestellt wird. Für die Übertragung der Ergebnisse auf den Laufversuch hat die Lage der Berührlinie einen entscheidenden Einfluss (Abschnitt 5.3.5.1).

5.3.2.2 Zahnflankentragfähigkeit

Der Zwei-Scheiben-Versuch ist ein Analogieversuch zur Untersuchung der Zahnflankentragfähigkeit. Die Übertragung des tribologischen Systems Zahnflanke in einen Zwei-Scheiben-Kontakt zeigt Bild 5.48. Ausgehend vom realen Zahneingriff werden die lokalen Krümmungsradien, die Gleitgeschwindigkeiten und die Normalkraft für einen beliebigen Punkt auf der Eingriffsstrecke in ein Ersatzmodell überführt. In einem weiteren Vereinfachungsschritt wird aus dem Ersatzmodell der Zwei-Scheiben-Kontakt abgeleitet. Bei Wälzfestigkeitsuntersuchungen wird der grübchenkritische Punkt der Zahnflanke zwischen dem Wälzkreis und dem inneren Einzeleingriffspunkt für das Ersatzmodell herangezogen. Die örtlichen Krümmungsradien der Zahnflanken unterscheiden sich je nach Verzahnungsfall und werden zur weiteren Vereinfachung zu gleichen Teilen auf Prüf- und Gegenkörper aufgeteilt. Die Normalkraft wird im Zwei-Scheiben-Versuch an die Krümmungsradien und Balligkeit der Scheiben angepasst, sodass die sich einstellende Hertz'sche Pressung den gleichen Wert wie im Zahnflankenkontakt annimmt. Die Gleitgeschwindigkeiten und damit der

Schlupfzustand können anhand der Scheibendrehzahlen innerhalb der technischen Grenzen des Prüfsystems ohne Restriktionen eingestellt werden. Zu beachten ist, dass sich gegenüber dem Zahnflankenkontakt beim Zwei-Scheiben-Kontakt ein tribologisch quasistationärer Zustand einstellt. Betriebszustände der vorgelagerten Kontaktpunkte auf der Zahnflanke, die die Bedingungen im betrachteten Auslegungspunkt beeinflussen können, werden bei Prüfkonzepten mit konstanten Scheibendrehzahlen nicht nachgebildet.

Für den Zwei-Scheiben-Versuch existiert keine einheitliche Prüfstandnorm oder -richtlinie analog zum Zahnradverspannungsprüfstand. Daher sind grundsätzlich Prüfkonzepte mit unterschiedlichen Anzahlen und Anordnungen der Scheiben denkbar. Die Prüfkonzepte mit dem höchsten Verbreitungsgrad sind der Zwei-Scheiben-Prüfstand und der Vier-Scheiben-Prüfstand. Für beide Konzepte existieren in der Praxis unterschiedliche Ausführungen hinsichtlich der Kraft- und Drehzahlaufbringung. Nachfolgend wird auf den Zwei-Scheiben-Prüfstand mit hydraulischer Kraftaufbringung (WZL-Aufbau) eingegangen.

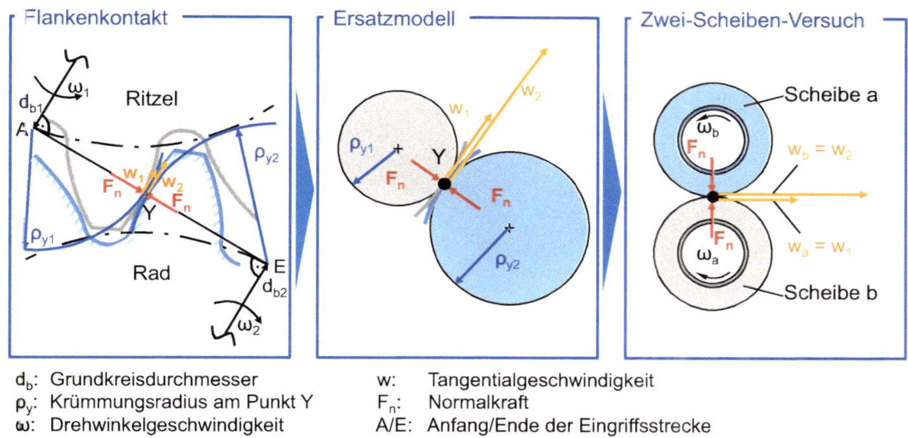

Bild 5.48 Ableitung des Zwei-Scheiben-Versuchs aus dem Verzahnungsgesetz [BAGH15]

Der Zwei-Scheiben-Prüfstand ist in Bild 5.49 abgebildet. In der Prüfzelle wird das tribologische Kontaktverhalten von einer Prüfwelle mit einer Gegenwelle untersucht. Die im Kontakt befindlichen Wellenabsätze der Prüf- und Gegenwelle werden entweder in Form einer Rolle auf einen Wellengrundkörper aufgeschrumpft oder als Vollwelle inklusive der Lager- und Kupplungssitze ausgeführt. Die Hauptkrümmungsradien des Wälzkontakts sind von einer Prüfverzahnung (m_n = 5 mm, $z_{1,2}$ = 25) am Wälzkreis abgeleitet [STRE97]. Der Prüfkörper ist zylindrisch ausgeführt, während der Gegenkörper einen Balligkeitsradius in axialer Richtung aufweist, um bei den technischen Prüfstandgegebenheiten schädigungsrelevante Pressungen aufbringen zu können. Die Prüfung im Linienkontakt mit hohen Pressungen ist bei einer Reduzierung der Laufbahnbreite möglich, führt jedoch zu Randabstützungseffekten, die das Prüfergebnis beeinflussen können. Mit der balligen Gegenwelle wird die Entstehung von Grübchen am Laufbahnrand infolge von Randspannungsüberhöhungen vermieden, wie diese gerade bei einsatzgehärteten Wälzkörpern und Nutzung einer Linienkontaktgeometrie entstehen [VOLG91]. Ein Vorteil der balligen Prüfgeometrie ist die geringe Abhängigkeit der Versuchsergebnisse von der axialen Positionierung der Prüf- und

Gegenrolle, da ein theoretischer Punktkontakt vorliegt. Nachteilig ist der sich in Abhängigkeit des Tribosystems örtlich einstellende lokale Verschleiß am Kontaktpunkt, der degressiv bis zu einem Beharrungszustand abnimmt [HURA04, LÖPE15]. Abrasion und bei hohen Pressungen auch Plastifizierung führen zu einer Verbreiterung der Laufbahn und damit einhergehend abnehmenden Hertz'schen Pressungen bei konstanter Prüfnormalkraft über der Laufzeit, was in der Auswertung von Versuchsergebnissen berücksichtigt werden muss [RÖSC76].

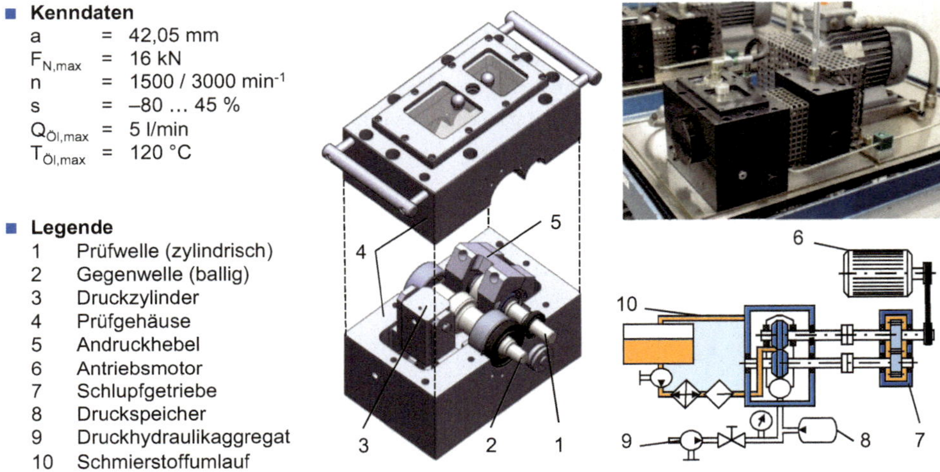

Bild 5.49 WZL: Zwei-Scheiben-Wälzfestigkeitsprüfstand [LÖPE15]

Der Antrieb des Prüfsystems erfolgt über einen Elektromotor und einen Riementrieb. Der vom Zahnflankenkontakt abgeleitete Schlupfzustand der kontaktierenden Oberflächen wird über ein zwischen Antriebsmotor und Prüfzelle gesetztes Schlupfgetriebe realisiert. Durch die Wahl der Getriebestufenübersetzung ist eine Schlupfeinstellung in diskreten Schritten im Bereich von $s = -80 \ldots +45\,\%$ möglich. Die Aufbringung der Prüflast erfolgt über einen hydraulischen Druckzylinder, der über ein Druckhydraulikaggregat angesteuert wird. Von dort wird über ein Hebelsystem eine Normalkraft in den Scheibenkontakt eingeleitet. Die hohe Leistungsdichte hydraulischer Systeme erlaubt es, für Kontaktkrümmungen von Verzahnungen mittleren Moduls praxisnahe Pressungsbeträge zu erzielen und den Bauraum gering zu halten. Über einen Druckspeicher wird die Prüflast konstant gehalten. Die Schmierölzuführung erfolgt mittels einer temperaturgeregelten Einspritzschmierung. Neben dem Prüfaufbau zur Untersuchung der Wälzfestigkeit können mit dem Zwei-Scheiben-Prinzip durch die Integration weiterer Messtechnik ebenfalls Reibungskenngrößen ermittelt werden. Der genaue Aufbau wird in Abschnitt 5.6.3 erläutert.

Eine Weiterentwicklung des Zwei-Scheiben-Analogieprüfstands umfasst die konstruktive Optimierung der Wälzkinematik [BREC16a]. Bei der Ausführung des Zwei-Scheiben-Prüfstands in Bild 5.49 wird auf Basis eines konventionellen Stirnradgetriebes ein konstanter Schlupfzustand zwischen Prüf- und Gegenwelle erzeugt (Bild 5.50 links). Der variierende Schlupfverlauf im Zahnflankenkontakt entlang der Eingriffsstrecke kann damit im Zwei-

Scheiben-Analogieversuch nur für eine diskrete Wälzstellung untersucht werden. Die Bewertung unterschiedlicher Wälzstellungen des Zahnflankenkontakts ist mit der Änderung der Übersetzung im Vergleichsgetriebe möglich, jedoch wird in diesem Fall für jeden Versuchspunkt ein neuer Satz Prüfkörper benötigt, da sich die Wälzflächen schlupfabhängig verändern [LÖPE15]. Zur Berücksichtigung des variierenden Schlupfverlaufs verbindet Börnecke Vergleichsgetriebe und Prüfgehäuse mittels Kardanwellen mit gekreuzten Achsen, sodass sich ein sinusförmiger Schlupfverlauf über den Umfang der Prüfwelle einstellt [BÖRN76]. Die freie Definition der Schlupfverläufe ist aufgrund der Kardankinematik jedoch nicht möglich.

Anstelle des konventionellen Stirnradgetriebes mit konstanter Übersetzung kann ebenfalls ein ungleichmäßig übersetzendes Stirnradgetriebe mit Unrundzahnrädern eingesetzt werden (Bild 5.50 rechts). Durch die Unrundheit der Verzahnung wird ein über den Umfang variabler Übersetzungsverlauf erzeugt. In Summe ergibt sich eine durchschnittliche Übersetzung mit dem Wert eins, um einen regelmäßigen Eingriff über mehrere Umdrehungen des Unrundgetriebes zu gewährleisten. Aufgrund der vom Antriebswinkel abhängigen Übersetzung sind die Drehzahlen von Prüf- bzw. Gegenwelle zeitabhängig, sodass sich ein variabler Schlupf zwischen den Prüfkörpern im Prüfgehäuse ergibt. Der Schlupfverlauf wechselt bei einer Umdrehung zwischen negativem und positivem Schlupf, wobei jede Stelle der Prüffläche entlang des Umfangs nur mit einem Schlupfzustand während des Versuchs belastet wird.

Die Vorteile bei der Verwendung von Unrundzahnrädern zur Erzeugung der Kinematik im Zwei-Scheiben-Analogieversuch liegen in der exakten Nachbildung eines beliebigen Schlupfverlaufs bezogen auf den Umfang der Prüfkörper. Anhand der freien Wälzkurven können sowohl Schlupfverläufe mit niedrigem Betrag aus dem Einzeleingriffsgebiet zur Untersuchung der Grübchentragfähigkeit als auch hohe Schlupfzustände zur Bestimmung der Fresstragfähigkeit von Schmierstoffen realisiert werden. Neben der genaueren Nachbildung der tribologischen Beanspruchung im Zahnflankenkontakt kann vor allem die Interaktion verschiedener Schlupfzustände bei der Schmierfilmbildung genau analysiert werden. Grundlagenuntersuchungen, die am komplexen tribologischen System „Zahnrad“ aufgrund fehlender Messtechnik und Analyseverfahren nicht durchgeführt werden können, werden mit der vorgestellten Erweiterung des Zwei-Scheiben-Analogieprüfstands ermöglicht. Zudem kann die Anzahl an Prüfkörpern bei umfangreichen Untersuchungen zum Schlupfeinfluss reduziert werden, da nicht für jeden einzelnen Schlupfzustand ein neuer Prüfkörper verwendet werden muss.

Neben der Untersuchung der Grübchentragfähigkeit rückt hinsichtlich der Flankentragfähigkeit zunehmend auch die Zahnflankenbruchtragfähigkeit in den Fokus. Ein Analogieversuch zur Untersuchung von Zahnflankenbruchschäden, analog dem Zwei-Scheiben-Versuch und dem Pulsatorversuch, existiert am WZL. Da Zahnflankenbrüche insbesondere an Großverzahnungen auftreten, welche bei der Verwendung des Zwei-Wellen-Verspannungsprüfstands nicht wirtschaftlich untersucht werden können, besteht ein großes Potenzial zur Untersuchung dieser Schadensart mittels eines Analogieversuchs.

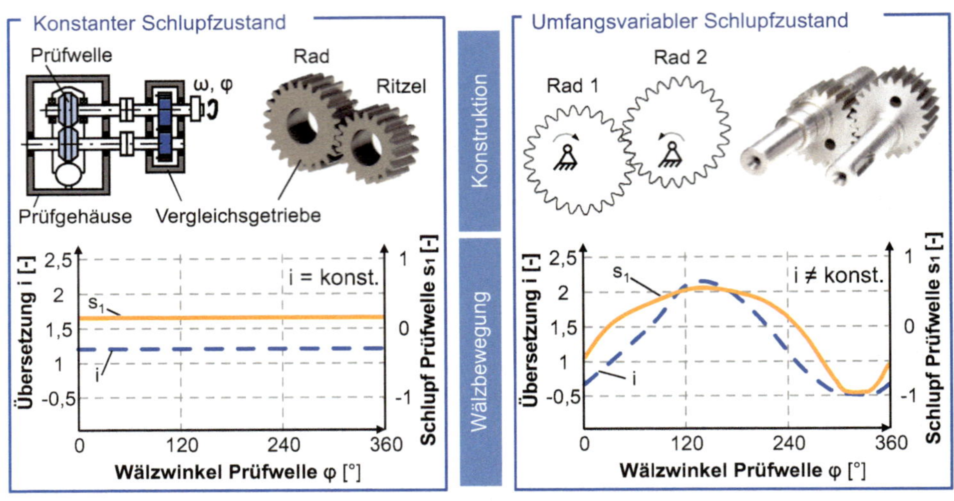

Bild 5.50 Weiterentwicklung des Zwei-Scheiben-Analogieprüfstands [BREC16a]

Konowalczyk zeigt ein Analogiekonzept auf, mit dem der Beanspruchungszustand im zahnflankenbruchkritischen Bereich durch einen Pulsator mit zwei Aktuatoren angenähert werden kann. Im Analogieversuch wird ein Zahnsegment der Prüfverzahnung mittels Erodierverfahren herausgetrennt und im Prüfaufbau eingespannt (vgl. Bild 5.51 mit einer „Prinzipskizze"). Die Abbildung der primären Beanspruchung wird durch einen Aktuator realisiert, welcher auf der Zahnflanke über dem erwarteten Rissausgangsort ortsfest positioniert wird. Zur Aufbringung der Sekundärbeanspruchung wird ein weiterer Aktuator im Bereich des Zahnkopfes ortsfest positioniert. Durch Verwendung von zwei Aktuatoren unterscheidet sich das neue Analogiekonzept grundlegend von Pulsatoren zur Untersuchung der Zahnfußtragfähigkeit [KONO18].

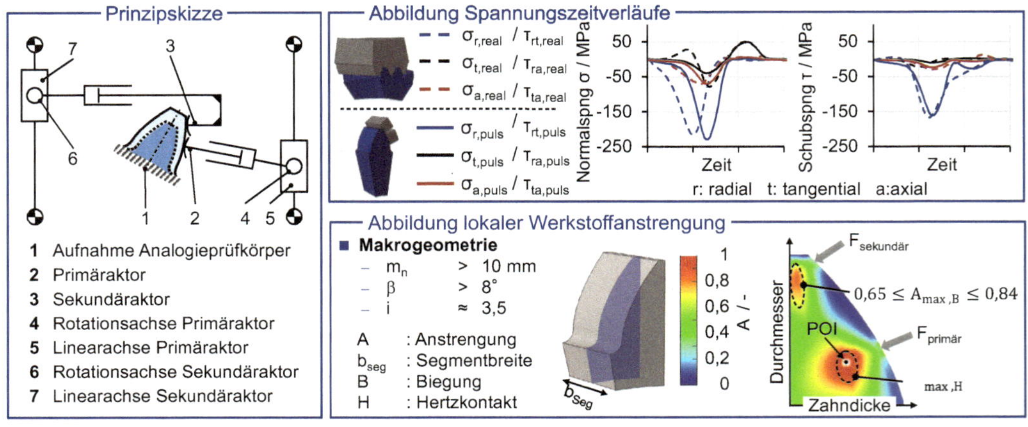

Bild 5.51 Analogiekonzept zur Untersuchung der Zahnflankenbruchtragfähigkeit

Im Vorfeld der Prüfstandentwicklung wurden FE-basierte Simulationen zur Übertragbarkeit des Beanspruchungszustandes vom Lauf- auf den Analogieversuch durchgeführt. Dazu wurden die berechneten Spannungszeitverläufe des dreidimensionalen Spannungstensors zwischen Lauf- und Analogieversuch für eine Praxisverzahnung aus dem Windenergiesektor mit einem Modul von $m_n > 10$ mm und einem Schrägungswinkel von $\beta > 8°$ verglichen (vgl. Bild 5.51 im Teil „Abbildung Spannungszeitverläufe"). Es konnte gezeigt werden, dass eine hohe Korrelation der Spannungszeitverläufe zwischen Lauf- und Analogieversuch für alle Spannungskomponenten vorliegt. Dies setzt voraus, dass eine genaue Positionierung des Primäraktuators auf der Zahnflanke gewährleistet ist und der Krümmungsradius des Primäraktuators dem Krümmungsradius der Gegenflanke im Kontaktpunkt des Aktuators entspricht. Die Kraft-Zeit-Verläufe der Aktuatoren werden auf das Belastungsprofil im Zahnflankenkontakt abgestimmt. Dazu wurde ein iterativer Optimierungsalgorithmus entwickelt, der die Kraftverläufe beider Aktuatoren auf Basis einer simulierten Kräfterampe und der resultierenden Spannungen im Zahnvolumen optimiert. Zur Bewertung des Zahnflankenbruchrisikos im Analogieversuch wurde die Zahnflankenbruchtragfähigkeit unter Einbindung der durch das Analogiekonzept erzeugten Spannungen berechnet (vgl. Bild 5.51 im Teil „Abbildung lokaler Werkstoffanstrengung"). Die zugrundeliegende Berechnungsmethode nach Konowalczyk schätzt das Zahnflankenbruchrisiko anhand lokaler Anstrengungen ab. Für die betrachtete Prüfverzahnung liegen Felddaten vor, anhand derer der Ort der Rissinitiierung (Point of Interest, POI) bei Feldausfällen ermittelt werden konnte. Die Auswertung der lokalen Anstrengung im Normalschnitt der Verzahnung zeigt eine maximale Anstrengung im Bereich des POI. Damit wird bestätigt, dass eine zahnflankenbruchkritische Beanspruchungssequenz im Analogieversuch erzeugt werden kann [GOER19].

Ein Analogieprüfstand mit zwei Pulsatoren, die, wie oben beschrieben, zeitversetzte Lasten aufprägen und in der Lage sind, die zahnflankenbruchkritische Beanspruchungssequenz abzubilden, wurde am WZL entwickelt und in Betrieb genommen. Das Gesamtkonzept besteht, angelehnt an die Vorarbeiten von Konowalczyk, aus einem Hydrauliksystem mit zwei angeschlossenen Aktuatoren, die zeitversetzt betätigt werden [KONO18, GOER21].

Der Primäraktuator ist als Druckaktuator und der Sekundäraktuator als Zugaktuator ausgeführt. Beide Aktuatoren haben an der hinteren Führung einen translatorischen Freiheitsgrad sowie zwei rotatorische Freiheitsgrade. Die Krafteinleitung erfolgt translatorisch über den Kolbenhub (Primäraktuator: t_2, Sekundäraktuator: t_4). Die Rotation des Aktuators an der hinteren Führung über die Einspannachse parallel zum Maschinenbett (Primäraktuator: r_2, Sekundäraktuator: r_5) ermöglicht die Positionierung normal zur Zahnflanke bei Schrägverzahnungen. Dies ist erforderlich, da der Schrägungswinkel β über der Zahnhöhe veränderlich ist (vgl. Bild 5.52 im Teil „Frontal"). Zur Einstellung einer schrägen Kontaktlinie auf der Zahnflanke kann der Aktuator um seine Kolbenachse rotiert werden (Primäraktuator: r_3, Sekundäraktuator: r_6). Das System wird durch eine konstante Last vorgespannt. Auf diese Weise wird ein Abheben der Aktuatoren im Betrieb vermieden [GOER21].

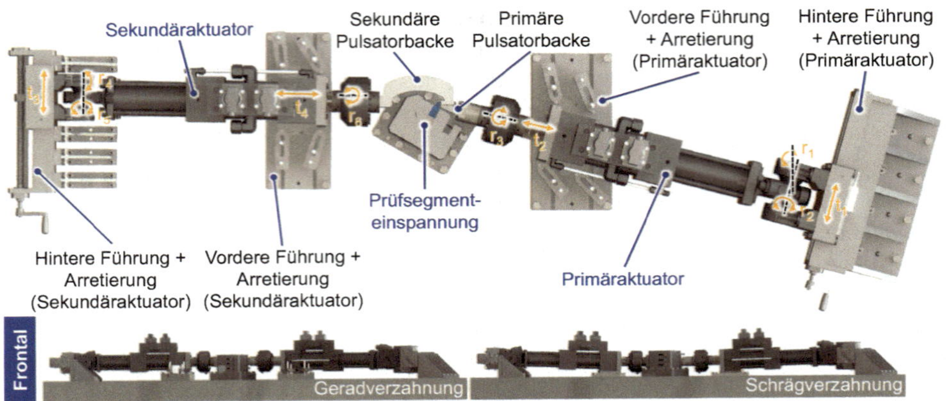

Bild 5.52 CAD-Modell des Analogieprüfstands

5.3.3 Schadenskriterien und Vorgehensweisen

Die systematische Untersuchung der Zahnradtragfähigkeit erfordert die Definition eines Schadenskriteriums und einer Grenzlastspielzahl, ab welcher ein Bauteil als dauerfest erachtet wird. In der Literatur existieren unterschiedliche Vorstellungen über die Definition von Schäden. Nach DIN 3979 wird von einem Zahnradschaden gesprochen, wenn an einer Verzahnung oder an einem einzelnen Zahn erkennbare Veränderungen der Zahnoberfläche oder der Zahnform während der Laufzeit des Getriebes auftreten, ohne dass diese Veränderungen eine Beschränkung der Betriebsfähigkeit oder den Ausfall des Getriebes zur Folge haben müssen [DIN79a]. Demgegenüber ist ein Schaden nach VDI 3822 eine Veränderung an einem Bauteil, durch die die vorgesehene Funktion beeinträchtigt oder unmöglich gemacht wird oder die eine Beeinträchtigung erwarten lässt (vgl. Abschnitt 5.1) [VDI11]. Aufbauend auf der funktionsorientierten Schadensdefinition nach VDI 3822 haben sich für das Maschinenelement „Zahnrad" unterschiedliche Kriterien hinsichtlich Schadensausprägung und Grenzlastspielzahl für die maßgeblichen Schadensformen Zahnfußbruch, Grübchen, Graufleckenund Fressen etabliert (Tabelle 5.2). Bei allen Schadensformen steht insbesondere die eindeutige Messbarkeit zur quantitativen Bewertung des Schadensfortschritts im Vordergrund.

Beim Zahnfußbruch liegt ein Schaden vor, wenn ein vollständiger Ausbruch des Zahns oder ein Anriss im Bereich der 30°-Tangente auftritt. Die Grenzlastspielzahl beim Zahnfußbruch wird zwischen $N_G = 3\ldots10 \cdot 10^6$ Lastspielen in Abhängigkeit internationaler Richtlinien definiert [ISO19c, HÖSE79, AGMA04]. Der Grübchenschaden wird anhand der Materialausbruchfläche auf der Zahnflanke bewertet. In Abhängigkeit von Werkstoff bzw. Schadensbild existieren zwei Bewertungsmaßstäbe in der Auswertung der geschädigten Zahnflanke [HÖSE79]. Zum einen wird die prozentuale Grübchenfläche am meistgeschädigten Einzelzahn V_{EZ} bestimmt, was insbesondere bei Untersuchungen mit einsatzgehärteten und nitrierten Stählen maßgeblich ist. Zum anderen wird die gesamte Grübchenfläche bezogen auf die Fläche aller aktiven Zahnflanken V_{ges} ausgewertet. Die Auswertung der gesamten Grübchenfläche ist vor allem für das Schadensbild bei Vergütungs- und Gussstählen geeignet. Ein Schaden liegt für beide Auswertemethoden dann vor, wenn der prozentuale Anteil der Schädigung den werkstoffabhängigen Grenzwert überschreitet (vgl. Tabelle 5.2). Die Analyse des Schadensfortschritts kann in festgelegten Kontrollintervallen erfolgen. Wenn die Größe der Grübchenfläche im letzten Kontrollintervall die zulässige Grübchenfläche A_G überschreitet und beim vorletzten Kontrollintervall bereits ein Schadensbeginn erkennbar war, kann die maßgebliche Lastspielzahl bis zum Schaden durch Formel 5.10 berechnet werden, wobei A die Grübchenfläche bzw. N die Lastspielzahl vom letzten (Index L) und vorletzten (Index V) Kontrollintervall sind. Die Grenzlastspielzahl wird zwischen $N_G = 10 \dots 100 \cdot 10^6$ Lastspielen angegeben [AGMA04, HÖSE79, ISO19c]. Moderne Prüfmaschinen sind heute mit einem Condition Monitoring ausgestattet, das eine individuelle Abschaltung bei Erreichen eines Grenzkriteriums erlaubt.

$$N_G = 10^{\log N_V + (A_G - A_V) \cdot \frac{\log \frac{N_L}{N_V}}{A_L - A_V}} \tag{5.10}$$

Bei der Schadensform „Fressen“ wird die Breite der Schädigung an allen Zahnflanken summiert und mit einem Grenzwert verglichen. Im Gegensatz zu Ermüdungsschäden wird beim Kurzzeitschaden „Fressen“ keine Grenzlastspielzahl, sondern die Laststufe angegeben, bis zu der kein Schaden auf der Zahnflanke aufgetreten ist. Für weitere Schadensformen am Zahnrad (vgl. Abschnitt 5.1) werden gegebenenfalls abweichende, messbare Schadenskriterien für eine gezielte Untersuchung festgelegt. Entscheidend für die erfolgreiche Untersuchung der Zahnradtragfähigkeit ist es, dass das Schadenskriterium klar und messbar definiert wird und bei der Untersuchung und Auswertung unterschiedliche Schadensformen und -kriterien nicht miteinander vermischt werden.

Tabelle 5.2 Schadenskriterien und Grenzlastspielzahlen

Schadensform	Charakteristik	Schadenskriterium	Grenzlastspielzahl
Zahnfußbruch	Zahnbruch in der Nähe der 30°-Tangente	vollständiger Ausbruch eines Zahns Anriss an der 30°-Tangente	$N_G = 3 \cdot 10^6$ (ISO) $N_G = 6 \cdot 10^6$ (FVA) $N_G = 10 \cdot 10^6$ (AGMA)
Zahnflanken-bruch	Zahnbruch im Bereich der aktiven Zahnflanke	Ausbruch oder Anriss des Zahns im Bereich der aktiven Zahnflanke	$N_G = 50 \dots 100 \cdot 10^6$ (FVA)
Grübchen	muschelförmiger Ausbruch auf der Zahnflanke	Einsatzstahl: $V_{EZ/ges} > 4/1\,\%$ Vergütungsstahl: $V_{ges} > 2\,\%$ Gusseisen: $V_{EZ/ges} > 2/0{,}5\,\%$	$N_G = 50 \cdot 10^6$ (ISO) $N_G = 100 \cdot 10^6$ (FVA) $N_G = 10 \cdot 10^6$ (AGMA)
Fressen	Riefenbildung in Gleitrichtung am Zahnkopf des treibenden Rads	20–25 % der aktiven Zahnflanke (Ritzel/Rad) [LECH66] 20 % der aktiven Ritzelflanke [SEIT71]	spontaner Schadenseintritt
Grauflecken	muschelförmige Kleinstausbrüche auf der Zahnflanke mit mattem Erscheinungsbild	mittlere, gemessene Profilformabweichung $f_{fm} > 20\ \mu m$ [HÖHN93]	$N_G = 50 \cdot 10^6$

Nach der Definition des Schadenskriteriums und der maximalen Versuchsdauer für die zu untersuchende Schadensform am Zahnrad können unterschiedliche Vorgehensweisen bei der Tragfähigkeitsuntersuchung verwendet werden. Die Vorgehensweisen differenzieren sich nach der Durchführungsreihenfolge einzelner Versuche, der Ergebnisgüte und dem Untersuchungsaufwand (Bild 5.53). In der Praxis wird eine hohe Aussagekraft einer Versuchsreihe mit statistischer Absicherung bei einer möglichst geringen Versuchspunktezahl angestrebt.

Beim Horizontenverfahren wird eine festgelegte Anzahl an Versuchen auf konstanten Lastniveaus durchgeführt. Der Versuch wird entweder durch das Eintreten des Schadenskriteriums oder das Erreichen der Grenzlastspielzahl als Bruch oder Durchläufer gewertet. In Abhängigkeit von der Auswertemethode und dem Untersuchungsziel (Dauer- oder Zeitfestigkeit) werden die Höhe, die Anzahl und die Verteilung der Lastniveaus angepasst (vgl. Abschnitt 5.3.4).

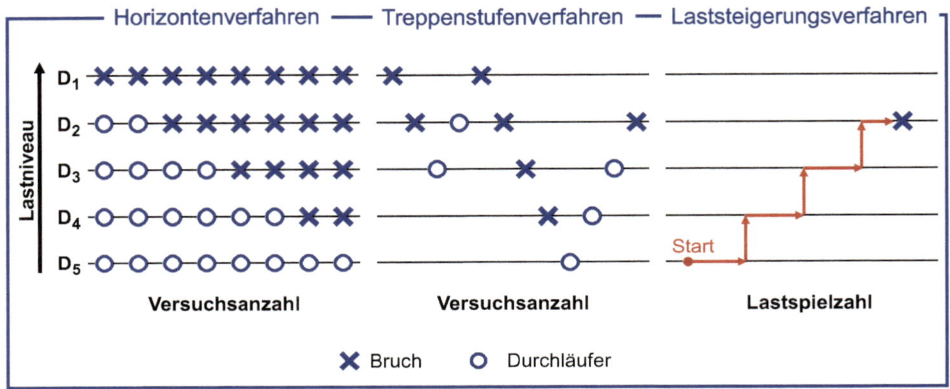

Bild 5.53 Vorgehensweise bei Tragfähigkeitsuntersuchungen

Beim Treppenstufenverfahren werden ebenfalls einzelne Versuchspunkte auf unterschiedlichen Lastniveaus bis zum Schaden oder zum Erreichen der Grenzlastspielzahl durchgeführt. Der wesentliche Unterschied zum Horizontenverfahren ist, dass der folgende Versuch vom vorherigen Versuchsergebnis abhängig ist. Bei einem Bruch wird die Belastung bzw. die Beanspruchung um einen Stufensprung gesenkt und bei einem Durchläufer entsprechend um einen Stufensprung erhöht. Das Vorgehen wird sukzessive für die geplante Anzahl an Versuchen wiederholt, bis sich nach und nach ein treppenstufenähnlicher Verlauf ergibt. In der Regel wird der erste Versuch oberhalb der erwarteten Dauerfestigkeit durchgeführt. Die Vorgehensweise erlaubt es zum einen, Punkte oberhalb der Dauerfestigkeit für die Bewertung der Zeitfestigkeit zu nutzen. Weiterhin resultiert eine kürzere Prüfdauer bei hohen Lasten, woraus eine kürzere Gesamtdauer der Versuchsreihe gegenüber einem Beginn der Versuchsreihe bei geringen Lasten resultiert.

Im Gegensatz zu den beiden vorherigen Verfahren werden beim Laststeigerungsverfahren über einem Versuchspunkt verschiedene Lastniveaus angefahren. Vom niedrigsten Lastniveau aufsteigend wird die Last jeweils nach Erreichen einer vorgegebenen Anzahl an Lastwechseln bis zum Eintritt des Schadenskriteriums erhöht. Eine Grenzlastspielzahl existiert bei dieser Vorgehensweise nicht, da die Last kontinuierlich bis zum Schadenseintritt erhöht wird.

Die Wahl der jeweiligen Untersuchungsmethode ist abhängig von der zu untersuchenden Schadensform. Bei Ermüdungsschäden, wie z. B. dem Zahnfußbruch oder Grübchen, wird häufig das Horizonten- oder Treppenstufenverfahren zur Ermittlung des Dauerfestigkeitsniveaus verwendet. Das Laststeigerungsverfahren wird bei Kurzzeitschäden, wie z. B. dem Fressen, sowie weiteren Schmierstoffuntersuchungen, wie z. B. beim Graufleckentest in Form einer standardisierten Prüfvorschrift, angewendet [DIN06, HÖHN93].

5.3.4 Auswertemethoden für Zahnradtragfähigkeitsuntersuchungen

Das Ausfallverhalten zyklisch beanspruchter Bauteile durch einen Ermüdungsschaden wird üblicherweise in Form einer Wöhlerlinie dargestellt. Die Wöhlerlinie liefert einen Zusammenhang zwischen dem Lastniveau auf der Ordinate und der ertragbaren Lastspielzahl bis zum Eintreten des Ermüdungsschadens auf der Abszisse. Eine Wöhlerlinie kann in Abhängigkeit von der Ordinatendefinition sowohl als Belastungs- als auch als Beanspruchungswöhlerlinie aufgetragen werden. Während bei der Belastungswöhlerlinie die von außen eingeleitete Belastung (z. B. Drehmoment, Pulsatorkraft) über der ertragbaren Lastspielzahl angegeben wird, erfolgt bei der Beanspruchungswöhlerlinie die Zuordnung über die ertragbare Beanspruchung in Form einer Spannungsgröße (z. B. Zahnfußspannung, Hertz'sche Pressung). Nicht zuletzt aufgrund der praktikablen Handhabung bilden Wöhlerlinien eine wichtige Grundlage zur betriebsfesten Auslegung von Zahnrädern.

Die Diagrammachsen werden üblicherweise logarithmisch gewählt. Die beispielhaft durchgezogene Linie im Diagramm in Bild 5.54 veranschaulicht den Verlauf der Bauteiltragfähigkeit über der Lastspielzahl am Beispiel eines Zahnrads (Belastungswöhlerlinie). Die Wöhlerlinie lässt sich dabei in die drei Bereiche Kurzzeitfestigkeit, Zeitfestigkeit sowie Dauerfestigkeit unterteilen. Für die Auslegung von Zahnradgetrieben ist der Bereich der Kurzzeitfestigkeit aufgrund der wenigen Lastspiele häufig von untergeordneter Bedeutung. Im Wesentlichen konzentrieren sich Untersuchungen zur Zahnradtragfähigkeit auf den Bereich der Zeitfestigkeit und der Dauerfestigkeit.

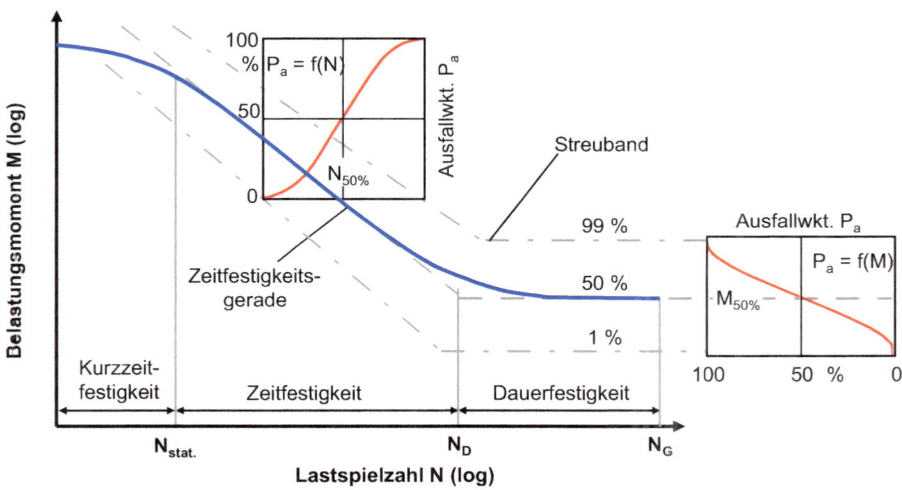

Bild 5.54 Wöhlerdiagramm

Die Zeitfestigkeit beschreibt den Übergangsbereich zwischen der Kurzzeit- und Dauerfestigkeit. Bei der Wahl eines doppellogarithmischen Netzes kann der Bereich der Zeitfestigkeit ausreichend genau anhand einer Geraden beschrieben werden. Die Berechnung der Zeitfestigkeitsgeraden erfolgt auf Basis der Basquin'schen Gleichung, wobei N die Lastwechselzahl bis zum Bruch, s die Beanspruchung sowie b und C Konstanten sind (Formel 5.11) [HAIB06]. Die exakten Übergänge zwischen den verschiedenen Festigkeitsbereichen können in Abhängigkeit z.B. vom untersuchten Schadensmechanismus, von der Zahnradgeometrie und vom Werkstoff unterschiedliche Verläufe aufweisen. In der praktischen Ermittlung der Wöhlerlinie werden die Geraden der Zeitfestigkeit und Dauerfestigkeit zu einem gemeinsamen Schnittpunkt miteinander verbunden. Bei der Bestimmung der Zeitfestigkeitsgeraden spielt die Wahl der Stützpunkte eine entscheidende Rolle (vgl. Abschnitt 5.3.4.3). Die Wöhlerlinie wird durch den Bereich der Dauerfestigkeit abgeschlossen, der in der klassischen Wöhlerliniendarstellung durch einen horizontalen Verlauf angenähert wird. In diesem Fall wird angenommen, dass nach dem Knickpunkt bzw. über die Knicklastspielzahl N_D hinaus kein Ermüdungsschaden mehr zu erwarten ist. Insbesondere für die Auswertung von Lastkollektiven mit Schadensakkumulationshypothesen werden jedoch auch variable Verläufe hinter dem Knickpunkt herangezogen (Haibachgerade) [HAIB06].

$$\sigma = 2 \cdot C \cdot N^b \tag{5.11}$$

Eine Wöhlerlinie ist jeweils nur für eine bestimmte Ausfallwahrscheinlichkeit P_A gültig. Bild 5.54 verdeutlicht die statistischen Zusammenhänge bei der experimentellen Erstellung einer Wöhlerlinie durch Prüfstandversuche. Trotz gleicher Material- und Wärmebehandlungscharge sowie Geometrie und Oberflächenfeingestalt liegt für Versuche auf einem konstanten Lastniveau immer eine statistische Streuung vor. Im Fall der Dauerfestigkeit gibt die Verteilungsfunktion die Ausfallwahrscheinlichkeit in Abhängigkeit von der Last (Ordinate) an, wohingegen im Bereich der Zeitfestigkeit die Ausfallwahrscheinlichkeit über der ertragbaren Lastspielzahl ausgewertet wird. Daher erfolgt die Auswertung der Versuchsergebnisse stets für festgelegte Ausfallwahrscheinlichkeiten. Die Fläche, die von den Wöhlerlinien aller Ausfallwahrscheinlichkeiten eingeschlossen wird, wird als Streuband bezeichnet. In der experimentellen Ermittlung einer Wöhlerlinie für Zahnräder wird in der Regel für eine Ausfallwahrscheinlichkeit von P_A = 50 % ausgewertet, wohingegen der Berechnung nach Norm [DIN87a, ISO19a–c, ISO16] eine Ausfallwahrscheinlichkeit von P_A = 1 % zugrunde liegt. Die Knicklastspielzahl N_D ist der theoretische Beginn der Dauerfestigkeit und variiert in Abhängigkeit zur hinzugezogenen Ausfallwahrscheinlichkeit. Die Überführbarkeit von einer Ausfallwahrscheinlichkeit von P_A = 50 % auf ein geringeres oder höheres Wahrscheinlichkeitsniveau ist bei ausreichender Versuchsbelegung im Ausfallwahrscheinlichkeitsnetz möglich (Abschnitt 5.3.4.1). In der Praxis wird der Aufwand der Untersuchungen aus Kostengründen so gering wie möglich gehalten, sodass häufig auf Umrechnungsfaktoren zurückgegriffen wird, die aus einer großen Anzahl an Zahnraduntersuchungen durch eine statistische Auswertung ermittelt wurden [HÖHN99]. Die statistischen Grundzusammenhänge und die für das Bauteil Zahnrad typischen Verteilungsfunktionen für die Ausfallwahrscheinlichkeit werden im Folgenden tiefgehender diskutiert.

5.3.4.1 Statistische Grundlagen zur Zahnradtragfähigkeitsauswertung

Tragfähigkeitsuntersuchungen am Zahnrad unterliegen trotz einer Chargengleichheit von Material und Wärmebehandlung sowie einer hohen Fertigungsqualität einer statistischen Streuung und sind daher nicht exakt reproduzierbar. Die Einflussfaktoren auf die Streuung sind nicht vollständig kontrollierbar, sodass die Bauteiltragfähigkeit nur mit einer gewissen Unsicherheit vorhergesagt werden kann. Aufgrund der begrenzten Untersuchungsressourcen ist die statistische Verteilung der Grundgesamtheit nicht bekannt. Durch eine ausreichende Anzahl an Versuchspunkten (Stichprobe) können jedoch anhand einer statistischen Auswertung Rückschlüsse auf den Mittelwert und die Streuung der Grundgesamtheit gezogen werden. Die Güte der Vorhersage ist abhängig vom Umfang der Stichprobe.

Für unterschiedliche Maschinenelemente und Schadensformen ergeben sich charakteristische Häufigkeitsverteilungen, die in der Regel anhand von etablierten Verteilungs- bzw. Verteilungsdichtefunktionen ausreichend genau abgebildet werden können. In Bild 5.55 sind beispielhaft die Gauß'sche Normalverteilung und die Weibull-Verteilung dargestellt, die insbesondere zur Beschreibung von Zahnradtragfähigkeitsuntersuchungen geeignet sind. Zur Veranschaulichung der Zusammenhänge sind die Verteilungsdichte- und Verteilungsfunktionen als Kurvenschar dargestellt. Bei der Gauß'schen Normalverteilung führt eine Erhöhung der Standardabweichung σ zu einer Aufweitung der Verteilungsdichtefunktion. Durch einen veränderten Mittelwert μ der Stichprobe verschiebt sich die Gauß-Glocke entlang der Merkmalsachse, was in Bild 5.55 nicht dargestellt ist.

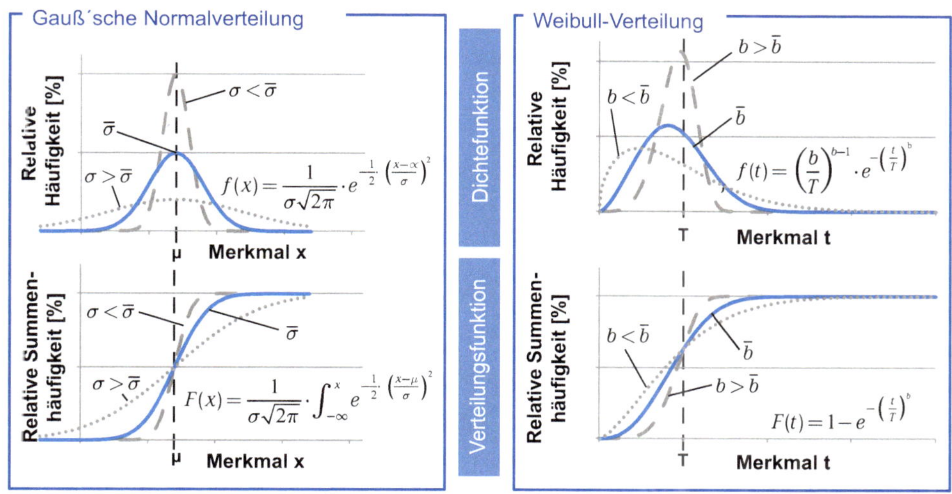

Bild 5.55 Dichte und Verteilungsfunktionen

Während die Gauß'sche Normalverteilung sich immer symmetrisch zum Mittelwert μ ausbildet, zeigt die Weibull-Verteilung einen asymmetrischen Verlauf (Schiefe) mit einer höheren Gewichtung zu niedrigeren Merkmalswerten. Der Skalierungsparameter T beschreibt den Merkmalswert, bei dem 63,2 % aller Werte eingeschlossen sind, und ist bei der dargestellten Kurvenschar konstant gehalten. Der Formfaktor b definiert die Aufweitung der Weibull-Verteilung und verschiebt bei einer Verkleinerung das Maximum der Verteilungsdichtefunktion zu kleineren Merkmalswerten. In der Lebensdauerberechnung von Maschinenelementen wird der Formfaktor b in der Regel als Weibull-Exponent k bezeichnet, wobei der Weibull-Exponent die Steigung der Geraden im doppellogarithmischen Netz beschreibt.

Die Tragfähigkeitsergebnisse aus Zahnraduntersuchungen gehorchen unterschiedlichen Verteilungsfunktionen. Anhand einer großen Stichprobe, die durch die Normalisierung einzelner kleiner Stichproben auf den jeweiligen Mittelwert der Stichprobe generiert wurde, konnte auf die Verteilung der Grundgesamtheit für einzelne Schadensmechanismen hinsichtlich der Dauerfestigkeit und Zeitfestigkeit geschlossen werden [HÖHN99]. Der Analyse liegen ausschließlich einsatzgehärtete Verzahnungen zugrunde. Die Auswertung der großen Stichprobe ergab, dass die Ausfallhäufigkeit bei Zahnrädern in Abhängigkeit vom Festigkeitsbereich und von der Schadensform entweder mit einer Gauß'schen Normalverteilung, einer logarithmischen Normalverteilung oder mit einer Weibull-Verteilung ausreichend genau beschrieben werden kann. Generell ist die Wahl der Verteilungsfunktion nicht vorgegeben und kann bei einer ausreichend großen Stichprobe separat angepasst werden [ZENN99]. Bild 5.56 gibt einen Überblick über die Verteilung der Ausfälle bei den Schadensformen Zahnfußbruch und Grübchen für die Bereiche der Dauer- und Zeitfestigkeit. Auf der Merkmalsachse wird bei der Auswertung der Dauerfestigkeit die auf den Mittelwert normierte Beanspruchung aufgetragen. Bei beiden Schadensformen entspricht die Verteilung der Versuchsergebnisse einer Gauß-Verteilung (vgl. Bild 5.56 oben). Bei der Zahnfußtragfähigkeit ist die Standardabweichung der Stichprobenergebnisse im Wesentlichen von der Durchführung einer Strahlbehandlung abhängig [HÖHN99]. Gestrahlte Zahnräder weisen mit σ = 3,4 % eine niedrigere Standardabweichung auf als ungestrahlte Zahnräder (σ = 6,0 %). Die Standardabweichung der Dauerfestigkeitsergebnisse für die Grübchentragfähigkeit hängt insbesondere von der Einsatzhärtetiefe ab [HÖHN99].

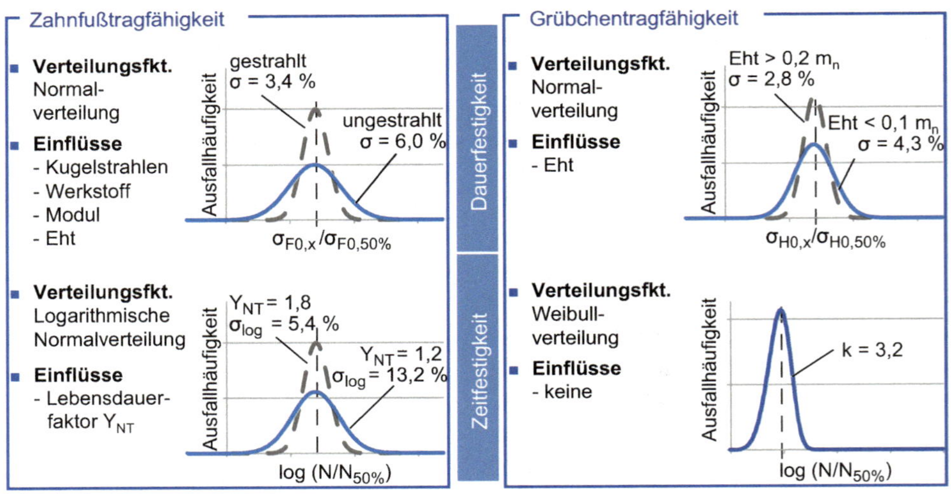

Bild 5.56 Statistische Auswertung von bestehenden Zahnradtragfähigkeitsuntersuchungen

Im Bereich der Zeitfestigkeit werden auf der Merkmalsachse die logarithmierten Lastspielzahlen aufgetragen. Die charakteristischen Verteilungsfunktionen unterscheiden sich bei beiden Schadensformen. Während bei der Zahnfußtragfähigkeit eine logarithmische Normalverteilung mit dem Lebensdauerfaktor Y_{NT} als Haupteinflussfaktor zutreffend ist, können Grübchentragfähigkeitsergebnisse der Zeitfestigkeit am besten durch eine Weibull-Verteilung beschrieben werden. Einflussfaktoren auf die Ausprägung der Standardabweichung können auf Basis der großen Stichprobe an Grübchentragfähigkeitsuntersuchungen nicht identifiziert werden, sodass die Ausfallsteilheit der Weibullkurve (Formfaktor) durchweg $k = 3{,}2$ beträgt.

In der Praxis werden die Ergebnisse der statistischen Auswertung aus Bild 5.56 zur Umrechnung auf niedrige Ausfallwahrscheinlichkeiten genutzt, da die experimentell ermittelten Festigkeitskennwerte aufgrund eines möglichst geringen Versuchsaufwands häufig nur mit ausreichender Genauigkeit für eine Ausfallwahrscheinlichkeit von $P_a = 50\,\%$ gelten. Aus den Standardabweichungen der großen Stichproben können für eine normkonforme Ausfallwahrscheinlichkeit von $P_a = 1\,\%$ vereinfachte Umrechnungsfaktoren abgeleitet werden. Für die Zahnfußdauerfestigkeit wird für gestrahlte Räder ein Umrechnungsfaktor von $f_{D,F} = 0{,}92$, bei ungestrahlten Rädern von $f_{D,F} = 0{,}86$ verwendet. Für die Dauerfestigkeit der Grübchentragfähigkeit liegt der Umrechnungsfaktor allgemein bei $f_{D,H} = 0{,}92$. Für die Zeitfestigkeit der Grübchentragfähigkeit erfolgt die Umrechnung auf eine Ausfallwahrscheinlichkeit von $P_a = 1\,\%$ durch Anwendung des Faktors $f_{N,H} = 0{,}26$ [HÖHN99].

$$\sigma_{1\%} = f_D \cdot \sigma_{50\%} \tag{5.12}$$

$$N_{1\%} = f_N \cdot N_{50\%} \tag{5.13}$$

5.3.4.2 Wöhlerdiagramm: Auswertung der Dauerfestigkeit

In vielen Anwendungen ist eine dauerfeste Auslegung für die Zahnflanken- und Zahnfußtragfähigkeit maßgeblich, wie zum Beispiel bei Windkraftgetrieben und Schiffsgetrieben. Zur Ermittlung der für die Auslegung notwendigen Festigkeitskennwerte im Bereich der Dauerfestigkeit werden in der Praxis unterschiedliche Untersuchungsverfahren verwendet, die sich durch die Vorgehensweise bei der Versuchsdurchführung und die anschließende statistische Auswertung voneinander unterscheiden. Grundsätzlich finden die Vorgehensweisen nach dem Horizonten- und Treppenstufenverfahren zur Bestimmung des Dauerschwingfestigkeitswertes bei Zahnrädern Anwendung (vgl. Bild 5.53). Das Laststeigerungsverfahren, in diesem Zusammenhang auch Locativerfahren genannt [ZENN99], wird aufgrund der vereinfachten Annahmen bei der Schadensakkumulation sowie der damit verbundenen Unsicherheiten bei der Auswertung selten angewendet und an dieser Stelle nicht näher erläutert. Im Folgenden werden das experimentelle Vorgehen und die Auswertemethoden für das Horizonten- und Treppenstufenverfahren beschrieben.

Zahnraddauerfestigkeit: Horizontenverfahren

Auf Grundlage des Horizontenverfahrens können zur Ermittlung der Zahnraddauerfestigkeit die drei Auswertemethoden nach dem PROBIT-Verfahren, dem modifizierten PROBIT-Verfahren und dem Abgrenzungsverfahren verwendet werden (Bild 5.57). Beim PROBIT-Verfahren werden um den erwarteten Dauerfestigkeitswert mehrere, äquidistant verteilte

Lasthorizonte gewählt, auf denen nach der Konzeption von Finney [FINN47] etwa 50 Proben bis zur festgelegten Grenzlastspielzahl beansprucht werden (Bild 5.57). In der Auswertung können alle Lasthorizonte mit mindestens einem Durchläufer berücksichtigt werden, wobei nur ein Lastniveau ausschließlich mit Durchläufern belegt sein darf. Insgesamt sollten mindestens vier Lasthorizonte die Auswertungskriterien erfüllen. Für jeden Belastungshorizont wird anschließend die Ausfallwahrscheinlichkeit P_a nach Formel 5.14, Formel 5.15 und Formel 5.16 berechnet, wobei r_i die Anzahl an Brüchen und n_i die Gesamtanzahl an Versuchen ist. Üblicherweise ist eine regelmäßige Zunahme von Ausfällen vom untersten bis zum obersten Lastniveau zu erkennen.

$$P_a = \frac{3 \cdot r_i - 1}{3 \cdot n_i + 1} \tag{5.14}$$

$$P_a \geq \left(\frac{1}{2}\right)^{\frac{l}{n_i}} \text{(nur Brüche)} \tag{5.15}$$

$$P_a \leq 1 - \left(\frac{1}{2}\right)^{\frac{l}{n_i}} \text{(nur Durchläufer)} \tag{5.16}$$

Mit den ermittelten Wertepaaren aus Lasthorizont und Ausfallwahrscheinlichkeit wird durch Ausgleichsrechnung z. B. nach der Methode der kleinsten Fehlerquadrate die zugehörige Verteilungsfunktion bestimmt. Für Dauerfestigkeitsuntersuchungen wird in der Regel eine Gauß'sche Normalverteilung für die Ausgleichsrechnung angenommen, wobei durchaus auch andere Verteilungsfunktionen verwendet werden können. Aus der berechneten Verteilungsfunktion können abschließend der Mittelwert und die Standardabweichung des Dauerfestigkeitsniveaus der Versuchsreihe bestimmt werden (vgl. [ZENN99]).

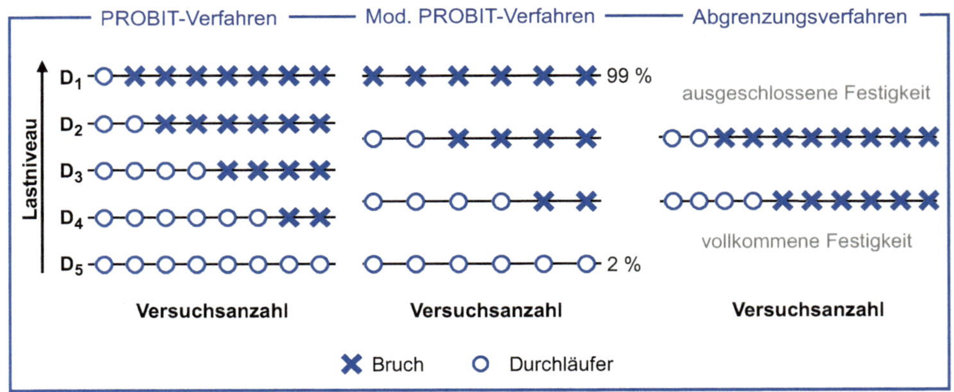

Bild 5.57 Horizontverfahren zur Bestimmung der Zahnraddauerfestigkeit

Für das modifizierte PROBIT-Verfahren nach Hösel wird eine reduzierte Anzahl an Lasthorizonten im Vergleich zum PROBIT-Verfahren untersucht (Bild 5.57) und damit eine geringere Anzahl an Versuchspunkten benötigt (zehn und 100 Proben) [HÖSE78]. Im Gegensatz zum PROBIT-Verfahren ist das obere Lastniveau ausschließlich mit Brüchen belegt. Um trotzdem zu einer Ausfallwahrscheinlichkeit für die äußeren Lastniveaus zu gelangen, werden dem oberen und unteren Lastniveau unabhängig von der Versuchsanzahl feste Ausfallwahrscheinlichkeiten P_a = 99 % bzw. P_a = 2 % zugeordnet. Zwischen beiden Lastniveaus sind für eine Auswertung mindestens zwei Horizonte mit Brüchen und Durchläufern notwendig. Die Ausfallwahrscheinlichkeiten für die mittleren Lasthorizonte werden nach Formel 5.14 bestimmt. Abschließend wird analog zum PROBIT-Verfahren auf Basis einer Ausgleichsrechnung die Verteilungsfunktion berechnet, die die Informationen zu Mittelwert und Streuung der Versuchsergebnisse liefert.

Das Abgrenzungsverfahren (Bild 5.57) nach Maennig [MAEN72, MAEN77] fokussiert auf die Abgrenzung des statistisch bedingten Streubands der Dauerfestigkeit im Wöhlerliniendiagramm von dem darunter liegenden Bereich vollkommener Festigkeit (ausschließlich Durchläufer) und dem darüber liegenden Bereich ausgeschlossener Festigkeit (ausschließlich Brüche). Diese Zielsetzung wird durch die Durchführung der Versuche nahe den Streubandgrenzen untermauert. Im Gegensatz zum PROBIT-Verfahren werden allerdings nicht mehrere Horizonte geprüft, sondern nur zwei Horizonte in Nähe zur oberen und unteren Streubandgrenze mit jeweils zehn Proben. Zur Ermittlung des Ausgangshorizonts sind weitere Proben vorzusehen. Es wird ein initialer Versuch vorzugsweise oberhalb des erwarteten Streubands durchgeführt, sodass ein Bruch auftritt. Gemäß einem vor Versuchsbeginn definierten Stufensprung wird für den nachfolgenden Versuch die Last gesenkt. Die Vorgehensweise wird so lange wiederholt, bis der erste Durchläufer resultiert. Diese Last entspricht dem ersten Lasthorizont, auf dem weitere neun Versuche durchgeführt werden. Der zweite Lasthorizont ist nach Erfahrungswerten auszuwählen. Zur Erzielung einer statistischen Aussage ist es erforderlich, dass auf beiden Horizonten jeweils Brüche und Durchläufer auftreten. Nach Beendigung der Versuchsreihe werden die Ausfallwahrscheinlichkeiten mit der Gesamtprobenzahl und der Probenbruchzahl nach Formel 5.14 ermittelt. Anhand dieser Ausfallwahrscheinlichkeiten erfolgt die Berechnung der Verteilungsfunktion sowie der Kenngrößen Mittelwert und Standardabweichung durch Ausgleichsrechnung analog zum PROBIT-Verfahren.

Zahnraddauerfestigkeit: Treppenstufenverfahren

Das Treppenstufenverfahren (Bild 5.53) nach Bühler sowie Dixon/Mood [BÜHL57, DIXO48] ist bei der Untersuchung der Zahnraddauerfestigkeit von besonderer Bedeutung, da es mit bereits wenigen Versuchspunkten eine gute Absicherung des Dauerfestigkeitswertes erlaubt und mit der weiterentwickelten IABG-Auswertemethode auch die Streuung mit ausreichender Genauigkeit berechnet werden kann [HÜCK83]. Die Vorgehensweise bei der Versuchsdurchführung ist in Abschnitt 5.3.3 beschrieben. Die Auswertbarkeit der Versuchsfolge nach dem Treppenstufenverfahren ist nur gewährleistet, wenn auf dem oberen Lastniveau nur Brüche und auf dem unteren Lastniveau nur Durchläufer auftreten. Läuft die Versuchsfolge von oben in das Treppenstufenverfahren ein, muss der erste Bruch des oberen Lastniveaus mindestens einmal durch einen weiteren Bruch (oder den fiktiven Punkt) auf dieser Stufe bestätigt werden (vgl. Bild 5.58). Umkehrt gilt es für einen Beginn der Versuchsfolge von unten. Alle Laststufen dazwischen müssen zur Gewährleistung der Auswertbarkeit sowohl Brüche als auch Durchläufer enthalten.

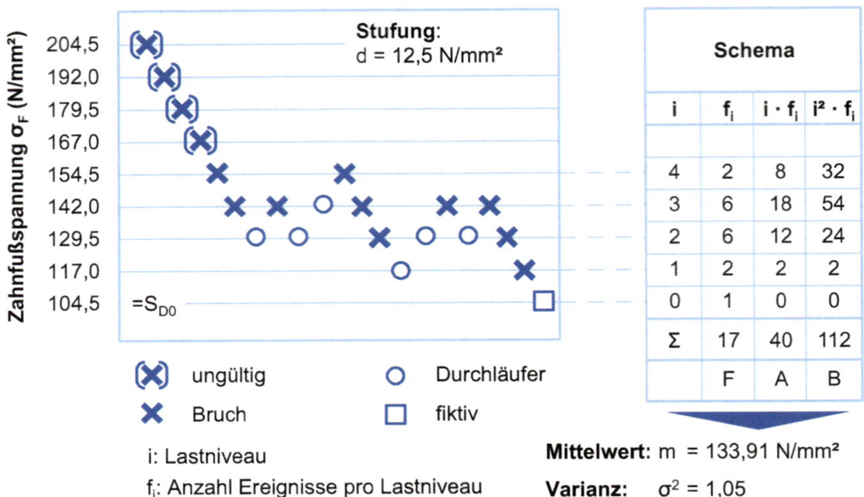

Bild 5.58 Berechnung des Dauerfestigkeitsniveaus nach dem Treppenstufenverfahren

Zur Ableitung der statistischen Kenngrößen Mittelwert und Standardabweichung sind mindestens drei auswertbare Laststufen erforderlich. Es wird empfohlen, mindestens vier auswertbare Laststufen zu erzeugen. Die Anzahl der auswertbaren Laststufen ist vom Stufensprung abhängig, der im Vorhinein auf Basis der geplanten Versuchsanzahl und der zu erwartenden Standardabweichung abgeschätzt wird [ZENN99]. Der Stufensprung ist vor Versuchsbeginn festzulegen und konstant zu halten. Es ist zu beachten, dass ein zu hoher Stufensprung im Extremfall zu zwei Lastniveaus führt, deren höheres Lastniveau nur durch Brüche und deren geringeres Lastniveau nur durch Durchläufer gekennzeichnet ist. Dagegen führt ein zu kleiner Stufensprung zu vielen Laststufen, deren einzelne Aussagekraft unter Umständen von den statistischen Schwankungen der Versuchsreihe sowie vom Auflösungsvermögen der Belastungseinheit der Prüfmaschine überzeichnet wird. Zudem sind bei zu kleinen Stufensprüngen viele Versuche erforderlich, um das oberste und unterste Lastniveau eindeutig zu belegen.

Zur Auswertung der Versuchsfolge nach dem Treppenstufenverfahren existieren zwei maßgebliche Methoden. Die ursprüngliche Methode nach Dixon und Mood [DIXO48] ist zwischenzeitlich überholt, da sie zwar eine gute Abschätzung des Mittelwerts erlaubt, aber eine unzureichende Güte bei Berechnung der Standardabweichung zeigt. Weiterhin berücksichtigt diese Auswertemethode höchstens die Hälfte aller durchgeführten Versuche [HAIB71]. Zur Analyse von Zahnradtragfähigkeitsuntersuchungen hat sich daher die Auswertung nach der IABG-Methode [HÜCK83] durchgesetzt, sodass dieses Verfahren im Folgenden näher erläutert wird.

Die IABG-Auswertemethode [HÜCK83] für die Versuchsergebnisse nach dem Treppenstufenverfahren ist eine direkte Weiterentwicklung des Verfahrens nach Dixon und Mood [DIXO48]. Alle gültigen Versuche der Treppenfolge fließen in die Auswertung ein. Darüber hinaus wird noch ein fiktiver, am Ende der Versuchsreihe einzufügender Punkt in die Bewertung aufgenommen. Der fiktive Punkt orientiert sich im Sinne des Treppenstufenverfahrens am Ereignis des zuletzt durchgeführten Versuchs. Bild 5.58 gibt einen Überblick über eine beispielhafte Tragfähigkeitsuntersuchung nach dem Treppenstufenverfahren und die Auswertemethode nach Hück. Ausgehend vom untersten Lastniveau werden die Laststufen i nummeriert und die Anzahl der Ereignisse pro Laststufe f_i gezählt. Aufbauend auf diesen Daten werden die Kennwerte der Tabelle in Bild 5.58 rechts gebildet. Als Resultat der Versuchsauswertung ergeben sich durch Summenbildung der einzelnen Spalten die Kenngrößen F, A und B zur Bestimmung des Mittelwerts m und der Varianz k. Der Mittelwert m, der dem Dauerfestigkeitswert des untersuchten Bauteils für eine Ausfallwahrscheinlichkeit P_a = 50 % entspricht, berechnet sich aus diesen Größen mit S_{D0} als dem Wert des untersten Lastniveaus und dem Stufensprung d zu:

$$m = S_{D0} + d \cdot \frac{A}{F} \tag{5.17}$$

Für die Varianz k gilt:

$$k = \frac{\left(F \cdot B - A^2\right)}{F^2} \tag{5.18}$$

Die Standardabweichung ergibt sich in Abhängigkeit von Stufensprung, Varianz und Versuchsumfang aus einem grafischen Verfahren bei Auswertung von entsprechenden Diagrammen [HÜCK83]. Für eine grobe Abschätzung des Mittelwerts genügen bereits fünf bis neun gültige Versuchspunkte, wobei erst ab 13 Versuchspunkten der Vertrauensbereich für den Mittelwert ausreichend genau definiert werden kann. Eine gute Schätzung der Standardabweichung mit dem Treppenstufenverfahren ist erst ab 25 Versuchen möglich [ZENN99].

Vergleich der Verfahren zur Auswertung der Dauerfestigkeit

Die Gemeinsamkeit aller hier vorgestellten Verfahren zur Dauerfestigkeit ist die fehlende Berücksichtigung der Bruchlastwechselzahlen. Entscheidend ist allein das Auftreten eines Bruchs in Abhängigkeit vom zuvor definierten Schadenskriterium und von der Grenzlastspielzahl. Bild 5.59 zeigt einen beispielhaften Ergebnisvergleich der Auswertung anhand der zuvor vorgestellten Verfahren für die Ergebnisse von Zahnfußtragfähigkeitsuntersuchungen auf dem Pulsatorprüfstand. Dieselbe Versuchsdatenbasis wurde mit den verschiedenen Auswertemethoden für unterschiedliche Ausfallwahrscheinlichkeiten analysiert. Es ist zu erkennen, dass die Ergebnisse von der zugrunde gelegten Auswertemethode und Ausfallwahrscheinlichkeit abhängig sind. Allerdings ermöglichen alle verwendeten Verfahren eine nahezu gleichwertige Abschätzung des Mittelwerts für den in Zahnradtragfähigkeitsuntersuchungen relevanten Ausfallwahrscheinlichkeitswert P_a = 50 %. Bei Extremwerten der Ausfallwahrscheinlichkeit sind die Unterschiede einzelner Auswertemethoden nicht mehr vernachlässigbar.

Das in der heutigen Zahnraddauerfestigkeitsuntersuchung standardmäßige Verfahren zur Versuchsdurchführung ist das Treppenstufenverfahren, da es mit bereits wenigen Versuchspunkten eine gute Absicherung des Dauerfestigkeitswertes erlaubt. Durch das modifizierte IABG-Auswerteverfahren [HÜCK83] werden vormals bestehende Bedenken an der Genauigkeit des Verfahrens hinsichtlich der Ermittlung der Standardabweichungen abgelöst, sodass sich dieses Verfahren auch für die Ermittlung dieses Kennwerts mit weniger Versuchen als bei den Horizontenverfahren eignet. Demgegenüber erfordert die Vorgehensweise nach dem Horizontenverfahren mit Auswertung nach dem PROBIT-Verfahren [FINN47] eine hohe Versuchsanzahl, sodass sich die statistischen Kennwerte aufgrund der breiten

Versuchsbasis gut belegen lassen. Allerdings rechtfertigt der Zugewinn an Genauigkeit vor allem im Bereich einer Ausfallwahrscheinlichkeit von P_a = 50 % den mit diesem Verfahren einhergehenden Aufwand nicht.

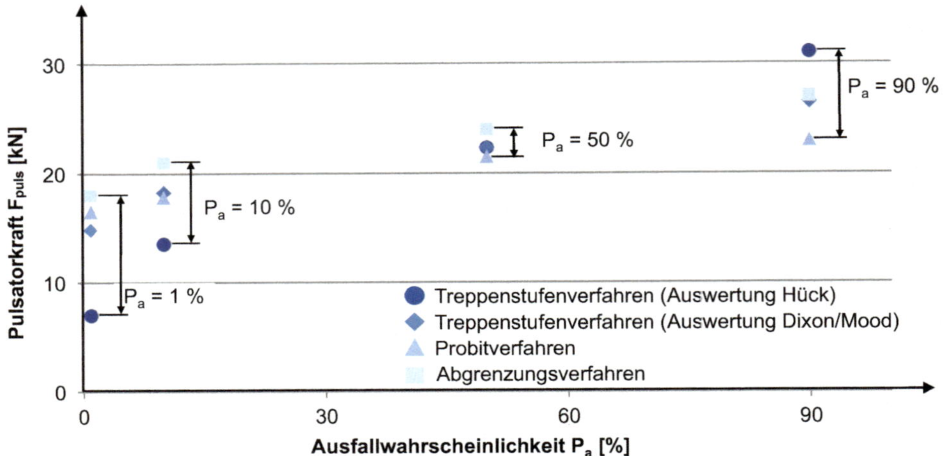

Bild 5.59 Unterschiede der Auswertungsverfahren zur Dauerfestigkeit am Beispiel von Pulsatoruntersuchungen

5.3.4.3 Wöhlerdiagramm: Auswertung der Zeitfestigkeit

Der Bereich der Zeitfestigkeit spielt eine entscheidende Rolle bei der effizienten und kostensparenden Auslegung von Zahnradgetrieben, die durch eine kurze Betriebsdauer oder geringe Drehzahlen die Grenzlastspielzahlen der Dauerfestigkeit nicht erreichen. Beispiele für eine zeitfeste Auslegung sind die Getriebestufen im Automobil oder in sich extrem langsam drehenden Zementmühlengetrieben. Zur Ermittlung der Zeitfestigkeitsgeraden im Wöhlerdiagramm können das Perlenschnurverfahren und das Horizontenverfahren genutzt werden (vgl. Bild 5.60).

Beim Perlenschnurverfahren werden die Versuchspunkte auf vielen unterschiedlichen Lastniveaus durchgeführt, sodass sich die ermittelten Lastspielzahlen bis zum Eintritt des Schadenskriteriums wie entlang einer Perlenschnur aufreihen. Bei der Auswertung der Versuche wird die Zeitfestigkeitsgerade im doppellogarithmischen Diagramm durch Ausgleichsrechnung mithilfe der Methode der kleinsten Fehlerquadrate berechnet (vgl. Basquin'sche Formel 5.11). Zur Berechnung der Streuung muss die Annahme getroffen werden, dass die Größe der Streuung unabhängig vom Lastniveau ist. In diesem Fall werden die einzelnen Versuchspunkte parallel entlang der Zeitfestigkeitsgeraden auf ein konstantes Lastniveau verschoben und entsprechend Bild 5.61 für einen diskreten Lasthorizont ausgewertet. Das genaue Vorgehen zur Berechnung der Streuung wird im Folgenden für das Horizontenverfahren der Zeitfestigkeit beschrieben [ZENN99].

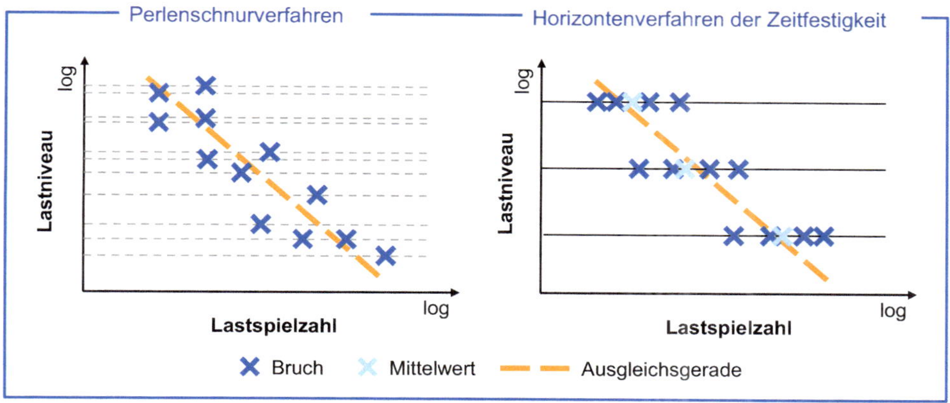

Bild 5.60 Verfahren zur Bestimmung der Zeitfestigkeitsgraden

Das Horizontenverfahren der Zeitfestigkeit ist die am häufigsten verwendete Vorgehensweise zur Ermittlung der Zeitfestigkeitsgerade. Im Gegensatz zum Perlenschnurverfahren werden die Lastniveaus diskret gewählt und auf mindestens zwei Lastniveaus wird eine definierte Anzahl an Versuchen durchgeführt. Für jeden Versuch wird die bis zum Eintritt des Schadenskriteriums ertragbare Lastspielzahl ausgewertet. Es wird eine minimale Versuchsanzahl von fünf Versuchsläufen pro Lastniveau empfohlen [ZENN99]. Durch eine statistische Auswertung werden anschließend die Stützpunkte für die Zeitfestigkeitsgerade im Wöhlerdiagramm ermittelt. Die einzelnen Lastniveaus sind möglichst weit voneinander entfernt zu legen, damit bei der Bestimmung der Zeitfestigkeitsgeraden im Wöhlerdiagramm die Ausgleichsrechnung gut konditioniert und der Fehler bei der Extrapolation gering ist. Allerdings ist bei der Wahl der Belastungsstufen zu beachten, dass die Übergangsgebiete zur Dauer- und statischen Festigkeit vermieden werden, um eine Verfälschung der Wöhlerlinie zu verhindern. Das detaillierte Vorgehen bei der Auswertung von Zeitfestigkeitsversuchen nach dem Horizontenverfahren wird im Folgenden beschrieben.

Nach der Versuchsdurchführung und der Bestimmung der zugehörigen Lastspielzahlen für jeden Versuch werden die Ergebnisse auf jedem Lastniveau aufsteigend nach der erreichten Lastspielzahl sortiert. Beginnend beim Versuch mit der kleinsten Bruchschwingspielzahl werden die Versuchspunkte daraufhin mit einer aufsteigenden Ordnungszahl i versehen. Jedem Versuchspunkt mit einer Lastwechselzahl N wird eine entsprechende Ausfallwahrscheinlichkeit P_a zugeordnet. Zur Berechnung der zur Ordnungszahl gehörenden Ausfallwahrscheinlichkeit (relative Summenhäufigkeit des Schadenseintritts) werden für Zahnradtragfähigkeitsuntersuchungen die Ansätze nach Rossow und Weibull verwendet (Bild 5.61) [ROSS64, WEIB61]. Für den Ansatz nach Weibull gilt [WEIB61]:

$$P_a(i) = \frac{i}{n+1} \text{(nach Weibull)} \tag{5.19}$$

Der Ansatz nach Weibull liefert unabhängig von der zugrunde liegenden Wahrscheinlichkeitsverteilung den mittleren Ausfallwahrscheinlichkeitswert und führt in der Regel auf einen systematisch vergrößerten Schätzwert der Standardabweichung [HAIB06]. Zur Auswertung von Zahnflankentragfähigkeitsuntersuchungen ist der Ansatz gut geeignet und wird hierfür standardmäßig eingesetzt [HÖSE79]. Jedoch ist die Übereinstimmung bei

Zahnfußtragfähigkeitsuntersuchungen geringer, weshalb sich die Methode nach Rossow [ROSS64] als ein bewährtes Berechnungsverfahren bei Zahnfußuntersuchungen etabliert hat [HAIB06]:

$$P_a(i) = \frac{3 \cdot i - 1}{3 \cdot n + 1} \left(\text{nach Rossow}\right) \tag{5.20}$$

Unabhängig vom verwendeten Ansatz wird die Lastspielzahl für eine Ausfallwahrscheinlichkeit von P_a = 50 % mit vergleichsweise geringen Unterschieden bestimmt. Die Standardabweichung bzw. Ausfallsteilheit (Steigung der Ausgleichsgeraden im Wahrscheinlichkeitsnetz, Bild 5.61) kann sich jedoch in Abhängigkeit vom gewählten Ansatz voneinander unterscheiden, was insbesondere bei der Extrapolation hin zu kleinen Ausfallwahrscheinlichkeiten zu größeren Abweichungen führen kann. Neben den beiden Ansätzen nach Weibull und Rossow existieren weitere Ansätze zur Berechnung der Ausfallwahrscheinlichkeiten, die in Spezialfällen zu besseren Ergebnissen bei der Extrapolation hin zu geringen Ausfallwahrscheinlichkeiten führen können [z. B. BLOM56, HÜCK94, SCHM53].

Sind die Lastwechselspielzahlen ihren Ausfallwahrscheinlichkeiten zugeordnet, erfolgt die Übertragung der Wertepaare in ein geeignetes Wahrscheinlichkeitsnetz (Bild 5.61). Während Versuchsergebnisse zur Grübchentragfähigkeit im Zeitfestigkeitsbereich am besten durch eine Weibull-Verteilung angenähert werden können, erfolgt die Auswertung für Zahnfußtragfähigkeitsuntersuchungen in der Regel mit logarithmischer Normalverteilung (vgl. Abschnitt 5.3.4.1) [HÖHN99]. Mithilfe der Methode der kleinsten Fehlerquadrate lässt sich eine Ausgleichsgerade durch die einsortierten Versuchspunkte legen, mit der für das betrachtete Lastniveau jeder beliebigen Ausfallwahrscheinlichkeit eine Bruchlastspielzahl zugeordnet werden kann. Abschließend wird von der Ausgleichsgeraden die Lastspielzahl für eine Ausfallwahrscheinlichkeit von P_a = 50 % abgelesen und als Stützpunkt in das Wöhlerliniendiagramm übertragen (Bild 5.61). Die Vorgehensweise wird für alle weiteren Lastniveaus wiederholt. Anhand von den im Wöhlerdiagramm resultierenden Stützpunkten wird eine Ausgleichsgerade bestimmt, die den Bereich der Zeitfestigkeit im Wöhlerdiagramm beschreibt.

- **Zuordnung der Ordnungszahlen zu Ausfallwkt.**
  - Ansatz nach Weibull
    $$P_a(i) = \frac{i}{n+1}$$
  - Ansatz noch Rossow
    $$P_a(i) = \frac{3 \cdot i - 1}{3 \cdot n + 1}$$
- **Wahrscheinlichkeitsnetze**
  - Log. Normalverteilung (Zahnfußtragfähigkeit)
  - Weibull-Verteilung (Grübchentragfähigkeit)

P_a: Ausfallwahrscheinlichkeit
i: Ordnungszahl
n: Anzahl an Versuchen

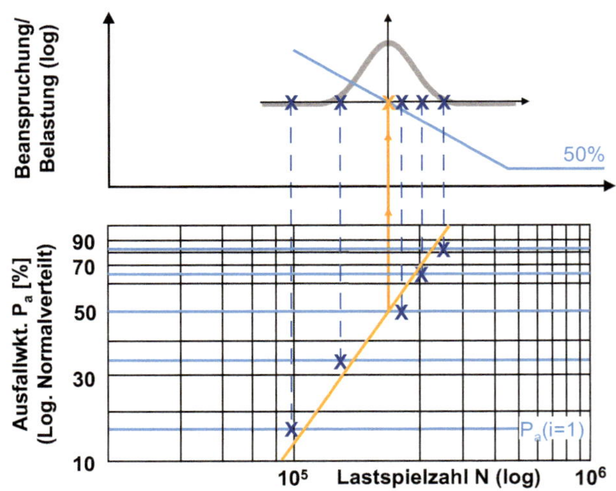

Bild 5.61 Auswertung der Zeitfestigkeitsergebnisse im Wahrscheinlichkeitsnetz

5.3.4.4 Quantifizierung der Schmierstofftragfähigkeit

Neben der Quantifizierung der Materialfestigkeit hinsichtlich Biege- und Wälzbeanspruchung in Verzahnungen spielt die Schmierstofftragfähigkeit für einen sicheren Betrieb eines Getriebes eine wichtige Rolle. Die Wahl des Schmierstoffs beeinflusst wesentlich die Fresstragfähigkeit, Graufleckentragfähigkeit und Grübchentragfähigkeit von Verzahnungen, sodass sich jeweils eigene Testverfahren für die Untersuchung der Schmierstofftragfähigkeit bezüglich der genannten Schadensformen etabliert haben. Weiterhin existieren Prüfverfahren für die Abrasivverschleißfestigkeit, auf die nachfolgend nicht eingegangen wird.

Trotz der vergleichsweise hohen Anzahl verschiedener Prüfverfahren ist es üblich, dass neue Getriebeöle vor der Markteinführung alle genormten Prüfverfahren durchlaufen. Die Versuchsergebnisse werden in Form von Schadenskraftstufen [DIN06], Lebensdauern [HÖHN10] oder GF-Klassifizierungen [HÖHN93] in den Datenblättern der jeweiligen Produkte festgehalten und dienen dem Konstrukteur als Vergleichsgrundlage zur Auswahl eines geeigneten Getriebeöls.

Untersuchung der Fresstragfähigkeit von Schmierstoffen

Die Fresstragfähigkeit eines Öls stellt einen hohen Anspruch an die Schmierstoffentwicklung von Getriebeölen, da Fressen als ein Kurzzeitschaden die Funktion des Getriebes abrupt beendet (vgl. Abschnitt 5.1.3.3). Aufgrund der komplexen, tribologischen Grundzusammenhänge ist die Berechnung der Fresstragfähigkeit eines Öls nicht ohne empirische Untersuchungen am Zahnrad möglich, sodass durch die ständige Weiterentwicklung und Optimierung von Schmierstoffen ein schnelles Prüfverfahren für neu entwickelte Schmierstoffe notwendig ist.

Vor diesem Hintergrund gibt es für die Prüfung der Schmierstoffeignung hinsichtlich Fressen drei standardisierte Prüfverfahren gemäß DIN ISO 14635 [DIN06], die sich nach Prüfverfahren zur relativen Bestimmung der Fresstragfähigkeit von Schmierölen, hochtragfähigen Schmierölen sowie zur Bestimmung der Fresstragfähigkeit und des Verschleißverhaltens von Getriebefließfetten unterscheiden lassen. Es ist zu beachten, dass sich die letzteren beiden Prüfverfahren in der aktuellen Normung im Entwurfsstadium befinden. Die Prüfbedingungen des Fresstests werden in Kurzschreibweise nach einem festen Schema der Form „Prüfkörpergeometrie/Umfangsgeschwindigkeit am Wälzkreis/Öltemperatur" gekennzeichnet. Die für den Fresstest verwendete Verzahnungsgeometrie ist die Verzahnung vom Typ FZG-A mit einem Maag-Kreuzschliff (Abschnitt 5.3.1.4 und Bild 5.62). Der Kreuzschliff auf der Zahnflankenoberfläche resultiert aus der Kinematik im Teilwälzschleifprozess des Maag-Schleifverfahrens und vereinfacht die Bestimmung der Fressbreite (vgl. Abschnitt 4.4.2.3).

Für den Standardfresstest im Zwei-Wellen-Verspannungsprüfstand (Bild 5.38) lautet die Bezeichnung A/8,3/90, was der Verwendung der Verzahnung Typ FZG-A, einer Umfangsgeschwindigkeit am Wälzkreis von v_Σ = 8,3 m/s sowie einer Öltemperatur von $T_{\text{Öl}}$ = 90 °C entspricht [DIN06]. Die Standardprüfprozedur des Tests für hochtragfähige Schmieröle folgt der Bezeichnung A10/16,6R/120. Für diesen Test wird eine Verzahnung vom Typ FZG-A mit ritzelseitig auf b = 10 mm verringerter Zahnbreite verwendet und der Prüflauf bei gegenüber dem Ursprungstest doppelter Drehzahl und umgedrehter Drehrichtung betrieben. Die Prüfung von Getriebefließfetten wird mit den Parametern A/2,8/50 durchgeführt. Gegenüber der Standardprüfprozedur (Bezeichnung A/8,3/90) ergeben sich für die weiteren Verfahren neben den direkt aus der Kurzschreibweise des Prüfverfahrens resultierenden Unterschieden zusätzliche Sonderregelungen z. B. hinsichtlich der maximalen

Prüfkraftstufe, Prüfdauer oder der Definition des Schadenskriteriums, die es zu berücksichtigen gilt. Im Folgenden werden die Prüfbedingungen, der Versuchsablauf und die Auswertemethodik des Standardfresstests A/8,3/90 beschrieben.

Die Versuchsdurchführung bei der Untersuchung der Fresstragfähigkeit folgt dem Laststeigerungsverfahren nach Abschnitt 5.3.3 und Bild 5.53. Im Laststeigerungsverfahren für den Fresstest werden die Kraftstufen nach DIN ISO 14635 Teil 1 [DIN06] mit ansteigendem Lastniveau beginnend bei Kraftstufe 1 durchlaufen, bis sich das Schadenskriterium einstellt oder der Gesamtprüflauf ohne Schädigung beendet wird. Als Schadenskraftstufe gilt nach DIN ISO 14635-1 diejenige Kraftstufe, bei der die Summe aller Flankenschäden des Ritzels, gleichbedeutend mit der Breite aller entstandenen Riefen und Fresser, mehr als b = 20 mm beträgt. Das Prüfradpaar wird in jeder Kraftstufe t = 15 Minuten bei einer vorgegebenen Motordrehzahl (Rad) n_M = 1450 min^{-1} ± 3 % mit Motorrichtung im Uhrzeigersinn betrieben, sodass sich insgesamt N_2 = 21.700 Lastspiele am Rad und N_1 = 32.550 Lastspiele am Ritzel ergeben. Für den Testlauf werden bei Tauchschmierungsbedingungen $V_{Öl}$ = 1,25 l Prüföl eingefüllt.

- Ölsumpftemperatur
  - Raumtemperatur (vor Testbeginn bei Kraftstufe 1)
  - 90 °C (zu Beginn jedes Prüflaufs ab Kraftstufe 5)
- Tauchschmierung ($V_{Öl}$ = 1,25 l)
- Motordrehzahl n_m = 1450 min^{-1} (Ritzeldrehzahl n_1 = 2175 min^{-1})
- Dauer eines Prüflaufs t = 15 min (21.700 Motor-Umdrehungen)

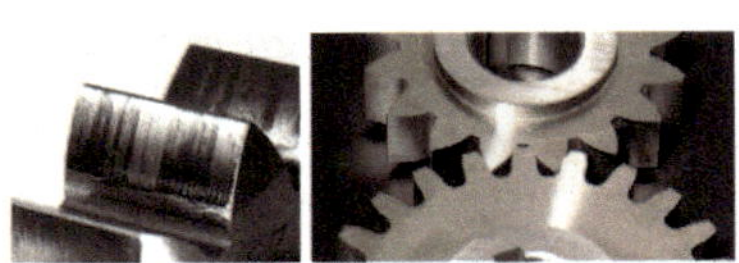

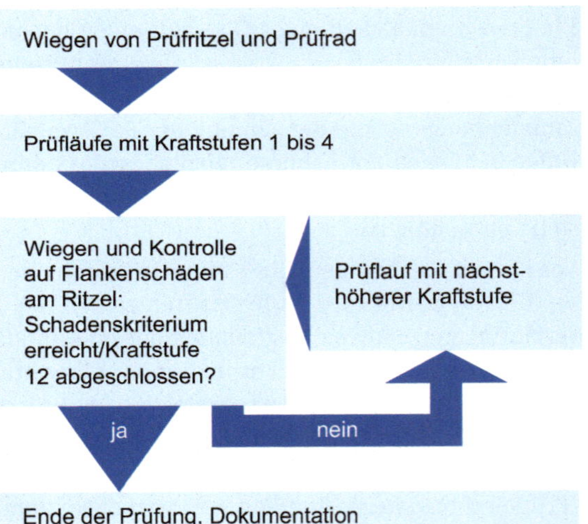

Bild 5.62 Fresstest A/8,3/90: Versuchsablauf im Zwei-Wellen-Prüfstand, vgl. DIN ISO 14635 Teil 1 [DIN06]

Vor der ersten Kontrolle auf Flankenschäden erfolgt nacheinander eine Durchführung von Prüfläufen auf den Kraftstufen 1 bis 4. Vor Beginn der Versuche ist das Öl nicht aufzuheizen, sondern bei Raumtemperatur zu belassen. Über die ersten vier Kraftstufen wird keine Temperaturregelung vorgenommen, sodass sich der Temperaturzustand über der Prüfdauer frei einstellt. Nach Abschluss der Kraftstufe 4 erfolgt eine Kontrolle auf Schädigung, die im Anschluss an die Durchführung von Prüfläufen nach jeder Kraftstufe wiederholt wird.

Zu Beginn jedes Prüflaufs ab Kraftstufe 5 wird einheitlich eine Öltemperatur von $T_{Öl}$ = 90 ± 3 °C bei stillstehendem Prüfstand eingestellt. Während der Prüfläufe wird die Temperaturregelung deaktiviert. Vor Beginn der weiteren Prüfläufe ist durch die Temperaturregelung wieder die Ausgangstemperatur von $T_{Öl}$ = 90 ± 3 °C einzustellen. Nach jedem

Prüflauf erfolgt eine Erhöhung der Belastung, bis die Schadenskraftstufe erreicht oder Kraftstufe 12 ohne Eintreten des Schadenskriteriums durchlaufen worden ist.

Die Dokumentation der Versuchsergebnisse erfolgt anhand der Beschreibung des Flankenzustands basierend auf in der Norm hinterlegten Beispielschädigungszuständen sowie von Massenänderungskurven, die die Verschleißentwicklung von Ritzel und Rad nach Durchlaufen der Versuche auf den einzelnen Belastungsstufen wiedergeben (Bild 5.63). Das Fressen ist ein spanbildender Adhäsionsschaden, der zu einer Verminderung des Prüfkörpergewichts führt. Die Gewichtsentwicklung wird in den Massenänderungskurven nachgehalten und gibt die Verschleißentwicklung über der Laufzeit wieder. Die Massenänderung wird über der übertragenen Arbeit aufgetragen. Hierfür werden das Prüfritzel und das Prüfrad nach jedem Prüflauf demontiert und mit einer Präzisionswaage der Genauigkeitsklasse ± 1 mg gewogen. Beim Wiedereinbau wird durch Markierung der Zähne die gleiche Einbauposition wie in den Prüfläufen zuvor gewährleistet. Es sind getrennte Kurven für Ritzel und Rad zu erstellen. Die durch das Wiegen nach jedem Prüflauf erhaltenen Messpunkte werden geradlinig verbunden. Zudem erfolgt eine Markierung der Schadenskraftstufe (*V*), die durch einen sprunghaften Anstieg der Massenänderung gekennzeichnet ist.

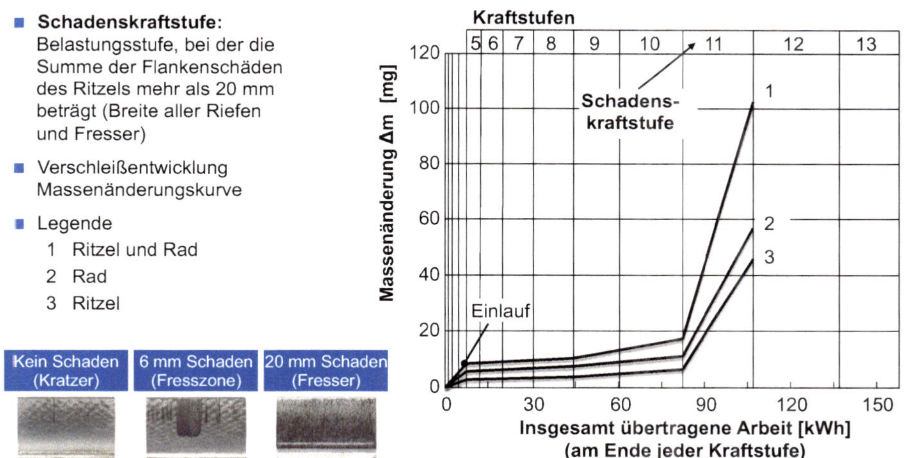

Bild 5.63 Fresstest A/8,3/90: Schäden und Dokumentation [DIN06]

Untersuchung der Graufleckentragfähigkeit von Schmierstoffen

Neben der Untersuchung der Fresstragfähigkeit existiert zur Bestimmung der Schmierstofftragfähigkeit hinsichtlich Graufleckenbildung bei geringen Umfangsgeschwindigkeiten ein Prüfverfahren, das im Rahmen eines Forschungsvorhabens entwickelt wurde [SCHÖ84]. Eine Erweiterung des Prüfverfahrens für höhere Umfangsgeschwindigkeiten erfolgte im Rahmen eines Forschungsvorhabens [HÖHN93], dessen Ergebnisse im Folgenden beschrieben werden. Die Kurzbezeichnung des Graufleckentests erfolgt analog zum Fresstest mit dem Prinzip „Prüfkörper/Umfangsgeschwindigkeit/Öltemperatur". Als Prüfkörper wird die Verzahnungsgeometrie vom Typ FZG-C-GF verwendet (vgl. Abschnitt 5.3.1 und Bild 5.64). Der Standardtest hat die Bezeichnung GF C/8,3/90, wobei als Prüfkörper eine Verzahnung vom Typ FZG-C-GF mit arithmetischer Rauheit Ra = 0,5 ± 0,1 µm verwendet wird. Es wird empfohlen, zu erwartende Temperatur- und Umfangsgeschwindigkeitsprofile aus der Praxisauslegung mit dem Testverfahren zu prüfen, um die Tragfähigkeit des Öls für den gewünschten Einsatzfall sicherzustellen.

Im Standardgraufleckentest beträgt die Ritzeldrehzahl n_1 = 2250 min^{-1} und die Ölversorgung des Flankenkontakts erfolgt durch Einspritzen des Öls bei einer Temperatur von $T_{Öl}$ = 90 °C. Das Prüfverfahren sieht einen Ölvolumenstrom von $Q_{Öl} \approx$ 2 l/min, ein Tankvolumen von V_{Tank} = 25 l und eine Filterung aller Partikel größer 10 µm vor. Im Unterschied zum Fresstest besteht der Graufleckentest aus zwei unterschiedlichen Prüfabschnitten, dem Stufentest und dem Dauertest. Während der Stufentest auf die tribologische Eignung des Öls hinsichtlich der Graufleckentragfähigkeit in Abhängigkeit von einer spezifischen Kraftstufe fokussiert, beschreibt der Dauertest den Schadensfortschritt unter hoher tribologischer Belastung bei sehr hohen Lastwechselspielzahlen.

Der detaillierte Versuchsablauf lässt sich aus Bild 5.64 entnehmen. Zur Einstellung der Kraftstufen im Zwei-Wellen-Verspannungsprüfstand lassen sich dieselben Gewichte verwenden wie beim Fresstest, jedoch wird die Hebellänge aufgrund der geringeren Zahnbreite auf l = 0,35 m reduziert. Den Versuchsbeginn stellt ein einstündiger Einlauf bei Kraftstufe 3 und einer Öltemperatur zu Einlaufbeginn von $T_{Einlauf}$ = 60 °C dar. Über der Einlaufdauer erwärmt sich das Versuchsöl ungeregelt. Dem Einlauf schließen sich Prüfläufe im Stufentest mit einer Dauer von jeweils 16 Stunden an. Nach jedem Lauf findet eine Messung der Profilabweichung statt, die den Maßstab für den Grad der Verschleißerscheinung bildet. Bei einem Durchläufer erfolgt eine Erhöhung der Kraftstufe für den nächsten Durchgang. Ist Kraftstufe 10 ohne Ausfall überstanden oder erfolgt der Ausfall frühestens bei Kraftstufe 8, so folgt ein Dauerlauf von bis zu 80 Stunden auf der 8. Stufe. Ein Ausfall vor oder bei Kraftstufe 7 hat einen vorzeitigen Abbruch des Tests zur Folge. Übersteht die Verzahnung den Dauerlauf, ohne das Schadenskriterium zu erreichen, so sind bis zu fünf weitere Dauerläufe, diesmal auf Kraftstufe 10, vorgesehen. Gegenüber dem Fresstest orientiert sich die Laufzeit bei abweichender Umfangsgeschwindigkeit nicht an der Zahl der Überrollungen, sondern an der Prüfzeit je Laststufe, sodass bei doppelter Umfangsgeschwindigkeit auch doppelt so viele Lastwechsel resultieren.

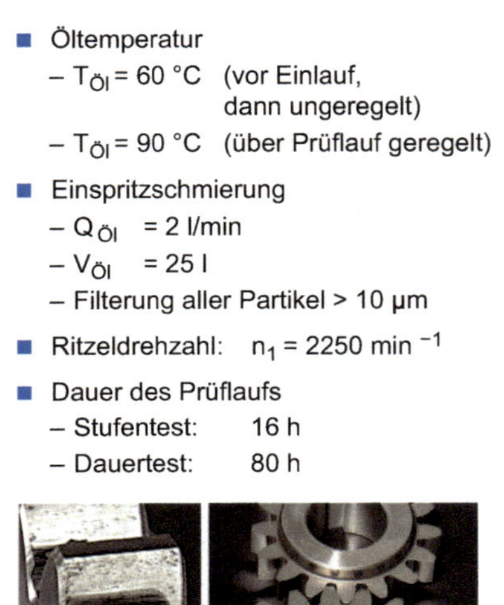

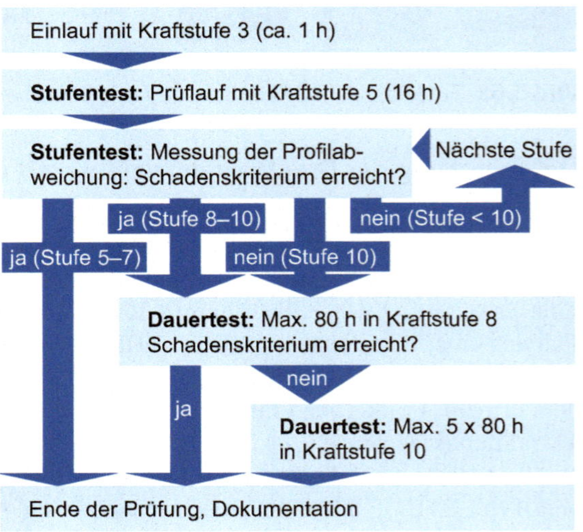

Bild 5.64 Graufleckentest GF C/8,3/90: Versuchsdurchführung [HÖHN93]

Zur Beurteilung des Erreichens des Schadenskriteriums gibt es unterschiedlicher Methoden. Die aufwendigste, allerdings genaueste Methode ist die Methode EVOL, bei der nach jeder Kraftstufe bzw. jedem Inspektionsintervall mit einem Evolventenmessgerät die gemittelte Profilformabweichung gemäß DIN 3960 [DIN87b] an drei gleichmäßig über dem Umfang verteilten Zähnen erfasst wird. Die hierfür zugrunde liegenden Schadenskriterien und die Form der Dokumentation der Testergebnisse sind in Bild 5.65 zusammengefasst. Im Stufentest gilt eine mittlere gemessene Profilformabweichung durch Auskolkung in der graufleckigen Zone von mehr als f_{fm} = 7,5 µm als Schaden, während diese Grenze im Dauertest bei f_{fm} = 20 µm liegt. Das Auftreten von Fressen beendet den Graufleckentest direkt. Bei Auftreten von Fressschäden im Stufentest unmittelbar vor einem nachfolgenden Dauertest wird eine Durchführung des Dauertests bei geringerer Kraftstufe empfohlen. Ein alternatives Kriterium für das Erreichen des Schadenskriteriums im Graufleckentest im Dauertest ist eine Grübchenschadensfläche größer als 4 % einer der aktiven Zahnflankenflächen [SCHÖ84]. Die Ergebnisse der Methode EVOL sind über der Versuchsdauer in Bild 5.65 beispielhaft dargestellt. Im vorliegenden Fall wird die Schadensgrenze im Stufentest erreicht. Da der Schaden erst bei Kraftstufe 9 bzw. 10 auftritt, schließt sich ein Dauertest an, der ohne Ausfall durchlaufen wird.

- Auswertemethoden
  - EVOL: Vermessung der Flankenform an 3 Zähnen (Evolventenprüfgerät)
  - GF-CLASS: Klassifizierung durch Vergleich der Fläche der Graufleckigkeit mit Tabellen
  - GRAV/PLAN: Wägung des Gewichtsverlusts und Messung aller Graufleckenflächen
- Schadenskriterien Methode EVOL
  - Stufentest: Mittlere Profilformabweichung $f_{fm} \geq 7{,}5$ µm (durch Auskolkung in der graufleckigen Zone)
  - Dauertest: Grübchenfläche > 4 % einer aktiven Zahnflanke oder mittlere Profilformabweichung $f_{fm} > 20$ µm

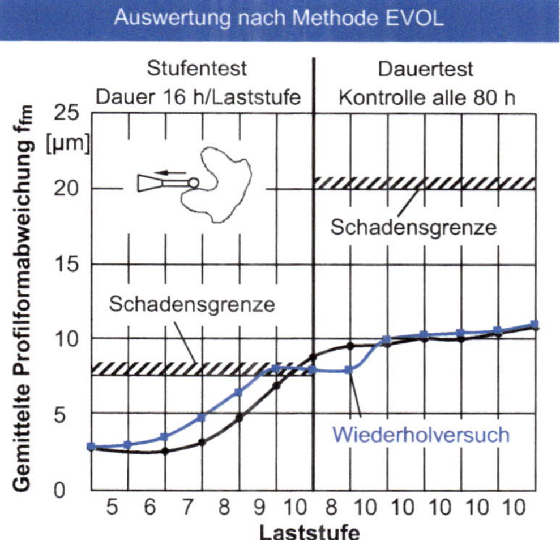

Bild 5.65 Graufleckentest: Schäden und Dokumentation [HÖHN93]

Neben dem exakten Messverfahren EVOL gibt es Schätzverfahren zur Beurteilung der Graufleckigkeit. Mit der Methode GF-CLASS wird eine Einteilung in drei Graufleckentragfähigkeitsklassen erlaubt (niedrig, mittel, hoch). Nach jedem Inspektionsintervall wird das Ritzel gewogen und optisch begutachtet. Die Beurteilung erfolgt anhand des Gewichtsverlusts gegenüber dem Ausgangszustand und der Größe der Graufleckenfläche. Diese Kennwerte können mit entsprechenden Tabellen verglichen werden, um die Graufleckentragfähigkeit des Versuchsöls zu bestimmen. Diese Vorgehensweise und die zugrunde liegenden Auswertekriterien erfordern allerdings eine hohe Erfahrung des Prüfingenieurs mit dem Graufleckentestverfahren, sodass gegenüber der Methode EVOL eine höhere Fehleranfälligkeit vorliegt [HÖHN93].

Zur Senkung von Zeit- und Kostenaufwand stellt der DGMK-Graufl ecken-Kurztest GFKT/8,3/90 eine Abwandlung vom Standardverfahren dar [HÖHN03]. Nach dem Einlauf entsprechend dem Standardprüfverfahren erfolgt je ein Prüflauf mit Kraftstufe 7 und gegebenenfalls 9 auf derselben Zahnflanke. Auf Basis der gemessenen Profilformabweichung an drei Zahnflanken jeweils nach dem Prüflauf mit Kraftstufe 7 und 9 erfolgt eine Klassifizierung der Graufleckentragfähigkeit. Beträgt die Profilformabweichung $f_{fm} > 7{,}5$ µm nach Kraftstufe 7, ist die Tragfähigkeit niedrig, nach Kraftstufe 9 mittel, und bleibt die Abweichung unterhalb dieses Grenzwertes, ist die Tragfähigkeit hoch. Ein weiterer Unterschied ist die abweichend zum Standardtest eingesetzte Tauchschmierung mit einer geregelten Ölsumpftemperatur von $T_{Öl}$ = 90 °C. Das verkürzte Verfahren erlaubt insbesondere ein Screening von Versuchsölen.

Untersuchung der Grübchentragfähigkeit von Schmierstoffen

Höhns Werk beinhaltet zwei Prüfverfahren zur Untersuchung der Schmierstofftragfähigkeit hinsichtlich Grübchenbildung [HÖHN10]. Während im Standardtest ein konstantes Verspannungsmoment (Einstufentest) eingestellt wird, ist der Lastkollektivtest durch eine Variation von Drehmoment und Drehzahl im Versuchsablauf gekennzeichnet. Analog zum Fresstest werden die Prüfbedingungen des Pittingtests in Kurzschreibweise zusammengefasst. Die Bezeichnung des Prüfverfahrens folgt der Logik „Prüfkörpergeometrie/Momentenstufe/Öltemperatur". Für die Durchführung des Pittingtests wird die Verzahnung vom Typ FZG-C-PT mit einer Rauheit Ra = 0,30 ± 0,1 µm verwendet. Im Einstufentest wird für die Ölviskositätsklassen ISO VG 32...68 die Momentenstufe 9 (302 Nm ritzelseitig) und für ISO VG 68...220 (320) die Momentenstufe 10 (372 Nm ritzelseitig) eingestellt. Die Momentenstufen entsprechen hierbei den Kraftstufen des Fresstests. Es ist sicherzustellen, dass die zu prüfenden Öle in diesen Belastungsstufen fress- und hinreichend graufleckentragfähig sind. Unter diesen Randbedingungen folgen die Standardeinstufen-Pittingtests den Bezeichnungen PT C/9/90 für niedrige Viskositätsklassen bzw. PT C/10/90 für hohe Viskositätsklassen. Für Lastkollektivuntersuchungen sind bei Höhn zwei Lastkollektive LLS und HLS hinterlegt, die den oben eingeführten Viskositätsklassen zugeordnet sind [HÖHN10]. Die Bezeichnung für den Lastkollektivtest lauten dementsprechend PT C/LLS/90 für niedrige Viskositätsklassen und PT C/HLS/90 für hohe Viskositätsklassen. Die Lastkollektive werden in Blockdarstellung angegeben. Es ist darauf zu achten, dass die Blöcke über der Versuchsdauer hinreichend häufig durchfahren werden (mindestens 60...80-mal).

Bild 5.66 zeigt den Ablauf eines Standard- bzw. Einstufentests nach Prüfschema PT C/9 bzw. 10/90. Der Prüfprozedur ist ein zweistündiger Einlauf vorgelagert. Der Einlauf wird bei Prüfritzeldrehzahl n_1 = 2250 min^{-1} und einer Belastung von M_1 = 135 Nm am Ritzel durchgeführt. Für den gesamten Prüflauf wird der Prüfstand in die Richtung verspannt, dass das Ritzel das Rad treibt. Vor Beginn des Einlaufs ist die Öltemperatur auf $T_{Öl}$ = 60 °C einzuregeln. Mit Beginn des Einlaufs wird die Temperaturführung des Ölsumpfs ausgeschaltet. Der eigentliche Prüflauf dauert bei vorgegebener Ritzeldrehzahl n_1 = 2250 min^{-1} im Einstufentest 300 Stunden. Danach und ohne Schaden wird das Ritzel als dauerfest erachtet. Im Unterschied zum Fresstest ist die Schmierstofftemperatur von Beginn an auf $T_{Öl}$ = 90 ± 3 °C konstant zu regeln. Je nach Anwendungsgebiet sind allerdings auch von der Standard-Prüftemperatur abweichende Werte möglich, die ebenfalls dokumentiert werden müssen. Der Zustand der Zahnflanken wird alle 14 Stunden kontrolliert, wobei mit dem Auftreten erster Schädigung das Kontrollintervall auf sieben Stunden halbiert wird. Das Schadenskriterium im Pittingtest ist eine Überschreitung der Grübchenfläche des am meisten geschädigten Zahns von 4 % der Flankenfläche (vgl. Abschnitt 5.3.3). Ein Versuchsabbruch kann auch durch übermäßige Graufleckigkeit bedingt sein. Sobald eine Auskolkung im Profilschrieb von > 15 μm gemessen wird, kann der Versuch nur noch qualitativ für die Beurteilung der Graufleckentragfähigkeit des Schmierstoffs herangezogen werden.

Der Lastkollektivpittingtest findet wie die beiden letztgenannten Verfahren in der Regel ebenfalls bei einer Ölsumpftemperatur von $T_{Öl}$ = 90 °C statt [HÖHN10]. Das Drehmoment beim Einlauf ist gegenüber dem Einstufenversuch erhöht, gleichzeitig sind dort jedoch Drehzahl und Versuchsdauer verringert. Dieses Einlaufverfahren hat einen leichten Langsamlaufverschleiß zur Folge, wodurch sich besonders glatte Zahnflanken ergeben, die eine geringere Anfälligkeit für Graufleckigkeit aufweisen. Die Ritzeldrehzahlen auf den einzelnen Stufen der Kollektive liegen zwischen n_1 = 2330 min^{-1} und n_1 = 4050 min^{-1}. Die maximale Laufzeit beträgt in Analogie zum Einstufentest ebenfalls 300 Stunden, wobei auch hier der Prüflauf bei einem Ausfall mit demselben Schadenskriterium von 4 % Grübchenfläche am meist geschädigten Einzelzahn vorzeitig zu beenden ist.

Da es sich beim Grübchenschaden um einen statistischen, ermüdungsbedingten Ausfall der Verzahnung handelt, liegt der übliche Umfang einer Untersuchungsreihe für den Standard- und Lastkollektivtest bei drei bis fünf Versuchsdurchläufen. Die Ermittlung der schmierstoffbezogenen Grübchenlebensdauer für 50 % Ausfallwahrscheinlichkeit erfolgt im Wahrscheinlichkeitsnetz nach der Auswertemethode für Zeitfestigkeitsergebnisse (vgl. Bild 5.59 oder Abschnitt 5.3.4.3).

- Ölsumpftemperatur
  - $T_{Öl}$ = 60 °C (vor Einlauf, dann ungeregelt)
  - $T_{Öl}$ = 90 °C (über Prüflauf geregelt)
- Tauchschmierung
- Ritzeldrehzahl: n_1 = 2250 min^{-1}
- Dauer eines Prüflaufs bis zum Ausfall maximal 300 h
- 3 … 5 Versuchsdurchläufe

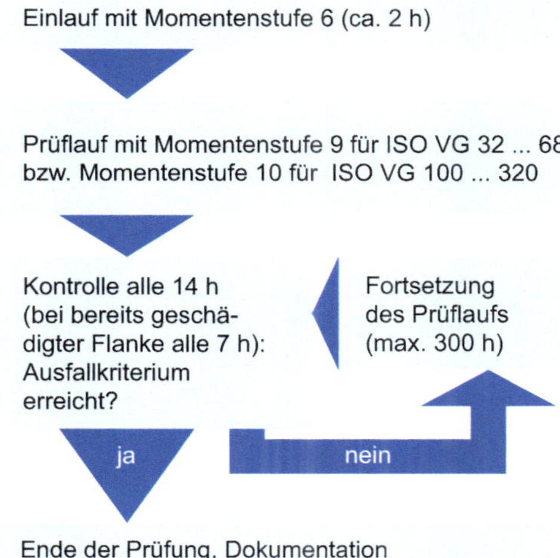

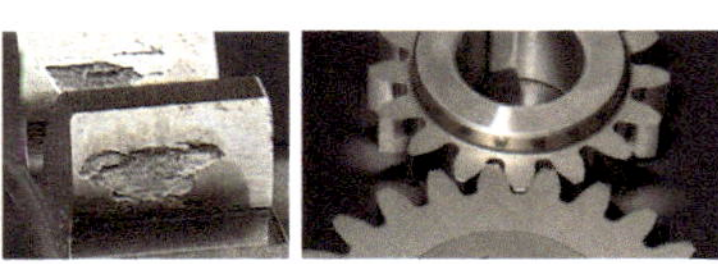

Bild 5.66 Pittingtest PT C/9 bzw. 10/90: Versuchsablauf Einstufentest (vgl. [HÖHN10])

In Erweiterung des Standard-Pittingtests wurde von Radev der sogenannte praxisnahe Pittingtest mit der Zielsetzung entwickelt, den bewährten Pittingtest hinsichtlich Praxisnähe, Zeitaufwand und Wiederholbarkeit zu verbessern [RADE05]. Als Prüfverzahnung wird der Radsatz vom Typ FZG-C-PTx verwendet, bei dem durch Gleitschleifen eine geringe arithmetische Rauheit von Ra = 0,1 ± 0,05 μm eingestellt wird. Als Prüfverfahren sind die Tests PTx C/10/90 sowie PTx C/SNC/90 im Zwei-Wellen-Verspannungsprüfstand vorgesehen. Im

Unterschied zum Standardtest findet der Einlauf jeweils zweistündig auf Momentenstufe 5 statt. Der erste Prüflauf wird schmierstoffunabhängig auf Momentenstufe 10 (Verfahren PTx C/10/90) durchgeführt und soll mindestens zweimalig wiederholt werden. Anschließend kann der Einstufentest zum Anwendungstest PTx C/SNC/90 erweitert werden. Liegt die resultierende Grübchenlebensdauer für 50% Ausfallwahrscheinlichkeit im Einstufentest oberhalb von $N = 1{,}5 \cdot 10^7$ Lastspielen, schließt sich in diesem Verfahren ein weiterer Prüflauf auf der nächsthöheren Momentenstufe 11 an, andernfalls findet dieser auf der niedrigeren Momentenstufe 9 statt. Der Versuch soll mindestens einmalig wiederholt werden. Dieses erweiterte Testverfahren ermöglicht gegenüber dem normalen Einstufentest eine verbesserte Absicherung im Zeitfestigkeitsgebiet der ermittelten Wöhlerlinie. Die Auswertung der Versuchsergebnisse erfolgt analog zum Standardtest.

5.3.5 Übertragbarkeit zwischen Lauf- und Analogieversuch

Wie in Abschnitt 5.3.2 beschrieben, besitzen Analogieversuche Vorteile gegenüber Laufversuchen, wie Kosten- und Zeitersparnisse durch einen einfacheren Prüfaufbau und verringerte Komplexität der Prüfkörper. Den Vorteilen steht gegenüber, dass eine Übertragbarkeit der Versuchsergebnisse auf Normtragfähigkeitsuntersuchungen auf den Laufversuch gewährleistet sein muss. In diesem Abschnitt wird auf die Übertragung und quantitative Umrechnung der Versuchsergebnisse vom Analogieversuch auf den Laufversuch für die Zahnfuß- und für die Zahnflankentragfähigkeit eingegangen.

5.3.5.1 Zahnfußtragfähigkeit

Die Übertragung der Versuchsergebnisse von Pulsatoruntersuchungen auf Laufversuche für Normtragfähigkeitsberechnungen ist für Geradverzahnungen Stand der Technik. Für den Pulsator gilt ein Korrekturfaktor zur Reduktion des ermittelten Dauerfestigkeitsniveaus von $f_{\text{Korr}} = 0{,}9$ [HÖHN99]. Der Korrekturfaktor wurde empirisch bestimmt und berücksichtigt neben der Tendenz, dass Verzahnungsfehler zu einer erhöhten Belastung der Zähne im Laufversuch führen [BREI70, GROSS74], einige weitere Unterschiede, die sich zwischen dem Pulsator- und dem Laufversuch ergeben (Bild 5.67). Die Unterschiede umfassen primär statistische Einflüsse, die Änderung des Hebelarms vom Kraftangriffspunkt zur 30°-Tangente und die eingestellte Unterlast. Ein weiterer Unterschied ist der unterschiedliche zeitliche Verlauf der Belastung.

Statistik: Im Pulsatorversuch werden immer nur jeweils zwei Zähne eingespannt und getestet. Auch bei Durchführung mehrerer Versuche auf dem gleichen Prüfrad besteht die Möglichkeit, nicht immer den schwächsten Zahn getestet zu haben. Bei Laufversuchen wird dahingegen immer der schwächste Zahn mitgetestet, wodurch die Tragfähigkeit bei Pulsatorversuchen tendenziell zu hoch eingeschätzt wird. Weiterhin werden bei Pulsatoruntersuchungen wesentlich weniger Verzahnungen getestet als bei Laufversuchen [KOLE03].

Änderung des Biegehebelarms: Beim Pulsatorversuch wird nur eine Berührlinie eingespannt und geprüft. Im Laufversuch hingegen wird die gesamte Flanke belastet. Durch ein Positionieren der Berührlinie im Pulsatorversuch im Bereich des äußeren Einzeleingriffs (siehe Abschnitt 5.3.2.1) wird eine gute Übertragbarkeit mit dem Laufversuch erreicht. Dennoch kann es hierdurch zu Abweichungen der Prüfsysteme voneinander kommen.

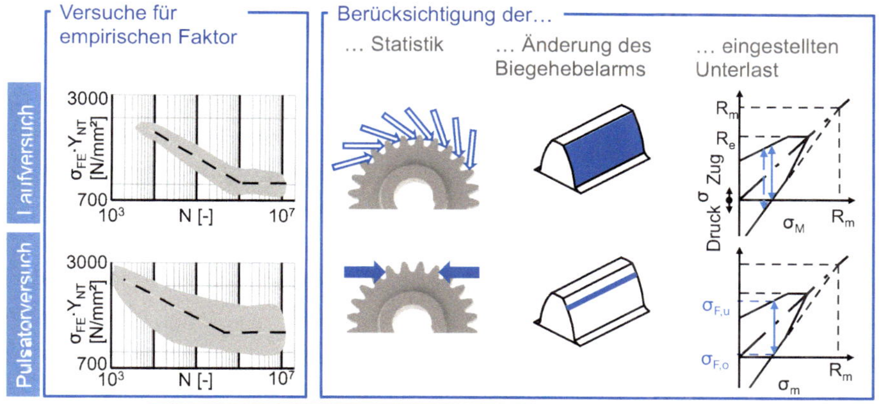

Bild 5.67 Umrechnungsfaktor für Pulsatoruntersuchungen auf Laufversuche [HÖHN99]

Eingestellte Unterlast: Bei Pulsatorversuchen wird eine Klemmkraft eingestellt, um die Verzahnung zwischen den Backen sicher zu positionieren und während des Versuches zu fixieren. Aufgrund der Klemmkraft ist die Zahnfußspannung immer positiv. Bei Weigand wird eine betragsmäßige Unterlast von höchstens 3 bis 7,5 % der eingestellten Maximalkraft empfohlen [WEIG99]. In leichter Abweichung von der Empfehlung wird jedoch vielfach eine Einspannlast von bis zu 10 % der Maximalkraft zugelassen, ohne deren Einfluss auf die zulässige Schwingungsweite rechnerisch zu berücksichtigen [HÖHN02a, RETT87, TOBI01]. Die Annahme, dass eine geringe Unterlast keinen signifikanten Einfluss auf die Tragfähigkeit hat, wird durch die nahezu parallelen Linien der Wechselspannungs-Dauerfestigkeit σ_W bei steigender Mittelspannung σ_m im Smith-Diagramm begründet (siehe Bild 5.67 rechts). Bei steigender Unterlast und konstanter Gesamtamplitude lässt sich die Mittelspannungsempfindlichkeit allerdings nicht mehr vernachlässigen, weswegen es hier bei der Umrechnung von Pulsatorversuchen auf Laufversuche zu Abweichungen kommen kann. Weiterhin wird für den Laufversuch angenommen, dass die Unterlast während eines Lastzyklus bis auf σ_u = 0 N/mm² abfällt. Für gewisse Zahnfußgeometrien kommt es aufgrund von Überstrahleffekten von dem mit Druckspannung belasteten Zahnfußbereich auf den folgenden Zahn auch zu einer Druckbelastung der Zugflanke. Im Smith-Diagramm muss diesem Zustand durch eine Verschiebung des Lastpunktes vom Zug-Schwellbereich in den Wechsellastbereich Rechnung getragen werden.

Verlauf der Belastung: Beim Laufversuch ist die Beanspruchung im Zahnfuß schwellend oder teilweise auch wechselnd. Wenn der Zahn nicht im Eingriff ist, entstehen Belastungspausen. Der Verlauf der Zahnfußspannung hängt von der Geometrie der Verzahnung ab. In Bild 5.68 ist der Zahnfußspannungsverlauf einer Geradverzahnung abgebildet. Im Punkt A kommt der betrachtete Zahn des Ritzels in den Eingriff. Die Belastung wird bis zum Punkt B mit einem weiteren Zahnpaar geteilt (Doppeleingriffsgebiet). Von Punkt B bis zum Punkt D befindet sich nur ein Zahnpaar im Eingriff, der dementsprechend die gesamte Last trägt. Die Zahnfußspannung steigt in den jeweiligen Gebieten entlang der Eingriffsstrecke an, da der Hebelarm der Zahnkraft bis zum kritischen Zahnfußquerschnitt über dem Drehwinkel ansteigt. Beim Pulsatorversuch wird mechanisch auf einer ortsfesten Berührlinie eine Kraft aufgegeben. Prinzipbedingt ist der Verlauf der Kraft für die meisten Pulsatorkonzepte sinusförmig (siehe Abschnitt 5.3.2.1). Weitere Unterschiede sind das Fehlen von Belastungspausen sowie die Unterlast zur kraftschlüssigen Einspannung der Verzahnung.

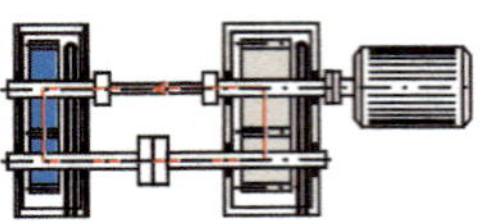

- Beanspruchungsverlauf rein schwellend, teilweise auch wechselnd
- Belastungspausen eines Zahnpaares
- Kraftangriff wandert über Zahnflanke

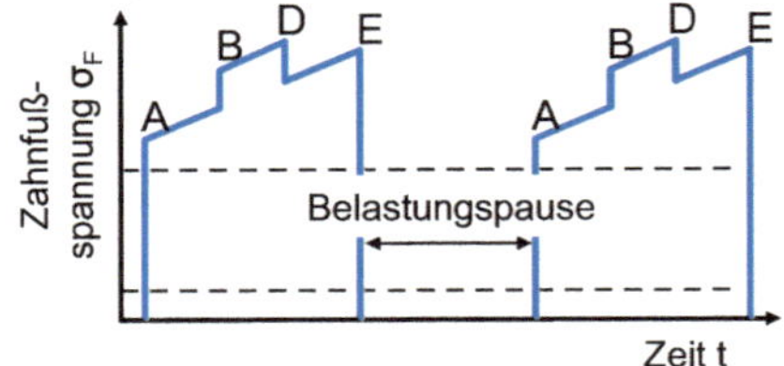

- Unterlast wegen kraftschlüssiger Einspannung des Prüfrades
- Kontinuierliche Belastung
- Ortsfeste Kraftangriffslinie

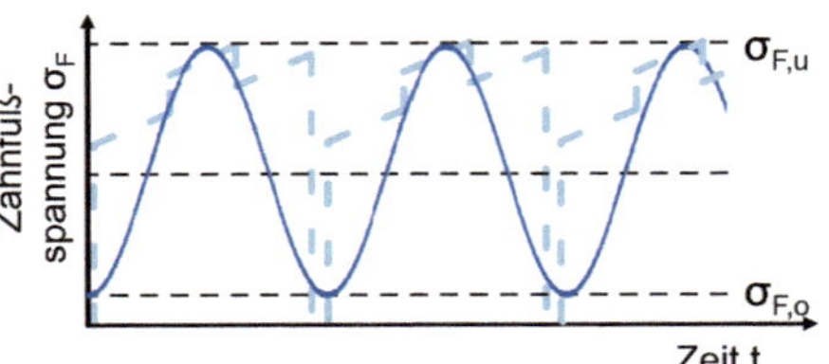

Bild 5.68 Zeitlicher Beanspruchungsverlauf mit Zwei-Wellen-Verspannungsprüfstand und Pulsatorprüfstand [GROSS74]

In den Diagrammen in Bild 5.68 ist zu erkennen, dass der Sinusverlauf der Belastung nicht exakt den Zahnfußspannungsverlauf einer Verzahnung abbildet. Brecher analysierte, ob der Belastungsverlauf einen Einfluss auf die Zahnfußtragfähigkeit hat [BREC12]. Dafür wurden zunächst Spannungsverläufe im Zahnfuß für den Kontakt von verschiedenen Schrägverzahnungen und einer Geradverzahnung mithilfe der Zahnkontaktanalyse berechnet. Die aus den Spannungsverläufen ermittelten Kraftverläufe wurden mithilfe eines hydraulischen Pulsatorprüfstandes auf eine Geradverzahnung (Typ C) aufgebracht. In Bild 5.69 sind die drei analysierten Spannungsverläufe dargestellt. Der Verlauf „β = 33°“ entspricht dem Zahnfußspannungsverlauf einer Schrägverzahnung mit einem Schrägungswinkel von $\beta = 33°$ und einem Normalmodul von $m_n = 1{,}75$ mm. Der Verlauf zeichnet sich durch einen vergleichsweise starken Anstieg der Spannung und ein Halteplateau aus. Weiterhin sind der Sinusverlauf (Referenz) und der Zahnfußspannungsverlauf der Geradverzahnung dargestellt.

Das Balkendiagramm im rechten unteren Bereich von Bild 5.69 zeigt die Pulsatorkräfte für eine Ausfallwahrscheinlichkeit von $P_a = 50\,\%$. Es wurden jeweils zwölf Versuche nach dem Treppenstufenverfahren durchgeführt und nach Hück ausgewertet [HÜCK83]. Mit einer maximalen Abweichung von $\Delta F_{puls} = 1{,}1\,\%$ zwischen dem Sinusverlauf und dem Verlauf der Geradverzahnung und $\Delta F_{puls} = 0{,}7\,\%$ zwischen dem Sinusverlauf und dem Verlauf der Schrägverzahnung ist davon auszugehen, dass der Einfluss des Kraftverlaufs gegenüber dem Einfluss der Kraftamplitude auf die Zahnfußtragfähigkeit untergeordnet ist.

Die Umrechnung der Versuchsergebnisse von Pulsatoruntersuchungen an Geradverzahnungen auf Laufversuche ist etabliert und Stand der Technik. Demgegenüber ist die Umrechnung für Schrägverzahnungen Gegenstand aktueller Forschung. Bei der Übertragung der Versuchsergebnisse ergeben sich gegenüber der Untersuchung von Geradverzahnungen einige Unterschiede. Zunächst müssen die Axialkräfte, die aufgrund des Schrägungswinkels in die Verzahnung eingebracht werden, abgestützt werden. Eine mögliche Ausführung einer Prüfkörperaufnahmevorrichtung wurde in Abschnitt 5.3.2.1 vorgestellt. Eine weitere Herausforderung ist die Auswahl der schädigungsrelevanten Berührlinie dem Umstand folgend, dass sich aufgrund der schrägen Berührlinien über der Breite der Verzahnung unterschiedliche Spannungszustände ausbilden.

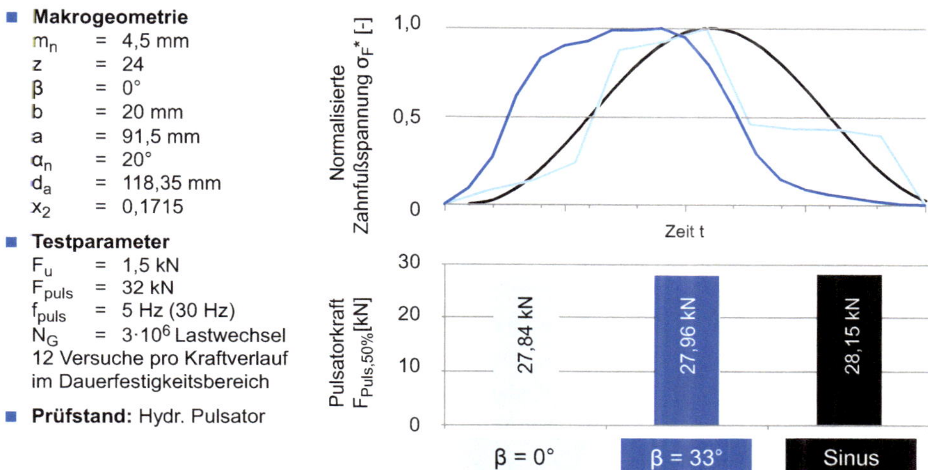

Bild 5.69 Einfluss des Belastungsverlaufs auf die Zahnfußtragfähigkeit [BREC12]

Bei Brecher et al. wird auf die Auswahl der korrekten Berührlinie für das Schrägverzahnungspulsen eingegangen [BREC14]. Es wurden Pulsator- und Laufversuche an drei verschiedenen Verzahnungen durchgeführt und jeweils das Dauerfestigkeitsniveau mithilfe des Treppenstufenverfahrens und einer Auswertung nach Hück [HÜCK83] bestimmt. Für die Pulsatoruntersuchungen wurden jeweils unterschiedliche Berührlinien eingespannt und getestet. Die Position der Berührlinie ist durch die Anzahl der eingespannten Zähne (5, 6 oder 7) bestimmt. Bei mehr eingespannten Zähnen liegt die Berührlinie bei gleicher Makrogeometrie weiter zum Zahnkopf hin als bei weniger eingespannten Zähnen.

Bei Schrägverzahnungen gibt es in den wenigsten Fällen ein Einzeleingriffsgebiet, da die Überdeckung üblicherweise $\varepsilon_\gamma \geq 2$ beträgt. Somit kann die Berührlinie nicht analog zum Geradverzahnungspulsen in die Nähe des äußeren Einzeleingriffs gelegt werden. Neben der Positionierung der Berührlinie nahe dem äußeren Einzeleingriff kann die Berührlinie für Geradverzahnungen auch nahe der Berührlinie positioniert werden, die die maximale Zahnfußspannung erzeugt. Das führt bei Schrägverzahnungen allerdings nicht in jedem Fall zu einer guten Übereinstimmung zwischen Pulsatorversuch und Laufversuch. Untersuchungen von Brecher et al. [BREC14] legen nahe, dass ein möglichst großes, hoch beanspruchtes Volumen ausschlaggebend für eine gute Übertragbarkeit zwischen Pulsatorversuch und Laufversuch ist. Der Zusammenhang wird in Bild 5.70 erläutert. In dem Diagramm ist die prozentuale Abweichung zum Laufversuch über einem Quotienten aus $\sigma_{F,mittel}$ und $\sigma_{F,max}$, der die Größe des hoch beanspruchten Volumens repräsentiert, aufgetragen. $\sigma_{F,mittel}$ entspricht dabei dem Mittelwert der Zahnfußspannung über der Breite der betrachteten

Verzahnung. Der Verlauf im Diagramm gibt an, dass die prozentuale Abweichung zwischen Pulsator- und Laufversuch bei steigendem hoch beanspruchten Volumen sinkt.

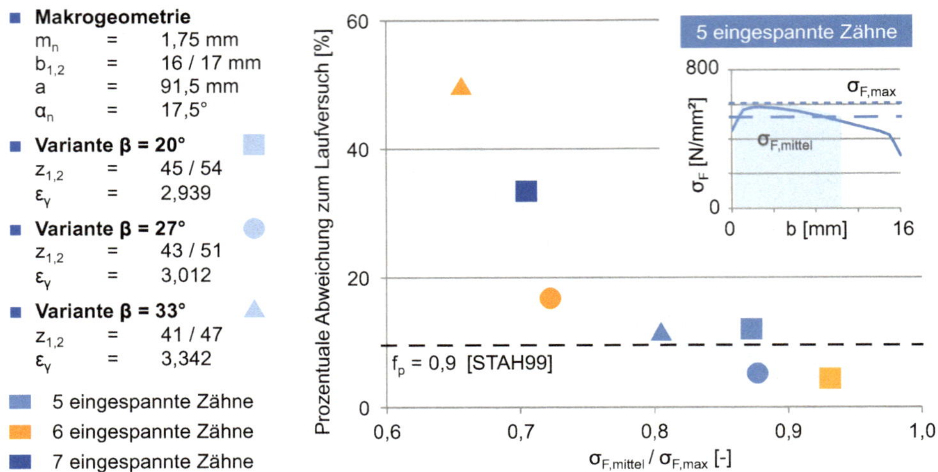

Bild 5.70 Analyse der Untersuchungsergebnisse zum Schrägverzahnungspulsen [BREC14]

Die bisherigen Untersuchungen zur Vergleichbarkeit zwischen dem Untersuchen von Schrägverzahnungen auf dem Pulsator und dem Laufversuch zeigen somit, dass die Berührlinie einzustellen ist, die zum einen möglichst hohe Biegehebelarme am Zahn aufweist und zum anderen über einen weiten Bereich der Verzahnungsbreite verläuft. Zur Auswahl der korrekten Berührlinie ist es sinnvoll, eine Zahnkontaktanalyse zu nutzen und anschließend aus der von der eingespannten Zähnezahl abhängigen diskreten Anzahl an Berührlinien auszuwählen.

5.3.5.2 Zahnflankentragfähigkeit

Die Übertragbarkeit zwischen Laufversuch und Analogieversuch ist bei der Zahnflankentragfähigkeit aufgrund der wechselnden tribologischen Beanspruchungen eine große Herausforderung. Die qualitative Überführung der Ergebnisse kann in der Regel durch den direkten Vergleich zwischen einer Referenzvariante und einer optimierten Variante gewährleistet werden [BAGH15, BUGI09, HURA04, LÖPE15, PREX90, RÖSC76]. Für den quantitativen Vergleich zwischen dem Zahnradlaufversuch und dem Zwei-Scheiben-Analogieversuch sind jedoch eine detaillierte Betrachtung der Kontaktbedingungen und ein erhöhter Analyseaufwand erforderlich.

Während beim Laufversuch als Belastungskenngröße das Moment ausgewertet wird, wird beim Zwei-Scheiben-Analogieversuch die Normalkraft vorgegeben. Zum Abgleich wird für beide Modellversuche die Kontaktpressung auf Basis der örtlichen Krümmungsradien grundsätzlich nach der Hertz'schen Theorie berechnet. Häufig führt die tribologische Belastung der Oberflächen zu einer Veränderung der Kontaktgeometrie durch örtlichen Verschleiß [HURA04, LÖPE15]. Für eine exakte Berechnung der Beanspruchung und für eine quantitative Übertragung der Ergebnisse der einzelnen Prüfsysteme ist daher die Berücksichtigung der Kontaktgeometrie zu unterschiedlichen Versuchszeitpunkten erforderlich.

Die Kinematik im Zwei-Scheiben-Analogieversuch kann flexibel hinsichtlich der zahnradtypischen Schlupfzustände und Summengeschwindigkeit eingestellt werden und wird meistens entsprechend dem höchstbeanspruchten Punkt entlang der Eingriffsstrecke gewählt. Beim geradverzahnten Stirnrad entspricht das einem Ort zwischen dem inneren Einzeleingriffspunkt B und dem Wälzpunkt C, wo ein hoher negativer Schlupf und eine hohe Normalkraft gleichzeitig vorliegen. Für eine quantitative Vergleichbarkeit sind zudem die gleiche Einspritztemperatur, ein ausreichender Volumenstrom bei Einspritzschmierung und dasselbe Öl hinsichtlich Ölviskosität sowie Additivierung einzusetzen.

Gohritz hat Untersuchungen zur Grübchentragfähigkeit vergüteter und einsatzgehärteter Stähle im Zahnradversuch und im Zwei-Scheiben-Analogieversuch durchgeführt [GOHR82]. Bild 5.71 zeigt eine Zusammenfassung der Untersuchungsergebnisse zur Grübchentragfähigkeit aus dem Laufversuch und Zwei-Scheiben-Analogieversuch. Bei Einhaltung definierter Randbedingungen sowie der Auswertung der Oberflächenveränderung und Verschleißentwicklung sind die Untersuchungsergebnisse für den Lauf- und Analogieversuch quantitativ vergleichbar. Die dauerhaft ertragbare Pressung liegt für den Einsatzstahl 16MnCr5 im Bereich von σ_{HD} = 1450 … 1600 MPa. Eine quergeschliffene Oberflächenstruktur im Zwei-Scheiben-Prüfstand führt im Vergleich zu einer längsgeschliffenen Oberflächenstruktur zu einer höheren Vergleichbarkeit mit dem Zahnradlaufversuch (Bild 5.71 rechts). Für Vergütungsstahl liegt die experimentell ermittelte Dauerfestigkeit für beide Modellversuche bei σ_{HD} = 800 MPa, wobei die Oberflächenstruktur bei der geringen Randhärte des Vergütungsstahls und der damit verbundenen Anpassung der Oberflächen keinen Einfluss auf die Grübchentragfähigkeit zeigt [GOHR82].

- **Zahnradversuch**
  - $z_{1/2}$ = 25
  - m_n = 5 mm
  - b = 15 mm
  - α = 20°
  - β = 0°
- **Zwei-Scheiben-Versuch**
  - $d_{1/2}$ = 42,05 mm
  - b = 15 mm
  - C_β = 0 µm
  - s_1 = –8 bis –40 %
- **Einsatzstahl 16MnCr5 E**
  - Eht_{550} = 0,75 mm
  - Randhärte: 850 HV0,3
- **Vergütungsstahl 42CrMo4 V**
  - R_m = 900 N/mm² (vergütet)
  - Härte: 290 HV0,3

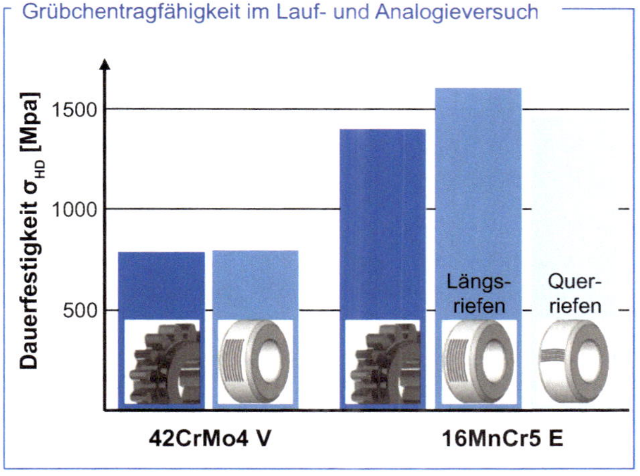

Bild 5.71 Vergleichende Grübchentragfähigkeitsuntersuchungen im Zahnrad- und Zwei-Scheiben-Versuch im Linienkontakt [GOHR82]

Löpenhaus führte vergleichende Untersuchungen und Berechnungen zur quantitativen Übertragbarkeit der Grübchentragfähigkeit verschiedener Wälzkontakte durch [LÖPE15]. Die für die Untersuchungen verwendeten Prüfkörpergeometrien und Untersuchungsvarianten sind in Bild 5.72 vergleichend aufgeführt. Die Prüfkörper für den Zwei-Scheiben-Analogieversuch entsprechen einer standardmäßig eingesetzten Kontaktgeometrie [BUGI09, HURA04]. Bei der Prüfverzahnung handelt es sich um die C-PT$_{mod}$-Verzahnung nach [BUGI09]. Zur Annäherung der Kontaktbedingungen der Zahnflanken hinsichtlich des balligen Zwei-Scheiben-Kontakts wurde zusätzlich eine für die Prüfkörpergröße ungewöhnlich hohe Breitenballigkeit $C_\beta = 121 \pm 5$ µm aufgegeben. Die Kopfrücknahme der Variante C-PT$_{mod}$ ist im erforderlichen Drehmomentbereich für eine Vermeidung eines vorzeitigen Zahneingriffs ausreichend, was mit der Methode von Bagh [BAGH15] geprüft wurde (vgl. Abschnitt 3.3.5). Daneben wurde bei der Prüfkörperfertigung auf eine hohe Teilungsqualität (DIN-Qualität 2) Wert gelegt. Hinsichtlich der Oberflächenrauheit sowie der Randhärte und Einsatzhärtetiefe weisen die Zahnradprüfkörper und die Analogieprüfkörper im Rahmen üblicher Labortoleranzen gleiche Werte auf [LÖPE15].

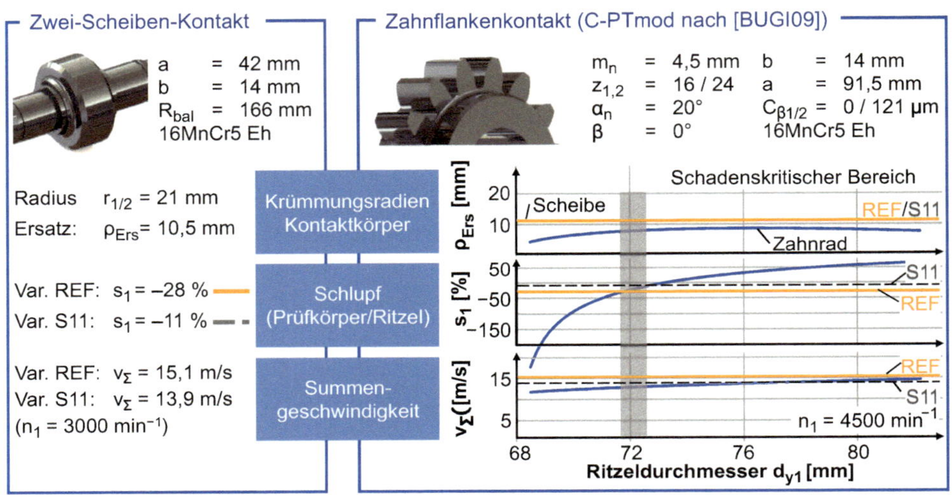

Bild 5.72 Tribologische Kontaktbedingungen im Zahnrad- und Zwei-Scheiben-Versuch [LÖPE15]

Bild 5.72 gibt einen Überblick über die zentralen Kenngrößen Krümmungsradius, Schlupf und Summengeschwindigkeit der tribologischen Systeme „Zwei-Scheiben-Kontakt" und „Zahnflankenkontakt". Beim Zwei-Scheiben-Versuch liegen konstante Kontaktbedingungen über den Umfang der Scheibe hinweg vor, wobei in der Versuchsreihe zwei Varianten mit unterschiedlichem Schlupf (Varianten REF und S11) untersucht wurden (Bild 5.72 links). Demgegenüber ändern sich für den Zahnflankenkontakt die Kontaktbedingungen entlang der Eingriffsstrecke kontinuierlich (Bild 5.72 rechts). Zur Verdeutlichung sind der Ersatzkrümmungsradius für Rad und Ritzel, der Schlupf am Ritzel und die Summengeschwindigkeit über den Ritzeldurchmesser aufgetragen (Bild 5.72). Die Ersatzkrümmungsradien sind im Zwei-Scheiben-Kontakt (ρ_{Ers} = 10,5 mm) etwas höher als im schadenskritischen Bereich der Eingriffsstrecke der FZG-C$_{mod}$-Verzahnung ($\rho_{Ers,B}$ = 7,2 mm bzw. $\rho_{Ers,C}$ = 7,9 mm). Hinsichtlich des Schlupfes ordnen sich beide Varianten des Zwei-Scheiben-Versuchs (REF und S11) gut in den Bereich der höchsten Schadenswahrscheinlichkeit am Zahnrad gemäß Gohritz [GOHR82] ein. Aufgrund der diskreten Drehzahlauswahl der Prüfsysteme liegen die Summengeschwindigkeiten im Zwei-Scheiben-Kontakt etwas oberhalb vom Zahnradversuch.

In Bild 5.73 werden die im Zwei-Scheiben-Kontakt und Zahnflankenkontakt ermittelten Versuchsergebnisse zur Grübchentragfähigkeit gegenübergestellt. Für den Zwei-Scheiben-Kontakt wurde die maximale Kontaktpressung auf Basis der realen Geometrie zu Beginn und am Ende des Versuchs berechnet (vgl. Abschnitt 6.3.4). Die Ermittlung der Hertz'schen Kontaktpressung für die Zahnflankenuntersuchungen erfolgt mit dem Programmsystem FE-Stirnradkette [BREC10a]. Die Kontaktberechnung wurde unter Berücksichtigung der an einem Verzahnungsmesszentrum (Klingelnberg P40) ermittelten Topologie der Zahnflanke zu Versuchsbeginn und zu Versuchsende durchgeführt. Der Referenzort der Analyse war gemäß den Untersuchungen im Zwei-Scheiben-Kontakt der Bereich mit einem Schlupf $s = -28\,\%$. Das Treppenstufenverfahren wurde wie beim Zwei-Scheiben-Versuch mit konstanten Pressungssprüngen $\Delta p_H = 100$ MPa und nicht wie üblich mit konstanten Momentensprüngen durchgeführt.

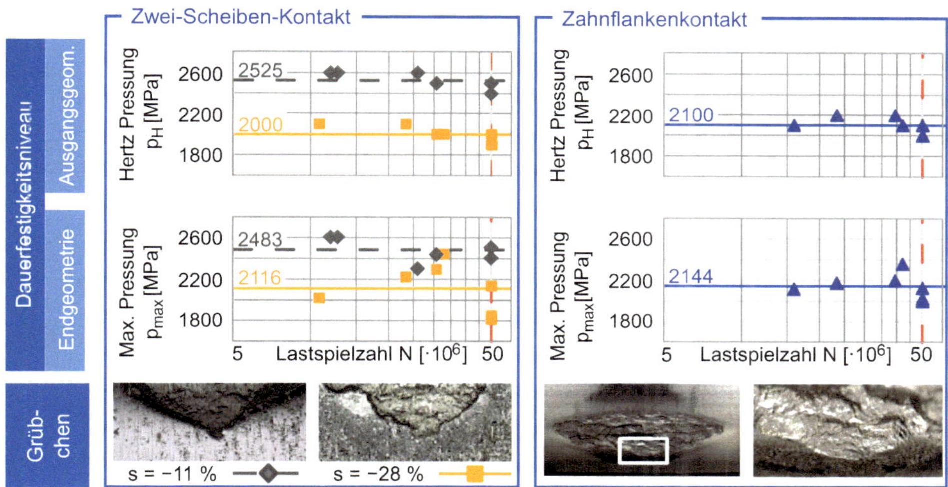

Bild 5.73 Ergebnisse der Grübchentragfähigkeit im Zwei-Scheiben- und Zahnradversuch im jeweils balligen Kontakt [LÖPE15]

Die im Zahnflankenversuch erreichten Hertz'schen Pressungen zu Versuchsbeginn liegen für die Dauerfestigkeit ca. eine Laststufe oberhalb des für die Variante REF im Zwei-Scheiben-Kontakt ermittelten Pressungsniveaus ($p_{H,Zahnrad} = 2100$ MPa im Vergleich zu $p_{H,Scheibe} = 2000$ MPa) (Bild 5.73 oben). Der Zahnflankenkontakt weist gegenüber dem Zwei-Scheiben-Kontakt eine quergeschliffene Oberflächenstruktur auf, für die geringere Reibbeanspruchungen gegenüber dem Tangentialschliff ermittelt werden [KREI08, MAYE14, FREX90], sodass höhere Flankentragfähigkeiten resultieren. Dieser Aspekt liefert einen Erklärungsansatz zu der höheren dauerfest übertragbaren Hertz'schen Pressung des Zahnflanken- gegenüber dem Zwei-Scheiben-Versuch. Das Pressungsniveau für die mit einem geringeren Schlupf geprüfte Variante S11 wird im Zahnflankenversuch aufgrund des vorzeitigen Ausfalls von schadenskritischeren Punkten entlang der Eingriffsstrecke (z. B. bei einem Schlupf von $s = -28\,\%$) nicht erreicht.

Zusätzlich werden die maximalen Kontaktpressungen, die auf Basis der gemessenen Kontaktgeometrie zu Versuchsende berechnet wurden, von Zahnflanken- und Zwei-Scheiben-Versuch dargestellt (Bild 5.73 Mitte). Die für die Endgeometrie ermittelten dauerfest übertragenen Pressungsniveaus für den Zahnradversuch und die Variante REF liegen gegenüber der Betrachtung mit der Ausgangsgeometrie näher aneinander ($p_{H,Zahnrad}$ = 2144 MPa im Vergleich zu $p_{H,Scheibe}$ = 2116 MPa). In beiden Prüfsystemen war die Oberflächenstruktur im geschädigten Bereich zerstört, woraus sich über dem Prüflauf eine zunehmende Abnahme des Oberflächenstruktureinflusses auf die Ermüdung ableiten lässt. Die Auswertung des Zahnradversuchs für einen Schlupf von s = −28 % zeigt ähnlich zur Variante REF eine höhere Pressungsbeanspruchung bei Versuchen, die eine höhere Lastspielzahl erreichten, aber keine Durchläufer sind.

Im unteren Bereich von Bild 5.73 sind die Schadensbilder für die Grübchenschäden aus dem Zahnradversuch und dem Zwei-Scheiben-Analogieversuch für die Varianten REF (s = −28 %) und S11 (s = −11 %) gegenübergestellt. Analog zum Zwei-Scheiben-Versuch weisen die Zahnflanken im Bereich höheren negativen Schlupfes eine ausgeprägte Graufleckigkeit auf. Für beide Prüfkonzepte wird ein ähnlicher Schadensfortschritt hinsichtlich Lastspielzahl und Oberflächenveränderung bei korrespondierenden Beanspruchungsbedingungen beobachtet. Daraus kann die quantitative Äquivalenz der Prüfsysteme hinsichtlich der Abfolge der Oberflächenveränderung bezüglich der Wälzfestigkeit abgeleitet werden.

Die Ergebnisse der vergleichenden Untersuchungen zwischen Lauf- und Zwei-Scheiben-Versuchen zeigen, dass der Zahnflankenkontakt und der Zwei-Scheiben-Kontakt bei vergleichbaren Prüfbedingungen lokal äquivalent bezüglich der Wälzfestigkeit sind. Für eine bestmögliche Übertragbarkeit der Prüfsysteme müssen somit sowohl die tribologischen Betriebsbedingungen als auch die verschleißbedingte Kontaktgeometrie in einem lokalen Rechenverfahren berücksichtigt werden (vgl. Abschnitt 6.4.2).

■ 5.4 Grundlagen der Getriebeakustik

Das Geräuschverhalten von Getrieben ist vor dem Hintergrund eines steigenden Umweltbewusstseins ein wichtiges Gütekriterium. Heute wird in der Getriebeentwicklung der Reduzierung der abgestrahlten Schallleistung ein ebenso hoher Stellenwert eingeräumt wie der Forderung nach einer sicheren Leistungsübertragung. Zudem wird die Situation durch Maßnahmen des Gesetzgebers, sowohl im industriellen Bereich als auch auf dem privaten Sektor, verschärft. Infolge der restriktiven Lärmgrenzwerte erhalten Getriebe, die den Vorschriften nicht entsprechen, keine Betriebserlaubnis mehr.

Aus technischer Sicht ist festzustellen, dass die Leistungsdichte in allen Bereichen des Maschinenbaus beständig gestiegen ist. Vor allem im Zahnradgetriebebau stehen neben einer hohen Betriebssicherheit ein geringes Leistungsgewicht, ein hoher Wirkungsgrad und ein geräuscharmer Lauf bei der Lösung vielfältiger Antriebsprobleme als Qualitätsmerkmale im Vordergrund. Das Spannungsfeld der unterschiedlichen Zielkriterien wird durch die Herstellungskosten erweitert. In der Regel lassen sich die genannten Forderungen nicht allesamt gleichermaßen befriedigen, weshalb häufig ein Kompromiss zwischen verschiedenen Qualitätskriterien gesucht werden muss. So führt das sinkende Leistungsgewicht mit veränderten Anregungsverhältnissen einerseits häufig zu einem Geräuschanstieg. Andererseits bewirkt die Verbesserung der Verzahnungsqualität, die zur Steigerung der Betriebssicherheit und des Wirkungsgrades angestrebt wird, häufig eine Reduktion der Schallemission, während allerdings die Herstellungskosten steigen.

Dieser Abschnitt behandelt die Grundlagen des Schwingungs- und Geräuschverhaltens von Zahnradgetrieben. Es wird erläutert, welche Schallemission von Getrieben heutiger Bauart zu erwarten ist. Darüber hinaus werden Kenntnisse über die Geräuschentstehung in Getrieben erläutert und Grundlagen der Maschinenakustik vertieft. Zudem wird auf die objektive Klassifizierung wie auch auf das subjektive Empfinden von Getriebegeräuschen (Psychoakustik) eingegangen.

5.4.1 Bewertungskenngrößen

Die Ermittlung von Geräuschen kann bezüglich unterschiedlicher Zielsetzungen erfolgen. Zum einen steht die Abstrahlung von Geräuschen (Emission) und zum anderen die Einwirkung von Geräuschen auf den Menschen (Immission) im Vordergrund. Daher ergeben sich für die Emission und Immission unterschiedliche Geräuschkennwerte, deren Erfassung und Bewertung im ersten Fall an den Bezugsgrößen des Senders, also der Geräuschquelle, und im zweiten Fall an den Bezugsgrößen des Empfängers, also des Menschen, orientiert sind. Die messtechnische Untersuchung des von einem Getriebe abgestrahlten Geräusches bedarf Methoden zur Ermittlung und Analyse, um durch die Nutzung feststehender Geräuschkennwerte eine Vereinheitlichung der Messwertbestimmung zu ermöglichen. Daher sollen im Folgenden zunächst die wichtigsten Beurteilungsgrößen des Schalls vor dem Hintergrund der akustischen Untersuchung von Getrieben erläutert werden [WECK80].

Als Schall werden Schwingungen von festen, flüssigen oder gasförmigen Stoffen bezeichnet. Entsprechend den Medien, in welchen sich die Schwingungsvorgänge abspielen, wird zwischen Luftschall (gasförmige Stoffe), Körperschall (feste Stoffe) und Wasserschall (flüssige Stoffe) unterschieden. Die Schwingungen sind einerseits durch ihre Frequenz und andererseits durch ihre Amplitude (Schalldruck) definiert. Innerhalb der Frequenzspanne von etwa $f = 16$ Hz bis maximal $f = 16\,000$ Hz kann das menschliche Gehör Luftdruckschwankungen gegenüber dem statischen Druck als Schall wahrnehmen [HECK75, WECK80].

5.4.1.1 Spektrale Zusammensetzung des Schalls

Hörbare Schallereignisse werden als Geräusch bezeichnet. Im engeren Sinn ist ein Geräusch ein Gemisch von Tönen (Sinusschwingungen) beliebiger Frequenz (z. B. ein Maschinengeräusch). Geräusche werden als Lärm bezeichnet, wenn sie den menschlichen Organismus belästigen, stören, gefährden oder schädigen. Die Geräuschstärke kann im Zeitverlauf gleich bleiben (Dauergeräusch) oder sich verändern. Die zeitlichen Änderungen können gleichmäßig (schwankendes Geräusch), plötzlich (intermittierendes Geräusch) oder schlagartig mit kurzzeitig hohen Pegeln (Impulsgeräusch) eintreten.

Die Schallemissionsmessung eines Getriebes umfasst eine Summation aller Emissionen, die von den einzelnen Getriebekomponenten ausgehen. Der Haupttreiber des vom Gehäuse abgestrahlten Geräuschpegels resultiert aus der Anregung im Zahneingriff. Um die Geräuschursache aus der messtechnisch ermittelten Geräuschemission filtern, bewerten und optimieren zu können, bedarf es einer Frequenzanalyse des emittierten Schalls. Dadurch ist eine Zuordnung der Einzelquellen für das Gesamtgetriebegeräusch möglich. Im Folgenden wird hierzu auf die Zusammenhänge von Signalen im Zeit- und Frequenzbereich eingegangen.

In der linken Hälfte von Bild 5.74 ist ein beispielhaftes Messsignal als Funktion der Zeit dargestellt. Mithilfe der Fourier-Transformation [VDI01] oder Filtertechnik lässt sich jedes periodische Zeitsignal in einzelne harmonische Komponenten (Sinus-Funktionen), d. h. ganzzahlige Vielfache einer Grundfrequenz, unterschiedlicher Amplituden und Phasenlagen, zerlegen. In diesem Beispiel setzt sich das Ausgangssignal aus drei Sinusschwingungen von f = 1000 Hz, 2000 Hz und 3000 Hz zusammen. Die im unteren Bildteil gezeigte Darstellung im Frequenzbereich gibt Auskunft über die einzelnen Frequenzanteile und Amplituden des Zeitsignals. Die verschiedenen Phasenlagen werden in der Regel nicht ausgewertet.

Bei der Schallanalyse können charakteristische Frequenzspektren unterschieden werden. In der rechten Hälfte von Bild 5.74 sind die Schalldruckamplituden in Abhängigkeit von der Frequenz (Frequenzspektren) für verschiedene Schallereignisse aufgetragen:

- *einfacher Ton:* Schall mit sinusförmigem Verlauf
- *Tongemisch:* aus Tönen beliebiger Frequenzen zusammengesetzter Schall
- *einfacher Klang:* aus harmonischen Teiltönen zusammengesetzter Schall (Einzelfrequenzen sind ganzzahlige Vielfache einer Grundfrequenz)
- *Geräusch:* Schall mit kontinuierlichem Spektrum oder ein Tongemisch, das sich aus sehr vielen Einzeltönen zusammensetzt, deren Frequenzen nicht zwangsläufig im Verhältnis ganzer Zahlen zueinander stehen

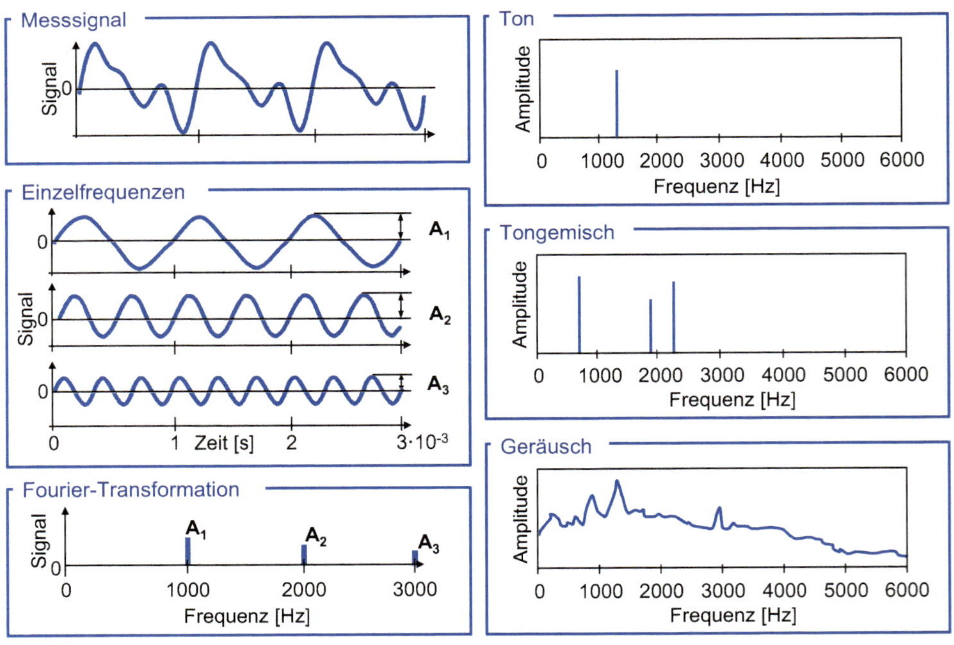

Bild 5.74 Zusammenhang zwischen Signalen im Zeit- und Frequenzbereich für verschiedene Schallereignisse [WECK06]

5.4.1.2 Kennwerte der Technischen Akustik

Das Hörempfinden eines normal ausgebildeten menschlichen Gehörs hängt einerseits von der absoluten Höhe des Schalldrucks und andererseits von seiner Frequenzlage ab und folgt nichtlinear diesen Größen. Die Darstellung des Schalldrucks in N/m² zur Kennzeichnung eines Geräusches ist aufgrund des großen Bereiches (sechs Zehnerpotenzen) der vom menschlichen Gehör wahrnehmbaren Skala von $p = 2 \cdot 10^{-5}$ bis 20 N/m² unübersichtlich bzw. schlecht darstellbar. Dies hat in der Technischen Akustik dazu geführt, die kennzeichnenden Größen des Schalls (Schallkennwert) als Logarithmus des Verhältnisses zweier gleichartiger Größen anzugeben. Diese logarithmischen Größen sind Pegelwerte, die nach Alexander Graham Bell (1847 - 1922) in Bel angegeben werden. In der Regel werden die Pegelwerte in Zehntel Bel, also in Dezibel (dB), angegeben.

Die im Fachgebiet der Technischen Akustik verwendeten Kennwerte werden im Folgenden näher erläutert.

Schallkennwerte

Die messtechnische Grundgröße für Geräuschuntersuchungen ist der Schalldruck. Der Schalldruck p ist ein dem Gleichdruck überlagerter zeitabhängiger Wechseldruck. Zur Berechnung von Schallkennwerten ist von dem zeitlich schwankenden Schalldruck der Effektivwert zu bilden:

$$\tilde{V} = \sqrt{\frac{1}{T} \cdot \int_0^T p^2(t) \cdot dt} \quad \text{mit} \quad T \to \infty \tag{5.21}$$

Der Effektivwert ist der quadratische Mittelwert der jeweiligen physikalisch zeitlich veränderlichen Größe. In Messgeräten wird der Effektivwert während einer endlichen Zeit T (Größenordnung T = 1 s) gebildet.

Die Schallschnelle v stellt die Geschwindigkeit dar, mit der die Materieteilchen im Schallfeld oszillieren. Der Effektivwert der Schallschnelle errechnet sich zu:

$$\tilde{V} = \sqrt{\frac{1}{T} \cdot \int_0^T v^2(t) \cdot dt} \quad \text{mit} \quad T \to \infty \tag{5.22}$$

Die Größe der Schallschnelle unterscheidet sich von der Schallgeschwindigkeit c, der Ausbreitungsgeschwindigkeit des Schalls im Raum.

Die Schallintensität I ist die Schallenergie, die je Zeiteinheit durch eine Flächeneinheit strömt, und ergibt sich aus dem Produkt von Schalldruck und Schallschnelle:

$$I = \tilde{p} \cdot \tilde{v} \tag{5.23}$$

Die Schallschnelle v ist messtechnisch nur schwierig zu erfassen. Bei Messungen im Fernfeld, d. h. bei ausreichend großem Abstand (Abstand ca. d = 1 m) des Messpunkts von der Geräuschquelle, schwingen Schalldruck und Schallschnelle in Phase, sodass gilt:

$$\tilde{v} = \frac{\tilde{p}}{\rho \cdot c} \tag{5.24}$$

mit

$$Z_0 = \frac{\tilde{p}}{\tilde{v}} = \frac{I}{\tilde{v}^2} = \frac{\tilde{p}^2}{I} = \rho \cdot c \tag{5.25}$$

als Schallkennimpedanz (für Luft Z_0 = 413 Ns/m³), ρ als Dichte des Mediums (für Luft ρ_L = 1,204 kg/m³) und c als Schallgeschwindigkeit (für Luft c_L = 343 m/s). Die Schallkennimpedanz wird auch als Schallwellenwiderstand bezeichnet.

Hieraus folgt als weitere Formel für die Schallintensität:

$$I = \frac{\tilde{p}^2}{\rho \cdot c} \tag{5.26}$$

Die Schallleistung P ist die von der Schallquelle abgestrahlte Schallleistung in Watt, die in einer Zeiteinheit durch die Hüllfläche S strömt, welche die Schallquelle umgibt.

$$P = \oint I \cdot dS \tag{5.27}$$

Das bedeutet, dass auf jede Hüllfläche um die Schallquelle die gleiche Schallenergie trifft. Gilt die Annahme, dass der Schalldruck $p(t)$ und die Schallschnelle $v(t)$ die gleiche Phasenlage haben, ergibt sich die Schallleistung aus der Schallintensität I und der tatsächlich durchströmten Hüllfläche S zu:

$$P = I \cdot S = \tilde{p} \cdot \tilde{v} \cdot S = \frac{\tilde{p}^2}{\rho \cdot c} \cdot S \tag{5.28}$$

Die Schallleistung ist zur Charakterisierung einer Schallquelle am besten geeignet, da sie im Gegensatz zum Schalldruck unabhängig von der Beschaffenheit des Schallquellenortes und von der Entfernung zur Schallquelle ist.

Akustische Pegel

Alle genannten Kenngrößen der Technischen Akustik werden in der Regel in Pegelschreibweise angegeben. Hierzu ist für jeden Kennwert ein entsprechender Bezugswert festgelegt worden [DIN94].

Für die abgestrahlte Schallemission einer Schallquelle werden Schalldruckpegel und Schallleistungspegel angegeben bzw. gemessen. Der Schalldruckpegel L_p ist folgendermaßen definiert:

$$L_p = 10 \cdot \lg\left(\frac{\tilde{p}^2}{\tilde{p}_0^2}\right) = 20 \cdot \lg\left(\frac{\tilde{p}}{\tilde{p}_0}\right); \tilde{p}_0 = 2 \cdot 10^{-5}\,\frac{\mathrm{N}}{\mathrm{m}^2} \tag{5.29}$$

Für den Schallleistungspegel L_w gilt entsprechend:

$$L_W = 10 \cdot \lg\left(\frac{P}{P_0}\right); P_0 = 1 \cdot 10^{-12}\ \mathrm{W} \tag{5.30}$$

Mit Formel 5.28 und der Bezugsgröße $\tilde{p}_0$ folgt für die Ermittlung des Schallleistungspegels alternativ:

$$L_W = 10 \cdot \lg\left(\frac{\tilde{p}^2}{\tilde{p}_0^2}\right) + 10 \cdot \lg\left(\frac{S}{S_0}\right) \tag{5.31}$$

mit dem Messflächenmaß L_s:

$$L_S = 10 \cdot \lg\left(\frac{S}{S_0}\right); S_0 = 1\ \mathrm{m}^2 \tag{5.32}$$

Der Schallleistungspegel folgt aus dem Schalldruckpegel L_p und dem Messflächenmaß L_S. Die Messung der Schallemission (Schallleistung) erfolgt gemäß DIN 45635 [DIN84], welche die Einflüsse von Raumeigenschaften und Fremdgeräuschquellen berücksichtigt (vgl. Abschnitt 5.5.1.5).

Darüber hinaus werden weitere akustische Kenngrößen als Pegelwert angegeben.

Schallschnellepegel (Körperschall und Luftschall):

$$L_v = 10 \cdot \lg\left(\frac{\tilde{v}^2}{\tilde{v}_0^2}\right) = 20 \cdot \lg\left(\frac{\tilde{v}}{\tilde{v}_0}\right); \tilde{v}_0 = 1 \cdot 10^{-9}\ \frac{\mathrm{m}}{\mathrm{s}} \tag{5.33}$$

Beschleunigungspegel (Körperschall):

$$L_a = 10 \cdot \lg\left(\frac{\tilde{a}^2}{\tilde{a}_0^2}\right) = 20 \cdot \lg\left(\frac{\tilde{a}}{\tilde{a}_0}\right); \tilde{a}_0 = 1 \cdot 10^{-5}\ \frac{\mathrm{m}}{\mathrm{s}^2} \tag{5.34}$$

Intensitätspegel (Luftschall):

$$L_I = 10 \cdot \lg\left(\frac{I}{I_0}\right); I_0 = 1 \cdot 10^{-12}\ \frac{\mathrm{W}}{\mathrm{m}^2} \tag{5.35}$$

Die genannten Pegelwerte werden bei der Untersuchung von Getrieben als Frequenzspektren aufgezeichnet, um feststellen zu können, bei welchen Frequenzen dominierende Amplituden vorliegen. Dadurch ist man in der Lage, gezielt Maßnahmen zu ergreifen, diese Amplituden bzw. die Geräuschemission zu reduzieren.

5.4.1.3 Zahneingriffsfrequenz und Ordnungsspektrum

Als Frequenz mit dominierenden Amplituden erweist sich im Getriebebau die sogenannte Zahneingriffsfrequenz der einzelnen Zahnradstufen. Die Zahneingriffsfrequenz f_z ist die Frequenz, mit der die einzelnen Zähne in den Eingriff kommen, und sie ist mit ihren Harmonischen (ganzzahlige Vielfache der Frequenz) eine der dominierenden Anregungsfrequenzen eines Getriebes. Bei Zahnradgetrieben ergibt sich die Zahneingriffsfrequenz der im Eingriff befindlichen Zahnräder mit:

$$f_{Z_{1,2}} = n \cdot z = n_1 \cdot z_1 = n_2 \cdot z_2 \tag{5.36}$$

Insbesondere für schnelldrehende Getriebe sind weiterhin die Rotationsfrequenz der Welle sowie deren Harmonische von Bedeutung, da für diese bei hohen Drehzahlen sensitive Frequenzbereiche für das menschliche Gehör erreicht werden können.

In der Mitte von Bild 5.75 sind Frequenzspektren des Körperschalls eines einstufigen Getriebes für zwei verschiedene Betriebspunkte unterschiedlicher Drehzahlen dargestellt. Das Beispielgetriebe weist ein Zähnezahlverhältnis von $i = z_1/z_2 = 25/36$ auf. Bei einer Antriebsdrehzahl von $n_1 = 1000\ \mathrm{min}^{-1}$ beträgt die Zahneingriffsfrequenz $f_z = 416{,}67$ Hz. Die aus der Verzahnung resultierende Überhöhung ist die dominierende Körperschallamplitude. Bei einer Verdopplung der Antriebsdrehzahl auf n_1 = 2000 min^{-1} verdoppelt sich gleichfalls die Zahneingriffsfrequenz, wie im unteren Frequenzspektrum zu erkennen ist.

In der Regel werden z.B. Fahrzeuggetriebe nicht nur in stationären Betriebspunkten untersucht wie beispielsweise Industriegetriebe. Daher ist ein Vergleich von Frequenzspektren bei unterschiedlichen Drehzahlen aufgrund der sich ändernden Eingriffsfrequenzen umständlich. Für eine bessere Vergleichbarkeit wird eine drehzahlunabhängige Darstellung der Ergebnisse realisiert. Hierzu wird eine Normierung des Frequenzspektrums vorgenommen, deren Ergebnis ein Ordnungsspektrum darstellt. Die Umrechnung erfolgt durch die Division der Frequenzen durch eine Bezugsfrequenz:

$$Ordnung = \frac{Frequenz}{Bezugsfrequenz} \tag{5.37}$$

Für die Bezugsfrequenz kann neben den Drehfrequenzen von Rad oder Ritzel auch die Zahneingriffsfrequenz herangezogen werden. Üblicherweise stellt die Abtriebsseite eines Getriebes den Bezug für eine Normierung dar. Im rechten Teil von Bild 5.75 sind die zugehörigen Ordnungsspektren für beide Betriebspunkte dargestellt. Die Normierung erfolgt mit dem Bezug auf die Abtriebsdrehzahlen bzw. -frequenzen. Damit stellt die 36. Ordnung die erste Zahneingriffsordnung bezogen auf den Abtrieb dar, da die betrachtete Verzahnungsstufe z_2 = 36 Zähne auf der Abtriebswelle besitzt. Der Vergleich von Frequenz- und Ordnungsspektren zeigt die Drehzahlunabhängigkeit der Ordnungsspektren für die unterschiedlichen Betriebspunkte bei unterschiedlichen Beträgen der Amplituden.

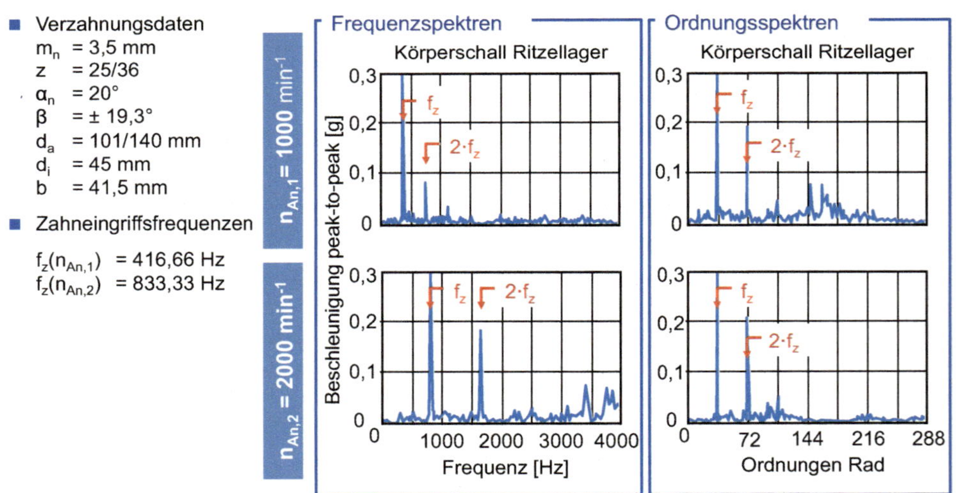

Bild 5.75 Zusammenhang zwischen Frequenz- und Ordnungsspektrum am Beispiel eines einstufigen Stirnradgetriebes

5.4.1.4 Spektralanalyse von Getriebegeräuschen

Bei Getrieben, die nicht ausschließlich bei einem stationären Betriebspunkt betrieben werden, sondern innerhalb eines Drehzahlbereiches, empfiehlt sich eine Untersuchung des Betriebs- und Drehzahlspektrums. Hierzu werden Drehzahlrampen konstanter Steigung untersucht, um das Anregungsverhalten des Getriebes in einem Drehzahlband zu messen. Zur Analyse der gemessenen Signale werden die Frequenz- und Ordnungsanalyse durchgeführt, die in Bild 5.76 dargestellt sind.

Frequenzanalyse:

- Das Signal wird in Abschnitte (Fenster) zerlegt und durch eine FFT werden die Frequenzanteile des Signals ermittelt.

Ordnungsanalyse:

- Frequenzen, die der Getriebedrehzahl entsprechen, werden als Ordnungen bezeichnet.

Frequenzanalyse:

Δn: Drehzahlsprung
Δt = const

Ordnungsanalyse:

Δn: Drehzahlsprung
Δt_i ≠ const

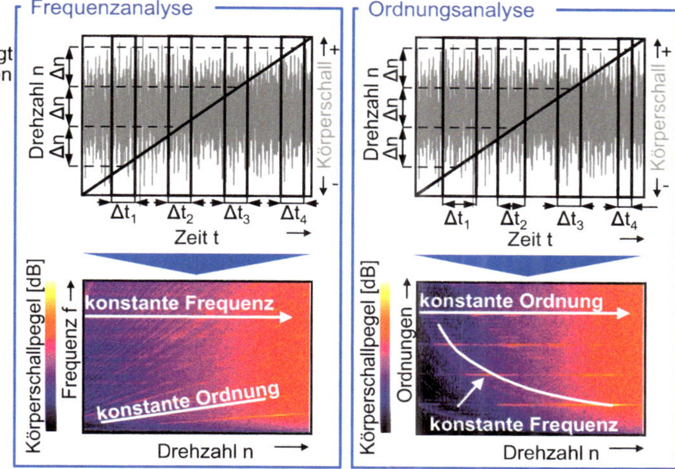

Bild 5.76 Berechnung dreidimensionaler Frequenz- und Ordnungsspektren (Campbell-Diagramme)

Im mittleren Teil der Abbildung ist die Frequenzanalyse eines Drehzahlhochlaufes bei konstanter Steigerung der Drehzahl dargestellt. Definierte Drehzahlintervalle dienen bei der Analyse des Signals als Stützstellen. Aufgrund der konstanten Rampe und dem bekannten Start- und Endzeitpunkt der Gesamtmessung ist der Zeitpunkt jeder gewählten Drehzahl bekannt. Zur Analyse wird bei jeder Stützstelle ein konstantes Zeitfenster Δt aufgespannt und ausgewertet. Durch die Aufreihung der Einzelspektren über der Drehzahl entsteht das gezeigte Campbell-Diagramm. Linien konstanter Frequenz (Eigenfrequenzen) verlaufen waagerecht und Linien konstanter Drehordnung (z. B. Zahneingriffsfrequenz und deren Harmonische) proportional steigend mit der Drehzahl. Die Amplitudendarstellung wird über Farbverläufe realisiert. Fallen Anregungsfrequenz und Systemeigenfrequenz zusammen, steigt die Amplitude der entsprechenden Frequenz für die jeweilige Drehzahl deutlich an.

Eine weitere Darstellungsform ist die Ordnungsanalyse rechts in Bild 5.76. Hierbei wird nicht die Frequenz, sondern die Drehordnung über der Drehzahl aufgetragen. Zur Berechnung des Diagramms werden um die Stützstellen analog zur Frequenzanalyse ebenfalls symmetrische Zeitfenster gelegt. Die Fenstergröße variiert jedoch, da die Bezugsgröße nicht mehr die Zeit, sondern der Drehwinkel des Bezugskanals ist. Demnach nimmt mit zunehmender Drehzahl die Fenstergröße des Zeitbereichs ab, da die gleiche Anzahl an Umdrehungen aufgrund der höheren Drehzahl in kürzerer Zeit erreicht wird. Dadurch können Grenzen der messtechnischen Auflösung erreicht werden. Die entstandenen Einzel-Ordnungsspektren werden wie beim Campbell-Diagramm nacheinander über der Drehzahl aufgetragen. Dabei verlaufen Linien konstanter Ordnung (z. B. Zahneingriffsfrequenzen und deren Harmonische) nun waagerecht und Linien konstanter Systemeigenfrequenzen, die unabhängig von der Drehzahl sind, hyperbelförmig. Die Amplitudendarstellung wird analog zum Frequenzspektrum ebenfalls über Farbverläufe realisiert.

Die Interpretation der Campbell-Diagramme kann durch eine Überführung in zweidimensionale Diagramme erleichtert werden. Eine Möglichkeit besteht darin, die dreidimensionalen Frequenz- und Ordnungsanalysen in zweidimensionale Ordnungsschnitte zu transformieren. Bei einem Ordnungsschnitt werden aus der Ordnungsanalyse die relevanten Ordnungen wie beispielsweise die erste Drehordnung oder die erste Zahneingriffsfrequenz analysiert. Der Amplitudenwert der Ordnung wird einzeln betrachtet und über der Drehzahl dargestellt. Dies führt zu einem leicht interpretierbaren Diagramm, das eine direkte Bewertung und einen Vergleich zwischen zwei Varianten über dem Drehzahlband ermöglicht. Ein Ordnungsschnitt für die erste Zahneingriffsordnung ist in der linken Bildhälfte von Bild 5.77 dargestellt. Eine andere Möglichkeit ist die Mittelung der Ordnungsamplituden über der Drehzahl (vgl. Bild 5.77 rechts). Hierzu werden die Amplituden der jeweiligen Drehzahlstützstellen gemittelt. Dadurch entstehen die in Abschnitt 5.4.1.3 vorgestellten Ordnungsspektren.

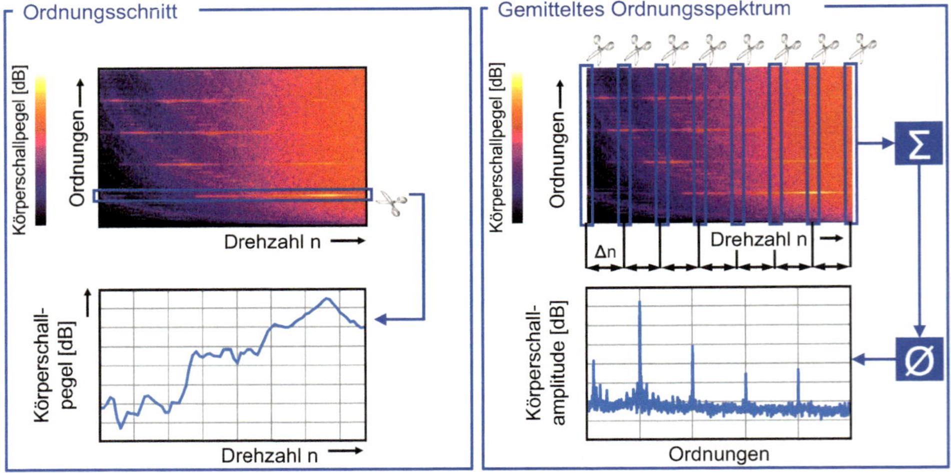

Bild 5.77 Ordnungsschnitt und gemitteltes Ordnungsspektrum

5.4.2 Getriebegeräusche

Infolge der verstärkten Elektrifizierung von Antriebssträngen im Automobilbau, wie im Bereich der Elektromobilität sowie der Optimierung der Antriebseinheit und der Reduktion weiterer akustischer Störquellen, wird die Gesamtgeräuschemission der Fahrzeuge deutlich gesenkt. Die Verringerung der Maskierungs- und Verdeckungseffekte hat zur Folge, dass Getriebegeräusche stärker in den Vordergrund treten. Demzufolge besteht bezüglich des Getriebegeräusches ein Optimierungspotenzial für die Produktqualität, welches stetig an Relevanz gewinnt. Die Qualitätsbewertung der Akustik wird vom Kunden und von den

Anwendern definiert [HENN08] und erfolgt nicht allein auf Basis von objektiv ermittelbaren Schwingungsamplituden. Dementsprechend ist eine Optimierung nicht isoliert durch die Verringerung der physikalischen Geräuschanteile zu realisieren, sondern sollte gleichfalls Aspekte der Geräuschqualität berücksichtigen. Ein Geräusch wird in dem Zusammenhang als negativ empfunden, wenn es unangenehm und störend ist, negative Assoziationen hervorruft oder mit dem entsprechenden Produkt inkompatibel ist [GENU98].

Im Folgenden wird neben der objektiven Klassifizierung auch auf das subjektive Hörempfinden von Geräuschen (Psychoakustik) insbesondere im Zusammenhang mit Getrieben eingegangen.

5.4.2.1 Objektive Einteilung von Getriebegeräuschen

Getriebegeräusche können nach ihrer Ursache in mehrere Gruppen unterteilt werden. Bild 5.78 zeigt eine Klassifizierung der wichtigsten Geräusche und benennt die wesentlichen Entstehungsmechanismen. Die dominierende Getriebegeräuschart sind die Abwälzgeräusche der unter Last stehenden Zahnradpaarungen, die als Heulen und Pfeifen beziehungsweise als Singgeräusche bezeichnet werden. Die Anregung durch im Kraftfluss befindliche Zahnradstufen gliedert sich in parameter- und wegerregte Schwingungen sowie in fertigungs- und lastbedingte Eingriffsstörungen und wird ausführlich in Abschnitt 5.4.2.2 analysiert. Zur Analyse und zu einer objektiven Bewertung der Getriebegeräusche werden die in Abschnitt 5.4.1.1 vorgestellten physikalischen Größen verwendet.

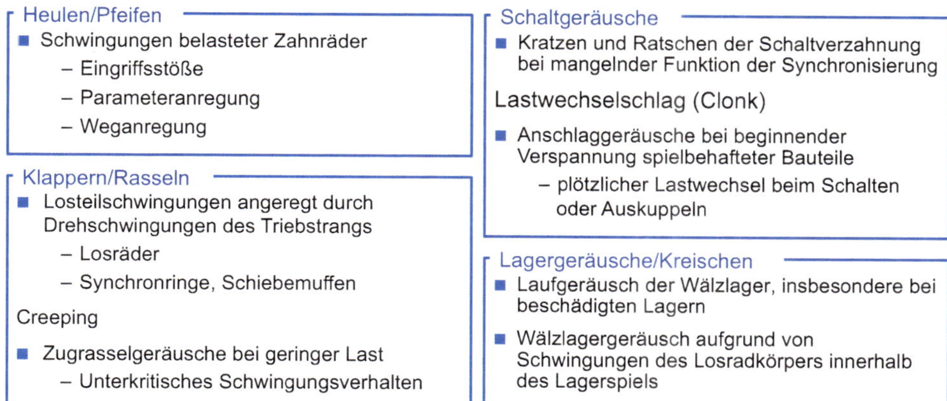

Bild 5.78 Klassifizierung von Pkw-Getriebegeräuschen [RYBO03]

Klapper- oder Rasselgeräusche resultieren aus unbelasteten Getriebekomponenten, wie Losrädern, Synchronringen oder Schiebemuffen. Die Hauptursachen sind Torsionsschwingungen, die von der Antriebs- oder Abtriebsmaschine auf die Getriebeeingangs- bzw. Getriebeausgangswelle übertragen werden. Alle nicht an der Leistungsübertragung beteiligten Bauteile können somit in Abhängigkeit von der Frequenz der Drehungleichförmigkeit, verursacht durch die Antriebs- oder Abtriebskomponenten, zum Rasseln angeregt werden. In Folge der Anregung durchlaufen die Bauteile die funktionsbedingten Spiele. Das Aufeinandertreffen mit den unbelasteten Komponenten an den Spielgrenzen führt zu Stößen, die als

Geräusch wahrnehmbar sind. Klappergeräusche von Getrieben treten zum Beispiel im Leerlauf und Rasselgeräusche im Zug- oder Schubbetrieb durch lastfrei oder bei niedrigem Drehmoment mitdrehende Losräder beispielsweise im Motorsteuerbetrieb auf [DOGA01]. Zur Verringerung von Klapper- und Rasselgeräuschen kann die Anregung durch die Verwendung von Schwingungstilgern, Verkleinerung des Verdreh- und Axialspiels oder Verspannen des Eingriffs reduziert werden. Jeweils sind wirtschaftliche Gesichtspunkte infolge der kleineren Toleranzen zu berücksichtigen [LECH98]. Insbesondere sollte im Auslegungsprozess das Klemmen der Verzahnung durch auftretende Temperaturschwankungen vermieden werden.

Schaltgeräusche entstehen bei fehlerhaft durchgeführten Schaltvorgängen. Die Kratz- und Ratschgeräusche der Schaltverzahnung können durch konstruktive Änderungen der Synchroneinheiten verringert werden. Beim Schalten treten ebenfalls hochfrequente, impulsförmige Geräusche in Folge lastwechselbedingter, instationärer Anregung auf, die als Lastwechselschlag bezeichnet werden. Geräusche durch einen Lastwechselschlag resultieren aus schnellem Ein- oder Auskuppeln.

Lagergeräusche werden insbesondere bei beschädigten Wälzlagern akustisch wahrgenommen. Bei manuell schaltbaren Pkw-Getrieben ist, beispielsweise bedingt durch die Gangwahl über Synchronisierungen, für jede Stufe ein Zahnrad als Losrad ausgeführt, welches sich über ein Nadellager auf einer Getriebewelle dreht. Beim Kreischen schwingt der unbelastete Losradkörper innerhalb des Spiels des Nadellagers. Kreischen entsteht insbesondere bei hohen Beschleunigungen der Getriebewellen, wie sie beispielsweise beim Anfahrtvorgang vorliegen. Aufgrund der Dämpfung haben die Wahl des Getriebeöls sowie die Betriebstemperatur einen wesentlichen Einfluss auf das Kreischen eines Getriebes [LANG97].

Die Anregungsmechanismen im Zahneingriff stellen, wie bereits erläutert, den größten Anteil der gesamten Geräuschanregung eines Getriebes dar. Daher können Laufgeräusche von funktionstüchtigen Wälz- und Gleitlagern in der Mehrzahl der Fälle vernachlässigt werden. Bild 5.79 zeigt schematisch am Beispiel des Source-Path-Receiver-Prinzips die physikalischen Zusammenhänge für die Entstehung und Übertragung des Getriebeheulens [CARL14]. Prinzipiell kann das Geräuschverhalten eines Getriebes durch eine maschinenakustische Übertragungskette aus Geräuschanregung (Source, Zahneingriff), Schallübertragung (Path, Körperschall) und Schallabstrahlung (Receiver, Luftschall) dargestellt werden [CERR11]. Die Schallübertragung erfolgt vom Zahneingriff über den Radkörper, die Wellen, die Lager und das Gehäuse.

Bei Getriebegeräuschen wird zwischen direktem und indirektem Luftschall unterschieden [OPIT70]. Der direkte Luftschall ist ein Schallfeld im Getriebegehäuse, das durch direkte bzw. primäre Abstrahlung im Zahneingriff erzeugt und in der Regel außerhalb nicht wahrgenommen wird. Neben dem direkten Luftschall entstehen durch das infolge von geometrischen Abweichungen sowie Steifigkeitsschwankungen nichtideale Abwälzen der Verzahnung innere Kräfte, wodurch Körperschall erzeugt wird. Die Schwingungen werden über die Radkörper an angekoppelte Bauteile wie Wellen und Lager weitergeleitet und von der Gehäuseoberfläche als indirekter bzw. sekundärer Luftschall abgestrahlt [HOHL02]. An freien Oberflächen des Gehäuses wird der Körperschall als Luftschall abgestrahlt. Bei einer Betrachtung des gesamten Getriebes ist der im Getriebegehäuse abgestrahlte direkte Luftschall gegenüber dem durch Körperschallweiterleitung am Gehäuse abgestrahlten indirekten Luftschall vernachlässigbar.

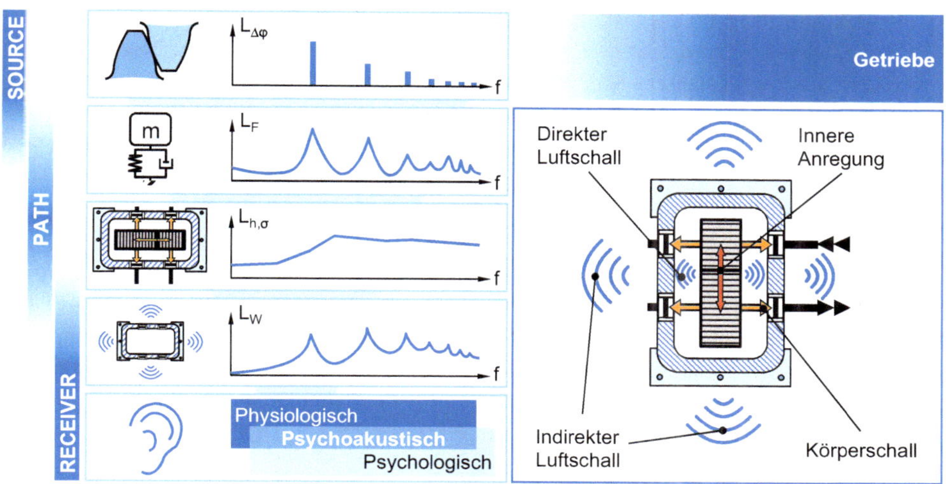

Bild 5.79 Geräuschentstehungskette im Getriebe [CARL14]

Eine Herabsetzung des Getriebegeräusches lässt sich sowohl durch eine Verminderung der Geräuschanregung im Zahneingriff (primäre Maßnahmen) als auch durch eine Veränderung der Schallübertragung und der Schallabstrahlung über das Getriebegehäuse (sekundäre Maßnahmen) erreichen. Die Möglichkeiten der Geräuschbeeinflussung in den verschiedenen Phasen (Geräuschanregung, Körperschallübertragung, Schallabstrahlung) werden in Abschnitt 5.4.4 aufgezeigt.

5.4.2.2 Subjektive Bewertung

Der Mensch empfindet Geräusche weder objektiv noch absolut. Die Gründe hierfür liegen neben der Physiologie in der Psychologie. Infolgedessen kann das menschliche Geräuschempfinden nicht isoliert von den physikalischen Schwingungsgrößen charakterisiert werden. Bild 5.80 zeigt Druck- und Frequenzbereiche, die für Sprache und Musik kennzeichnend sind. Der Luftschall ist vom menschlichen Gehör über einen sehr großen Druckbereich wahrnehmbar. Über den menschlich hörbaren Frequenzbereich (etwa f = 16 Hz bis 16 kHz) ist das Lautstärkeempfinden nicht konstant. Die Empfindlichkeit des Ohrs ist am größten für Töne im Frequenzbereich von etwa f = 1000 Hz bis 6000 Hz. Die Ursache hierfür liegt in dem Aufbau des Außenohrs, d. h. der Länge des Gehörgangs von der Ohrmuschel bis zum Trommelfell. In dem Frequenzbereich, in welchem die Länge des Gehörgangs ca. einem Viertel der Wellenlänge des Luftschalls entspricht, ist die Aufnahme von Schallschwingungen durch das Trommelfell besonders gut. Bei den meisten Menschen entspricht dies einer Frequenz von ca. f = 4000 Hz. Die Hörschwelle - die untere Grenze, bei der ein Schalldruck gerade noch wahrgenommen werden kann - liegt bei einer Frequenz von f = 1000 Hz bei einem Effektivwert von etwa $\tilde{p} = 2 \cdot 10^{-5}\,\text{N}/\text{m}^2$, die Schmerzgrenze liegt oberhalb eines effektiven Schalldruckes von $\tilde{p} = 20\,\text{N}/\text{m}^2$. Beide frequenzabhängigen Schwellwerte sind auch in Bild 5.80 dargestellt.

Eine Kenngröße zur Beschreibung des Intensitätsempfindens des Gehörs ist die Lautstärke, die in der Einheit phon angegeben wird. Die Abhängigkeit des wahrgenommenen Lautstärkepegels von Schalldruckpegel und Frequenz ist durch „Kurven gleicher Lautstärke“

(Isophonen) in Bild 5.80 dargestellt. Die Kurven geben an, welchen Pegel ein Schallsignal mit vorgegebener Frequenz aufweisen muss, damit es ebenso laut wie ein Referenzton bei f = 1 kHz mit vorgegebenem Schalldruckpegel empfunden wird. Unterhalb der niedrigsten Isophone bei 3,8 phon, der Hörschwelle, können keine Geräusche wahrgenommen werden. Demgegenüber wird die obere Gehörempfindungsgrenze des Menschen (bei etwa L = 120 phon) durch die Schmerzgrenze charakterisiert. Geräusche mit Lautstärken oberhalb dieser Grenze führen zu irreparablen Schädigungen des Gehörs [FAST06].

Ein reiner Ton mit einer Frequenz von f = 50 Hz und einem Schalldruckpegel von L_p = 80 dB wird genauso laut empfunden wie der Referenzschall von f = 1 kHz bei einem Lautstärkepegel von L_p = 60 dB (vgl. Bild 5.80). Um die frequenzabhängige Empfindlichkeit des Ohrs bei der messtechnischen Beurteilung von Geräuschquellen zu berücksichtigen, wurde eine Frequenzbewertung eingeführt, die das Geräusch frequenzabhängig und in Abhängigkeit vom absoluten Schalldruck gewichtet und qualitativ den Isophonen folgt [ISO03].

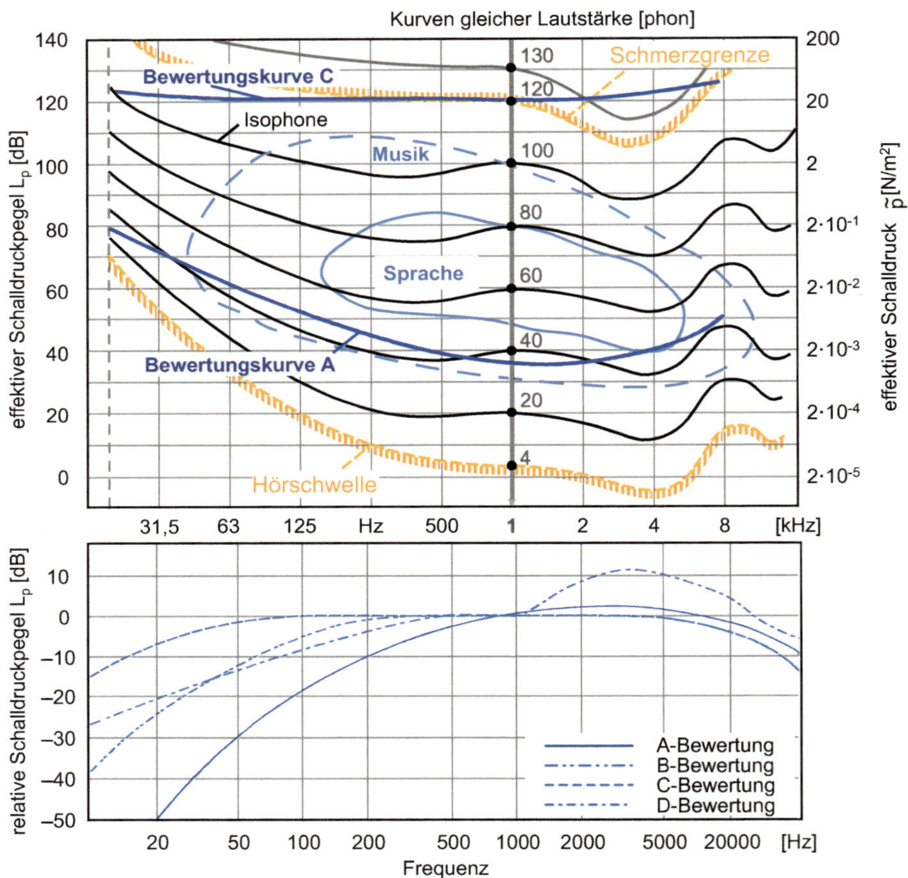

Bild 5.80 Kurven gleicher Lautstärke für sinusförmige, frontal einfallende, beidohrig abgehörte Einzeltöne [DIN13, ISO03]

Die Bewertungskurven A, B, C und D werden eingesetzt, um das frequenzabhängige Hörempfinden zu berücksichtigen. Die Kurvenverläufe der unterschiedlichen Bewertungen sind in der unteren Hälfte von Bild 5.80 über der Frequenz dargestellt [DIN13]. Die A-Bewertungskurve gilt in Annäherung an die Kurven gleicher Lautstärke für Schalldruckpegel von L_p < 55 dB, die B-Kurve für Schalldruckpegel zwischen L_p = 55 dB und 85 dB und die C-Kurve für Schalldruckpegel von L_p > 85 dB. Die D-Bewertung wurde ursprünglich zur Bewertung von Fluglärm bei sehr hohen Schalldrücken eingeführt. Hauptsächlich wird heute nur die A-Kurve für alle Schalldruckpegel zur frequenzabhängigen Bewertung eines Geräusches verwendet, um vergleichbare Messwerte zu erhalten. Die B- und D-Bewertung sind nicht mehr Bestandteil der Norm. Da die Bewertungskurven eine Idealisierung der Isophonen darstellen, ist die Benennung der Messgröße mit „phon“ nicht erlaubt. Der gewichtete Schalldruckpegel wird daher in dB angegeben, wobei die Bewertung durch Indizierung der Pegelgröße erfolgt, z. B. L_{pA} = 85 dB. Darüber hinaus wird der A-bewertete Messwert oft mit einer Erweiterung der Einheit in dBA oder dB(A) angegeben.

Eine weiterführende Objektivierung und Bewertung des menschlichen Geräuschempfindens wird über die Psychoakustik realisiert. Als Beispiel hierfür wurde das Tropfen eines Wasserhahns analysiert, bei dem der Schalldruckpegel kaum messbar ist und dennoch in hohem Maß als störend bewertet wird, sodass die Lästigkeit des Geräusches in den Vordergrund tritt [DAUP04]. Wird dem Geräusch ein breitbandiges Rauschen überlagert, so wird die Lästigkeit bereits bei geringer Intensität des Rauschens, trotz des gleichbleibenden Störgeräusches und sogar einem erhöhten Gesamtschalldruckpegel, deutlich herabgesetzt.

Eine erste psychoakustische Bewertung von Geräuschen ist durch die Einführung der Bewertungskurven vorgenommen worden (siehe Bild 5.80). Darüber hinaus werden weitere, teilweise bereits standardisierte Bewertungsgrößen herangezogen. Aufgrund des subjektiven Empfindens und folglich einer individuellen Bewertung sind die Kennwerte mittels empirischer Untersuchungen auf Basis hinreichend großer Probandenzahlen gewonnen worden. Auf diese Weise wird eine Brücke zwischen dem physikalischen und dem vom Menschen wahrgenommenen Geräusch gebildet.

Das Ziel einer Akustikoptimierung muss darin bestehen, das Geräusch für das menschliche Gehör angenehmer und weniger lästig erscheinen zu lassen. Anders als die Skalierung der physikalischen Kenngrößen erfolgt die Skalierung der psychoakustischen Kenngrößen proportional zum Empfinden, sodass ein doppelt so großes Empfinden einer doppelt so hohen Bewertungsgröße entspricht. Die nachfolgend beschriebenen Kennwerte werden als Einzahlgrößen angegeben. Mithilfe der Einzahlgrößen wird zwischen einem akzeptablen und nicht akzeptablen Geräusch unterschieden. Ein generell absoluter Grenzwert kann nicht festgelegt werden [HEAD10], da er individuell unterschiedlich ist. Vielmehr ist eine Grenze vom relativen Verhältnis, von einem Hörvergleich und dem Anwendungsfall abhängig.

Anhand akustischer Bewertungen werden nach Abschluss der Fertigung und der Montage eines Getriebes bei sogenannten End-of-Line-Prüfungen Aussagen über die Funktion und Qualität eines Systems getroffen. Diese Vorgehensweise hat sich in der Praxis etabliert, während die psychoakustische Bewertung des Getriebegeräusches äußerst selten angewendet wird und Gegenstand neuer Analyseverfahren ist [CARL14]. Untersuchungen zur psychoakustischen Bewertung zeigen, dass zwischen der physikalischen Geräuschcharakteristik gemäß A-Bewertungskurve und dem Höreindruck kein direkter Zusammenhang besteht. Um der Diskrepanz zu begegnen, sind Kenngrößen eingeführt und diverse Aspekte des

Anregungsverhaltens untersucht worden. Die Geräuschwahrnehmung im Getriebebau wird insbesondere von der Drehzahl beeinflusst und die damit beeinflussten Anregungsaspekte können mithilfe der Psychoakustik charakterisiert und beurteilt werden [CARL14].

Definitionsgemäß erfolgt die gehörgerechte Beurteilung von Geräuschen mittels der Psychoakustik auf Basis des Luftschalls. Weitere Untersuchungen haben gezeigt, dass die Methode ebenso auf den im Getriebe auftretenden Körperschall transferiert werden kann [CARL14]. Der Zusammenhang ist mit der in Bild 5.79 dargestellten Geräuschentstehungskette erklärbar. Im Folgenden werden die psychoakustischen Kennwerte erläutert, von denen die wesentlichen in Bild 5.81 zusammengefasst dargestellt sind.

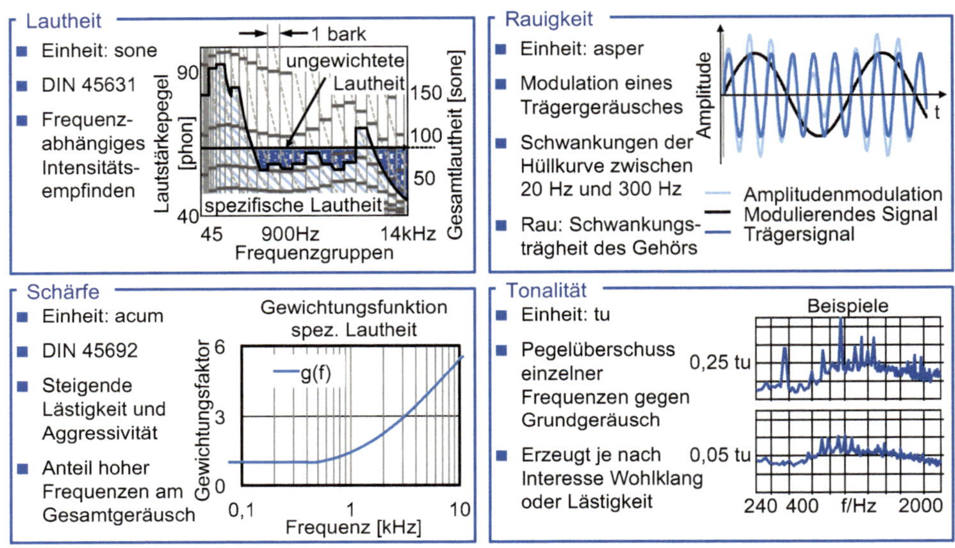

Bild 5.81 Zentrale psychoakustische Kennwerte

Lautheit

Die Lautheit ist eine Kenngröße zur Beschreibung des proportionalen Intensitätsempfindens des menschlichen Gehörs. Grundsätzlich beschreiben die Kenngrößen Lautstärke und Lautheit dieselbe Empfindung und können ineinander umgerechnet werden. Im Gegensatz zur Lautstärke (logarithmische Skala) wird bei der Lautheit eine lineare Skala verwendet, sodass ein doppelt so laut empfundenes Geräusch als doppelt so laut bewertet wird. Die Einheit der Lautheit ist sone. Eine Lautheit von N = 1 sone entspricht einem Schalldruckpegel von L_p = 40 dB bei einer Frequenz von f = 1 kHz und somit einem Lautstärkepegel von L = 40 phon. Die Berechnung der Lautheit beruht auf Hörversuchen von Sinustönen und Geräuschen durch Lautheitsvergleich mit dem 1-kHz-Sinuston und ist in DIN 45631 [DIN91] standardisiert. Das dort dokumentierte, aufwendige Verfahren zur Ermittlung der Lautheit von zeitvarianten und stationären Geräuschen ist vereinfacht in Bild 5.81 links oben skizziert. Es basiert auf der Zerlegung des Geräusches in Frequenzgruppen bzw. -bänder, in denen das menschliche Gehör Schallreize dieser Frequenzen zusammenfasst. Die Aneinanderreihung dieser Frequenzgruppen wird als Tonheit mit der Einheit bark bezeichnet. Nach Zwicker umfasst der hörbare Frequenzbereich 24 Frequenzgruppen, die in einer Skala von 0 bark bis 24 bark unterteilt werden [ZWIC82].

Innerhalb der Frequenzgruppen wird der Lautstärkepegel in Anlehnung an die Empfindlichkeit des Gehörs in Bild 5.80 gewichtet (Bild 5.81 links oben, gestreifter Bereich). Die Verteilung der Lautheit über den Frequenzgruppen wird als spezifische Lautheit bezeichnet. Die Gesamtlautheit entspricht nicht der Summe der Einzellautheiten von Tönen, was vorwiegend durch die zeitliche und frequenzabhängige Maskierung, die im folgenden Abschnitt beschrieben ist, begründet wird. Stattdessen wird unter Berücksichtigung der Maskierungseffekte das Integral über der Lautheitsverteilung gebildet und in eine Gesamtlautheit des Geräusches umgerechnet (gekachelter Bereich). Das Vorgehen befähigt dazu, verschiedene Geräusche mit unterschiedlichen spektralen Intensitätsverteilungen untereinander bezüglich ihrer Lautheit zu vergleichen.

Maskierung

Das menschliche Gehör ist nur im begrenzten Maße fähig, die spektrale Auflösung von Geräuschen differenziert wahrzunehmen. Die Auflösung ist neben der Dauer auch vom Schalldruckpegel eines Geräusches abhängig. Demnach werden Töne dicht benachbarter Frequenzen als Ton wahrgenommen und können nicht unterschieden werden. Die Breite der Frequenzgruppen (bark), die den zusammenführenden Effekt beschreiben, nimmt mit steigender Mittenfrequenz zu und kann in einer guten Näherung durch Terzbänder beschrieben werden. In Bild 5.81 links oben wird die Breite der Frequenzgruppe durch die vertikalen Trennlinien repräsentiert. Die Mittenfrequenz beschreibt die mittlere Frequenz im betrachteten Band. Die Ursache für die Maskierung, d. h. die Verdeckung der einzelnen Frequenzen, ist in der unzureichenden physiologischen Auflösung der für die Frequenzauflösung eines Geräusches zuständigen Basilarmembran des Gehörs begründet [ZWIC82].

Bei der Maskierung von Tönen und Geräuschen im menschlichen Gehör kann zwischen der frequenzabhängigen und der zeitabhängigen Maskierung unterschieden werden. Beide Arten der Maskierung sind in Bild 5.82 dargestellt. Der Begriff der Mithörschwelle in diesem Bild beschreibt das niedrigste Schalldruckpegelspektrum eines Geräusches, das einen Höreindruck hervorruft, wenn bereits ein Geräusch wahrgenommen worden ist. Bei der frequenzabhängigen Maskierung ist die Verdeckung oberhalb der Mittenfrequenz des Maskierers f_M stärker ausgeprägt als unterhalb. Demzufolge werden die Pegel der Testtöne L_T mit einer höheren Frequenz stärker maskiert. Resultierend aus unterschiedlichen Zusammenstellungen von Maskierern und Testtönen ergeben sich verschiedene Verläufe von Mithörschwellen [FAST06].

Die zeitabhängige Maskierung wird in drei Bereiche gegliedert. Bei der Simultanverdeckung kann aufgrund des zeitgleich auftretenden maskierenden Geräusches das Testgeräusch nicht mehr identifiziert werden. Durch die Nachverdeckung des inzwischen nicht mehr vorhandenen Maskierers wird das Testgeräusch auch nach Ausschalten des Maskierers weiterhin verdeckt. Das Phänomen wird als Nachverdeckung bezeichnet und nimmt üblicherweise eine Dauer von t_N = 100 ms ein. Der physiologischen Trägheit des Gehörs ist die Vorverdeckung durch den Maskierer geschuldet, noch bevor dieser wahrgenommen wird. Die vorauseilende Verdeckung entspricht einer Zeitspanne von etwa t = 20 ms [FAST06].

- Physiologisch unzureichende Auflösung benachbarter Töne in kritischer Bandbreite
- Frequenz-, zeit- und pegelabhängige Mithörschwelle
- Mehrere Töne unterhalb der Mithörschwelle werden als ein Ton wahrgenommen.
- Maskierung im Zeitbereich: Simultan-, Nach- und Vorverdeckung

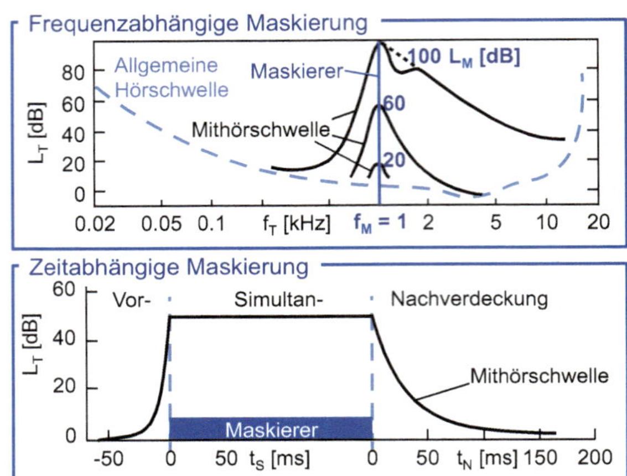

Bild 5.82 Maskierung (Verdeckung) nach Fastl [FAST06]

Rauigkeit

In der Informationsübertragung sind Signale durch Amplituden- und Frequenzmodulationen gekennzeichnet. Bei diesem Vorgang wird das Trägersignal mit dem zu übertragenden Nutzsignal (modulierendes Signal) verändert. Charakteristisch für das Trägersignal sind eine konstante Frequenz, Amplitude und Phasenlage. Bild 5.81 oben rechts zeigt beispielhaft eine Amplitudenmodulation mit einem Modulationsgrad $m = 0{,}5$. Der Modulationsgrad beschreibt das Verhältnis der Amplitude des modulierenden Nutzsignals zur Amplitude des Trägersignals. Die Modulation kann eine erhebliche Lästigkeit hervorrufen, wenn der Empfänger nicht an dem Informationsgehalt des Nutzsignals interessiert ist. Für diesen Fall ist die Geräuschmodulation von enormer Bedeutung in der Psychoakustik. Das menschliche Gehör ist in der Lage, Hüllkurvenschwankungen zu folgen, wenn eine Modulation von Geräuschen mit einer Frequenz unterhalb von $f = 20$ Hz erfolgt. Zur Bewertung dessen dient die Schwankungsstärke als psychoakustische Kenngröße. Diese wird im Bereich von $f < 20$ Hz angewendet und beruht auf einem ähnlichen Empfinden, wie es durch den Begriff der Rauigkeit beschrieben wird. Bei Werten von $f > 20$ Hz wird das Geräusch als schroff empfunden und die Schwankung geht in eine Empfindung von Rauigkeit über. Dieser Effekt reicht bis zu einer Modulationsfrequenz von 300 Hz.

Für das Empfinden der Rauigkeit sind die Trägerfrequenz, die Modulationsfrequenz und der Modulationsgrad von höherer Bedeutung als der Pegel der Trägerfrequenz. Die Rauigkeit wird in der Einheit asper angegeben. Das Maximum der Rauigkeitsempfindung liegt bei einer Trägerfrequenz von $f_T = 1$ kHz, einer Modulationsfrequenz von $f_{mod} = 70$ Hz und einem Modulationsgrad von $m = 1$. Für ein derartiges Geräusch mit einem Schalldruckpegel des Trägersignals von $L_p = 60$ dB wird die Rauigkeit als 1 asper definiert. Die Empfindung fällt bei einer abweichenden Modulationsfrequenz von $f_{mod} = 70$ Hz deutlich ab. Zur Berechnung der Rauigkeit wird häufig das bei Sottek und in der HEAD Application Note detailliert beschriebene Verfahren angewendet [SOTT94, HEAD10].

Schärfe

Ein Geräusch, welches sich stark durch hohe Frequenzen auszeichnet, kann als schneidend, aggressiv und unangenehm wahrgenommen werden [DIN09]. Die psychoakustische Kenngröße Schärfe beschreibt den Anteil hochfrequenter Töne in Relation zum Gesamtgeräusch und gibt an, inwieweit hohe Frequenzen das Geräuschbild prägen. Die Einheit der Schärfe wird in acum angegeben. Ein Schmalbandrauschen mit der Mittenfrequenz f = 1 kHz, einer Bandbreite von f = 160 Hz (f = 920 Hz bis 1080 Hz) und einem Schalldruckpegel von L_p = 60 dB hat per Definition eine Schärfe von S = 1 acum. Die Skala der Schärfe ist ebenfalls linear, sodass ein vom Zuhörer doppelt so scharf wahrgenommenes Geräusch auch der doppelten Schärfe entspricht.

Die derzeit bestehenden Berechnungsmethoden und -ansätze zur Bestimmung der Schärfe basieren auf der spezifischen Lautheit. In der DIN 45692 ist ein standardisiertes Verfahren festgelegt worden, welches die Lautheiten höherer Frequenzen mithilfe einer Gewichtungsfunktion hervorhebt (vgl. Bild 5.81 links unten). Die mit der Gewichtungsfunktion multiplizierte spezifische Lautheit (gestreifter Bereich in Bild 5.81 links oben) wird integriert und auf die ungewichtete Gesamtlautheit des Geräusches bezogen. Das Ergebnis ist der gewichtete Frequenzschwerpunkt, dessen Lage proportional zur Schärfe ist und damit zur Charakterisierung der Schärfe des Geräusches befähigt [DIN09].

Tonalität

Besteht das Interesse eines Empfängers an herausragenden Tönen, kann ein entsprechend charakterisiertes Geräusch als ein Wohlklang klassifiziert und mit einer erhöhten Geräuschqualität bewertet werden. Im Gegenzug hierzu können tonale Komponenten des Geräusches massiv zur Lästigkeit beitragen, wenn sie nicht von speziellem Interesse, sondern vielmehr Teil der Umgebung sind [HEAD10].

Die Tonalität beschreibt als psychoakustische Kenngröße, ob sich das Geräusch maßgeblich aus Klängen zusammensetzt oder einen rauschhaltigen Charakter aufweist. Die Einheit der Tonalität ist tu. 1 tu wird definiert durch einen reinen Sinuston mit einer Frequenz von f = 1 kHz und einem Schalldruckpegel von L_p = 60 dB.

Ein Schmalbandrauschen mit einer Bandbreite, die kleiner als die zugehörige Frequenzgruppenbreite ist, wird neben reinen Tönen ebenfalls als tonal klassifiziert. Zur Berechnung der Tonalität nach Terhard [TERH82] und Aures [AURE84] werden zunächst Töne und Schmalbandrauschen im Frequenzspektrum ermittelt. Für diese Stellen erfolgt die Berechnung des tonalen Pegelüberschusses der Geräuschanteile, welchem sowohl die Ruhehörschwelle, der Rauschanteil der dortigen spektralen Verteilung und der Erregungspegel durch andere Komponenten an dieser Stelle abgezogen werden. Als Pegelüberschuss wird daraus die Tonalität ermittelt, deren maximale Empfindung des menschlichen Gehörs bei f = 700 Hz liegt. Eine Gegenüberstellung unterschiedlich tonal bewerteter Geräusche ist in Bild 5.81 dargestellt.

Zusammenführung von psychoakustischen Kenngrößen

Zur Bewertung von Geräuschen ist es wünschenswert, die angeführten psychoakustischen Kenngrößen aus praktischen Gesichtspunkten zu einem Kennwert zusammenzuführen. Der Kennwert sollte eine Aussage über die Qualität des subjektiv empfundenen Geräusches gestatten und stets zu speziellen Werten führen, die auf einen bestimmten Anwendungsbereich begrenzt sind. Hierzu existiert einerseits die Kenngröße des sensorischen Wohlklangs, die mittels Probandenstudien bestimmt wurde, sich jedoch zur Beurteilung der Lästigkeit technischer Geräusche kaum eignet [AURE84]. Andererseits wird mit dem Verfahren AVL Annoyance Index [BEID97] die Zusammenführung der Wahrnehmungsaspekte speziell für Motorengeräusche versucht. Für Getriebegeräusche und deren Bewertung fehlen jedoch bislang die nötigen Verfahren [CARL14].

Anwendung der psychoakustischen Kenngrößen an einem Prüfgetriebe

Eine absolute Bewertung und Analyse sowie Grenzwerte der psychoakustischen Kennwerte existieren in der Psychoakustik von Zahnradgetrieben bisher nicht. Stattdessen muss die psychoakustische Bewertung mithilfe relativer Vergleiche bezogen auf den jeweiligen Anwendungsfall durchgeführt werden. Die Anwendung der psychoakustischen Kenngrößen auf Luftschallergebnisse, die im Rahmen experimenteller Untersuchungen an einem einstufigen Prüfgetriebe aufgenommen wurden, zeigt Bild 5.83. Für die psychoakustischen Kenngrößen Lautheit, Rauigkeit, Schärfe und Tonalität werden bei einem Drehzahlhochlauf und einem konstanten Antriebsmoment die Verläufe über der Drehzahl ermittelt. Außerdem wird der über der Drehzahl gemittelte Wert der psychoakustischen Kenngröße berechnet [CARL14].

Betriebsbedingungen

- Drehzahlhochlauf
  n_{an} = 150 min^{-1} bis 3500 min^{-1}
- Drehzahländerungsrate
  $\partial n_{an}/\partial t$ = 36 min^{-1}s^{-1}
- Konstantes Antriebsmoment
  M_{an} = 100 Nm

Signalverarbeitung

- Lautheitsberechnung nach DIN 45631/A1
- Rauigkeitsbewertung nach Sottek und Psychoacoustic Analyses (HEAD Application Note) [SOTT93, SOTT94, HEAD11]
- Schärfeberechnung nach DIN 45692
- Tonalitätsbewertung nach Terhard [TERH82] und Aures [AURE84]

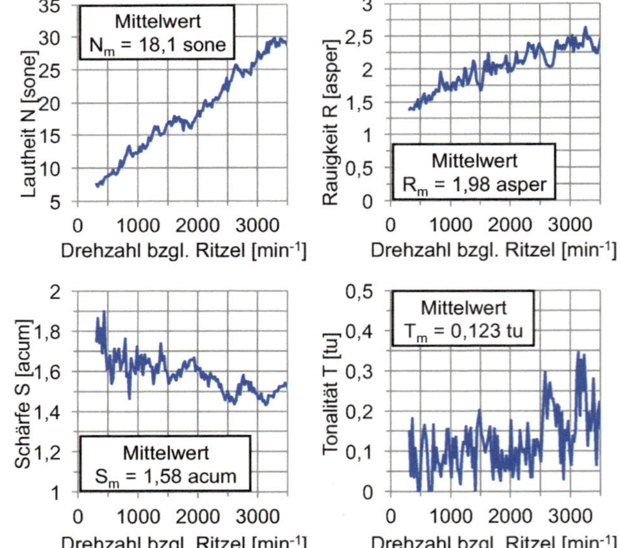

Bild 5.83 Psychoakustische Kenngrößen an einem Prüfgetriebe [CARL14]

Der Verlauf der nach DIN 45631/A1 [DIN10] standardisierten Lautheit, die das frequenzabhängige Intensitätsempfinden des menschlichen Gehörs beschreibt, ist in Bild 5.83 oben links dargestellt. Mit steigender Drehzahl kann eine generelle Zunahme der Lautheit festgestellt werden. Über den gesamten Hochlauf steigt die Lautheit von N = 7 sone auf ca. N = 30 sone bei einem Mittelwert von N_m = 18,1 sone.

In Bild 5.83 oben rechts wird die psychoakustische Geräuschkenngröße „Rauigkeit“ nach Sottek sowie den Psychoacoustic Analyses (HEAD Application Note) auf den Luftschall angewendet [SOTT94, HEAD10]. Die Rauigkeit wird durch Hüllkurvenschwankungen oberhalb von $f = 20$ Hz verursacht. Bei Zahnradgetrieben werden besonders Modulationseffekte niedriger Ordnungen wie der Drehordnung, aber auch zwei benachbarter Zahneingriffsordnungen, die innerhalb eines Frequenzbands nicht unterschieden werden können, als rau wahrgenommen. Grundsätzlich lässt sich bei der Betrachtung des Verlaufs der Rauigkeit ein Anstieg über der Drehzahl feststellen, wobei der Mittelwert $R_m = 1{,}98$ asper beträgt. Der sich ergebende Verlauf kann anhand des an der Prüfverzahnung vorliegenden Teilungsfehlers erklärt werden, der jeweils die ersten Drehordnungen von Rad und Ritzel anregt.

Unten links in Bild 5.83 ist der Verlauf der Schärfe abgebildet, der nach DIN 45692 [DIN09] berechnet wird und den Frequenzschwerpunkt eines Geräusches charakterisiert. Der Frequenzschwerpunkt wird mithilfe der spezifischen Lautheitsverteilung unter Beachtung einer progressiv steigenden Gewichtung höherer Frequenzen berechnet. Hier pendelt der Verlauf der Schärfe um einen Mittelwert von $S_m = 1{,}58$ acum, wobei das Maximum bei $n = 500$ min^{-1} und $S = 1{,}9$ acum und zwei Minima von $S = 1{,}4$ acum bei $n = 2600$ min^{-1} und 3100 min^{-1} liegen.

Unten rechts in Bild 5.83 wird die Tonalität nach Terhard [TERH82] und Aures [AURE84] über dem Drehzahlhochlauf dargestellt. Die Tonalität gibt Auskunft, wie einzelne Schmalbandanteile sich gegenüber dem Gesamtgeräusch abheben. Im Fall eines Getriebes können die Schmalbandanteile im Luftschall durch Anregungen von Eigenfrequenzen mit der Zahneingriffsfrequenz verursacht werden. Der Tonalitätsverlauf des hier betrachteten Prüfgetriebes steigt mit zunehmender Drehzahl leicht an, wobei die Maximalwerte in Drehzahlbereichen um $n = 2650$ min^{-1} und um $n = 3150$ min^{-1} zu finden sind und Werte von $T = 0{,}3$ tu bis 0,35 tu annehmen. Der Mittelwert beträgt $T_m = 0{,}123$ tu.

5.4.3 Anregungsmechanismen im Zahneingriff

Gemäß der maschinenakustischen Grundgleichung

$$L_W = L_F + L_h + L_\sigma \tag{5.38}$$

entsteht der Schallleistungspegel L_W eines Zahnradgetriebes durch die Anregung im Zahneingriff (Kraftpegel L_F), wodurch der Körperschall über die Radkörper, die Wellen und die Lager auf das Gehäuse weitergeleitet wird. Der am Gehäuse verteilte Körperschall (Körperschallmaß L_h) wird durch Luftschall als Schallleistung (Schallleistungspegel L_W) abgestrahlt. Wie viel vom Körperschall in Luftschall umgesetzt wird, wird mit dem Abstrahlmaß L_σ erfasst. Gemäß dieser Luftschallentstehungskette werden in den folgenden Abschnitten die Anregungsmechanismen im Zahneingriff, das Körperschallverhalten eines Getriebes und schließlich die Ermittlung des abgestrahlten Luftschalls vorgestellt.

Der Drehfehler beschreibt die Drehungleichförmigkeit zwischen An- und Abtrieb und stellt ein Maß für die akustische Anregung dar. Sämtliche geometrischen Abweichungen von Rad und Ritzel wirken sich auf die Übertragungsfunktion der Radpaarung aus. Die durch den krafterregten Zahnkontakt entstehende Schwingung wird über das Welle-Lager-System bis zur Gehäuseoberfläche übertragen. Bei der Körperschallanregung im Zahneingriff kann zwischen innerer und äußerer Anregung unterschieden werden. Die als äußere Anregung bezeichnete Fremdanregung des Getriebes wird durch ungleichförmige Momente oder Drehzahlen an der Getriebeeingangs- bzw. -ausgangswelle verursacht. Die ungleichförmigen Einflussgrößen verursachen Zusatzkräfte und -bewegungen, die zu einem erhöhten Anregungspegel im Zahneingriff führen. Neben ungleichförmigen Antriebsaggregaten (z. B. Verbrennungsmotor, Hydraulikmotor), Momentübertragern wie Kupplungen und Gelenkwellen und Arbeitsmaschinen können Ausrichtefehler in der Gesamtanlage Ursachen äußerer Getriebeanregung sein. Die von außen auferlegten Belastungen beanspruchen das Getriebe entweder stochastisch oder periodisch, wobei die Periodendauer in der Regel im Zusammenhang mit der Drehfrequenz von An- und Abtriebswelle des Getriebes steht.

Sofern mit äußeren Stoßbelastungen, Momenten- und/oder Drehzahlschwankungen zu rechnen ist, sollte das Getriebe vom An- und Abtriebsstrang dynamisch entkoppelt werden. Zur optimalen Entkopplung sind drehelastische Kupplungen sowie dämpfend wirkende Verbindungselemente geeignet [HESS11]. Zur Ermittlung der Getriebebelastung können numerische Simulationsprogramme eingesetzt werden, um das dynamische Verhalten des gesamten Antriebsstrangs berechnen zu können und geeignete Entkopplungsmaßnahmen zu wählen (vgl. Abschnitt 6.5) [CARL14]. So werden z. B. von Schiffsantriebsanlagen gemäß Vorschriften der Klassifikationsgesellschaften seit Jahrzenten Drehschwingungsberechnungen durchgeführt, um einerseits schwingungsbedingte Überlastung (Schäden) zu vermeiden, andererseits um die optimalen Elastizitätseigenschaften der elastischen Kupplung zwischen Dieselmotor und Getriebe-Propeller-System festzulegen.

Im Gegensatz zur äußeren Anregung wird die innere Anregung eines Getriebes direkt durch die Verhältnisse im Zahneingriff bzw. auf den Zahnflanken bestimmt (vgl. Dynamikfaktor K_V nach ISO 6336). In Abhängigkeit von der Verzahnungsgeometrie und den vorliegenden Betriebszuständen, d. h. Lastmoment und Drehzahl, wirken auf das Schwingungssystem Getriebe innere Störgrößen, welche entsprechend ihrer theoretischen Anregungscharakteristik in Weg-, Parameter- und Stoßanregung unterteilt werden können (vgl. Bild 5.84) [OPIT70].

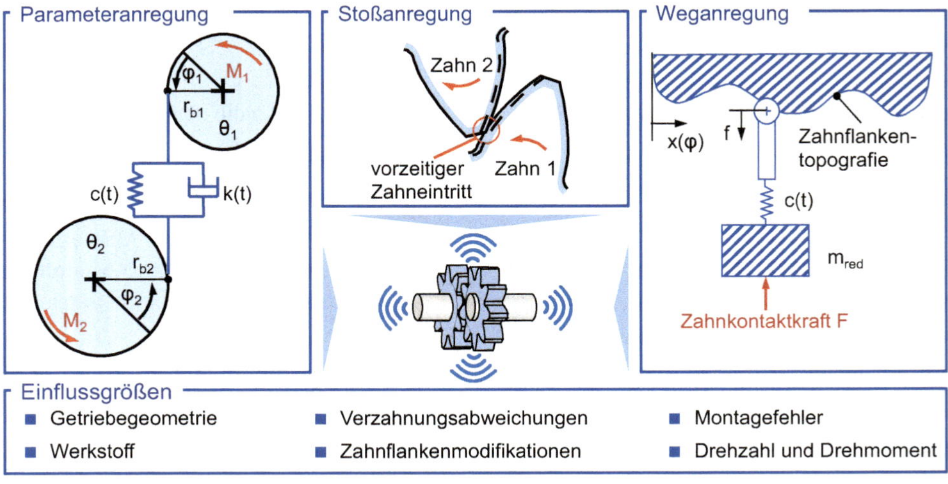

Bild 5.84 Anregungsmechanismen im Zahneingriff [MÖLL82, VDI90]

Die sich periodisch ändernde Gesamtzahnfedersteifigkeit einer Zahnradpaarung wirkt als Parameteranregung für das Zahnradgetriebe. Durch eine geeignete Auslegung der Verzahnungsgeometrie lässt sich der Gesamt-Zahnfedersteifigkeitsverlauf im Hinblick auf eine geringe Geräuschanregung optimieren. Zudem prägen lastbedingte Verformungen, fertigungs- und montagebedingte Geometrie-, Einbau- und Einstellabweichungen dem Getriebe Weganregungen im Zahneingriff auf. Darüber hinaus erfährt das in den Zahneingriff kommende Zahnpaar aufgrund der lastbedingten Verformungen der im Eingriff befindlichen Zähne im Extremfall einen Eingriffsstoß, der als zusätzliche Störgröße auf das System einwirkt.

Welcher der drei genannten Anregungsmechanismen gemäß Bild 5.84 (Steifigkeitsschwankung, Geometrieabweichung oder Eingriffsstoß) für die Körperschallanregung maßgebend ist, lässt sich nur im Zusammenhang mit der Belastung und dem Elastizitätsverhalten des Getriebes angeben. Im Allgemeinen sind die Anregungsmechanismen lastabhängig, sodass im Auslegungsprozess in Abhängigkeit vom Betriebspunkt ein Kompromiss gewählt werden muss. Grundsätzlich gilt, dass bei Betriebsbedingungen mit niedrigen spezifischen Lasten die Auswirkungen der Weganregung für die Geräuschentstehung überwiegen. Im Gegensatz dazu ist eine Dominanz der Parameteranregung sowie des Zahneingriffsstoßes für die Geräuschentstehung bei höherer Belastung feststellbar [SALJ87]. Der Einfluss der einzelnen Anregungsmechanismen auf die Geräuschabstrahlung wird im Folgenden näher erläutert.

5.4.3.1 Parameteranregung

Die Parameteranregung ist ein Anregungsmechanismus, der aus dem Steifigkeitswechsel zwischen Einzel- und Doppeleingriff (Geradverzahnung) bzw. zwischen den Mehrfacheingriffen höher überdeckender Verzahnungen resultiert. Folglich befinden sich beim Abwälzen von zwei Zahnrädern im Mittel immer mehrere Zahnpaare im Eingriff.

Bei einer diskreten Wälzstellung erfährt jeder Zahn bedingt durch die aus dem Drehmoment resultierende Zahnnormalkraft eine Verformung. Der Betrag der Einzelverformung hängt neben der Größe der Last und der Lage des Kraftangriffspunkts als Funktion der Eingriffsstellung (Hebelarm am Zahn) auch von der Verzahnungsgeometrie und der Anzahl der sich im Eingriff befindlichen Zähne ab. Während des Durchwälzens einer Stirnradstufe bewegt sich der Berührpunkt (Kraftangriffspunkt) bei einem Zahn des treibenden Ritzels vom Fuß zum Kopf des Zahns, wobei sich der Berührpunkt zeitgleich beim getriebenen Rad vom Kopf zum Fuß des Zahns verlagert.

Neben den sich ändernden Zahndicken und damit verbundenen Steifigkeitsverhältnissen über der Eingriffsstrecke tragen Inhomogenitäten des Werkstoffs sowie Fertigungsfehler zu einer variierenden Einzelverformung entlang der Eingriffsstrecke bei. Aus der Parameteranregung resultiert bei Annahme eines konstant anliegenden An- und Abtriebsmoments durch die sich periodisch ändernde Verzahnungssteifigkeit eine Ungleichförmigkeit in der Drehübertragung des angetriebenen Radsatzes. Die sich mit der Wälzstellung ändernde Zahnfedersteifigkeit ruft dynamische Übersetzungsschwankungen hervor, die als Parameteranregung bezeichnet und in Form von Schwingungen (Körperschall) in die Getriebestruktur eingeleitet werden [ZIEG71, MÖLL82]. Der Einfluss der Parameteranregung auf das dynamische Verhalten von Zahnradgetrieben wird in Abschnitt 6.5 näher erläutert.

Die Einzelfedersteifigkeiten einer Beispielradstufe sind in der Mitte von Bild 5.85 als Funktion der Wälzstellung aufgetragen [ZIEG71]. Da beim Durchwälzen einer Verzahnung im Allgemeinen nicht immer die gleiche Anzahl an Zähnen im Eingriff ist, werden die Einzelfedersteifigkeiten entsprechend der Eingriffsteilung p_{et} durch Überlagerung gemäß einer Parallelschaltung von Federelementen zur Gesamtzahnfedersteifigkeit c der tragenden Zähne zusammengefasst. Die Kenngrößen, die diese Verläufe bestimmen, sind die minimale und maximale Einzelfedersteifigkeit (c_{min} und c_{max}), die Länge der Wälzstrecke sowie die Eingriffsteilung p_{et}. Zur Beurteilung des Summenverlaufs werden die Kenngrößen der mittleren Gesamtzahnfedersteifigkeit c_m und des Wechselanteils Δc eingeführt. Analog zum Modell des Einmassenschwingers bestimmt der Mittelwert c_m der Eingriffsfedersteifigkeit in Verbindung mit den Massen die Lage der Hauptresonanz des Radsatzes. Die Form des Wechselanteils Δc bestimmt die Charakteristik des Anregungsspektrums und stellt somit ein Maß für die Schwingungsanregung durch die Verzahnung dar [MÖLL82].

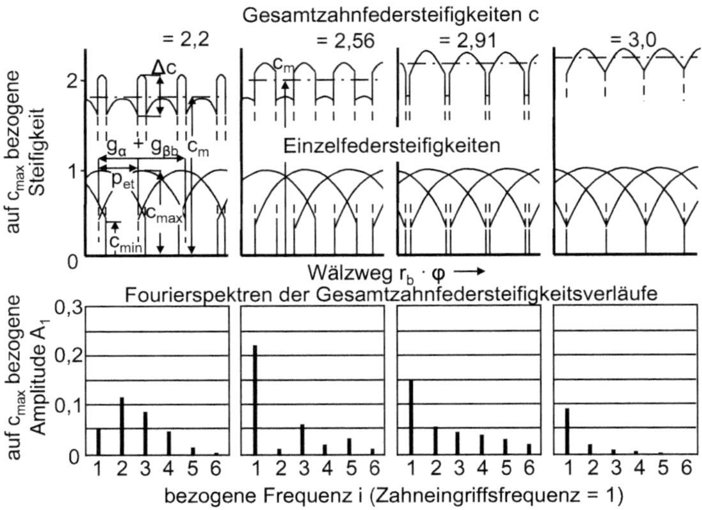

Bild 5.85 Parameteranregung: Steifigkeitsverläufe von Stirnradverzahnungen und Fourierspektren [MÖLL82]

Der Verlauf der Gesamtfedersteifigkeit wird, wie in Bild 5.85 oben zu sehen, im idealen Evolventenkontakt von den Überdeckungsgraden der Verzahnung bestimmt. Eine Vergrößerung der Gesamtüberdeckung auf ε_Y = 3,0 führt einerseits zu einer Steigerung des Mittelwerts c_m der Eingriffsfedersteifigkeit, verkleinert aber gleichfalls den Wechselanteil der Steifigkeit Δc. Der zeitliche Verlauf der Gesamtzahnfedersteifigkeit beeinflusst das dynamische Verhalten im Wesentlichen durch drei Merkmale:

- Der Mittelwert c_m der Gesamtzahnfedersteifigkeit bestimmt zusammen mit den wirksamen Massen die Lage der Hauptresonanz.
- Die Form des Wechselanteils Δc bestimmt die Frequenzzusammensetzung der Anregungsfunktion und verursacht das Auftreten von Vorresonanzen.

- Die Amplitude des Wechselanteils Δc ist ein Maß für die Anregungsintensität und somit für die Größenordnung der Schwingungsanregung.

Die Betrachtung der Spektraldarstellung verschiedener Verzahnungen im direkten Vergleich in Bild 5.85 unten erlaubt eine Aussage, welche Verzahnung hinsichtlich der Anregung als akustisch günstig einzuschätzen ist. Für das Beispiel im Bild ist die Verzahnung mit einer Gesamtüberdeckung von $\varepsilon_\gamma = 3{,}0$ akustisch günstig, da die Amplituden der dominierenden Frequenzanteile im Vergleich zu den übrigen Verzahnungen am geringsten sind.

5.4.3.2 Stoßanregung

An einem unbelasteten, fehlerfreien Zahnpaar gilt in jedem Punkt des Zahneingriffs das Verzahnungsgesetz, welches aussagt, dass zwei in ständiger Berührung befindliche Zahnflanken die Drehbewegung mit konstantem Übersetzungsverhältnis übertragen, wenn ihre gemeinsame Berührlinie stets durch den Wälzpunkt verläuft (vgl. Abschnitt 2.1).

Durch das Antriebsdrehmoment eines Getriebes verformen sich die im Eingriff befindlichen Zähne, wie in Bild 5.86 mit den Zähnen 2' und 2 dargestellt ist. Das nachfolgende Zahnpaar 3' und 3 ist unbelastet. Aufgrund der Verformung kommt es zu einer zusätzlichen Verdrehung der beiden Räder bezogen auf den vor dem Eintritt stehenden Zahneingriff, wodurch es bei Zahn 3' und 3 zu einer theoretischen Durchdringung der Zähne kommt (Eingriffsstoß). Die theoretischen gemäß Verzahnungsgesetz ermittelten Eingriffsverhältnisse liegen damit nicht mehr vor [TESC69].

In der Realität führt die theoretische Durchdringung zu einem stoßartigen Aufeinandertreffen der Zahnflanken, bei dem sich der Kontaktbereich des treibenden Rads in Richtung Zahnkopf verlagert [WECK89]. Der frühzeitige Zahnkontakt führt zu einer kurzzeitigen Beschleunigung der Drehübertragung und induziert eine über der Zeit abklingende Schwingung in das System. Der sogenannte Eingriffsstoß tritt mit der Zahneingriffsfrequenz auf.

Der rechte Teil von Bild 5.86 zeigt exemplarisch Kraftsignale im Zahneingriff einer Geradverzahnung während des Stoßintervalls zwischen tatsächlichem und theoretischem Eingriffsbeginn. Die Kraftverläufe $\tilde{F}_2$ des sich im Eingriff befindlichen Zahnpaars 2, des eintretenden Zahnpaars 3 ($\tilde{F}_3$) sowie der Summenkraftverlauf $\tilde{F}_{ges}$ sind im Diagramm über der Zeitachse aufgetragen. Die Lastaufnahme des in Eingriff kommenden Zahnpaars 3 erfolgt aufgrund der trägen Radkörpermassen nur zeitverzögert und führt zu einer Entlastung des Zahnpaars 2. Die Entlastung bewirkt gemäß dem Federgesetz eine Verringerung der Federauslenkung, welche sich durch eine Verringerung der Starrkörperverdrehung zwischen Rad und Ritzel äußert. Im dargestellten Beispiel verursachen die Beschleunigungskräfte eine Lastüberhöhung von bis zu 14 %.

Neben den Verformungen unter Last können nichtideale Kontaktverhältnisse zu einer stoßartigen Anregung im Getriebe führen. Den größten geometrischen Einfluss auf die Stoßanregung haben hierzu fertigungsbedingte Teilungsfehler sowie Profil- und Flankenlinienwinkelfehler. Es ist außerdem zu beachten, dass durch den Eingriffsstoß, der bei einer umsichtigen Auslegung der Verzahnung nicht auftreten sollte, auch Zahnflankenschäden verursacht werden, die im Laufe der Betriebszeit zum Ausfall des Getriebes führen können.

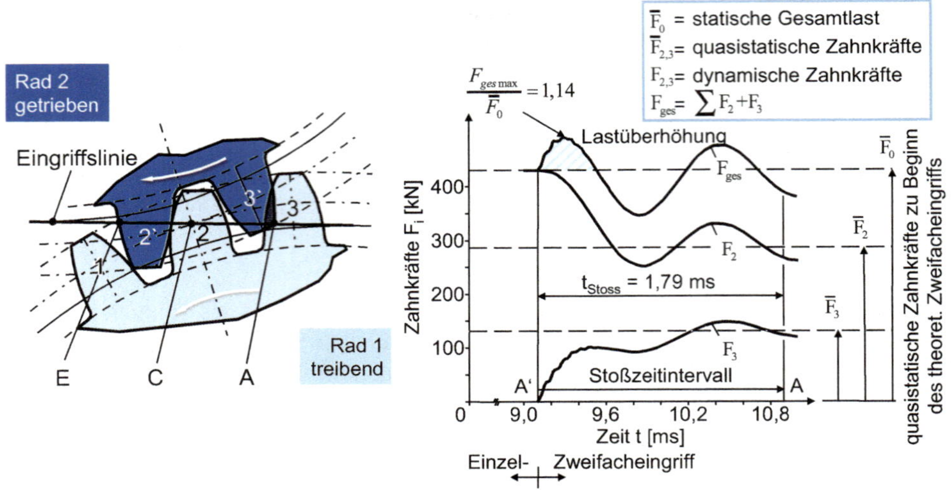

Bild 5.86 Einfluss des Eingriffsstoßes: Simulationsrechnungen zur Ermittlung des dynamischen Zahnkraftverlaufs [NIEM03, WECK89]

5.4.3.3 Weganregung

Die Weganregung ist eine besonders wichtige Einflussgröße auf das Geräuschverhalten von Getrieben, da sie anders als die übrigen Anregungsformen auch schon im lastfreien Zustand und bei geringen Drehmomenten zu Störungen im Zahneingriff und somit zu einer Schwingungsanregung des Getriebes führt. Unter hohen Lasten sind die lastbedingten Verformungen des Systems Getriebe größer als die Verzahnungsabweichungen. Deshalb überwiegen die Einflüsse der Parameter- und Stoßanregung auf die Geräuschemission mit steigendem Drehmoment [SALJ87]. Die Lastgrenzen, die überschritten werden müssen, damit Verzahnungsabweichungen zur Geltung kommen, sind von der Gestaltung der Verzahnung abhängig.

Die Weganregung beschreibt Einflüsse aus der geometrischen Gestalt der Flanke und den daraus resultierenden Kontaktverhältnissen im Zahneingriff. Diese Anregungsform fasst Auswirkungen der Fertigungsabweichungen sowie gewollter Modifikationen der Evolvente zusammen. Weicht die Kontakttopografie einer realen Verzahnung von der einer ideal-evolventischen unmodifizierten Verzahnung ab, so kommt es aufgrund des Verzahnungsgesetzes zu Übersetzungsschwankungen während des Abwälzens und damit zur Geräuschanregung.

Eine Ermittlung des Weganregungsspektrums ist mithilfe einer experimentellen oder rechnerischen Einflankenwälzprüfung möglich (siehe Abschnitt 5.5.1.1). Zu beachten ist, dass eine Einflankenwälzprüfung lediglich einen Teil der Gesamtanregungsmechanismen erfasst und nur quasistatische Aussagen (geringe Drehzahl und niedriges Drehmoment) zulässt. Dahingehend ist eine erweiterte Wälzprüfung notwendig, welche die getriebetypischen Betriebspunkte und Belastungen beinhaltet. Die dynamische Laufprüfung wird als Betriebswälzprüfung bezeichnet [MAUE90, PLEW92].

5.4.3.4 Einfluss von geometrischen Abweichungen

Bezüglich der Geräuschanregung im Zahneingriff eines Leistungsgetriebes stellt die Verzahnungsqualität einen wichtigen Systemparameter dar [SALJ87]. Insbesondere im lastfreien Zustand sowie bei geringen zu übertragenden Drehmomenten können Verzahnungsabweichungen zu Störungen im Zahneingriff und somit zur Geräuschanregung führen [WECK92]. Unter hohen Lasten sind häufig die lastbedingten Verformungen größer als die Verzahnungsabweichungen, weshalb bei hohen Lasten die Überdeckungsgrade von größerer Bedeutung sind.

Die wesentlichen Verzahnungsabweichungen, die einen Einfluss auf das Schwingungs- und Geräuschverhalten von Leistungsgetrieben ausüben, sind Teilungs-, Flankenform- und Topografieabweichungen [OPIT67].

Einfluss von Zahnflankenmodifikationen und Oberflächenstrukturen

Vom physikalisch-technischen Standpunkt aus gesehen verursachen alle Verzahnungsabweichungen mit gestörten Flankennormalenverhältnissen (in Form von Teilungs-, Grundkreis- oder Flankenabweichungen) zum Zeitpunkt des Zahneintritts eine Beschleunigung des Eingriffs, die sich als Anregung im Zahneingriff äußert. Bei den Flankenmodifikationen gehören vor allem die Korrekturen in Profilrichtung der Verzahnung zu den signifikanten Einflussparametern. Zahnflankenmodifikationen werden in der Auslegung gezielt eingesetzt, um lastbedingte Verformungen oder Montageabweichungen zu kompensieren oder die Verzahnung robust gegenüber diesen Positionsabweichungen zu gestalten (vgl. Abschnitt 3.3).

Bild 5.87 zeigt exemplarisch den Einfluss der Profilballigkeit und Profilwinkelabweichung für eine Geradverzahnung auf den Drehfehlerverlauf gegenüber einer konjugierten Verzahnung. Durch die Balligkeit in Profilrichtung ergibt sich ein symmetrischer, parabelförmiger Verlauf des Drehfehlers, was auf die symmetrische Rücknahme im Zahnkopf- und Zahnfußbereich zurückzuführen ist. Die Profilwinkelabweichung führt zu einem asymmetrischen, sägezahnförmigen Verlauf.

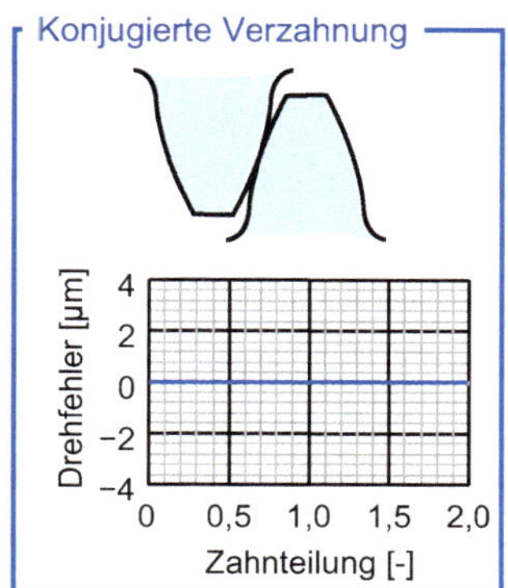

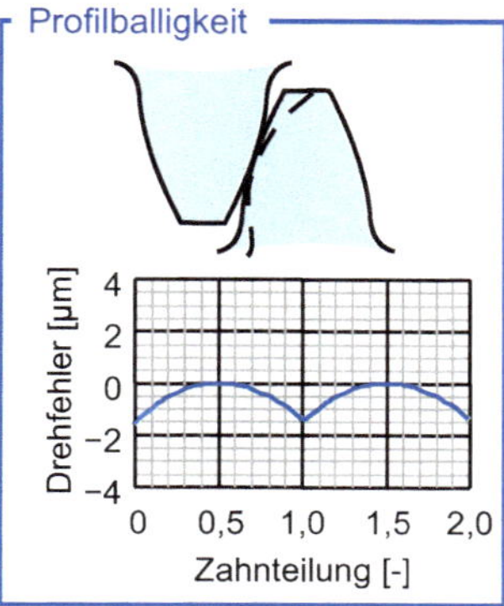

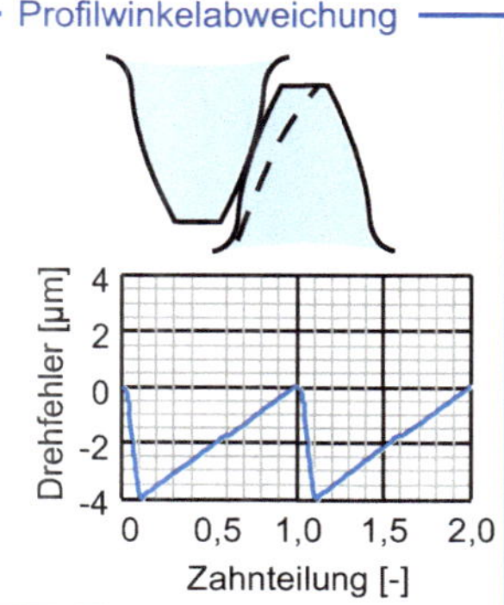

Bild 5.87 Einfluss von Profilmodifikationen auf den Drehfehlerverlauf

Neben den Zahnflankenmodifikationen führen ebenso fertigungsbedingte Abweichungen, wie die Verschränkung der Zahnflanke, zu einem nichtidealen Abwälzen der Verzahnung. Hierzu ist der Vergleich des Anregungsverhaltens aufgrund der Verschränkung durch konventionelles Profilschleifen (PS) und Wälzschleifen (WS) in Bild 5.88 für einen Verzahnungsfall dargestellt. Die Verzahnungen haben die gleiche Zahnflankenmodifikation, die jedoch aufgrund der Erzeugung der Längsballigkeit einer Schrägverzahnung mittels des Wälz- bzw. des Profilschleifens in einer zusätzlichen Zahnflankenabweichung, der verfahrensbedingten Verschränkung, resultiert (vgl. Abschnitt 4.5.3). In diesem Verzahnungsbeispiel weist die Paarung profilgeschliffener Verzahnung (V1) den größten und die wälzgeschliffene Variante (V2) den geringsten Drehfehler auf (vgl. Abschnitt 5.5.1.1). Eine Kombination eines profilgeschliffenen Ritzels mit einem wälzgeschliffenen Rad (V3) ordnet sich für dieses Verzahnungsbeispiel mit einem mittleren Drehfehlerverlauf ein. Die Unterschiede sind in den Drehfehlerverläufen auf die unterschiedlichen verfahrensbedingten Verschränkungen zurückzuführen [HELL15].

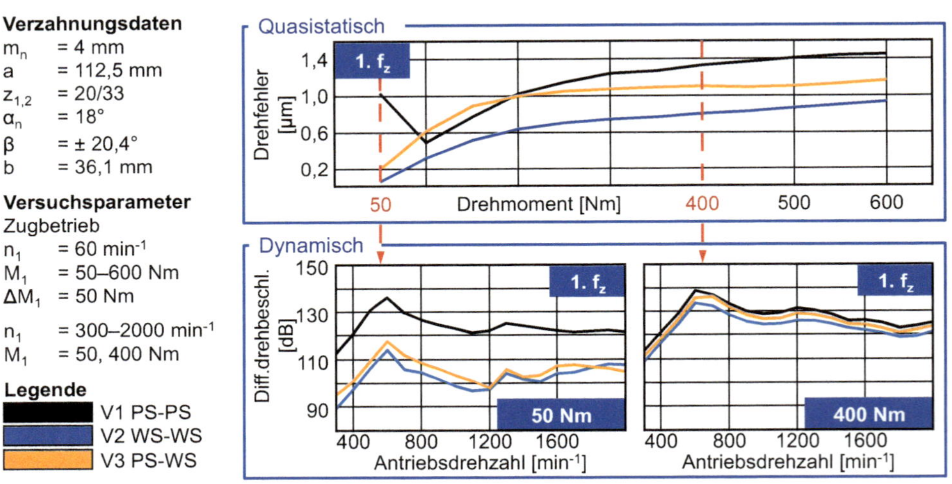

Bild 5.88 Anregungsverhalten von Verzahnungen mit verschiedenen Flankentopografien [HELL15]

Die Abweichungen im Drehfehlerverlauf spiegeln sich ebenso in der Differenzdrehbeschleunigung bei dynamischer Untersuchung der Varianten wider. Analog zu den oben aufgeführten Diagrammen zeigen die unten dargestellten Diagramme, dass die profilgeschliffene Variante (V1) die höchste und die wälzgeschliffene Variante (V2) die geringste Differenzdrehbeschleunigung besitzt.

Dennoch kann die Geräuschanregung durch die Verzahnung trotz erhöhter Fertigungsgenauigkeit und optimierter Zahnflankenmikrogeometrie für das menschliche Gehör als unangenehm empfunden werden [CARL14]. Dies ist insbesondere dann der Fall, wenn Getriebegeräusche eine tonale Charakteristik aufgrund dominierender Zahneingriffsfrequenzen aufweisen [GENU10]. Geradts und Kasten entwickelten eine Auslegungsmethode, um diesem Effekt bei Kegelradverzahnungen zu begegnen [KNEC16, KAST21]. Dabei werden unterschiedliche Mikrogeometrie-Modifikationen gezielt über den Umfang des Zahnrads gestreut. Diese gezielte Mikrogeometriestreuung sorgt für eine Verringerung der Amplituden der Zahneingriffsfrequenzen bei gleichzeitiger Erhöhung des Hintergrundgeräusches. Ursache dafür ist die geringfügige Störung der Eingriffsbedingungen, bei der die Regelmäßigkeit des Drehfehlers im Zeitbereich gestört wird [KAST19]. Zahlreiche Studien haben gezeigt, wie gezielte Mikrogeometriestreuung das Geräuschverhalten verbessern kann. Kasten wendete dieses Verfahren darüber hinaus erfolgreich an einem Hinterachsgetriebe eines leichten Nutzfahrzeuges an. Dabei wurde das subjektiv empfundene Geräuschverhalten von geschliffenen Kegelradverzahnungen verbessert, ohne die Tragfähigkeit oder Produktivität im Herstellungsprozess zu beeinflussen [KAST20].

Oberflächenstrukturen aus dem Fertigungsprozess können in Abhängigkeit von Orientierung und Amplitude auf der Zahnflanke zu Geräuscheffekten führen, die sich als Vielfache der Zahneingriffsfrequenz äußern. Liegen Wellenfronten einer Oberflächenstruktur parallel zur Berührlinie, sind diese als kritisch bezüglich der Geräuschanregung anzusehen und äußern sich in Abhängigkeit von der Wellenlänge respektive der Anzahl der Wellen im Eingriff in den Höherharmonischen der Zahneingriffsfrequenz [HOHL02].

Da aufgrund des Fertigungsprozesses insbesondere bei abwälzenden Prozessen Abweichungen meist drehwinkelproportional, aber nicht zwangsläufig in einem ganzzahligen Verhältnis zur Eingriffsteilung stehen, können sie für das Entstehen sogenannter „Geisterfrequenzen“ verantwortlich sein. Sie werden in Anregungs- oder Geräuschspektren daran erkannt, dass ihre („Fehler-“)Frequenz zwar drehzahlproportional ist, jedoch in keinem ganzzahligen Verhältnis zur Zahneingriffsfrequenz steht [HOHL02, GRAV12].

Einfluss von Getriebeverformungen

Neben den Verzahnungsabweichungen können lastbedingte Verformungen der Wellen- und Lagersysteme ebenfalls zu einer Weganregung führen. Eine optimale Lastverteilung und ein kinematisch einwandfreier Zahneingriff werden bei Getrieben durch die Temperaturdehnung, die Montage- und Fertigungstoleranzen und die endlichen Steifigkeiten der im Kraftfluss liegenden Wellen-, Lager- und Gehäusebauteile erschwert. Maßgebliche Einflussgrößen sind hierbei

- Gehäuse-, Fundament- bzw. Aufstellungssteifigkeiten des Getriebes in radialer und axialer Richtung,
- Lagersteifigkeiten in radialer und axialer Richtung und
- Biege- und Torsionssteifigkeiten von Wellen- und Zahnradkörpern.

Die genannten Einflussgrößen verursachen ein Schiefstellen, Kippen oder Verdrehen der Verzahnungen zueinander. Dadurch werden ungünstige Lastverteilungen und Eingriffsstörungen erzeugt. Bild 5.89 zeigt, wie ein Zahnrad unter Last durch eine ungenügende Steifigkeit der Getriebewellen oder Lagerungen aus seiner Solllage abgedrängt werden kann. Es entstehen Achsneigungsfehler, die in der Achsebene gemessen werden, und Achsschränkungsfehler, die in einer zur Achsebene senkrechten Ebene gemessen werden [WITT94]. Zusätzlich tritt durch Wellenbiegung eine Änderung des Achsabstands auf, die aufgrund der evolventischen Zahnform einen untergeordneten Einfluss auf die Geräuschanregung ausübt. Achsneigungs- und Achsschränkungsfehler rufen dagegen einen wirksamen Winkelfehler hervor, der die Geräuschanregung erheblich erhöhen kann. Der Effekt ist auf eine zusätzliche Schwingungsanregung durch einen erhöhten Drehfehler zurückzuführen.

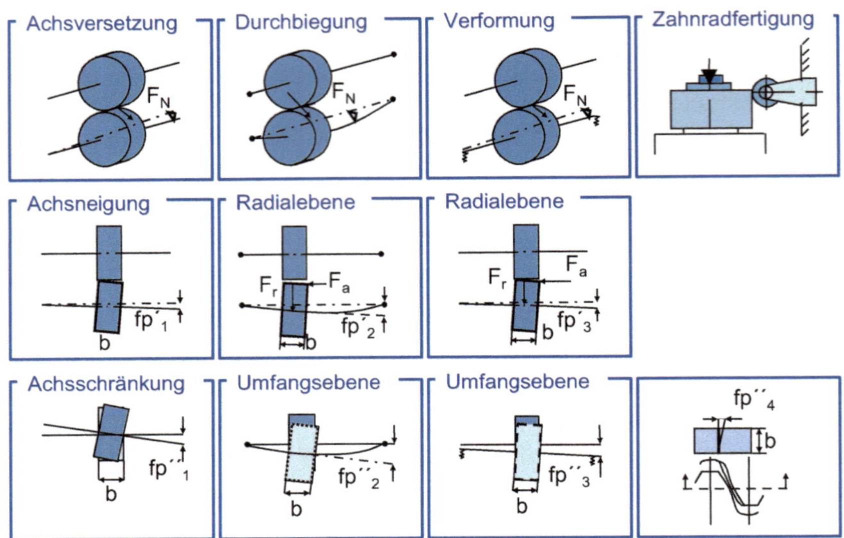

Bild 5.89 Weganregung in der Verzahnung durch Wellen-, Lager- und Gehäuseverformung

Einfluss von Teilungsabweichungen

Die Teilungsabweichung beeinflusst die dynamische Verzahnungsanregung und wirkt sich somit auf die Geräuschemission aus. In ersten Betrachtungen weist [OPIT70] bereits darauf hin, dass Teilungsabweichungen durch Pegelüberhöhungen und weitere Teiltöne den subjektiven Geräuscheindruck beeinflussen können. Die entstehenden Amplituden- und Frequenzmodulationen führen zu Einzelordnungen der Teilungsperiodizität und zu Seitenbandaufteilungen der kurzwelligen Anregungsordnungen [DALE87, GACK13, LAND03]. Bild 5.90 stellt beispielhaft den Einfluss von Teilungsabweichungen auf den emittierten Luftschall dar.

Das linke Diagramm zeigt das Geräuschverhalten von Radpaaren mit verschieden wirksamen Teilungsfehlern im Vergleich zu einem quasifehlerfreien Getriebe (Teilungsfehler $< 6\ \mu m$) in Abhängigkeit der Belastung. Die Schallemission des fehlerfreien Radpaars ist stark von der aufgebrachten Belastung abhängig. Im Gegensatz dazu ist der Schalldruckpegel der teilungsfehlerbehafteten Radsätze nahezu unabhängig von der anliegenden Zahnkraft. Bei hoher Belastung nähern sich die Kurven der fehlerfreien und fehlerbehafteten Radsätze an, da der Einfluss der lastbedingten Deformationen auf die Schwingungs- und Geräuschanregung überwiegt.

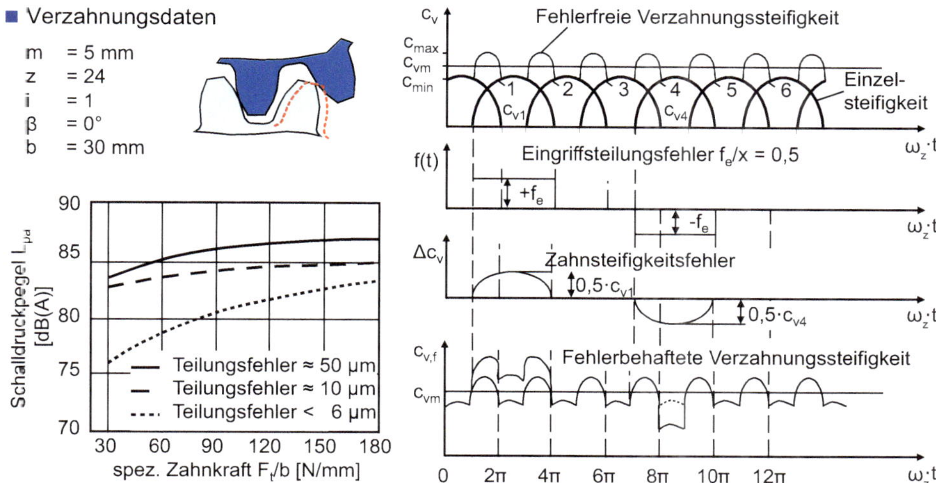

Bild 5.90 Einfluss von Teilungsfehlern auf das Getriebegeräusch [PEEK80, WECK92]

In der rechten Hälfte von Bild 5.90 ist die Entwicklung eines teilungsfehlerbedingt veränderten Zahnsteifigkeitsverlaufs aus dem fehlerfreien Verlauf dargestellt, wobei ein Verhältnis von f_e/x = 0,5 (x bezeichnet die relative Zahnverformung) gewählt wurde. Die fehlerhafte Steifigkeit $c_{v,f}$ ist vom Verhältnis f_e/x und somit von der Belastung abhängig (unteres Diagramm). Zudem ist der Betrag der Gesamtüberdeckung ε_γ bei der Betrachtung der Steifigkeitsverläufe zu beachten. Bei einem positiven Zahnfehler $f_e/x > 0$ wirken sich die Werte der Zahnfehlerfunktion über der gesamten Eingriffsteilung aus. Ist der Teilungsfehler größer als die Zahndeformation fehlerfreier Zähne ($f_e/x > 1$), so trägt der fehlerhafte Zahn allein während der Eingriffsdauer.

Im Falle eines negativen Zahnfehlers wirkt sich die Zahnfehlerfunktion nur für Werte $f_\epsilon/x < 1$ über die gesamte Eingriffsteilung auf die Zahnsteifigkeit aus. Für $f_e/x \geq 1$ tritt das Zahnpaar verspätet in Eingriff, wobei ab einer Gesamtüberdeckung von $\varepsilon_\gamma > 2$ das betreffende Zahnpaar theoretisch nicht mehr in Eingriff kommt. Aufgrund der lastbedingten Verformungen der tragenden Zähne tritt dieser Fall in der Praxis erst bei höheren Überdeckungsgraden auf [PEEK80].

Modulationseffekte durch Teilungsabweichungen

Der Einfluss der Teilungsabweichung auf die Anregung wurde bei Carl an zwei Radsatzvarianten A und B beispielhaft untersucht (siehe Bild 5.91) [CARL14]. Die Verzahnungsdaten des Radsatzes sind der linken Bildseite zu entnehmen. Demzufolge unterscheiden sich die Radsätze lediglich hinsichtlich der Teilungsabweichungen, deren Verläufe über dem Umfang der Verzahnung in den linken Diagrammen aufgetragen sind. Zur derartigen Aufbringung der Teilungsabweichungen wurde das diskontinuierliche Profilschleifen als Hartfeinbearbeitungsverfahren gewählt und gezielt manipuliert. Radsatz A weist eine dominant quasiregellose Verteilung von Einzelteilungsabweichungen auf, wohingegen in der Teilungsabweichung für Radsatz B ein vierfacher Sinus im Verlauf zu erkennen ist.

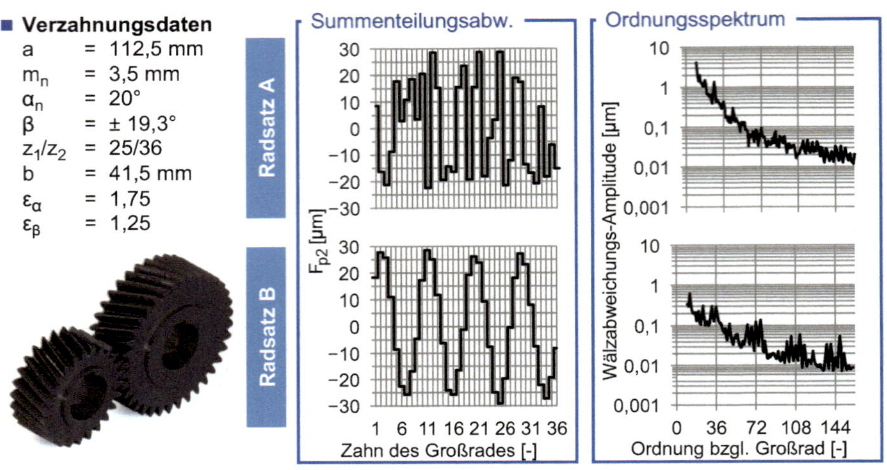

Bild 5.91 Summenteilungsabweichungen und Wälzabweichungsspektrum [CARL14]

Den rechts dargestellten Diagrammen können die gemittelten Ordnungsspektren der Wälzwegabweichung entnommen werden, die für ein Antriebsmoment von M = 100 Nm am Ritzel dargestellt sind. Das Ordnungsspektrum für Radsatz A zeigt, infolge der stochastischen Aufbringung der Teilungsabweichungen auf dem Rad, dass ein nahezu rauschartiges Ordnungsspektrum der Wälzwegabweichung entsteht. Im Gesamten lassen sich keine dominanten Ordnungsbereiche identifizieren. Bei kleinen Ordnungen weist die Wälzwegabweichung hohe Amplituden auf, die mit steigender Ordnung abfallen. Insbesondere die üblicherweise dominanten Zahneingriffsordnungen treten nicht mehr hervor. In der Ordnungsanalyse der Wälzwegabweichung für Radsatz B, im unteren rechten Bildteil, wird ersichtlich, dass sich infolge des regelmäßigen Verlaufs der Summenteilungsabweichung dominante Seitenbänder zu den Zahneingriffsordnungen im Abstand von vier Ordnungen bezogen auf das Rad ergeben, welche zu besonders ausgeprägten Teilordnungen führen. Die Teilordnungen tragen neben den Zahneingriffsordnungen wesentlich zur Anregungscharakteristik bei [CARL14].

5.4.4 Maßnahmen zur Reduzierung der Geräuschabstrahlung

Die konträr zueinander stehenden Aspekte einer geringen Geräuschemission und einer geringen Masse rücken immer mehr in den Fokus der heutigen Entwicklung. In allen Fällen, in denen Getriebegeräusche im Vergleich mit Vorschriften oder vereinbarten Anforderungen zu hohe Pegelwerte erreichen, sind Geräuschminderungsmaßnahmen erforderlich. Meist setzen sich Getriebegeräusche aus mehreren Quellen zusammen, die einen unterschiedlich großen Beitrag zu der gesamten Geräuschemission liefern. Deshalb sind Geräuschminderungsmaßnahmen nur dann wirkungsvoll, wenn sie an den maßgeblichen Geräuschquellen ansetzen. Zur Ermittlung der maßgeblichen Geräuschquellen ist eine messtechnische Untersuchung des Getriebes notwendig. Diese Untersuchung liefert objektive Aussagen über die Entstehung, Übertragung und Abstrahlung der Getriebegeräusche und bietet eine fundierte Entscheidungsbasis für die Erarbeitung geeigneter Geräuschminderungsmaßnahmen.

Eine Systematik der Zusammenhänge zwischen Geräuschemission und möglichen Geräuschminderungsmaßnahmen ist in Bild 5.92 dargestellt.

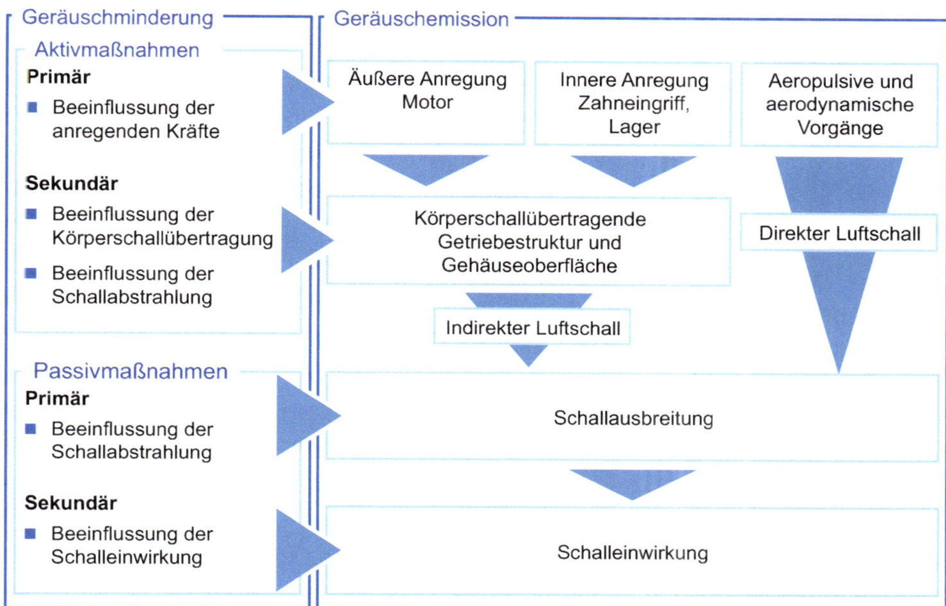

Bild 5.92 Wirkkette der Getriebegeräusche und Anwendungsbereiche der Geräuschminderungsmaßnahmen

Die Geräuschemission wird sowohl durch innere Wechselkräfte (z. B. Zahneingriffsstöße, Wälzlager) als auch durch äußere Anregungen, die durch treibende oder getriebene Aggregate ins System eingebracht werden, verursacht. Die Anregungsmechanismen führen zur Geräuschanregung von Getriebekomponenten, die Körperschall verursachen und über das Gehäuse Schall abstrahlen und damit mittelbar an der Abstrahlung beteiligt sind.

Der Anregung, Übertragung und Abstrahlung von Geräuschen kann mit unterschiedlichen Maßnahmen entgegengewirkt werden. Unter primär aktiven Maßnahmen werden diejenigen verstanden, die Einfluss auf die anregenden Kräfte ausüben und somit eine Schwingungsanregung minimieren oder verhindern. Sekundäre aktive Maßnahmen beziehen sich auf eine Beeinflussung der Übertragungseigenschaften und Abstrahleigenschaften von Elementen. Sind konstruktive Änderungen nicht möglich oder nachträgliche Geräuschminderungsmaßnahmen gefordert, können häufig nur passive Maßnahmen wirkungsvoll eingesetzt werden. Luftschalldämmung und Luftschalldämpfung etwa in Form von Getriebekapselungen sind zu den primären passiven Maßnahmen zu zählen. Die Beeinflussung der Raumakustik (schalldämpfende Auskleidungen von Decken und Wänden) und Mittel des persönlichen Gehörschutzes (Ohrenstöpsel, Kapselgehörschutz in Form von Kopfhörern) sind sekundäre passive Maßnahmen [TRLV10, VSGA98].

Die wirksamsten konstruktiven Änderungen der Verzahnungsgeometrie sind eine Steigerung des Schrägungswinkels, der Einsatz von Hochverzahnungen als auch eine möglichst hohe oder ganzzahlige Gesamtüberdeckung einer Stirnradpaarung. Im Allgemeinen sind Schrägungswinkel zwischen β = 20° und 35° hinsichtlich der Geräuschemission aufgrund der erhöhten Sprungüberdeckung als optimal zu nennen. Sie können Pegelabnahmen von L_{pA} = 3 dB bis 10 dB gegenüber einer Geradverzahnung bewirken. Durch die Verwendung einer Hochverzahnung lassen sich, wie in entsprechenden Prüfstandversuchen nachgewiesen werden konnte, infolge geringerer Eingriffsstöße sowie kleinerer Federsteifigkeitsschwankungen Pegelabsenkungen von L_{pA} = 6 dB - bei hohen Belastungen sogar bis L_{pA} = 8 dB - erzielen [SALJ87].

Neben den primären Aktivmaßnahmen existiert eine Vielzahl weiterer Möglichkeiten, die Geräuschemission zu mindern oder die Geräuschimmission zu begrenzen, die allerdings nicht in direktem Zusammenhang mit der Verzahnungsgeometrie stehen und somit nicht weiter behandelt werden. Als Beispiele sind die Einflüsse der Lagerung, die Verwendung alternativer Werkstoffe, eine Dämpfung des Übertragungspfads oder die Versteifung schallabstrahlender Flächen zu nennen.

Bei Zundel wurden sekundäre Aktivmaßnahmen durch eine Beeinflussung des Übertragungspfades von der Verzahnungsanregung zur geräuschabstrahlenden Gehäuseoberfläche untersucht [ZUND14]. Es wurden mithilfe von Finite-Elemente-Rechnungen topologieoptimierte Leichtbaustrukturen bestimmt, mit dem Ziel, neben einer verbesserten Geräuschabstrahlung zusätzlich eine Gewichtseinsparung zu realisieren. Randbedingungen der Topologieoptimierung ergeben sich aus Bauraumrestriktionen und den maximal zulässigen Lagerverschiebungen aufgrund der Axialkräfte im Zahnkontakt (vgl. Bild 5.93). Zusätzlich wurden bei der Topologieoptimierung des Gehäuses Aspekte der fertigungstechnischen Realisierbarkeit berücksichtigt. Die Charakteristik des Prototyp-Rahmengehäuses bestand in der signifikanten Gewichtsreduktion gegenüber dem Referenzgetriebe und den signifikant niedrigeren Werten bezüglich der tonalen Verzahnungsordnung, was auf eine hohe Wirksamkeit der Körperschallentkopplung zwischen Rahmen und Wandung schließen lässt.

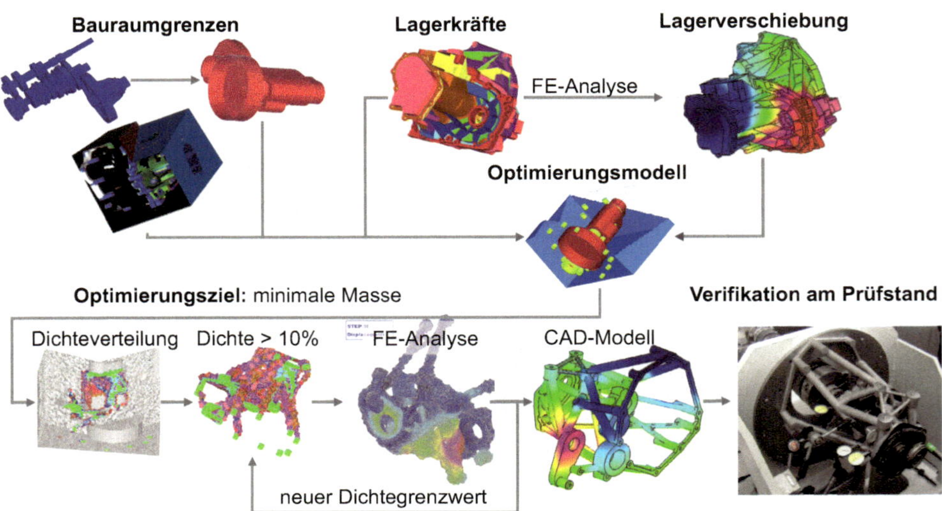

Bild 5.93 Topologieoptimierung am Pkw-Getriebegehäuse [ZUND14]

Die akustischen Untersuchungen am Referenz- und am topologieoptimierten Rahmengehäuse sind auf dem in Abschnitt 5.5.2.2 vorgestellten Universalgetriebeprüfstand durchgeführt worden. Festzustellen ist, dass sich signifikante Unterschiede in der Geräuschzusammensetzung finden lassen. Das Rahmengetriebe weist leicht höhere Rauschanteile bezüglich tonaler Anteile der Verzahnungsordnungen auf. In den überwiegenden Fällen der Betriebspunkte ist hingegen ein um etwa L_{pA} = 3 dB bis 7 dB niedrigerer Schalldruckpegelanteil im Gesamtgeräusch festzustellen. Somit ist das Rahmengetriebe bezüglich tonaler Frequenzanteile weniger auffällig. Die Untersuchungen zeigen neben der hohen Eignung der Elastomerelemente zur Entkopplung der Gehäusewände eine geringe Körperschallübertragung vom Rahmen auf die Wandung, was eine geringe Luftschallemission des Rahmengetriebes zur Folge hat [ZUND14].

Eine weitere passive Maßnahme zur Geräuschreduktion ist die Reduktion der Körperschallübertragung am Radkörper. Auf der Grundlage von Dämmungs- und Dämpfungsmechanismen werden die beiden Optimierungsansätze Werkstoffverbundräder und Radkörperimpedanzelemente unterschieden. Der Einsatz dämpfender Werkstoffe im Radkörper bietet die Möglichkeit, die Körperschallübertragung zu reduzieren. Der größte Anteil der Geräuschanregung eines Getriebes ist auf die Anregung durch die veränderliche Zahnpaarfedersteifigkeit und den Zahneintrittsstoß zurückzuführen. Damit ergibt sich ein hohes Potenzial durch gezielte Beeinflussung der Körperschallübertragung durch Werkstoffverbunde [MAND06, WECK92].

Bei Mandt werden die Eigenschaften und das Einsatzverhalten von leichten und dämpfenden Werkstoffverbundzahnrädern gezeigt [MAND06]. Es ergeben sich Zahnkränze aus den üblichen Verzahnungswerkstoffen, wobei der Radkörper aus Kunststoff und die Nabe aus einfachem Stahl gefertigt sind.

Die unterschiedlichen Werkstoffe (Kunststoffe) zeichnen sich durch hohe Dämpfungseigenschaften und ausreichende Festigkeit aus. In Bild 5.94 sind unterschiedliche Varianten der Radkörper- und Werkstoffverbundschichtgestaltung dargestellt. Insbesondere stellt sich der Epoxidharzschaum als wirtschaftlich vorteilhaft dar, da der Klebe- und der Aufschäumprozess in einem Arbeitsschritt durchführt werden können. Darüber hinaus zeigt sich, dass Aluminium- und Hartschaumstoffe Tragfähigkeitseinbußen der Zahnräder ergeben.

Verzahnungsdaten

m_n = 3,5 mm
a = 112,5 mm
β = ± 19,3°
α_n = 20°
ε_γ = 3

Rad / Ritzel

b = 41,5/44 mm
d_a = 140/101 mm
d_i = 45 mm

Gestaltung des Radkörpers

- Entkopplung von Zahnkranz und Nabe
- Geräuschverhalten
- Tragfähigkeit

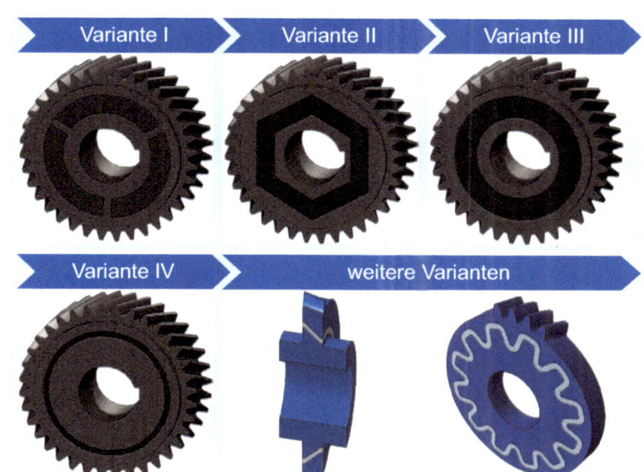

Bild 5.94 Unterschiedliche Werkstoffverbundvarianten

Die Herausforderung bei Werkstoffverbundzahnrädern ist in der Leistungsübertragung durch den Leichtbauwerkstoff zu sehen. Als versagenskritisch stellten sich die Spannungsspitzen in der Fügestelle zwischen Zahnkranznabe und Leichtbauwerkstoff dar. Bei kreisrunder Gestaltung der Fügestelle wurde ein dauerfestes Niveau erreicht, das 60 % der ertragbaren Last der Stahlreferenzvariante entspricht. Die Untersuchungen zum Lauf- und Geräuschverhalten der Werkstoffverbundzahnräder mit Epoxidharzschaum sind auf der Stirnradmesszelle (vgl. Abschnitt 5.5.2.1) durchgeführt worden. Dabei zeigte sich, dass eine Minderung um bis zu L_a = 15 dB im Körperschallpegel gegenüber der Referenzvariante mit Stahlradkörper erreicht werden kann [MAND06].

Durch Radkörperimpedanzelemente wird der Körperschalltransfer infolge von Dämmungsmechanismen durch innere Diskontinuitäten im Ausbreitungsweg beeinflusst. Neben der Verschiebung der Eigenfrequenzen durch die Geometrieänderung des Radkörpers kommt es zur Änderung der Radkörpersteifigkeit über einer Umdrehung. Scholzen et al. untersuchen den Einfluss des Radkörpers auf das Schwingungs- und Geräuschverhalten an pulvermetallurgischen Stirnradverzahnungen [SCHO22].

Radkörpermodifikationen bewirken eine über dem Umfang variierende diskontinuierliche Steifigkeitscharakteristik, woraus ein variierendes Einsatzverhalten resultiert. Während die Zahnflankenbeanspruchung nicht signifikant beeinflusst wird, ist eine Erhöhung der maximalen Zahnfußspannung zu verzeichnen. Hinsichtlich des Drehfehlers führt die periodische Schwankung der Eingriffssteifigkeit zu einer Anregung der Radkörperordnung sowie von Seitenbändern neben den Zahneingriffsfrequenzen. Infolge der Masse, der Steifigkeit und der Dämmungs- und Dämpfungsmechanismen des Radkörpers resultiert ein differentes Schwingungsverhalten. Die Änderung des Schwingungsverhaltens ist abhängig von der Radkörpergeometrie und -dichte und wird durch verschiedene Mechanismen beeinflusst: Reduzierung der Werkstoffdichte, Körperschalldämmung, Körperschalltransferweg und Resonanzunterbrechung. Die Reduzierung der Werkstoffdichte führt zu einer Erhöhung der Werkstoffdämpfung [BREC18]. Infolgedessen wird mehr Schwingungsenergie an die Umgebung dissipiert. Die Körperschalldämmung kann neben Werkstoffwechseln durch geometrische Modifikationen erreicht werden. Radkörpermodifikationen steigern die Anzahl der Impedanzelemente im Radkörper, wodurch der Körperschall gedämmt wird. Die Verlängerung des Körperschalltransferwegs wird ebenfalls mit Radkörpermodifikationen bzw. Ausbrüchen erreicht. Die Resonanzunterbrechung ist auf die Änderung der Zahneingriffssteifigkeit infolge der Radkörpersteifigkeit zurückzuführen. Die Resonanzfrequenzen der Verzahnung stehen im direkten Zusammenhang zur Eingriffssteifigkeit. Eine schwankende Eingriffssteifigkeit im Zahnkontakt führt demnach zu einer variierenden Resonanzfrequenz über der Umdrehung eines radkörpermodifizierten Zahnrads. Die drehzahlabhängige Anregungsfrequenz des Zahneingriffs ist demnach nicht mehr gleich einer konstanten Resonanzfrequenz, wodurch das Resonanzverhalten der Verzahnung gedämmt wird. Durch Kombination einer reduzierten Werkstoffdichte und Radkörperbohrungen wurde im Laufversuch eine mittlere Reduzierung der Geräuschemission der zweiten Zahneingriffsordnung von L_a = 12 dB im Körperschallpegel gegenüber der Referenzvariante erreicht [SCHO22].

5.5 Untersuchung der Getriebeakustik

Zur Bestimmung der Antriebsstrangdynamik und damit gleichfalls der Systemrückwirkungen auf die dynamischen Zahnkräfte werden Prüfstandversuche zur Untersuchung des Schwingungssystems herangezogen. In dem Zusammenhang werden Mittel und Wege zur Messung und Analyse von Geräuschen mithilfe modernster Messtechnik und die entsprechenden Untersuchungsmethoden vorgestellt. Es wird zwischen quasistatischen und dynamischen Untersuchungsmethoden unterschieden. Darüber hinaus werden Prüfstandkonzepte zur Untersuchung diverser Getriebebauformen beschrieben. Im Anschluss daran werden Maßnahmen zur Minderung des Getriebegeräusches abgeleitet. Die nachfolgende Darstellung entspricht in ihrer Abfolge dem Source-Path-Receiver-Prinzip (Bild 5.79) gemäß der Darstellung nach Carl [CARL14].

5.5.1 Untersuchungsmethoden

Gemäß der Schallentstehungskette [KOLL00], bestehend aus Anregungsmechanismen im Zahneingriff, dem Körperschallübertragungsverhalten und der Luftschallemission am Getriebegehäuse, werden in den folgenden Abschnitten die entsprechenden Untersuchungsmethoden, Prüfstände und die dynamisch akustische Messtechnik vorgestellt.

5.5.1.1 Einflankenwälzprüfung

Die messtechnische Untersuchung der Geräuschanregung von Verzahnungen geschieht heute mithilfe unterschiedlicher Prüfverfahren. Ein Prüfverfahren, das zu den objektiven Laufprüfverfahren zählt, ist die in der DIN 3960 [DIN87b] bzw. VDI 2608 [VDI01] beschriebene Einflankenwälzprüfung (vgl. Abschnitt 4.7.2.1). Bei dem Verfahren werden die Radsätze entsprechend ihrer späteren Einbauposition im Getriebe in Eingriff gebracht und miteinander abgewälzt.

Das Ziel der Einflankenwälzprüfung ist die schnelle Erfassung aller geometrischen Abweichungen von Rad und Ritzel, die sich auf die Übertragungsfunktion der Radpaarung auswirken. Der technische Hintergrund ist die Erfassung von Drehungleichförmigkeiten, die zur Schwingungs- und damit zur Geräuschanregung führen. Bei der Einflankenwälzprüfung handelt es sich um ein Summenprüfverfahren, bei dem sämtliche geometrischen Abweichungen von Rad und Ritzel in das Messergebnis einfließen. Das Messprinzip des Verfahrens ist in Bild 5.95 dargestellt.

Die Messkenngröße der Einflankenwälzprüfung (EWP) ist die gemessene Übersetzungsschwankung zwischen Rad und Ritzel. Die Übersetzungsschwankung wird im Allgemeinen als Drehfehler oder Einflanken-Wälzabweichung bezeichnet. Zur messtechnischen Erfassung sind an Rad- und Ritzelwelle hochauflösende Winkelschrittgeber installiert. Eine Messdatenerfassungselektronik wandelt die sinusförmigen Signale der Winkelschrittgeber in ein TTL-Signal um, welches vom Analyserechner ausgewertet werden kann [HEID14, STAD93]. In der Analyseeinheit wird unter Berücksichtigung des Übersetzungsverhältnisses die Differenz zwischen dem gemessenen Drehwinkel und dem theoretischen Drehwinkel des Rads ermittelt. Die theoretische Winkelposition des Rads wird aus dem gemessenen Drehwinkel des Ritzels und dem Zähnezahlverhältnis gebildet.

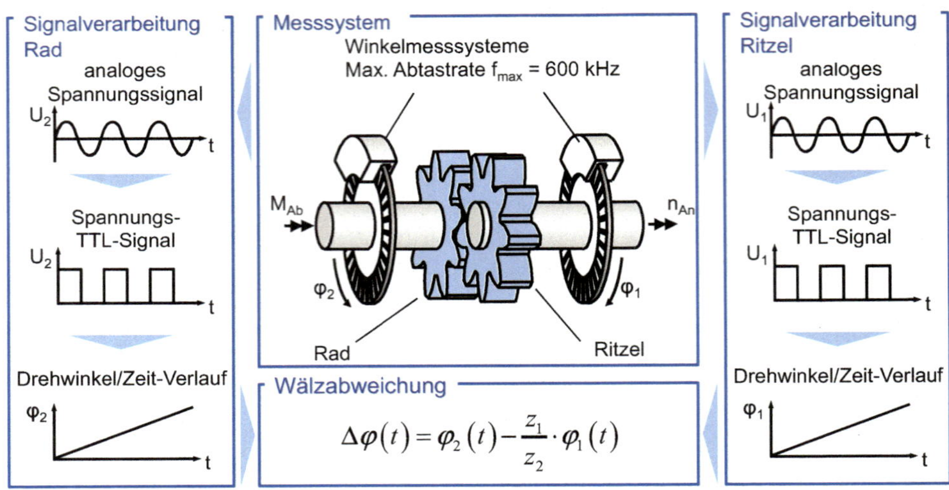

Bild 5.95 Prinzip der Drehwinkelmessung [BRUM12]

Bei der Einflankenwälzprüfung sind Ritzeldrehzahl und Radmoment so einzustellen, dass dynamische Einflüsse weitestgehend ausgeschlossen werden können. Die Messung wird bei quasistatischen Bedingungen unter definiertem Flankenkontakt durchgeführt. Die VDI-Richtlinie 2608 schlägt aus diesem Grund Ritzeldrehzahlen von n = 5 min^{-1} bis 30 min^{-1} bei Bremsmomenten von M = 1 Nm bis 5 Nm vor [VDI01]. In der Praxis werden z. B. Automobilradsätze in der Regel bei höheren Drehzahlen um n = 60 min^{-1} und Bremsmomenten von M = 20 Nm geprüft. Aufgrund der geforderten Taktzeit wird die Einflankenwälzprüfung teilweise bei noch höheren Drehzahlen durchgeführt. Die Aussagekraft höherfrequenter Signalanteile nimmt allerdings mit der Prüfgeschwindigkeit ab [SCHA98]. Während die Einflankenwälzprüfung eine Untersuchung im lastfreien Zustand definiert, handelt es sich bei der Betriebswälzprüfung um eine Prüfung unter Nominallast [PLEW92].

Da es sich bei der Einflankenwälzprüfung um ein Summenprüfverfahren handelt, werden die Einzelabweichungen bei der Messung überlagert. Die sogenannte Superposition kann einerseits zu einer gegenseitigen Verstärkung, andererseits aber auch zu einer gegenseitigen Aufhebung der Einzelabweichungen führen.

Hinsichtlich der Messdauer wird die Messung über einer ganzen Überrollung empfohlen, was bei teilerfremden Zähnezahlverhältnissen bedeutet, dass während der Messung jeder Zahn des Ritzels einmal mit jedem Zahn des Rads in Eingriff kommt. Damit ist sichergestellt, dass alle geometrischen Abweichungen, die sich auf das Übertragungsverhalten auswirken, erfasst werden. Um die Prüfzeit zu verkürzen, sind in der Praxis auch Messungen über wenige Radumdrehungen üblich [EDER05].

Die Darstellung der Messergebnisse erfolgt im Zeitbereich als Drehfehlerverlauf über den gemessenen Umdrehungen und im Frequenz- oder Ordnungsbereich in Form von Spektren. Die Mittelungen auf eine Ritzel- oder eine Radumdrehung dienen zur Identifikation der Drehfehleranteile, die vom Rad oder vom Ritzel verursacht werden. Ein Beispiel für einen auf eine Radumdrehung gemittelten Drehfehlerverlauf ist linksseitig in Bild 5.96 dargestellt. In der linken Bildhälfte ist eine Mittelung des Drehfehlerverlaufes auf eine Zahnteilung dargestellt, wodurch nahezu gänzlich der Einfluss von Teilungs- und Rundlauffehlern eliminiert wird. Damit werden die Auswirkungen von Zahnflankenmodifikationen oder Zahnflankenabweichungen im auf eine Zahnteilung gemittelten Drehfehlerverlauf sichtbar.

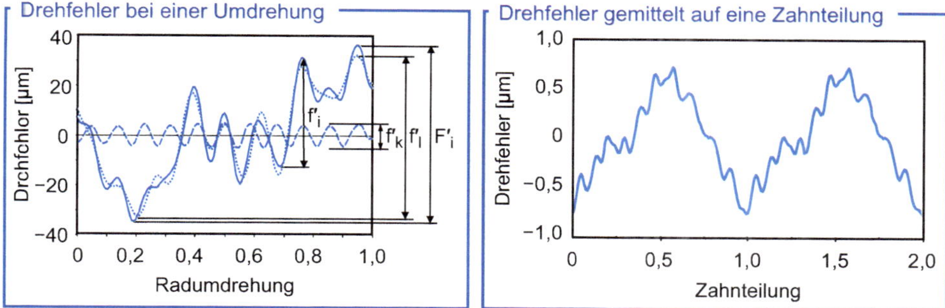

Bild 5.96 Auswertegrößen der Einflankenwälzprüfung

In der DIN 3960 [DIN87b] sind vier objektive Kennwerte für die Einflankenwälzprüfung festgelegt. Die Einflanken-Wälzabweichung F'_i ist die Differenz von maximalem und minimalem Drehfehler. Eine Tiefpassfilterung mit einer Fensterbreite von drei Zahneingriffen liefert einen ausmittelnden Linienzug des Drehfehlersignals. Dieser sogenannte langwellige Anteil des Drehfehlers wird im entsprechenden Kennwert f'_l beschrieben. Die Differenz aus Gesamtsignal und langwelligem Anteil ergibt den kurzwelligen Einflanken-Wälzfehler f_k. Die maximale Abweichung zweier aufeinanderfolgender Extrema innerhalb eines Zahneingriffs stellt den Einflanken-Wälzsprung f'_i dar.

Neben der Mittelung des Gesamtsignals auf eine Ritzel- oder eine Radumdrehung ist auch eine Mittelung auf einen Zahneingriff möglich, die nahezu alle langwelligen Einflüsse eliminiert. Die Mittelung auf einen Zahneingriff liefert weitere Informationen über den Einfluss von Flankenmodifikationen und -abweichungen auf die Drehungleichförmigkeit einer Radpaarung. Ein Beispiel für eine Mittelung des kurzwelligen Anteils auf einen Zahneingriff ist rechtsseitig in Bild 5.96 dargestellt.

In vielen Fällen hat sich eine andere Darstellung der Einflankenwälzsignale durchgesetzt. Analog zur Akustik werden die Drehfehlersignale einer Fast-Fourier-Analyse unterzogen und auf die Raddrehzahl bezogen (vgl. Abschnitt 5.4.1.1). Charakteristisch für die sich ergebenden Ordnungsspektren sind eine starke Ausprägung der Zahneingriffsordnung und deren Harmonischen [MARQ95, VDI01].

Der Drehfehler kann als Winkel oder als Bogenlänge angegeben werden. Die Umrechnung in die Bogenlänge erfordert einen Bezugsdurchmesser, wobei der Raddurchmesser des Teilkreises im Berechnungspunkt verwendet wird [VDI01]. Vorteilhaft bei der wegbezogenen Darstellung ist, dass die Drehfehlerverläufe einfacher mit der Ease-off-Darstellung abgeglichen werden können. Eine weitere Option ist die Pegeldarstellung des Drehfehlers auf einen Bezugswert. Analog zur Akustik, in der die gemessenen Schalldruck- bzw. Körperschallpegel dargestellt werden, wird so ein Vergleich der Signalverläufe möglich.

Die Einflankenwälzprüfung nimmt bei Kegelradverzahnungen aufgrund der Empfindlichkeit gegenüber Positionsabweichungen eine besondere Rolle ein. Kegelradverzahnungen werden in der Produktion teilweise zu 100 % einer Einflankenwälzprüfung zur Optimierung der Einbauposition (Best-Position-Test) oder zur Qualitätskontrolle unterzogen [EDER05]. Eine weiterführende Prüfmethode der Einflankenwälzprüfung für Kegelradverzahnungen ist die Geometrieprüfung nach Brumm [BRUM12]. Das Ziel ist es, aus der Einflankenwälzprüfung Erkenntnisse hinsichtlich des späteren Betriebsverhaltens abzuleiten. Dazu wird die Positionsempfindlichkeit eines Radsatzes durch Variation des Ritzel- und Tellerradeinbaumaßes untersucht. Die Auswertung erfolgt anhand der Amplitudenverläufe der ersten Zahneingriffsordnung des Drehfehlers für unterschiedliche Tellerradeinbaumaße über dem Ritzeleinbaumaß (vgl. Bild 5.97). Der Verlauf der ersten Zahneingriffsordnung wird als Polynom dritter Ordnung angenähert und als weitere Bewertungsgröße wird der Drehfehlergradient definiert, der die Ableitung des Drehfehlers über dem Ritzeleinbaumaß darstellt. Als Kennwerte wurden der Minimal-, Mittel- und Maximalwert des Drehfehlerverlaufs und des Drehfehlergradientenverlaufs ausgewertet.

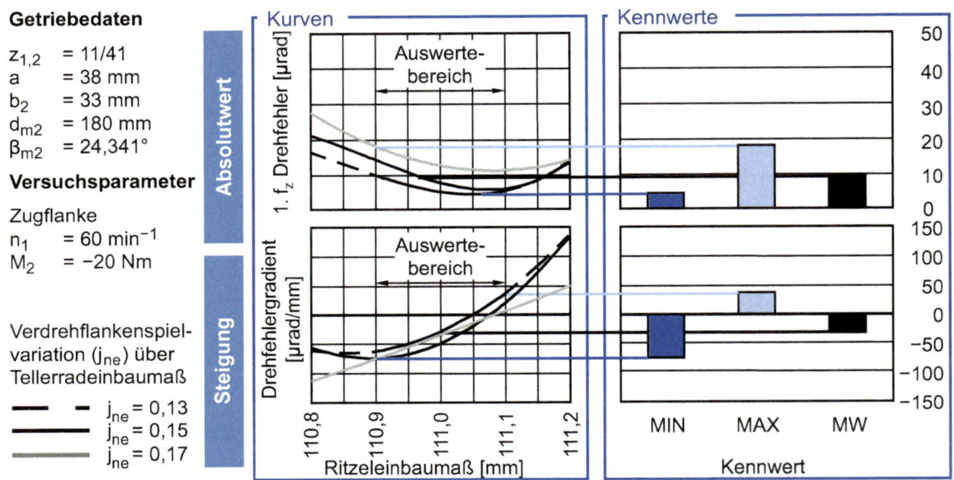

Bild 5.97 Auswertung der Prüfstrategie zur Einflankenwälzprüfung [BRUM12]

Bei Brumm wurde die Geometrieprüfung an fünf geläppten Hypoidgetrieben angewendet [BRUM12]. Die Getriebe wurden schrittweise montiert, um die Einbauposition im montierten Zustand zu ermitteln. Dabei zeigte die Montagegenauigkeit einen erheblichen Einfluss auf das Anregungsverhalten der Achsen. Die anschließenden Geräuschmessungen wurden als Drehzahlrampen für unterschiedliche Drehmomente durchgeführt. Als Kennwert der Prüfstandversuche wurde der Einzahlwert basierend auf der über der Drehzahl gemittelten Zahneingriffsordnung der Differenzdrehbeschleunigung und des Körperschalls ausgewertet.

Die Ergebnisse der Geräuschmessung sind in Bild 5.98 einer Klassifikation resultierend aus der Geometrieprüfung gegenübergestellt. Die Auswertung der Kennwerte der Geometrieprüfung lässt eine Klassifikation der Radsätze in zwei Klassen zu. Die Getriebe der ersten Klasse der untersuchten Getriebe weisen alle einen Vorzeichenwechsel im Drehfehlergradienten auf, was einem lokalen Extremum im Drehfehlerverlauf entspricht. Die Getriebe der zweiten Klasse haben im Auswertebereich der Einflankenwälzprüfung einen monoton fallenden Verlauf und weisen insgesamt höhere Absolutmittelwerte auf. Die vorgenommene Klassifikation der Geräuschuntersuchungen zeigt, dass die ersten drei Getriebe der Klasse 1 ein vergleichbares Geräuschverhalten aufweisen, während die Getriebe aus Klasse 2 hiervon abweichen. Allerdings stellt Brumm heraus, dass ein eindeutiger Zusammenhang von Drehfehleramplitude am Radsatz und dem Getriebegeräusch nur bei vergleichbarer Einbauposition und ähnlichem Verlagerungsverhalten gelingt [BRUM12].

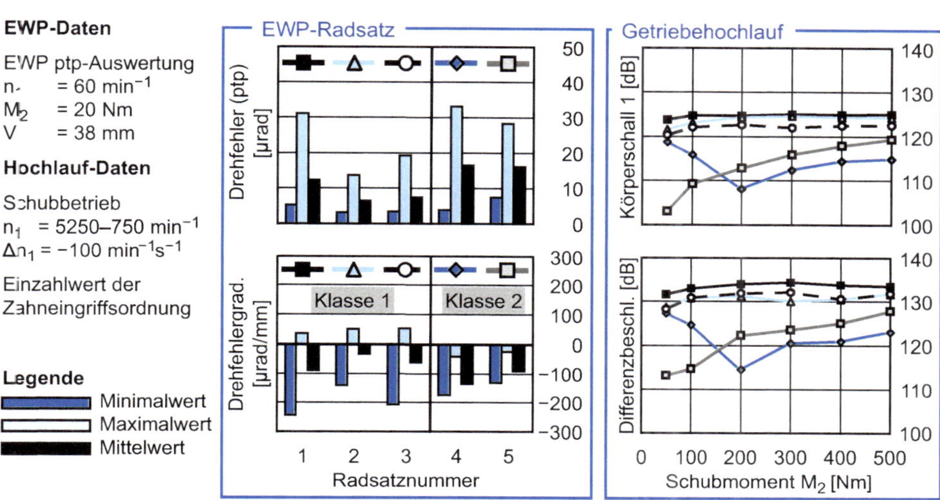

Bild 5.98 Vergleich der Drehfehlerklassifikation mit den Ergebnissen der Geräuschuntersuchungen von Hypoidgetrieben [BRUM12]

5.5.1.2 Zweiflankenwälzprüfung

Bei der Zweiflankenwälzprüfung werden Radsätze derart miteinander abgewälzt, dass beständig Zweiflankenkontakt besteht und ein spielfreier Eingriff realisiert wird (vgl. Abschnitt 4.7.2.1). Die Auswirkungen der geometrischen Abweichungen werden in radialer Richtung durch die Aufzeichnung der Achsabstandsänderung Δa während des Abwälzens erfasst. Ein Abheben der Zahnflanken wird durch eine Prüfkraft in radialer Richtung des Achsabstands verhindert. Die Messwertaufnahme erfolgt mittels Messuhr oder digitalen linearen Wegaufnehmern.

Das Verfahren und die Auswertung der Zweiflankenwälzprüfung erfolgen ähnlich wie bei der Einflankenwälzprüfung. Um die Prüfzeit zu reduzieren, wird als Messdauer in der Regel nur über einer Radumdrehung gemessen und ausgewertet.

Der Kennwert der Zweiflanken-Wälzabweichung F''_i ergibt sich aus der Differenz von Maximal- und Minimalwert des Achsabstands. Ein ausmittelnder Linienzug liefert die Wälz-Rundlaufabweichung F''_r. Der Zweiflanken-Wälzsprung f''_i gibt die maximale Veränderung des Achsabstands während eines Zahneingriffs an. Im Vergleich zur Einflankenwälzprüfung wird bei der Zweiflankenwälzprüfung kein kurzwelliger Signalanteil ausgewertet. Stattdessen wird in der VDI-Richtlinie 2608 die Exzentrizität f''_e definiert. Diese stellt die Amplitude der nahezu sinusförmigen Wälz-Rundlaufabweichung dar.

Das Ziel der Zweiflankenwälzprüfung ist in erster Linie die schnelle Erfassung von Rundlauffehlern und Beschädigungen an Rad und Ritzel. Die Aussagefähigkeit in Bezug auf das Laufverhalten ist wegen des Zweiflankenkontaktes gegenüber einer Einflankenwälzprüfung und einer Körperschallprüfung gering, da während einer Messung sowohl die Vorder- als auch die Rückflanken am Messsignal beteiligt sind und sich die Einflüsse von mindestens vier Zahnflanken überlagern [SCHA85].

Die Abwälzbedingungen entsprechen zudem nicht der Situation im Getriebe, sodass eine Übertragung der Ergebnisse auf das Geräuschverhalten der Verzahnung nicht zulässig ist. Die Zweiflankenprüfung wird aufgrund der geringen Betriebskosten und der kurzen Prüfzeit zur Qualitätssicherung im Rahmen der Serienfertigung von Verzahnungen eingesetzt [VDI01].

5.5.1.3 Drehbeschleunigungsmessung

In Bezug auf die maschinenakustische Schallentstehungskette [KOLL00] ist es notwendig, die Schwingungsanregung im Zahneingriff, die der Erregerquelle für die Körperschallleitung und die Schallabstrahlung entspricht, zu untersuchen. Eine kraftbezogene und torsionsschwingungskonforme Kenngröße stellt die Drehbeschleunigung dar.

Die Messung von Winkel- bzw. Drehbeschleunigungen an rotierenden Bauteilen sollte eine einfache Montage, hohe Zuverlässigkeit und die Wartungsfreiheit der Aufnehmer gewährleisten. Zur Messung der reinen Winkelbeschleunigung sollte das Messsystem eine Unempfindlichkeit gegenüber translatorischer Beschleunigung aufweisen. Weiterhin ist eine geringe Abmessung und Masse des Sensors anzustreben, damit keine trägheitsbedingte Beeinflussung der Messung durch die Sensoren vorliegt. Die Erfassung der Drehbeschleunigung erfolgt indirekt durch das Differenzieren des Drehwinkel- bzw. Drehgeschwindigkeitsverlaufes oder direkt durch die Erfassung der Drehbeschleunigung mittels Beschleunigungsaufnehmern und einem Telemetriesystem [HOLZ73, SOBO84].

Differenziation

Zunächst bietet sich die inkrementelle Drehwinkelmessung an. Durch eine schrittweise durchgeführte Differenziation kann aus der aufgezeichneten Messgröße die Winkelgeschwindigkeit bzw. -beschleunigung berechnet werden. Die Drehwinkelmessung bzw. die hochauflösende Drehzahlanalyse ist ein übliches Verfahren zur Aufzeichnung des Drehübertragungsverhaltens und zur Bestimmung des Drehfehlers. Das hier Anwendung findende inkrementelle Messprinzip (vgl. Bild 5.95) basiert auf einem gleichmäßig unterteilten Maßstab, der im Fall der Drehwinkelerfassung über den Umfang aufgetragen wird. Ein Lesekopf erfasst die Zeit zwischen zwei Inkrementen und errechnet über deren Abstand und die Zeitdifferenz die Drehbewegung. Aus mehreren Spuren mit ungleicher Teilung werden Gebersignale erzeugt, mithilfe derer eine Bestimmung des absoluten Winkels und der Drehrichtung möglich ist. Bei der Auswahl des Messsystems ist auf die Anzahl der Inkremente zu achten, die sich ebenfalls im Drehwinkelsignal wiederfindet. Das Prinzip findet in verschiedenen Anwendungen Einsatz [HOHL02, PLEW92].

Die Inkremente können induktiv, optisch aber auch über magnetische Messsysteme erfasst werden. Im optischen Fall entspricht ein Inkrement einer lichtdurchlässigen Passage, die durch Fotodetektoren erfasst wird und ein analoges Signal ausgibt. Der hohen Genauigkeit stehen hohe Anforderungen hinsichtlich Montagetoleranzen und Positionierung gegenüber. Bedingt durch die Notwendigkeit einer genauen axialen und radialen Ausrichtung vom Maßkörper (Maßstab-Scheibe) zum Lesekopf besteht eine hohe Schmutz- und Stoßempfindlichkeit.

Ein induktives System ermöglicht eine berührungslose Erfassung der Inkremente und die Bestimmung der Drehbewegung und Winkelbestimmung selbst bei starken Erschütterungen. Das Geberelement kann anstatt der Maßstab-Scheibe aus einem Zahnrad bestehen. Die Anzahl der Zähne ergibt die Teilung der Segmente. Durchläuft ein Zahn das elektrische Feld, wird ein sinusförmiger Spannungsverlauf infolge der Induktivitätsänderung erzeugt. Die Genauigkeit dieser Variante liegt unterhalb der von optischen und magnetischen Ausführungen [POGO12].

Das Drehgebermesssystem, welches auf dem magnetischen Prinzip basiert, weist eine geringere Störanfälligkeit und eine gleichzeitig hohe Fehlertoleranz auf. Während des Durchlaufens der Magnetfelder, welche durch Pole aufgebaut werden, wird über einen Lesekopf ein analoges Spannungssignal in Form einer Sinus- bzw. Cosinus-Schwingung ausgegeben. Der Messtaster ist mit magnetoresistiven Sensoren ausgestattet, die nach dem gleichnamigen Effekt eine Änderung ihrer Widerstände beim Durchlaufen eines Magnetfeldes erfahren. Der Effekt tritt in Abhängigkeit des Materials unterschiedlich auf, so herrscht der anisotrope magnetoresistive Effekt (AMR) in ferromagnetischen Materialien vor. Aufgrund der Tatsache, dass der spezifische Widerstand parallel zur Magnetisierung größer ist als senkrecht zu dieser, reichen dünne Schichten des Materials aus. Dieses Material wird häufig für Sensoren verwendet. Der große Vorteil des magnetischen Drehgebers ist die Unempfindlichkeit gegenüber Vibrationen, Stößen, Unwuchten [GEVA06].

Beschleunigungsaufnehmer

Die Drehbeschleunigungsmessung zeigt die höchste Signalgüte zur Erfassung der Drehschwingungen [SOBO84, WILL97]. Um die Drehbeschleunigungen von Wellen aufzuzeichnen, kann zum Beispiel ein Linearbeschleunigungsaufnehmer eingesetzt werden. Mithilfe der Aufnehmer können richtungsunabhängig Winkelbeschleunigungen von allgemein bewegten Objekten bestimmt werden. In der Getriebetechnik werden die Sensoren tangential zum Wellendurchmesser montiert, sodass die Tangentialbeschleunigung der Welle, also in Umfangsrichtung, aufgenommen wird. Der Verstärkungsfaktor des Signals entspricht dem Abstand des Aufnehmers zur Rotationsachse und ist somit proportional zum Radius. Zur Ermittlung der Drehbeschleunigung werden im Allgemeinen zwei Beschleunigungsaufnehmer mit gleichem Abstand zur Rotationsachse entgegengesetzt positioniert (vgl. Bild 5.99). Die Erfassung der physikalischen Größe beruht auf dem Prinzip des piezoelektrischen Effekts, welcher in Abschnitt 5.5.1.4 erläutert ist. Wird diese Anordnung geeignet verschaltet, können radiale Schwingungen, z. B. infolge von Wellenbiegung, aus der Drehbeschleunigungsmessung eliminiert werden, sodass nur das reine Drehbeschleunigungssignal aufgezeichnet wird.

Eigenschaften

- Zwei tangential um 180° versetzte Beschleunigungssensoren (ICP)
- Summiereinheit zur Addition der beiden Sensorsignale
- Digitales Einkanal-Mikrotelemetriesystem zur berührungslosen Übertragung der Messsignale
- Spule zur induktiven Energieversorgung

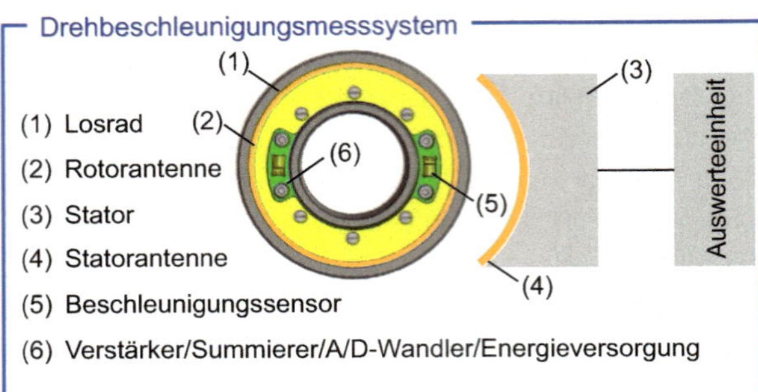

Bild 5.99 Prinzipaufbau eines Drehbeschleunigungsmesssystems

Wie zuvor beschrieben, bildet jeder Beschleunigungsaufnehmer ein eigenständiges schwingungsfähiges System. Um Messfehler auszuschließen, muss die Eigenfrequenz des Sensors weit oberhalb des zu messenden Frequenzbereiches liegen. Nur eine Änderung der Verformung des Piezokristalls bewirkt ein Freisetzen elektrischer Ladungsträger, wodurch eine Drehungleichförmigkeit bei hohen Drehzahlen besonders gut erfasst werden kann. Demgegenüber führt das Ausbleiben einer ausreichenden Anregung der seismischen Masse zu keiner Ladungsänderung, weshalb sich der Messaufnehmer nicht für eine quasistatische Messung eignet.

Die induktive Datenübertragung erlaubt eine kontaktfreie Übermittelung der Signale der rotierenden Aufnehmer. Hierfür sind zwei konzentrisch zur Welle gelagerte Spulen (2), (4) notwendig, bei der eine auf der Welle montiert ist, während die andere in einem Stator untergebracht wird [WECK84]. Eine kompakte Bauweise mit geringer Masse ermöglicht die Untersuchungen auch bei kleinerem Bauraum [HELL15]. Je nach Anwendungsfall können spezifische Drehbeschleunigungsaufnehmer gesondert hergestellt werden [FABE78]. Eine Kombination der geschilderten Verfahren zur Drehwinkel- und Drehbeschleunigungsmessung ermöglicht die Abdeckung aller praxisrelevanten Messaufgaben [HESS11].

Applikation der Messsysteme

Eine Übersicht über die Applikation der verschiedenen Systeme zur Erfassung der Drehungleichförmigkeit an unterschiedlichen Positionen außerhalb und innerhalb eines Getriebes zeigt Bild 5.100. Die Konzeptionen sind bei Carl, Hellmann und Hesse näher beschrieben worden [CARL14, HELL15, HESS11]. Das Ziel der Konzepte ist es, Grenzen und Potenziale der Akustikmessung in Getrieben zu ermitteln und Angaben zum Informationsgehalt einzelner Messgrößen in Abhängigkeit vom Abstand zum Messobjekt zu erhalten.

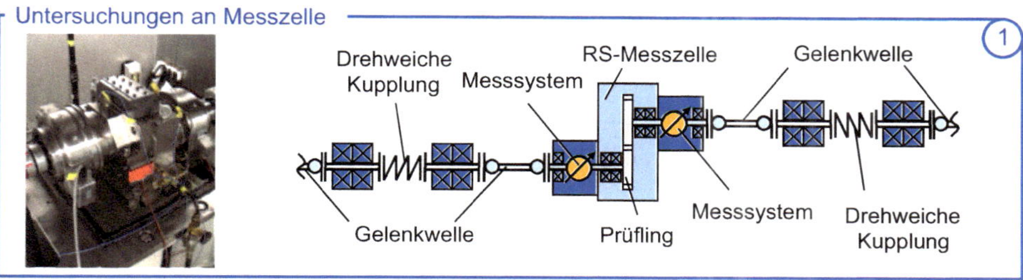

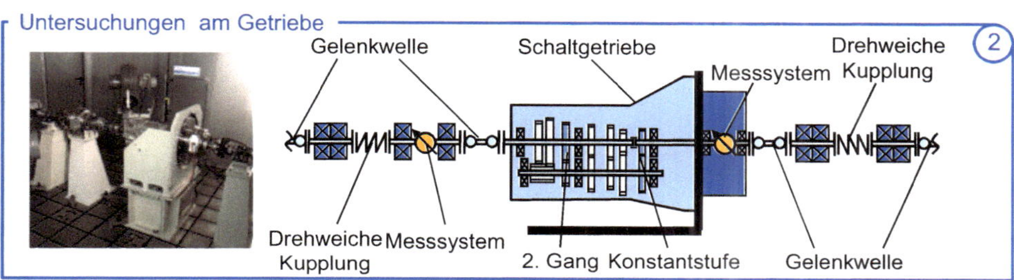

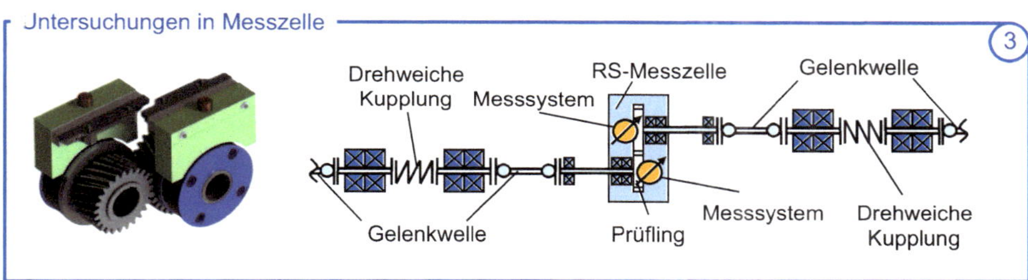

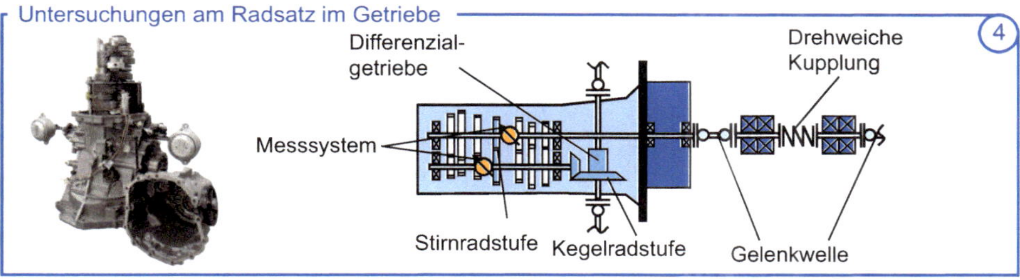

Bild 5.100 Messsysteme für die Prüfung am Radsatz und im Getriebe [CARL14, HELL15, HESS11]

Zunächst wurde die akustische Messung der Anregung eines Radsatzes in einer Radsatzmesszelle durchgeführt (Aufbau 1) und anschließend wurde das Messprinzip außerhalb des Aufbaus auf ein Pkw-Seriengetriebe übertragen (Aufbau 2) [HESS11]. Um eine aussagekräftigere Erfassung der Drehungleichförmigkeit zu erreichen, ist das Messsystem in einem weiteren Schritt möglichst nah zur Anregungsquelle angebracht worden. Demzufolge ist in einer Weiterentwicklung des Messprinzips ein kompaktes Messsystem in die Radsatzmesszelle verbaut worden (Aufbau 3) [CARL14]. In einem letzten Schritt sind Beschleunigungsaufnehmer im Radkörper eines Seriengetriebes angebracht worden, um auf diese Weise die

Schwingungsanregung unmittelbar im Radkörper unter realistischen Betriebsbedingungen zu erfassen (Aufbau 4) [HELL15]. Im Folgenden werden die entwickelten und bei der Messung applizierten Messsysteme erläutert.

Bei dem in Bild 5.100 in den oberen beiden Beispielen verwendeten Messsystem besteht die Möglichkeit einer kombinierten Erfassung zweier Messgrößen. Mit den Messsystemen werden der Drehweg und die Drehbeschleunigung erfasst. Das Messsystem ist in Bild 5.101 dargestellt und besteht aus zwei Komponenten, dem Rotor und dem Stator.

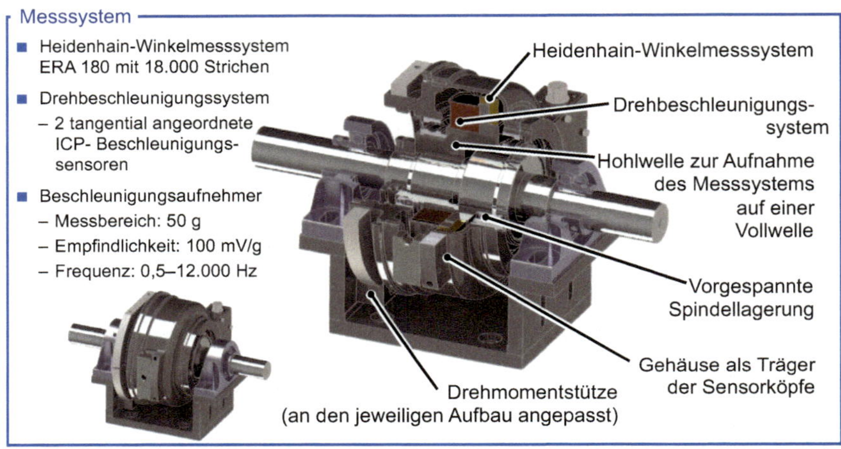

Bild 5.101 Messsysteme zur Erfassung der Größen Drehfehler und Differenzdrehbeschleunigung [HESS11]

Die Rotoreinheit wird kraftschlüssig direkt neben der Verzahnung auf der Welle über eine Hülse befestigt und weist für die Drehwegerfassung 18 000 Striche pro Umdrehung auf. Die Rotation wird optisch durch einen im Gehäuse befestigten Lesekopf detektiert und in Form eines analogen Messsignals erfasst, welches durch die Messdatenelektronik mit einer maximalen Abtastrate von f_{max} = 600 kHz in ein Spannungs-TTL-Signal umgewandelt wird. Danach werden die Spannungs-Zeit-Verläufe in Drehwinkel-Zeit-Verläufe umgerechnet und über die Grundkreisradien in die Eingriffsebene projiziert. Das Ergebnis ist eine translatorische Abweichung bzw. der Drehfehler, der durch eine zweimalige Differenzierung in die Differenzdrehbeschleunigung umgerechnet werden kann. Die Messung sollte möglichst nah am Zahneingriff erfolgen, damit das Anregungsverhalten ausreichend genau abgebildet werden kann [HESS11]. Zudem ist eine exakte Positionierung des Rotors für eine hinreichend genaue Messung erforderlich.

Mithilfe des Messsystems kann zusätzlich die Drehbeschleunigung mit zwei auf einem Messkreis des Rotors um 180° versetzten Beschleunigungssensoren im Rotor gemessen werden. Die Addition beider Signale ergibt die Drehbeschleunigung eines Rads bei gleichzeitiger Kompensation radialer Schwingungsanteile. Der nutzbare Frequenzbereich der verbauten ICP-Körperschallsensoren liegt zwischen f = 0,3 Hz bis 12 kHz. Über ein induktives Telemetriesystem auf der Außenseite des Rotors werden die Sensoren mit Spannung versorgt. Die Abtastrate des Telemetriesystems beträgt f_{Abtast} = 20 kHz.

Die mithilfe des kombinierten Messsystems erfassten Werte, sowohl von der isolierten Laufprüfung des Radsatzes als auch des Schaltgetriebes, sind für verschieden modifizierte Radsätze in Bild 5.102 in den linken Diagrammen gezeigt. Die erweiterte Bilanzgrenze beinhaltet neben der zu prüfenden Verzahnung auch Wälzlager, Synchronisations- und Schaltelemente sowie Getriebewellen, die sich zwischen den beiden Messstellen befinden. Das Zusammenspiel der Nachgiebigkeiten des Gesamtsystems führt insbesondere durch Verlagerungen des Welle-Lager-Systems im Gehäuse zu einer relativen Verlagerung der Wälzpartner, die ebenfalls in die Messung mit einfließen.

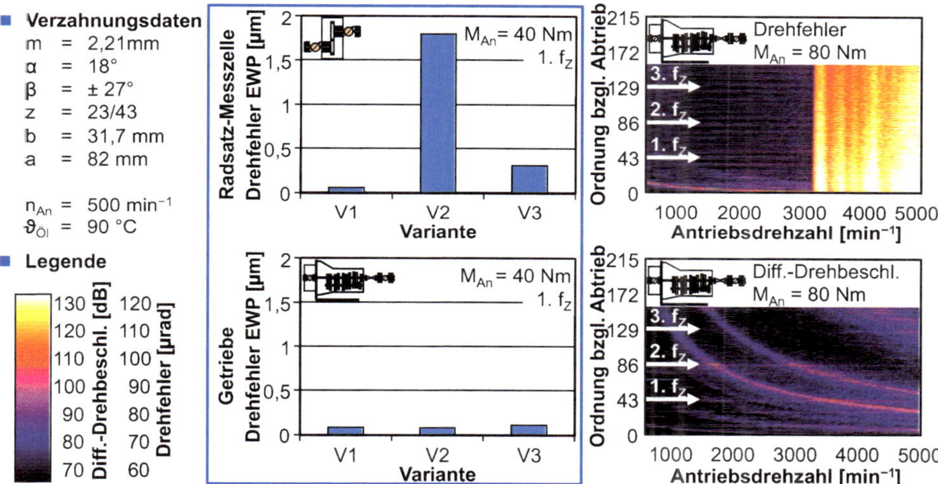

Bild 5.102 Gegenüberstellung der Messergebnisse von stationären und dynamischen Laufprüfungen am Radsatz und im Getriebe [HESS11]

Untersucht wurde in dem Zusammenhang zunächst, ob mithilfe der ausgelegten Messtechnik die Versuchsverzahnungen unterschieden werden können. Im nächsten Schritt wurden diese Verzahnungen in das Seriengetriebe verbaut und der Einfluss des Gesamtsystems unter Berücksichtigung der Räderkette untersucht. Die Ergebnisse der quasistatischen und dynamischen Untersuchungen sind in Bild 5.102 gegenübergestellt. Die links dargestellten Säulendiagramme zeigen die Drehfehlermessungen bei einer konstanten Drehzahl von n = 500 min^{-1}. Anhand der Radsatzmessung ist eine eindeutige Abstufung der Varianten möglich, die sich hinsichtlich ihrer Mikrogeometrien unterscheiden. Die Erkenntnis kann auf das Seriengetriebe nicht übertragen werden, da die gemessenen Drehfehler aufgrund des großen Abstands zwischen Messsystem und Anregungsquelle deutlich kleiner ausfallen.

Den rechts dargestellten, ordnungsbezogenen Campbell-Diagrammen können die Messergebnisse der Drehzahlhochläufe des Schaltgetriebes entnommen werden. Mithilfe der Gegenüberstellung können die Messsysteme bei denselben Betriebsbedingungen verglichen werden. Dementsprechend zeigt das obere Ordnungsspektrum, dass sich die Drehfehlermessung für die dynamische Untersuchung nicht eignet, da sich weder Eigenfrequenzen noch Überhöhungen der Zahneingriffsordnungen aus dem Grundrauschen identifizieren lassen. Weiterhin ist ein Abreißen des Signals bei einer Antriebsdrehzahl von n_{an} = 3400 min^{-1}

festzustellen, was auf die limitierte Abtastrate der Auswerteelektronik von $f = 600$ kHz zurückgeführt werden kann. Die Messung der Differenzdrehbeschleunigung befähigt hingegen zur Identifikation der Verzahnung als Anregungsquelle und der angeregten Eigenfrequenzen des Prüfstandaufbaus.

Gemäß den Ergebnissen von Hesse ist die Messung der Drehungleichförmigkeit bevorzugt in unmittelbarer Nähe der Anregung durchzuführen [HESS11]. Darüber hinaus bietet sich die Messung der Differenzdrehbeschleunigung insbesondere bei höheren Drehzahlen zum Detektieren von Zahneingriffsfrequenzen und Eigenfrequenzen an. In dem Zuge ist in Bild 5.100 (3) als drittes Beispiel eine kompakte Bauform des Drehbeschleunigungsmesssystems gezeigt, welches direkt in eine Messzelle eingebaut wurde. Hierdurch werden Dämpfungseffekte über den verkürzten Körperschallpfad und resultierende Messabweichungen verringert. Der Prüfaufbau mit Messsystem ist in Bild 5.103 oben gezeigt. Neben der direkten Messung der Anregung im Zahneingriff innerhalb des Gehäuses zeichnet sich der Prüfaufbau durch eine modulare und flexibel anpassbare Bauweise aus. Eine zentrale Komponente des Prüfaufbaus stellt ein einteiliger, rechteckiger Rahmen dar, an den die Getriebewandungen angeschraubt werden. In den Stirnwänden wird das Welle-Lager-System über Lagerbuchsen aufgenommen. Die Vorspannung des Welle-Lager-Systems kann über Lagerdeckel flexibel eingestellt und über einen piezoelektrischen Kraftsensor gemessen werden. Die Aufnahme des Getriebes auf dem Prüfstand erfolgt an Vorder- und Rückseite mithilfe von verschraubten Gabeln. Über drei in Stützen verbaute Elastomer-Elemente wird das Getriebe auf sandgefüllten Prüfstandträgern aufgenommen. Somit kann einerseits eine Schwingungsentkopplung des Getriebes gegenüber der Prüfstandaufnahme und andererseits eine stabile Lagerung mit reduzierter Kippmomenteinleitung in die Elastomer-Elemente garantiert werden [CARL14].

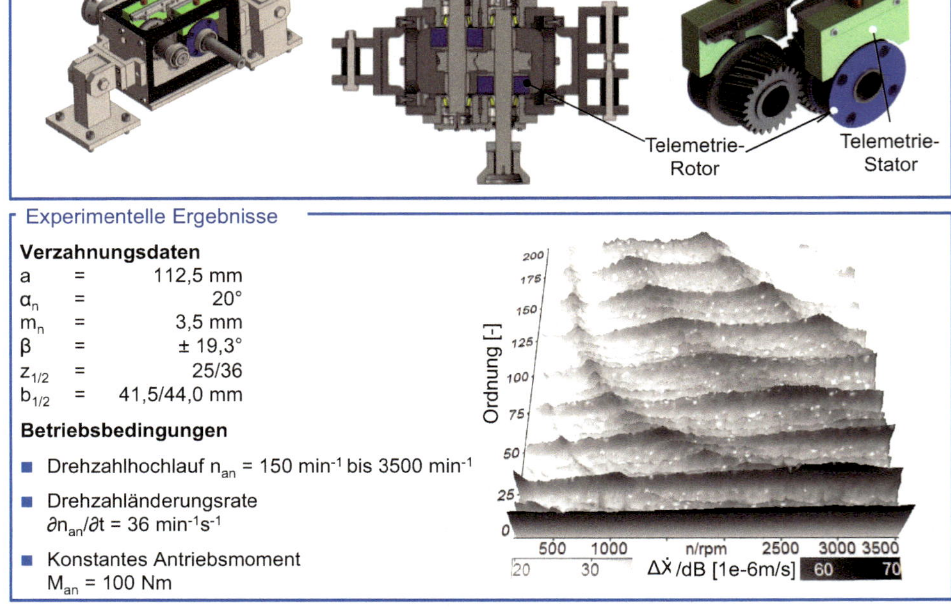

Bild 5.103 Integration des Drehbeschleunigungsmesssystems in eine Messzelle [CARL14]

Zur Verarbeitung und Übertragung des Spannungsmesssignals der beiden Sensoren einer Verzahnung (vgl. Bild 5.99) wird das Signal zunächst verstärkt und in ein frequenzmoduliertes Signal umgewandelt. Zur Signalübertragung an den Stator wird das Messsignal hochfrequenzmoduliert und statorseitig demoduliert. Anschließend folgt die Zurücktransformation in eine Spannung und eine Tiefpassfilterung mit einer Eckfrequenz von $f = 20$ kHz. Das zur Drehbeschleunigung proportionale Messsignal wird noch einmal verstärkt, bevor es zur Datenerfassung verwendet werden kann. Durch die zeitsynchrone Messung von $\ddot{\varphi}_1$ und $\ddot{\varphi}_2$ an den beiden Zahnrädern kann in Anlehnung an die Wälzabweichung in Bild 5.95 die Differenzdrehbeschleunigung nach Formel 5.39 in der Eingriffsebene bestimmt werden. Durch Integration der Differenzdrehbeschleunigung kann die Differenzdrehgeschwindigkeit (Differenzschnelle) $\Delta\dot{x}$ ermittelt werden [CARL14].

$$\Delta\ddot{x} = r_{b2} \cdot \ddot{\varphi}_2 - r_{b1} \cdot \ddot{\varphi}_1 \tag{5.39}$$

Experimentelle Ergebnisse, die aus dem in Bild 5.103 oben vorgestellten Prüfaufbau resultieren, sind in der unteren Bildhälfte dargestellt. Für eine Stirnradstufe mit den Verzahnungsdaten in Bild 5.103 wurden Drehzahlhochläufe bei einem konstanten Antriebsmoment durchgeführt. Die ermittelten Drehbeschleunigungsmesssignale wurden zeitlich integriert und in einem Drehzahl-Ordnungsspektrum der Differenzschnelle abgebildet (vgl. Abschnitt 5.5.1.5, Kohärenzverfahren). Die konstanten Resonanzfrequenzen des Prüfaufbaus sind als Hyperbeln wiederzufinden, während die Zahneingriffsordnungen und deren Höherharmonische als Horizontale auftreten. Im dargestellten Beispiel sind die auf das Antriebsrad (z_1 = 25) bezogenen Ordnungen als für die Anregung dominant zu identifizieren. In den Bereichen, in denen eine Ordnung oder deren Höherharmonische auf eine Eigenfrequenz trifft, treten Resonanzüberhöhungen auf. Im dargestellten Beispiel können besonders die Drehzahlbereiche um n = 1500 min^{-1} und um 3000 min^{-1} als anregungsstarke Bereiche ausgemacht werden. Mit der Messmethode lassen sich auch höhere Zahneingriffsordnungen analysieren.

Bild 5.104 zeigt eine Integration der Messmethode als Losrad- und Festradmesssystem im eingebauten Zustand auf Komponenten eines Automobilgetriebes (vgl. Bild 5.100 (4)). Das Festradmesssystem ist fest in die Getriebewelle integriert. Das Losradsystem ist als Ring ausgeführt und wird mit Schrauben am Radkörper befestigt. Hierdurch kann das Messsystem bei einem Wechsel der Prüfverzahnung in den jeweiligen Radkörper montiert werden. Die Bandbreite des Messsystems ist durch die Telemetrieeinheit auf f = 10 kHz begrenzt. Mithilfe der Beschleunigungsaufnehmer können Drehbeschleunigungen bis hin zu a = 500 g erfasst werden. Durch eine Anpassung des Messbereiches wurde die maximal messbare Beschleunigung auf a = 50 g reduziert.

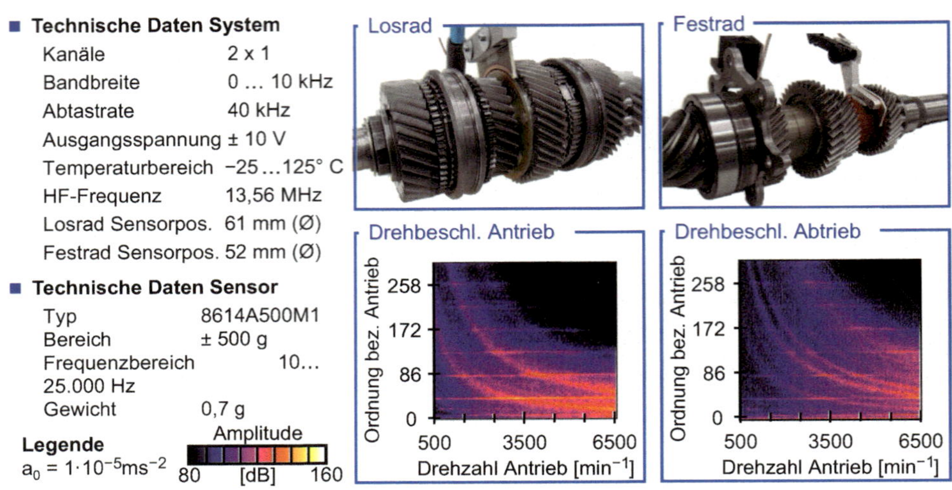

Bild 5.104 Drehbeschleunigungsmesssysteme für die Anwendung im Pkw-Seriengetriebe [HELL15]

Des Weiteren sind in Bild 5.104 unten die Ordnungsspektren der mit diesem Messsystem aufgezeichneten Drehbeschleunigung des An- und Abtriebes exemplarisch bei M = 250 Nm gezeigt. Die erste Zahneingriffsordnung (f_z) des 6. Gangs ist entsprechend der Zähnezahl die 43. Ordnung bezüglich des Antriebes. Neben der pegelbestimmenden ersten Zahneingriffsfrequenz f_z sind auch die höherharmonischen Zahneingriffsordnungen besonders in Bereichen von Systemeigenfrequenzen zu erkennen. Die Auflösung bis zur 6. Harmonischen der Zahneingriffsordnung ist auf die nahe Applikation des Messsystems zur Anregungsquelle zurückzuführen. Auffällig sind die höheren Amplituden der Drehbeschleunigung des Antriebes. Die messtechnischen Analysen zeigen, dass eine nahe Anbindung zur Anregungsquelle zu einer umfassenden, quantitativen akustischen Bewertung des Zahneingriffs befähigt. Ebenfalls zeigt sich, dass bei dynamischen Untersuchungen die Kenngröße des Drehfehlers an Grenzen stößt und die Differenzdrehbeschleunigung eine geeignete Messkenngröße darstellt.

5.5.1.4 Körperschallmessung

Ein weiteres objektives Verfahren zur Beurteilung der Radsatzlaufruhe im Einflankenkontakt stellt die Körperschallprüfung dar. Im Vergleich zu den bisher vorgestellten Prüfverfahren beruht die Qualitätsbewertung der Radsätze nicht auf der Ermittlung geometrischer Abweichungen im Zahneingriff, sondern auf der Erfassung von Beschleunigungskräften, d. h. der Parameteranregungen (siehe Abschnitt 5.4.3.1). Somit handelt es sich nicht um ein Verfahren zur Charakterisierung der Anregung durch die Zahnflankengeometrie, sondern zur summierenden Beurteilung von Anregung und Körperschallpfad, da die Messung in der Regel am Getriebegehäuse erfolgt. Aus diesem Grund sind die Prüfdrehzahlen bei der Körperschallmessung gegenüber den quasistatischen Verfahren deutlich höher, was zu verkürzten Prüfzeiten führt. Bei der Interpretation der Versuchsergebnisse ist jedoch auch das dynamische Verhalten der Prüfmaschine bzw. des Prüfstands zu berücksichtigen, da das Messergebnis nicht nur vom Getriebe, sondern vom gesamten Schwingungssystem beeinflusst wird. Die Messung des Körperschalls hat den Vorteil, dass die Schwingungen am Getriebegehäuse direkt gemessen werden und Einflüsse durch Fremdgeräusche oder Reflexionen an schallharten Flächen ausscheiden.

Beschleunigungsaufnehmer

Im Bereich der Technischen Akustik werden zur Umwandlung mechanischer Schwingungen in elektrische Signale meist piezoelektrische Beschleunigungsaufnehmer eingesetzt. In Bild 5.105 ist der schematische Aufbau eines Piezo-Beschleunigungsaufnehmers dargestellt. Der eigentliche Schwingungsaufnehmer besteht im Wesentlichen aus zwei voneinander isolierten Scheiben aus piezoelektrischen Materialien (piezoelektrischer Kristall), die mithilfe einer Feder zwischen einer seismischen Masse und dem Aufnehmerboden gespannt sind. Die gesamte Anordnung ist in einem Metallgehäuse gekapselt. Wird der Aufnehmer vom Boden her einer Bewegung (Schwingung) ausgesetzt, so übt die Trägheit der seismischen Masse *m* eine Kraft *F* auf die piezoelektrischen Scheiben aus. Durch die Verformung der Scheiben unter der Einwirkung einer Belastung wird eine zu der Kraft *F* proportionale elektrische Ladungsverschiebung erzeugt, die ein Ladungsverstärker in elektrische Signale umwandelt. Die Ladungsverschiebung aufgrund der Verformung wird als piezoelektrischer Effekt bezeichnet. Da die Kraft *F* proportional zu der durch die Schwingung hervorgerufenen Beschleunigung *a* der seismischen Masse ist, wird der Schwingungsaufnehmer als Beschleunigungsaufnehmer bezeichnet. Die Vorteile dieses Aufnehmertyps sind seine Unempfindlichkeit gegen Verschmutzung und die Unabhängigkeit von einer Energieversorgung. Die anschließende Messkette besteht aus einem Ladungsverstärker, dem Hauptverstärker, der Bewertungseinheit sowie einem Effektivwertbildner und dem Anzeigegerät.

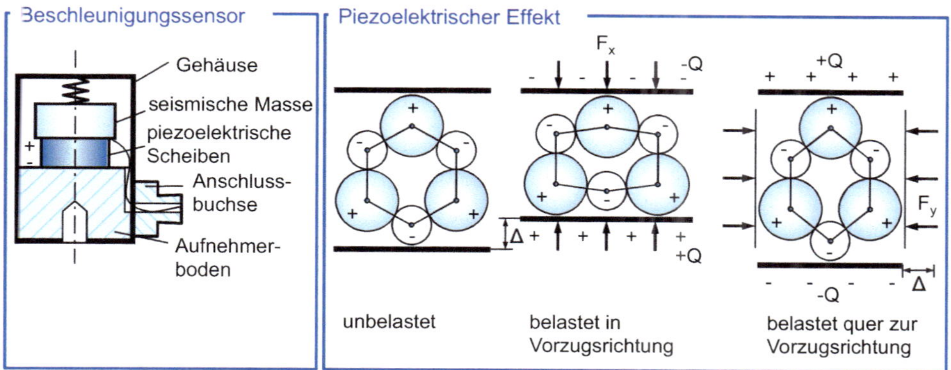

Bild 5.105 Aufbau von Beschleunigungsaufnehmern

Der Einsatzbereich von Beschleunigungsaufnehmern wird maßgeblich durch die Kenngrößen Masse, Übertragungsfaktor und Frequenzgang, Dynamikbereich sowie die Richtungscharakteristik bestimmt. Durch die Montage des Beschleunigungsaufnehmers auf dem Messobjekt (z. B. mittels Schrauben oder Kleben) wird die Gesamtmasse vergrößert und damit die Resonanzfrequenz f_m der gesamten Struktur verringert.

$$f_m = f_S \cdot \sqrt{\frac{m_s}{m_s + m_a}} \quad (5.40)$$

Dabei ist f_s eine beliebige Resonanzfrequenz der Struktur ohne Einfluss der Aufnehmermasse, m_s die Masse der Struktur und m_a die Masse des Aufnehmers. Die mathematische Beziehung von Massen und Eigenfrequenzen in Formel 5.40 zeigt, dass bei Gewährleistung einer gegenüber der Strukturmasse viel kleineren Beschleunigungsaufnehmermasse die Beeinflussung der Schwingung nur gering ist. In der Regel sollte die Masse des Beschleunigungsaufnehmers höchstens ein Zehntel der Strukturmasse erreichen [SERR90].

Der für Messungen nutzbare Frequenzbereich von Beschleunigungsaufnehmern wird durch die untere und die obere Grenzfrequenz eingeschränkt. Die untere Grenze ist durch den Frequenzgang des angeschlossenen Verstärkers bestimmt. Die obere Grenzfrequenz wird durch die Resonanzfrequenz des Aufnehmers und den tolerierten Messfehler festgelegt.

Bei der Messung des Körperschalls mittels Beschleunigungsaufnehmer haben die Wahl der Montagestelle und die richtige Montagetechnik maßgeblichen Einfluss auf das Messergebnis. Prinzipiell ist der Beschleunigungsaufnehmer mit seiner Hauptrichtung in Richtung der interessierenden Schwingung zu montieren. Die Messstelle sollte dabei so gewählt werden, dass der Übertragungsweg von der Schwingungsquelle (Zahneingriff) her möglichst kurz und steif ist (vgl. Bild 5.106). Die Dichtungsringe, elastischen Teile oder Dämpfungselemente sollten nicht auf diesem Weg liegen. Bei rotierenden Elementen (Welle-Lager-Systeme) sind meist die Lagergehäuse bzw. Lagerstellen zur Montage der Beschleunigungsaufnehmer gut geeignet. Zudem sollten Beschleunigungssensoren nicht auf dünnwandigen Elementen angebracht werden, da es infolge mechanischer Spannungen und Verformungen zur Verfälschung des Messsignals kommen kann. Grundsätzlich sollten Gehäuseoberflächen, die wie eine Membran eines Lautsprechers wirken, zur Befestigung der Aufnehmer vermieden werden. Neben der falschen Wahl der Messposition können Fehler bei der Verlegung des Aufnehmerkabels ebenfalls zu Störungen des Messsignals führen. Diese werden häufig durch Bewegungen des Kabels eingebracht. Abhilfe schafft die Verwendung von gut abgeschirmten Kabeln und die Befestigung des Kabels nahe am Prüfling.

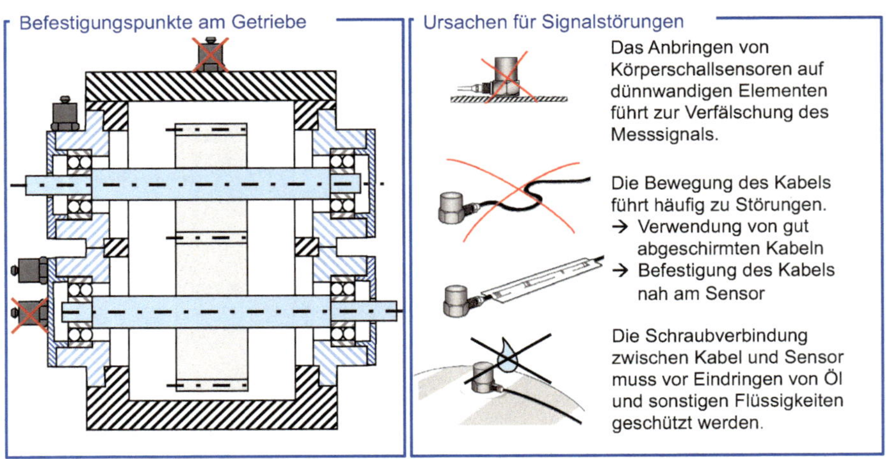

Bild 5.106 Befestigungspunkte von Beschleunigungssensoren auf Getrieben [SERR90]

Außer den bisher genannten Störquellen des Messsignals ist besondere Aufmerksamkeit bei der Applikation von Beschleunigungssensoren erforderlich. Einige Befestigungsarten und daraus resultierende Frequenzbereiche für eine Messung sind in Bild 5.107 dargestellt. Die einfachste Befestigungsart ist das Kleben des Aufnehmers mit Bienenwachs, wobei ein Frequenzbereich bis über f = 20 kHz ermöglicht wird. Dabei ist die thermische Belastbarkeit aber sehr gering. Um einen entsprechend guten Frequenzbereich zu realisieren, ist die Anbindung durch eine Stiftbefestigung (Schraube) möglich. Die adhäsive Befestigung des Sensorplättchens, das eine Gewindeaufnahme besitzt, ermöglicht ebenfalls große messbare Frequenzbereiche. Für Messungen im niederfrequenten Bereich eignet sich ein Haftmagnet, sofern der Untergrund magnetisch ist. Darüber hinaus ist bei allen Anwendungen die zulässige Beschleunigung der Sensoren zu beachten, um eine Zerstörung zu vermeiden. Die Abbildung listet für die genannten Befestigungsarten die maßgeblichen Vor- und Nachteile zusammenfassend auf.

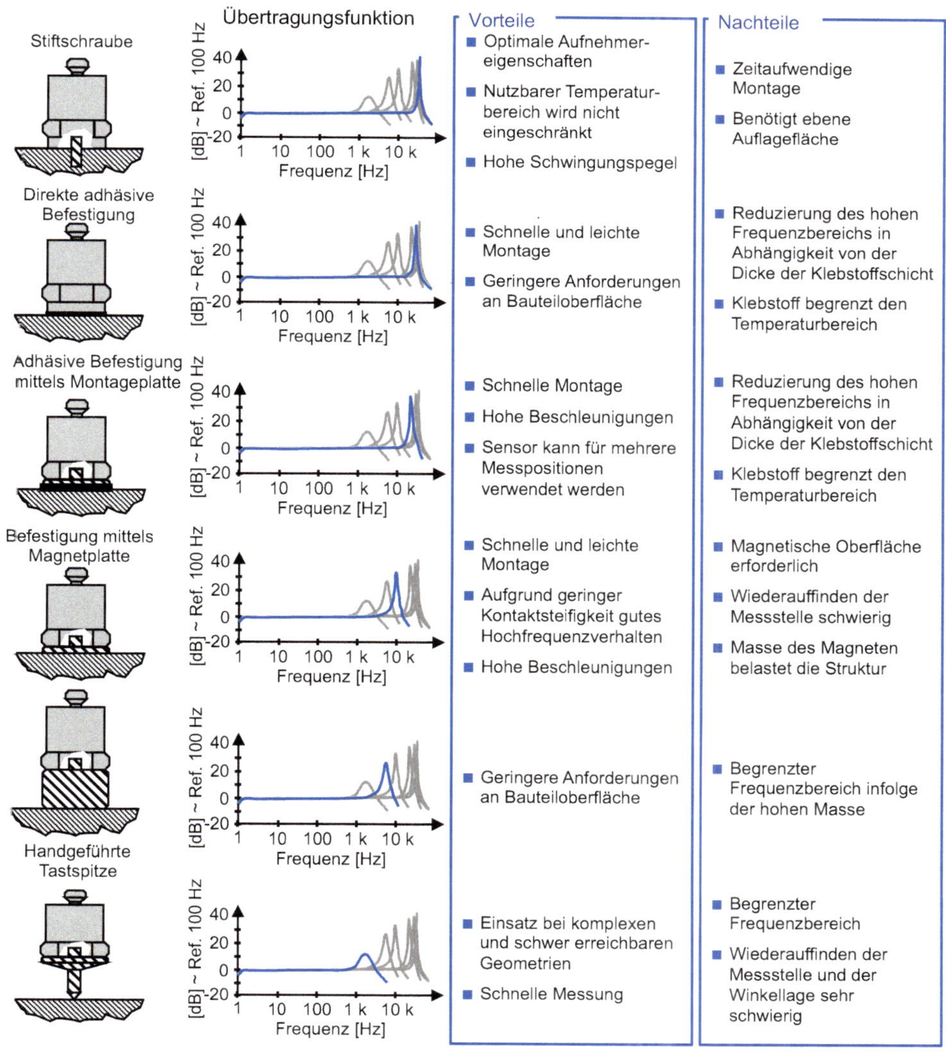

Bild 5.107 Befestigungsmöglichkeiten von Körperschallsensoren [SERR90]

Applikation der Sensoren

Bei dynamischen Prüfmethoden von Getrieben wie der Körperschallmessung hat die Prüfdrehzahl einen großen Einfluss auf die ermittelten Geräuschkennwerte. Üblicherweise werden bei der Körperschallprüfung die Amplituden der Zahneingriffsordnung und deren Harmonischen ausgewertet. Entscheidend für die Auswertung der Amplituden der verschiedenen Ordnungen ist die genaue Kenntnis der Eigenfrequenzen der Prüfmaschine bzw. des Prüfstands. Trifft eine Zahneingriffsordnung oder deren Harmonische eine Eigenfrequenz der Prüfmaschine, werden deren Amplituden deutlich verstärkt. Die Messung kann bei einem festen Drehzahlniveau oder sogenannten Drehzahlhochläufen erfolgen. Eine Möglichkeit zur Einschätzung der Geräuschemission eines Getriebes ist die Auswertung einzelner Ordnungen des Körperschallsignals im Resonanzbereich der Prüfmaschine. Der Vorteil einer Messung im Resonanzbereich ist, dass sich hier die Unterschiede im Lauf- und Geräuschverhalten verschiedener Radsätze am deutlichsten zeigen. Nachteilig ist, dass in diesem Betriebspunkt die Reproduzierbarkeit der Messergebnisse aufgrund des hohen Amplitudengradienten relativ schlecht ist. Alternativ kann die Prüfung in einem Betriebspunkt durchgeführt werden, in dem die dominierenden Anregungsfrequenzen und die Maschineneigenfrequenzen voneinander abweichen. Hierdurch sind die Messergebnisse stabiler und dadurch besser reproduzierbar.

In Bild 5.108 sind Ergebnisse von Körperschalluntersuchungen an einem mehrstufigen Pkw-Seriengetriebe gezeigt (vgl. Bild 5.100 (2)). Das während des Drehzahlhochlaufes aufgezeichnete Ordnungsspektrum zeigt das Körperschallpegel-Signal. Die erste Zahneingriffsfrequenz f_z des 2. Gangs entspricht der 43. Ordnung und die der Vorgelegestufe der 76,6. Ordnung bezüglich des Antriebes. Entsprechend der in Abschnitt 5.4.2.1 beschriebenen Körperschallübertragung sind im Körperschallsignal die anregenden Zahneingriffsfrequenzen beider Getriebestufen wiederzufinden und sind somit maßgeblich für die Schwingung verantwortlich.

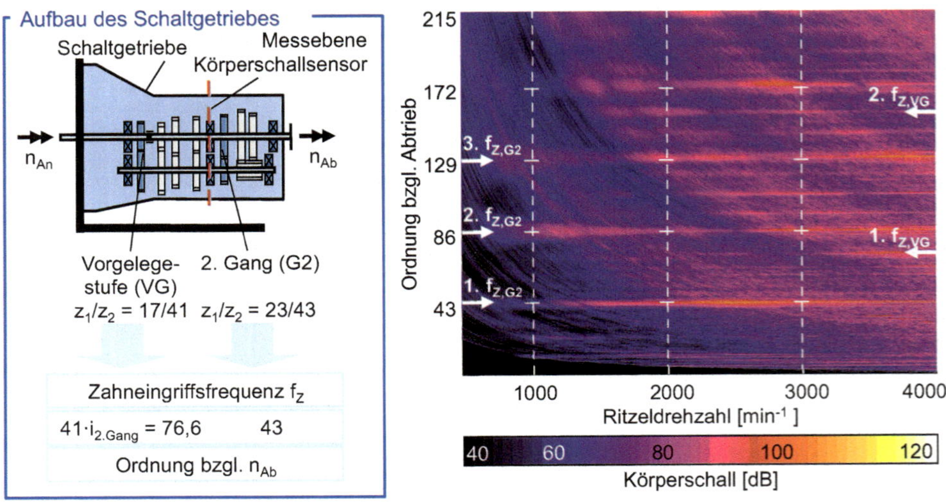

Bild 5.108 Zuordnung von Zahneingriffsfrequenzen eines Pkw-Getriebes [HESS11]

5.5.1.5 Luftschallmessung

Getriebe befinden sich stets in einem System verketteter Schallquellen (Antriebsaggregate, Getriebe, Abtriebsaggregate). Daher können Getriebegeräusche bei Messaufbauten im Labor oder am Einsatzort nie allein, sondern nur in Verbindung mit den Geräuschen der sich im Antriebsstrang befindlichen Komponenten und anderen außerhalb des Antriebsstrangs befindlichen Geräuschquellen gemessen werden. Voraussetzung für einen objektiven Vergleich des Geräuschverhaltens von Getrieben ist die exakte Ermittlung der Geräuschemission. Neben dem Emissions-Gesamtpegel, der die Geräuschabstrahlung eines Getriebes in einem definierten Betriebspunkt repräsentiert, sind im Hinblick auf Lärmminderungsmaßnahmen spektrale Analysen der Geräusche notwendig.

Für die Luftschallmessungen von Getrieben kommen verschiedene Verfahren zum Einsatz. Zielgröße der Luftschallmessungen ist vornehmlich der Schallleistungspegel, der basierend auf der Schalldruck- oder der Schallintensitätsmesstechnik ermittelt werden muss. Die Schalldruckmesstechnik nach DIN 45635 [DIN84] besitzt den Nachteil, dass Nahfeldmessungen fehlerhaft und Korrekturwerte für Fremdgeräusche und Raumeinfluss getrennt von der Geräuschmessung ermittelt werden müssen. Die genaue Ermittlung der Korrekturwerte ist oft mit großem messtechnischen Aufwand verbunden. Im Gegensatz dazu können bei einer Schallintensitätsmessung Nahfeldeinflüsse berücksichtigt und Fremdgeräusche und Raumeinflüsse schon während der Messwertaufnahme eliminiert werden. Demgegenüber steht allerdings die sehr aufwendige Messtechnik, weshalb sich die Schalldruckmesstechnik insbesondere im Bereich der Kleingetriebe etabliert hat und somit die Schallintensitätsmesstechnik im Abschnitt „Sondermessverfahren" beschrieben ist (Abschnitt 5.5.1.6). Bild 5.109 gibt einen Überblick über die Gleichungen, die zur Bestimmung des Schallleistungspegels mithilfe der Schalldruck- oder Schallintensitätsmesstechnik erforderlich sind. Die Grundlagen und die Vorgehensweise bei der Anwendung der beiden Messverfahren werden im Folgenden näher erläutert.

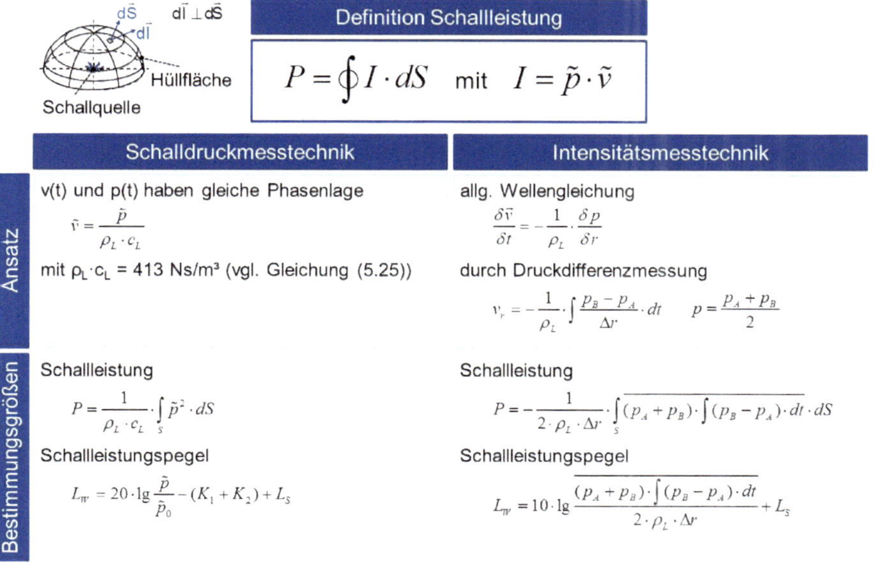

Bild 5.109 Möglichkeiten zur Bestimmung des Schallleistungspegels [WECK92]

Schalldruckmesstechnik

Zur Geräuschbestimmung eines Getriebes stellt die DIN 45635 bewährte Verfahren bereit, die seit langer Zeit Anwendung in der Praxis finden [DIN84]. Bei der Aufnahme der Geräusche mithilfe der Schalldruckmesstechnik wird der von einer Geräuschquelle abgestrahlte Schall in Form von Schalldruck von Mikrofonen aufgenommen und in ein elektrisches Signal umgewandelt und verstärkt. Entsprechend den Frequenzbewertungskurven kann der gemessene Schalldruck bewertet und somit dem Geräuschempfinden des menschlichen Ohrs angepasst werden. In der Regel besteht eine Schallmesskette aus dem Messobjekt, den Mikrofonen, Signalverstärkern und dem Mess- und Analyserechner.

Das für die Schallleistungsbestimmung von Getrieben meist eingesetzte Messverfahren ist das in DIN 45635, Teil 1 und Teil 23 [DIN84], beschriebene Hüllflächenverfahren, wobei die Schallenergie gemessen wird, die in einer Zeiteinheit durch die Hüllfläche des zu untersuchenden Messobjekts (Schallquelle) strömt. Ziel des Verfahrens ist die Bestimmung des Schallleistungspegels bei definierten Betriebsbedingungen, da dieser durch die Eliminierung von Fremdgeräuschen und raumakustischen Rückwirkungen einen Vergleich unterschiedlicher Getriebe zulässt.

Dabei wird der Schalldruckpegel $\overline{L}_{\mathrm{p}}$ an in der DIN festgelegten Messpunkten auf einer die Schallquelle im Abstand von 1 m umgebenden Hüllfläche als Mittelwert gemessen. Mit K_1 werden die Fremdgeräusche in der Umgebung der Schallquelle erfasst, K_2 erfasst den Umgebungseinfluss (z. B. die Raumakustik) des Ortes, an dem sich die Schallquelle befindet. Methoden zur Bestimmung von K_1 und K_2 sind in der DIN 45635 Teil 1 dargelegt. Zur Eliminierung der Fremdgeräusche und Bestimmung der Schallleistung einer Schallquelle wird bei Lachenmeier [LACH83] das Kohärenz-Messverfahren als Ergänzung zur DIN 45635 eingesetzt. Mittels DIN 45635 bzw. des Kohärenzverfahrens müssen Fremdgeräusche und Raumeinflüsse (K_1 und K_2) gezielt ermittelt und aus der Schallleistungsmessung eliminiert werden.

Die Formel für den A-bewerteten Schallleistungspegel lautet:

$$L_{\mathrm{WA}} = \overline{L}_{\mathrm{pA}} - \left(K_1 + K_2\right) + L_{\mathrm{S}} \tag{5.41}$$

Bei Einsatz des Schallintensitätsmessverfahrens [DIN95] mit frei beweglicher Schallintensitätssonde (zwei einander gegenüberliegende Mikrofone) wird der Schallleistungspegel der Schallquelle direkt gemessen, wobei Fremdgeräusche und Umgebungseinflüsse (z. B. Raumakustik) automatisch aus der Messung eliminiert sind (siehe Abschnitt 5.5.1.6).

Das Hüllflächenverfahren gemäß DIN 45635 wird in drei Genauigkeitsklassen eingeteilt, die die Messumgebung, die Qualität der Messgeräte und die Anordnung der Messpunkte vorgeben. Daher werden zunächst die Messbedingungen zur Durchführung und Auswertung einer Geräuschemissionsmessung ermittelt beziehungsweise festgelegt. Bild 5.110 zeigt in einer Übersicht die einzelnen Messbedingungen, die im Folgenden näher erläutert werden. Alle Aggregate, die ausschließlich zur Funktionserfüllung des Getriebes dienen, werden unter dem Begriff Messgegenstand zusammengefasst. Hierzu zählen z. B. auch Ölpumpen, die zur Aufrechterhaltung des Schmierfilms im Zahneingriff dienen.

Nach dem Hüllflächenverfahren werden die Messpunkte auf der Hüllfläche bzw. Messfläche um ein geometrisch idealisiertes Getriebe festgelegt. Dabei bleiben einzelne herausragende Bauteile, die nicht zur wesentlichen Schallabstrahlung beitragen, unberücksichtigt. Die Genauigkeitsklassen 2 und 3 schreiben eine rechteckige Hüllfläche vor (Genauigkeitsklasse 1: halbkugelförmige Hüllfläche), die sich in d = 1 m Abstand von dem idealisierten Getriebe befindet.

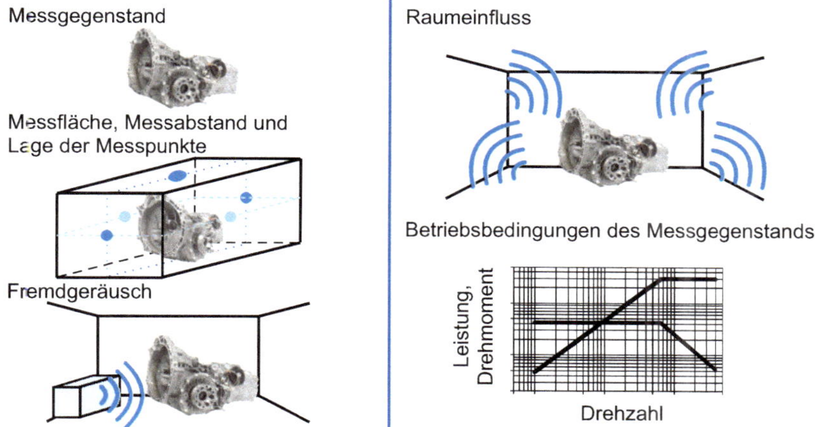

Bild 5.110 Messbedingungen beim Hüllflächenverfahren

Bild 5.111 zeigt beispielhaft eine vereinfachte Messpunktanordnung für ein Getriebe. Die fünf Messpunkte sind in den Teilflächenschwerpunkten der Hüllfläche positioniert. Die Hüllfläche besitzt an allen Stellen einen Mindestabstand von $d \geq 1$ m zu dem Bezugsquader, der das Messobjekt symbolisiert. Kleinere Abstände zur Verminderung des Fremdgeräusches sind möglich, dabei muss jedoch auf Interferenzen im Nahfeld geachtet werden. Grundsätzlich sollten die Messpunkte gleichmäßig auf der Messfläche verteilt liegen. Die Anzahl hängt im Wesentlichen von der Größe des Getriebes und der Gleichmäßigkeit des Schallfelds ab. Durch die gleichmäßige Verteilung der Messorte wird das Gesamtgeräuschverhalten des Getriebes auch bei lokal unterschiedlicher Abstrahlung möglichst genau erfasst. Für eine exakte Geräuschmessung nach DIN 45635 ist die Anordnung der Messpunkte entsprechend der angestrebten Genauigkeitsklasse aus den Rahmenblättern zu entnehmen.

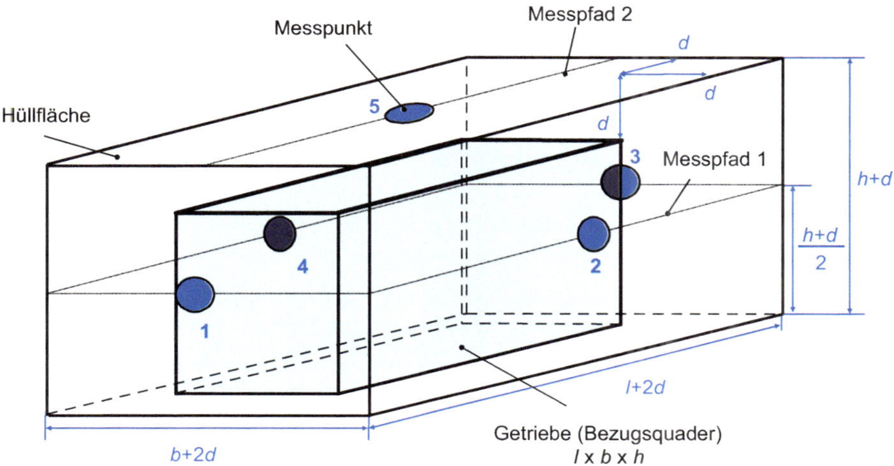

Bild 5.111 Beispiel für eine vereinfachte Messpunktanordnung bei der Schallleistungsmessung nach dem Hüllflächenverfahren (DIN 45635)

Die Geräuschmessungen werden in der Regel bewertet durchgeführt, d. h., der gemessene Schalldruckpegel wird frequenzabhängig bewertet. Vorgeschrieben (DIN 45635, Blatt 1) ist die A-Bewertung (vgl. Bild 5.80).

Der gemittelte Schalldruckpegel $\overline{L}_{pA}$ wird über die Hüllmessfläche S aus Messungen an den einzelnen Messpunkten bestimmt. Ist der Unterschied zwischen Größt- und Kleinstwert an den einzelnen Messpunkten kleiner als $\Delta L_{pA} < 6$ dB, so kann die arithmetische Mittelung erfolgen, wobei n die Anzahl der Messstellen darstellt und i die Nummer der Messstelle ist:

$$\overline{L}_{pA} = \frac{1}{n} \cdot \sum_{i=1}^{n} L_{pA_i} \tag{5.42}$$

Ist der Unterschied größer als $\Delta L_{pA} \geq 6$ dB, so sind die Leistungen der n einzelnen Schalldruckpegel entsprechend den Flächenanteilen S_i zu mitteln. Dies kann mithilfe einer Tabelle nach DIN 45635, Blatt 1, erfolgen oder direkt nach der Beziehung:

$$\overline{L}_{pA} = 10 \cdot \lg\left(\frac{1}{n} \cdot \sum_{i=1}^{n} 10^{0,1 \cdot L_{pA_i}}\right) \tag{5.43}$$

Zur Bestimmung der Schallleistung bzw. des Schallleistungspegels muss die Größe der Messfläche bekannt sein, die das Getriebe umgibt. Aus der Größe der Messfläche lässt sich das Messflächenmaß errechnen (vgl. Formel 5.32).

Bei einer Schallmessung addieren sich die Schallenergien des zu messenden Getriebes und die der übrigen im Messraum vorhandenen Schallerzeuger. Zur Bestimmung der Geräuschemission, die eine objektive Beurteilung des Getriebes ermöglichen soll, muss deshalb der gemessene Pegelwert um den Fremdgeräuschanteil bereinigt werden.

Fremdgeräusch-Korrektur K_1

Die Größe des Korrekturwertes K_1 hängt von der Differenz zwischen dem gemessenen Gesamtpegel und der Höhe des Fremdgeräuschs ab.

$$K_1 = \Delta L_{pA} - 10 \cdot \lg\left(10^{0,1 \cdot \Delta L_{pA}} - 1\right) \tag{5.44}$$

Zur Bestimmung des Fremdgeräuschkorrekturwerts K_1 ist es demnach erforderlich, diejenigen Anteile am Gesamtgeräusch zu bestimmen, die nicht vom untersuchten Getriebe erzeugt und unmittelbar abgestrahlt werden. Die Aufspaltung des Gesamtgeräusches auf die verschiedenen Geräuschquellen stellt bei der Erfassung von Getriebegeräuschen die größte Herausforderung dar.

Zur Reduzierung bzw. Separierung des Fremdgeräuschanteils bieten sich grundsätzlich zwei Vorgehensweisen an:

- Abschirmung, Kapselung von An- und Abtriebsmaschinen, Aufstellung des Getriebes in Schallmessräumen, An- und Abtriebsmaschine außerhalb des Raumes;
- Fremdgeräuscheliminierung mittels rechnergestützter Analyseverfahren.

Eine ausführliche Beschreibung der Maßnahmen zur ersten Alternative ist in der Norm DIN 45635 wiederzufinden. Die in der Norm vorgeschlagenen Mess- und Analyseverfahren sind in der Regel für Getriebeuntersuchungen zu ungenau bzw. ungeeignet. Daher müssen meist Sondermessverfahren, wie die Selektivanalyse oder das Kohärenz- bzw. Schallintensitätsverfahren, eingesetzt werden. Die Verfahren sind nicht genormt, da die bestehenden Geräuschmessnormen Fremdgeräuschkorrekturen von $\Delta L_{pA} > 3$ dB generell nicht beinhalten. Die messtechnischen Verfahren bei der Untersuchung einer Vielzahl von Getrieben haben jedoch gezeigt, dass eine Getriebegeräuschmessung ohne derartige Korrekturverfahren in den meisten Fällen nicht möglich ist.

Raumeinfluss-Korrektur K_2

Neben dem Fremdgeräuscheinfluss wird das Messergebnis durch die akustischen Rückwirkungen (Reflexionen und Beugungen) des Raumes verfälscht. Der Raumeinfluss wird über einen weiteren Korrekturwert K_2 berücksichtigt. Die Bestimmung von K_2 kann messtechnisch über verschiedene Verfahren, beispielsweise durch Messung der Nachhallzeit in Räumen oder durch Vergleichsmessungen mit einer Normschallquelle, erfolgen. Alternativ besteht für Messungen der Genauigkeitsklasse 3 auch die Möglichkeit, K_2 anhand von Raumgröße und Raumausstattung zu bestimmen. Zur Bestimmung von K_2 ist zunächst eine Berechnung der äquivalenten Absorptionsfläche notwendig, die sich nach der Formel:

$$A = \overline{\alpha} \cdot S_V \tag{5.45}$$

berechnet. In dem Zusammenhang entspricht S_V der Gesamtoberfläche des Raumes und $\overline{\alpha}$ dem mittleren Schallabsorptionsgrad [DIN84]. Dieser lässt sich anhand von Bild 5.112 bestimmen.

$\overline{\alpha}$	Beschreibung des Raumes
0,10	Raum ohne schallschluckende Einbauten mit wenigen Einrichtungen (Streukörper)
0,15	Raum ohne schallschluckende Einbauten mit hoher Streukörperdichte
0,20	Raum ohne schallschluckende Einbauten mit hoher Streukörperdichte und besonders leichten Begrenzungsflächen (Aluminium-Trapez) oder zahlreichen Öffnungen oder hoher Raum (h ≥ 10m) mit mäßiger Akustikdecke ($\overline{\alpha} \geq 0,5$)
0,25	Hoher Raum (h ≥ 10m) mit guter Akustikdecke ($\alpha \geq 0,9$) oder niedriger Raum (h = 3–5 m) mit mäßiger Akustikdecke ($\alpha \geq 0,5$)
0,30	Flachhalle (h = 5–10 m) mit mäßiger Akustikdecke ($\alpha \geq 0,5$) oder Raum wie für $\overline{\alpha}$ = 0,25 beschrieben, jedoch mit zusätzlicher absorbierender Wand- oder Stellfläche F ≥ ½ Deckenfläche
0,35	Flachhalle (h = 5–10 m) mit guter Akustikdecke ($\alpha \geq 0,9$) oder mäßiger Akustikdecke ($\alpha \geq 0,5$) jedoch mit zusätzlicher Wand- oder Stellfläche F ≥ ½ Deckenfläche
0,40	Niedriger Raum (h = 3–5 m) mit guter Akustikdecke ($\alpha \geq 0,9$) oder Flachhalle (h = 5–10 m) mit guter Akustikdecke ($a \geq 0,9$) und zusätzlicher Wand- oder Stellfläche F ≥ ½ Deckenfläche

Bild 5.112 Mittlerer Schallabsorptionsgrad [DIN84]

Anschließend kann mithilfe der durchströmten Fläche S der Korrekturfaktor K_2 bestimmt werden:

$$K_2 = 10 \cdot \lg\left(1 + \frac{4 \cdot S}{A}\right) \quad (5.46)$$

Ein anschauliches Maß für die Raumrückwirkung ist der Pegelabfall bei Verdoppelung der Entfernung von der Quelle. Die Extremwerte für die Kenngröße sind ΔL_{pA} = 0 dB in Räumen mit idealen Reflexionseigenschaften und ΔL_{pA} = 6 dB, wenn sich der Schall ungestört ausbreiten kann, beispielsweise unter Freifeldbedingungen oder in reflexionsarmen Schallmessräumen [WECK92].

Die Voraussetzung für eine Vergleichbarkeit von verschiedenen Messungen oder Getrieben ist die Einhaltung der entsprechenden Messvorschriften. Ebenso wichtig ist eine ausführliche Dokumentation der Messung, die die Durchführung und Vorgehensweise bei der Messung transparent macht.

Die Vorgehensweise zur Ermittlung eines Schallleistungspegels gemäß DIN 45635 ist in Bild 5.113 dargestellt. Ausgehend von der Messung des Schalldruckpegels für das laufende und stillstehende Getriebe an den Messpunkten der Hüllfläche wird der um Fremdgeräusche und den Raumeinfluss korrigierte Schallleistungspegel des Getriebes bestimmt.

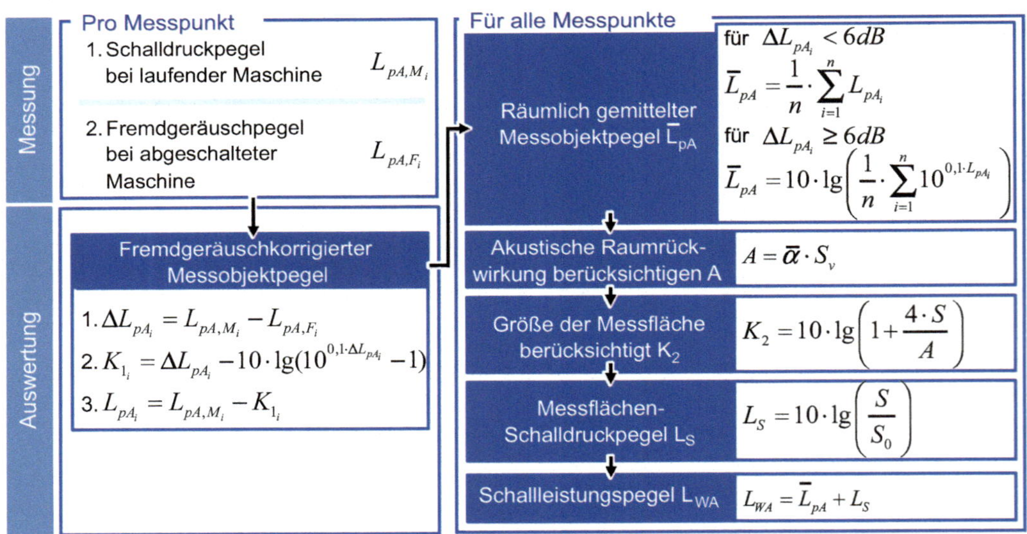

Bild 5.113 Ablaufdiagramm zur Ermittlung des Schallleistungspegels

Eine Anwendung des Hüllflächenverfahrens ist in Bild 5.114 dargestellt. Die messtechnische Untersuchung des bereits in Bild 5.103 vorgestellten Prototypengetriebes wurde innerhalb einer Schalleinhausungskabine auf einem Universalgetriebeprüfstand durchgeführt (vgl. Abschnitt 5.5.2.2). Die Kabine stellt einen reflexionsarmen Halbraum dar, der nach DIN 3744 ein im Wesentlichen freies Schallfeld über einer reflektierenden Ebene gemäß der Genauigkeitsklasse 2 ermöglicht [DIN11]. Die Antriebsstrangkomponenten innerhalb der Kabine, die infolge der Leistungsübertragung ebenfalls zur Schallabstrahlung beitragen, jedoch nicht im Fokus der Untersuchungen stehen, werden mit Dämmkästen abgeschirmt. Die Dämmkästen bestehen aus Aluminiumprofilen mit Holzpaneelen, deren Innen- und Außenseiten mit Akustikschaumstoff ausgekleidet sind.

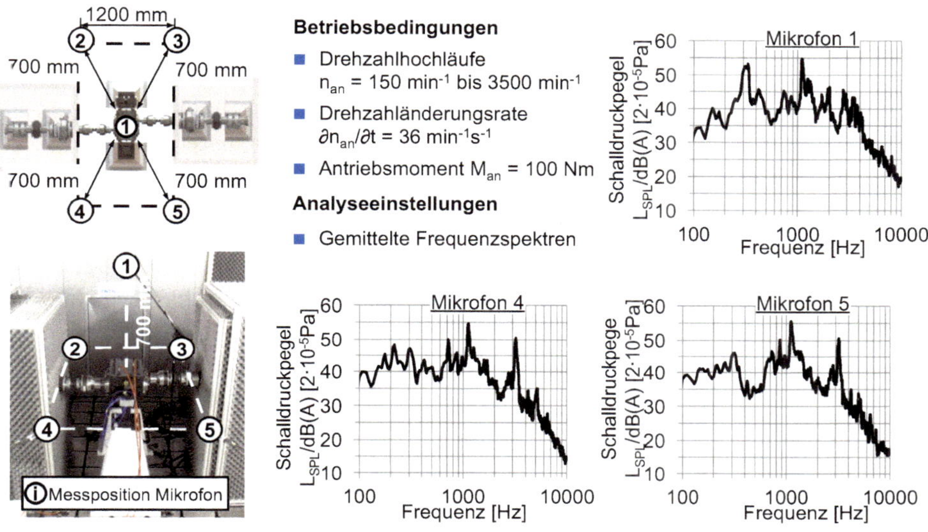

Bild 5.114 Messpositionen und Messsignale der Luftschallmikrofone [CARL14]

Fünf Kondensatormikrofone wurden auf einer Hüllfläche in einem Abstand von a = 700 mm um das Getriebe verteilt. Die Mikrofone 2 bis 5 liegen in einer Ebene auf Achshöhe, während Mikrofon 1 vertikal über dem Prüfgetriebe aufgehängt wird. Aufgrund der begrenzten Abmessungen des Innenraums der Schalleinhausungskabine und der zusätzlichen Dämmkästen kann der Abstand der Mikrofone zum Prüfgetriebe nicht erhöht werden. Dennoch können für den wahrnehmungsrelevanten Frequenzbereich annähernd Fernfeldbedingungen angenommen werden. Die in Bild 5.114 ausgewählten A-bewerteten Schalldruckpegelverläufe entsprechen den über den Hochlauf gemittelten Verläufen. Frequenzspektren an den Mikrofonen 1, 4 und 5 bei einem Bezugspegel von $\tilde{p}_0 = 2 \cdot 10^{-5}\,\mathrm{N}/\mathrm{m}^2$, wobei alle fünf Mikrofone vergleichbare Signalcharakteristiken aufweisen. Die Schalldruckverläufe wurden für einen Drehzahlhochlauf von n_{an} = 300 min^{-1} bis 3500 min^{-1} bei einer Drehzahländerungsrate von $\delta n_{an}/\delta t$ = 36 min^{-1}s^{-1} und einem konstanten Antriebsdrehmoment von M = 100 Nm aufgezeichnet. Bei der Analyse der Schalldruckverläufe können die im Luftschall signifikanten Frequenzbereiche bei f = 325 Hz, zwischen f = 1100 Hz und 1500 Hz, bei f = 2000 Hz sowie zwischen f = 2700 Hz und 4400 Hz identifiziert werden [CARL14].

5.5.1.6 Sondermessverfahren

Die Schallleistungsmessungsermittlung einer Maschine oder eines Getriebes gemäß DIN 45635 hat ihre Grenzen im Hinblick auf die Eliminierung von Fremdgeräuschen und des Raumeinflusses. Um diesen Nachteil zu beseitigen, sind Methoden wie die Selektivanalyse, das Kohärenzverfahren und das Schallintensitätsmessverfahren entwickelt worden. Diese Verfahren werden im Folgenden vorgestellt.

Selektivanalyse

Die Selektivanalyse bietet sich insbesondere bei Getrieben mit einer stark einzeltonhaltigen Geräuschabstrahlung an. Diese Annahme ist für Zahnradgetriebe zulässig, wobei die wesentlichen Anteile des Geräusches sich aus der Anregung durch Zahneingriffsfrequenzen und deren Höherharmonischen zusammensetzen und mit dem konstruktiven Aufbau des Getriebes bestimmt werden können. Mithilfe der Selektivanalyse und des Einsatzes von schmalbandigen Frequenzanalysen (Luftschall) werden die Einzelpegel bei den Drehfrequenzen der Wellen, den Zahneingriffsfrequenzen, den Lagerfrequenzen sowie den entsprechenden Harmonischen bestimmt. Weitere Geräuschanteile sind anschließend in die Auswertung mit einzubeziehen, wenn die Anregungsmechanismen bekannt sind und aufgrund von gemessenen Drehzahlen entstehende Frequenzberechnungen durchgeführt werden können. Die Einzelpegel werden addiert, woraus sich der Schallleistungspegel des Getriebes ergibt.

Wenn Einzelpegel vorliegen, die dem Getriebe nicht eindeutig zugeordnet werden können, versagt die Selektivanalyse. Die Selektivanalyse ist somit unbrauchbar, wenn von außen über eine Körperschallleitung getriebespezifische Frequenzen von der Antriebs- bzw. Abtriebsseite in das Getriebe eingeleitet werden.

Die getriebespezifischen Einzelpegel L_{pA} werden gemäß der Formel 5.43 aufaddiert. Der hieraus berechnete Getriebe-Schallleistungspegel ist niedriger oder höchstens gleich dem wahren Wert. Dies ist darauf zurückzuführen, dass in der Regel nicht alle vom Getriebe erzeugten Frequenzen erkannt werden. Dies gilt beispielsweise für periodische Profil- und Teilungsabweichungen, deren Frequenzen nur aus Verzahnungsmessschrieben abgeleitet werden können. Durch die eindeutige Zuordnung von Pegeln zu deren Frequenzen ermöglicht dieses Verfahren auch den Vergleich der Geräuschanteile einzelner Getriebestufen untereinander.

Kohärenzverfahren

Die Kohärenzfunktion beschreibt das Maß für den Grad der linearen Abhängigkeit zweier Zeitsignale über der Frequenz. Das Verfahren befähigt zur Filterung des Getriebegeräusches aus dem Gesamtgeräusch einer Anlage und ist nur dann einsetzbar, wenn keine Körperschallkopplung des Getriebes mit den verbundenen Anlagenteilen vorliegt. Die Verarbeitung der zeitgleich synchron aufzunehmenden Luft- und Körperschallsignale erfolgt mit einem 2-Kanal-Fast-Fourier-Analysator, der die mathematische Behandlung der einzelnen Spektren ermöglicht. Die Grundlage des Kohärenzverfahrens ist die Kenntnis über den unmittelbaren Zusammenhang zwischen dem vom Getriebegehäuse abgestrahlten Luftschall und dem Körperschall auf der Getriebegehäuseoberfläche.

Bei einer Geräuschanalyse nach dem Kohärenzverfahren werden im ersten Schritt das Gesamtluftschallsignal mit einem Luftschallmikrofon und gleichzeitig der Körperschall an einer charakteristischen Stelle des Gehäuses aufgenommen. Die gewählte Messstelle auf der Getriebeoberfläche muss repräsentativ für das Körperschallverhalten der gesamten Getriebegehäuseoberfläche sein. Als günstig haben sich Bereiche in der Nähe der Lagersitze der schnelllaufenden Welle herausgestellt. Auf keinen Fall darf der Beschleunigungsaufnehmer auf membranartigen Bereichen des Gehäuses wie z. B. vorstehenden Rippen, angeschraubten Deckeln oder Verkleidungsblechen befestigt werden, da der Körperschall dort nicht das allgemeine Körperschallverhalten des Gehäuses wiedergibt.

Beide synchron aufgenommenen Zeitsignale (Luft- und Körperschall) werden in einen Fast-Fourier-Analysator in den Frequenzbereich transformiert. Als Ergebnis der Signalverarbeitung liegen ein Luftschallspektrum S_{LS}, ein Körperschallspektrum S_{KS} und das aus den beiden Spektren gebildete Kreuzleistungsspektrum S_{KL} vor. Aus den drei Spektren wird eine Kohärenzfunktion γ^2 gebildet (vgl. Formel 5.47), die für jedes Frequenzband das Maß des kausalen Zusammenhangs zwischen dem Körperschall des Getriebes und dem Luftschall angibt.

$$\gamma^2(j\omega) = \frac{\left(S_{KL}(j\omega)\right)^2}{S_{LS}(j\omega) \cdot S_{KS}(j\omega)} \tag{5.47}$$

Das Luftschallspektrum wird anschließend mit der Kohärenzfunktion multipliziert, sodass ein Luftschallspektrum vorliegt, das vom Getriebegehäuse abgestrahlt wird und keine Luftschallanteile von Fremdgeräuschen enthält. Wird das Kohärenzverfahren benutzt, um nach dem Hüllflächenverfahren nach DIN 45635 die Fremdgeräusche zu eliminieren, so muss das Kohärenzverfahren für jeden Messpunkt auf der Hüllfläche wiederholt werden.

Erweiterung des Kohärenzverfahrens mittels H_1-Technik

Eine Erweiterung des Verfahrens zur Ermittlung von Fremdgeräuschanteilen im Gesamtgeräusch ist bei Carl [CARL14] beschrieben. Dazu wird die Anregung des Getriebes nicht auf den Körperschall, sondern direkt auf die Anregung im Zahneingriff bezogen. Zunächst wird die Übertragungsfunktion zwischen der Eingangsgröße, der Anregung im Zahneingriff, und der Ausgangsgröße, dem resultierendem Luftschall, benötigt. Eine Zuordnung, welche Signalanteile im resultierenden Schalldruck unmittelbar durch die Differenzschnelle beeinflusst werden, ist mit einer Übertragungsfunktion allein noch nicht möglich, weshalb die Kohärenz eingeführt wird. Der Aufbau zur Messung von Verzahnungsanregung und Luftschall wurde bereits in Bild 5.114 dargestellt.

Häufig werden zur Beschreibung der Verzahnungsanregung die dynamische Wälzabweichung (vgl. Bild 5.95) oder die Differenzdrehbeschleunigung verwendet (vgl. Formel 5.39). Im vorliegenden Fall wird die Differenzschnelle herangezogen, die der ersten zeitlichen Integration der gemessenen Differenzdrehbeschleunigung entspricht und die höchste Korrelation zum Luftschall und somit zur Anregungsindikation aufweist. Mit Blick auf das regelungstechnische Verhalten bei Integration und Differenzierung eines Signals und die damit einhergehende Betragsänderung des betrachteten Signals um 20 dB pro Dekade (Ab-/Zunahme) weisen die Spektren von dynamischer Wälzabweichung und Differenzdrehbeschleunigung eine Überbewertung von hohen (Differenzdrehbeschleunigung) oder tiefen Frequenzen (dynamische Wälzabweichung) auf [CARL14]. Bild 5.115 oben zeigt die Verläufe der Differenzschnelle in der Eingriffsebene und des Schalldrucks oberhalb des Prüfgetriebes. Im unteren Bildteil ist das Spektrum der ermittelten Übertragungsfunktion abgebildet. Bei der Ermittlung von Übertragungsfunktionen kann sowohl das gemessene Eingangssignal als auch das gemessene Ausgangssignal von Störsignalen überlagert sein. Neben der Mittelwertbildung aus mehreren Messungen können zur Eliminierung der Störsignale verschiedene Methoden zur Bestimmung der Übertragungsfunktion verwendet werden. Eine dieser Methoden, die H_1-Technik, wird angewendet, wenn das Eingangssignal störungsfrei vorliegt und das Ausgangssignal mit Störungen überlagert ist. Andere Methoden und detaillierte Berechnungsvorschriften sind bei Weck dargelegt [WECK06].

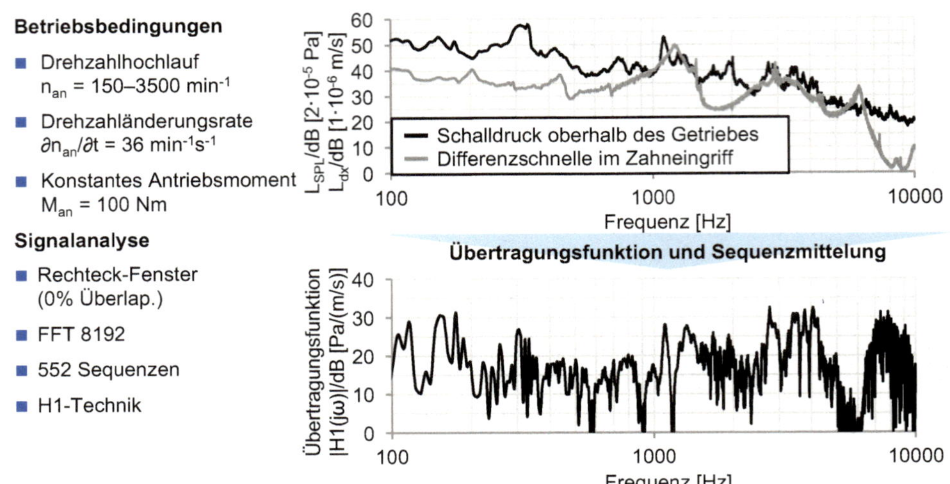

Bild 5.115 Ermittlung der Übertragungsfunktion [CARL14]

Im vorliegenden Anwendungsfall kann von einer hohen Signalgüte der Verzahnungsanregung und einem mit Fremdsignalanteilen überlagerten Luftschallsignal ausgegangen werden, weshalb die H_1-Technik geeignet ist. Zur Ermittlung der Übertragungsfunktion wurden 552 Sequenzen mit Rechteck-Fensterung und ohne Überlappung für die Berechnung gemittelt verwendet. Eine Fensterung beschreibt die Gewichtung der zu untersuchenden Werte in einem FFT-Block und die Überlappung gibt an, inwieweit FFT-Blöcke zur Analyse übereinanderliegen.

Eine Zuordnung zwischen dem resultierenden Schalldruck und der Differenzschnelle ist jedoch noch nicht möglich. Deshalb ist in Bild 5.116 neben der Übertragungsfunktion die Kohärenzfunktion γ^2 dargestellt, die den Zusammenhang zwischen Differenzschnelle und Schalldruck zeigt. Sie gibt an, welche Anteile der Differenzschnelle in Luftschall umgesetzt werden. Ein hoher Betrag der Kohärenzfunktion bedeutet einen hohen Zusammenhang zwischen den beiden Signalen. In diesem Fall sind besonders die Frequenzbereiche zwischen f = 1,1 kHz und 1,5 kHz sowie zwischen f = 2,5 kHz und 4,5 kHz von der Anregung im Zahneingriff beeinflusst und weisen deshalb hohe Kohärenzwerte auf. Darauf aufbauend kann der Anteil $P_{ZE}(j\omega)$ verursacht durch die Anregung im Zahneingriff $V(j\omega)$ am Gesamtgeräusch wie in Formel 5.48 berechnet werden. Die Differenz zwischen dem Gesamtschalldruck und dem Schalldruck aus der Verzahnungsanregung bildet das Fremdgeräusch $P_{Fremd}(j\omega)$ (vgl. Formel 5.49).

$$P_{ZE}(j\omega) = \gamma^2(j\omega) \cdot H_1(j\omega) \cdot V(j\omega) \tag{5.48}$$

$$P_{Fremd}(j\omega) = P(j\omega) - P_{ZE}(j\omega) \tag{5.49}$$

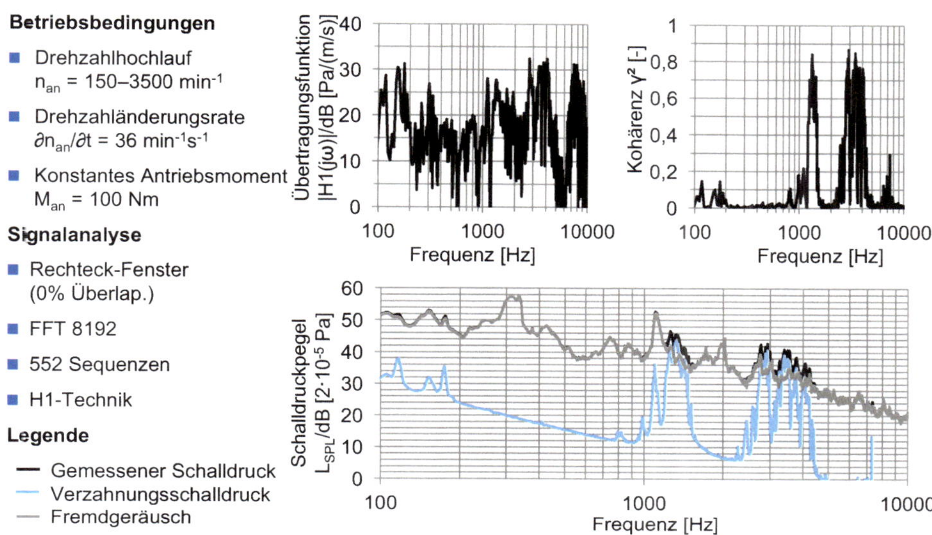

Bild 5.116 Kohärenzfunktion und Zusammensetzung des Gesamtgeräusches [CARL14]

In der unteren Bildhälfte von Bild 5.116 sind die Schalldruckpegelverläufe des gemessenen Schalldrucks und der daraus ermittelten Anteile der Verzahnung und des Fremdgeräusches dargestellt. Dabei wird lediglich in den Frequenzbereichen zwischen f = 1,1 kHz und 1,5 kHz sowie zwischen f = 2,5 kHz und 4,5 kHz, die ebenso hohe Kohärenzbeträge aufweisen, das Gesamtgeräusch durch die Verzahnung dominiert. In diesen Frequenzbereichen überragt der durch die Verzahnung hervorgerufene Geräuschanteil das Fremdgeräusch und dominiert das Gesamtgeräusch. In den übrigen Bereichen hat die Verzahnung nur geringen Einfluss auf das Gesamtgeräusch. Bei einem Unterschied von mindestens ΔL_{pA} = 10 dB zwischen zwei Signalen hat das Signal mit der geringeren Amplitude keinen wesentlichen Einfluss auf das Gesamtgeräusch [DIN84].

Schallintensitätsmesstechnik

Eine weitere Möglichkeit, die Schallleistung von Getrieben und anderen Geräuschquellen zu ermitteln, ist das Schallintensitätsmessverfahren. Im Gegensatz zu dem beschriebenen Schallleistungsmessverfahren, bei dem Fremdgeräusch und Raumeinfluss durch gesondert zu ermittelnde Korrekturfaktoren berücksichtigt werden müssen, ermöglicht die Schallleistungsmessung mit einem Schallintensitätsmesssystem die direkte Bestimmung des Schallleistungspegels ohne eine gesonderte Ermittlung von Korrekturfaktoren.

Eine Messung der Schallintensität einer Schallquelle bedarf der Ermittlung des Schalldrucks $p(t)$ und der Schallschnelle $\vec{v}(t)$, da die Schallintensität als Produkt der beiden Größen definiert ist (vgl. Formel 5.23). Da eine direkte Messung der Schallschnelle $\vec{v}(t)$ schwierig ist, wird die Schallschnelle üblicherweise über den Schalldruckgradienten zwischen zwei Aufnahmeorten bestimmt.

Aus der Wellengleichung lässt sich ableiten, dass sich der Wirkanteil der gerichteten Schallschnelle über den Gradienten δ_p / δ_r formulieren lässt [WECK92]:

$$V_r = -\frac{1}{\rho_L} \cdot \int \frac{\delta p}{\delta r} \cdot dt \tag{5.50}$$

Die Richtung von r ist als Normale auf das Flächenelement dS der die Schallquelle umgebenden Hüllfläche definiert (vgl. Bild 5.117). Wird nun der Druckgradient, der mithilfe zweier im Abstand Δr angeordneter Mikrofone A und B erfasst wird, durch den Differenzquotienten $(p_B - p_A)/\Delta r$ ersetzt, so gilt für ein gegenüber der Schallwellenlänge kleines Δr, wobei $(\Delta r << \lambda)$:

$$V_r = -\frac{1}{\rho_L} \cdot \int \frac{p_B - p_A}{\Delta r} \cdot dt \tag{5.51}$$

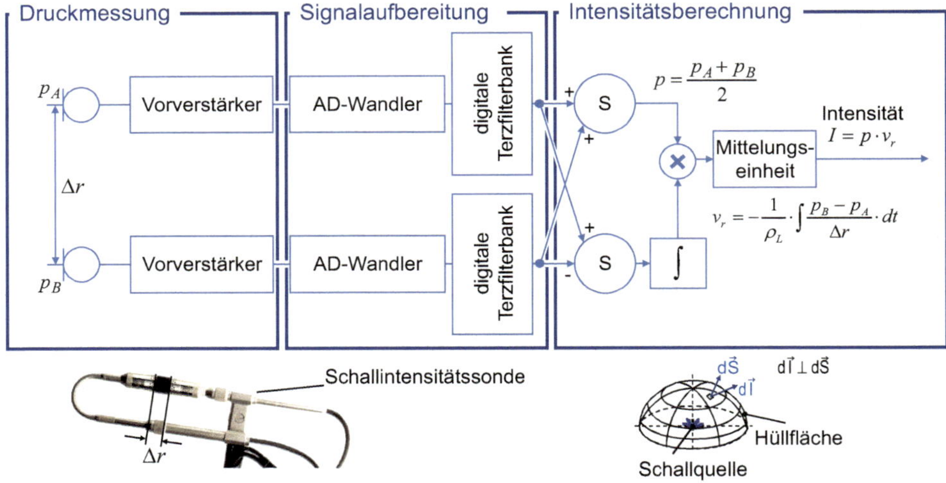

Bild 5.117 Aufbau eines Schallintensitätsmesssystems [WECK92]
(Bildquelle: Microtech Gefell GmbH)

Mit dem arithmetisch gemittelten Schalldruck der von den Mikrofonen A und B gemessenen Werte ergeben sich die Schallintensität (vgl. Formel 5.52) und die Schallleistung (vgl. Formel 5.53) in der Form:

$$I_r = \overline{\frac{(p_A + p_B)}{2 \cdot \rho_L \cdot \Delta r} \cdot \int (p_B - p_A) \cdot dt} \tag{5.52}$$

$$P = -\int_S \overline{\frac{(p_A + p_B)}{2 \cdot \rho_L \cdot \Delta r} \cdot \int (p_B - p_A) \cdot dt \cdot dS} \tag{5.53}$$

In Bild 5.109 werden die physikalischen und mathematischen Grundlagen für die Bestimmung des Schallleistungspegels nach der konventionellen Schalldruckmesstechnik der Schallintensitätsmesstechnik gegenübergestellt. Der wesentliche Unterschied besteht darin, dass beim herkömmlichen Schalldruckverfahren die Schallschnelle über die Schallkennimpedanz $Z_0 = \rho_L \cdot c_L$ berechnet wird, während bei der Intensitätsmessung die Schnelle als vektorielle Größe durch die Bestimmung der Druckdifferenz mithilfe zweier im Abstand Δr angeordneter Mikrofone messtechnisch ermittelt wird. Hieraus folgt, dass mit der Intensitätsmesstechnik auch im Nahfeld einer Quelle die Schallwerte korrekt erfasst werden können.

Zur praktischen Ermittlung der Intensität werden die zwei entgegengerichteten Mikrofone A und B so auf einer beliebigen Hüllfläche geführt, dass sie mit dem Schallquellenmittelpunkt auf einer Geraden liegen. Die Druckgradienten aller Schallanteile, die auf der Hüllfläche gemessen werden und die Fläche nach außen durchströmen, weisen in Bezug auf die Messrichtung das gleiche Vorzeichen auf. Durch die hintereinander angeordneten Mikrofone wechseln die Schallanteile von Fremdgeräuschen, die von außen durch die Hüllfläche einfallen, den Hüllraum durchlaufen und wieder austreten, sowie das Vorzeichen des Gradienten, sodass sie sich gegenseitig aufheben. Der so ermittelte Schallpegel ist also weitgehend unabhängig von Fremdgeräuschen und Raumrückwirkungen, auch wenn diese deutlich größer sind als die vom Messobjekt abgestrahlten Geräusche.

Das Prinzip der Signalverarbeitung und die hierzu benötigten Geräte zeigt Bild 5.117. Ein Schallintensitätsmesssystem stellt die gerätetechnische Realisierung der Formel 5.51 und Formel 5.52 dar.

Die von den beiden Mikrofonen aufgenommenen Schalldrucksignale werden vorverstärkt und über Analog-Digital-Wandler parallel arbeitenden Filtern zugeführt. In einem nachgeschalteten Rechner werden die Schallsignale entsprechend den in Bild 5.117 angegebenen Formeln zu einer mittleren Schallintensität verarbeitet, aus der sich durch anschließende Integration über die Messfläche die Schallleistung ergibt. Durch die Filter, die sowohl relative als auch absolute Bandbreiten aufweisen können, lässt sich die frequenzmäßige Zusammensetzung der Intensität ermitteln, sodass Rückschlüsse auf die Geräuschanregung und ihre Auswirkungen auf das Gesamtgeräusch möglich sind. Im unteren Bildteil ist die Schallintensitätsmesssonde mit den beiden Mikrofonen dargestellt, die mit einem Distanzstück aus Kunststoff auf den Abstand Δr gehalten werden.

Die technische Realisierung der Intensitätsmethode verursacht Abweichungen von den theoretisch zu erwartenden Pegelwerten, die sich auf den theoretisch messbaren Frequenzbereich auswirken. Durch die Wahl unterschiedlicher Mikrofonabstände Δr können verschiedene Frequenzbereiche erreicht werden. In Bild 5.118 sind die nutzbaren Frequenzbereiche für drei Mikrofonabstände bei einer vorgegebenen Genauigkeit von $\Delta L = \pm 1$ dB gezeigt.

Die Pegelabweichung ΔL_{pA} vom exakten Wert ist bei niedrigen Frequenzen vorrangig von der Phasenverschiebung der beiden analogen Messketten abhängig, die aus dem Mikrofon, dem Vorverstärker und dem Hauptverstärker bestehen. Durch eine geeignete Paarung der Kondensatormikrofone und einen genauen Abgleich der beiden Messketten kann der Phasenunterschied kleiner als $\varphi = 0{,}3°$ gehalten werden. Bild 5.118 zeigt die systematischen Pegelabweichungen ΔL_{pA} durch den Phasenfehler und den Näherungsfehler durch den Differenzenquotienten.

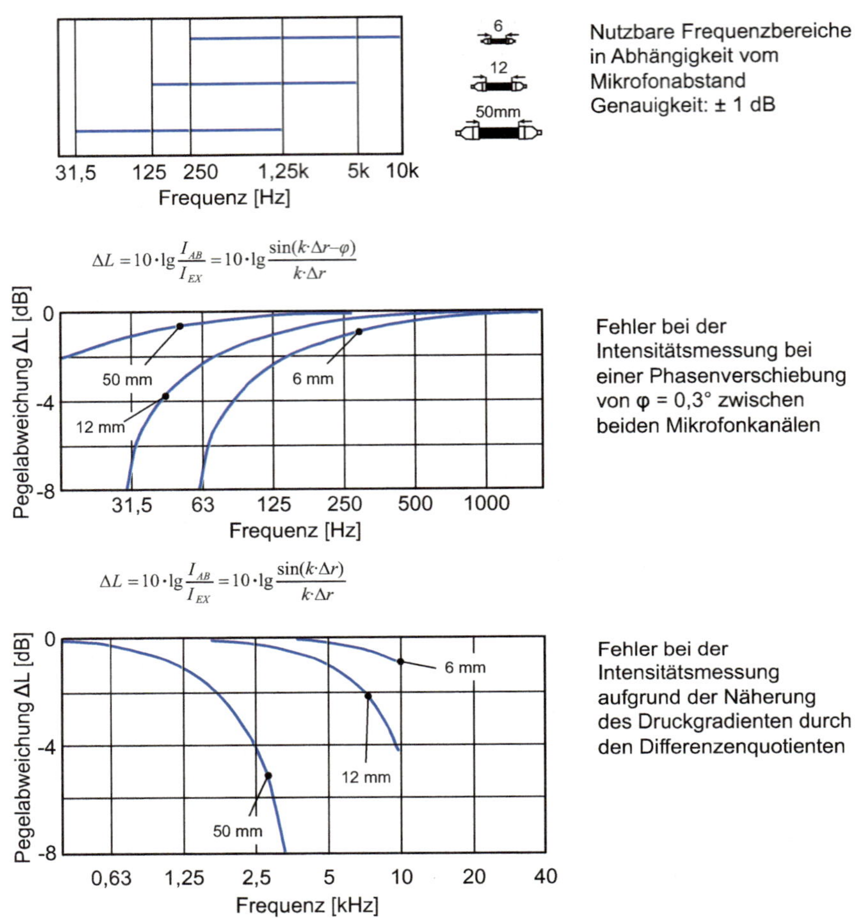

Bild 5.118 Frequenzbereiche des eingesetzten Intensitätsmessverfahrens [WECK92]

Im Gegensatz zur Schallleistungsbestimmung mithilfe von Schalldruckmessungen, bei denen auf einer Hüllfläche im Abstand von d = 1 m gemessen wird, lassen sich Intensitätsmessungen im Nahfeld durchführen. Im Allgemeinen ist aber auf Einflüsse der gewählten Messfläche und bei der Messwertaufnahme auf die Güte einer Intensitätsmessung zu achten. Wird beispielsweise auf einer Messfläche entsprechend der DIN 45635 in d = 1 m Abstand um eine Geräuschquelle (9 Messpunkte) gemessen, so kann die Intensitätsanalyse bezüglich der Fremdgeräuschkorrektur versagen. Die Ursache dafür ist, dass der durch die Messfläche strömende Schallfluss bei punktueller Messwertaufnahme auf einer großen Fläche nicht genau ermittelt werden kann, da die einzelnen Flächenanteile nicht integriert werden, wie es beim Bewegen der Sonde der Fall ist. Eine optimale Fremdgeräuschkorrektur ist immer nur dann gegeben, wenn die Vorteile des Intensitätsmesssystems genutzt werden. Hier sind die Nahfeldmessung und eine Pegelaufnahme über längere Zeit (hohe Anzahl von Einzelwerten) zu nennen, wobei zudem ein gleichmäßiges Abstreichen der Messfläche zu einer verbesserten Erfassung der Intensität führt [WECK92].

Aufgrund der Arbeitsweise des Schallintensitätsmesssystems wird nur die nach außen gerichtete Intensität I_r bei der Schallleistungsbestimmung berücksichtigt. Stationäre Fremdgeräusche und der Raumeinfluss werden daher automatisch kompensiert. In schallharten Räumen durchgeführte Untersuchungen zeigen ebenfalls, dass reflektierte Schallanteile, die den Luftschallpegel beträchtlich erhöhen, bei der Intensitätsmessung keinen Einfluss auf den emittierten Pegel aufweisen.

Durch die anwendungsgerechte Weiterentwicklung des Schallintensitätsmessverfahrens ist die Ermittlung der Schallleistung komplexer Quellen und die Ortung von Teilschallquellen genauer und einfacher möglich als mit konventionellen Schallmessgeräten [GENU98, WECK94, ZWIC82]. Für die Ortung von Geräuschquellen wird die Richtungscharakteristik der bei Schallintensitätsmessungen eingesetzten Messsonde genutzt. Die Sonde erlaubt, durch die zwei nahe beieinander angeordneten Mikrofone, neben der Messung des Schalldrucks auch die Ermittlung der Phasendifferenz zwischen den beiden Mikrofonsignalen, woraus sich der Schalleinfallswinkel bestimmen lässt. Durch Hin- und Herbewegen sowie Drehen der Mikrofonanordnung bei gleichzeitiger Aufzeichnung der Intensität lässt sich so der Fluss der Schallenergie nachvollziehen und die dominierend abstrahlende Quelle lokalisieren.

Emissionskennfelder

Zur akustischen Beurteilung von Getrieben im Betrieb oder der zu erwartenden Schallleistung von Getrieben in der Planungsphase einer Anlage sind sogenannte Emissionskennfelder in Serienmessungen ermittelt worden. Die Kennfelder beruhen auf Geräuschuntersuchungen an 149 Getrieben von insgesamt 37 Herstellern [LACH83].

Da zur Gesamtheit der Getriebe unterschiedliche Getriebetypen wie z. B. Stirnrad-, Kegelrad, Planeten- und Schraubgetriebe gehören, die sich hinsichtlich der Konstruktion der Verzahnungen, der Verzahnungsherstellung sowie der realisierten Fertigungsqualitäten unterscheiden, ist eine Aufteilung der unterschiedlichen Getriebe in verschiedenen Typenklassen vorgenommen worden.

Bild 5.119 zeigt beispielhaft die Merkmale und das Emissionskennfeld der außenverzahnten Stirnradgetriebe. Die Aussagewahrscheinlichkeit dieser Emissionskennfelder liegt bei $F = 90\,\%$ und besagt, dass 90 % aller Getriebe in dem blauen Streubereich angetroffen werden. Die 80-%-Linie, nach einem Abschätzverfahren der nichtparametrischen Statistik ermittelt [MURP48], sagt aus, dass 80 % der nach DIN 45635, Teil 23 oder mittels Kohärenzverfahren ermittelten Schallleistungspegelwerte unterhalb der 80-%-Linie liegen. Das Gleiche gilt für die 50-%-Linie.

Es ist zu beachten, dass die bei Lachenmeier [LACH83] bzw. in der Richtlinie VDI 2608 [VDI85] dargestellten Schall-Emissionskennfelder im Jahr 1983 veröffentlicht wurden und damit nicht mehr dem neuesten Stand der Technik entsprechen. Die Schall-Emissionskennfelder bei Lachenmeier [LACH83] bzw. in der Richtlinie VDI 2608 [VDI85] sind eine Entscheidungshilfe zur Abschätzung der Schallemissionen von Getrieben mit einem bestimmten Leistungsbereich.

Eigenschaften

- Gehäuse: Gussgehäuse
- Lagerung: Wälzlager
- Schmierung: Tauchschmierung
- Aufstellung: starr auf Stahl bzw. Beton
- Leistung: 0,7–2400 kW
- Antriebsdrehzahl: 1000–5000 min^{-1} (meist 1500 min^{-1})
- max. Umfangsgeschwindigkeit: 1–20 m/s
- Abtriebsmoment: 100–200.000 Nm
- Anzahl Getriebestufen: 1–3
- Verzahnung: β = 10° bis 30°
- gehärtet, feinbearbeitet DIN Qualität 5–8

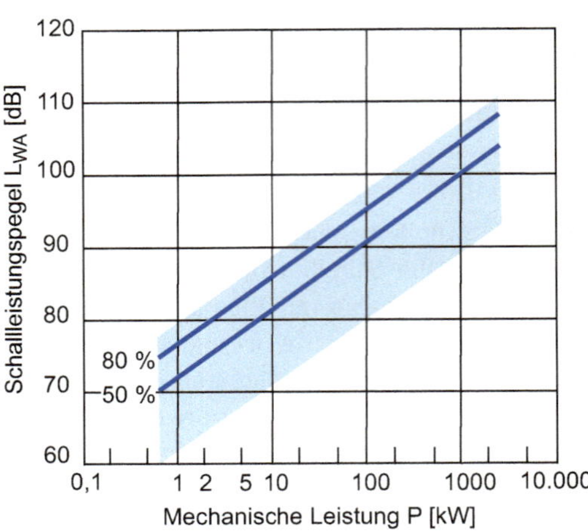

Bild 5.119 Emissionskennfelder von außenverzahntem Stirnradgetriebe [LACH83, VDI85]

5.5.1.7 Alternative Methoden zur Messung der Geräuschemission

Kunstkopfmesstechnik

Für eine gehörgerechte Aufnahme von Geräuschen kann die Kunstkopfmesstechnik eingesetzt werden. Durch den Aufbau des Außenohrs (Ohrmuschel und Gehörgang bis zum Trommelfell) besitzt das menschliche Gehör eine Richtcharakteristik bei der Wahrnehmung von Luftschall. Damit ist der Mensch in der Lage, den Ursprungsort einer Schallquelle durch sein binaurales Gehör zu bestimmen. Um diese Eigenschaft bei einer messtechnischen Untersuchung von Getrieben zu berücksichtigen, ist die Kunstkopfmesstechnik zu einer ausgereiften technischen Lösung weiterentwickelt worden.

Der Kunstkopf besteht aus der Nachbildung des menschlichen Kopfes, bei der sich anstelle der Ohren je eine Nachahmung der Ohrmuschel befindet. In die nachgebildeten Ohrmuscheln wird am Eingang der Gehörgänge ein Mikrofon mit Kugelcharakteristik eingesetzt. Durch die abschattende Wirkung des Kopfes und die für das Gehör auswertbaren Gangunterschiede zwischen den beiden Mikrofonpositionen können Aufnahmen gemacht werden, die eine gute Richtungslokalisation der Schallereignisse ermöglichen.

Die Kunstkopfmesstechnik wird inzwischen im Bereich des Automobilbaus als Standardwerkzeug bei akustischen Problemen und zur Messung von Fahrzeug-Innengeräuschen eingesetzt. Bild 5.120 zeigt einen Kunstkopf für eine gehörgerechte Aufnahme von Luftschall mit zugehörigem Speicher und Wiedergabegerät. Bei der Geräuschmessung im Fahrzeuginnenraum von Pkw oder Lkw wird das Kunstkopfmesssystem auf den Fahrzeugsitzen in einer der Realität nachempfundenen Position der Fahrzeuginsassen positioniert, um die Geräuscheinwirkung auf den Menschen besser beurteilen zu können [WECK06].

Geräuschmessung im Fahrzeuginnenraum

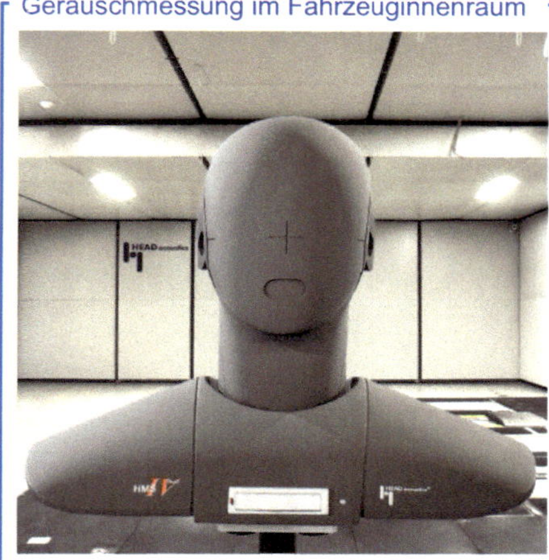

Nachbildung des menschlichen Hörempfindens

- Anordnung von je einem Mikrofon im künstlichen Ohr des Kopfes
- Berücksichtigung der akustischen Filtereigenschaften des Kopfes und der Ohren
- richtungsgetreue Schallmessung

Bild 5.120 Kunstkopf-Messsystem (Bildquelle: HEAD acoustics GmbH)

Arraymesstechnik – akustische Kamera

Neben der Richtungsabhängigkeit des Luftschalls und der damit verbundenen Einwirkung auf den Menschen gewinnt die Ortung der pegelbestimmenden Schallquelle oder der schallabstrahlenden Oberflächen durch neue messtechnische Möglichkeiten immer mehr an Bedeutung. Aufgrund der steigenden Anforderungen an die Geräuschqualität von Produkten können mithilfe verbesserter Messmöglichkeiten frühzeitig Optimierungspotenziale aufgezeigt werden.

Für eine zielgerichtete Bestimmung von Schallquellen oder geräuschabstrahlenden Flächen kann die sogenannte Arraymesstechnik in Form einer akustischen Kamera eingesetzt werden. Der Nutzen einer akustischen Messung mithilfe einer akustischen Kamera ist die Ermittlung des Ausgangszustands einer Geräuschquelle, die Klärung von Geräuschursachen, eine Planung von Geräuschminderungsmaßnahmen und der Nachweis der erzielten Verbesserungen [SCHR06]. Sie liefert neben den traditionellen Verfahren zur Schallmessung Hilfestellung bei der Interpretation der Position von Schallquellen sowie den Beitrag einzelner Quellen zur Gesamtabstrahlung [QUIC05].

Bild 5.121 zeigt eine akustische Kamera, die aus einer in der Mitte angeordneten Videokamera besteht, die von Mikrofonen kreisförmig umgeben ist. Die Kamera und Mikrofone sind in einer Ebene angeordnet. Bei der Arraymesstechnik werden mittels der systematisch angeordneten Mikrofone grafische Darstellungen der Schallfelder erzeugt. Der Schalldruckpegel kann dabei, ähnlich wie bei den Höhenlinien einer Landkarte, direkt abgelesen werden. Das zugrunde liegende mathematische Modell setzt jedoch ideale Bedingungen der Messumgebung voraus, wie z. B. Messräume mit Freifeldbedingungen (Schallmessräume).

Die Rüstzeit für die schnelle Single-Shot-Messung mit einer akustischen Kamera ist im Vergleich zu alternativen Methoden gering. Daten können im Nachhinein ohne weitere Messungen bezüglich aller Schallfeldparameter an jedem Ort des Messobjekts analysiert werden. Damit stellt die Arraymesstechnik ein schnelles Werkzeug zur Lokalisierung von Schallquellen dar [HENZ05].

Funktionsprinzip

- Videokamera nimmt das optische Bild des schallemittierenden Messgegenstands auf
- Zeitgleiche Aufzeichnung der Schallwellen von definiert angeordneten Mikrofonen
- Berechnung des Schallfelds aus den Laufzeitunterschieden der Schallwellen
- Akustische Abtastrate von bis zu 192.000 Samples/s

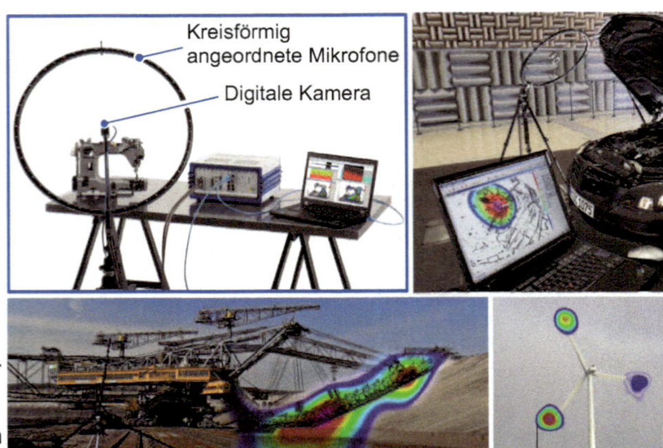

Bild 5.121 Akustische Kamera (Bildquelle: gfai tech GmbH)

Maßgebend für das mathematische Modell, welchem die Algorithmen der Arraymesstechnik zugrunde liegen, sind charakteristische Werte für das jeweils gewählte Array, die unter der Annahme eines Freifelds ohne Störeffekte bestimmt werden. Diese sogenannten Laufzeitunterschiede stellen somit gewisse Anforderungen an die Messumgebung, die nicht immer erfüllbar sind. So können in einer realen Messumgebung aufgrund von Reflexion, Beugung und Brechung der Schallwellen an Wänden und Hindernissen Stör- und Scheinquellen entstehen. Daraus ergibt sich ein auf bestimmte Frequenzbereiche eingeschränktes Einsatzgebiet. Neben beispielhaften Prüfanordnungen zeigt Bild 5.121 Ergebnisse für die Untersuchung eines Pkw-Außenspiegels, eines Flugzeugs und einer Windenergieanlage.

Laser-Doppler-Vibrometrie

Die Laser-Vibrometrie ermöglicht eine Analyse des Schwingungsverhaltens von Bauteilen. Die Methode befähigt zu einer flächenhaften Schwingungsmessung mithilfe von monochromatischen Lichtwellen. Die optischen Sensoren können Geschwindigkeiten bis zu $v = 20$ m/s und Beschleunigungen von bis zu $a = 9 \cdot 10^6$ g aufnehmen [POLY09].

Die berührungslose Messung führt im Gegensatz zur Verwendung von mechanischen Sensoren nicht zu einer Verfälschung des Schwingungsverhaltens des Messobjekts, da keine zusätzliche Masse oder versteifende Wirkung die Beschleunigungsmessung beeinflusst. Außerdem können Messungen an unzugänglichen Stellen durchgeführt werden, sofern keine Hinterschneidungen vorliegen. Die Größe der erfassbaren Fläche umfasst dabei Strukturen von wenigen mm² bis zu großen Flächen im m²-Bereich. Auch Messungen an heißen und/oder nicht vorbehandelten Oberflächen sind möglich [POLY09, POLY10].

Das Laser-Vibrometer kombiniert die Wirkprinzipien des Dopplereffekts und der Laser-Interferometrie. Der aus der Akustik bekannte Dopplereffekt – das Auftreten einer Frequenzverschiebung bei einer Relativbewegung von Schallquelle und Empfänger – kann auch auf elektromagnetische Wellen und damit auch auf Lichtwellen bzw. Laserstrahlen übertragen werden. Da die relative Frequenzänderung des Laserlichts sehr gering ist – bei einer Geschwindigkeit von $v = 10$ m/s beträgt sie beispielsweise nur $f = 4{,}7 \cdot 10^{-8}$ Hz –, wird ein interferometrisches Messverfahren benötigt, um den Momentanwert der Frequenz- und Phasenänderung mit ausreichender Genauigkeit messen zu können.

Der vom Laser emittierte Strahl wird in einem Lochspiegel in den nach außen tretenden Mess- und den intern verbleibenden Referenzstrahl aufgeteilt (vgl. Bild 5.122). Der durch den Abstand resultierende Laufzeitunterschied wird vom Detektor aufgenommen, indem der Mess- und Referenzstrahl wieder zusammengeführt und überlagert werden. So entsteht ein Hell-Dunkel-Muster, wobei ein Zyklus genau einer Verschiebung des Objekts um eine halbe Wellenlänge entspricht. Somit können die Auslenkung und Schwinggeschwindigkeit des Messobjektes berechnet werden. Dieses Hell-Dunkel-Muster lässt nur Aussagen zur Abstandsänderung zu. Für Aussagen über die Richtung der Änderung wird eine Bragg-Zelle benötigt, bei der es sich um einen optisch-akustischen Modulator handelt, der eine Modulationsfrequenz des Interferenzmusters bei Stillstand erzeugt. Bewegt sich das Objekt zum Interferometer hin, erfährt das Signal gemäß dem Dopplereffekt eine „Stauchung" - die Modulationsfrequenz wird erniedrigt. Somit können mit dem Vibrometer Aussagen zum Betrag des Wegs, der Bewegungsrichtung und der zeitlichen Änderung, also der Geschwindigkeit und Beschleunigung, getroffen werden [POLY11, WINK04].

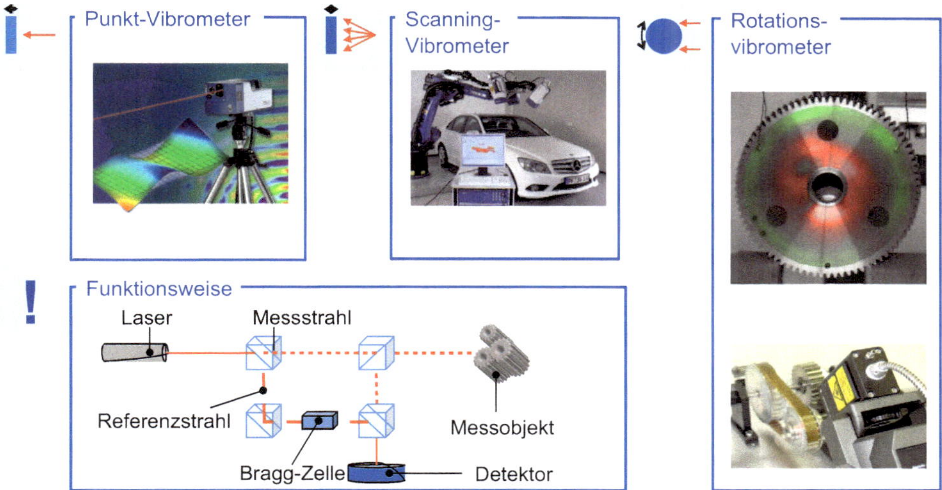

Bild 5.122 Funktionsprinzip Laservibrometer (Bildquellen: Polytec GmbH, Fraunhofer IBP)

Einpunkt-Vibrometer messen nur Schwingungen eines Objekts in Richtung des Laserstrahls mit einem einzelnen Strahl. Die Funktionsweise entspricht dem oben erläuterten Prinzip. Somit ist das Einpunkt-Vibrometer Grundelement aller nachfolgenden Varianten. Ist der Strahl senkrecht zur Oberfläche ausgerichtet, so wird dieses auch als „Out-of-Plane"-Vibrometer bezeichnet. Das Vibrometer wird üblicherweise in einem Arbeitsabstand zwischen d = 1 cm und 5 m aufgestellt und ist in der Lage, einen Schwinggeschwindigkeitsbereich von v = 5 µm/s bis 1 m/s zu erfassen [HGLD11].

Das Scanning-Vibrometer ist eine Erweiterung des Einpunkt-Vibrometers. Durch das sequenzielle Abtasten von mehreren Einzelpunkten mit drei (oder mehr) Laserstrahlen können unter Berücksichtigung bestimmter Randbedingungen Aussagen über den simultanen Bewegungsablauf der Struktur oder über Betriebsschwingformen eines Frequenzbereichs getroffen werden. Eine Voraussetzung für die Anwendbarkeit ist, dass der Schwingungsvorgang des Messobjekts stationär und wiederholbar ist. Die Auswertung des Signals erlaubt anschließend eine Darstellung der Schwingung in einem dreidimensionalen Geometriegitter des Messobjekts [WINK04].

Das Rotationsvibrometer nutzt die Effekte des Laser-Vibrometers zur Erfassung von Messdaten an rotierenden Objekten. Dabei treffen zwei parallele Laserstrahlen auf das Messobjekt. Abhängig von der Geschwindigkeit der Oberfläche werden sie phasenverschoben reflektiert. Eine weitere Möglichkeit besteht darin, den Laserstrahl mit einer geregelten Rotationseinheit dem rotierenden Objekt nachzuführen. Steht der Laserstrahl auf dem Messobjekt scheinbar still, haben beide dieselbe Geschwindigkeit. Somit können die momentane Drehzahl, Winkelgeschwindigkeitsänderungen und Drehwinkeländerungen erfasst werden [POLY10].

5.5.2 Prüfstandkonzepte

Für die systematische Untersuchung der Getriebeakustik wird zwischen einer Radsatz- und einer Gesamtgetriebeuntersuchung unterschieden. Im Fall der Radsatzuntersuchung wird gezielt das Anregungsverhalten einer Zahnradstufe und nicht die Situation eines Gesamtgetriebes analysiert. Das Prüfprinzip dient der Charakterisierung des Anregungsverhaltens der weitestgehend isoliert betrachteten Verzahnung. In Abhängigkeit von der Getriebebauform sind unterschiedliche Messzellen notwendig. Demzufolge werden Einflüsse seitens des Gehäuses, der Lager oder die Verformung der Wellen-Lager-Systeme unter Last nicht betrachtet und auf dem Prüfstand nicht nachgebildet. Demgegenüber werden die in der Radsatzmesszelle vernachlässigten Randbedingungen in einer Gesamtgetriebeuntersuchung berücksichtigt und das dynamische Verhalten des gesamten Aufbaus ermittelt.

5.5.2.1 Radsatzuntersuchung

Die Qualität eines Getriebes wird durch seine Lebensdauer und Geräuschemission bestimmt. Den Untersuchungsmethoden, wie der Geräuschprüfung, der Einflankenwälzprüfung und der Tragbildprüfung, kommt eine besondere Bedeutung zu. Geräuschprüfstände für Radsätze ermöglichen die Untersuchung des Anregungsverhaltens von Verzahnungen bei gleichbleibenden Randbedingungen.

Im Folgenden sollen Messzellen zur akustischen Untersuchung der Radsätze diverser Getriebebauarten vorgestellt werden. Neben einstufigen Stirnradstufen besteht ein Bedarf der Untersuchung des mehrfachen Eingriffs im Planetengetriebe sowie des Anregungsverhaltens von Kegelrädern mittels einer entsprechenden Kegelradmesszelle.

Stirnradmesszelle

Die Stirnradmesszelle erlaubt die Untersuchung des Anregungsverhaltens von Verzahnungen unterschiedlichster Geometrien unter konstanten Randbedingungen. Die wichtigsten Eigenschaften des Prüfstands bestehen in dem weiten Leistungsbereich bei einer hohen Torsions- und Biegesteifigkeit der Wellen und der gleichzeitig einfachen und reproduzierbaren Montage. Bei guten Montagemöglichkeiten kann eine exakte Positionierung der Prüfverzahnung gewährleistet werden. Der Prüfstand setzt sich aus zwei Elektromotoren, einem Zwischen- und einem Ausgleichsgetriebe sowie der mittig positionierten Prüfzelle zusammen. In Bild 5.123 sind die Leistungsgrößen des Aufbaus zusammengefasst. Die Antriebsmaschine ist drehzahlgeregelt und weist eine Nennleistung von P_{nenn} = 140 kW auf. Die Abtriebsmaschine, welche als Generator betrieben wird, ist drehmomentgeregelt und sorgt für das erforderliche Prüfdrehmoment.

Technische Daten

- Drehzahl
  n_{max} = 4000 min^{-1}
- Drehmoment
  M_{max} = 1000 Nm
- Achsabstand
  a = 70 mm bis 150 mm

Körperschallsensoren

- Messbereich: 50 g
- Empfindlichkeit: 100 mV/g
- Frequenz: 0,5 Hz bis 12.000 Hz

Drehfehlermesssystem

- 2x Heidenhain-ERA 180 Inkremente/U: 18.000

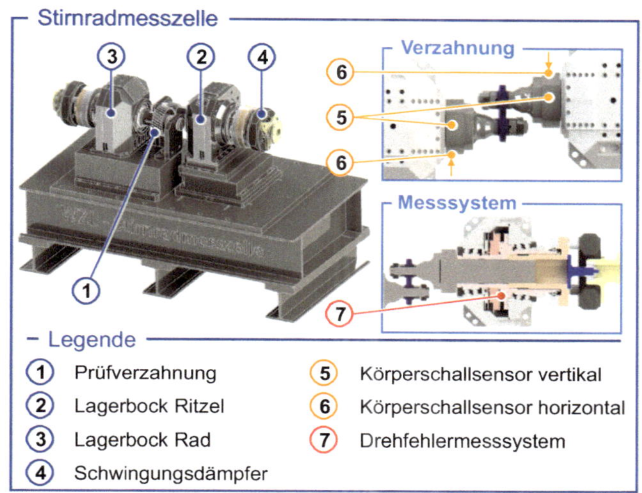

Bild 5.123 Stirnradmesszelle [HELL15, HOHL02]

Die Prüfzelle ist über drehelastische Kupplungen dynamisch vom restlichen Antriebsstrang entkoppelt. Der Prüfzellenaufbau gliedert sich in zwei separate Lagerböcke, die zum einen die Wellen, auf denen die Prüfverzahnungen montiert werden, und zum anderen das Messsystem führen. Das Messsystem besteht aus einem optischen, hochauflösenden Winkelschrittgeber. Die Messzelle erlaubt die Durchführung von Einflankenwälzprüfungen und Betriebswälzprüfungen. Zusätzlich werden Beschleunigungsaufnehmer zur Erfassung des Körperschalls an den Lagerböcken radial in horizontaler und senkrechter Ebene zur Welle sowie axial angebracht. Die Messung des Drehfehlers sowie der Körperschallsignale erfolgt somit in unmittelbarer Nähe am Zahneingriff, sodass eine hohe Messgenauigkeit erreicht wird [HOHL02].

Der Prüfstand bietet aufgrund seines flexiblen Aufbaus vielseitige Verstellmöglichkeiten. So sind zum Beispiel Achsabstände zwischen a = 70 mm bis 150 mm möglich. Die Achsabstandsänderung wird durch die Verschiebung des antriebseitigen Lagerbocks erreicht.

Die obere messtechnische Drehzahlgrenze wird durch den Winkelschrittgeber auf n_{an} = 2000 min^{-1} limitiert. Oberhalb der Drehzahl kommt es zu einem Spannungsabfall der Messsignale. Das Messsystem ist auf einer Hohlwelle platziert, die über ein Keilwellenprofil mit der Prüfwelle verbunden ist. Damit liegt die Messwelle außerhalb des Leistungsflusses, sodass garantiert ist, dass eine Torsion der Prüfwelle keine Auswirkungen auf die Messung hat. Lastbedingte Verfälschungen der Messungen sind folglich nur in dem Bereich ausgehend von der Verzahnung bis zum Beginn der Messhohlwelle am Eingang des Lagerbocks möglich. Die Auswirkungen der Torsion können unter dem Gesichtspunkt, dass die Messschrittweite des inkrementellen Winkelschrittgebers φ = 1,8" beträgt und maximale Verdrehungen in Summe von $\Delta\varphi$ = 0,25" nicht überschritten werden, als vernachlässigbar eingeordnet werden. Der inkrementelle Winkelschrittgeber wird auf der Teilungstrommel der Messhohlwelle mitgeführt und ermöglicht die Ermittlung von Drehfehlerverläufen. Zur Erzielung einer hohen Messgenauigkeit ist eine genaue und laufruhige Lagerung zwingend notwendig, welche in den Lagerböcken durch fettgeschmierte Spindellager in O-Anordnung und Tandemausführung gewährleistet wird. Zusätzliche Stützlager außerhalb der Lagerböcke am Ende der Prüfwellen verhindern ein Durchbiegen der Wellen. Beide Lagerböcke sind identisch aufgebaut.

Der Winkelschrittgeber arbeitet nach dem Funktionsprinzip der fotoelektrischen Abtastung feiner Strichgitter, analog zu der in Abschnitt 5.5.1.1 beschriebenen Messmethodik. Die Auswertung des Messsignals erfolgt außerhalb des Prüfstandes in einem digitalen Messrechner, welcher die sinusförmigen Signale des Winkelschrittgebers in Rechteckimpulsfolgen transformiert. Anschließend können die Rechteckimpulsfolgen durch die Drehschwingungsmesskarte des Messrechners verarbeitet werden. Der Einsatz einer Analyse-Software ermöglicht unter anderem auch die Auswertung des zeitlichen Verlaufs der Winkelgeschwindigkeit. Mithilfe von Fast-Fourier-Transformationen (FFT) sind auch Frequenz- und Ordnungsanalysen möglich.

Von Brecher et al. sind Untersuchungen zum Einsatzverhalten von asymmetrischen Gerad- und Schrägverzahnungen auf der Stirnradmesszelle durchgeführt worden [BREC15b]. In Bild 5.124 werden die gemessenen und die berechneten Summendrehfehlerschwankungen der ersten Zahneingriffsfrequenz für verschiedene Eingriffswinkel gegenübergestellt. Sowohl die symmetrische Verzahnung wie auch die asymmetrischen Verzahnungen weisen bezüglich des Drehfehlers eine sehr gute Übereinstimmung zwischen den Simulations- und Messergebnissen auf.

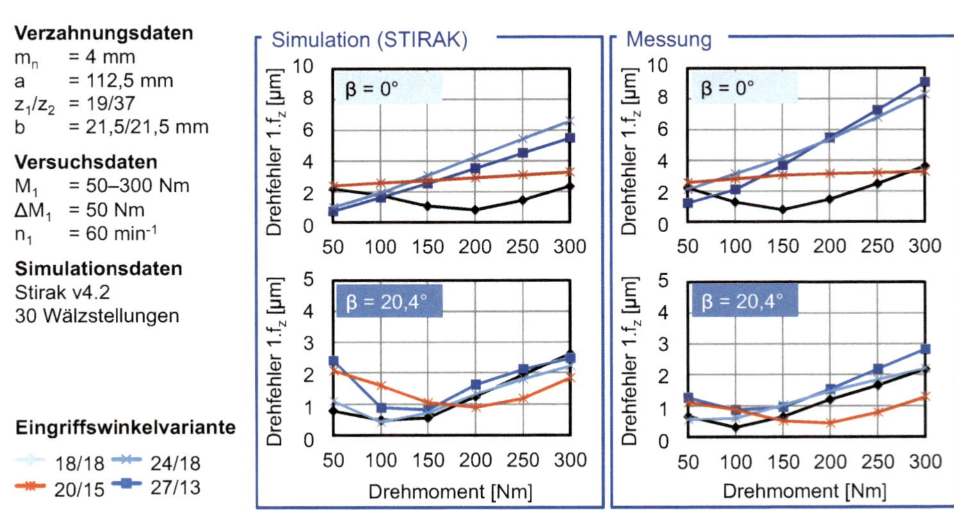

Bild 5.124 Ergebnisse der Betriebswälzprüfungen für asymmetrische Stirnradverzahnungen auf der Stirnradmesszelle [BREC15b]

Planetengetriebemesszelle

Planetengetriebe zeichnen sich durch ihre hohe Leistungsdichte, kompakte Bauform sowie die Möglichkeit von hohen realisierbaren Übersetzungen aus. Der Einsatz erfolgt in allen Anwendungsbereichen der Antriebstechnik. Damit gehen auch hohe Anforderungen an das dynamische und akustische Verhalten von Planetengetrieben einher.

Die Radsatzuntersuchung von Planetengetrieben stellt jedoch eine besondere Herausforderung dar und kann nicht mit den bisher vorgestellten Prüfstandkonzepten durchgeführt werden. Durch den Aufbau eines Planetengetriebes stehen stets Sonnenrad, Hohlrad und Planetenräder miteinander im Eingriff. Die durch Kopplung der Zahneingriffe entstehenden Wechselwirkungen müssen bei der Untersuchung des Lauf- und Anregungsverhaltens sowie der Validierung der Zahnkontaktanalysen berücksichtigt werden.

Basierend auf den Konzepten für die Radsatzuntersuchungen an Kegelrädern [PLEW92] und für Stirnradverzahnungen [HOHL02] ist ein modulares Prüfstandkonzept für die Untersuchung des Anregungsverhaltens von Planetengetrieben und Innenverzahnungen entwickelt worden (vgl. Bild 5.125). Der Fokus der Untersuchungen liegt auf der Analyse des Drehübertragungsverhaltens auf Basis von Drehfehlermessungen mit magnetischen Drehgebern. Weitere erfassbare Größen zur Beurteilung des Einsatzverhaltens sind die Aufnahme von Tragbildern und das Verlagerungsverhalten der Planetenrad- und Sonnenradwelle.

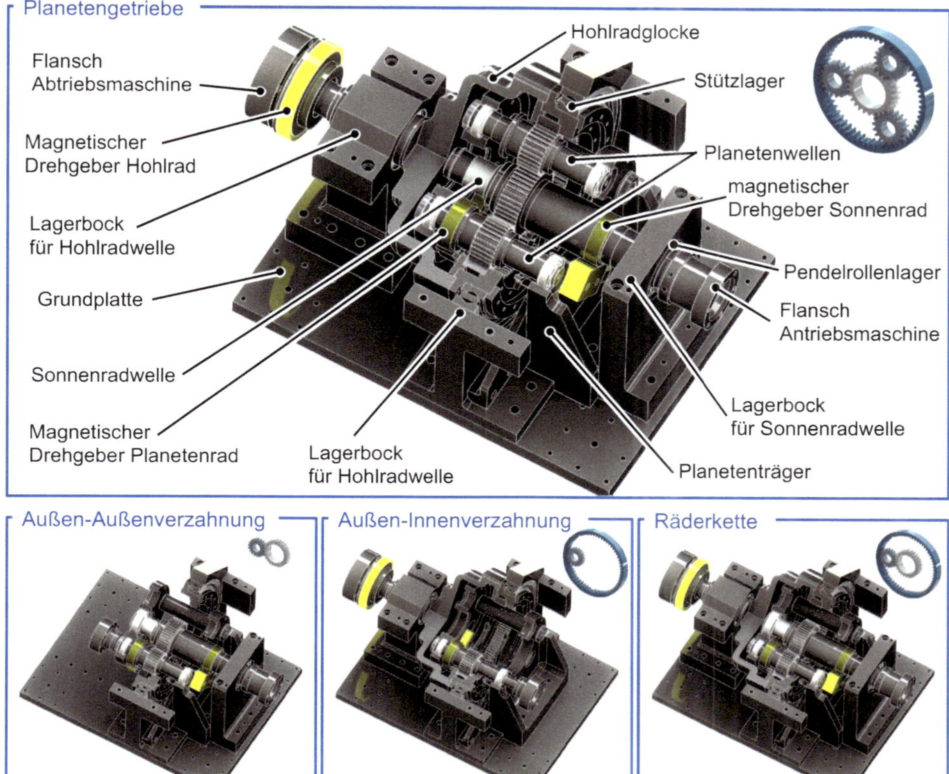

Bild 5.125 Planetengetriebemesszelle [BREC15c]

Die Planetengetriebemesszelle eignet sich zum flexiblen Einsatz für die Untersuchung verschiedener Radsatzkombinationen. Daher ist die Planetengetriebemesszelle modular gestaltet. Neben der Untersuchung eines vollständigen Planetengetriebes mit bis zu drei Planetenrädern ist ebenfalls die Untersuchung von Einzeleingriffen möglich. Damit die verschiedenen Kombinationen realisiert werden können, ist der Planetenträger als nicht umlaufendes Element ausgeführt. Die Planetenräder sind über Wellen im Planetenträger gelagert, damit das Drehwinkelmesssystem in der Nähe der Verzahnung platziert werden kann. Da sich in den unterschiedlichen Radsatzkombinationen auch die resultierenden Kräfte ändern, ist die Sonnenradwelle für die Untersuchungen im Aufbau Außen-Außenverzahnung sowie bei der Räderkette mit einem zusätzlichen Zylinderrollenlager im Planetenträger versehen. Für die Untersuchungen im Planetengetriebebetrieb kann das Lager entfernt werden, um die Ausgleichsbewegung des Sonnenrads zu ermöglichen. Damit diese Orbitalbewegung möglich wird, ist die Sonnenradwelle mit einem Pendelrollenlager gelagert. Die Verlagerungen der Sonnenradwelle und einer Planetenradwelle können über berührungslose Verlagerungssensoren erfasst und in der Auswertung in einen resultierenden Flankenlinienwinkelfehler umgerechnet werden.

Die Erfassung der Drehfehler erfolgt über magnetische Drehgeber. Um in den verschiedenen Radsatzkombinationen die Drehfehlerbilanzhüllen um die verschiedenen Zahneingriffe zu realisieren, werden Drehgeber an der Sonnenradwelle, Planetenradwelle und Hohlradwelle eingesetzt. In den Kombinationen Außen-Außenverzahnung und Außen-Innenverzahnung wird der Drehfehler zwischen den beiden aktiven Messsystemen ausgewertet. In der Kombination Räderkette und Planetengetriebe können die Drehfehler zwischen An- und Abtrieb als Gesamtdrehfehler und als Einzeldrehfehler unter Berücksichtigung des Drehgebers am Planetenrad ausgewertet werden. Aufgrund der Kräfteverteilung im Planetengetriebe ergeben sich Wechselwirkungen zwischen den Zahneingriffen. Diese Lastverteilung führt zu einem geänderten Anregungsverhalten. Die Planetengetriebemesszelle lässt sich dazu nutzen, um die Wechselwirkungen und die Auswirkung auf das Anregungsverhalten zu quantifizieren. Durch die Untersuchungen in den Kombinationen Außen-Außenverzahnung sowie Außen-Innenverzahnung und durch das sukzessive Hinzunehmen von Rädern bis zur Vervollständigung des gesamten Planetengetriebes kann der Einfluss auf den Drehfehler und auf das Anregungsverhalten bestimmt werden.

Die Planetengetriebemesszelle kann sowohl für dynamische Untersuchungen als auch für Betriebswälzprüfungen genutzt werden. Es lassen sich Drehzahlen an der Planetenradwelle bis zu n_{Planet} = 2000 min^{-1} Umdrehungen untersuchen. Die Last am Planetenrad kann dabei bis zu M_{Planet} = 400 Nm betragen. Im quasistatischen Betrieb sind am Planetenrad n_{Planet} = 60 min^{-1} möglich. Die dynamischen Einflüsse vom Prüfstand sind somit sehr gering.

In Bild 5.126 sind Ergebnisse der Betriebswälzprüfungen an den Radsätzen eines gerad- und schrägverzahnten Planetengetriebes dargestellt [BREC15c]. Gegenübergestellt sind zunächst die simulierten und gemessenen Drehfehler in Form der ersten Zahneingriffsordnung in Abhängigkeit von der Last an den Planetenrädern.

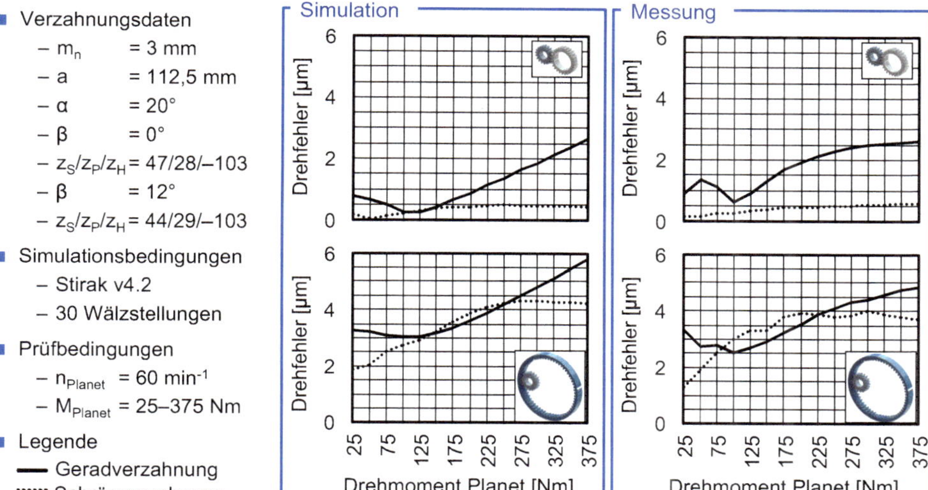

Bild 5.126 Ergebnisse der Betriebswälzprüfungen mit der Planetengetriebemesszelle [BREC15c]

Die Untersuchungen sind in den Radsatzkombinationen Außen-Außenverzahnung und Außen-Innenverzahnung durchgeführt worden. Die zwei oberen Diagramme zeigen den Eingriff zwischen Planetenrad und Sonnenrad, die beiden unteren Diagramme zeigen den Eingriff zwischen Planetenrad und Hohlrad. Die Ergebnisse zeigen eine hohe Übereinstimmung zwischen Simulation und Messung sowohl bei den gerad- als auch bei den schrägverzahnten Radsätzen. Abweichungen sind durch die nichtlinearen Verlagerungen durch die Wälzlager im Prüfstand zu erklären, die in dem Simulationsmodell mit einem lastabhängigen, linearen Einfluss berücksichtigt wurden [BREC15c].

Kegelradmesszelle

Kegelradverzahnungen weisen aufgrund ihres räumlichen Zahneingriffs eine besondere Herausforderung in der akustikgerechten Auslegung der Mikrogeometrie auf. Die lastbedingten Verlagerungen des Radsatzes führen zu Verlagerungen der Kontaktzone, sodass in der Auslegung der Mikrogeometrie eines Kegelradsatzes im Vergleich zu Stirnradverzahnungen hohe Modifikationsbeträge der Zahnflanken angesetzt werden [BREC15d].

Zur Durchführung von Betriebswälzprüfungen werden Kegelradmesszellen eingesetzt, sodass das Einsatzverhalten des Radsatzes mit betriebsrelevanten Parametern untersucht werden kann. Von Plewnia [PLEW92] wurde eine Kegelradmesszelle mit zwei flexibel positionierbaren Lagerböcken entwickelt (vgl. Bild 5.127 rechts unten), sodass die vier Einbaumaße des Kegelrads (Achsversatz, Ritzel- und Tellerradeinbaumaß und Achskreuzwinkel) eingestellt werden konnten. Plewnia zeigt den Einfluss des Drehfehlerverlaufs auf das dynamische Geräuschverhalten und dass sich ein tangentialer, stetiger Drehfehlerverlauf geräuschgünstig auswirkt [PLEW92]. Für die Untersuchung des Einflusses der Positionsabweichungen in der Genauigkeit weniger hundertstel Millimeter hat sich die hohe Flexibilität als nachteilig herausgestellt.

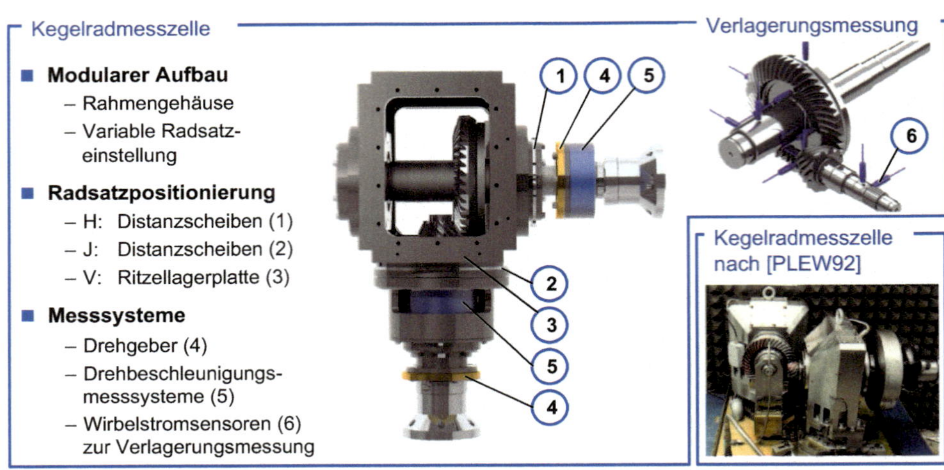

Bild 5.127 Kegelradmesszelle [BREC15d]

Eine Messzelle als Prüfgetriebegehäuse ist linkseitig in Bild 5.127 dargestellt. Die Kegelradmesszelle ist modular aufgebaut, um eine Anpassung an unterschiedliche Achsversätze und Radsatzgeometrien automobiler Anwendungen zu ermöglichen. An das Rahmengehäuse werden die Lagerplatten angeflanscht, die zur Aufnahme der Lagergehäuse dienen. Die nominellen Einbaumaße von Rad und Ritzel werden über die Position der Lagergehäuse eingestellt; der Achsversatz über die Lagerplatte des Ritzels. Zur gezielten Positionierung des Radsatzes werden zweigeteilte Distanzscheiben (1, 2) eingesetzt, die in einer Stufung von d = 0,01 mm paarweise geschliffen sind. Damit besteht die Möglichkeit, den Radsatz variabel in unterschiedlichen Positionen zu testen. Die geforderte Positioniergenauigkeit leitet sich aus den geforderten Montagetoleranzen einer Serienapplikation ab. Die Eindeutigkeit und Reproduzierbarkeit der Montage wird auf einer Koordinatenmessmaschine bestimmt [BREC15d].

Bei der Auslegung der Kegelradverzahnungen werden die lastbedingten Verlagerungen berücksichtigt, um eine anwendungsgerechte Optimierung der Mikrogeometrie zu ermöglichen. Die Verlagerungen des Welle-Lager-Systems werden in der Kegelradmesszelle über berührungslos messende Wirbelstromsensoren erfasst. Zur Bestimmung des Drehfehlers sind hochauflösende optische Drehwinkelmesssysteme zur Bestimmung der Wälzposition von Rad und Ritzel berücksichtigt. Die Bestimmung der dynamischen Anregung erfolgt über Drehbeschleunigungsmesssysteme, wie sie in Abschnitt 5.5.1.3 vorgestellt werden. Die Messtechnik der Kegelradmesszelle ermöglicht somit die Bestimmung der Eingriffsverhältnisse bei hochgenauer Erfassung der Radsatzposition und die Validierung der Zahnkontaktanalyse (siehe Kapitel 6). In Bild 5.128 ist der Drehfehlerverlauf für einen Hypoidradsatz im Zug- und Schubbetrieb dargestellt und den Simulationen in der FE-basierten Zahnkontaktanalyse ZaKo3D (vgl. Abschnitt 6.3.1) gegenübergestellt. Die Diagramme zeigen die Amplitudenverläufe der ersten vier Zahneingriffsordnungen über einen Drehmomentenbereich bis M = 1200 Nm im Zugbetrieb und bis M = 600 Nm im Schubbetrieb. Die Amplitudenverläufe der Prüfstandversuche auf der Kegelradmesszelle über dem Drehmoment weisen eine sehr gute Übereinstimmung mit den Simulationsergebnissen auf. Des

Weiteren wird die Abstufung der Amplitudenwerte von der ersten bis vierten Ordnung sehr gut abgebildet [BREC16b].

Versuchsdaten

- Zug-/Schubbetrieb
- Messdauer: eine Überrollung
- Drehzahl: $n_1 = 60\ min^{-1}$

Simulationseinstellungen

- Gemittelte Topografie
- Gitterauflösung: 39 x 25
- Anz. Wälzstellungen: 30

Tragbild bei 400 Nm (Zug)

Legende

—— 1. f_z – · – 2. f_z
······ 3. f_z ---- 4. f_z

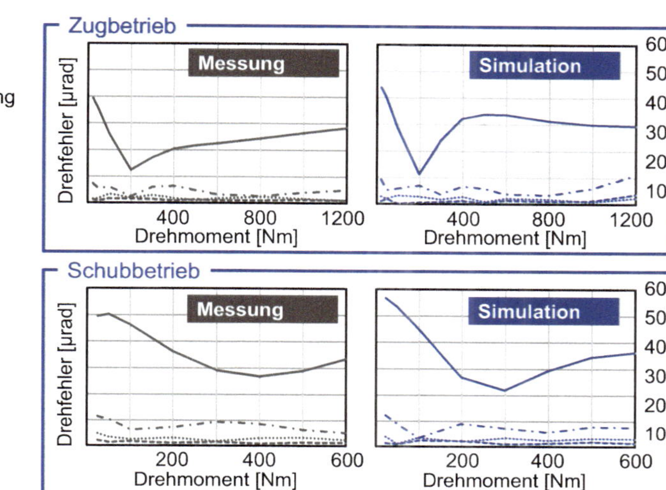

Bild 5.128 Ergebnisse einer Betriebswälzprüfung auf der Kegelradmesszelle [BREC16b]

5.5.2.2 Gesamtgetriebeuntersuchung

Das Getriebe, wie auch weitere Komponenten des Antriebsstrangs, beispielsweise eines Fahrzeuges, sind während des Betriebs hohen Belastungen ausgesetzt. Eine frühzeitige Lokalisierung von Schwachstellen und Identifizierung von Optimierungsmaßnahmen führt zur Erhöhung der Produktqualität des Gesamtsystems. Prüfungen von Getrieben werden auf hierfür vorgesehenen Getriebeprüfständen durchgeführt. Auf diesen speziellen Aggregatprüfständen wird das Einsatzverhalten der ausgelegten Verzahnungen bei definierten Betriebszuständen zum Beispiel in einem End-of-Line-Test validiert. Hierbei werden die Betriebsbedingungen der Anwendung simuliert und dem Getriebe aufgeprägt. In dem Zusammenhang lassen sich die Langlebigkeit, die sich in eine zeitfeste und dauerfeste Materialermüdung gliedert, das Anregungs- und Geräuschverhalten sowie der Wirkungsgrad von Getrieben und Getriebekomponenten prüfen.

Im Vergleich zur Radsatzuntersuchung wird die Bilanzgrenze bei dem Test des Gesamtsystems eines Schaltgetriebes deutlich erweitert. Es werden Einflüsse von lastfrei kämmenden Verzahnungen sowie weiteren mechanischen Getriebekomponenten wie Wälzlagern, Synchronisations- und Schaltelementen und Getriebewellen untersucht. Im Folgenden soll am Beispiel eines dynamischen 3-Motoren-Prüfstands (Universalgetriebeprüfstand) die Untersuchung eines gesamten Getriebesystems bzw. Antriebsstrangs vorgestellt werden.

Universalgetriebeprüfstand

Der Universalgetriebeprüfstand besteht aus drei elektrischen Maschinen, die für einen 4-Quadranten-Betrieb ausgelegt sind. Die Motoren können variabel sowohl quer als auch längs auf dem Spannfeld verschoben werden und sind des Weiteren höhenverstellbar. Auf diese Weise werden die Maschinen in der Spannfeldebene beliebig ausgerichtet, sodass eine große Variation an Aufbauten realisiert und die Einbausituation im Fahrzeug auf dem Prüfstand weitestgehend nachgebildet werden kann. Komplette Antriebsstränge lassen sich somit vom Schaltgetriebe bis zur Abtriebswelle untersuchen. Neben einem T-förmigen Aufbau eines heckangetriebenen Fahrzeugs mit Längsmotor kann ebenfalls eine dem Frontantrieb mit quereingebautem Motor nachempfundene Anordnung realisiert werden. Gemäß den in Abschnitt 5.5.1 erläuterten Untersuchungsmethoden ist der Prüfstand neben Untersuchungen zum Lauf- und Geräuschverhalten auch für Tragfähigkeits- und Wirkungsgraduntersuchungen einsetzbar.

Die Antriebsmaschine weist eine geringe Eigenträgheit auf und ermöglicht so eine schnelle geregelte Systemantwort. Das verwendete digitale Steuerungssystem erlaubt, Schwingungen mit einer Frequenz von bis zu f = 300 Hz in den Antriebsstrang einzuleiten. Dadurch kann zum Beispiel das mit der zweiten Ordnung bezüglich der Drehfrequenz schwankende Motordrehmoment eines Vier-Zylinder-Verbrennungsmotors auf den Prüfling aufgeprägt und somit der spätere Betriebszustand simuliert werden. Demgegenüber weisen die Abtriebsmaschinen eine deutlich größere Trägheit auf, was dem Aufbau im Fahrzeug nachempfunden ist. Dort wirkt die gesamte Masse des Fahrzeuges auf den abtreibenden Leistungsstrang, was einer erhöhten Trägheit mit geringerer Dynamik entspricht. In Bild 5.129 sind der gesamte Prüfstand abgebildet und die wesentlichen Leistungsgrößen der Maschinen aufgelistet [HESS11].

Technische Daten

- Antrieb
  Leistung: 220 kW
  max. Drehzahl: 6600 min^{-1}
  max. Drehmoment: 380 Nm
- Abtrieb
  Leistung: 2 x 155 kW
  max. Drehzahl: 2500 min^{-1}
  max. Drehmoment: 2 x 1300 Nm
- Variable Anordnung von An- und Abtriebseinheiten
- Digitales Regelungs- und Steuerungssystem für Getriebeprüfstände
- Verbrennungsmotorsimulation
- Akustischer Messraum

Bild 5.129 Universalgetriebeprüfstand [HESS11]

Die Spannfelder der Motoren und des Prüflings sind voneinander und vom Gebäude durch Luftfedern entkoppelt, sodass außer den Anregungen aus dem Antriebsstrang weitere Anregungen des Prüflings ausgeschlossen sind. Eine Niveauregulierung der einzelnen Aufspannfelder mit den zugehörigen Fundamenten unterbindet das Einfedern durch äußere Belastung oder infolge von Druckverlusten der aerostatischen Lagerung. Um das Spannfeld, auf dem der Prüfling aufgenommen wird, befindet sich ein akustischer Messraum. Der

Messraum ermöglicht eine Schalldruckmessung ohne die Beeinflussung durch externe Störgeräusche, wie beispielsweise die luftgekühlten elektrischen Maschinen des Prüfstands, die einen Schalldruckpegel von L_{pA} = 85 dB bis 90 dB abstrahlen. Bei laufenden Motoren kann der Ruhepegel im Messraum auf L_{pA} = 55 dB reduziert werden. Die Wandung des Raumes weist eine Stärke von 400 mm auf, die sich aus 100 mm Schallschutzwand und 300 mm Absorptionsschicht zusammensetzt und eine Schallreflexion verhindert. Der Messraum erfüllt die Kriterien der Genauigkeitsklasse 2 nach DIN EN ISO 3744 [DIN11]. Weitere notwendige mechanische Komponenten des Prüfaufbaus werden mithilfe von Dämmelementen gekapselt. Die Wärmeabfuhr aus dem Messraum wird durch einen stetigen Luftaustausch zwischen Prüf- und Messraum realisiert. Der Prüfling wird entweder durch ein von außen steuerbares Gebläse oder ein außerhalb des Messraums gelegenes Schmierölaggregat gekühlt. Die Bedienung des Prüfstandes erfolgt von einer Steuerwarte aus über einen Kontrollrechner.

Der Einfluss fertigungsbedingter Abweichungen auf das akustische Einsatzverhalten ist bei Hellmann [HELL15] an einem Seriengetriebe (vgl. Bild 5.100) auf dem Universalgetriebeprüfstand mittels der in Bild 5.104 gezeigten Messtechnik untersucht worden. Bild 5.130 zeigt beispielhaft in den Diagrammen den Betrag des dynamischen Drehfehlers der ersten Zahneingriffsfrequenz f_z in Abhängigkeit vom Antriebsdrehmoment. Für die Berechnung des dynamischen Drehfehlers wird hierzu die Differenzdrehbeschleunigung zweifach integriert (siehe Abschnitt 5.5.1.3).

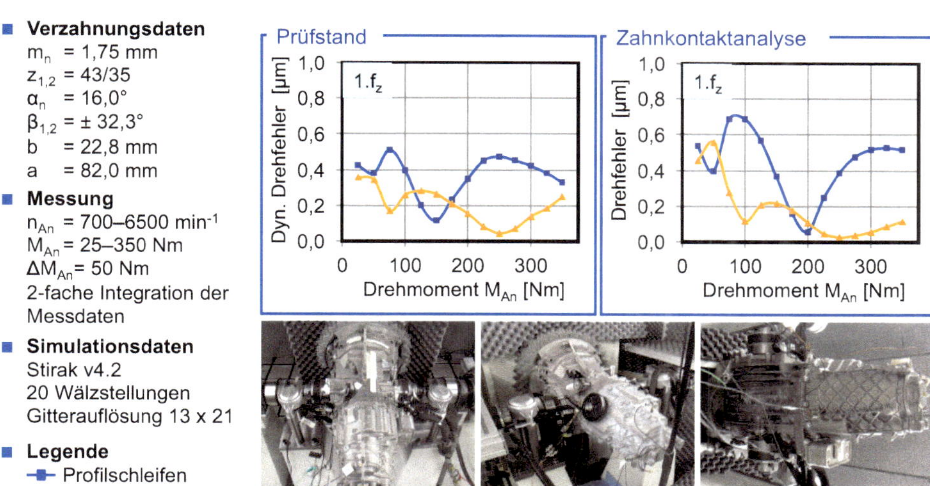

Bild 5.130 Gegenüberstellung der Prüfstandversuche und Zahnkontaktanalyse von Stirnradverzahnungen [HELL15]

Das Diagramm zeigt die mittels quasistatischer Zahnkontaktanalyse berechneten und die in dem modifizierten Seriengetriebe auf dem Universalgetriebeprüfstand gemessenen dynamischen Drehfehlerverläufe. Zur Berücksichtigung der Zahnflankentopografie sind die Prüfverzahnungen auf einem Verzahnungsmesszentrum topografisch gemessen worden.

Qualitativ stimmen Messung und Rechnung sehr gut überein. Bei den quantitativen Unterschieden ist zu berücksichtigen, dass die am Prüfstand gemessenen Werte unter dynamischen Prüfbedingungen aufgezeichnet worden sind. Demgegenüber berücksichtigt die Zahnkontaktanalyse methodenbedingt keine dynamischen Effekte. Dennoch zeigt der qualitative Vergleich, dass eine Vorhersage der ersten Zahneingriffsfrequenz der dynamischen Verzahnungsanregung mithilfe des Berechnungsansatzes möglich ist. Die lastabhängige Verzerrung zwischen den experimentell ermittelten und simulativ berechneten Drehfehlerverläufen, resultierend aus Verzahnungsabweichungen und Verzahnungselastizitäten, kann unter anderem auf eine simulativ nicht berücksichtigte lastbedingte Verlagerung der Verzahnung zurückgeführt werden.

■ 5.6 Wirkungsgradbestimmung von Getrieben

Der Wirkungsgrad eines Getriebes beschreibt das Verhältnis von Aus- und Eingangsleistung. Je höher der Wirkungsgrad, desto energieeffizienter ist die Leistungsübertragung und desto weniger aufwendig sind die Maßnahmen zur Wärmeabfuhr aus dem Getriebe. Dementsprechend ist ein hoher Wirkungsgrad gleichbedeutend mit einer Entlastung der Umwelt und damit ein wesentliches Auslegungsziel in der Getriebeentwicklung. Die Leistungsverluste eines Zahnradgetriebes lassen sich in lastabhängige und lastunabhängige Anteile sowie nach ihrem Entstehungsort unterscheiden [HÖHN02b].

$$P_{\mathrm{V}} = P_{\mathrm{V,lastabhängig}} + P_{\mathrm{V,lastunabhängig}} \tag{5.54}$$

Lastunabhängige Verluste entstehen auch dann, wenn keine Leistung im Antriebsstrang durchgesetzt wird. Bezogen auf die Verzahnung zählen zu dieser Gruppe die zur Verdrängung des Schmierstoffes aus dem Zahnkontakt auftretenden Quetschverluste sowie bei hohen Umfangsgeschwindigkeiten die Ventilationsverluste durch die Verwirbelung der Luft infolge der Rotation des Zahnrads. Die lastunabhängigen Verluste zeigen damit eine Abhängigkeit von der Drehzahl auf [WIMM05]. Die lastabhängigen Verluste der Verzahnung hängen von der im Zahneingriff umgesetzten Leistung ab. Zu dieser Gruppe zählt vor allem die in den Reibkontaktflächen (Zahnflanken, Lager) entstehende Reibleistung [OHLE58]. In Abhängigkeit vom Betriebspunkt der Verzahnung ist der Anteil der beschriebenen Verlustarten unterschiedlich.

Die gebräuchlichen Verfahren zur experimentellen Wirkungsgradbestimmung lassen sich entsprechend der Darstellung in Bild 5.131 nach Verfahren basierend auf dem Prinzip der Verlustleistungsmessung und dem Prinzip der Leistungsdifferenzmessung kategorisieren [IMDA97].

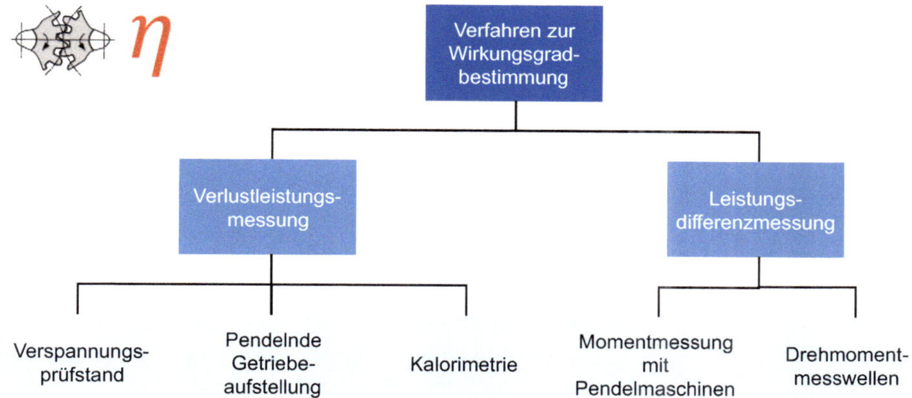

Bild 5.131 Verfahren zur experimentellen Wirkungsgradbestimmung [IMDA97]

Bei der Methode der Verlustleistungsmessung (Abschnitt 5.6.1) wird die gemessene Verlustleistung P_V in Relation zur Eingangsleistung P_{Ein} gesetzt, woraus der Wirkungsgrad ermittelt wird.

$$\eta = 1 - \frac{P_V}{P_{Ein}} \tag{5.55}$$

Untersuchungen zeigen, dass der relative Messfehler mit zunehmendem Wirkungsgrad des betrachteten Systems sinkt (Bild 5.132 links) [IMDA97]. Daher ist dieses Messprinzip vor allem im oberen Wirkungsgradbereich geeignet. Der maximale relative Messfehler ist vor allem bei der Messung geringerer Wirkungsgrade von der Genauigkeit der Messtechnik abhängig, weshalb die Ordinaten der Diagramme in Bild 5.132 nur qualitativ beschriftet sind.

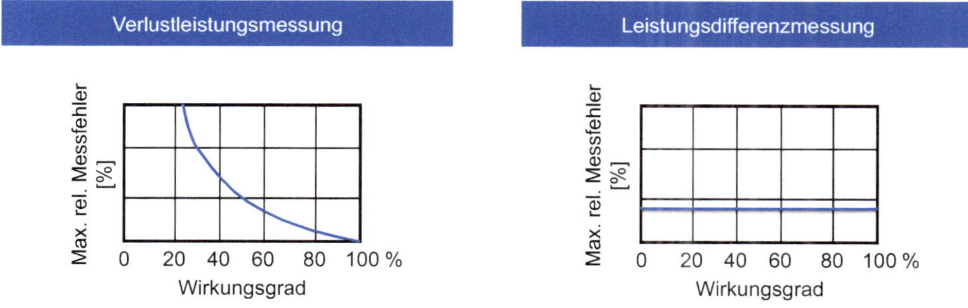

Bild 5.132 Genauigkeit der Messprinzipien zur Wirkungsgradbestimmung

Bei der Leistungsdifferenzmessung (Abschnitt 5.6.2) ergibt sich der ermittelte Wirkungsgrad als Quotient aus gemessener Aus- und Eingangsleistung.

$$\eta = \frac{P_{Aus}}{P_{Ein}} \tag{5.56}$$

Der über dem gesamten Wirkungsgradbereich konstante relative Messfehler wird bei diesem Messprinzip allein durch die Genauigkeit der verwendeten Messgeräte bestimmt und liefert über dem gesamten Wirkungsgradbereich eine konstante Messabweichung (Bild 5.132 rechts). Den unterschiedlichen Prinzipien zur Wirkungsgradmessung liegen unterschiedliche Messverfahren zugrunde, die zur Anwendung kommen können. Die gebräuchlichen Verfahren werden im Folgenden vorgestellt.

5.6.1 Verlustleistungsmessung

Zur Bestimmung des Wirkungsgrads mithilfe der Verlustleistungsmessung stehen verschiedene Verfahren und Versuchsaufbauten zur Verfügung (Bild 5.133). Demnach wird nach Verfahren zur Verlustleistungsmessung im Verspannungsprüfstand, mit pendelnder Getriebeaufstellung sowie nach dem Prinzip der Kalorimetrie differenziert. Im Allgemeinen zeichnen sich die Verfahren der Verlustleistungsmessung durch hohe Messgenauigkeiten aus [IMDA97].

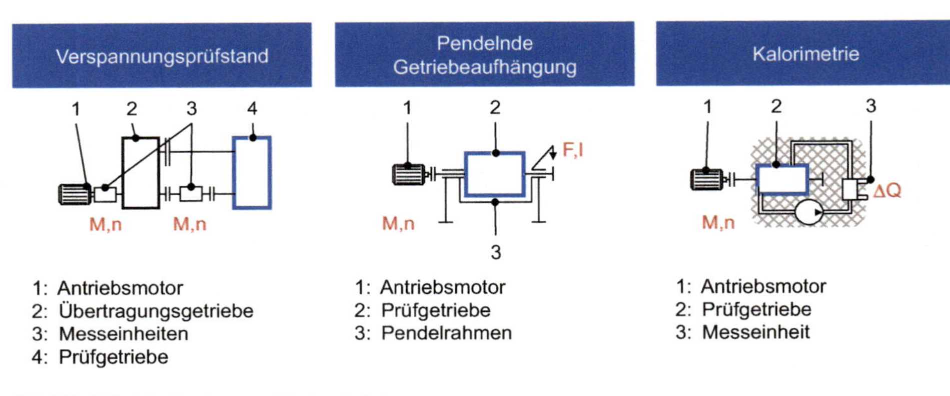

Bild 5.133 Methoden zur Verlustleistungsmessung

Wegen des im Verspannungsprüfstand geschlossenen Momentenkreislaufs zwischen Prüf- und Vergleichsgetriebe speist der Motor nur die Verlustleistung in den Kreislauf ein. Die Verspannleistung im mechanischen Antriebsstrang setzt sich aus dem Verspanndrehmoment M und der anliegenden Winkelgeschwindigkeit $\omega = 2 \cdot \pi \cdot n$ zusammen. Die Drehmomente werden am Antriebsmotor und im Leistungskreislauf mit Drehmomentmesswellen gemessen. Zur Wirkungsgradberechnung wird die gemessene Verlustleistung ins Verhältnis zur Verspannleistung gesetzt.

Ein wesentlicher Vorteil der Verlustleistungsmessung am Verspannungsprüfstand (Abschnitt 5.3.1.1) ist das genormte Prüfstandkonzept sowie eine Kosteneinsparung durch den Antrieb, der zur Einspeisung der notwendigen, vergleichsweise geringen Antriebsleistung erforderlich ist. Einen wesentlichen Nachteil stellt die gleichzeitige Untersuchung von mindestens zwei Getrieben sowie Zwischenlagern dar, die eine Aufteilung und Zuordnung der gemessenen Gesamtverluste erschwert. Nur durch weitere Versuche oder präzise Rechenverfahren kann die Verlustleistung des Zahneingriffs im Prüfgetriebe bestimmt werden. Im

Unterschied zu den Tragfähigkeitsprüfverfahren werden zur eindeutigeren Zuordnung der Verlustanteile in der Regel baugleiche Prüf- und Übertragungsgetriebe eingesetzt. Aufgrund der unterschiedlichen Betriebszustände (Lastflanken und Eingriffsrichtung unterschiedlich) kann theoretisch nicht von einer gleichmäßigen Aufteilung der Verluste auf beide Getriebe ausgegangen werden [IMDA97].

Die pendelnde Getriebeaufstellung bietet als einziges Verfahren die Möglichkeit, das Verlustmoment eines kompletten, mehrstufigen Getriebes auf mechanischem Wege direkt zu bestimmen. Dazu müssen die An- und Abtriebswelle zwingend koaxial angeordnet werden. Deshalb eignet sich das Verfahren somit im Besonderen zur Untersuchung von Planetengetrieben. Als Messgröße werden die Reaktionsmomente vom Pendelrahmen erfasst und beurteilt. Der Vorteil der Versuchsanordnung ist, dass die Messung der Verlustleistung ohne Signalübertragung von rotierenden Bauteilen stattfinden kann. Damit können insbesondere hochgenau arbeitende Messwertgeber wie Kraftmessdosen genutzt werden. Nachteilig ist neben der koaxialen Anordnung des Prüfaufbaus die Abhängigkeit der Messergebnisse von der Größe des Pendelrahmens sowie den Verlusten der Pendellagerung [IMDA97].

Zur kalorimetrischen Ermittlung der Verlustleistung wird die vom Getriebe abgegebene Verlustwärme gemessen. Die Messung kann zum einen anhand der Enthalpiedifferenz zwischen Ein- und Austritt einer das komplette Getriebe umgebenden Kühlflüssigkeit geschehen. Zum anderen lässt sich auch die Wärmeaufnahme des Getriebeöls durch Messung der Öltemperatur am Vorlauf und Rücklauf eines Ölkühlers bei einer ansonsten vollständigen Wärmeisolierung des Getriebes heranziehen. Der Vorteil des Verfahrens ist die hohe Genauigkeit der Messmethode. Demgegenüber zeichnet sich das Verfahren durch eine eingeschränkte Flexibilität aus, da nur Einzelaggregate geprüft werden können und für jedes Messobjekt eine individuelle Vorgehensweise zur Isolierung notwendig ist. Das Messergebnis wird unmittelbar von der Wärmeverteilung am Messobjekt beeinflusst. Zur Erzielung repräsentativer Beharrungszustände sind entsprechende Messdauern erforderlich [IMDA97].

5.6.2 Leistungsdifferenzmessung

Neben der Verlustleistungsmessung bietet auch die Leistungsdifferenzmessung bei Einsatz einer geeigneten Messtechnik eine zuverlässige Messmethode, den Wirkungsgrad eines Getriebes zu bestimmen. Die gängigen Verfahren zur Leistungsdifferenzmessung sind in Bild 5.134 dargestellt und unterteilen sich nach den Verfahren der Messung mit Pendelmaschinen und Messung mit Drehmomentmesswellen. Die Verfahren der Leistungsdifferenzmessung zeichnen sich durch eine nahezu universelle Einsetzbarkeit und damit eine hohe Flexibilität aus. Allerdings ist die mit herkömmlicher Messmethodik erreichbare Genauigkeit vor allem im Teillastbereich vergleichsweise gering, sodass hochgenaue Messmittel zur Erfassung des Wirkungsgrades erforderlich sind.

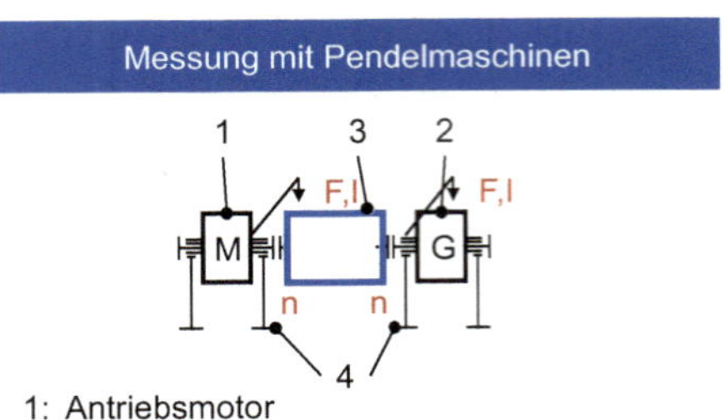

1: Antriebsmotor
2: Generator
3: Prüfgetriebe
4: Messeinheiten

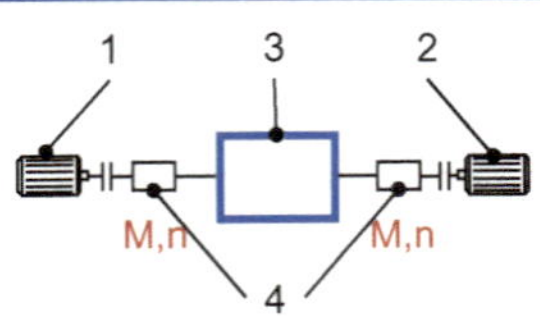

1: Antriebsmotor
2: Generator
3: Prüfgetriebe
4: Messeinheiten

Bild 5.134 Methoden zur Leistungsdifferenzmessung

Die Methode der pendelnden Lagerung von An- und Abtriebsmaschine zeigt Bild 5.134 links. Anhand der abweichenden Reaktionsmomente der im jeweiligen Pendelrahmen befindlichen Getriebe lässt sich über die Leistungsdifferenz der Wirkungsgrad des Getriebes bestimmen. Die Messzone stellt der gesamte, nicht pendelnd gelagerte Prüfstandaufbau dar. Die Beurteilung von Vor- und Nachteilen entspricht weitestgehend der Beurteilung des Pendelprinzips zur Verlustleistungsmessung. So ist der wesentliche Vorteil, dass Messgrößen nicht an rotierenden Bauteilen abgenommen werden. Demgegenüber stehen jedoch ein hoher konstruktiver Aufwand und hohe Maschinenkosten, da für genaue Messungen mehrere Pendelmaschinen nötig sind, die in der Größe auf die jeweiligen Betriebspunkte abzustimmen sind. Die theoretisch erreichbare Genauigkeit wird durch die Reibmomente der Pendellager sowie die Rückstellmomente der Elektrizitäts- und Kühlwasserzufuhr eingeschränkt [IMDA97].

Bei der Leistungsdifferenzmessung mit Drehmomentmesswellen erfolgt die Leistungsermittlung anhand der Messung von Drehzahl und Drehmoment an der An- und Abtriebsseite durch Verwendung von Drehmomentmesswellen (siehe Bild 5.135). Die Vorgehensweise erlaubt eine nahezu freie Gestaltung der Messzone, da sich die Messtechnik flexibel in den Leistungsfluss integrieren lässt. Die für die Messung erforderliche Signalübertragung durch rotierende Teile beeinflusst die Messgenauigkeit. Außerdem müssen zur Abdeckung großer Momentenbereiche mehrere Messwellen mit gestuften Nennmomenten eingesetzt werden. Durch einheitliche Anschlussmaße lässt sich der Umbauaufwand einschränken. Konstruktiv ist darauf zu achten, die Kenngrößen möglichst nahe an der Messstelle zu erfassen, damit die Messergebnisse nicht durch weitere Zwischenelemente (z.B. Wälzlager) verfälscht werden.

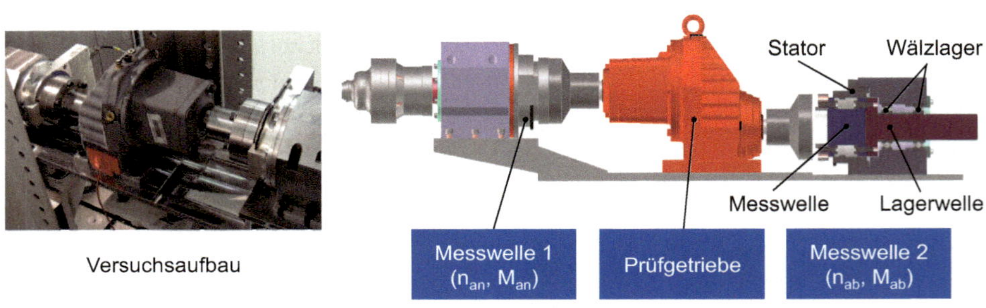

Bild 5.135 Aufbau für die Leistungsdifferenzmessung eines Industriegetriebes [BREC10b]

Einen messtechnischen Aufbau zur Leistungsdifferenzmessung mit Drehmomentmesswellen zeigt Bild 5.135 [BREC10b]. Die Messgrößen für die Wirkungsgradbestimmung sind die Drehzahlen und Drehmomente, die an Antriebs- und Abtriebsseite des Prüfgetriebes mit zwei Drehmomentmesswellen abgegriffen werden. Zusätzlich werden die Temperaturen an den Messflanschen erfasst, um die Einstellung des Beharrungszustands sicherstellen zu können. Die Messzone umfasst aufgrund der Nähe der Messmittel zum Prüfling nur das zu untersuchende Getriebe, ohne dass weitere Bauteile mitgemessen werden. Zur anderen Seite sind die Messwellen in Stehlagerböcken abgestützt. In der Anbindung der Messsysteme ist zu beachten, dass Querkräfte und Biegemomente die Messergebnisse verfälschen können, sofern sie nicht vollständig über die DMS-Brückenschaltung im Messaufbau eliminiert werden. Ebenfalls sind Temperaturgradienten am Messsystem zu vermeiden.

Untersuchungen zeigen, dass eine geeignete Modifizierung tribologisch beanspruchter Oberflächen hinsichtlich ihres Reibverhaltens in Getrieben zu einer Effizienzsteigerung führt. Neben der Optimierung der Oberflächenstruktur hat sich eine PVD-Beschichtung der Zahnflankenoberflächen als positiv für das Reibverhalten dargestellt [BAGH15]. Die Untersuchungsergebnisse des analysierten Industriegetriebes für beschichtete und unbeschichtete Zahnflanken und Wälzlager zeigt Bild 5.136.

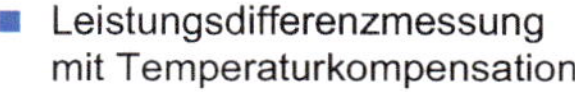

- Leistungsdifferenzmessung mit Temperaturkompensation
- n_{an} = 1500 min^{-1}
- i = 1,42
- Sumpf-Umlaufschmierung
  - Einspritztemp. T = 40 °C
  - Mineralöl SAE 80W-90
- Beschichtung
  - ZrC (Zahnräder)
  - WC-C (Wälzlager)

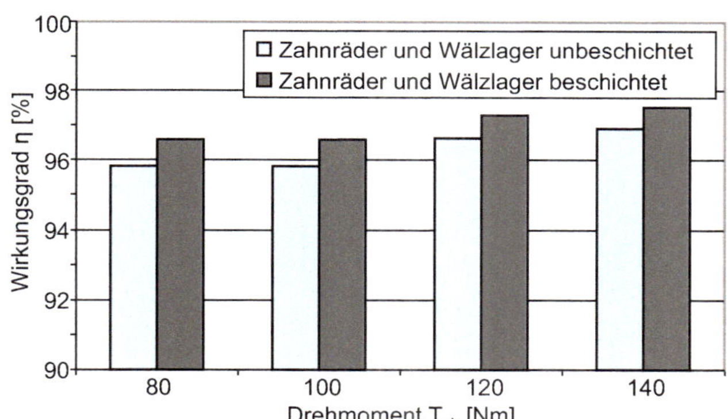

Bild 5.136 Beschichtungseinfluss auf den Wirkungsgrad [BREC10b]

Aus den Versuchsergebnissen ist abzuleiten, dass die ermittelten Wirkungsgrade für die beschichtete Variante in der gesamten Messreihe um etwa 1 % höher ausfallen als die der unbeschichteten Variante. Die Ergebnisse zeigen demnach eine messbare Erhöhung des Wirkungsgrades durch den Einsatz PVD-beschichteter Zahnräder und Wälzlager in dem untersuchten Getriebe. Für beide Varianten steigt der Wirkungsgrad mit zunehmendem Abtriebsmoment an (siehe Bild 5.136), da bei gleicher Antriebsdrehzahl die absoluten lastunabhängigen Verluste des Getriebes als gleichbleibend angenommen werden [BREC10b].

5.6.3 Reibkraftmessung im Analogieversuch

Bild 5.137 zeigt einen Zwei-Scheiben-Prüfstand (Grundkonzept siehe Abschnitt 5.3.2.2) mit erweiterter Messtechnik zur Analyse der Reibkräfte im zahnradtypischen Tribokontakt [BUGI09]. Das Prüfprinzip entspricht weitgehend dem des Zwei-Scheiben-Prüfstands zur Tragfähigkeitsprüfung (siehe Abschnitt 5.3.1.1). Die Gegenwelle ist jedoch auf einem Prüfschlitten gelagert, der mit zwei Blattfederpaketen beweglich im Gehäuse aufgehängt ist. Die Nachgiebigkeit in horizontaler Richtung erlaubt eine Verlagerung der unteren Welle infolge der entstehenden Reibkraft. Die hohe Steifigkeit in vertikaler Richtung verhindert eine Bewegung in Normalkraftrichtung, sodass die Reibkraft über einen Kraftaufnehmer anhand der Tangentialauslenkung gemessen werden kann. Der Antrieb erfolgt über zwei hinsichtlich der Drehzahl voneinander unabhängig einstellbare Motoren. Somit sind unter Berücksichtigung der Motorkennlinie verschiedene Drehzahlen und verschiedene Schlupfwerte stufenlos einstellbar. Für die Reibkraftversuche wird mittels einer zylindrischen Laufbahn auf der Gegenwelle ein Linienkontakt eingestellt, um eine eindeutige Bestimmung der Kontaktfläche und somit des Reibkoeffizienten sicherzustellen [LÖPE15]. Aus der gemessenen Reibkraft folgt nach dem Coulomb'schen Reibungsgesetz der theoretische Reibwert μ:

$$F_{\mathrm{R}} = \mu \cdot F_{\mathrm{N}} \tag{5.57}$$

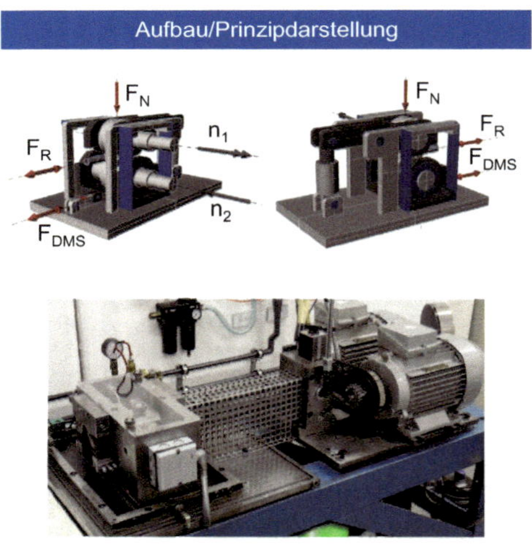

Teilebenennung

1 DMS-Kraftaufnehmer
2 Blattfeder
3 Ölzufuhr
4 Prüfwelle
5 Gegenwelle
6 oberer Lagerbock („Kipphebel")
7 unterer Lagerbock
8 Kipphebelachse
9 Hydraulikzylinder

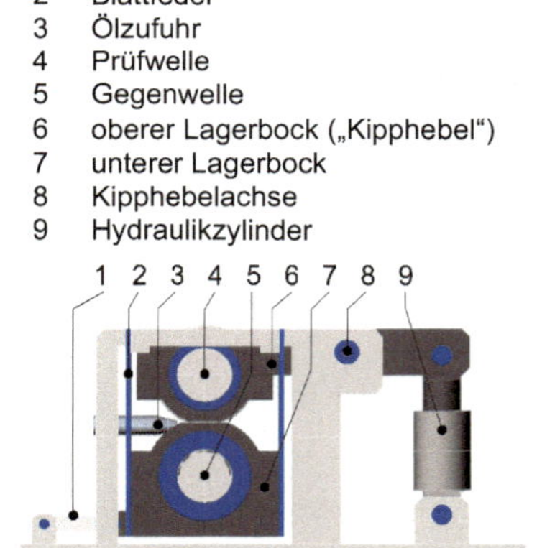

Bild 5.137 WZL-Reibkraft-Tribometer [LÖPE15]

Mithilfe des Prüfsystems lässt sich der Einfluss verschiedener Versuchsparameter auf den Reibkoeffizienten im Wälzkontakt experimentell untersuchen (siehe Bild 5.138) [BAGH15, BUGI09, LÖPE15]. In den dargestellten Untersuchungsergebnissen zeigt sich, dass der Reibwert bei einer Erhöhung der Summengeschwindigkeit oder der Hertz'schen Pressung abnimmt. Die Abnahme des Reibwerts bei steigender Summengeschwindigkeit resultiert aus der Zunahme des in den Kontakt geförderten Schmierstoffvolumens und der damit verbundenen Schmierspaltvergrößerung. Die abnehmenden Reibwerte bei zunehmender Pressung können mit dem Druck-Viskositäts-Verhalten des Schmierstoffs erklärt werden [SCHM01, WALB04]. Eine Erhöhung der Oberflächenrauheit der kontaktierenden Oberflächen führt zu einem Anstieg des Reibwerts, der auf eine Zunahme von Festkörperkontaktanteilen zurückgeführt wird. Der Verlauf des Reibwerts über dem Schlupf zeigt hingegen keinen monotonen An- oder Abstieg, sondern einen komplizierteren Verlauf. Diese Beobachtung lässt sich anhand des jeweils dominierenden Schmierungszustands, d. h. Mischreibung oder Flüssigkeitsreibung, erklären [LÖPE15].

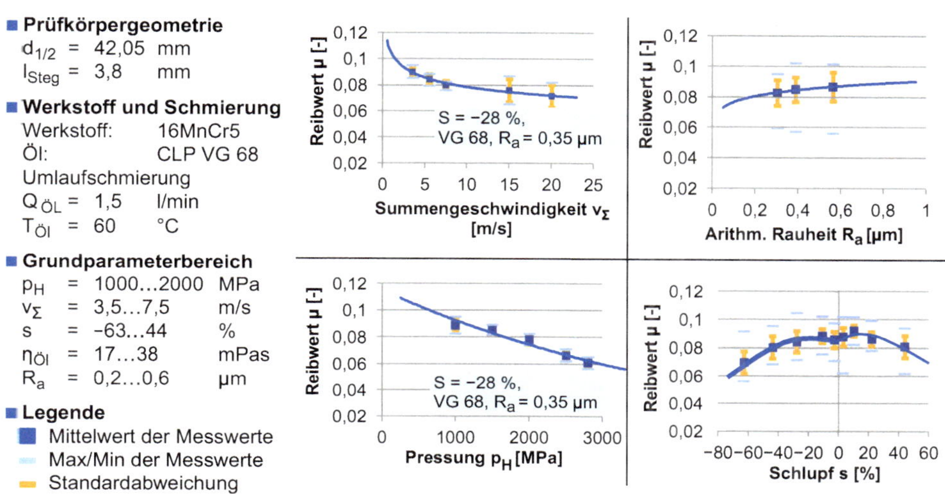

Bild 5.138 Beeinflussung des Reibwerts im Wälzkontakt (Zwei-Scheiben-Prüfstand) [LÖPE15]

Darüber hinaus stellen sich in Abhängigkeit von den Versuchsparametern charakteristische Veränderungen der tribologisch beanspruchten Oberfläche ein. Insbesondere die Variation des Schlupfs führt bei der Verwendung der gleichen Prüfkörper zu einer Verschiebung des Reibwertniveaus. Daher sollte bei jeder Variation des Schlupfs ein neuer Prüfteilesatz eingesetzt werden, während variierende Pressungen und Summengeschwindigkeiten bei konstantem Schlupf mit einem Prüfpaar reproduzierbar getestet werden können [LÖPE15]. Diese Vorgehensweise bildet zudem den Zahnflankenkontakt realistischer ab, da ein diskreter Punkt auf der Zahnflanke ebenfalls wiederkehrend konstante Gleitbedingungen erfährt. Ein Prüfverfahren zur Charakterisierung des Tribosystems für zahnradtypische Beanspruchungsbedingungen ist der Stufentest [BAGH15].

Anhand der sich einstellenden, kumulierten Reibarbeit im Zwei-Scheiben-Kontakt lässt sich der Einfluss von Beschichtungen sowie von verschiedenen Oberflächenendbearbeitungsverfahren auf die Reibung im Wälzkontakt beurteilen (siehe Bild 5.139) [BAGH15]. Die vergleichende Untersuchung macht deutlich, dass die Wirkung einer PVD-Beschichtung von der Ausgangsrauheit des Substrats abhängig ist. Während sich bei drei von vier Varianten eine Reduzierung der gemessenen Reibarbeit gegenüber dem unbeschichteten Zustand von 30 % einstellt, fällt der Effekt auf einer gezielt rau geschliffenen Oberfläche deutlich schwächer aus.

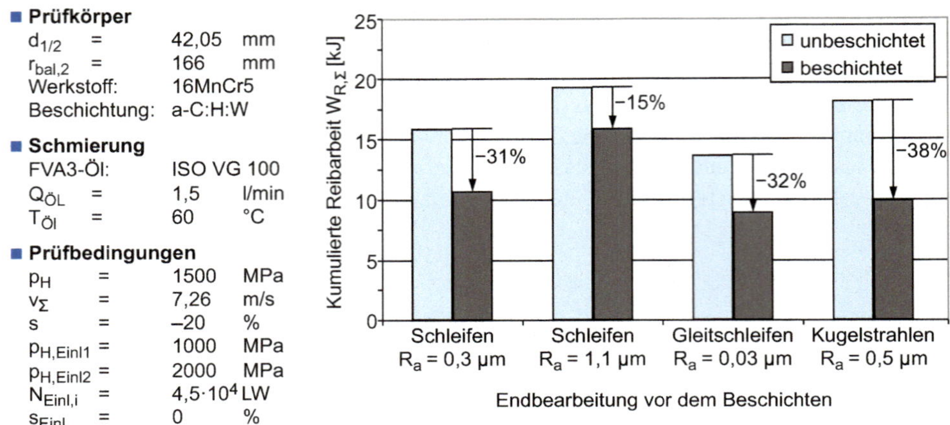

Bild 5.139 Einfluss von Beschichtung und Oberflächenendbearbeitung auf die Reibung im Wälzkontakt (Zwei-Scheiben-Prüfstand) [BAGH15]

Verwendete Formelzeichen

Indizes

Formel-zeichen	Benennung
0	Bezugsmesswert
1	Prüfkörper 1 (Ritzel, Scheibe, Zahnrad)
2	Prüfkörper 2 (Ritzel, Scheibe, Zahnrad)
A	A-Bewertung
a	außen
b	Biegung
d	Druck
G	Grenze (zulässig)
ges	gesamt
i	innen
L	letzte
L	Luft
m	Motor
m	Mittelwert
max	maximal
min	minimal
o	obere
Öl	Schmierstoff
Planet	Planetenradwelle

Formel-zeichen	Benennung
r	gerichtet
t	tangential
u	untere
v	vorletzte
z	Zug

Kleinbuchstaben

Formel-zeichen	Benennung	Einheit
a	Achsabstand	mm
a	Beschleunigung	m/s²
b	Breite	mm
b	Formfaktor der Weibull-Verteilung	
b	Konstante (Basquin'sche Gleichung)	
b_H	Hertz'sche Abplattungsbreite	mm
b	Zahnbreite	mm
c	Schallgeschwindigkeit	m/s
c	Gesamtfedersteifigkeit	N/m
$c_{v,f}$	fehlerhafte Steifigkeit	N/m
d	Stufensprung	
d	Durchmesser	mm
d	Abstand	m
d_a	Kopfkreisdurchmesser	mm
d_b	Grundkreisdurchmesser	mm
d_{puls}	Durchmesser der Berührlinie im Pulsator	mm
d_w	Wälzkreisdurchmesser	mm
d_y	Durchmesser für einen beliebigen Punkt entlang der Eingriffsstrecke	mm
f	Frequenz	Hz
f''_e	Exzentrizität	µm
f''_i	Zweiflanken-Wälzsprung	µm
f'_i	Einflanken-Wälzsprung	µm
f'_k	kurzwelliger Anteil der Einflanken-Wälzabweichung	µm
f'_l	langwelliger Anteil der Einflanken-Wälzabweichung	µm
f_{Abtast}	Abtastrate	Hz
$f_{D,F}$	Umrechnungsfaktor Ausfallwahrscheinlichkeit Zahnfußdauerfestigkeit	
$f_{D,H}$	Umrechnungsfaktor Ausfallwahrscheinlichkeit Grübchendauerfestigkeit	
f_e	Eingriffsteilungsfehler	µm

Formelzeichen	Benennung	Einheit
f_{fm}	gemittelte Profilformabweichung	
f_i	Anzahl der Ereignisse pro Laststufe	
f_m	Resonanzfrequenz	Hz
f_M	Mittenfrequenz des Maskierers	Hz
f_{mod}	Modulationsfrequenz	Hz
$f_{N,H}$	Umrechnungsfaktor Ausfallwahrscheinlichkeit Grübchenzeitfestigkeit	
f_p	empirischer Umrechnungsfaktor	
f_{puls}	Pulsfrequenz	Hz
f_s	Resonanzfrequenz der Struktur ohne Einfluss der Aufnehmermasse	Hz
f_T	Trägerfrequenz	Hz
f_z	Zahneingriffsfrequenz	Hz
g	Erdbeschleunigung	m/s²
h	Schmierfilmhöhe	µm
h	Höhe	mm
i	Übersetzung	
i	Ordnungszahl	
k	Weibull-Exponent	
l	Hebellänge	m
l	Kontaktlänge	mm
l	Länge	mm
m	Modulationsgrad	
m	Masse	kg
m_a	Masse des Aufnehmers	kg
m_H	Härteabfall	HV
m_n	Normalmodul	mm
m_s	Masse der Struktur	kg
n	Drehzahl	min^{-1}
n_{an}	Antriebsdrehzahl	min^{-1}
n_i	Gesamtzahl an Versuchen	
n_m	Motordrehzahl	min^{-1}
p	Schalldruck	N/m^2
p_{et}	Eingriffsteilung	mm
p_H	Hertz'sche Pressung	MPa
$\tilde{p}$	effektiver Schalldruck	N/m^2
r_b	Grundkreishalbmeter	mm
r_i	Anzahl an Brüchen	
s	Schlupf	%

Formelzeichen	Benennung	Einheit
t	Zeit	min
t	Tiefe	mm
t_N	Nachverdeckungszeit	s
v	Geschwindigkeit	m/s
v	Schallschnelle	m/s
v_g	Gleitgeschwindigkeit	m/s
v_Σ	Summengeschwindigkeit	m/s
$\tilde{v}$	effektive Schallschnelle	m/s
w	Tangentialgeschwindigkeit	m/s
x	relative Zahnverformung	
x,t	Merkmal	
z	Zähnezahl	

Großbuchstaben

Formelzeichen	Benennung	Einheit
A	Beginn des Zahneingriffs	
A	Grübchenfläche	mm^2
A	äquivalente Absorptionsfläche	m^2
A	Amplitude	
B	innerer Einzeleingriffspunkt	
C	Wälzpunkt	
C_a	Kopfrücknahme	µm
Cb	Breitenballigkeit	µm
D	äußerer Einzeleingriffspunkt	
E	Ende des Zahneingriffs	
E	Elastizitätsmodul	N/mm^2
Eht	Einsatzhärtetiefe	mm
F	Kraft	N
F''_i	Zweiflanken-Wälzabweichung	µm, µrad
F''_r	Wälz-Rundlaufabweichung	µm, µrad
F'_i	Einflanken-Wälzabweichung	µm, µrad
F_N	Normalkraft	N
F_{Puls}	Pulsatorkraft	N
F_R	Reibkraft	N
$\tilde{F}_{2,3}$	dynamische Zahnkräfte	N

Formelzeichen	Benennung	Einheit
$\overline{F}_0$	statische Gesamtlast	N
$\overline{F}_{2,3}$	quasistatische Zahnkräfte	N
$H_1(j\omega)$	Übertragungsfunktion	$N/m^2/(m/s)$
H_R	Randhärte	HV,HRC
I	Schallintensität	W/m^2
I_{AB}	gemessene Schallintensität	W/m^2
I_{Ex}	tatsächliche Schallintensität	W/m^2
K_1	Korrekturwerte für das Fremdgeräusch	
K_2	Korrekturwerte für den Raumeinfluss	
K_V	Dynamikfaktor	
L_a	Beschleunigungspegel	dB
L_F	Kraftpegel	dB
L_h	Körperschallmaß	dB
L_I	Intensitätspegel	dB
L_p	Schalldruckpegel	dB
L_s	Messflächenmaß	dB
L_T	Testtonpegel	dB
L_v	Schallschnellepegel	dB
L_w	Schallleistungspegel	dB
L_σ	Abstrahlmaß	dB
$\overline{L}_p$	gemittelter Schalldruckpegel	dB
M	Moment	Nm
M_{an}	Antriebsmoment	Nm
N	Lastspielzahl	
N	Lautheit	sone
N_D	Knicklastspielzahl	
N_G	Grenzlastspielzahl	
P	Leistung	W
P	Wahrscheinlichkeit	%
P	Gesamtschalldruck	N/m^2
P_a	Ausfallwahrscheinlichkeit	
P_{Ein}	Eingangsleistung	W
$P_{Fremd}(j\omega)$	Fremdgeräusch	N/m^2
P_{nenn}	Nennleistung	W
P_V	Verlustleistung	W

Formelzeichen	Benennung	Einheit
$P_{ZE}(j\omega)$	Schalldruck aus der Verzahnungsanregung	N/m^2
Q	Volumenstrom	l/min
Q	elektrische Ladung	C
R	Spannungsverhältnis	
R	Rauigkeit	asper
Ra	arithmetischer Mittenrauwert	µm
R_{bal}	Balligkeitsradius Gegenwelle	N/mm^2
R_e	Streckgrenze	N/mm^2
R_m	Zugfestigkeit	N/mm^2
R_s	arithmetische Rauheit	µm
Rz	mittlere Rautiefe	µm
S	Hüllfläche	m^2
S	Schärfe	acum
S	tatsächlich durchströmte Fläche	m^2
S_{D0}	unterstes Lastniveau im Treppenstufenverfahren	
S_i	Flächenmaßanteil	m^2
$S_{KL}(j\omega)$	Kreuzleistungsspektrum	dB
$S_{KS}(j\omega)$	Körperschallspektrum	dB
$S_{LS}(j\omega)$	Luftschallspektrum	dB
S_v	Gesamtoberfläche	M^2
T	Skalierungsparameter	
T	Temperatur	°C
T	Tonalität	tu
U	Spannung	V
V	Volumen	l
$V(j\omega)$	Anregung im Zahneingriff	m/s
V_{EZ}	prozentuale Grübchenfläche am Einzelzahn	%
V_{ges}	prozentuale Grübchenfläche aller aktiven Zahnflanken	%
X_L	Schmierstofffaktor nach [SCHL95]	
X_{OS}	Oberflächenstrukturfaktor nach [DOLE03]	
Y_{NT}	Lebensdauerfaktor	
Z_0	Schallkennimpedanz	Ns/m^3
Z_R	Rauheitsfaktor	

Griechische Buchstaben

Formelzeichen	Benennung	Einheit
α	Eingriffswinkel	°
α_t	Stirneingriffswinkel	°
α_{wt}	Betriebseingriffswinkel	°
$\bar{\alpha}$	mittlerer Schallabsorptionsgrad	
β	Schrägungswinkel	°
γ	Kohärenzfunktion	
Δ	Abweichung	
$\Delta\ddot{x}$	Differenzdrehbeschleunigung	rad/s^2
Δa	Achsabstandsänderung	mm
Δc	Wechselanteil	N/m
Δr	Mikrofonabstand	mm
$\Delta\varphi$	maximale Verdrehung in Summe	,‘
$\Delta\varphi_{HS}$	Winkeldifferenz der Hauptspannungen	°
δ_p	Druckdifferenz	N/m^2
δ_r	Wegdifferenz	m
ε_α	Profilüberdeckung	
ε_β	Sprungüberdeckung	
ε_γ	Gesamtüberdeckung	
η	Viskosität	Pas
ϑ	Temperatur	°C
λ	Schmierfilmdicke	mm
λ	Schallwellenlänge	nm
μ	Mittelwert der Gauß'schen Normalverteilung	
ν	Querkontraktionszahl	
v_Σ	Umfangsgeschwindigkeit am Wälzkreis	m/s
ξ	spezifisches Gleiten (Schlupf)	
ρ	Krümmungsradius	mm
ρ	Dichte	kg/m^3
ρ_{Ers}	Ersatzkrümmungsradius	mm
σ	Standardabweichung	
σ_F	Zahnfußspannung	N/mm^2
σ_{F*}	normalisierte Zahnfußspannung	N/mm^2
$\sigma_{F,max}$	maximale Zahnfußspannung über die Zahnbreite	N/mm^2
$\sigma_{F,mittel}$	mittlere Zahnfußspannung über die Zahnbreite	N/mm^2
$\sigma_{F,o}$	Oberspannung der Zahnfußspannung	N/mm^2
$\sigma_{F,u}$	Unterspannung der Zahnfußspannung	N/mm^2

Formelzeichen	Benennung	Einheit
σ_{F0}	nominelle Zahnfußspannung	N/mm^2
σ_{FE}	Zahnfußgrundfestigkeit	N/mm^2
σ_{Hlim}	Flankenpressung	N/mm^2
σ_m	Mittelspannung	N/mm^2
σ_W	Wechselspannung	N/mm^2
$\sigma_{I,II}$	Hauptnormalspannungen	N/mm^2
τ	Schubspannung	N/mm^2
$\tau_{I,II}$	Hauptschubspannungen	N/mm^2
φ	Phasenunterschied	°
φ	Messschrittweite	′
φ	Drehwinkel	°
ω	Drehwinkelgeschwindigkeit	s^{-1}

Literatur

[AGMA04] *ANSI/AGMA 2001 - D04* Fundamental Rating Factors and Calculation Methods for Involute Spur and Helical Gear Teeth. American Gear Manufacturers Association. Alexandria, Virginia/USA 2004

[ANNA03] *Annast, R.*: Kegelrad-Flankenbruch. Dissertation. TU München, 2003

[AURE84] *Aures, W.:* Berechnungsverfahren für den Wohlklang beliebiger Schallsignale. Ein Beitrag zur gehörbezogenen Schallanalyse. Dissertation. Technische Universität München 1984

[BAGH15] *Bagh, A.:* Auslegung PVD-beschichteter Stirnräder. Dissertation. RWTH Aachen 2015

[BART99] *Bartz, W. J. et al.:* Schäden an geschmierten Maschinenelementen. Gleitlager, Wälzlager, Zahnräder. 3. Auflage. Expert Verlag, Renningen-Malmsheim 1999

[BAUE17] *Bauer, C.:* Untersuchungen der Tragfähigkeit von Verzahnungen bezüglich zahninternen Versagens. Dissertation. TU Dresden, 2017

[BEID97] *Beidl, C. V./Stücklschwaiger, H.:* Application of the AVL Annoyance Index for Engine Noise Quality Development. In: Acustica/acta acustica, 1997, Vol. 83, Number 5, S. 789 - 795

[BLOM56] *Blom, G.:* On linear estimates with nearly minimum variance. In: Ark Mat 3, 1956, S. 365 - 369

[BÖRN76] *Börnecke, K.:* Beanspruchungsgerechte Wärmebehandlung von einsatzgehärteten Zylinderrädern. Dissertation. RWTH Aachen 1976

[BREC10a] *Brecher, C./Gorgels, C./Ingeli, J.:* Benutzeranleitung zum Programm FE-Stirnradkette v4.0. FVA-Forschungsvorhaben Nr. 484. Forschungsvereinigung Antriebstechnik e. V., Frankfurt am Main 2010

[BREC10b] *Brecher, C./Gorgels, C./Bagh, A.:* Umweltverträgliche Tribosysteme in Getrieben. In: *Murrenhoff, H. (Hrsg.):* Umweltverträgliche Tribosysteme. Springer Verlag, Heidelberg 2010. S.173 - 190

[BREC12] *Brecher, C./Brumm, M./Rüngeler, M.:* Einfluss des Belastungsverlaufes auf die Zahnfußtragfähigkeit. In: Tagungsband zum Schweizer Maschinenelemente Kolloquium. Rapperswil/Schweiz, 20.-21. November 2012/TUDpress, Dresden 2012. S. 199 - 213 (ISBN: 978-3-942710-90-9)

[BREC14] *Brecher, C./Brumm, M./Rüngeler, M./Henser, J.:* Pulsating Helical Gears and Calculation of the Tooth Root Load Carrying Capacity. In: Tagungsband zur „5th WZL Gear Conference in the USA“. Apprimus Verlag, Aachen 2014. S. 4 - 1 bis 4 - 22 (ISBN 978-3-86359-251-6)

[BREC15a] *Brecher, C./Konowalczyk, P./Hessel, S.:* Influence of Surface Finishing on the Load Capacity of Coated and Uncoated Spur Gears. In: AGMA Fall Technical Meeting Papers 2015. S. 1 - 10

[BREC15b] *Brecher, C./Brumm, M./Ingeli, J.:* Asymmetrische Zahnlückengeometrie. Abschlussbericht zum Forschungsvorhaben Nr. 484 I, Heft 1126. FVA, Frankfurt am Main 2015

[BREC15c] *Brecher, C./Löpenhaus, C./Piel, D.:* Verifikation Innenverzahnung. Sachstandsbericht zum Forschungsvorhaben Nr. 127 IX. FVA, Frankfurt am Main 2015

[BREC15d] *Brecher, C./Löpenhaus, C./Knecht, P.:* Development of a dynamic simulation of hypoid gears considering flank topography. In: International Conference on Gears 2015 in München. VDI-Verlag, Düsseldorf 2015. S. 183 - 194

[BREC16a] *Renkens, D./Löpenhaus, C./Brecher, C.:* Tribometerprüfstand. Schutzrecht Aktenzeichen 10 2016 003 750.4 (Einreichung zur Prüfung beim DPMA am 24.03.2016)

[BREC16b] *Brecher, C./Löpenhaus, C./Knecht, P.:* Simulation und Messung des Summendrehfehlers geschliffener Kegelräder. In: Tagungsband zum Seminar „Innovationen rund ums Kegelrad“. Aachen, 16.-17. März 2016

[BREC17] *Brecher, C./Löpenhaus, C./Goergen, F./Mevissen, D.:* Erweiterte Schadensanalyse von Grübchenausbrüchen an einsatzgehärteten Zahnrädern. In: Forschung im Ingenieurwesen, 81. Jg., 2017, Nr. 2 - 3, S. 221 - 232

[BREC18] *Brecher, C./Löpenhaus, C./Scholzen, P.:* Analysis of the Damping Potenzial of Powder Metallurgical Manufactured Gear Bodies. 14 - 18 October 2018, European Powder Metallurgy Association (EMPA), 2018

[BREI70] *Breidenbach, G.:* Über die Belastung und die Lebensdauer von Stirnradgetrieben unter Betriebsbedingungen. Dissertation. RWTH Aachen 1970

[BRET10] *Bretl, N.:* Einflüsse auf die Zahnfußtragfähigkeit einsatzgehärteter Zahnräder im Bereich hoher Lastspielzahlen. Dissertation Technische Universität München, 2010

[BRIN89] *Brinck, P.:* Zahnfußtragfähigkeit oberflächengehärteter Stirnräder bei Lastrichtungsumkehr. Dissertation. TU München 1989

[BRUC06] *Bruckmeier, S.:* Flankenbruch bei Stirnradgetrieben. Dissertation. TU München 2006

[BRUM12] *Brumm, M.:* Einflankenwälzprüfung von Hypoidgetrieben. Dissertation. RWTH Aachen 2012

[BUGI09] *Bugiel, C.:* Tribologisches Verhalten und Tragfähigkeit PVD-beschichteter Getriebe-Zahnflanken. Dissertation. RWTH Aachen 2009

[BÜHL57] *Bühler, H./Schreiber, W.:* Lösung einiger Aufgaben der Dauerschwingfestigkeit mit dem Treppenstufen-Verfahren. In: Arch. Eisenhüttenwesen 28, 1957, S. 153 - 156

[CARL14] *Carl, C.:* Gehörbezogene Analyse und Synthese der vibroakustischen Geräuschanregung von Verzahnungen. Dissertation. RWTH Aachen 2014

[CERR11] *Cerrato, G./Goodes, P.:* Practical Approaches to Solving Noise and Vibration Problems. In: Sound and Vibration Magazine. Bay Village, Vol. 2011/04, S. 18 - 22

[CHEN20] *Cheng, P./Li, Y./Yu, W./Yang, S./Hu, F./Shi, J./Wang, M./Li, L.:* Comparison of Very High Cycle Fatigue Properties of 18CrNiMo7-6 Steel after Carburizing and Pseudo-carburizing. In: Journal of Materials Engineering and Performance, Jg. 29, 2020, Nr. 12, S. 8340 - 8347

[CIUL19] *Ciulli, E.:* Experimental rigs for testing components of advanced industrial applications. In: Friction, 7. Jg., 2019, Nr. 1, S. 59 - 73

[CZIC10] *Czichos, H./Habig, K.-H.:* Tribologie-Handbuch. 3. Auflage. Vieweg + Teubner Verlag, Wiesbaden 2010

[DALE87] *Dale, A. K.:* Gear Noise and the Sideband Phenomenon. In: Gear Technology, 1987, Vol. 4/1, S. 26 - 33

[DAUP04] *Dau, T./Poulsen, T.:* What does the ear tell the brain. In: Bridging from technology to society. Technical University of Denmark, Lyngby 2004

[DIN06] *DIN ISO 14635 Teil 1* - Zahnräder: FZG-Prüfverfahren, Bestimmung der relativen Fresstragfähigkeit von Schmierölen. Deutsches Institut für Normung (Hrsg.). Beuth Verlag, Berlin 2006

[DIN09] *DIN 45692* - Messtechnische Simulation der Hörempfindung Schärfe. Beuth Verlag, Berlin 2009

[DIN10] *DIN 45631/A1* - Berechnung des Lautstärkepegels und der Lautheit aus dem Geräuschspektrum. Beuth Verlag, Berlin 2010

[DIN11] *DIN EN ISO 3744* - Akustik - Bestimmung der Schallleistungs- und Schallenergiepegel von Geräuschquellen aus Schalldruckmessungen - Hüllflächenverfahren der Genauigkeitsklasse 2 für ein im Wesentlichen freies Schallfeld über einer reflektierenden Ebene. Deutsches Institut für Normung (Hrsg.). Beuth Verlag, Berlin 2011

[DIN13] *DIN EN 61672 Teil 1* - Elektroakustik - Schallpegelmesser - Anforderungen. Beuth Verlag, Berlin 2010

[DIN79a] *DIN 3979* - Zahnschäden an Zahnradgetrieben - Bezeichnungen, Merkmale, Ursachen. Deutsches Institut für Normung (Hrsg.). Beuth Verlag, Berlin 1979

[DIN79b] *DIN 50320* - Verschleiß; Begriffe, Systemanalyse von Verschleißvorgängen, Gliederung des Verschleißgebietes. Deutsches Institut für Normung (Hrsg.). Beuth Verlag, Berlin 1979 (zurückgezogen: 1997)

[DIN84] *DIN 45635 (Teil 1):* Geräuschmessung an Maschinen - Luftschallemission, Hüllflächen-Verfahren, Rahmenverfahren für 3 Genauigkeitsklassen. Hrsg.: Deutsches Institut für Normung. Beuth Verlag, Berlin 1984

[DIN86] *DIN 50322* - Verschleiß: Kategorien der Verschleißprüfung, Deutsches Institut für Normung (Hrsg.). Beuth Verlag, Berlin 1986

[DIN87a] *DIN 3990* - Tragfähigkeitsberechnung von Stirnrädern, Teil 1 - 5. Deutsches Institut für Normung (Hrsg.). Beuth Verlag, Berlin 1987

[DIN87b] *DIN 3960* - Begriffe und Bestimmungsgrößen für Stirnräder (Zylinderräder) und Stirnradpaare (Zylinderradpaare) mit Evolventenverzahnung. Deutsches Institut für Normung (Hrsg.). Beuth Verlag, Berlin 1987

[DIN91] *DIN 45631* - Berechnung des Lautstärkepegels und der Lautheit aus dem Geräuschspektrum. Beuth Verlag, Berlin 1991

[DIN94] *DIN EN 21683* - Bevorzugte Bezugswerte für akustische Pegel. Deutsches Institut für Normung (Hrsg.). Beuth Verlag, Berlin 1994

[DIN95] *DIN EN ISO 9614-1* Bestimmung der Schalleistungspegel von Geräuschquellen aus Schallintensitätsmessungen. Deutsches Institut für Normung (Hrsg.). Beuth Verlag, Berlin 1995

[DING03] *Ding, Y./Rieger, N. F.:* Spalling Formation Mechanisms for Gears. In: Wear 254 (2003), S. 1307 - 1317

[DING09] *Ding Y./Gear, J. A.:* Spalling Depth Prediction Model. In: Wear 267 (2009), S. 1181 - 1190

[DIXO48] *Dixon, W. J./Mood, A. M.:* A method for obtaining and analyzing sensitivity data. In: J. Am. Statistical Ass. 43, 1948, S. 108 - 126

[DOGA01] *Dogan, S.:* Zur Minimierung der Losteilgeräusche von Fahrzeuggetrieben. Dissertation. Universität Stuttgart 2001

[DOLE03] *Doleschel, A.:* Wirkungsgradberechnung von Zahnradgetrieben in Abhängigkeit vom Schmierstoff. Dissertation. TU München 2003

[DOWS66] *Dowson, D./Higginson, G.R.:* Elasto-Hydrodynamic Lubrication. The Fundamentals of Roller Gear Lubrication. Pergamon Press, Oxford 1966

[EDER05] *Eder, H.:* New Approaches in Roll Testing Technology of Spiral Bevel and Hypoid Gear Sets. In: Gear Technology, Ausgabe Mai/Juni 2005

[EMME94] *Emmert, S.:* Untersuchungen zur Zahnflankenermüdung (Grauflecken, Grübchenbildung) schnelllaufender Stirnradgetriebe. Dissertation. TU München 1994

[FABE78] *Faber, M.:* Analyse der Messaufgabe. *VDI-Bildungswerk (Hrsg.):* Planung und praktische Durchführung des elektrischen Messens mechanischer Größen. Handbuch DW 36-12-07. VDI-Verlag, Düsseldorf 1978

[FAST06] *Fastl, H./Zwicker, E.:* Psychoacoustics – Facts and Models. 3. Auflage. Springer Verlag, Berlin/Heidelberg 2006

[FINN47] *Finney, D.J.:* Probit Analysis. In: Cambridge University Press, London 1947

[FRIT91] *Fritsch, P.:* Oberflächenfeingestalt einsatzgehärteter Zahnräder. Einfluss auf Bauteilbeanspruchung, Zahnflankentragfähigkeit und Geräuschverhalten. Dissertation. RWTH Aachen 1991

[FUCH21] *Fuchs, D./Rommel, S./Tobie, T./Stahl, K.:* Fracture analysis of fisheye failures in the tooth root fillet of high-strength gears made out of ultra-clean gear steels. In: Forschung im Ingenieurwesen, Jg. 85, 2021, Nr. 4, S. 1109 – 1125

[GACK13] *Gacka, A.:* Entwicklung einer Methode zur Abbildung der dynamischen Zahneingriffsverhältnisse von Stirn- und Kegelradsätzen. Dissertation. RWTH Aachen 2013

[GAPP62] *Gappisch, M.:* Über die Grübchenbildung an Evolventen-Stirnradgetrieben. Dissertation. RWTH Aachen 1962

[GENU98] *Genuit, K.:* Sound Quality – Design and Engineering. Seminarband. Herzogenrath 1998

[GENU10] *Genuit, K.:* Sound-Engineering im Automobilbereich. Methoden zur Messung und Auswertung von Geräuschen und Schwingungen. Berlin: Springer, 2010

[GEVA06] *Gevatter, H.-J./Grünhaupt, U.:* Handbuch der Mess- und Automatisierungstechnik in der Produktion. 2. Auflage. Springer Verlag, Berlin 2006

[GFT02] *Gesellschaft für Tribologie e. V.:* Arbeitsblatt 7. Aachen 2002

[GOER19] *Goergen, F.; Brecher, C.; Löpenhaus, C.:* Abbildung der Zahnflankenbeanspruchung durch ein Analogiekonzept zur Erzeugung der Schadensart Zahnflankenbruch. In: Forschung im Ingenieurwesen, 2019, Nr. 83

[GOER21] *Goergen, F.; Brecher, C.; Brimmers, J.:* WZL-Doppelpulsator – Analogieprüfstand zur Erzeugung von Zahnflankenbrüchen bei großmoduligen Gerad- und Schrägverzahnungen. In: Forschung im Ingenieurwesen, 2021, Nr. 85

[GOHR82] *Gohritz, A.:* Ermittlung der Zahnflankentragfähigkeit mittlerer und großer Getriebe durch Analogieversuche. Dissertation. RWTH Aachen 1982

[GORG11] *Gorgels, C.:* Entstehung und Vermeidung von Schleifbrand beim diskontinuierlichen Zahnflankenprofilschleifen. Dissertation. RWTH Aachen 2011

[GRAV12] *Gravel, G.:* Analysis of Ripple on Noisy Gears. In: AGMA Fall Technical Meeting Papers 2012

[GRES19] *Greschert, R.:* Ausbildung tragfähigkeitssteigernder Grenzschichten in der Zahnradfertigung. Dissertation. RWTH Aachen 2019

[GROS07] *Grossl, A.:* Einfluss von PVD-Beschichtungen auf Flanken- und Fußtragfähigkeit einsatzgehärteter Stirnräder. Dissertation. TU München 2007

[GROSS74] *Groß, H.:* Beitrag zur Lebensdauerabschätzung von Stirnrädern bei Zahnkraftkollektiven mit geringem Völligkeitswert. Dissertation. RWTH Aachen 1974

[GWIN17] *Gwinner, P.:* Schwingungsarme Achsgetriebe elektromechanischer Antriebsstränge. Auslegung schwingungsarmer Stirnradverzahnungen für den automobilen Einsatz in hochdrehenden, elektrisch angetriebenen Achsgetrieben. Dissertation. Technische Universität München (TUM) 2017

[HAIB06] *Haibach, E.:* Betriebsfestigkeit. Verfahren und Daten zur Bauteilberechnung. 3. Auflage. Springer Verlag, Berlin 2006. S. 25 f.

[HAIB71] *Haibach, E.:* Die Dauerfestigkeit von Schweißverbindungen bei Grenzlastspielzahlen größer als $2 \cdot 10^6$. In: Arch. Eisenhüttenwesen 42, 1971, S. 901 – 908

[HEAD10] Psychoacoustic Analyses. HEAD Application Note. HEAD acoustics, Herzogenrath 2010

[HECK75] *Heckl, M./Müller, H. A.:* Taschenbuch der technischen Akustik. Springer Verlag, Berlin 1975

[HEID14] Winkelmessgeräte ohne Eigenlagerung. Firmenschrift. Dr. Johannes Heidenhain GmbH, Traunreut 2014

[HELL15] *Hellmann, M.:* Berücksichtigung von Fertigungsabweichungen bei der Auslegung von Zahnflankenmodifikationen für Stirnradverzahnungen. Dissertation. RWTH Aachen 2015

[HENN08] *Henn, H./Sinambari, R./Fallen, M.:* Ingenieurakustik – Physikalische Grundlagen und Anwendungsbeispiele. 4. Auflage. Vieweg + Teubner 2008

[HENZ05] *Henze, W./Liesegang, M./Oppermann, N./Röpke, P.:* Einfluss des Mikrofonarrays auf die Ortungsgenauigkeit: Messergebnisse eines Tests mit verschiedenen Mikrofonarrays. In: Motor- und Aggregateakustik. Expert Verlag, Renningen 2005

[HERG13] *Hergesell, M.:* Graufleckenund Grübchenbildung an einsatzgehärteten Zahnrädern mittlerer und kleiner Baugröße. Dissertation. TU München 2013

[HERT03] *Hertter, T.:* Rechnerischer Festigkeitsnachweis der Ermüdungstragfähigkeit vergüteter und einsatzgehärteter Stirnräder. Dissertation. TU München, 2003

[HERT82] *Hertz, H.:* Über die Berührung fester elastischer Körper. In: Journal für die reine und angewandte Mathematik (Crelle's Journal), 92, 1882, S. 156 – 171

[HESS11] *Hesse, J:* Verzahnungsanregung im Antriebsstrang. Dissertation. RWTH Aachen 2011

[HGLD11] Vibromet™ 500V. Datenblatt. HGL Dynamics GmbH, Berlin 2011

[HOFS87] *Hofschneider, M.:* Betriebssichere Auslegung von aufgeschrumpften Zahnrädern. Dissertation. RWTH Aachen 1987

[HOHL02] *Hohle, A. C.:* Auswirkungen von Rauheit, Oberflächenstruktur und Fertigungsabweichung auf das Lauf- und Geräuschverhalten hartfeinbearbeiteter hochüberdeckender Zylinderräder. Dissertation. RWTH Aachen 2002

[HÖHN02a] *Höhn, B.-R./Mayr, P./Oster, P./Hirsch, T./Steutzger, M./Hirsch, T.:* Verformungsgrad. Einfluss des Verformungsgrades auf die Zahnfußtragfähigkeit. Abschlussbericht zum Forschungsvorhaben Nr. 293/I+II, Heft 653. FVA, Frankfurt am Main 2002

[HÖHN02b] *Höhn, B.-R./Michaelis, K./Doleschel, A./Joachim, F.:* Verfahren zur Bestimmung des Reibungsverhaltens von Schmierstoffen im FZG Zahnradverspannungsprüfstand. FVA-Informationsblatt 345. FVA, Frankfurt am Main 2002

[HÖHN03] *Höhn, B.-R./Oster, P./Steinberger, G.:* The new Micro-Pitting Short Test. In: Proceedings of the International Conference „Power Transmissions 03". Varna, Bulgarien, 11.–12. September 2003

[HÖHN10] *Höhn, B.-R./Tobie, T./Schedl, U.:* Einfluss des Schmierstoffes auf die Grübchenlebensdauer einsatzgehärteter Zahnräder im Einstufen- und im Lastkollektivversuch. Informationsblatt zum Forschungsvorhaben Nr. 2/IV. FVA, Frankfurt am Main 2010

[HÖHN93] *Höhn, B.-R./Winter, H./Schönnenbeck, G./Emmert, S.:* Testverfahren zur Untersuchung des Schmierstoffeinflusses auf die Entstehung von Graufleckenbei Zahnrädern. FVA-Informationsblatt 54/I – IV. FVA, Frankfurt am Main 1993

[HÖHN99] *Höhn, B.-R./Winter, H./Michaelis, K./Stahl, K.:* Lebensdauerstatistik. Statische Methoden zur Beurteilung von Bauteillebensdauer und Zuverlässigkeit und ihre beispielhafte Anwendung auf Zahnräder. Abschlussbericht zum Forschungsvorhaben Nr. 304/II, Heft 580. FVA, Frankfurt am Main 1999

[HOLM94] *Holmberg, K./Mathews, A.:* Coatings tribology. Properties, techniques and applications in surface engineering. In: Tribology series. Elsevier, Amsterdam

[HOLZ73] *Holzweißig, F./Melzer, G.:* Messtechnik der Maschinendynamik. VEB Fachbuchverlag, Leipzig 1973

[HONG22] *Hong, I./Teaford, Z./Kahraman, A.:* A comparison of gear tooth bending fatigue lives from single tooth bending and rotating gear tests. In: Forschung im Ingenieurwesen, Jg. 86, 2022, Nr. 3, S. 259 – 271

[HÖSE78] *Hösel, T./Joachim, F.:* Zahnflankenwälzfestigkeit unter Berücksichtigung der Ausfallwahrscheinlichkeit. In: Antriebstechnik 17, Heft Nr. 12, 1978, S. 533 – 537

[HÖSE79] *Hösel, T./Goebbelet, J.:* FVA Merkblatt Nr. 0/5. Empfehlungen zur Vereinheitlichung von Pulsatorversuchen zur Zahnfußtragfähigkeit von vergüteten und gehärteten Zylinderrädern. FVA, Frankfurt am Main 1979

[HÜCK83] *Hück, M.:* Ein verbessertes Verfahren für die Auswertung von Treppenstufenversuchen. In: Z. f. Werkstofftech. 14, 1983, S. 406 – 417

[HÜCK94] *Hück, M.:* Auswertung von Stichproben normalverteilter quantitativer Merkmalsgrößen. In: Materialwiss. u. Werkstofftech. 25, 1994, S. 20 – 29

[HURA04] *Hurasky-Schönwerth, O.:* Einsatzverhalten von PVD-Beschichtungen und biologisch schnell abbaubaren synthetischen Estern im tribologischen System des Zahnkontaktes. Dissertation. RWTH Aachen 2004

[IMDA97] *Imdahl, M.:* Hochgenaue Wirkungsgradbestimmung an Getrieben unter praxisnahen Betriebsbedingungen. Dissertation. RWTH Aachen 1997

[ISO03] *ISO 226:2003-08 (E)* Acoustics. Normal equal-loudness-level contours. Beuth Verlag 2003

[ISO16] *ISO 6336-5:2016(E)* Calculation of load capacity of spur and helical gears – Part 5: Strength and quality of materials. Beuth Verlag 2016

[ISO19] *ISO 6336* Calculation of Load Capacity of Spur and Helical Gears. Beuth, Berlin 2019

[ISO19a] *ISO 6336-1:2019(E)* Calculation of load capacity of spur and helical gears – Part 1: principles, introduction and general influence factors. Beuth Verlag 2019

[ISO19b] *ISO 6336-2:2019(E)* Calculation of load capacity of spur and helical gears – Part 2: Calculation of surface durability (pitting). Beuth Verlag 2007

[ISO19c] *ISO 6336-3:2019 (E)* Calculation of load capacity of spur and helical gears – Part 3: Calculation of tooth bending strength. Beuth Verlag 2019

[JOOP18] *Joop, M.:* Die Fresstragfähigkeit von Stirnrädern bei hohen Umfangsgeschwindigkeiten bis 100 m/s. Dissertation. Ruhr-Universität Bochum, 2018

[KÄSE77] *Käser, W.:* Beitrag zur Grübchenbildung an gehärteten Zahnrädern. Einfluss von Härtetiefe und Schmierstoff auf die Flankentragfähigkeit. Dissertation. TU München 1977

[KAST19] *Kasten, M./ Brecher, C./ Löpenhaus, C./ Lemmer, A./ Bläse, W./ Klingelnberg, R.:* Reduction of the Tonality of Gear Noise by Application of Topography Scattering for Ground Bevel Gears. In: Proceedings of AGMA Fall Technical Meeting. Detroit, 14-16.10.2019. Alexandria: American Gear Manufacturers Association, 2019

[KAST20] *Kasten, M./ Brecher, C./ Brimmers, J.:* Reduzierung der Tonalität des Getriebegeräusches einer leichten NFZ-Starrachse. In: Tagungsband zu Innovationen rund ums Kegelrad. Aachen, 7.–8. Oktober 2020. Aachen: Apprimus, 2020, S. 54 – 57

[KAST21] *Kasten, M./ Brimmers, J./ Brecher, C.:* Psychoacoustic Optimization of Gear Noise – Chaotic Scattering of Micro Geometry and Pitch on Cylindrical Gears. In: Gear Tech., 2021, S. 54 – 65

[KLOC10] *Klocke, F./Gorgels, C./Vasiliou, V.:* Influence of Gear Properties induced by Hard Finishing – Production Related Run Behaviour of Gears. In: International Conference on Gears 2010 (München). VDI Verlag, Düsseldorf 2010

[KNAU88] *Knauer, G.:* Zur Grübchentragfähigkeit einsatzgehärteter Zahnräder. Einfluss von Werkstoff, Schmierstoff und Betriebstemperatur. Dissertation. TU München 1988

[KNEC16] *Knecht, P./ Löpenhaus, C./ Brecher, C.:* Influence of Topography Deviations on the Psychoacoustic Evaluation of Ground Bevel Gears. In: Gear Tech., 33. Jg., 2016, Nr. 11-12, S. 84 – 95

[KÖCH96] *Köcher, J.J.:* Erhöhung der Zahnflankentragfähigkeit einsatzgehärteter Zylinderräder durch Kugelstrahlen. Dissertation. RWTH Aachen 1996

[KOLE03] *Kolev, P./Predki, W.:* Application of a statistical testing strategy for estimation of the expected failure rates in a running test based on pulsator tests. In: Proceedings of the International Conference „Power Transmissions 03“. Varna, Bulgarien, 11.–12. September 2003

[KOLL00] *Kollmann, F.G.:* Maschinenakustik. Grundlagen, Messtechnik, Berechnung, Beeinflussung. 2. Auflage. Springer Verlag, Berlin 2000

[KONO18] *Konowalczyk, P.:* Grübchen- und Zahnflankenbruchtragfähigkeit großmoduliger Stirnräder. Einfluss von Werkstoffreinheitsgrad, Härte- und Eigenspannungstiefenverlauf. Dissertation. RWTH Aachen, 2018

[KREI08] *Kreil, O.:* Einfluss der Oberflächenstruktur auf Druckverteilung und Schmierfilmdicke im EHD-Kontakt. Dissertation. TU München 2008

[KRIC96] *Krick, H.:* Schrumpfkleben von Wellen-Zahnrad-Verbindungen. Dissertation. RWTH Aachen 1996

[LACH83] *Lachenmeier, S.:* Auslegung von evolventischen Sonderverzahnungen für schwingungs- und geräuscharmen Lauf von Getrieben. Stand der Technik, Einflussgrößen und Auslegungskriterien. Dissertation. RWTH Aachen 1983

[LAND03] *Landvogt, A.:* Einfluss der Hartfeinbearbeitung und der FlankenTopografieauslegung auf das Lauf- und Geräuschverhalten von Hypoidverzahnungen mit bogenförmiger Flankenlinie. Dissertation. RWTH Aachen 2003

[LANG97] *Lang, C.-H.:* Losteilgeräusche von Fahrzeuggetrieben. Dissertation. Universität Stuttgart 1997

[LECH66] *Lechner, G.:* Die Fress-Grenzlast bei Stirnrädern aus Stahl. Dissertation. TU München 1966

[LECH98] *Lechner, G./Dogan, S.:* Maßnahmen zur Verringerung von Losteilschwingungen in Fahrzeuggetrieben. In: ATZ. 100. Jg., 1998, Nr. 10, S. 710 – 716

[LEUB86] *Leube, H.:* Untersuchungen zur Randschichtermüdung an einsatzgehärteten Zylinderrädern. Einfluss von Werkstoff, Gefüge und Oberflächentopografie. Dissertation. RWTH Aachen 1986

[LINK10] *Linke, H.:* Stirnradverzahnung. Berechnung, Werkstoffe, Fertigung. 2. Auflage. Carl Hanser Verlag, München 2010

[LIU04] *Liu, W.:* Einfluss verschiedener Fertigungsverfahren auf die Graufleckentragfähigkeit von Zahnradgetrieben. Dissertation. TU München 2004

[LÖPE15] *Löpenhaus, C.:* Untersuchung und Berechnung der Wälzfestigkeit im Scheiben- und Zahnflankenkontakt. Dissertation. RWTH Aachen 2015

[MACK01] *MackAldener, M./ Olsson, M.:* Tooth Interior Fatigue Fracture – computational and material aspects. In: International Journal of Fatigue 23, 2001, S. 329 – 340

[MAEN72] *Maennig, W. W./Strogies, W.:* Eine weiterentwickelte Auffassung des Wöhler-Diagramms und eine neue Berechnungsmethode zur Anwendung des Extremwertverfahrens auf experimentelle Ergebnisse zur Berechnung von Schwingfestigkeitswerten. In: Materialprüfung 14, 1972, S. 249 – 254

[MAEN77] *Maennig, W. W.:* Das Abgrenzungsverfahren – eine kostensparende Methode zur Ermittlung von Schwingfestigkeitswerten. Theorie, Praxis und Erfahrung. In: Materialprüfung 19, 1977, S. 280 – 289

[MAND06] *Mandt, D.:* Eigenschaften und Einsatzverhalten von leichten und dämpfenden Werkstoffverbund-Zahnrädern. Dissertation. RWTH Aachen 2006

[MARQ95] *Marquardt, R.:* Einflankenwälzprüfung – Ein Weg zur Lösung von Geräuschproblemen bei Fahrzeuggetrieben. In: wt-Produktion und Management 85, 1995

[MAUE90] *Mauer, G.:* Gezielte Verbesserung der Leistungsübertragung von Zahnradgetrieben durch Flankenkorrekturen. Dissertation. RWTH Aachen 1990

[MAYE14] *Mayer, J.:* Einfluss der Oberfläche und des Schmierstoffs auf das Reibungsverhalten im EHD-Kontakt. Dissertation. TU München 2014

[MEVI21] *Mevissen, D.:* Vorhersage der geometrischen Oberflächenveränderung im Wälzkontakt. Dissertation. RWTH Aachen 2021

[MÖLL02] *Möller U. J./Nassar, J.:* Schmierstoffe im Betrieb. 2. Auflage. Springer, Hamburg 2002

[MÖLL82] *Möllers, W.:* Parametererregte Schwingungen in einstufigen Zylinderradgetrieben – Einfluss von Verzahnungsabweichungen und Verzahnungssteifigkeitsspektren. Dissertation. RWTH Aachen 1982

[MURA00] *Murakami, Y./Nomoto, T./Ueda, T.:* On the mechanism of fatigue failure in the superlong life regime (N>107 cycles). Part 1: influence of hydrogen trapped by inclusions. In: Fat Frac Eng Mat Struct, 23. Jg., 2000, Nr. 11, S. 893 – 902

[MURA02] *Murakami, Y.:* Metal fatigue. Elsevier, Oxford/Boston 2002

[MURA99] *Murakami, Y./ Nomoto, T./ Ueda, T.:* Factors influencing the mechanism of superlong fatigue failure in steels. In: Fatigue & Fracture of Engineering Materials & Structures, 22. Jg., 1999, Nr. 7, S. 581 – 590

[MURP48] *Murphy, R. B.:* Non-parametric Tolerance Limits. In: Annals of Mathematical Statistics 19, 1948, S. 581 – 589

[NAIT84] *Naito, T./Ueda, H./Kikuchi, M.:* Fatigue behavior of carburized steel with internal oxides and nonmartensitic microstructure near the surface. In: MTA, 15. Jg., 1984, Nr. 7, S. 1431 – 1436

[NAZK10] *Nazifi, K.:* Einfluss der Geometrie und der Betriebsbedingungen auf die Graufleckigkeit von Großgetrieben. Dissertation. Ruhr-Universität Bochum 2010

[NEUM94] *Neumann, S.:* Verschleißverhalten und tribologische Eigenschaften von PVD Hartstoffschichten. In: Tribologie und Schmierungstechnik, 3/1994, S. 160 – 164

[NEUP83] *Neupert, B.:* Berechnung der Zahnkräfte, Pressungen und Spannungen von Stirn- und Kegelradgetrieben. Dissertation. RWTH Aachen 1983

[NIEM03] *Niemann, G./Winter, H.:* Maschinenelemente. Band 2: Getriebe allgemein, Zahnradgetriebe – Grundlagen, Stirnradgetriebe. 2. Auflage. Springer Verlag, Berlin 2003

[OHLE58] *Ohlendorf, H.:* Verlustleistung und Erwärmung von Stirnrädern. Dissertation. TU München 1958

[OPIT67] *Opitz, H./Timmers, J./Bosch, M./Rademacher, J.:* Möglichkeiten zur Verbesserung des Geräuschverhaltens von Zahnradgetrieben. In: Forschungsberichte des Landes Nordrhein-Westfalen. Nr.1867. Westdeutscher Verlag, Köln 1967

[OPIT70] *Opitz, H.:* Geräuschuntersuchungen an Zahnradgetrieben. Sonderdruck aus: *Opitz, H.:* Moderne Produktionstechnik. Verlag W. Girardet, Essen 1970

[OSTE82] *Oster, P.:* Beanspruchung der Zahnflanken unter Bedingungen der Elastohydrodynamik. Dissertation. TU München 1982

[PEEK80] *Peeken, H./Troeder, C./Diekhans, G.:* Parametererregte Getriebeschwingungen. Teil 1: Das Schwingungsverhalten von Getrieben und Modell eines einstufigen Getriebes. In: VDI-Zeitschrift. 122. Jg., 1980, Nr. 20, S. 869 – 877

[PLEW92] *Plewnia, C.:* Drehübertragungs- und Geräuschverhalten bogenverzahnter Kegelradgetriebe. Dissertation. RWTH Aachen 1992

[POGO12] *Pogorzelski, K./Hillenbrand, F.:* Inkrementalgeber – Funktionsprinzip und grundsätzliche Auswertemöglichkeiten ihrer Signale (Quelle: *http://www.imc-berlin.de/fileadmin/Public/Downloads/Whitepapers/WP_Inkrementalgeber_I.pdf*, Stand: 20.08.2012)

[POLL20] *Pollaschek, J.:* Fertigungsgerechte Zahnfußoptimierung von Stirnrädern. Dissertation. RWTH Aachen 2020

[POLY09] PSV-400 Scanning Vibrometer. Datenblatt. Polytec GmbH, Waldbronn, Juni 2009

[POLY10] RLV-5500 Rotational Laser Vibrometer. Datenblatt. Polytec GmbH, Waldbronn, Juli 2010

[POLY11] Möglichkeiten der Vibrometrie. Firmenschrift. Polytec GmbH, Waldbronn 2011

[POPO09] *Popov, V.:* Kontaktmechanik und Reibung. Springer Verlag 2009

[PREX90] *Prexler, F.:* Einfluss der Wälzflächenrauheit auf die Grübchenbildung vergüteter Scheiben im EHD-Kontakt. Dissertation. TU München 1990

[PYTT11] *Pyttel, B./Schwerdt, D./Berger, C.:* Very high cycle fatigue – Is there a fatigue limit? In: International Journal of Fatigue, Jg. 33, 2011, Nr. 1, S. 49 – 58

[QUIC05] *Quickert, M./Andres, O.:* Moderne Verfahren zur Ortung und Analyse von Schallquellen am Beispiel schwerer Nutzfahrzeugdieselmotoren. In: Motor- und Aggregateakustik I. Expert Verlag, Renningen 2003

[RADE05] *Radev, T.:* Einfluss des Schmierstoffes auf die Grübchentragfähigkeit einsatzgehärteter Zahnräder: Entwicklung des praxisnahen Pittingtests. Dissertation. TU München 2005

[RAUT88] *Rautenbach, W.:* Untersuchungen zum Bauteilverhalten schälwälzgefräster Zahnräder – Einfluss von Fertigungsverfahren, Bearbeitungsparametern und Werkzeug. Dissertation. RWTH Aachen 1988

[RAZI67] *Razim, C.:* Einfluss von Restaustenit und netzförmigen Karbiden auf die Neigung zur Grübchenbildung in einsatzgehärteten Zahnrädern. Dissertation. Universität Stuttgart 1967

[RETT87] *Rettig, H.:* Ermittlung von Zahnfußfestigkeits-Kennwerten auf Verspannungsprüfständen und Pulsatoren – Vergleich der Prüfverfahren und der gewonnenen Kennwerte. In: Antriebstechnik 26, 1987, S. 51 – 55

[RÖSC76] *Rösch, H.:* Untersuchungen zur Wälzfestigkeit von Rollen. Einfluss von Werkstoff, Wärmebehandlung und Schlupf. Dissertation. TU München 1976

[ROSS64] *Rossow, E.:* Eine einfache Rechenschiebernäherung an die den normal scores entsprechenden Prozentpunkte. In: Qualitätskontrolle 9, 1964, S. 146 – 147

[RÜNG21] *Rüngeler, M.:* Analyse der Übertragbarkeit des Schrägverzahnungspulsens auf den Laufversuch. Dissertation. RWTH Aachen 2021

[RYBO03] *Ryborz, J.:* Klapper- und Rasselgeräusche von Pkw- und Nkw-Getrieben. Dissertation. Universität Stuttgart 2003

[SAKA10] *Sakai, T./Lian, B./Takeda, M./Shiozawa, K./Oguma, N./Ochi, Y./Nakajima, M./Nakamura, T.:* Statistical duplex S-N characteristics of high carbon chromium bearing steel in rotating bending in very high cycle regime. In: Int. J. Fatigue, 32. Jg., 2010, Nr. 3, S. 497 – 504

[SALJ87] *Salje, H.:* Optimierung des Laufverhaltens evolventischer Zylinder-rad-Leistungsgetriebe. Einfluss der Verzahnungsgeometrie auf Geräuschemission und Tragfähigkeit. Dissertation. RWTH Aachen 1987

[SARI16] *Sari, D.:* Leistungssteigerung des Fertigwälzfräsens unter Berücksichtigung der fertigungsbedingten Bauteileigenschaften. Dissertation. RWTH Aachen 2016

[SCHA85] *Schade, V.:* Entwicklung eines Verfahrens zur Einflanken-Wälzprüfung und einer rechnergestützten Auswertemethode für Stirnräder. Dissertation. Universität Stuttgart 1985

[SCHA98] *Schaber, G.:* Einflankenwälzfehlermessung und schnelle Wälzprüfung in der Serienfertigung. In: Tagungsband zum 1. Seminar „Innovation rund ums Kegelrad“, Aachen 25. - 26. März 1998. Eigendruck. Aditec gGmbH, Aachen 1998

[SCHI02] *Schinagl, S.:* Zahnfußtragfähigkeit schrägverzahnter Stirnräder unter Berücksichtigung der Lastverteilung. Dissertation. TU München 2002

[SCHL03] *Schlattmeier, H.:* Diskontinuierliches Zahnflankenprofilschleifen mit Korund. Dissertation. RWTH Aachen '2003

[SCHL10] *Schlecht, B.:* Maschinenelemente 2. Getriebe - Verzahnungen - Lager. München: Pearson Studium, 2010

[SCHL95] *Schlenk L.:* Untersuchungen zur Fresstragfähigkeit von Großzahnrädern. Dissertation. TU München 1995

[SCHM01] *Schmidt, A.:* Charakterisierung umweltverträglicher Schmierstoff-Werkstoff-Kombinationen mittels tribologischem Datenbanksystem. Dissertation. RWTH Aachen 2001

[SCHM53] *Schmidt, P. L.:* Graphical methods of statistical analysis and test for significance. In: ASTM STP 139, 1953

[SCHO22] *Scholzen, P./ Brimmers, J./ Brecher, C.:* Sustainable Gears - Design of Gear Body Modified Powder Metal (PM) Gears. In: Vol. 39. No. 7 Gear Technology. ISSN 0743-6858

[SCHÖ13] *Schönecker, C.:* Flow Phenomena at Microstructured Surfaces. Dissertation. TU Darmstadt 2013

[SCHÖ84] *Schönnenbeck, G.:* Einfluss des Schmierstoffs auf die Zahnflankenermüdung (Graufleckigkeit und Grübchenbildung) hauptsächlich im Umfangsgeschwindigkeitsbereich 1…9 m/s. Dissertation. TU München 1984

[SCHR00] *Schrade, U.:* Einfluss von Verzahnungsgeometrie und Betriebsbedingungen auf die Graufleckentragfähigkeit von Zahnradgetrieben. Dissertation. TU München 2000

[SCHR06] *Schirmer, W.:* Technischer Lärmschutz. Springer Verlag, Berlin/Heidelberg 2006

[SCHU16] *Schurer, S.:* Einfluss nichtmetallischer Einschlüsse in hochreinen Werkstoffen auf die Zahnfußtragfähigkeit. Dissertation. TU München 2016

[SCHW08] *Schwienbacher, S.:* Einfluss von Schleifbrand auf die Flankentragfähigkeit einsatzgehärteter Zahnräder. Dissertation. TU München 2008

[SEIT71] *Seitzinger, K.:* Die Erwärmung einsatzgehärteter Stirnräder als Kennwert für ihre Fresstragfähigkeit. Dissertation. TU München 1971

[SERR90] *Serridge, M./Licht, T. R.:* Piezoelektrische Beschleunigungsaufnehmer und Vorverstärker. K. Larsen & Sons A/S, Denmark 1990

[SIMO84] *Simon, M.:* Messung von elasto-hydrodynamischen Parametern und ihre Auswirkung auf die Grübchentragfähigkeit vergüteter Scheiben und Zahnräder. Dissertation. TU München 1984

[SOBO84] *Sobota, J.:* Drehbeschleunigungsmessungen an Antrieben. Dissertation. RWTH Aachen 1984

[SOTT93] *Sottek, R.:* Modelle zur Signalverarbeitung im menschlichen Gehör. Dissertation. RWTH Aachen 1993

[SOTT94] *Sottek, R.:* Gehörgerechte Rauigkeitsberechnung. In: DAGA '94, Dresden, 1994, S. 1201 - 1204

[STAD93] *Stadtfeld, H.J.:* Messung zur Optimierung von Kegelrädern. In: Design und Elektronik. 1992, Nr. 3, S. 52 - 56

[STAH12] *Stahl, K./ Tobie, T./ Matt, P.:* Empfehlungen zur Vereinheitlichung von Tragfähigkeitsversuchen an vergüteten und gehärteten Zylinderrädern. FVA Merkblatt auf Basis von FVA-Merkblatt 0/5 und FVA 563 I, Forschungsvereinigung Antriebstechnik e. V., Frankfurt a. M., 2012

[STAU16] *Staudt, J.:* Funktionsgerechte Bearbeitung von Verzahnungen durch Freiformfräsen. Dissertation. RWTH Aachen 2016

[STEN07] *Stenico, A.:* Werkstoffmechanische Untersuchung zur Zahnfußtragfähigkeit einsatzgehärteter Zahnräder. Dissertation. TU München 2007

[STRE97] *Strehl, V.:* Tragfähigkeit von Zahnrädern aus hochfesten Sinterstählen. Dissertation. RWTH-Aachen 1997

[TERH82] *Terhard, E./Stoll, G./Seewann, M.:* Algorithm for extraction of pitch and pitch salience from complex tonal signals. In: Journal of the Acoustical Society of America, 1982, Vol. 71/3, S. 679 – 688

[TESC69] *Tesch, F.:* Der fehlerhafte Zahneingriff und seine Auswirkungen auf die Geräuschabstrahlung. Dissertation. RWTH Aachen 1969

[THOM98] *Thomas, J.:* Flankentragfähigkeit und Laufverhalten von hart-feinbearbeiteten Kegelrädern. Dissertation. TU München 1998

[TOBI01] *Tobie, T.:* Zur Grübchen- und Zahnfußtragfähigkeit einsatzgehärteter Zahnräder. Einflüsse aus Einsatzhärtungstiefe, Wärmebehandlung und Fertigung bei unterschiedlicher Baugröße. Dissertation. TU München 2001

[TRIP21] *Trippe, M./Lövenich, J./Malinowski, O./Brecher, C./Brimmers, J./Neus, S.:* Untersuchungskonzept zum Einfluss hoher Dehnraten auf die Zahnfußtragfähigkeit. In: Forschung im Ingenieurwesen, 2021, Nr. 85, S. 501 – 516

[TRLV10] Technische Regel zur Lärm- und Vibrations-Arbeitsschutzverordnung (TRLV Lärm), Teil 3: Lärmschutzmaßnahmen. GMBl. Nr. 18 – 20, 2010

[VDI01] *Richtlinie VDI/VDE 2608* Einflanken- und Zweiflanken-Wälzprüfung an Zylinderrädern, Kegelrädern, Schnecken und Schneckenrädern. Verein Deutscher Ingenieure (Hrsg.). Beuth, Berlin 2001

[VDI11] *Richtlinie VDI 3822* – Schadensanalyse – Grundlagen und Durchführung einer Schadensanalyse. Verein Deutscher Ingenieure (Hrsg.). Beuth Verlag, Berlin 2011

[VDI85] *Richtlinie VDI 2608* Emissionskennwerte technischer Schallquellen – Getriebegeräusche. Verein Deutscher Ingenieure (Hrsg.). Beuth, Berlin 1985

[VDI90] *Richtlinie VDI 3720* – Blatt 9.1: Lärmarm konstruieren. Leistungsgetriebe – Minderung der Körperschallanregung im Zahneingriff. Beuth Verlag, Berlin 1990

[VOLG91] *Volger, J. G.:* Ermüdung der oberflächennahen Bauteilschicht unter Wälzbeanspruchung. Dissertation. RWTH Aachen 1991

[VSGA98] Technische Anleitung zum Schutz gegen Lärm (TA Lärm). Sechste Allgemeine Verwaltungsvorschrift zum Bundes-Immissionsschutzgesetz (BImSchG) GMBl Nr. 26 1998

[WALB04] *Walbeck, T.:* Das Viskositätsverhalten und die Schmierfilmbildung von Schmierstoffen in Abhängigkeit von Druck und Temperatur. Dissertation. RWTH Aachen 2004

[WECK06] *Weck, M./Brecher, C.:* Werkzeugmaschinen – Messtechnische Untersuchung und Beurteilung, dynamische Stabilität. 7., neu bearbeitete Auflage. Springer Verlag, Berlin 2006

[WECK76] *Weck, M./Winter, H./Börnecke, K./Rösch, H./Käser, W.:* Grundlagenversuche zur Ermittlung der richtigen Härtetiefe bei Wälz- und Biegebeanspruchung. Forschungsvorhaben Nr. 8, Heft 36. FVA, Frankfurt am Main 1976

[WECK80] *Weck, M./Melder, W.:* Maschinengeräusche. Messen, Beurteilen, Mindern. VDI-Verlag, Düsseldorf 1980

[WECK84] *Weck, M./Lauffs, H.-G.:* Verfahren zur berührungslosen Sensorsignalübertragung von rotierenden Wellen. VDI-Berichte, Nr. 509, 1984

[WECK89] *Weck, M./Mauer, G./Wittke, W.:* Der Eingriffsstoß an Stirnradgetrieben. Körperschallanregende und tragfähigkeitsmindernde Stoßkraftsignale berechnen. In: Industrie-Anzeiger. 1989, Nr. 95, S. 40 – 43

[WECK92] *Weck, M.:* Moderne Leistungsgetriebe – Verzahnungsauslegung und Betriebsverhalten. Springer Verlag, Berlin 1992

[WECK94] *Weck, M./Hanrath, G.:* Neue Testverfahren zur Beurteilung von Werkzeugmaschinen unter Last. 10. congreso de investigacion, diseno y utilizactio maquinas-herramienta, San Sebastian 1994

[WEIB61] *Weibull, W.:* Fatigue Testing and the Analysis of Results. Pergamon Press, Oxford 1961

[WEIG99] *Weigand, U.:* Werkstoff- und Wärmebehandlungseinflüsse auf die Zahnfußtragfähigkeit. Dissertation. TU München 1999

[WICK17] *Wickborn, C.:* Erweiterung der Flankentragfähigkeitsberechnung von Stirnrädern in der Werkstofftiefe – Einfluss von Werkstoffeigenschaften und Werkstoffdefekten. Dissertation. TU München, 2017

[WIEN74] *Wienands, B.:* Untersuchung über die Betriebssicherheit bandagierter Zahnräder. Dissertation. RWTH Aachen 1974

[WILL97] *Williams, J./Wilson, B./Hanner, D.:* Measurement of the Rotational Vibrations of RWD Output Shafts and Characterization of the Resulting Effect on Passenger Perceived Noise. SAE Technical Paper 972031, 1997, doi: 104271/972031

[WIMM05] *Wimmer, A. J.:* Lastverluste von Stirnradverzahnungen. Dissertation. TU München 2005

[WINK04] *Winkler, E./Steger, H.:* Einsatz der Scanning-Laservibrometrie zur Messung von Schallschnelleverteilungen an Maschinen und Aggregaten. 8. Forum Akustische Qualitätssicherung. Deutsche Gesellschaft für Akustische Qualitätssicherung e.V. (DGAQS), Karlsruhe 2004

[WINT79] *Winter, H./Weck, M./Hösel, T./Goebbelet, J.:* Empfehlung zur Vereinheitlichung von Flankentragfähigkeitsversuchen an vergüteten und gehärteten Zylinderrädern. FVA-Merkblatt Nr. 0/5, 1979

[WINT86] *Winter, H./Rettig, H./Knauer, G.:* Grundlagenversuche zur Ermittlung der richtigen Härtetiefe bei Wälz- und Biegebeanspruchung. Ergänzung zum Größeneinfluss an einsatzgehärteten Rädern aus 16MnCr5. Zusatzbericht. Forschungsvorhaben Nr. 8, Heft 223. FVA, Frankfurt am Main 1986

[WIRT77] *Wirth, X.:* Einfluss von Schleifkerben oberflächengehärteter Zahnräder auf die Dauerfestigkeit und die Lebensdauer im Zweistufenversuch. Dissertation. TU München 1977

[WITT94] *Wittke, W.:* Beanspruchungsgerechte und geräuschoptimierte Stirnradgetriebe – Toleranzvorgaben und Flankenkorrekturen. Dissertation. RWTH Aachen 1994

[WITZ12] *Witzig, J.:* Flankenbruch – Eine Grenze der Zahnradtragfähigkeit in der Werkstofftiefe. Dissertation. TU München 2012

[ZALF22] *Zalfen, M./Lövenich, J./Malinowski, O./Brecher, C./Brimmers, J./Neus, S./Stark, S./Krüger, D.:* Test Rig Concept for High Power VHCF Gear Testing. International Conference on Gears. 2022. S. 485 – 498

[ZENN99] *Zenner, H./Mauch, H.:* Lebensdauerstatistik. Statistische Methoden zur Beurteilung von Bauteillebensdauer und Zuverlässigkeit und ihre beispielhafte Anwendung auf Zahnräder. In: Abschlussbericht zum Forschungsvorhaben Nr. 304/I, Heft 591. FVA, Frankfurt am Main 1999

[ZIEG71] *Ziegler, H.:* Verzahnungssteifigkeit und Lastverteilung schrägverzahnter Stirnräder. Dissertation. RWTH Aachen 1971

[ZUND14] *Zundel, T.:* Reduzierung der Geräuschabstrahlung von Getriebegehäusen durch Optimierung der Körperschallübertragung. Dissertation. RWTH Aachen 2014

[ZWIC82] *Zwicker, E.:* Psychoakustik. Springer Verlag, Berlin 1982

6 Simulationstechnik

Die Simulationstechnik stellt ein wichtiges Werkzeug für die Getriebeentwicklung dar. Während des Entwicklungsprozesses bieten die verschiedenen Simulationsmodelle eine ökonomische Möglichkeit, die einzelnen Prozessschritte der Getriebeentwicklung zu optimieren. Die Werkzeuge helfen dem Entwicklungsingenieur, auf Basis von vergleichbaren Kennzahlen und Visualisierung die Entwicklung des Getriebes durchzuführen. Im Vergleich zu zeitaufwendigen und kostenintensiven Prüfstandversuchen bietet die Simulationstechnik die Möglichkeit, eine Vielzahl von Varianten auf ihre Tauglichkeit zu untersuchen und zu bewerten. Dadurch kann die Anzahl der zu prüfenden Versuchsteile minimiert und eine Reduzierung der Entwicklungszeit und -kosten erzielt werden.

Die Vorgehensweise zur Modellbildung in der Simulationstechnik wird in Abschnitt 6.1 beschrieben. Es wird ein Überblick über die verschiedenen Modelltypen gegeben. Steigende Rechenkapazitäten machen eine umfassende Simulation des Fertigungsprozesses möglich. Dadurch ist eine Bewertung des Fertigungsprozesses durchführbar und es kann eine Vorhersage über den entstehenden Werkzeugverschleiß schon in der Prozessentwicklung getroffen werden. Die verschiedenen Verfahren der Fertigungssimulation werden in Abschnitt 6.2 vorgestellt.

Die Bewertung von Beanspruchungs-, Anregungs- sowie Geräuschverhalten von Getrieben im Entwicklungs- und Auslegungsprozess ist notwendig, um ein optimiertes Getriebe zu entwickeln. Auf Basis der Zahnkontaktanalyse kann der Zahneingriff analysiert und anhand von Kennwerten bewertet werden. Dieses Vorgehen wird in Abschnitt 6.3 vorgestellt. Methoden für die Vorhersage der Zahnfuß- und Zahnflankentragfähigkeit werden in Abschnitt 6.4 dargelegt. Abschnitt 6.5 befasst sich mit dem dynamischen Verhalten des Zahneingriffs. Mithilfe von dynamischen Modellen kann der Transferpfad des Zahneingriffs abgebildet und psychoakustische Kennwerte können ermittelt werden. Dies führt zu einer geräuschoptimierten Entwicklung eines Getriebes.

6.1 Vorgehensweise zur Modellbildung

Bei der Modellbildung handelt es sich um ein strukturiertes Vorgehen, um Getriebesysteme und Herstellprozesse abzubilden und hinsichtlich ihrer Komplexität zu reduzieren. Damit verbunden sind ein besseres Verständnis sowie die Eröffnung einer systematischen Analyse komplizierter Zusammenhänge eines Gesamtsystems. Die Modellbildung stellt eine Reduktion des betrachteten Systems auf seine wesentlichen Merkmale und Einflussfaktoren dar, wobei jedoch der Genauigkeitsgrad und damit auch die Komplexität des jeweiligen Modells variabel sind. Für die praktische Anwendung ist es das Ziel der Modellierung, die Realität so genau wie nötig abzubilden. In der Wissenschaft wird als Modellgüte häufig angestrebt, die Realität so genau wie möglich abzubilden. Von diesem Kenntnisstand ausgehend ist es dann im Allgemeinen kein weiter Weg, für praktische Anwendungen Modellreduzierungen vorzunehmen.

Einem Modell liegt eine bestimmte Fragestellung zugrunde, die ausschlaggebend dafür ist, welche Gesichtspunkte und Einflüsse als relevant erachtet und welche wiederum vernachlässigt werden können. Daher ist es zielführend, mehrere verschiedene Modelle von ein und demselben System zu entwickeln, die nicht vollständig miteinander vergleichbar sind, aber auf die ihnen zugrunde liegende Fragestellung zugeschnitten sind. Als Beispiel sei der Zahneingriff genannt, der sich einerseits mit einer quasistatischen Zahnkontaktanalyse hinsichtlich seines Steifigkeitsverhaltens und andererseits mit einer Mehrkörpersimulation hinsichtlich seiner dynamischen Zustandsgrößen analysieren lässt. Beide Fälle abstrahieren ausgehend vom Gesamtsystem Zahnradstufe, unterscheiden sich allerdings in der Modellbildung und den Zielkenngrößen. Es bietet sich daher eine Unterscheidung verschiedener Modelltypen im Hinblick auf ihre Verwendung an. Gebräuchlich ist die Unterteilung der Modelltypen in die vier Gruppen: Beschreibungs-, Erklärungs-, Entscheidungs- und Prognosemodell [STAC73, BERN06].

Bevor auf die genannten Modelltypen näher eingegangen wird, seien Modellierungsansätze genannt, die in der Verzahntechnik und im Sprachgebrauch ebenfalls gebräuchlich sind. Sie können den genannten vier Grundtypen zugeordnet werden.

Dies sind:

- Physikalische Modelle:

  Bei der physikalischen Modellierung eines Systems ist es das Ziel, physikalische Zusammenhänge zwischen den Systemkomponenten mathematisch zu formulieren, um sie so berechenbar zu machen und das Systemverhalten physikalisch zu erklären.

- Empirische Modelle:

  Für empirische Modelle wurde die Datenbasis durch Experimente und Erfahrungswissen gewonnen. Die Vorgehensweise der empirischen Modellierung zeichnet sich ebenfalls durch eine nachvollziehbare Systematik und eine logische Forschungsmethodik aus. Die Ergebnisse werden häufig mathematisch formuliert. Sie können auch Grundlage für regelbasierte Modellierungen sein. Die Ergebnisse der empirischen Forschung in der Verzahntechnik können meistens physikalisch interpretiert und erklärt werden.

- Black-Box-Modelle, White-Box-Modelle und Grey-Box-Modelle:

  In deterministischen Modellen (White-Box-Modelle) sind die Beziehungen eindeutig formuliert. Physikalische Modelle gehören zu dieser Kategorie. Außerdem müssen noch stochastische Modelle erwähnt werden, deren Aussagen mit Wahrscheinlichkeiten versehen sind. Beide Modellierungsansätze sind der Verzahnungstechnik gebräuchlich.

  Black-Box-Modelle sind datengetrieben. Sie basieren auf der Anwendung von Methoden des Maschinellen Lernens. Diese Modellkategorie wird in der Getriebetechnik ebenfalls entwickelt und auf Anwendungen überprüft.

Es liegt nahe, die beiden Modellierungsmethoden miteinander zu kombinieren, dabei kann auch Erfahrungswissen in die Lernprozesse integriert werden. Dies führt zu Grey-Box-Modellen. Sie bringen Erfahrungen, bekanntes physikalisches Wissen sowie datengetriebene Informationen des Prozesses in einer Modellkonfiguration zusammen. Der Nutzen für praktische Anwendungen hängt von der Datenqualität, den Algorithmen und der Qualität der Modellvorhersagen ab.

Beschreibungsmodelle

Die Beschreibungsmodelle dienen dazu, Systeme zu einem ausgewählten Zeitpunkt zu beschreiben. So kann beispielsweise die gegenwärtige Situation, aber auch die Entwicklung eines Systems der Vergangenheit von Interesse sein. In der Getriebetechnik kann die FE-basierte Zahnkontaktanalyse (vgl. Abschnitt 6.3.1) oder die Fertigungssimulation als Beschreibungsmodell klassifiziert werden (vgl. Abschnitt 6.2).

Erklärungsmodelle

Die Erklärungsmodelle sind geeignet, um die Vorgänge innerhalb eines Systems zu beschreiben, um so die Wirkungsweise analysieren und verstehen zu können. Beispielhaft ist das mathematische Federmodell nach Neupert zu nennen, wodurch der elastische Zahnkontakt abgebildet wird [NEUP83] (vgl. Abschnitt 6.3.1.5).

Entscheidungsmodelle

Die Entscheidungsmodelle sind zur Ableitung von konkreten Handlungsmaßnahmen gedacht und helfen dem Anwender, sich zwischen verschiedenen, möglichen Handlungsalternativen für die jeweils optimale zu entscheiden. Als Beispiel aus dem Bereich der Zahnrad- und Getriebetechnik sei hier eine toleranzfeldbasierte Auswertung von Mikrogeometriemodifikationen genannt.

Prognosemodelle

Prognosemodelle ermöglichen die Vorhersage des zukünftigen Systemverhaltens fokussiert [SCHU06]. In der Getriebetechnik stellt die kennwertbasierte Verschleißvorhersage eines Verzahnungswerkzeuges ein Prognosemodell dar (vgl. Abschnitt 6.2.4.4).

Modellkonfigurationen

In der Wissenschaft und in der Anwendung werden in Abhängigkeit von der Fragestellung Kombinationen aus allen Modelltypen konfiguriert.

In der Verzahntechnik können drei Hauptbereiche unterschieden werden: die Fertigungssimulation, die Zahnkontaktanalyse und die Dynamiksimulation. Dem entspricht auch die Gliederung der weiteren Abschnitte dieses Buches. Gemäß der jeweiligen Zielsetzung steht die Abbildung der Realität mit physikalischen und empirisch-analytischen Modellen im Vordergrund. Die übergeordnete Zielsetzung bei der Verwendung von Softwaresystemen ist

- die Senkung der Kosten bei der Getriebeauslegung,
- die Senkung der Entwicklungszeit,

- die Steigerung der Lebensdauer der Getriebekomponenten,
- die Steigerung der Produktivität und
- die Senkung der Fertigungskosten in der Herstellung.

Durch rechnergestützte Simulationsmodelle kann die Anzahl kostenintensiver Versuche reduziert werden oder im Falle eines umfassenden Gesamtverständnisses sogar entfallen. Durch rechnergestützte Simulationen sind komplexe Zusammenhänge in kurzer Zeit abbildbar, es können Funktionsanalysen durchgeführt und Konstruktions- sowie Herstellprozesse optimiert werden. Nachteilig wirken sich bei der Verwendung von Rechenmodellen die zum Teil großen Abstrahierungsgrade aus. Deshalb muss auch die Frage beantwortet werden, ob berechnete Modellgrößen anhand von Größen in der Realität auch messtechnisch überprüft werden können, um die Validierung der Modelle zu ermöglichen. Es muss außerdem je nach Anwendungsfall geklärt werden, ob eine umfassende Einbeziehung aller Eigenschaften und Randbedingungen in das Rechenmodell mit der dadurch einhergehenden Steigerung des Rechenaufwandes sinnvoll ist. Diese wirtschaftliche Frage mag in der Wissenschaft und in der praktischen Anwendung unterschiedlich bewertet werden. In der Wissenschaft ist es häufig angezeigt, Erkenntnisgewinn auch mit höheren Rechenaufwendungen zu generieren, um das Funktionsverhalten des Systems physikalisch grundlegender zu verstehen.

6.2 Fertigungssimulation

Die Bewertung von Fertigungsprozessen ist nur durch Verwendung von Simulationen möglich [RÜTJ09, BREC15c]. Die rechnergestützte Analyse von Fertigungsprozessen ist weit fortgeschritten. Für das Zerspanen mit definierter Schneide (Fräsen, Schälen, Stoßen) und undefinierter Schneide (Schleifen, Honen, Läppen) liegen für die Wissenschaft und Anwendung Simulationsmodelle vor [RÜTJ09, WINK05, BEUL98, SCHEF19]. Vorteile der simulationsgestützten Prozessanalyse liegen darin, dass Arbeitsergebnisse, wie z. B. Bearbeitungskräfte, Hauptzeit, Verschleißentwicklungen und Qualitätsmerkmale am Werkstück, ohne experimentelle Untersuchungen gewonnen werden können. Für Prozesse mit variierenden Zerspanbedingungen, z. B. Wälzfräsen, kann die reale, abweichungsbehaftete Fertigungsgeometrie berechnet werden. Die Abweichungen umfassen Hüllschnittabweichungen, Vorschubmarkierungen und durch die Prozesskinematik auftretende Flankenmodifikationen [BEUL98, HARD13, RÜTJ09, SCHEF19].

6.2.1 Grundlagen von Fertigungssimulationen

Für die Fertigungssimulation von Stirn- und Kegelrädern existieren verschiedene Ansätze. Zur Ermittlung von Zahnradgeometrien ist das Lösen des Verzahnungsgesetzes (siehe Abschnitt 2.1) zur Erzeugung der Zahnflanke üblich [RÖTH12]. Unter Berücksichtigung der Maschinen- und Werkzeugkinematik lassen sich mit dieser Vorgehensweise Zahnflankenmodifikationen und fertigungsbedingte Abweichungen für abwälzende Prozesse ermitteln.

Weiterhin kann auf numerische Ansätze, wie die Finite-Elemente-(FE-)Simulation, zurückgegriffen werden. Mittels der FE-Simulation wird der Zerspanprozess als kontinuierliches Feldproblem beschrieben und durch eine örtliche und zeitliche Diskretisierung die Verformung und Temperaturentwicklung der Elemente numerisch berechnet. Es handelt sich bei der FE-Berechnung aufgrund der erforderlichen Genauigkeit um einen sehr zeitintensiven Berechnungsansatz, der eine detaillierte Beanspruchungsanalyse beispielsweise für den Kegelradfräs- oder Wälzfräsprozess erlaubt [HERZ14].

Demgegenüber stellt die geometrische Durchdringungsrechnung eine Verbindung der Vorteilhaftigkeit einer detaillierten, numerischen Abbildung und einer kurzen Berechnungszeit dar [WINK05, HARD13, STUC14]. Im folgenden Abschnitt wird auf die geometrische Betrachtung des Zerspanprozesses zur Stirn- und Kegelradherstellung auf Basis einer Durchdringungsrechnung fokussiert. Die Vorgehensweise ist sowohl für Verfahren mit definierter als auch für Verfahren mit undefinierter Schneide anwendbar und unterscheidet sich in den Anforderungen an die Auflösung. Auf Besonderheiten des Wälzschleifens wird in Abschnitt 6.2.4 eingegangen.

Bild 6.1 zeigt den Leistungsumfang einer typischen Fertigungssimulation. Als Eingaben werden Verzahnungsdaten sowie eine geometrische Beschreibung der Werkzeuge benötigt. Zusätzlich muss für jeden Prozess eine Beschreibung der abzubildenden Kinematik von Maschine und Werkzeug vorliegen. Diese Beschreibung kann entweder in der Simulation vorgegeben sein oder über eine Schnittstelle an die Simulation übergeben werden. Die Ausgaben der Simulation sind die erzeugte Werkzeuggeometrie sowie die Geometrie der simulierten Späne. Zum anderen werden technologische Kennwerte, wie Spanungsdicke, Spanungslänge und Zerspankräfte, zur Analyse oder Beschreibung des Prozesses berechnet. Anhand dieser Eingaben und Ausgaben wird in den folgenden Abschnitten die Funktionsweise von Geometrieberechnung und Fertigungssimulationen vorgestellt.

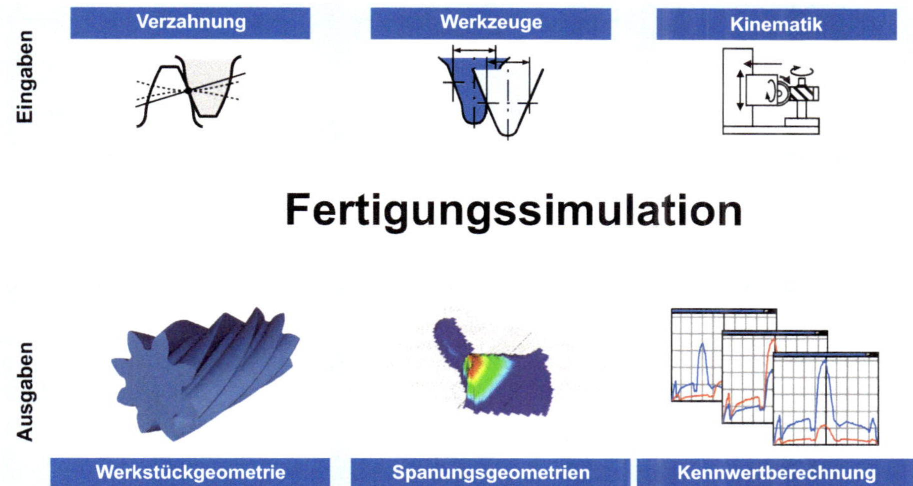

Bild 6.1 Eingaben und Ergebnisse einer Fertigungssimulation

6.2.1.1 Werkzeug

Der grundlegende Aufbau von Verzahnwerkzeugen ist in den Abschnitten 3.2 und 3.10 beschrieben worden. In den Fertigungssimulationen wird das Werkzeug durch einen Hüllkörper mit entsprechendem Profil abgebildet. Unabhängig vom Fertigungsverfahren wird das Werkzeugprofil anhand von Stützpunkten beschrieben, die durch das Werkzeugbezugsprofil definiert sind (siehe Abschnitt 2.2.3.3). Zwischen den Stützpunkten, die je nach Position den Anfang und das Ende von Geradenabschnitten oder Kreisbögen beschreiben, wird die Werkzeugkontur interpoliert (siehe Bild 6.2). Bei Stützpunkten an einem Kreisbogen wird der Linienzug unter Zuhilfenahme des Rundungsradius gebildet. Dabei muss auf einen kontinuierlichen Übergang von Geradenabschnitt zu Kreisbogen geachtet werden.

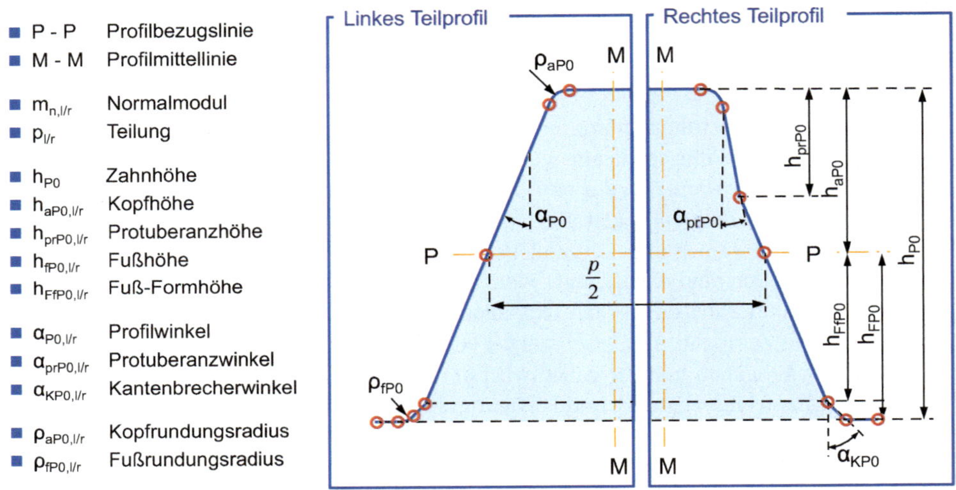

Bild 6.2 Stützpunkte eines Werkzeugprofils

Die Werkzeugkontur wird in die Definitionsebene des Werkzeugs transformiert, welche von der Art des Werkzeugs und seinem Profil abhängt. Sie kann beispielsweise einem Axial-, Normal- oder Stirnschnitt des Werkzeugs entsprechen oder auch frei im Raum positioniert sein. Durch Austragung bzw. Extrusion des Werkzeugprofils entsprechend seinem Steigungswinkel wird der Werkzeughüllkörper erzeugt. Anhand der Position der einzelnen Werkzeugprofile im Hüllkörper ist im Fall von Fertigungsprozessen mit definierter Schneide eine Beschreibung der exakten Schneidenlage möglich.

Die Simulationsgenauigkeit hängt sowohl von der Anzahl an Punkten auf dem Werkzeugprofil als auch von der Anzahl der Profile des Hüllkörpers ab. Während Geradenabschnitte durch eine lineare Interpolation mit geringem Aufwand exakt abgebildet werden können, ist der Aufwand bei der Interpolation von Radien höher. Durch eine ausreichend große Anzahl an linearen Segmenten kann in den Werkzeugradien eine hohe Abbildungsgüte erreicht werden.

In Bild 6.2 ist die Mindestanzahl an Stützpunkten dargestellt, aus denen ein Werkzeugprofil aufgebaut wird. Allgemein können sowohl symmetrische als auch asymmetrische Werkzeugprofile abgebildet werden. Neben den Profil- beziehungsweise Hüllpunkten des Werkzeugs wird die Normale der Werkzeugkontur in jedem Punkt benötigt. Die Kenntnis der Normalen ist für die Geometrieberechnung durch Lösung des Verzahnungsgesetzes (siehe Abschnitt 6.2.2) sowie die Spanungsdickenberechnung notwendig (siehe Abschnitt 6.2.4.1).

6.2.1.2 Maschinenkinematik

In Fertigungssimulationen werden gekoppelte Bewegungen einzelner Maschinenachsen als Maschinenkinematik definiert. Je nach Verzahnungstyp sowie Fertigungsprozess unterscheidet sich die Maschinenkinematik, die zur Prozessabbildung in der Fertigungssimulation erforderlich ist. Bild 6.3 zeigt beispielhaft eine idealisierte Darstellung der Achsen einer Werkzeugmaschine zur Fertigung von zylindrischen Stirnradverzahnungen (links) und Beveloidverzahnungen (rechts) [RÖTH12]. Bei Stirnradverzahnungen (linke Bildhälfte) verfährt die Z-Achse der Maschine in axialer Richtung des Werkstücks, um das Werkstück über die komplette Verzahnungsbreite zu fertigen. Bei Schrägverzahnungen oder Verwendung eines schneckenförmigen Werkzeugs wird die A-Achse um den Schwenkwinkel geschwenkt. Zur Einstellung der Zahnweite wird der Werkzeugschlitten in Y-Richtung verfahren. Handelt es sich um ein kontinuierliches Verfahren (z. B. Wälzfräsen), rotieren das Werkzeug (B-Achse) und das Werkstück (C-Achse) entsprechend der Wälzkopplung. Bei der Fertigung mit diskontinuierlichen Verfahren (z. B. Profilfräsen) rotieren B- und C-Achse, die Rotation der C-Achse dient dabei der Nachführung des Schrägungswinkels.

Bild 6.3 zeigt auf der rechten Seite die Maschinenkinematik zur Fertigung von Beveloidverzahnungen. Im Unterschied zur Fertigung von zylindrischen Stirnrädern wird der Konuswinkel der Verzahnung entweder durch eine Kopplung von Vorschub (Z-Achse) und Zustellung (X-Achse) oder ein Verkippen der Werkzeugachse (Z-Achse) um den Konuswinkel ϑ erzeugt. Die Fertigung der Beveloidverzahnungen ist nur mit wälzenden oder mit formenden Verfahren, wie dem 5-Achs-Fräsen, möglich.

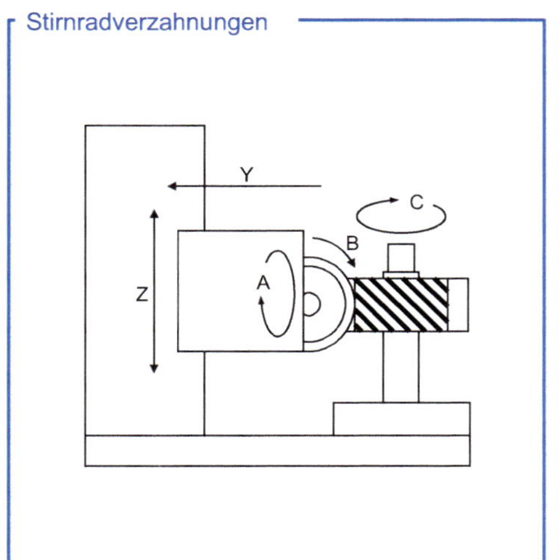

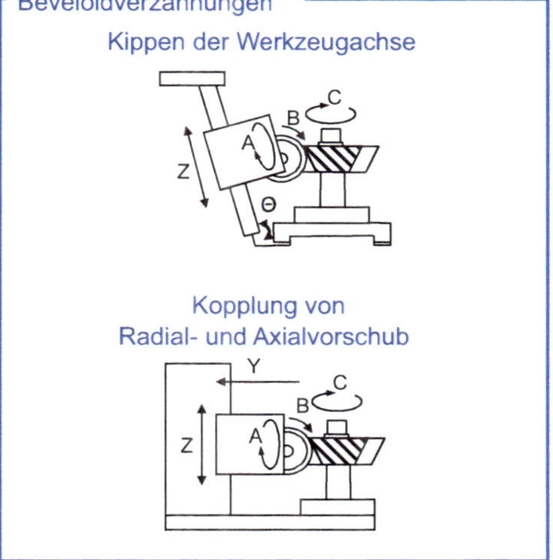

Bild 6.3 Maschinenkinematik für zylindrische Stirnradverzahnungen und Beveloidverzahnungen [RÖTH12]

In Bild 6.4 sind die idealisierten Maschinenachsen einer Werkzeugmaschine für die Kegelradherstellung dargestellt. Die Kegelradfräskinematik baut auf den klassischen Verzahnungsmaschinenachsen auf. Es existieren ein Werkzeugschlitten, der radial in Richtung χ verfahren werden kann, sowie eine Rotationsachse ω des Werkzeugs und des Werkstücks β. Zusätzlich existieren an der Werkzeugspindel weitere Achsen (α, φ, σ und τ), um Positionierung und Relativbewegung auszuführen. Außerdem kann das Werkstück in seiner Höhenposition η angepasst und der gesamte Werkstücktisch um seine Achse γ geschwenkt werden.

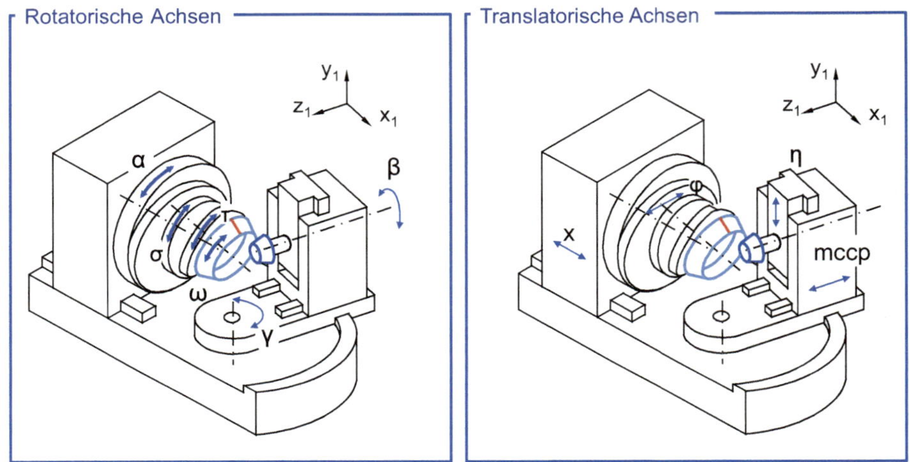

Bild 6.4 Maschinenkinematik für Kegelradverzahnungen

Die kinematische Kette einer Werkzeugmaschine gibt die Kopplung einzelner Maschinenachsen wieder. Den Bewegungselementen werden, ausgehend von der Werkzeugschneide, körperfeste Koordinatensysteme zugeordnet, die entweder eine Translation oder eine Rotation ausführen können. Werkzeugschneide und Werkstück werden in eigenen Koordinatensystemen dargestellt. Die Relativbewegungen zueinander werden durch Polynome beschrieben.

Die kinematische Kette kann mathematisch durch eine Aneinanderreihung und Multiplikation von Transformationen in Matrixschreibweise dargestellt werden. Einzeltransformationen lassen sich zu einer einzigen Transformationsmatrix zusammenfassen, die für jeden Schritt der Simulation neu berechnet wird. Mithilfe der Matrizenrechnung können die Ortsvektoren der einzelnen Punkte des Werkstückes in das System des Werkzeuges und umgekehrt überführt werden. Das ist notwendig, um die Position des Werkzeugs und des Werkstücks zu jedem Zeitpunkt in einem gemeinsamen Koordinatensystem beschreiben zu können.

In Bild 6.5 ist die kinematische Kette eines wälzenden Prozesses mit zylindrischem Werkzeug (z. B. Wälzfräsen) dargestellt (siehe auch Abschnitt 3.3). Ziel ist es, die Werkzeugbewegung relativ zum ruhenden Werkstück zu definieren. Werkzeug und Werkstück liegen in der Ausgangsposition im identischen Koordinatensystem x_{WST}, y_{WST}, z_{WST} vor. Die Bewegungen von Werkzeug und Werkstück werden durch homogene 4×4-Matrizen beschrieben (Formel 6.1). Als Bewegungen werden Rotationen (r_{ij}) und Verschiebungen (Translationen, t_i) um das ortsfeste Werkstück-Koordinatensystem realisiert. Zusätzlich können perspektivische Transformationen durch p_{3j} sowie Scherungen und Skalierungen ausgeführt werden.

Sämtliche Matrixeinträge können als konstanter Wert oder zeitabhängige Polynome definiert werden, welche zu konkreten Zeitpunkten ausgewertet werden können.

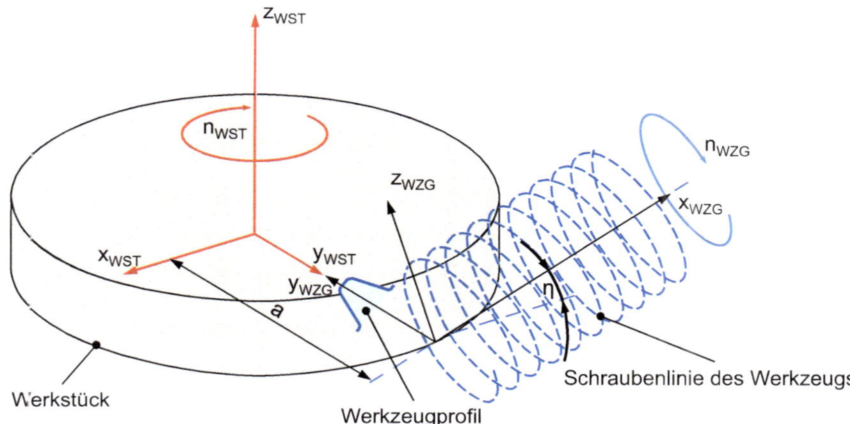

Bild 6.5 Kinematische Kette von wälzenden Prozessen mit zylindrischem Werkzeug

Der erste Laufindex i in der Matrix gibt die Bewegungsachse der Maschine aus Bild 6.3 sowie Bild 6.4 an. Durch eine Verkettung mehrerer Bewegungsmatrizen M_k in der korrekten Reihenfolge wird die Gesamt-Bewegungsmatrix M_{Ges} erzeugt. In M_{Ges} sind sämtliche Maschinenbewegungen der kinematischen Kette für die Simulation abgebildet.

$$M_k = \begin{pmatrix} r_{00} & r_{01} & r_{02} & t_0 \\ r_{10} & r_{11} & r_{12} & t_1 \\ r_{20} & r_{21} & r_{22} & t_2 \\ p_{30} & p_{31} & p_{31} & 1 \end{pmatrix}, \; M_{\text{Ges}} = \prod_{k=1}^{n} M_k \tag{6.1}$$

Die Transformation der Punkte des Werkzeugs ins Werkstück-Koordinatensystem wird durch Multiplikation der Gesamtmatrix mit vierdimensionalen Punktvektoren P oder Richtungsvektoren N (siehe Formel 6.2) durchgeführt. Dabei besitzt ein Punktvektor stets eine 1 in der vierten Koordinate, ein Richtungsvektor eine 0.

$$P = \begin{pmatrix} P_0 \\ P_1 \\ P_2 \\ 1 \end{pmatrix}, \; N = \begin{pmatrix} N_0 \\ N_1 \\ N_2 \\ 0 \end{pmatrix} \tag{6.2}$$

Zudem kann die Ableitung M'_k und M'_{Ges} jeder Bewegungsmatrix zu beliebigen Zeitpunkten gebildet werden, um die Relativgeschwindigkeiten v_{rel} zwischen Werkzeug und Werkstück zu berechnen. Die Relativgeschwindigkeit v_{rel} sowie der Normalenvektor N eines Werkzeugpunktes werden verwendet, um die Erfüllung des Verzahnungsgesetzes (siehe Abschnitt 2.1) auf iterative Weise zu überprüfen (siehe Abschnitt 6.2.2). Es wird geprüft, ob eine Werkzeugnormale senkrecht auf der Relativgeschwindigkeit v_{rel} steht und somit das

Skalarprodukt gleich null ist (Formel 6.3). Auf diese Weise kann die Fertigung, Geometrieerzeugung oder eine allgemeine Positionierung und Bewegung zweier Körper in Fertigungssimulationen abgebildet werden.

$$0 \overset{\text{def}}{=} v_{\text{rel}} \cdot N \tag{6.3}$$

6.2.2 Geometrieberechnung

Die Berechnung der erzeugten Zahnradgeometrie basierend auf wälzenden Prozesskinematiken kann auf mehreren Wegen erfolgen. Die zügigste Möglichkeit ist eine idealisierte Berechnung der Zahnlückengeometrie basierend auf der analytischen Beschreibung des Erzeugungsprinzips für das Zahnprofil. Für die Evolvente ist dieses Vorgehen in Bild 6.6 dargestellt. Durch Vorgabe eines Grundkreises mit dem Radius r_b, welcher in Formel 2.6 eingesetzt wird, kann das evolventische Profil analytisch berechnet werden. Um die gesamte Zahnbreite zu erhalten, wird das Profil ausgetragen sowie gemäß dem vorgegebenen Schrägungswinkel verschraubt.

- Vorteile
  - Schnelle Berechnung mit einfachen Mitteln möglich
- Nachteile
  - Keine Abbildung der Zahnfußgeometrie
  - Keine Abbildung von Profilmodifikationen

Legende:

- Evolvente (rote Linie)
- Faden, Wälzlänge (blaue Linie)
- U Startpunkt der Evolvente
- η Anfangsdrehung des Punktes U
- ξ Bogenwinkel
- r_b Grundkreisradius

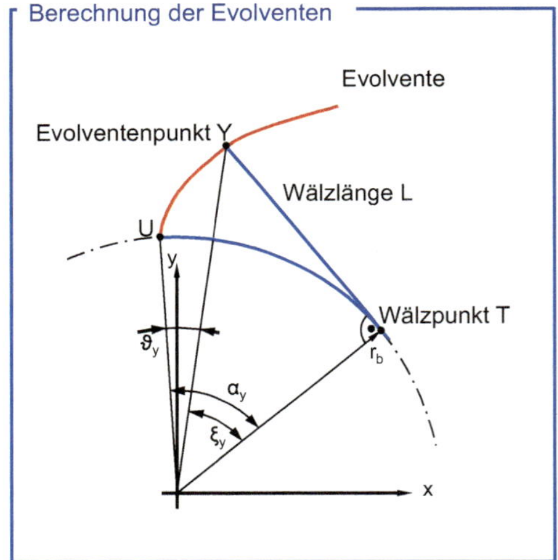

Bild 6.6 Idealisierte Berechnung eines Evolventenprofils

Mit dieser Methode kann die Zahnfußkontur nicht abgebildet werden, sondern muss zusätzlich berechnet und an die Evolventenkontur angefügt werden. Des Weiteren lassen sich Zahnflankenmodifikationen damit nur erschwert abbilden. Darüber hinaus lässt sich der Einfluss des Fertigungsverfahrens auf die Zahnflankentopologie, die sich durch den Kontakt zwischen Werkzeug und Verzahnung entlang der Werkzeugbahn ergibt, auf diese Weise nicht erfassen. Eine Methode zur nachträglichen Überlagerung von Modifikationen und Abweichungen zeigt Hellmann [HELL15].

Eine detailliertere Methode zur Geometrieberechnung des Werkstücks berücksichtigt die verwendeten Werkzeuge und Maschinenkinematiken. Mit einer werkzeugbasierten, kinematikgetreuen Berechnung kann eine Abbildung des evolventischen Profilbereiches und des Zahnfußes unter Berücksichtigung von vorgegebenen Flankenkorrekturen in Zahnbreitenrichtung und fertigungsbedingten Abweichungen durchgeführt werden. Die Grundlage der Geometrieerzeugung liefert die notwendige Bedingung zur Erzeugung eines Werkstückpunktes aus dem Verzahnungsgesetz (siehe Abschnitt 2.1). Das Verzahnungsgesetz besagt, dass sich die beiden im Kontakt befindlichen Zahnräder weder durchdringen noch voneinander abheben dürfen. Zusätzlich liegen die Kontaktpunkte in einer Stirnschnittebene immer entlang der Eingriffslinie vor, welche senkrecht auf der Zahnflanke steht. Das Prinzip wird in der Geometrieberechnung verwendet, indem für jeden Werkzeugpunkt geprüft wird, ob die Normale der Werkzeugkontur senkrecht auf der Relativgeschwindigkeit zwischen Werkzeug und Werkstück steht (Formel 6.3). Der Zusammenhang ist in Bild 6.7 dargestellt.

- Vorteile
  - Abbildung der Zahnfußgeometrie
  - Abbildung von Profilmodifikationen
- Nachteile
  - Aufwendige Berechnung durch iterative Methoden

Legende:
- Evolvente
- Normalenvektor des Werkzeuges N_i
- Geschwindigkeitsvektor v_i
- r_b Grundkreisradius

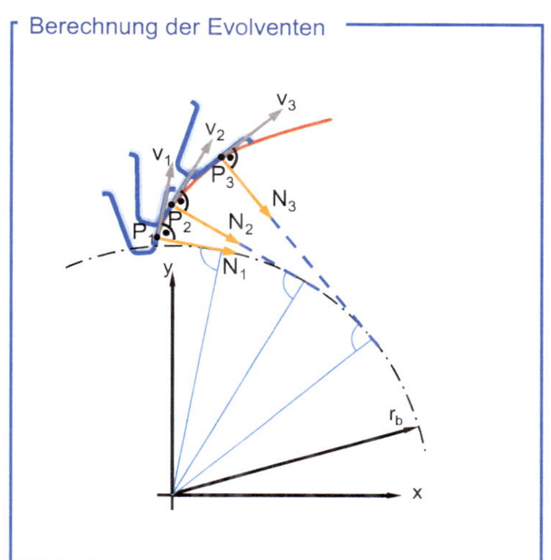

Bild 6.7 Werkzeugbasierte Berechnung des Zahnprofils

Neben der Abbildung des Zahnfußes ist ein wesentlicher Vorteil der Methode die direkte Abbildung von Modifikationen am Werkzeug (z. B. c_α, $f_{H\alpha}$, c_a, c_f) sowie der Modifikationen aus der Bewegung der Maschinenachsen (c_β, $f_{H\beta}$). Zusätzlich können fertigungsbedingte Abweichungen abgebildet werden, wie zum Beispiel eine natürliche Verschränkung (siehe Abschnitt 3.3.1). Allerdings kann das Verfahren der Geometrieberechnung nur bei wälzenden und nicht bei profilierenden Fertigungsverfahren angewandt werden. Der Grund hierfür ist die benötigte Relativbewegung zwischen Werkstück und Werkzeug.

Das geometrische Erzeugungsprinzip wird in Programmen wie dem GearGenerator zur Generierung von Zahnlückenkonturen angewendet [RÖTH12]. Auf Grundlage von Zahnrad- und Werkzeugdaten wird die Werkstückgeometrie inklusive Modifikationen und Fertigungsabweichungen berechnet. Die Geometrie liegt in Form einer Punktewolke vor und kann als Eingangsgröße für eine FE-basierte Zahnkontaktanalyse dienen, um die Auslegung der Verzahnung hinsichtlich Tragfähigkeit oder Geräuschanregung zu analysieren und zu optimieren (siehe Abschnitt 6.2).

Modifikationen können visualisiert werden, indem eine abweichungsfreie Zahnlücke der berechneten Geometrie gegenübergestellt wird. Beide Geometrien werden hierzu in Normalenrichtung im Stirnschnitt voneinander subtrahiert. Das Prinzip ist in Bild 6.8 dargestellt. Im unteren rechten Bereich ist eine Abweichungsfläche dargestellt, wie sie sich nach der Flächensubtraktion ergibt. Die Abweichungsfläche entspricht einer topologischen Messung auf einer Koordinatenmessmaschine. Im linken unteren Bereich ist eine Auswertung nach VDI/VDE 2607 [VDI00] dargestellt. Es werden Schnitte durch die Abweichungsfläche der Zahnlücke an mehreren Positionen in Profil und Breitenrichtung gelegt. Jeweils ein Schnitt für die Flankenlinie repräsentiert eine Messung am Kopf, in der Mitte und am Fuß in Breitenrichtung. In Breitenrichtung wird eine Profillinie am linken, mittleren sowie rechten Stirnschnitt ausgewertet. Das Ergebnis entspricht dem einer Verzahnungsmessung auf einer Koordinatenmessmaschine, wie es in Abschnitt 3.9 vorgestellt wurde.

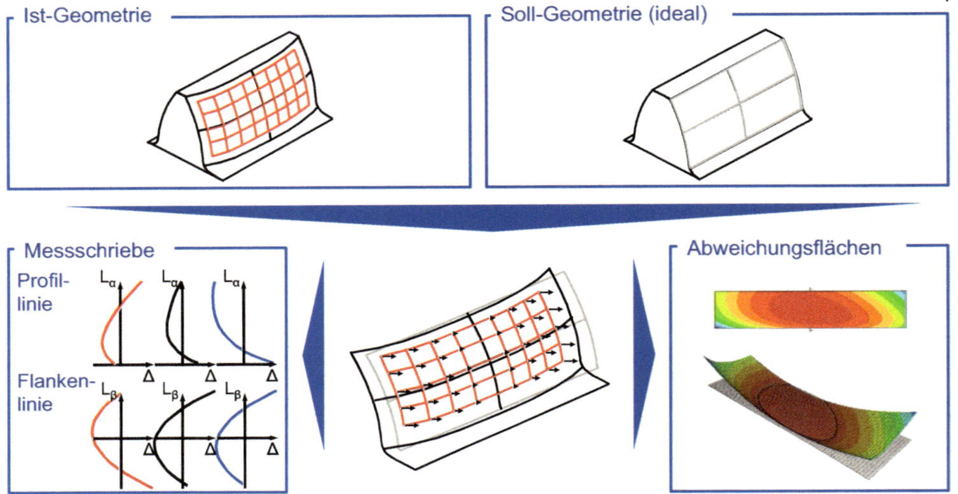

Bild 6.8 Bestimmung der Geometrieabweichungen

6.2.3 Simulationsmethoden

Die Simulation von Fertigungsprozessen ist für eine wirtschaftliche Prozessauslegung von Bedeutung. Mithilfe von simulativ ermittelten Prozesscharakteristika kann ein tieferer Einblick in die Bearbeitungsbedingungen gewonnen werden [WINK05]. Zur Analyse von Zahnradfertigungsverfahren hat sich insbesondere die geometrische Durchdringungsrechnung etabliert. Diese bildet Zerspanprozesse rein geometrisch ab und ermöglicht auf diese Weise eine zeiteffiziente Ermittlung sämtlicher im Prozess auftretender Spanungsgeometrien. Der Nachteil der geometrischen Betrachtungsweise liegt in der unzureichenden Beschreibung der Kontaktbedingungen zwischen Werkzeug und Werkstück. So haben beispielsweise Werkstoff, Schneidstoff, Schnittgeschwindigkeit, Schneidkantenform sowie die lokalen Span- und Freiwinkel keinen Einfluss auf die Durchdringungsverhältnisse, sie sind aber für die Prozesstechnologie essenziell. Zur Modellierung des tribologischen Kontaktes unter

Berücksichtigung der Schneidkantenform bieten Kontinuum-Methoden wie die Finite-Elemente-Methode (FEM) eine Möglichkeit der Prozesssimulation [KLOC08]. Mittels FEM können physikalische Prozess- und Zustandsgrößen, wie beispielsweise Spannungen, Temperaturen, Kräfte und Wärmeströme, orts- und zeitaufgelöst ermittelt werden. Ferner können die geometrischen und tribologischen Kontaktbedingungen sowie Spanbildungsvorgänge entsprechend der jeweiligen Anwendung und Anforderung modelliert werden. Zur FE-Simulation von Verzahnungsprozessen wurden in der Vergangenheit insbesondere die kommerziell erhältlichen Programme DEFORM [BOUZ81, HERZ14, STUC14], AdvantEdge [KARP17, KÖCH19] und Abaqus [KÜHL13, TROS23] verwendet.

6.2.3.1 Durchdringungsrechnung

Anders als in der vorgestellten werkzeugbasierten Geometrieberechnung oder der analytischen Flankengeometrie-Berechnung bietet die Durchdringungsrechnung den Vorteil, dass neben der erzeugten Werkstückgeometrie zusätzlich sämtliche im Fertigungsprozess entstehenden Spanungsgeometrien berechnet werden. Durch Analyse der Spanungsgeometrien können für den Prozess charakteristische Kennwerte berechnet werden, wie z. B. Spanungsdicke und Schnittbogenlänge. Für die Analyse werden zusätzliche Simulationsschritte notwendig, was Durchdringungsrechnungen im Allgemeinen zeitaufwendiger macht als bisher beschriebene Verfahren zur Geometrieerzeugung. Eine Durchdringungsrechnung ist allerdings deutlich zeiteffizienter als eine FE-Simulation. Des Weiteren ist es mit einer Durchdringungsrechnung nur möglich, abweichungsbehaftete Geometrien zu erzeugen, da charakteristische Fertigungsabweichungen in der Simulation abgebildet werden. Dies entspricht dem realen Bearbeitungsprozess.

Die erste rechnergestützte Fertigungssimulation in der Zahnradherstellung war das Programm FRS, das 1973 von Sulzer entwickelt wurde [SULZ73]. Während in früheren Arbeiten, unter anderem in der von Hoffmeister [HOFF70], Näherungslösungen mit analytischen oder empirischen Formeln genutzt wurden, ist bei Sulzer [SULZ73] ein Simulationsprogramm beschrieben, das die Durchdringungsrechnung auf einem Digitalrechner umsetzt. Das Programm wurde auf dem damaligen Großrechner (CDC 6400) entwickelt, der mit einer CPU ausgestattet war, die eine Rechenleistung von bis zu 10 MIPS bei ca. 10 MHz erreichte. Zum Vergleich: Ein Vierkernrechner erreicht über 100 000 MIPS bei 3 GHz Taktfrequenz. Aufgrund der damaligen, geringen Rechenkapazität war die Auflösung der Simulation stark begrenzt. Trotzdem konnte die komplexe Kinematik des Wälzfräsprozesses abgebildet werden, und es wurden Spanungsquerschnitte sowie Spanungsgeometrien berechnet.

Um die Genauigkeit der Simulation zu steigern, wurden von Mundt das Werkzeugmodell wie auch die Durchdringungsrechnung erweitert [MUND92]. Die in diesen Arbeiten gewonnenen Erkenntnisse sind in die Entwicklung des Simulationsmodells SPARTApro geflossen. SPARTApro ist eine Fertigungssimulation zur Berechnung des Wälzfräsens von Stirnradverzahnungen, die 2001 in der ersten Version erschienen ist [WECK03]. Aus der Eingabe von Werkzeug- und Werkstückgeometrie sowie Prozessdaten wird die Kinematik berechnet, und mithilfe einer numerischen Durchdringungsrechnung können die Zahnlücken- und Spanungsgeometrie berechnet werde. Die Spanungsgeometrie unterscheidet sich von der Spangeometrie dadurch, dass sie nicht verformt ist. Anders als in einer FE-Simulation können in der Durchdringungsrechnung keine Verformungen abgebildet werden. Aus der Spanungsgeometrie können aber Prozesskennwerte abgeleitet werden, worauf im nächsten

Abschnitt genauer eingegangen wird. Diese Kenngrößen können dann zur Verschleißanalyse und Prozessauslegung genutzt werden (Abschnitt 6.2.4).

Der Ablauf der zweidimensionalen Durchdringungsrechnung ist am Beispiel der Fertigungssimulation für das Wälzfräsen SPARTApro [WECK03] in Bild 6.9 dargestellt. Zunächst erfolgt in der Vorbereitung die Diskretisierung des Werkstücks und des Werkzeugs. Das zylinderförmige Werkstück wird durch Kreisebenen in der X-Y-Ebene beschrieben, deren Durchmesser dem Kopfkreisdurchmesser des Stirnrads entspricht. In Richtung der Z-Achse werden die Ebenen entsprechend der Werkstückbreite äquidistant verteilt [KLOC13].

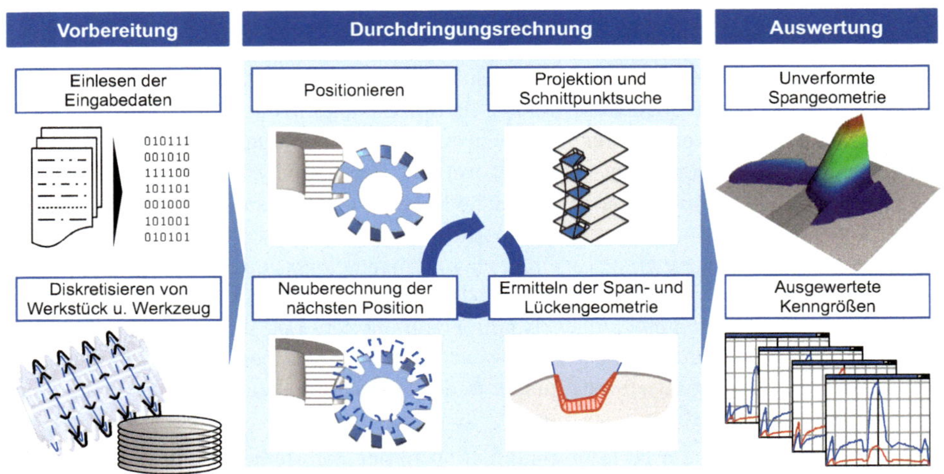

Bild 6.9 Ablauf der Durchdringungsrechnung

Die Schneidkante wird entsprechend der in Abschnitt 6.2.1.1 vorgestellten Definitionen am Bezugsprofil als zweidimensionaler Linienzug erzeugt. Anschließend wird der Linienzug im dreidimensionalen Raum positioniert und entsprechend der Werkzeugbewegung aus den Schneidenprofilen eine diskrete Hüllkurve des Werkzeugs generiert.

Für die Berechnungsmethode der Durchdringungsrechnung, die in der Mitte von Bild 6.9 schematisch abgebildet ist, wird der Fertigungsprozess in diskrete Schritte unterteilt. Die Inkremente werden in Abhängigkeit der Wälzstellung beziehungsweise Schneideneingriffe bei Prozessen mit definierter Schneide oder zeitdiskret im Falle von kontinuierlichen Prozessen wie dem Wälzschleifen gewählt. Der erste Schritt der Durchdringungsrechnung dient der Positionierung von Werkzeug und Werkstück zueinander. Die Positionierung wird mithilfe der kinematischen Kette berechnet. Über die Multiplikation der Translations- und Rotationsmatrizen werden die Bewegungen der einzelnen Maschinenachsen für einen bestimmten Zeitpunkt zu einer Gesamtbewegung zusammengefasst. Entsprechend werden Werkstück und Werkzeughüllkörper zueinander ausgerichtet.

Anschließend erfolgt die Berechnung der Durchdringungsvolumina, welche gleichzeitig die unverformten Spanungsgeometrien darstellen. Dafür werden für jede Werkstückebene die Durchstoßpunkte des Werkzeughüllkörpers entsprechend der Schnittbewegung berechnet. Als Ergebnis liegt die Werkzeugkontur in der Werkstückebene vor. Für jede Ebene wird anschließend überprüft, ob ein Schnittpunkt zwischen der projizierten Werkzeugkontur und der Kontur der Werkstückebene existiert. Ist dies der Fall, erfolgt die Auswertung der Spanungsgeometrie.

Im Fall der zweidimensionalen Durchdringung wird die Spanungs- und Lückengeometrie für eine Werkstückebene ermittelt. Der Span besteht aus der Schnittfläche zwischen Werkstück- und Werkzeugkontur in der Stirnschnittebene. Um die Spanungsgeometrie zu bestimmen, werden die Konturen der ursprünglichen Werkstückebene und der Werkzeugschneide übernommen und voneinander abgezogen. Daraus werden die Dicke und die Fläche des Spans in der betrachteten Ebene berechnet. Nach Durchlaufen aller Ebenen für eine diskrete Werkzeugpositionierung können Spanbildungskenngrößen für den gesamten Span berechnet werden. Auf die verschiedenen Kenngrößen sowie deren Berechnung wird im nächsten Abschnitt eingegangen.

Nach Abschluss der Durchdringungsrechnung für einen diskreten Simulationsschritt erfolgt die Neuberechnung der Position für das nächste Inkrement. Ist das Ende des Prozesses erreicht, ist die Durchdringungssimulation abgeschlossen. Die Ergebnisse können anschließend ausgegeben und ausgewertet werden.

6.2.3.2 FE-Simulation

Für die FE-Analyse ist ein Zerspansimulationsmodell erforderlich, welches die Geometrie, die Kinematik und das Werkstoffverhalten eines ausgewählten Zerspanprozesses nachbildet. Anhand des FE-Modells ist es möglich, gegenseitige Einflüsse der Prozessgrößen eines Fertigungsprozesses zu bewerten und detaillierte Aussagen über die Werkzeugbelastung sowie die Spanbildung zu treffen. Die Ausgangssituation einer FE-Simulation sind vernetzte Geometrien aller am Zerspanprozess beteiligten Komponenten sowie die entsprechenden Relativbewegungen. Die Vorgehensweise zur Erzeugung eines FE-Modells für die dreidimensionale Zerspansimulation ist in Bild 6.10 dargestellt. Zunächst kann mithilfe der Durchdringungsrechnung die Lückengeometrie des Werkstücks mit den gewünschten Prozessparametern simuliert werden. Die relative Position zwischen Werkzeug und Werkstück zu einem definierten Zeitpunkt des Prozesses kann ebenfalls mithilfe der Durchdringungsrechnung und kinematischen Kette bestimmt werden.

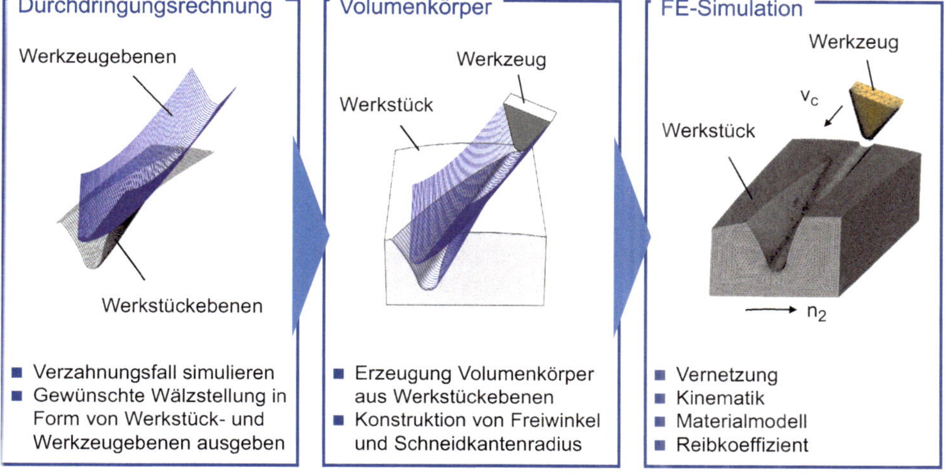

Bild 6.10 Vorgehensweise zur Erstellung eines FE-Modells für die Zerspansimulation

Im nächsten Schritt werden die als Punktewolke vorliegenden Werkstückebenen in einen Volumenkörper überführt, der als Basis für das Werkstückmodell dient. Der Volumenkörper des Werkzeuges wird entsprechend des Werkzeugprofils unter Berücksichtigung der Span- und Freiwinkel sowie der Schneidkantenverrundung konstruiert. Die erstellten und räumlich zueinander ausgerichteten Körper werden anschließend an das FE-Simulationsprogramm übergeben und dort vernetzt. Das Vernetzen geschieht nach zuvor festgelegten Parametern wie Elementtyp, Elementgröße und Elementverteilung. Die Vernetzung geschieht ungleichmäßig, damit im Bereich der Zerspanstelle durch eine wesentlich feinere Netzauflösung eine möglichst reale Abbildung der Zerspanbedingungen realisiert wird. Durch Vernachlässigung unbeanspruchter Bereiche werden eine zusätzliche Reduzierung des Körpers und eine Verringerung der Elementanzahl erzielt. Das Modell des Werkzeugs wird in der FE-Zerspansimulation zumeist als starr angenommen und bildet keine elastische oder plastische Verformung ab. Jedoch findet eine Berechnung des Wärmetransfers innerhalb des Werkzeugs statt. Hingegen weist das Werkstück ein elastisch-plastisches Verhalten des betrachteten Werkstoffes auf, um die Zerspanung analysieren zu können. Da während der Spanabnahme große Deformationen des Werkstoffs auftreten, sind spezielle Diskretisierungsmethoden notwendig, um die Werkstofftrennung bzw. Spanbildung numerisch stabil abbilden zu können [PULS15]. Hierzu werden für Zerspansimulationen im Wesentlichen die Lagrange-Formulierung mit adaptiver Neuvernetzung, die Arbitrary-Lagrange-Euler-Formulierung (ALE) und die gekoppelte Euler-Lagrange-Formulierung (CEL) verwendet [PULS15].

Eine weitere Voraussetzung für eine präzise FE-Simulation sind auf den spezifischen Anwendungsfall abgestimmte Werkstoff- und Kontaktmodelle [KLOC08]. Diese umfassen sowohl die thermischen als auch die mechanischen Eigenschaften des Werkstoffes sowie das Reibverhalten in den Kontaktzonen [THIM19]. Aufgrund der hohen Dehnungen ($1 < \epsilon < 10$) und Dehnraten ($10^3\ s^{-1} < \dot{\epsilon} < 10^6\ s^{-1}$) in der Zerspanung ist die Modellierung des plastischen Bereichs von besonderer Relevanz [JASP99]. Die Beschreibung des plastischen Werkstoffverhaltens erfolgt in der Zerspanung über Werkstoffgesetze, die die Fließspannung σ_F als Funktion der Dehnung ϵ, der Dehnrate $\dot{\epsilon}$ und der Temperatur ϑ approximieren [THIM19]. Etablierte Werkstoffgesetze für die Zerspanung sind beispielsweise die konstitutiven Modelle nach Johnson und Cook [JOHN83], Zerilli und Armstrong [ZERI87] und Oxley [OXLE89]. Das Materialmodell muss für den betrachteten Werkstoff zunächst in Experimenten parametriert werden. Die Parametrierung eines Werkstoffmodells kann entweder durch direkte Messungen in Werkstoffprüfversuchen oder durch inverse Methoden auf Basis von Zerspanversuchen erfolgen [THIM19]. Im Werkstoffprüfversuch werden geometrisch einfache Proben verformt. Währenddessen werden Messgrößen erfasst, auf deren Basis das Modell parametriert wird. Ein etabliertes Prüfverfahren für diese Methode ist der Split-Hopkinson-Pressure-Bar-Test [ARRA13]. Nachteilig bei der direkten Methode ist, dass die relevanten Dehnungen, Dehnungsraten und Temperaturen sowie die hohe Aufheizrate (10^6 °C/s) und die Drücke, die während eines Zerspanprozesses wirken, mit den meisten Werkstoffprüfverfahren nicht erreicht werden [ARRA13]. Diese Belastungen können nur in einem realen Zerspanprozess gleichzeitig erreicht werden. Infolgedessen wird seit einiger Zeit an inversen Methoden gearbeitet, um die Werkstoffmodellkonstanten direkt aus Zerspanversuchen in Kombination mit analytischen oder numerischen Berechnungen zu ermitteln [HARD22].

Für die FE-Simulation von Vorverzahnprozessen parametrierte Troß das Johnson-Cook-Materialmodell für einen für Zahnräder typischen Einsatzstahl 20MnCr5 invers auf Basis von Linear-Orthogonalschnittversuchen. Der Ansatz in dieser Arbeit verwendete numerische Berechnungen mit der FE-Software AdvantEdge, um die Modellkoeffizienten auf Basis der experimentellen Ergebnisse zu ermitteln. Die Modellkoeffizienten wurden hierzu iterativ angepasst, bis eine gute Übereinstimmung zwischen Simulation und Experiment im Hinblick auf die Zerspankraftkomponenten und die Spanform vorlag. Für die Validierung wurde ein dreidimensionales FE-Modell eines Einzahneingriffs beim Wälzfräsen aufgebaut. Die erforderliche Lückengeometrie und die relative Werkzeugposition wurden mithilfe von SPARTApro ermittelt. Die Simulationsergebnisse wurden anschließend mit experimentellen Ergebnissen aus dem Schlagzahnversuch abgeglichen. Der Schlagzahnversuch wurde diesbezüglich so modifiziert, dass eine gezielte Bearbeitung einzelner Wälzstellungen mit konstanter Relativposition des Werkzeugs möglich war. Auf diese Weise konnten Kraft- und Drehmomentsignale sowie Späne einer eindeutigen Wälzstellung zugewiesen werden, vgl. Bild 6.11. Das so validierte FE- und Werkstoffmodell wurde im Anschluss zur Analyse der thermomechanischen Belastung beim Wälzfräsen verwendet [TROS23].

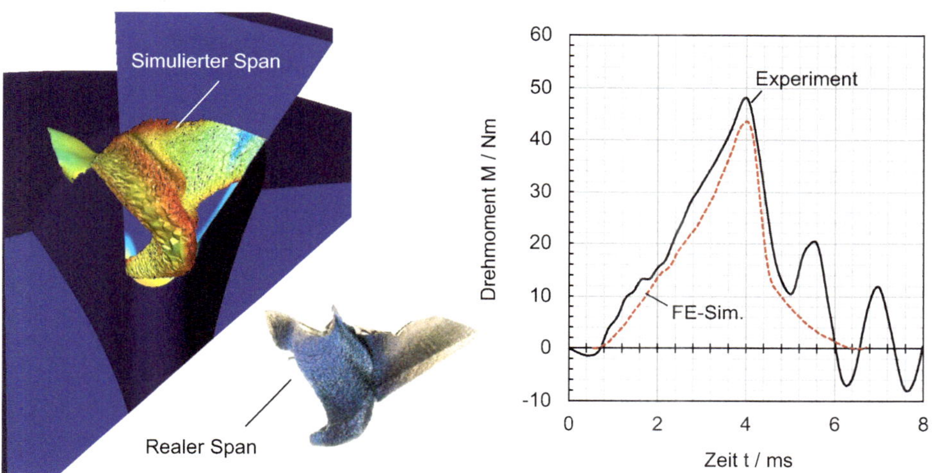

Bild 6.11 Gegenüberstellung von FE-Simulation und Experiment [TROS23]

Von Herzhoff [HERZ14] wurde ein FE-Modell entwickelt und vorgestellt, mit dessen Hilfe ein Vorhersagemodell für den Werkzeugstandweg beim Kegelradfräsen erstellt wurde. Kritisch ist beim Kegelradfräsen die Bildung mehrflankiger Späne, welche zu einem lokal überhöhten Werkzeugverschleiß führen. Ausgehend von dem für das Kegelradfräsen entwickelten Modell lassen sich weitere Modelle für Prozesse mit mehrflankiger Spanbildung, wie beispielsweise das Wälzstoßen oder das Wälzfräsen, ableiten. Dabei werden die thermischen und mechanischen Lasten bei der Spanbildung berücksichtigt. Das Gesamtmodell für den betrachteten Parameterraum ist in Bild 6.12 dargestellt. Das Modell berücksichtigt die Einflüsse von vier geometrischen Größen bei der Spanbildung im Bereich der Eckenradien. Diese Größen sind der Werkzeugeingriffswinkel α, der Eckenradius r_ε, die Spanungsdicke an der Flanke h_s und die Kopfspanungsbreite b_0. Auf Grundlage dieses Modells ergibt sich beispielsweise ein linearer Einfluss der Spanungsdicke an der Flanke h_s und ein degressiver Einfluss des Eingriffswinkels α auf den Standweg. Mithilfe dieses Vorhersagemodells können die zu erwartenden Standwege abgeschätzt werden [HERZ14].

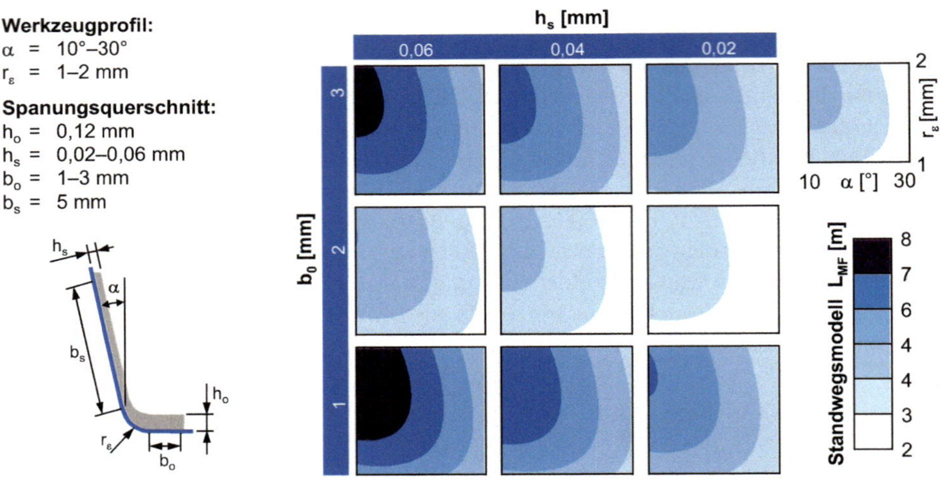

Bild 6.12 Simulationsbasierte Prozess- und Fertigungsauslegung [HERZ14]

6.2.4 Simulationsgestützte Modellierung

Für eine optimierte Prozessauslegung ist die Identifizierung und Untersuchung der Wirkzusammenhänge zwischen Prozessparametern, Prozesskenngrößen und Werkzeugbelastung unabdingbar. Zu den wichtigsten Prozesskenngrößen bei Zahnradfertigungsverfahren zählen die maximale und mittlere Spanungsdicke und Spanungslänge sowie das Spanungsvolumen. Besonders relevant für die Bestimmung der mechanischen Belastung ist in der Zerspanung die Berechnung der Zerspankraft. Belastungen haben innere Beanspruchungen zur Folge, die als Spannungen im Werkzeug wirksam werden.

6.2.4.1 Spanungskenngrößen

Obwohl die Spanungsdicke eine der am weitesten verbreiteten Spanungskenngrößen zur Bewertung eines Fertigungsprozesses ist, gibt es viele weitere Kenngrößen, die sich in der Durchdringungsrechnung bestimmen lassen und zur Charakterisierung des Prozesses geeignet sind. Aus Kontakt und Durchdringung der Hüllkörper von Werkzeug und Werkstück zu einem diskreten Zeitpunkt lassen sich die Spanungsdicke, Kontaktfläche, Spanungsquerschnitte sowie das Spanungsvolumen und die Spanungslängen bestimmen.

Bild 6.13 zeigt auf der linken Seite eine Zahnlücke, in der die Bahnkurven einzelner Werkzeugpunkte und die sich ergebende Kontaktfläche abgebildet sind. Werden einzelne Stirnschnittebenen des Werkstücks betrachtet, lässt sich in den Stirnschnittebenen der Spanungsquerschnitt bestimmen. Der Spanungsquerschnitt liegt zu jedem Zeitpunkt des Zerspanungsvorgangs in einer Normalebene zur Hauptschnittrichtung. In dieser Ebene wird die Spanungsdicke angegeben [DIN85]. Da die Spanungsquerschnitte in der Simulation in Stirnschnittebenen des Werkstücks berechnet werden, ist eine Transformation der Spanungsdicken aus den Stirnschnittebenen in Normalebenen zur Schnittrichtung notwendig. Da die Berechnung der Spanungsdicke eine der komplexesten Kennwertberechnungen erfordert, wird im nächsten Abschnitt genauer darauf eingegangen. Die Länge der berechneten Kontaktfläche entspricht gleichzeitig auch der Schnitt- oder Spanungslänge. Wird für jeden Werkzeugpunkt die Anzahl an Kontakten aufgezeichnet, ergibt sich als weitere Kenngröße die Anzahl an Schnitten pro Werkstück.

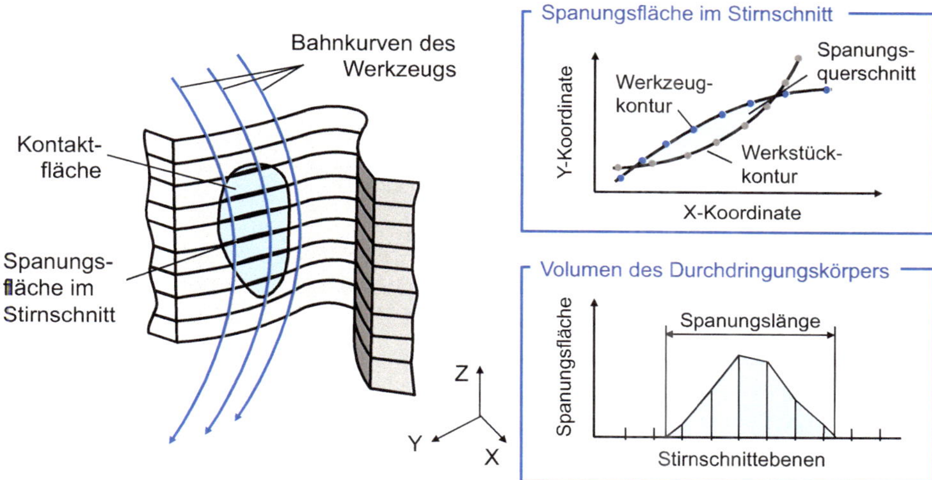

Bild 6.13 Spanungskenngrößen

Aus den Spanungsquerschnitten in den Stirnschnittebenen kann das Spanvolumen ermittelt und über der Werkstückbreite aufgetragen werden. In Bild 6.13 ist unten rechts gezeigt, wie die Durchdringung an der Zahnlücke aussehen kann, wenn die Informationen von zuvor berechneter Werkstückkontur, aktueller Werkstückkontur und Stirnschnittebenen zum Spanungsvolumen vereint werden. Zur Berechnung der Spanungsvolumina wird der Verlauf der Spanungsquerschnitte über die Stirnschnittebenen aufgetragen. Aus der Integration der Spanungsflächen über der Werkstückbreite ergibt sich das Volumen des Spans.

Die Auswertung einzelner Spanungskenngrößen kann auf verschiedene Arten erfolgen. So lassen sich für nahezu jede Kenngröße maximale und mittlere Werte bestimmen. Diese Kennwerte können zur Prozessauslegung bzw. zur Definition technologischer Grenzen von Werkzeug oder Maschine genutzt werden. Zudem ist es möglich, auf die Summe von Kennwerten zurückzugreifen. So ergibt beispielsweise das kumulierte Spanungsvolumen das Volumen der erzeugten Zahnradlücke und bietet sich als Validierungsgröße von Zerspansimulationen an.

Zu beachten ist, dass keine isolierte Beurteilung der Simulationsergebnisse ohne ganzheitliche Betrachtung aller relevanten Prozesseinflüsse durchgeführt werden kann. Da es sich bei der Durchdringungsrechnung um die geometrische Berechnung des unverformten Spans handelt, wird der Werkstoffeinfluss im Modell nicht berücksichtigt, sondern muss beispielsweise für eine Zerspankraftvorhersage aus empirischen Zusammenhängen ermittelt werden. Daher ist die gezielte Gegenüberstellung von Ergebnissen aus Real- oder Analogieversuchen für den Einfluss der Spanungskenngrößen auf das Werkzeug und den Prozess von großer Bedeutung.

In der DIN 6580 [DIN85] ist die örtliche Spanungsdicke als Abstand zwischen Werkstückoberfläche und Schneidkante des Werkzeuges in einem beliebigen Schneidenpunkt orthogonal zur Schneide definiert. Darüber hinaus ist die Ebene festzulegen, in welcher der Spanungsquerschnitt vorliegt, der die Spanungsdicke enthält. Die Ebene wird als momentane Spanungsmessebene bezeichnet und liegt gemäß der genannten DIN-Norm senkrecht zur Schnitt- oder Wirkrichtung. Im Fall von Prozessen mit rotierenden Werkzeugen kann die Ebene im Normalschnitt am Bezugsdurchmesser der Werkzeughüllkurve als Spanungsmessebene festgelegt werden. Der Mittelpunkt zwischen den Kopfrundungsradien des Bezugsprofils bildet den zugehörigen Schneidenbezugspunkt und bietet damit beim Wälzfräsen den Bezug zur Berechnungsformel der maximalen Kopfspanungsdicke [HOFF70].

In der beschriebenen Methode der Durchdringungsrechnung liegen Informationen über die Gestalt des Werkstücks zunächst diskret in Stirnschnittebenen des Werkstücks vor. Damit sind die Spanungsquerschnitte nicht bei einem gemeinsamen Werkzeugdrehwinkel definiert, wodurch der Bezug zu den in der Spanungsmessebene zu berechnenden Spanungsdicken fehlt. Der Bezug kann erzeugt werden, indem jede Spanungsdicke bei einem definierten Drehwinkel und damit vorgeschriebenen Zeitpunkt erzeugt wird.

Die Lösung des Problems wird mit der Interpolation der Spanungsgrößen über dem Werkzeugdrehwinkel realisiert. Für gemeinsame, festgelegte Drehwinkelschritte wird die Lösung der Interpolationsgleichungen gesucht. Dadurch werden die fehlenden Werte für die Spanungsgrößen zu diskreten Zeitpunkten erzeugt und eine Berechnung der Spanungsgeometrie ermöglicht.

Bei großer Durchdringung zwischen Werkstück und Werkzeug kann es vorkommen, dass in der Zerspanzone kein Schnittpunkt der Geraden normal zur Schneidenkontur in der betrachteten Stirnschnittebene mit der Werkstückkontur existiert (siehe Bild 6.14 links). In diesem Fall kreuzen sich zwei Strecken verschiedener Spanungsdicken in der Zerspanzone zwischen Werkstück- und Schneidenkontur. Die Spanungsdicke kann damit keinem der beiden ursprünglichen Werkzeugpunkte eindeutig zugeordnet werden, sodass die Spanungsdicke an dieser Stelle ungültig für die weitere Auswertung ist.

Um Gebiete ungültiger Spanungsdicken auswerten zu können, wird in diesen Bereichen sowohl auf der Schneidenkontur als auch der Werkstückkontur äquidistant eine gleiche Anzahl an Punkten verteilt. Zwischen den jeweils zusammengehörenden Punkten auf der Werkzeug- und der Werkstückkontur können durch die Verbindung der einzelnen Punkte angepasste Spanungsdicken ermittelt werden, wie es rechts in Bild 6.14 dargestellt ist.

Zur Berechnung der Spanungsvolumina wird der Verlauf der Spanungsquerschnitte über den Stirnschnittebenen interpoliert. Aus der Integration der Gleichungen ergeben sich Volumina der einzelnen Schnittkonturabschnitte, die aufsummiert dem Volumen des Spans entsprechen.

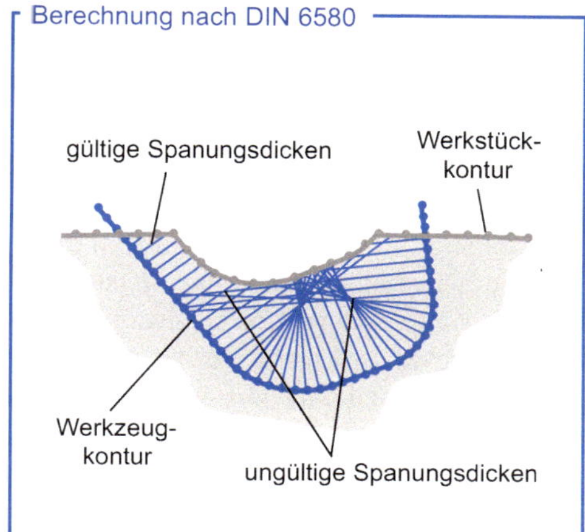

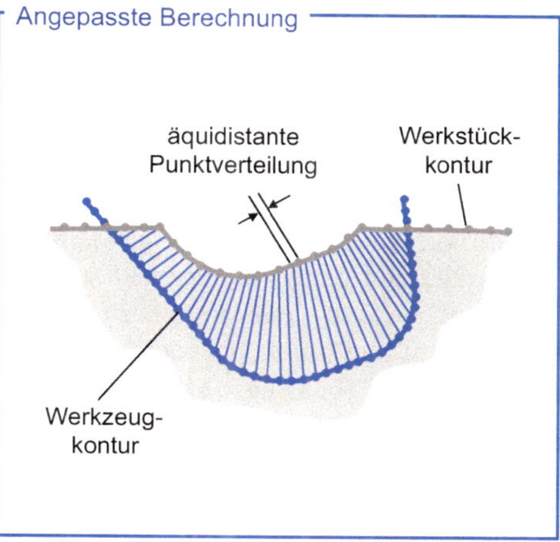

Bild 6.14 Berechnung der Spanungsdicke normal zur Werkzeugschneide und angepasste Berechnung

6.2.4.2 Modellierung der Zahnspankraft

Eine für die Bewertung von Zerspanprozessen häufig herangezogene Kenngröße ist die Zerspankraft, welche ein Indikator für die Belastung von Werkzeug, Werkstück und Maschine ist. Zur Berechnung der Zerspankraft existieren verschiedene Formeln und Modelle, die sich in der Anzahl, Zusammensetzung und Gewichtung der berücksichtigten Einflussfaktoren unterscheiden. Viele Modelle zur Zerspankraftberechnung, wie das etablierte, für den Drehprozess entwickelte Modell von Kienzle [KIEN52], haben gemeinsam, dass die Zerspankraft in Abhängigkeit von den geometrischen Spanungskenngrößen berechnet wird. Aus diesem Grund bietet die Durchdringungsrechnung die Möglichkeit der lokalen Zerspankraftvorhersage, wenn sie mit Modellen zur Zerspankraftberechnung gekoppelt wird. Im Folgenden werden verschiedene Ansätze zur Kraftberechnung für die Verzahnungsfertigung mit geometrisch bestimmter sowie mit geometrisch unbestimmter Schneide vorgestellt.

Im Bereich der Verzahnungsfertigung mit geometrisch bestimmter Schneide existieren mehrere Modelle zur Berechnung der Zerspankraft beim Wälzfräsen. Beispielsweise entwickelte Bouzakis [BOUZ81] ein Modell aufbauend auf dem Zerspankraftmodell für den Drehprozess von Kienzle [KIEN52], welches die Spanungsdicke und -breite sowie empirische Faktoren berücksichtigt. Gutmann wählte einen Ansatz, der die Spanungsdicke und erstmals die Schnittgeschwindigkeit berücksichtigte, siehe Formel 6.4 und Formel 6.5 [GUTM88].

$$F_i = b_\mathrm{k} \cdot A_{i1}(v_\mathrm{c}) \left[h_\mathrm{cu} + A_{i2}(v_\mathrm{c}) \cdot \left(1 - e^{\left(-\frac{h_\mathrm{cu}}{A_{i3}(v_\mathrm{c})} \right)} \right) \right] \tag{6.4}$$

$$A_{ij}(v_\mathrm{c}) = A_{ij1} + A_{ij2}\, e^{\left(-\frac{v_\mathrm{c}}{A_{ij3}} \right)} \tag{6.5}$$

Das Modell nach Gutmann beinhaltet werkstoffspezifische Koeffizienten A_{ij}, aus denen in Abhängigkeit von der Spanungsdicke h_{cu} und der Schnittgeschwindigkeit v_c die auf die Spanungsbreite b_k normierte Schnitt- und Drangkraft berechnet werden kann. Die Drangkraft ist grundsätzlich das Ergebnis einer vektoriellen Addition von Vorschub- und Passivkraft beim Drehen. Beim Wälzfräsen wirkt die Drangkraft senkrecht zur Schneidkante und ist eine bei Gutmann verwendete Größe zur Analyse der Kräfte in radialer und axialer Richtung. Das Modell beinhaltet werkstoffspezifische Zerspankraftkennfelder, aus denen in Abhängigkeit von der Spanungsdicke und der Schnittgeschwindigkeit die spanungsbreitennormierte Schnitt- und Drangkraft abgeleitet werden kann. Durch Zerspanversuche im Orthogonalschnitt und eine nachfolgende Validierung im Wälzfräsprozess kann das Modell nach Gutmann für neue Werkstoffe parametriert werden. Dazu wird ein Analogieversuch zum Wälzfräsen verwendet – der Leistendrehtest. Im Leistendrehtest werden für verschiedene Werkstoffe Zerspanversuche mit definierten Schnittgeschwindigkeiten und Vorschüben durchgeführt und die auftretenden Zerspankräfte gemessen.

Die Anwendung der Kraftmodelle für die Berechnung der lokal und zeitlich aufgelösten Zerspankraft beim Wälzfräsen ist in Bild 6.15 dargestellt. Zunächst wird die einzelne Spanungsgeometrie für jede Wälzstellung mithilfe der Durchdringungsrechnung bestimmt. Die Spanungsgeometrie wird in Spanungsquerschnitte entlang der Schneidkante aufgeteilt. Abhängig vom Werkzeugdrehwinkel weisen die Spanungsquerschnitte definierte Spanungsbreiten und -dicken auf. Für die Berechnung der Schnitt- und Drangkraft kommt beispielsweise das Modell nach Gutmann zum Einsatz [GUTM88]. Anschließend werden die lokalen Kräfte entlang der Schneidkante über den einzelnen Querschnittelementen zur resultierenden Momentankraft eines Zeitinkrements aufsummiert. Die Berechnung wird für jedes Zeitinkrement durchgeführt, sodass sich der Kraftverlauf über der Zeit bzw. über dem Werkzeugdrehwinkel für eine einzelne Wälzstellung ergibt. Unter Berücksichtigung der Winkellage des Werkzeuges können die Momentankräfte der einzelnen Wälzstellungen vektoriell addiert und so der Kraftverlauf für eine Werkzeugumdrehung am gesamten Werkzeug ermittelt werden.

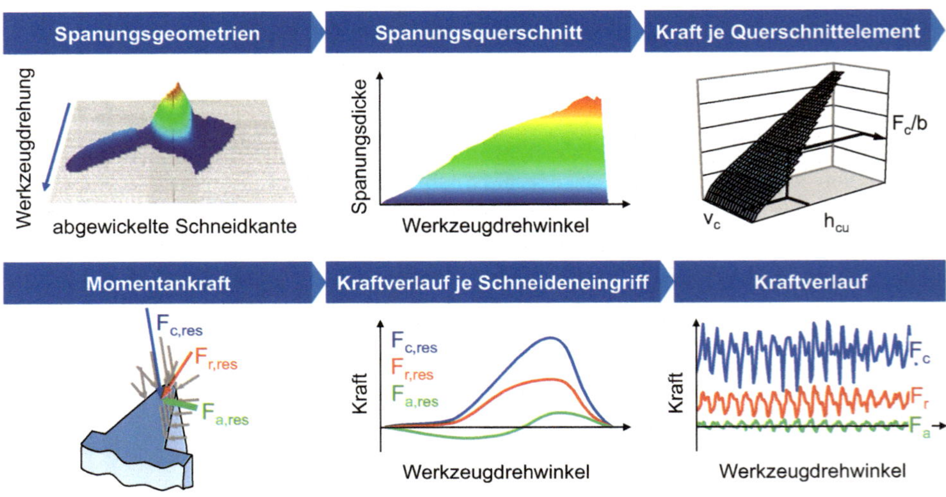

Bild 6.15 Berechnung der Zerspankraft beim Wälzfräsen [GUTM88]

Zur Validierung der Kraftberechnung der Fertigungssimulationen wurden Messergebnisse aus Versuchen aus der industriellen Praxis mit den entsprechenden Simulationen verglichen. Hierzu wurde eine Verzahnung mit Modul m_n = 14 mm aus dem Werkstoff 16MnCr5 bearbeitet. Die Ermittlung des Spindelmoments erfolgte in diesen Versuchen durch eine Messung des momentenbildenden Motorstrom-Istwerts. Für eine Geschwindigkeit von v_c = 40 m/min und einen Vorschub von f_a = 3,5 mm sind der gemessene und der berechnete Momentenverlauf in der oberen Bildhälfte von Bild 6.16 für eine Werkzeugumdrehung dargestellt. Der Mittelwert der nach dem Zerspankraftmodell nach Gutmann berechneten Kräfte weicht von den Messwerten um circa 1 % ab [GUTM88]. Ein Vergleich der Maximalwerte aus Messung und Simulation zeigt eine höhere Abweichung. Hierbei ist zu berücksichtigen, dass die Rechnungen rein statisch durchgeführt werden und keine dynamischen Einflüsse berücksichtigt werden [BREC15c].

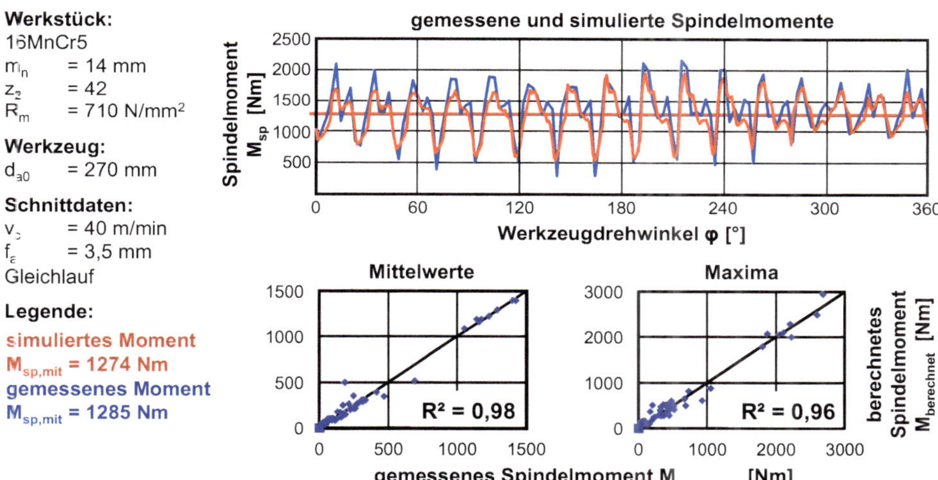

Bild 6.16 Vergleich von gemessenen und simulierten Spindelmomenten [BREC15c]

Zusätzlich sind in der unteren Bildhälfte die Mittelwerte und Maxima von insgesamt 30 Industrieversuchen den entsprechenden Simulationen gegenübergestellt. Die Verzahnungen decken einen Bereich des Moduls m_n von m_n = 1,5 mm bis m_n = 18 mm ab. Die untersuchten Schnittgeschwindigkeiten liegen zwischen v_c = 40 m/min und 400 m/min und der Axialvorschub bei f_a = 1 bis 6 mm. Es zeigt sich bei der Betrachtung dieses großen Variationsraums eine sehr gute Übereinstimmung von realem Prozess und Simulation [BREC15c].

Analog zum Vorgehen beim Wälzfräsen kann die Kraft auch für Verzahnungsfertigungsprozesse mit geometrisch unbestimmter Schneide mithilfe der Durchdringungsrechnung und geeigneter Kraftmodelle berechnet werden. Zur möglichst genauen Bestimmung der für die Schleifkraftberechnung benötigten Spanungskenngrößen kann bei Prozessen mit geometrisch unbestimmter Schneide neben der makroskopischen Durchdringung zwischen Zahnrad und Schleifwerkzeug auch die mikroskopische Durchdringung der einzelnen Schleifkörner berücksichtigt werden.

Zur Kraftberechnung für das kontinuierliche Wälzschleifen können für das Flach- und Rundschleifen entwickelte Berechnungsansätze wie Formel 6.6 nach Kassen [KASS69] und Werner [WERN73] verwendet werden [SCHE19]. In das Modell fließen der Spanungsquerschnitt A_{cu}, die kinematische Schneidenanzahl N_{Kin} sowie eine spezifische Schnittkraft k und ein Materialkoeffizient n ein.

$$F_n'(l) = \int_0^l (k \cdot A_{cu} \cdot l)^n \cdot N_{Kin}(l) dl \tag{6.6}$$

Mithilfe der Kombination aus Durchdringungsrechnung und Kraftmodell können die Schleifkräfte lokal und zeitlich aufgelöst für den gesamten Prozess berechnet werden. Im Anschluss an die Modellentwicklung wurde eine Validierung mithilfe von Schleifkraftmessungen beim Wälzschleifen durchgeführt. Bild 6.17 zeigt den Vergleich zwischen der durchgeführten Schleifkraftmessung und dem Berechnungsergebnis. Verlauf und Wert der berechneten Schleifkraft stimmen mit gemessenen Werten gut überein. In beiden Ergebnissen ist ein Anstieg der Schleifkraft im Einlaufbereich der Schleifschnecke bis auf ca. 350 N nach zehn Sekunden Prozesszeit zu sehen. Anschließend befindet sich die Schleifschnecke komplett im Kontakt. In diesem Bereich von zehn Sekunden bis 35 Sekunden Prozesszeit verändert sich die berechnete Kraft nicht. In der Messung sind ein leichter Abfall von 50 N festzustellen sowie dynamische Vorgänge im Kontakt von Werkzeug und Werkstück bzw. der Maschine. Abschließend verlässt die Schleifschnecke den Vollschnittbereich und tritt aus der Verzahnung aus, wobei ein Kraftabfall auf 0 N zu verzeichnen ist [SCHE19].

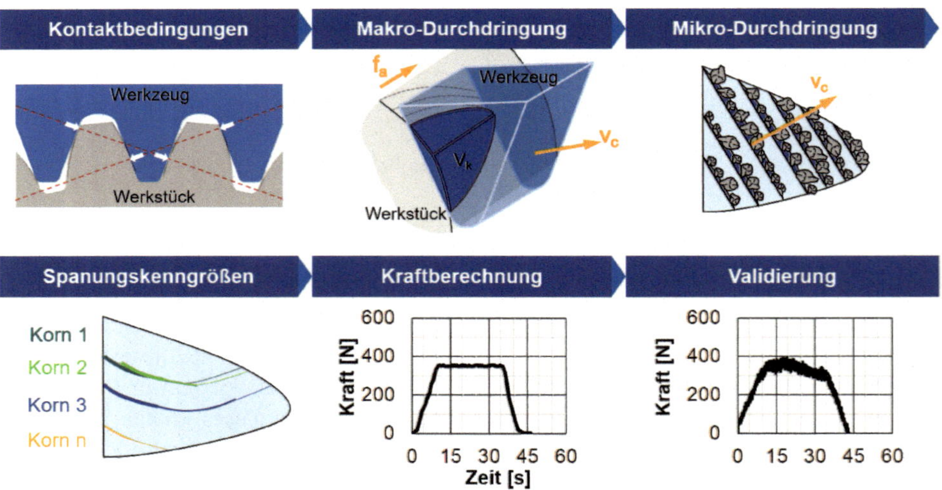

Bild 6.17 Berechnung der Schleifkraft beim kontinuierlichen Wälzschleifen [SCHE19]

Vergleichbar zum Wälzschleifen wurden ebenfalls Kraftmodelle für weitere Verzahnungsfertigungsprozesse mit geometrisch unbestimmter Schneide wie das Verzahnungshonen und das Kegelradschleifen entwickelt [KAMP17, SOLF22]. Wie auch beim Wälzfräsen und beim Wälzschleifen basieren diese Modelle auf der Berechnung der lokal und zeitlich aufgelösten Spanungskenngrößen mithilfe der Durchdringungsrechnung, siehe Bild 6.18. Basierend auf den Spanungskenngrößen kann anschließend die lokal und zeitlich aufgelöste Schleifkraft in Abhängigkeit von den Prozessparametern berechnet werden.

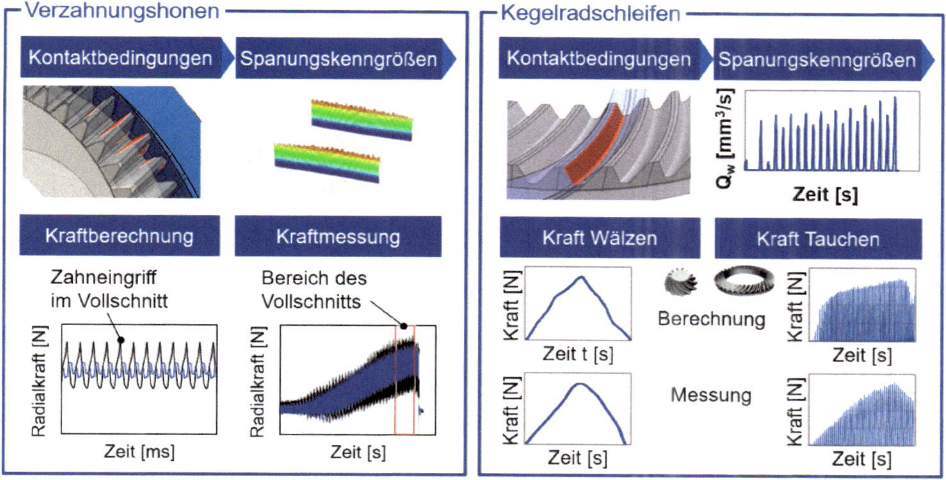

Bild 6.18 Berechnung der Kraft beim Verzahnungshonen und Kegelradschleifen [KAMP17, SOLF22]

6.2.4.3 Modellierung der Spanverformung

Als Spanverformung wird die plastische Verformung des abgetrennten Werkstückmaterials definiert. Zur Simulation der Spanverformung wurde ein Modell von Krömer entwickelt [KRÖM19]. Jeder simulierte Span kann aus der Durchdringungsrechnung als dreidimensionaler Körper ausgegeben und gespeichert werden. Diese Datei beinhaltet Informationen bezüglich der lokal und zeitlich aufgelösten Spanungsdicke sowie die Position und Richtung der Schneidkante des Werkzeugs an jedem Punkt. Diese Informationen werden getrennt von der Durchdringungsrechnung in einen Postprozessor eingelesen und verarbeitet. Dieser zerlegt jeden Span in individuelle Fragmente, die unabhängig voneinander verformt werden, und folgt anschließend dem in Bild 6.19 dargestellten Berechnungsschema [KRÖM19].

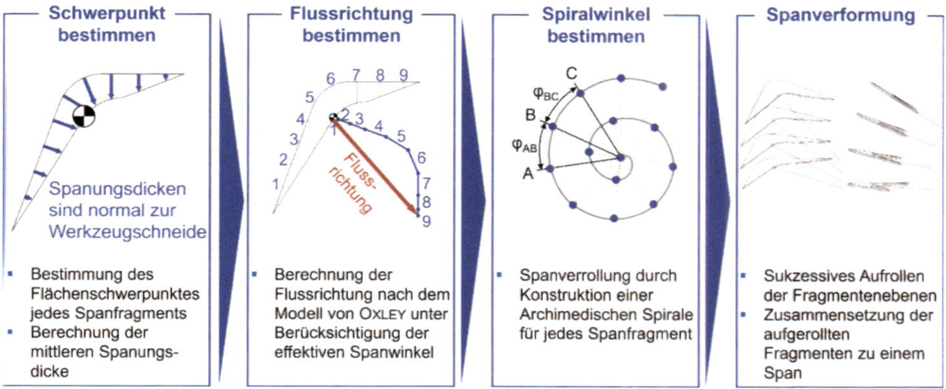

Bild 6.19 Prinzip der Spanverformungssimulation

Anfangs wird der Flächenschwerpunkt jedes Fragments in allen Spanungsebenen und die mittlere Spanungsdicke jeder dieser Ebenen ermittelt. Anschließend wird die Flussrichtung unter Verwendung des erweiterten Modells nach Oxley bestimmt [OXLE89]. Hierfür werden die Vektoren der Werkzeugnormalen aus der VTK-Datei unter Berücksichtigung der Wirk-Spanwinkel addiert. Das Aufrollen des Spans wird beschrieben, indem für jedes Fragment eine Archimedische Spirale konstruiert wird.

Die Fragmentebenen werden unter Berücksichtigung des eingeführten Spankrümmungsfaktors, der von den Werkstoff- und Prozessparametern abhängt, sukzessiv aufgerollt. Schließlich werden die aufgerollten Fragmente zu einem Span zusammengesetzt. Für die Validierung dieses Modells wurden von Krömer Schlagzahnversuche (siehe Abschnitt 4.2.3.2.5) durchgeführt und die simulierten Späne wurden mit den realen Spänen verglichen [KRÖM19]. Durch das Verwenden eines Schlagzahnwerkzeugs anstelle eines Vollwerkzeugs entsteht pro Werkzeugumdrehung ein einzelner Span, was die gezielte Entnahme bestimmter Späne zur Validierung ermöglichte.

Bild 6.20 zeigt einen massiven Span aus dem Vorschneidebereich des Werkzeugs (gekrümmt); der in der Bildmitte dargestellte, dünne aufgerollte Span entsteht im Profilierungsbereich und der rechts gezeigte Dreiflankenspan entsteht an der Schneidenecke im Kopfbereich. Die Modellierung und die real entstandenen Späne zeigen eine gute Übereinstimmung.

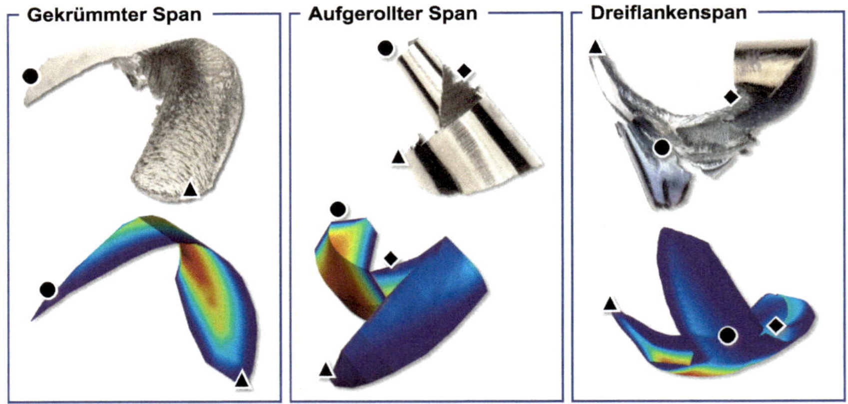

Bild 6.20 Spanbildungssimulation und reale Spanformen beim Wälzfräsen [KRÖM19]

6.2.4.4 Verschleißanalyse für die spanende Fertigung

Kenngrößen der Durchdringungsrechnung sind geeignet, eine Werkzeugverschleißanalyse für Prozesse mit definierter Schneide, wie z. B. das Wälzfräsen bei SPARTApro, durchzuführen. Aus der Eingabe der Werkzeug- und Werkstückgeometrie sowie den Prozessdaten berechnet die Simulation die Kinematik und erzeugt mithilfe der beschriebenen Durchdringungsrechnung die Zahnlücke sowie die unverformten Spanungsgeometrien [WINK05]. Das Programmsystem ermöglicht eine detaillierte Analyse einer konkreten Prozessauslegung im Hinblick auf die Bearbeitungsdauer, Standzeit und Bearbeitungskosten sowie die analytisch abgeschätzten Spanbildungskennwerte nach Hoffmeister [HOFF70].

Der Berechnungskern führt neben der Durchdringungsrechnung und Ermittlung der unverformten Spanungsgeometrien auch die Bestimmung charakteristischer Kenngrößen wie zum Beispiel maximaler und mittlerer Spanungsdicke, Schnittbogenlänge und effektiver Freiwinkel durch. Parallel werden auf Grundlage eines Zerspankraftmodells auftretende Schnittkräfte und -momente berechnet [GUTM88]. Mithilfe der berechneten Bearbeitungszeiten kann eine Wirtschaftlichkeitsrechnung durchgeführt werden. Durch eine Variantenrechnung lassen sich auch optimale Bearbeitungsparameter bestimmen.

Anhand des nachfolgenden Beispiels wird gezeigt, wie eine Analyse des Werkzeugverschleißes anhand von Spanbildungskenngrößen durchgeführt werden kann. Für das Beispiel wurde mit einem Hartmetallwerkzeug dieselbe Verzahnung aus dem Einsatzstahl 16MnCr5 sowie dem Vergütungsstahl 42CrMo4V gefertigt. Dabei wurden die Axialvorschübe so angepasst, dass eine vergleichbare Werkzeugstandlänge in beiden Versuchen erreicht wurde. Die Standlänge betrug bei der Zerspanung von 42CrMo4V L = 29 m und bei 16MnCr5 L = 33 m. Bild 6.21 zeigt Ergebnisse einer Durchdringungsrechnung. In der Simulation wurden maximale Spanungsdicken von $h_{\mathrm{cu,max}}$ = 0,28 mm (f_a = 4,3 mm) bzw. $h_{\mathrm{cu,max}}$ = 0,16 mm (f_a = 1,4 mm) bestimmt, die am Kopf des Werkzeugs vorlagen. Trotz der Reduktion des Axialvorschubs um den Faktor drei wird die maximale Spanungsdicke nur um etwa 40 % reduziert. Darüber hinaus beträgt für beide Fälle die maximale Kopfspanungsdicke mehr als das Doppelte des auf den Flanken zerspanten Aufmaßes. Hieraus resultieren unterschiedliche Anforderungen an die einzelnen Bereiche der Werkzeugschneide. Dazu zählen insbesondere eine ausreichende Zähigkeit am Werkzeugkopf aufgrund der mechanischen Beanspruchung durch die großen Spanungsdicken und eine hohe Kantenstabilität an den Flanken, um die hier auftretenden dünnen Späne sicher abnehmen zu können.

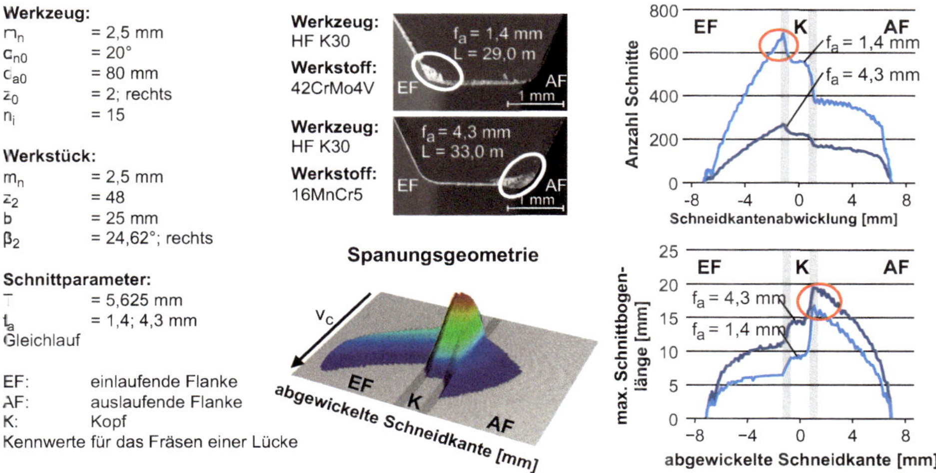

Bild 6.21 Spanbildungskenngrößen beim Wälzfräsen [KLOC06]

Die Anzahl der Schnitte, die bei der Bearbeitung einer Zahnlücke von den einzelnen Bereichen der Schneidkante durchgeführt werden, ist im oberen Diagramm dargestellt. Die Anzahl der Schnitte ist bei geringem Vorschub (f_a = 1,4 mm, Zerspanen von Vergütungsstahl) deutlich größer als beim Zerspanen mit höherem Vorschub (f_a = 4,3 mm, Zerspanen von Einsatzstahl). In der Folge verschleißt das Werkzeug beim Zerspanen von Vergütungsstahl im Übergangsbereich vom Kopf zur einlaufenden Flanke (EF) am stärksten (Bild 6.21 Mitte oben). Es dominiert Abrasionsverschleiß. Die Verteilung der maximalen Schnittbogenlängen über der abgewickelten Schneidkante zeigt Bild 6.21, unten rechts. Die Maximalwerte werden im Kopfbereich in Richtung der auslaufenden Flanke (AK) erreicht, der Einfluss des axialen Vorschubs auf die maximalen Spanungslängen ist ebenfalls sichtbar. Die größten Werte werden bei hohem Vorschub (f_a = 4,3 mm, Zerspanen von Einsatzstahl) erreicht. Große Schnittbogenlängen führen neben der mechanischen Beanspruchung durch längere Reibwege zu höheren thermischen Beanspruchungen. Außerdem werden die Flankenspäne durch die dicken, in Richtung Zahnfuß ablaufenden Kopfspäne stark gestaucht, wodurch eine besonders große Beanspruchung der Schneidkante hervorgerufen wird. Bild 6.21 links unten zeigt beispielhaft die Spanungsgeometrie, die die größte Schnittbogenlänge aufweist. Bei der Bearbeitung des Einsatzstahls 16MnCr5 war die Schnittbogenlänge offensichtlich eine verschleißbestimmende Spanungskenngröße. In der Folge traten am Werkzeug beim Übergang vom Kopf zur auslaufenden Flanke (AF) partielle Schichtablösungen auf.

Verschleißmodelle

Übliche Standkriterien beim Fräsen sind Standzeiten und Standlängen. Schalaster und Sari stellen fest, dass die zeitliche Entwicklung der Verschleißmarkenbreite beim Fertigwälzfräsen, vom Beginn bis zum Erreichen der maximal zulässigen Ausprägung des Standkriteriums, mit einem exponentiellen Ansatz gut abgebildet werden kann [SCHA12, SARI16]. Formel 6.7 zeigt die parametrisierte Standlängengleichung für das Fertigwälzfräsen mit verschiedenen Schneidstoffen.

$$L_M = a \cdot VB_{\max}^b \cdot e^{c \cdot v_{c2}} \tag{6.7}$$

Tabelle 6.1 Schneidstoffabhängige Modellkonstanten [SARI16]

Modellkonstanten	Hartmetall	PM-HSS	Cermet	PCBN
a/m/µm	1,3798	0,25892	0,23798	3,0293
b/-	0,95201	0,98857	1,2743	0,73936
c/min/m	$-9{,}9057 \cdot 10^{-4}$	$-3{,}0983 \cdot 10^{-4}$	$-1{,}1 \cdot 10^{-3}$	$-8{,}8117 \cdot 10^{-4}$

In Bild 6.22 sind mit dem zuvor genannten Standlängenmodell und den Modellkonstanten aus Tabelle 6.1 die zu erwartenden Standlängen für das Fertigwälzfräsen mit Hartmetallwerkzeugen berechnet und dargestellt. Die Validierung dieses empirisch-analytischen Standlängenmodells erfolgte anhand von Zerspanversuchen. Es wurde bestätigt, dass dieses Standlängenmodell für das Fertigfräsen mit Hartmetall- und PM-HSS-Werkzeugen gut angewendet werden kann.

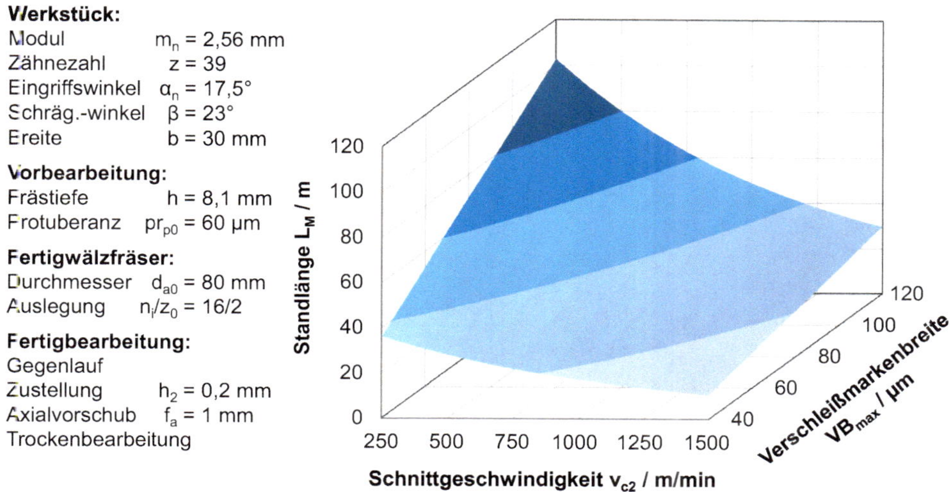

Bild 6.22 Berechnete Standlängen beim Fertigwälzfräsen mit Hartmetallwerkzeugen [SARI16]

Für die quantitative Entwicklung der Verschleißkenngrößen sind bei sonst gleichen Bedingungen die geometrischen und effektiven Werkzeugwinkel sowie die Gestaltung der Schneidkante wichtig. Diesen Fragen widmet sich [KÜHN20]. Er führte Durchdringungsrechnungen mit dem Simulationsmodell SPARTAPro und Schlagzahnversuche durch, um eine ausreichende Datenbasis zu gewinnen. Er untersuchte den Abrasionsverschleiß an der Freifläche, wenn der Freiwinkel variiert wird, und wertete den Einfluss der Schneidenstabilität aus, wenn der effektive Spanwinkel zusätzlich verändert wird. Größere Freiwinkel verringern den Abrasionsverschleiß, solange der Schneidkeil nicht zu stark geschwächt wird. Veränderungen des Spanwinkels zeigen weniger ausgeprägte Einflüsse auf den Verschleißfortschritt.

Wendeplattenwälzfräser erlauben die individuelle Anpassung der Werkzeugwinkel. Für die Herstellung von Verzahnungen mit großem Modul ist dies eine Option zur Werkzeugauslegung. Der Übergang von der Span- zur Freifläche wird durch die Schneidkantenverrundung dargestellt. Es wird zwischen schleifscharfen, gefasten und verrundeten Schneidkanten unterschieden. Verrundete Schneidkanten haben nach DIN 6582 einen kreisbogenförmigen Übergang von der Frei- zur Spanfläche [DIN88]. Wenn der Übergang nicht kreisförmig ist, muss die Beschreibung erweitert werden. Denkena u.a. [DENK02, DENK11] führen hierzu die *K*-Faktormethode ein. Kühn wendete diese Logik an und stellte fest, dass die Einflüsse auf das Standverhalten beim Wälzfräsen wenig ausgeprägt sind [KÜHN20]. Bild 6.23 gibt Auslegungsempfehlungen für Hartmetall- und PM-HSS-Werkzeuge [KÜHN20].

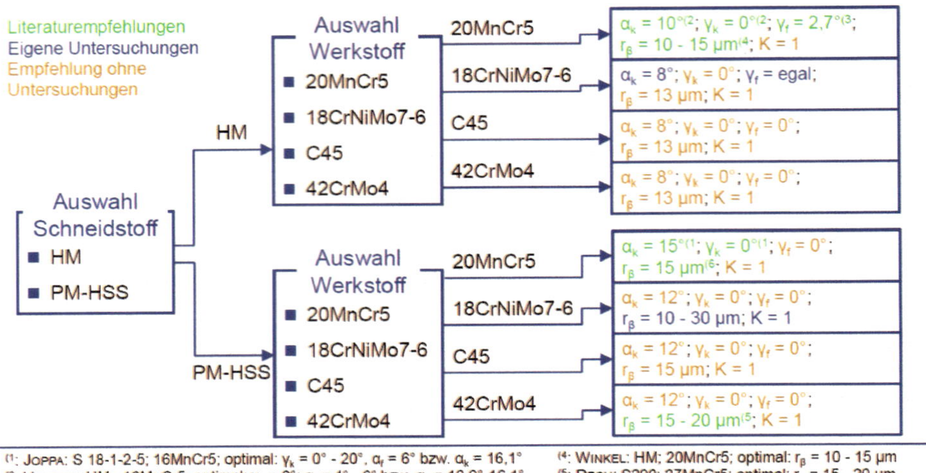

Bild 6.23 Auslegungsempfehlungen für Wälzfräserschneiden [KÜHN20]

Aufbauend auf einer Fertigungssimulation für das Face Milling von Kegelrädern [BREC15d, RUET10] werden im Folgenden Verschleißphänomene diskutiert. Neben den Spanungskenngrößen wird in dieser Fertigungssimulation zusätzlich die Verschleißkenngröße K_G berechnet (siehe Bild 6.24) [HARD13].

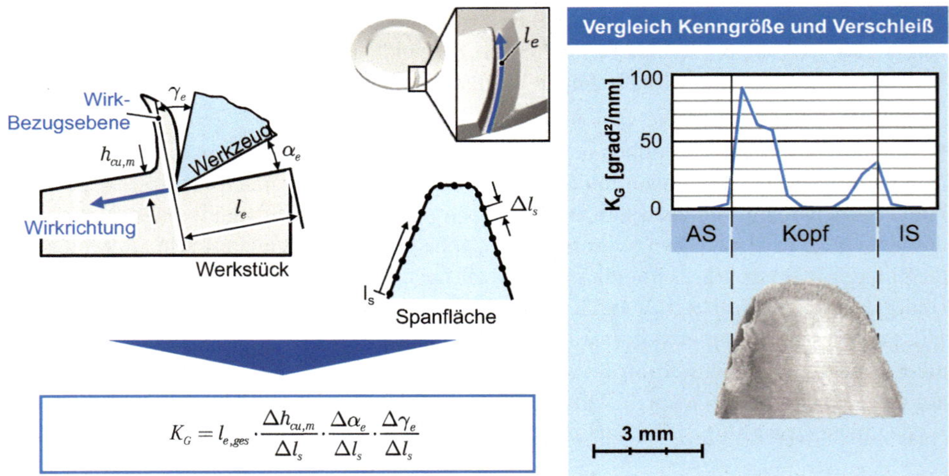

Bild 6.24 Verschleißkenngröße K_G – Werkzeugverschleiß beim Kegelradfräsen [HARD13]

Mithilfe der Kenngröße K_G ist es möglich, das Verschleißverhalten an der Werkzeugschneide beim Kegelradfräsen zu analysieren und zu bewerten. Die Erfahrungen und Erkenntnisse aus Verschleißuntersuchungen sind in die Kenngröße K_G eingeflossen. In Bild 6.24 ist links die Verschleißkenngröße und die multiplikative Verknüpfung der relevanten Einflussfaktoren dargestellt. In diesem Verschleißmodell sind die Wirklänge l_e und die Gradienten der Kenngrößen mittlere Spanungsdicke $\Delta h_{cu,m}/\Delta l_s$, des Wirk-Freiwinkels $\Delta\alpha_e/\Delta l_s$ und Wirk-Spanwinkels $\Delta\gamma_e/\Delta l_s$ des Schneidkeils entlang der Schneidkantenlänge l_s enthalten. Die Kenngröße Gesamtwirklänge $l_{e,ges}$ ist die Summe der einzelnen Wirklängen l_e im Prozess und stellt eine rein prozessabhängige Kenngröße dar, da sie primär vom Vorschub- und vom Schnittweg abhängt [DIN85]. Die weiteren Kenngrößen (Gradienten der Spanungsdicke $\Delta h_{cu,m}/\Delta l_s$, des Wirk-Freiwinkels $\Delta\alpha_e/\Delta l_s$ und Wirk-Spanwinkels $\Delta\gamma_e/\Delta l_s$) sind sowohl prozess- als auch werkzeugabhängig [HARD13].

Auf der rechten Seite von Bild 6.24 ist ein Verschleißbild eines Vollprofilwerkzeugs dargestellt. Das Hartmetallwerkzeug wurde für die tauchende Herstellung von Tellerrädern verwendet. Die Kenngröße K_G ist im Diagramm über der abgewickelten Schneidkante dargestellt. Zum besseren Verständnis sind die Schneidenbereiche des Außenschneiders (AS), des Kopfbereiches (K) und des Innenschneiders (IS) eines Stabmessers des Messerkopfes auf der Abszisse aufgetragen. Auf der Ordinate sind die berechneten Werte der Kenngröße K_G dargestellt [HARD13].

Der maximale Verschleiß tritt am Übergang von der Außenschneide (AS) zum Kopf (K) auf. Am gegenüberliegenden Übergang von der Innenschneide (IS) zum Kopf (K) tritt ebenfalls ein Maximum in der Verschleißkenngröße auf. Die Gegenüberstellung der Verschleißbilder mit der für diesen Prozess berechneten Kenngröße K_G zeigt eine gute Korrelation. Sowohl der erhöhte Verschleiß an der Innenschneide als auch der maximale Verschleiß an der Außenschneide können mit der Verschleißkenngröße K_G abgebildet werden. Wenn diese Verschleißkenngröße für verschiedene Prozesse ermittelt wurde, ist es möglich, Grenzwerte von K_G für Werkzeug-Werkstoff-Kombinationen und anwendbare Schnittgeschwindigkeiten zu ermitteln. Es ist dann auch möglich, optimale Axialvorschübe zu berechnen und die zu erwartende Werkzeugstandzeit abzuschätzen [HARD13].

6.2.4.5 Bestimmung von charakteristischen Fertigungsabweichungen

Eine weitere Möglichkeit der Nutzung der Fertigungssimulation ist die Analyse und Auswertung der erzeugten Werkstückflanken. Dabei können in der Simulation sowohl die charakteristischen, verfahrensbedingten Fertigungsabweichungen als auch die Toleranzen des Werkzeugs, des Werkstücks oder jene in den Achsbewegungen der Maschine berücksichtigt werden.

In Bild 6.25 ist eine simulierte Oberflächentopografie einer Stirnrad-Zahnlücke für einen Modul von m_n = 2,56 mm mit z_2 = 40 Zähnen und einem Schrägungswinkel von β_2 = 23° abgebildet. Die Simulation der Bearbeitung erfolgte mit einem Axialvorschub von f_a = 2,4 mm im Gleichlaufwälzfräsen. Zusätzlich wurde in der Simulation eine Exzentrizität des Werkzeugs abgebildet, wie sie beispielsweise durch Spannfehler des Werkzeuges in der Maschine auftreten kann. In dem hier betrachteten Fall beträgt die Exzentrizität f_{pr} = 60 µm. Die Topografien sind oben links im Bild für die linke und rechte Flanke sowie den Zahnfuß kombiniert abgebildet. Zusätzlich sind auf der rechten Seite Profil- und Flankenlinien der Zahnflanken dargestellt. Dabei sind in Blau die simulierten und in Rot die gemessenen Profil- und Flankenlinien dargestellt. In der Topografiedarstellung wie auch in den Flankenlinien sind die Vorschubmarkierungen deutlich zu erkennen. Dem überlagert sind die Hüllschnittabweichungen, welche allerdings aufgrund der Werkzeugexzentrizität nicht sichtbar sind [KLOC15]. Während die Topografiedarstellung in Zahnbreitenrichtung relativ gleichmäßige Oberflächenstrukturen und geringe Abweichungen zeigt, treten in Profilrichtung starke Abweichungen auf. Dies zeigt sich ebenfalls in den Messdiagrammen der Profil- und Flankenlinie. Bei den dargestellten Profillinien ist eine hohe Übereinstimmung von Versuch und Simulation zu erkennen, was für die Genauigkeit und Validität der verwendeten Fertigungssimulation SPARTApro spricht. Es ist zu erkennen, dass die Abweichungen in Profilrichtung knapp $f_{H\alpha}$ = 30 µm betragen. Dies entspricht der Hälfte der eingestellten Exzentrizität. Diese Beobachtungen decken sich mit früheren Untersuchungen zu Formabweichungen der Werkstückflanke [BORC72].

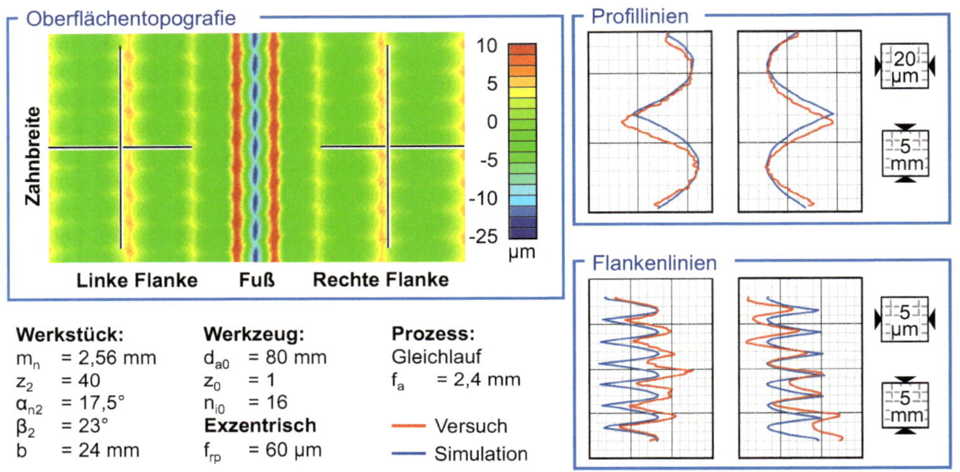

Bild 6.25 Gemessene und simulierte Werkstückflanke [KLOC15]

6.2.4.6 Bezogenes Zeitspanungsvolumen, Kraftberechnung und Energieeinbringung beim kontinuierlichen Wälzschleifen

Allgemeines

Für die Berechnung von Kontaktzeiten und des Zeitspanungsvolumens sind Näherungsformeln bekannt [TUER02, SCHR08]. Die Kontaktzeiten und Kontaktflächen sind wichtig, um Wärmeströme berechnen zu können und Kontaktanalysen durchzuführen. Über Leistungsmessungen, Kraftmessungen und Kraftmodellierungen sowie Schleifscheibenkenngrößen werden weitere Prozesskenngrößen zur Verfügung gestellt, die miteinander in Wechselbeziehung stehen und in gesamtheitlichen Modellen zusammengeführt werden können. Analytisch-empirische Modelle zur Berechnung der mechanischen und thermischen Beanspruchungen des Schleifwerkzeugs und des Werkstücks liegen für das Wälzschleifen nur vereinzelt vor. Einige Modellansätze werden nachfolgend vorgestellt.

Durchdringungsrechnung, Kontaktbedingungen, Spanungsgeometrie und Zeitspanungsvolumen

Mit Durchdringungsrechnungen kann auch die Hartfeinbearbeitung von Verzahnungen mit Schleifwerkzeugen umfangreich analysiert werden. Mit Durchdringungsrechnungen findet eine rein geometrisch-kinematische Modellierung des Prozesses statt, die Mechanik der Spanbildung und auch Wärmeflüsse werden nicht berücksichtigt. Die grundsätzliche

Vorgehensweise ist in Abschnitt 6.2.3 beschrieben. In diesem Abschnitt wird für das kontinuierliche Wälzschleifen das Simulationsmodell GearGRIND3D für das kontinuierliche Wälzschleifen zylindrischer Stirnradverzahnungen sowie Beveloidverzahnungen benutzt [BREC13b]. Hierin wird zunächst ein Flächenmodell des Schleifwerkzeugs sowie der Vorverzahnung erzeugt. Der Hüllkörper der Schleifschnecke bewegt sich entsprechend der Maschinenkinematik relativ zum Werkstück. Die kontinuierliche Wälzbewegung sowie der axiale Vorschub werden über ein definiertes Zeitinkrement Δt angenähert. Somit kann die Kontaktgeometrie zwischen Schleifenschnecke und Verzahnung berechnet und ausgewertet werden. Zusätzlich werden die veränderlichen Kontaktbedingungen beim kontinuierlichen Wälzschleifen berechnet (siehe Bild 6.26 links) [BREC13b, BREC14a].

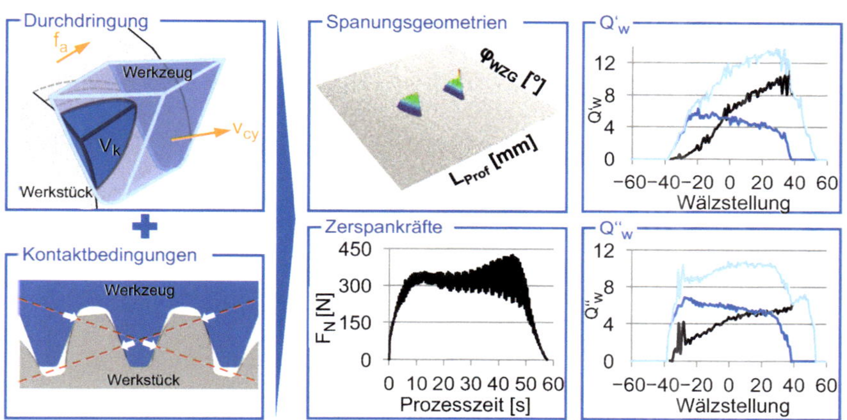

Bild 6.26 Auswertung der Spanungsgeometrien für das kontinuierliche Wälzschleifen

Das Ergebnis der Simulation ist in Bild 6.26 auf der rechten Seite dargestellt. Neben Spanungskenngrößen können weitere Kennwerte berechnet werden. Hierzu zählen das bezogene Zeitspanungsvolumen Q'_w sowie das flächenbezogene Zeitspanungsvolumen Q''_w. Mithilfe dieser Kenngrößen lässt sich auf die Produktivität des Prozesses schließen, was den Vergleich verschiedener Prozesse miteinander erlaubt. Für beide Kennwerte existieren bislang keine allgemeinen Berechnungsvorschriften für das kontinuierliche Wälzschleifen, da der Kontakt zwischen Schleifschnecke und Werkstück zeitlich veränderlich ist. Q'_w sowie Q''_w können durch die Simulation lokal auf der Zahnflanke sowie global für den Gesamtprozess berechnet werden. Die Berechnung erfolgt, indem das berechnete Spanungsvolumen V_k auf die Kontaktzeit t_k und die Spanungsbreite b_k (Q'_w) oder die Kontaktfläche A_k (Q''_w) bezogen wird (Formel 6.8 und Formel 6.9) [BREC14b, BREC15a].

$$Q'_w = \frac{V_k}{t_k \cdot b_k} \tag{6.8}$$

$$Q''_w = \frac{V_k}{t_k \cdot A_k} \tag{6.9}$$

Berechnung der Zerspankraftkomponenten

Mit dem Simulationsmodell GearGRIND3D [BREC13b] sind die Voraussetzungen gegeben, auch lokal aufgelöst mechanische und thermische Beanspruchungen empirisch-analytisch zu modellieren. Dazu findet eine Kopplung mit Technologiemodellen statt. Die Berechnung der Zerspankräfte erfolgt beim Schleifen auf der Grundlage der Modelle nach Kassen [KASS69] und Werner [WERN71, WERN73] (vgl. Abschnitt 6.2.4.2). Die Spanungsquerschnitte ändern sich degressiv mit der Spanungslänge und die kinematische Schneidenzahl N_{Kin} wird von der statischen Schneidendichte der Schleifscheibe, der Schneidenverteilung im Schneidenraum und der Bewegungskinematik bestimmt. Außerdem müssen die Zerspanungseigenschaften des Werkstoffs berücksichtigt werden. Grundsätzlich kann man sagen, dass die Zerspanung von gehärtetem Einsatz- und Vergütungsstahl durch Schleifen gut ist, dies zeigt sich auch daran, dass sich die Spangrößen von den Spanungsgrößen im Wesentlichen nur durch die plastischen Umformvorgänge unterscheiden. Deshalb kann man annehmen, dass die aus der Durchdringungsrechnung gewonnenen Spanungsgrößen das reale Prozessverhalten gut abbilden. Dies kann man z. B. beim Schleifen von zähen Nickelbasislegierungen nicht voraussetzen. Die aus einer kinematischen Durchdringungsrechnung abgeleiteten Spanungsgrößen korrelieren für diese Anwendung nur in geringer Weise mit den Spangrößen, deshalb ist die Aussagefähigkeit der Spanungsgrößen für den realen Prozess eingeschränkt. Beim Rund- und Flachschleifen werden die degressive Änderung des Spanungsquerschnitts und auch die Zerspanungseigenschaften über den Exponenten n berücksichtigt. Außerdem muss zur Berechnung der Schnittkraft die spezifische Schnittkraft k bekannt sein (vgl. Formel 6.6).

Durch die räumliche Tiefenstaffelung der Schneiden im Schneidenraum und die kinematisch bestimmten Bahnkurven der Schneiden können nicht alle im Schneidenraum vorhandenen Schneiden in Eingriff kommen (vgl. Bild 6.27).

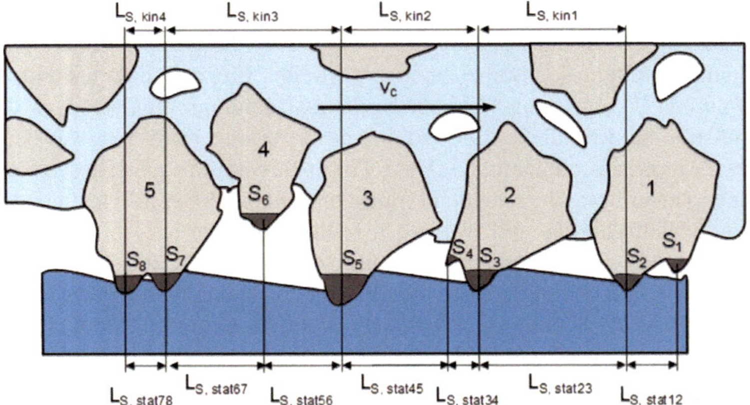

$L_{S,\,stat}$	statischer Schneidenabstand wird gemessen
$L_{S,\,kin}$	kinematischer Schneidenabstand ergibt sich aus den Schleifparametern
S_i	Schneiden
v_c	Schnittgeschwindigkeit

Bild 6.27 Statische Schneidendichte und statische Schneidenabstände [KLOC18a]

Deshalb ist die kinematische Schneidendichte kleiner als die statische Schneidendichte. Ausgehend von der statischen Schneidendichte wird deshalb die kinematische Schneidendichte zusammen mit den Parametern der Bewegungskinematik berechnet. Außerdem muss die Schneidenform berücksichtigt werden. Zur vereinfachten Berechnung der kinematischen Schneidenzahlen können verschiedene Modelle verwendet werden [WERN71, KLOC18, RAS16, TÖNS92]. Ein häufig benutztes Modell ist durch Formel 6.10 gegeben [TÖNS92]. Der Exponent e kann mit 0,5 angenommen werden und c_{gw} muss durch Messungen und Experimente bestimmt werden:

$$N_{\mathrm{Kin}} = c_{\mathrm{gw}} \cdot q^{-\mathrm{e}} \cdot a_{\mathrm{e}}^{0{,}5 \cdot \mathrm{e}} \cdot d_{\mathrm{eq}}^{-0{,}5 \cdot \mathrm{e}} \qquad (6.10)$$

Mit diesen Randbedingungen können von der Durchdringungsrechnung ausgehend die Zerspankräfte entweder für eine Werkzeugumdrehung oder den gesamten Prozess berechnet werden. Bild 6.28 zeigt den Vergleich zwischen einer durchgeführten Zerspankraftmessung im Schleifversuch und dem Simulationsergebnis. Der zeitliche Verlauf und die Größenordnung der berechneten Zerspankräfte stimmen mit gemessenen Werten gut überein. In beiden Ergebnissen ist ein Anstieg der Zerspankraft im Einlaufbereich der Schnecke bis auf ca. 350 N nach zehn Sekunden Prozesszeit zu sehen. Anschließend befindet sich die Schnecke komplett im Kontakt. In dem Bereich von zehn Sekunden bis 35 Sekunden Prozesszeit verändert sich die modellierte Kraft nicht. In der Messung ist ein leichter Abfall von 50 N festzustellen und es sind dynamische Kraftschwankungen zu sehen. Abschließend verlässt die Schleifschnecke den Vollschnittbereich und tritt aus der Verzahnung aus, die Kraft fällt ab [BREC15b].

Zahnrad:

z:	33
m_n:	4,0 mm
β:	20,4°
d:	140,88 mm
b:	49,6 mm
Steigung:	rechts

Schleifschnecke:

z_0:	6
Körnung:	F150

Bearbeitungsparameter:

Aufmaß:	120 µm
v_c:	35 m/s
v_f:	93 mm/min

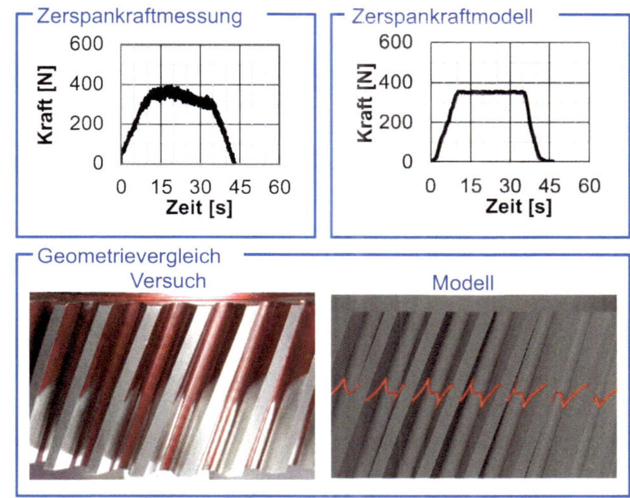

Bild 6.28 Vergleich einer Zerspankraftmessung und berechneter Zerspankräfte mit GearGRIND3D [BREC15b]

Neben der Zerspankraft wurde ein Geometrievergleich zwischen Schleifversuch und Modell durchgeführt. Dieser Vergleich ist im unteren Bereich von Bild 6.28 dargestellt. Auf der linken Seite wurden die Zahnflanken mit Tragbildlack markiert und das Zahnrad bis zur

Hälfte geschliffen. Dann wurde der Prozess unterbrochen, sodass die Berührlinie zwischen Verzahnung und Schleifschnecke sichtbar wird. Diese Berührlinie kann von dem Simulationsmodell GearGRIND3D und der Geometrieberechnung GearGenerator berechnet werden (vgl. Abschnitt 6.2.2). Versuch und Modell zeigen eine gute Übereinstimmung der Berührlinien, sodass von der Korrektheit des Simulationsmodells auszugehen ist [BREC15b]. Aus den Berührlinien lassen sich Stirnschnittebenen berechnen, ähnlich wie bei der Geometrieerzeugung mit dem GearGenerator. Die Stirnschnittebenen können für eine FE-basierte Zahnkontaktanalyse verwendet werden (siehe Abschnitt 6.2).

Scheffler entwickelte das Schnittkraftmodell weiter und bestimmte auch spezifische Schnittkräfte k. Mit den Durchdringungsrechnungen berechnete er das zerspante Volumen V_{cu}, die Spanungsdicken h_{cu}, die Spanungslängen l_{cu} und die Kontaktflächen A_K [SCHE19]. In Bild 6.29 sind beispielhaft berechnete Prozesskenngrößen über dem abgewickelten Schleifschneckenprofil aufgetragen.

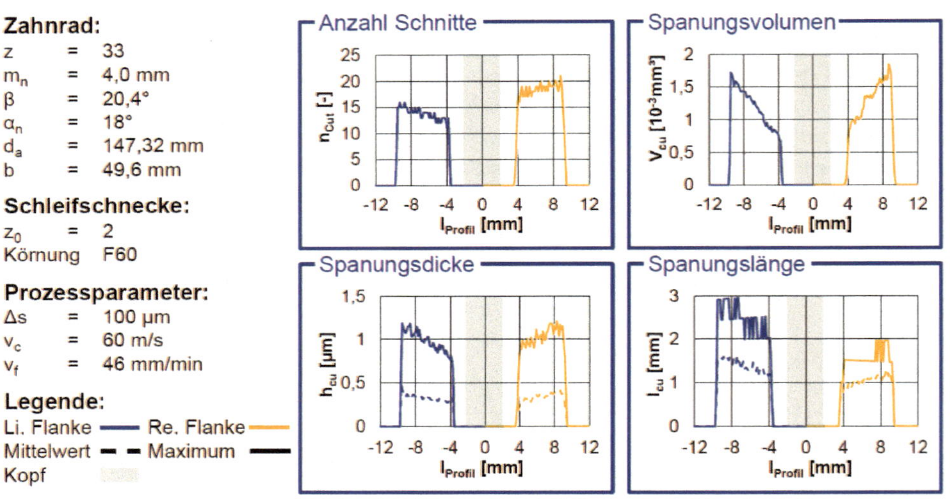

Bild 6.29 Modellierte Kenngrößen der Spanungsgeometrie für einen Umlauf [SCHE19]

Die in Bild 6.29 für einen Versuchsparametersatz mit dem Simulationsmodell GearGRIND3D berechnete Anzahl der Schnitte n_{Cut} zeigt, dass die rechte Flanke mehr Schnitte aufweist als die linke Flanke. Die Spanungslängen sind auf der rechten Flanke kleiner als links. Das Spanungsvolumen und die Spanungsdicken sind auf beiden Flanken vergleichbar. Die Analyse der Spanungsgrößen kann zur Diskussion der mechanischen und thermischen Beanspruchungen des Werkzeugs und des Werkstücks verwendet werden. In erster Näherung kann man annehmen, dass große Spanungslängen zu erhöhten thermischen Beanspruchungen durch längere Reibungswege führen, große Spanungsdicken korrelieren mit mechanischen Beanspruchungen.

Von den Spanungsgrößen ausgehend berechnete Scheffler nach den Basismodellen von Werner die Schleifnormalkräfte für das kontinuierliche Wälzschleifen [WERN71, SCHE19]. Da mit dem Simulationsmodell GearGRIND3D für diskrete Wälzstellungen die Spanungsgeometrie explizit berechnet wird, kann Formel 6.6 in Formel 6.11 überführt werden

[SCHE19]. Die degressive Änderung des Spanungsquerschnitts muss nicht wie in Formel 6.6 über einen Exponenten berücksichtigt werden. Da die Zerspanungseigenschaften des Werkstoffs als gut angenommen werden können, kann der Exponent zu eins gesetzt werden.

$$F_n' = k \cdot \sum_{i=1}^{m} A_{cu}(i) \cdot N_{Kin}(i) \cdot \Delta l \qquad (6.11)$$

Zur Berechnung der kinematischen Schneidenzahl kann ebenfalls Formel 6.7 benutzt werden. Das Verhältnis der Schnittkraft F_c (F_c Komponente der Zerspankraft in Richtung der Schnittgeschwindigkeit, häufig auch als Tangentialkraft F_t bezeichnet) zur Normalkraft F_n wird als Schnittkraftverhältnis bezeichnet. Das Schnittkraftverhältnis ist nicht mit dem Coulombschen Reibwert zu verwechseln, wenngleich über das Schnittkraftverhältnis auch Rückschlüsse auf die Reibung zwischen Schleifscheibenbestandteilen und dem Werkstückmaterial gezogen werden können. Über das Schnittkraftverhältnis kann die Schnittkraft berechnet und die Beziehung zur Schnittleistung ($P_c = F_c \cdot v_c$) hergestellt werden. Die spezifische Normalkraft k in Formel 6.11 ist vom zu zerspanenden Werkstoff der Schleifscheibenspezifikation und dem eingesetzten Kühlschmierstoff abhängig [WERN71, SCHR08, SCHE19]. k ist der Quotient aus der gemessenen Schnittkraft F_c und dem mittleren Spanungsquerschnitt A_{cu}. Richtwerte für die spezifische Zerspan-Normalkraft k für zwei Körnungen liegen bei $k_{F60} = 100\ \text{N/mm}^2$ bzw. $k_{F150} = 250\ \text{N/mm}^2$ [SCHE19].

Scheffler führte Schleifexperimente durch und bestimmte durch Regressionsanalysen die Haupteinflussgrößen auf die mittlere Spanungsdicke und die mittlere Spanungslänge (vgl. Bild 6.30). Der axiale Vorschub und das Aufmaß haben auf beide Kenngrößen einen stark steigernden Einfluss. Dass höhere Schnittgeschwindigkeiten zu geringeren mittleren Spanungsdicken und Spanungslängen führen, ist für nichtgekoppelte Schleifprozesse, wie das Flachschleifen oder Rundschleifen, bekannt und aufgrund der einfachen Kontaktbedingungen nachvollziehbar. Beim Flach- und Rundschleifen fallen mit einer Steigerung der Schnittgeschwindigkeit bei gleichbleibenden Werkstückgeschwindigkeiten die mittleren Spanungsdicken; bei gleichbleibender Schnittgeschwindigkeit und gesteigerter Vorschubgeschwindigkeit steigen die Spanungsdicken. Die Einflüsse sind offensichtlich gegenläufig. Beim Wälzschleifen stehen die Drehzahlen von Schleifscheibe und Werkstück aber in einem festen Verhältnis. Aufgrund der komplexen Durchdringungen ist nicht ohne Weiteres ableitbar, wie sich die Spanungsgeometrien ändern. Deshalb müssen beim Wälzschleifen für gegebene Anwendungsbedingungen Durchdringungsrechnungen durchgeführt werden. In dem vorliegenden Stellgrößenbereich werden bei gleichzeitig steigenden Drehzahlen von Schleifschnecke und Werkstück die Ausdehnungen der Kontaktzone in Profil- und Flankenrichtung kleiner, damit nehmen sowohl die Spanungsdicke als auch die Spanungslänge ab [SCHE19]. Dieses Beispiel zeigt, dass für jeden Anwendungsfall mit den vorgegebenen Parametern eine Durchdringungsrechnung durchgeführt werden sollte, um die technologischen Kontaktbedingungen genauer zu analysieren und im Hinblick auf thermische und mechanische Beanspruchungen werten zu können.

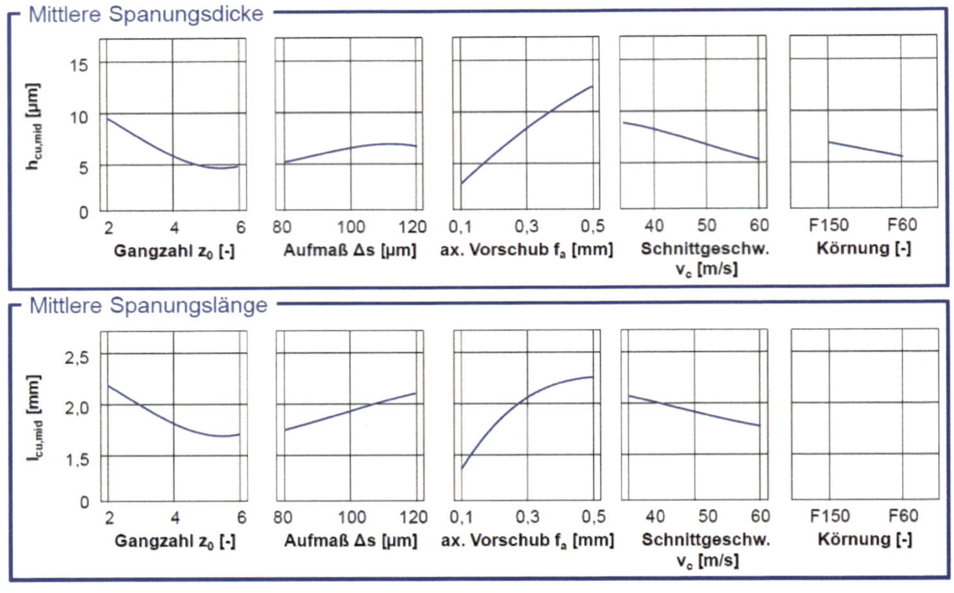

Bild 6.30 Haupteinflussgrößen auf die mittlere Spanungsdicke und die mittlere Spanungslänge [SCHE19]

Neben der kinematischen Durchdringungsrechnung wurden auch Modellierungen der mikrogeometrischen Schleifscheibentopografie (Kornform, Kornanzahl und Kornverteilung) entwickelt, die alleinstehend genutzt oder mit Durchdringungsrechnungen verknüpft werden können. Dies kann auch beim Wälzschleifen zu grundlegenden Erkenntnissen beitragen. Durch die Berücksichtigung von Mikrogeometriegrößen sind detailliertere Kraftberechnungen, die Berechnung von Wärmeflüssen und Temperaturen sowie von Oberflächenkennwerten möglich [RASI16, WEIS16, BART19].

Rasim geht den Weg, die Einzelkorneingriffe als Wärmequellen zu modellieren und so einen Bezug zur Schleifscheibenzusammensetzung und zur Schleifscheibentopografie herzustellen [RASI16]. Er erweitert die Modelle von Kassen und Werner um den Öffnungswinkel α, den Spitzenwinkel β, den Spanwinkel γ und den Keilwinkel δ und zeigt den Einfluss der Winkel auf die Energieumsetzung. In der Tendenz stellt er fest, dass die umgesetzte Energie mit kleineren negativen Spanwinkeln und größer werdenden Öffnungs- und Spitzenwinkeln abfällt [RASI16]. Außerdem zeigt Rasim, dass der Schneiden-Versatzgrenzwinkel aus der Oberflächentopografie der Schleifscheibe abgeleitet werden kann und dass hiermit eine Aussage über die maximal in Eingriff kommenden Schneiden unter Berücksichtigung der kinematischen Abschattung vorlaufender Schneiden möglich ist [RASI16]. Barth geht den Weg, aus digitalisierten Schleifscheibentopografien dreidimensionale Kennwerte abzuleiten, um dann den Einfluss auf das thermo-mechanische Verhalten von Prozesskenngrößen zu beschreiben [BART19].

Scheffler greift die Arbeiten zur Digitalisierung und zur Beschreibung der Oberflächentopografie von Schleifscheiben [RASI16] auf und verknüpft für das Wälzschleifen die numerische Durchdringungsrechnung mit der digitalisierten Schleifschneckentopografie, indem er den digitalisierten Schneidenraum der Schleifschnecke über eine Schnittstelle in die Durchdringungsrechnung importiert. Durch diese Modellkopplung wird es möglich, den Einfluss von Schleifscheibenparametern und der Ausbildung des Schleifschnecken-Schneidenraums in der Kraftberechnung, in der Berechnung von Wärmeflüssen und zur Vorhersage der Oberflächengüte zu berücksichtigen. Da der Schneidenraum ursächlich von der Rezeptur, insbesondere vom volumetrischen Kornanteil, dem Porenanteil, der Korngröße und der Kornform, bestimmt wird, liegt es nahe, für Standardwerkzeuge digitale Abbilder dieser Schleifschnecken zu erzeugen. Der Schneidenraum verändert sich auch durch das Abrichten und während des Schleifens durch Verschleiß. Die Modellkopplung einer geometrisch-kinematischen Modellierung mit mikrogeometrischen Informationen der Schleifoberfläche eröffnet deshalb Möglichkeiten, auch zeitliche Veränderungen des Schneidenraums in der Modellierung zu berücksichtigen, umso technologische Wirkungen zu diskutieren und Prozessparameter und Schleifscheiben anzupassen. Bild 6.31 zeigt ein Beispiel zur Modellierung der Schleifkräfte bei Berücksichtigung einzelner Schneideneingriffe.

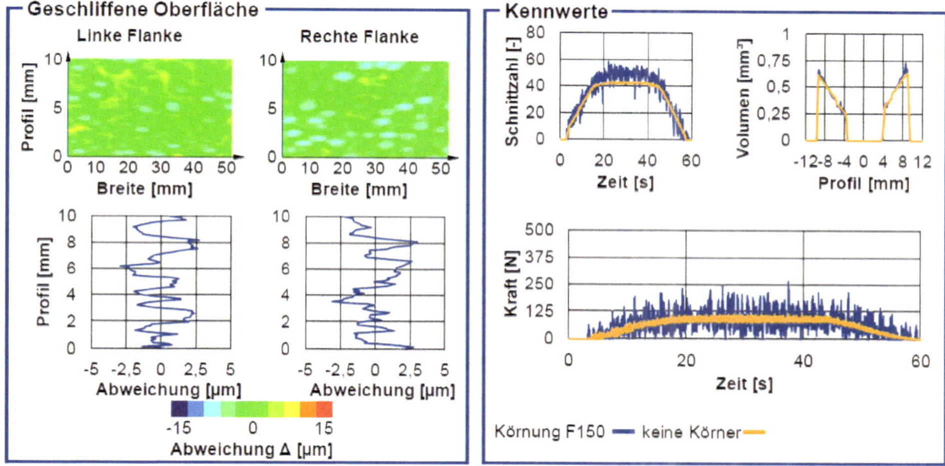

Bild 6.31 Exemplarisches Ergebnis unter Berücksichtigung der Schleifschneckentopografie für die Körnung F150 [SCHE19]

Der in Orange dargestellte Kraftverlauf auf der rechten Seite stellt die berechneten Zerspankräfte ohne die Berücksichtigung von Einzelkorneingriffen dar. In Blau sind die Kraftschwankungen bei Berücksichtigung von Einzelkorneingriffen dargestellt. In der Simulation werden die Ein- und Auslaufbereiche realgetreu abgebildet. Mit feiner werdenden Körnungen steigen bei gleichem volumetrischen Kornanteil die Schneidenzahlen überproportional an und die Schneidenabstände werden kleiner. Die Schleifkraftmodellierung bildet diesen Zusammenhang richtig ab. Auch die Schnittkraftdynamik, die bei Berücksichtigung von Einzeleingriffen auftritt, kann durch das Modell abgebildet werden. Im Modell spiegeln sich die Korngrößenverteilungen und die Kornabstände wider, aber auch die Modelleigenschaft, dass im Modell einzelne Körner gegenüber dem Werkzeugprofil mehr oder weniger hervor- oder zurückstehen [SCHE19]. Auch diese Informationen sind zur richtigen Interpretation der Modellergebnisse notwendig. Auf der linken Seite ist die berechnete Werkstücktopografie dargestellt. Mithilfe der Berücksichtigung der Einzelkörner ist somit eine Vorhersage der Rauheit simulativ möglich.

Leistungsumsetzung und Wärmeflüsse

Beim Schleifen wird der größte Teil der eingebrachten Energie in Wärme umgewandelt und über das Schleifwerkzeug, die Späne, den Kühlschmierstoff sowie das Werkstück abgeleitet (vgl. Bild 6.32). Das Schleifwerkzeug wird gesamtheitlich als sich bewegende Wärmequelle betrachtet.

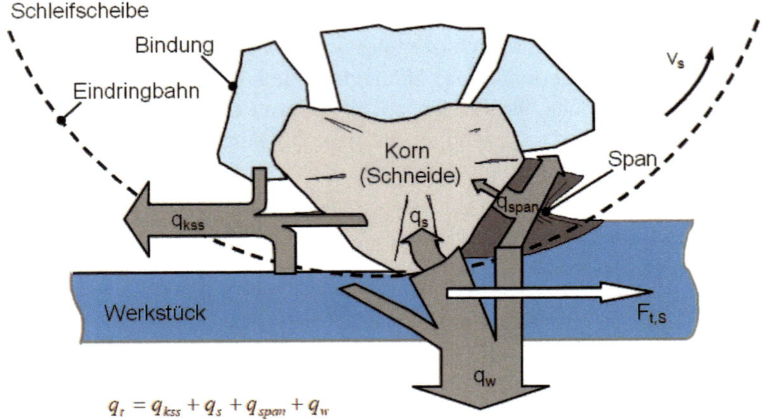

Bild 6.32 Energieumsetzung und Wärmeflüsse beim Schleifen [KLOC18]

Die Hauptwärmequellen sind die Freiflächenreibung, die Reibung der Bindung mit dem Werkstück, die plastische Verdrängung des Werkstoffes sowie das Abscheren der Späne. Der größte Teil der Wärme fließt über das Werkstück ab. Reimann entwickelt ein empirisch-analytisches Modell für das Wälzschleifen, mit dem die thermische Randzonenschädigung vorausgesagt werden kann [REIM14]. Die in das Werkstück fließende Energie wird als Produkt aus Kontaktzeit t_k und der Wärmestromdichte q_{WS} berechnet. Mit den Korrekturfaktoren K_{KSS} und K_W wird die Kühlschmierung und die Wärmeleitfähigkeit des Werkstoffs berücksichtigt. Mit der Annahme, dass beim Schleifen der größte Teil der in der Schnittzone umgesetzten Schleifleistung in Wärme transformiert wird, kann die für das Werkstück relevante Wärmestromdichte folgendermaßen berechnet werden, siehe Formel 6.12 [REIM14]:

$$q_{WS} \approx K_{KSS} \cdot K_W \cdot \frac{F_c \cdot v_c}{A_K} \tag{6.12}$$

Mit Schleifexperimenten ermittelte Reimann eine Datenbasis, aus der mithilfe einer Regressionsrechnung ein empirisch-analytisches Schnittkraftmodell abgeleitet wurde. Die Kontaktfläche zwischen Schleifschnecke und Werkstück sowie die Kontaktzeit wurden über Modelle berechnet [REIM14].

In Bild 6.33 ist das aufgestellte Vorhersagemodell für einen Anwendungsfall gezeigt. Für eine NKW-Verzahnung wurden für frei gewählte Bearbeitungsparameter die Wärmestromdichten sowie die Kontaktzeiten berechnet, die Untersuchung der Randzone erfolgte durch Nitalätzen und Feinstrukturanalysen. Die Ergebnisse sind ebenfalls in Bild 6.33 eingetragen. Der Übergang vom blauen in den weiß hinterlegten Bereich stellt die Grenze dar, bei deren Überschreiten Randzonenschädigungen zu erwarten sind. Der Grad der Beeinflussung der Bauteile ist farblich gekennzeichnet. Das Modell erlaubt es, in dem untersuchten Stellgrößenbereich lokal kritische flächenbezogene Energien beim Wälzschleifen zu berechnen, bei deren Überschreiten unzulässige Gefügeveränderungen wahrscheinlich werden [REIM14]. Deutlich wird, dass bei höheren Kontaktzeiten nur geringe Wärmestromdichten ertragen werden können, dass aber bei geringeren Kontaktzeiten der kritische, flächenbezogene Wärmestrom deutlich höher sein kann.

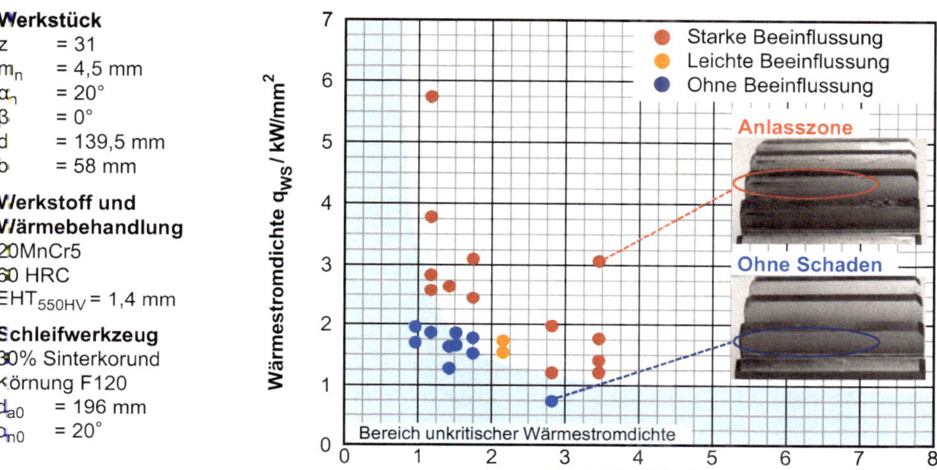

Bild 6.33 Randzonenschädigung in Abhängigkeit von der Wärmestromdichte und der Kontaktzeit für das kontinuierliche Wälzschleifen [REIM14]

Die physikalischen Einflussgrößen zur Berechnung der flächenbezogenen Schleifenergie sind die Kontaktzeit, die Schnittgeschwindigkeit und die Schnittkraft sowie die Kontaktfläche zwischen Schleifschnecke und Verzahnung. Diese Größen können auch alle mit dem Simulationsmodell GearGRIND3D lokal berechnet werden. Die Berechnung der Schnittkräfte ausgehend von der Durchdringungsrechnung wurde vorhergehend gezeigt. Eine Verknüpfung dieser Modelle mit dem von Reimann entwickelten Energiemodell ist ebenfalls möglich [SCHE19].

6.2.4.7 Digitaler Zwilling in der Zahnradfertigung

Die gesamte Prozesskette der Zahnradherstellung umfasst verschiedene Schritte wie den Entwurf der Makro- und Mikrogeometrie, die Auslegung der Fertigungsverfahren, die Fertigung und Qualitätskontrolle. Die Leistungsfähigkeit eines Zahnrads ist das Ergebnis aller Schritte der Herstellungsprozesskette vom Zahnradentwurf bis zur Zahnradfertigung und Montage. Aufgrund von steigendem Umweltbewusstsein, kompakterer Bauweise und angestrebten Kosteneinsparungen steigen die Anforderungen an Zahnräder in der industriellen Produktion und für den Einsatz im Getriebe stetig. Da alle Fertigungsprozesse direkten Einfluss auf die Geometrie und Oberflächenbeschaffenheit des Zahnrads haben, bietet die Modellierung und Überwachung dieser Prozesse ein hohes Potenzial zur Vermeidung von Ausschussteilen und Getriebeausfällen im Betrieb. Darüber hinaus kann eine verbesserte

Vorhersagbarkeit bzw. die Simulation der resultierenden Verzahnungseigenschaften nach der Fertigung den zeit- und kostenintensiven Mess- und Prüfaufwand reduzieren [BERG21].

Zur Vorhersage und Vermeidung von Ausschussteilen während der Fertigung kann das Konzept der datenbasierten, funktionalen und ökologischen Rückverfolgbarkeit angewendet werden. Bei diesem Konzept wird ein digitaler Zwilling des Werkstücks erzeugt, der sich mit dem physischen Bauteil entlang der gesamten Wertschöpfungskette weiterentwickelt. Im digitalen Zwilling werden bereichs- und domänenübergreifend die verfügbaren Daten und Informationen in einer digitalen Umgebung abgebildet. Im Bereich der Fertigung kann die Abbildungstiefe über mehrere Längenskalen, von der Makro- über die Gefüge- bis zur Nanoskala, erfolgen; dies hängt vom Anwendungsfall ab. Daten und Informationen werden über Modelle und Simulationen sowie über Sensoren oder über Erfahrungswissen zur Verfügung gestellt. Umfangreiche Forschungen zur Konstitution digitaler Infrastrukturen für die Produktentwicklung, Produktion und Nutzung werden im Exzellenzcluster „Internet of Production“ an der RWTH Aachen und mit Bezug auf die Zahnradfertigung am WZL erforscht [BREC23]. Eine besondere Herausforderung ist die Integration von produktionstechnischen Modellen und das datengetriebene maschinelle Lernen. Im Folgenden werden ausgewählte Aspekte zum Erstellen und zur Verwendung von digitalen Zwillingen aus dem Bereich der Zahnradherstellung kurz erläutert.

Der digitale Zwilling in der Zahnradherstellung wird zum einen durch Modelle und Simulationen (Abschnitt 6.2.4), die in der Designphase beginnen und sich über die Fertigungsprozesskette bis hin zum resultierenden Laufverhalten erstrecken, aufgebaut. Zum anderen enthält der digitale Zwilling physikalische Prozessdaten, die während des Bearbeitungsprozesses aus der Maschinensteuerung ausgelesen oder mit Messgeräten und Sensoren orts- und zeitgenau ermittelt wurden und dann in einer Datenstruktur abgelegt werden (siehe Bild 6.34). Die Daten eines digitalen Zwillings sind immer auch mit einem Orts- und einem Zeitstempel verknüpft. Damit können digitale Zwillinge zur Prozessplanung, zur Prozessüberwachung und Prozessregelung sowie auch zur Rückverfolgung und zur ökologischen Bewertung von Prozessketten verwendet werden (siehe Bild 6.34).

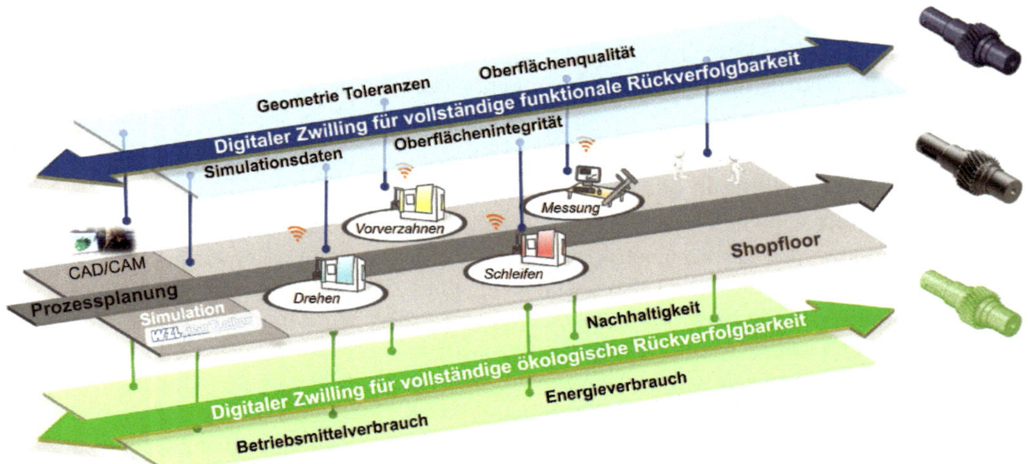

Bild 6.34 Funktionale und ökologische Rückverfolgbarkeit von Prozessketten in der Zahnradfertigung

Die Kombination von Prozessdaten mit Simulationsdaten in Echtzeit liefert neue Ansätze für die adaptive Prozesssteuerung im Hinblick auf die Bauteilfunktionalität und für die Analyse von Ursache-Wirkungs-Zusammenhängen. So kann beispielsweise der im digitalen Zwilling enthaltene Standard-Fertigungsprozesszustand mit einem aktuellen Zustand des Fertigungsprozesses verglichen werden, der durch gemessene Echtzeit-Prozessdaten repräsentiert wird. Auf diese Weise können unzulässige Prozessbedingungen während des Prozesses erkannt und korrigiert werden, sodass Ausschussteile reduziert und Getriebeausfälle durch fehlerhafte Teile vermieden werden können. Dies trägt zu einer effizienteren Ressourcennutzung und einer gesteigerten ökologischen sowie ökonomischen Nachhaltigkeit bei. Treten dennoch Ausschussteile oder Ausfälle auf, kann der digitale Zwilling durch die enthaltenen Ursache-Wirkungs-Zusammenhänge zu einer erfolgreichen Ursachenfindung beitragen. Auf diese Weise kann das wiederholte Auftreten von Fehlern vermieden und die Prozessstabilität der Produktion optimiert werden [BERG21].

6.3 Zahnkontaktanalyse

In der ISO 6336 [ISO07] wird die standardisierte Vorgehensweise zur Tragfähigkeitsberechnung von Zahnrädern und auch die Grundlage zur Anwendung von analytischen Verfahren beschrieben. Bei der Anwendung von analytischen Modellen sind die Berechnungszeiten im Allgemeinen kurz. Verschiedene Einflüsse, wie beispielsweise geometrische Randbedingungen und Materialeigenschaften, werden durch Kennzahlen, sogenannte Einflussfaktoren, berücksichtigt. Für viele Einflussfaktoren sind neben einer Formelangabe Tabellen oder Diagramme angeführt, aus denen je nach Anwendungsfall ein entsprechender Einflussfaktor bestimmt werden kann. Abhängig von der Berechnungsmethode existieren verschiedene Genauigkeitsgrade, die sich danach unterscheiden, wie exakt einzelne Einflussfaktoren bestimmt werden (Bild 6.35).

Methode A

- Faktoren werden durch Messung oder math. Analyse des Systems oder gesicherte Betriebserfahrung bestimmt.
- Alle Getriebe- und Belastungsdaten müssen bekannt sein.
- Die Genauigkeiten und Zuverlässigkeiten der Methode müssen nachgewiesen und die Voraussetzungen klar dargelegt werden.

Methode B

- Man bestimmt die Faktoren nach einer Methode, die für die meisten Anwendungsfälle ausreichend genau ist.
- Die Annahmen, unter denen sie ermittelt wurden, sind angeführt.
- Es ist jeweils zu prüfen, ob diese Annahmen für die vorliegenden Verhältnisse zutreffen.

Methode C

- Für einige Faktoren sind zusätzliche, vereinfachte Näherungsverfahren angegeben.
- Die Annahmen, unter denen sie ermittelt wurden, sind angeführt.
- Es ist jeweils zu prüfen, ob diese Annahmen für die vorliegenden Verhältnisse zutreffen.

Methode D&E

- Zur Bestimmung einiger Faktoren sind noch weitere Sonderverfahren angegeben.
- Diese gelten zum Teil für einen bestimmten Anwendungsbereich oder sind nur unter gewissen Voraussetzungen (z.B. hinsichtlich der Abnahmeprüfung) anwendbar.

Bild 6.35 Berechnungsmethoden der ISO 6336 [ISO07]

Die Methode A ist mit einem sehr hohen Aufwand verbunden, der unter ökonomischen Aspekten selten gerechtfertigt ist. Für die Methode B werden die vergleichsweise geringsten Vereinfachungen getroffen. Die weiteren Methoden sind durch zunehmende Vereinfachung nur noch für überschlägige Berechnungen geeignet. In den meisten Fällen wird die Methode B angewandt. Die Berechnung der Tragfähigkeit für Zylinderräder mit der Methode B hat sich im Laufe der-Jahre bewährt, kann aber aufgrund der Vereinfachung der Sachverhalte nur Näherungslösungen bieten, da sämtliche empirischen Einflussfaktoren von einer Standardreferenzverzahnung abgeleitet sind. Für die Zahngeometrie wird ein Zahnstangen-Bezugsprofil angenommen. Der Ort der höchsten Belastung im Zahnfuß wird nach Hofer [HOFE48] entsprechend den Untersuchungen an Außenverzahnungen an der 30°-Tangente sowie an Innenverzahnungen an der 60°-Tangente ermittelt. Der Kontakt zwischen den Flanken wird näherungsweise als linienförmig angenommen. Der schadenskritische Analysepunkt auf der Zahnflanke liegt zwischen dem Wälzkreis und dem inneren Einzeleingriffspunkt.

Die steigende Leistungsdichte der Antriebssysteme stellt die bei der Übertragung von Kräften und Momenten beteiligten Komponenten vor immer größere Herausforderungen. Ein zentrales, leistungsübertragendes Bauteil ist die Verzahnung. Neben der Anforderung der hohen Tragfähigkeit von Zahnflanke und Zahnfuß müssen zunehmend Aspekte, wie ein geringes Anregungsverhalten, ein hoher Wirkungsgrad und Leichtbauaspekte, berücksichtigt werden. Infolge der hohen Leistungsdichten sind auch der Schmierstoff und die Schmierbedingungen von ausschlaggebender Bedeutung. Als Kennwert hierfür wird die Fresstragfähigkeit verwendet. Hierauf wird aber im Weiteren nicht näher eingegangen.

Das Ziel der Zahnkontaktanalyse ist die Bestimmung der lastbedingten Verformung der Zähne im Eingriff unter Beachtung der Wellen-/Lagerverformungen. Zahnkontaktanalysen werden für die Funktionsbeschreibung von Stirnrädern, von Kegelrädern und von Sonderverzahnungen angewendet. Verformungen führen einerseits zu einer Beeinflussung der Lastverteilung und andererseits zu einer Drehwegabweichung. Auf Grundlage der Ergebnisse können geeignete Zahnflankenkorrekturen definiert werden.

Während der Auslegung stehen umfangreiche Berechnungsmethoden zur Beschreibung des Zahnkontaktes zur Verfügung. Zunehmend werden Einflüsse aus dem Gesamtsystem wie Verformungen von Wellen, Lagern und Gehäusen auf den Zahneingriff berücksichtigt. Bei den Verfahren, die zur Auslegung und Berechnung von Stirnradverzahnungen verwendet werden, lässt sich zunächst eine Unterteilung in analytische plattentheoretische und numerische Berechnungsverfahren treffen [PLAC88, WEBE55, WIKI98]. Letztere Verfahren beruhen auf der Methode der finiten Elemente (FEM) [HENS15, RÖTH12, SCHÄ08] oder der Boundary-Elemente-Methode (BEM) [SCHU15]. Für die flexible Simulation der Zahneingriffsverhältnisse unterschiedlicher Verzahnungsarten haben sich numerische Verfahren bewährt [EHRE00]. Nachfolgend wird der Fokus insbesondere auf FE-basierte Berechnungsverfahren gelegt, da sie die höchste Abbildungsflexibilität haben und durch intelligente Lösungsalgorithmen kurze Berechnungszeiten aufweisen.

6.3.1 FE-basierte Zahnkontaktanalyse

Eine sehr genaue und realitätsnahe Abbildung von Stirnradverzahnungen kann mithilfe höherwertiger Berechnungsansätze wie der Finiten-Elemente-Methode (FEM) gewonnen werden. Die Finite-Elemente-Methode beruht auf dem Gedanken, die belastete Struktur in einfach berandete und endlich große Elemente aufzuteilen. Für jedes der Elemente werden Näherungsansätze formuliert, welche die gesuchten Zustandsgrößen in Form von Verschiebungen und Spannungen beschreiben. Bei der Anwendung der FEM zur Zahnradberechnung kommen sowohl kommerzielle FE-Programmsysteme als auch speziell auf den Zahnkontakt ausgerichtete Eigenentwicklungen von Forschungsstellen und Industrieunternehmen zum Einsatz.

Die in einigen kommerziellen FEM-Programmen [ABAQ04, MSC04] zur Verfügung stehenden Kontaktalgorithmen sind für eine breite Palette von Anwendungen zweckdienlich. Für die Abbildung der komplexen Wechselwirkungen zwischen Kontaktgeometrie und Kontaktsteifigkeit in Kombination mit den kinematischen Verhältnissen im Zahneingriff sind die angebotenen Kontaktalgorithmen allerdings nur bedingt geeignet. Des Weiteren ist die Analyse des Zahnkontaktes im Rahmen der herkömmlichen FEM mit einem erheblichen Rechenaufwand verbunden, da für jede Eingriffsstellung ein neues Kontaktmodell erstellt und gelöst werden muss. Der Kontakt zwischen zwei Körpern basiert in kommerziellen FE-Softwaresystemen auf den allgemeinen FE-Kontaktalgorithmen [WILL03]. Das spezifische Kontaktverhalten wird direkt mit der FEM simuliert und gelöst. Um den Flächenkontakt zwischen den Zahnflanken eines Radpaares abbilden zu können, ist eine adaptive Vernetzung der Kontaktzone empfehlenswert. Die adaptive Vernetzung passt die Netzfeinheit der FE-Struktur selbsttätig an den Spannungszustand an, um möglichst genaue Berechnungsergebnisse zu erzielen. Der Kontaktbereich wird besonders fein vernetzt.

Prinzipiell ist die Anwendung kommerzieller FE-Programme denkbar, um sowohl den Flächenkontakt als auch große elastische Verformungen zu berücksichtigen. Sie erlauben eine hohe Ergebnisgenauigkeit, verursachen aber auch bereits für zweidimensionale Modelle einen sehr großen und oftmals unwirtschaftlichen numerischen Rechenaufwand (CPU-Zeit und Speicherbedarf). Des Weiteren liefern kommerzielle FE-Programme keine verzahnungsspezifischen Kennwerte (zum Beispiel Tragbild, Drehfehler- und entsprechende Fourierspektren) zur Beurteilung des Tragfähigkeits- und Anregungsverhaltens der Verzahnung, ohne ein entsprechendes Postprocessing nachzuschalten. Daher kommt der FEM-Lösungsansatz für die Zahnkontaktanalyse von Verzahnungen in der industriellen Praxis nur selten zum Einsatz.

Die hohen Rechenzeiten, die sich bei den ausschließlich auf die FEM ausgerichteten Kontaktalgorithmen ergeben, können durch eine Kombination von analytischen Berechnungsmethoden mit der FEM reduziert werden. Die FE-basierte Zahnkontaktanalyse ist eine speziell auf den Zahnkontakt ausgerichtete Entwicklung und verbindet die FE-Methode mit dem sogenannten „mathematischen Federmodell" [NEUP83]. Mit der FE-basierten Zahnkontaktanalyse unter Last können die Lastverteilung, die Verformungen, die Flankenpressung und Zahnfußspannungen und die Zahnfedersteifigkeiten im Zahneingriff berechnet werden. Aus den Steifigkeitsverläufen kann auf das Geräuschverhalten eines Radsatzes geschlossen werden. Bei Ergänzung eines Reibmodells lässt sich auf Basis der Rechenergebnisse der lastabhängige Verlustgrad einer Zahnradstufe bestimmen. Die Steifigkeitseigenschaften eines Zahnkontaktes und Zahnrads werden bei dem Verfahren durch Verschiebungseinflusszahlen gemäß Neupert beschrieben, die mithilfe einer FE-Berechnung ermittelt werden [NEUP83]. Die Verschiebungseinflusszahlen stellen die Nachgiebigkeit der Struktur an den berechneten Berührpunkten dar. Das Verfahren berücksichtigt im Gegensatz zum analytischen Verfahren nach ISO 6336 die exakte Zahn- und Kontaktgeometrie [ISO07]. Insbesondere die Möglichkeit der impliziten Analyse der Zahn- und Radkörperverformung im Zusammenhang mit Flankenabweichungen führt zu einem Mehrwert dieses Berechnungsansatzes im Vergleich zu analytischen Berechnungsmodellen. Präzise Aussagen über die Lastverteilung und das Steifigkeitsverhalten von Verzahnungen, insbesondere von Innenverzahnungen, können nur mit der FEM formuliert werden.

Auf der Methode der finiten Elemente basierende Programme zur Berechnung von Stirnradverzahnungen sind z. B. die allgemeine Zahnkontaktanalyse mit einem Flächenkontaktansatz (ZaKo3D) [BREC10, HEMM07] und das FVA-Rechenprogramm FE-Stirnradkette (STIRAK) mit einem Linienkontaktansatz [CAO02, SCHÄ08]. Die Vorgehensweise für die FE-basierte Zahnkontaktanalyse ist in Bild 6.36 dargestellt und wird in den folgenden Absätzen näher erläutert.

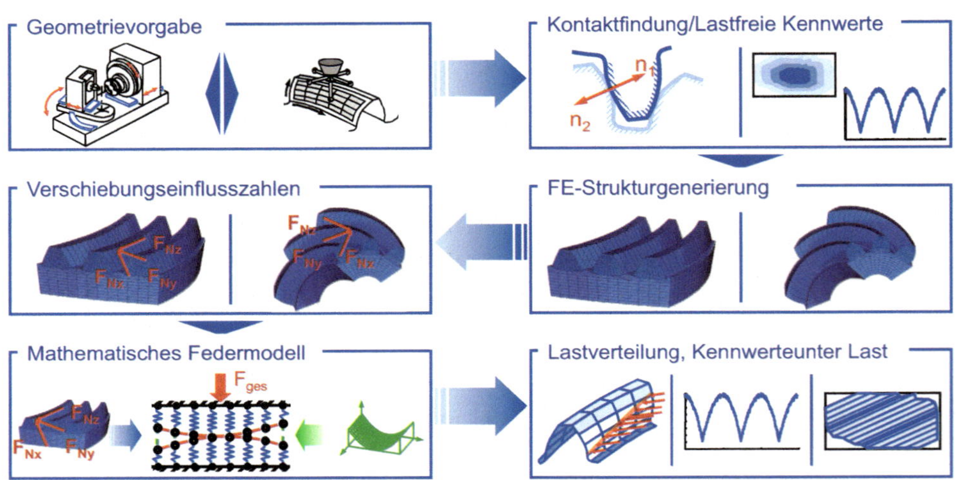

Bild 6.36 Vorgehensweise für die FE-basierte Zahnkontaktanalyse

6.3.1.1 Geometrievorgabe

Der erste Schritt der FE-basierten Zahnkontaktanalyse ist die Vorgabe der Verzahnungsgeometrie. Die Verzahnungsgeometrie wird als dreidimensionale Punktewolke an das Programm übergeben. Dadurch sind eine freie Modellierung der Zahnflanken und die Berücksichtigung von Zahnflankenmodifikationen möglich. Zudem besteht die Möglichkeit, unterschiedliche Zahnfußkonturen zu berücksichtigen. Die Punktewolke kann zum einen das Ergebnis einer Fertigungssimulation (vgl. Abschnitt 6.2), einer Verzahnungsmessung oder einer analytischen Beschreibung der Zahnflanke (vgl. Abschnitt 6.2.2) sein. Der Punktewolke, d. h. der Zahnflanke, können verzahnungsspezifische Korrekturen überlagert werden, um den Einfluss der Fertigungsabweichungen auf die Verzahnungskennwerte zu prüfen oder eine für den Einsatzzweck optimierte Topografie zu ermitteln.

6.3.1.2 Kontaktfindung und lastfreie Verzahnungskennwerte

Bei der FE-basierten Zahnkontaktanalyse sind zwei verschiedene Vorgehensweisen zur Berücksichtigung des Zahnkontaktes möglich. Zum einen können die Kontaktbereiche als Linienkontakt direkt analytisch aus dem Verzahnungsgesetz berechnet werden. Zum anderen ist es möglich, eine dreidimensionale iterative Kontaktsuche unmittelbar mit der Lösung des mathematischen Federmodells zu kombinieren. Damit erfolgt eine Auswertung des Kontakts in Form einer Fläche.

Die analytische Berechnung der Kontaktbereiche ist für Stirnradverzahnungen über die Eingriffsebene möglich. Die Eingriffsebene ist durch die gemeinsame Zahnbreite b und die Eingriffsstrecke g_α definiert (vgl. Bild 2.26). Auf der Eingriffsebene wird eine vorgegebene Anzahl an Berührlinien verteilt, wobei die Steifigkeitssprünge an den Eingriffswechseln zu berücksichtigen sind. Wird die im Eingriffsfeld ermittelte Berührlinie auf die Zahnflanke projiziert, ergeben sich die Berührpunkte für die untersuchte Wälzstellung. Aufgrund der analytischen Berechnung der Kontaktbereiche ergibt sich eine geringe Berechnungszeit für die Kontaktfindung von Stirnradverzahnungen. Die Kontaktabstände ergeben sich aus der Verzahnungstopografie.

Werden demgegenüber die Veränderungen der Lage der Kontaktbereiche über der Zahnflanke unter Belastung berücksichtigt oder ist der Zahneingriff sehr elastisch, wie z. B. bei Hochverzahnungen, ist ein allgemeiner und flexibler Berechnungsansatz erforderlich. Mit einem allgemeinen Berechnungsansatz können darüber hinaus unterschiedlichste Verzahnungsvarianten wie z. B. Kegelrad-, Beveloidgetriebe sowie beliebige Sonderverzahnungen wie z. B. Schneckengetriebe mit der gleichen Vorgehensweise analysiert werden. Der erweiterte Komplexitätsgrad hat eine Steigerung der Berechnungszeit zur Folge. Gegenüber der Berechnungszeit bei der reinen FEM sind die kombinierten Verfahren allerdings auch mit iterativer Kontaktsuche wesentlich schneller. Bild 6.37 zeigt das allgemeine Vorgehen bei der Kontaktfindung [HEMM07].

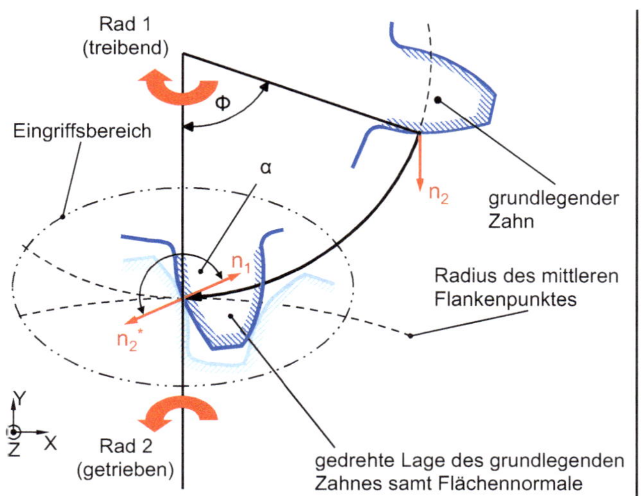

Bild 6.37 Allgemeine Kontaktfindung [HEMM07]

Die beiden Räder werden im ersten Schritt anhand ihrer Rotationsachsen und ihres Achsabstands zueinander positioniert und im globalen Koordinatensystem ausgerichtet. Das treibende Rad (Rad 1) liegt als Zahn, das getriebene Rad (Rad 2) als Zahnlücke vor. Im nächsten Schritt wird das Rad 2 arretiert und das Rad 1 in einem iterativen Prozess so lange verdreht, bis die beiden Flanken der Räder 1 und 2 sich an einem Punkt durchstoßen. Basierend auf diesem Kontaktpunkt werden die Kontaktabstände aller Flankenpunkte zueinander bestimmt.

Auf Basis der Kontaktfindung und der ermittelten Kontaktabstände für jedes Wälzinkrement können der lastfreie Drehfehler, das lastfreie Tragbild sowie weitere lastfreie Kenngrößen der untersuchten Verzahnung (Flankenspiel, Kopfspiel, Ease-off) sowohl für den Flächenansatz als auch für den Linienkontakt ausgewertet werden. Der lastfreie Drehfehler ergibt sich aus der Drehwinkelabweichung der beiden abwälzenden Verzahnungen. Der Ease-off stellt die Kontaktabstände der Zahnflanken dar. Das lastfreie Tragbild beschreibt eine Fläche, die durch die Kontaktpunkte beschrieben wird, an denen sich die beiden Flankentopografien im Kontakt befinden.

6.3.1.3 FE-Strukturgenerierung

Die Ermittlung der Verzahnungskennwerte unter Last bedarf einer FE-Modellierung der beiden zu untersuchenden Verzahnungen. Das Netz des FE-Modells wird durch einen automatischen Vernetzungsalgorithmus auf Basis der dreidimensionalen Punktewolke der Verzahnung erzeugt. Für die automatisierte Vernetzung werden Hexaederelemente verwendet, die die regelmäßige Zahnstruktur mit einem geringen Netzeinfluss auf das Berechnungsergebnis abbilden. Für die FE-Modellierung des Zahnrads reicht es aus, die Anzahl der gleichzeitig im Eingriff befindlichen Zähne abzubilden. Die komplette Modellierung der Verzahnung ist nicht erforderlich, wodurch Rechenzeit und Speicherbedarf reduziert werden. Zusätzlich zur Modellierung der im Eingriff befindlichen Zähne wird der Radkörper modelliert, dessen Steifigkeit den Zahneingriff beeinflusst [CAO02].

6.3.1.4 Verschiebungseinflusszahlen

Basierend auf dem FE-Modell der Verzahnung werden im nächsten Schritt die Verschiebungseinflusszahlen ermittelt. Die Verschiebungseinflusszahlen beinhalten die Steifigkeit eines jeden FE-Knotens für die sukzessive Belastung aller FE-Knoten mit einer Einheitskraft von F_n = 1 N in Richtung der Normalen. Die Bestimmung der Verschiebungseinflusszahlen in Form einer Matrix A ergibt sich aus Formel 6.13. Die Verschiebung jedes FE-Knotens $\vec{u}$ unter Berücksichtigung der Materialparameter wird mittels der Finite-Elemente-Methode bestimmt. Durch Lösung des linearen Gleichungssystems werden die Steifigkeiten bzw. Einflusszahlen eines jeden Knotens ermittelt. Es wird zwischen Haupt- und Kreuzeinflusszahlen unterschieden [NEUP83].

$$\vec{u} = A \cdot \vec{F_n} \tag{6.13}$$

Die Haupteinflusszahlen, welche die Einträge auf der Hauptdiagonalen der Einflusszahlenmatrix A darstellen, entsprechen der Verformung aufgrund einer Kraft am betrachteten Knoten des FE-Modells selbst. Die Kreuzeinflusszahlen beinhalten die Verformungsreaktion der unbelasteten anderen Knoten auf eine Last an einem weiteren Knoten des FE-Modells. Bild 6.38 zeigt exemplarisch die Bestimmung der Verschiebungseinflusszahlen für eine Stirnradverzahnung. Je weiter der Abstand eines Auswerteknotens von einem Lastknoten ist, desto geringer ist der Verformungseinfluss. Insbesondere bei hochelastischen Zahnradstrukturen kann die Interaktion der einzelnen Zahneingriffe in der Verformungsanalyse nicht mehr vernachlässigt werden und bedarf einer FE-basierten Betrachtung.

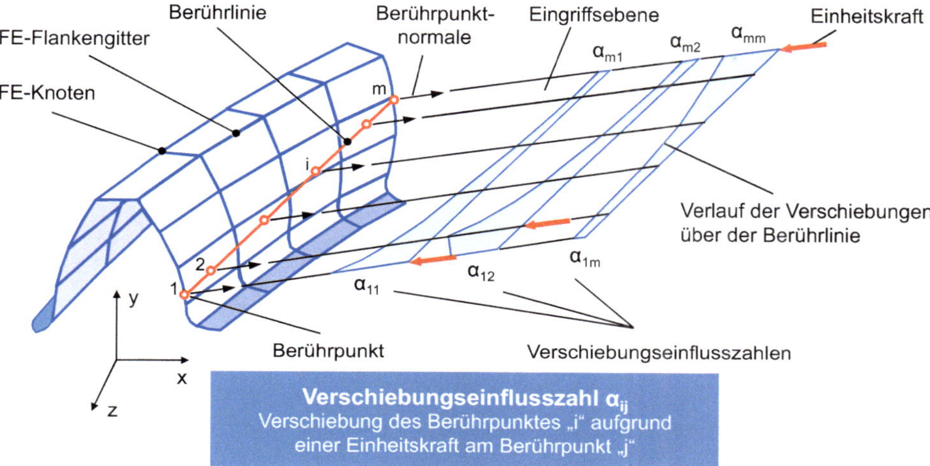

Bild 6.38 Ermittlung der Verschiebungseinflusszahlen an diskreten Berührpunkten einer Berührlinie

Für den Linienkontakt wird die Berührlinie in diskrete Belastungspunkte unterteilt. Da die Berührpunkte nicht zwingend mit den FE-Knoten übereinstimmen, ist eine Umrechnung der Berührpunktkraft auf die umliegenden FE-Knoten des jeweiligen Elements erforderlich. Der Zusammenhang wird über die sogenannte Formfunktion hergestellt [ZIEN71]. In Bild 6.39 ist diese Substitution der Berührpunktkräfte durch FE-Knotenkräfte dargestellt. Nach der Umrechnung greifen an jedem der umliegenden FE-Knoten drei Kraftkomponenten an, die in x-, y- und z-Richtung des Werkradkoordinatensystems orientiert sind. Die Kraftaufteilung repräsentiert den Belastungszustand, der durch den Kraftangriff an der Berührlinie erfolgt.

Zusätzlich zu den Kräften in Flankennormalenrichtung liegen im realen Zahneingriff tangentiale Reibungskräfte vor. Zur Berücksichtigung der Reibkraft kann eine zusätzliche Kraftkomponente in tangentialer Richtung bei der Kontaktberechnung berücksichtigt werden. Ihre Größe kann über den mittleren Reibwert berechnet werden, der z. B. lokal aufgelöst nach Löpenhaus bestimmt wird [LÖPE15]. Die Berücksichtigung eines Reibmodells erlaubt zudem eine Aussage zum lastabhängigen Verlustgrad des Zahneingriffs. Die Kraft auf einen Berührpunkt ergibt sich somit durch Überlagerung der Einheitskraft F_n mit einer zugehörigen tangential wirkenden Reibkraft F_t.

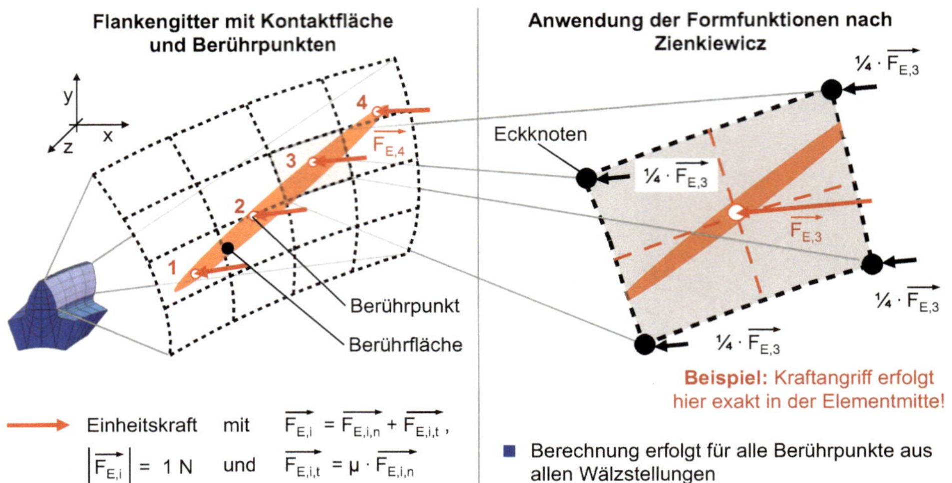

Bild 6.39 Substitution der Zahnkräfte durch FE-Knotenkräfte mittels Formfunktionen

Nachdem mithilfe der FEM die Verschiebungseinflusszahlen zur Charakterisierung des Steifigkeitsverhaltens der Zahnräder berechnet worden sind, können diese zur Ermittlung der Kraftverteilung verwendet werden. Die Bestimmung der Kraftverteilung geschieht mithilfe des „mathematischen Federmodells“ [NEUP83], welches im Folgenden erläutert wird.

6.3.1.5 Mathematisches Federmodell

Die Beanspruchung eines einzelnen Zahnes ist im Wesentlichen von der Kraftaufteilung auf die an der Kraftübertragung beteiligten Zahnpaare sowie von der Kraftverteilung auf den Kontaktbereich eines einzelnen Zahnpaares abhängig. Da die Steifigkeits- und Kontaktverhältnisse und auch der Ort des Kraftangriffs beim Abwälzen der Zähne veränderlich sind, werden die Lastverteilungen sowie die hieraus resultierenden Zahnflankenpressungen und Zahnfußspannungen für eine Reihe von Wälzstellungen bestimmt. Nach Analyse des gesamten Eingriffs werden die Gesamtbeanspruchungsverteilung und maximal auftretenden Beanspruchungen ermittelt. Die Ermittlung des Tragbilds unter Last sowie der Lastverteilungsberechnung erfolgt iterativ. Der iterative Prozess ist erforderlich, da zu Beginn der Berechnungen die lastabhängigen Verformungen und somit die Verteilung der Lasten auf die einzelnen Zähne nicht bekannt sind. Im mathematischen Federmodell nach Neupert [NEUP83] wird der reale Zahnkontakt mit seinem Mehrfacheingriff durch eine Parallelschaltung von Federn repräsentiert (Bild 6.40). Die Federsteifigkeiten, die die Steifigkeiten an den Berührpunkten charakterisieren, werden mit der zuvor beschriebenen FE-Berechnung der Verschiebungseinflusszahlen ermittelt.

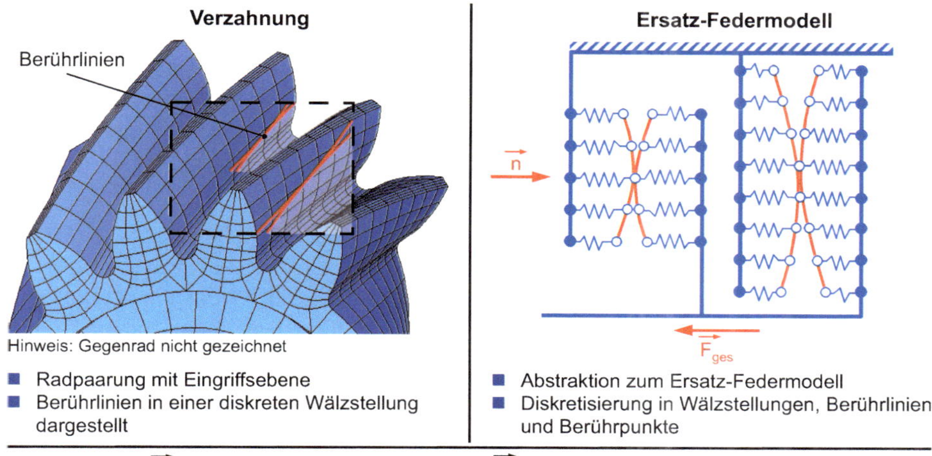

Legende: $\vec{n}$ Richtung der Flankennormalen, $\vec{F}_{ges}$ Gesamt-Zahnnormalkraft im Stirnschnitt

Bild 6.40 Mathematisches Federmodell für die Zahnkontaktanalyse unter Last

Aus Bild 6.41 geht hervor, dass neben den Federsteifigkeiten auch die vorliegende Kontaktgeometrie in Form von Kontaktabständen berücksichtigt wird. Neben Topografieabweichungen der Verzahnung kann zudem auch der Einfluss des Welle-Lager-Systems in der Zahnkontaktanalyse unter Last in Form einer Überlagerung der Kontaktabstände berücksichtigt werden. Dabei werden die Lasten aus den Zahneingriffen sowie vorgegebene Lasten mit dem Reduktionsverfahren nach Falk in eine Wellenverformung sowie Lagerverformungen umgerechnet [FALK56]. Die Wellenverformung wird anschließend in Achsneigungs- und Achsschränkungsanteile zerlegt [WITT94]. Anschließend werden diese Anteile in der Flankentopografie als zusätzliche Flankenlinienwinkelabweichungen berücksichtigt.

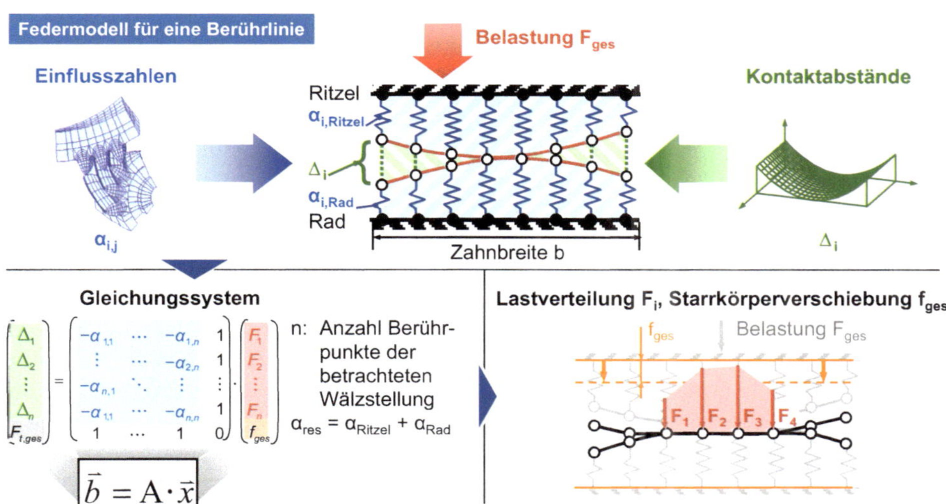

Bild 6.41 Lastverteilung im Zahneingriff, modelliert mithilfe des mathematischen Federmodells [NEUP83]

Neben dem Welle-Lager-System kann auch eine Radverkippung auf der Welle berücksichtigt werden. Damit verbunden ist die Berücksichtigung von Ergebnissen eigenständiger Wellen- und Lagerberechnungsprogramme, allgemeinen Wellenschiefstellungen, der Losradverkippung oder auch der Verlagerung der Lagerstellen im Getriebegehäuse. Die Radverkippung bewirkt ebenso wie die Wellenverformung eine zusätzliche Flankenlinienwinkelabweichung, die im Rahmen der Zahnkontaktanalyse unter Last berücksichtigt und mit den Ergebnissen ausgegeben wird.

Wird nun auf das in Bild 6.41 dargestellte Federmodell eine äußere Belastung aufgebracht, so verformen sich zunächst nur die Federn im mittleren Bereich des Zahnpaares, bis die Lücken im Kontaktbereich geschlossen sind und weitere Teile der Flankentopografie an der Kraftübertragung beteiligt werden. Da sich bis zum vollständigen Schließen aller Kontaktabstände zwischen den Berührpunkten mit der Kraft stets auch die Fläche des Kontaktbereiches verändert, ergibt sich ein progressiver Verlauf der resultierenden Eingriffssteifigkeit. Um die rechnerische Lösung des mathematischen Federmodells zu verdeutlichen, ist in Bild 6.41 nur ein einzelnes Zahnpaar mit den dazugehörigen Gleichungen wiedergegeben. Die Berücksichtigung des Eingriffs mehrerer Zahnpaare wird analog zu dieser Betrachtungsweise modelliert.

Das dargestellte Gleichungssystem stellt die Verknüpfung zwischen den örtlichen Deformationen f_i, den dazugehörigen lokalen Berührpunktkräften F_i und den aus der Kontaktgeometrie resultierenden Kontaktabständen Δ_i sicher. Die lokalen Steifigkeiten finden hier ihre Berücksichtigung in den aus der FE-Rechnung ermittelten Verschiebungseinflusszahlen α_{ij}, wobei eine solche Einflusszahl die Verschiebung eines Punktes i aufgrund einer Kraft am Punkt j angibt. Aus Gründen der einfachen Darstellung sind die Kreuzeinflüsse für α_{ij} mit $j \neq i$ in dem Federmodell nicht gezeigt, sie sind aber in dem dargestellten Gleichungssystem vollständig berücksichtigt. Das lineare Gleichungssystem lässt sich mit der Randbedingung lösen, dass die sich einstellenden Gesamtverschiebungen für alle Kontaktpunkte gleich der Annäherung der Bezugsflächen beider Räder sein müssen (Formel 6.14). Weiterhin muss das Kräftegleichgewicht gelten, wobei F_{ges} aus dem Antriebsmoment einer Eingriffsebene berechnet wird (Formel 6.15).

$$f_i = \text{const.} = f_{\text{ges}} \tag{6.14}$$

$$F_{\text{ges}} = \sum_{i=1}^{N} F_i \tag{6.15}$$

Die FE-Berechnung dient somit zunächst dazu, die für die Lösung des Zahnkontaktproblems notwendigen Einflusszahlen α_{ij} zu bestimmen. An den Verläufen der Einflusszahlen ist erkennbar, dass sich im Allgemeinen die größte Verformung jeweils am Angriffsort der Einheitskraft selbst einstellt ($\alpha_{ii} > \alpha_{ij}$). Mit den so gewonnenen Nachgiebigkeiten beziehungsweise Steifigkeiten können nun die Berührpunktkräfte mit den in Bild 6.41 angegebenen Gleichungen sowie die Berührpunktverschiebungen ermittelt werden. Da sich im Allgemeinen der Kontaktbereich nicht über die komplette Flanke erstreckt, müssen die nicht tragenden Berührpunkte aus dem Gleichungssystem eliminiert und der real tragende Kontaktbereich iterativ errechnet werden. Die gezeigte Vorgehensweise repräsentiert den Fall der Auswertung eines Linienkontakts. Für die allgemeine Zahnkontaktanalyse mit einem dreidimensionalen Ansatz wird das Kontaktproblem für eine Berührfläche statt -linie gelöst.

6.3.1.6 Lastverteilung und Kennwerte unter Last

Die Lastverteilung auf der Zahnflanke geht als Ergebnis aus dem mathematischen Federmodell hervor. Die Ermittlung der Zahnfußbeanspruchungsverteilung erfolgt direkt aus den Verformungen des FE-Modells gemäß der ermittelten Lastverteilung. Anhand der Lastverteilung, der Kontaktbereiche unter Last, der Starrkörperverschiebung und Modellverformung können im nächsten Schritt verzahnungstypische Kennwerte unter Last ermittelt werden, die in Anregungs- und Beanspruchungskennwerte unterteilt sind. Zu den Beanspruchungskennwerten zählen die Flankenpressung, die Zahnfußspannung sowie die lastabhängigen Verzahnungsverluste. Zu den Anregungskennwerten zählen der Summendrehfehler, Fourierspektren des Summendrehfehlers und das Tragbild unter Last. Für die jeweiligen Kenngrößen sind Beispiele aufgeführt, die einen Vergleich zwischen Ergebnissen anhand der Zahnkontaktanalyse und Prüfstandergebnisse zeigen.

Tragbild

Bild 6.42 zeigt einen Vergleich der Tragbilder unter Last für ein Drehmoment von M_2 = 20 Nm zwischen der FE-basierten Zahnkontaktanalysesoftware ZaKo3D [HEMM07] und einem Prüfstand für die Einflankenwälzprüfung (Abschnitt 5.5.1.1). Bei dem untersuchten Getriebe handelt es sich um ein Kegelradgetriebe. In der gezeigten Untersuchung wurden die Einbaulagen von Ritzel und Tellerrad des Kegelradgetriebes variiert und das resultierende Tragbild mithilfe von Tuschierpaste visualisiert. Die Tragbilder vom Prüfstand sind auf der linken Seite des Bilds zu erkennen. Auf der rechten Seite sind im Vergleich die Tragbilder aus der Zahnkontaktanalyse dargestellt. Es wurden ebenfalls die Tragbilder unter Last unter Berücksichtigung der Veränderung der Einbaulage ermittelt. Darüber hinaus zeigen die Analysen in Abschnitt 3.3.2 zur beanspruchungsgerechten Auslegung der Kopfrücknahme, dass neben dem Geometrieeinfluss ebenfalls der Lasteinfluss korrekt wiedergegeben wird. Die Übereinstimmung der ermittelten Tragbilder zeigt, dass die FE-basierte Zahnkontaktanalyse die Zahnflankenbeanspruchung realitätsgetreu abbildet.

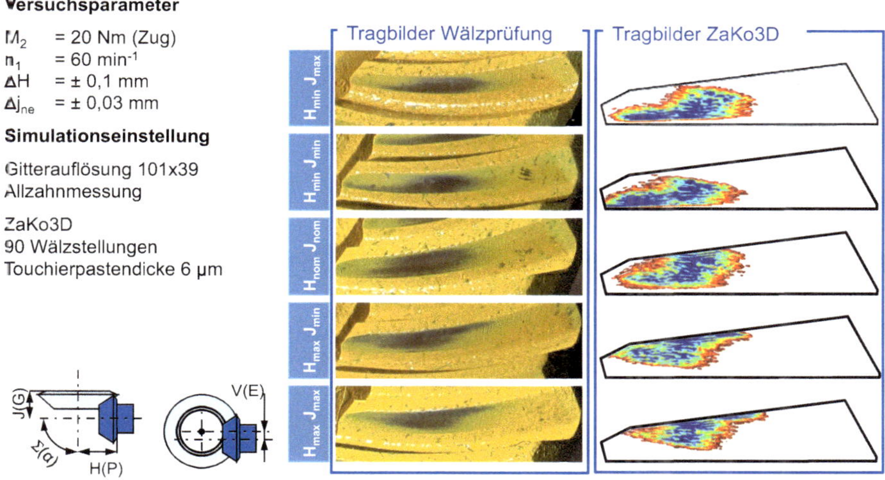

Bild 6.42 Vergleich der Tragbilder zwischen Einflankenwälzprüfung und Zahnkontaktanalyse eines Kegelradgetriebes [BREC14c]

Zahnfußspannung

Der Vergleich von Zahnfußspannungsberechnungen zwischen Prüfstand- und Simulationsergebnissen ist in Bild 6.43 dargestellt. Der Zahnfußspannungsverlauf entlang der Zahnbreite b in der kritischen Wälzstellung ist auf der rechten Seite in der Abbildung für zwei verschiedene Drehmomente dargestellt. Die kritische Wälzstellung stellt die Wälzstellung dar, an der die maximale Zahnfußspannung auftritt. Bei der Prüfverzahnung handelt es sich um eine Schrägverzahnung mit Normalmodul m_n = 4,5 mm und einem Schrägungswinkel β = 20°. Für die Messung der Zahnfußspannung auf dem Prüfstand wurden im Zahngrund des Ritzels Dehnungsmessungsstreifen (DMS) appliziert. Auf einem Verspannungsprüfstand (vgl. Abschnitt 5.3.1) wurden für die zwei verschiedenen Lastmomente die Zahnfußspannungen in der kritischen Wälzstellung an der 30°-Tangente ausgewertet. Der Vergleich zwischen dem Zahnfußspannungsverlauf aus den DMS-Messungen und der FE-basierten Zahnkontaktanalysesoftware FE-Stirnradkette (STIRAK) zeigt eine hohe Übereinstimmung. Die Zahnfußspannungen werden mithilfe der Software realitätsgetreu abgebildet.

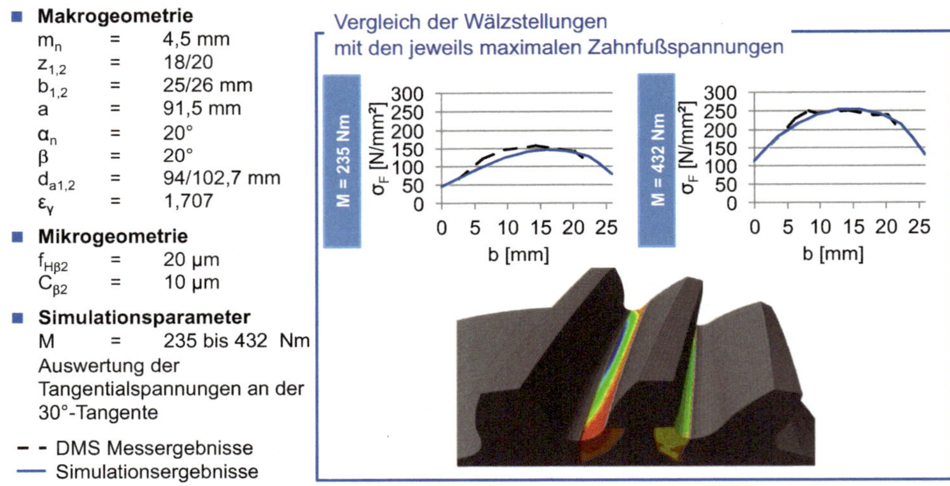

Bild 6.43 Vergleich der Zahnfußspannungen zwischen Prüfstandversuchen und der FE-basierten Zahnkontaktanalyse [BREC15e]

Summendrehfehler

Der Summendrehfehler ist ein Maß für das Anregungsverhalten einer Verzahnung. In Bild 6.44 sind Prüfstand- und Simulationsergebnisse als Fourierspektrum für zwei verschiedene Radsätze eines Kegelradgetriebes dargestellt. Die Drehfehlermessung wurde bei einem Moment M_2 = 20 Nm und einer Drehzahl am Ritzel von n_1 = 60 min^{-1} in der Sollposition durchgeführt. In den Diagrammen ist die Drehfehleramplitude einer kompletten Überrollung zwischen dem Minimal- und Maximalwert (Peak-to-Peak) in µrad über der Tellerradordnung aufgetragen. Die dominanten Verzahnungsordnungen der ersten, zweiten und fünften Verzahnungsordnung aus den Prüfstandergebnissen sind in den zwei linken Diagrammen mittels horizontaler Linien hervorgehoben. Die Ergebnisse zeigen, dass die beiden Radsätze aufgrund ihrer unterschiedlichen Fertigungsqualität unterschiedlich ausgeprägte Amplituden aufweisen. Die Amplitude der fünften Verzahnungsordnung wird im Wesentlichen durch Welligkeiten auf der Zahnflanke beeinflusst. Für hohe Drehzahlen kann es durch eine im Fertigungsprozess aufgeprägte Welligkeit zu einer erhöhten Geräuschemission kommen. Diesen Effekt gilt es in der Auslegung der Verzahnung, im Hinblick auf die Geräuschanregung der Verzahnung, zu beachten [BREC14c].

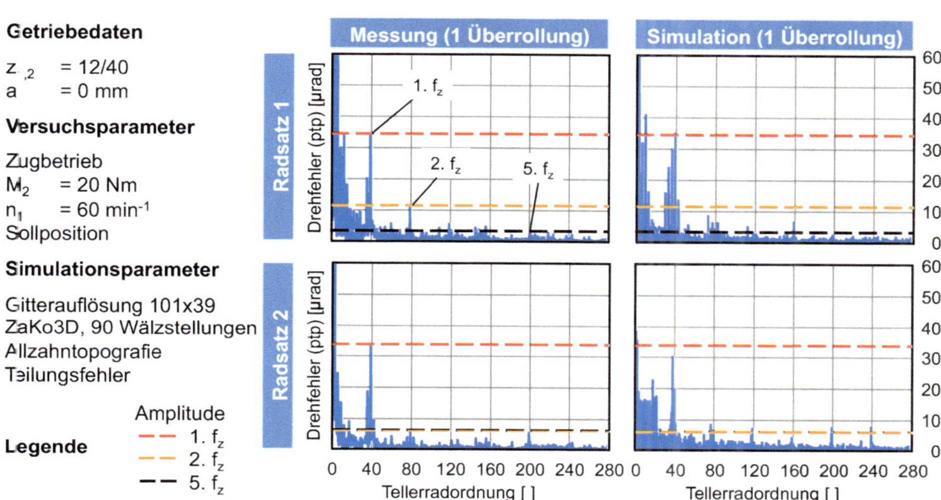

Bild 6.44 Vergleich von Prüfstand- und Simulationsergebnissen einer kompletten Überrollung für zwei Radsätze eines Kegelradgetriebes [BREC14c]

Die Simulationsergebnisse auf Basis der FE-basierten Zahnkontaktanalysesoftware ZaKo3D [HEMM07] der Kegelradgetriebe sind auf der rechten Seite von Bild 6.44 dargestellt. Es wurde eine komplette Überrollung der Verzahnung unter Berücksichtigung von Teilungsfehlern und der Allzahntopografie durchgeführt. Die Gitterauflösung des Messgitters beträgt 101 × 39 Punkte. Bei der Allzahnmessung wird die Topografie aller Zähne in der gewählten Auflösung gemessen. Diese Topografie wird als Basis für die Zahnkontaktanalyse verwendet. Die Teilungsfehler als Ergebnis der Verzahnungsmessung werden ebenfalls in der Zahnkontaktanalyse verwendet. Die Fourierspektren der zwei Kegelradsätze wurden in der Sollposition der Verzahnung bestimmt. Die horizontalen Linien entsprechen den Amplituden der ersten, zweiten und fünften Verzahnungsordnung aus den Prüfstandergebnissen (vgl. linke Seite Bild 6.44). Der Vergleich der Fourierspektren aus den Prüfstand- und den Simulationsergebnissen zeigt eine gute Übereinstimmung. Die FE-basierte Zahnkontaktanalyse ist in der Lage, das Anregungsverhalten realitätsnah abzubilden [BREC14c].

Verlustgrad

Bild 6.45 zeigt den Vergleich einer Verlustgradberechnung zwischen Prüfstandergebnissen [WIMM06] und Berechnungsergebnissen auf Basis der FE-basierten Zahnkontaktanalysesoftware FE-Stirnradkette (STIRAK) [LÖPE15]. Die Ergebnisse der Verlustgradberechnung sind auf der rechten Seite der Abbildung dargestellt. In der oberen Zeile ist die lokale Verlustleistung für die beiden untersuchten Verzahnungen für eine Tangentialgeschwindigkeit v_t = 8,3 m/s dargestellt. Im Wälzpunkt C beträgt die Verlustleistung P_{Vz} = 0 W. Entlang der Zahnhöhe kommt es zu einem Anstieg der Verlustleistung aufgrund einer steigenden Gleitgeschwindigkeit und der Reibwertcharakteristik. In der unteren Zeile ist der Vergleich des Verlustgrads ζ_z zwischen den Prüfstandergebnissen nach Wimmer [WIMM06] und dem nach Löpenhaus [LÖPE15] entwickelten lokalen Berechnungsansatz auf Basis der FE-basierten Zahnkontaktanalyse dargestellt. Anhand der beiden Kurven zeigt sich, dass mithilfe der FE-basierten Zahnkontaktanalyse eine realitätsgetreue Berechnung des Verlustgrads ζ erzielt werden kann. Im Hauptprüfbereich der Scheibe (orange) liegt eine sehr hohe Übereinstimmung zwischen Berechnung und Prüfstandversuchen vor.

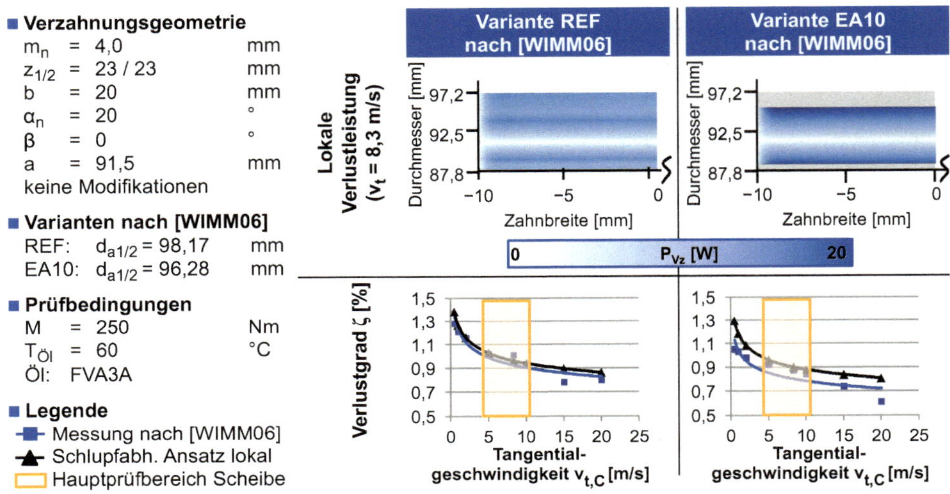

Bild 6.45 Vergleich des Verlustgrades zwischen Prüfstand- und Simulationsergebnissen auf Basis der FE-basierten Zahnkontaktanalyse [LÖPE15]

6.3.2 Auslegung mit der Zahnkontaktanalyse am Beispiel der Zahnfußoptimierung

Die Zahnfußgeometrie hat einen erheblichen Einfluss auf die Zahnfußtragfähigkeit. Die Ausrundung im Zahnfuß wirkt als Kerbe gegenüber den Kräften, die normal zur Evolvente an den Berührpunkten der Flanke wirken. Die Gestalt der Kerbe hat einen Einfluss auf den Spannungszustand im Zahnfuß. Die Zahnfußspannung ergibt sich gemäß der Tragfähigkeitsberechnung nach DIN 3990 und ISO 6336 aus dem Fußrundungsradius ρ_F und der Zahnfußdickensehne S_F. Die Zahnfußform kann darüber hinaus gezielt auf einen geringeren Spannungszustand hin verändert werden. Der folgende Abschnitt befasst sich mit Methoden, die die gezielte, automatisierte Optimierung der Zahnfußgeometrie erlauben. Optimierte Zahnfußgeometrien lassen es zu, Zahnräder schmaler und somit leichter auszulegen. Somit können sie zur Steigerung der Leistungsdichte von Getrieben beitragen.

Die Struktur- und Topologieoptimierung mechanisch beanspruchter Bauteile ist seit dem Aufkommen numerischer Berechnungsmethoden auf dem Prinzip der Finite-Elemente-

Methode (FEM) fester Bestandteil konstruktiver Auslegungsprozesse für hochbelastete oder besonders leichte Bauteile. Im folgenden Abschnitt werden die einzelnen Aspekte eines Optimierungsmodells für die in diesem Fall verzahnungsspezifische Optimierung von Problemstellungen, die mithilfe der FEM abbildbar sind, erläutert.

Optimierungsablauf

Ausgangspunkt ist die Modellbildung. Ein vorhandenes FE-Modell der nicht optimierten Geometrie (Entwurf) bildet die Grundlage der Optimierung. Aus der Geometrie des Modells sollen Parameter abgeleitet werden, anhand derer das System verändert wird. Geometrische Restriktionen schränken den Lösungsraum ein. Die Zielfunktion ist im Fall der spannungsorientierten Optimierung die Minimierung der maximal im Zahnfuß auftretenden Spannung [BÜSS99]. Den nächsten Schritt stellt eine Änderung der Parameter des Modells dar. Die aufgrund der Parametervariation geänderte Geometrie wird anschließend neu vernetzt, belastet und ausgewertet. Das Ergebnis wird von einem Suchalgorithmus interpretiert, der dann eine neue Variation der Optimierungsparameter vornimmt. Der Prozess wird so lange iteriert, bis ein Abbruchkriterium erreicht wird. In der Regel ist dies ein Schwellenwert der Änderung der berechneten Spannung. Das Ergebnis des iterativen Prozesses ist eine auf die Zielfunktion hin optimierte Zahnfußgeometrie.

Parametrierung der Geometrie

Um freie Zahnfußkonturen gestalten zu können, müssen die Konturen zunächst parametriert werden. Parametrierungsansätze werden im Folgenden als stark oder schwach geometrisch gebunden bezeichnet. Eine stark geometrisch gebundene Parametrierung nutzt analytische Funktionen, die mittels Übergangsbedingungen (z. B. Ort und Steigung am Rand des Definitionsbereichs der Funktion) mit der Verzahnungskontur verknüpft werden. So ergeben sich Gleichungssysteme, die eine geschlossene Lösung in Abhängigkeit von den Optimierungsparametern und den Randbedingungen besitzen. Schwach geometrisch gebundene Parametrierungen besitzen eine höhere Anzahl an Freiheitsgraden. Die Ansätze verändern die Lage einzelner Koordinatenpunkte in der Ebene bzw. im Raum direkt und sorgen so für eine Veränderung der Fußkontur. Als Randbedingungen werden ebenfalls Übergangskriterien am Rand des Definitionsbereichs der Funktion und weitere Bedingungen genutzt, wie z. B. eine durchgängige Konvexität der Kontur. Diese Bedingung ist für wälzende Fertigungsverfahren zwingend erforderlich, da nur durchgängig positiv gekrümmte Konturen durch eine translatorisch-rotatorisch gekoppelte Kinematik, wie sie beim wälzenden Herstellen von Verzahnungen zum Einsatz kommt, erzeugt werden können. Schwach geometrisch gebundene Parametrierungen besitzen in der Regel einen größeren Parameterraum und erhöhen somit die Wahrscheinlichkeit, ein globales Optimum der Fußkontur zu erreichen.

Anwendungsbeispiel

Eine konkrete Umsetzung des zuvor beschriebenen Optimierungskreislaufes stellt das Programmsystem nach Bild 6.46 dar [BREC14b, BREC15d]. Die Methode baut auf den Arbeiten von Brömsen [BRÖM05] und Zuber [ZUBE08] auf und verwendet einen genetischen Algorithmus [NISS97], der im Weiteren kurz erläutert wird. Der Ablauf des Systems beginnt mit der Erzeugung der Ursprungsgeometrie. Danach wird eine Anfangspopulation (20 Zahnkonturen) durch die zufällige Modifizierung der Geometrieparameter des Modells erstellt und durch die Zahnkontaktanalyse ausgewertet. Die Ergebnisse der Auswertung werden vom genetischen Algorithmus interpretiert und für die Erzeugung einer neuen Population (ebenfalls 20 Zahnkonturen) verwendet. Die Erzeugung der neuen Population basiert auf der Idee des „Survival of the Fittest“ aus der Evolutionstheorie. Das bedeutet, dass sich die Merkmale der starken Individuen (d. h. Verzahnungen mit niedriger Zahnfußspannung) durch Kreuzung untereinander durchsetzen. Schwache Individuen (= hohe Zahnfußspannung) werden weniger oft mit anderen gekreuzt und verschwinden somit aus der Menge der Individuen, analog zum Genpool in der Natur. Jede neue Population wird als Generation bezeichnet. Der Kreislauf wird so lange wiederholt, bis die Änderung der ausgewerteten Zahnfußspannung von einer Generation zur nächsten einen bestimmten Grenzwert unterschreitet oder eine Grenze an Iterationsschritten erreicht ist.

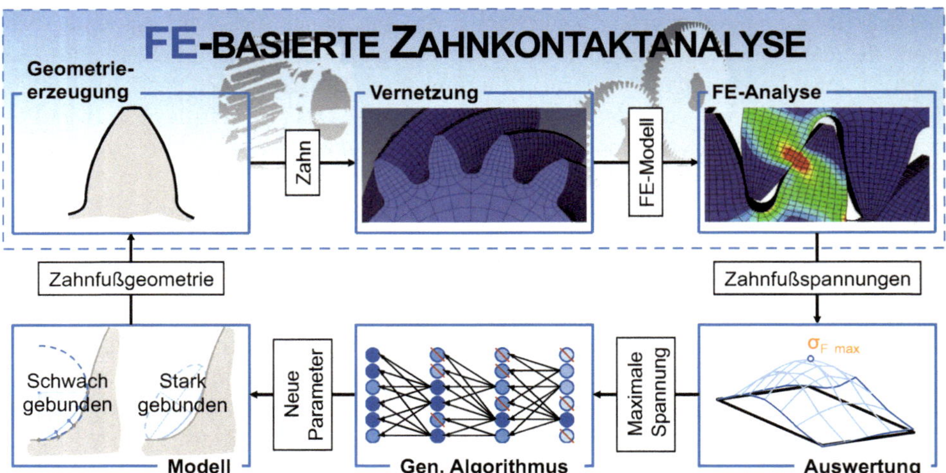

Bild 6.46 Implementiertes Optimierungssystem für Zahnfußgeometrien aufbauend auf der FE-basierten Zahnkontaktanalyse

Die Anwendung des Optimierungssystems für einen Stirnschnitt einer Stirnradverzahnung wurde erfolgreich für verschiedene Stirnradgeometrien angewandt. Die Reduzierung der Spannung betrug bis zu 29 % [BREC15d]. Das Ergebnis für die Spannungsoptimierung eines Stirnrads ist in Bild 6.47 gezeigt. Zu erkennen sind die im Bereich des Zahnfußes veränderte Geometrie sowie der deutlich gesenkte maximale Spannungswert entlang der Fußkurve des kritischen Stirnschnitts im kritischen Wälzpunkt. In dem Beispiel wurde ein Parametrierungsansatz über kubische B-Splines gewählt, der sich als guter Kompromiss zwischen Optimierungszeit und Ergebnisgüte herausgestellt hat. Die übliche Konzentration der Zahnfußspannung nahe der 30°-Tangente wird für die Referenzvariante durch die Optimierung aufgelöst. Die Spannung wird durch die optimierte Zahnfußform auf einen größeren Bereich verteilt, was zu einer Senkung der Spannungsspitzen führt.

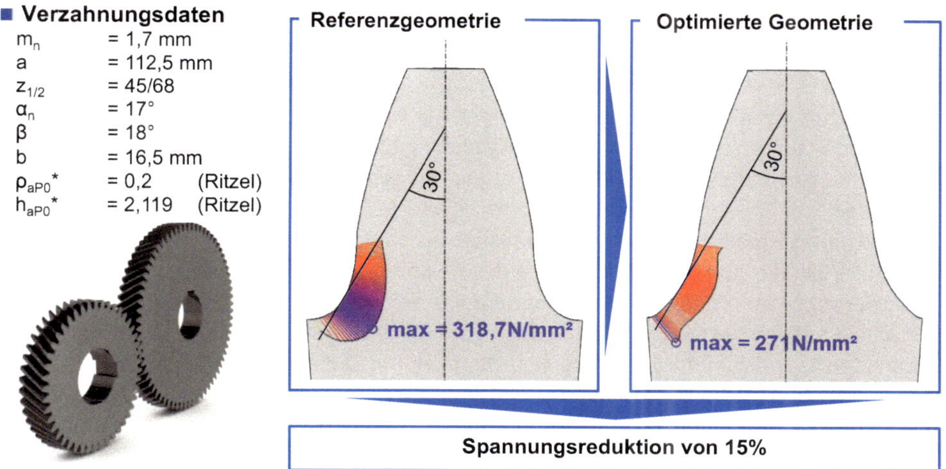

Bild 6.47 Beispielergebnis einer Zahnfußoptimierung für ein schrägverzahntes Stirnrad

Für derlei Optimierungsansätze ist stets ein Abgleich mit dem vorgesehenen Fertigungsprozess durchzuführen. Unter Umständen ergeben sich Konturen, die nicht oder nur unwirtschaftlich bzw. nicht konturtreu mit wälzenden Verfahren herstellbar sind. Dies wurde in Untersuchungen von Zuber gezeigt [ZUBE08]. Demgegenüber ist das Zahnfußoptimierungsverfahren insbesondere für profilierende, freiformzerspanende oder ur- und umformende Verfahren wie z. B. in der Pulvermetallurgie von Interesse.

6.3.3 Mikrogeometrische Kontaktanalyse mit realen Oberflächenstrukturen

Bei der Zahnkontaktanalyse können Gestaltabweichungen höherer Ordnung nach DIN 4760 [DIN82], wie z. B. Welligkeiten, Rillen oder Riefen, nicht berücksichtigt werden, weil die Vernetzungsdichte aufgrund einer begrenzten Rechenleistung nicht beliebig erhöht werden kann. Damit kann der Einfluss der fertigungsbedingten Oberflächenstruktur nicht oder nur in geometrisch stark beschränkten Teilausschnitten bei der FE-basierten Beanspruchungsberechnung berücksichtigt werden. Einen Ansatz zur Lösung des Dilemmas zwischen vollumfänglich abgebildeter Kontaktgröße und Rechenzeit bzw. Berechenbarkeit liefert die „Methode kombinierter Lösungen“ [BREC16] zur großflächigen Kontaktanalyse mit realen Oberflächenstrukturen.

Die Grundlage der Berechnungsmethode bildet die Theorie des elastischen Halbraums [BOUS85, LOVE29] mit einem numerischen Lösungsalgorithmus zur Pressungsberechnung bei beliebigen Kontaktgeometrien nach Hartnett [HART79]. Beim ursprünglichen Berechnungsansatz werden regelmäßige, quadratische Gitter zur Vernetzung der Kontaktflächen verwendet, sodass die Dimension des linearen Gleichungssystems bei der Pressungsberechnung zum einen von der gewählten Vernetzungsauflösung und zum anderen von der Größe der gesamten Kontaktfläche abhängig ist. Aufgrund einer begrenzten Rechenleistung können in der konventionellen Anwendung des Ansatzes nur kleine Oberflächenausschnitte hochaufgelöst berechnet werden. Die Berücksichtigung der Kreuzeinflüsse aus den umliegenden Bereichen eines Oberflächenausschnitts ist mit diesem Verfahren nur eingeschränkt und indirekt möglich.

Der Berechnungsansatz „Methode kombinierter Lösungen“ [BREC16] stellt auf Basis einer optimierten Vernetzungsstrategie und der gezielten Einteilung des Kontaktproblems in lösbare Einzelberechnungen eine Möglichkeit dar, für große Kontaktflächen eine vollständige hochaufgelöste Pressungsverteilung zu berechnen. Die Grundlage der Berechnungsmethode ist eine unregelmäßige Vernetzung mit lokal hochaufgelösten Bereichen (vgl. Bild 6.48, Schritt 1). Bei der Methode wird ein Teil des gesamten Kontaktbereichs entsprechend den Anforderungen an die Oberflächentopografie fein vernetzt. Zur Berücksichtigung der Kreuzeinflüsse auf den hochaufgelösten Bereich wird die geschätzte Kontaktfläche mit gröberen Elementen vernetzt (Bild 6.48). Die Gesamtanzahl an Elementen berechnet sich aus der Summe der Elemente im grob und fein vernetzten Bereich. Der Berechnungsaufwand bzw. die Anzahl an Elementen kann bei vorgegebener Vernetzungsauflösung durch die Abmessungen des hochaufgelösten Bereichs kontrolliert werden. Mit der Berechnungsmethode kann die Berechenbarkeit des vollständigen Kontaktproblems unabhängig von der lokalen Vernetzungsauflösung gewährleistet werden. Die Pressungsverteilung wird anschließend mit bestehenden Lösungsverfahren aus der Halbraumtheorie auf Basis der Einflusszahlenmatrix und mit den örtlichen Kontaktabständen berechnet [HART79]. Die Oberflächentopografie kann hochaufgelöst aus Messdaten oder auf Grundlage einer synthetischen Vorgabe in dem Rechenverfahren berücksichtigt werden.

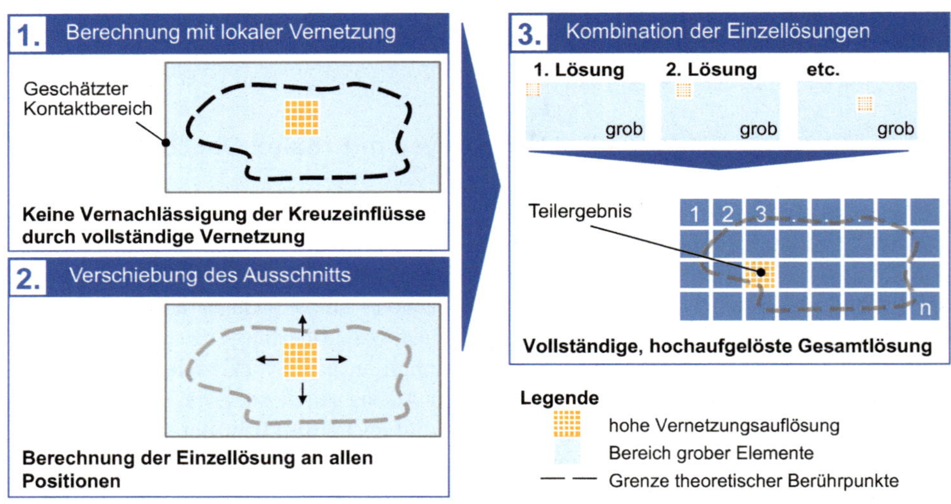

Bild 6.48 Berechnungsansatz „Methode kombinierter Lösungen“ [BREC16]

Im zweiten Schritt wird die lokale, hochaufgelöste Netzstruktur unter Beibehaltung der Elementgröße über die vollständige Fläche verschoben und in jedem Schritt eine Einzellösung berechnet (vgl. Bild 6.48, Schritt 2). Der Vorgang wird sukzessive wiederholt, bis die Fläche des geschätzten Kontaktbereichs vollständig abgescannt wurde. Das hochaufgelöste Gesamtergebnis wird abschließend aus den Einzellösungen kombiniert, indem jeweils nur das Ergebnis des fein vernetzten Ausschnitts ausgewertet wird (vgl. Bild 6.48, Schritt 3).

Die Vorteile des Berechnungsansatzes liegen in der quasi unbegrenzten Kontaktflächengröße und der hohen Auflösung bei gegebener Berechenbarkeit. Das zuvor mit der Knotenanzahl quadratisch wachsende Berechnungsproblem wird durch die „Methode kombinierter Lösungen“ linearisiert [BREC16, LÖPE15]. Anstelle eines großen, häufig nicht berechenbaren Gleichungssystems wird eine Vielzahl an kleinen Gleichungssystemen gelöst. Die gezielte Vernetzungsstrategie erlaubt es, dass bei jeder einzelnen Berechnung für den hochaufgelösten Bereich der gesamte übrige Kontaktbereich mit einfließt. Die Kreuzeinflüsse der umliegenden Kontaktbereiche werden damit nicht vernachlässigt, was sich direkt auf die Qualität des Ergebnisses auswirkt. Durch die Berechnungsmethode wird die Pressungsberechnung bei großflächigen und rauen Kontakten effizient ermöglicht.

In Bild 6.49 werden Berechnungsergebnisse nach der „Methode kombinierter Lösungen“ für unterschiedliche Oberflächenstrukturen nach der Fertigung vergleichend zu Mikrotragbildern aus dem Experiment dargestellt [LÖPE15]. Die Mikrotragbilder werden mit einer dünnen Folie aus Blattsilber visualisiert, wobei die Dicke des Blattsilbers im Zehntel-Mikrometerbereich innerhalb der Rauheitstäler Platz findet und eine hochauflösende Tragbildaufnahme unter Last ermöglicht. Als Kontaktgeometrie wird ein zylindrischer Prüfkörper in Kontakt mit einem zylindrischen und balligen Gegenkörper verwendet [LÖPE15], wobei das Blattsilber zu Versuchsbeginn auf den Prüfkörper aufgelegt wird. Die Aufbringung der Normalkraft zur Erzeugung der elastischen Abplattung im Hertz’schen Kontakt findet statisch im Zwei-Scheiben-Prüfstand statt (vgl. Aufbau des Zwei-Scheiben-Prüfstands in Abschnitt 5.3.2.2).

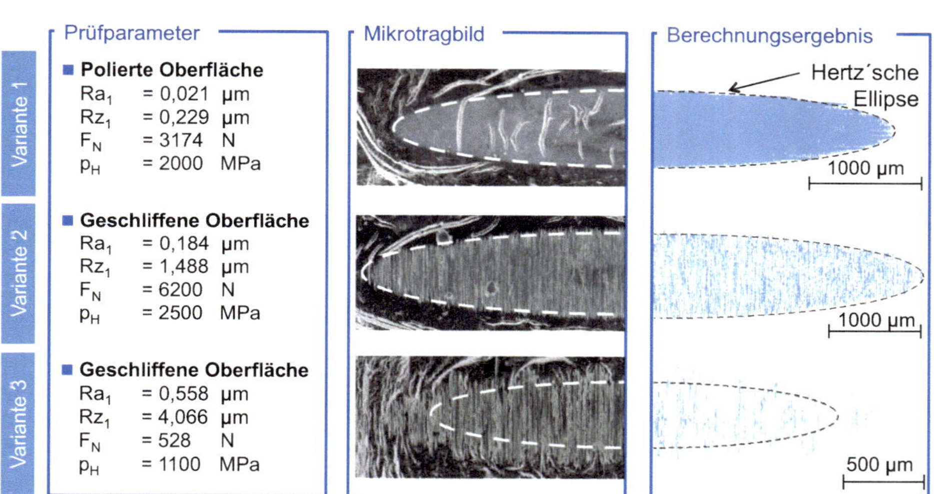

Bild 6.49 Validierung der „Methode kombinierter Lösungen“ für unterschiedliche Oberflächenstrukturen [LÖPE15]

Für den Kontakt polierter Oberflächen ergibt sich eine gleichmäßige, hellgraue Kontaktfläche (Bild 6.49). Es ist keine gerichtete Struktur zu erkennen und die Ränder der Kontaktfläche werden scharf entlang der Hertz’schen Kontaktellipse abgebildet. Die hellen Streifen entlang der kurzen Halbachse sind auf Falten im Blattsilber zurückzuführen, die sich beim Lösen der Kontaktflächen bilden. Das berechnete Tragbild auf der rechten Seite wird grafisch so aufbereitet, dass alle Kontaktpunkte in der Berechnung farblich dargestellt werden. Kontaktpunkte, die sich nicht im Kontakt befinden, werden weiß dargestellt.

Für eine polierte Kontaktvariante bestätigt die Berechnung das Ergebnis des Mikrotragbilds im Zentralbereich. Nahezu alle Kontaktpunkte befinden sich nach der Berechnung im Kontakt, obwohl die Berechnung mit real vermessenen Oberflächentopografien durchgeführt wird. An den Rändern der Kontaktellipse werden leichte Unregelmäßigkeiten deutlich, was auf die fertigungsbedingten, geometrischen Abweichungen der Prüfkörper und die geringe elastische Verformung in diesen Bereichen zurückzuführen ist (Bild 6.49). Die Hertz'sche Pressungsellipse wird sowohl im Versuch als auch in der Berechnung nachgebildet.

Im Gegensatz zum polierten Kontakt unterscheiden sich die Tragbilder für die Varianten mit rauer Oberflächenstruktur deutlich. In Abhängigkeit der Höhe der gemittelten Rautiefe und der Last bildet sich auf dem Blattsilber eine gerichtete Struktur aus, die mit der aus dem Schleifprozess resultierenden Oberflächenstruktur übereinstimmt (Tangentialschliff). Die Randbereiche des Kontakts folgen grundsätzlich der Hertz'schen Kontaktellipse, weisen jedoch Unregelmäßigkeiten auf. Umso höher die Rauheit und umso niedriger die Normalkraft F_N ist, umso stärker weicht die Größe des Mikrotragbilds von der Theorie nach Hertz ab, die auf ideal glatte Oberflächen beschränkt ist. Die Berechnung bestätigt die gerichtete Rauheitsstruktur der geschliffenen Prüfkörper in beiden Varianten. Die Festkörperkontakte liegen bei niedriger Rauheit und hoher Last enger zusammen. Bei der Variante 3 hebt sich die unregelmäßige Kontur an den Rändern genau wie im Mikrotragbild auf dem Blattsilber hervor. Die Validierungsbeispiele mit Oberflächenstrukturen im Neuzustand bestätigen, dass mit der vorgestellten Methode zur Pressungsberechnung verschiedene Oberflächenstrukturen differenziert und lastabhängige Effekte aus dem Mikrotragbild berechnet werden können (siehe Abschnitt 6.4.2).

■ 6.4 Höherwertige Berechnungsverfahren für die Zahnradtragfähigkeit

Zusätzlich zu den Normberechnungsverfahren für die Zahnradtragfähigkeit [ISO07] existieren höherwertige Berechnungsverfahren, wie z. B. ein lokaler Vergleich der Beanspruchungen mit einer zulässigen Spannung an jeder Stelle des Bauteils, weshalb diese Konzepte auch als lokale Berechnungsansätze bezeichnet werden. Eine Übertragung dieses Konzepts auf Zahnräder wurde bei Börnecke [BÖRN76] gezeigt, indem entlang der Werkstofftiefenrichtung ein Vergleichsspannungszustand nach der Gestaltänderungshypothese (GEH) ermittelt und dem Härtetiefenprofil lokal gegenübergestellt wurde. Damit wurde die erforderliche Einhärtetiefe als Funktion der Belastung ermittelt.

Die lokale Tragfähigkeitsberechnung erfordert eine Kenntnis der lokalen Beanspruchungen. Für die präzise Ermittlung der Beanspruchungen eignen sich Zahnkontaktanalyseprogramme, wobei im Besonderen die FE-basierten Zahnkontaktanalyseansätze lokale Steifigkeitseinflüsse umfangreich und rechenzeiteffizient berücksichtigen können. Mithilfe der FEM ist eine geometrieunabhängige und flexible lokale Bestimmung der Steifigkeits- und Beanspruchungsverteilung möglich [HENS15, LÖPE15].

Die Berechnung der Tragfähigkeit von Verzahnungen ist damit unter Berücksichtigung des Größeneinflusses des zu untersuchenden Bauteils durchführbar. Untersuchungen zeigen, dass Bauteile unterschiedlicher Dicke, Länge und Volumen bei gleicher Beanspruchung unterschiedliche ertragbare Lastspielzahlen aufweisen. Die verschiedenen Formen des Größeneinflusses sind in Bild 6.50 dargestellt. Der technologische Größeneinfluss fokussiert im Besonderen Art, Form, Größe und Verteilung von nichtmetallischen Einflüssen sowie eine potenzielle Abhängigkeit der Randfestigkeit von der Herstellung und von der Bauteilgröße [LÖPE15]. Der spannungsmechanische Größeneinfluss beschreibt den Einfluss unterschiedlicher Spannungsgefälle über dem Bauteilvolumen. Der statistische Größeneinfluss berücksichtigt die erhöhte Wahrscheinlichkeit von Fehlstellen in größeren Proben. Durch die erhöhte Fehlstellenanzahl steigt die Wahrscheinlichkeit eines Bruchausgangs. Die unterschiedliche Tiefenwirkung einer Randverfestigung in Abhängigkeit der Bauteilabmessungen wird durch den oberflächentechnischen Größeneinfluss berücksichtigt [KLOO76, LÖPE15].

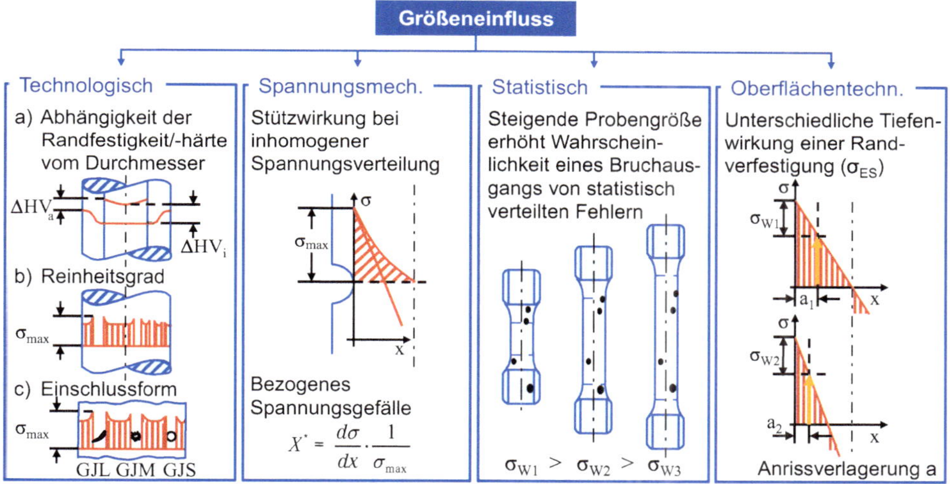

Bild 6.50 Arten und Ursachen des Größeneinflusses [KLOO76]

Das Fehlstellenmodell (Weakest-Link-Modell) nach Weibull stellt eine Möglichkeit dar, den statistischen Größeneinfluss in lokalen Tragfähigkeitsmodellen zu berücksichtigen [WEIB39]. Der Ausgangspunkt für das Fehlstellenmodell nach Weibull ist die Annahme, dass Materialien nicht idealisiert gleichförmig sind, sondern statistisch verteilte Fehlstellen beinhalten, die die Festigkeit herabsetzen. Eine solche Fehlstelle stellt einen Schwachpunkt eines Bauteils gegenüber einer anliegenden Beanspruchung dar (Weakest Link) und bestimmt somit die ertragbare Belastung. Die Festigkeit des Materials wird gemäß Weibull auf eine Quantität bezogen. Es wird zwischen einer eindimensionalen (Länge), zweidimensionalen (Fläche) und dreidimensionalen (Volumen) Quantität unterschieden. Für jede beanspruchte Quantität wird eine Überlebenswahrscheinlichkeit $P_Ü$ ermittelt. Die Wahrscheinlichkeit beschreibt, ob an einer Fehlstelle in der Quantität die ertragbare Beanspruchung überschritten wird und es zu einer Rissinitiierung im Material kommt [WEIB39, HENS15,

LÖPE15]. Die Überlebenswahrscheinlichkeit $P_{\ddot{U}}$ eines Bauteils mit homogenem Werkstoff unter homogener Beanspruchung wird anhand von Formel 6.16 bestimmt.

$$P_{\ddot{U}} = 2^{-\frac{V}{V_0}\left(\frac{\sigma_V}{\sigma_A}\right)^k} \tag{6.16}$$

Die Berechnung beruht auf dem Vergleich der Beanspruchung σ_V mit der Beanspruchbarkeit σ_A. Der Größeneinfluss der Überlebenswahrscheinlichkeit wird gemäß Formel 6.16 durch den Quotienten aus Volumen V und Referenzvolumen V_0 berücksichtigt. Der Weibull-Parameter k ist ein Kennwert für die Überlebenswahrscheinlichkeitsverteilung und ist als Bauteilkennwert abhängig vom Werkstoffzustand, der Spannungsverteilung und dem Spannungsverlauf [BRÖM05]. Der Weibull-Parameter k sinkt mit steigender Härte und besitzt höhere Werte für ungekerbte Proben im Vergleich zu gekerbten Proben. Spröde Werkstoffe besitzen kleine Weibull-Parameter, wohingegen duktile Werkstoffe große Weibull-Parameter besitzen. Zug-Druck-Beanspruchungen bewirken höhere Weibull-Parameter im Vergleich zu Zug-Schwell- und Umlauf-Biege-Beanspruchungen. Für Einsatzstahl liegen die Werte des Weibull-Parameters bezüglich der Zahnfußtragfähigkeit im Bereich von $9 \le k \le 45$ [ZUBE08] und für die Zahnflankentragfähigkeit ca. 25 % höher [LÖPE15].

Die Überlebenswahrscheinlichkeit für inhomogene Werkstoffe ist in Formel 6.17 dargestellt und erfordert eine Erweiterung des bestehenden Fehlstellenmodells (Bild 6.51). Aufgrund der Inhomogenität ist eine Überführung der Formel 6.16 in ein Volumenintegral notwendig. Zudem werden die Beanspruchung σ_V, die Beanspruchbarkeit σ_A und der Weibull-Parameter k in Abhängigkeit der lokalen Koordinaten x, y und z formuliert [ZUBE08].

$$P_{\ddot{U}} = 2^{-\int_V \frac{1}{V_0}\cdot\frac{\sigma_V(x,y,z)^{k(x,y,z)}}{\sigma_A(x,y,z)}dV} \tag{6.17}$$

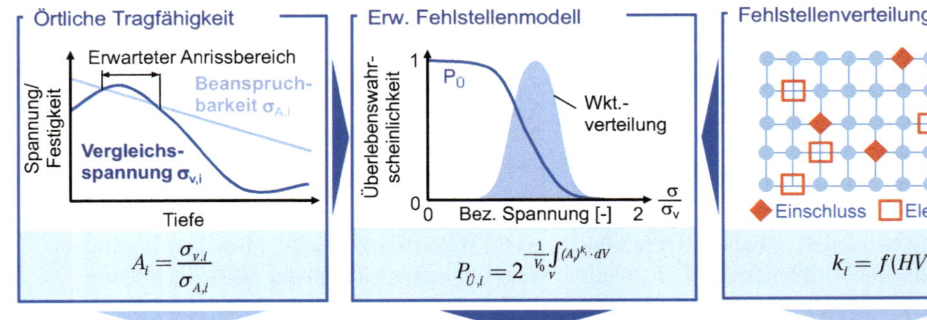

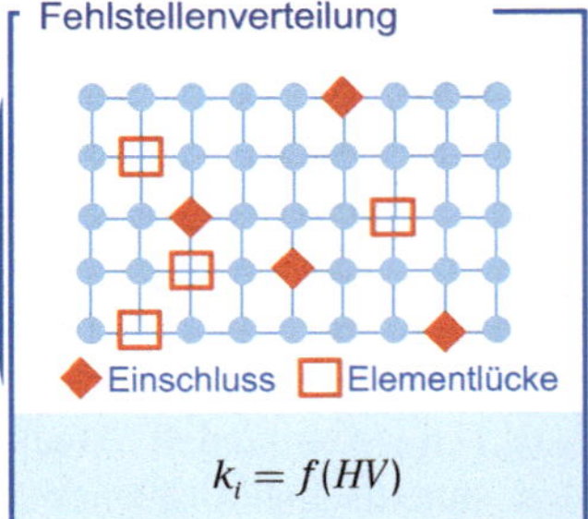

Konzept der örtlichen Tragfähigkeit

- Lokale Beanspruchung und Beanspruchbarkeit
- Bestimmung lokaler Anstrengungen

Weibull-Koeffizient k

- Statistische Berücksichtigung der Rissneigung an Fehlstellen
- Steigende Rissgefährdung in hartspröden Materialien
- Korrelation zur lokalen Härte

Bild 6.51 Konzept des erweiterten Fehlstellenmodells [ZUBE08]

Die Gesamtüberlebenswahrscheinlichkeit eines Bauteils $P_{\text{Ü,Ges}}$ kann durch die Potenz der Überlebenswahrscheinlichkeit eines Zahns mit dem Exponenten Zähnezahl z beschrieben werden (Formel 6.18). Das Vorgehen gilt unter der Annahme, dass die Fertigungsqualität hinreichend genau ist und somit erwartet werden kann, dass die Überlebenswahrscheinlichkeit für jeden Zahn gleich groß ist. Methoden zur Berechnung der lokalen Zahnfußtragfähigkeit und Wälzfestigkeit unter Anwendung des erweiterten Fehlstellenmodells werden im Folgenden näher erläutert [BRÖM05, ZUBE08, HENS15, LÖPE15].

$$P_{\text{Ü,Ges}} = \left(\prod_{i=1}^{N_{\text{Fe}}} P_{\text{Ü,Element},i} \right)^z \qquad (6.18)$$

6.4.1 Methode zur Berechnung der lokalen Zahnfußtragfähigkeit

Die Methode zur Berechnung der lokalen Zahnfußtragfähigkeit beruht im Wesentlichen auf dem erweiterten Fehlstellenmodell nach Brömsen [BRÖM05] und Zuber [ZUBE08] mit der im vorherigen Abschnitt vorgestellten Grundkonzeption. Der Grundgedanke für die Berechnung der lokalen Zahnfußtragfähigkeit ist die Annahme, dass das Versagen der Verzahnung im Zahnfuß an der Fehlstelle mit der größten Werkstoffanstrengung auftritt. Analog zu Formel 6.16 und Formel 6.17 kann die Überlebenswahrscheinlichkeit für die Zahnfußtragfähigkeit berechnet werden. Als Beanspruchung wird die Lastspannungsamplitude σ_{a} und als Beanspruchbarkeit die ertragbare Spannung bei 50 % Ausfallwahrscheinlichkeit σ_{D} eines Referenzvolumens von $V_0 = 1\ \text{mm}^3$ verwendet [BOMA97]. Bild 6.52 zeigt auf der linken Seite den Einfluss der unterschiedlichen Parameter auf die Überlebenswahrscheinlichkeit $P_{\text{Ü}}$. Für die Referenzvariante entspricht das Volumen V dem Referenzvolumen V_0. Für ein doppeltes Volumen im Vergleich zur Referenzvariante liegt die Überlebenswahrscheinlichkeit $P_{\text{Ü}}$ im gesamten Beanspruchungsbereich unterhalb der Überlebenswahrscheinlichkeit der Referenzvariante $P_{\text{Ü,RV}}$. Dieser Effekt spiegelt den statistischen Größeneinfluss der Probe auf die Tragfähigkeit wider. Für eine Beanspruchbarkeit des Werkstoffs von $\sigma_{\text{D}} = 0{,}5 \cdot \sigma_{\text{D,RV}}$ zeigt sich ein steilerer Abfall der Kurve im Vergleich zur Referenzvariante. Die Überlebenswahrscheinlichkeiten liegen deutlich unter dem Niveau der Referenzvariante. Die Verdopplung des Weibull-Parameters $k = 2 \cdot k_{\text{RV}}$ bewirkt eine größere Steigung der Kurve. Dieser Effekt führt für geringe Beanspruchungsamplituden $\sigma_{\text{a}} < \sigma_{\text{a,50\%}}$ zu höheren Überlebenswahrscheinlichkeiten und für höhere Beanspruchungsamplituden $\sigma_{\text{a}} > \sigma_{\text{a,50\%}}$ zu geringeren Überlebenswahrscheinlichkeiten. Somit ist die ertragbare Beanspruchung für eine Ausfallwahrscheinlichkeit von $P_{\text{Ü}} = 50\,\%$ unabhängig vom Weibull-Modul [HENS15].

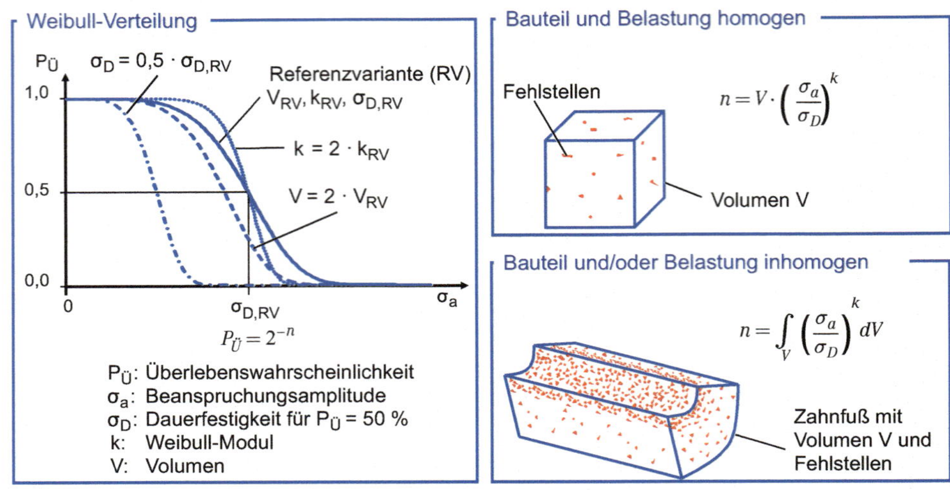

Bild 6.52 Berechnung der Überlebenswahrscheinlichkeit im Zahnfuß [WEIB39, HENS15]

6.4.1.1 Vergleichsspannung und Überlebenswahrscheinlichkeit für den Zahnfuß

Für die Bestimmung der lokalen Beanspruchungen liegen keine analytischen Methoden vor. Daher wird die Berechnung der lokalen Zahnfußtragfähigkeit auf Basis der Finiten-Elemente-Methode durchgeführt. Bild 6.53 zeigt die Übertragung des erweiterten Fehlstellenmodells auf die FEM nach Brömsen [BRÖM05], Zuber [ZUBE08] und Henser [HENS15]. Das Integral aus Formel 6.17 wird durch numerische Integration mittels Gauß-Verfahren gelöst. Das Integral wird durch die Summe der lokalen Dauerfestigkeiten in diskreten Integrationspunkten, den Gauß-Punkten, angenähert. Die globalen Koordinaten x, y und z werden mittels Transformation mithilfe der Jacobi-Determinante J in lokale Element-Koordinatensysteme ξ, η und ζ überführt. Dadurch kann das FE-Element als idealer Würfel betrachtet werden. Die Genauigkeit der Approximation hängt maßgeblich von der Anzahl der Gauß-Punkte n innerhalb eines FE-Elements ab. Die Überlebenswahrscheinlichkeit eines Elements im lokalen Koordinatensystem wird nach Formel 6.19 berechnet.

$$P_{\ddot{U},\mathrm{Element}} = 2^{-\frac{1}{V_0}\cdot\sum_{i=0}^{n} J(\xi,\eta,\zeta)\cdot\left(\frac{\sigma_a(\xi,\eta,\zeta)}{\sigma_D(\xi,\eta,\zeta)}\right)^{k(\xi,\eta,\zeta)}} \tag{6.19}$$

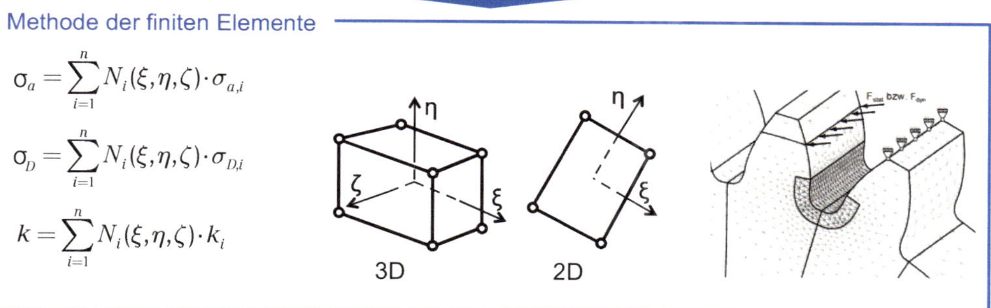

Bild 6.53 Anwendung des Fehlstellenmodells in der FEM [ZUBE08]

Die Bestimmung der lokalen Beanspruchung im Zahnfuß wird mittels der FE-basierten Zahnkontaktanalyse bestimmt und folgt der Vorgehensweise aus Bild 6.54 [HENS15]. Die FE-basierte Zahnkontaktanalyse folgt dem im Abschnitt 6.3.1 vorgestellten Verfahren.

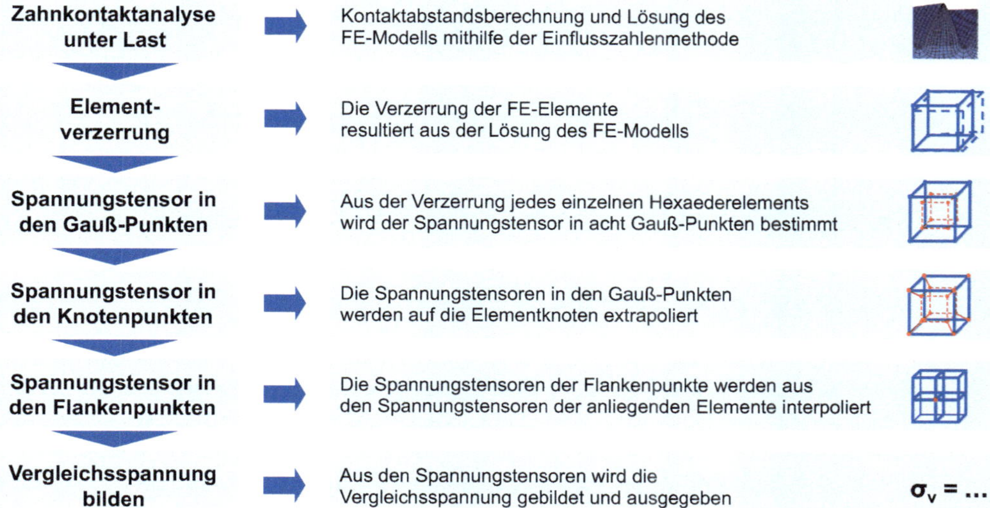

Bild 6.54 Bestimmung der Vergleichsspannung im Zahnfuß anhand der FE-basierten Zahnkontaktanalyse [HENS15]

Gemäß Bild 6.54 wird im ersten Schritt der Berechnungsmethode unter Vorgabe von dreidimensionalen Punktewolken zweier Zahnlücken und FE-Modellen eines Segments der beiden Verzahnungen eine Zahnkontaktanalyse unter Last durchgeführt. Dazu wird die in Abschnitt 6.3.1.4 beschriebene Einflusszahlenmethode verwendet. Das Ergebnis der Zahnkontaktanalyse sind die Verzerrungen der FE-Elemente. Auf Basis der Elementverzerrungen werden die Spannungstensoren in acht Gauß-Punkten eines Hexaederelements bestimmt. Für ein achtknotiges Hexaederelement liegen die Gauß-Punkte um jeweils $\Delta\xi = \Delta\eta = \Delta\zeta = \pm\frac{1}{\sqrt{3}}$ von den Kanten entfernt. Die Spannungsauswertung in den Gauß-Punkten bietet eine höhere Genauigkeit im Vergleich zu anderen Punkten des FE-Elements [BERG83]. Die Spannungstensoren an den Gauß-Punkten werden im nächsten Schritt auf die Elementknoten am Rand linear extrapoliert. Die Vorgehensweise basiert auf Erkenntnissen von Untersuchungen zum Zahnfußspannungszustand von Stirnradverzahnungen, die zeigen, dass die Spannung am Bauteilrand am höchsten und somit eine Extrapolation auf den Elementrand notwendig ist [BAGH73]. Jeder FE-Knoten grenzt an bis zu acht FE-Elemente. Da es aufgrund der Extrapolation des Spannungstensors zu unterschiedlichen Spannungswerten im betrachteten FE-Eckknoten kommen kann, werden die Spannungstensoren der einzelnen Extrapolationen im Knoten gemittelt. Aus dem gemittelten Spannungstensor kann durch Anwendung unterschiedlicher Spannungshypothesen, wie z. B. der Gestaltänderungshypothese (GEH), eine Vergleichsspannung berechnet werden [HENS15].

Für die Berechnung der lokalen Zahnfußtragfähigkeit nach Formel 6.19 sind Kenntnisse über die Beanspruchungsamplitude σ_a, die Beanspruchbarkeit des Werkstoffs σ_D, den Weibull-Parameter k und die Jacobi-Determinante J erforderlich. Die Beanspruchungsamplitude σ_a wird nach Formel 6.20 unter Annahme einer schwellenden Beanspruchung bestimmt. Unter Auswahl einer geeigneten Spannungshypothese beträgt die Beanspruchungsamplitude σ_a den halben Wert der maximal auftretenden Vergleichsspannung σ_V über allen Wälzstellungen [HENS15].

$$\sigma_a = 0{,}5 \cdot \max\left(\sigma_V\left(\overline{\overline{\sigma}}\right)\right) \tag{6.20}$$

Die Beanspruchbarkeit des Werkstoffs σ_D wird durch die Wechselfestigkeit beschrieben. Mit Goodman [GOOD14] kann die Wechselfestigkeit aus Formel 6.21 berechnet werden.

$$\sigma_D = \sigma_W - m_m \cdot \sigma_m \tag{6.21}$$

Für eine schwellende Beanspruchung entspricht die Mittelspannung der Beanspruchungsamplitude. Der Mittelspannung kann eine Eigenspannung überlagert werden, die mithilfe der gleichen Spannungshypothese wie die Vergleichsspannung auszuwerten ist. Der Eigenspannungszustand wird durch Messungen (z. B. Röntgendiffraktometer) ermittelt [BRÖM05, ZUBE08]. Die Berechnung der Wechselfestigkeit σ_D ergibt sich nach Formel 6.22 und Formel 6.23.

$$\sigma_{ES} = \sigma_V\left(\overline{\overline{\sigma_{ES}}}\right) \tag{6.22}$$

$$\sigma_D = \sigma_W - m_m \cdot \left(\sigma_m + \sigma_{ES}\right) \tag{6.23}$$

Die Zug-Druck-Wechselfestigkeit σ_W und die Mittelspannungsempfindlichkeit m_m sind abhängig vom Werkstoffgefüge und können nicht lokal am Zahnrad gemessen werden. Damit eine lokale Beschreibung beider Größen erzielt werden kann, ist eine Korrelation mit einer lokal am Zahnrad messbaren Größe durchzuführen. Eine mögliche Messgröße ist die Vickershärte *HV*. Berechnungsansätze für die Zug-Druck-Wechselfestigkeit s_W liefern Winderlich [WIND90] (Formel 6.24) und Zuber [ZUBE08] (Formel 6.25).

$$\sigma_W = \frac{1{,}98 \cdot HV - 0{,}0011 \cdot HV^2}{1 + \dfrac{20{,}7}{HV}} \tag{6.24}$$

$$\sigma_W = 0{,}99 \cdot HV0.1 - 5{,}154 \tag{6.25}$$

Die Mittelspannungsempfindlichkeit m_m wird durch die Formel 6.26 und Formel 6.27 in Abhängigkeit von der Vickershärte oder der Zug-Druck-Wechselfestigkeit beschrieben [WIND90, KLUB01].

$$m_m = \frac{HV}{1000} \tag{6.26}$$

$$m_m = \frac{2}{1{,}98} \cdot \sigma_W^{0{,}01} - 1 \tag{6.27}$$

Nach Formel 6.28 wird der Weibull-Parameter *k* in Abhängigkeit der Vickershärte ermittelt. Der Einfluss der Kerbwirkung auf den Parameter wird vernachlässigt, jedoch bietet die Näherungsgleichung die Möglichkeit, den Weibull-Parameter ohne aufwendige Bauteiluntersuchungen zu bestimmen [BRÖM05].

$$k = \frac{6{,}4 \cdot 10^6}{HV^2} \tag{6.28}$$

Für die Berechnung der lokalen Zahnfußtragfähigkeit gilt es weiterhin, den Oberflächeneinfluss zu berücksichtigen. Es wird die Rauheit und die Randoxidation der Oberfläche betrachtet. Die beiden Einflüsse fließen mittels eines Korrekturfaktors Y_R in die Berechnung der Wechselfestigkeit ein. Die Rauheit wird über den Oberflächenfaktor der ISO 6336 berücksichtigt und anhand Formel 6.29 ermittelt [ISO07, ZUBE08].

$$Y_R = 1{,}49 - 0{,}471 \cdot \left(R_{z10} + 1\right)^{0{,}1} \tag{6.29}$$

Der Faktor Y_{RO} erfasst den Einfluss der Randoxidation und wird nach Formel 6.30 berechnet. Durch eine Randoxidation wird die Festigkeit des Werkstoffs in Abhängigkeit von der Randoxidationstiefe X_{RO} reduziert. Das bruchmechanische Verhalten von kurzen Oberflächenrissen wird durch den Parameter X_0 beschrieben. Der Einsatzstahl 16MnCr5 besitzt zum Beispiel einen Wert X_0 = 34 µm [BOMA97, BOMA01].

$$Y_{RO} = \sqrt{\frac{X_0}{X_0 + X_{RO}}} \tag{6.30}$$

Die in Formel 6.29 und Formel 6.30 definierten Korrekturfaktoren gelten nur für den Bereich direkt unter der Werkstückoberfläche bis zu einer Grenztiefe von X_{Hmax}. Die Grenztiefe X_{Hmax} wird aus dem Halbwertbreitenverlauf der Eigenspannungsmessung in Abhängigkeit des Randabstands *s* bestimmt. Die Breite der Inferenzlinien einer röntgendiffraktometrischen Eigenspannungsmessung entspricht der Halbwertbreite. Der wirksame Bereich des Oberflächeneinflusses ist durch geringe Halbwertbreiten im Vergleich zum Bauteilinneren charakterisiert [ZUBE08]. Die Zug-Druck-Wechselfestigkeit unter Berücksichtigung des Oberflächeneinflusses wird je nach Randabstand s nach Formel 6.31 und Formel 6.32 ermittelt [HENS15].

$$\sigma_{\mathrm{W,mod}}(s) = \left(Y_{\mathrm{R0}} \cdot Y_{\mathrm{R}} \cdot \left(1 - \frac{s}{X_{\mathrm{Hmax}}} \right) + \frac{s}{X_{\mathrm{Hmax}}} \right) \cdot \sigma_{\mathrm{W}}(s) \quad \mathit{für}\ \frac{s}{X_{\mathrm{Hmax}}} < 1 \tag{6.31}$$

$$\sigma_{\mathrm{W,mod}}(s) = \sigma_{\mathrm{W}}(s) \quad \mathit{für}\ \frac{s}{X_{\mathrm{Hmax}}} \geq 1 \tag{6.32}$$

Auf Basis von Formel 6.20 bis Formel 6.32 können alle Eingabeparameter zur Berechnung der Überlebenswahrscheinlichkeit für ein FE-Element im Zahnfuß in Abhängigkeit von messbaren Kenngrößen am Zahnrad ermittelt werden. Mithilfe der beschriebenen Methode kann die lokale Zahnfußtragfähigkeit in Abhängigkeit von Härte, Eigenspannungen, Randoxidation und Oberflächenrauheit bestimmt werden.

6.4.1.2 Erweiterung der Methode um eine Fehlstellenanalyse

Die zuvor beschriebene Methode berücksichtigt die Härte, die Eigenspannungen, die Randoxidation sowie die Oberflächenrauheit [BRÖM05, ZUBE08]. Eine Berücksichtigung der Größenverteilung der Fehlstellen im Material ist nicht Teil der Berechnungsmethode. Jedoch wird die Wechselfestigkeit im Wesentlichen durch eine Fehlstellenverteilung im Material beeinflusst [MURA02, MURA12, CETI13], die daher nicht vernachlässigt werden darf und einer Erweiterung der Berechnungsmethode für die lokale Zahnfußtragfähigkeit um die Berücksichtigung der Fehlstellenverteilung bedarf [HENS15].

Es besteht ein empirischer Zusammenhang der Wechselfestigkeit zwischen der Vickershärte, dem Spannungsverhältnis und der Fehlstellengröße. In Formel 6.33 ist der Zusammenhang für Fehlstellen im Bauteilinneren und in Formel 6.34 für Fehlstellen an der Bauteiloberfläche dargestellt. Die Fehlstellengröße wird als Wurzel ihrer Projektionsfläche $\sqrt{area}$ in eine Ebene senkrecht zur Hauptspannungsrichtung berücksichtigt. Das Spannungsverhältnis R (Formel 6.36) berücksichtigt den Mittelspannungseinfluss. Der Exponent α wird in Abhängigkeit der Vickershärte definiert (Formel 6.35) [MURA02, MURA12, CETI13].

$$\sigma_{\mathrm{W}} = 1{,}56 \cdot \frac{HV + 120}{\sqrt{area}^{\frac{1}{6}}} \cdot \left(\frac{1-R}{2} \right)^{\alpha} \tag{6.33}$$

$$\sigma_{\mathrm{W}} = 1{,}43 \cdot \frac{HV + 120}{\sqrt{area}^{\frac{1}{6}}} \cdot \left(\frac{1-R}{2} \right)^{\alpha} \tag{6.34}$$

$$\alpha = 0{,}226 \cdot HV \cdot 10^{-4} \tag{6.35}$$

$$R = \frac{\sigma_{\mathrm{u}}}{\sigma_{0}} = \frac{\sigma_{\mathrm{m}} - \sigma_{\mathrm{v}}}{\sigma_{\mathrm{m}} + \sigma_{\mathrm{V}}} \tag{6.36}$$

Die Methode zur Berechnung der Zahnfußtragfähigkeit unter Berücksichtigung der Fehlstellengröße ist in Bild 6.55 dargestellt. Die Methode gliedert sich in mehrere aufeinanderfolgende Simulationsschritte [HENS15].

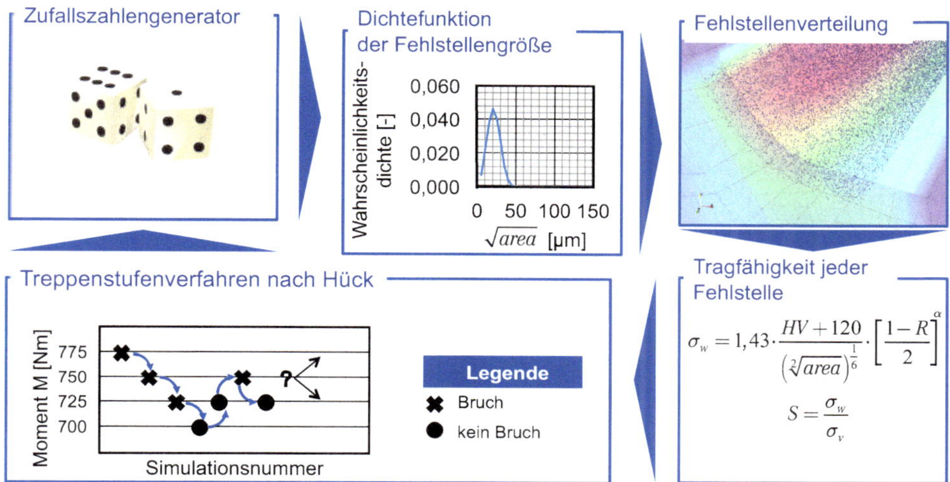

Bild 6.55 Methode zur Berechnung der Zahnfußtragfähigkeit unter Berücksichtigung der Fehlstellengröße [HENS15]

Gemäß Bild 6.55 liegt jedem Simulationsschritt eine zufällige Verteilung von Fehlstellen im Zahnfuß zugrunde. Die Verteilung folgt einer Dichtefunktion, die auf Basis des Materialreinheitsgrads definiert ist. Im nächsten Schritt wird eine Fehlstellenverteilung für ein hinreichend großes Referenzvolumen V_{ref} generiert. Basierend auf Materialuntersuchungen wird eine Referenzanzahl von Fehlstellen $n_{1mm^3,ref}$ für ein Volumen von $V = 1\ mm^3$ ermittelt. Die Fehlstellenanzahl im Referenzvolumen $n_{V,ref}$ errechnet sich nach Formel 6.37. Für jede dieser Fehlstellen wird die Wahrscheinlichkeit berechnet, dass sich die Fehlstelle in einem FE-Element im Zahnfuß befindet (Formel 6.38) [HENS15].

$$n_{V,ref} = \frac{n_{1mm^3,ref} \cdot V_{ref}}{1\ mm^3} \tag{6.37}$$

$$P_{FE-Elem,Fuß,i} = \frac{V_{FE-Elem,Fuß,\ i}}{V_{ref}} \tag{6.38}$$

Tritt eine Fehlstelle in dem entsprechenden FE-Element auf, wird die Position der Fehlstelle im FE-Element zufällig gewählt. Die Größe der Fehlstelle ergibt sich anhand der verwendeten Dichtefunktion. Anschließend wird für jede der generierten Fehlstellen eine Tragfähigkeitsprüfung nach Formel 6.39 durchgeführt. Ist der Quotient S aus Wechselfestigkeit σ_W und auftretender Lastspannungsamplitude σ_a an der betrachteten Fehlstelle kleiner eins, kommt es an der Fehlstelle zu einem Bruch. Der statistische Berechnungsansatz erlaubt die Durchführung eines simulativen Treppenstufenverfahrens (siehe Abschnitt 5.3.4.2). Versagt das Bauteil an einer Fehlstelle, wird der Simulationsschritt als Bruch gewertet und das Drehmoment für den darauffolgenden Simulationsschritt verringert. Ist der Quotient S an keiner der generierten Fehlstellen kleiner eins, wird der Simulationsschritt als Durchläufer gewertet und das Drehmoment im nächsten Schritt erhöht [HENS15].

$$S = \frac{\sigma_W}{\sigma_a} \tag{6.39}$$

6.4.1.3 Validierung und Anwendung der Methode

Das fehlstellenbasierte Berechnungsverfahren wurde an Werkstoffen mit unterschiedlichem Reinheitsgrad sowie unterschiedlichen Zahnradgeometrien validiert. Das Drehmoment für eine 50-%-Ausfallwahrscheinlichkeit für eine Beveloidverzahnung und eine Schrägverzahnung wurde anhand von Simulationen auf Basis der Berechnungsmethode und von Prüfstandversuchen bestimmt und verglichen [HENS15].

Die Materialeigenschaften der Beveloidverzahnungen sind in Bild 6.56 zu sehen. Der Vickershärteverlauf und der Eigenspannungsverlauf der Verzahnung sind auf der rechten Seite dargestellt. Die Auswertung der Fehlstellengröße wird anhand einer Bruchflächenanalyse der Prüfverzahnungen durchgeführt. Es wird zwischen kleinen und großen Fehlstellen unterschieden, wobei unterschiedliche Dichtefunktionen für kleine und große Fehlstellen verwendet werden. Als Dichteverteilung wird eine Weibull-Verteilung angenommen, da diese die Fehlstellenverteilung in guter Näherung abbildet [HENS15].

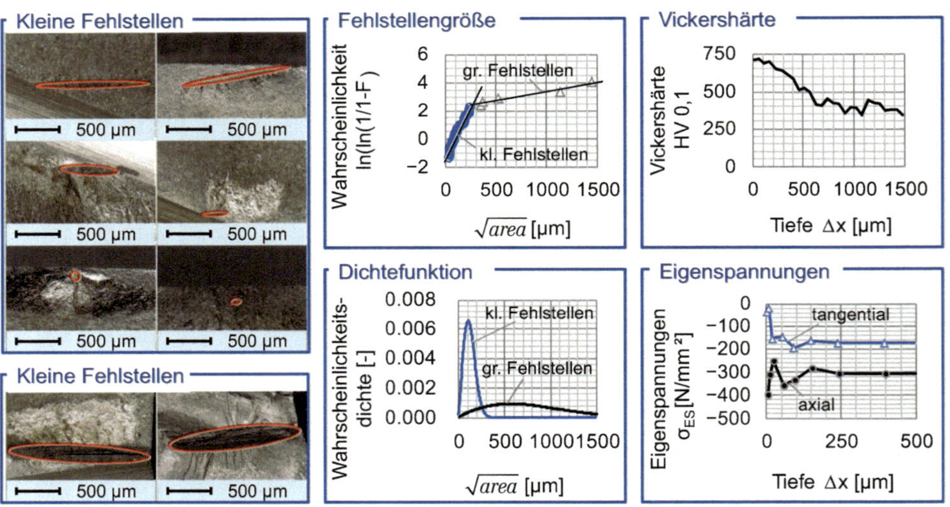

Bild 6.56 Materialeigenschaften und Fehlstellenverteilung der Beveloidverzahnungen [HENS15]

Bild 6.57 zeigt den Vergleich zwischen Simulations- und Versuchsergebnissen. Das Drehmoment für eine 50-%-Ausfallwahrscheinlichkeit bei den Prüfstandversuchen $M_{1,50\,\%,\text{Versuch}}$ wird dem Drehmoment bei 50-%-Ausfallwahrscheinlichkeit der Simulationsergebnisse $M_{1,50\,\%,\text{Simulation}}$ gegenübergestellt. Auf der rechten Seite der Abbildung sind die Ergebnisse von acht untersuchten Beveloidverzahnungen und drei Stirnrad-Schrägverzahnungen dargestellt. Die Varianten unterscheiden sich in verschiedenen Konuswinkeln θ und Schrägungswinkeln β. Ein Vergleich der Simulations- und Versuchsergebnisse zeigt eine sehr hohe Übereinstimmung zwischen der entwickelten Berechnungsmethode und den Prüfstandversuchen. Die hohe Übereinstimmung wird erreicht, obwohl die verwendeten Werkstoffe der Schrägverzahnungen und der Beveloidverzahnungen signifikant unterschiedliche Reinheitsgrade aufweisen. Die realitätsgetreue Abbildung des Einflusses der Fehlstellengröße auf die Zahnfußtragfähigkeit wird somit durch die entwickelte Methode gewährleistet [HENS15].

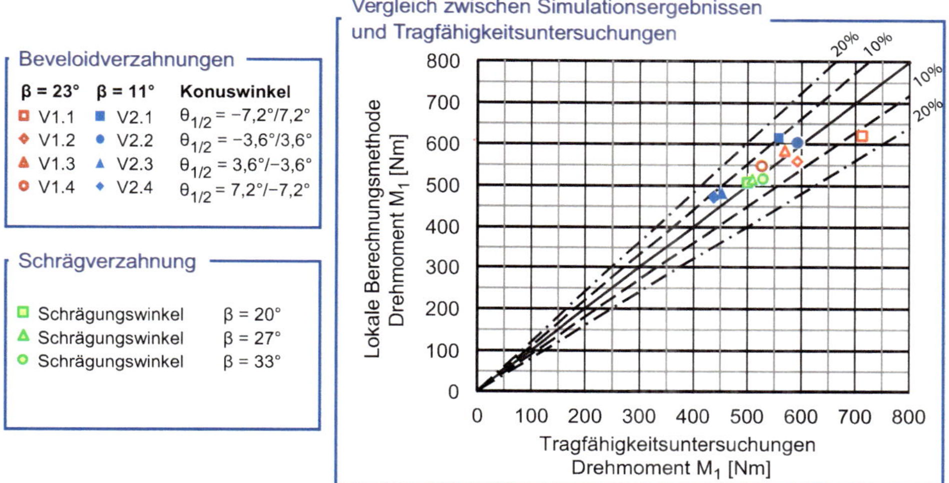

Bild 6.57 Vergleich zwischen Simulations- und Versuchsergebnissen für Beveloid- und Stirnradverzahnungen [HENS15]

Die Ergebnisse des Vergleichs zwischen Simulations- und Versuchsergebnissen zeigen, dass eine lokale Berechnung der Zahnfußtragfähigkeit durch die vorgestellte Methode möglich ist. Für die Berechnung der lokalen Zahnfußtragfähigkeit ist die Kenntnis der Härte, der Eigenspannung, der Randoxidation, der Oberflächenrauheit sowie der Fehlstellengröße erforderlich. Sind diese Parameter bekannt, ist eine Bestimmung der lokalen Zahnfußtragfähigkeit in hoher Genauigkeit mithilfe der vorgestellten Methode möglich. Die Anwendung der Methode konnte in den Arbeiten von Pollaschek und Züngeler gezeigt und anhand von experimentellen Untersuchungen erfolgreich validiert werden [POLL20, RÜNG21].

Pollaschek entwickelte basierend auf den Arbeiten von Henser eine Methode zur Optimierung der Zahnfußtragfähigkeit. Dazu wurde die Zahnfußkontur anhand eines genetischen Optimierungsalgorithmus angepasst, sodass eine Steigerung der Zahnfußtragfähigkeit erzielt werden kann. Die Kontur des Zahnfußes kann entweder im Stirnschnitt (2D) oder auch im gesamten Zahnfuß (3D) unter Bewertung der Herstellbarkeit optimiert werden. Der Abgleich mit Pulsatorergebnissen zeigt die Validität der entwickelten Methode [POLL20].

6.4.1.4 Übertragung der Methode auf die Berechnung der Zahnflankenbruchtragfähigkeit

Analog zur lokalen Zahnfußtragfähigkeit lässt sich das Konzept der fehlstellenbasierten Tragfähigkeitsberechnung auch auf die Berechnung der Zahnflankenbruchtragfähigkeit anwenden. Auch bei Zahnflankenbrüchen liegt der Rissausgang nicht im Bereich maximaler Beanspruchung, sondern im Bereich verminderter Beanspruchbarkeit [BRUC06]. Weiterhin haben Zahnflankenbrüche ihren Rissausgang häufig an einer Fehlstelle im Gefüge, wobei es sich bevorzugt um Al_2O_3-Einschlüsse handelt [TOBI01]. Die Berücksichtigung von Fehlstellen bei der Berechnung der Beanspruchbarkeit hinsichtlich Zahnflankenbruch ist daher unerlässlich. Die fehlstellenbasierte Berechnung der Zahnflankenbruchtragfähigkeit nach Konowalczyk [KONO18] wird nachfolgend näher erläutert.

Wie die Berechnung der lokalen Zahnfußtragfähigkeit nach Henser [HENS15] beruht auch die auf die Zahnflankenbruchtragfähigkeit erweiterte Methode nach Konowalczyk [KONO18] auf dem Prinzip der lokalen Dauerfestigkeit. Dabei wird die lokale Werkstoffanstrengung als Verhältnis von Beanspruchung zu Beanspruchbarkeit berechnet. Auf der Beanspruchungsseite fließen die Geometrie sowie die aufgeprägte Last in die Berechnung ein. Bei der Berechnung der lokalen Beanspruchbarkeit werden die Härte, der Eigenspannungszustand sowie der Werkstoffreinheitsgrad in Form der Fehlstellengröße und -verteilung berücksichtigt (siehe Bild 6.58) [KONO18].

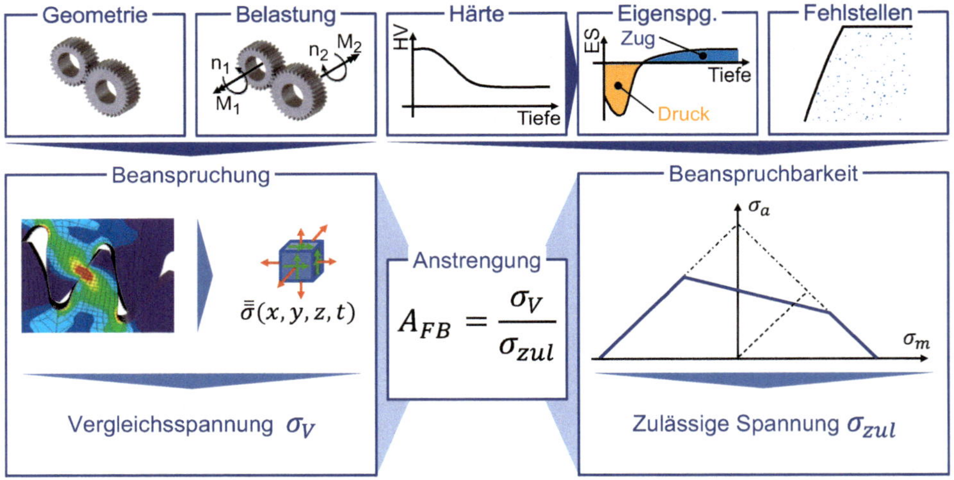

Bild 6.58 Vorgehensweise der Methode – Konzept der lokalen Dauerfestigkeit [KONO18]

Die Berechnung der im Zahnvolumen vorliegenden Spannung erfolgt mittels Finite-Elemente-Methode. Dadurch wird eine höchstmögliche Ergebnisgüte erreicht und es wird neben der Kontaktpressung als Primärbeanspruchung automatisch die Sekundärbeanspruchung infolge Biegung, Schub und Stauchung berücksichtigt. Durch die Verwendung der FEM wird der räumliche Dehnungszustand berücksichtigt, was vor allem bei über der Verzahnungsbreite ungleichmäßigen Lastverteilungen höhere Ergebnisgüten liefert als bei Anwendung analytischer Ersatzmodelle. Das Ergebnis der Beanspruchungsberechnung mittels

FEM ist der zeitabhängige Spannungstensor für jedes Volumenelement im Zahn, welcher mithilfe der Schubspannungsintensitätshypothese (SIH) nach Liu [LIU91] zu einer Vergleichsspannung zusammengefasst wird. Mit Verweis auf bestehende Arbeiten wird die Doppelamplitude der Schubbeanspruchung sämtlicher Schnittebenen als schadenskritisch angesehen. Basierend auf den Schubspannungen $\tau_{\gamma\varphi}$ der in der SIH betrachteten Einheitskugel erfolgt eine differenzierte Berechnung einer Schubmittel- und Schubausschlagsspannung τ_m und τ_a, wobei als Ausschlagsspannung abweichend zur Vorgehensweise von Liu [LIU91] die Doppelamplitude gewertet wird. Anschließend erfolgt die Integration über sämtliche Schnittebenen zur Ableitung der Vergleichsmittel- und Vergleichsausschlagsspannung [KONO18].

Der Härtetiefenverlauf wird aus den Eingabegrößen Randhärte HV_R, Kernhärte HV_K, Einsatzhärtetiefe CHD_{550} und einer zusätzlich eingeführten Einsatzhärtetiefe CHD_{600} berechnet. Der Verlauf wird in drei Bereiche unterteilt, wobei die Randbedingung zur Verbindung der Bereiche jeweils eine stetige Steigung ist. Der erste Bereich wird für den Fall $CHD_{600} < CHD_{600,\mathrm{min}}$ mit dem zweiten Bereich zusammengefasst und linear angenähert. Für den Fall $CHD_{600} > CHD_{600,\mathrm{min}}$ wird der erste Bereich mit einem Polynom zweiter Ordnung abgebildet und der zweite Bereich zwischen CHD_{600} und CHD_{550} linear beschrieben. Die minimale Einsatzhärtetiefe $CHD_{600,\mathrm{min}}$ für die Fallunterscheidung berechnet sich dabei nach Formel 6.40. Der dritte Bereich wird durch einen degressiv abfallenden Verlauf hin zum Kerngefüge beschrieben. Die Erweiterung erlaubt eine Unterscheidung zwischen linear abfallenden Härteprofilen und Tiefenprofilen mit einem Härteplateau [KONO18].

$$CHD_{600,min} = \frac{600 - HV_R}{550 - HV_R} \cdot CHD_{550} \tag{6.40}$$

Der Eigenspannungstiefenverlauf wird ebenfalls in drei Bereiche unterteilt. Der erste Bereich erstreckt sich bis zu einer Tiefe von $0{,}5 \cdot CHD_{550}$. In diesem Bereich werden vorliegende Druckeigenspannungen nach dem Ansatz von Lang [LANG79], der für diesen Tiefenbereich als validiert gilt, berechnet. Der weitere Eigenspannungstiefenverlauf wird über ein Polynom vierter Ordnung abgeschätzt, wobei die Koeffizienten des Polynoms sowie die Tiefe, ab der von einem konstanten Eigenspannungszustand ausgegangen wird, von einem Optimierungsalgorithmus bestimmt werden. Der Algorithmus verfolgt dabei zwei Optimierungsziele: erstens, dass sich ein Flächengleichgewicht zwischen Druck- und Zugeigenspannungen ergibt, sowie zweitens, dass der Übergang von Druck- zu Zugeigenspannungen im Bereich des Übergangs der gehärteten Randschicht zum Kerngefüge (HV_K) liegt [KONO18].

Für die Berücksichtigung von Fehlstellen in der Berechnung greift Konowalczyk analog zu Henser [HENS15] auf den von Murakami [MURA02] entwickelten empirischen Zusammenhang zwischen Härte *HV*, der Fehlstellengröße *area* und der Wechselfestigkeit σ_W zurück, wobei Konowalczyk im Unterschied zu Henser die Wechselfestigkeit σ_W einer Fehlstelle für das Bauteilinnere nach Formel 6.33 verwendet. Dabei wird der Einfluss aus den lokal vorliegenden Mittelspannungen auf die ertragbare Ausschlagsamplitude gemäß der Empfehlung von Murakami [MURA02] erst in einem zweiten Schritt durch die Berechnung einer Mittelspannungsempfindlichkeit nach FKM [FKM03] berücksichtigt [KONO18].

Die anschließende Tragfähigkeitsberechnung erfolgt analog zur Methode von Henser [HENS15] im simulativen Treppenstufenverfahren (Bild 6.59). Dabei wird für jede Simulation der Treppenstufe eine statistische Verteilung von Fehlstellen im Zahnvolumen generiert. Die Fehlstellenverteilung folgt dabei einer Dichtefunktion, welche sich aus dem Reinheitsgrad des Werkstoffes ergibt. Danach wird für jede Fehlstelle im Zahnvolumen die Anstrengung berechnet und entweder als Bruch oder als Durchläufer gewertet. Abhängig vom Ergebnis wird die Laststufe der nachfolgenden Berechnung gewählt (siehe Abschnitt 5.3.4.2) [KONO18].

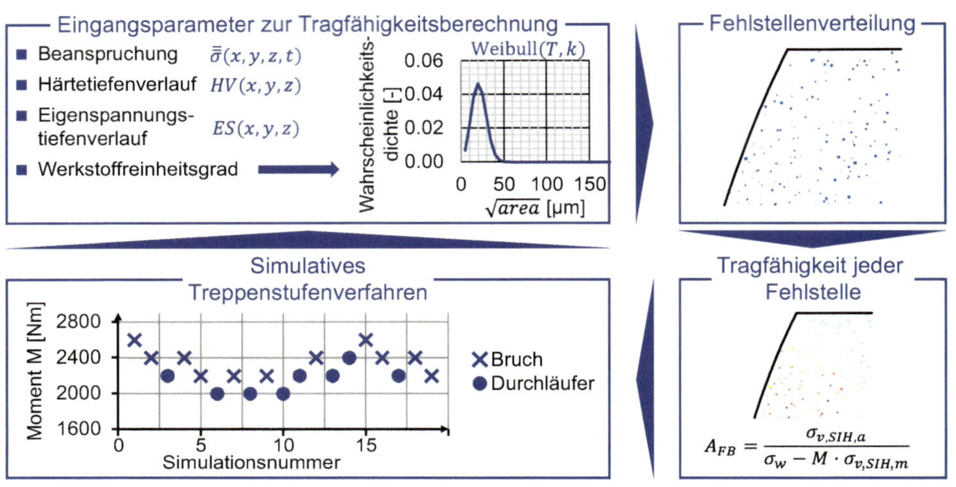

Bild 6.59 Simulationsablauf der Berechnungsmethode [KONO18]

6.4.2 Methode zur lokalen Wälzfestigkeitsberechnung

In Analogie zum lokalen Vorgehen bei der Berechnung der Zahnfußtragfähigkeit wird im Folgenden ein allgemeingültiger Ansatz zur Wälzfestigkeitsberechnung vorgestellt. Das Konzept der lokalen Wälzfestigkeitsberechnung ist in Bild 6.60 dargestellt. Der Berechnungsansatz ist allgemeingültig formuliert und erlaubt die Bestimmung der Wälzfestigkeit von Maschinenelementen mit beliebiger Kontaktgeometrie. Es wird von der Modellvorstellung ausgegangen, dass die Grübchentragfähigkeit eines Maschinenelements nur von der lokalen Anstrengung abhängig ist und somit komponentenunabhängig eine Werkstoffermüdung beim örtlichen Auftreten einer ermüdungskritischen Anstrengung eintritt (lokale Äquivalenz der Ermüdung). Folglich kann bei Kenntnis der örtlichen Materialfestigkeit sowie der durch Kraft- und kinematische Belastungen resultierenden lokalen Spannungstensoren die Wälzfestigkeit für jedes wälzbeanspruchte Maschinenelement gleichermaßen ermittelt werden [LÖPE15].

Zur Ermittlung der Überlebenswahrscheinlichkeit eines Wälzkontakts nach der lokalen Methode ist die Bereitstellung von Eingangsdaten bezüglich der Geometrie, äußeren Kontaktbelastung und Werkstoffeigenschaften erforderlich. Auf deren Basis werden die Überlebenswahrscheinlichkeit für die Oberfläche (Analyse im Halbraum) und das Bauteilvolumen (FEM-Analyse) getrennt berechnet.

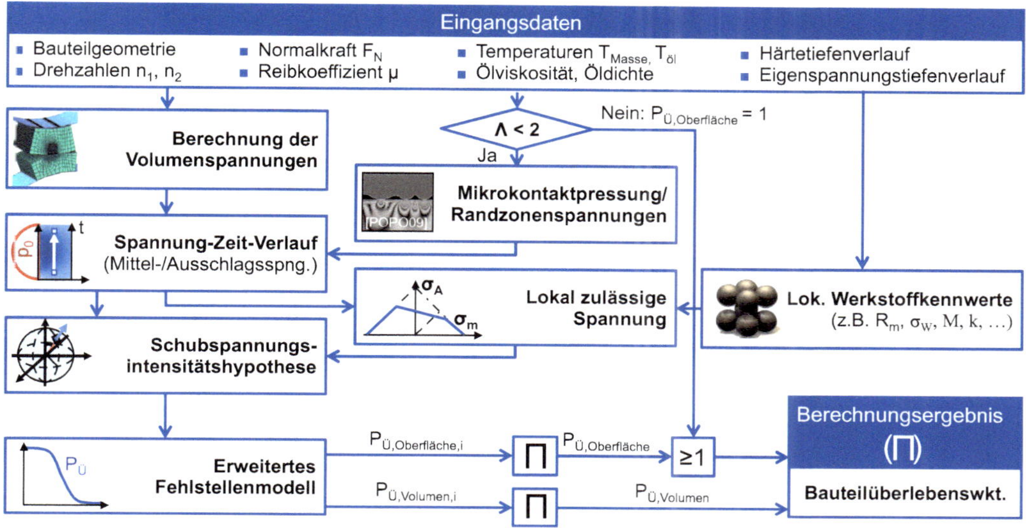

Bild 6.60 Konzept zur lokalen Wälzfestigkeitsberechnung [LÖPE15]

Gemäß Bild 6.60 erfolgt auf Basis der Eingangsdaten zunächst eine vereinfachte Analyse des Schmierungszustands anhand des Schmierfilmparameters Λ. Im Gegensatz zu der häufig in der Literatur verwendeten Bezugnahme auf die arithmetische Rauheit R_a wird die thermisch korrigierte Schmierfilmdicke analog zu [VOLG91] auf die in der Tribologie gebräuchliche quadratische Rauheit R_q bezogen (siehe Formel 6.41).

$$\Lambda = \frac{h_{0,\text{th}}}{\sqrt{R_{q,1}^2 + R_{q,2}^2}} \qquad (6.41)$$

Liegt eine ausreichende Oberflächentrennung vor ($\Lambda > 2$), wird angenommen, dass die Oberflächen nicht miteinander kontaktieren und durch einen Schmierfilm getrennt sind. In diesem Fall ist nur die Berechnung und Auswertung der Volumenspannungen erforderlich. Anderenfalls erfolgt ebenfalls eine Mikrokontaktberechnung. Die aus den beiden Spannungsberechnungsmodellen ermittelten Beanspruchungen werden anschließend gleichermaßen, aber getrennt voneinander ausgewertet (Bild 6.60 links). Die Zeitabhängigkeit des Wälzvorgangs wird anhand von Spannung-Zeit-Verläufen aus den errechneten Spannungsfeldern für diskrete Punkte im Prüfkörperquerschnitt repräsentiert und anschließend zusammen mit den Werkstoffeigenschaften in der durch Hertter modifizierten Variante der Schubspannungsintensitätshypothese (SIH) nach Liu beurteilt [HERT03, LIU91]. Abschließend wird im erweiterten Fehlstellenmodell getrennt die aus den Volumen- und Oberflächenbeanspruchungen resultierende Überlebenswahrscheinlichkeit bestimmt und multiplikativ zur Gesamtbauteil-Überlebenswahrscheinlichkeit zusammengeführt. Zur Beurteilung kommt eine auf die Gegebenheiten des Zahnflankenkontakts angepasste Variante des zuvor beschriebenen erweiterten Fehlstellenmodells zum Einsatz [LÖPE15].

6.4.2.1 Volumen- und Oberflächenbeanspruchung im Wälzkontakt

Die Quantifizierung der lokalen Beanspruchung im Wälzkontakt erfolgt separat für das Volumen und die oberflächennahe Randzone. Die Volumenbeanspruchung ist im Wesentlichen abhängig von der Makrogeometrie der abwälzenden Körper und bildet ihr Spannungsmaximum aufgrund eines mehrachsigen Spannungszustandes unterhalb der Oberfläche aus (Bild 6.61). Zur Berechnung der Volumenspannungen können sowohl die Potenzialtheorie als auch allgemeine FE-Ansätze verwendet werden, wie z. B. auf Grundlage einer FE-basierten Zahnkontaktanalyse oder einer kommerziellen FE-Software.

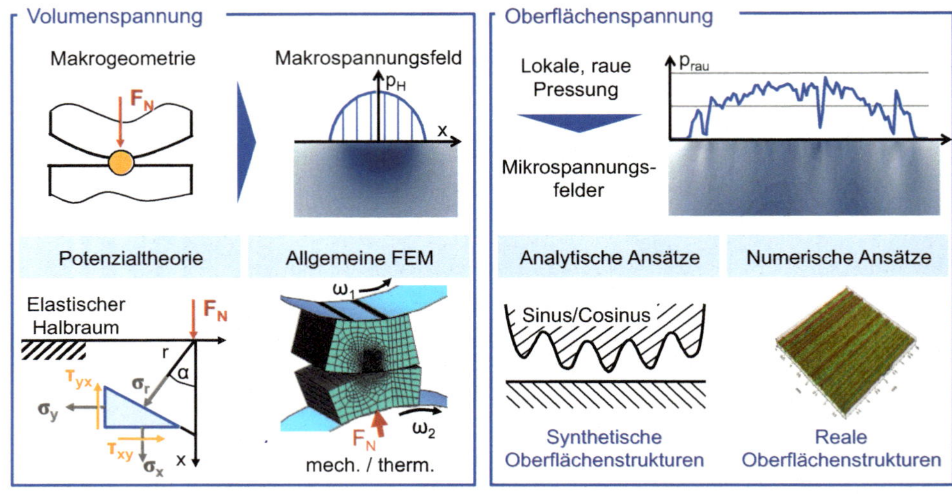

Bild 6.61 Ansätze zur Berechnung von Volumen- und Oberflächenspannungen

Bei der Potenzialtheorie wird die zweidimensionale Halbraumtheorie angewendet. Die Berechnung der Spannungskomponenten des mechanischen Spannungstensors erfolgt dann nach den Airy'schen Spannungsfunktionen [AIRY62, BÖRN76]. Die Grundlage der Berechnung der thermischen Beanspruchung ist die örtlich im Kontakt vorliegende Wärmestromdichte, aus der sich das örtliche Temperaturfeld im Halbraum errechnen lässt [MAYI86]. Die sich anschließende Temperaturspannungsberechnung folgt dem Hooke'schen Gesetz unter Annahme isotropen Materialverhaltens. Der mechanische und der thermische Spannungstensor werden durch Superposition zum Gesamtspannungstensor zusammengefasst.

Neben der Spannungsberechnung auf Basis der Potenzialtheorie können allgemeingültige FE-Ansätze wie z. B. die Zahnkontaktanalyse (siehe Abschnitt 6.3.1) oder eine kommerzielle FEM-Software verwendet werden. Bei der FE-basierten Beanspruchungsberechnung werden genauere Ergebnisse als bei der Halbraumtheorie erwartet, da eine dreidimensionale Abbildung bei tatsächlichen Steifigkeitsverhältnissen insbesondere im Randbereich vorliegt. Bei Löpenhaus [LÖPE15] werden die Berechnungsergebnisse für ein thermo-mechanisches, dreidimensionales FE-Kontaktmodell und die Halbraumtheorie vergleichend analysiert. Der Vergleich erfolgte anhand der sich aus der Normal-, Tangential- und thermischen Beanspruchung ergebenden Komponenten des Spannungstensors. Die grundsätzlichen Verläufe und Orte der Maxima aller Spannungskomponenten sind für beide Rechenansätze vergleichbar, jedoch weisen die Beträge der Spannungen Unterschiede auf. Nach der Gestaltänderungsenergiehypothese ergeben sich bei der FE-Berechnung um $\Delta\sigma_{v,GEH}$ = 11,7 % höhere Spannungen als bei der Halbraumtheorie. Zudem ergeben sich in der FE-Berechnung nach Löpenhaus Zugspannungen in größerer Werkstofftiefe bei der in Gleitrichtung befindlichen Spannungskomponente [LÖPE15]. Nach der Halbraumtheorie werden in diesem Bereich keine Zugspannungen ermittelt [LÖPE15, OSTE82, ELST93, HERT03], jedoch lassen sich in Festigkeitsanalysen zum Wälzkontakt genau in diesem Bereich Ermüdungseffekte nachweisen, die eine Zug-Druck-Wechselbeanspruchung voraussetzen [BHAT14].

Zur Berechnung der oberflächennahen Beanspruchung ist es notwendig, die ideal glatte Makrogeometrie des Wälzkontakts mit der Oberflächenstruktur zu überlagern. An lokalen Materialerhebungen auf der Oberfläche bilden sich Pressungsüberhöhungen aus, die zu lokalen Mikrospannungsfeldern in der oberflächennahen Randzone führen (vgl. Bild 6.61 in Abschnitt 6.3.2). Zur Analyse des Wälzkontakts ist eine Analyse der Pressungsverteilung der gesamten Kontaktfläche erforderlich, die mit der „Methode kombinierter Lösungen" erfolgt (Abschnitt 6.3.2).

Bei der Berechnung mit realen Oberflächenstrukturen liegen die Herausforderungen bei der Realisierung einer hohen Vernetzungsauflösung zur Erfüllung des Shannon-Theorems und der Gewährleistung der Berechenbarkeit des Kontaktproblems [BREC16, SHAN49]. Für die vorgestellte Methode wird die Pressungsverteilung zur Berechnung der Randzonenspannungen mit der Halbraumtheorie analysiert [AIRY62]. Aufgrund der geringen Tiefenwirkungen werden die rauheitsbedingten Spannungen nur bis zu einer Tiefe $t = 0{,}1 \ldots 0{,}2 \cdot b_0$ mit b_0 als Hertz'scher Abplattungsbreite in Richtung der Gleitgeschwindigkeit ausgewertet [LÖPE15].

6.4.2.2 Werkstofffestigkeit im Wälzkontakt

Neben der lokalen Beanspruchung bestimmt die lokale Beanspruchbarkeit die Wälzfestigkeit eines Bauteils. Einen dominierenden Einfluss auf die Festigkeit einsatzgehärteter Werkstoffe haben die Kenngrößen Härte und Eigenspannungen [BÖRN76, KÖCH96, HERT03, SCHW08]. Für die vorgestellte Rechenmethode zur allgemeinen Wälzfestigkeitsberechnung werden gemessene Tiefenverläufe von Mikrohärte und Eigenspannungen im relevanten Beanspruchungsbereich berücksichtigt. Die Beschreibung der Werkstofffestigkeit und Berücksichtigung des Härte- und Spannungszustands erfolgen im Haigh-Schaubild (Bild 6.62), in dem die ertragbare Spannungsamplitude σ_A über der anliegenden Mittelspannung σ_m aufgetragen wird [HAIB06]. Die ertragbare Spannungsamplitude wird einerseits durch die zyklische Dehngrenze im Druckbereich $R'_{dp0,2}$ sowie im Zugbereich $R'_{p0,2}$ begrenzt, ab der Werkstofffließen vorliegt. Weiterhin lässt sich für einen weiten Bereich des anliegenden Spannungsverhältnisses R die Dauerfestigkeit gegen Ermüdung idealisiert anhand einer Geraden (Goodman-Gerade) beschreiben. Die Beschreibung der Goodman-Gerade bezüglich Niveau und Steigung erfolgt anhand der eigenspannungsfrei vorliegenden Zug-Druck-Wechselfestigkeit σ_{W0} sowie der Mittelspannungsempfindlichkeit m_m (siehe Formel 6.42) [HAIB06]. Demnach führen Druckeigenspannungen als dem Belastungsablauf überlagerte Mittelspannungen zu einer höheren ertragbaren Spannungsamplitude, sofern die Materialdehngrenze nicht überschritten wird. Das eingesetzte Werkstoffmodell entspricht weitestgehend der bei Hertter [HERT03] vorgestellten, aus der örtlichen Härte abgeleiteten Parametrierung mit den nachfolgend gezeigten Modifikationen.

$$\sigma_A = \sigma_{W0} - m_m \cdot \sigma_m \tag{6.42}$$

- Korrelation der Werkstoffkennwerte aus örtlichem Härtetiefenverlauf
- Berücksichtigung von Eigenspannungen σ_{ES} als überlagerte Mittelspannungen
- Bestimmung der lokal ertragbaren Spannungsamplitude anhand örtlich angewandtem Haigh-Diagramm
- **Legende Mittelspannungsempfindlichkeit nach**

Klubberg [KLUB01]
Winderlich [WIND90]
FKM-Richtlinie [FKM03]
Liu [LIU91]

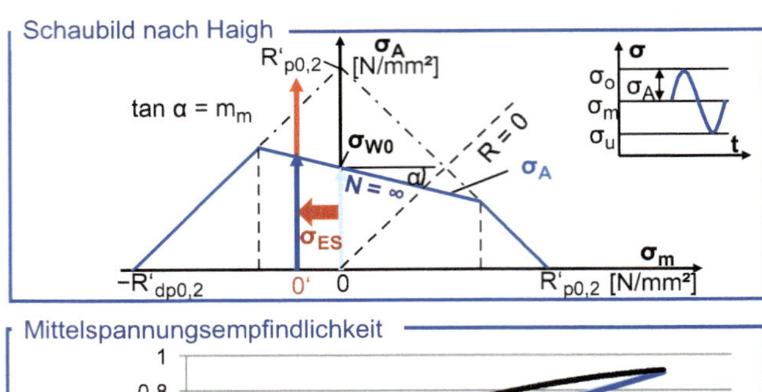

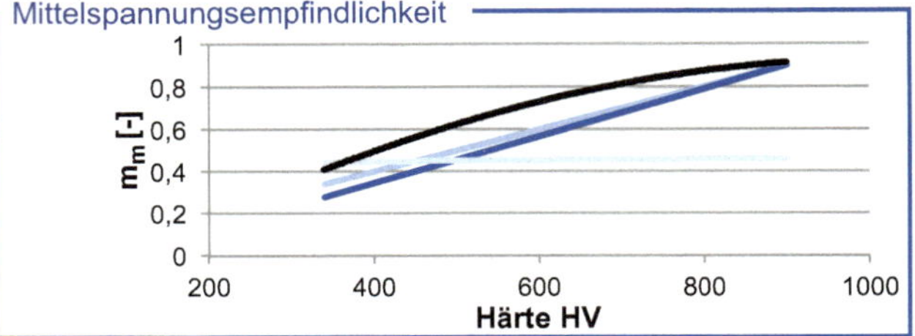

Bild 6.62 Mittelspannungsabhängige Werkstoffbeanspruchbarkeit [HAIB06, LÖPE15]

Mittelspannungsempfindlichkeit

Im unteren Teil von Bild 6.62 werden Ergebnisse von Korrelationsbeziehungen der Mittelspannungsempfindlichkeit mit der Werkstoffhärte nach Vickers angegeben. Der Beanspruchungs- und Probengeometrieeinfluss werden häufig als vernachlässigbar eingestuft [WIND90, KLUB01, FKM03]. Für randschichtgehärtete Stähle wurde eine Zunahme der Mittelspannungsempfindlichkeit mit zunehmender Werkstoffhärte beobachtet. Dieses Werkstoffverhalten wird durch den Ansatz nach Klubberg [KLUB01] nur mit einem geringen Gradienten wiedergegeben. Bei Liu [LIU91] wurde nach gekerbten und glatten Proben getrennt und jeweils ein Korrelationsansatz für die Härteabhängigkeit der Mittelspannungsempfindlichkeit über einer Vielzahl an Untersuchungen aus der Literatur gebildet. Der Ansatz weist gegenüber linearen Ansätzen, z. B. nach Winderlich [WIND90] und FKM-Richtlinie [FKM03], einen degressiv steigenden Verlauf auf. Für das Werkstoffmodell wird der Ansatz nach Liu [LIU91] verwendet (Formel 6.43), da der funktionale Zusammenhang (degressiv steigend) zwischen Mittelspannungsempfindlichkeit und Härte insbesondere bei hohen Härtewerten technisch nachvollziehbar ist.

$$m_{\mathrm{m}} = \frac{1}{0{,}962 - \frac{\sigma_{\mathrm{W}}}{2000}} - 1 \tag{6.43}$$

Wirksame Mittelspannungen

Als wirksame Mittelspannungen werden bei Hertter [HERT03] die Eigenspannungen berücksichtigt. Trotz des vergleichsweise kurzen Lastimpulses [ELST93] wird gemäß der Vorgehensweise nach Zuber [ZUBE08] zur Ermittlung der ertragbaren Spannungsamplitude die Superposition von Eigenspannungen und Lastmittelspannungen berücksichtigt. Untersuchungen zeigen, dass die Beanspruchungsdauer einen vernachlässigbaren Einfluss auf die ertragbare Spannungsamplitude aufweist [BREC12]. Aus diesem Grund wird die maßgebliche Mittelspannung aus dem lokalen Lastspannungstensor gemäß der Berechnung für

Volumen und Oberfläche in Abschnitt 6.4.2.3 und dem Eigenspannungstensor errechnet. Der Eigenspannungstensor setzt sich aus den Eigenspannungen in axialer und tangentialer Richtung zusammen, die entweder messtechnisch über der Bauteiltiefe am realen Bauteil erfasst oder durch simulative Ansätze berechnet werden können [FUNA02, REGO13, SHAH11].

Weibull-Parameter

Der statistische Größeneinfluss auf die Wälzfestigkeit kann durch die Verwendung einer Weibull-Verteilung zur Beschreibung der Werkstofffehlstellen berücksichtigt werden. Die Ausprägung der Weibull-Verteilung wird durch den Weibull-Parameter k quantifiziert (Bild 6.50). Der Parameter beschreibt die Streuung der Werkstofffestigkeit in Abhängigkeit der Bauteileigenschaften (vgl. Formel 6.16 und Formel 6.17). Der Ansatz nach Brömsen aus Abschnitt 6.4.1 kann im Wälzkontakt bei randschichtgehärteten Bauteilen nicht unmittelbar übertragen werden, da andere Beanspruchungsformen und geometrische Verhältnisse vorliegen [BRÖM05]. Bruder stellt für ungekerbte einsatzgehärtete Proben einen höheren minimalen Weibull-Parameter (k = 15) als Brömsen fest, wobei den Untersuchungen keine Prüfbedingungen unter Wälzbeanspruchung zugrunde lagen [BRUD01]. Bei Löpenhaus [LÖPE15] erfolgt daher die Modifikation des Ansatzes nach Brömsen [BRÖM05] zur Anwendung im Wälzkontakt anhand des Faktors Δk = 1,25, sodass sich ein Band von k = 12,5…56,25 für den Weibull-Parameter ergibt (vgl. Formel 6.44). Es ist zu beachten, dass beim vorliegenden Ansatz zur lokalen Wälzfestigkeitsberechnung der Weibull-Parameter als Bauteilkennwert nur hinsichtlich des Härtezustands, nicht hinsichtlich der Probengeometrie berechnet wird.

$$k = \frac{8 \cdot 10^6}{HV^2} \tag{6.44}$$

6.4.2.3 Vergleichsspannung und Überlebenswahrscheinlichkeit für den Wälzkontakt

Bei Kenntnis von Beanspruchung und Beanspruchbarkeit kann eine Zusammenführung zur Bestimmung der lokalen Anstrengung bzw. lokalen Sicherheit anhand einer Vergleichsspannungshypothese erfolgen. Der Wälzkontakt ist durch einen mehrachsigen, zeitlich veränderlichen Spannungszustand charakterisiert. Als Ersatzmodell wird der Zahnflankenwälzkontakt so analysiert, dass nicht die Oberflächenbeanspruchung entlang der Eingriffsrichtung, sondern das Volumenelement unterhalb der beanspruchten Oberfläche entsprechend der Wälzbewegung parallel verschoben wird (vgl. Bild 6.63, links). Damit sind Vereinfachungen in der Analyse des Wälzkontakts verbunden. Es wird beobachtet, dass es während des Kontaktablaufs zu einer Verdrehung des Hauptspannungskoordinatensystems und damit des Volumenelements unterhalb der Oberfläche über einen Gesamtwinkel bis zu φ = 180° kommt [ELST93]. Unter der Annahme, dass ein Volumenelement in einer bestimmten Werkstofftiefe X jede dieser Winkellagen erfährt, liegt somit ein dreidimensionaler, in seinen Spannungsverläufen der einzelnen Spannungskomponenten phasenverschobener und nicht in eine Hauptrichtung orientierter Spannungszustand vor.

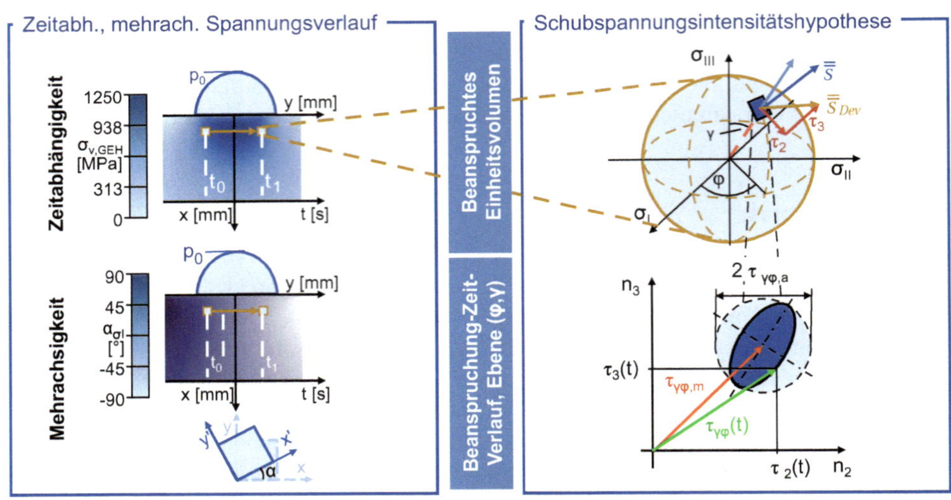

Bild 6.63 Integrale Vergleichsspannungshypothese [LIU91]

Zur Erfassung dieses Vorgangs ist die Wahl einer geeigneten Vergleichsspannungshypothese erforderlich. Klassische Festigkeitshypothesen können den Wälzvorgang hinsichtlich seiner Mehrachsigkeit und Phasenverschiebung nicht abbilden. Nach der Gestaltänderungsenergiehypothese wird beispielsweise die Gestaltänderung in eine Volumenänderung (Hydrostat) und eine Formänderung (Deviator) aufgeteilt, wobei der Werkstoff hinsichtlich des Deviators eine begrenzte Speicherfähigkeit für die zur Formänderung erforderliche Energie aufweist. Kommt es zur Überschreitung dieses Energiebetrags, tritt eine plastische Verformung ein. Diese Form der Vergleichsspannungshypothese führt grundsätzlich zu einer Übereinstimmung mit Dauerfestigkeitsuntersuchungen im Wälzkontakt [SIMB75], ist allerdings auf ein bestimmtes Hauptspannungskoordinatensystem festgelegt, da der Spannungsdeviator nur für eine Schnittebene eines Volumenelements ausgewertet wird [LIU91].

Um die Veränderlichkeit der Orientierung des Hauptspannungskoordinatensystems zu erfassen, ist die Berücksichtigung aller Ebenen eines Referenzvolumens erforderlich. Die gleichwertige Beschreibung aller Ebenen ist in einer Einheitskugel möglich, anhand derer die Schubspannungsintensität als Vergleichsspannung ermittelt wird (Bild 6.63) [LIU91]. Durch Variation der Winkelkombination (γ, φ) wird jedes Oberflächeninkrement der Einheitskugel beschrieben und hinsichtlich des jeweiligen Spannungszustands bezüglich der anliegenden Normalspannung auf dem Oberflächeninkrement sowie der beiden Schubspannungen entlang der Kugeloberfläche ausgewertet.

Für jede Winkellage (γ, φ) wird der Zeitverlauf der einzelnen Spannungskomponenten berechnet und grafisch aufgetragen. Der Zeitverlauf entspricht der Verschiebung eines Volumenelements unterhalb der beanspruchten Oberfläche in einer bestimmten Tiefe (Bild 6.63 links). Aus den Spannung-Zeit-Verläufen für jede Winkellage werden anschließend die Mittelspannung sowie die Spannungsamplitude der Normal- und Schubspannungen als repräsentative Beanspruchungskennwerte für den Beanspruchungszyklus ermittelt. Aus diesen Kennwerten wird die Schubspannungsintensität für die betrachtete Winkellage berechnet (Formel 6.45). Anschließend wird durch Integration der sich für jede Schnittebene ergebenden Vergleichsspannung über alle Schnittebenen die sogenannte Schubspannungsintensität für ein Volumenelement in der radial-axialen Schnittebene des Wälzkontakts ermittelt (Formel 6.46).

$$\tau^2_{\gamma\phi,\text{eff},a} = a \cdot \tau^2_{\gamma\phi,a} \cdot \left(1 + m \cdot \tau^2_{\gamma\phi,m}\right) + b \cdot \sigma^2_{\gamma\phi,a} \cdot \left(1 + n \cdot \sigma_{\gamma\phi,m}\right) \tag{6.45}$$

$$\sigma_{\text{Va}} = \left\{ \frac{15}{8\pi} \int_{\gamma=0}^{\pi} \int_{\phi=0}^{2\pi} \tau^2_{\gamma\phi,\text{eff},a} \cdot \sin\gamma \cdot d\varphi d\gamma \right\}^{\frac{1}{2}} \tag{6.46}$$

Der Wälzkontakt weist die Besonderheit auf, dass vergleichsweise hohe Normalmittelspannungen im Druckbereich vorliegen, die zu einem negativen Ausdruck innerhalb des Wurzelausdrucks in Formel 6.46 führen können. Daher wurde bei Hertter [HERT03] aufbauend auf Liu [LIU91, LIU97] eine Variante der Schubspannungsintensitätshypothese beschrieben, die den Mittelspannungsanteil gemäß dem Haigh-Diagramm auf der Seite der Beanspruchbarkeit berücksichtigt. Somit wird keine Vergleichsspannung, sondern vielmehr eine Anstrengung pro Schnittebene (Formel 6.47) sowie mittels Integration eine Gesamtanstrengung des Volumenelements berechnet (Formel 6.48).

$$A(\gamma,\varphi) = \sqrt{\frac{a \cdot \tau^2_{\gamma\phi,a} \cdot \left(1 + m \cdot \tau^2_{\gamma\phi,m}\right) + b \cdot \sigma^2_{\gamma\phi,a}}{\sigma^2_{\text{A}}}} \tag{6.47}$$

$$A_{\text{int},a} = \left\{ \frac{15}{8\pi} \int_{\gamma=0}^{\pi} \int_{\phi=0}^{2\pi} \left[A(\gamma,\varphi)\right]^2 \cdot \sin\gamma \cdot d\varphi d\gamma \right\}^{\frac{1}{2}} \tag{6.48}$$

Aufbauend auf der Vorgehensweise zur Ermittlung der lokalen Anstrengungen A_i nach Hertter [HERT03] erfolgt die Ermittlung der lokalen Überlebenswahrscheinlichkeiten $P_{\text{Ü,i}}$ unter Berücksichtigung der lokalen Weibull-Parameter k_i nach Formel 6.17. Das Auswertevolumen V wird auf das Referenzvolumen von V_0 = 1 mm³ bezogen. Das Produkt aller Einzelüberlebenswahrscheinlichkeiten führt anschließend zur Gesamtüberlebenswahrscheinlichkeit $P_\text{Ü}$ (Formel 6.18). Die Vorgehensweise wird getrennt für das Bauteilvolumen und die Bauteilrandzone angewendet. Dazu werden jeweils die in Abschnitt 6.4.2.1 berechneten Spannungsverläufe separat ausgewertet. Die Multiplikation der Überlebenswahrscheinlichkeiten für das Bauteilvolumen und die Bauteilrandzone beschreibt die Überlebenswahrscheinlichkeit des Gesamtbauteils (Formel 6.49) [LÖPE15].

$$P_{\text{Ü,ges}} = P_{\text{Ü,Volumen}} \cdot P_{\text{Ü,Oberfläche}} \tag{6.49}$$

6.4.2.4 Validierung der lokalen Wälzfestigkeitsberechnung

Zur Validierung der lokalen Wälzfestigkeitsberechnung wurden Untersuchungen auf dem Zwei-Scheiben-Analogieprüfstand und dem Zahnradprüfstand durchgeführt (Abschnitt 5.3) [LÖPE15]. Tabelle 6.2 gibt einen Überblick über die Versuchsvarianten des Zwei-Scheiben-Versuchs, die durch eine gezielte Variation einzelner Einflussgrößen die schrittweise Validierung der Wälzfestigkeitsberechnung ermöglichen. Basierend auf einer Referenzvariante (REF) wurde eine Variante mit niedrigem Schlupf (S11) sowie mit niedriger Rauheit (Rz1) definiert. Zur Ermittlung des Viskositätseinflusses auf die Grübchentragfähigkeit wurden zudem Varianten mit höherer Viskosität (320) und mit niedrigerer Temperatur T60 analysiert. Beide Varianten hatten unter Versuchsbedingungen eine vergleichbare Viskosität, sodass der Temperatureinfluss separat bewertbar war. Für alle Varianten wurden das Dauerfestigkeitsniveau für eine Grenzlastspielzahl $N_G = 5 \cdot 10^7$ bei Lastspielen und die Reibung zur exakten Kenntnis der tangentialen Beanspruchung ermittelt.

Tabelle 6.2 Prüfvarianten zur Validierung der lokalen Wälzfestigkeitsberechnung

Variante/ Bezeichnung	Schlupf s [%]	Summengeschwindigkeit v_Σ [m/s]	Rauheit R_z [µm]	Viskosität v_{40} [cSt]	Öltemperatur $T_{Öl}$ [°C]
REF	−28	15,05	2–2,5	68	90
S11	**−11**	13,93	2–2,5	68	90
Rz1	−28	15,05	**1–1,5**	68	60
320	−28	15,05	2–2,5	**320**	90
T60	−28	15,05	2–2,5	68	**60**

Bild 6.64 fasst die zentralen Wälzfestigkeitsergebnisse zusammen. Im oberen Bildteil sind die dauerhaft ertragbaren Normalkräfte aus dem Prüfstandversuch für eine Überlebenswahrscheinlichkeit von $P_Ü = 50\,\%$ und die Reibkoeffizienten als Kennwert für die Tangentialbeanspruchung jeder Variante dargestellt. Vergleichend dazu sind die berechneten Gesamtüberlebenswahrscheinlichkeiten als multiplikative Zusammenführung der jeweiligen Volumen- und Oberflächenüberlebenswahrscheinlichkeit nach Formel 6.49 aufgetragen. Über der Lastspielzahl ergaben sich für die verschiedenen Varianten aufgrund der verschiedenen tribologischen Kontaktverhältnisse unterschiedliche Veränderungen der Kontaktgeometrie durch lokalen Verschleiß oder plastische Deformation über der Laufzeit. Aus diesem Grund ist die angegebene Gesamtüberlebenswahrscheinlichkeit der Mittelwert der Überlebenswahrscheinlichkeiten nach dem Einlauf und nach dem Prüflauf. Die Streuung beschreibt die Spanne der Überlebenswahrscheinlichkeit zwischen den beiden Analysezeitpunkten. Die Auswertung erfolgte analog zu den Untersuchungen für eine Überlebenswahrscheinlichkeit von $P_Ü = 50\,\%$ [LÖPE15].

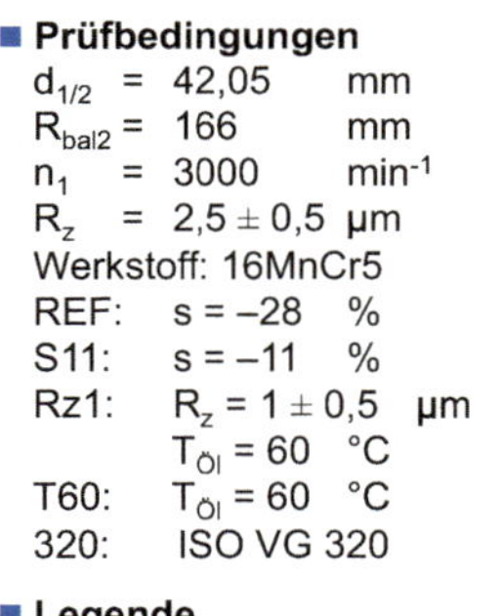

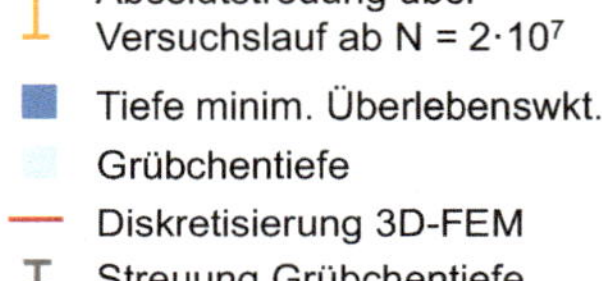

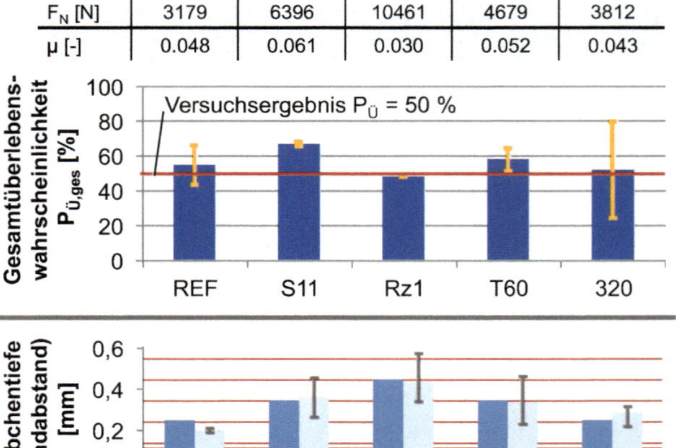

Bild 6.64 Untersuchungs- und Berechnungsergebnisse zur lokalen Wälzfestigkeit [LÖPE15]

Trotz der unterschiedlichen Versuchsbedingungen ordnen sich alle Varianten in den Zielkorridor der Dauerfestigkeit ein. Die Variante Rz1 wurde im Bereich der Flüssigkeitsreibung betrieben und weist für die Oberfläche eine Überlebenswahrscheinlichkeit von eins auf. Für die anderen Varianten wurde ein dominierender Einfluss aus dem Kontakt der technisch rauen Oberflächen berechnet. Die Streuungsbreite der Berechnungsergebnisse zu den verschiedenen Analysezeitpunkten steht in Zusammenhang mit der Ausprägung der geometrischen Veränderung der Kontaktgeometrie [LÖPE15].

Die örtliche Überlebenswahrscheinlichkeit über der Tiefe ist ein Maß für die Überschreitung der Wälzfestigkeit an einem Volumenelement. Im unteren Bildteil von Bild 6.64 wurde zur weiteren Validierung der Wälzfestigkeitsberechnung die minimale lokale Überlebenswahrscheinlichkeit (entspricht der maximalen Anstrengung) mit der taktil gemessenen Grübchentiefe verglichen. Für die Versuchsergebnisse wird die Streuung der gemessenen Grübchentiefe angegeben, die aus den unterschiedlichen Lastniveaus im Treppenstufenverfahren resultierte. Ebenfalls ist die Diskretisierung des FEM-Modells durch den Abstand der roten Linien dargestellt, um die erreichbare Auflösung des Rechenansatzes anzugeben. Die Größenordnung der Tiefenerstreckung der Grübchenschädigung wird für alle Prüfvarianten wiedergegeben. Für die Varianten Rz1, S11 und T60 ergibt sich die höchste Übereinstimmung von Berechnung und Versuch. Die vorgestellte Vorgehensweise konnte ebenfalls wirkungsgerecht auf den Zahnflankenkontakt übertragen werden [LÖPE15].

Die hier vorgestellte Methode zur lokalen Wälzfestigkeitsberechnung bietet den Vorteil, dass eine allgemeingültige Anwendung für beliebige Maschinenelemente möglich ist. Insbesondere die Kontaktgeometrie und die äußeren Belastungen werden flexibel erfasst und erlauben die lokale Berechnung der resultierenden Beanspruchungen, die bekannten Werkstoffkennwerten gegenübergestellt werden [LÖPE15]. Gegenüber empirisch-analytischen Tragfähigkeitsmodellen, wie z. B. nach ISO 6336 [ISO07], wird auf die Verwendung von experimentell ermittelten Einfluss- und Korrekturfaktoren verzichtet. Für den Anwender können mit der Methode Einflüsse aus einem veränderten Tragbild infolge einer Wellenverformung oder infolge von Fertigungsabweichungen direkt bei der Tragfähigkeitsberechnung berücksichtigt werden. Vor allem bei Großverzahnungen führt die lokale Wälzfestigkeitsberechnung zu einer präziseren und robusteren Vorhersage der Grübchentragfähigkeit, weil insbesondere der Größeneinfluss durch das erweiterte Fehlstellenmodell und die Zusammenführung einzelner Ausfallwahrscheinlichkeiten mit berücksichtigt wird.

6.5 Dynamik des Zahneingriffs

Zahnradgetriebe stellen schwingungsfähige Systeme mit zeitlich veränderlichen Anregungen dar. Belastungen von außen und innere Anregungsmechanismen führen im Zusammenwirken mit dem Eigenverhalten des Antriebsstrangs zu dynamischen Effekten und Schwingungsüberhöhungen. Insbesondere in der Nähe von Resonanzbereichen ergeben sich Belastungen, die weit über die statischen Belastungen hinausgehen können. Die Kenntnis der dynamischen Belastungsverläufe ist von besonderem Interesse, da sich diese grundlegend auf die Tragfähigkeit und die Geräuschabstrahlung auswirken. Dynamisch hervorgerufene Zusatzbelastungen führen zu einer erhöhten Beanspruchung der Bauteile und damit zu einer Herabsetzung der Getriebelebensdauer. Weiterhin rufen Belastungsschwankungen Strukturschwingungen hervor, die sich in einer erhöhten Geräuschabstrahlung des Getriebes widerspiegeln können (siehe Abschnitt 5.4 und Abschnitt 5.5).

Die theoretische Betrachtung des dynamischen Verhaltens von mechanischen Systemen erfordert die Überführung der Realität in mathematische Ersatzmodelle. Kontinuierliche Schwingungssysteme werden üblicherweise durch eine Diskretisierung vereinfacht und mit einer endlichen Zahl von Freiheitsgraden abgebildet. Weiterhin ist das Schwingungsverhalten von Zahnradgetrieben durch räumliche Translations-, Biege- und Torsionsschwingungen gekennzeichnet, die sich gegenseitig beeinflussen.

Bei der simulationstechnischen Abbildung des Schwingungsverhaltens von Zahnradgetrieben ist es von zentraler Bedeutung, inwieweit das Ersatzmodell durch die Wahl der Freiheitsgrade von der Realität abweicht. Eine Reduktion der Detailtiefe führt zwangsläufig zu einem Informationsverlust des Modells, verringert jedoch zugleich den Berechnungsaufwand.

In den folgenden Abschnitten wird zunächst auf das einfachste Schwingungsmodell des Zahneingriffs einer Getriebestufe als Einmassenschwinger eingegangen. Anhand dessen wird die Modellbildung der Anregungsmechanismen im Zahneingriff diskutiert. Im Weiteren werden die Abbildungen sowohl des Einmassenschwingers als auch mehrdimensionaler Schwingungsmodelle vorgestellt sowie gebräuchliche Lösungsmethoden der mathematischen Ersatzmodelle beschrieben. Am Ende des Kapitels werden Methoden zur Körperschall- und Luftschallberechnung von Getrieben dargelegt, die in engem Zusammenhang mit der Anregung und Dynamik im Zahneingriff stehen.

6.5.1 Mathematische Beschreibung der Anregungsmechanismen im Zahneingriff

Getriebe bestehen aus Verzahnungs-Radkörper-Wellen-Lagersystemen, die im Betrieb durch ein räumliches Schwingungsverhalten gekennzeichnet sind. Dominierend sind in der Regel Dreh- bzw. Torsionsschwingungen, denen axiale und räumliche Biegeschwingungen der Wellen überlagert sind. Angeregt werden die Schwingungen sowohl durch Belastungen an den Getriebeeingangs- (Antrieb) und -ausgangswellen (Abtrieb) als auch durch die zeitlich veränderlichen Verzahnungssteifigkeiten sowie geometrisch bedingte Anregungen.

In Bild 6.65 sind darüber hinaus noch weitere Anregungsmechanismen veranschaulicht: die zeitlich veränderliche Verzahnungssteifigkeit als Parametererregung, geometrisch bedingte Anregungen wie die Weganregung (z. B. durch Toleranzen), Stoßanregung durch Eingriffsstörungen, Reibkraftanregung infolge Schmierfilm und Zahnflanken-Rauheiten und schließlich die Anregung durch Kippmomente infolge Wellen-Biegeschwingungen (vgl. Abschnitt 5.4.3). Diese Anregungsmechanismen verursachen innere dynamische Zusatzbelastungen im Zahneingriff, die in der Tragfähigkeitsberechnung nach ISO 6336 [ISO07] berücksichtigt werden. Dabei wird die jeweilige Verzahnung mit den beiden im Eingriff befindlichen Zahnrädern von einem rotatorischen in ein translatorisches Einmassen-Schwingungssystem überführt.

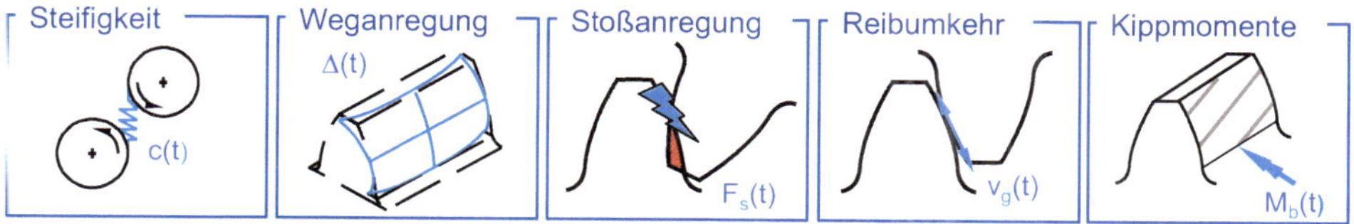

Bild 6.65 Anregungsmechanismen im Zahneingriff

6.5.1.1 Der Einmassenschwinger als vereinfachtes Ersatzmodell von Verzahnung und Zahnradpaar

Das vereinfachte Ersatzmodell einer Zahnradpaarung ist in Bild 6.66 abgebildet. Die Drehbewegungen φ_1 und φ_2 entsprechen nach Formel 6.50 der translatorischen Bewegung x, wodurch das Schwingungssystem gemäß Differenzial nach Formel 6.52 berechnet werden kann.

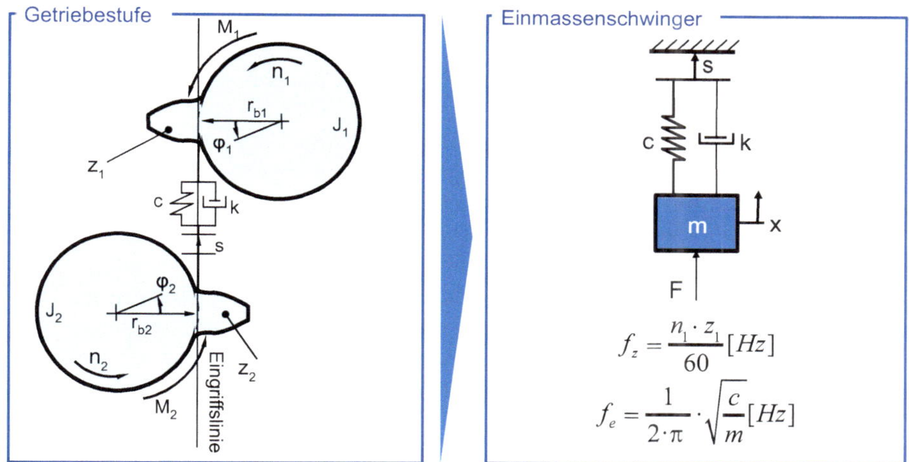

Bild 6.66 Abbildung einer Getriebestufe als eindimensionaler Schwinger

$$x = \varphi_2 \cdot r_{b2} - \varphi_1 \cdot r_{b1} \tag{6.50}$$

Die translatorische Masse m wird gemäß Formel 6.51 aus den Massenträgheitsmomenten J_1 und J_2 der Räder reduziert auf die Eingriffslinie ermittelt.

$$m = \frac{J_1 \cdot J_2}{J_2 \cdot r_{b1}^2 + J_1 \cdot r_{b2}^2} \tag{6.51}$$

Demnach repräsentiert dies die kinematischen Abweichungen vom theoretischen Abwälzvorgang, die sich als Weganregung im Schwingungsverhalten bemerkbar machen (siehe auch Abschnitt 6.5.1.3). Weiterhin beinhaltet die Differenzialgleichung die im Zahneingriff wirksamen Größen der Eingriffssteifigkeit c und der geschwindigkeitsproportionalen Dämpfung k. Das Ersatzschwingungsmodell wird durch die auf die Eingriffslinie bezogene Kraft F belastet, resultierend aus den Drehmomenten M_1 und M_2.

$$\ddot{x}(t) = \frac{F(t) - k(t) \cdot (\dot{x}(t) - \dot{x}(t)) + c(t) \cdot (x(t) - s(t))}{m} \tag{6.52}$$

Mithilfe der in Bild 6.66 aufgeführten Gleichungen für die Zahneingriffsfrequenz f_z und die Eigenfrequenz f_e des Einmassenschwingers wird gemäß ISO 6336 [ISO07] aus n_1 und n_{e1} eine Bezugsdrehzahl N nach Formel 6.53 ([c] = N/µm, [m] = kg) ermittelt, sodass hieraus die inneren dynamischen Zusatzkräfte der Getriebestufe ableitbar sind.

$$N = \frac{n_1}{n_{e1}} \text{ mit } n_{e1} = \frac{30 \cdot 10^3}{\pi \cdot z_1} \sqrt{\frac{c}{m}} \tag{6.53}$$

Häufig reicht zur Beurteilung des dynamischen Betriebsverhaltens von Zahnradgetrieben der vereinfachte Modellansatz des Einmassenschwingers nicht aus, da Schwingungen von Wellen, Gehäuse und des gesamten Antriebsstrangs das Anregungsverhalten beeinflussen. Dann ist es erforderlich, das relevante Schwingungsverhalten des Gesamtsystems mathematisch abzubilden.

6.5.1.2 Parametererregung

Während des Abwälzvorgangs tritt eine periodisch veränderliche Schwankung der Eingriffssteifigkeit im Zahneingriff auf, deren Ursachen in Abschnitt 5.4.3.1 erläutert sind. Daraus resultiert im Zuge der dynamischen Betrachtung nach Formel 6.52 eine Parametererregung $c(t)$ des Schwingungssystems. In Abhängigkeit von den Eingriffs- und Kontaktverhältnissen, die als Gesamtüberdeckungsgrad erscheinen, ergeben sich unterschiedliche Steifigkeitsverläufe $c(t)$ in Abhängigkeit vom Wälzweg [WINK75]. Bild 6.67 zeigt exemplarisch den vereinfachten Verlauf der Einzelfedersteifigkeiten des einzelnen Zahnpaars und den daraus resultierenden Summensteifigkeitsverlauf. Da sich die einzelnen Zahnpaarfedersteifigkeiten in einer Parallelschaltung zur Summensteifigkeit überlagern, sind deren Größe und Verlauf insbesondere von der Zahl der gleichzeitig an der Lastübertragung beteiligten Zahnpaare abhängig, die speziell durch die tatsächlichen Überdeckungsgrade gegeben sind [LACH83, SATT97, CAO02].

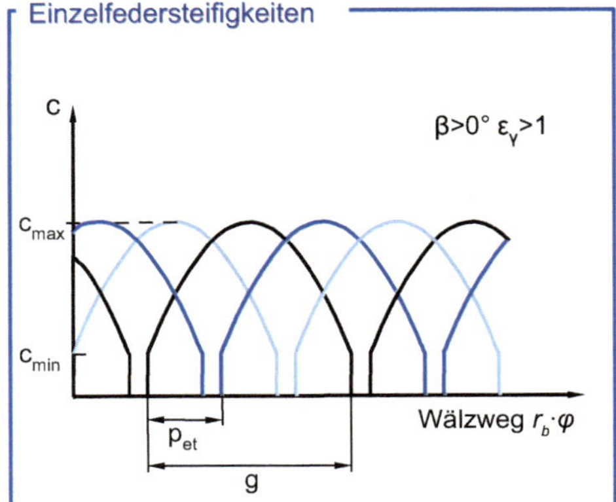

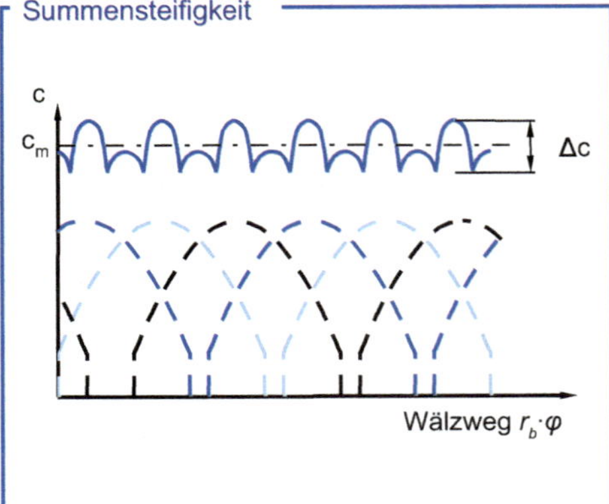

Bild 6.67 Überlagerung von Steifigkeitsverläufen aus dem Einzeleingriff zu einer Gesamtsteifigkeit mit Mehrfacheingriff [MÖLL82]

Zur rechnerischen Abbildung der Steifigkeitsschwankung und damit der Parametererregung stehen unterschiedliche Ansätze zur Verfügung, die abhängig von der gewählten Detailtiefe und dem Lösungsverfahren des mathematischen Ersatzsystems zum Einsatz kommen. Den Trivialfall stellt der Ansatz mit gemittelter und damit konstanter Steifigkeit dar. Der Modellansatz beinhaltet zwar keine Anregung, bestimmt jedoch die Hauptresonanzlage des vereinfachten Schwingungssystems gemäß Gleichung f_e in Bild 6.66.

Der Schwankungsanteil der Steifigkeit wird in hohem Maße durch eine veränderliche Anzahl der im Eingriff befindlichen Zähne beeinflusst (vgl. Abschnitt 5.4.3.1). Bei Zahnradgetrieben ist der Verlauf der Steifigkeit mit der Zahneingriffsfrequenz periodisch wiederkehrend. Nicht selten wird die Parametererregung daher durch die erste Ordnung des Zahneingriffs dominiert gemäß der Gleichung für f_z in Bild 6.66. Entsprechend kann der einfachste Fall der Parametererregung als eine Schwingung des Steifigkeitsverlaufes mit der Zahneingriffsfrequenz f_z um einen konstanten Mittelwert betrachtet werden (Formel 6.54).

$$c(t) = c_m + \Delta c \cdot \cos(\omega_z t) \tag{6.54}$$

In Bild 6.68 ist das dynamische Verhalten des auf diese Weise erregten eindimensionalen Einmassenschwingers abgebildet. Das Frequenzverhältnis η definiert das Verhältnis zwischen der Zahneingriffsfrequenz f_z und der nominellen Resonanzfrequenz f_e des Einmassenschwingers. Außerdem bezeichnet n die Ordnung der Parameterresonanz (siehe auch Formel 6.55).

$$\eta = \frac{f_Z}{f_e} = \frac{2}{v} \text{ mit } v = 1,2,3,\ldots \tag{6.55}$$

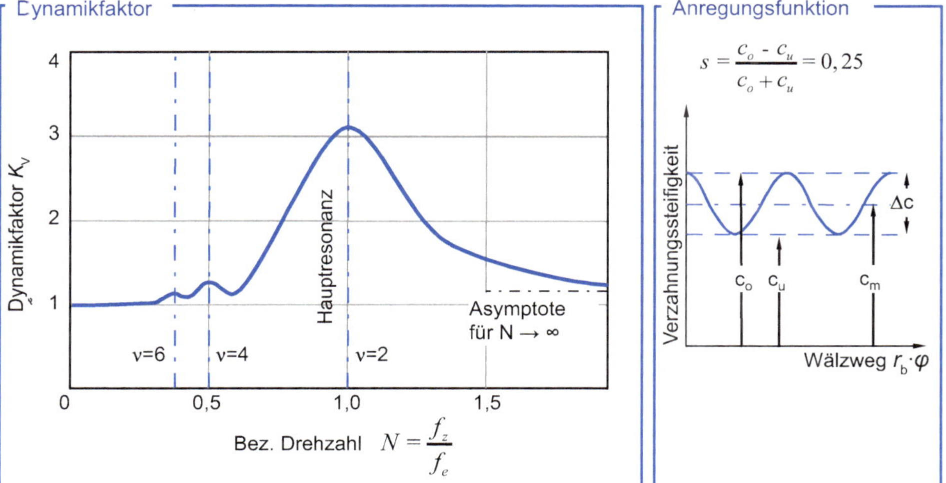

Bild 6.68 Resonanzen eines eindimensionalen Ersatzmodells sinusförmiger Anregung nach Möllers [MÖLL82]

Der Verlauf der Lastüberhöhung in Bild 6.68 zeigt neben der Hauptresonanzstelle weitere Lastüberhöhungen, die in Abhängigkeit vom Frequenzverhältnis η, der Steifigkeitsschwankung Δc sowie der Dämpfung k auftreten können.

In Bild 6.68 treten aufgrund der Parametererregung Resonanzen für Frequenzverhältnisse auf, von denen insbesondere solche mit geradzahligem Wert $v = 2, 4, 6, \ldots$ im Getriebebau von Bedeutung sind [MÖLL82, MÜLL91].

Üblicherweise sind die praktisch relevanten Steifigkeitsschwankungen durch komplizierte Verläufe gekennzeichnet (siehe Bild 6.67) und damit nicht alleine durch eine einzelne Harmonische beschreibbar. Entsprechend liegt eine spektrale Anregung vor, die durch eine Fourier-Reihen-Entwicklung mit der Zahneingriffsfrequenz als Grundfrequenz zerlegt werden kann (siehe Formel 6.56 und Bild 6.75). Daraus ergibt sich eine Aufteilung des Steifigkeitsverlaufes in die einzelnen Zahneingriffsordnungen (d. h. Höherharmonische), die superponiert den Gesamtverlauf wiedergeben. Dieser Superpositionsansatz ist für die Anregungsfunktion gültig, eine Überlagerung von Einzellösungen ist jedoch nicht möglich [MÖLL82]. Die Lösung des Schwingungsproblems für jede einzelne Anregungsordnung und anschließende Superposition dieser Teillösungen ist demnach nicht zulässig, was eine Berücksichtigung des Gesamtverlaufs der Steifigkeitserregung erforderlich macht.

$$c(t) = c_{\mathrm{m}} + \sum_{i=1}^{\infty} \Delta c_i \cdot \cos(i \cdot \omega_z t + \varphi_i) \tag{6.56}$$

Das Schwingungsproblem des Einmassenschwingers nach Formel 6.52 führt unter Einbeziehung des nach Formel 6.56 definierten Steifigkeitsverlaufes und unter Vernachlässigung der Dämpfung zu einer Differenzialgleichung vom Hill'schen Typ [EICH81]. Bei der Betrachtung des dynamischen Systemverhaltens von Getrieben werden insbesondere periodische Lösungen dieses Differenzialgleichungstyps gesucht. Das mathematische Vorgehen sowie geeignete Lösungsverfahren für derartige Aufgabenstellungen werden eingehend bei Eicher diskutiert [EICH81]. Es stellt sich die Frage nach zwei zentralen Lösungsaspekten. Zunächst ist das Stabilitätsverhalten zu klären. Die Lösung kann in Abhängigkeit von der Dämpfung k und der Verzahnungssteifigkeitsschwankung s (siehe Bild 6.68) die Stabilitätsgrenze überschreiten und somit theoretisch unendliche Werte annehmen, die in der Praxis zwar systembedingt endlich begrenzt sind, jedoch zu erheblichen dynamischen Zusatzbelastungen führen können. Außer der Berechnung des Stabilitätsverhaltens bzw. der Ermittlung des dynamischen Verhaltens von Getrieben oder kompletten Antriebssystemen im Frequenzbereich ist es auch von großer Bedeutung, das dynamische Verhalten im Zeitbereich zu bestimmen. Bei transienten Vorgängen (Anfahren und Bremsen von Systemen, Impulsbelastungen), wenn die Dynamik detailliert untersucht werden muss, wird dieses Verfahren erforderlich. Auf die hierfür entwickelten analytischen und numerischen Rechenmethoden der dynamischen Simulation wird in Abschnitt 6.5.3 hingewiesen.

Neben der analytischen Beschreibung des Eingriffssteifigkeitsverlaufes existieren numerische Verfahren, die vor allem bei der mehrdimensionalen Schwingungsanalyse zum Einsatz kommen. Eines dieser Verfahren stellt die Verwendung von numerischen Steifigkeitskennfeldern dar [GACK13]. Die Kennfelder können im Vorfeld der dynamischen Simulation mithilfe von Zahnkontaktanalysen bestimmt werden. Neben der Belastung und der Zahneingriffsstellung können weitere kinematische Einflussgrößen wie beispielsweise die Fertigungsabweichungen berücksichtigt werden.

6.5.1.3 Weganregung

Die Abweichungen der Flankenkontaktflächen von der idealen Evolventenform können in Abhängigkeit von den Eingriffsverhältnissen zu einem Übertragungsfehler zwischen den miteinander kämmenden Zahnrädern führen. Die Ursachen für diese Abweichungen sind gezielte Korrekturen sowie fertigungsabhängige oder kinematisch bedingte Abweichungen (siehe auch Abschnitt 5.4.3.3). Sie führen zum Vor- oder Nacheilen der Flanke in Eingriffsrichtung, woraus eine Weganregung im Zahneingriff bewirkt wird. Die Weganregung kann vereinfacht entlang der Eingriffslinie angenommen werden [BOSC65]. Für den vereinfachten Einmassenschwinger findet sie nach Formel 6.52 und Bild 6.66 mit der Größe s Berücksichtigung.

Im Regelfall nimmt die Wegerregung einen periodisch wiederkehrenden Verlauf an. Ist dieser für jeden Zahneingriff periodisch, so lässt er sich wiederum spektral in Anteile der Zahneingriffsordnungen zerlegen. Anders als bei der Parametererregung infolge der veränderlichen Verzahnungssteifigkeit geht die Weganregungsform linear in die Differenzialgleichung ein. Daraus ergibt sich nach Geiser [GEIS02], dass die Lösung des Schwingungsproblems für jeweils einen spektralen Anregungsanteil bestimmt und anschließend zu einer Gesamtlösung superponiert werden kann. Entsprechend kann sich in der folgenden Betrachtung vereinfachend auf die Anregung in der ersten Zahneingriffsordnung konzentriert werden.

Zur Analyse der Vergrößerungsfunktion bei Weganregung wird das Lehr'sche Dämpfungsmaß D nach Formel 6.57 verwendet, das die dimensionslose Stärke der Systemdämpfung eines Einmassenschwingers beschreibt und im Weiteren zum Verständnis der dynamischen Anregungsverläufe erforderlich ist.

$$D = \frac{k}{2\sqrt{c \cdot m}} \tag{6.57}$$

Wird weiterhin eine konstante Getriebebelastung und eine konstante Verzahnungssteifigkeit angesetzt, so lässt sich das dynamische Verhalten des Einmassenschwingers mithilfe der grundlegenden maschinendynamischen Vergrößerungsfunktionen beurteilen. Damit wird die partikuläre Lösung des Schwingungsproblems, folglich der eingeschwungene Zustand beschrieben.

Die frequenzabhängige Korrelation zwischen der Schwingungsamplitude des Einmassenschwingers nach Bild 6.66 und der Weganregung folgt der Grundvergrößerungsfunktion V_2 (siehe Formel 6.58). Die Grundvergrößerungsfunktion ist parametriert mit dem Lehr'schen Dämpfungsmaß D und abhängig vom Frequenzverhältnis η. Bild 6.69 links zeigt den entsprechenden Amplitudenfrequenzgang für zwei unterschiedliche Dämpfungswerte.

$$\frac{\hat{x}}{\hat{s}} = V_2(\eta) = \frac{\sqrt{1+(2D\eta)^2}}{\sqrt{\left(1-\eta^2\right)^2+(2D\eta)^2}} \text{ mit } \eta = \frac{f_{\text{Erreger}}}{f_{\text{Eigen}}} \tag{6.58}$$

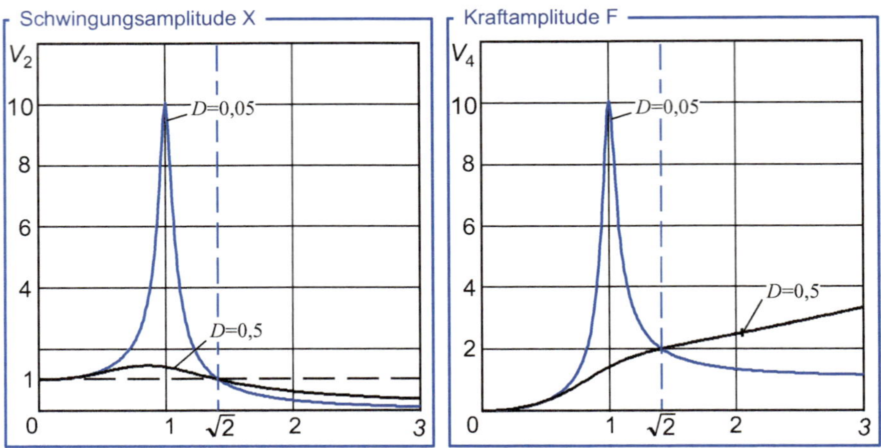

Bild 6.69 Vergrößerungsfunktionen bei Wegerregung: Schwingungsamplitude des Ersatzschwingers und Amplitude der anregenden Kraft auf den Schwinger

Für eine Zahneingriffsfrequenz (Erregerfrequenz) gegen null ($\eta \to 0$) ist die Trägheit des Systems unbedeutend und der Schwinger folgt gänzlich dem Verlauf der Weganregung ($V_2 = 1$). Für eine unendlich schnelle Anregung ($\eta \to \infty$) hingegen ist die Masse aufgrund ihrer Trägheit nicht mehr in der Lage, der Anregung zu folgen, und steht still ($V_2 = 0$). Zwischen diesen Extrema liegen zwei charakteristische Frequenzverhältnisse. In Abhängigkeit von der Dämpfung findet sich bei $\eta = 1$ eine Resonanzstelle, bei der die Schwingungsamplitude stark ansteigt. Demgegenüber findet sich unabhängig von der Dämpfung bei dem Frequenzverhältnis mit $\eta_2 = \sqrt{2}$ ein Zustand, bei dem der Schwinger vollständig der Anregung folgt.

Zur Beurteilung des dynamischen Verhaltens eines Zahnradgetriebes ist der Schwingweg alleine nicht ausreichend. Vielmehr ist für das Geräusch- und Tragfähigkeitsverhalten die entstehende Kraft als Summe aus Feder- und Dämpferkraft von Interesse. Für das Ersatzsystem des Einmassenschwingers bedeutet dies, dass eine Betrachtung der Kraft auf den Schwinger erforderlich ist, wie sie infolge der Weganregung wirkt. Die entsprechende Vergrößerungsfunktion lässt sich von der des Schwingwegs durch zweifache Differenzierung ableiten und kann nach Formel 6.59 in der maschinendynamischen Grundform V_4 formuliert werden.

$$\frac{\hat{F}}{\hat{s} \cdot \omega_0^2 m} = V_4(\eta) = \eta^2 \cdot V_2(\eta) \tag{6.59}$$

Bild 6.69 rechts zeigt die Vergrößerungsfunktion der Kraft F für eine Weganregung. Durch den zusätzlichen quadratischen Anteil des Frequenzverhältnisses strebt die Vergrößerungsfunktion für den unteren Grenzfall ($\eta \to 0$) gegen null ($V_4 = 0$). Die Trägheit bleibt hier wirkungslos. Liegt ein dämpfender Anteil vor, so strebt die Vergrößerungsfunktion für den oberen Grenzfall ($\eta \to \infty$) gegen unendlich ($V_4 \to \infty$). Der Grad des Anstiegs ist vom Lehr'schen Dämpfungsmaß abhängig. Der reale Zahneingriff ist üblicherweise schwach gedämpft, sodass der Anstieg über einen weiten Bereich des Frequenzverhältnisses gering ausfällt und in technisch relevanten Drehzahlbereichen nicht merklich auftritt [GERB84]. Die Vergrößerungsfunktion ist weiterhin ebenfalls durch die charakteristischen Frequenzverhältnisse der Resonanz nahe η = 1 und einen gemeinsamen Knoten bei $\eta_2 = \sqrt{2}$ gekennzeichnet.

6.5.1.4 Stoßanregung

Topologische oder lastbedingte Abweichungen von den idealen Eingriffsverhältnissen können dazu führen, dass der Zahnkontakt vorzeitig beginnt (z. B. dringt der Zahnkopf in die Zahnflanke des Gegenrads ein). Für den damit verbundenen Zustand kann das Verzahnungsgesetz nicht erfüllt werden und die aufeinandertreffenden Zahnflanken haben unterschiedliche Normalgeschwindigkeiten (vgl. Abschnitt 5.4.3.2). Infolgedessen kommt es im Eingriffsbeginn zu einem Stoßvorgang, der mit dem Begriff „Eingriffsstoß (Eingriffsstörung)" bezeichnet wird.

Die rechnerische Abbildung des Effekts kann unterschiedlich detailliert erfolgen. Die einfachste Abbildung ist die Berücksichtigung einer Überdeckungsvergrößerung innerhalb eines modifizierten Steifigkeitsverlaufes ohne dynamischen Stoßvorgang. Eine umfangreichere Betrachtung kann hingegen mithilfe von detaillierten dynamischen FEM-Berechnungen unter Einbeziehung der realen Kontaktgeometrie erfolgen. Eine deutlich einfachere und anschauliche Vorgehensweise wird hingegen von Müller eingeführt, die hier erläutert werden soll [MÜLL91].

Ausgangspunkt der Abbildungsmethode ist die Vereinfachung des Stoßvorganges auf den elastischen Stoß von linear geführten Massen. Aus dem Modell kann eine Stoßkraft abgeleitet und den äußeren Kräften im Schwingungsmodell überlagert werden. Sie tritt mit der Zahneingriffsfrequenz auf und kann durch eine Sinushalbschwingung abgebildet werden. Bild 6.70 fasst den Ansatz zusammen.

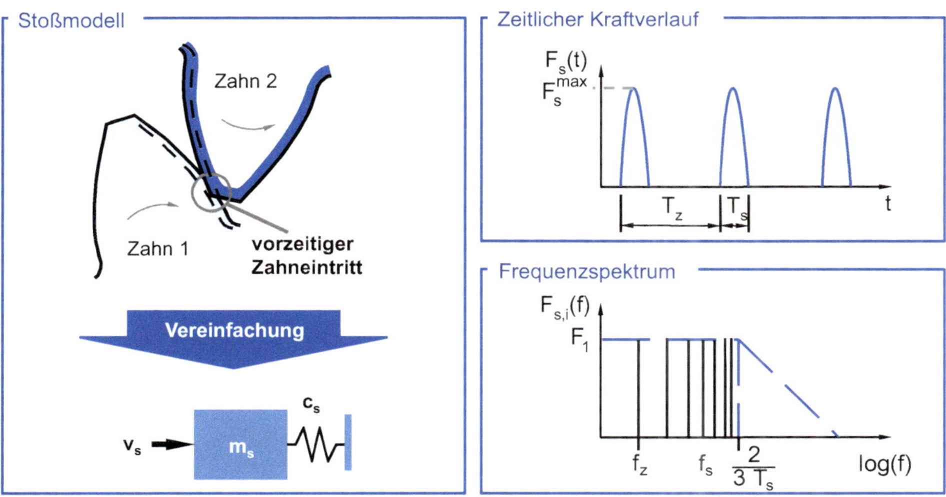

Bild 6.70 Vereinfachte Modellbildung des vorzeitigen Zahneingriffs mithilfe des eindimensionalen elastischen Stoßvorgangs nach Müller [MÜLL91]

Das Stoßmodell wird durch die beiden neu in Eingriff kommenden Zähne gebildet. Das dynamische Verhalten wird durch die Stoßersatzmasse m_s, die aus den Zahnmassen von treibendem und getriebenem Rad besteht, und die Stoßersatzsteifigkeit c_s, die der Zahnpaarsteifigkeit im Eingriffsbeginn entspricht, beschrieben. Das Ersatzmodell kann während der Kontaktphase als ungedämpfter Einmassenschwinger betrachtet werden. Daraus folgt ein Anfangswertproblem zweiter Ordnung, für das die Anfangsauslenkung und -geschwindigkeit bekannt sind. Aus der homogenen Lösung des Schwingungsproblems ergibt sich die maximale Stoßkraft nach Formel 6.60:

$$F_{s,max} = \frac{v_s}{2}\sqrt{c_s \cdot m_s} \tag{6.60}$$

Die homogene Lösung des Ersatzschwingers ist durch eine Eigenfrequenz gekennzeichnet, die sich aus der Stoßersatzsteifigkeit c_s und der Stoßersatzmasse m_s ableitet. Hieraus folgt die Stoßdauer T_s der Sinushalbschwingung in Formel 6.61:

$$T_s = \pi\sqrt{\frac{m_s}{c_s}} \tag{6.61}$$

Mithilfe der Formel 6.60 und Formel 6.61 kann die Amplitude der Kraft F_1 in Bild 6.70 bestimmt werden, die proportional zum während des Stoßvorgangs übertragenen Impuls ist:

$$F_1 \approx \frac{1}{2} \cdot F_{s,max} \cdot T_s = \frac{\pi}{4} \cdot v_s \cdot m_s \tag{6.62}$$

6.5.1.5 Reibkraftanregung

Infolge der geometrischen Verhältnisse beim Abwälzen der im Eingriff befindlichen Zahnflanken liegt nur im Wälzpunkt eine reine Rollbewegung vor. Für alle anderen Punkte auf der Zahnflanke wird die Rollbewegung mit einer Gleitbewegung überlagert (vgl. Abschnitt 5.1.2.2). Die tangential zur Zahnflanke auftretenden Gleitgeschwindigkeiten verursachen veränderliche Reibkräfte, deren Richtung im Wälzpunkt umgekehrt wird und die somit zu einer Anregung in tangentialer Richtung beitragen. Der Anregungsmechanismus tritt besonders bei auf den Drehfehler optimierten Zahnrädern bei niedrigen Drehzahlen und hohen Belastungen auf. Die Berechnung der Reibkraft F_R wird in vielen Modellen mithilfe des Coulomb'schen Reibungsgesetzes gemäß Formel 6.63 durchgeführt [HESI07, LUND04, VELE00]. Dabei ist F_N die normal zur Zahnflanke und in Eingriffsrichtung wirkende Zahnkraft und μ der Reibungskoeffizient.

$$F_R = \mu \cdot F_N \tag{6.63}$$

Daraus ergibt sich die Differenzialgleichung nach Formel 6.64 mit dem Dämpfungsparameter k, der Verzahnungssteifigkeit c und der reduzierten Masse m, wenn y als Koordinate senkrecht zur Eingriffsrichtung definiert wird.

$$m \cdot \ddot{y} + k \cdot \dot{y} + c \cdot y = F_R \tag{6.64}$$

6.5.1.6 Kippmomente

Beim Abwälzen insbesondere schrägverzahnter Zahnräder bewegen sich Berührlinien während des Zahneingriffs entlang der Flanke. Der Angriffspunkt der resultierenden Kraft bewegt sich axial in Zahnbreitenrichtung und gleichzeitig in Zahnhöhenrichtung, was eine Momentenanregung von Kipp- und Biegeeigenfrequenzen bewirkt und zu zusätzlichen Anregungsanteilen an den Wellenlagerungen führen kann. Die Ausprägung des Effekts wird sowohl durch die Kombination aus Profilüberdeckung, Sprungüberdeckung, lokaler Nachgiebigkeit, Formabweichungen in Breitenrichtung als auch durch die Verzahnungsbreite und den axialen Abstand der Lagerstellen beeinflusst. Bei Börner [BÖRN96] ist eine mathematische Beschreibung zur Abschätzung der Anteile des Kippmomentanregungseffekts dargestellt. Dazu wird eine von der Mitte der Zahnbreite abweichende Zahnkraft in Form einer linear ansteigenden Streckenlast simuliert. Die mittlere Streckenlast q_{m} ergibt sich aus der am Grundkreis wirkenden Kraft F_{bt}. In Formel 6.65 entspricht die Kenngröße a der Steigung der Streckenlast über der Laufkoordinate x, die entlang der Zahnbreite b definiert ist und ihren Ursprung in der Zahnmitte hat. Daraus ergibt sich um die Mitte der Zahnbreite das Kippmoment nach Formel 6.65 mit den Integrationsgrenzen x_{1i} und x_{2i}, die dem Start- und Endwert der i-ten Berührlinie entsprechen:

$$M_{\mathrm{res}} = \sum_{i=1}^{n} q_{\mathrm{m}} \cdot \int_{x_{1i}}^{x_{2i}} x \cdot (1 + a \cdot x / b) dx \tag{6.65}$$

Erfolgt die Abbildung des Zahneingriffs anhand der veränderlichen, dynamischen Kontaktbedingungen in einem dreidimensionalen Simulationsmodell mit allen sechs räumlichen Freiheitsgraden, wird der Anregungseffekt der Kippmomente automatisch abgebildet.

6.5.1.7 Rechnerische Abbildung des Dämpfungsverhaltens

Das Dämpfungsverhalten zählt zu den wichtigsten Unsicherheitsfaktoren in einem dynamischen Rechenmodell. Die Dämpfung im Zahneingriff wird durch die elastohydrodynamischen Bedingungen bestimmt [GERB84] und ist in hohem Maße abhängig von den Schmierfilmeigenschaften. Die Dämpfung im Zahnradwerkstoff ist für konventionelle Schmiedestähle gegenüber dem Einfluss des Schmierfilms von untergeordneter Bedeutung. Zu den zentralen Einflussgrößen auf die Dämpfungsausprägung im Zahneingriff zählen die Geschwindigkeitsverhältnisse, die Eingriffsgeometrie und insbesondere die Viskosität des Schmiermittels in Abhängigkeit von der Temperatur und dem Druck. Aufgrund der verschiedenen Einflüsse und der gegenseitigen Abhängigkeiten gestaltet sich eine messtechnische Erfassung schwierig. Zudem ist eine Messung nicht selten mit Unsicherheiten behaftet, da ein Dämpfungswert nicht direkt, sondern nur als abgeleitete Kenngröße bestimmbar ist. Aufgrund der vielfältigen Komplexität und der daraus resultierenden Unsicherheiten existieren bislang überwiegend phänomenologische Näherungswerte und -gleichungen, die nur zu einer näherungsweisen Berechnung dienen können. Realistische Dämpfungswerte sind ermittelbar, indem man berechnete und gemessene Schwingungsamplituden vergleicht und so lange iterativ die Dämpfungswerte verändert, bis berechnete und gemessene Amplituden hinreichend genau übereinstimmen.

Bei Donath [DONA83] sind aus verschiedenen Quellen Anhaltswerte für das Lehr'sche Dämpfungsmaß D zusammengetragen. Diese unterscheiden sich teilweise erheblich und variieren in einem Bereich zwischen 0,01 und 0,14. Bewährt hat sich ein Wert von $D = 0{,}05$.

Eingehende Untersuchungen zum Dämpfungsverhalten werden von Gerber aufgeführt [GERB84]. Für das Lehr'sche Dämpfungsmaß gilt Formel 6.66 mit dem Achsabstand a in mm, einer bekannten dynamischen Viskosität η in mPas und der Umfangsgeschwindigkeit am Wälzkreis v_t in m/s. Für die Formel wird eine Gültigkeit im Bereich von v_t zwischen 15 m/s und 50 m/s sowie a zwischen 50 mm und 250 mm angegeben [GERB84].

$$D_{ZE} = 2{,}2 \cdot 10^{-4} \cdot (a-23)^{0{,}55} \cdot (\eta+39)^{0{,}27} \cdot \left(v_t - 5\right)^{0{,}53} \tag{6.66}$$

Für die Dämpfung im Zahneingriff k_{ZE} pro Zahnbreite gilt mit der Einheit Ns/mm²:

$$k_{ZE} / b = 4{,}5 \cdot 10^{-6} \cdot (a-23)^{1{,}55} \cdot (\eta+39)^{0{,}27} \cdot \left(v_t - 5\right)^{0{,}53} \tag{6.67}$$

Im Bereich von Achsabständen größer 250 mm liegen keine Messungen vor. Als Richtwert hierfür kann nach Gerber [GERB84] jedoch das Dämpfungsmaß D_{ZE} bei einem Achsabstand von 250 mm verwendet werden. Dann ergibt sich die bezogene Dämpfung des Zahneingriffs zu:

$$k_{ZE} / b = 8{,}1 \cdot 10^{-5} \cdot a \cdot (\eta+39)^{0{,}27} \cdot \left(v_t - 5\right)^{0{,}53} \tag{6.68}$$

Für niedrigere Bereiche der Umfangsgeschwindigkeit werden bei Gerber [GERB84] Vergleiche mit Literaturquellen angeführt, die deutlich machen, dass der angegebene Rechenansatz in Formel 6.66 und Formel 6.67 auch in diesem Bereich grundsätzliche Anwendbarkeit besitzt.

Die im Eingriff wirksame Gesamtdämpfung ist abhängig von der Anzahl der im Eingriff befindlichen Zähne und der dabei auftretenden gesamten Berührlinienlängen. Für Geradverzahnungen lässt sich daher die mittlere Dämpfung k_Z des Gesamteingriffs berechnen zu:

$$k_Z = k_{ZE} \cdot \varepsilon_{lb} \tag{6.69}$$

Dabei beschreibt ε_{lb} die sich einstellende Überdeckung unter Last. Für Schrägverzahnungen ergibt sich die mittlere Gesamtdämpfung mit der Eingriffsdämpfung gemäß Gerber [GERB84] vereinfachend zu:

$$k_Z = k_{ZE} \cdot \varepsilon_\alpha \tag{6.70}$$

Eine Berücksichtigung der Überdeckungsvergrößerung aufgrund der Belastung wird bei Schrägverzahnungen nicht vorgenommen. Es wird davon ausgegangen, dass die Einflüsse der Berührlinienlänge im Ein- und Austritt zu klein sind, um sich auf die Gesamtberührlinienlänge auswirken zu können.

6.5.2 Aufbau von Schwingungsmodellen

In der Regel reicht zur Beurteilung des dynamischen Betriebsverhaltens von Zahnradgetrieben der vereinfachte Modellansatz des Einmassenschwingers nach Abschnitt 6.5.1.1 nicht aus. Vielmehr muss entsprechend den Erfahrungen aus der Praxis das Gesamtsystem, bestehend aus Antriebseinheit (Motor mit Kupplungen), Getriebe (Zahnräder, Wellen-Lager-Systeme) und Abtriebsseite (Arbeitsprozesse, Rad-Schiene-, Reifen-Straße-Kontakt), hinsichtlich des dynamischen Verhaltens analysiert werden. Dann ist es erforderlich, das relevante Schwingungsverhalten der Übertragungsstruktur mathematisch abzubilden. Im Folgenden werden daher zunächst die Grundlagen und die Vorgehensweise der Modellbildung erläutert. Anschließend wird ein Anwendungsbeispiel anhand eines einstufigen Stirnradgetriebes vorgestellt.

6.5.2.1 Ziele und Aufgaben der Modellbildung

Die dynamische Modellbildung mechanischer Antriebssysteme verfolgt das Ziel, bestehende und beobachtete Schwingungsphänomene nachzubilden, durch Parameterstudien optimale Konstruktionsparameter zu ermitteln oder das dynamische Einsatzverhalten einer Konfiguration ausreichend genau vorherzusagen. Den Zielsetzungen ist gemein, dass die Realität bestehend aus einem mehrdimensionalen Kontinuum mit unendlich vielen Freiheitsgraden und verschiedenen Eigenschaften in ein mathematisches Ersatzmodell überführt werden muss, sodass der Einfluss der abgebildeten funktionalen Zusammenhänge für die jeweilige Fragestellung erkennbar und aussagekräftig genug ist. Eine zielgerichtete und effektive Modellbildung der Schwingungssimulation erfordert deshalb ein Mindestmaß an Freiheitsgraden, welche das reale Schwingungsverhalten noch ausreichend genau beschreibt. Während prinzipiell eine Abbildung mit beliebig vielen Freiheitsgraden möglich wäre, ist somit eine Begrenzung der Freiheitsgrade im Sinne einer hohen Effizienz und ausreichenden Aussagekraft der Modellbildung zweckmäßig. Es ist somit eine Reduktion der Anzahl der Freiheitsgrade erforderlich, um ein ausreichend aussagekräftiges Rechenmodell zu erzielen. Nach Börner werden die genannten Anforderungen erfüllt, wenn das Schwingungsmodell derart zusammengefasst und reduziert ist, dass das maßgebende Eigenschwingungsverhalten noch ausreichend abgebildet wird [BÖRN88].

Die Methoden zur Modellfindung des hinreichenden Schwingungsmodells lassen sich in deduktive und induktive Herangehensweisen aufteilen. Ausgangslage der deduktiven Modellfindung ist die weitreichende Kenntnis aller für das Schwingungsverhalten maßgeblichen Parameter und Funktionszusammenhänge des zu betrachtenden Systems. Das kann zu einer großen Anzahl an physikalischen Abhängigkeiten und Freiheitsgraden führen, deren rechnerische Abbildung mit unvertretbar hohem Aufwand verbunden ist. Zudem können darin Effekte berücksichtigt werden, die für das zu untersuchende Schwingungsphänomen von untergeordneter Bedeutung sind. Das Ziel ist es dann, durch eine Beurteilung des Einflusses der verschiedenen Modellparameter und -abhängigkeiten diejenigen Freiheitsgrade aus dem Modell zu eliminieren, die zur Aussagekraft des Modells nicht wesentlich beitragen. Durch die Reduktion aller überflüssigen Modellparameter ergibt sich das noch mindestaussagekräftige Modell.

Im Gegensatz zur deduktiven Modellfindung wird bei der induktiven Herangehensweise von einem Modell mit minimalem Umfang ausgegangen. Es umfasst eine möglichst kleine Anzahl an Freiheitsgraden und nur die zentralen physikalischen Mechanismen, die eine qualitative Aussage ermöglichen. Bei Zahnradgetrieben wird diese Anforderung häufig durch den in Abschnitt 6.5.1.1 beschriebenen Einmassenschwinger umgesetzt. Darauf aufbauend wird das Modell im Abgleich mit Messergebnissen iterativ erweitert und angepasst, bis die notwendige Aussagekraft erreicht ist.

Nicht selten führen deduktive und induktive Modellfindung zu einem ähnlichen oder gleichen Schwingungsmodell. Je nach Komplexität des zu untersuchenden Schwingungsverhaltens im Zahnradgetriebe existieren Modelle mit unterschiedlich ausgeprägten Detaillierungsgraden. Bild 6.71 bietet hierzu einen Überblick:

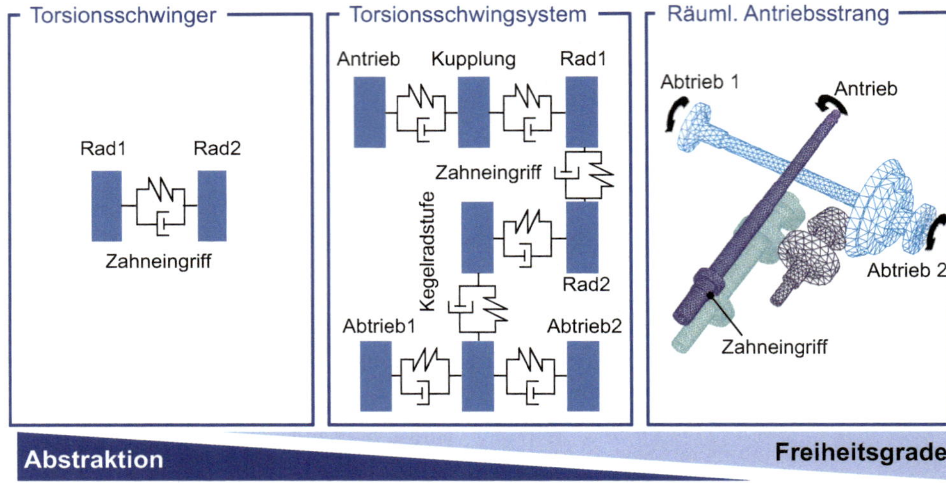

Bild 6.71 Detaillierungsgrade der dynamischen Simulation des Betriebsverhaltens eines Antriebssystems (Bildquelle: Porsche AG)

Das einfachste Rechenmodell mit höchstem Abstraktionsgrad stellt der in Abschnitt 6.5.1.1 beschriebene eindimensionale Torsionsschwinger eines Zahnradpaares dar. Durch Erweiterung des Modellansatzes um weitere achsrotatorische Freiheitsgrade, die schwingungsfähige Teile des Antriebsstrangs repräsentieren, kann ein Torsionsschwingungssystem aufgebaut werden. Als weiteres Beispiel sei die Schiffsantriebstechnik genannt, bei der traditionell seit Jahrzehnten hinreichend aussagefähig der Antriebsstrang (vom Dieselmotor über das Getriebe bis hin zum Schiffspropeller) als Drehschwingungsmodell abgebildet wird. Damit verbunden ist die Abbildung der Wechselwirkung zwischen der Rotationsdynamik der Wellen, zusätzlichen Zahnradstufen und den restlichen Drehübertragungsgliedern. Zur Berücksichtigung der Zwischenabhängigkeiten der räumlichen Freiheitsgrade des schwingungsfähigen Systems kann das Torsionsschwingungsmodell durch weitere Freiheitsgrade, wie das Verhalten von Lagerungen, ergänzt werden. Den höchsten Komplexitätsgrad bildet das vollständig räumliche Simulationsmodell, das als „Finite-Elemente-Modell" oder „Mehrkörpersimulationsmodell" ausgeführt sein kann.

6.5.2.2 Abbildung von Strukturkomponenten

Der vorangehende Abschnitt zeigt, dass zur rechnerischen Abbildung von Schwingungssystemen verschiedene Detaillierungsgrade verwendet werden können. Für den Antriebsstrang des Zahnradgetriebes stellt der Rotationsfreiheitsgrad die zentrale Beschreibungsgröße dar. Entsprechend konzentrieren sich die Torsionsschwingungsmodelle auf den achsrotatorischen Freiheitsgrad. In diesem Sinne sind die dynamischen Eigenschaften Steifigkeit, Trägheit und Dämpfung der Übertragungselemente wie Wellen und Verzahnungen für den Rotationsfreiheitsgrad maßgebend. Nach Unterteilung eines strukturkontinuierlichen Antriebsstrangs in einzelne Freiheitsgrade des rotatorischen Ersatzsystems sind den einzelnen Freiheitsgraden konzentrierte Trägheiten und dazwischen konzentrierte Kopplungsbedingungen in Form von Steifigkeiten und Dämpfungen zuzuweisen. Die Parameter ergeben sich aus der strukturmechanischen Analyse der einzelnen Abschnitte. Für die Massenträgheit J eines zylinderförmigen Wellenabschnitts mit dem Durchmesser d, der Länge l und einem Material der Dichte ρ gilt beispielsweise:

$$J = \frac{\rho \cdot \pi \cdot d^4 \cdot l}{32} \tag{6.71}$$

Für die Verdrehsteifigkeit c desselben Abschnitts gilt mit dem Gleitmodul G weiterhin:

$$c = \frac{\pi \cdot d^4 \cdot G}{32 \cdot l} \tag{6.72}$$

Aufbauend auf Formel 6.71 und Formel 6.72 lässt sich die Dämpfung k nach Formel 6.73 berechnen. Das Lehr'sche Dämpfungsmaß D kann nach Erfahrungswerten für Wellen mit einem Durchmesser kleiner gleich 100 mm zu $D = 0{,}005$ und für Wellen mit einem Durchmesser größer als 100 mm zu $D = 0{,}01$ angenommen werden [LASC88].

$$k = 2 \cdot D \cdot \sqrt{c \cdot J} \tag{6.73}$$

Im Sinne einer Freiheitsgradreduktion können einzelne Abschnitte nach Rivin und Di zusammengefasst werden [DRES14]. Entweder wird ein Abschnitt mit der Massenträgheit J_2 auf zwei umliegende Trägheiten J_1 und J_3 aufgeteilt oder zwei Abschnitte mit den Massenträgheiten J_1 und J_2 werden zu einer Massenträgheit J^* zusammengefasst. Im ersten Fall besteht eine Kopplung zwischen J_1 und J_2 mit der Torsionssteifigkeit c_1 und eine Kopplung zwischen J_2 und J_3 entsprechend mit der Steifigkeit c_2. Dann ergeben sich die resultierenden Massenträgheiten J_{1*} und J_{2*} gemäß Formel 6.74 und Formel 6.75.

$$J_1^* = J_1 + J_2 \cdot \frac{c_1}{c_1 + c_2} \tag{6.74}$$

$$J_2^* = J_3 + J_2 \cdot \frac{c_2}{c_1 + c_2} \tag{6.75}$$

Die nach der Zusammenfassung resultierende Torsionssteifigkeit c^* zwischen den Trägheiten J_{1*} und J_{2*} ergibt sich aus der Reihenschaltung der vorherigen Steifigkeiten zu:

$$c^* = \frac{c_1 \cdot c_2}{c_1 + c_2} \tag{6.76}$$

Außerdem können zwei Massenträgheiten J_1 und J_2 zu einer Massenträgheit J^* nach Formel 6.77 zusammengefasst werden.

$$J^* = J_1 + J_2 \tag{6.77}$$

Sei nun c_1 die an J_1 angrenzende Torsionssteifigkeit, c_2 die Torsionssteifigkeit zwischen J_1 und J_2 und schließlich c_3 die an J_2 angrenzende Steifigkeit, gelten für die an J^* angrenzenden Steifigkeiten $c_1{}^*$ und $c_2{}^*$ folgende Formeln:

$$\frac{1}{c_1^*} = \frac{1}{c_1} + \frac{J_2}{J_1 + J_2} \cdot \frac{1}{c_2} \tag{6.78}$$

$$\frac{1}{c_2^*} = \frac{1}{c_3} + \frac{J_1}{J_1 + J_2} \cdot \frac{1}{c} \tag{6.79}$$

Auf diesem Wege lässt sich der Komplexitätsgrad des Torsionsschwingungsmodells auf ein Mindestmaß an erforderlichen Freiheitsgraden reduzieren.

Die Untersuchung des Schwingungsverhaltens von räumlichen Modellen erfordert die Abbildung mithilfe mehrdimensionaler Freiheitsgrade. Eine Methodik, die sich für diesen Anwendungsbereich eignet, ist die numerische Elastodynamik auf der Grundlage der Finiten-Elemente-Methode (FEM). Bei der FEM wird das strukturkontinuierliche System durch eine zumeist große Anzahl von Elementen diskretisiert. An den Schnittstellen dieser Elemente sind die sogenannten Knoten, welchen die diskretisierten Systemfreiheitsgrade zugewiesen werden. Über die strukturmechanischen Elementeigenschaften Steifigkeit, Trägheit und Dämpfung werden die Knotenfreiheitsgrade miteinander gekoppelt, sodass sich, ähnlich dem Torsionsschwingungsmodell, ein gegliedertes System einzelner Freiheitsgrade ergibt. Mit einem so gebildeten FE-Modell des Antriebsstrangs lassen sich bereits numerische Simulationen des dynamischen Verhaltens durchführen [ZUND14]. Üblicherweise werden FE-Modelle zur Erzielung einer hohen Ergebnisgüte sehr fein diskretisiert, wodurch sich eine hohe Anzahl an Freiheitsgraden ergibt. Zusätzlich bedingt die zeitliche Diskretisierung der numerischen Dynamiksimulation eine hohe Anzahl an Rechenschritten, für die die Zustandsgrößen der Freiheitsgrade bestimmt werden müssen. Für viele Anwendungen ist der damit einhergehende, erhebliche Berechnungsaufwand nicht gerechtfertigt und praktikabel.

Häufig lässt sich ein Antriebssystem in einzelne Subsysteme untergliedern, deren Interaktion auf eine geringe Anzahl an Schnittstellen reduziert werden kann. Für eine Getriebewelle kann das exemplarisch die Verzahnung, den Eingangsflansch sowie die Lagerstellen umfassen. Das Schwingungsverhalten des Subsystems Getriebewelle ist dann nicht mehr an einzelnen Zwischenknoten, sondern nur noch in der Auswirkung auf die Interaktion an Schnittstellen von Interesse. Für die Reduktion sind Verfahren entwickelt worden, um das Verhalten einer umfangreicheren, diskretisierten Struktur auf das Verhalten an den Schnittstellen zu konzentrieren. Ein übliches Verfahren stellt dabei die Methode nach Craig und Bampton dar [CRAI68]. Grundlage für dieses Reduktionsverfahren bildet die Aufteilung aller Systemfreiheitsgrade in Schnittstellenfreiheitsgrade u_s und interne Freiheitsgrade u_i:

$$\underline{u} = \begin{pmatrix} \underline{u}_s \\ \underline{u}_i \end{pmatrix} \tag{6.80}$$

Werden nun auch die Massenmatrix M und die Steifigkeitsmatrix K des Gesamtsystems entsprechend zerlegt, so ergibt sich der Kraftvektor zu:

$$\begin{pmatrix} \underline{\underline{M}}_{ss} & \underline{\underline{M}}_{si} \\ \underline{\underline{M}}_{is} & \underline{\underline{M}}_{ii} \end{pmatrix} \cdot \begin{pmatrix} \underline{\ddot{u}}_s \\ \underline{\ddot{u}}_i \end{pmatrix} + \begin{pmatrix} \underline{\underline{K}}_{ss} & \underline{\underline{K}}_{si} \\ \underline{\underline{K}}_{is} & \underline{\underline{K}}_{ii} \end{pmatrix} \cdot \begin{pmatrix} \underline{u}_s \\ \underline{u}_i \end{pmatrix} = \begin{pmatrix} \underline{F}_s \\ \underline{F}_i \end{pmatrix} \tag{6.81}$$

Unter der Randbedingung, dass äußere Belastungen nur an den Schnittstellenfreiheitsgraden auf das Subsystem aufgebracht werden, gilt für die statische Verformung:

$$\underline{u}_i = -\underline{\underline{K}}_{ii}^{-1} \underline{\underline{K}}_{is} \cdot \underline{u}_s = \underline{\underline{\Phi}}_c \cdot \underline{u}_s \tag{6.82}$$

Die Matrix F_c berücksichtigt das Verformungsverhalten der internen Freiheitsgrade aufgrund einer statischen Verschiebung u_s der Schnittstellenfreiheitsgrade. Wird nun die modale Basis F_n des Subsystems bei Festsetzung der Schnittstellenfreiheitsgrade mithilfe der Eigenvektoren des Eigenwertproblems in Formel 6.83 bestimmt und gemäß dieser Basis werden die modalen Koordinaten q eingeführt, so ergibt sich Formel 6.84. Die Basis repräsentiert den Vektorraum, der durch die Eigenvektoren aufgespannt wird.

$$\left(\underline{\underline{K}}_{\text{ii}} - \omega_{\text{j}}^2 \underline{\underline{M}}_{\text{ii}}\right) \cdot \underline{\Phi_{\text{i,j}}} = 0 \tag{6.83}$$

$$\underline{u} = \begin{pmatrix} \underline{u}_{\text{s}} \\ \underline{u}_{\text{i}} \end{pmatrix} = \begin{pmatrix} \underline{\underline{I}} & 0 \\ \underline{\underline{\Phi}}_{\text{c}} & \underline{\underline{\Phi}}_{\text{n}} \end{pmatrix} \cdot \begin{pmatrix} \underline{u}_{\text{s}} \\ \underline{q} \end{pmatrix} = \underline{\underline{\Phi}}_{\text{cb}} \cdot \begin{pmatrix} \underline{u}_{\text{s}} \\ \underline{q} \end{pmatrix} \tag{6.84}$$

Durch Transformation gemäß der Basis Φ_{cb} werden die ursprünglichen Freiheitsgrade u des betrachteten Subsystems in eine modale Beschreibung überführt. Für die Basis ergeben sich die Steifigkeitsmatrix K_{cb} gemäß Formel 6.85 und die Massenmatrix M_{cb} nach Formel 6.86.

$$\underline{\underline{K}}_{\text{cb}} = \underline{\underline{\Phi}}_{\text{cb}}^T \cdot \underline{\underline{K}} \cdot \underline{\underline{\Phi}}_{\text{cb}} \tag{6.85}$$

$$\underline{\underline{M}}_{\text{cb}} = \underline{\underline{\Phi}}_{\text{cb}}^T \cdot \underline{\underline{M}}\,\underline{\underline{\Phi}}_{\text{cb}} \tag{6.86}$$

Die Moden der Basen Φ_{c} und Φ_{n} sind nicht orthogonal. Für die weitere Berechnung kann es zweckmäßig sein, die Basis zu orthogonalisieren und so entkoppelte modale Koordinaten zu erhalten. Auf diese Weise kann der Rechenaufwand reduziert werden. Mit der Transformationsmatrix Φ_{orth}, die sich aus den Eigenvektoren des Eigenwertproblems

$$\left(\underline{\underline{K}}_{\text{cb}} - \lambda \underline{\underline{M}}_{\text{cb}}\right) \cdot \underline{\Phi}_{\text{orth}} = 0 \tag{6.87}$$

bestimmt, ergeben sich die entkoppelten Koordinaten q^* gemäß der Bedingung:

$$\underline{\underline{\Phi}}_{\text{orth}} \cdot \underline{q}^* = \begin{pmatrix} \underline{u}_{\text{s}} \\ \underline{q} \end{pmatrix} \tag{6.88}$$

Die Steifigkeitsmatrix K^* und die Massenmatrix M^* bezogen auf die orthogonalisierte Basis bestimmen sich dann wie folgt:

$$\underline{\underline{K}}^* = \underline{\underline{\Phi}}_{\text{orth}}^T \cdot \underline{\underline{K}}_{\text{cb}} \cdot \underline{\underline{\Phi}}_{\text{orth}} \tag{6.89}$$

$$\underline{\underline{M}}^* = \underline{\underline{\Phi}}_{\text{orth}}^T \cdot \underline{\underline{M}}_{\text{cb}} \cdot \underline{\underline{\Phi}}_{\text{orth}} \tag{6.90}$$

Häufig weisen mechanische Systeme ein weit streuendes Band an Eigenfrequenzen auf, von denen nur ein geringer Teil im relevanten Frequenzbereich der Verzahnungsanregung liegt. Dann führt die Anwendung der zuvor beschriebenen Aufteilung und Transformation dazu, dass eine große Zahl an Eigenfrequenzen und damit modale Koordinaten vernachlässigt werden können. Hierdurch reduzieren sich die Anzahl der zu berechnenden Freiheitsgrade und der Rechenaufwand erheblich.

6.5.2.3 Dynamikmodell eines einstufigen Getriebes

In den vorangehenden Abschnitten wird die theoretische Grundlage zur Berechnung des dynamischen Verhaltens bei der Anregung von Verzahnungen in Antriebsstrangsystemen dargelegt. In diesem Abschnitt wird nun exemplarisch ein Anwendungsbeispiel für ein einstufiges Stirnradgetriebe vorgestellt.

Die Eingangsinformation bei der Analyse von Stirnradgetrieben bildet die Ermittlung der Radsatzanregung, die im Vorfeld der Dynamiksimulation durchgeführt wird. Das Vorgehen mit der FE-basierten Zahnkontaktanalyse ist in der oberen Zeile von Bild 6.72 abgebildet (vgl. auch Abschnitt 6.3). Um das Anregungsverhalten des Radsatzes ausreichend genau beschreiben zu können, ist eine Berücksichtigung der tatsächlichen Kontaktverhältnisse im Eingriff der Verzahnung erforderlich. Hierzu eignen sich analytische Vorgaben der Flankentopologie, Fertigungssimulationen (siehe auch Abschnitt 6.2) oder topografische Vermessungen auf einem entsprechenden Messzentrum. Auf Grundlage der so definierten Flankentopografien des Radsatzes wird eine Variationsrechnung mithilfe der FE-basierten Zahnkontaktanalyse im möglichen Betriebsbereich der Verzahnung durchgeführt. So werden für den Variationsbereich Kennfelder der Anregung im Voraus ermittelt, die anschließend zur Dynamiksimulation einem Kraftkoppelelement übergeben werden. Die Kennfelder der Anregung speichern in Abhängigkeit der aktuellen kinematischen Zustandsgrößen der Zahnräder und der daraus folgenden Eingriffsbedingungen im Zahneingriff die wirkenden Anregungsmomente in mehrdimensionalen Tabellen ab.

Die Rechenschaltungen innerhalb des Kraftkoppelelements sind in Bild 6.72 unten dargestellt [MÖLL82, GACK13, CARL14]. Das Kraftkoppelelement wird in das zeitdiskrete, numerische Ersatzmodell des Antriebsstrangs eingebunden, das als Torsionsschwingungssystem implementiert ist. In jedem Zeitschritt der Berechnung erhält das Kraftkoppelelement kinematische Zustandsgrößen des Antriebsstrangs, die die Betriebsbedingungen des Zahneingriffs beschreiben. Aus den vorausberechneten Anregungs-Kennfeldern werden mit den kinematischen Zustandsgrößen durch Interpolation die dynamischen Momente ermittelt, die ausgehend vom Zahneingriff auf den Antriebsstrang wirken. Der in Bild 6.72 schwarz dargestellte Zahnfederanteil am Gesamtmoment, der mit den beschriebenen Anregungskennfeldern ermittelt wird, kann als nichtlineare Darstellung der Anregungsterme $c(t)$ und $s(t)$ in Formel 6.52 interpretiert werden. Demgegenüber entspricht der grau dargestellte Anteil dem Drehmoment resultierend aus der Dämpfung im Zahneingriff ($k(t)$ in Formel 6.52). Beide Anteile addiert ergeben das wirkende Anregungsmoment. Wird das Verfahren für die gesamte, relevante Betriebsdauer des Antriebsstrangs durchgeführt, erhält man schließlich das resultierende dynamische Systemverhalten unter Berücksichtigung der dynamischen Anregung im Zahneingriff. Auf diese Weise können dynamische Betriebspunkte effizient untersucht werden. Bei mehrstufigen Stirnradgetrieben reicht der eindimensionale Ansatz zur Abbildung des Schwingungsverhaltens nicht aus und es muss ein mehrdimensionales, räumliches Schwingungsmodell verwendet werden [GOLD79].

Das für Stirnradverzahnungen vorgestellte Kraftkoppelelement kann ebenfalls auf Kegelräder angewendet werden. Dabei entspricht die Vorgehensweise demselben mathematischen Prinzip wie in Bild 6.72. Aufgrund der sich ändernden geometrischen Verhältnisse entlang der Zahnbreite eines Kegelrads reicht eine eindimensionale, rotatorische Betrachtungsweise nicht mehr aus. Bei Gacka [GACK13] wird deshalb ein Simulationsmodell entwickelt, das alle sechs räumlichen Freiheitsgrade abbildet. Dazu werden analog zur eindimensionalen Betrachtung von Stirnrädern Anregungskennfelder benötigt, die mit einer Zahnkontaktanalyse ermittelt werden müssen.

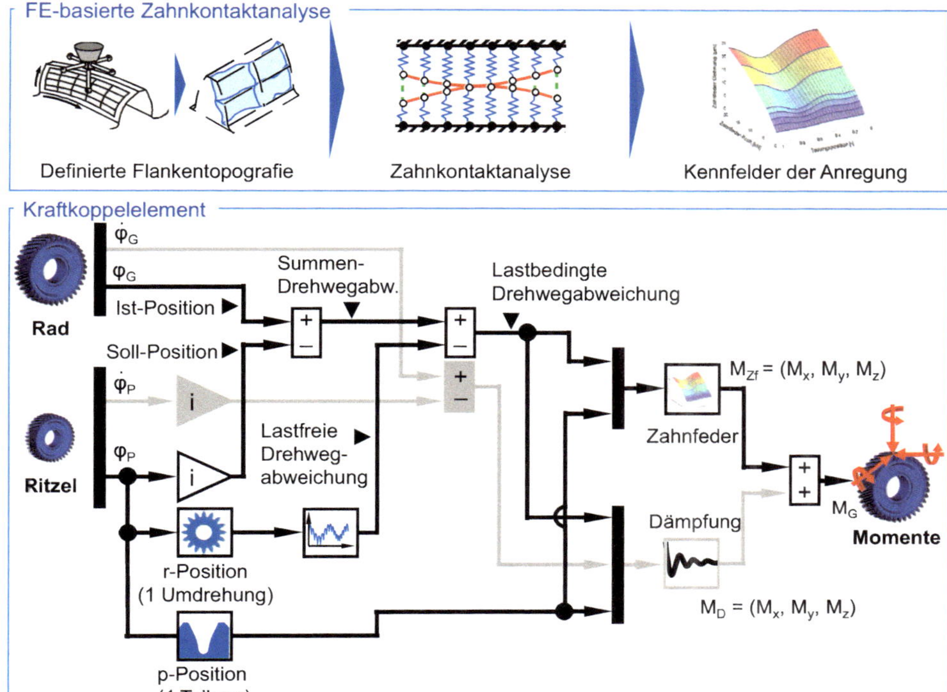

Bild 6.72 Kennfelderstellung und Kraftkoppelelement des Zahneingriffs bei Stirnrädern nach Gacka [GACK13]

Zur Simulation des Anregungsverhaltens von Planetengetrieben wird das Kraftkoppelelement für den Sonne-Planet-Eingriff bzw. den Planet-Hohlrad-Eingriff um die Berücksichtigung der Planetenpositionen erweitert [PIEL20]. Unter Verwendung der Phasenverschiebung wird in einem last- und wälzwinkelabhängigen Weganregungskennfeld der lastfreie Drehfehler ermittelt. Dabei wird die lastbedingte Verkippung des Planetenrads basierend auf dem Drehmoment des vorherigen Zeitschritts einbezogen. Die Kinematik von Planetengetrieben wird mit einer Verschaltung mehrerer Kraftkoppelelemente abgebildet (siehe Bild 6.73). Für jeden Planeten werden hierzu zwei Kraftkoppelelemente verwendet. Einerseits wird der Zahnkontakt mit der Sonne und andererseits mit dem Hohlrad modelliert. Weiterhin müssen verschiedene Randbedingungen aufgrund der Leistungsverzweigung beachtet werden. Die Tangentialkräfte der Planeteneingriffe werden aufaddiert und stehen mit dem Drehmoment am Planetenträger im Gleichgewicht. Die Einzelkräfte an jedem Planetenrad müssen ein Drehmomentgleichgewicht ergeben. Die Kräfte an der Sonne und am Hohlrad werden jeweils aufaddiert und beschreiben das resultierende Drehmoment an den Zentralrädern. Mit dieser Erweiterung ist die Berechnung des dynamischen Anregungsverhaltens von Planetengetrieben möglich [PIEL20].

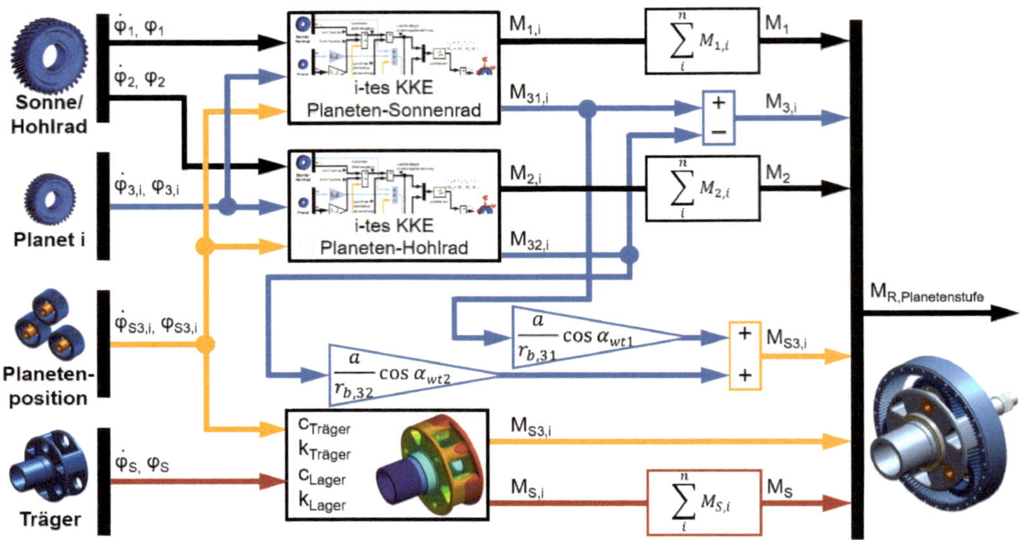

Bild 6.73 Kraftkoppelelement zur Abbildung von Planetengetrieben nach Piel [PIEL20]

Den Berechnungsmodellen für Stirnradgetriebe werden bei Carl [CARL14] experimentelle Validierungsuntersuchungen gegenübergestellt. Als Prüfsystem wird das Prüfgetriebe aus Abschnitt 5.5.1.5 verwendet (vgl. Bild 5.91 und Bild 5.105). Bei einem konstanten Drehmoment von 100 Nm werden Drehzahlhochläufe durchgeführt, um das dynamische Verhalten des Antriebsstrangs zu untersuchen. Auf simulativer Seite wird der komplette Antriebsstrang als rotatorisches Triebstrangmodell mit 214 Drehfreiheitsgraden aufgebaut. Zur Optimierung der Rechenzeit wird anschließend eine modale Freiheitsgradreduktion nach Craig und Bampton [CRAI68] durchgeführt, wodurch die Anzahl der Freiheitsgrade auf 27 reduziert werden kann. Die notwendigen Modellparameter werden entweder mithilfe analytischer Formeln berechnet (vgl. Abschnitt 6.5.2.2), durch Analysen mit der FEM bestimmt oder durch eine iterative Anpassung an experimentelle Messungen angenähert. Letzteres wird dann notwendig, wenn Modellparameter kaum oder nur durch unvertretbar hohen Aufwand ermittelbar sind. Dazu zählen vor allem Dämpfungsparameter, aber auch Verbindungssteifigkeiten an Kontakt- und Fügestellen.

Die Abbildung des Zahneingriffs erfolgt mit dem Kraftkoppelelement. Die Funktionsweise wurde zu Beginn dieses Abschnitts bereits erläutert. Ergänzend dazu zeigt Bild 6.74 links das Zusammenspiel zwischen Kraftkoppelelement und dynamischem Antriebsstrangmodell, welches sich einerseits durch die Übergabe der kinematischen Zustandsgrößen, wie Drehwinkel und -geschwindigkeit, an das Kraftkoppelelement und andererseits durch die Rückgabe der Anregungskräfte an das Triebstrangmodell widerspiegelt. Als Ergebnis erhält man die dynamischen Zeitverläufe der Differenzgeschwindigkeit (Differenzschnelle) im Zahneingriff. Die Differenzschnelle weist eine hohe Korrelation zum später zu untersuchenden Luftschall auf [CARL14].

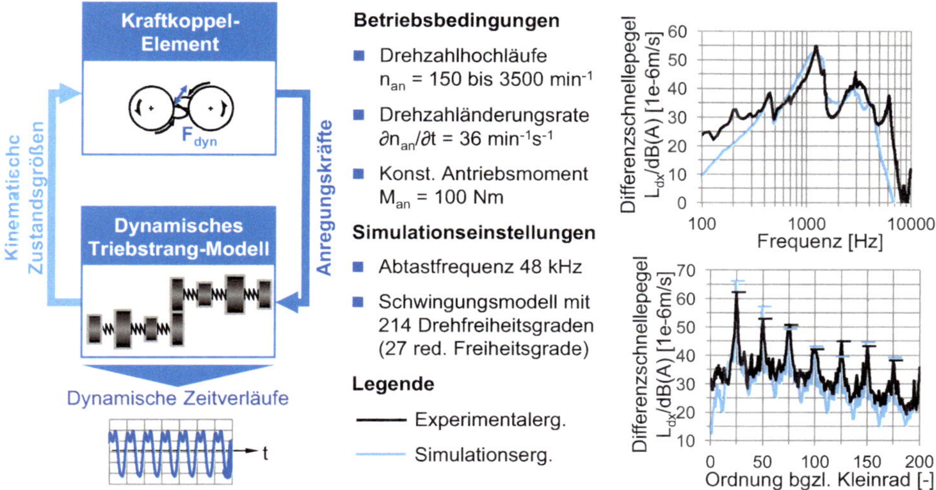

Bild 6.74 Vergleich von Experimental- und Simulationsergebnissen [CARL14]

Die Simulationsergebnisse werden nach einer Frequenzanalyse in Bild 6.74 mit den experimentellen Ergebnissen verglichen. In Anlehnung an die Abtastfrequenz des Datenerfassungssystems der experimentellen Ergebnisse wird bei den Simulationsergebnissen dieselbe Abtastfrequenz von 48 kHz gewählt. Das Frequenzspektrum oben rechts, bei dem die Messdaten über den Drehzahlhochlauf gemittelt wurden, wodurch drehzahlunabhängige Resonanzstellen identifiziert werden können, zeigt eine Übereinstimmung zwischen Messung und Simulation insbesondere im mittleren Frequenzbereich, der in Bezug auf das Hörvermögen und die Sensitivität des menschlichen Gehörs (vgl. Bild 5.74) besonders zu beachten ist. Im unterhalb dargestellten gemittelten Ordnungsspektrum ist ebenfalls eine hohe Übereinstimmung festzustellen. Speziell für die maßgeblichen Zahneingriffsordnungen (die Zähnezahl des Kleinrads beträgt 25) liegen vergleichbare Amplitudenwerte vor.

6.5.3 Entwicklung und Berechnung der mathematischen Ersatzmodelle

Schwingungsphänomene, wie sie in Antriebssträngen auftreten, lassen sich auf der Grundlage gekoppelter Differenzialgleichungssysteme mathematisch beschreiben. Die Gleichungssysteme können für mechanische Systeme grundsätzlich mithilfe zweier unterschiedlicher Methoden gewonnen werden [DRES09]:

- Prinzip von d'Alembert und
- Euler-Lagrange-Gleichungen.

Beide Methoden führen letztlich zu einem gekoppelten, nichtlinearen Differenzialgleichungssystem 2. Ordnung in den unabhängigen Koordinaten q in der Form:

$$\underline{\underline{M}} \cdot \underline{\ddot{q}} + \underline{\underline{D}} \cdot \underline{\dot{q}} + \underline{\underline{C}} \cdot \underline{q} = \underline{F} \qquad (6.91)$$

Gemäß der Anzahl n der unabhängigen Koordinaten hat dieses Differenzialgleichungssystem ebenfalls die Dimension n. Gemäß Dahmen [DAHM06] lässt sich eine Differenzialgleichung m-ter Ordnung in m Differenzialgleichungen 1. Ordnung überführen. Dadurch ergibt sich für das vorliegende Schwingungsproblem ein gekoppeltes, nichtlineares Differenzialgleichungssystem 1. Ordnung der Dimension $2n$ in den Koordinaten p. Daraus lässt sich ein Anfangswertproblem 1. Ordnung formulieren, für das die Systemzustände p zum Zeitpunkt t der Bedingung

$$\underline{\dot{p}}(t) = f\left(t, \underline{p}(t)\right) \tag{6.92}$$

mit den Anfangswerten

$$\underline{p}(t_0) = \underline{p}_0 \tag{6.93}$$

genügen.

Einfache Anfangswertprobleme können durch die Anwendung von analytischen Verfahren gelöst werden. Bei umfangreicheren Systemen, die möglicherweise durch hohe Kopplungsgrade und ausgeprägtes nichtlineares Verhalten gekennzeichnet sind, ist dieses Vorgehen in der Regel nicht mehr möglich. Deshalb haben sich insbesondere numerische Lösungsverfahren zur schrittweisen Berechnung des Schwingungsverhaltens durchgesetzt, die aufgrund der Diskretisierung im Zeitbereich zwar nur eine näherungsweise Lösung ermöglichen. Durch eine adäquate Wahl der Zeitschrittweite und des Lösungsverfahrens kann jedoch eine Minimierung des Rechenfehlers erzielt werden.

Überführt man das Anfangswertproblem aus Formel 6.92 in eine Integralschreibweise, so gilt:

$$\underline{p}(t_1) = \underline{p}(t_0) + \int_{t_0}^{t_1} f(\tau, \underline{p}(\tau)) d\tau \tag{6.94}$$

Die Ermittlung der Systemzustände zu einem bestimmten Zeitpunkt wird auf diese Weise zu einem Integrationsproblem, für das numerische Verfahren eingesetzt werden. Die Verfahren können grundlegend in Ein- oder Mehrschrittverfahren untergliedert werden. Es wird unterschieden, ob für die Berechnung des nächsten Zeitschritts nur die Zustandsgrößen des aktuellen Schritts oder auch die vorangehender Zeitschritte erforderlich sind. Weiterhin können die numerischen Integrationsverfahren in explizite oder implizite Formulierungen aufgeteilt werden. Die impliziten erfordern gegenüber den expliziten Verfahren, dass die Zustandsgrößen oder deren zeitliche Ableitung des zu berechnenden Zeitpunkts ebenfalls in die Rechnung einbezogen werden. Dadurch ist es erforderlich, für jeden Zeitschritt zusätzliche Gleichungssysteme zu lösen, was unter Umständen iterativ erfolgen muss. Der damit erhöhte Berechnungsaufwand kann für einzelne Problemstellungen erforderlich sein, um eine ausreichende Stabilität der Lösung zu gewährleisten [DAHM06]. Ein weiteres Unterscheidungsmerkmal zwischen den einzelnen Lösungsmethoden ist die Anwendung fester oder variabler Schrittweiten. Zur möglichst effizienten Lösung des Anfangswertproblems wird eine möglichst geringe Anzahl an Zeitschritten bei gleichzeitig ausreichender Ergebnisgüte gefordert. Ein Lösungsansatz ist die adaptive Schrittweitensteuerung, die zu einer variablen Schrittweite über den Integrationszeitraum führt. Auf Grundlage der Fehlerabschätzung wird für jeden Rechenschritt eine adäquate Schrittweite bestimmt. Das Vorgehen bewirkt, dass in Zeiträumen geringer Änderungsrate der Lösung große Schrittweiten eingesetzt werden, während beispielsweise bei Unstetigkeit und ausgeprägt nichtlinearem Verhalten sehr viel geringere Schrittweiten vorgegeben werden.

Ein in allen Aspekten optimales numerisches Integrationsverfahren zum Lösen von Differenzialgleichungssystemen existiert nicht. Üblicherweise ist ein Kompromiss zwischen der Berechnungsdauer, Genauigkeit und Stabilität der Lösung anzustreben. Im Nachfolgenden werden drei Lösungsverfahren genannt, welchen eine weite Verbreitung in der praktischen Anwendung zukommt [DAHM06]:

- Runge-Kutta-Einschrittverfahren und Runge-Kutta-Verfahren 4. Ordnung
- „Taylor-Verfahren"
- Prädiktor-Korrektor-Verfahren

6.5.4 Methoden der Körperschall- und Luftschallberechnung

Eine zentrale Aufgabenstellung der Berechnung des dynamischen Systemverhaltens von Zahnradgetrieben ist neben der Bestimmung dynamischer Überbelastungen die Vorhersage des Geräuschverhaltens. Die Akustiksimulation erfolgt in Anlehnung an das Source-Path-Receiver-Prinzip (vgl. Bild 5.73) und die maschinenakustische Grundgleichung Formel 6.95. Gemäß Kollmann [KOLL00] beschreibt die Formel die Schallabstrahlung einer Struktur infolge einer dynamischen Krafterregung

$$P_\mathrm{L}(\omega) = \rho_\mathrm{L} \cdot c_\mathrm{L} \cdot F^2(f) \cdot S \cdot h_\mathrm{Ü}^2(f) \cdot \sigma(f) \qquad (6.95)$$

mit ρ_L: Dichte der umgebenden Luft; c_L: Schallgeschwindigkeit in Luft. Alle Größen sind in Form von Frequenzspektren zu bestimmen. Dabei ist F die dynamische Erregungskraft, S die schallabstrahlende Oberfläche der Struktur, $h_\mathrm{Ü}$ die Übertragungsadmittanz:

$$h_\mathrm{Ü}^2(f) = \frac{\overline{v^2(f)}}{F^2(f)} \qquad (6.96)$$

mit $\overline{v}$ als gemittelter Schnelle (Körperschall) auf der Strukturoberfläche und F die Erregerkraft. Der Abstrahlgrad σ beschreibt das Abstrahlverhalten der Struktur, d. h., wie viel Körperschall als Luftschall abgestrahlt wird. Genau genommen gelten die geschilderten Zusammenhänge für eine krafterregte Plattenstruktur, sind aber sinngemäß auch auf Maschinenstrukturen wie Getriebe übertragbar [MÜLL83].

Zu den relevanten Größen liegen genormte Bezugsgrößen (F_0, S_0, $h_{\mathrm{Ü}0}$, s_0) vor, sodass Formel 6.95 in Pegelschreibweise darstellbar ist:

$$L_\mathrm{I}(f) = L_\mathrm{F}(f) + L_\mathrm{h}(f) + L_\sigma(f) dB \qquad (6.97)$$

(Schallleistungspegel = Kraftpegel + Körperschallmaß + Abstrahlmaß)

Der Vorgang, dass aus der Kraftanregung der Schallleistungspegel folgt, wird durch das Übertragungsmaß $L_\mathrm{Ü}$ ausgedrückt:

$$L_\mathrm{Ü}(f) = L_\mathrm{h}(f) + L_\sigma(f) dB \qquad (6.98)$$

$$L_\mathrm{L}(f) = L_\mathrm{F}(f) + L_\mathrm{Ü}(f) dB \qquad (6.99)$$

6.5.4.1 Zahnkraftpegel

Im Hinblick auf die Anwendung der Aussagen der maschinenakustischen Grundgleichung Formel 6.95 muss für die Getriebetechnik ein Zahnkraftpegel ermittelt werden. Daher werden verschiedene Einzahlpegelwerte definiert. Auf Grundlage des Körperschallschnellepegels kann nach Müller [MÜLL91] ein Zahnkraftpegel L_{Fz} eingeführt werden:

$$L_{Fz} = 10 \cdot \lg\left[\frac{1}{\left(\omega_{bez} \cdot F_{bez}\right)^2} \cdot \sum_{i=1}^{k} \left(i \cdot \omega_2 \cdot F_i\right)^2\right] \mathrm{dB} \tag{6.100}$$

Die Anregungskraft wird gemäß Bild 6.75 als Kraft-Amplituden-Spektrum ermittelt. Die einzelnen Kraftanteile gehen mit der Ordnung gewichtet und quadriert in den Kennwert als Gesamtpegel ein. Es ist zu berücksichtigen, dass bei der Bestimmung des Kennwertes höherfrequente Anteile aufgrund des quadratischen Ansatzes in der Zahneingriffsfrequenz besonders hervorgehoben werden.

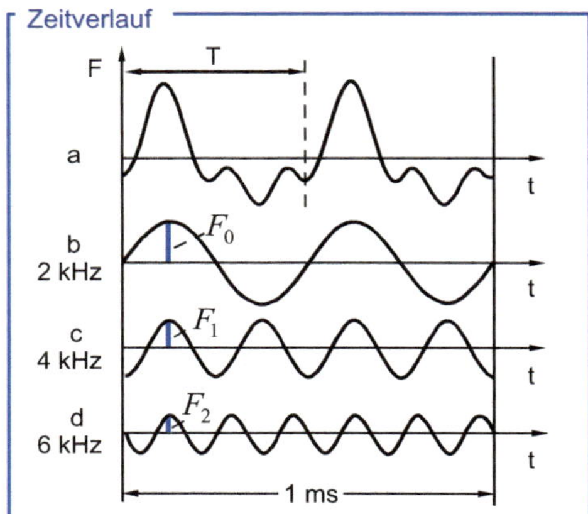

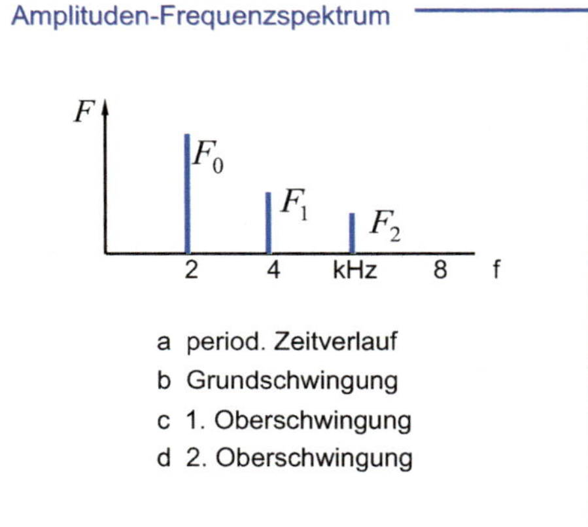

Bild 6.75 Zeitverlauf und Frequenzspektrum einer periodischen Kraft

Auf Grundlage der Bewertungsgröße des Zahnkraftpegels wird nach Geiser [GEIS02] mit dem sogenannten „linearisierten Zahnkraftpegel L_{Flin}" ein weiterer Kennwert nach Formel 6.101 eingeführt, der es gestattet, das Anregungsverhalten verschiedener Verzahnungen miteinander zu vergleichen. Es wird vorausgesetzt, dass die dynamisch wirksame Kraft direkt proportional zur Differenzbeschleunigung im Zahneingriff ist. Eine gesonderte Gewichtung höherer Ordnungen erfolgt nicht.

$$L_{Flin} = 10 \cdot \lg\left[\frac{1}{F_{bez}^2} \cdot \sum_{i=1}^{n} F_i^2\right] \mathrm{dB} = 10 \cdot \lg\left[\frac{1}{F_{bez}^2} \cdot \sum_{i=1}^{n} \left(m \cdot \ddot{x}_i\right)^2\right] \mathrm{dB} \tag{6.101}$$

Neben dem linearisierten Zahnkraftpegel wird darüber hinaus nach Geiser [GEIS02] der dynamische Zahnkraftpegel L_{Fdyn} entwickelt (siehe Formel 6.102). Der Kennwert beschreibt die Anzahl der zur Fourieranalyse gehörenden Eingriffsperioden und ist in der Lage, den dynamischen Drehzahleinfluss zu berücksichtigen.

$$L_{\text{Fdyn}} = 10 \cdot \lg\left[\frac{1}{F_{\text{bez}}^2}\sum_{i=1}^{n}\frac{F_i^2}{N}\right] dB \qquad (6.102)$$

6.5.4.2 Methoden der Körperschallberechnung

Die in der maschinenakustischen Formel enthaltenen Zusammenhänge erklären grundsätzlich die Schall- bzw. Lärmentstehung von Maschinen, Getrieben usw. und geben vor, wie bei Einsatz von Simulationsmethoden, z. B. der FE-Methode, vorzugehen ist. Hierbei ist zu beachten, dass im Getriebebau die Krafterregung nicht direkt an der Gehäusestruktur vorliegt, sondern an den Verzahnungen. So wird das Körperschallverhalten des Gehäuses, also der abstrahlenden Struktur, ausgelöst durch die an den Lagerungen der Wellen wirkenden Anregungskräfte. Befinden sich die Lager nicht in der Wirklinie der Gehäusewand, sondern in vorstehenden Strukturen, treten außer den Krafterregungen Erregungen der Gehäusewände infolge von Biegemomenten auf (siehe Bild 6.76).

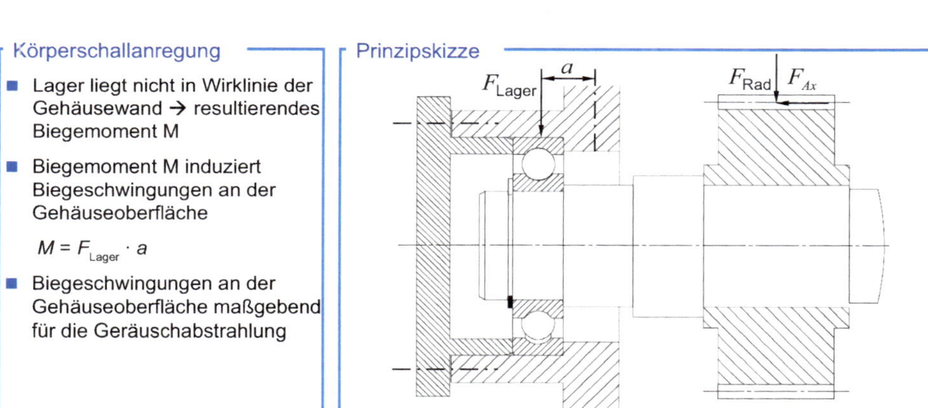

Bild 6.76 Körperschallanregung durch Biegeschwingungen

Körperschallberechnungen können in der Mehrkörpersimulation kombiniert gelöst werden, indem das Dynamikmodell durch ausreichend genaue Darstellungsformen der schwingungsfähigen Struktur, wie z. B. eines Rad-Welle-Lager-Gehäuse-Systems, ergänzt wird. Hierzu eignen sich hinreichend genau diskretisierte FE-Netze. Der Berechnungsaufwand bei derartigen Modellen kann für die numerische Berechnung im Zeitbereich den vertretbaren Rahmen überschreiten, sodass stattdessen eine modale Repräsentation der Strukturdynamik in Form der in Abschnitt 6.5.2.2 vorgestellten reduzierten Modelle vorgenommen werden muss.

Können die reduzierten Modelle nicht die notwendige Rechen- oder Abbildungsgenauigkeit bieten, so kann die Berechnung des Körperschallverhaltens von der Berechnung der dynamischen Kraftanregung losgelöst werden. Der anregende Kraftverlauf wird im Zeit- oder Frequenzbereich mithilfe dynamischer Modelle errechnet. Anschließend wird der Kraftverlauf im Frequenzbereich im Zuge einer Response-Analyse zur Bestimmung der Schwingungsantwort am Auswerteort herangezogen. Dazu werden in Referenz zur akustischen Beurteilung die Geschwindigkeit oder Beschleunigung an signifikanten Orten auf der Oberfläche der schwingungsfähigen Struktur als Basis für die Geräuschabstrahlung infolge der Anregung im Zahneingriff ausgewertet.

Eine weitere rechnerische Methode stellt die Ermittlung des Übertragungsverhaltens von der Krafteinleitungsstelle bis zum Auswerteort (Gehäuseoberfläche) mithilfe von Modalanalysen mit ausreichend hoch aufgelösten, linearisierten FE-Modellen dar, die ggf. durch Messungen ergänzt werden. Üblicherweise werden modale Dämpfungswerte verwendet, die messtechnisch erfasst oder abschätzend berechnet werden. Ein der Methode sehr ähnliches, aber ausschließlich auf messtechnisch ermittelten Werten basiertes Verfahren wurde in Abschnitt 5.5.1.6 vorgestellt.

6.5.4.3 Methoden der Luftschallberechnung

Aufbauend auf den im vorigen Abschnitt ermittelten Schnelleverteilungen auf der Strukturoberfläche stehen zur rechnerischen Bestimmung des Abstrahlverhaltens einer Struktur mit der Boundary-Elemente-Methode (BEM) oder der statistischen Energieanalyse (SEA) Werkzeuge zur Verfügung, die einerseits die Einkopplung der Oberflächenschnellen in das akustische Umgebungsmedium (Luft) und andererseits das resultierende räumliche Schallfeld berechnen. Bei den hier betrachteten Getrieben wird als Umgebungsmedium fast ausschließlich die Umgebungsluft vorgefunden. Im Bereich niedriger Frequenzen eignet sich zur Schallfeldberechnung die BEM, die auf der FEM aufbaut und im niedrigen Frequenzbereich die Eigenfrequenzen und Eigenformen einer Struktur mit ausreichender Genauigkeit und begrenztem Aufwand berechnet. Im Unterschied zur FEM wird das Schallfeld nur durch seine Oberfläche beschrieben, was zu einer geringen Elementanzahl und damit einem kleineren Gleichungssystem führt. Es wird zwischen Frequenzbereichsformulierungen und Zeitbereichsformulierungen der BEM unterschieden. Die Frequenzbereichsformulierungen eignen sich zur Analyse von zeitinvarianten Systemen, die dem für akustische Problemstellungen interessanten eingeschwungenen Zustand entsprechen. Demgegenüber werden Zeitbereichsformulierungen dann eingesetzt, wenn zeitlich veränderliche Systeme und Einschwingvorgänge beschrieben werden sollen.

Im Bereich der für akustische Phänomene häufig zu verwendenden Frequenzbereichsformulierungen kann zwischen dem direkten Kollokationsverfahren, das auf Innenraum- oder Außenraumabstrahlprobleme geschlossener Körper angewendet werden kann, und dem indirekten Variationsverfahren, bei dem auch offene Strukturen und die gleichzeitige Betrachtung des Luftschallverhaltens in beide Richtungen der Oberfläche darstellbar sind, unterschieden werden [SCHÖ96]. Nachfolgend werden die Grundlagen des direkten Kollokationsverfahrens dargestellt.

Die mathematische Grundlage der Berechnung des Abstrahlproblems mit der BEM bildet die Helmholtz-Gleichung in Formel 6.106. Sie resultiert aus der akustischen Wellengleichung nach Euler in Formel 6.103, die die Schallausbreitung mit der Schallgeschwindigkeit im Medium c in einem idealen Gas beschreibt. Dabei wird der Druck p als harmonische Funktion mit der Kreisfrequenz ω angenommen und in den Frequenzbereich transformiert.

$$\nabla^2 p - \frac{1}{c^2} \cdot \frac{\partial^2 p}{\partial t^2} = 0 \tag{6.103}$$

Der Zusammenhang zwischen dem Druck und dem Geschwindigkeitspotenzial F ist nach Formel 6.104 gegeben. Das Geschwindigkeitspotenzial hat gegenüber dem Druck den Vorteil, dass bei akustischen Berechnungen der Druck p und das Geschwindigkeitsfeld v durch Differenzierung ermittelbar sind.

$$\rho \frac{\partial \Phi}{\partial t} = p \tag{6.104}$$

Mit dem Ansatz für das Geschwindigkeitspotenzial nach Formel 6.105 ergibt sich die Helmholtz-Gleichung nach Formel 6.106:

$$\Phi(x,t) = \hat{\Phi}(x) \cdot e^{i\omega t} \tag{6.105}$$

$$\nabla^2 \hat{\Phi} + \left(\frac{\omega}{c} \right)^2 \hat{\Phi} = 0 \tag{6.106}$$

Als Randbedingungen für die Strukturoberflächen werden entweder die Oberflächenschnelle in Normalenrichtung (Neumann-Randbedingung), die Druckverteilung an der Oberfläche (Dirichlet-Randbedingung) oder die Normalenadmittanzen der Oberfläche (gemischte oder Robin-Randbedingung) vorgegeben [SCHÖ96]. Für einfache Geometrien kann eine geschlossene Lösung des Problems gefunden werden. Erweitert man die Komplexität der Struktur, z. B. zur Analyse eines Getriebegehäuses, muss zur Lösung ein numerisches Verfahren herangezogen werden. Bei numerischen Verfahren wirkt es sich nachteilig aus, dass die Modellmatrizen nicht symmetrisch und voll besetzt sind, was bei großen Strukturen zu aufwendigen Rechenoperationen führt.

Weitet man die Untersuchungen des Luftschalls von niedrigen Frequenzen auf mittlere und höhere Frequenzen aus, so steigt der Rechenaufwand für eine ausreichend genaue Berechnung mit der BEM. Beachtet man außerdem, dass zu höheren Frequenzen die Anzahl der Eigenfrequenzen und Eigenmoden ansteigt und die Eigenformen den Eigenfrequenzen nicht mehr eindeutig zugeordnet werden können, sollte ein statistischer Energieansatz gewählt werden, der als Statistische Energieanalyse (SEA) bezeichnet wird. Dazu wird von der diskreten Analyse der Eigenfrequenzen abgewichen und stattdessen sowohl zeitlich und örtlich als auch im Frequenzband gemittelt. In den betrachteten Frequenzbändern kann also eine Aussage über die Modendichte, nicht aber über einzelne Eigenmoden getroffen werden. Die Voraussetzungen und Einschränkungen, die sich durch die Wahl eines statistischen Ansatzes ergeben, sind bei Lyon [LYON95] beschrieben.

Zur Berechnung des Abstrahlverhaltens mithilfe der SEA wird das reale Subsystem zunächst in Subsysteme zerlegt, die durch die modalen Dichten N_i und Energieinhalte E_i sowie ihre Dämpfungsverlustfaktoren η_i beschrieben werden. Die modale Dichte beschreibt die Anzahl der Moden in dem untersuchten Frequenzband. Mit den Dämpfungsverlustfaktoren lässt sich die zur Eingangsleistung $P_{i,\text{ein}}$ proportionale dissipierte Leistung $P_{i,\text{diss}}$ berechnen. Anschließend werden die Subsysteme zum Gesamtsystem zusammengesetzt, wobei die Kopplungsverlustfaktoren η_{ij} zwischen den Subsystemen definiert werden. Sowohl der Dämpfungsverlustfaktor η_i als auch der Kopplungsverlustfaktor η_{ij} sind messtechnisch erfassbar. Mit der Grundgleichung der SEA lassen sich dann Energieverteilungen und -flüsse errechnen. Formel 6.107 und Formel 6.108 zeigen die Grundgleichungen beispielhaft an einem Gesamtsystem, das aus zwei Subsystemen besteht. ω bezeichnet dabei den betreffenden Frequenzbereich. Aus den Energieverteilungen können die mittleren Schallschnellen und -drücke und letztlich Schallintensitäten und Schallleistungen abgeleitet werden [LYON95].

$$P_{1,\text{in}} = \omega \cdot \left(\eta_1 \cdot E_1 + \eta_{12} \cdot E_1 - \eta_{21} \cdot \text{E}_2\right) \tag{6.107}$$

$$P_{2,\text{in}} = \omega \cdot \left(\eta_2 \cdot E_2 + \eta_{21} \cdot E_2 - \eta_{12} \cdot E_1\right) \tag{6.108}$$

Vergleich zwischen synthetischen und experimentellen Luftschallsignalen

Zum Vergleich zwischen berechneten und experimentellen Werten der Differenzschnelle (vgl. Abschnitt 6.5.2.3) soll ein Vergleich zwischen synthetisch und experimentell ermittelten Schalldruckpegeln durchgeführt werden. Der experimentelle Aufbau zur Luftschallmessung entspricht Bild 4.90. Das Vorgehen zur Luftschallsynthese ist in Bild 6.77 oben abgebildet. Auf das mit MATLAB/Simulink simulierte Signal der Differenzschnelle wird eine Übertragungsfunktion angewendet. Das Ergebnis entspricht dem Luftschallanteil, verursacht durch die Anregung im Zahneingriff. Das Gesamtgeräusch wird aus diesem Anteil und dem Geräuschanteil, der unabhängig von der Verzahnungsanregung ist, superponiert. Die Ermittlung der Übertragungsfunktion zwischen Differenzschnelle und Schalldruck sowie die Ermittlung des Fremdsignalanteils ist in Abschnitt 5.5.1.6 bereits beschrieben.

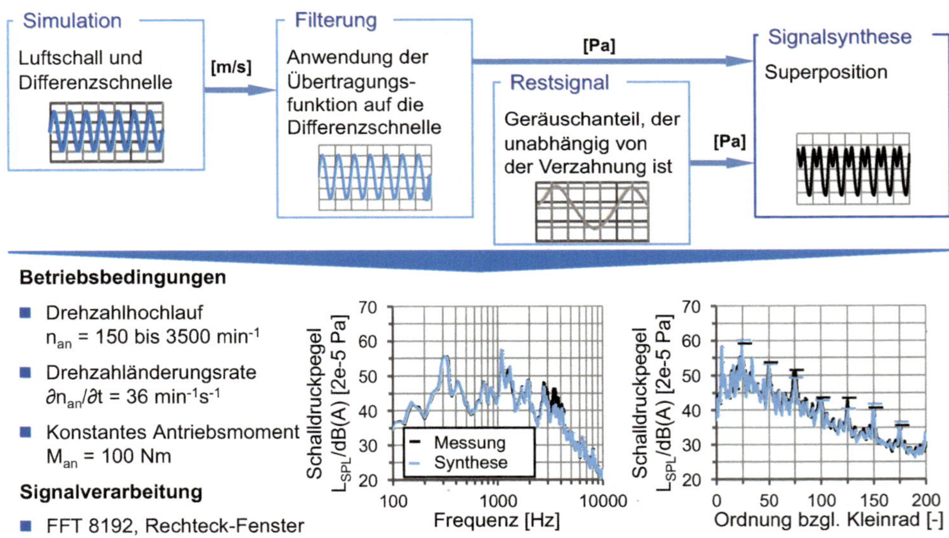

Bild 6.77 Luftschall-Signalsynthese und Vergleich mit experimentellen Ergebnissen [CARL14]

Wendet man als Eingangsgröße für das Verfahren die in Bild 6.74 rechnerisch ermittelten Signale an, ergeben sich die Schalldruckpegel in Bild 6.77. Aufgrund der geringen Abweichungen sowohl im gemittelten Frequenzspektrum als auch im gemittelten Ordnungsspektrum bietet das Verfahren eine hohe Eignung zur Schalldruckvorhersage. Der Schalldruckpegel wird A-bewertet, was einer frequenzabhängigen Gewichtung der Pegel angepasst an das menschliche Hörempfinden entspricht. In einem weiteren Schritt können sowohl auf die experimentellen als auch auf die synthetischen Schalldrucksignale die psychoakustischen Geräuschmetriken (vgl. Abschnitt 5.4.2.2) angewendet und somit genauere Rückschlüsse auf die menschliche Wahrnehmung des abgestrahlten Getriebegeräuschs gezogen werden.

Verwendete Formelzeichen

Indizes

Formelzeichen	Benennung
0	Bezugsprofil
1	Antrieb, (Kegelrad-)Ritzel
2	Abtrieb, (Teller-)Rad
a	Größe auf den Kopfkreis bezogen
a	Ausschlag
b	Größen auf den Grundkreis bezogen
c	Wälzpunkt
d	Zugflanke (drive)
f	Größe auf den Fußkreis bezogen
F	Größe auf den Formkreis bezogen
g	Gleit/Grenz
GEH	Gestaltänderungsenergiehypothese
i	innen
kin	kinetisch
l	linke Flanke
m	mittel
max	maximal
min	Mindest
n	Größe im Normalschnitt
N	Größe auf den Nutzkreis bezogen
r	rechte Flanke
t	Größe im Stirnschnitt
v	Größe auf den V-Kreis bezogen
w	Größe auf den Wälzkreis bezogen
y	beliebiger Punkt auf der Zahnflanke
γ, φ	Winkellage in Einheitskugel

Kleinbuchstaben

Formel-zeichen	Benennung	Einheit
a	Achsabstand	mm
a_e	radiale Zustellung	mm
b	Zahnradbreite	mm
b_0	Kopfspanungsbreite	mm
b_0	Hertz'sche Abplattungsbreite	mm
b_k	Spanungsbreite	mm
b_s	Spanungsbreite an der Flanke	mm
c	Steifigkeit	Nmm^2
c_{gw}	Schleifscheibenkonstante	
c_L	Schallgeschwindigkeit in Luft	m/s
c_m	mittlere Steifigkeit	Nmm^2
c_s	Stoßersatzsteifigkeit	N/m^2
d	Teilkreisdurchmesser	Mm
d_{a0}	Kopfkreisdurchmesser Werkzeug	mm
d_{eq}	äquivalenter Durchmesser der Schleifscheibe	mm
f_a	Axialvorschub	mm
f_e	Eigenfrequenz	1/s
f_i	örtliche Deformation	N/mm^2
f_{pr}	Exzentrizität	mm
f_z	Zahneingriffsfrequenz	1/s
$f_{H\alpha}$	Profillinienwinkelabweichung	mm
$f_{H\beta}$	Flankenlinienwinkelabweichung	mm
g_α	Länge der Gesamteingriffsstrecke	mm
h_0	Spanungsdicke am Kopf	mm
$h_{0,th}$	thermisch korrigierte Schmierfilmdicke	mm
h_{aPO}	Kopfhöhe des Stirnrad-Bezugsprofils	mm
$h_{cu,m}$	mittlere Spanungsdicke	mm
$h_{cu,max}$	maximale Spanungsdicke	mm
h_{FfPO}	Fuß-Formhöhe des Stirnrad-Bezugsprofils	mm
h_{fPO}	Fußhöhe des Stirnrad-Bezugsprofils	mm
h_{PO}	Zahnhöhe des Stirnrad-Bezugsprofils	mm
h_{prPO}	Protuberanzhöhe des Stirnrad-Bezugsprofils	mm
h_s	Spanungsdicke an der Flanke	mm
i	Laufindex	
k	spezifische Zerspan-Normalkraft	N/mm^2
k	Weibull-Parameter	

Formelzeichen	Benennung	Einheit
k_Z	Dämpfung des Gesamteingriffs	Ns/mm^2
k_{ZE}	Dämpfung im Zahneingriff	Ns/mm^2
l_e	Wirklänge	mm
$l_{e,ges}$	Gesamtwirklänge	mm
l_s	Schneidkantenlänge	mm
m	translatorische Masse	g
m_m	Mittelspannungsempfindlichkeit	N/mm
m_n	Normalmodul	mm
m_s	Stoßersatzmasse	kg
n	Materialkoeffizient	
n	Anzahl der Gaußpunkte	
n_1	Drehzahl Ritzel	1/min
n_2	Drehzahl Rad	1/min
n_i	Spannutenzahl	
$n_{V,ref}$	Fehlstellenanzahl im Referenzvolumen	
p	Teilung am Teilkreisdurchmesser	mm
p	Druck	Pa
p	Systemzustände	
q	modale Koordinate	
q	Geschwindigkeitsverhältnis	
q_m	mittlere Streckenlast	N/m
r_b	Radius des Grundkreises	mm
r_ε	Eckenradius	mm
s	Randabstand	mm
s	Schlupf	%
t	Zeit	s
t_k	Kontaktzeit	s
u_i	interne Freiheitsgrade	
u_s	Schnittstellenfreiheitsgrade	
v_c	Schnittgeschwindigkeit	m/s
v_f	Vorschubgeschwindigkeit	mm/min
v_{rel}	Relativgeschwindigkeit	m/s
v_t	Tangentialgeschwindigkeit	m/s
v_Σ	Summengeschwindigkeit	m/s
x	Werkstofftiefe	mm
x_0	bruchmechanischer Parameter	mm
x_{Hmax}	Grenztiefe	mm
x_{RO}	Randoxidationstiefe	mm

Formel-zeichen	Benennung	Einheit
z	Zähnezahl	
z_0	Zähnezahl des Werkzeuges	

Großbuchstaben

Formel-zeichen	Benennung	Einheit
A	Einflusszahlenmatrix	
A	Anstrengung	
A_{cu}	Spanungsquerschnitt	mm²
$A_{int,a}$	Gesamtanstrengung des Volumenelements	
A_k	Kontaktfläche	mm²
C	Wälzpunkt	
C_β	Breitenballigkeit	µm
D	Dämpfungsmaß	
D_{ZE}	Dämpfungsmaß im Zahneingriff	
F	dynamische Erregungskraft	N
F_{bt}	am Grundkreis wirkende Kraft	N
F_{ges}	Gesamtkraft	N
F_i	lokale Berührpunktkräfte	N
F_n	Einheitskraft	N
F_N	Normalkraft	N
F_R	Reibkraft	N
G	Gleitmodul	N/mm²
HV	Vickershärte	
J	Jacobi-Determinante	
J	Massenträgheitsmoment	kgm²
K	Steifigkeitsmatrix	
K^*	Steifigkeitsmatrix bezogen auf die orthogonalisierte Basis	
K_G	Verschleißkenngröße	grad²/mm
K_{KSS}	Korrekturfaktor Kühlschmierstoff	
K_V	Dynamikfaktor	
K_W	Korrekturfaktor Werkstoff	
L_{Fdyn}	dynamischer Zahnkraftpegel	dB
L_{Flim}	linearisierter Zahnkraftpegel	dB
L_{Fz}	Zahnkraftpegel	dB
$L_Ü$	Übertragungsmaß	dB
LM	prognostizierte Standlänge	m

Formel-zeichen	Benennung	Einheit
M^*	Massenmatrix bezogen auf die orthogonalisierte Basis	
M_{cb}	Massenmatrix	
$M_{1,50\%}$	Drehmoment an der Antriebswelle für eine 50-%-Ausfall-wahrscheinlichkeit	Nm
M_2	Drehmoment der Abtriebswelle	Nm
M_k	Bewegungsmatrizen	
M_{Ges}	Gesamt-Bewegungsmatrix	
N	Richtungsvektoren	
N_G	Grenzlastspielzahl	
N_{Kin}	kinematische Schneidenanzahl	
P	Punktvektoren	
$P_{i,ein}$	Eingangsleistung	W
$P_{i,diss}$	dissipierte Leistung	W
P_{Vz}	Verlustleistung	W
$P_{Ü}$	Überlebenswahrscheinlichkeit	%
$P_{Ü,Ges}$	Gesamtüberlebenswahrscheinlichkeit	%
$P_{Ü,RV}$	Überlebenswahrscheinlichkeit der Referenzvariante	%
Q'_w	bezogenes Zeitspanungsvolumen	cm³/min
Q''_w	flächenbezogenes Zeitspanungsvolumen	cm³/min
R	Spannungsverhältnis	
R_a	arithmetische Rauheit	mm
$R'_{dp0,2}$	zyklische Dehngrenze im Druckbereich	N/mm²
R_m	mittlere Rauheit	N/mm²
$R'_{p0,2}$	zyklische Dehngrenze im Zugbereich	N/mm²
R_q	quadratische Rauheit	mm
R_{z10}	gemittelte Rautiefe	mm
S	schallabstrahlende Oberfläche der Struktur	mm²
S	Sicherheitswert	
S_F	Zahnfußdickensehne	mm
T	Tauchtiefe	mm
T_s	Stoßdauer	s
$T_{Ö}$	Öl-Temperatur	°C
U	Startpunkt der Evolvente	
V	Volumen	mm³
V_0	Referenzvolumen	mm³
V_2	Grundvergrößerungsfunktion	
V_4	Grundvergrößerungsfunktion in maschinendynamischer Grundform	

Formelzeichen	Benennung	Einheit
V_k	Spanungsvolumen	mm³
V_{ref}	Referenzvolumen	mm³
VB	Verschleißmarkenbreite	µm
Y_R	Korrekturfaktor	
Y_{RO}	Einfluss der Randoxidation	

Griechische Buchstaben

Formelzeichen	Benennung	Einheit
α	Eingriffswinkel	°
α	Exponent	
α_e	Wirk-Frei-Spanwinkel	°
α_{ij}	Verschiebungseinflusszahlen	
α_{KP0}	Kantenbruchwinkel des Stirnrad-Bezugsprofils	°
α_{n0}	Normaleingriffswinkel des Werkzeugbezugsprofils	°
α_{P0}	Profilwinkel des Stirnrad-Bezugsprofils	°
α_{prP0}	Protuberanzprofilwinkel des Stirnrad-Bezugsprofils	°
β	Schrägungswinkel	°
β_R	Schrägungswinkel auf der rechten Flankenseite	°
γ_e	Wirk-Spanwinkel	°
γ	Winkellage	°
Δ_i	Kontaktabstände	mm
ε_{lb}	Überdeckung unter Last	
ε_γ	Gesamtüberdeckung	
ζ	Verlustgrad	%
ζ	lokales Element-Koordinatensystem	
η	Dämpfungsverlustfaktor	
η	Frequenzverhältnis	
η	dynamische Viskosität	mPas
η	lokales Element-Koordinatensystem	
ϑ	Konuswinkel	°
Λ	Schmierfilmparameter	
ν	Ordnung der Parameterresonanz	
ν	Geschwindigkeitsfeld	
ν_{40}	kinematische Viskosität bei 40 °C	cST
ξ	Bogenwinkel	°
ξ	lokales Element-Koordinatensystem	

Formelzeichen	Benennung	Einheit
ρ	Dichte	kg/m³
ρ_{aP0}	Kopfrundungsradius am Bezugsprofil	mm
ρ_F	Fußrundungsradius	mm
ρ_{fP0}	Fußrundungsradius am Bezugsprofil	mm
σ_A	Beanspruchbarkeit	N/mm²
σ_a	Beanspruchungsamplitude	N/mm²
σ_D	Beanspruchbarkeit des Werkstoffs	N/mm²
$\sigma_{D,RV}$	Beanspruchbarkeit des Werkstoffs der Referenzvariante	N/mm²
σ_{ES}	Eigenspannung	N/mm²
σ_m	Mittelspannung	N/mm²
σ_o	Oberspannung	N/mm²
σ_V	Vergleichsspannung	N/mm²
σ_v	Unterspannung	N/mm²
σ_W	Zug-Druck-Wechselfestigkeit	N/mm²
$\tau_{\gamma\varphi,eff,a}$	Schubspannungsintensität für die betrachtete Winkellage	MPa
φ	Winkellage	°
Φ	Drehwinkel, um treibenden Zahn in Kontakt mit Zahnlücke zu bringen	°
O	Geschwindigkeitspotenzial	
ω	Kreisfrequenz	1/s

Literatur

[ABAQ04] ABAQUS Documentation. Dassault Systèmes, Providence/RI (USA) 2004

[AIRY62] *Airy, G. B.:* On the Strains in the Interior of Beams. In: Rept. Brit. Assoc. Advanc. Sc., 1862, S. 82

[BAGH73] *Bagh, P.:* Über die Zahnfußtragfähigkeit spiralverzahnter Kegelräder. Dissertation. RWTH Aachen 1973

[BART19] *Barth, S.:* Einfluss der Topografie kunstharzgebundener CBN Schleifscheiben auf das thermo-mechanische Belastungskollektiv beim Schleifen. Dissertation, RTWH Aachen. Hrsg. Apprimus Verlag. Wissenschaftsverlag des Instituts für Industriekommunikation und Fachmedien an der RWTH Aachen. Aachen 2019

[BERG83] *Berger, H./Altenbach, J.:* Optimale Punkte für die Spannungsberechnung bei finiten 3D-Verschiebungselementen. In: Technische Mechanik, Bd. 4, Nr. 3, 1983, S. 24 - 32

[BERN06] *Bernroid, E./Stix, V.:* Grundzüge der Modellierung. Facultas Universitätsverlag 2006

[BEUL98] *Beulker, K.:* Ermittlung der realen Verzahnungsgeometrie von Stirn- und Kegelradgetrieben durch Simulation der Herstellverfahren. Dissertation. RWTH Aachen 1998

[BHAT14] *Bhattacharyya, A./Subhash, G./Arakere, N.:* Evolution of Subsurface Plastic Zone due to Rolling Contact Fatigue of M-50 NiL Case Hardened Steel. In: Journal of International Fatigue 59, 2014, S. 102 - 113

[BÖRN76] *Börnecke, K.:* Beanspruchungsgerechte Wärmebehandlung von einsatzgehärteten Zylinderrädern. Dissertation. RWTH Aachen 1976

[BÖRN88] *Börner, J.:* Modellreduktion für Antriebssysteme mit Zahnradgetrieben zur vereinfachten Berechnung der inneren dynamischen Zahnkräfte. Dissertation. TU Dresden 1988

[BÖRN96] *Börner, J./Houser, D. R.:* Friction and Bending Moments as Gear Noise Excitations. In: SAE Technical Paper 961816, Vol. 105, No. 6, S. 1669 - 1676

[BOMA01] *Schleicher, M./Bomas, H./Mayr, P.:* Berechnung der Dauerfestigkeit von gekerbten und mehrachsig beanspruchten Proben aus dem ein-satzgehärteten Stahl 16MnCrS5. In: HTM - Härterei-Technische Mitteilungen, Bd. 52, Nr. 2, 2001, S. 84 - 94

[BOMA97] *Bomas, H./Mayr, P./Schleicher, M.:* Calculation method for the fatigue limit of parts of case hardened steels. In: Materials Science and Engineering, 1997, A234-236, S. 393 - 396

[BORC72] *Borchert, W.:* Untersuchungen über die Auswirkung von Wälzfräserfehlern auf die Flankenform der Stirnradverzahnung. Dissertation. RWTH Aachen 1972

[BOSC65] *Bosch, M.:* Über das dynamische Verhalten von Stirnradgetrieben unter besonderer Berücksichtigung der Verzahnungsgenauigkeit. Dissertation. RWTH Aachen 1965

[BOUS85] *Boussinesq, J.:* Application des potentiels a l'étude de l'équilibre et du mouvement des solides élastiques. Gauthier-Villars, Paris 1885

[BOUZ81] *Bouzakis, K.-D.:* Konzept und technologische Grundlagen zur automatisierten Erstellung optimaler Bearbeitungsdaten. Habilitationsschrift. RWTH Aachen 1980

[BREC10] *Brecher, C./Gorgels, C./Röthlingshöfer, T.:* Simulationsmethoden für Beveloidverzahnungen. In: *Klocke, F./Brecher, C.* (Hrsg.): Innovationen rund ums Kegelrad. Eigendruck. WZL Forum Aachen 2010, S. 21 - 20

[BREC12] *Brecher, C./Brumm, M./Rüngeler, M.:* Einfluss des Belastungsverlaufes auf die Zahnfusstragfähigkeit. In: Tagungsband zum Schweizer Maschinenelemente Kolloquium. Rapperswil (Schweiz), 20.-21. November 2012. TUDpress, Dresden 2012, S. 199 - 213 (ISBN: 978-3-942710-90-9)

[BREC13b] *Brecher, C./Brumm, M./Hübner, F.:* Manufacturing simulation for generating gear grinding of large-module gears. In: International Conference on Gears 2013 - Europe invites the world. VDI-Berichte 2199.1. VDI-Verlag, Düsseldorf 2013, S. 151 - 162 (ISBN 978-3-18-092199-0)

[BREC14a] *Brecher, C./Brumm, M./Hübner, F.:* Development of a cutting force model for generating gear grinding. In: 5th WZL Gear Conference in the USA. Apprimus Verlag, Aachen 2014, S. 14 - 21 (ISBN 978-3-86359-251-6)

[BREC14b] *Brecher, C./Brumm, M./Hübner, F.:* Local simulation of the specific material removal rate for generating gear grinding. In: International Gear Conference. Woodhead Publishing Cambridge 2014 (ISBN 978-1-78242-195-5)

[BREC14c] *Brecher, C./Brumm, M./Pollaschek, J.:* Optimierung der Zahnfußgeometrie von Stirnrädern durch den Einsatz FE-basierter Optimierungsmodelle im Verbund mit der Zahnkontaktanalyse. In: Tagungsband. 12. Gemeinsames Kolloquium Konstruktionstechnik. Universität Bayreuth 2014

[BREC14d] *Brecher, C./Brumm, M./Henser, J./Knecht, P.:* Validierung der allgemeinen, FE-basierten Zahnkontaktanalyse. FVA-SIMPEP Kongress 2014

[BREC15a] *Brecher, C./Brumm, M./Hübner, F.:* Approach for the calculation of cutting forces in generating gear grinding. In: Procedia Conference on Intelligent Computation in Manufacturing Engineering (CIRP ICME) 14, Vol. 33, 2015, S. 287 - 292

[BREC15b] *Brecher, C./Löpenhaus, C./Hübner, F.:* Development of a cutting force model for generating gear grinding. In: Proceedings of the ASME International Design Engineering Technical Conferences & Computers and Information in Engineering Conference (IDETC/CIE). Boston/Massachusetts (USA) 2015/ASME, New York 2015

[BREC15c] *Brecher, C./Löpenhaus, C./Weber, G.-T./Krömer, M.:* Validierung von spanenden Fertigungssimulationen am Beispiel Wälzfräsen. In: GETPRO Kongress zur

Getriebeproduktion, Würzburg, 25.–26. März 2015. Band 1. Forschungsvereinigung Antriebstechnik (FVA), Frankfurt am Main 2015. S. 128 – 139

[BREC15d] *Brecher, C./Löpenhaus, C./Pollaschek, J.:* Tooth Root Geometry Optimization Utilizing Tooth Contact Analysis. In: Tagungsband „International Conference on Gears 2015“. VDI-Berichte Nr. 2255. VDI-Verlag, Düsseldorf 2015

[BREC15e] *Brecher, C./Löpenhaus, C./Pollaschek, J.:* Sachstandsbericht FVA 718 I Lokale Biege-Wechsel-Tragfähigkeit. 2015

[BREC16] *Brecher, C./Renkens, D./Löpenhaus, C.:* Method for Calculating Normal Pressure Distribution of High Resolution and Large Contact Area. In: J. Tribol., Volume 138, 1, 2016

[BREC23] *Brecher, C.:* Internet of Production (IoP). *https://www.iop.rwth-aachen.de.* 2023

[BRÖM05] *Brömsen, O.:* Steigerung der Zahnfußtragfähigkeit von einsatzgehärteten Stirnrädern durch rechnerische Zahnfußoptimierung. Dissertation. Aachen 2005

[BRUD01] *Bruder, T./Schön, M.:* Durability Analysis of Carburized Components Using a Local Approach Based on Elastic Stresses. In: Materialwissenschaft und Werkstofftechnik 3, 2001, S. 377 – 387

[BÜSS99] *Büssenschütt, A.:* Gestaltoptimierung zur funktions- und gussgerechten Auslegung komplexer Bauteile. In: Berichte aus der Produktionstechnik. Dissertation. RWTH Aachen/Shaker Verlag, Aachen 1999

[CAO02] *Cao, J.:* Anforderungs- und fertigungsgerechte Auslegung von Stirnradverzahnungen durch Zahnkontaktanalyse mithilfe der FEM. Dissertation. RWTH Aachen 2002

[CARL14] *Carl, C.:* Gehörbezogene Analyse und Synthese der vibroakustischen Geräuschanregung von Verzahnungen. Dissertation. RWTH Aachen. Hrsg.: Apprimus Verlag. Wissenschaftsverlag des Instituts für Industriekommunikation und Fachmedien an der RWTH Aachen. Aachen 2014

[CETI13] *Cetin, A./Härkegård, G./Naess, A.:* The fatigue limit: An analytical solution to a Monte Carlo problem. In: International Journal of Fatigue, Bd. 55, 2013, S. 194 – 201

[CRAI68] *Craig, R./Bampton, M.:* Coupling of Substructures for Dynamic Analyses. In: AAIA Journal, Vol. 6, No. 7, 1968

[DAHM06] *Dahmen, W./Reusken, A.:* Numerik für Ingenieure und Naturwissenschaftler. Springer-Verlag, Berlin 2006

[DENK02] *Denkena, B./Friemuth, T./Fedorenko, S./Groppe, M.:* An der Schneide wird das Geld verdient. Neue Parameter zur Charakterisierung der Schneidengeometrien an Zerspanwerkzeugen. In: Werkzeuge – Sonderausgabe der Zeitschrift Fertigung, 2002, S. 24 – 26

[DENK04] *Denkena, B./Toenshoff, H. K.:* Spanen Grundlagen. 2. Auflage. Springer, Berlin 2004

[DENK11] *Denkena, B./Tönshoff, H.:* Spanen. Grundlagen. Berlin, Heidelberg: Springer Berlin Heidelberg, 2011

[DIN82] *DIN 4760* Gestaltabweichungen. Begriffe, Ordnungssysteme. Beuth Verlag, Berlin 1982

[DIN85] *DIN 6580* Begriffe der Zerspantechnik. Bewegungen und Geometrie des Zerspanvorganges. Beuth Verlag, Berlin 1985

[DIN88] *DIN 6582* Ergänzende Begriffe am Werkzeug, am Schneidkeil und an der Schneide. Beuth Verlag, Berlin 1988

[DONA83] *Donath, B.:* Berechnung der inneren dynamischen Zahnkräfte ein- und zweistufiger Zylinderradgetriebe mit Schrägverzahnung. Dissertation. TU Dresden 1983

[DRES09] *Dresig, H./Holzweißig, F.:* Maschinendynamik. 9. Auflage. Berlin, Springer 2009

[DRES14] *Dresig, H./Fidlin, A.:* Schwingungen mechanischer Antriebssysteme. Modellbildung, Berechnung, Analyse, Synthese. 3. Auflage. Springer, Berlin 2014

[EHRE00] *Ehren, H.-P.:* Tragfähigkeitsreserven geradverzahnter Innenverzahnungen durch die Zunahme der Überdeckung unter Last. Dissertation. RWTH Aachen 2000

[EICH81] *Eicher, N.:* Einführung in die Berechnung parametererregter Schwingungen. TUB-Dokumentation Weiterbildung. TU Berlin 1981

[ELST93] *Elstorpff, M.-G.:* Einflüsse auf die Grübchentragfähigkeit einsatzgehärteter Zahnräder bis in das höchste Zeitfestigkeitsgebiet. Dissertation. TU München 1993

[FALK56] *Falk, S.:* Die Berechnung des beliebig gestützten Durchlaufträgers nach dem Reduktionsverfahren. Ingenieur-Archiv 24, 1956

[FKM03] *FKM-Richtlinie:* Rechnerischer Festigkeitsnachweis für Maschinenbauteile. 5. Auflage. VDMA Verlag, Frankfurt am Main 2003

[FUNA02] *Funatani, K.:* Residual Stresses during Gear Manufacture. In: *Totten, G./Howes, M./Inoue, T. (Hrsg.):* Handbook of residual stress and steel deformation. Materials Park/ASM International 2002. S. 437 – 457

[GACK13] *Gacka, A.:* Entwicklung einer Methode zur Abbildung der dynamischen Zahneingriffsverhältnisse von Stirn- und Kegelradsätzen. Dissertation. RWTH Aachen. Hrsg. Shaker Verlag. Aachen 2013

[GEIS02] *Geiser, H.:* Grundlagen zur Beurteilung des Schwingungsverhaltens von Stirnrädern. Dissertation. TU München 2002

[GERB84] *Gerber, H.:* Innere dynamische Zusatzkräfte bei Stirnradgetrieben – Modellbildung, innere Anregung und Dämpfung. Dissertation. TU München 1984

[GOLD79] *Gold, P. W.:* Statisches und dynamisches Verhalten mehrstufiger Zahnradgetriebe. Dissertation. RWTH Aachen 1979

[GOOD14] *Goodman, J.:* Mechanics Applied to Engineering. Longmans, Green & Co., London/New York 1914

[GUTM88] *Gutmann, P.:* Zerspankraftberechnung beim Wälzfräsen. Dissertation. RWTH Aachen 1988

[HAIB06] *Haibach, E.:* Betriebsfestigkeit. Verfahren und Daten zur Bauteilberechnung. 3. Auflage. Springer, Berlin 2006

[HARD13] *Hardjosuwito, A.:* Vorhersage des lokalen Werkzeugstandweges und der Werkstückstandmenge beim Kegelradfräsen. Dissertation. RWTH Aachen. Hrsg. Shaker Verlag. Aachen 2013

[HART79] *Hartnett, M.:* The Analysis of Contact Stresses in Rolling Element Bearings. In: J. Lub. Tech. 101 (1):105, 1979

[HELL15] *Hellmann, M.:* Fertigungsabweichungen in der Auslegung von Zahnflankenmodifikationen für Stirnradverzahnungen. Dissertation. RWTH Aachen. Hrsg. Apprimus Verlag. Wissenschaftsverlag des Instituts für Industriekommunikation und Fachmedien an der RWTH Aachen. Aachen 2015

[HEMM07] *Hemmelman, J. E.:* Simulation des lastfreien und belasteten Zahneingriffs zur Analyse der Drehübertragung von Zahnradgetrieben. Dissertation. RWTH Aachen 2007

[HENS15] *Henser, J.:* Berechnung der Zahnfußtragfähigkeit von Beveloidverzahnungen. Dissertation. RWTH Aachen. Hrsg. Apprimus Verlag. Wissenschaftsverlag des Instituts für Industriekommunikation und Fachmedien an der RWTH Aachen. Aachen 2015

[HERT03] *Hertter, T.:* Rechnerischer Festigkeitsnachweis der Ermüdungstragfähigkeit vergüteter und einsatzgehärteter Stirnräder. Dissertation. TU München 2003

[HERZ14] *Herzhoff, S.:* Werkzeugverschleiß bei mehrflankiger Spanbildung. Dissertation. RWTH Aachen. Hrsg. Apprimus Verlag. Wissenschaftsverlag des Instituts für Industriekommunikation und Fachmedien an der RWTH Aachen. Aachen 2014

[HESI07] *He, S./Singh, R./Pavic, G.:* Improved gear whine model with focus on friction-induced structure-borne noise. In: Proceedings of Noise-Con 2007. Reno 2007

[HOFE48] *Hofer, H.:* Verzahnungskorrekturen an Zahnrädern. Automobiltechnische Zeitschrift, 1947 - 48, S. 49 - 50

[HOFF70] *Hoffmeister, B.:* Über den Verschleiß am Wälzfräser. Dissertation. RWTH Aachen 1970

[ISO07] *ISO 6336-1:2006(E)* Calculation of load capacity of spur and helical gears - Part 1: principles, introduction and general influence factors. Beuth Verlag 2007

[JASP99] *Jaspers, S.:* Metal Cutting Mechanics and Material Behaviour. Dissertation. TU Eindhoven. Eindhoven 1999

[KASS69] *Kassen, G.:* Beschreibung der elementaren Kinematik des Schleifvorganges. Dissertation. RWTH Aachen 1969

[KIEN52] *Kienzle, O.:* Die Bestimmung von Kräften und Leistungen an spanenden Werkzeugen und Werkzeugmaschinen. In: VDI-Zeitung Nr. 94, 1952, S. 299 - 305

[KLOC06] *Klocke, F./Schalaster, R.:* Trockenwälzfräsen - Leistungsvermögen in Abhängigkeit von Schneidstoff und Werkstückstoff. In: *Brecher, C./Klocke, F. (Hrsg.):* Tagungsband zum Seminar „Aktuelle Entwicklungen beim Vorverzahnen“. 29.-30. November 2006. Eigendruck. WZL Forum Aachen 2006. S. 5 - 24

[KLOC11] *Klocke, F./Gorgels, C./Stuckenberg, A.:* Investigations on Surface Defects in Gear Hobbing. In: Procedia CIRP, 19. Jg., 2011, S. 196 - 202

[KLOC13] *Klocke, F./Weber, G.-T./Stuckenberg, A./ Krömer, M./Kobialka, C.:* Simulation-based process design for gear hobbing. In: International Conference on Gears. VDI-Berichte 2199.1. VDI-Verlag, Düsseldorf 2013, S. 341 - 352 (ISBN 978-3-18-092199-0)

[KLOC15] *Klocke, F./Brecher, C./Löpenhaus, C./Krömer, M.:* Calculating the workpiece quality using a hobbing simulation. In: Procedia Conference on Manufacturing Systems (CIRP CMS), 15, Vol. 48, 2015

[KLOC18a] *Klocke, F./König, W.:* Fertigungsverfahren. Band 2: Schleifen, Honen, Läppen. 5. Auflage. VDI-Verlag, Düsseldorf 2018

[KLOO76] *Kloos, K.-H.:* Einfluss des Oberflächenzustandes und der Probengröße auf die Schwingfestigkeitseigenschaften. In: VDI-Berichte Nr. 268, 1976, S. 63 - 76

[KLUB01] *Klubberg, F./Schäfer, H.J./Hempen, M./Beiss, P.:* Mittelspannungsempfindlichkeit metallischer Werkstoffe bei schwingender Beanspruchung. In: Roell Amsler Symposium „World of Dynamic Testing“. Gottmadingen, FRG, 14.-18. Mai 2001. S. 111 - 134

[KÖCH96] *Köcher, J.J.:* Erhöhung der Zahnflankentragfähigkeit einsatzgehärteter Zylinderräder durch Kugelstrahlen. Dissertation. RWTH Aachen 1996

[KOLL00] *Kollmann, F. G.:* Maschinenakustik. Grundlagen, Messtechnik, Berechnung, Beeinflussung. 2. Auflage. Springer, Berlin 2000

[LACH83] *Lachenmaier, S.:* Auslegung von evolventischen Sonderverzahnungen für schwingungs- und geräuscharmen Lauf von Getrieben. Dissertation. RWTH Aachen 1983

[LASC88] *Laschet, A.:* Simulation von Antriebssystemen. Modellbildung der Schwingungssysteme und Beispiele aus der Antriebstechnik. Band 9. Springer, Berlin 1988

[LIU91] *Liu, J.:* Beitrag zur Verbesserung der Dauerfestigkeitsberechnung bei mehrachsiger Beanspruchung. Dissertation. TU Clausthal 1991

[LIU97] *Liu, J.:* Weakest Link Theory and Multiaxial Criteria. In: Multiaxial Fatigue and Fracture. Elsevier, Oxford 1999

[LÖPE15] *Löpenhaus, C.:* Untersuchung und Berechnung der Wälzfestigkeit im Scheiben- und Zahnflankenkontakt. Dissertation. RWTH Aachen. Hrsg. Apprimus Verlag. Wissenschaftsverlag des Instituts für Industriekommunikation und Fachmedien an der RWTH Aachen. Aachen 2015

[LOVE29] *Love, A.E.H.:* The Stress Produced in a Semi-Infinite Solid by Pressure on Part of the Boundary. In: Philosophical Transactions of the Royal Society A: Mathematical, Physical and Engineering Sciences, Vol. 228, 1929, S. 377 - 420

[LUND04] *Lundvall, O./Strömberg, N./Klarbring, A.:* A flexible multi-body approach for frictional contact in spur gears. In: Journal of Sound and Vibration, 2004, Vol. 278, S. 479 - 499

[LYON95] *Lyon, R./DeJong, R.:* Theory and Application of Statistical Energy Analysis. Butterworth-Heinemann, Newton/MA (USA) 1995

[MAYI86] *Mayinger, F./Straub, J./Sandner, H./Winkler, H.:* EDV-Temperatur-/Spannungsfelder. FVA-Forschungsvorhaben Nr. 93 I/II, Heft 228. Forschungsvereinigung Antriebstechnik e.V., Frankfurt am Main 1986

[MÖLL82] *Möllers, W.:* Parametererregte Schwingungen in einstufigen Zylinderradgetrieben - Einfluss von Verzahnungsabweichungen und Verzahnungssteifigkeitsspektren. Dissertation. RWTH Aachen 1982

[MSC04] *MSC Nastran:* MSC Nastran Docs. MSC Software Corporation, USA 2004

[MÜLL83] *Müller, H.W./ Langer, H./Richter, H.R./Storm, R.:* PraxisReport Maschinenakustik. Heft 102, Forschungskuratorium Maschinenbau e.V. (FKM), Frankfurt am Main 1983

[MÜLL91] *Müller, R.:* Schwingungs- und Geräuschanregung bei Stirnradgetrieben. Dissertation. TU München 1991

[MUND92] *Mundt, A.:* Modell zur rechnerischen Standzeitbestimmung beim Wälzfräsen. Dissertation. RWTH Aachen 1992

[MURA02] *Murakami, Y.:* Metal fatigue. Elsevier, Oxford/Boston 2002

[MURA12] *Murakami, Y.:* Material defects as the basis of fatigue design. In: International Journal of Fatigue, Bd. 41, 2012, S. 2 - 10

[NEUP83] *Neupert, B.:* Berechnung der Zahnkräfte, Pressungen und Spannungen von Stirn- und Kegelradgetrieben. Dissertation. RWTH Aachen 1983

[NISS97] *Nissen, V.:* Einführung in Evolutionäre Algorithmen - Optimierung nach dem Vorbild der Evolution. Vieweg, Braunschweig 1997

[OSTE82] *Oster, P.:* Beanspruchung der Zahnflanken unter Bedingungen der Elastohydrodynamik. Dissertation. TU München 1982

[PLAC88] *Placzek, T.:* Lastverteilung und Flankenkorrektur in gerad- und schrägverzahnten Stirnradstufen. Dissertation. TU München 1988

[POLL20] *Pollaschek, J.:* Fertigungsgerechte Zahnfußoptimierung von Stirnrädern. Dissertation, RWTH Aachen. Hrsg. Apprimus Verlag. Wissenschaftsverlag des Instituts für Industriekommunikation und Fachmedien an der RWTH Aachen. Aachen 2020

[RASI16] Rasim, M.: Modellierung der Wärmeentstehung im Schleifprozess in Abhängigkeit von der SchleifscheibenTopografie. Dissertation. RWTH Aachen. Hrsg. Apprimus Verlag. Wissenschaftsverlag des Instituts für Industriekommunikation und Fachmedien an der RWTH Aachen. Aachen 2016.

[REGO13] *Rego, R.R./Gomes, J.O./Barros, A.M.:* The influence on gear surface properties using shot peening with a bimodal media size distribution. In: Journal of Materials Processing Technology, Vol. 213, Elsevier Science Ltd. 2013. S. 2152 - 2162

[RÖTH12] *Röthlingshöfer, T.:* Auslegungsmethodik zur Optimierung des Einsatzverhaltens von Beveloidverzahnungen. Dissertation. RWTH Aachen. Hrsg. Shaker Verlag. Aachen 2012

[RÜNG21] *Rüngeler, M.:* Analyse der Übertragbarkeit des Schrägverzahnungspulsens auf den Laufversuch. Dissertation, RWTH Aachen. Hrsg. Apprimus Verlag. Wissenschaftsverlag des Instituts für Industriekommunikation und Fachmedien an der RWTH Aachen. Aachen 2021

[RÜTJ09] *Rütjes, U.:* Entwicklung eines Simulationssystems zur Analyse des Kegelradfräsens. Dissertation. RWTH Aachen 2010

[SATT97] *Sattelberger, K.:* Schwingungs- und Geräuschanregung bei ein- und mehrstufigen Stirnradgetrieben. Dissertation. RWTH Aachen 1997

[SCHÄ08] *Schäfer, J.:* Erweiterung des Linienkontaktmodells für die Finite-Elemente-basierte Zahnkontaktanalyse von Stirnradverzahnungen. Dissertation. RWTH Aachen. Hrsg. Shaker Verlag. Aachen 2008.

[SCHE19] *Scheffler, H.-F.:* Zerspankräfte beim kontinuierlichen Wälzschleifen von Stirnradverzahnungen. Dissertation, RWTH Aachen. Hrsg. Apprimus Verlag. Wissenschaftsverlag des Instituts für Industriekommunikation und Fachmedien an der RWTH Aachen. Aachen 2019

[SCHÖ96] *Schösser, T.:* Untersuchungen des Körperschall- und Abstrahlverhaltens von Getrieben mit der Zielsetzung einer aktiven Lärmminderung. Dissertation. TH Darmstadt 1996

[SCHU06] *Schuh, G.:* Produktionsplanung und -steuerung: Grundlagen, Gestaltung und Konzepte. 3. Auflage. Springer Verlag, Berlin/Heidelberg 2006

[SCHU15] *Schumann, S.:* Möglichkeiten und Grenzen asymmetrischer Kegelradverzahnungen. Dissertation. TU Dresden 2015

[SCHW08] *Schwienbacher, S.:* Einfluss von Schleifbrand auf die Flankentragfähigkeit einsatzgehärteter Stirnräder. Dissertation. TU München 2008

[SHAH11] *Shah, S. M. A.:* Prediction of residual stresses due to grinding with phase transformation. Doctorate Thesis. Ecole Doctorale des Sciences de'l Ingenieur de Lyon, Institut National des Sciences Appliquees de Lyon, 2011

[SHAN49] *Shannon, C.:* Communication in the Presence of Noise. In: Proc. IRE, 1, 1949, S. 10 – 21

[SIMB75] *Simbürger, A.:* Festigkeitsverhalten zäher Werkstoffe bei einer mehrachsigen phasenverschobenen Schwingbeanspruchung mit körperfesten und veränderlichen Hauptspannungsrichtungen. Dissertation. TH Darmstadt 1975

[SOLF22] *Solf, M:* Modellierung der Schleifkraft beim Kegelradschleifen. Dissertation, RWTH Aachen. Hrsg. Apprimus Verlag. Wissenschaftsverlag des Instituts für Industriekommunikation und Fachmedien an der RWTH Aachen. Aachen 2022

[STAC73] *Stachowiak, H.:* Allgemeine Modelltheorie. Springer, Wien 1973

[STUC14] *Stuckenberg, A.:* Vermeidung von Oberflächendefekten beim Wälzfräsen. Dissertation. RWTH Aachen. Hrsg. Shaker Verlag. Aachen 2014

[SULZ73] *Sulzer, G.:* Leistungssteigerung bei der Zylinderradherstellung durch genaue Erfassung der Zerspankinematik. Dissertation. RWTH Aachen 1973

[TÖNS92] *Tönshoff, H.:* Modelling and Simulation of Grinding Processes. Keynote Paper. CIRP Annals – Manufacturing Technology, 1992

[TROS23] *Troß, N.:* Mehrskalenmodellierung der thermomechanischen Werkzeugbelastung beim Trockenwälzfräsen. Dissertation, RWTH Aachen. Hrsg. Apprimus Verlag. Wissenschaftsverlag des Instituts für Industriekommunikation und Fachmedien an der RWTH Aachen. Aachen 2023

[VDI00] *VDI/VDE 2607* Rechnerunterstützte Auswertung von Profil- und Flankenlinienmessungen an Zylinderrädern mit Evolventenprofil. Verein Deutscher Ingenieure, Düsseldorf 2000

[VELE00] *Velex, P./Cahouet, V.:* Experimental and Numerical Investigations on the Influence of Tooth Friction in Spur and Helical Gear Dynamics. In: Journal of Mechanical Design, Vol. 122, 2000, S. 515 – 522

[VOLG91] *Volger, J. G.:* Ermüdung der oberflächennahen Bauteilschicht unter Wälzbeanspruchung. Dissertation. RWTH Aachen 1991

[WEBE55] *Weber, C./Banaschek, K.:* Formänderung und Profilrücknahme bei gerad- und schrägverzahnten Rädern. 2. Auflage. Vieweg, Braunschweig 1955

[WECK03] *Weck, M./Klocke, F./Winter, W./Winkel, O.:* Analysis of Gear Hobbing Processes by Manufacturing Simulation. In: WGP – Wissenschaftliche Gesellschaft für Produktionstechnik 2003

[WEIB39] *Weibull, W.:* A Statistical Theory of the Strength of Materials. Generalstabens Litografiska Anstalts Förlag, Stockholm 1939

[WEIS16] *Weiß, M.:* Einfluss der Spezifikation mehrschichtiger CBN-Schleifwerkzeuge auf das Schleif-prozessverhalten. Dissertation. RWTH Aachen. Hrsg. Apprimus Verlag. Wissenschaftsverlag des Instituts für Industriekommunikation und Fachmedien an der RWTH Aachen. Aachen 2016.

[WERN71] *Werner, G.:* Kinematik und Mechanik des Schleifprozesses. Dissertation. RWTH Aachen University, 1971

[WERN73] *Werner, G.:* Konzept und Technologische Grundlagen zur Adaptiven Prozessoptimierung des Außenrundschleifens. Habilitationsschrift. RWTH Aachen 1973

[WIKI98] *Wikidal, F.:* Berechnung der Flankenpressung gerad- und schrägverzahnter Stirnräder unter Berücksichtigung last- und fertigungsbedingter Abweichungen. Dissertation. TU München 1998

[WILL03] *Willner, K.:* Kontinuums- und Kontaktmechanik, Synthetische und analytische Darstellung. Springer, Berlin/Heidelberg 2003

[WIMM06] *Wimmer, A.-J.:* Lastverluste von Stirnradverzahnungen. Konstruktive Einflüsse, Wirkungsgradmaximierung, Tribologie. Dissertation. München 2006

[WIND90] *Winderlich, B.:* Das Konzept der lokalen Dauerfestigkeit und seine Anwendung auf martensitische Randschichten, insbesondere Laserhärtungsschichten. In: Mat.-wiss. u. Werkstofftechn. 21, 1990, S. 378 – 389

[WINK75] *Winkler, A.:* Über das dynamische Verhalten schnelllaufender Zylinderradgetriebe. Dissertation. RWTH Aachen 1975

[WINK05] *Winkel, O.:* Steigerung der Leistungsfähigkeit von Hartmetallwälzfräsern durch eine optimierte Werkzeuggestaltung. Dissertation. RWTH Aachen 2005

[WITT94] *Wittke, W.:* Beanspruchungsgerechte und geräuschoptimierte Stirnradgetriebe. Toleranzvorgaben und Flankenkorrekturen. Dissertation, RWTH Aachen 1994

[ZIEN71] *Zienkiewicz, O. C.:* The Finite Element in Engineering Science. McGraw Hill, London 1971

[ZUBE08] *Zuber, D.:* Fußtragfähigkeit einsatzgehärteter Zahnräder unter Berücksichtigung lokaler Materialeigenschaften. Dissertation. Aachen 2008

[ZUND14] *Zundel, T.:* Reduzierung der Geräuschabstrahlung von Getriebegehäusen durch Optimierung der Körperschallübertragung. Dissertation. RWTH Aachen. Hrsg. Apprimus Verlag. Wissenschaftsverlag des Instituts für Industriekommunikation und Fachmedien an der RWTH Aachen. Aachen 2014

Index

A

B

M

N

O